U0377269

上海高校服务国家重大战略出版工程

磁性微纳米材料
在蛋白质组学中的应用

邓春晖 陈和美／著

復旦大學出版社

内容提要

本书是介绍磁性微纳米材料在蛋白质组学研究前沿中的应用的学术专著。书中详细介绍了目前应用于蛋白质组学研究的功能磁性微纳米材料的合成方法和性能，通过大量近十几年发表于国际核心期刊的研究实例，对磁性微纳米材料在蛋白质组学快速酶解分析、蛋白质组学低丰度富集分析以及翻译后修饰（磷酸化和糖基化）蛋白质组学选择性分离富集分析中的应用原理及应用效果进行了较为系统的阐述。

本书兼具理论性和实用性，可作为蛋白质组学分析研究者的实用专业参考书，也可作为从事蛋白质组学研究的研究生的专业教材。

序

研究人类健康与疾病相关的生命科学已经成为本世纪最重要的学术领域，分析化学的对象也从上世纪没有生命的金属、矿产、土壤、水质等转到生物，如蛋白质试样，相关的蛋白质组分析已经取得飞速的发展。蛋白质组分析的主要技术是蛋白质的分离和质谱鉴定，然而，与生理及疾病发生、发展有关的关键蛋白和标志物、靶点，特别是这些分析物的翻译后修饰蛋白及其经酶解后的肽段，在海量背景蛋白或肽段中，丰度极低，导致在质谱鉴定时它们的质谱信号往往被强信号淹没，因此必须进行有效的富集分离。邓春晖教授的研究组创建的磁性微纳米材料快速酶解蛋白和富集低丰度蛋白/肽段以及选择性富集磷酸化和糖基化蛋白/肽段的技术已经成为当前最出色的高效方法，为国内外同行广泛采用。这本专著总结了近年的相关文献和进展，对研究蛋白质快速酶解、低丰度蛋白质和翻译后修饰蛋白质/肽段的富集，必定有很多裨益。

是为序。

杨芃原

2017年5月1日

前言

在 20 世纪 90 年代中期，国际上产生了一门新兴学科——蛋白质组学(Proteomics)。蛋白质组学不仅研究某一种细胞、组织或生物体中的蛋白质是什么，还研究这些蛋白质到底是以怎样的状态表达出来，又以怎样的方式在细胞、组织或生物体中执行其功能，而执行这些功能对于细胞、组织或生物体又有着怎样的生理学或病理学意义。自蛋白质组学概念的提出到现在，虽然只有短短的 20 年时间，蛋白质组学研究却已经得到了突飞猛进的发展，其地位不断得到加强，已成为了本世纪最热的科学研究前沿。

蛋白质组学研究首先面临的是一个复杂体系中多种成分的分离问题。人类基因组约有 3 万～4 万个基因，由于转录调控和翻译后修饰调控，其表达的蛋白质可能达到十几万或几十万。蛋白质除了种类繁多外，在同一个样品中的浓度的分布也极为广泛，不同蛋白质在一个细胞中浓度的动态范围最大可能会达到 1 012 个数量级。这样一个复杂的研究体系对分离分析技术提出了严峻的挑战。高分辨率的分离技术、高灵敏的检测技术和高准确度的鉴定技术以及各种分析方法的系统组合、高通量和自动化，是目前蛋白质组学研究所着重研究解决的问题。

磁性纳米材料蛋白质组学分析是磁性纳米材料科学在蛋白质组学研究领域中的应用。由于磁性纳米材料具有诸多如光学、磁学、电学等具有强烈的尺寸依赖性的特性，将功能化磁性纳米材料应用于蛋白质组学研究具有重要的意义。从目前研究来看，磁性微纳米材料已在复杂的蛋白质组学研究中显示了巨大的应用潜力。本书着重阐述了磁性微纳米材料在蛋白质组学研究前沿中的应用，详细介绍了目前应用于蛋白质组学研究的各个分支的功能磁性微纳米材料的合成方法、性能、应用原理及应用效果，如：磁性微纳米材料酶解研究、磁性微纳米材料低丰度富集研究、磁性微纳米材料翻译后修饰蛋白质分析研究及磁性微纳米材料内源性肽段分离分析研究。通过大量近 10 年发表于国际核心期刊的研究实例，将目前有关磁性材料蛋白质组学分析的研究和作者的研究心得进行了整理和较为系统的阐述，从而使读者对磁性微纳米材料蛋白质组学分析的原理、方法和应用有一个系统、完整的了解。

全书共分 6 章，第 1 章在阐述蛋白质组学分析的基本概念的基础上，论述了蛋白质组学研究的 2 种策略和 3 条技术路线；详细介绍了蛋白质组学分析的色谱、生物质谱、酶解、低丰度富集和翻译后修饰蛋白质分离等多种常用技术。

第 2 章首先介绍了磁性纳米材料的基本知识和特点，然后按材料成分的不同，详细介绍了几十种应用于蛋白质组学分析研究的功能磁性微纳米材料的合成方法、形貌和性能参数等，对于研究人员开展相关研究工作具有实用参考价值。

第3章介绍了磁性材料固定酶的意义和几种方法，详细阐述了磁性材料固定酶在微波辅助酶解、毛细管/芯片酶解和靶上酶解的新技术、新方法。

针对蛋白质组学的低丰度蛋白质和肽组学中的内源性肽的检测难题，第4章分类详细介绍了用于低丰度蛋白/肽段富集的几种新型磁性微纳米材料的富集方法，系统讲述了基于体积排阻原理的磁性介孔材料选择性分离分析内源性肽段的新方法。

翻译后修饰是目前蛋白质组学研究的热点。第5章根据富集原理的不同，例举了大量实例，用以阐述基于IMAC技术、MOAC技术、静电相互作用等的磁性微纳米材料磷酸化蛋白质分析的新方法。

第6章论述了磁性微纳米材料糖基化蛋白质分析的新方法，按相互作用原理的不同，结合实例，详细论述了磁性微纳米材料基于亲水相互作用、凝集素亲和作用、螯合作用和共价结合作用选择性富集糖肽/糖链的新技术、新方法。

本书中部分章节是本人所领导的课题组部分研究工作的总结。在此特别感谢复旦大学杨芃原教授和张祥民教授带领本人走进蛋白质组学，开展了磁性微纳米材料蛋白质组学的研究，10余年来大力支持本人工作。另外，本书中的很多研究工作得到科技部“973项目”和国家基金委项目特别是杰出青年基金项目的支持。

本书在编写过程中，陈和美对书稿的形成付出了大量的心血。在编辑出版中，得到了复旦大学邱德仁教授的全力支持。邱老师年近80岁，仍然不辞辛苦地对本书的编写进行指导，提出了许多宝贵的建议，并付出了大量的帮助。感谢复旦大学孙念荣博士努力撰写了部分章节。同时，复旦大学出版社的范仁梅副编审在本书的出版过程中给予了许多帮助，由于她的努力和辛勤工作，本书才得以顺利出版，在此谨表示深深的谢意！

作为一本科学前沿专著，本书参考的书籍和文献众多，限于篇幅，不能一一罗列注明。磁性材料和蛋白质组学领域正在迅猛发展，新技术、新方法层出不穷，限于时间和精力，本书收集的材料难免有失全面。至于本书的内容就更难免有疏漏甚至谬误之处，期待读者能给予批评指正。

邓春晖
2017年6月

目录

第 5 章 基于磁性微纳米材料的磷酸化蛋白质组学分析技术 296

第1章

蛋白质组学分析

1.1 蛋白质组学研究

1994年“蛋白质组”(proteome)这个概念首次在意大利的一次科学会议上提出，该英文词汇由蛋白质的“prote”和基因组的“ome”拼接而成，并且最初定义为“一个基因组所表达的蛋白质”。虽然这个定义没有考虑到蛋白质组是动态的，而且产生蛋白的细胞、组织或生物体容易受它们所处环境的影响，但这说明随着人类基因组计划的实施和推进，科学家们越来越清楚地认识到：作为遗传信息载体的基因组，其最主要的特征就是同一性。表现在对于单细胞生物，不论在什么样的生长条件下，其基因组始终是不变的；对于多细胞生物而言，同一个个体的基因组不论是在不同的发育阶段或不同种类的细胞里都是同样的。虽然人类所有的DNA碱基测序已经完成，但是对于其在生命活动过程中功能的认知和表达还有很远的距离，而这一切正是通过蛋白质来完成。现在普遍认为蛋白质组是一个已知的细胞在某一特定时刻的包括所有亚型和修饰的全部蛋白质。蛋白质组学(又称蛋白组学)就是从整体角度分析细胞内动态变化的蛋白质组成、表达水平与修饰状态，了解蛋白质之间的相互作用与联系，提示蛋白质的功能与细胞的活动规律。目前，以大规模分析细胞或生物体内的蛋白质为主要任务的蛋白质组学研究已经成为后基因组学时代研究的重要内容，其重要性和对生命科学研究的战略意义日益显著。

虽然有关蛋白质组研究的论文正在以几何级数的速度增长，蛋白质组学迅速为科学界所接受并受到重视，但是蛋白质组以及蛋白质组学的特点和难点决定了这将是一个攻坚战，亟待长期发展。因为相比于基因组，蛋白质组具有以下特点：

① 多样性

由于蛋白质是生命活动的主要执行者，因此对于不同类型的细胞或同一个细胞在不同的活动状态下，蛋白质组的构成是不一样的。目前蛋白质组比较公认的定义是一个基因组所表达的全部蛋白质。在实际中这个概念是难以运用的。目前，除了已经知道有蛋白质产物的基因以外，其余的“基因”只不过是根据“起始密码”和“终止密码”序列所确定的“可读框”(open reading frame, ORF)。ORF 数目即为基因组内的基因数目。显然,最能确定 ORF 数目的应该是通过蛋白质组来进行。但这样一来,基因组和蛋白质组就进入了“循环定义”之中:蛋白质组是以基因组拥有的所有基因的表达产物来构成,而所有基因的确定又必须通过蛋白质组来给予肯定。另一方面,即使我们能够解决 ORF 数目的问题,但这些 ORF 是否与蛋白存在一一对应关系也仍是一个问题。人们已经发现许多“假基因”(pseudogene)的存在——与真基因有相同的 ORF 但却从不表达。而且,由于存在 RNA 水平上遗传信息的加工(RNA editing)和蛋白质水平上遗传信息的加工(protein splicing),许多蛋白质很难找到直接对应的 ORF。

② 动态性

生命活动中的蛋白质可以大致分为两类:一类是比较稳定的,如负责细胞各种结构组成的蛋白质;另一类则是随细胞的状态发生量或质变化的蛋白质,如负责信号转导活细胞调控的蛋白质。人们把以研究蛋白质变化为主的蛋白质组学称为功能蛋白质组学(functional proteomics)。它主要是比较在不同生长状态下或病理情况下的同一种细胞或组织的蛋白质组内的差异蛋白质。问题是蛋白质的稳定性要比核酸差得多,而且在实验过程中可能降解或丢失,加之目前分析技术的分辨率及稳定性的限制,准确测定蛋白质量的差异是一个困难的任务。

③ 空间性

首先,不同的蛋白质分布在细胞的不同部位。它们的功能与其空间定位密切相关。要想真正了解蛋白质的功能,必须要知道蛋白质所处的空间位置。其次,许多蛋白质在细胞里不是静止不动的,它们在细胞里常常通过在不同的亚细胞环境里的运动发挥作用。细胞的信号传导和转录调控也常依赖于蛋白质在空间位置的变化和运动。因此,蛋白质组学中又派生了一个与空间紧密相关的新研究领域——亚细胞蛋白质组学。如何对细胞进行恰当的分级分离以获得完整的亚细胞成分是这一领域的新挑战。在这种分级分离过程中,既要避免待研究的亚细胞组成蛋白质的丢失,又要避免非组成蛋白质的“污染”。另外,如何区别亚细胞组成蛋白质和由于生理作用而在细胞不同区域进行运动的蛋白质也是亚细胞蛋白质组的一大技术难点。

④ 群组性

蛋白质的功能的实现离不开蛋白质与蛋白质或蛋白质与其他生物大分子之间的相互作用。科学家为此专门发明了一个新的名词——“相互作用组”(interactome)来描述对大规模的蛋白质相互作用的研究。这一领域的研究可以分为两类:第一类是研究蛋白质相互作用的网络。细胞内许多活动如信号传导都是通过一个复杂而广泛的蛋白质相互作用网络来实现的。对这种大规模的蛋白质相互作用的研究目前常用的技术主要有大规模双杂交技术、噬菌体显示技术(phage-display)和蛋白质芯片技术。突出问题是虚假信号比较多。另一类是蛋白质复合体组成的分析。蛋白质复合体又可以分为两类:一类是结构型的,如核孔复合体,这一类比较稳定,采用分级分离方法进行富集后就可以用经典的蛋白质组研究方法如电泳和质谱进行研究;另一类则是功能型蛋白质复合体,这类复合体只有在执行功能时才聚合在一起,因此很不稳定。目前,比较流行的是构造含有特定标签肽段(tag)的复合蛋白质的质粒,这些质粒可以与其他种类蛋白质形成复合物;然后用亲和分离柱对这些标签肽段进行专一性提取，即所谓的亲和标签技术。

⑤ 技术多样性

以上的蛋白质组的特点决定了在蛋白质组研究中，需要的研究技术远远不止一种，而且技术的难度也远远大于基因组研究技术。蛋白质组研究技术可以简单地分为两大类。第一类是分离技术。如双向电泳技术、细胞分级分离技术、亲和色谱技术等。在分离技术里存在的难题，一个是“量”，即蛋白量达到数十个数量级的动态差别；另一个是“质”，即不同蛋白质的物理化学性质差别很大。第二类是蛋白质组的鉴定技术，核心是质谱技术。蛋白质芯片技术、噬菌体显示技术和大规模双杂交方法等也属于鉴定技术。现在所有鉴定技术面临的一个最大问题是，它们都依赖于已知的蛋白质或基因的序列作为检测的基础，通过比较来确定待测定的蛋白质。总之，蛋白质组学的发展受到技术的限制，也受到技术的推动。

⑥ 与基因组的研究互补互助

基因组需要利用蛋白质的序列来推测和确定 ORF 的全长，蛋白质组的许多工作也离不开基因组的研究，这一点在蛋白质相互作用的研究中尤为突出。双杂交技术、噬菌体显示技术等就是以基因组数据和技术为基础的。在质谱鉴定蛋白质的过程中，更是离不开对已知基因组的基因数据的比较。

以上的这些蛋白质组及蛋白质组学的特点和难点决定了这是一个需要长期发展和许多领域的科学家为之付出的领域。同时，这些特点和难点也是蛋白质组发展的方向和趋势。蛋白质组学与其他大规模科学领域的交叉将成为未来生命科学最令人激动的新前沿。

1.2 蛋白质组学研究策略

蛋白质组学一经出现，就有两种研究策略。一种可称为“竭泽法”，即采用高通量的蛋白质组研究技术分析生物体内尽可能多乃至接近所有的蛋白质，这种观点从大规模、系统性的角度来看待蛋白质组学，也更符合蛋白质组学的本质。但是，由于蛋白质表达随空间和时间不断变化，要分析生物体内所有的蛋白质是一个难以实现的目标。另一种策略可称为“功能法”，即研究生物体不同时期细胞蛋白质组成的变化，如蛋白质在不同环境下的差异表达，以发现有差异的蛋白质种类为主要目标。这种观点更倾向于把蛋白质组学作为研究生命现象的手段和方法。与之相应地产生了蛋白质组学研究的两大方面。一方面，是对一个基因、一个组织、细胞或生物体所表达的全部蛋白质进行分离、识别、定量、定位、翻译后修饰的鉴定，从而构建蛋白质的表达谱，称为表达蛋白质组学(expression proteomics)研究。例如，对已建立基因组数据库和基因表达谱的生物体或特定组织/细胞的蛋白质组表达谱的研究，可以发现蛋白质水平上基因表达的群集调控规律及转录、翻译差异调控的规律。另一方面，以特定细胞和生物体系为对象，研究蛋白质之间的相互作用，确定蛋白质在特定通道和细胞结构中的作用，研究蛋白质结构和功能间的相互关系以及在不同生理、病理条件下蛋白质表达的差异，称为功能蛋白组学(functional proteomics)研究。功能蛋白质组学的研究可以帮助我们认识基因的功能，发掘与特定生理、病理条件相关的蛋白质，构建蛋白质的功能网络等。早期蛋白质组学的研究范围主要是指蛋白质的表达模式(expression profile)，随着学科的发展，蛋白质组学的研究范围也在不断完善和扩充。具有重要功能的低丰度蛋白、蛋白质翻译后修饰以及蛋白质-蛋白质相互作用等功能蛋白质组学的研究都已越来越成为蛋白质组学研究的重要内容。

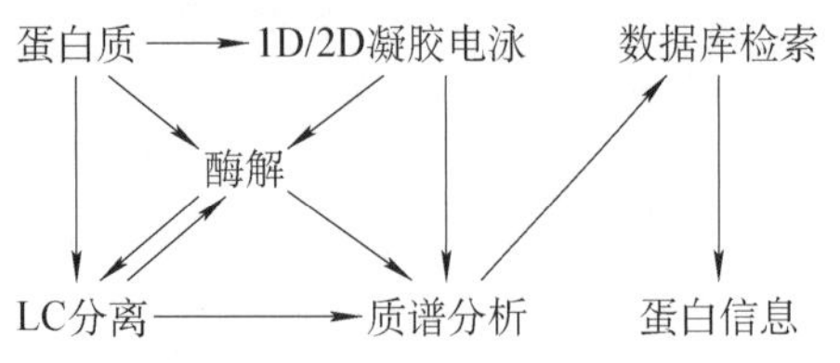

图 1－1　蛋白质组学技术路线

不论是早期蛋白质组学的表达模式研究，还是现在正风靡的蛋白质翻译后修饰或者仍待发展的蛋白质高级结构解析，样品的提取、分离、鉴定都是基础。对蛋白质的定性定量研究对其应用性至关重要。从目前蛋白质组学的研究情况看，蛋白质组学的技术路线主要有 3 种：一种是“自下而上”(bottom-up)的技术路线；第二种是“中间向下”(middle-down)的技术路线；第三种则为“自上而下”(top-down)的技术路线。蛋白质组学研究技术路线如图 1－1 所示。“bottom-up”的技术路线有时又被称作“shot-gun”。“bottom-up”方法首先把蛋白样品酶解成肽段，然后进行分离，再进行串级质谱分析和数据库搜索来鉴定蛋白。蛋白在经过一系列的预分离后再经过酶解成肽段，然后进行质谱鉴定的技术称为“middle-down”的技术路线。蛋白在经过一系列的预分离后直接进行质谱鉴定的技术为“top-down”的技术路线。“top-down”和“middle-down”的技术路线充分利用全蛋白的物理化学特性，例如，蛋白分子量、等电点、疏水性、酸碱性以及结合特性等，对全蛋白进行分离纯化。双向凝胶电泳技术就是其经典范例。近些年来基于液相色谱分离的“top-down”分离技术得到了极大的发展，无论在准确度、精确度和分析速度以及分辨率等方面都远优于双向凝胶电泳技术。这些技术包括毛细管等电聚焦和质谱联用技术、制备级等电聚焦和体积排阻色谱及质谱联用技术，以及离子交换色谱和体积排阻色谱及质谱联用技术、体积排阻色谱和反相液相色谱及质谱联用技术等。

1.3　蛋白质组学分析技术

1.3.1　传统蛋白质组分离技术

这类技术主要是电泳和液相色谱，通常使用双向凝胶电泳(two-dimensional gel electrophoresis，2DE)技术、高效液相色谱(high performance liquid chromatography，HPLC)和二维液相色谱(two dimentional liquid chromatography，2D－LC)。其他还有聚丙烯酰胺凝胶电泳(polyacrylamide gel electrophoresis，SDS－PAGE)、毛细管电泳，以及用于蛋白纯化、除杂的层析技术、超离技术等。

1.3.1.1　双向凝胶电泳

双向凝胶电泳技术是蛋白质组研究中最早的支撑技术之一，产生于 20 世纪 70 年代中叶。由于这项技术具有高重复性、可操作性、高分辨性，以及蛋白质的溶解性、特异性等性能，至今仍然是蛋白质组分析研究中的一个强有力的工具。目前，双向凝胶电泳一般指通过蛋白质的等电点(isoelectric point, pI)为第一向和相对分子质量(molecular weight, MW)的不同为第二向将蛋白高通量地分离。首先,将制备好的样品进行等电聚焦电泳(isoelectric focusing, IEF),将样品中蛋白分子按不同等电点分离开。然后,将第一向电泳后的胶条转移到第二向电泳 SDS 凝胶电泳,将蛋白按照相对分子质量的不同而分开。在样品制备过程中,应该考虑一切影响等电聚焦和凝胶电泳的因素。样品制备要根据实验需求的不同以及样品本身的特殊性而选择缓冲溶液、还原剂、去污剂等,没有一种样品的制备方法能够广泛地适用于各种各样的样品。所以,对于每个不同的样品都需要通过大量实验来摸索最合适的实验条件。有效的可重复的样品制备方法是双向凝胶电泳成功的关键。

1.3.1.2 高效液相色谱

高效液相色谱技术因具有分离效率高、分析速度快、检测灵敏度高和应用范围广等特点,被广泛应用于分离分析实践中。高效液相色谱法按组分在固定相和流动相间的分离机理的不同,可分为液固吸附色谱、液液分配色谱、离子交换色谱、凝胶色谱(排阻色谱)、亲和色谱等,其中液液分配色谱又可根据固定相和流动相极性的差别分为正相色谱(固定相极性大于流动相)和反相色谱(固定相极性小于流动相)。反相色谱是目前高效液相色谱法中应用最多和最有效的方法,也是目前蛋白和肽段分离中使用最广泛的液相分离方法。

1.3.1.3 二维或多维液相色谱

二维或多维液相色谱技术,是将分离机理不同而又相互独立的两支色谱柱串联起来构成的分离系统。样品经过第一维的色谱柱进入接口中,通过浓缩、捕集或切割后被切换进入第二维色谱柱及检测器。利用样品的不同特性将复杂混合物(如肽)分成单一组分,这些特性包括分子尺寸、等电点、亲水性、电荷、特殊分子间的作用(亲和)等。在一维分离系统中不能完全分离的组分,可能在二维系统中得到更好的分离,分离能力、分辨率得到极大的提高。对完全正交的二维液相色谱,峰容量是两种一维分离模式单独运行时峰容量的乘积。

虽然采用多维液相色谱的方法分离蛋白质和多肽,峰容量较高,对蛋白质适用面广,且全过程易于自动化,然而典型的 2D - HPLC MS 方法也有不足。因为通过蛋白质直接酶解得到的肽混合物过于复杂,难以实现对实际生物样品所含全部蛋白质的识别和鉴定,低丰度的肽段在分离过程中往往受到抑制。

1.3.2 生物质谱技术

自 20 世纪 80 年代以来,一系列新的软电离技术如快原子轰击电离、基质辅助激光解吸电离、电喷雾电离等出现后,生物质谱技术迅速发展。由于质谱(mass spectrometry, MS)技术具有高准确性、高灵敏性和自动化操作的特点,并且它能准确测量肽和蛋白质的相对分子量和氨基酸序列等,从而为蛋白质的结构解析提供可靠依据,因此质谱技术无可争议地成为当前蛋白质组学研究中不可替代的平台,质谱数据的信息质量直接决定了蛋白质鉴定的可靠性和鉴定数量。

目前,生物质谱仪中以基质辅助激光解吸电离质谱(matrix-assisted laser desorption/

ionization mass sepctrometry，MALDI－MS)和电喷雾电离质谱(electrospray ionization mass，ESI－MS)的应用最为广泛。基质辅助激光解吸电离质谱灵敏度高、可操作性强且对生物样品中的无机盐和缓冲溶液具有较好的包容性；电喷雾电离质谱选择性好、分析质量范围宽、样品消耗量小、易与各种色谱联用。而用于蛋白组分析的质谱法主要有 3 种，即肽质量指纹图谱法、串联质谱法和阶梯式测序法。

每个蛋白质经过特异性的酶解或化学水解方法水解后都可得到专一而特异的一组长短不一的肽段，肽质量指纹图谱(peptide mass fingerprinting，PMF)指用质谱检测各蛋白酶解或水解后的产物肽的相对分子质量，将所得到的蛋白酶解肽段质量数在相应数据库中检索，寻找相似肽指纹谱，从而绘制"肽图"。近年来随着蛋白质数据库信息的快速增长和完善，PMF 技术已成为蛋白质组研究中常用的鉴定方法，在蛋白质组学中最接近高通量的要求。

串联质谱(tandem MS，MS/MS)法是指将多个质量分析器相连，分离母离子，进行碰撞裂解并检测子离子。这是利用待测分子在电离及飞行过程中产生的亚稳离子，通过分析相邻的同组类型峰的质量差，识别相应的氨基酸残基，其中亚稳离子碎裂包括自身碎裂及外界作用诱导碎裂。此外，具有源后衰变(post source decay，PSD)功能的基质辅助激光解吸电离飞行时间质谱(matrix-assisted laser desorption/ionization time of flight mass spectrometry，MALDI－TOF－MS)也能对肽链测序，但存在部分缺陷，使用的效果不甚理想。串联质谱的肽序列图比 PMF 图谱复杂一些，在鉴定蛋白质时，需要将读出的部分氨基酸序列与其前后的离子质量和肽段母质量相结合，这种鉴定方法称为肽序列标签(peptide sequence tag，PST)。

另一种测定肽序列的质谱方法是阶梯式测序法(ladder sequencing)，多用于氨基酸 C 端序列分析。即用羧肽酶依次切除蛋白质或多肽的碳端氨基酸，产生包含有仅异于 1 个氨基酸残基质量的系列肽，名为梯状(ladder)，经质谱检测，由相邻肽峰的质量差而得知相应的氨基酸残基。但由于酶解是一个动态的过程，速度不一，易受干扰，故效果不甚理想。

1.3.3 酶解技术

无论是"middle-down"还是"bottom-up"技术，最终都离不开生物质谱的鉴定。而质谱对蛋白分子的解析主要是通过对肽段的鉴定反推出蛋白分子的肽质量指纹图谱。从大分子的蛋白质变成小分子的肽段离不开蛋白质的酶解，而且酶解的完全性和专一性对于质谱多肽序列的解读至关重要。

传统的酶解方法根据所使用的分离手段的不同分为溶液酶解和胶上酶解。顾名思义，溶液酶解就是在溶液体系中的水解酶解。常用的蛋白酶有专一作用在 Arg 赖氨酸和 Lys 精氨酸(碱性氨基酸)的羧基端的胰蛋白酶(trypsin)、专一作用在芳香族氨基酸的羧基端的胰凝乳蛋白酶(α-chymotrypsin)、专一作用在 Asp(天冬氨酸)和 Glu 谷氨酸(酸性氨基酸)的羧基端的 V8 蛋白酶(staphylococcal protease)、及嗜热菌蛋白酶(thermolysin)和枯草杆菌蛋白酶(subtilisin)等。目前对于蛋白组学中常用的胰蛋白酶与胰凝乳蛋白酶都是从胰脏中制备，常常不易完全分开，专一性不佳，易造成混乱。应采购 TPCK-trypsin 和 TPCK-α-chymotrypsin，才能保证酶的专一性。

蛋白质分子是具有多级结构的大分子，通常认为二硫键断裂将促使蛋白质去折叠而易于酶解，是许多肽谱作图的必要步骤。此外，二硫键断裂后，可以从肽段混合物中去除与二硫键结合的肽段，从而简化肽谱。用于断裂二硫键的最普通的方法是将胱氨酸还原成半胱氨酸残基。可是，半胱氨酸残基具有很高的反应活性，导致序列测定变得复杂(比如，形成随机二硫键，以及在去掉还原剂后很容易被氧化)。基于这个原因，通常要使它们变成稳定的衍生物(如通过烷基化作用)。对于微量蛋白，常使用还原剂 DTT(二硫苏糖醇)，烷基化试剂 IAA(碘乙酰胺) 进行 S-羧甲基化。

酶解变性过的蛋白质时，底物与酶的质量比为 200∶1 到 50∶1。之所以保持这么低的浓度是因为自由酶在酶解完成后仍存在于样品溶液中，浓度太高会干扰后续的色谱图解析或质谱鉴定，并导致了较长的孵化时间。通常使用低浓度的自由酶在 37 ℃进行长达 12～16 h 的孵化。这是传统溶液酶解方法的主要不足。其次，留在样品溶液中的蛋白酶分子容易发生自降解，对于其后的分析鉴定，尤其是对于低丰度样品的鉴定仍有着严重的信号抑制和干扰。再者，随着与"鸟枪法"相对的"middle-down"方法的快速发展，在线的全蛋白分离-酶解-质谱鉴定已经成为蛋白质组学技术的一个发展趋势，而如此耗时的酶解过程严重影响了蛋白质组学技术发展的通量性。除此之外，为了酶解的完全性，在传统酶解过程中还经常加入一些变性剂，会有利于于蛋白分子结构的展开，如尿素、乙二胺四乙酸(ethylene diamine tetraacetic acid, EDTA)、表面活性剂等，这些添加剂将会对酶解产物造成污染或需要额外的纯化处理，这些都是传统溶液酶解方法无法克服的困难。因此，发展高效、便利的新的酶解方法以促进蛋白质组学技术的快速发展已成为一个亟待解决的问题。

1.3.4 蛋白质组学的低丰度富集浓缩技术

虽然 MALDI-TOF-MS 和 LC-ESI-MS 在鉴定痕量蛋白/肽段上十分灵敏，但是在鉴定实际生物样品中的低丰度肽段/蛋白上还是显得不足，这是因为：一方面，实际生物样品中的部分肽段/蛋白不仅浓度相当低(小于 1 $nmol \cdot L^{-1}$)，且这部分分子的信号还往往受到高丰度的肽段/蛋白的信号以及样品处理过程中引入的杂质的严重干扰；另一方面，人们感兴趣的与疾病信号传导相关的蛋白如转录因子、成长因子、蛋白激酶等，多为低丰度蛋白，与代谢或生命活动相关的内源性肽段，如神经肽、荷尔蒙等在鉴定过程中往往也被高丰度蛋白信号所掩盖。因此，在质谱分析前浓缩并分离复杂生物样品中的低丰度肽段/蛋白十分重要，低丰度蛋白/肽段的有效浓缩是实现其准确分析和鉴定的重要条件之一。实际上，在蛋白质组学研究过程中，许多方面都涉及样品的有效富集，以胶内酶解样品的分析为例：酶解肽段提取液的体积太大，在质谱分析前必须浓缩。

1.3.4.1 溶剂蒸发法

溶剂蒸发法是目前最常用的样品浓缩方法之一，就是将样品放入冷冻干燥机，在抽真空条件下使溶剂挥发而达到浓缩样品的方法。溶剂蒸发法费时费力，在干燥过程中容器表面会吸附样品而造成大量的肽段损失，同时无机盐等杂质也会被浓缩，这些都将严重影响质谱鉴定的灵敏度。

1.3.4.2 色谱浓缩法

色谱浓缩法是另一种常用的样品浓缩方法。它是利用样品与吸附剂之间的相互作用对样品进行浓缩，吸附剂一般是采用烷基链修饰的硅胶。该方法能实现在对样品进行有效浓缩的同时，去除样品中的盐分和其他杂质。尤其是在液相色谱与质谱联用时，为了防止样品中的盐分等杂质进入质谱影响信号检测，经常采用在分离柱前连接一根短小的反相预柱，以改进对样品浓缩和除盐的效果。进行样品除盐浓缩的商品（化产品）Zip-tip 和 Zip-plate 都是基于色谱浓缩法的原理。分别是在枪头管尖或是 96 孔板孔的底部填充少许反相填料，操作相对繁琐；但由于填料很少，因此能富集浓缩的样品量很有限。

1.3.4.3 靶上富集方法

近年来随着 MALDI 质谱的广泛应用，发展了在 MALDI 靶上直接富集的方法。常用的方法是首先对靶板进行修饰，通过修饰表面与分析物存在的各种相互作用而选择性地富集蛋白质/多肽样品，再用去离子水冲洗除去其中的盐类物质。这样，富集和除盐均可在靶上直接进行，省去了容易造成样品损失的洗脱转移过程，在分析鉴定痕量蛋白时体现了其优越性。Orland 等先后发展了固定抗体——抗原的特异性相互作用的选择性靶上富集方法[1]；还有固定单分子层的十八烷基硫醇（octadecanethiol）的疏水作用靶上除盐富集方法[2]；以及通过静电相互作用靶上富集蛋白/多肽的方法[3]。Liang 等[4]则在靶上经由一层硝化纤维薄膜固定抗体，通过免疫反应富集肽段。Schuerenberg 等[5]发展了靶上亲水作用富集多肽的方法。最近，杨芃原教授等还将具有疏水作用的聚甲基丙烯酸甲酯（polymethyl methacrylate，PMMA）修饰到靶板上，开发了能富集除盐同步进行的靶上肽段富集方法[6]。靶上直接富集除盐方法更适用于分析含有高浓度盐类物质的小体积样品。

1.3.4.4 电洗脱富集方法

电洗脱是将蛋白质从二维凝胶电泳分离后的胶上直接转移进行质谱鉴定分析蛋白质样品的有效方法。传统的电洗脱方法需要大量的缓冲液，容易造成样品的稀释，这样既阻碍了洗脱的有效进行，又影响了后续的质谱检测。Clarke 等设计了一套只需要极少缓冲液的新的电洗脱系统，包含了从胶上分离后的蛋白质样品富集装置[7]：首先用聚合苯乙烯二乙烯基苯（polymeric styrene divinylbenzene）膜富集蛋白质，然后再用去离子水冲洗膜以除去非特异性富集在膜上的盐和小的亲水性有机分子，最后被富集的蛋白质经 80% 的甲醇水溶液从膜上洗脱后再用 MALDI - MS 进行分析，可以分析低至 10^{-12} mol · L^{-1} 的蛋白质溶液。

1.3.4.5 基于纳米材料的固相微萃取富集方法

纳米技术被誉为未来影响人类生活和经济最深远的 3 大科技之一，它使人类认识和改造物质世界的手段和能力延伸到原子和分子。随着扫描隧道显微镜（scanning tunneling microscope，STM）、原子力显微镜（atomic force microscope，AFM）以及扫描探针显微镜（scanning probe microscope，SPM）等微观表征和操纵技术的问世，纳米技术获得了突飞猛进的发展，并交叉产生了一系列新的学科。在科技发展历史的每个阶段，人类生存和生活的改善始终是科技发展的终极目标，因此纳米科技与生物医学的交叉是必然的发展趋势，纳米生物医学及其相关技术是目前纳米科技领域最为活跃的方向之一。

用于生物医学领域的纳米粒子(1～1 000 nm)主要有金属及其合金纳米粒子、金属氧化物纳米粒子、有机聚合物微球和有机无机复合物微球。由于这些纳米粒子尺寸非常小,因此相对于常规的块体材料而言,它们具有许多不寻常的特点,如特殊的表面效应和奇异的光、热、磁等物理性质。比如,随着粒子尺寸的减小,粒子的比表面积大大增加,当粒径为 10 nm 时,比表面积为 90 $m^2 \cdot g^{-1}$;当粒径为 5 nm 时,比表面积为 180 $m^2 \cdot g^{-1}$;当粒径为 2 nm 时,比表面积猛增到 4 500 $m^2 \cdot g^{-1}$。与此同时,由于超大的比表面积,粒子表面键态严重失配,从而产生许多活性中心,因此纳米粒子具有非常高的表面活性。对于磁性纳米材料来说,当磁性纳米粒子尺寸小到一定程度后(即到达临界尺寸),材料就会显示出超顺磁性。而对于聚合物粒子来说,粒子表面易于通过各种反应得以功能化,加上它们较大的比表面积,这些都是使聚合物粒子具有较大的功能基团密度、电荷密度以及较好的分散稳定性,从而使其特别适于生物医学领域的应用。比如,表面带有反应性基团的聚合物微球可以固定生物大分子;表面带电荷的聚合物粒子,一方面有利于提高其合成、贮存以及生物流体(高粒子强度)混合过程中的稳定性,另一方面可通过电荷相互作用将反电荷的分子(药物或者生物大分子)吸附到聚合物粒子的表面。

近年来,随着蛋白质组学受到越来越多的关注,纳米材料也因巨大的应用潜力迅速地发展,并应用于蛋白质组学分析中。早期已有研究采用纳米材料(如纳米金刚石、金纳米粒子等)来富集生物大分子,并且基于纳米材料的富集方法也成为近年来的研究热点。传统的富集除盐方法,如反相高效液相色谱、体积排阻色谱等通常操作复杂,洗脱步骤会造成大量的样品损失,影响样品的检测,因此不适用于痕量蛋白质/多肽样品。而基于纳米材料的固相微萃取富集方法为解决此问题提供了新的思路。基于纳米材料的固相微萃取方法是运用经过不同化学修饰的纳米材料表面与样品的不同相互作用对蛋白质/多肽直接进行富集除盐,同样无需洗脱或仅需少量洗脱液来减少样品的损失,这种方法与传统的富集除盐方法比较,更适用于痕量样品的检测分析。纳米沸石粒子除了具有大的比表面积、可变的微孔形状、良好的热稳定性和机械稳定性等优点,还与生物大分子之间存在静电和疏水相互作用,近年来被广泛应用在生物大分子的富集纯化上。由于纳米沸石粒子拥有更大的比表面积,在溶液中具有高度分散性,还有各种可调的表面性质(如可调的表面电荷和亲/疏水性),使得蛋白质和沸石表面可以发生多种作用而得到富集,且缓冲液中的盐不会和蛋白质/肽共同富集。另外,由于纳米沸石粒子颗粒小,富集了样品的颗粒可以直接点覆在 MALDI 靶上进行质谱检测而免去了洗脱步骤,因此避免了洗脱过程中的样品损失。复旦大学杨芃原教授课题组发展了多种用纳米沸石粒子富集低丰度的蛋白质/多肽的方法[8～10],如纳米沸石特异性的高效吸附硒蛋白质的新方法,采用含 Co^{2+} 的纳米沸石,利用近临组氨酸和 Co^{2+} 形成很强的螯合作用,使硒蛋白质得到高效的富集,同时,这种纳米沸石组装体材料具有丰富的离子交换性,材料表面丰富的硅羟基易于功能化、稳定性好、刚性强、孔道均匀,从而为低丰度硒蛋白质的选择性富集提供了新途径[8]。如利用纳米沸石材料具有大的比表面积以及和多肽具有多种相互作用力的优点,高效富集了痕量蛋白质和多肽,又由于它的特殊的尺寸特点使得纳米沸石富集样品后可以直接地点在 MALDI 靶板上进行质谱分析,该方法可以测定浓度低至20 $ng \cdot \mu L^{-1}$的多肽,富集效率高达 1 000 倍以上[9];另外,通过纳米沸石粒子表面改性并

螯合上 Fe^{3+} 之后，可以有效地、选择性地富集磷酸化蛋白质和磷酸化多肽，为蛋白质的翻译后修饰提供了新方法[10]。此外，还发展了纳米高分子复合材料，以作为富集载体用于痕量多肽或蛋白质的富集除盐[11]。

1. 微珠材料

早期发展较多的方法为采用直接在微珠上固定抗体的方法来富集蛋白质/多肽。但这种通过抗原抗体反应，选择性地富集目标蛋白质的方法常常会受到选择特异性的限制。随后，Doucette 等[12]发展了用疏水性高聚物色谱微珠预富集稀溶液中的蛋白质并在微珠上直接进行酶解后进行 MALDI－MS 检测，其富集原理仍然基于利用反相色谱填料和样品间的疏水性相互作用。由于微珠体积小，吸附着酶解产生的肽段的微珠可直接置于靶板上，加上基质溶液，待微珠-基质混合溶液在气流中吹干后就可直接进行质谱检测。对于含有高浓度污染物的稀蛋白质溶液，这种快速简便的浓缩和除盐的过程，大大缩短了酶解时间，提高了酶解效率，避免了未预富集的稀蛋白质溶液酶解得到的质谱图常常受胰蛋白酶自降解产物干扰的问题，可以得到较强信号的质谱图，能用于仅含 100 $nmol \cdot L^{-1}$ 蛋白质的高污染样品的常规分析。

2. 磁珠类材料

在有机无机复合粒子中，研究得最多的是磁性聚合物微球，如 Girault 等[13]选择用链亲和素磁珠富集生物素化的肽段，基于抗原抗体作用的富集原理和磁珠相结合的方法已经越来越多地被商业化和广泛运用，如去除血清中的高丰度蛋白中常用的磁珠。Lee 等[14]在磁珠上固定氨基苯基硼酸(aminophenylboronic acid，APBA)，通过硼羟基和糖蛋白中的反式-1,2-二醇结构发生可逆反应从而有效地富集糖蛋白。复旦大学张祥民课题组发展了多种纳米磁珠类材料，利用其表面修饰的金属离子或金属氧化物基团和磷酸化蛋白的磷酸根之间的螯合作用、静电作用等进行了富集研究[15, 16]。如以 Fe^{3+} 修饰的基团可以实现 0.02 $nmol \cdot mL^{-1}$ 的 β 酪蛋白(β-casein)酶解产生的单磷酸化肽段与多磷酸化肽段的选择性富集和磷酸化位点鉴定[15]；表面修饰 ZrO_2 的纳米磁珠仅需 30 s 就可以选择性地富集磷酸化肽段[16]，在 β-casein 和牛血清白蛋白(bovine serum albumin，BSA)摩尔比为 1∶50 的溶液中，仍然可以保持非常高的选择性。同时，由于纳米磁球尺寸小，还可以不经过洗脱直接将吸附有磷酸化肽段的磁球点覆于 MALDI 靶板表面，该方法成功运用于人血清蛋白中的磷酸化蛋白富集和鉴定。在上述方法中，在清洗磁性微珠和从磁珠上洗脱样品的过程均可以通过磁铁很容易将磁珠或者纳米磁球固定，便于操作。

3. 基于功能化多孔材料的固相微萃取富集

随着纳米技术的迅速发展，开发具有不同特性的功能化纳米材料应用于材料与其他学科领域的交叉科学成为目前纳米科技的重要研究内容。鉴于体积排阻色谱的富集原理，许多研究采用多孔材料作为固相微萃取吸附剂来进行蛋白质/多肽的富集。分子筛是最经典的一种多孔材料，多为有序多孔硅酸盐或二氧化硅组成的含有孔道骨架结构的材料。由于结构的特殊性，骨架结构中的微小空穴孔道能把比孔道直径小的分子吸附到孔穴的内部中来，而把比孔道大的分子排斥在外，因而能把尺寸大小不同、极性不同、沸点不同，或饱和程度不同的分子分离开，具有“筛分”分子的作用。介孔材料是一种孔径介于微孔与大孔之间的具有巨大表面积和三维孔道结构的新型材料，同样具有根据尺寸大小筛分分子的功能。

介孔材料分为硅系和非硅系两大类，硅基介孔材料孔径分布狭窄，孔道结构规则，可用于催化、分离提纯、药物包埋缓释、气体传感等领域。另外，硅基材料利用引入杂原子取代原来硅原子的位置，不同杂原子的引入会给材料带来很多新的性质，例如，稳定性的变化、亲疏水性质的变化，以及催化活性的变化等，拓宽了材料的研究领域。非硅系介孔材料主要包括过渡金属氧化物、磷酸盐和硫化物等，已广泛应用于吸附、催化剂负载、酸催化、氧化催化（如甲醇烯烃化、碳氢化合物氧化）等领域。内表面积大和孔容量高的活性炭已成为主要的工业吸附剂。此外，用介孔碳制得的双电层电容器材料的电荷储量高于金属氧化物粒子组装后的电容量，更是远高于市售的金属氧化物双电层电容器。二氧化钛基介孔材料具有光催化活性强、催化剂载容量高的特点，其结构性能和表征方面的研究颇多。近年来，介孔材料在蛋白质组学中应用非常广泛，氧化硅多孔材料已经成功应用于人血浆中的肽段富集。但这些纳米多孔材料的形状和孔道不规则，降低了富集效率。Tian 等[17]尝试合成了具有均匀孔径的高度有序的介孔材料用于人血浆中肽段的选择性富集，与离心超滤机理类似，利用孔径的分子量截留原理除去了其他大蛋白质分子。他们通过对比具有不同孔径大小的介孔材料，发现孔径约为 2 nm 的 MCM－41 对人血浆样品中的内源性肽段具有最好的富集效率，MCM－41 能富集相对分子质量小于 12 kDa 的肽段。随后他们也研究了具有不同表面功能化的介孔材料用于复杂生物样品中内源性肽的富集，为肽组学分析开拓了新的方向。

1.3.5 翻译后修饰蛋白质组学分离技术

蛋白质的翻译后修饰是指生物体对表达出的蛋白质进行翻译后的化学修饰的过程，主要是通过在蛋白质肽链中的一个或几个氨基酸残基上加上修饰基团或通过蛋白质水解剪切改变蛋白质的性质。蛋白质的翻译后修饰不仅调节着蛋白质本身的活性状态、定位、折叠以及蛋白间的相互作用，在细胞的生物学过程中也起着关键的作用，如细胞的识别、信号传导、生长与分化等，而这种关键的调控作用在功能蛋白质形成过程中的规律性又无法在基因水平上得到答案。因此，蛋白质的翻译后修饰已经成为蛋白质组研究的重要内容之一。目前，报道过的翻译后修饰超过 200 种，常见的有磷酸化、糖基化、甲基化、乙酰化和泛素化修饰等，其中磷酸化和糖基化修饰研究较多。

研究纷繁芜杂的蛋白质翻译后修饰的蛋白质组学称为翻译后修饰蛋白质组学（post-translational proteomics 或者 modification-specific proteomics）。研究蛋白质的翻译后修饰有着极其重要的意义，但由于分析方法的限制，对于翻译后修饰蛋白质的规模化研究现在还处于探索发展阶段。这一方面是由于翻译后修饰的多样性，另一方面，翻译后修饰存在着时空特异性，蛋白质的修饰类型及修饰程度随着生物生存环境及内在状态的变化会表现出极大的差别，有的修饰甚至是转瞬即逝的，这对分析技术和分析方法提出了很高的要求。目前研究翻译后修饰蛋白质组学的主流方法是利用现有的蛋白质组学技术体系，如电泳、高效液相色谱、亲和技术、生物质谱，以及生物信息学工具，对翻译后修饰的蛋白质或肽段进行分离富集并对修饰位点进行标记，通过质谱检测和生物信息学处理进行蛋白质和修饰位点的鉴定。翻译后修饰蛋白质在生物样品中虽然种类繁多，丰度却不高，容易被一些高丰度蛋白所掩盖，而且由于修饰基团的存在可能会影响其在质谱中的离子化效率，因此，翻译后修饰蛋白质的富集分离问题和串级质谱的裂解效率问题是推动翻译后修饰蛋白质组学研究的关键所在。

1.3.5.1 磷酸化蛋白质组学

1. 磷酸化蛋白质组学概述

随着人类基因组计划的实施和推进，生命科学研究已经进入了后基因组时代。目前，生命科学的主要研究对象是功能基因组学，而其所采用的研究策略是从细胞中 mRNA 的角度来考虑的。但蛋白质才是生理功能的执行者，是生命现象的直接体现者，基因组计划的实现固然为生物有机体全体基因序列的确定、为未来生命科学研究奠定了坚实的基础，但并不能提供认识各种生命活动直接的分子基础。因此，要对生命的复杂活动有全面而深入的认识，阐明生命在生理或病理条件下的变化机制，就需要在蛋白质水平上进行研究。同时，蛋白质本身的存在形式和活动规律，如翻译后修饰、蛋白质间的相互作用以及蛋白质构象等问题，也依赖于直接对蛋白质的研究来解决。但传统的对单个蛋白质进行研究的方式已无法满足后基因时代的要求，因此蛋白质组学(Proteomics)作为一门新兴科学应运而生。

蛋白质组学的复杂性不仅在于细胞中蛋白质种类的繁多，更在于蛋白质多样的翻译后修饰。许多蛋白质在翻译后会在不同的基团上发生不同的修饰，如磷酸化、糖基化、甲基化、乙酰化等。修饰后的蛋白质在生物体的功能调节上起关键作用，而在所有的翻译后修饰中，可逆磷酸化修饰可谓重中之重。1992 年诺贝尔生理学和医学奖便授予 Edmond Fischer 和 Edwin Krebs，以表彰他们发现了作为生物调节机制的蛋白质可逆磷酸化修饰。目前，已知有许多人类疾病是由于异常的磷酸化修饰所引起，而有些磷酸化修饰却是某种疾病所导致的后果。鉴于磷酸化修饰在生命活动中所具有的重要意义，探索磷酸化修饰过程的机理及其功能已成为众所关心的内容。传统的方法注重对单一蛋白质研究，而蛋白质组学注重研究参与特定生理或病理状态的所有蛋白质种类及其与周围环境(分子)的关系。所以用蛋白质组学的理念和分析方法研究蛋白质磷酸化修饰，可以从整体上观察细胞或组织中磷酸化修饰的状态及其变化，对以某一种或几种激酶及其产物为研究对象的经典分析方法是一个重要的补充，并提供了一个全新的研究视角，由此派生出磷酸化蛋白质组学(Phosphoproteomics)这一新概念。

2. 蛋白质可逆磷酸化修饰

蛋白质的可逆磷酸化是一种最常见的翻译后修饰，是生物体内重要的生物化学过程之一。基因组预测的结果显示真核生物中 2%～3%的基因编码的蛋白质是参与磷酸化修饰过程的蛋白激酶。而人类基因组序列则预测出至少 100 个磷酸(酯)酶的存在。据估计，约50%的蛋白质在其生命周期中发生过磷酸化修饰，而人类蛋白中至少存在着 100 000 个磷酸化位点。蛋白质可逆磷酸化修饰的重要性也由此可见一斑。

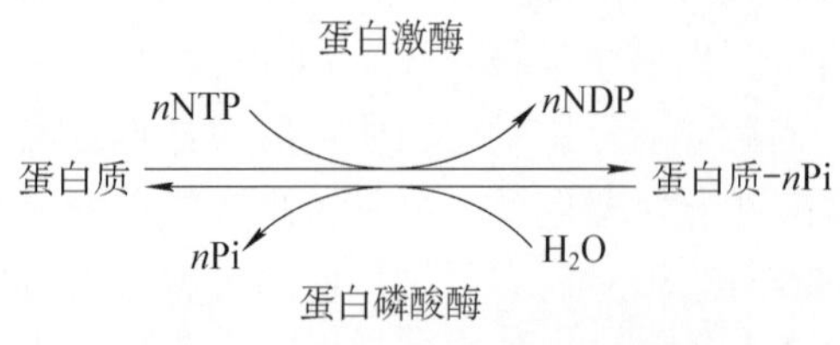

图 1-2 蛋白质的磷酸化与去磷酸化

蛋白质磷酸化和去磷酸化这一可逆过程，受蛋白激酶和磷酸(酯)酶的协同作用控制，如图 1-2 所示。蛋白质的磷酸化是在蛋白激酶的催化下，由腺嘌呤核苷三磷酸(简称三磷酸腺苷，adenosine triphosphate，ATP）提供磷酸基团及能量完成的，而去磷酸化则是由磷酸（酯）酶催化的水解反应。蛋白质磷酸化和去磷酸化能够改变蛋白质结构、活性及其相互间的作用，从而调节如细胞信号传导、细胞分化、细胞生长、细胞凋亡等几乎所有的生命活动，因此也被形象地描述为细胞生理活动的分子开关。蛋白质磷酸化之所以能够调控如此多的细胞功能，是由蛋白质磷酸化的多样性决定的。蛋白质磷酸化主要分为 4 种类型：（i）O－磷酸盐是最常见的磷酸化类型，主要发生在丝氨酸、苏氨酸及酪氨酸残基上；（ii）N－磷酸盐主要发生在精氨酸、赖氨酸及组氨酸残基上；（iii）酰基磷酸盐主要发生在天冬氨酸及谷氨酸残基上；（iv）S－磷酸盐主要发生在半胱氨酸残基上。相比于后三者，第一种磷酸化形式是比较稳定的，研究报道最多，方法也比较成熟。丝氨酸和苏氨酸的磷酸化在碱性条件下是不稳定的，其磷酸化基团会发生 β 消除而脱去。当酪氨酸发生磷酸化修饰时，磷酸化基团与酪氨酸中的苯环相连，在碱性条件下是比较稳定的，不会发生 β 消除。在真核生物中，丝氨酸磷酸化最多，苏氨酸磷酸化其次，而酪氨酸磷酸化最少，三者的比例约为 1 800∶200∶1。

3. 磷酸化肽段及磷酸化位点的鉴定

蛋白质组学的科学研究之所以能够取得蓬勃发展，主要依赖于生物质谱技术的飞速发展以及高通量分离分析技术的突破性进步。尤其是生物质谱技术，随着“软电离源”技术——电喷雾电离和基质辅助激光解吸电离的发展，已经成为检测微量甚至是痕量蛋白质分子的主要手段。同时，蛋白质组学研究中对高通量、高效率、高准确性的分析鉴定技术的依赖，也使得生物质谱成为实现这一目标的核心分析技术。

一个磷酸化蛋白可能同时具有多个磷酸化位点，但只有其中一个或几个位点发生磷酸化修饰。因此，如何在准确地鉴定磷酸化肽段序列的同时确定磷酸化位点成为磷酸化蛋白研究中的主要问题。现今，磷酸化肽段序列及磷酸化位点的确定主要是利用串级质谱技术（tandem mass spectrometry）来实现的，国内外已经报道了多种用于磷酸化蛋白研究的串级质谱技术，下面以离子碎裂方式的不同加以简单介绍。

（1）碰撞诱导解离

碰撞诱导解离（collision-induced dissociation，CID）技术是引入惰性气体将肽段离子撞碎，也就是说引入的是能量，是能级的升高迫使肽键断裂。利用 CID 作为碎裂方式时，肽段离子吸收碰撞能后肽键处发生断裂产生一系列碎片离子，N 段离子为 b 离子，而 C 段离子为 y 离子，如图 1－3 所示。由于酪氨酸残基上的磷酸化修饰比较稳定，酪氨酸磷酸化肽段在 CID 碎裂的过程中产生质荷比（m/z）为 216.043 的特征离子，这是磷酸酪氨酸的亚氨离子（immonium ion）。Steen 等[18]已将这一特征离子用于酪氨酸磷酸化肽段的鉴定。但如果磷酸化修饰发生在丝氨酸或苏氨酸残基上时，CID 碎裂将使其残基上的磷酸酯键断裂，发生磷酸基团的中性丢失，产生脱氢丙氨酸或脱氢氨基丁酸。因此，中性磷酸分子被作为鉴定丝氨酸或苏氨酸磷酸化的特征离子，应用到传统三级、四极杆质谱鉴定中，主要有下述两种不同的扫描方式。

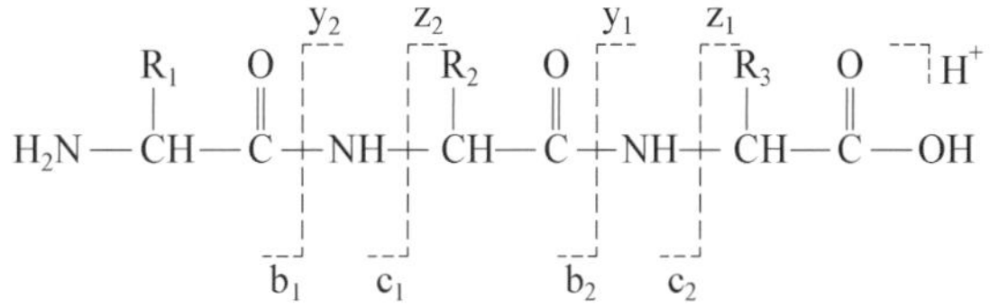

图 1－3 不同碎裂方式产生的肽段碎片离子

① 中性丢失扫描

在三级、四极杆质谱仪中，第一个质量分析器（Q1）和第三个（Q3）质量分析器同步扫描，但扫描范围保持一个特定的电压差值，这个电压差所代表的质荷比为中性磷酸分子的质量（m/z 为 97.9 或 m/z 为 49）。Q1 扫描过的离子在 Q2 内裂解后进入 Q3，只有在 Q2 中发生中性丢失的离子才会被 Q3 传输到检测器。此方法的优点是以正离子模式进行扫描分析，找到磷酸肽后可以直接分析序列及磷酸化位点，但是该方法的特异性不高，比较容易产生假阳性结果，需要从串联谱图中加以确认。

② 母离子扫描

在三级、四极杆质谱仪中，连续扫描第一个分析器 Q1。Q1 扫描过的离子在 Q2 内裂解后进入 Q3，将 Q3 分析器设定为只能传输某一特定质荷比的子离子，如 m/z 为 79（PO_3^-），这样得到的质谱图仅显示会发生中性丢失的谱峰。由于多肽产生的各种碎片离子几乎没有质量数在 79Da 附近的，所以用这一质量数进行磷酸肽段母离子扫描的特异性很高。

在 CID 碎裂时，磷酸化肽段离子吸收的大部分碰撞能量都用于其磷酸酯键的断裂，减少了其肽键处的断裂。因此，获得的 b，y 碎片离子数量有限，从而影响磷酸化肽段序列的准确鉴定。生物质谱技术的进步，尤其是线性离子阱（linear ion trap）的出现，为磷酸化肽段及磷酸化位点的鉴定提供了新方法——三级串级质谱（MS/MS/MS）。如图 1－4 所示，在三级串级质

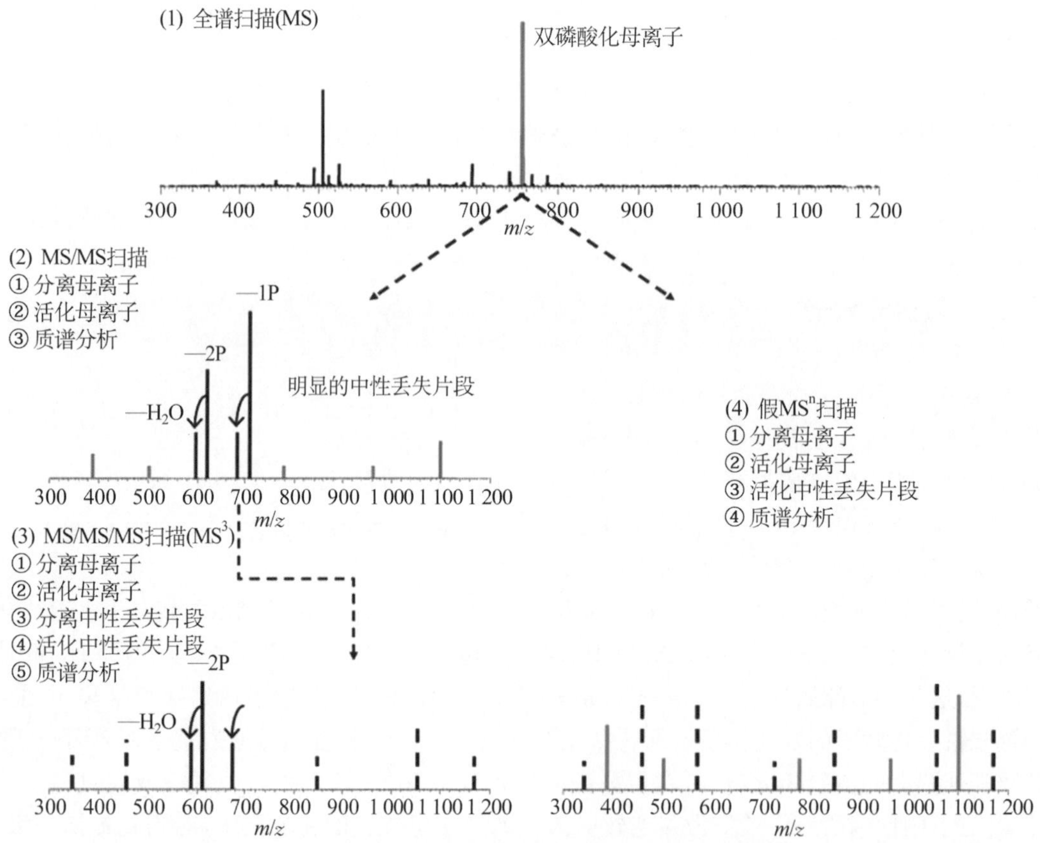

图 1－4 三级串级质谱与多级碎裂质谱流程示意

谱技术中，第一级质谱用于进行一定质量范围内的全扫描。然后强度最强的几个离子分别进行 CID 碎裂，产生的碎片离子由二级质谱进行扫描。如果在二级质谱中发现与母离子质荷比相差为中性磷酸分子质量（m/z 为 97.9 或 m/z 为 49）的中性丢失离子，则将这个碎片离子进行第二次 CID 碎裂，新产生的碎片离子由第三级质谱扫描鉴定。三级串级质谱能够提供更多的磷酸化肽段序列信息，同时可以更准确地确定磷酸化位点。最近，由三级串级质谱技术发展而来的多级碎裂（multi-stage activation）也用于了磷酸化肽段的鉴定。在多级碎裂技术中，母离子的碰撞碎裂与中性丢失离子的碰撞碎裂是相继进行的，然后，将二级质谱与三级质谱的谱图叠加得到最后的串级质谱图，如图 1－4 所示。

2005 年 Thermo 公司推出了线性离子阱和静电场轨道阱串联组合高分辨质谱仪 LTQ-Orbitrap，它可以更快、更灵敏、更可靠地鉴定复杂混合物中的成分，相对其他质谱仪，LTQ-Orbitrap 具有以下显著优势：(ⅰ)精确度高；(ⅱ)分辨率高；(ⅲ)动态范围大，检测能力强。LTQ-Orbitrap 的出现，使高分辨质谱仪得到更广泛的应用，同时也为磷酸化蛋白质的研究提供了新技术。Villén 等[19]的研究显示，高分辨质谱仪能够提供准确的母离子质谱信息，因此二级串级质谱能准确地鉴定磷酸化肽段并同时确定磷酸化位点，而由中性丢失触发的三级串级质谱则可以省略。在大规模的蛋白质组学实验中，质谱数据的采集速率决定了对复杂样品的鉴定程度。虽然 MS/MS/MS 或多级碎裂都能为磷酸化肽段的鉴定提供更多有效的碎片离子信息，但更长的扫描循环时间意味着相同时间内扫描循环数的减少，减少了总体上的肽段鉴定数量。所以 MS^3 或多级碎裂更适合于没有高分辨质谱仪条件下的磷酸化蛋白研究。

(2) 电子捕获解离

1998 年 Zubarev 等[20]发明了一种新的用于多电荷蛋白或肽段离子的碎裂方式——电子捕获解离（electron capture dissociation, ECD）。简单地说，ECD 是通过低能电子与带多个正电荷的蛋白或肽段的结合产生碎片离子，这是一种非多态性（non-ergodic）过程。这个过程中断裂反应先于分子内振动能量重新分布进行。虽然 ECD 与其他碎裂方式中参加反应的母离子相同，但其产生的碎片离子却迥然不同。如图 1－3 所示，在 ECD 碎裂中，键的断裂发生于肽段骨架上酰胺与 α 碳原子之间，产生的碎片离子 N 段为 c 离子，而 C 段为 z 离子。ECD 碎裂产生的碎片离子不受肽段氨基酸序列的影响，但不能产生 N 段为脯氨酸残基的碎片离子，这是因为脯氨酸的氨基与 α 碳原子之间是环状结构。ECD 的优点在于其碎裂只发生于肽段的骨架结构，而不稳定的磷酸化修饰基团保留在 c 或 z 离子的氨基酸残基上，因此能够准确地鉴定磷酸化位点。ECD 技术对多磷酸化肽段的鉴定也十分有效。迄今为止，ECD 是在傅里叶变换-离子回旋共振质谱（Fourier transform ion cyclotron resonance mass spectrometry, FT－ICR MS）中实现的，这是因为获得低能电子需要一个静态磁场的存在。同时，由于 FT－ICR MS 高昂的价格和维护费用，限制了 ECD 技术的广泛应用。

(3) 电子转移解离

电子转移解离（electron transfer dissociation, ETD）是作为电子捕获解离的替代技术发展起来的，它可以提供与 ECD 相同的碎裂方式。Syka 等发现具有足够低的电子亲和力的负离子（如蒽或偶氮苯）可以作为合适的、大规模使用的电子供体。这种电子供体与带多个正电荷的蛋白或肽段离子结合后，通过与 ECD 中相同的非遍历态过程使肽段断裂。由于不需要低能电子，ETD 技术的适用范围更广，已成功应用于磷酸化蛋白研究中。Molina 等[21]

的研究显示，利用ETD鉴定到的磷酸化肽段数比利用CID鉴定到的磷酸肽段数要多60%，这是因为ETD比CID多提供平均40%的碎片离子信息。Molina等同时指出，有效地结合CID和ETD能够最大可能地实现全磷酸化蛋白质组分析。大部分胰蛋白酶酶解得到的肽段电离后都带两个正电荷，更适用于CID碎裂方式。而ECD或ETD碎裂方式适合于带大于3个正电荷的肽段离子，因此，要使其碎裂效率更高则要求使用适合的蛋白酶。胞内蛋白酶是一个合适的选择，因为它只在C端赖氨酸处进行酶切，可以得到更长的肽段，因而能够增加肽段所带电荷。Molina等对比了胰蛋白酶和胞内蛋白酶对ETD碎裂效率的影响发现，利用胞内蛋白酶酶切蛋白并没有提高ETD的碎裂效率，这是因为磷酸基团的出现影响了胰蛋白酶的酶切效率。最近Kjeldsen等[22]提出一种提高肽段所带电荷数的新方法。通过在液相流动相中添加0.1%的间硝基苄醇，胰蛋白酶酶切的肽段所带电荷数由两电荷增加到三电荷或更高，可改善其在ETD中的碎裂效果。

4. 磷酸化蛋白质/肽段的分离与富集

虽然磷酸化蛋白质的数量巨大，但在某一时间段内蛋白质中只有小部分发生磷酸化修饰。而磷酸化肽段在蛋白质酶解产物中又表现为低丰度，质谱对磷酸化肽段的响应会被高丰度的非磷酸化肽段所抑制，甚至无法检测。所以，只有采用相对高效的分离或富集策略，对磷酸化蛋白或者磷酸化肽段进行富集，提高磷酸化肽段的相对含量，使用质谱技术分析才更为可行。由此看来，如何简便高效地实现对磷酸化蛋白或磷酸化肽段的富集，是磷酸化蛋白质组学中非常重要的研究内容。

(1) 免疫沉淀法

免疫沉淀反应即利用抗体特异性地识别磷酸化蛋白质并与之结合。通过抗磷酸氨基酸抗体与磷酸化蛋白质的免疫沉淀反应来检出磷酸化蛋白质是较常用的方法。现已有商品化的抗酪氨酸磷酸盐抗体用于磷酸化蛋白的研究，Rush等[23]通过酪氨酸磷酸化抗体进行免疫沉淀富集，鉴定了4种细胞中的总计600多个酪氨酸磷酸化肽段，其中至少含有559个磷酸化位点信息。这类型抗体的特异性较好，但只适用于磷酸化蛋白的富集，对磷酸化肽段的富集效果并不理想。磷酸化丝氨酸和苏氨酸的抗原决定簇较小，抗原抗体结合位点有空间障碍，所以抗体结合力较差，特异性不高，需要利用其他方法富集丝氨酸和苏氨酸磷酸化蛋白。

(2) 化学修饰法

化学修饰法也是近几年发展起来的磷酸化肽段的分离富集方法。其主要思路是利用不同的化学方法处理磷酸化肽段，在磷酸化位点上标记特异性的修饰基团，从而实现磷酸化肽段的选择性富集。这些修饰方法主要可以分为：(ⅰ)基于β消除反应的方法；(ⅱ)基于1-(3-二甲氨基丙基)-3-乙基碳二亚胺盐酸盐(1-(3-dimethylaminopropyl)-3-ethyl carbodiimide hydrochloride, EDC)催化的方法。

① 基于β消除反应

丝氨酸和苏氨酸残基上的磷酸化修饰不稳定，在强碱下极易发生β消除形成脱氢丙氨酸和脱氢氨基丁酸残基，如图1-5所示，消除磷酸基团后产生的双键成为Michael加成反应的受体。现已报道利用β消除对磷酸化肽段进行化学标记的多种方法，以实现磷酸化肽段的选择性富集。

在Oda等[24]报道的方法中，磷酸化肽段先在强碱性条件下发生β消除，而后利用乙二

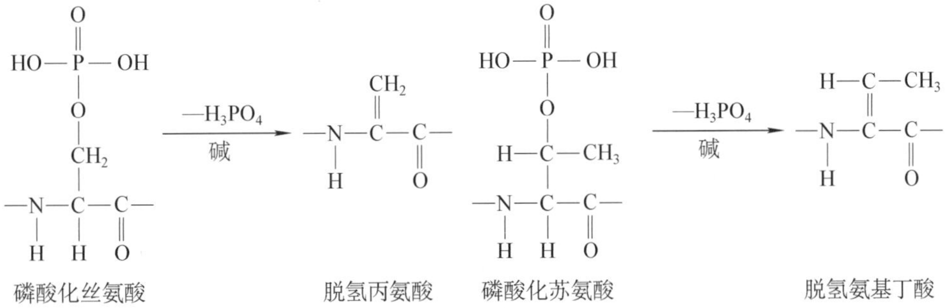

图 1-5　磷酸化丝氨酸/苏氨酸残基上的 β 消除反应

硫醇或丙二硫醇作为亲核试剂通过 Michael 加成在丝氨酸或苏氨酸残基修饰上巯基。修饰后的磷酸化肽段标记上生物素标签，基于生物素的特异性实现磷酸化肽段的选择性富集，步骤如图 1-6(a)所示。但是该方法存在灵敏度低、低丰度蛋白易丢失以及小分子磷酸化蛋白难以分析等不足。

Thaler 等[25]提供了一种更为简便的方法，利用相同方法将磷酸化肽段标记上巯基，然后通过巯基将标记后的磷酸化肽段固定于修饰二硫吡啶的树脂微球表面，实现磷酸化肽段的选择性分离，步骤如图 1-6(b)所示。Tseng 等[26]利用上述方法的基本原理，对 Michael 加成供体进行了整合，利用巯基和碘乙酰胺直接共价相连，碘乙酰胺的另一端连接到树脂上，通过固相的 Michael 加成直接捕获磷酸化肽段到树脂上。非磷酸化肽段经洗脱除去，磷

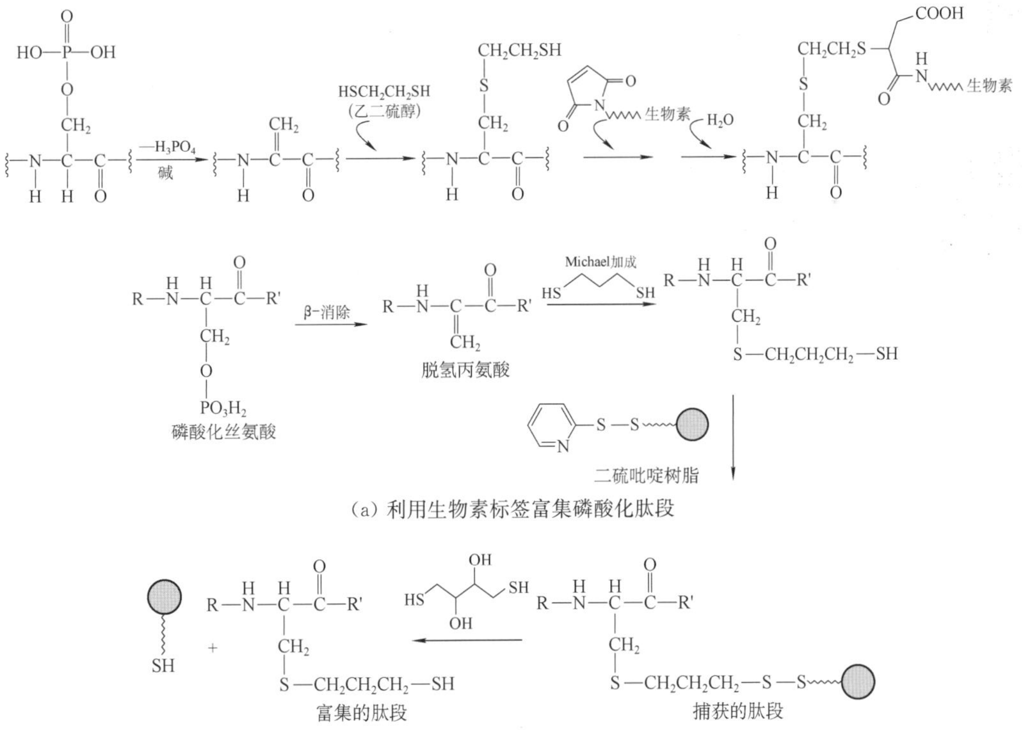

(a) 利用生物素标签富集磷酸化肽段

(b) 利用修饰二硫吡啶的微球富集磷酸化肽段

图 1-6　基于 β 消除反应的磷酸化肽段富集

酸化肽段则形成共价标签接合于树脂上。基于β消除的化学修饰方法简便易行，但蛋白质中半胱氨酸或甲硫氨酸的存在将导致副反应的发生。因此，在修饰巯基前，需先利用过甲酸氧化半胱氨酸或甲硫氨酸残基。此方法最大的缺陷在于其并不适用于酪氨酸残基上的磷酸修饰。

② 基于盐酸盐(EDC 盐酸盐)催化反应

Zhou 等[27]将一个多步固相富集技术应用于磷酸化肽段的分离。首先，利用叔丁基二碳酸(tBoc)对肽段氨基基团进行保护。然后肽段羧基与磷酸基团在 EDC 催化下与乙醇胺反应转化为酰胺和磷酰胺基团，而磷酰胺基团在 10%的三氟乙酸(trifluoroacetic acid, TFA)溶液中水解为磷酸基团，实现了羧基基团的保护。重生的磷酸基团在 EDC 催化下标记上胱氨，胱氨的巯基在二硫苏糖醇催化下与表面修饰碘乙酰基的玻璃珠反应，从而实现磷酸化肽段的肽段分离，步骤如图 1-7(a)所示。Bodenmiller 等[28]则用相似的修饰方法，将标记了胱氨的磷酸化肽段固定于修饰了马来酰亚胺的多孔玻璃上，实现磷酸化肽段的选择性富集。Tao 等[29]开发了一种更为简便的基于 EDC 催化反应的磷酸化肽段富集方法。首先，磷酸化肽段的羧基基团通过甲基酯化反应保护起来。然后在 EDC 催化下，磷酸基团直接与端氨基树枝状大分子化合物(amino-terminated dendrimer)发生反应，从而实现磷酸化肽段的分离。端氨基树枝状大分子化合物自身具备大量的氨基基团，它的出现避免了磷酸基团与其他肽段或是肽段自身的氨基发生反应，从而可以省略肽段氨基的保护，大大简化了反应步骤，提高了反应效率，步骤如图 1-7(b)所示。此类方法适用于各种磷酸化修饰，但其修饰过程中涉及的化学反应过多，会导致样品流失。

在这两种方法的基础上还衍生出一些新的方法，如 Lansdell 等[30]设计合成了修饰重氮基基团的固相载体，可以直接与磷酸化肽段上的磷酸基团反应，从而实现磷酸化肽段与非磷

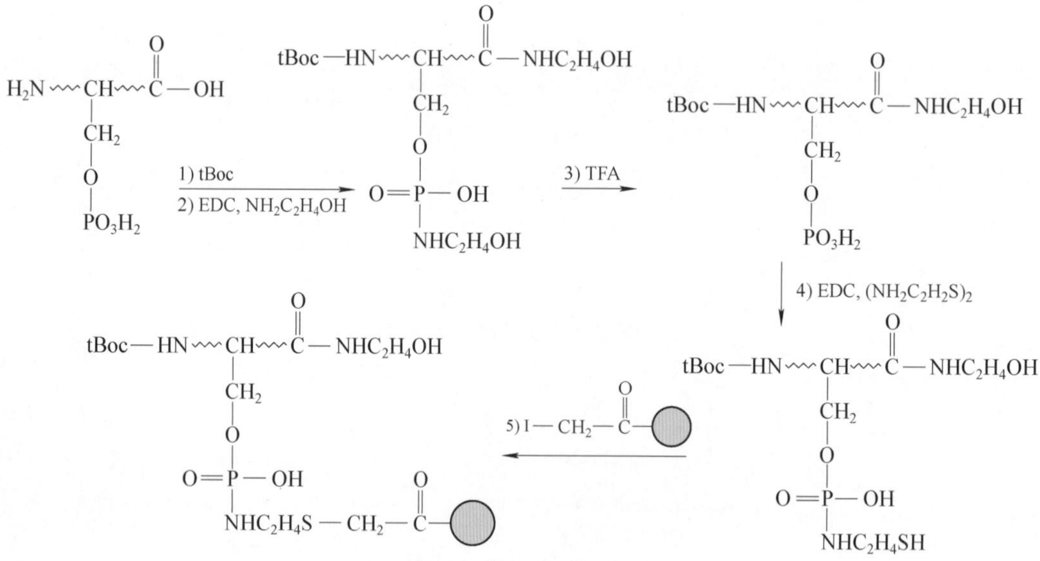

(a) 利用修饰碘乙酰基玻璃珠富集磷酸化肽段

图 1-7

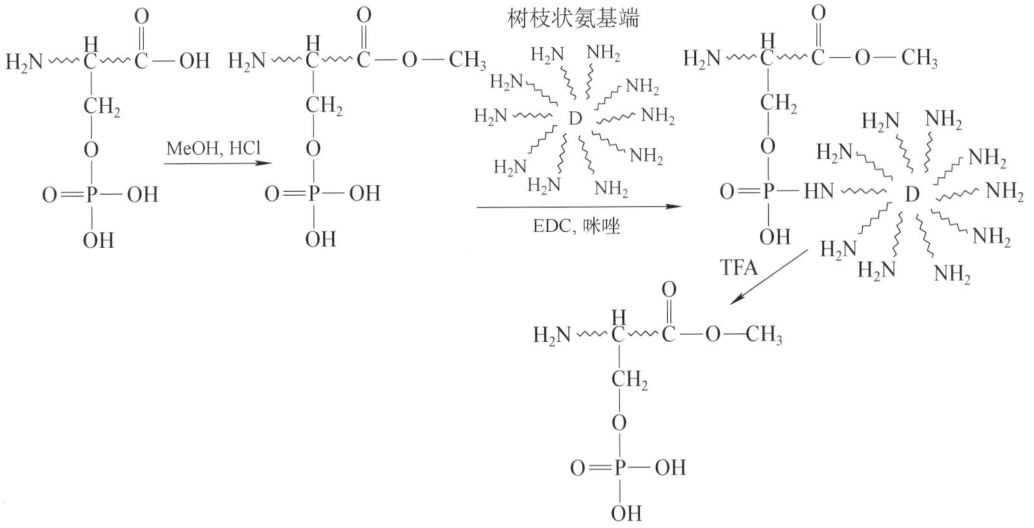

(b) 利用端氨基树枝状大分子化合物富集磷酸化肽段

图 1-7 基于 EDC 催化反应的磷酸化肽段富集

酸肽的分离，最后利用酸解方式将磷酸肽段洗脱。在磷酸化肽段与固相载体的重氮基基团反应前，需通过甲基酯化反应将肽段 C 端的羧基基团保护起来。Knight 等[31]报道了一种在磷酸化位点特异酶切的技术。先将磷酸化丝氨酸或苏氨酸残基进行 β 消除反应，然后用半胱胺作为加成试剂分别反应得到氨乙基半胱氨酸残基和 β-甲基氨乙基半胱氨酸残基，氨乙基半胱氨酸残基与赖氨酸是异构体，所以切点为赖氨酸的蛋白酶都会以氨乙基半胱氨酸残基为酶切位点，同时 β-甲基氨乙基半胱氨酸残基也可以成为胰蛋白酶的切点，这样酶切得到的磷酸肽的磷酸化位点都在肽段的 C 端，使磷酸化位点的鉴定更加容易。如果将半胱氨连接到固相载体上，使磷酸化肽段加成反应的产物也被固定，则胰蛋白酶水解后就得到磷酸化位点在 C 末端的磷酸化肽段，通过酸解反应从固相载体上洗脱。这一技术路线目前还处于方法优化阶段。

(3) 液相色谱法

① 反相液相色谱

反相液相色谱是肽段混合物分离中一种常用的重要方法。该方法重现性好、简单，且不需要特别的设备。在反相液相色谱(reversed phase liquid chromatography, RPLC)中，磷酸化肽段按照其疏水性不同而进行分离。极少量的磷酸化肽段可以在低流速下用毛细管柱分离。但多磷酸化肽段的亲水性较高，在 RPLC 可能会不保留而直接流过色谱柱，而高疏水性的肽段则到最高梯度才会被洗脱甚至可能不被洗脱，因此在样品中有些磷酸化多肽不能被检测到。尽管如此，RPLC 仍在磷酸化肽段分析中得到广泛的应用，这是因为它易于与质谱联用，也可以在混合物样品中分离磷酸化肽段。

② 强阳离子交换色谱

离子交换色谱是利用物质的带电部分与具有相反电荷的离子交换剂相互作用不同，进而达到分离纯化的目的。据 Beausoleil 等[32]报道，在 pH=2.7 的条件下，胰蛋白酶酶解肽段的N段氨基及赖氨酸或精氨酸残基上氨基发生质子化，肽段所带静电荷是+2。但在相同条件下磷酸化肽段的磷酸基团不发生质子化而带一个负电荷，因此，磷酸化肽段所带静电荷是+1，如图1-8所示。基于非磷酸化肽段及磷酸化肽段的不同电荷值，利用强阳离子交换色谱(strong cation-exchange chromatography, SCX)就可以将磷酸化肽段与非磷酸化肽段分离开来。

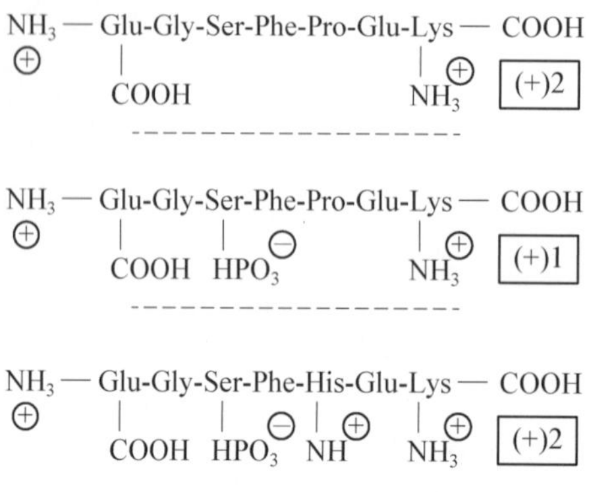

图1-8 Trypsin酶解肽段在pH=2.7时所带静电荷值

Beausoleil等对HeLa细胞的磷酸化蛋白质组进行分析，细胞核蛋白质经制备型十二烷基硫酸钠聚丙烯酰胺凝胶电泳(sodium dodecyl sulfate polyacrylamide gel electrophoresis, SDS-PAGE)预分离后，用胰蛋白酶酶解，在pH=2.7下进行SCX分离，再利用液质联用鉴定，共鉴定出967个磷酸化蛋白质，2 002个磷酸化位点。Ballif等[33]用同样的技术路线研究胚胎鼠脑的磷酸化蛋白质组学，鉴定了近500多个磷酸化肽段。Sui等[34]利用强阳离子交换色谱(strong cation-exchange chromatography, SCX)研究了酵母细菌的磷酸化蛋白质组学。试验结果表明，优化后的SCX分离系统可作为一个便捷的富集方法用于磷酸肽段分离。特别是对复杂实际样品，SCX可以在很短的时间内提高磷酸肽段的相对丰度，从而便于磷酸化肽段的检测。SCX方法的缺点在于其只适用于胰蛋白酶酶解肽段，同时，如果磷酸化肽段序列中存在组氨酸时，其所带静电荷也将为+2，从而无法与非磷酸化肽段分离。当SCX作为预分离技术与其他磷酸化肽段富集方法联用时，将极大增加磷酸化肽段的鉴定数。Trinidad等[35]将SCX与固定金属离子亲和色谱(immobilized metal ion affinity chromatography, IMAC)联用。首先SCX直接对复杂实际样品进行分离，然后利用IMAC对SCX的各个馏分进行富集。结果显示，相较于只使用SCX或IMAC一种方法时，两种方法联用所鉴定到的磷酸化肽段数增加了3倍。另外，Trinidad等的结果显示只有35%的胰蛋白酶酶解肽段所带静电荷为+2，而大部分肽段所带静电荷更高。这延长了磷酸化肽段的洗脱时间，也就是说磷酸化肽段的洗脱贯穿于整个SCX馏分中，而不仅仅存在于较早的馏分中。Olsen等[36]利用SCX和TiO_2进行磷酸化蛋白质组研究，一次鉴定了2 400个磷酸化蛋白上的6 600个磷酸化位点，该鉴定策略极大地提高了磷酸化位点的鉴定水平，为大规模磷酸化蛋白质组研究提供了保障。

③ 强阴离子交换色谱

利用强阴离子交换色谱(strong anion-exchange chromatography, SAX)分离磷酸化肽

段基于与SCX相同的原理。SCX的另一缺陷在于对多磷酸化肽段的鉴定。如果存在多磷酸化修饰时，磷酸化肽段将带有多个负电荷，这些负电荷导致磷酸化肽段在SCX分离中不保留且直接流出色谱柱而影响鉴定。但利用SAX分离磷酸化肽段可避免此类问题。Han等[37]采用SAX对人肝脏磷酸化蛋白组进行研究，对肝脏蛋白肽段经SAX分离后直接进行质谱鉴定，结果鉴定到168个磷酸化蛋白中的274个磷酸化位点，与IMAC富集方式相结合，通过一定的梯度洗脱，不仅可以实现富集，而且可以分级分离磷酸化肽段。

单一的阳离子或阴离子交换色谱法对磷酸化蛋白的鉴定是有限的。采用SAX和SCX联用的方式，可明显提高磷酸化肽段的覆盖率。Dai等[38]报道的阴阳多维液相色谱质谱联用系统是通过结合SCX与SAX及反相高效液相色谱法对肽段混合物进行分离。该方法操作简单、样品用量少、具有很高的分辨率。利用该方法对1 mg鼠肝样品进行分析，结果在14 105个不同的肽段中，鉴定了13 256个非磷酸化肽段和包含809个磷酸化位点的849个磷酸化肽段。

④ 亲水相互作用色谱

亲水相互作用色谱(hydrophilic interaction chromatography, HILIC)中固定相为极性很强的材料，流动相为10%～40%的水。根据化合物的亲水性和带电荷基团与固定相之间的氢键和离子键作用进行分离。化合物的极性越强，吸附越强。HILIC主要用于分离小分子化合物，如碳水化合物、皂苷、糖及药物代谢物，也用于肽段和蛋白质的分离，但相对较少。亲水色谱用于磷酸化肽段的分离富集是其最新应用。磷酸化肽段因带有磷酸基团，通常具有亲水性并带有电荷，在HILIC中的结合能力比非磷酸化肽段强，因此能够与非磷酸化肽段分离。

McNulty等[39]利用亲水相互作用色谱对Hela细胞系胰蛋白酶酶切产物进行亲水富集，再经RPLC分离后进行质谱鉴定，鉴定到1 000个非冗余的磷酸化肽段，其中700多个为首次鉴定，进一步增加了HeLa细胞磷酸化蛋白数据库。McNulty等同时说明了HILIC与RPLC之间具有良好的正交性，且HILIC不相邻的两个组分中磷酸化肽段的重复性很小。与SCX的方法相比，基于HILIC的分离富集方法具有更高的灵敏度，鉴定到的磷酸化肽段总数更多，更重要的是使用简单，没有脱盐步骤，减少了样品损失。Albuquerque等[40]也利用HILIC构建了新的多维色谱富集策略，他们利用IMAC, HILIC以及RPLC结合的方式对DNA损伤的酿酒酵母磷酸化蛋白组学进行研究，鉴定到2 278个磷酸化蛋白上的8 764个非冗余磷酸化肽段。该分析策略在大规模深度分析磷酸化蛋白质组学上显示了独特的优势。

⑤ 静电排斥亲水相互作用色谱

静电排斥亲水相互作用色谱(electrostatic repulsion hydrophilic interaction chromatography, ERLIC)的基本原理是在离子交换色谱中，当流动相主要为有机溶剂时，即使分析物带有与固定相相同的电荷，也会通过亲水相互作用与固定相结合，这种将静电排斥和亲水相互作用相结合的色谱称为静电排斥亲水相互作用色谱。ERLIC是最新用于磷酸化肽段分离富集的方法。在ERLIC过程中，当pH≤2时，肽段谷氨酸、天冬氨酸以及C端羧基处于质子化状态，在经过弱阴离子交换柱时，由于肽段N端及赖氨酸或精氨酸残基所带的正电荷，使肽段与色谱柱填料存在静电斥力，而磷酸化肽段由于含有负电性的磷酸基团与色谱填料产生静电吸引作用，使磷酸化肽段和非磷酸化肽段得以分离。流动相中加入适量的有机溶剂会提高磷酸基团的亲水相互作用，增强色谱柱对磷酸化肽段的保留能力。与其他富集方式不同,该方法在一步实验过程中实现了磷酸化肽段的富集和分级分离。

Gan 等[41]对 ERLIC 在磷酸化肽段分离富集中的有效性进行了评价。利用 ERLIC 和已建立的 SCX - IMAC 联用两种富集策略对 A431 细胞的磷酸化蛋白质组学进行研究,结果 ERLIC 鉴定到 17 311 个磷酸化肽段,而 SCX - IMAC 联用鉴定到 4 850 个磷酸化肽段;但是 ERLIC 仅鉴定到 926 个非冗余的磷酸化肽段,而 SCX - IMAC 联用鉴定到 1 315 个非冗余的磷酸化肽段,且用两种方法鉴定到的磷酸化肽段之间仅有 12%的重叠,这表明两种分离富集方法存在较高的互补性。Zhang 等[42]最近利用 ERLIC 同时对鼠脑膜蛋白中的糖基化和磷酸化肽段进行富集,结果共鉴定到 519 个非冗余糖蛋白上 942 个糖基化位点,同时鉴定到 337 个非冗余磷酸化蛋白上 823 个磷酸化位点。随着 ERLIC 方法的进一步优化,将在大规模磷酸化蛋白质组的研究中发挥更加重要的作用。

(4) 固定金属离子亲和色谱

20 世纪 70 年代,Porath 等报道了一种新型色谱,最初命名为金属螯合色谱(metal chelate chromatography),稍后又重新命名为固定金属离子亲和色谱(IMAC)[43]。IMAC 最初用于纯化含组氨酸的蛋白质,1986 年,Andersson 等[44]报道了固定 Fe^{3+} 离子的 IMAC 对磷酸化蛋白和磷酸化肽段的选择性富集能力,迄今 IMAC 已成为选择性富集磷酸肽段的常用方法之一。IMAC 的富集原理是磷酸基团与固定的金属离子通过静电作用相结合,可选择性地富集磷酸化肽段,这种结合能力受到 pH 值、离子强度和溶液有机相的影响,在碱性条件下或有磷酸盐存在时,这种相互作用被破坏从而使磷酸化肽段被洗脱。

IMAC 中的固定相由载体、螯合剂和金属离子 3 部分组成。载体为固体用以担载螯合剂。螯合剂通过与金属离子形成配位化合物而固定金属离子。金属离子则用于选择性富集磷酸化肽段。不同的金属离子螯合剂由于其极性原子数存在差异,与金属离子的交联能力也大不相同。根据配位化合物理论,螯合剂与金属离子螯合时,一般会形成五元负载环或六元环,结构比简单的配位化合物稳定;螯合剂分子中的配位原子数越多,形成的螯合物也越稳定,并且环的数目越多,结构就越稳定。次氮基三乙酸(nitrilo triacetic acid, NTA)和亚氨基二乙酸(imino diacetic acid, IDA)是 IMAC 固定相中最常用的金属离子螯合剂。NTA 具有 1 个氮和 3 个羧氧原子,金属离子通过氮和 3 个羧氧原子构成四齿结构。IDA 与金属离子通过氮和两个羧氧原子螯合,构成三齿结构,如图 1 - 9 所示。Ficarro 等[45]比较了 NTA 与 IDA 对磷酸化肽段富集选择性的影响,结果显示利用 NTA 作为金属离子螯合剂能提供相较于 IDA 更高的选择性。由于不同的金属离子性质不同,因此许多其他金属离子,如 Zr(Ⅳ)和 Al^{3+},也被应用于磷酸化肽段的富集,而据 Ficarro 等的结果显示,Fe^{3+} 和 Ga^{3+} 离子富集效果最好。现在以 NTA 为螯合剂固定离子的 IMAC 方法在磷酸肽段的富集中应用最为广泛。最近一种新的 IMAC 方法,利用磷酸基团作为螯合剂固定 Zr(Ⅳ)离子也被用于磷酸化肽段的富集[46]。

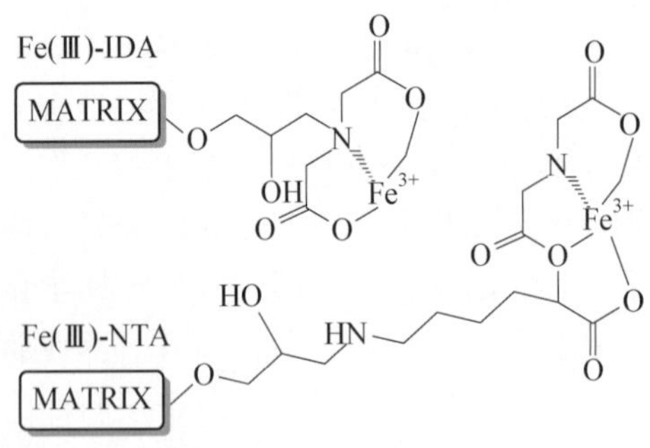

图 1 - 9 Fe^{3+} 离子与 IDA 及 NTA 形成的配位化合物

IMAC 方法具有快速直接的特点,经

IMAC富集后的样品经过脱盐处理后可以直接用于质谱分析。但IMAC方法也有很多的局限性。第一,由于金属离子不是通过共价键与固相载体结合,富集和洗脱中可能会有金属离子的丢失,从而造成丢失一些磷酸化肽段或导致不必要的污染。但在使用前彻底地清洗IMAC柱,并选择适当的螯合剂则能避免这些问题的发生。例如,IDA是三齿螯合配体,而NTA是四齿螯合配体,因此NTA能够更稳定地固定金属离子。第二,含有天冬氨酸和谷氨酸残基的肽段会与金属离子发生非特异性结合,从而降低IMAC富集方法的选择性。由于非磷酸化肽段的离子化效率要高于磷酸化肽段,因此这种非特异性结合将严重影响随后的质谱检测。有文献报道通过提高上样液和洗涤液中的离子强度,可以减弱酸性残基与金属离子间的静电作用[47],但其他研究显示富集步骤中加入盐并不能提高IMAC方法的选择性[48]。Ficarro[47]等在磷酸化肽段富集前,利用乙酰氯将天冬氨酸和谷氨酸残基上的羧基基团转化为羧甲酯,从而抑制酸性肽段的非特异性结合。Ficarro等利用此种方法对酵母中的磷酸化蛋白质进行分析,共鉴定到171个磷酸化蛋白质中的216个磷酸化肽段,同时确定了383个磷酸化位点。而Moser[49]等为了提高甲基酯化反应的效率,利用二氯亚砜代替乙酰氯将羧基基团酯化。这类方法的缺陷是不完全的甲基酯化反应将增加样品的复杂程度,同时反应过程中的冻干步骤会造成样品的严重损失。Bodenmiller等[50]研究了甲基酯化反应对IMAC富集磷酸化肽段的影响。结果显示在IMAC富集前先进行甲基酯化反应,共鉴定到199个磷酸化肽段;而在IMAC富集后进行甲基酯化反应,共鉴定到193个磷酸化肽段。两种方法的富集效率并无太大差别,但值得注意的是,用两种方法鉴定到的磷酸化肽段重复率只有30%。为了降低天冬氨酸和谷氨酸残基对金属离子的非特异性结合,Seeley等[51]使用Glu-C替代胰蛋白酶进行酶解。由于Glu-C是在天冬氨酸和谷氨酸的C端将肽段切开,因此大部分肽段只含有1个酸性残基,可以降低酸性肽段的非特异性结合。使用Glu-C进行酶切后,IMAC对磷酸化肽段的富集选择性由40%上升到70%。另外,在IMAC富集前将样品酸化会使酸性残基上的羧基基团质子化,从而降低非特异性结合。IMAC的第三个局限性是IMAC方法对多磷酸化肽段的富集效率要高于单磷酸化肽段,这是因为多磷酸化肽段与金属离子间的结合力更强。

(5) 金属氧化物亲和色谱

近4年来,金属氧化物亲和色谱(metal oxide affinity chromatography, MOAC)技术在磷酸化肽段富集中的应用得到了飞速的发展。金属氧化物在不同的pH值下,可以表现为Lewis酸或Lewis碱。在酸性条件下,金属原子带正电表现为Lewis酸,可以与阴离子结合;在碱性条件下,则表现为Lewis碱,可以与阳离子结合。这样,磷酸化肽段的磷酸基在酸性条件下与之结合,在碱性条件下洗脱就可达到富集磷酸化肽段的目的。许多不同的金属氧化物,如TiO_2, ZrO_2, Al_2O_3及Nb_2O_5,都已应用于磷酸化肽段的富集中。

现今,TiO_2是磷酸化肽段富集中最常用的金属氧化物。2004年,Pinkse等[52]提供了一种在线两维液相色谱方法应用于磷酸化肽段的研究。其第一维是由TiO_2球形颗粒填充的MOAC,而第二维是RPLC。首先,肽段混合物中的磷酸化肽段在0.1 mol·L^{-1}乙酸(pH=2.7)的条件下被TiO_2富集,而未被富集的非磷酸化肽段被RPLC(反相液相色谱)收集后直接通过质谱进行鉴定。然后,磷酸化肽段在碱性(pH=9.0)条件下从TiO_2上洗脱下来,经过RPLC浓缩后经质谱鉴定。作者利用环磷酸鸟苷依赖的蛋白激酶来检测此方法的富集效率，共鉴定到 8 个磷酸化肽段，其中 2 个为首次发现。但结果同时显示酸性的非磷酸化肽段与 TiO_2 之间也存在着非选择性结合，对富集选择性有很大的影响。作者指出在富集前，对酸性肽段进行甲基酯化修饰将有助于提高富集的选择性。提高 TiO_2 选择性的另一种途径则是选择适当的上样液、洗涤液和洗脱液。Larsen 等[53] 将 TiO_2 富集时的上样液由 0.1 mol · L^{-1}乙酸改为 0.1% TFA，并添加了适量的 2，5 -二羟基苯甲酸（2，5 - dihydroxybenzoic acid，DHB）极大地提高了富集的选择性。0.1 mol · L^{-1}乙酸与 0.1% TFA 的 pH 值分别为 2.7 和 1.9，因此 0.1% TFA 能更有效地使酸性残基上的羧基基团质子化，从而提高 TiO_2 富集的选择性。但值得注意的是，当将 DHB 添加到上样液和洗涤液中时，从 500 fmol 的 α -酪蛋白酶解液中共鉴定到 20 个磷酸化肽段，并且没有非磷酸化肽段。该研究者同时考察了其他取代芳香族羧酸对富集选择性的影响，均取得了较好的结果。该研究者认为，DHB 这类取代芳香族羧酸与钛原子之间的结合力要比仅含有一个羧基基团的脂肪族羧酸强，而与磷酸基团相似。但由于空间结构不同，取代芳香族羧酸与钛原子之间是二齿螯合，而磷酸基团与钛原子之间是桥式二齿螯合。因此，在总体上，取代芳香族羧酸与钛原子之间的结合力要强于脂肪族羧酸，而弱于磷酸基团。正是由于这种竞争结合的存在，从而提高了富集的选择性。同时，作者将洗脱液的 pH 值由早先的 9.0 提高到 10.5 时，从 α -酪蛋白中又多鉴定到 4 个磷酸化肽段，结果说明提高洗脱液的 pH 值能够更有效地提高磷酸化肽段的回收率，从而提高检测方法的灵敏性。

除 TiO_2 外，许多金属氧化物也已经用于磷酸化肽段的富集。Kweon 等[54] 首先对 ZrO_2 富集磷酸化肽段的效率进行了研究，实验表明，pH 值是影响 ZrO_2 与磷酸肽段结合能力的主要因素，离子强度对 ZrO_2 富集磷酸肽的能力也有影响。利用 α -酪蛋白和 β -酪蛋白作为标准品，对 TiO_2 和 ZrO_2 富集方式进行了评价，结果表明，TiO_2 倾向于富集多磷酸化肽段，而 ZrO_2 则更易于富集单磷酸化肽段。为进一步提高磷酸化的检测水平，两者联合使用可以显著提高磷酸化肽段富集的覆盖率，减少样品的丢失。为了降低酸性氨基酸的非特异性富集，作者考察了采用 Glu - C 和胰蛋白酶酶切后的富集情况，无论用 ZrO_2 还是用 TiO_2 进行富集，使用 Glu - C 酶切不能明显降低酸性氨基酸的非特异性富集。Li 等[55] 通过在 Fe_2O_3 磁球表面修饰 Al_2O_3 对磷酸化肽段进行富集。该方法不仅有很高的富集能力，并且易于与非磷酸化肽段分离。近来 Ficarro 等[56] 又报道了利用 Nb_2O_5 进行磷酸化肽段的富集，结果显示 DHB 同样可以提高 Nb_2O_5 的富集选择性，而 Nb_2O_5 与 TiO_2 之间也存在约 30% 的富集差异。

与 IMAC 相比，MOAC 具有更高的选择性，并且对低 pH 值溶液、去垢剂、盐类、其他低分子污染物有更高的耐受性。但 Larsen 等[53] 报道金属氧化物对单磷酸化肽段的富集效率要高于多磷酸化肽段，这一点也被 Ficarro 等[56] 所证实。Larsen 等认为金属氧化物对多磷酸化或单磷酸化肽段的富集效率是相同的，但由于多磷酸化更难于从金属氧化物上洗脱导致富集效果不明显。如前所述，IMAC 的富集效果正好与 MOAC 相反，因此两者之间有很大的互补性。为了将两种方法的特性结合起来，Thingholm 等[57] 先考察了 IMAC 上洗脱下的磷酸化肽段与洗脱液 pH 值之间的关系，结果显示单磷酸化肽段在 pH＝1.0 时均被洗脱下来，而多磷酸化肽段需在碱性条件下洗脱。基于 IMAC 这一特点，作者发展了一种新的富集方法——IMAC 的顺序洗脱法（sequential elution from IMAC）。作者首先利用 IMAC 对肽段混合物中的磷酸化肽段进行富集，而利用 TiO_2 对 IMAC 柱的流出液进行二次富集。然后将 IMAC 富集的单磷酸化肽段在酸性条件下(pH=1.0)洗脱下来，同时利用 TiO_2 进行二次富集，可以提高富集的选择性。最后，IMAC 富集的多磷酸化肽段在碱性条件下(pH=11.3)洗脱下来，流程如图 1-10 所示。利用该方法共鉴定到 492 个磷酸化肽段，其中包括 186 个多磷酸化肽段。而如果仅用 TiO_2 富集，则只鉴定到 286 个磷酸化肽段，其中 54 个多磷酸化肽段。这一方法的最大的优点是，在质谱分析前将单磷酸化肽段与多磷酸化肽段分离，从而极大提高了多磷酸化肽段的鉴定效率。

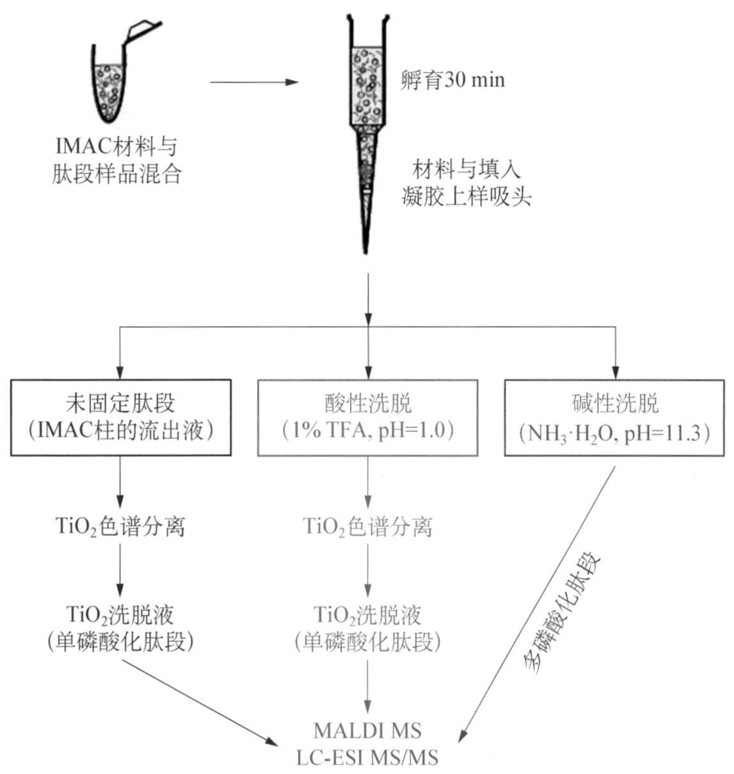

图 1-10　SIMAC 方法富集磷酸化肽段的流程示意

(6) 其他方法

以上介绍了磷酸化蛋白质组学中几种非常常见且重要的富集方法。但由于蛋白质磷酸化的重要性，科学家们也开发了许多不同的方法。下面进行简单介绍。

① 磷酸钙沉淀法

1994 年，Reynolds 等[58]报道了利用钙离子和 50%乙醇将含有多个丝氨酸磷酸化修饰的肽段从酪蛋白酶解液中沉淀出来。而 2007 年，Zhang 等[59]报道了利用磷酸钙沉淀(calcium phosphate precipitation)进行磷酸化肽段富集的新方法。Zhang 等先在肽段混合物中加入了磷酸氢二钠和氨水，而后加入了过量的氯化钙，使磷酸化肽段沉淀出来完成分离。最后，沉淀物经甲酸溶解后进行质谱分析。该研究者以 α-酪蛋白和 β-酪蛋白作为标准品验证了方法的有效性，然后比较了磷酸钙沉淀法、IMAC 及 TiO_2 之间富集效果的差异，结果显示磷酸钙沉淀法与 IMAC 的富集效果之间存在很好的互补性。该研究者将两种方法结合后，用来对水稻的磷酸化蛋白质组学进行研究，结果共鉴定到 227 个非冗余的磷酸化位点，其中 213 个位于丝氨酸残基上，14 个位于苏氨酸残基上。结果中未鉴定到酪氨酸残基上的磷酸化，作者认为这是由于酪氨酸的磷酸化修饰含量较低所致。

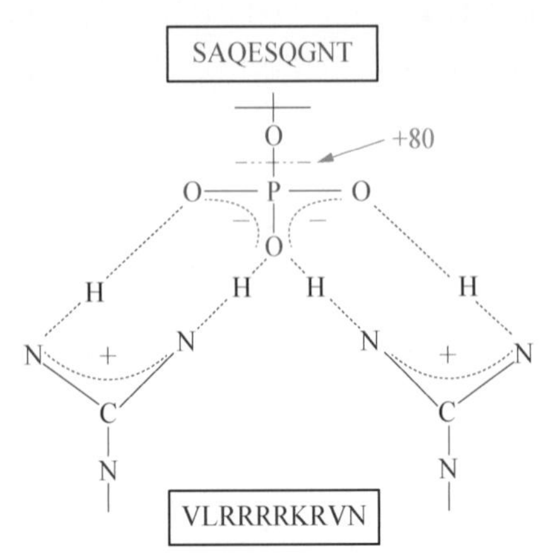

图 1-11 聚精氨酸富集多磷酸化肽段示意图

② 聚精氨酸用于多磷酸化肽段富集

虽然近年来磷酸化肽段的富集方法取得了极大的进步，但在大规模的磷酸化蛋白质组学研究中，对多磷酸化肽段的分析仍然面临很多的问题。多磷酸化肽段的离子化效率很低，其质谱信号会被单磷酸化肽段和非磷酸化肽段抑制，同时多磷酸化肽段的含量较低，也不利于质谱分析。2008 年，Chang 等[60]开发了选择性富集多磷酸化肽段的新方法。精氨酸上的胍基基团在蛋白质相互作用中可以与磷酸基团特异性地结合，同时研究显示，相邻的精氨酸残基可以与磷酸基团形成类似共价结合的稳定化合物[61]，如图 1-11 所示。因此，Chang 等合成了修饰了聚精氨酸(polyarginine)基团的固相微球用于多磷酸化肽段的富集。这一方法的选择性非常高，能够在极端的条件下进行富集，但尚未用于大规模的磷酸化蛋白质组学研究。

1.3.5.2 糖基化蛋白质组学

1. 糖基化蛋白质组学概述

蛋白质糖基化是生物体中最重要的翻译后修饰手段之一。根据 Swiss-Prot 数据库的记录和预测，人类蛋白中约有一半以上的蛋白质发生了糖基化。越来越多的数据表明，糖基化作为一种主要的翻译后修饰对蛋白质功能有着重要影响。例如糖基化对于蛋白质的折叠、运输、定位起着重要作用；免疫系统中几乎所有的关键分子都是糖蛋白；而蛋白质糖基化程度及糖链结构的异常变化则常是癌症及其他疾病发生的标志。糖基化现象普遍存在于细胞外环境的蛋白质中，如膜蛋白、分泌蛋白和体液中的许多蛋白，这些蛋白也是在诊断、治疗过程中最容易接触到的，因而许多诊断标志物及治疗的靶标如乳腺癌中的 Her2/neu、前列腺癌中的前列腺特异性抗原、卵巢癌中的 CA125 等都是糖蛋白。许多具有特殊生理功能的糖蛋白在哺乳动物细胞中重组表达后已作为药物用于临床治疗。糖基化研究的重大理论及应用意义吸引着越来越多的科学家投身于这一领域，糖生物学研究也正成为目前蛋白质组研究中的一个重要课题。

目前，糖蛋白质组学的研究内容主要有 4 个方面：(ⅰ)糖蛋白的分离鉴定；(ⅱ)糖基化位点的确定；(ⅲ)糖链的组成、连接顺序及连接方式分析即糖链结构的鉴定；(ⅳ)研究糖基化对蛋白质功能的影响。无论是哪一方面的研究，都需要对生物体内糖基化蛋白质的表达及其变化进行规模化的识别、检测和鉴定，这是糖蛋白质组学研究的关键技术之一。

2. 糖基化蛋白的结构与类型

糖基化蛋白的基本组成可以分为糖链和肽链两大部分。在最近的研究中证明，在糖基化蛋白中，共存在着包括 13 种单糖和 8 种氨基酸在内的 41 种连接方式。然而，在真核细胞中，通常只有 11 种单糖作为糖蛋白糖链的组成部分，包括 β-D-葡萄糖(Glc)、α-D-甘露糖(Man)、α-D-半乳糖(Gal)、α-D-木糖(Xyl)、α-D-阿拉伯糖(Ara)、α-L-岩藻糖(Fuc)、葡萄糖醛酸(GlcuA)、艾杜糖醛酸(IduA)、N-乙酰氨基葡萄糖(GlcNAc)、N-乙酰氨基半乳糖(GalNAc)、N-乙酰神经氨酸(NeuNAc)即唾液酸(Sia)。

糖蛋白主要分为 4 类：N-糖基化蛋白、O-糖基化蛋白、GPI-锚定糖蛋白、C-糖蛋白。绝大部分的糖蛋白中的糖与肽链通过 GlcNAc 和 GalNAc 这两种单糖和氨基酸连接。GlcNAc 的 β-羟基与天冬酰胺(asparagine, Asn)的酰胺基相连形成的糖苷键为 N-糖苷键，糖链通过 N-糖苷键与氨基酸连接的蛋白称为 N-糖基化蛋白。GalNAc 的 α-羟基与丝氨酸(serine, Ser)、苏氨酸(threonine, Thr)的羟基相连形成的糖苷键为 O-糖苷键，糖链通过 O-糖苷键与氨基酸连接的蛋白称为 O-糖蛋白。GPI-锚定糖蛋白是指糖基磷脂酰肌醇(glycosylphosphatidylinositol, GPI)通过酰胺键与蛋白质的羧基端相连，从而将该蛋白质固定在膜上；C-糖蛋白是指糖链以 C—C 键与肽链上的色氨酸残基相连。除此 4 种糖肽连接方式之外，还有其他几种极为少见的糖苷键类型，如：β-木糖基-丝氨酸，β-半乳糖基-羟赖氨酸，α-L-阿拉伯糖基-羟脯氨酸。目前研究最多的是 N-糖基化蛋白，其次是 O-糖基化蛋白，对于 GPI-锚定糖蛋白和 C-糖蛋白的研究不太多见。

在糖基化蛋白中，形成 N-糖苷键的天冬酰胺总是存在于固定的氨基酸序列 Asn-X-Ser/Thr 中，其中 X 可以为除了脯氨酸之外的组成蛋白质的任意一种氨基酸；而发生 O-糖基化的氨基酸序列则无特别的规律可循。除了糖基化位点的不同外，N 型糖蛋白和 O 型糖蛋白的糖链组成也不相同。N-糖基化的糖链主要分为 3 类：(ⅰ)高甘露糖型，由 GlcNAc 和甘露糖两种单糖组成；(ⅱ)复合型，除了 GlcNAc 和甘露糖外，还有果糖、半乳糖、唾液酸；(ⅲ)杂合型，包含(ⅰ)和(ⅱ)两种糖链。3 种类型的 N-糖基化糖链都具有 Man3GlcNAc2 这样的五糖核心结构。O-糖基化中不存在共有的寡糖结构，但也有常见的 4 种核心结构，即 Galβ1—3GalNAc1—，GlcNAcβ1—6(Galβ1—3)GalNAc1—，Glcβ1—3GalNAc1—，GlcNAcβ1—6(Glcβ1—3)GalNAcα1—，糖链的延伸通常在这 4 种核心结构的基础上发生。在常见的蛋白中，作为常用的肝癌标志物分子的甲胎球蛋白就是 N-糖基化蛋白，人血纤维蛋白溶酶原和人免疫球蛋白 IgA 中的糖链则是通过 O-糖苷键链接到肽链上的。

3. *糖基化蛋白质的分离分析技术*

目前，糖基化蛋白质组学研究领域面临着两个突出问题：一是糖蛋白的分离富集；二是糖链的存在导致糖肽离子化效率很低，影响质谱检测。因为糖蛋白通常相对量比较少且糖基化存在复杂的微观不均一性，为了更清楚可靠地研究糖蛋白，首先要将其从复杂体系中分离纯化出来。目前，利用糖蛋白糖链部分特殊的物理化学性质，研究人员发展了多种糖蛋白/糖肽的富集方法，这也促进了蛋白质糖基化研究的发展，尤其是在糖蛋白及其糖基化位点的鉴定方面。目前，糖蛋白的分离富集技术主要有以下几种。

(1) 凝集素亲和技术

凝集素亲和技术是目前糖蛋白组学中应用广泛的分离富集技术。凝集素(lectin)最早出现在文献中是 Stillmark 于 1888 年描述其能与细胞膜上的糖蛋白、水解糖链和醣脂发生作用。凝集素是一类动物和植物都能够分泌的糖结合蛋白，能专一地识别某一特殊结构的单糖或聚糖中特定的糖基序列并与之结合，这种结合是非共价且可逆的。凝集素作为一类对不同种类糖有特异性亲和力的蛋白质，长期以来被用于糖类的相关研究，现在已经有多种不同来源、具有不同糖亲和性的凝集素被成功地分离出来并实现商品化。

在实际使用中，凝集素可以被衍生，更多的是将凝集素固定在色谱填料上，比如琼脂糖珠，固定了凝集素的微珠可以直接使用或者装填成色谱柱作为亲和色谱来使用。糖蛋白或糖肽被凝集素捕获之后，通常用特定的单糖通过竞争结合凝集素把糖蛋白或糖肽洗脱下来。不同的凝集素对于不同类型的寡糖链有着亲和作用。举例来说，西洋接骨木（sambucus nigra）中的白细胞凝集素（leukoagglutinin）和山槐（maackia amurensis）中的红细胞凝集素（hemagglutinin）就被分别用来特异性识别糖蛋白末端糖链结构中的 α_{2-6} 和 α_{2-3} 唾液酸残基。木菠萝凝集素（jacalin）通常被用来特异性识别含有半乳糖的寡糖链，常用于 O－糖基化蛋白的研究。Con A（伴刀豆球蛋白 A，concanavalin A）通常用来分离富集高甘露糖和高葡萄糖型的糖蛋白或糖肽；麦胚凝集素（wheat germ agglutinin，WGA）则能够选择性地结合 N－乙酰氨基葡萄糖和 N－乙酰神经氨酸，这两种凝集素常用在 N－糖基化蛋白的研究中。

Con A 和 WGA 是最常用的凝集素，常见于各种类型的生物样品的糖蛋白富集中。在研究中，既可以仅使用某一种特定的凝集素对某一类型的糖蛋白进行分离富集，也可以采用串联或是阵列式的凝集素亲和纯化技术，使用两种或两种以上的凝集素对样品中的糖蛋白进行富集，以实现对于不同类型糖蛋白或糖肽的分离富集。Yang 等[62]应用多凝集素亲和层析法富集了血清/血浆中的糖蛋白并应用液相色谱-串级质谱的方法鉴定了 150 个糖蛋白，对血清和血浆中鉴定出的糖蛋白进行了比较。Bunkenborg 等[63]应用 Con A 及 WGA 对人类血清蛋白质组中的 N 型糖蛋白进行二次富集，最终经液相色谱-串级质谱方法鉴定出 77 个糖蛋白的 86 个糖基化位点。

修饰了凝集素的固定相材料已实现商品化，购买与应用都十分方便。凝集素是一类蛋白质，现在基于各种基底的蛋白质固定技术研究也很多，因此除了购买商品化的凝集素微珠外，也可以购买凝集素蛋白，再在实验室中根据不同的实验要求，采用各种方法将凝集素固定到不同的基底上，以便于符合特殊的实验设计要求或发展一些新的技术方法。Zhou 等[64]制备了一个糖蛋白组学芯片反应器，在 Con A 亲和柱后接上该芯片反应器后，可实现在线的糖蛋白酸化、脱糖链、酶解以及肽段混合物的 SCX 分离，整个流程快速简便，将其应用于人血浆蛋白质研究中时，使用了 5 μL 的人血浆，共鉴定出 41 个糖蛋白的 82 条糖肽。Feng 等[65]制备了纳升级的毛细管整体柱，利用铜离子和亚氨基二乙酸，根据铜离子和蛋白之间均存在螯合作用的原理，使用 IDA：Cu^{2+}：Con A 这样的三明治螯合方法在毛细管色谱柱内修饰上一层 Con A 用于糖蛋白的富集，适用于样品量有限时的糖蛋白组学研究。Tarlov 等[66]将多巴胺吸附在金片、铟片、铱片上，再利用多巴胺和蛋白的相互作用在金属片上固定上一层 Con A，形成凝集素芯片用于糖链不同糖型的监测。

需要注意的一点是，凝集素和寡糖链的亲和相互作用是相对的，而非绝对的，因此凝集素可以用于糖蛋白的富集，而不适合用来进行糖链的结构鉴定。

（2）硼酸亲和技术

基于硼酸类化合物的亲和技术也是常用来进行糖蛋白分离富集的方法之一。硼酸基团在特定条件下能与寡糖链发生相互作用，原理如图 1－12 所示：在碱性水溶液中，硼酸基被羟基化，分子构型从平面三角形转化成四面体阴离子，该阴离子能与顺式邻羟基发生反应，生成一个五元环状二酯，释放出两个水分子；在酸性条件下，反应逆向进行，环状二酯发生水解。硼酸基团与寡糖链发生此发应的一个必要条件就是糖链上必须有顺式的邻位二羟基，由于糖链上的单糖单元常具备顺式邻二羟基，因此利用该化学反应，可以对糖蛋白或糖肽进行富集。

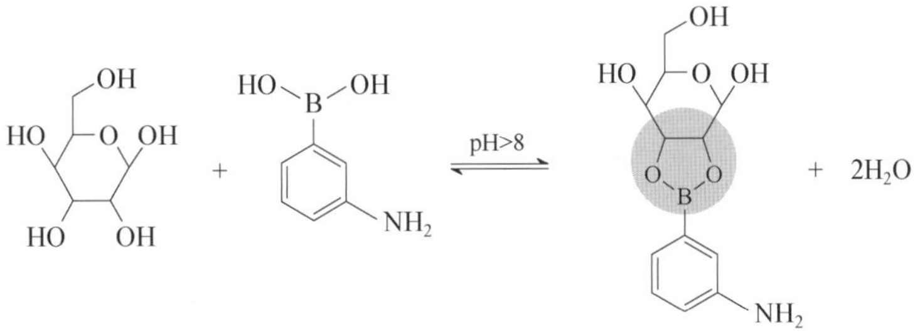

图 1－12 硼酸亲和法原理示意

从原理上看，硼酸衍生物与糖蛋白或糖肽发生亲和作用时很少发生歧视效应，不论是 N－型还是 O－型，只要糖链结构中具有顺式邻二羟基，即能被捕获富集。然而在实际使用中，不论是使用修饰了硼酸基团的材料还是硼酸亲和色谱，除了糖结构中的羟基和硼酸基团两者形成环状二酯的一级相互作用外，还存在样品与基底间的疏水、离子、氢键、络合等多种二级相互作用，这些副作用会对此富集方法产生一定的影响。在几种常用的糖蛋白富集技术中，硼酸亲和技术的亲和选择性并不突出，因此在大规模复杂性的生物样品糖蛋白质组学研究中应用得并不多。Zhang 等[67]用硼酸亲和色谱首先富集了血清中的糖蛋白，然后再从富集到的糖蛋白的酶解产物中富集糖肽；后续 ETD 质谱分析证明，经两步富集，能获得较高比例的糖肽（87.5％）。尽管如此，由于含硼酸基团的化合物很常见，而且硼酸是小分子，对其进行衍生十分方便，非常适用于一些新技术与新方法的探索。复旦大学陆豪杰教授等使用不同的固定方法分别在四氧化三铁磁球[68]和多孔材料[69]上修饰了硼酸基团，并将其用于标准糖基化肽段/糖基化蛋白的富集。Li 等[70]合成了带有硼酸基团修饰的核苷酸并将其用于能够选择性结合糖蛋白的 DNA 核酸适配体（aptamer）的合成及筛选。

（3）亲水相互作用色谱法

亲水相互作用色谱是一种采用极性固定相和非极性流动相的色谱技术，以前多用于分析小的极性分子。由于葡萄糖、半乳糖、甘露糖等单糖分子中含有大量的羟基，使糖链具有极强的亲水性，比较而言，未糖基化的蛋白质或肽的疏水性较强，因此，通过亲水性质的差别，可以采用亲水性层析介质如纤维素（cellulose）、琼脂糖凝胶（sepharose）等来富集糖蛋白/糖肽。这些介质既可以直接使用，也可以作为固定相装填成亲水相互作用色谱，方便进行自动化的操作。亲水相互作用法操作简单，能够非选择性地富集各种类型的糖肽，但其特异性并不高，尤其是当样品蛋白质的非糖肽中富含亲水性氨基酸时极易产生非特异性富集。

亲水相互作用法在糖肽富集中应用比较常见，能够非选择性地富集各种类型的糖肽。Hägglund 等[71]利用 HILIC 从胎球蛋白（fetuin）的胰酶解产物分离得到胎球蛋白的包含其

4 个糖基化位点的糖肽，并成功地将这种方法与凝集素亲和技术结合，分离富集了来自一维凝胶电泳酶解产物中的糖肽。Wada 等[72]直接利用碳水化合物基质 sepharose CL－4B 与寡糖的亲水结合力分离富集到 IgG 等标准糖蛋白的糖肽，并解析出其糖链结构，证明这是一种简单有效的富集糖肽的方法。Picariello 等[73]也利用 HILIC 法富集了人乳汁的酶解产物中的糖肽并进行了质谱鉴定，共鉴定出了包括 63 个 N－糖基化位点在内的 32 个糖蛋白。

(4) 肼化学反应法

肼化学反应法和硼酸法一样，也是利用糖蛋白或糖肽糖链上的顺式邻二醇结构来进行富集，但化学反应原理不同。实验主要包括 4 步：(ⅰ)氧化，利用高碘酸盐将糖链上的顺式邻二醇氧化成醛；(ⅱ)偶联，醛基和固相支持物如树脂上的酰肼基团进行反应形成共价的腙键，从而使糖蛋白或糖肽被固相捕获；(ⅲ)洗脱，将反应体系中未结合上的蛋白质或者肽段去除，若实验中富集的对象是糖蛋白，则继续对固相化的糖蛋白直接在树脂上进行蛋白酶解，再洗去非糖肽；(ⅳ)肽段释放，送入质谱进行分析。肼化学方法对于糖链不存在歧视效应，亲和效率高，能很方便地进行肽段的鉴定和糖基化位点的识别，甚至通过同位素或其他试剂的标记，还能进行定量蛋白质组学的分析，现在在糖蛋白组学研究中的应用越来越多。但是，肼化学方法也存在一些缺点，即需要经过多步衍生，操作繁琐，而且酶切释放肽时，糖链部分还保留在固定相上，限制了该方法在糖链结构解析中的应用。

肼化学方法是目前比较流行的糖基化蛋白质组学研究方法，既可以单独使用，也可以和其他糖蛋白富集技术联用或者与定量技术联用。肼化学方法已经被应用到研究富含糖蛋白的具有重要生物学意义的样品如血浆、膜蛋白、唾液中。Whelan 等[74]利用肼化学方法研究了 3 种乳腺癌肿瘤细胞中有可能为癌症标记物分子的糖蛋白，鉴定了 25 个糖蛋白中的 27 个糖基化位点。Blake 等[75]利用肼化学固相萃取方法和亲水相互作用法联用研究了 H_5N_1 型流感病毒中的红细胞凝集素的糖基化位点和糖链结构，利用肼化学方法富集糖肽后切除糖链并用 LC－MS/MS 确定糖基化位点，再利用亲水相互作用法富集糖肽进行 LC－MS/MS鉴定，将谱图与肼化学方法中的肽段谱图进行比较从而确认糖链归属和糖链结构，取得了较好的效果。Beuerman 等[76]使用肼化学方法和 iTRAQ 定量技术联用，对季节性角膜炎病人的眼泪中的糖蛋白进行了定性和定量研究。Chen 等[77]采用胰蛋白酶，胃蛋白酶和嗜热菌蛋白酶(thermolysin)3 种酶来酶解人肝组织蛋白，再用肼化学法富集糖肽，切除糖链后经RPLC－MS/MS 分析，共鉴定到了 523 个糖蛋白的 939 个糖基化位点。

(5) β－消除－米氏加成法

在现今的蛋白质组学研究中，主流的分离技术的发展大都基于 N－糖基化蛋白或肽段分离富集的基础上，因为 O－糖基化研究中缺乏像 PNGase F 这样具有普适性的酶，技术的发展受到一定的限制。β－消除－米氏加成反应法是在 O－糖肽的分离富集中应用最为广泛的分离富集方法。β－消除－米氏加成首先被成功地用于磷酸肽的富集，Wells 等[78]借鉴此方法使 O－糖肽在碱性条件下发生 β－消除反应，产生不饱和双键，然后再加入二硫苏糖醇(dithiothreitol, DTT)或生物素戊胺(biotinpentylamine, BPA)等试剂进行米氏加成反应，接着通过巯基亲和柱或生物素亲和柱对标记了的 O－糖肽进行亲和捕获，最后进行质谱鉴定和糖基化位点分析。Cai 等[79]使用氨水、甲基胺、二甲基胺 3 种亲核试剂对 β－消除后的 O－糖肽进行米氏加成，考察了 3 种试剂的反应效果，并利用 LC－MS 测定了 O－糖肽的糖基化位点。Hanisch 等[80]发展了柱上降解 O-糖链的方法。先装填了反相色谱柱，再将蛋白固定到树脂固定相上。柱上降解步骤包括先用高碘酸盐氧化糖链，再在碱性环境下用氨水降解，降解步骤可以循环进行。使用此方法能在温和的条件下对糖链进行降解，避免肽段降解或者脱水的发生，而且可以对 O-糖链进行初步的逐级降解，有利于 O-糖链精细结构的解析。在 O-糖基化蛋白研究中，还可利用对 β-O-GlcNAc 糖基化具有特异性的单克隆抗体对经过初步富集的糖蛋白或糖肽产物进行免疫印迹分析，从而高灵敏、高准确地确定 β-O-GlcNAc 糖基化的位点。抗体法特异性极好，富集效率高，但目前用于糖蛋白或糖肽的抗体少，而且价格昂贵，操作复杂，这些都限制了该方法的使用。

4. 生物质谱技术解析蛋白质糖基化

生物质谱在应用于糖基化蛋白质组学研究中时主要存在两个问题，一是糖肽肽段的鉴定，这一方面是由于相对于其他肽段来说，带有糖基的肽段在质谱中不易被离子化，另一方面是由于在生物样品中糖肽的含量不高，往往只占蛋白质酶解肽段的 2%～5%；二是由于糖链的结构十分复杂，给糖蛋白的结构分析带来了很大困难。但随着质谱新方法和新技术的发展，糖蛋白的研究近几年有了突破性的进展。在基质辅助激光解析电离和电喷雾电离的基础上，结合先进的裂解技术，如 CID、ECD 和 ETD，再应用高灵敏度高分辨率的多级 MS 检测，使对经过翻译后修饰的蛋白质做出更精细的质谱鉴定与结构解析成为可能。对于糖基化蛋白质组学研究，一般的分析流程为先对糖蛋白或者糖肽进行前期的分离富集，再送入质谱进行解析鉴定。还可以通过糖苷酶解或者糖链降解的方法，将肽段上的糖链切割下来，和肽段一起同时或分别送入质谱进行分析，通过将糖苷酶处理前后的糖蛋白酶解肽谱对比可确定肽段上糖基化的位置、糖链结合位点，并通过串级质谱分析糖肽上所连糖链的结构。

糖基化位点的确定是现在糖基化蛋白质组学研究的主要内容。针对 N-糖基化的蛋白，通常采用 PNGase F 等糖苷酶处理，将 N-糖基化的肽释放，但具有壳二糖核心结构的糖链不能被 PNGase F 切除。O-型糖基化糖链可以通过 β-消除切除，释放的肽段进入质谱进行检测。在使用 PNGase F 释放 N-糖基化的肽段时，糖基化位点上的天冬酰胺会转变为天冬氨酸，产生约 1 Da 的质量差，这可以作为糖基化位点鉴定的质量标记（见图 1-13），如果质谱的分辨率不够高，可在 PNGase F 酶解时使用 $H_2{}^{18}O$，这样，天冬酰胺转变为 ^{18}O 标记的天冬氨酸后质量差约为 3Da，不仅可以增加质量标记的准确度，而且还能应用于定量分析。O-糖基化肽段则可通过加入亲核试剂如烷基胺类作为质量标记鉴定糖基化位点。当然也可以通过特征碎片离子信号的监测来确定糖肽，一些特征糖链碎片的信号如下：m/z 为 163（Hex），m/z 为 204（HexNAc），m/z 为 292（sialic acid），m/z 为 366（HexHexNAc）。

糖链的结构的鉴定不仅包括组成糖链的单糖种类和数量的鉴定，还有其组成构型的分析。仅仅是单一糖链的糖型分析，就首先要了解每个单糖环化时是成吡喃环还是成呋喃环，成环后的异构体是 α 构型还是 β 构型，还要了解各个单糖之间是如何连接的。更为复杂的是，由于每个单糖都有多个可以反应的羟基，因此一条糖链可能出现分支结构，甚至这些非还原端还可能发生不同类型的修饰和后加工，如磷酸化、硫酸化，同一糖基内的羟基失水形成内醚，或和其他含有羟基的化合物形成缩醛等。这些复杂性中有些是糖链特有的，导致同

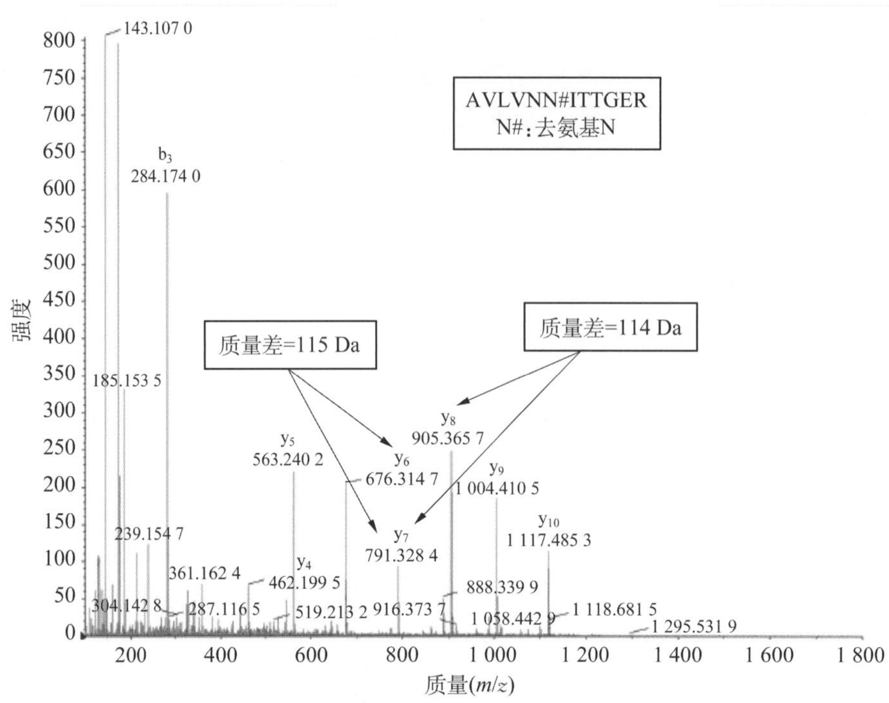

图 1-13　高尔基膜蛋白 1 的 N-糖基化肽段 AVLNN＃ITTGER（m/z＝644.31，2＋）的 MS/MS 谱图（＃代表糖基化位点[76]）

样数目单糖构成的寡糖链可能形成的异构体的数量比肽链或多聚核苷酸链的异构体的数量多得多。值得庆幸的是，糖蛋白中糖链的单糖组分和结构不是任意的，是有一定的规律可循的，例如，N-糖中的五糖核心结构，这使得糖链结构的复杂性极大地减少，即便如此，糖链的结构还是比肽链或多聚核苷酸链复杂得多，鉴定也更困难。

化学衍生与多级质谱鉴定联用是进行未知糖链精细结构解析的有效方法。需要注意的是，N-糖链与O-糖链有不同的切除方法，若要同时鉴定某个生物样品中的N-糖和O-糖，则要尽可能减少糖链切除过程对糖链的影响，N-糖的切除一般采用糖苷酶；O-糖链的降解方法一般为化学方法，反应条件必须要尽可能地温和。在解析一些复杂度较低的寡糖时，如二糖、三糖，还可对单糖上的羟基进行化学衍生，最常见的就是甲基化的衍生，增加碎片离子信号的质量差，方便利用质谱谱图对糖链的结构进行解析。在糖链的碎裂方式中，不仅会发生糖苷键的断裂，还会发生成环单糖的跨环断裂，形成一些特征的碎片离子信号。例如，在N-糖基化蛋白的糖链中，由于五糖核心结构的存在，糖基化肽段一般至少有 892 Da 的分子量增量；与糖基化位点 Asn 直接连接的 GlcNAc 在串联质谱分析时发生跨环断裂（cross-ring cleavage）会形成具有特定的质量差（83 Da 和 120 Da）的 3 个连续峰，根据这一特定质量差可确定蛋白质N-糖基化的位点。陈瑶函等利用基质辅助激光解吸电离质谱和电喷雾电离质谱联合解析了辣根过氧化物酶的糖肽结构，给出了糖基化位点和糖链的结构，证明了多级质谱在糖链结构解析中的能力[81]。

将糖肽作为一个整体进行解析是糖基化蛋白质组学研究的难点之一。虽然在目前不切除糖链，直接在肽段的基础上分析糖链的结构和构型的文献也有报道，但基本都是限于标准糖蛋白或是复杂样品中的某一种特定的糖蛋白。由于受到分离方式、富集特异性以及糖肽在质谱中响应的限制等问题，还没有找到适合的方法使其能应用于高通量的糖蛋白组学研究。而与此不同的是，通过糖苷酶和高精度的多级质谱联合使用，先切除糖链，再进行高通量的糖基化位点鉴定的技术难题已经攻克。利用生物质谱有针对性地研究生物样品中的某类糖型（pattern），或者反映整个体系中某些糖型的变化趋势，也已经取得了大量的研究成果。虽然在糖蛋白质组学研究方面，尤其是在高通量的糖肽解析方面仍有许多难题未攻克，但毫无疑问的一点是，生物质谱的技术发展将是推进糖基化组学发展的一支重要力量。

1.3.6 肽组学和肽组研究技术

1.3.6.1 肽组和肽组学

在生物学中，“肽”一般指多肽，分子量最大可达到约 10 000 Da。“肽”（peptide）来源于希腊文“peptos”，意思是可消化的，意味着肽是蛋白水解的产物，往往被认为是“生物学垃圾”。肽组指所有低相对分子质量的蛋白质，如在复杂生物样品——细胞溶菌液、组织提取物和体液等中存在的内源性肽段。近年来，随着质谱技术生物信息学的发展，人们发现内源性肽段在生物过程中通常扮演着调节剂和指示剂的特殊作用，如生物活性肽荷尔蒙、生长素等都对成长、健康、疾病等有重要影响。所以，内源性肽段包含了可能记录人类生理和病理状态的生物标记物，这些标记物可能比常规标记物具有更高的临床灵敏性和特异性。内源性肽段由“生物学垃圾”变成了“疾病特异诊断信息的未开发资源”。

肽组学研究指在特定时间点和区域系统，整体、定性、定量地分析生物样品中的内生肽段和小分子蛋白。一般意义而言，肽组中的肽可分为两大类：一类为在生物学过程中发挥生活机能作用的生物活性肽，如荷尔蒙、生长素之类；另一类为反映个体蛋白酶解方式和生物学状态的蛋白降解片段。现在，肽组研究受到了学术界和产业界越来越多的关注，这是因为肽组研究相对于蛋白组研究需要的是更简单的分离（无酶解过程），并且肽组作为蛋白的代谢产物，记录了生物体当前的生理状态。体液或组织中产生的循环蛋白片段可能反映生物学重大事件并且为临床诊断提供凸显的信息。Petricoin 指出：“我们相信肽组学谱可以以各种不同的形式包括或者代表体内的所有分析物。”Petricoin 说道：“这是对相对没有开发过的信息大陆的一种组合，此外，它可能是最丰富的分析物档案之一，所述分析物对正在进行的疾病进程是灵敏且特异的。”[82] 然而，肽组的真正作用需要进一步的研究和证明。

1.3.6.2 肽组研究技术

类似于生物样品中其他组分的研究，肽组学分析（内源性肽分离分析）过程主要包括样品的预处理、分离、检测、定量和数据分析等步骤[83]，如图 1-14 所示。技术重点在于样品的预处理分离和质谱检测上。

目前，有不少的新技术被应用于内源性肽段的分离富集上。超滤技术是目前用得最广

图 1-14 肽组学分析方法示意[83]

泛的从生物样品中分离肽段，去除蛋白的方法，它通过膜表面的微孔结构对物质进行选择性分离。如 Hancock 等采用离心超滤除去人血清中大于 10 kDa 的分子，再采用 MALDI-TOF-MS，或 LC-MS 和 LTQ-FT-MS 成功鉴定出滤液中的内源性肽段[84]。然而，离心超滤的用时将随着样品量的增多而急剧增长，且其他的小分子，如盐等，将与内源性肽一起被浓缩，这将影响后续的质谱鉴定。有机溶剂沉淀法是将有机溶剂加入到生物样品中，使蛋白质团聚沉淀，而较小的肽段可溶于含较高比例有机溶剂的溶液中，然后通过离心操作可以去除蛋白的方法。色谱柱分离法利用一种特殊的填充材料填充色谱柱分离内源性肽段。该柱具有排阻分子量大的蛋白和富集分子量小的蛋白/肽段的双重作用。该方法若在不断添加原始生物样品下能保持其填料的双重功能，则十分适用于在线分离分析。随着纳米科技的发展，采用固相微萃取富集方法，用表面修饰使之功能化的材料作为吸附剂分离富集内源性肽段，成为目前广泛使用的另一种生物样品预处理方法。该方法往往使用惰性材料作为载体，如有机聚合物磁珠、无机聚合物粒子等，利用其特殊的表面结构和性质对内源性肽段进行吸附，或者在其表面修饰上具有特殊功能的官能团而对肽段具有吸附作用。如：商业化的 C8，Cu^{2+} 和弱阳离子等修饰的色谱磁珠，一般以有机聚合物磁珠为核心，粒子直径约为 0.1～10 μm；表面上修饰 C8，PMMA，Cu^{2+} 等的纳米材料，利用纳米材料超大的比表面积和表面基团与肽段的相互作用吸附溶液中的肽段；利用多孔材料比表面积大的优势，使肽段能大量附着在少量的多孔材料上达到富集作用。此外，还有多维液相色谱分离法等方法。总的来说，从目前已有的文献报道可以看出，在内源性肽段富集分离方面，多数工作是基于离心、亲和色谱等方法进行。然而，这些富集过程一般都需用到繁琐的多次离心过程，操作复杂，在提取和富集的过程中还可能造成样品的损失；在肽段得到浓缩时，溶液中的杂质，如盐等，也可能被浓缩，这对内源性肽段的快速、高通量检测设置了障碍。因此，发展快速、高效、便捷的内源性肽段提取富集技术成为亟待解决的课题。

与蛋白组研究相似，肽组的分析检测也依赖于生物质谱技术。在生物样品的处理中常常需要用到非挥发性的盐，这些不挥发的低分子量污染物会导致质谱分析过程中噪声增加及造成明显的信号抑制。此外，在复杂的组织或细胞液和体液中，与疾病和信号传导相关的内源性肽段丰度低，这些重要的肽段由于本身存在的量极少，又易被高丰度的蛋白吸附而很难得以有效鉴定。因此,对内源性肽段样品的预富集分离处理是多肽组学研究中能否成功分析鉴定内源性肽段、发现疾病相关标记物的瓶颈。

1.4　磁性微纳米材料在蛋白质组学中的应用研究

自 20 世纪 70 年代以来,磁性聚合物微球引起了人们越来越多的关注。磁性聚合物微球是通过一定方法将无机磁性粒子与有机或无机聚合物进行复合而得到的功能微球。这种微球除了具有常规聚合物微球的诸多性质(如表面易于功能化、粒径可调、表面电性质可控等),还能对外加磁场作出响应,即在外加磁场中可以迅速地从其所处的介质中分离出来,大大地简化了分离步骤,缩短了分离时间。最近,磁性聚合物微球已经广泛应用于靶向药物输送、细胞分离、催化剂载体、生物分析和蛋白质组学等许多领域。特别是在蛋白质组学研究中,磁性材料已经成功应用于蛋白的快速酶解、功能蛋白分离富集和肽组学研究中。

1.4.1　磁性微纳米材料制备方法

磁性微纳米材料包括磁性无机材料、磁性有机材料、磁性复合材料等功能化材料。无机磁性纳米粒子的种类繁多,常用的有金属合金(Fe, Co, Ni)、氧化铁($\gamma-Fe_2O_3$, Fe_3O_4)、铁氧体($CoFe_2O_4$, $BaFe_{12}O_{19}$, $BaFeO_4$),氮化铁(Fe_4N)和二氧化铬(CrO_2)等。由于钴、镍等存在毒性,在生物、医药等领域的应用受到严格限制。而 Fe_3O_4 因其低毒、易制备等特点成为应用较多的无机磁性材料。Fe_3O_4 可以通过亚铁离子与铁离子在碱性水溶液中的共沉淀法或亚铁粒子的氧化沉淀法进行制备,其粒度、形状和组成可以通过调节反应条件得以控制。常用的功能化材料可以主要分为天然生物大分子、合成高分子和无机物等,不同结构类型的磁性高分子微球制备方法不尽相同。

1.4.2　磁性微纳米材料应用于药物输送的研究

生命科学、信息科学、材料科学等领域的飞速发展给药剂学领域也带来了新思路,药物新剂型的研究也从原来的速度型控释、方向性控释发展到时间性控释、自调式释放和个体化给药等系统。其中方向性控释又称为靶向给药系统(targeted drug delivery system, TDDS),指药物通过载体结合或被载体包埋,在体内指向靶组织释药的给药系统。近 10 年来随着药物新剂型研究的发展,对靶向制剂的研究已成为国内外研究的热点之一。

磁性药物制剂是指将药物和磁性物质共同包裹于聚合物载体之中的磁靶向给药系统,利用外加磁场效应引导药物在体内定向移动和定位集中,在磁场区释放药物,从而起到靶区局部浓集作用或靶区截流作用。目前研究的磁性药物制剂主要是磁性粒子(magnetic particles, MP),包括磁性微球(magnetic microspheres, MMS)和磁性纳米粒子(magnetic nanoparticles, MNP)。与其他靶向制剂相比较,磁性载药粒子除了可以有效减少网状内皮系统的捕获,还具有独特的性质:磁性药物粒子具有一定的缓释作用,可以减少给药剂量;

在磁场的作用下，增加靶区的药物浓度，能够提高疗效；可以降低药物对其他器官和正常组织的毒副作用；在交变磁场的作用下会吸收磁场能量产生热量，起到热疗效果。随着癌症发病率的提高，对抗癌药物的研究也在不断地深入，但是抗癌药物以常规剂型输送时在杀死癌细胞的同时，也会毒害正常细胞，而磁性载药粒子的出现，解决了上述问题，发挥了其准确定位的优点。

大多数癌症的化学疗法最大的缺点在于非特异性。用于治疗的药物通常是从静脉注入再分散到全身。这种疗法的非特异性会导致化学疗法细胞毒素的边缘效应，即药物会在攻击目标肿瘤细胞的同时杀死一些正常细胞。而基于磁性微纳米粒子的靶向性则能够通过减少药物的全身分散几率，减少或者消除药物化学疗法所存在的边缘效应，减少细胞毒性化合物的剂量，同时更精确地靶向用药。

从 20 世纪 70 年代开始，磁性微纳米粒子就已被用于药物载体，对体内位点靶向用药。Widder 等发现磁性微纳米粒子能够与细胞毒性药物结合，负载有药物的磁性微纳米粒子载体通过静脉或动脉注射入人体。再利用磁铁的外加电场引导药物到达目标肿瘤位点，同时浓缩药物。磁性载体一旦在肿瘤或体内其他靶点浓缩，治疗试剂就会因酶解反应或其他生理条件（如 pH 值、温度、渗透压等）的变化而从磁性载体释放，增加了靶向位点肿瘤细胞对药物的摄取。

磁性靶向粒子在药物输送方面有其优越性，如准确的特异性位点定位能力，减少细胞毒性化合物的全身扩散；在小剂量注射的情况下增强了靶向位点的有效药物摄入量。磁性载药粒子作为较有潜力的靶向给药系统，对提高药物疗效、降低毒性有独特的优点，但在临床应用上也面对一些挑战：体外磁场的选取，包括磁场强度、梯度，使用时间及立体定位等，否则会影响磁性药物在靶器官的停留稳定性；需进一步完善磁性微粒本身的一些性质，如粒径均匀性、可控性、表面性质等，以提高载体的负载率，增强药物缓释性、磁性粒子稳定性和主动靶向性；研究体内环境对磁性药物靶向性的影响等。

1.4.3 磁性微纳米材料用于快速酶解研究

使用带有磁性的纳米材料固定酶进行蛋白酶解，不仅可以很容易地将酶与底物分离，而且酶固定在磁性高分子微球上后，其热稳定性和操作稳定性都得到提高，固定化酶再生性好、使用效率高，可用于连续生产，降低生产成本。此外，用磁性材料制成的微酶反应器填充简单，容易再生，操作方便。Bíková 等[85]利用带有羧基官能团的磁性微球固定胰蛋白酶，并利用外加磁场将其填充到微芯片通道中，该微酶反应器酶解的标准蛋白产物分别经过 RP-HPLC 和 HPCE 的平行分离，最终收集馏分进行质谱鉴定，并利用 SDS-PAGE 考察了不同的缓冲液和变性条件对酶解完全性的影响。Chen 等[86]发现，在磁性纳米微球存在的情况下，微波辅助酶解过程可以在 30 s 内完成，因为磁球是优良的微波辐射吸收体。这一发现使微波辅助酶解领域也发生了迅速的变化。利用水热法合成的纳米磁性微球，经过修饰后选用恰当的偶联剂在其表面固定胰蛋白酶，然后将它们应用到大剂量溶液酶解、微芯片酶解、纳升级靶上酶解和微波辅助快速酶解上，可将蛋白酶解时间从传统酶解时间的约12 h缩短到 15 s[87]。

1.4.4 磁性微纳米材料用于翻译后修饰蛋白质组学研究

随着质谱技术的发展，用肽质量指纹谱图法和串联质谱法鉴定磷酸化蛋白质十分普遍。然而，磷酸化蛋白质相对其他蛋白质，其含量低而质谱分析通常采用正离子模式，因此磷酸化蛋白/肽段所产生的离子信号常常会被非磷酸化蛋白质/肽段抑制，所以磷酸化蛋白质/肽段的富集是它们能被质谱有效鉴定的前提。常用的磷酸化蛋白质/肽段的磁性微纳米材料富集方法有：固相金属亲和色谱法、化学修饰法、金属氧化物/金属氢氧化物亲和色谱方法等。此外，经过表面修饰硼酸和凝集素等的磁性微纳米材料也用于痕量糖蛋白和糖肽的磁性分离富集的新方法研究中。

1.4.5 磁性微纳米材料用于低丰度蛋白/肽段富集分离研究

低丰度蛋白/肽段的分离富集是蛋白组学和肽组学发展中的重要环节，而磁性聚合物微球具有易于表面修饰、溶液分散性好，以及灵敏的磁场感应性的诸多优点，为其应用于蛋白质组学分析中痕量肽段的分离富集方面提供了可能。目前，商品化的 C8 磁性材料采用有机聚合物在磁球表面进行包覆，在许多实验室中得以应用。但是这种磁珠磁性较弱、粒径较大、生物相容性和与 MALDI 质谱的相容性不够好，且一般为微米级大小，比表面积相对较小。本书作者以四氧化三铁磁性聚合物微球为核心，其粒径控制在 200 nm 左右，在其表面包覆(如：二氧化硅层)，进而进行化学修饰，合成了新型的功能化磁性材料[88]。利用该磁性微球作为吸附剂，进行痕量多肽的分离富集以及 MALDI - TOF MS 直接分析并初步应用于实际血样中多肽的富集，从而简化了低浓度多肽的分析测定程序，解决了痕量样品的分析困难，也为磁性聚合物微球的应用开辟了新的途径。

参考文献

[1] Brockman A H, Orlando R. Probe-Immobilized Affinity Chromatography/Mass Spectrometry [J]. *Analytical Chemistry*, 1995,67(24): 4581 - 4585.

[2] Brockman A H, Dodd B S, Orlando R. A Desalting Approach for MALDI-MS Using On-Probe Hydrophobic Self-Assembled Monolayers [J]. *Analytical Chemistry*, 1997,69(22): 4716 - 4720.

[3] Warren M E, And A H B, Orlando R. On-Probe Solid-Phase Extraction/MALDI-MS Using Ion-Pairing Interactions for the Cleanup of Peptides and Proteins [J]. *Analytical Chemistry*, 1998, 70(18): 3757 - 3761.

[4] Liang X, Lubman D M, Rossi D T, *et al*. On-Probe Immunoaffinity Extraction by Matrix-Assisted Laser Desorption/Ionization Mass Spectrometry. [J]. *Analytical Chemistry*, 1998,70(3): 498 - 503.

[5] Schuerenberg M, Luebbert C, Eickhoff H, *et al*. Prestructured MALDI-MS Sample Supports [J]. *Analytical Chemistry*, 2000,72(15): 3436 - 42.

[6] Jia W, Wu H, Lu H, *et al*. Rapid and Automatic On-Plate Desalting Protocol for MALDI-MS: Using Imprinted Hydrophobic Polymer Template [J]. *Proteomics*, 2007,7(15): 2497 - 2506.

[7] Clarke N J, Li F, Tomlinson A J, *et al*. One Step Microelectroelution Concentration Method for

Efficient Coupling of Sodium Dodecylsulfate Gel Electrophoresis and Matrix-Assisted Laser Desorption Time-Of-Flight Mass Spectrometry for Protein Analysis [J]. *Journal of the American Society for Mass Spectrometry*, 1998,9(1): 88-91.

[8] Xu F, Wang Y, Wang X, *et al*. A Novel Hierarchical Nanozeolite Composite as Sorbent for Protein Separation in Immobilized Metal-Ion Affinity Chromatography [J]. *Advanced Materials*, 2003, 15 (20): 1751-1753.

[9] Zhang Y, Wang X, Shan W, *et al*. Enrichment of Low-Abundance Peptides and Proteins on Zeolite Nanocrystals for Direct MALDI-TOF MS Analysis [J]. *Angewandte Chemie International Edition*, 2005,44(4): 615-617.

[10] Zhang Y, Yu X, Wang X, *et al*. Zeolite Nanoparticles with Immobilized Metal Ions: Isolation and MALDI-TOF-MS/MS Identification of Phosphopeptides [J]. *Chemical Communications*, 2004, 24 (24): 2882-2883.

[11] Jia W, Chen X, Lu H, *et al*. $CaCO_3$-Poly(Methyl Methacrylate) Nanoparticles for Fast Enrichment of Low-Abundance Peptides Followed by $CaCO_3$ - Core Removal for MALDI-TOF MS Analysis [J]. *Angewandte Chemie International Edition*, 2006,45(20),3345-3349.

[12] Doucette A, Craft D, Li L. Protein Concentration and Enzyme Digestion on Microbeads for MALDI-TOF Peptides Mass Mapping of Proteins From Dilute Solutions [J]. *Analytical Chemistry*, 2000,72 (14): 3355-3362.

[13] Girault S, Chassaing G, Blais J C, *et al*. Coupling of MALDI-TOF Mass Analysis to the Separation of Biotinylated Peptides by Magnetic Streptavidin Beads [J]. *Analytical chemistry*, 1996, 68 (13): 2122-2126.

[14] Lee J H, Kim Y, Mi Y H, *et al*. Immobilization of Aminophenylboronic Acid on Magnetic Beads for the Direct Determination of Glycoproteins by Matrix Assisted Laser Desorption Ionization Mass Spectrometry [J]. *Journal of the American Society for Mass Spectrometry*, 2005,16(9): 1456-1460.

[15] Xu X, Deng C, Gao M, *et al*. Synthesis of Magnetic Microspheres with Immobilized Metal Ions for Enrichment and Direct Determination of Phosphopeptides by Matrix-Assisted Laser Desorption Ionization Mass Spectrometry [J]. *Advanced Materials*, 2006,18(24): 3289-3293.

[16] Li Y, Leng T, Lin H, *et al*. Preparation of Fe_3O_4@ZrO_2 Core-Shell Microspheres as Affinity Probes for Selective Enrichment and Direct Determination of Phosphopeptides Using Matrix-Assisted Laser Desorption Ionization Mass Spectrometry [J]. *Journal of Proteome Research*, 2007,6(11): 4498-4510.

[17] Tian R, Zhang H, Ye M, *et al*. Selective Extraction of Peptides from Human Plasma by Highly Ordered Mesoporous Silica Particles for Peptidome Analysis [J]. *Angewandte Chemie International Edition*, 2007,46(6): 962-965.

[18] Steen H, Küster B, Mann M. Quadrupole Time-Of-Flight Versus Triple-Quadrupole Mass Spectrometry for the Determination of Phosphopeptides by Precursor Ion Scanning [J]. *Journal of Mass Spectrometry*, 2001, 36(36): 782-790.

[19] Villén J, Beausoleil S A, Gygi S P. Evaluation of the Utility of Neutral-Loss-Dependent MS3 Strategies in Large-Scale Phosphorylation Analysis [J]. *Proteomics*, 2008,8(21): 4444-4452.

[20] Zubarev R A, Kelleher N L, Mclafferty F W. Electron Capture Dissociation of Multiply Charged Protein Cations. A Nonergodic Process [J]. *Journal of the American Chemical Society*, 1998,120 (2): 3265-3266.

[21] Molina H, Horn D M, Tang N, *et al*. Global Proteomic Profiling of Phosphopeptides Using Electron Transfer Dissociation Tandem Mass Spectrometry [J]. *Proceedings of the National Academy of Sciences of the United States of America*, 2007,104(7): 2199-2204.

[22] Kjeldsen F, Giessing A M B, And C R I, *et al*. Peptide Sequencing and Characterization of Post-

Translational Modifications by Enhanced Ion-Charging and Liquid Chromatography Electron-Transfer Dissociation Tandem Mass Spectrometry [J]. *Analytical Chemistry*, 2016,79(79): 9243 - 9252.

[23] Rush J, Moritz A, Lee K A, *et al*. Immunoaffinity Profiling of Tyrosine Phosphorylation in Cancer Cells [J]. *Nature Biotechnology*, 2005,23(1): 94 - 101.

[24] Oda Y, Nagasu T, Chait B T. Enrichment Analysis of Phosphorylated Proteins as a Tool for Probing the Phosphoproteome [J]. *Nature Biotechnology*, 2001,19(4): 379 - 382.

[25] Thaler F, Valsasina B, Baldi R, *et al*. A New Approach to Phosphoserine and Phosphothreonine Analysis in Peptides and Proteins: Chemical Modification, Enrichment via Solid-phase Reversible Binding, and Analysis by Mass Spectrometry [J]. *Analytical and Bioanalytical Chemistry*, 2003,376(3): 366 - 373.

[26] Tseng H C, Ovaa H, Wei N J C, *et al*. Phosphoproteomic Analysis with a Solid-Phase Capture-Release-Tag Approach [J]. *Chemistry & Biology*, 2005,12(7): 769 - 77.

[27] Zhou H, Watts J D, Aebersold R. A Systematic Approach to the Analysis of Protein Phosphorylation [J]. *Nature Biotechnology*, 2001,19(4): 375 - 378.

[28] Bodenmiller B, Mueller L N, Pedrioli P G A, *et al*. An Integrated Chemical, Mass Spectrometric and Computational Strategy for (Quantitative) Phosphoproteomics: Application to Drosophila Melanogaster Kc167 Cells [J]. *Molecular Biosystems*, 2007,3(4): 275 - 286.

[29] Tao W A, Wollscheid B, O'Brien R, *et al*. Quantitative Phosphoproteome Analysis Using a Dendrimer Conjugation Chemistry and Tandem Mass Spectrometry [J]. *Nature Methods*, 2005,2(8): 591 - 598.

[30] Lansdell T A, Tepe J J. Isolation of Phosphopeptides Using Solid Phase Enrichment [J]. *Tetrahedron Letters*, 2004,45(1): 91 - 93.

[31] Knight Z A, Schilling B, Row R H, *et al*. Phosphospecific Proteolysis for Mapping Sites of Protein Phosphorylation [J]. *Nature Biotechnology*, 2003,21(9): 1047 - 54.

[32] Beausoleil S A, Jedrychowski M, Schwartz D, *et al*. Large-Scale Characterization of HeLa Cell Nuclear Phosphoproteins [J]. *Proceedings of the National Academy of Sciences of the United States of America*, 2004,101(33): 12130 - 12135.

[33] Ballif B A, Villén J, Beausoleil S A, *et al*. Phosphoproteomic Analysis of the Developing Mouse Brain [J]. *Molecular & Cellular Proteomics*, 2004,3(11): 1093 - 1101.

[34] Sui S, Wang J, Lu Z, *et al*. Phosphopeptide Enrichment Strategy Based on Strong Cation Exchange Chromatography [J]. *Chinese Journal of Chromatography*, 2008,26(2): 195 - 199.

[35] Trinidad J C, Specht C G, Thalhammer A, *et al*. Comprehensive Identification of Phosphorylation Sites in Postsynaptic Density Preparations [J]. *Molecular and Cellular Proteomics*, 2006,5(5): 914 - 922.

[36] Olsen J V, Blagoev B, Gnad F, *et al*. Global, in Vivo, and Site-Specific Phosphorylation Dynamics in Signaling Networks [J]. *Cell*, 2006,127(3): 635 - 648.

[37] Han G, Ye M, Zhou H, *et al*. Large-Scale Phosphoproteome Analysis of Human Liver Tissue by Enrichment and Fractionation of Phosphopeptides with Strong Anion Exchange Chromatography [J]. *Proteomics*, 2008,8(7): 1346 - 1361.

[38] Dai J, Jin W H, Sheng Q H, *et al*. Protein Phosphorylation and Expression Profiling by Yin-Yang Multidimensional Iiquid Chromatography (Yin-Yang MDLC) Mass Spectrometry [J]. *Journal of Proteome Research*, 2007,6(1): 250 - 262.

[39] Mcnulty D E, Annan R S. Hydrophilic Interaction Chromatography Reduces the Complexity of the Phosphoproteome and Improves Global Phosphopeptide Isolation and Detection [J]. *Molecular & Cellular Proteomics*, 2008,7(5): 971 - 980.

[40] Albuquerque C P, Smolka M B, Payne S H, *et al*. A Multidimensional Chromatography Technology for In-Depth Phosphoproteome Analysis [J]. *Molecular & Cellular Proteomics*, 2008,7(7): 1389 - 1396.

[41] Gan C S, Guo T, Zhang H, *et al*. A Comparative Study of Electrostatic Repulsion-Hydrophilic Interaction Chromatography (ERLIC) Versus SCX-IMAC-Based Methods for Phosphopeptide Isolation/Enrichment [J]. *Journal of Proteome Research*, 2008,7(11): 4869 - 4877.

[42] Zhang H, Guo T, Li X, *et al*. Simultaneous Characterization of Glyco- and Phosphoproteomes of Mouse Brain Membrane Proteome with Electrostatic Repulsion Hydrophilic Interaction Chromatography [J]. *Molecular & Cellular Proteomics*, 2010,9(4): 635 - 647.

[43] Porath J, Carlsson J, Olsson I, *et al*. Metal Chelate Affinity Chromatography, A New Approach to Protein Fractionation [J]. *Nature*, 1975,258(5536): 598 - 599.

[44] Andersson L, Porath J. Isolation of Phosphoproteins by Immobilized Metal (Fe^{3+}) Affinity Chromatography [J]. *Analytical Biochemistry*, 1986,154(1): 250 - 254.

[45] Ficarro S B, Adelmant G, Tomar M N, *et al*. Magnetic Bead Processor for Rapid Evaluation and Optimization of Parameters for Phosphopeptide Enrichment [J]. *Analytical Chemistry*, 2009,81(11): 4566 - 4575.

[46] Zhou H J, Xu S Y, Ye M L. Zirconium Phosphonate-Modified Porous Silicon for Highly Specific Capture of Phosphopeptides and MALDI-TOF MS Analysis [J]. *Journal of Proteome Research*, 2006,5(9): 2431 - 2437.

[47] Ficarro S B, McCleland M L, Stukenberg P T, *et al*. Phosphoproteome Analysis by Mass Spectrometry and Its Application to Saccharomyces Cerevisiae [J]. *Nature Biotechnology*, 2002,20(3): 301 - 305.

[48] Ndassa Y M, Orsi C, Marto J A, *et al*. Improved Immobilized Metal Affinity Chromatography for Large-Scale Phosphoproteomics Applications [J]. *Journal of Proteome Research*, 2006,5(10): 2789 - 2799.

[49] Moser K, White F M. Phosphoproteomic Analysis of Rat Liver by High Capacity IMAC and LC-MS/MS [J]. *Journal of Proteome Research*, 2006,5(5): 98 - 104.

[50] Bodenmiller B, Mueller L N, Mueller M, *et al*. Reproducible Isolation of Distinct, Overlapping Segments of the Phosphoproteome [J]. *Nature Methods*, 2007,4(3): 231 - 237.

[51] Seeley E H, Riggs L D, Regnier F E. Reduction of Non-Specific Binding in Ga(III) Immobilized Metal Affinity Chromatography for Phosphopeptides by Using Endoproteinase Glu-C as the Digestive Enzyme [J]. *Journal of Chromatography B*, 2005,817(1): 81 - 88.

[52] Pinkse M W H, Uitto P M, Hihorst M J, *et al*. Selective Isolation at the Femtomole Level of Phosphopeptides from Proteolytic Digests Using 2D - NanoLC-ESI-MS/MS and Titanium Oxide Precolumns [J]. *Analytical Chemistry*, 2004,76(14): 3935 - 3943.

[53] Larsen M R, Thingholm T E, Jensen O N, *et al*. Highly Selective Enrichment of Phosphorylated Peptides from Peptide Mixtures Using Titanium Dioxide Microcolumns [J]. *Molecular & Cellular Proteomics*, 2005,4(7): 873 - 886.

[54] Kweon H K, Håkansson K. Selective Zirconium Dioxide-based Enrichment of Phosphorylated Peptides for Mass Spectrometric Analysis [J]. *Analytical Chemistry*, 2006,78(6): 1743 - 1749.

[55] Li Y, Liu Y, Tang J, *et al*. Fe_3O_4@Al_2O_3 Magnetic Core-Shell Microspheres for Rapid and Highly Specific Capture of Phosphopeptides with Mass Spectrometry Analysis [J]. *Journal of Chromatography A*, 2007,1172(1172): 57 - 71.

[56] Ficarro S B, Parikh J R, Blank N C, *et al*. Niobium (V) Oxide (Nb_2O_5): Application to Phosphoproteomics [J]. *Analytical Chemistry*, 2008,80(12): 4606 - 4613.

[57] Thingholm T E, Jensen O N, Robinson J P. SIMAC (Sequential Elution from IMAC), a

Phosphoproteomics Strategy for the Rapid Separation of Monophosphorylated from Multiply Phosphorylated Peptides [J]. *Molecular & Cellular Proteomics*, 2008,7(4): 661 - 671.

[58] Reynolds E C, Riley P F, Adamson N J. A Selective Precipitation Purification Procedure for Multiple Phosphoseryl-Containing Peptides and Methods for Their Identification [J]. *Analytical Biochemistry*, 1994,217(2): 277 - 284.

[59] Zhang X, Ye J, Jensen O N, *et al*. Highly Efficient Phosphopeptide Enrichment by Calcium Phosphate Precipitation Combined with Subsequent IMAC Enrichment [J]. *Molecular & Cellular Proteomics*, 2007,6(11): 2032 - 2042.

[60] Chang C K, Wu C C, Wang Y S, *et al*. Selective Extraction and Enrichment of Multiphosphorylated Peptides Using Polyarginine-Coated Diamond Nanoparticles [J]. *Analytical Chemistry*, 2008,80(10): 3791 - 3797.

[61] Woods A S, Ferré S. Amazing Stability of the Arginine-Phosphate Electrostatic Interaction [J]. *Journal of Proteome Research*, 2011,4(4): 1397 - 1402.

[62] Yang Z, Hancock W S, Chew T R, *et al*. A Study of Glycoproteins in Human Serum and Plasma Reference Standards (HUPO) Using Multilectin Affinity Chromatography Coupled with RPLC-MS/MS [J]. *Proteomics*, 2005,5(13): 3353 - 3366.

[63] Bunkenborg J, Pilch B J, Podtelejnikov A V, *et al*. Screening for N-Glycosylated Proteins by Liquid Chromatography Mass Spectrometry [J]. *Proteomics*, 2004,4(2): 454 - 465.

[64] Zhou H, Hou W, Denis N J, *et al*. Glycoproteomic Reactor for Human Plasma [J]. *Journal of Proteome Research*, 2009,8(2): 556 - 566.

[65] Feng S, Yang N, Pennathur S, *et al*. Enrichment of Glycoproteins Using Nanoscale Chelating Con A Monolithic Capillary Chromatography [J]. *Analytical Chemistry*, 2009,81(10): 3776 - 3783.

[66] Morris T A, Peterson A W, Tarlov M J. Selective Binding of RNase B Glycoforms by Polydopamine-Immobilized Concanavalin A [J]. *Analytical Chemistry*, 2009,81(13): 5413 - 5420.

[67] Zhang Q, Tang N, Brock J, *et al*. Enrichment and Analysis of Nonenzymatically Glycated Peptides: Boronate Affinity Chromatography Coupled with Electron-Transfer Dissociation Mass Spectrometry [J]. *Journal of Proteome Research*, 2007,6(6): 2323 - 2330.

[68] Zhang L, Xu Y, Yao H, *et al*. Boronic Acid Functionalized Core-Satellite Composite Nanoparticles for Advanced Enrichment of Glycopeptides and Glycoproteins [J]. *Chemistry — A European Journal*, 2009,15(39): 10158 - 10166.

[69] Xu Y, Wu Z, Zhang L, *et al*. Highly Specific Enrichment of Glycopeptides Using Boronic Acid-Functionalized Mesoporous Silica [J]. *Analytical Chemistry*, 2016,81(1): 503 - 508.

[70] Li M, Lin N, Huang Z, *et al*. Selecting Aptamers for a Glycoprotein Through the Incorporation of the Boronic Acid Moiety [J]. *Journal of the American Chemical Society*, 2008,130(38): 12636 - 12638.

[71] Per Hägglund, Bunkenborg J, Elortza F, *et al*. A New Strategy for Identification of N-Glycosylated Proteins and Unambiguous Assignment of Their Glycosylation Sites Using HILIC Enrichment and Partial Deglycosylation [J]. *Journal of Proteome Research*, 2004,3(3): 556 - 566.

[72] Wada Y, Tajiri M, Yoshida S. Hydrophilic Affinity Isolation and MALDI Multiple-Stage Tandem Mass Spectrometry of Glycopeptides for Glycoproteomics [J]. *Analytical Chemistry*, 2004,76(22): 6560 - 6565.

[73] Picariello G, Ferranti P, Mamone G, *et al*. Identification of N-linked Glycoproteins in Human Milk by Hydrophilic Interaction liquid Chromatography and Mass Spectrometry [J]. *Proteomics*, 2008,8(18): 3833 - 3847.

[74] Whelan S A, Lu M, He J B, *et al*. Mass Spectrometry (LC-MS/MS) Site-Mapping of N-Glycosylated Membrane Proteins for Breast Cancer Biomarkers [J]. *Journal of Proteome Research*, 2009,8(8):

4151 - 4160.

[75] Blake T A, Williams T L, Pirkle J L, *et al*. Targeted N-Linked Glycosylation Analysis of H5N1 Influenza Hemagglutinin by Selective Sample Preparation and Liquid Chromatography/Tandem Mass Spectrometry [J]. *Analytical Chemistry*, 2009,81(81): 3109 - 3118.

[76] Zhou L, Beuerman R W, Chew A P, *et al*. Quantitative Analysis of N-Linked Glycoproteins in Tear Fluid of Climatic Droplet Keratopathy by Glycopeptide Capture and iTRAQ [J]. *Journal of Proteome Research*, 2009,8(4): 1992 - 2003.

[77] Chen R, Jiang X, Sun D, *et al*. Glycoproteomics Analysis of Human Liver Tissue by Combination of Multiple Enzyme Digestion and Hydrazide Chemistry [J]. *Journal of Proteome Research*, 2009,8(2): 651 - 661.

[78] Wells L, Vosseller K, Cole R N, *et al*. Mapping Sites of O-GlcNAc Modification Using Affinity Tags for Serine and Threonine Post-Translational Modifications [J]. *Molecular & Cellular Proteomics*, 2002,1(10): 791 - 804.

[79] Zheng Y, Guo Z, Cai Z. Combination of β-Elimination and Liquid Chromatography/Quadrupole Time-Of-Flight Mass Spectrometry for the Determination of O-Glycosylation Sites [J]. *Talanta*, 2009,78 (2): 358 - 363.

[80] Hanisch F G. Teitz S, Schwientek T, *et al*. Chemical De-O-Glycosylation of Glycoproteins for Applications in LC-based Proteomics [J]. *Proteomics*, 2011,9(3): 710 - 719.

[81] 陈瑶函,晏国全,周新文,等. 基质辅助激光解吸电离质谱和电喷雾电离质谱在辣根过氧化物酶糖肽结构分析中的应用[J]. 色谱,2010,28(2): 135—139.

[82] Petricoin E F, Belluco C, Araujo R P, *et al*. The Blood Peptidome: A Higher Dimension of Information Content for Cancer Biomarker Discovery [J]. *Nature Reviews Cancer*, 2006,6(12): 961 - 967.

[83] Hu L, Ye M, Zou H. Recent Advances in Mass Spectrometry-Based Peptidome Analysis [J]. *Expert Review of Proteomics*, 2009,6(6): 433 - 447.

[84] Zheng X, Baker H, Hancock W S. Analysis of the Low Molecular Weight Serum Peptidome Using Ultrafiltration and a Hybrid Ion Trap-Fourier Transform Mass Spectrometer [J]. *Journal of Chromatography A*, 2006,1120(1 - 2): 173 - 184.

[85] Bílková Z, Slováková M, Minc N, *et al*. Functionalized Magnetic Micro- and Nanoparticles: Optimization and Application to μ-Chip Tryptic Digestion [J]. *Electrophoresis*, 2006,27(9): 1811 - 1824.

[86] Chen W Y, Chen Y C. Acceleration of Microwave-Assisted Enzymatic Digestion Reactions by Magnetite Beads [J]. *Analytical Chemistry*, 2007,79(6): 2394 - 2401.

[87] Lin S, Yao G, Qi D, *et al*. Fast and Efficient Proteolysis by Microwave-Assisted Protein Digestion Using Trypsin-Immobilized Magnetic Silica Microspheres [J]. *Analytical Chemistry*, 2008,80(10): 3655 - 3665.

[88] Chen H, Xu X, Yao N, *et al*. Facile Synthesis of C8 - Functionalized Magnetic Silica Microspheres for Enrichment of Low-Concentration Peptides for Direct MALDI-TOF MS Analysis [J]. *Proteomics*, 2008,8(14): 2778 - 2784.

第 2 章

磁性微纳米材料及合成

2.1 磁性纳米材料简介

物质的磁性是一个历史悠久的研究领域，四千多年前指南针的发明就标志着磁性已经步入人们的生活。现代科学技术的发展，特别是近几十年的大量研究和应用实践雄辩地表明：磁现象是普遍存在的，磁性是一切物质的普遍属性，磁场是任何空间都存在的一种物理场。磁的这种普遍性决定了磁的丰富内涵及其多方面的联系和广泛的应用。磁性材料是一种古老而用途十分广泛的功能材料。在 20 世纪 50 年代前为金属磁的一统天下；50～80 年代为铁氧体的黄金时代，除电力工业外，各应用领域中铁氧体占绝对优势；而磁性纳米材料是在 20 世纪 80 年代后逐步产生、发展、壮大的。纳米科技的发展给传统的磁性产业带来了跨越式发展的重大机遇和挑战，它使古老的磁学变得年轻活跃，展示出了诱人的广阔应用前景，使得这一领域成为目前国际上最引人注目和最具活力的研究领域之一。

2.1.1 磁性纳米材料[1]

磁性材料是指具有可利用的磁学性质的材料。从广义上说，纳米材料是指在三维空间中至少有一维处于纳米尺度范围或由它们作为基本单元构成的材料。因此，我们从维数的角度考虑，将磁性纳米材料分为 3 类：(ⅰ)零维，指在空间三维尺度均在纳米尺度，如，磁性纳米粒子；(ⅱ)一维，指在空间有两维处于纳米尺度，如磁性纳米丝、磁性纳米棒等；(ⅲ)二维，指在三维空间中有一维在纳米尺度，如磁性超薄膜、多层膜等。

磁性材料按其功能可分为以下几大类：(ⅰ)易被外磁场磁化的磁芯材料；(ⅱ)可发生持续磁场的永磁材料；(ⅲ)通过变化磁化方向进行信息记录的磁记录材料；(ⅳ)通过光或热使磁化发生变化来进行记录与再生的光磁记录材料；(ⅴ)在磁场作用下电阻发生变化的磁致电阻材料；(ⅵ)因磁化使尺寸发生变化的磁致伸缩材料；(ⅶ)形状可以自由变化的磁性流体等。利用上述功能，可以制作变压器、马达、扬声器、磁致伸缩振子、记录介质、各类传感器、阻尼器、打印机、磁场发生器、电磁波吸收体等各种各样的磁性器件。在上述器件组成的设备中，除了机器人、计算机、工作母机等产业机械外，汽车、音响设备、电视机、录相/音机、电话、洗衣机、吸尘器、电子钟表、电冰箱、空调器、电饭锅等应用机器也不胜枚举。

近年来的磁性材料，在非晶态、稀土永磁化合物、超磁致伸缩、巨磁电阻等新材料相继发现的同时，由于组织的微细化、晶体学方位控制、薄膜化、超晶格等新技术的开发，其性能也显著提高。这不仅对电子、信息等产品特性的飞跃提高作出了重大贡献，而且成为新产品开发的原动力。目前，磁性材料已成为支持并促进社会发展的关键材料之一，是国民经济、国防工业的重要支柱与基础，其已是信息存储、处理与传输领域中不可或缺的组成部分。信息化发展的总趋势是向小、轻、薄以及多功能方向进行，因而要求磁性材料向高性能、新功能方向发展。磁性材料已经历了晶态、非晶态、纳米微晶态、纳米微粒与纳米结构材料的发展阶段。纳米材料是纳米技术中最重要，也是最基础的组成部分。当材料的特征尺寸小到纳米尺度(1～100 nm)时，其电子的波动性以及原子之间的相互作用将表现出强烈的尺寸依赖性，材料的熔点、力学性能、磁学性能、电学性能、热学性能、光学性能和化学性能会表现出与常规材料截然不同的特性。

2.1.2　磁性纳米材料的磁性来源

物质的磁性来源于组成物质中原子的磁性，原子中电子的轨道运动相当于一个闭合电流，会产生磁矩。此外，电子的自旋会产生自旋磁矩。因此，材料的磁性质主要来源于电子的轨道磁矩和自旋磁矩。对于多电子的原子来说，磁性由未满壳层的电子产生的轨道磁矩和自旋磁矩所提供。具体原因是当电子填满壳层以后，电子的轨道磁矩与自旋磁矩的总和为零，所以对原子磁矩没有贡献。对于铁族过渡族元素来说，如 Fe, Ni, Co 等，原子磁矩就来源于未满壳层的 3d 电子。根据在有磁场或无磁场条件下材料中磁偶极子的排列情况，材料的磁性实际上可以分为抗磁性，顺磁性，铁磁性，亚铁磁性和反铁磁性等 5 种情况[1]。在无外加磁场时，没有磁偶极子。而有外加磁场时，则有很弱的诱导磁偶极子的现象，这种材料称之为抗磁性材料。抗磁性材料的磁化方向与外场方向相反。对于顺磁性材料，在没有外加磁场时，磁偶极子呈现无序排列。而在有外加磁场存在时，磁偶极子将沿外磁场方向进行有序排布，即顺磁物质的磁化方向与外加磁场一致。上述两种顺磁和抗磁作用都是非常弱的。然而，对于铁磁材料来说，无论有无外加磁场，磁偶极子都会沿着同一方向进行排列，并且呈现长程有序。因此，宏观上铁磁材料会显示出永久磁矩。在具有亚铁磁性的材料中，每个磁偶极子总有一个与其相邻，磁矩取向相反，但磁性稍弱一点的磁偶极子。然而，在反铁磁材料中，这两个相邻的磁偶极子虽然取向相反，但大小相当，因此相互抵消。

2.1.3　磁性纳米材料的主要磁特性[1]

2.1.3.1　单磁畴结构

在大的磁性颗粒中，存在多磁畴结构。静磁能(ΔE_{MS})和畴壁能(E_{dw})之间的平衡导致了畴壁的形成。其中，静磁能与材料的体积成正比，而畴壁能与壁之间的界面成正比。当材料的尺寸减小到某一临界尺寸以下，畴壁能就会大于单畴颗粒的静磁能，这样就会导致单磁畴颗粒的出现。

2.1.3.2 超顺磁性(superparamagnetism)

如果磁性材料是一单磁畴颗粒的集合体，对于每一个颗粒而言，由于磁性原子或离子之间的交换作用很强，则磁矩之间将平行取向，而且磁矩取向在易磁化方向上，但是颗粒与颗粒之间由于易磁化方向不同，磁矩的取向也就不同。如果进一步减小颗粒的尺寸，到某一数值时，热扰动能将与总的磁晶各向异性能相当，因为总的磁晶各向异性能正比于 $K_{eff}V$，热扰动能正比于 k_BT(K_{eff}是磁晶各向异性常数，V 是颗粒体积，k_B 是玻尔兹曼常数，T 是样品的绝对温度)，颗粒内的磁矩方向就可能随着时间的推移，整体保持平行在一个易磁化方向和另一个易磁化方向之间反复变化。从单畴颗粒集合体看，不同颗粒的磁矩取向时时刻刻都在变换方向，这种磁性的特点相似于顺磁性物质，但也有不同之处，比如在顺磁性物质中，每个原子或离子的磁矩只有几个玻尔磁子，可在直径为 5 nm 的球形颗粒集合体中，颗粒的总磁矩有可能大于 10 000 个玻尔磁子。单畴颗粒集合体的这种磁性称为超顺磁性。超顺磁性有两个很重要的特点：一是如果以磁化强度 M 为纵坐标，以 H/T 为横坐标作图(H 是所施加的磁场强度，T 是绝对温度)，则在单畴颗粒集合体出现超顺磁性的温度范围内，分别在不同的温度下测量其磁化曲线，这些磁化曲线必定是重合在一起的。二是不会出现磁滞，即集合体的剩磁和矫顽力都为零。

描述单畴磁性颗粒集合体的物理量有两个：一是超顺磁临界尺寸 r_0，如果颗粒系统的温度保持恒定，则只有当颗粒尺寸 $r \leqslant r_0$ 才有可能呈现超顺磁特性。不同种类的纳米磁性颗粒的超顺磁临界尺寸并不相同。例如，$\alpha-Fe$, Fe_3O_4, $\alpha-Fe_2O_3$ 粒纳米颗粒的超顺磁临界尺寸分别为 5 nm, 30 nm, 20 nm。二是截止温度 T_B，对于足够小的磁性纳米颗粒，存在一特征温度 T_B，当温度 $T<T_B$ 时，颗粒呈现强磁性(铁磁性或亚铁磁性)；而当 $T \geqslant T_B$ 时，颗粒则呈超顺磁特性。

超顺磁状态的起源可归因为：在小尺寸下，当各向异性能与热运动能可相比拟时，磁化矢量的方向不再固定在易磁化方向，而是在易磁化轴之间做无规律的跳跃，结果导致超顺磁性的出现。不同种类的纳米磁性微粒显现超顺磁的临界尺寸是不相同的。

2.1.3.3 矫顽力

纳米磁性颗粒的矫顽力与其尺寸有关。对大尺寸的磁性颗粒来说，有利于形成多畴结构，因此，通过成核和畴壁运动会导致磁化反转。随着颗粒尺寸的变小，强磁性颗粒的磁畴结构将会由多磁畴结构转变为单磁畴结构，使磁化反转的模式从畴壁位移转变为磁畴转动，从而呈现矫顽力显著增加的趋势，直至单磁畴临界尺寸 r_c 时达最大值。当磁性颗粒的尺寸进一步减小时，矫顽力降低，当降至超顺磁性临界尺寸 r_0 时，矫顽力趋近零。

2.1.3.4 居里温度

居里温度 T_c 是物质磁性的重要参数之一，通常与交换积分 J_e 成正比。对于磁性纳米颗粒来说，由于存在小尺寸效应和表面效应，其本征和内禀的磁性将会发生变化，因此具有较低的居里温度 T_c。例如，粒径为 85 nm 的 Ni 纳米颗粒，测量得到的居里温度约为350 ℃，略低于块体 Ni 的居里温度(385 ℃)。另一方面,随着磁性纳米材料尺寸的减小,纳米体系的表面效应就越来越明显,也就是说,由于材料表面原子的配位数要小于内部原子的配位数,导致材料中原子的平均配位数显著减小,而依赖于最近邻原子数的交换积分 J_e 也随之减小,从而使得磁性纳米材料的居里温度降低。

2.1.3.5 磁化率

所谓磁化率,是指某一物质受外磁场 H 的感应而生成的磁化强度。纳米粒子的磁性与它所含的总电子数的奇偶性密切相关。每个微粒的电子可以看成一个体系,电子数的宇称可为奇或偶。一价金属的微粉,一半粒子的宇称为奇,另一半为偶;两价金属的粒子的宇称为偶,电子数为奇或偶数的粒子磁性有不同的温度特点。

2.1.3.6 磁性纳米材料的磁性参数[2]

对于铁磁或反铁磁材料来说,其磁性可以由材料磁化曲线上的基本参数表示。图 2-1 所示就是一个典型的磁化曲线,其表示了磁化强度和外加磁场的变化关系。曲线 OB 表示对于未磁化的样品施加外加磁场后,随磁场的增加,样品的磁化强度不断增加。当磁场强度到达点 B 时,样品的磁化强度达到饱和。此时的样品的磁化强度称之为饱和磁化强度,用 M_s 表示。磁化强度达到饱和后再减小磁场,磁化强度并不是沿着原始磁化曲线的可逆下降,而是沿着图中曲线 BD 而变化。当外加磁场已经减小到 0,但磁化强度并没有消失,称为剩余磁化强度(M_r)。只有当外加磁场沿着反方向加到 $-H_c$ 时,磁化强度才会变为零。H_c 称之为矫顽力,这时接着增加反向外加磁场至曲线的点 E 时,磁化强度达到反向的饱和。如果这时再从点 E 增加外加磁场到点 B,则曲线将会完成如图 2-1 所示的曲线,我们把它称为磁滞回线。实际上,这种磁滞现象来源于撤掉磁场时样品内部磁畴的畴壁很难恢复到原有的形状。

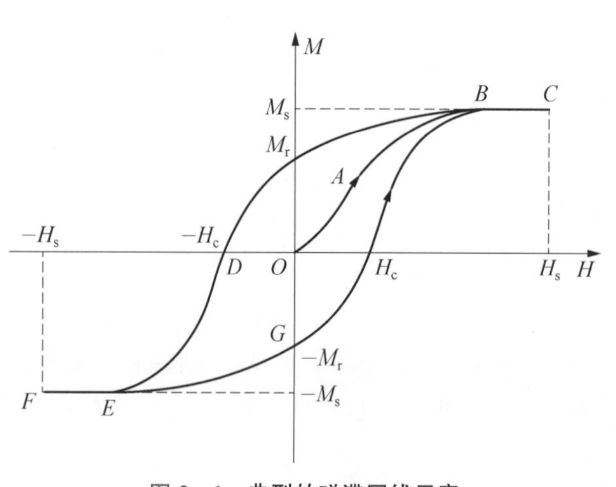

图 2-1 典型的磁滞回线示意

综上所述,当晶粒尺寸降低到纳米量级时,许多磁性材料会表现出不同于常规材料的磁性——介观磁性,主要表现为:量子尺寸效应、宏观量子隧道效应、磁有序颗粒的小尺寸效应以及特异的表观磁性能等,有时甚至还会发生磁性相变。

2.1.4 铁氧体纳米材料

虽然纳米磁性材料的种类很多,但铁氧体磁性材料的应用领域最广泛。铁氧体是一种典型的亚铁磁材料,这种亚铁磁性来源于材料中存在两种没有相互抵消的反向磁矩。铁氧体内存在两种或两种以上的阳离子，这些离子分别具有大小不等的磁矩，甚至有些离子完全没有磁性，加上占据A位或占B位的离子数目也不尽相同，因而导致晶体内部由于磁矩的反平行取向而形成的抵消作用并不一定使磁性完全消失，进而变成了反铁磁体。出现这种情况是，材料往往保留了一定的剩余磁矩，表现出了铁磁性。这时称之为亚铁磁性或铁氧体磁性。

通常来说，材料的尺寸对其磁性能也有很大的影响。当具有铁磁或亚铁磁性材料的颗粒尺寸减小到某一临界值(r_c)时，这种磁性颗粒将会从多磁畴状态转变成单磁畴状态。如果颗粒尺寸继续减少并达到 r_0，这时磁各向异性能就会随之减小到与热运动的能量相当。并且磁偶极子就会做做无规律的变化，磁化方向也不会再固定在一个方向上。所以这种小颗粒在没有外加磁场时不会有永磁矩，这种现象我们称之为超顺磁性。对于超顺磁颗粒来说，其磁滞回线则不显示磁滞现象。但是，对于不同种类的磁性材料，这种临界尺寸是不同的，例如 α - Fe 和 Fe_3O_4 的临界尺寸分别为 16 nm 和 20 nm[3]。材料的超顺磁性可以防止颗粒之间因磁相互作用而在溶液中聚集，因而超顺磁性对于磁性粒子在生物医药领域的应用表现了非常明显的作用。尖晶石类型的铁氧体粒子在尺寸减小到一定程度后也会表现出超顺磁性。据 Herndon 等报道，MFe_2O_4(M=Co, Ni, Zn)颗粒在尺寸约为 30 nm 时，可以显示出超顺磁特性[4]。实际上，除了粒子的尺寸以外，铁氧体颗粒的磁性还受到其组成、形貌等其他因素的影响。

在铁氧体磁性材料中，以 Fe_3O_4 纳米颗粒的应用领域最普遍，其主要原因有：Fe_3O_4 纳米颗粒的合成工艺多种多样；对人体的毒副作用小、生物安全性高；而且在纳米量级呈超顺磁特性等。

2.1.4.1 Fe_3O_4 的结构[5]

Fe_3O_4 是黑色磁铁矿，是由 Fe^{2+}，Fe^{3+} 和 O^{2-} 通过离子键组成的复杂离子晶体。离子间的排列方式与尖晶石构型相似，为立方晶系，属反尖晶石结构。

在 Fe_3O_4 的晶体学原胞中，一个晶胞共有 56 个离子，其中含 24 个金属离子，32 个 O^{2-}。由于 O^{2-} 比较大，金属离子比较小，以 O^{2-} 作为密堆积结构，形成一些间隙，金属离子填在这些间隙中。O^{2-} 之间存在两种间隙：间隙较小的四面体间隙(t 位)和间隙较大的八面体间隙(o 位)。O^{2-} 形成了一个密堆面心立方晶格，Fe 离子占据由 O^{2-} 所形成的四面体和八面体的空隙位置。其密排方式如图 2 - 2 所示。其中，8 个 Fe^{2+} 和 8 个 Fe^{3+} 共占八面体空隙位置，而 8 个 Fe^{3+} 占四面体空隙位置。其晶胞的一部分如图 2 - 3 所示。

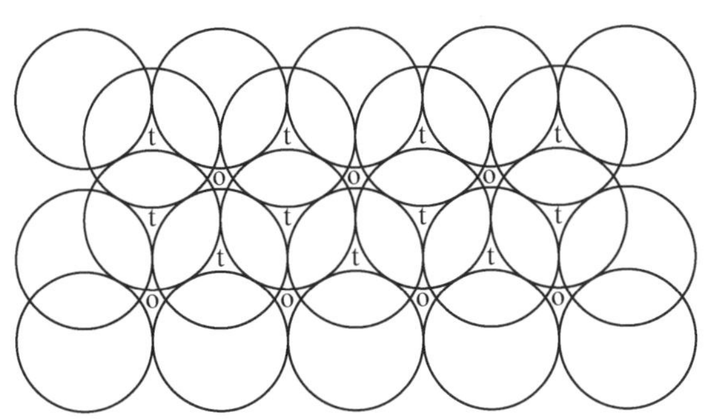

图 2 - 2 Fe_3O_4 密排双层中四面体(t)和八面体(o)空隙示意

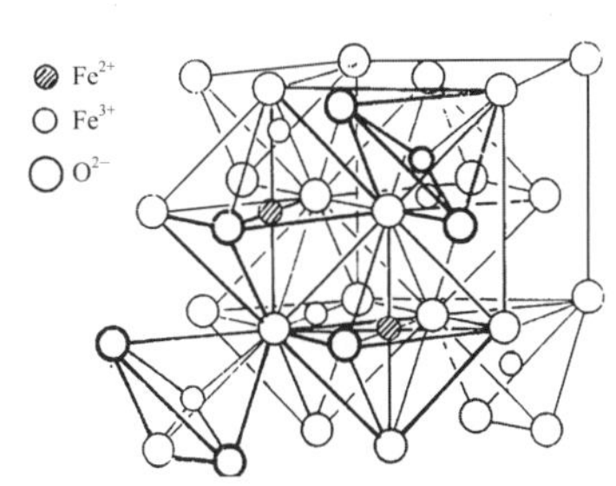

图 2 - 3 Fe_3O_4 晶胞的一部分

在 Fe_3O_4 中，8 个 A 位完全由 Fe^{3+} 占据，16 个 B 位由 Fe^{2+} 和 Fe^{3+} 平均占有，且这两种离子的排序是杂乱无章的，电子可以在这两种离子之间运动。因此，Fe_3O_4 不是 FeO 和 Fe_2O_3 的简单混合物，而是以混合价态存在的氧化物。

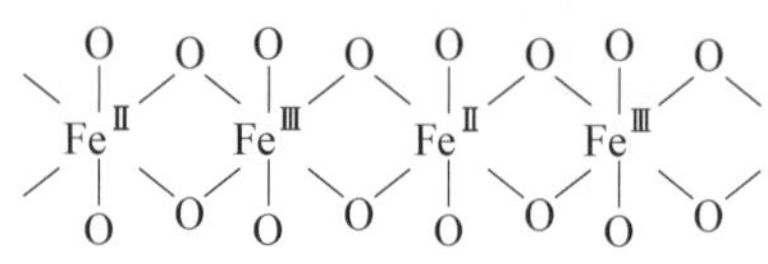

图 2-4 Fe_3O_4 的链式结构示意

由于 Fe_3O_4 是混合价态氧化物，Fe 元素有 +2 和 +3 两种不同价态，电子很容易从这两种价态元素中的一个原子转移到另一原子，发生价间跃迁，因此存在价间吸收。在 Fe_3O_4 中，Fe^{2+} 和 Fe^{3+} 发生价间吸收的吸收带处于可见光区，由于吸收了全部的可见光，故呈黑色。在 Fe_3O_4 结构中，八面体[FeO_6]基团因共边连接，形成无限长链(见图 2-4)，链中 Fe^{2+} 和 Fe^{3+} 交替排列，电子容易转移。因此 Fe_3O_4 具有较高的导电性和强磁性，是一种半金属，带隙 E_g 很小，只有 0.3 eV，呈亚铁磁性，室温时饱和磁化强度达 92 $emu \cdot g^{-1}$(高斯，G) Fe，是一种应用非常广泛的电磁材料。

2.1.4.2 Fe_3O_4 纳米颗粒的合成方法[5]

Fe_3O_4 纳米颗粒的合成在近几十年得到了广泛的研究，报道的文献也有很多。其合成方法多种多样，比如，共沉淀法、高温分解法、微乳液法、水(溶剂)热法、溶胶-凝胶法、超声化学法，等等。

1. 共沉淀法

共沉淀法是目前使用最普遍的方法，其特点是简单易用，原理可用方程式(2-1)表示：

$$Fe^{2+} + 2Fe^{3+} + 8OH^- \longrightarrow Fe_3O_4 + 4H_2O。 \tag{2-1}$$

一般情况下，在惰性气体保护下，铁盐和亚铁盐溶液按 2∶1(或更大)的比例进行混合，于一定温度下加入过量的氨水或者 NaOH，将 pH 值调至 8～14 范围内，高速搅拌下进行共沉淀反应，沉淀转化为 Fe_3O_4 纳米颗粒后，经过洗涤、过滤、干燥等步骤得到 Fe_3O_4 纳米颗粒粉末。Fe_3O_4 纳米颗粒的尺寸和形状与使用的铁盐种类(比如氯化物、硫酸盐或硝酸盐)、Fe^{2+}/Fe^{3+} 的比例、反应温度、pH 值以及溶液的离子强度等都有关系。一旦合成条件固定后，所合成的 Fe_3O_4 纳米颗粒的质量是可重复的。用共沉淀法合成的 Fe_3O_4 纳米颗粒的饱和磁化强度一般比其块体材料的饱和磁化强度 92 $emu \cdot g^{-1}$ Fe 要小。

共沉淀法最大的困难是难以合成单分散的 Fe_3O_4 纳米颗粒。为此，许多学者通过在 Fe_3O_4 纳米颗粒生成后加入表面活性剂对纳米颗粒进行表面包覆等手段将共沉淀法进行了改进，以达到减少纳米颗粒团聚的目的。在 Fe_3O_4 纳米颗粒生成前加入有机添加剂作为稳定剂或还原剂，可使 Fe_3O_4 在成核和生长的同时，表面就得到了修饰，由这种改进的共沉淀法合成的磁性纳米颗粒在溶液中既能分散均匀，又能长期稳定存放。有机添加剂离子对 Fe_3O_4 纳米颗粒的粒径控制是通过两方面的竞争来实现的，一方面是有机离子与铁离子可以形成络合物，以阻止核的形成，这样就有利于颗粒的生长而得到较大粒径的纳米颗粒；另一方面，有机添加剂吸附在核的表面后，就可以阻止颗粒的进一步生长，有利于合成粒径较小的纳米颗粒，通过两方面的竞争，达到动态平衡以调节 Fe_3O_4 纳米颗粒的粒径分布。因此，选择合适的有机添加剂对 Fe_3O_4 纳米颗粒的粒径的控制是非常重要的。

2. 高温分解法

高温分解法是通过在高沸点有机溶剂中加热分解有机金属化合物(比如 $Fe(Cup)_3$，$Fe(CO)_5$，$Fe(acac)_3$ 等)来合成 Fe_3O_4 纳米颗粒的一种方法。高温分解法合成的纳米颗粒具有很高的单分散性,很窄的粒径分布。高温分解法合成 Fe_3O_4 纳米颗粒时,可以通过改变反应时间、温度、反应物的浓度、溶剂的性质等来控制纳米颗粒的粒径和形貌。合成的纳米颗粒的表面在合成的同时就吸附了表面活性剂,在溶液中能稳定分散。高温分解法与共沉淀法相比,其优点非常明显:合成的超顺磁性纳米颗粒的单分散性更好、粒径分布更窄、结晶度更高、饱和磁化强度更大、颗粒的组成也更好控制。其原因主要有以下两点:一是高温分解法采用了较高的反应温度(200～350 ℃),高的反应温度有利于纳米磁性颗粒的成核及生长控制;二是采用了非水溶剂,避免了水与铁离子的配位反应。缺点是合成成本高、产量少、高温合成存在安全隐患,难以实现工业化生产。

3. 微乳液法

微乳液法又称反相胶束法,是由两种互不相溶的液体及表面活性剂组成的各相同性的热力学稳定体系,表面活性剂的界面薄膜可以对一相或两相中的微乳液珠起稳定作用。在油包水微乳液体系中,油相是连续相,表面活性剂将水相隔为 1～50 nm 大小的微乳液珠,从这种意义上来说,微乳液珠可以为纳米颗粒的形成提供一个纳米反应器。这样,就可以有效的避免纳米颗粒之间的团聚,合成的纳米磁性颗粒粒径分布较窄、分散性能良好,且大多数颗粒的形貌为球形,类似于纳米反应器的形状。通过调节水和表面活性剂的摩尔比就可以方便地调节微乳液珠的大小,合成不同粒径的单分散的 Fe_3O_4 纳米颗粒。虽然微乳液法在纳米颗粒的粒径分布及其形貌控制方面有一定的优势,但缺点也很明显:可控合成条件范围比较窄,纳米颗粒的产量比较低,而且所需原料(油相、表面活性剂及助表面活性剂)用量大,生产周期长,产物后期处理麻烦,后处理过程中磁性纳米颗粒难以团聚、工业化生产成本高。

4. 水(溶剂)热法

水(溶剂)热法是在特制的密闭反应容器(高压釜)里,以水溶液(或有机溶剂)为反应介质,在高温、高压的反应环境中,使得通常难溶或不溶的物质溶解、反应并重结晶,从而得到理想的产物。在水(溶剂)热法合成 Fe_3O_4 纳米颗粒的过程中,反应条件如溶剂、反应温度和反应时间都会对合成反应产生很大的影响。一般来说,Fe_3O_4 纳米颗粒的粒径会随着反应时间的延长而增大。

水(溶剂)热法具有两个优点:一是相对高的温度(130～250 ℃)有利于磁性能的提高;二是在封闭容器中进行,产生相对高压(0.3～4 MPa),避免了组分挥发,有利于提高产物的纯度和保护环境。缺点是由于反应是在高温高压下进行,因此对设备的安全性要求较高。

5. 溶胶-凝胶法

溶胶-凝胶法是一种广泛采用的合成纳米金属氧化物的湿化学合成方法。通常将 Fe^{2+} 和 Fe^{3+} 溶液按摩尔比 1∶2 混合后,加入一定量有机酸,调节适当的 pH 值,得到铁氧化物纳米颗粒溶胶,缓慢蒸发掉溶剂,形成三维网状的凝胶,经高温热处理除去有机残余物得到产物。在高温热处理过程中,有机基团的逸出,使材料中留下了大量的连通微孔,有利于提高比表面积。溶胶-凝胶法制备氧化铁纳米颗粒的主要工艺是在含 Fe^{3+} 的溶液中加入一定的

晶体助长剂 OH^- 离子，制成 $Fe(OH)_3$ 沉淀悬浮液，升温后过滤并用去离子水多次洗涤，最后干燥制得 $\alpha-Fe_2O_3$ 纳米颗粒。溶胶-凝胶法制备的纳米颗粒具有纯度高、化学均匀性好、颗粒细小、粒径分布较窄及反应温度低等特点。但它也有烧结性差，干燥收缩性大，制备周期长等缺点。

6. *超声化学法*

Fe_3O_4 纳米颗粒还可以通过超声化学法来合成。超声化学法是利用超声波的空化作用瞬间产生的高温、高压以及极高的冷却速率等极端条件促使铁盐转化为 Fe_3O_4 纳米颗粒。

除上述方法外，超顺磁性纳米颗粒还可采用微波加热法等方法来制备。一般来说，纳米颗粒的合成和应用通常要联系起来考虑，才能发挥最大效益。目前看来，单纯考虑合成方法其工业意义不大。

2.1.5 蛋白质组学分离分析用磁性微纳米材料

应用于蛋白质组学分离分析的磁性微纳米材料品种繁多、性质各异。根据用途，可分为酶解用磁性材料、富集用磁性材料等。其中酶解用磁性材料可分成：吸附型、共价型、离子螯合型等；富集用磁性材料若按富集目标物的不同可分成：低丰度富集、磷酸化蛋白富集、糖基化蛋白富集、内源性肽选择分离用材料等；若按材料表面性质的不同又可分成：亲水表面、疏水表面、金属亲和表面、介孔表面等。

本章将按材料的结构和性质对应用于蛋白组学分离分析的磁性纳米粒子的合成进行阐述。

2.2 无修饰四氧化三铁磁核的合成[6]

Fe_3O_4 纳米颗粒因为具有合成工艺多种多样、对人体的毒副作用小、生物安全性高，而且在纳米量级呈超顺磁特性等优点，所以在蛋白质组学分析中应用最广泛。Fe_3O_4 纳米颗粒也是本书中介绍的多数磁性微纳米材料的磁性来源。本节介绍常用的水热法四氧化三铁磁核的详细合成过程。

Fe_3O_4 磁性微球的合成采用水热法：先把 2.70 g $FeCl_3 \cdot 6H_2O$ 溶于 100 mL 乙二醇中，磁力搅拌 0.5 h 得到黄色透明溶液。然后加入 7.20 g 无水 NaAc，磁力搅拌 0.5 h 后，将所得溶液转入 200 mL 的反应釜中。放于烘箱，温度为 200 ℃，分别放置 8 h，16 h 和 24 h。反应完后取出反应釜冷却至室温。所得材料用乙醇洗 3 次(3×30 mL)，再用去离子水洗 5 次(5×30 mL)，以除去醋酸钠和乙二醇等水溶性杂质。60 ℃真空干燥 12 h 后备用。通过改变加入的 $FeCl_3 \cdot 6H_2O$ 的量和改变反应温度和时间，可调节产物 Fe_3O_4 微球的粒径。

图 2-5 所示是磁铁矿粒子(Fe_3O_4)的透镜电子显微镜(transmission electron microscope, TEM)图，显示 Fe_3O_4 粒子的平均粒径约为 250 nm。图 2-6 所示是 Fe_3O_4 粒子的红外吸收谱图，在 576 cm^{-1} 左右有一强吸收对应于 Fe—O 振动峰，证明形成了铁的氧化物晶体。

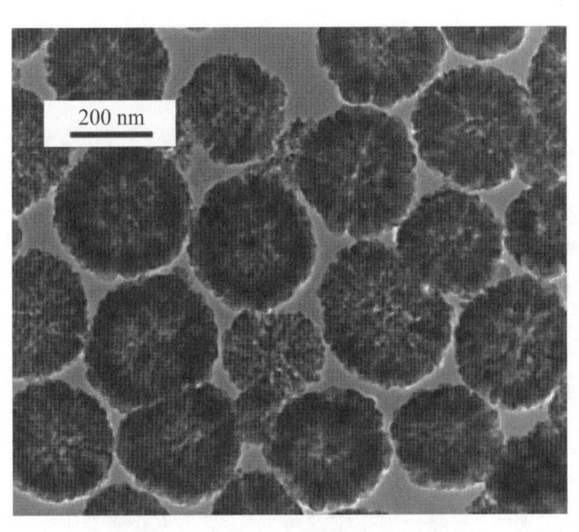

图 2-5 Fe_3O_4 的透射电镜图

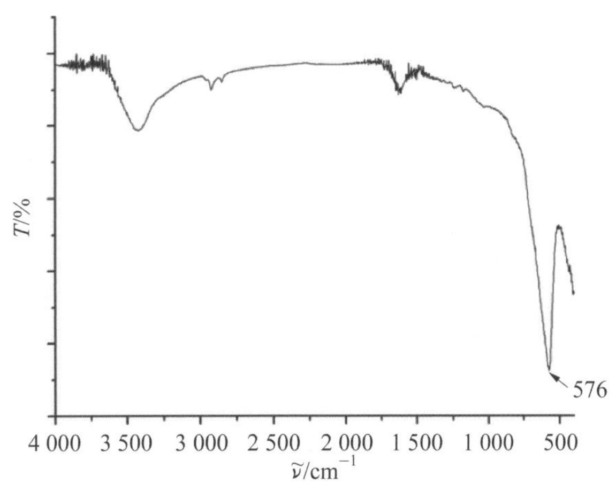

图 2-6 Fe_3O_4 的红外吸收谱图

通过这种方法合成的 Fe_3O_4 粒子表面无特殊官能团，一般不直接用于蛋白组学分离分析，而用作后续的进一步包覆或修饰的材料核心。

2.3 一锅法合成带官能团的四氧化三铁磁核材料

通过直接在合成过程中添加某些化学试剂，可通过一步反应获得表面带有一些特定官能团的四氧化三铁磁核材料。

2.3.1 氨基四氧化三铁磁球（Fe_3O_4—NH_2）材料的合成[7]

氨基磁性纳米材料的合成采用水热法：将 1.0 g 的 $FeCl_3 \cdot 6H_2O$ 溶于 30 mL 的乙二醇中，磁力搅拌 0.5 h 得到黄色透明溶液。然后加入 4.0 g 无水 NaAc，磁力搅拌 0.5 h 后，加入 3.6 g 的 1,6-己二胺，再磁力搅拌 0.5 h 后，得到褐黄色透明溶液。将所得溶液转入 200 mL 的反应釜中。放于烘箱，温度设定为 200 ℃，反应 6～18 h。反应完后取出反应釜冷却至室温。所得材料用热水洗 6 次，再用乙醇和去离子水反复洗涤，充分去除剩余的己二胺和乙二醇等水溶性杂质。在 50 ℃真空中干燥，备用。

由扫描电镜图（见图 2-7）可见，氨基磁性纳米材料近乎成球形，表面较为光滑。氨基磁性纳米材料良好的均一性和其小的粒径使得其比表面积很大，可为固定酶及表面化学修饰提供更多的位点；在水溶液和有机相中能很好地分散；具有很好的磁场感应性，这些特点均有利于它们的表面修饰及实际应用。图 2-8(a)所示是氨基磁性纳米材料的红外图谱。图中 576 cm^{-1} 吸收峰对应于 Fe—O 振动峰，1 630 cm^{-1} 吸收峰对应于 1,6-己二胺的氨基振动峰，2 850～2 920 cm^{-1} 左右的吸收峰对应于烷基链中 C—H 伸缩振动峰，说明在氨基磁性纳米材料表面存在自由的氨基基团。图 2-8(b)所示是其磁滞曲线图。由图 2-8 可见，氨基磁性纳米材料磁饱和强度分别为 45.0 $emu \cdot g^{-1}$，如此高的磁饱和强度说明该磁性纳米材料具有很强的磁场感应性；且当外加磁场消失，材料没有剩磁，可见其超顺磁性良好。氨基磁性纳米材料具有比表面积大、超顺磁性，以及表面具有大量可修饰官能团，易于实现表面功能化等良好的物理和化学性质，使得它能够应用在快速、有效地分离富集生物大分子等领域。

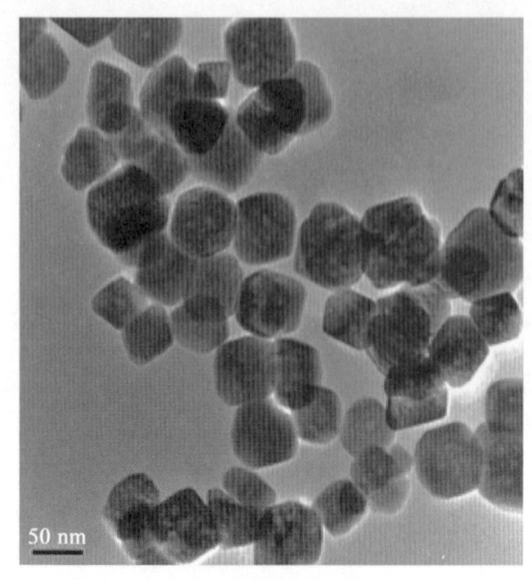

(a) 透射电镜图

(b) 扫描电镜图

图 2-7　用已优化过的水热法合成的氨基纳米磁球的透射电镜图和扫描电镜图

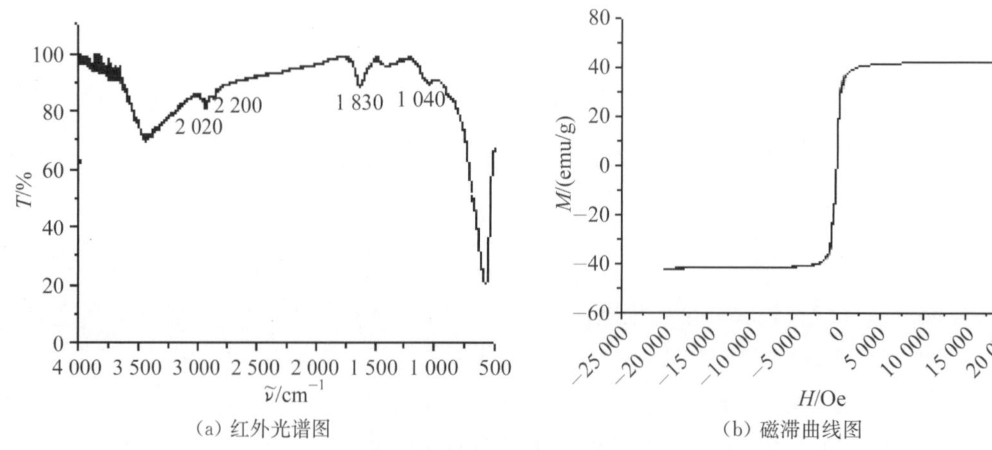

(a) 红外光谱图　　(b) 磁滞曲线图

图 2-8　氨基纳米磁球的红外光谱图和磁滞曲线图

2.3.2　油酸四氧化三铁磁性纳米粒子(OA-Fe_3O_4)的合成[8]

化学共沉淀法可用作简便的纳米级磁铁矿粒子的合成方法。油酸(oleic acid, OA)修饰的四氧化三铁磁性纳米粒子就采用这种方法合成。典型制备方法如下：将 2.70 g 的 $FeCl_3 \cdot 6H_2O$ 和 0.64 g $FeCl_2$ 溶于一只三颈瓶内的 100 mL 水中，在 30 ℃下通入 2 h 的 N_2 气体。然后将反应瓶浸在预热到 50 ℃的油浴中。在快速机械搅拌(600 rpm)下，在 30 min 内逐滴加入 20 mL 浓度为 8 mol・L^{-1}的 NaOH 水溶液，将得到的黑色分散液在 50 ℃的油浴中继续搅拌 1 h。然后，在搅拌下迅速注入 10 mL 油酸，反应 1 h 后，将温度升高到 80 ℃反应 2 h。最后，在搅拌下让分散液冷却到室温，黑色的浆状产物用乙醇洗涤多次后置于干燥箱中，在 40 ℃下真空干燥。

图 2－9(a)所示是获得的 OA－Fe_3O_4 纳米粒子的透视电子显微镜图，可见粒子的平均粒径约为 15 nm。使用高倍 TEM 能清晰观察到符合 Fe_3O_4 纳米晶体 311 平面的有序晶格边缘，并且在纳米晶体边缘可见到非纳米晶体层(见图 2－9(b))，推测是由表面修饰的油酸分子引起的。因为油酸在碱性条件下反应生成羧酸盐，所以羧基能通过络合作用与 Fe_3O_4 纳米粒子中的铁原子结合，这样就抑制了磁铁矿纳米晶体的生长，获得表面螯合上油酸分子的高度结晶的磁铁矿纳米粒子(见图 2－9(a)，插入)。这样合成的 OA－Fe_3O_4 纳米粒子无论是在空气中还是在水中都很稳定，能保存数月而不改变其性质。图 2－10 所示是 OA－Fe_3O_4 纳米粒子的傅里叶变换红外(Fourier transform infrared spectroscopy，FTIR)谱图，2 921 cm^{-1}和 2 854 cm^{-1}处对应的分别是 CH_2 的不对称伸缩振动和对称伸缩振动。1 540 cm^{-1}和 1 635 cm^{-1}处对应的是典型的羧酸盐的摇摆吸收峰，这点确定了油酸与铁原子的螯合。通过热重量(thermogravimetry，TG)分析得出 OA－Fe_3O_4 纳米粒子中油酸的含量大约为 9.7%，是一类疏水有机物含量很高的材料。

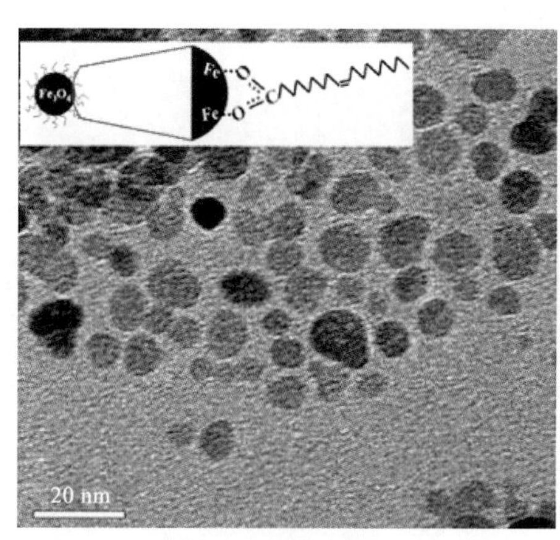

(a) TEM 成像　　(b) 高分辨 TEM 成像

图 2－9　磁性油酸纳米粒子的 TEM 成像和高分辨 TEM 成像(插入部分为磁性油酸纳米粒子的成分示意)

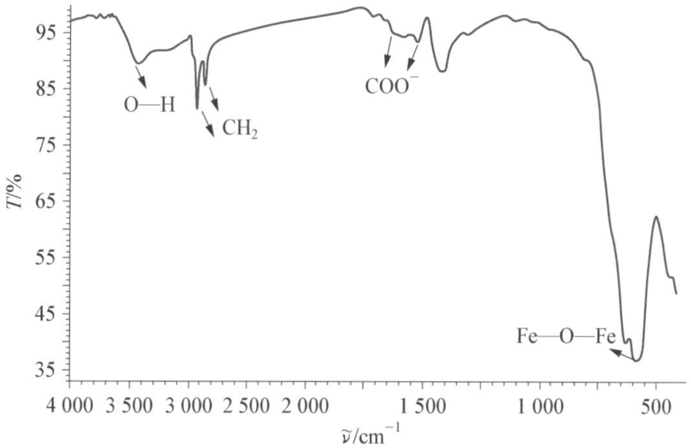

图 2－10　油酸修饰的磁性纳米粒子的傅里叶红外图谱

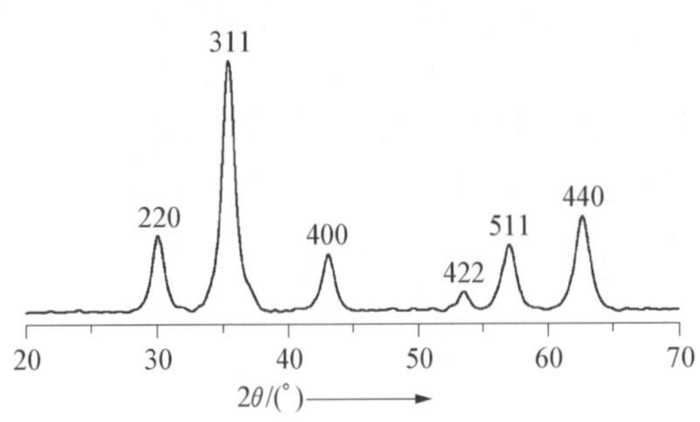

图 2-11 油酸修饰的磁性纳米粒子的 X 射线衍射图谱

X 射线晶体衍射(X-ray diffraction, XRD)测量(见图 2-11)显示了 Fe_3O_4 特征性的衍射模式。由于磁铁矿纳米粒子的粒径很小,所有的衍射峰都变宽了。根据 Debye-Scherer 公式和最强的 311 衍射峰,计算出 OA-Fe_3O_4 纳米粒子的粒径约为 14.4 nm,与之前从 TEM 图像(见图 2-9)上估计的十分接近。在 300 K 下的磁学表征显示该 OA-Fe_3O_4 纳米粒子的磁饱和值高达34.3 emu·g^{-1},且无剩磁,说明材料具有超顺磁性。高磁性和超顺磁性使得该 OA-Fe_3O_4 纳米粒子不但在磁场中有很快的响应性,去除磁场后还具有很好的分散性,因此在实际应用中适合快速的磁性操作。

这些磁性微纳米材料由于表面带有一些特别的官能团,可直接用于一些蛋白质组学的分离分析研究。由于磁性粒子表面已具有大量的官能团,例如氨基,这种材料也非常便于进一步包覆或表面修饰。

2.4 核壳结构无机磁性微纳米材料的合成

相对于单组分的磁性纳米粒子而言,磁性纳米粒子通过表面修饰,能有效地改变表面电荷、功能性质和反应活性,并能进一步增强粒子的稳定性和分散性。这种表面修饰还会对材料的磁性质产生一定的影响。如铁磁性粒子被包埋在非磁性基质中,会产生巨磁阻现象,可用于磁记录方面。基质的电绝缘性质或导电性质也将影响纳米复合物的磁性质。对于核壳结构的纳米粒子来说,纳米复合物依赖于表面自旋和基质间的相互作用,能有效地屏蔽和保护磁性组分。设计和构建各种具有特殊性质的、稳定的磁性纳米核壳材料已经成为人们长期追求的目标。磁性纳米复合材料大致可分为磁性-无机核壳材料、磁性-有机核壳材料、磁性-无机与有机复合核壳材料、磁性介孔核壳材料等几大类。本节将对磁性-无机核壳材料进行详细的介绍。

2.4.1 核壳结构的二氧化硅包覆的磁性微球(Fe_3O_4@SiO_2)材料[6]

在研究中采用最多的是用二氧化硅包覆的磁性微球,原因有以下 3 点:第一,众所周知,二氧化硅是一种生物惰性材料,且具有良好的生物相容性,为磁性硅球应用于生物体系提供了惰性表面,因此经过二氧化硅修饰的磁性粒子可以用于生物医学领域;第二,硅层能够有效地屏蔽磁性微球之间的磁性偶极吸引,这样有利于磁性微球在液相介质中的分散,同时可以保护它们,防止它们在酸性环境中受到腐蚀溶解;第三,溶胶-凝胶法制备的二氧化硅表面具有丰富的硅羟基,不仅可以提高磁性纳米粒子的亲水性,而且利于通过与其他化合物进行化学修饰反应实现表面功能化，可以键合不同的官能团，以满足不同的实际应用的要求。

Fe_3O_4@SiO_2 磁性微球材料合成方法详述如下：

首先，采用水热法合成 Fe_3O_4 磁性微球。

其次，对 Fe_3O_4 磁性微球进行表面处理。取一个离心管，加 3.0 g Fe_3O_4 磁性微球，加入 5 mL 浓度为 2 mol・L^{-1} HCl 溶液，超声 5～10 min 后，用磁铁分离除去绿色清液后(四氧化三铁粒子表面部分被溶解所致)，用 10 mL 水分散后再用磁铁收集粒子。去除浅绿色清液，用 5 mL 10%(m/v)的柠檬酸三钠溶液超声分散，静置 1～2 h 后，重新用 5 mL 去离子水分散后得分散液 B 备用。

最后，合成 Fe_3O_4@SiO_2 复合微球。取上述经过表面处理后的分散液 B 1.0 g 用 5 mL 去离子水和 30 mL 乙醇稀释后，再加 0.5 mL 氨水，超声分散 5～10 min 后，用机械搅拌器进行搅拌，在搅拌的同时加入 1.0 mL 正硅酸乙酯(tetraethyl orthosilicate, TEOS)，在室温下搅拌反应 12 h 后，用磁铁收集复合微球。改变 Fe_3O_4 与 TEOS 的比例优化实验，将加入的 TEOS 调整为 0.5 mL, 0.75 mL, 1.25 mL，重复上述实验操作，最终获得包覆较好的具有核壳结构的 Fe_3O_4@SiO_2 复合微球。

图 2-12 所示是四氧化三铁磁球包覆硅层前后的透射电镜图。从两张图的对比中我们可以看出，磁球表面已包覆了一层均匀的 SiO_2。

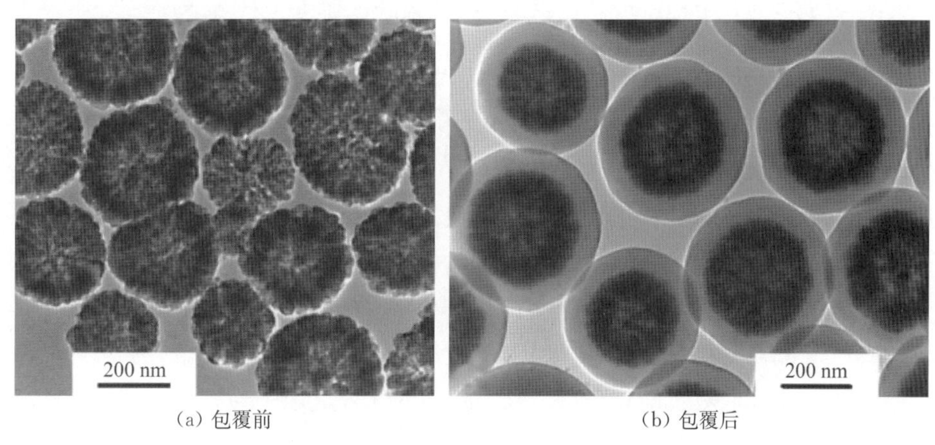

(a) 包覆前　　(b) 包覆后

图 2-12　水热法合成的四氧化三铁磁球包覆 SiO_2 前和包覆 SiO_2 后的 TEM 图

图 2-13 所示的结果表明：四氧化三铁在包覆前后都表现出了很好的超顺磁性(即当外加磁场消失时，磁球的磁性即逝)。磁性微球和磁性硅球的磁饱和强度值(M_s)分别为 80.7 emu・g^{-1}和 68.2 emu・g^{-1}，可见，在包覆二氧化硅前后，微球均表现了超顺磁性和很强的磁场感应性，说明二氧化硅的包埋作用并没有影响微球的超顺磁性特点。这主要归功于磁性微球内部的磁性纳米粒子的粒径都小于 30 nm。众所周知，磁性微球的超顺磁性对于它们在生物医学和生物工程领域的应用是至关重要的。当磁场消失时，超顺磁性可以防止它们聚合而很快地分散。由于超顺磁性和硅层的屏蔽效应，磁性硅球能够稳定地分散在水中，固体容量可达 0.1%(质量比)。

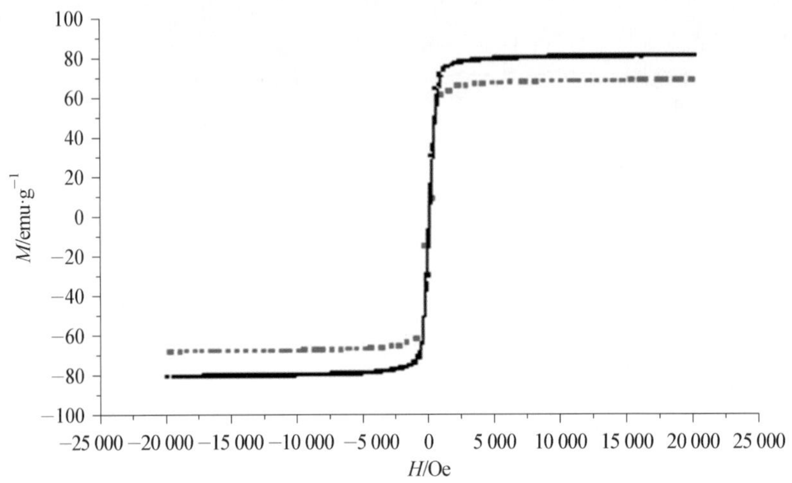

图 2-13 Fe_3O_4 表面包覆 SiO_2 前(连续线)、后(点状线)的磁滞曲线图

2.4.2 聚合碳层包覆的四氧化三铁磁性微球(Fe_3O_4@CP)材料[9]

首先,采用水热法合成 Fe_3O_4 粒子。然后称取 0.5 g Fe_3O_4 粒子,分散在 80 mL 浓度为 0.1 mol·L^{-1}的 HNO_3 的水溶液中,超声 5 min。用磁铁分离除去浅黄色上清液(四氧化三铁粒子表面部分被溶解所致)后,再用去离子水分散、磁铁分离的方法洗两遍。将经过表面处理的磁性 Fe_3O_4 粒子分散到 80 mL 浓度为 0.5 mol·L^{-1}的葡萄糖水溶液中,在 180 ℃条件下反应 4 h。在空气中自然冷却反应釜,产物用磁铁收集,反复用乙醇、水洗涤,并去除杂质,在 60 ℃条件下真空干燥 24 h,得到聚合碳(carbonaceous polysaccharide,CP)包覆 Fe_3O_4 粒子的复合微球(Fe_3O_4@CP)。

图 2-14(a)所示是磁铁矿粒子(Fe_3O_4)的 TEM 图,显示 Fe_3O_4 粒子的平均粒径约为 250 nm。经过将葡萄糖作为聚合碳来源的水热反应后,在 Fe_3O_4 粒子外形成了厚度约为 20 nm 的聚合碳层,得到核-壳结构的包覆聚合碳的磁性微球(Fe_3O_4@CP),其粒径约为 290 nm(见图 2-14(b))。图 2-15 所示是 Fe_3O_4 粒子和 Fe_3O_4@CP 微球的 FTIR 图谱。在 3 500 cm^{-1}和 1 630 cm^{-1}处吸收峰对应的是粒子上吸附的水的吸收。在 Fe_3O_4@CP 微球的谱图(见图 2-15(b))上,在 1 700 cm^{-1}和 1 625 cm^{-1}处分别对应 C═O 和 C═C 摇摆吸收,这是因为葡萄糖在水热反应过程中脱水芳构化,正如之前文献报道的胶状碳球一样。在 1 200～1 400 cm^{-1}处可认定为—OH 的伸缩和弯曲振动,这说明葡萄糖在碳化脱水时还残留了大量的羟基。这些大量的以共价键键合在碳框架上的—OH 和—C(H)═O 基团使得微球既有很好的亲水性能,又能很稳定地存在于水体系中。

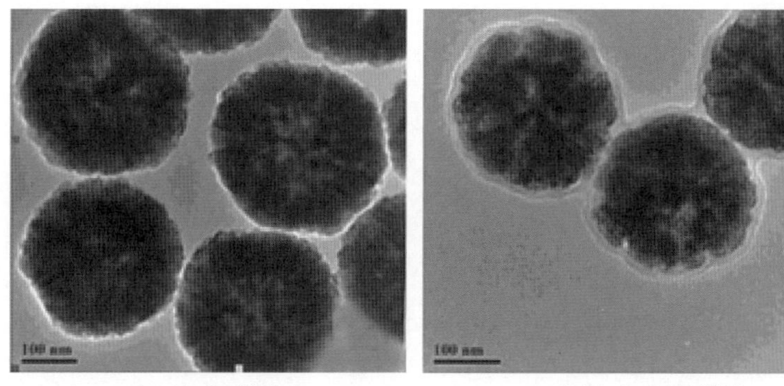

(a) Fe_3O_4 微球　　(b) Fe_3O_4@CP 微球

图 2-14　Fe_3O_4 微球和 Fe_3O_4@CP 微球的 TEM 图

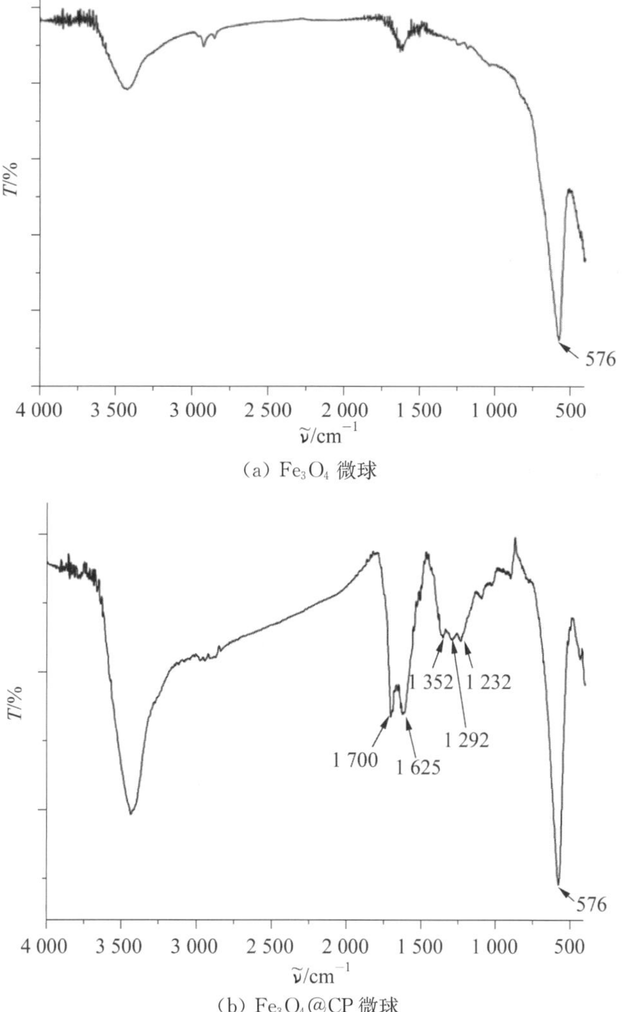

(a) Fe_3O_4 微球

(b) Fe_3O_4@CP 微球

图 2-15　Fe_3O_4 微球和 Fe_3O_4@CP 微球的 FTIR 图

2.4.3 四氧化三铁磁核外包覆金属氧化物壳层(Fe_3O_4@M_xO_y)材料[10]

利用金属醇盐水解作用,能将相应的金属氢氧化物固定于包覆聚碳层的四氧化三铁磁球(Fe_3O_4@CP)表面,然后在氮气的保护下对其进行煅烧,得到包覆较均一的核壳结构 Fe_3O_4@M_xO_y 微球。

以 Fe_3O_4@TiO_2 微球的合成为例,其具体合成步骤如下:将 5 mL 钛酸丁酯溶于 35 mL 乙醇中形成混合溶液,称取 100 mg Fe_3O_4@CP 微球溶于上述混合溶液中,超声 5 min,在搅拌下逐滴加入比例为 1∶5(v/v)的水与乙醇的混合液。然后,再搅拌 1 h 完成反应。接着磁铁分离出材料,再加入乙醇分散清洗,循环 5 次分离、乙醇清洗和再分散步骤,所得固体产物在氮气保护下于 500 ℃温度中煅烧。

按上述步骤,分别利用 5 mL 钛酸丁酯、0.05 g 异丙醇锆、0.5 g 异丙醇铝、0.05 g 异丙醇镓、0.05 g 五甲氧基钽以及 113 mg 锡酸钾(0.75 g 尿素),合成 Fe_3O_4@TiO_2,Fe_3O_4@ZrO_2,Fe_3O_4@Al_2O_3,Fe_3O_4@Ga_2O_3,Fe_3O_4@CeO_2,Fe_3O_4@In_2O_3,Fe_3O_4@Ta_2O_5 以及 Fe_3O_4@SnO_2 微球。

如图 2-16 所示,利用葡萄糖水溶液的水热反应在 Fe_3O_4 微球的表面包覆的碳层约为 20 nm。图 2-17 所示为合成的一系列包覆不同金属氧化物的 Fe_3O_4 微球材料的 SEM 图。由此图可以看出,不同金属氧化物包覆的 Fe_3O_4 微球的粒径均分布均匀。图 2-18 所示为合成的一系列的包覆不同金属氧化物的 Fe_3O_4 微球材料的 TEM 图。比较图 2-16(b)与图 2-18,即比较包覆不同金属氧化物的磁性微球与 Fe_3O_4@CP 微球的 TEM 图,可以看到,在图 2-18 中,包覆于 Fe_3O_4 微球表面的半透明状的碳层消失,取而代之的是一层结构紧密的、直径约为 20 nm 的纳米颗粒。为了证明此结构紧密的纳米颗粒确为设想的被包裹于 Fe_3O_4 微球表面的金属氧化物,所有的材料均进一步进行能量色散 X 射线分析(energy dispersive X-ray analysis, EDX),其结果如图 2-19 所示。表 2-1 给出的是固定在 Fe_3O_4 微球表面的金属元素在 Fe_3O_4@M_xO_y 微球总元素中的含量。虽然 EDX 分析得出的元素含量只是半定量数据,但足以说明 Fe_3O_4@M_xO_y 微球的成功合成。

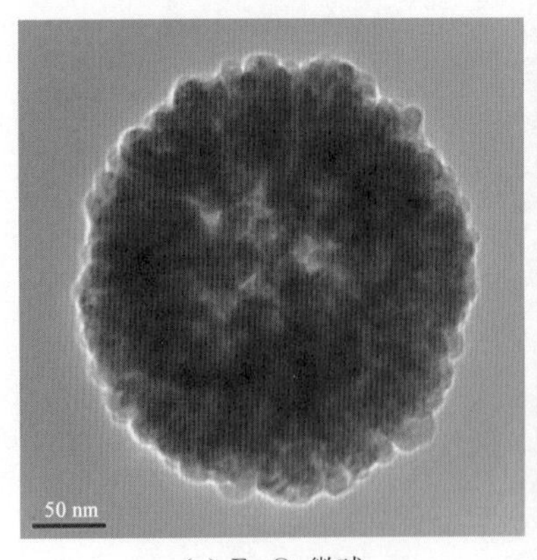

(a) Fe_3O_4 微球

(b) Fe_3O_4@CP 微球

图 2-16 不同材料的 TEM 图

(a) Fe_3O_4@TiO_2 微球　(b) Fe_3O_4@ZrO_2 微球

(c) Fe_3O_4@Al_2O_3 微球　(d) Fe_3O_4@Ga_2O_3 微球

(e) Fe_3O_4@CeO_2 微球　(f) Fe_3O_4@In_2O_3 微球

图 2-17　表面包覆不同金属氧化物的磁性微球的 SEM 图

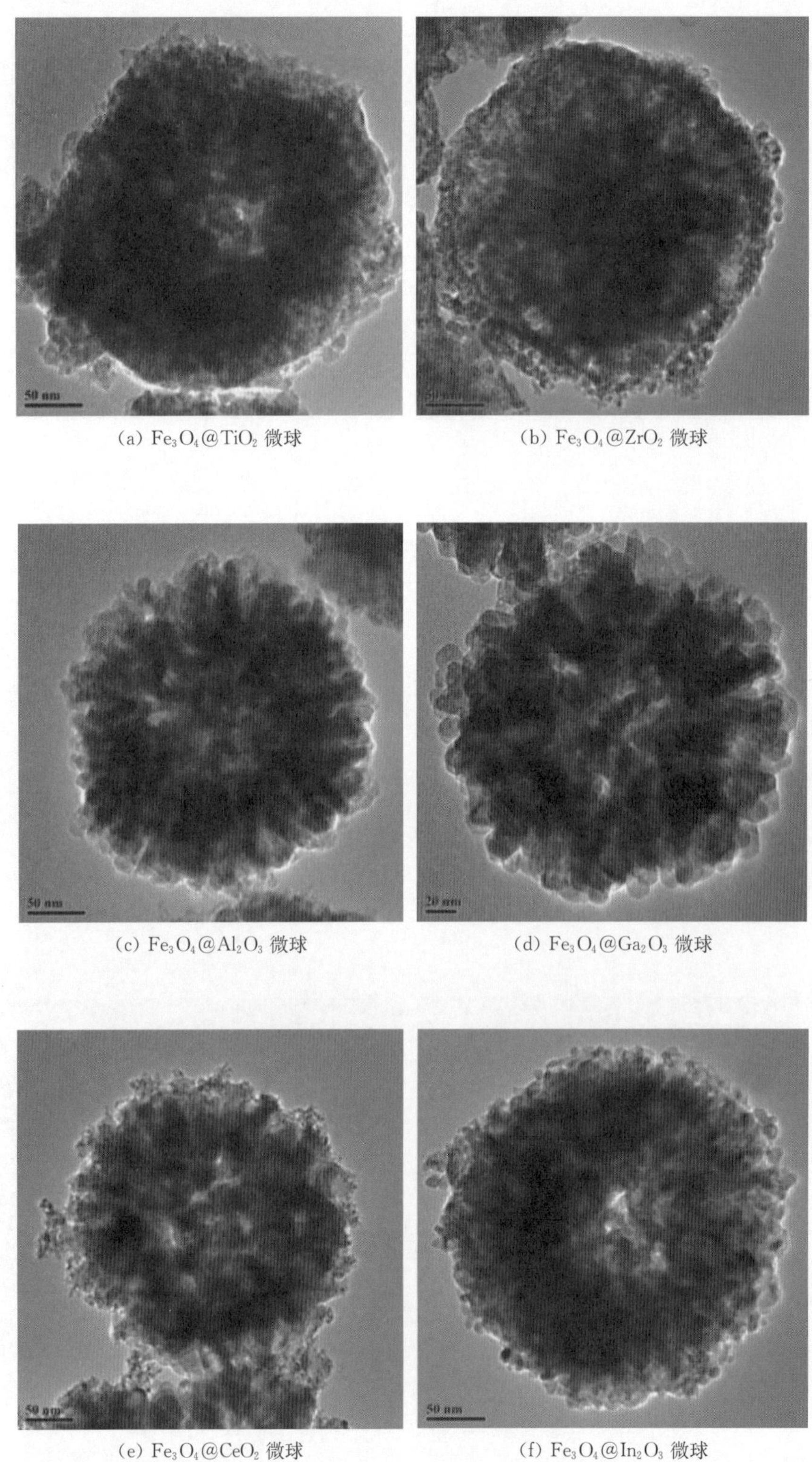

(a) $Fe_3O_4@TiO_2$ 微球　(b) $Fe_3O_4@ZrO_2$ 微球

(c) $Fe_3O_4@Al_2O_3$ 微球　(d) $Fe_3O_4@Ga_2O_3$ 微球

(e) $Fe_3O_4@CeO_2$ 微球　(f) $Fe_3O_4@In_2O_3$ 微球

图 2-18　表面包覆不同金属氧化物的磁性微球的 TEM 图

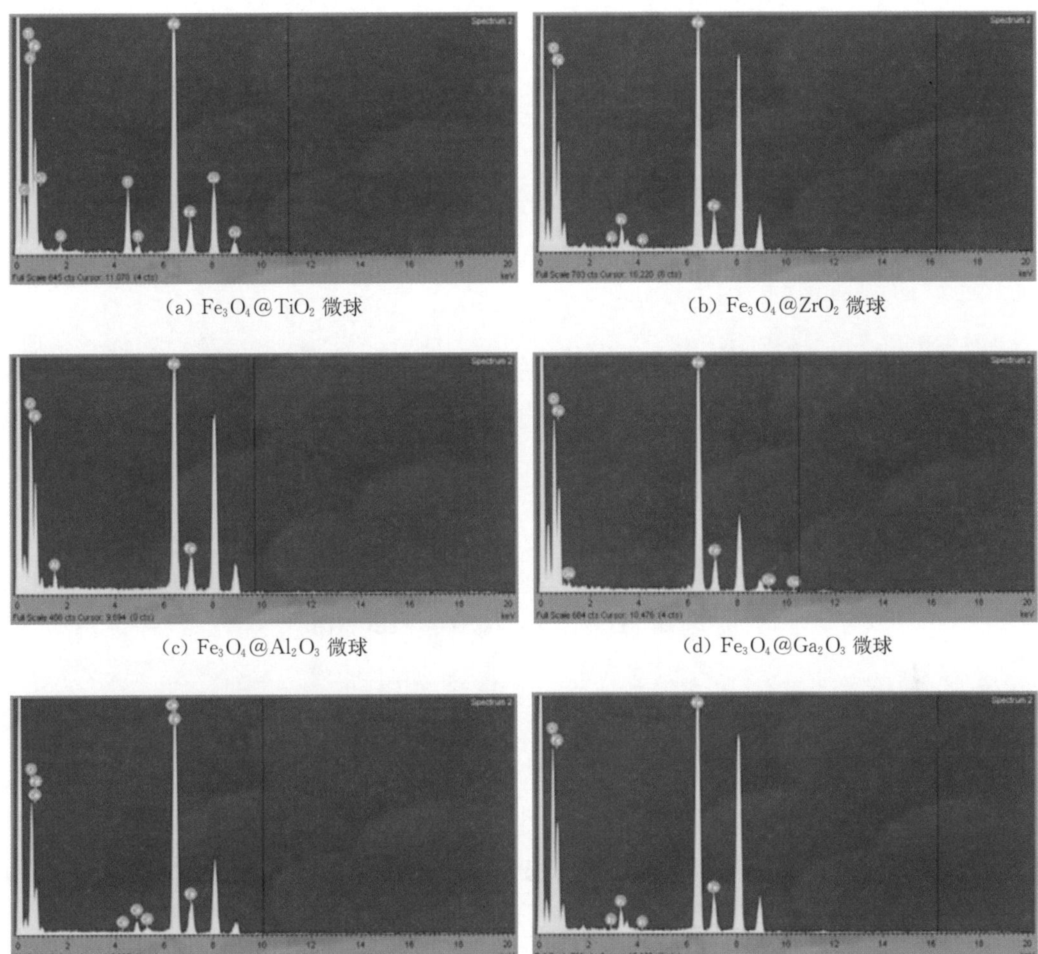

(a) $Fe_3O_4@TiO_2$ 微球

(b) $Fe_3O_4@ZrO_2$ 微球

(c) $Fe_3O_4@Al_2O_3$ 微球

(d) $Fe_3O_4@Ga_2O_3$ 微球

(e) $Fe_3O_4@CeO_2$ 微球

(f) $Fe_3O_4@In_2O_3$ 微球

图 2-19 表面包覆不同金属氧化物的磁性微球的 EDX 分析

表 2-1 固定在 Fe_3O_4 微球表面的金属元素在 $Fe_3O_4@M_xO_y$ 微球总元素中的含量

分子式	对应元素含量/%	分子式	对应元素含量/%
$Fe_3O_4@TiO_2$	5.96	$Fe_3O_4@Ga_2O_3$	1.22
$Fe_3O_4@ZrO_2$	9.70	$Fe_3O_4@CeO_2$	2.26
$Fe_3O_4@Al_2O_3$	2.01	$Fe_3O_4@In_2O_3$	2.58

用 FTIR 进一步表征验证金属氧化物被成功地包覆在 Fe_3O_4 微球的表面。图 2-15(b)显示 $Fe_3O_4@CP$ 微球的合成成功，且表明 $Fe_3O_4@CP$ 微球表面存在着大量的亲水基团。这些亲水基团的存在不仅使得 $Fe_3O_4@CP$ 微球比 Fe_3O_4 微球具有更好的亲水性以及稳定性，而且增强了 $Fe_3O_4@CP$ 微球与金属醇盐水解后所得金属氢氧化物低聚物之间的亲和作用，有利于金属氢氧化物吸附到 $Fe_3O_4@CP$ 表面，最后通过高温煅烧形成包覆层。

如图 2-20 所示，以高温煅烧后形成的 $Fe_3O_4@ZrO_2$ 微球为例，在低波数区间内，除了

Fe—O 在约 576 cm^{-1}处的特征峰外，谱图中还出现 634 cm^{-1}强峰，该峰即为 Zr—O 的特征峰，为磁性微球表面成功包覆金属氧化物提供了更进一步的证明。

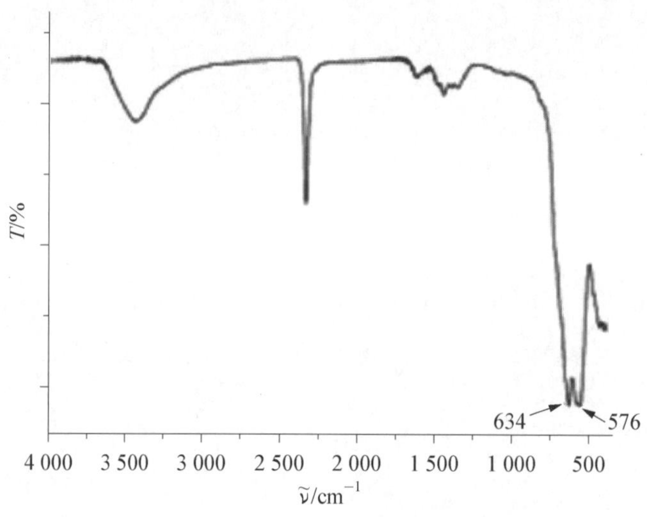

图 2-20 Fe_3O_4@ZrO_2 微球的 FTIR 谱图

2.5 有机磁性核壳结构材料

2.5.1 四氧化三铁磁核外包覆聚多巴胺壳层(Fe_3O_4@PDA)材料[11]

聚多巴胺可通过下述方法包覆在四氧化三铁粒子外：

将 10 mg Fe_3O_4 微球分散于 10 mL 10 mmol · L^{-1}的 Tris 水溶液中(pH=8.5)，再加入 20 mL 乙醇，超声混匀。再称取 40 mg 多巴胺盐酸盐溶解于 15 mL 水中，然后将溶解的多巴胺盐酸盐水溶液加入至 Fe_3O_4 微球的 Tris 乙醇混合溶液中，在常温下搅拌 20 h。所得产物经水、乙醇洗多遍后干燥得聚多巴胺包覆的磁性微球。

2.5.2 四氧化三铁磁核外包覆聚甲基丙烯酸壳层(Fe_3O_4@PMAA)材料[12]

合成过程叙述如下：第一，以 3-(甲基丙烯酰氧)丙基三甲氧基硅烷(methacryloxypropyltrimethoxysilane，MPS)修饰过的稳定 Fe_3O_4@MPS 作为种子，以甲基丙烯酸(methacrylic acid，MAA)作为单体，以偶氮二异丁腈(2，2′-azobis(2-methylpropionitrile)，AIBN)作为引发剂，以 N，N′-亚甲基双丙烯酰胺(N，N′-methylenebis arcylamide，MBA)作为交联剂，利用蒸馏沉淀聚合法合成 Fe_3O_4@PMAA 复合微球。在此值得一提的是，研究发现 MPS 修饰对制备 Fe_3O_4@PMAA 复合微球是必不可少的。如果改变蒸馏沉淀聚合的实验条件，比如改变聚合的反应浓度以及改变 MBA 的用量可以很好地调控 Fe_3O_4@PMAA 复合微球的壳层厚度以及壳层交联度。

2.5.3 壳聚糖修饰的磁性微球(Fe_3O_4@CS)材料[13]

如图 2-21 所示,Fe_3O_4@CS 微球的制备为:称取 2.163 g $FeCl_3 6H_2O$ 溶于 70 mL 乙二醇中超声分散 15 min,然后加入 3.7 g NH_4Ac 以及 1.0 g 壳聚糖(chitosan, CS),以上混合物在氮气保护下于 160 ℃反应 2 h。然后将反应物转移至 100 mL Teflon-lined 不锈钢反应釜中于 200 ℃下反应 16 h。所得产物——壳聚糖修饰的磁性微球(Fe_3O_4@CS)经去离子水和乙醇清洗,真空干燥,备用。

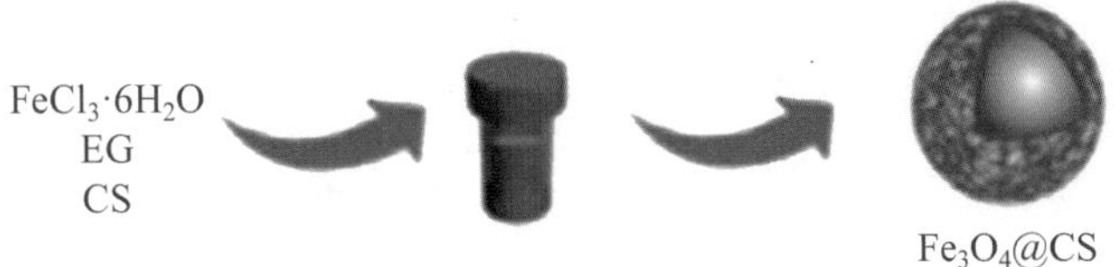

图 2-21 Fe_3O_4@CS 微球的合成示意

图 2-22(a)所示为 Fe_3O_4@CS 微球的 TEM 图,由此图可见,其平均尺寸约为 140 nm。热重分析被用来估算 Fe_3O_4@CS 微球中无机成分以及有机成分质量比,如图 2-22(b)所示,Fe_3O_4@CS 微球在超过 200 ℃时,质量丢失约 27.41%。而且磁性微球经壳聚糖修饰后,表面 ζ 电势变为 9.6 mV(见图 2-22(c))。以上结果都说明 Fe_3O_4@CS 微球中的 CS 含量很高。另外,Fe_3O_4@CS 微球的磁饱和值测得为 46.1 emu · g^{-1}(图 2-22(d)),表明其具有较好的磁响应能力。

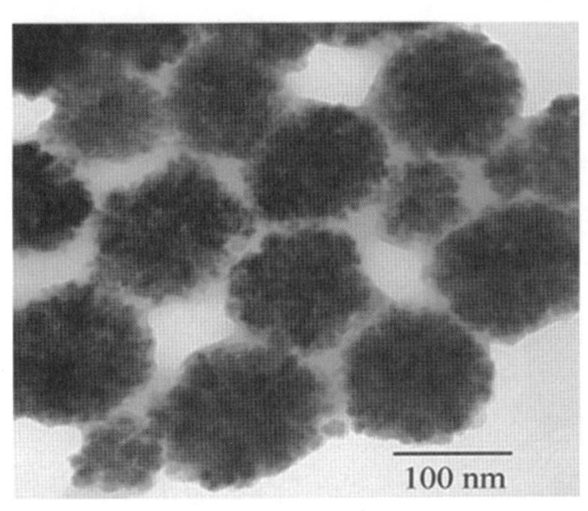

(a) Fe_3O_4@CS 微球的 TEM 图

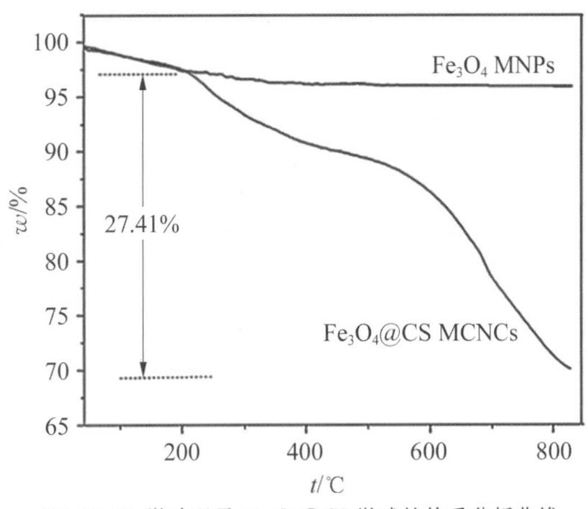

(b) Fe_3O_4 微球以及 Fe_3O_4@CS 微球的热重分析曲线

图 2-22

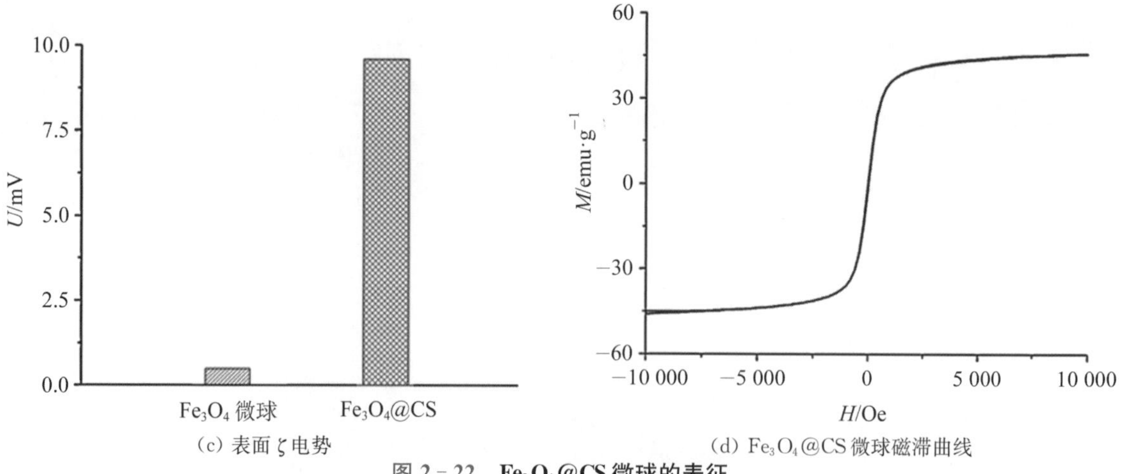

(c) 表面 ζ 电势　　(d) Fe_3O_4@CS 微球磁滞曲线

图 2-22　Fe_3O_4@CS 微球的表征

2.5.4　表面固定 Con A 的氨基苯硼酸磁性微球(Fe_3O_4@APBA - sugar - Con A)[14]

2.5.4.1　Fe_3O_4@APBA - sugar - Con A 微球的制备

制备过程如图 2-23 所示。

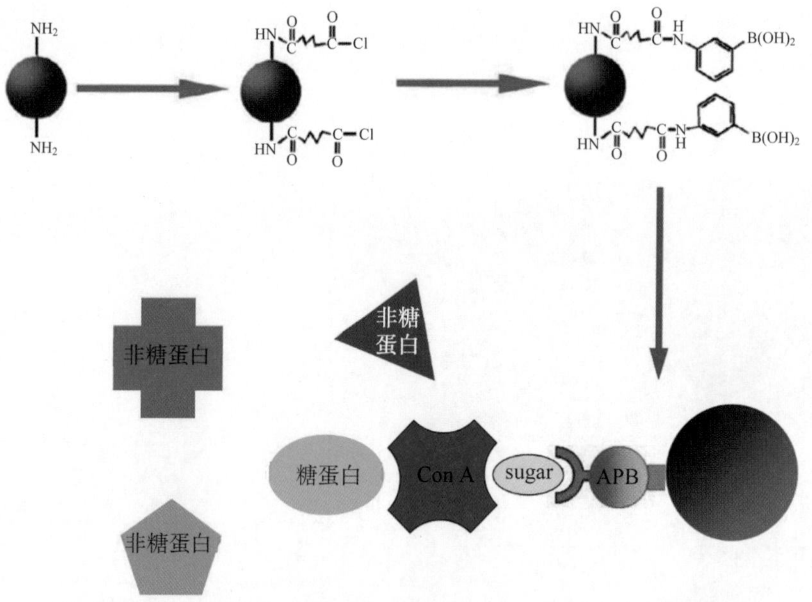

图 2-23　Fe_3O_4@APBA - sugar - Con A 微球的合成示意

1. Fe_3O_4@APBA 微球的合成

首先合成氨基磁球,方法如 2.3 节。

然后称取 0.1 g 氨基磁球分散于 30 mL 无水氯仿中,整个反应体条在超声与机械搅拌同时进行的过程中，慢慢加入 0.2 mL 己二酰氯。反应持续 4 h，将所得的固体材料用 10 mL 无水氯仿清洗 3 遍后，再将固体材料分散于 30 mL 无水氯仿中，加入 0.2 g 3-氨基苯硼酸，机械搅拌 6 h 后，将所得固体产物用无水氯仿洗涤后真空干燥，备用。

2. Fe_3O_4@APBA-sugar-Con A 微球的合成

将 Fe_3O_4@APBA 微球用 50 mmol・L^{-1}的 NH_4HCO_3 溶液清洗后分散于 10%的甲基 α-D-吡喃甘露糖苷溶液（m/v，溶于 50 mmol・L^{-1}的 NH_4HCO_3 溶液）中，于室温下震荡反应30 min，将所得固体产物用 50 mmol・L^{-1}的 NH_4HCO_3 溶液洗涤后加入 2 mg・L^{-1}Con A 的磷酸盐缓冲液（phosphate buffer saline，PBS）溶液中，室温震荡反应 1 h，然后用 PBS 溶液冲洗所得固体产物。

2.5.4.2　Fe_3O_4@APBA-sugar-Con A 微球的表征

有两种被用来在 Fe_3O_4@APBA 微球表面固定 Con A 的方法：一是利用硼酸和糖之间的相互作用直接将 Con A 固定于 Fe_3O_4@APBA 微球表面；二是利用 APBA-甲基-α-D-吡喃甘露糖苷-Con A"三明治"式的结构将 Con A 固定于 Fe_3O_4@APBA 微球表面。通过紫外可见光度法检测，使用直接固定法的 Fe_3O_4@APBA 微球表面固定的蛋白量约为 10 μg・mg^{-1}，使用"三明治"式结构固定法的 Fe_3O_4@APBA 微球表面固定的蛋白量约为 40 μg・mg^{-1}。

2.6　磁性-无机和有机复合核壳材料

2.6.1　聚甲基丙烯酸甲酯修饰的磁性硅球（Fe_3O_4@SiO_2@PMMA）材料[15]

图 2-24 所示是该 Fe_3O_4@SiO_2@PMMA 微球的合成示意。为了将丙烯酸甲酯（methyl methacrylate，MMA）聚合到磁性微球上而获得聚丙烯酸甲酯（polymethyl methacrylate，PMMA）修饰的磁性微球，首先合成致密 SiO_2 包覆 Fe_3O_4 核的磁性硅球（Fe_3O_4@SiO_2）。由

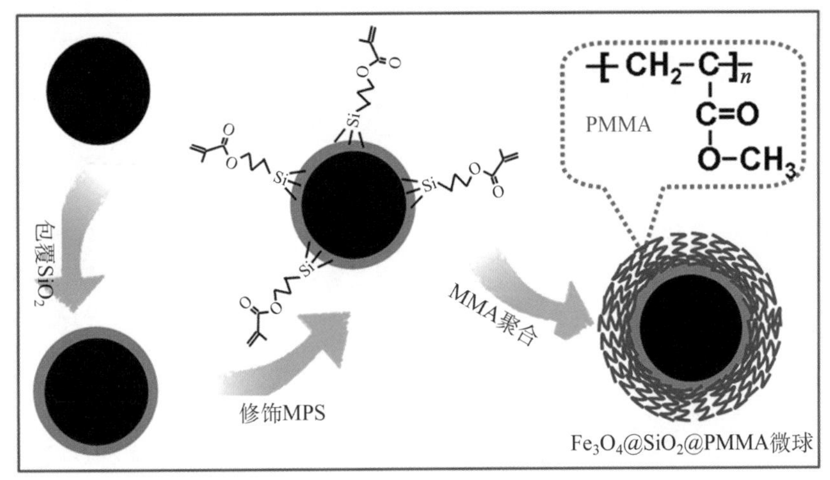

图 2-24　核壳结构 Fe_3O_4@SiO_2@PMMA 微球的合成示意

于致密 SiO_2 包覆层表面含有许多 Si—O—H 基团，将 Fe_3O_4@SiO_2 微球与 80 mL 乙醇和1.5 mL MPS在 30 ℃下机械搅拌 48 h，生成 MPS 修饰的 Fe_3O_4@SiO_2－MPS 微球。用磁铁分离出 Fe_3O_4@SiO_2－MPS 微球，并用乙醇清洗多次，再分散到 50 mL 乙醇中，备用。

最后，夹层结构的 Fe_3O_4@SiO_2@PMMA 微球是通过水相游离基聚合反应形成的。在一只三颈瓶(100 mL)上安装机械搅拌器、回流管和通氮气的入口。瓶中加入 10 mL Fe_3O_4@SiO_2－MPS 微球在乙醇中的分散液，搅拌下加入 50 mL 溶有 5.0 mg 十二烷基苯磺酸钠的水溶液。搅拌 1 h 后，加入 1.0 g 甲基丙烯酸甲酯单体，混合液中通氮气 30 min。然后加入 40 mg 过硫酸钾作为引发剂，油浴加热至 70 ℃，并在此温度下以 200 rpm 的控制搅拌速度搅拌 24 h。最后，用磁铁分离出 Fe_3O_4@SiO_2@PMMA 微球，用乙醇清洗去残留杂质并在 40 ℃下烘干备用。

透视电子显微镜显示这些合成的 Fe_3O_4 磁性粒子的外形都近似为球形，平均粒径约为 170 nm(见图 2－25(a))。记录的单个粒子的选择区域电子衍射(selected area electron diffraction, SAED)图(见图 2－25(a)，插入部分)显示了多层衍射环，这点正好与具有多晶结构特点的磁铁矿相符。Fe_3O_4@SiO_2 微球的 TEM 成像显示每个黑色的磁性核外都均匀包覆了一层灰色的 SiO_2 层，厚度约为 35 nm(见图 2－25(b))。通过溶胶-凝胶过程，该 SiO_2 层的厚度可在几十到几百纳米之间调整。通过 TEM 观察到最终获得的 Fe_3O_4@SiO_2@PMMA 微球分散得很好，并有着约 270 nm 的平均粒径(见图 2－25(c))。由高倍 TEM 成像(见图 2－25(d))可以看到，该 Fe_3O_4@SiO_2@PMMA 微球是有着类似于“三明治”的结构，中心是黑色的 Fe_3O_4 核，中间层是灰色的 SiO_2 层，最外面才是一薄层灰色的、厚度约为 20 nm 的 PMMA 层。因为这 3 种成分的明显的量的分布，所以微球这独特的结构能被清晰地观察到。

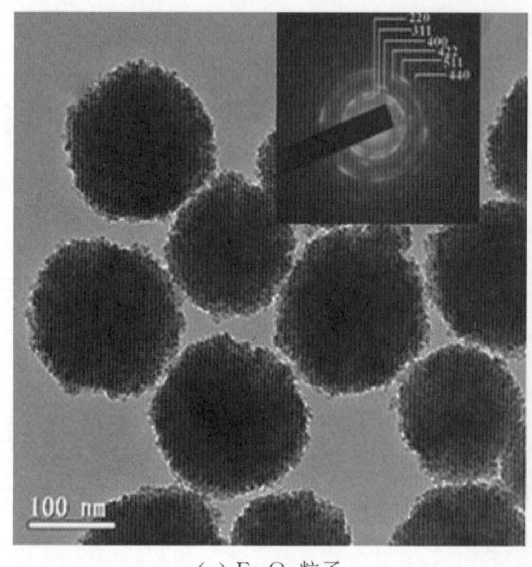

(a) Fe_3O_4 粒子

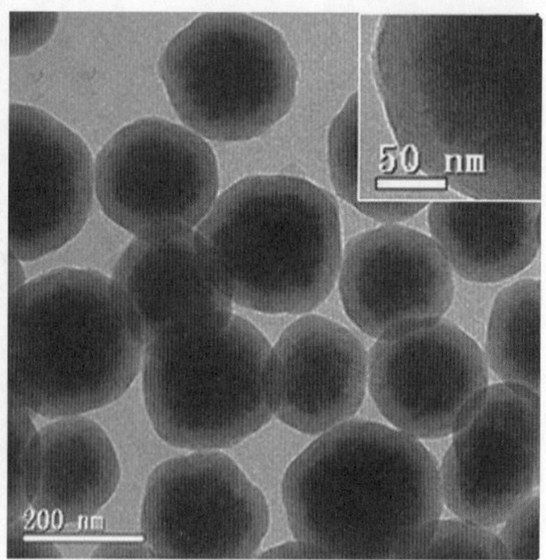

(b) Fe_3O_4@SiO_2 微球

图 2－25

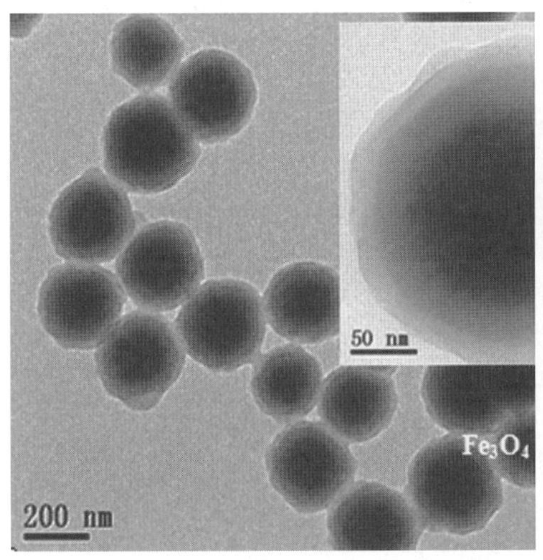

(c) Fe_3O_4@SiO_2@PMMA 微球的透射电镜图

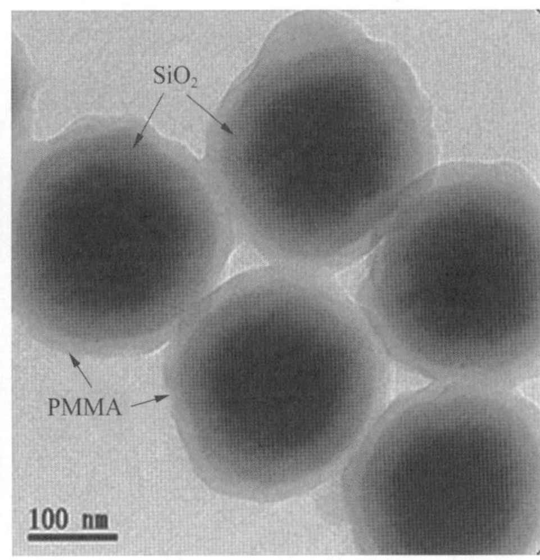

(d) Fe_3O_4@SiO_2@PMMA 微球的高倍透射电镜图

图 2-25 微球的透射电镜图

扫描电子显微镜(scanning electron microscopy, SEM)成像的结果(见图 2-26(a))显示 Fe_3O_4@SiO_2 近乎为球形,表面光滑,粒径约为 240 nm(偏差在 12%以内)的粒子。再包覆上一层 PMMA 后,获得的 Fe_3O_4@SiO_2@PMMA 微球在半径上略大于 Fe_3O_4@SiO_2 微球,形态上也比 Fe_3O_4@SiO_2 微球更均一,与之前的 TEM 成像结果相一致(见图 2-26(b))。

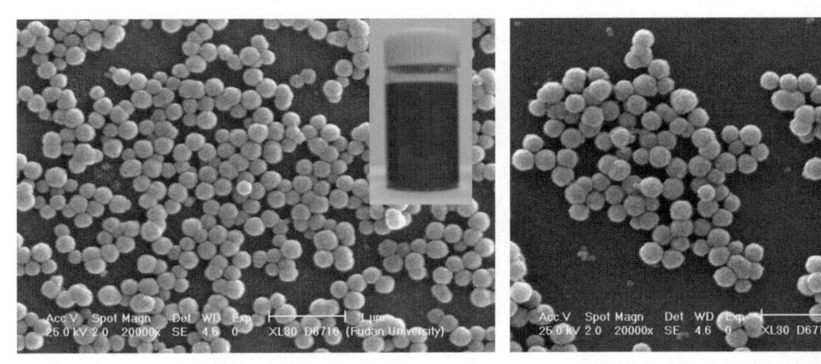

(a) Fe_3O_4@SiO_2 (b) Fe_3O_4@SiO_2@PMMA

图 2-26 Fe_3O_4@SiO_2 微球和 Fe_3O_4@SiO_2@PMMA 微球的扫描电镜图(插入部分为它们分散于水中的照片)

Fe_3O_4@SiO_2 微球的表面修饰和进一步的包覆 PMMA 层的结构组成进一步用傅里叶红外光谱表征。如图 2-27 所示,Fe_3O_4@SiO_2 微球在 1 090 cm^{-1}处的吸收峰对应的是 Si—O—Si 振动吸收峰,而在约 1 630 cm^{-1}和 3 400 cm^{-1}处对应的是水和羟基的吸收峰。修饰 MPS 后,在 1 720 cm^{-1}和 2 940 cm^{-1}处多出的新吸收分别是由 MPS 中的 C═O 和 C—H 引起的。包覆 PMMA 之后,由于有大量的 PMMA 在微球表面,在 Fe_3O_4@SiO_2@PMMA 微球的 FTIR 图谱中,在 1 730 cm^{-1}和 2 950 cm^{-1}处分别有代表 C═O 和 C—H 的强吸收,这进一步证明 PMMA 已经成功修饰到微球表面,与前面 TEM 的结果吻合。

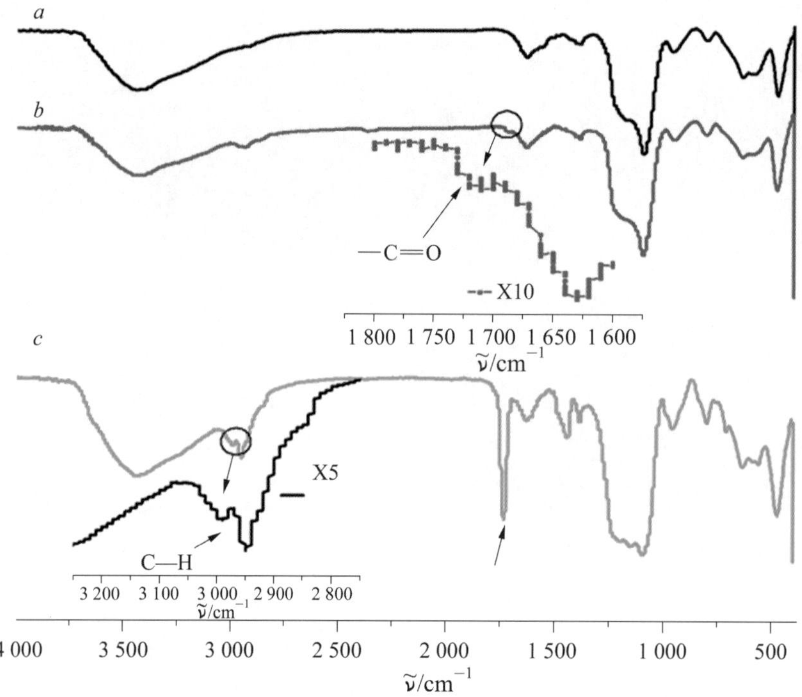

图 2-27 3 种微球的傅里叶红外图(曲线 *a*: Fe_3O_4@SiO_2 微球;曲线 *b*: Fe_3O_4@SiO_2-MPS 微球;曲线 *c*: Fe_3O_4@SiO_2@PMMA 微球;插入部分为放大的部分红外吸收图谱)

Fe_3O_4@SiO_2@PMMA 的磁学性能用超导量子干涉仪(superconducting quantum interferometer device, SQUID)测磁法在 300 K 下测量。结果表明,Fe_3O_4@SiO_2 微球和 Fe_3O_4@SiO_2@PMMA 微球的磁饱和强度值分别为 49.5 emu · g^{-1}和 36.7 emu · g^{-1}。图 2-28所示是这两种样品的磁滞曲线图,显示这两种样品都表现出超顺磁性,这是因为材料的磁性核

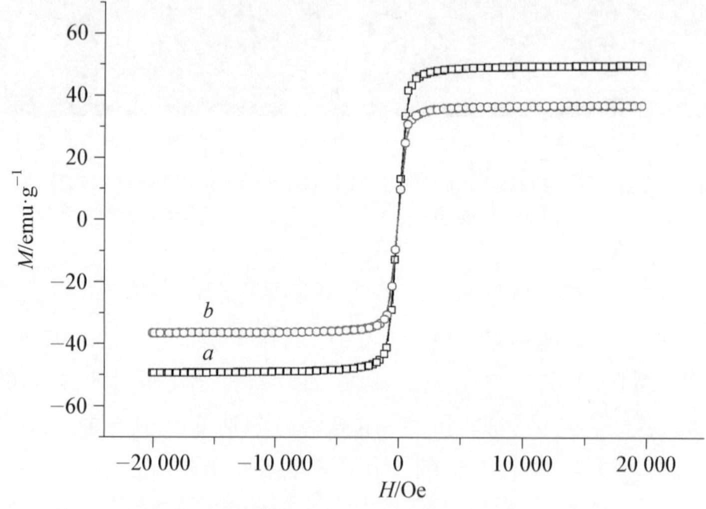

图 2-28 两种微球的磁滞曲线图(曲线 *a*: Fe_3O_4@SiO_2 微球;曲线 *b*: Fe_3O_4@SiO_2@PMMA)

由纳米级的磁性粒子组成。类似于 Fe_3O_4@SiO_2 微球，Fe_3O_4@SiO_2@PMMA 微球在水溶液中的分散性很好，分散后在 8 h 内看不到沉淀，图 2 - 26 中插入的图就是它们均匀分散于水中的照片。因为 Fe_3O_4@SiO_2@PMMA 微球带负电，所以它们具有很好的分散性，这也使得材料在应用时具有很高的吸附容量。另一方面，因为 Fe_3O_4@SiO_2@PMMA 微球具有很高的磁强度，所以有很好的磁响应性，在磁体(1 000 Oe)作用下，微球能在 0.5 min 内迅速从它们的分散液(约为 1%(m/v))中分离出来。Fe_3O_4@SiO_2@PMMA 微球的这些独特性质确保了快速的分离-再分散操作过程，因此能达到磁场辅助下的快速有效富集或分离的目的。

2.6.2　两性聚合物修饰的磁性硅球(Fe_3O_4@SiO_2@PMSA)(PMSA，聚[2 -(甲基丙烯酰基氧基)乙基]二甲基-(3 -磺酸丙基)氢氧化铵)[16]

如同前述方法，首先合成 Fe_3O_4 磁性粒子，然后包覆上 SiO_2 层，接着在 SiO_2 层外修饰上 MPS，获得 Fe_3O_4@SiO_2 - MPS 微球。然后，通过 MPS 在外层再聚合一层两性聚合物 PMSA，具体操作如下：称取 50 mg Fe_3O_4@SiO_2 - MPS 微球超声分散于 80 mL ACN/H_2O (v/v, 3/1)中，然后加入 200 mg MSA, 50 μL MAA, 200 mg MBA 以及 6 mg AIBN，超声 20 min，然后于 30 min 内将温度上升至 90 ℃，在微沸状态下反应 1.5 h。所得产物经乙醇清洗后真空干燥，备用。

在本例工作中，Fe_3O_4@SiO_2@PMSA 微球的合成步骤按照图 2 - 29 所示的路线 1 进行。作者根据路线 2 进行合成，但最终并未获得核壳结构的产物。Fe_3O_4 微球的形貌以及尺寸大小如图 2 - 30(a)，(b)所示，都比较均一，其平均尺寸大小约为 280 nm。在包覆了一层硅层之后，如图 2 - 30(c)，(d)所示，其表面比 Fe_3O_4 微球的表面要光滑，而且尺寸稍有增加，约增加 10 nm。由 Fe_3O_4@SiO_2@PMSA 微球的 TEM 图(见图 2 - 30(e))可见，PMSA (poly(2 -(methacryloyloxy)ethyl)dimethyl -(3 - sul - fopropyl)ammonium hydroxide)聚合物层被成功包覆于磁性硅球表面，其厚度约为 60 nm；图 2 - 30(f)所示为其场发射扫描电子显微镜(field emission scanning electron microscopy, FESEM)图。

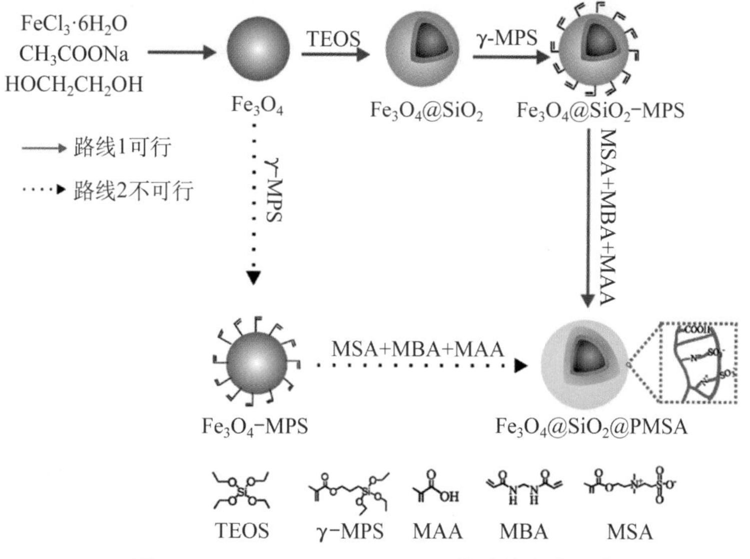

图 2 - 29　Fe_3O_4@SiO_2@PMSA 微球的合成示意

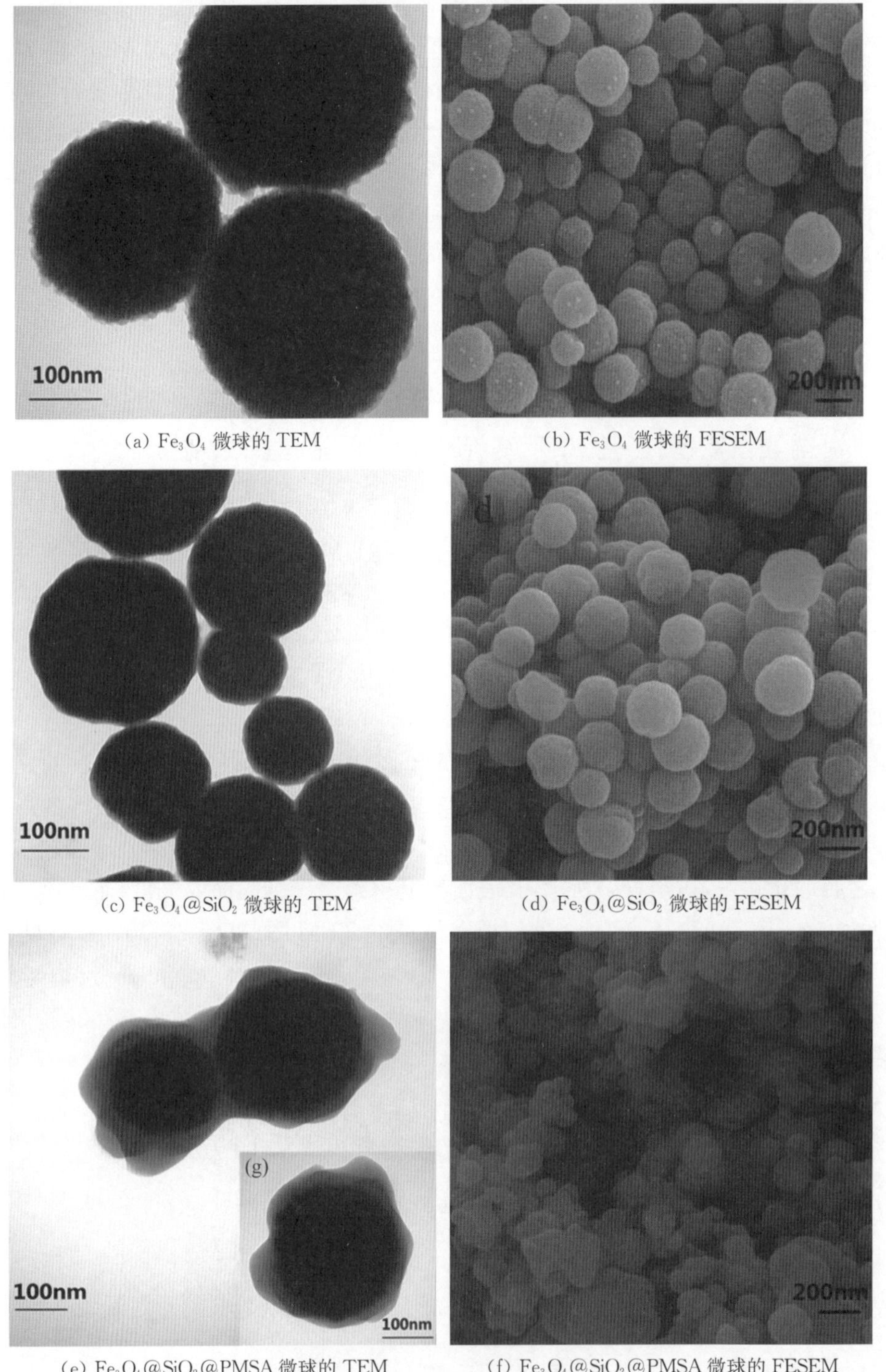

(a) Fe_3O_4 微球的 TEM (b) Fe_3O_4 微球的 FESEM

(c) Fe_3O_4@SiO_2 微球的 TEM (d) Fe_3O_4@SiO_2 微球的 FESEM

(e) Fe_3O_4@SiO_2@PMSA 微球的 TEM (f) Fe_3O_4@SiO_2@PMSA 微球的 FESEM

图 2－30 3 种微球的 TEM 和 FESEM

图 2－31(a)所示为(Ⅰ)Fe_3O_4@SiO_2 微球、(Ⅱ)Fe_3O_4@SiO_2－MPS 微球，以及(Ⅲ)Fe_3O_4@SiO_2@PMSA 微球的 FTIR 图，与 Fe_3O_4@SiO_2 微球的红外谱图(581 cm^{-1}，$\nu_{Fe-O-Fe}$；1 091 cm^{-1}，$\nu_{Si-O-Si}$)对比，在 Fe_3O_4@SiO_2－MPS 微球的红外谱图中有一个 1 730 cm^{-1} 处的吸收峰出现，归属于C=O 双键，表明 MPS 的成功修饰。在 Fe_3O_4@SiO_2@PMSA 微球的红外谱

图又新出现的 1 040 cm^{-1} 和 1 190 cm^{-1} 处的吸收峰归属于—SO_3^- 中 O=S=O 的伸缩振动，1 550 cm^{-1} 处的吸收峰归属于 MBA 中 N—H 的弯曲振动，1 730 cm^{-1} 处的吸收峰信号增强，以上新出现的红外吸收峰说明了 PMSA 被成功修饰在 Fe_3O_4@SiO_2 - MPS 微球的表面。

图 2 - 31(b)所示为(Ⅰ)Fe_3O_4@SiO_2 微球以及(Ⅲ)Fe_3O_4@SiO_2@PMSA 微球的 EDX (能量色散 X 射线分析，energy dispersive X-ray analysis)元素分析图。在 Fe_3O_4@SiO_2@PMSA 微球的谱图中，新出现了 N 和 S 元素，同样表明 PMSA 被成功修饰在 Fe_3O_4@SiO_2 - MPS 微球的表面。

图 2 - 31(c)所示为(Ⅰ)Fe_3O_4@SiO_2 微球以及(Ⅲ)Fe_3O_4@SiO_2@PMSA 微球的热重分析曲线。Fe_3O_4@SiO_2 微球的 6.7%的质量丢失是因为微球内吸附的水分的流失。经测算 Fe_3O_4@SiO_2@PMSA 微球的质量丢失约为 35.5%，这说明 Fe_3O_4@SiO_2@PMSA 微球中存在大量的 PMSA 聚合物。

图 2 - 31(d)所示为(Ⅳ)Fe_3O_4 微球、(Ⅰ)Fe_3O_4@SiO_2 微球，以及(III)Fe_3O_4@SiO_2@PMSA 微球的磁滞曲线，经测算可得它们的磁饱和值分别为 64.3 emu • g^{-1}，55.5 emu • g^{-1} 以及 33.6 emu • g^{-1}。表明这 3 个材料都有很好的磁响应能力。

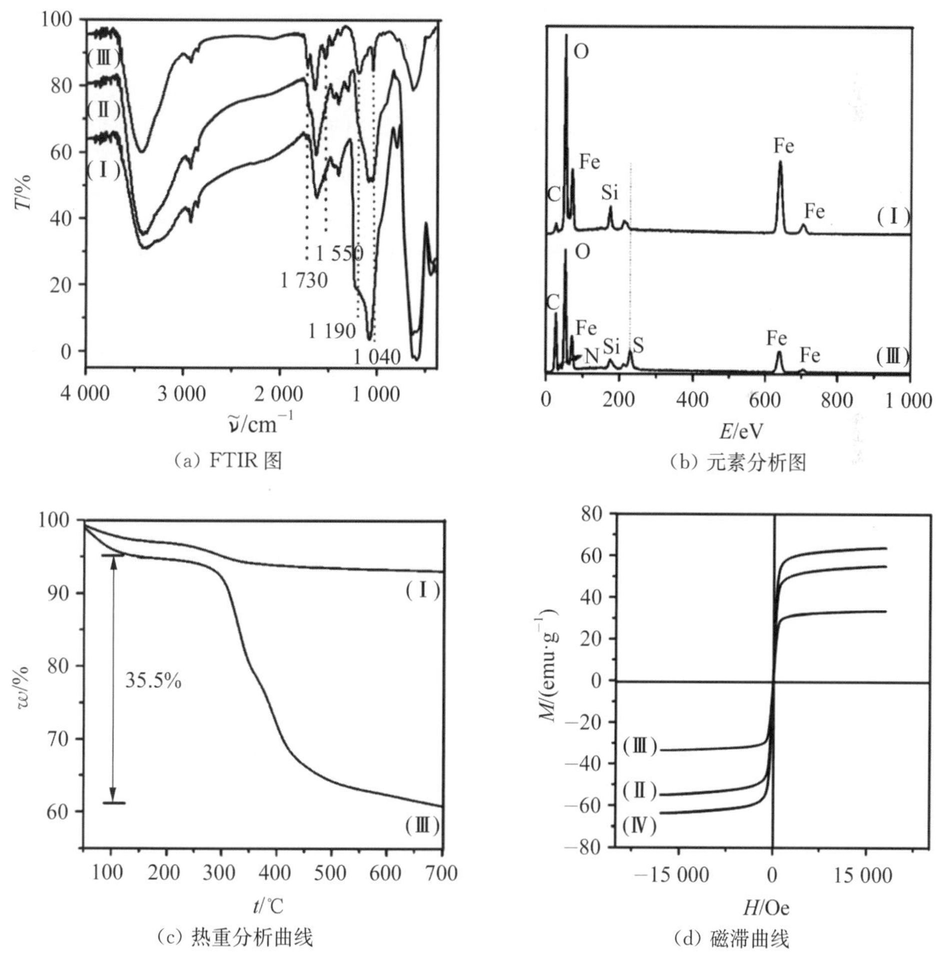

(a) FTIR 图
(b) 元素分析图
(c) 热重分析曲线
(d) 磁滞曲线

图 2 - 31 Fe_3O_4@SiO_2 微球(Ⅰ)、Fe_3O_4@SiO_2 - MPS 微球(Ⅱ)和 Fe_3O_4@SiO_2@PMSA 微球(Ⅲ)的 FTIR 图、元素分析图、热重分析曲线和磁滞曲线

2.6.3 麦芽糖与 PEG 共修饰的磁性硅球(Fe_3O_4@SiO_2@PEG - maltose)[17]

Fe_3O_4@SiO_2@PEG - maltose 微球的合成过程如图 2 - 32 所示，简述如下。

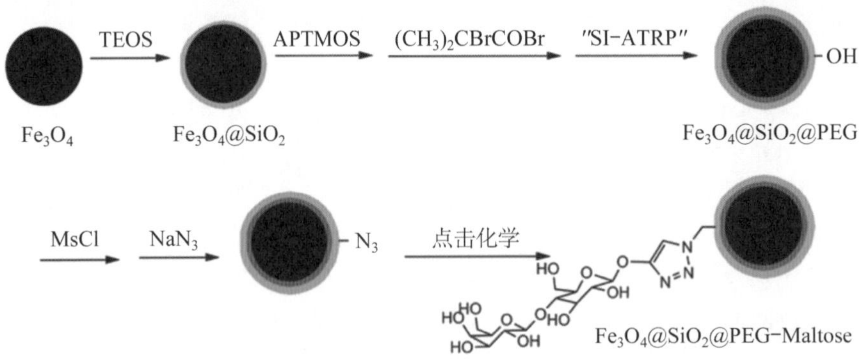

图 2 - 32 **Fe_3O_4@SiO_2@PEG - maltose 微球的合成示意**

首先，如前述方法合成 Fe_3O_4 粒子，并在外包覆一层 SiO_2 层。400 mg 所得产物(Fe_3O_4@SiO_2)用乙醇冲洗后分散于 60 mL 的异丙醇中，滴加 1 mL 3 -氨基丙基三甲氧硅烷(3-aminopropyltrimethoxysilane, APTMOS)后机械搅拌 24 h，所得产物经异丙醇和二氯甲烷分别清洗后再分散于 50 mL 无水二氯甲烷中，在氩气保护以及冰浴条件下，加入 0.711 mL 蒸馏过的三乙胺(5.0 mmol)，再加入 0.528 mL 的 2 -溴异丁酰溴(4.2 mmol)，机械搅拌 2 h。然后，于室温下搅拌反应 16 h。所得 Fe_3O_4@SiO_2 - Br 经二氯甲烷、乙醇和去离子水清洗后真空干燥，备用。

聚乙二醇(polyethylene glycol, PEG)聚合物再通过表面引发原子转移自由基聚合技术(surface initiated atom transfer radical polymerization, SI - ATRP)嫁接到磁性硅球表面，然后将 PEG 分枝上的羟基转换为叠氮基后通过点击化学反应固定上麦芽糖(maltose)。

如图 2 - 33(a), (b)所示，Fe_3O_4@SiO_2@PEG - maltose 微球的表面顺滑且成球形，为“三明治”结构。其中，核心为磁性微球，约为 240 nm；中间层为硅层，约为 6 nm；最外层为聚合物层，约为 20 nm。Fe_3O_4@SiO_2@PEG - maltose 微球的磁滞曲线如图 2 - 33(c)所示，经测算其磁饱和值为 35.9 emu・g^{-1}。在图 2 - 33(d)所示的 Fe_3O_4@SiO_2@PEG - N_3 的红外谱图中，在 1 640 cm^{-1}, 2 855 cm^{-1}, 1 450 cm^{-1}处的吸收峰分别归属于 C═O 伸缩振动、C—H 伸缩振动以及 C—H 弯曲振动，表明 PEG 聚合物层成功修饰在 Fe_3O_4@SiO_2 - Br 微球表面。在 2 104 cm^{-1}处的吸收峰归属于 N═N═N 的对称伸缩振动。在微球表面通过点击化学反应嫁接上麦芽糖后，在 Fe_3O_4@SiO_2@PEG - maltose 微球的红外谱图中，在 2 104 cm^{-1}处，叠氮基的红外吸收特征峰消失，暗示着麦芽糖的成功修饰。通过元素分析(见表 2 - 2)，Fe_3O_4@SiO_2@PEG - maltose 微球中麦芽糖的含量为 88.56 μmol・m^{-2}，然而，如果直接将麦芽糖修饰在硅球表面(Fe_3O_4@SiO_2 - maltose，其合成如图 2 - 34 所示)，则麦芽糖的含量只为 5.58 μmol・m^{-2}。这表明 PEG 对麦芽糖的嫁接具有重要作用，而且 PEG 的存在增强了材料的亲水性。

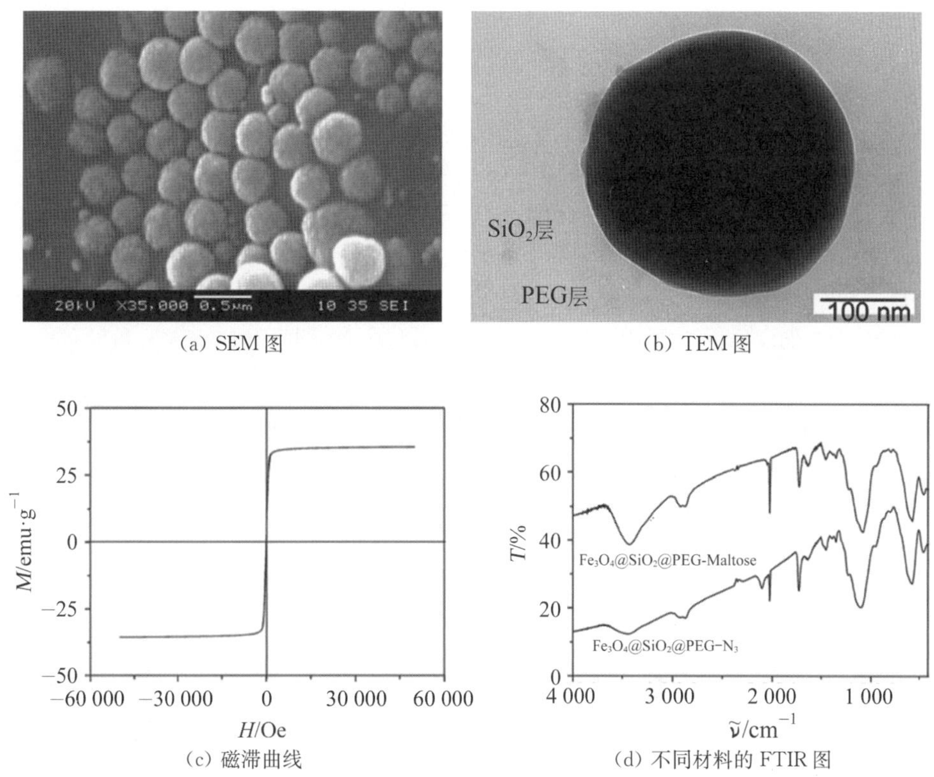

(a) SEM 图　(b) TEM 图

(c) 磁滞曲线　(d) 不同材料的 FTIR 图

图 2-33　Fe_3O_4@SiO_2@PEG-maltose 微球 SEM 图、TEM 图、磁滞曲线和不同材料的 FTIR 图

表 2-2　不同材料的元素分析

分子式	$m/\%$			$x_{maltose}^{-2}/\mu mol \cdot m^{-2}$
	C	N	H	
Fe_3O_4@SiO_2@PEG-N_3	11.90	1.24	1.72	—
Fe_3O_4@SiO_2@PEG-Maltose	14.87	1.05	2.22	88.56
Fe_3O_4@SiO_2-N_3	2.10	<0.3	0.42	—
Fe_3O_4@SiO_2-Maltose	2.30	<0.3	0.45	5.58

a 麦芽糖的量根据元素分析碳含量计算。

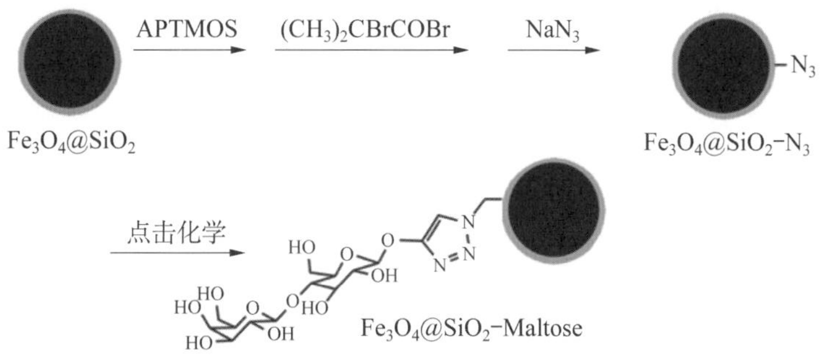

图 2-34　Fe_3O_4@SiO_2-maltose 微球的合成示意

2.6.4 壳聚糖与玻尿酸共修饰的磁性硅球(MNPs -(HA - CS)$_n$)[18]

如图 2 - 35 所示，首先合成 Fe_3O_4 微球，然后包覆 SiO_2 层。接着称取 200 mg Fe_3O_4@SiO_2 微球分散于 50 mL 异丙醇中，滴加 1 mL APTEOS 后在室温下机械搅拌 24 h。所得产物(MNPs - NH_2 微球)真空干燥，备用。最后，称取 50 mg MNPs - NH_2 微球用乙醇和去离子水冲洗后分散于玻尿酸(hyaluronic acid, HA, 1 mg · mL^{-1}, 0.135 mol · L^{-1} NaCl, pH=5)溶液中，搅拌 20 min，所得产物用水清洗得 MNPs - HA，再将 MNPs - HA 分散在壳聚糖(CS, 1 mg · mL^{-1}, 0.135 mol · L^{-1} NaCl, pH=5)溶液中，机械搅拌 20 min。若 n=10，则获得产物即为 MNPs -(HA - CS)$_{10}$，MNPs -(HA - CS)$_n$ 分散于 PBS(10 m mol · L^{-1}, pH=5.5，含 2 mg · mL^{-1} EDC 和 2 mg · mL^{-1} NHS)溶液中过夜，将所得产物经去离子水、乙醇和乙腈清洗，获得可使用的聚糖与玻尿酸共修饰的磁性硅球(MNPs -(HA - CS)$_n$)。

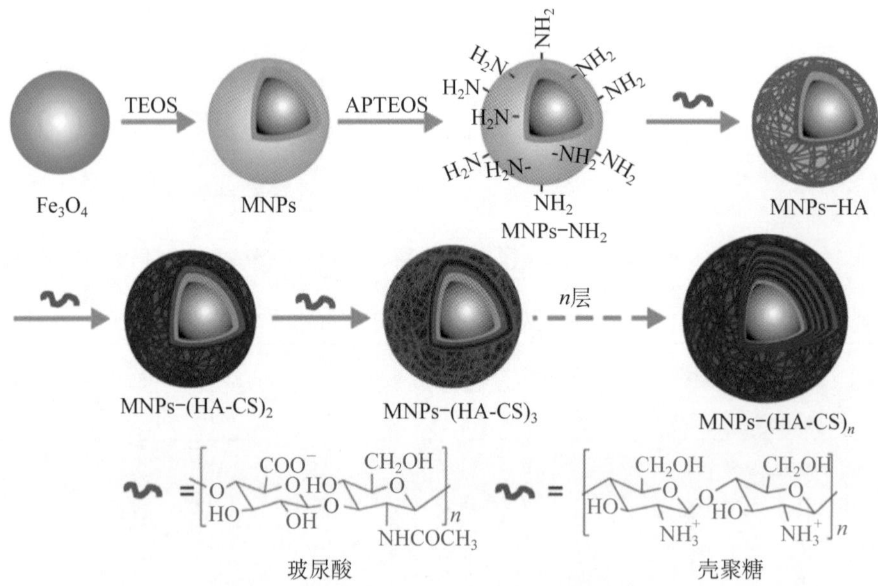

图 2 - 35 MNPs -(HA - CS)$_n$ 微球的合成示意

如图 2 - 36(a)所示，MNPs - NH_2 微球为核壳结构，核心层为磁性微球，球径约为 220 nm，外层是 SiO_2 层，约为 3 nm。当 n=10 时，通过层层组装的聚合层约为 9 nm(见图 2 - 36(b))，与图 2 - 36(c)，(d)比较，可以推断出(HA - CS)$_n$ 层的厚度几乎与层数成正比，双分子层的平均厚度约为 1.8 nm。另外，经测算 MNPs -(HA - CS)$_{10}$ 微球的磁饱和值为 58.8 emu · g^{-1}。表 2 - 3 所示为不同材料的元素分析结果，由表中数据推算出每一次组装过程沉积到微球表面的 HA - CS 含量基本相当。MNPs -(HA - CS)$_{10}$ 微球中的双糖含量高达 164.33 μmol · m^{-2}，高含量的双糖结构的存在大大增强了材料的亲水性。

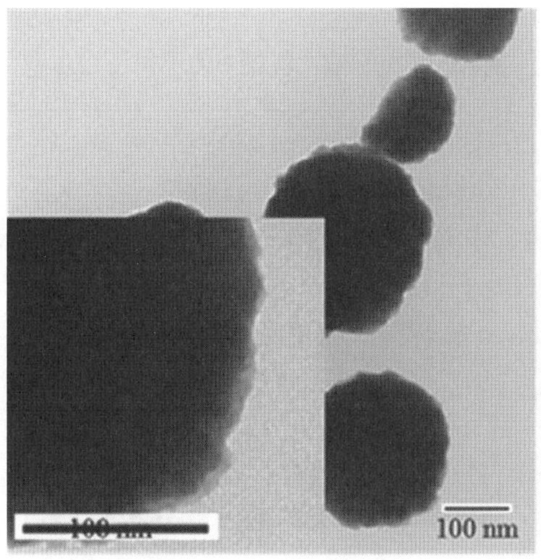

(a) MNPs - NH_2 微球

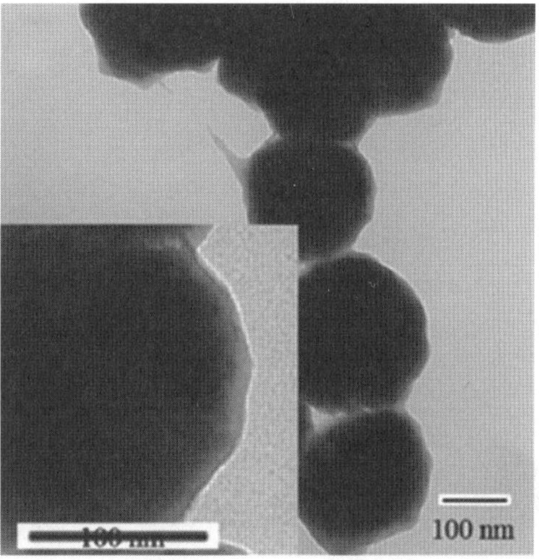

(b) MNPs -(HA - CS)$_{10}$微球

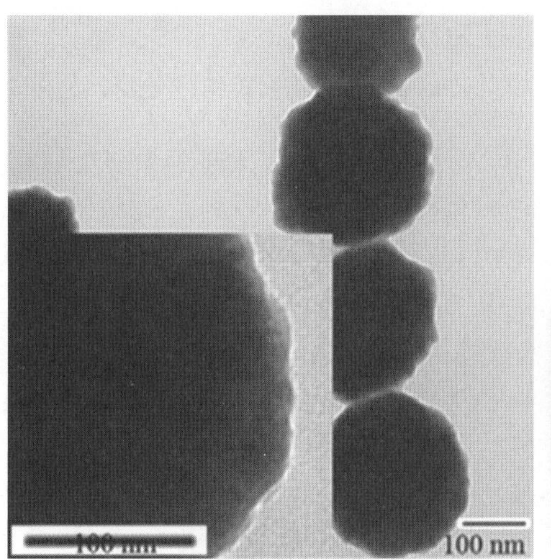

(c) MNPs -(HA - CS)$_5$ 微球

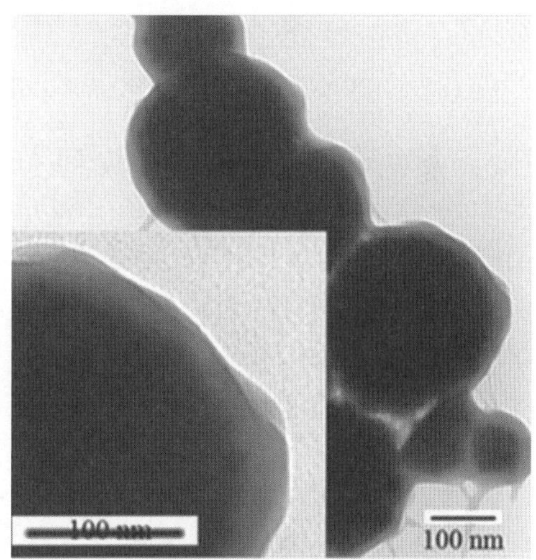

(d) MNPs -(HA - CS)$_{20}$微球

图 2 - 36　不同材料的 TEM 图

表 2 - 3　不同材料的元素分析

MNPs	m/%			$X^{a}_{二糖单元}$/μmol · m^{-2}
	C	H	N	
MNPs - NH_2	2.61	1.01	<0.3	—
MNPs - HA	3.28	1.14	<0.3	15.05
MNPs -(HA/CS)$_5$	5.13	1.00	0.64	79.34
MNPs -(HA/CS)$_{10}$	7.54	1.33	1.25	164.33
MNPs -(HA/CS)$_{20}$	10.74	2.10	2.84	299.87

a 二糖单元的量是通过元素分析所得碳含量计算。

2.6.5 聚多巴胺修饰的磁性微球固定金属有机框架(Fe_3O_4@PDA@Zr-MOF)[19]

如图 2-37 所示,先合成 Fe_3O_4 磁球,然后在外层包覆一层聚多巴胺层(polydopamine, PDA),最后称取 78 mg $ZrCl_4$ 以及 10 mg 对苯二甲酸分散于 N,N-二甲基甲酰胺(N,N-dimethylformamide, DMF)溶液中,再称取 100 mg Fe_3O_4@PDA 微球加入上述混合分散液中,然后将整个混合溶液于 140 ℃温度下反应 20 min,所得产物用乙醇清洗。

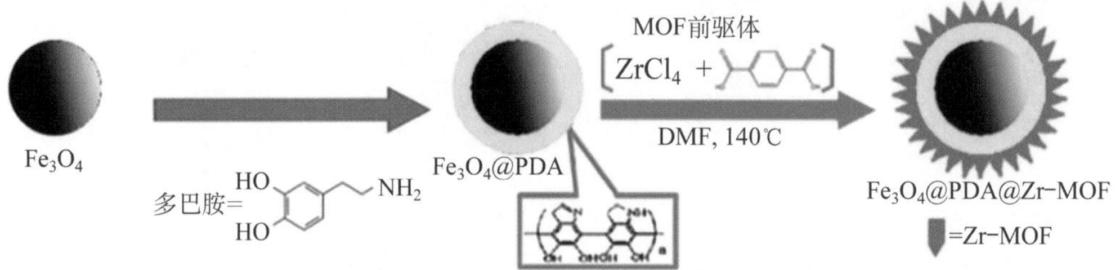

图 2-37 Fe_3O_4@PDA@Zr-MOF(MOF, metal organic framework,金属有机框架)复合材料的合成示意

Fe_3O_4@PDA 微球的 TEM 表征如图 2-38(a),(c)所示,可以观察到聚多巴胺层的厚度约为 40 nm。从 Fe_3O_4@PDA@Zr-MOF 复合材料的 TEM 图(见图 2-38(b),(d))可以看出,聚多巴胺层与 Zr-MOF 层的界限并不清楚,但是通过 Zr-MOF 层在 Fe_3O_4@PDA 微球表面的包覆,整个微球的直径增加了 47 nm。从 Fe_3O_4@PDA@Zr-MOF 复合材料的 EDX 谱图(见图 2-39)可以看到,该材料中确实存在 Zr 元素,表明 Zr-MOF 被成功包覆在 Fe_3O_4@PDA 微球的表面,这一点被进一步的 FTIR 谱图以及拉曼光谱证实。

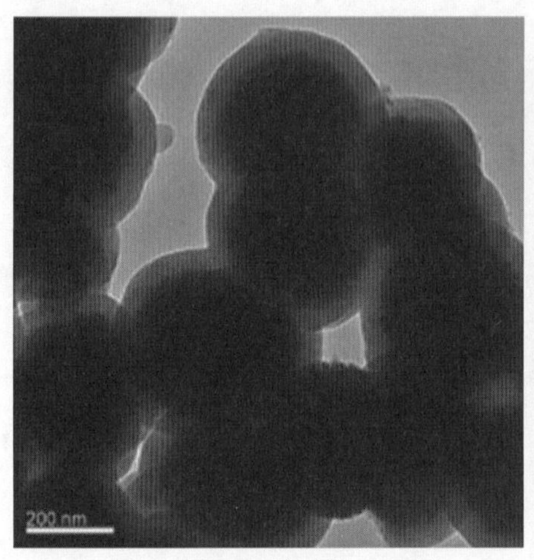

(a) Fe_3O_4@PDA 微球的 TEM 图

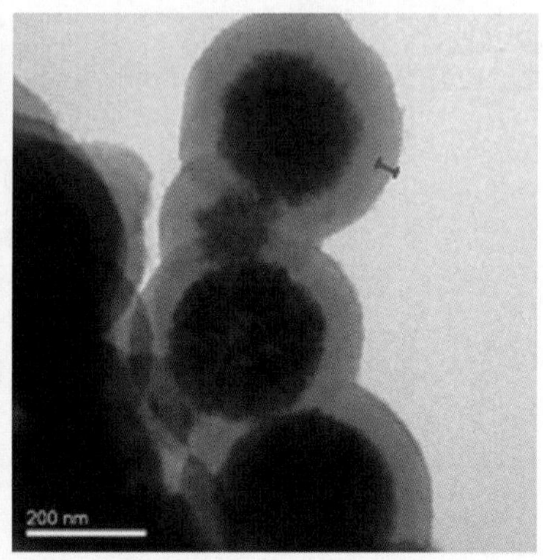

(b) Fe_3O_4@PDA@Zr-MOF 复合材料的 TEM 图

图 2-38

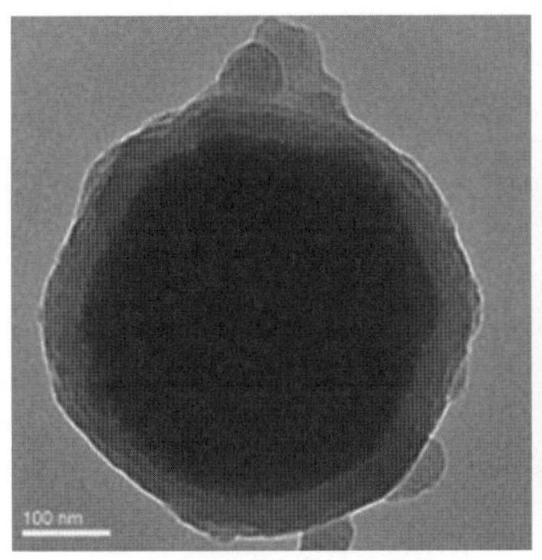

(c) Fe_3O_4@PDA 微球的 TEM 图

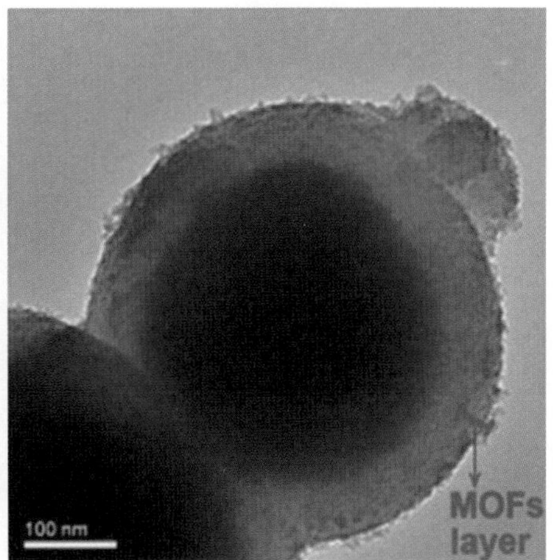

(d) Fe_3O_4@PDA@Zr-MOF 复合材料的 TEM 图

图 2-38 Fe_3O_4@PDA 微球和 Fe_3O_4@PDA@Zr-MOF 复合材料的 TEM 图

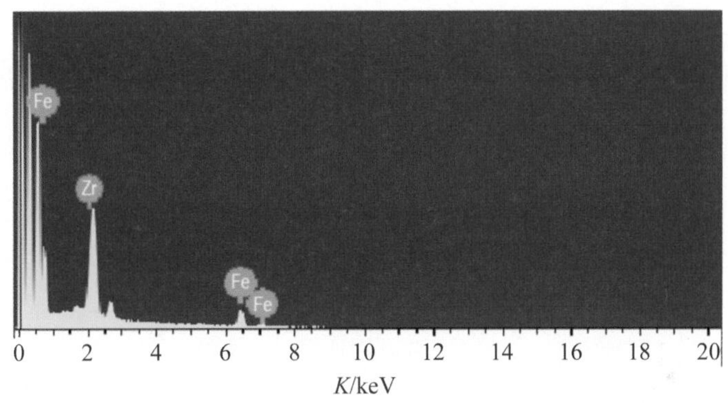

图 2-39 Fe_3O_4@PDA@Zr-MOF 复合材料的 EDX 图谱

图 2-40 所示为 Fe_3O_4@PDA@Zr-MOF 复合材料及其系列中间产物的 FTIR 图谱，在 Fe_3O_4 微球的谱图中，571 cm^{-1}以及 3 396 cm^{-1}处的吸收峰分别归属于 Fe—O—Fe 的振动以及磁球表面功能化修饰的 O—H 键的伸缩振动。在 Fe_3O_4@PDA 微球的谱图中观察到的新的 1 645 cm^{-1}处的吸收峰可以归属于 N—H 键的弯曲振动，1 616 cm^{-1}，1 498 cm^{-1}以及1 434 cm^{-1}处的吸收峰归属于 C═C 的伸缩振动，1 292 cm^{-1}处的吸收峰归属于 C—O 键的伸缩振动，1 200～1 400 cm^{-1}范围内的吸收峰归属于—CH_2 的弯曲振动，由此说明聚多巴胺层的成功包覆。而在 Fe_3O_4@PDA@Zr-MOF 复合材料的谱图中，1 740 cm^{-1}处的吸收峰归属于配体对苯二甲酸中 C═O 的伸缩振动，3 438 cm^{-1}处的吸收峰则为羧基中 O—H 键的伸缩振动。结合图 2-41 所示的 Fe_3O_4@PDA@Zr-MOF 复合材料的 XRD 图，说明 Zr-MOF 层在微球表面的成功包覆。另外，根据氮气吸附脱附等温曲线，其 BET 比表面积(BET surface area，一种以 BET 方法测定的表面积)测得为 216.14 $m^2 \cdot g^{-1}$。

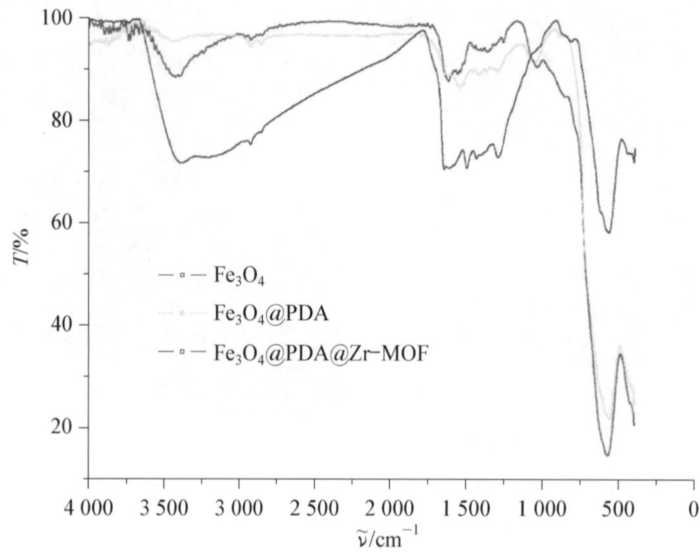

图 2－40　Fe_3O_4@PDA@Zr－MOF 复合材料的 FTIR 图谱

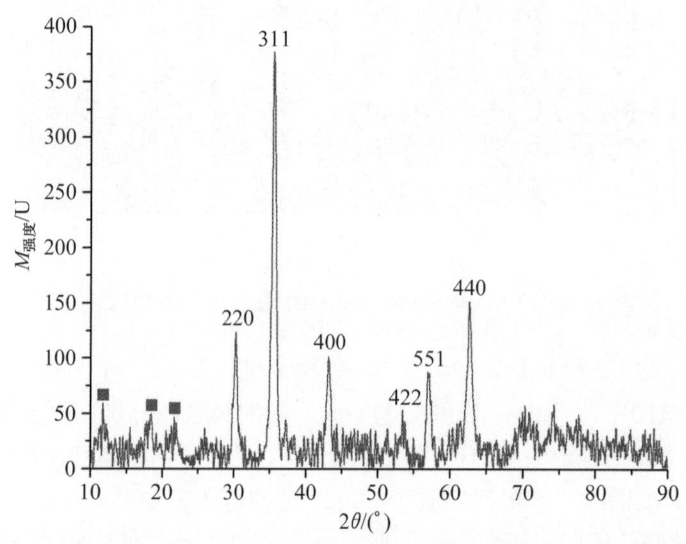

图 2－41　Fe_3O_4@PDA@Zr－MOF 复合材料的 XRD 图(■为 Zr－MOF 特征峰)

2.6.6　巯基乙酸修饰的磁性微球固定 MOF(Fe_3O_4@MIL－100(Fe))[20]

如图 2－42 所示，首先合成 Fe_3O_4 粒子，然后合成巯基乙酸(mercaptoacetic acid, MerA)修饰的磁性微球，方法如下：称取 350 mg 上述所得的 Fe_3O_4 微球，用乙醇预洗 3 次，然后溶于 75 mL 含有 0.58 m mol・L^{-1}的 MerA，在氮气保护下轻轻搅拌 24 h，即可获得

Fe_3O_4 - MerA，用乙醇清洗 Fe_3O_4 - MerA 数次直至无刺激性气味。最后合成 Fe_3O_4@MIL - 100(Fe)复合材料。方法如下：称取上述所得 100 mg Fe_3O_4 - MerA 微球分散于 5 mL $FeCl_3$ (10 m mol・L^{-1})溶液中，混匀后静置 15 min，然后将所得产物用乙醇清洗后再分散于5 mL 均苯三酸(H_3btc，10 m mol・L^{-1})的乙醇溶液中，将在 70 ℃下反应 30 min 后的所得产物用乙醇清洗 3 次。然后，按图 2 - 42 所示，重复上述自组装步骤 31 次。最后所得产物用乙醇清洗并真空干燥，备用。

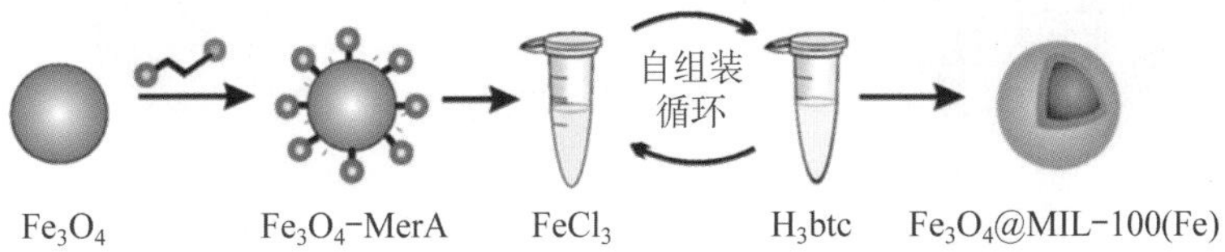

图 2 - 42　Fe_3O_4@MIL - 100(Fe)复合材料的合成示意

如图 2 - 43(a)所示，Fe_3O_4 微球的直径约为 345 nm 且分散均匀无团聚现象。比较图 2 - 43(b)～(d)可见，随着合成材料过程中组装循环次数的增加，MOF 层的厚度也随着增加。比较 Fe_3O_4 微球与 Fe_3O_4@MIL - 100(Fe)复合材料的 FTIR 谱图可见，在图 2 - 44(a)中，1 715 cm^{-1}处的吸收峰归属于羧基里 C ═O 键的伸缩振动，是相比于 Fe_3O_4 微球的 FTIR 谱图多出来的峰，结合 1 375 cm^{-1}处归属于 C—O 键伸缩振动的吸收峰，共同说明了羧基的出现。1 566 cm^{-1}以及 1 450 cm^{-1}处的吸收峰归属于配体均苯三酸中苯环的伸缩振动峰。以上结果都说明 MIL - 100(Fe)层在磁性微球表面的成功包覆，这一点也被图 2 - 44(c)中的热重分析所证实。如图 2 - 44(b)所示，Fe_3O_4@MIL - 100(Fe)复合材料的孔径分布图中有两个主要孔径尺寸，分别为 1. 93 nm 和 3. 91 nm，表明此材料为多孔结构。如图 2 - 44(d)所示，Fe_3O_4 微球和 Fe_3O_4@MIL - 100(Fe)复合材料的磁饱和度分别为 63. 7 emu・g^{-1}和 53. 1 emu・g^{-1}。

(a) Fe_3O_4 微球的 TEM 图

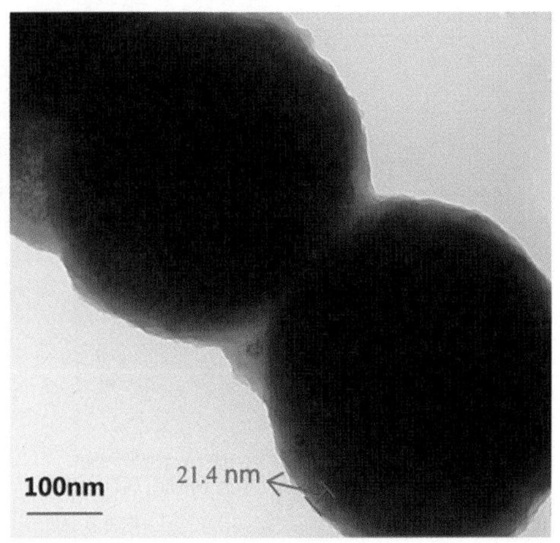

(b) 经 21 次循环组装合成的 Fe_3O_4@MIL - 100 (Fe)复合材料的 TEM 图

图 2 - 43

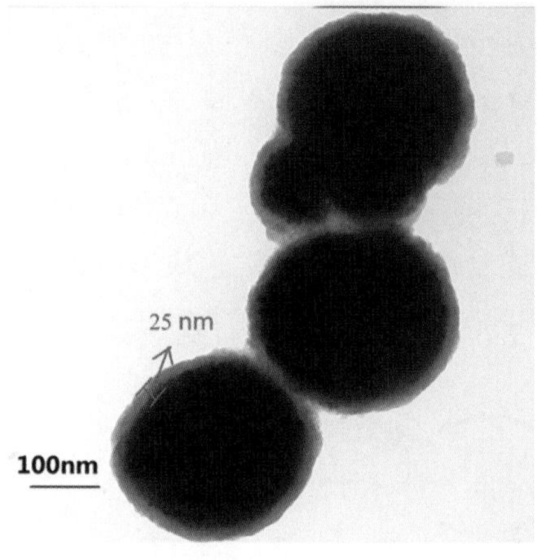

(c) 经 31 次循环组装合成的 Fe_3O_4@MIL－100(Fe)复合材料的 TEM 图

100nm
37.5 nm

(d) 经 41 次循环组装合成的 Fe_3O_4@MIL－100(Fe)复合材料的 TEM 图

图 2－43 Fe_3O_4 微球的 TEM 图和经不同组装循环次数合成的 Fe_3O_4@MIL－100(Fe)复合材料的 TEM 图

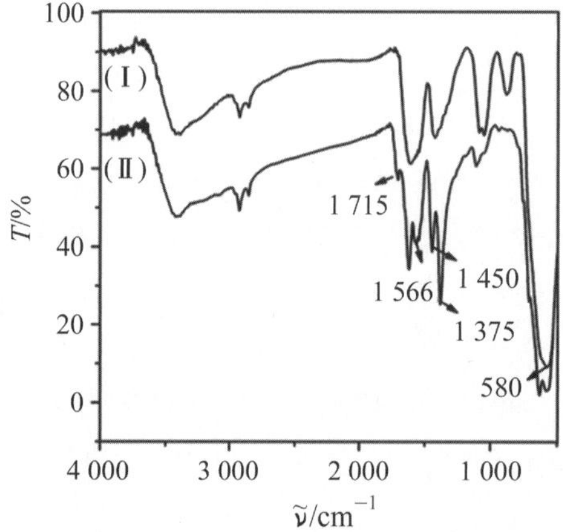

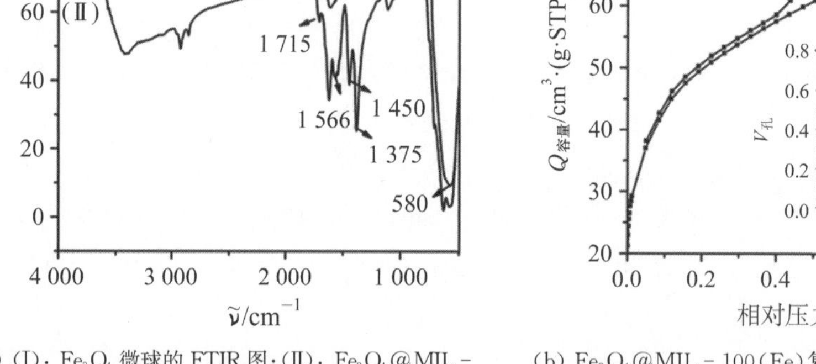

(a) (Ⅰ)：Fe_3O_4 微球的 FTIR 图；(Ⅱ)：Fe_3O_4@MIL－100(Fe)复合材料的 FTIR 图

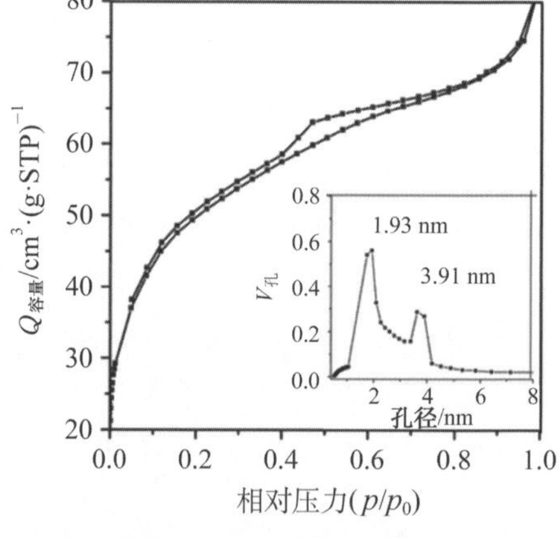

(b) Fe_3O_4@MIL－100(Fe)复合材料的氮气吸附脱附等温曲线及其孔径分布图

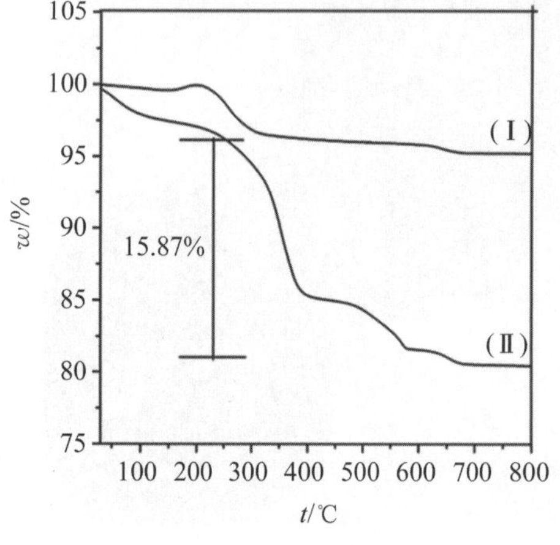

(c) Fe_3O_4@MIL－100(Fe)复合材料的热重分析

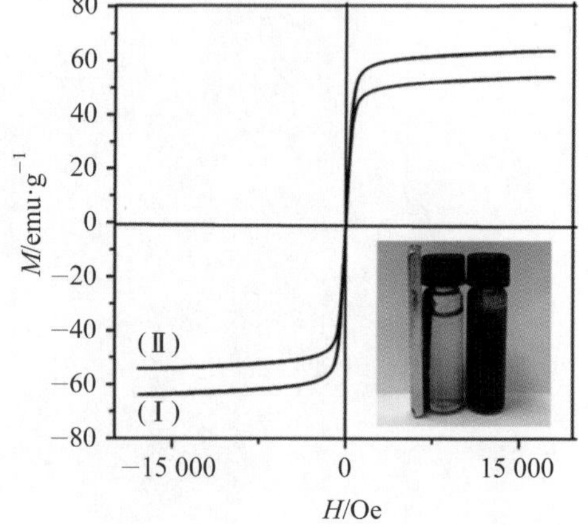

(d) (Ⅰ)：Fe_3O_4 微球的磁滞曲线；(Ⅱ)：Fe_3O_4@MIL－100(Fe)复合材料的磁滞曲线

图 2－44 两种微球的 FTIR、氮吸附、热重分析和磁性分析

2.6.7 Fe_3O_4@SiO_2@PSV 微球(利用 3-(甲基丙烯酰氧)丙基三甲氧基硅烷，MPS 为连接剂)[21]

如图 2-45 所示，首先合成 Fe_3O_4 粒子，然后包覆上 SiO_2，最后在外包覆聚苯乙烯-乙烯苯硼酸(poly slyrene-vinylphenylboronic acid, PSV)。方法如下：将 1 mL MPS 与上述所得 50 mL Fe_3O_4@SiO_2 微球的乙醇分散液混合，机械搅拌 6 h，所得固体产物分散至 200 mL 含 0.10 g 十二烷基硫酸钠(sodium dodecyl sulfate, SDS)水溶液中，然后加入 0.5 mL 苯乙烯及 0.038 g 4-乙烯苯硼酸(4-ethylene phenyl borate acid, VPBA)。在氮气保护下，加入含 0.03 g过硫酸钾水溶液，然后于 75 ℃下机械搅拌 8 h，通入空气结束反应，将所得 Fe_3O_4@SiO_2@PSV 微球用去离子水以及乙醇清洗，真空干燥，备用。

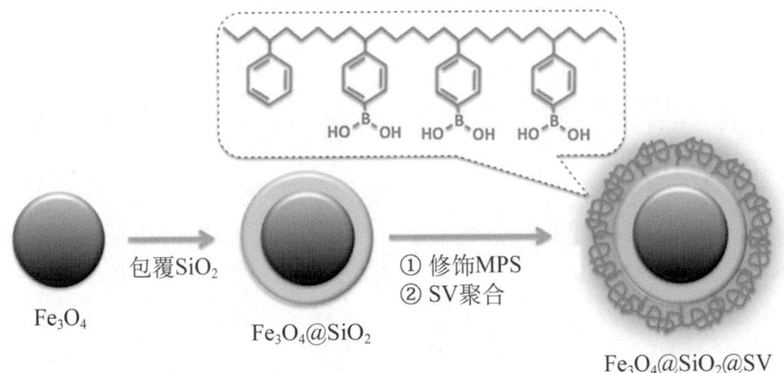

图 2-45 Fe_3O_4@SiO_2@PSV 微球的合成示意

如图 2-46(a)和图 2-47(a)所示，Fe_3O_4@SiO_2@PSV 微球具有核-壳-壳结构，其中核心 Fe_3O_4 微球直径约为 120 nm，中间 SiO_2 层约为 50 nm 厚，最外层 PSV 共聚物层约为 50 nm 厚。从图 2-46(b)可以观察到 Fe_3O_4@SiO_2@PSV 微球为球形且具有均一尺寸。Fe_3O_4@SiO_2@PSV 微球的 EDX 谱图如图 2-47(b)，(c)，(d)所示，Fe，Si 以及 B 元素的分布进一步表明 Fe_3O_4@SiO_2@PSV 微球确为 Fe_3O_4 球核、中间 SiO_2 层以及最外层 PSV 共聚物层 3 部分组成。

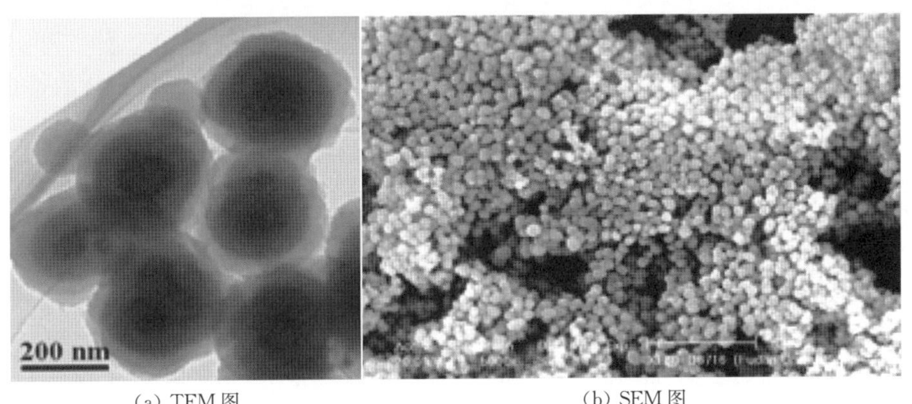

(a) TEM 图　　(b) SEM 图

图 2-46 Fe_3O_4@SiO_2@PSV 微球的 TEM 图和 SEM 图

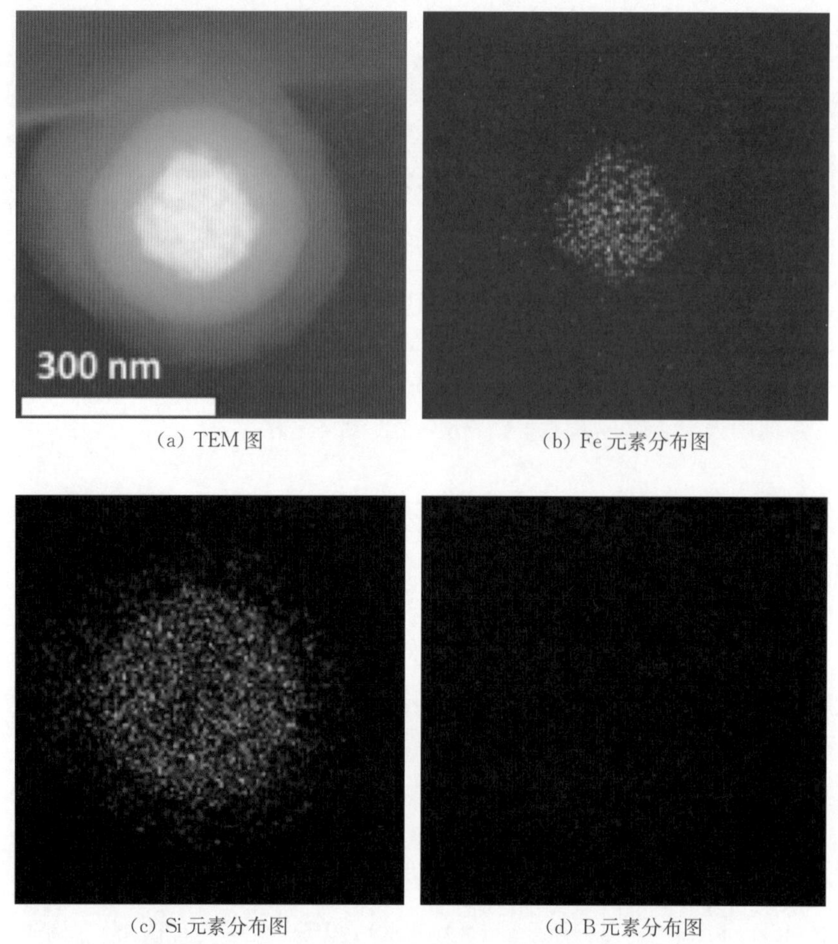

(a) TEM 图　(b) Fe 元素分布图

(c) Si 元素分布图　(d) B 元素分布图

图 2-47 Fe_3O_4@SiO_2@PSV 微球的 TEM 图和 EDX 检测

图 2-48 曲线 *a* 所示为 Fe_3O_4@SiO_2 微球的 FTIR 谱图。在 1 089 cm^{-1}处的吸收峰归属于 Si—O—Si 的伸缩振动，在 1 634 cm^{-1}和 3 428 cm^{-1}处的吸收峰归属于 Fe_3O_4@SiO_2 微球吸收的水分及其表面存在的羟基基团，表明 SiO_2 层成功包覆在磁性微球表面。图 2-48 曲线 *b* 所示为 Fe_3O_4@SiO_2-MPS 微球的 FTIR 谱图，出现在 1 713 cm^{-1}处的新吸收峰归属于硅烷 MPS 的 C═O 键。图 2-48 曲线 *c* 中出现的 1 377 cm^{-1}是 B—O 的振动特征峰，1 602 cm^{-1}和 909 cm^{-1}处的吸收峰分别归属于苯乙烯和 VPBA 中的 C═C 键及 H—C(═C)。在1 453 cm^{-1}，1 493 cm^{-1}以及 1 602 cm^{-1}处为苯环振动吸收峰，699 cm^{-1}处的吸收峰归属于 m-苯环的扭曲振动。以上所有结果表明 Fe_3O_4@SiO_2@PSV 微球的成功合成。

另外，通过热重分析(thermal gravimetric analysis，TGA)分析曲线可以测算出 Fe_3O_4@SiO_2@PSV 微球的共聚物层 MPS 与 PSV 造成的质量丢失为 30.03 *wt*%，从图 2-49 可以看到，在同一温度范围内，Fe_3O_4@SiO_2-MPS 的质量丢失为 2.78 *wt*%，表明 PSV 的质量百分比为 27.25 *wt*%，即 Fe_3O_4@SiO_2@PSV 微球中有大量硼酸的存在。

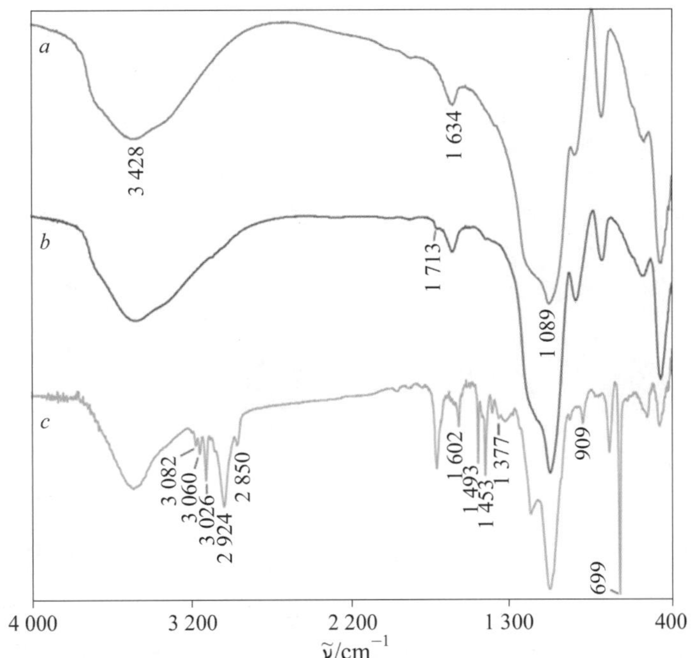

图 2 - 48　不同材料的 FTIR 谱图(曲线 *a*: Fe_3O_4@SiO_2 微球；曲线 *b*: Fe_3O_4@SiO_2 - MPS 微球；曲线 *c*: Fe_3O_4@SiO_2@PSV 微球)

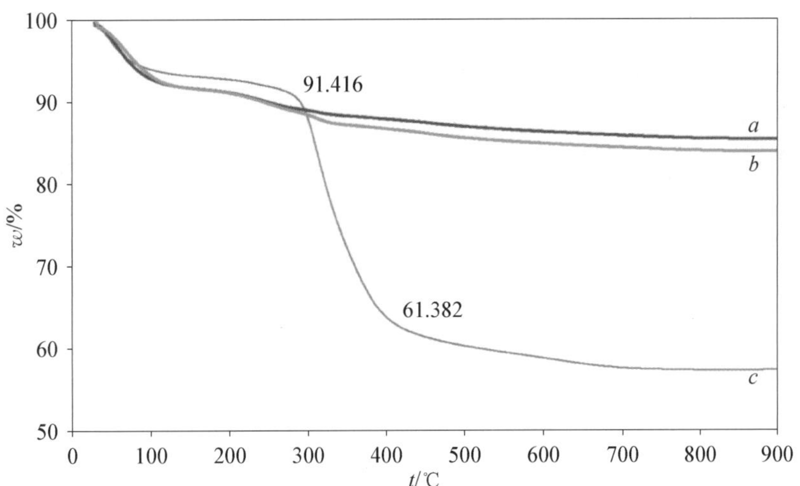

图 2 - 49　不同材料的 TGA 分析曲线(曲线 *a*: Fe_3O_4@SiO_2 微球；曲线 *b*: Fe_3O_4@SiO_2 - MPS 微球；曲线 *c*: Fe_3O_4@SiO_2@PSV 微球)

2.6.8 亚氨基二乙酸修饰磁性微球固定金属离子[22]

2.6.8.1 Fe_3O_4@SiO_2@GLYMO－IDA－Fe^{3+}微球的制备

Fe_3O_4@SiO_2@GLYMO－IDA－Fe^{3+}微球的合成如图 2－50 所示。

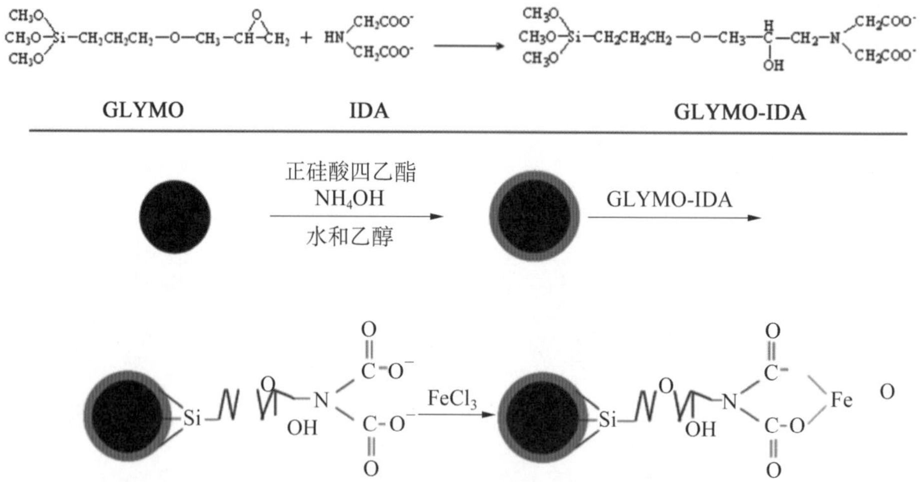

图 2－50 Fe_3O_4@SiO_2@GLYMO－IDA－Fe^{3+}微球的合成示意

1．Fe_3O_4@SiO_2 微球的合成

具体合成过程见 2.4 节。

2．连接剂 GLYMO－IDA 的合成

称取 4.20 g 亚氨基二乙酸 IDA 分散于 50 mL 2 mol・L^{-1}的 Na_2CO_3 溶液中，用 10 mol・L^{-1}的 NaOH 溶液调节到 pH 值为 11。然后，将此整个反应体系置于冰水浴中，磁力搅拌 1 h。在磁力搅拌的同时，于 0.5 h 内逐滴加入 1.5 g 3－(2，3－环氧丙氧)丙基三甲氧基硅烷(3-glycidoxypropyltrimethox-ysilane，GLYMO)。然后，将反应体系升温至 65 ℃反应 6 h。再将反应体系冷却至 0 ℃，将以上步骤重复两次。最后，用浓盐酸将得到的 IDA 衍生的硅烷偶联试剂溶液的 pH 值调节为 6，以便于下一步将其键合于磁性硅球表面。

3．Fe_3O_4@SiO_2@GLYMO－IDA 微球的合成

将 0.02 g Fe_3O_4@SiO_2 微球超声分散于 50 mL 无水乙醇中，加入 10.0 mL 上述实验制备的硅烷偶联试剂溶液 GLYMO－IDA，于 40 ℃下反应 24 h，经乙醇清洗后得固体产物 Fe_3O_4@SiO_2@GLYMO－IDA 微球。

4．Fe_3O_4@SiO_2@GLYMO－IDA－Fe^{3+}材料的合成

将 Fe_3O_4@SiO_2@GLYMO－IDA 分散于 20 mL 0.2 mol・L^{-1}的 $FeCl_3$ 溶液中，振荡分散2 h，经去离子水清洗后。真空干燥，备用。

可将 Fe_3O_4@SiO_2@GLYMO－IDA 分散于其他的金属盐溶液中制备表面螯合其他金属离子的材料，如 Cu^{2+}，TiO^{2+}等

2.6.8.2 Fe_3O_4@SiO_2@GLYMO－IDA－Fe^{3+}微球的表征

由图2－51(a)所示的 Fe_3O_4 微球的 SEM 和图 2－51(b)所示的 Fe_3O_4@SiO_2@GLYMO－IDA－Fe^{3+}材料的SEM图可以看到：化学键合前后的磁性硅球都具有很好的分散性和形态均一性。

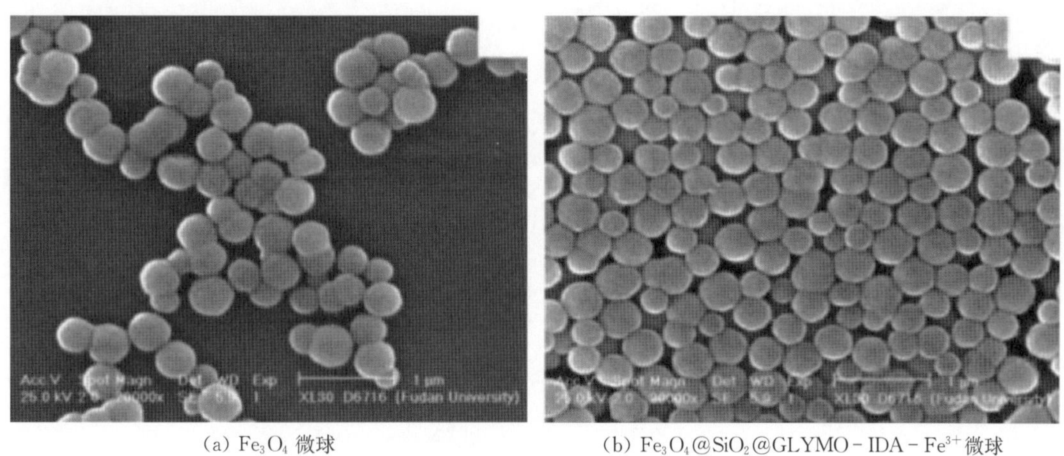

(a) Fe_3O_4 微球　(b) Fe_3O_4@SiO_2@GLYMO－IDA－Fe^{3+}微球

图2－51　两种微球的SEM图

Fe_3O_4@SiO_2 微球和 Fe_3O_4@SiO_2@GLYMO－IDA－Fe^{3+}微球的傅里叶变换红外光谱(FTIR)如图 2－52 所示。可见，曲线 a 和曲线 b 都有 Si—O—Si 伸缩振动吸收峰，说明 Fe_3O_4 微球表面成功包覆上了 SiO_2，在 2 900 cm^{-1}左右的吸收峰可归属于硅烷偶联试剂中的 CH_2，1 610 cm^{-1}以及 1 400 cm^{-1}左右的吸收峰可归属于羧基基团，说明 GLYMO－IDA 也成功地修饰在硅球的表面。

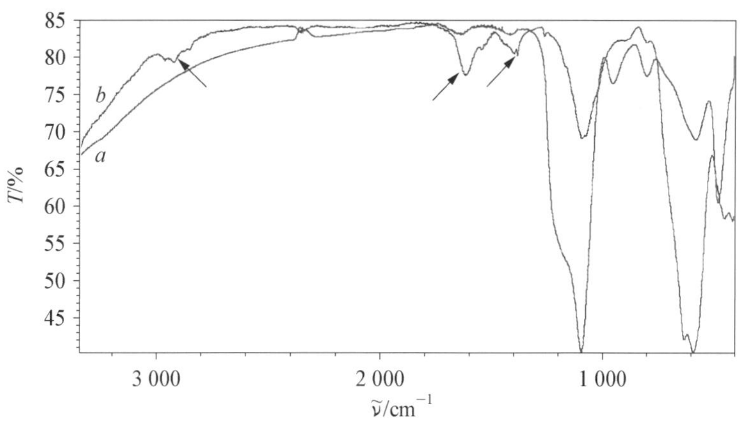

图2－52　不同微球的FTIR图(曲线 a：Fe_3O_4@SiO_2 微球；曲线 b：Fe_3O_4@SiO_2@GLYMO－IDA－Fe^{3+}微球)

2.6.9 Fe_3O_4@SiO_2 - APBA 氨基苯硼酸修饰的磁性硅球(利用3-(2,3-环氧丙氧)丙基三甲氧基硅烷,GLYMO 作连接剂)[23]

2.6.9.1 Fe_3O_4@SiO_2 - APBA 微球的制备

制备方法如图 2 - 53 所示。

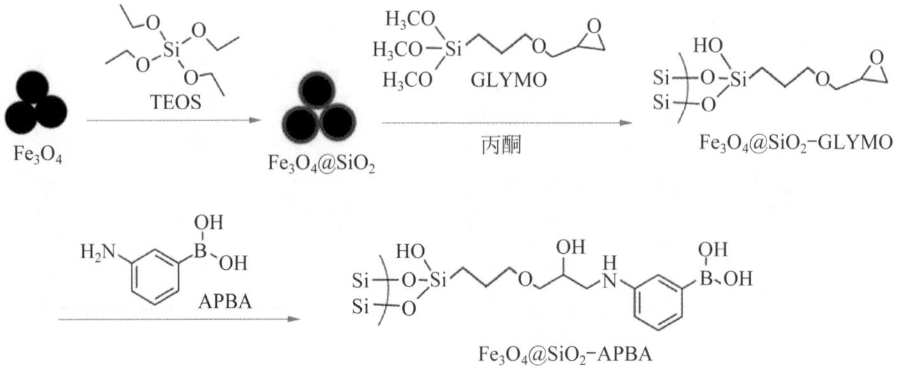

图 2 - 53 Fe_3O_4@SiO_2 - APBA 微球的合成示意

1. Fe_3O_4@SiO_2 微球的合成

Fe_3O_4@SiO_2 微球合成如 2.4 节。

2. Fe_3O_4@SiO_2 - APBA 微球的合成

称取 50 mg Fe_3O_4@SiO_2 微球分散于 40 mL 甲苯(含 400 μL GLYMO),于 80 ℃下回流 12 h。用乙醇清洗固体产物 Fe_3O_4@SiO_2 - GLYMO。然后,将 50 mg 3 -氨基苯硼酸(APBA)超声分散于 60 mL 50 mmol · L^{-1} NH_4HCO_3(pH>8)中,取其 20 mL 与所得 Fe_3O_4@SiO_2 - GLYMO 混合分散,于 65 ℃下机械搅拌反应 3 h。利用外加磁场得固体产物,重新分散于 20 mL APBA 的分散液,重复此过程 3 次,得 Fe_3O_4@SiO_2 - APBA 微球。

2.6.9.2 Fe_3O_4@SiO_2 - APBA 微球的表征

图 2 - 54 所示为 Fe_3O_4 微球、Fe_3O_4@SiO_2 微球以及 Fe_3O_4@SiO_2 - APBA 微球的 FTIR 图。在此图中,曲线 *a* 575 cm^{-1}处的吸收峰归属于 Fe—O 的弯曲振动;曲线 *b* 1 088 cm^{-1}处的吸收峰归属于 Si—O—Si 的伸缩振动,证明 SiO_2 被成功包覆于 Fe_3O_4 微球的表面;曲线 *c* 2 865 cm^{-1} 和 2 923 cm^{-1}处的吸收峰都对应于 GLYMO 中—CH_2 官能团。1 622 cm^{-1}, 1 437 cm^{-1} 以及 796 cm^{-1}处的吸收峰归属于苯环的伸缩振动以及弯曲振动。1 380 cm^{-1}处则为 B—O 的吸收峰。

图 2 - 55 所示为 Fe_3O_4 微球、Fe_3O_4@SiO_2 微球以及 Fe_3O_4@SiO_2 - APBA 微球的磁滞曲线分析图。经测算可得这 3 个材料的磁饱和值分别为 94.46 emu · g^{-1}, 52.71 emu · g^{-1}以及 49.70 emu · g^{-1},饱和磁化强度的降低间接表明微球中间层和最外层分别成功包覆了硅以及硼酸,而且,通过电感耦合等离子体发射光谱(inductively coupled plasma-atomicemission sepctroscopy, ICP - AES)分析,在 Fe_3O_4@SiO_2 - APBA 微球表面 B 元素含量约为 15 mmol · g^{-1}。

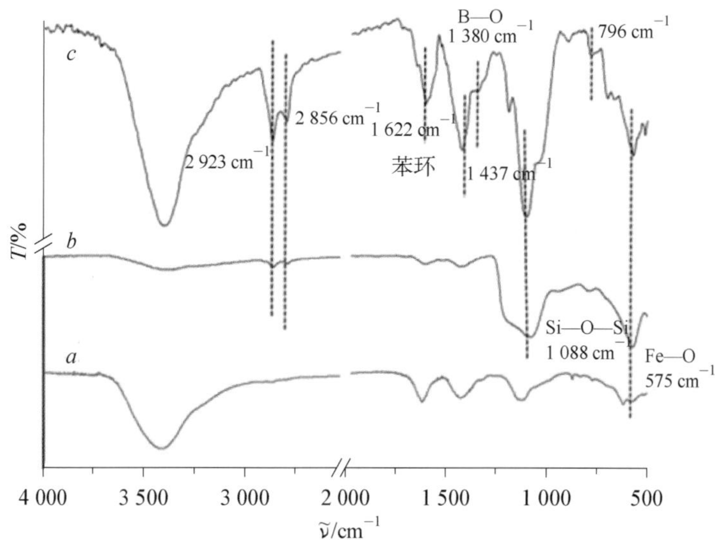

图 2-54　不同材料的 FTIR 图(曲线 *a*：Fe_3O_4 微球；曲线 *b*：Fe_3O_4@SiO_2 微球；曲线 *c*：Fe_3O_4@SiO_2-APBA 微球)

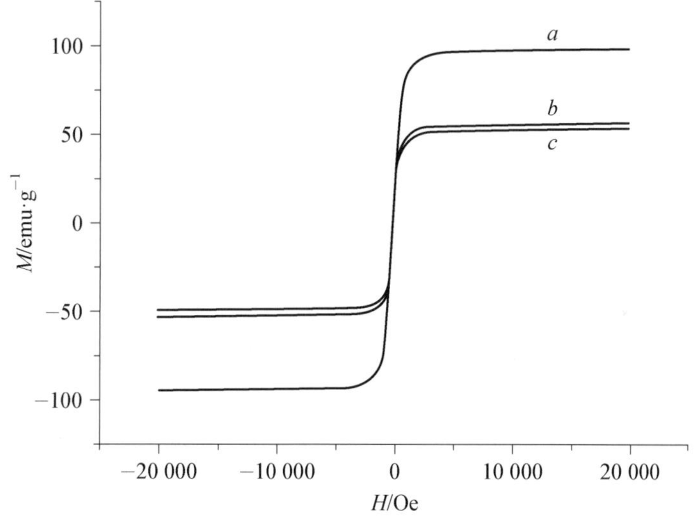

图 2-55　不同材料的磁滞曲线(曲线 *a*：Fe_3O_4 微球；曲线 *b*：Fe_3O_4@SiO_2 微球；曲线 *c* Fe_3O_4@SiO_2-APBA 微球)

2.6.10　Fe_3O_4@SiO_2@Au-APBA(氨基苯硼酸修饰的磁性金硅球)材料[24]

2.6.10.1　Fe_3O_4@SiO_2@Au-APBA 微球的合成

合成方法如图 2-56 所示。

1. Fe_3O_4@SiO_2 微球的合成

见 2.4 节。

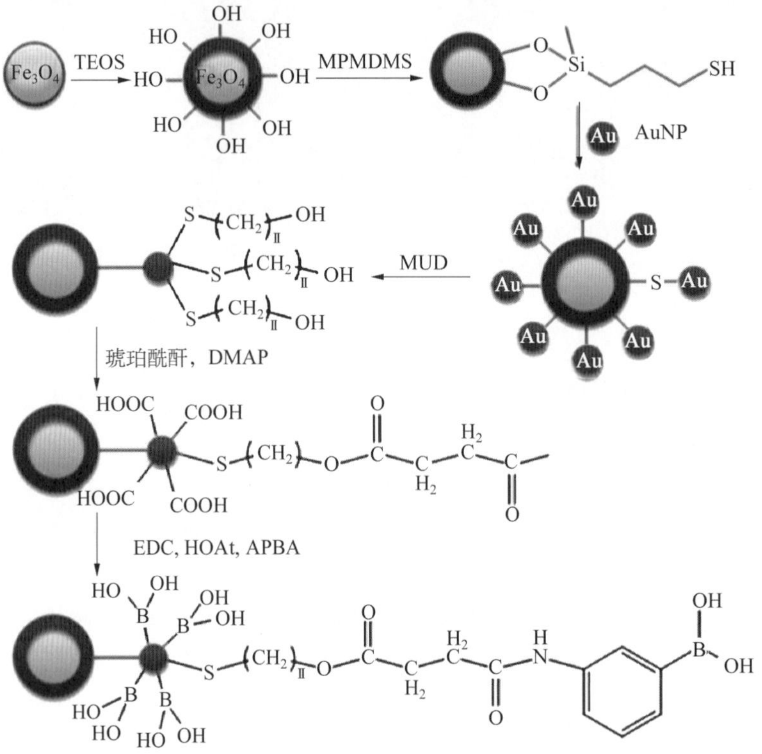

图 2-56 Fe_3O_4@SiO_2@Au-APBA 微球的合成示意

2. Fe_3O_4@SiO_2@Au 微球的合成

合成 Au 纳米粒子：将 500 mL 1 mmol·L^{-1}的 $HAuCl_4$ 溶液于 100 ℃下回流加热搅拌，在搅拌过程中迅速加入 50 mL 38.8 mmol·L^{-1}的柠檬酸钠溶液，待反应体系变为酒红色后，继续加热回流 10 min。然后，在室温下继续搅拌 15 min。

接着合成 Fe_3O_4@SiO_2@Au 微球：将上述所得 Fe_3O_4@SiO_2 微球的乙醇溶液超声 30 min后，加入 600 μL 巯丙基甲基二甲氧基硅烷(mercaptopropyl methyldimethoxysilane, MPMDMS)，于室温下搅拌过夜，待反应结束后用无水乙醇充分清洗固体产物，然后将其分散于 50 mL 无水乙醇中，超声 30 min。再加入上述所得的 100 mL Au 纳米粒子的分散液，于室温下搅拌过夜。然后，将所得固体产物分散于 100 mL DMF 中备用。

3. Fe_3O_4@SiO_2@Au-APBA 微球的合成

称取 15 mg 11-巯基-1-十一醇(11-mercapto-1-undecanol, MUD)分散于上述所得的 Fe_3O_4@SiO_2@Au 微球的 DMF 溶液中，室温下搅拌过夜，待反应结束后用 DMF 清洗固体产物，然后将其再分散于 100 mL DMF 溶液中，记作分散液 A。

称取 100 mg 丁二酸酐与 200 mg 4-二甲氨基吡啶(4-dimethylaminopyridine, DMAP)溶于上述分散液 A 中。然后将反应体系置于 55 ℃下机械搅拌 3 h，待反应结束后，用 DMF 清洗固体产物，并将固体产物再分散于 50 mL 无水乙醇中，记作分散液 B。

称取 100 mg 1-(3-二甲基氨基丙基)-3-乙基碳二亚胺盐酸盐(EDC)、150 mg N-羟基-7-氮杂苯并三氮唑(1-Hydroxy-7-azabenzotriazde, HOAt)与 60 mg 3-氨基苯硼酸一水合物(APBA)加入上述分散液 B 中，将整个反应体系于室温下机械搅拌 1 h，待反应结束后用无水乙醇充分清洗所得固体产物，然后将固体产物分散于 10 mL 无水乙醇中，记作分散液

C,即为 Fe_3O_4@SiO_2@Au - APBA 微球的乙醇分散液。

2.6.10.2 Fe_3O_4@SiO_2@Au - APBA 微球的表征

如图 2 - 57(a),(b)所示,Fe_3O_4 微球分散性好,尺寸均一,平均粒径约为 200 nm。图 2 - 57(c)所示为 Fe_3O_4@SiO_2@Au - APBA 微球的 TEM 图,由此图可以看出磁性微球表面有大量的 Au 纳米粒子。

(a) Fe_3O_4 微球的 SEM

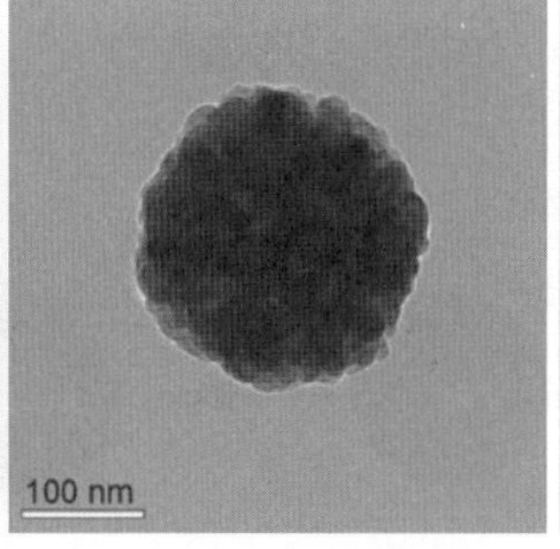

(b) Fe_3O_4 微球的 TEM

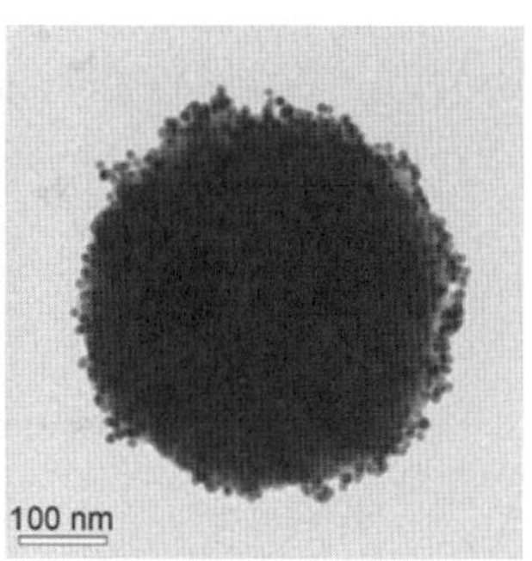

(c) Fe_3O_4@SiO_2@Au - APBA 微球的 TEM

图 2 - 57 Fe_3O_4 微球的 SEM 和 TEM,以及 Fe_3O_4@SiO_2@Au - APBA 微球的 TEM

为证明合成 Fe_3O_4@SiO_2@Au - APBA 微球采取的路线可行,对不同的中间产物进行红外表征。如图 2 - 58 所示,在 Fe_3O_4@SiO_2 微球的红外谱图中 1 089 cm^{-1} 处的吸收峰归

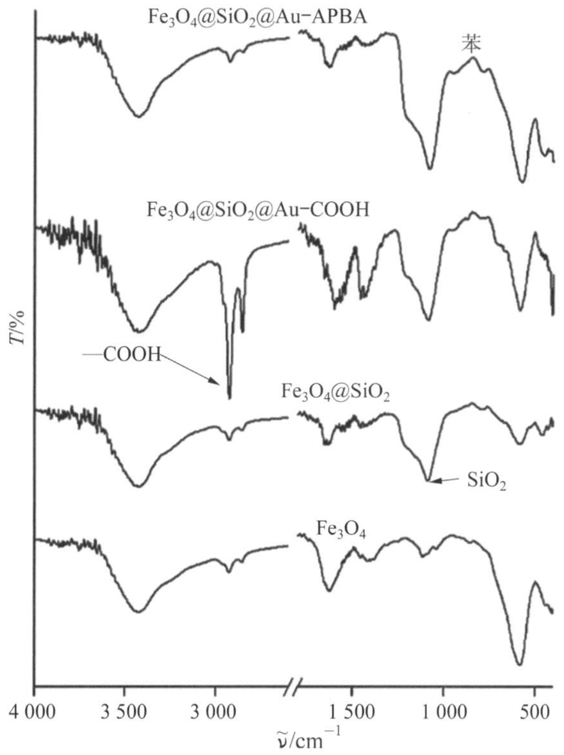

图 2 - 58 不同材料的 FTIR 图

属于 Si—O—Si 的伸缩振动,表明 SiO_2 层成功包覆在磁性微球表面。在 Fe_3O_4@SiO_2@Au-COOH 的红外谱图中,3 045 cm^{-1}处的吸收峰归属于 O—H 的伸缩振动;而在 Fe_3O_4@SiO_2@Au-APBA微球的红外谱图中,此特征峰消失,在 700～800 cm^{-1}附近出现了属于苯环上的氢的振动峰,此结果表明在微球表面上成功修饰了硼酸基团。

2.6.11 Fe_3O_4@CP@Au-MPBA 微球(巯基苯硼酸修饰的磁性金碳球)材料[25]

2.6.11.1 Fe_3O_4@CP@Au-MPBA 微球的制备

合成方法如图 2-59 所示。

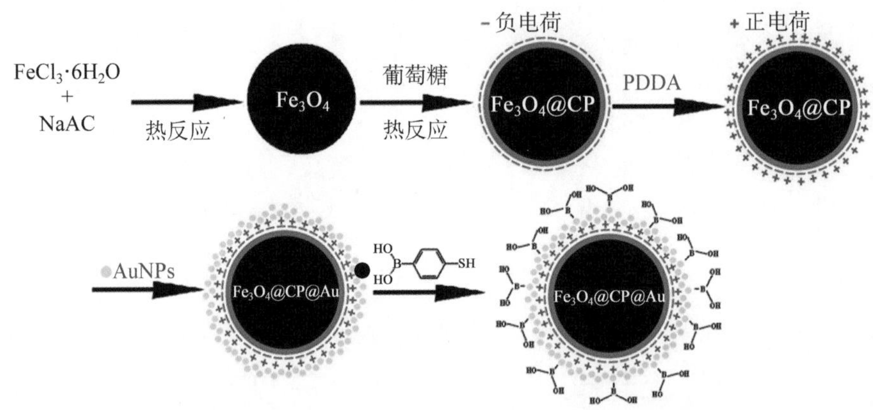

图 2-59 Fe_3O_4@CP@Au-MPBA 微球的合成示意

1. Fe_3O_4@CP 微球的合成

Fe_3O_4@CP 微球的合成方法如 2.4 节。

2. Fe_3O_4@CP@Au 微球的合成

按照如下步骤合成 Au 纳米粒子:在搅拌条件下,将 0.6 mL 0.01 mol·L^{-1}的 $NaBH_4$ 水溶液缓慢加入 20 mL 含 0.25 mmol·L^{-1}的 $HAuCl_4$ 和 0.25 mmol·L^{-1}的柠檬酸三钠的混合水溶液中,并继续搅拌 30 s。当溶液颜色变为酒红色时,说明 Au 纳米粒子成功合成。合成的 Au 纳米粒子在 24 h 内使用。

然后,合成 Fe_3O_4@CP@Au 微球:称取 200 mg 上述所得的 Fe_3O_4@CP 微球,将其分散于 20 mL 含 0.20%聚电解质聚(二烯丙基二甲基氯化铵)(poly dimethyl diallyl ammonium chloride, PDDA)、20×10^{-3} mol·L^{-1}的 Tris 和 20×10^{-3} mol·L^{-1}的 NaCl 的混合水溶液中,搅拌20 min后将所得固体产物用去离子水充分洗涤。再将 40 mg 修饰 PDDA 的磁性微球分散于 60 mL 上述 Au 纳米粒子分散液中,搅拌 20 min。所得 Fe_3O_4@CP@Au 微球用去离子水清洗后真空干燥,备用。

最后,称取 50 mg Fe_3O_4@CP@Au 微球分散于 20 mL 1 mg·mL^{-1}的 4-巯基苯硼酸(4-mercaptophenyl-boronic acid, MPBA)乙醇溶液中,搅拌 2 h。所得固体产物(Fe_3O_4@CP@Au-MPBA)经去离子水和乙醇分别清洗后真空干燥,备用。

2.6.11.2 Fe_3O_4@CP@Au-MPBA 微球的表征

由 Fe_3O_4@CP 微球的 TEM 图 2-60(a)可以看出，Fe_3O_4 微球的直径约为 240 nm，其表面包覆的碳层厚约 20 nm。如图 2-60(b)所示，1 700 cm^{-1} 处的红外吸收峰归属于 C═O 键的振动吸收，1 620 cm^{-1} 处的红外吸收峰归属于 C═C 键的振动吸收，表明葡萄糖分子被成功碳化。1 000～1 300 cm^{-1} 的红外吸收峰归属于 C—O 键的伸缩振动以及 O—H 键的弯曲振动，表明微球表面存在大量羟基基团，同时也表明葡萄糖的不完全碳化。通过测定可得 Fe_3O_4@CP 微球在水溶液中的 ξ 电位为－59.3 mV，即 Fe_3O_4@CP 微球表面带负电荷。同时，当带正电荷的 PDDA 修饰于 Fe_3O_4@CP 微球表面后，Fe_3O_4@CP-PDDA 在水溶液中的 ζ 电位为＋2.33 mV，表明通过静电吸附作用可以成功地将 PDDA 修饰于 Fe_3O_4@CP 微球表面。

由 Fe_3O_4@CP@Au 微球的 TEM 图 2-60(c)可以看到，Au 纳米粒子密密麻麻分散在碳层表面，其直径约为 3 nm。通过对 Fe_3O_4@CP@Au 微球进行元素分析，进一步证实 Au 纳米粒子的存在(见图 2-60(d))。值得注意的是，Au 纳米粒子是通过利用 $NaBH_4$ 还原 $HAuCl_4$ 制得的，如图 2-61(a)所示，所得 Au 纳米粒子的分散液呈现酒红色。如图 2-61(d)所示，加入 Fe_3O_4@CP-PDDA 微球后，Au 纳米粒子的分散液变为无色，表明 Au 纳米粒子已被全部吸附在 Fe_3O_4@CP 微球表面。

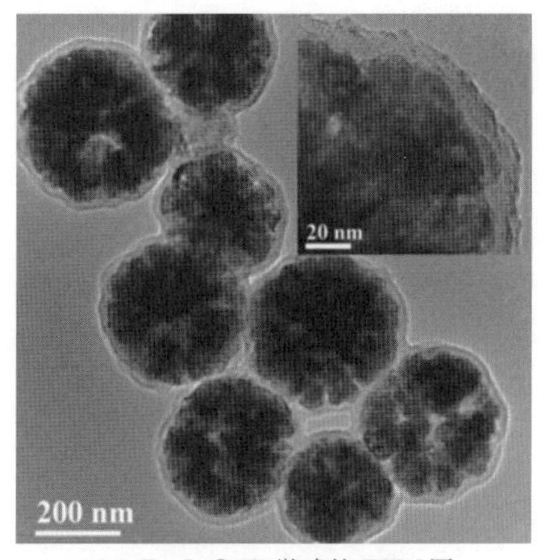

(a) Fe_3O_4@CP 微球的 TEM 图

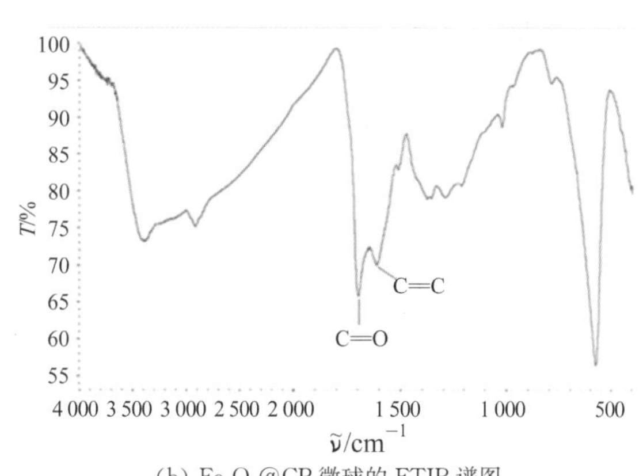

(b) Fe_3O_4@CP 微球的 FTIR 谱图

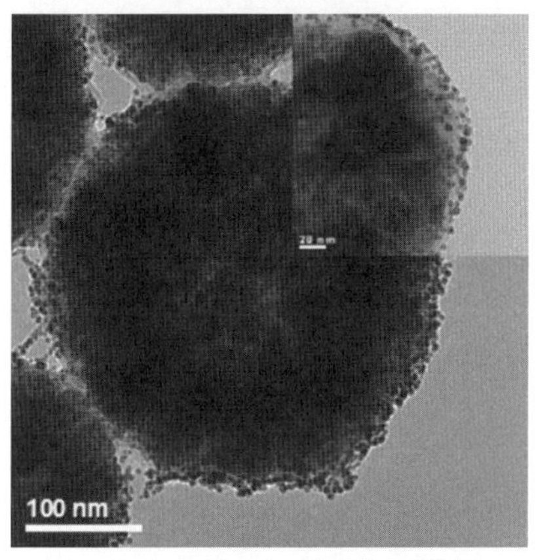

(c) Fe_3O_4@CP@Au 微球的 TEM 图

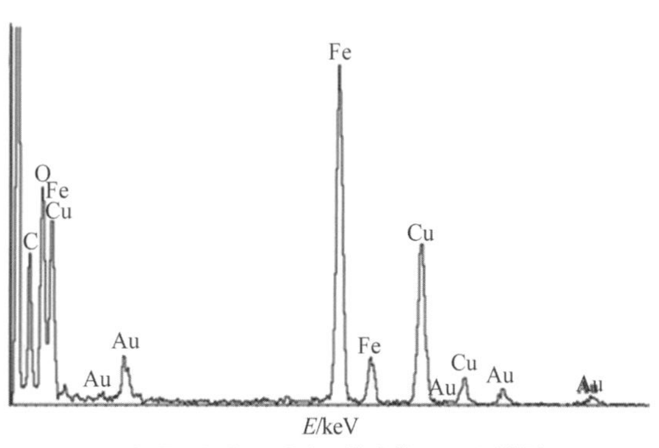

(d) Fe_3O_4@CP@Au 微球的 EDXA 谱图

图 2-60 几种材料的 TEM 图、EDX 谱图和 FTIR 谱图

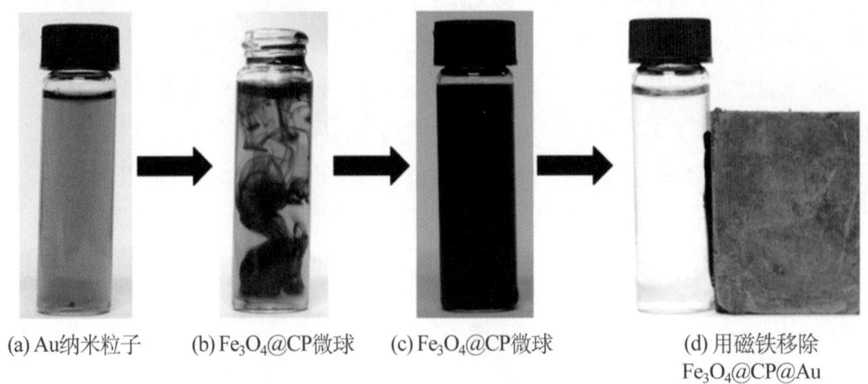

图 2-61 通过自组装法制备 Fe_3O_4@CP@Au 微球的过程

硼酸基团的固定是基于巯基与金之间的强力相互作用。4-巯基苯硼酸在 Fe_3O_4@CP@Au 微球上的固定量通过 RPLC 测定，如图 2-62 所示，反应 1 h 后 4-巯基苯硼酸的固定量达到平衡。通过分析平行测算得在 Fe_3O_4@CP@Au 微球表面固定的含量为 4-巯基苯硼酸，为 50 μg/mg。

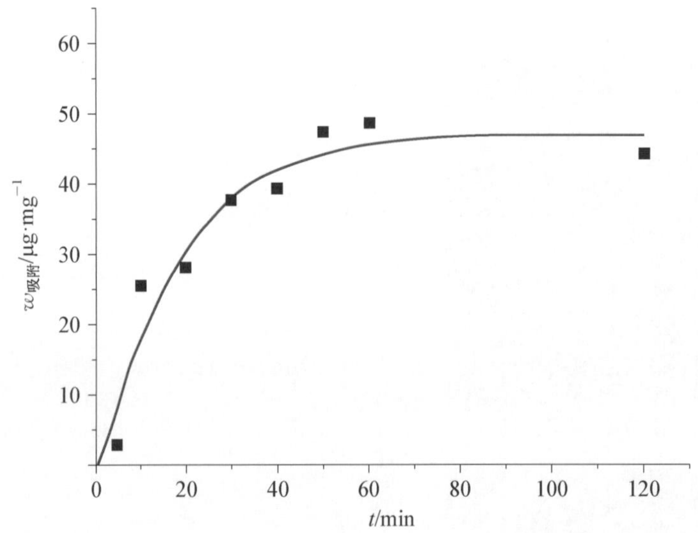

图 2-62 4-巯基苯硼酸在 Fe_3O_4@CP@Au 微球表面的固定量随时间的变化示意

2.6.12 磷酸基团修饰磁球固定金属离子 Zr(Ⅳ)(Fe_3O_4@Phosph-Zr(Ⅳ))[26]

2.6.12.1 Fe_3O_4@Phosph-Zr(Ⅳ)微球的制备

Fe_3O_4@Phosph-Zr(Ⅳ)微球的合成方法如图 2-63 所示。

首先，如 2.4 节方法合成磁性碳球(Fe_3O_4@CP)，然后称取 80 mg Fe_3O_4@CP 微球和 0.5 mL 三羟基硅丙基甲基膦酸分散于 20 mL 甲苯中，于 80 ℃下回流 12 h，将所得固体材料

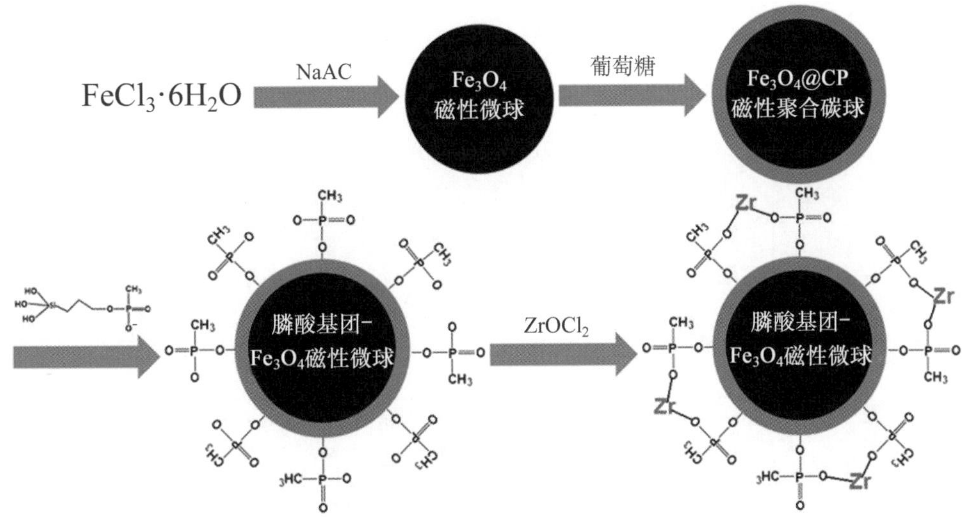

图 2-63　Fe_3O_4@Phosph-Zr(Ⅳ)微球的合成示意

分别用去离子水和乙醇清洗,真空干燥,备用。

将干燥所得的膦酸基团修饰的磁球 Fe_3O_4@Phosph 分散于 0.2 mol·L^{-1}的 $ZrOCl_2$ 水溶液中,搅拌过夜,使 Zr(Ⅳ)离子固定于 Fe_3O_4@Phosph 微球表面。最后,将制备所得的固定 Zr(Ⅳ)离子的磁性微球分别用去离子水和乙醇清洗,真空干燥,备用。

2.6.12.2　Fe_3O_4@Phosph-Zr(Ⅳ)微球的表征

利用 FTIR 对 Fe_3O_4@CP 微球表面的官能团进行表征,如图 6-24 中实线所示,1 700 cm^{-1}处的红外吸收峰可归属为 C═O 的振动吸收,而 1 620 cm^{-1}处的红外吸收峰可归属为 C═C 键的振动吸收,C═O 和 C═C 这两个键的存在证实了葡萄糖分子间的碳化反应。1 000～1 300 cm^{-1}处的红外吸收峰则可归属为 C—OH 键的伸缩吸收以及 O—H 键的弯曲振动吸收,说明 Fe_3O_4@CP 微球表面有大量羟基基团存在。Fe_3O_4@CP 微球表面存在的大量羟基基团不仅能够极大地提高 Fe_3O_4@CP 微球在水溶液中的分散性和稳定性,同时也为接下来进行的的表面化学修饰提供了足够的化学基团。利用简单的硅烷化反应将膦酸基团修饰于 Fe_3O_4@CP 微球表面。修饰膦酸基团的磁球的 FTIR 谱图如图 2-64 中的虚线所示,在 1 050 cm^{-1} 处的红外吸收峰则可归属为 P—O—C 的振动吸收,在 1 275 cm^{-1}处的红外吸收峰可归属为 P═O 键的振动吸收,这说明膦酸基团已被成功地修饰于 Fe_3O_4@CP 微球表面。

最后,锆元素的存在由 Fe_3O_4@Phosph-Zr(Ⅳ)微球的 EDX 谱图证实,如在图 2-65 中,Zr(Ⅳ)离子被成功地固定于 Fe_3O_4@Phosph 微球表面。以上结果说明,本例中提出的这种新方法能够有效快速地合成膦酸基团修饰的磁球,且合成的膦酸基团修饰的磁球对于固定金属离子也是十分有效的。在此方法中,膦酸基团的修饰是通过简单的硅烷化反应实现的。

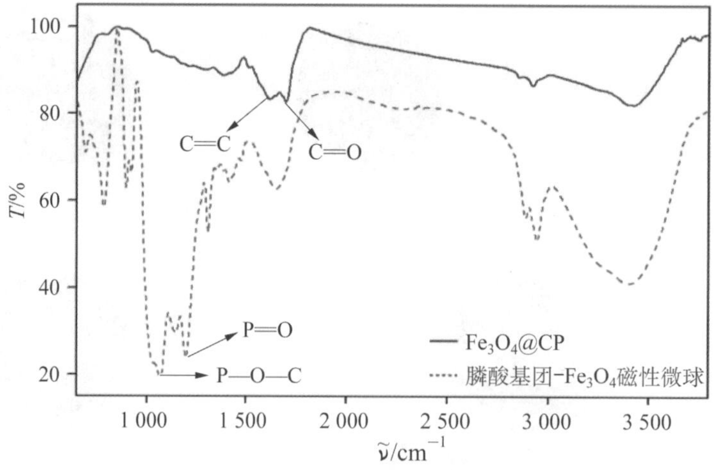

图 2-64 不同材料的 FTIR 谱图

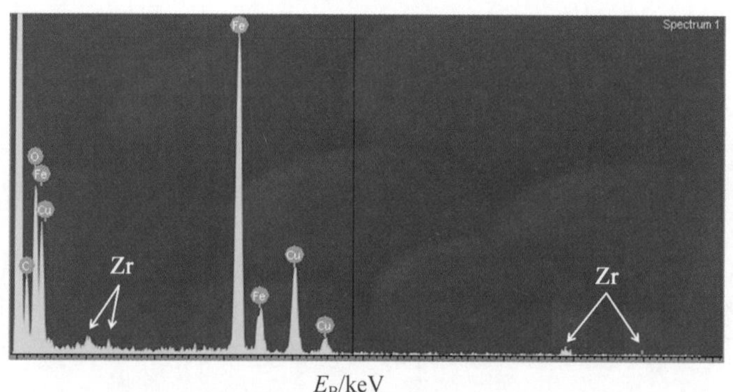

图 2-65 Fe_3O_4@Phosph-Zr(Ⅳ)微球的 EDX 谱图

2.6.13 轮环藤宁(DOTA)修饰的磁性硅球固定稀土离子(Fe_3O_4@TCPP-DOTA-M^{3+})[27,28]

2.6.13.1 Fe_3O_4@TCPP-DOTA-M^{3+}微球的制备

合成方法如图 2-66 所示。

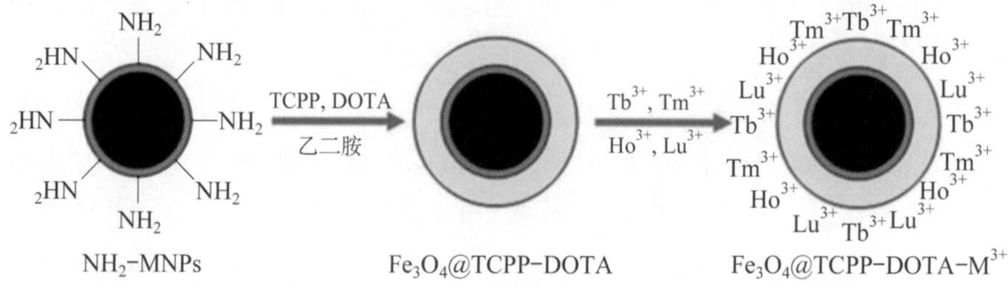

图 2-66 Fe_3O_4@TCPP-DOTA-M^{3+}微球的合成示意

首先,如 2.4 节方法合成 Fe_3O_4@SiO_2 微球。

接着合成 Fe_3O_4@SiO_2 - NH_2 微球:用 40 mL 1 mol・L^{-1} HCl,H_2O,40 mL 20% HNO_3 以及 H_2O 依次清洗上述 Fe_3O_4@SiO_2 微球。将尽可能干燥的 Fe_3O_4@SiO_2 微球分散于60 mL乙醇中,脱气(通氮气去除空气)搅拌,然后于 60 ℃下加入 6 mL 3 -氨丙基- 3 -乙氧基硅烷反应12 h,所得产物分别用乙醇和丙酮各清洗 3 次后重新分散于 40 mL 乙醇。

最后,合成 Fe_3O_4@TCPP - DOTA - M^{3+} 微球:称取 10 mg 四(4 -羧基苯基)卟啉(tetrakis (4-carbony phenyl) porphyrin,TCPP)溶于乙醇超声 1 h,加入摩尔比为 10∶3 的 1 -(3 -二甲氨基丙基)- 3 -乙基碳二亚胺盐酸盐和 N -羟基琥珀酰亚胺(N-hydroxysuccinimide,NHS)反应 30 min。然后,加入 4 mL 上述所得 Fe_3O_4@SiO_2 - NH_2 微球的分散液,将所得产物用去离子水清洗。再次加入摩尔比为 2∶1 的 EDC 和 NHS 继续反应 30 min,然后加入 6 μL 乙二胺,所得产物水洗,然后将所得产物分散于含有 20 mg 1,4,7,10 -四氮杂环十二烷(轮环藤宁,1,4,7,10-tetraazacy clododecane,DOTA)溶液中反应 4 h,反应结束后将粒子分别用去离子水和乙醇清洗。然后,将其分散于 4 mmol・L^{-1}的 $TbCl_3$,$TmCl_3$,$HoCl_3$ 以及 $LuCl_3$(摩尔比为 1∶1∶1∶1)混合溶液中,于 70 ℃反应 6 h。所得产物经水洗后储存于 4 ℃,备用。

2.6.13.2 Fe_3O_4@TCPP - DOTA - M^{3+} 微球的表征

Fe_3O_4 微球以及 Fe_3O_4@TCPP - DOTA - M^{3+} 微球的 FTIR 谱图如图 2 - 67 所示,在曲线 *a* 和 *b* 中都可以观察到的 590 cm^{-1} 处的吸收峰归属于 Fe_3O_4 微球中的 Fe—O 键,在曲线 *b*中的 1 076 cm^{-1} 处的吸收峰归属于 Si—O 键,说明 Fe_3O_4@SiO_2 微球被成功制备。在 1 629 cm^{-1} 处的加强吸收峰归属于 N—H 键振动,说明磁性硅球表面氨基链接剂被成功修饰。Fe_3O_4@TCPP - DOTA - M^{3+} 微球的 EDX 分析图谱如图 2 - 68 所示,Fe,C,O,Si,Tb,Tm,Ho 以及 Lu 元素在谱图中均能够观察到,说明稀土离子成功固定。

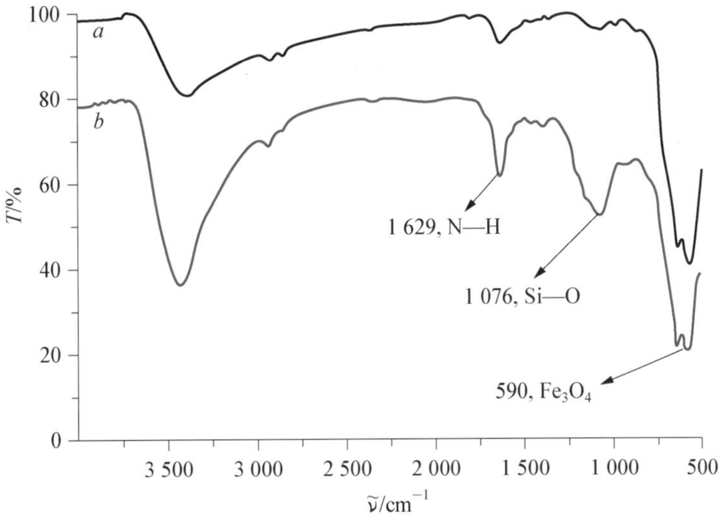

图 2 - 67 不同材料的 FTIR 谱图(曲线 *a*:Fe_3O_4 微球的 FTIR 谱图;曲线 *b*:Fe_3O_4@TCPP - DOTA - M^{3+} 微球的 FTIR 谱图)

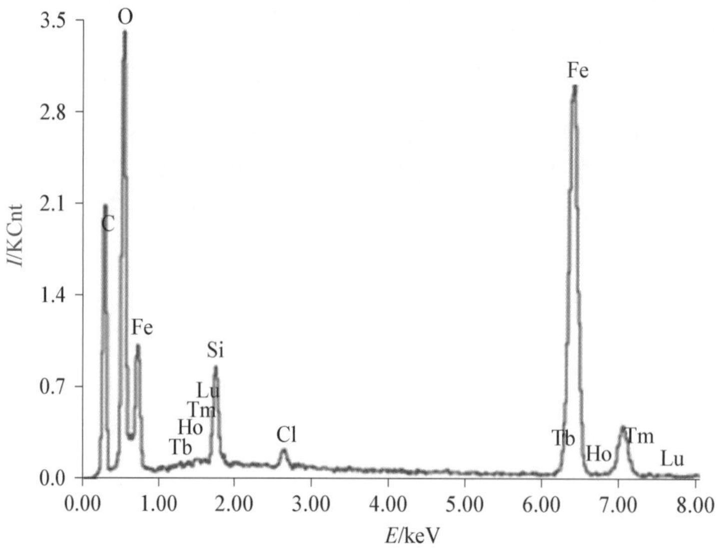

图 2-68 Fe_3O_4@TCPP-DOTA-M^{3+} 微球的 EDX 分析

2.6.14 糖肽聚合物修饰的磁性微球(dM-MNPs)[29]

2.6.14.1 dM-MNPs 微球的制备

dM-MNPs 微球的合成如图 2-69 所示,简述如下。

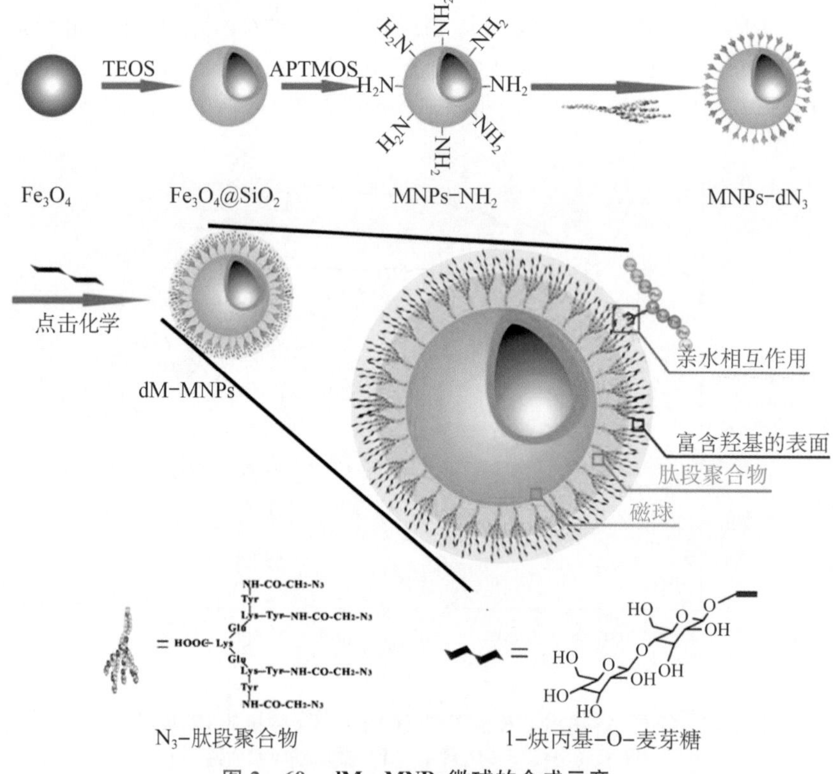

图 2-69 dM-MNPs 微球的合成示意

1. $MNPs-NH_2$ 微球的合成

根据 2.6.4 小节合成 $MNPs-(HA-CS)_n$ 微球的过程，合成 $MNPs-NH_2$ 微球。

2. $MNPs-dN_3$ 微球的合成

20 mg 叠氮基修饰的肽段溶于磷酸盐酸缓冲液溶液（10 mmol·L^{-1}，pH=5.5）中，加入 50 mg EDC 以及 50 mg NHS，震荡 30 min，再加入20 mg $MNPs-NH_2$微球，超声 5 min 后在室温下震摇 36 h，其中每隔 4 h，就加入 50 mg EDC 以及 50 mg NHS。所得 $MNPs-dN_3$ 微球经乙醇和去离子水充分清洗后分散于 4 mL 甲醇/水（v/v：50/50）溶液中，备用。

3. 末端修饰炔基的麦芽糖的合成

根据文献[29]合成。

4. dM-MNPs 微球的合成

将 4 mL $MNPs-dN_3$ 微球甲醇/水（v/v：50/50）溶液超声 30 min，加入 30 μL 催化剂溶液（抗坏血酸/硫酸铜，mmol·L^{-1}/mmol·L^{-1}：200/100），然后加入 5 mg 末端修饰炔基的麦芽糖。将整个反应物震摇 12 h 即得 dM-MNPs 微球，经甲醇、乙醇以及去离子水充分洗涤后真空干燥，备用。

2.6.14.2 dM-MNPs 微球的表征

如图 2-70(a)所示，dM-MNPs 微球为核壳结构，核心磁球的尺寸约为 170 nm。dM-MNPs 微球的磁饱和值经测算为 49.7 emu·g^{-1}，说明其具有很强的磁响应能力图 2-70(b)。在图 2-70(c)所示的 $MNPs-dN_3$ 微球的红外谱图中，1 640 cm^{-1}，2 855 cm^{-1}，1 450 cm^{-1} 以及2 110 cm^{-1}处的吸收峰分别归属于 C=O 的伸缩振动、C—H 的伸缩振动、C—H 的弯曲振动以及$^{+}N=N=N^{-}$的对称伸缩振动，表明叠氮基成功嫁接于硅层表面。在图 2-70(c)所示的 dM-MNPs 微球的红外谱图中，2 110 cm^{-1}处的吸收峰消失，表明点击化学反应成功发生，麦芽糖被进一步修饰于微球表面。经过元素分析测算可得（见表 2-4），在 dM-MNPs 微球中，麦芽糖的含量为 89.88 nmol·mg^{-1}，而 M-MNPs 微球的含量为 5.71 nmol·mg^{-1}。在 dM-MNPs 微球中麦芽糖的含量约为 M-MNPs 微球中麦芽糖的含量的 15 倍，由此说明 dM-MNPs 微球具有极强的亲水性。如图 2-70(d)所示，通过水平衡触角分析可知，dM-MNPs微球比 M-MNPs 微球具有更强的亲水性。

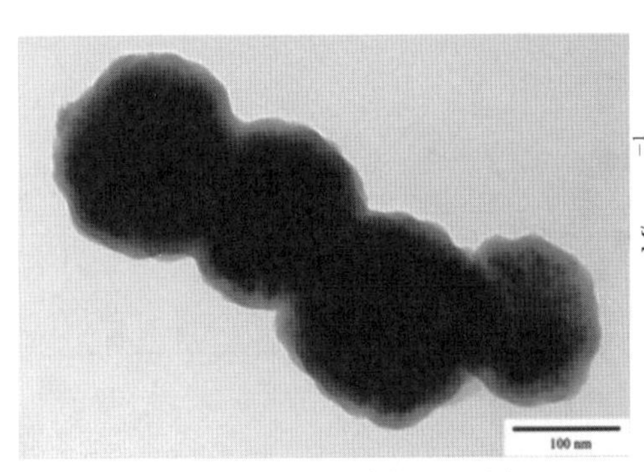

(a) dM-MNPs 微球的 TEM 图

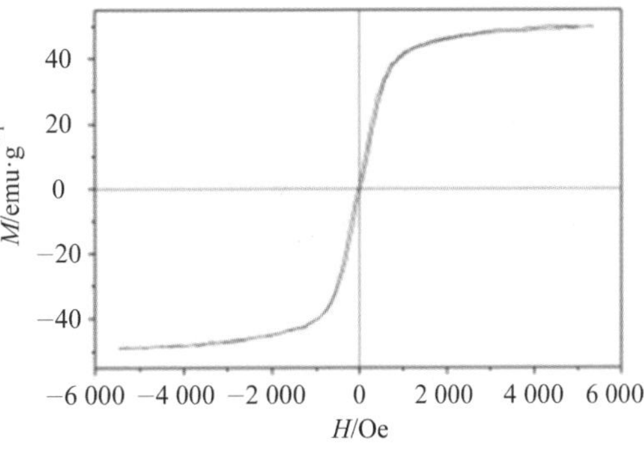

(b) dM-MNPs 微球的磁滞曲线

图 2-70

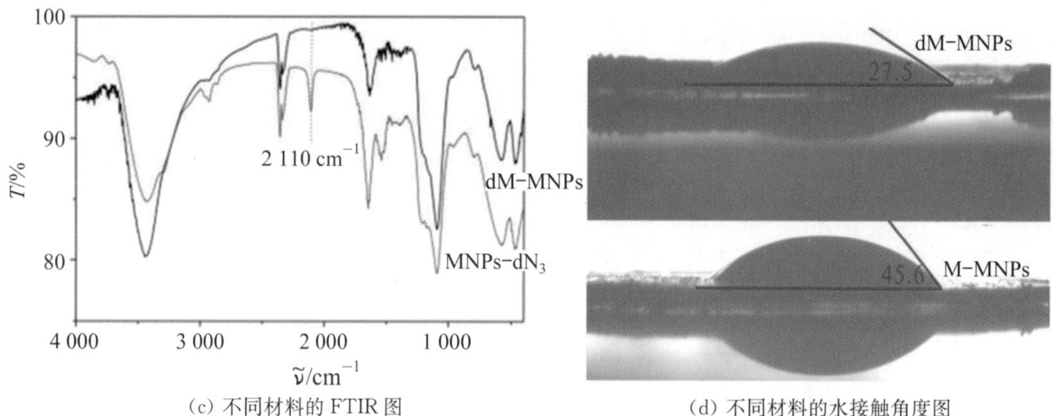

(c) 不同材料的 FTIR 图　　(d) 不同材料的水接触角度图

图 2-70　dM-MNPs 微球的分析

表 2-4　不同材料的元素分析

MNP	m/%			$x^{a}_{maltose}$/nmol·mg^{-1}
	C	N	H	
MNPs-dN_3	13.44	2.957	1.152	—
dM-MNPs	14.95	3.424	2.049	89.88
MNPs-N_3	3.920	0.953	0.721	—
M-MNPs	4.016	0.326	0.551	5.71

a 麦芽糖的量根据元素分析所得碳含量计算。

2.6.15 胍硅烷修饰的磁性硅球(Fe_3O_4@SiO_2@GDN)[30]

2.6.15.1 Fe_3O_4@SiO_2@GDN 微球的制备

合成 Fe_3O_4@SiO_2@GDN 微球方法如图 2-71 所示。

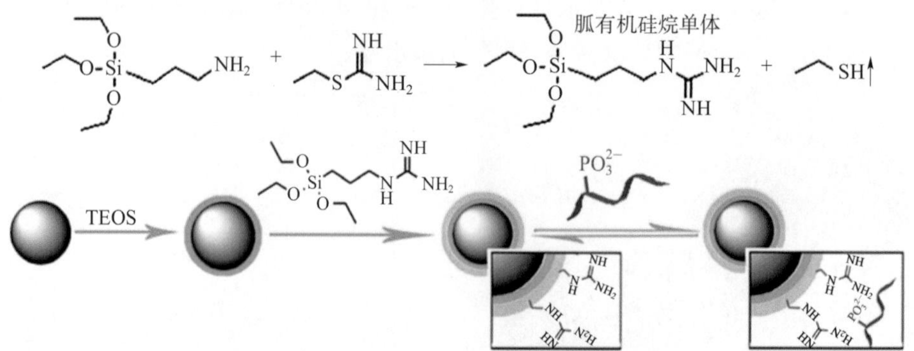

图 2-71　Fe_3O_4@SiO_2@GDN 微球的合成

首先，按照下列步骤合成胍硅烷单体：称取 3.5 g 2-乙基异硫脲氢溴酸盐(2-ethyl-thiopseudourea hydrobromide)溶于 3.0 mL 二甲基亚砜(dimethyl sulfoxide，DMSO)与

3.5 mL四氢呋喃(tetrahydrofuran, THF)的混合溶液中,磁性搅拌 20 min 后,于 0 ℃下,慢慢滴加 4.45 mL 3-氨基丙基三乙氧基硅烷(3 - aminopropyltriethoxysilane, APTEOS),然后将温度升至 25 ℃后搅拌反应 48 h。

然后,合成 Fe_3O_4@SiO_2 微球,合成过程如 2.4 节。

最后,合成 Fe_3O_4@SiO_2@GDN 微球:称取 400 mg Fe_3O_4@SiO_2 微球分散在 80.0 mL Tris - HCl 缓冲液(pH=8.21, 0.1 mol・L^{-1})中,然后加入 1.2 mL(3.17 mmol)上述合成的胍硅烷单体以及 0.6 mL(2.69 mmol)TEOS,在 150 rpm 搅拌速度下反应 16 h,所得产物水洗后于 35 ℃反应 24 h。

2.6.15.2 Fe_3O_4@SiO_2@GDN 微球的表征

为了确保 Fe_3O_4@SiO_2@GDN 微球的成功合成,用 TEM 和 SEM 来观察 Fe_3O_4@SiO_2 微球和 Fe_3O_4@SiO_2@GDN 微球的形貌。如图 2-72 所示,Fe_3O_4 微球的尺寸约为 200 nm,硅层厚约为 8.5 nm,含有胍的硅层则约有 20 nm。

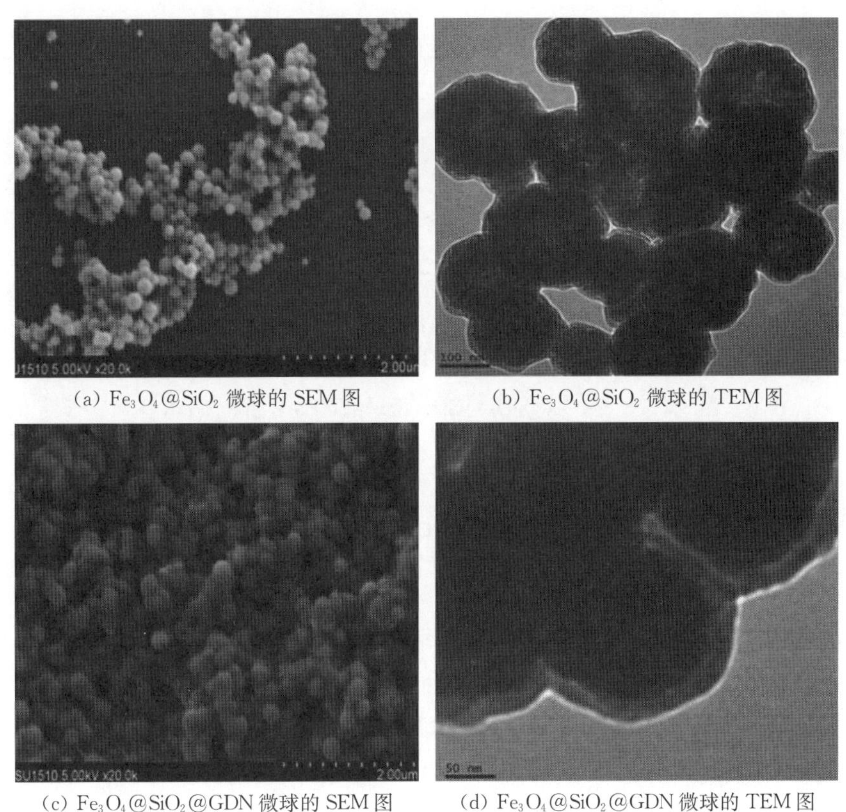

(a) Fe_3O_4@SiO_2 微球的 SEM 图　(b) Fe_3O_4@SiO_2 微球的 TEM 图

(c) Fe_3O_4@SiO_2@GDN 微球的 SEM 图　(d) Fe_3O_4@SiO_2@GDN 微球的 TEM 图

图 2-72 几种材料的 SEM 图和 TEM 图

经 X 射线光电子能谱(X-ray photoelectron spectroscopy, XPS)分析可知(见图 2-73(a)),Fe_3O_4@SiO_2@GDN 微球表面的组成成分包括 N, C, O 以及 Si 元素。如图 2-73(b)所示,从 FTIR 谱图中可以看到胍的特征红外吸收峰 3 430 cm^{-1} 和 1 635 cm^{-1},说明在 Fe_3O_4@SiO_2@GDN 微球中有大量胍基基团的存在。

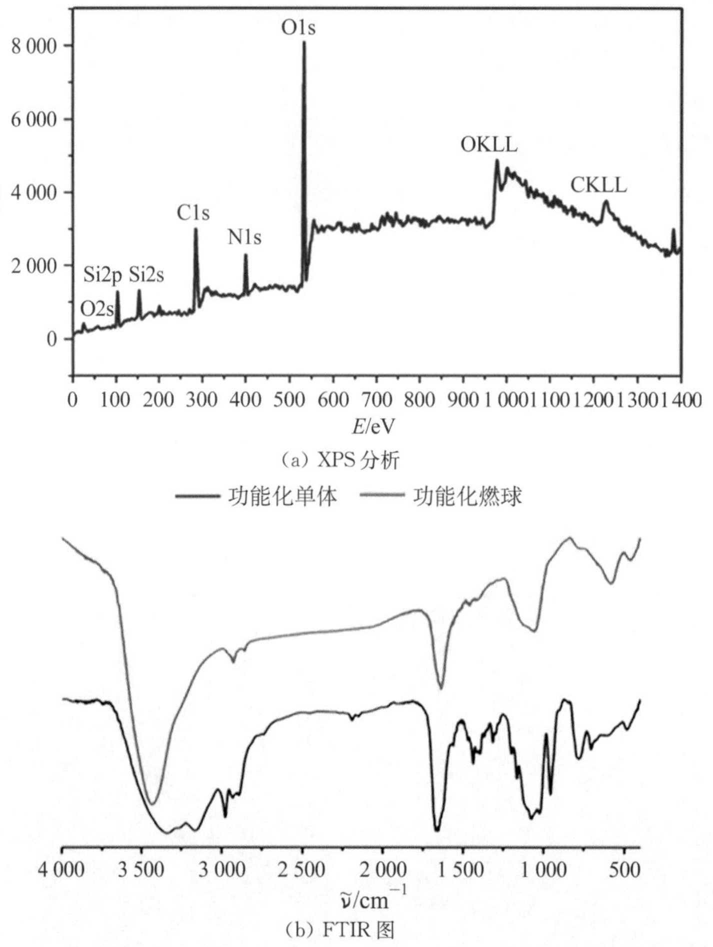

(a) XPS分析

(b) FTIR图

图 2-73 **Fe_3O_4@SiO_2@GDN 微球的 XPS 分析和 FTIR 图**

2.6.16 聚乙烯亚胺修饰的磁性硅球(Fe_3O_4@SiO_2@PEI)[31]

2.6.16.1 Fe_3O_4@SiO_2@PEI 微球的制备

首先，按照下列步骤合成 Fe_3O_4 微球：称取 2 g $FeCl_2 \cdot 4H_2O$ 和 6 g $FeCl_3 \cdot 6H_2O$ 分散于 15 mL 2 $mol \cdot L^{-1}$ 氮气除氧的盐酸中，然后滴加 30 mL 33%(v/v)氨水至上述混合液，在氮气保护下剧烈搅拌 30 min，在室温下剧烈搅拌 1 h。将所得磁性微球用去离子水冲洗 3 遍，最后将其分散于 50 mL 乙醇中超声 30 min 使其重悬浮。

PEI 的结构如图 2-74 所示，合成 Fe_3O_4@SiO_2@PEI 微球的方法如下：将上述所得 50 mL磁性微球溶液与9 mL氨水、0.15 mL TEOS 以及 7.5 mL H_2O 混合。在 40 ℃下剧烈搅拌反应2 h。所得产物水洗后再分散于 50 mL H_2O，加入 120 mg PEI 后剧烈搅

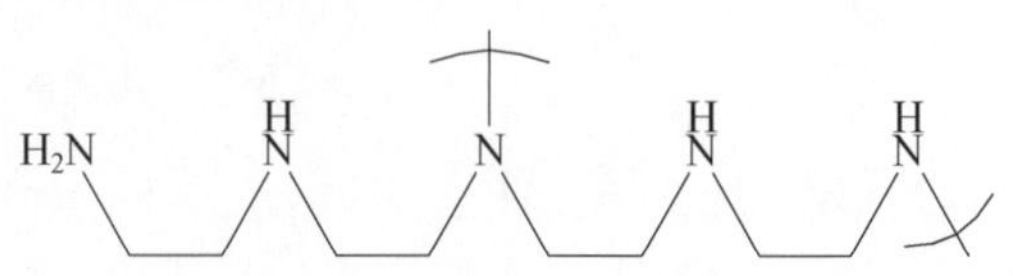

图 2-74 **聚乙烯亚胺(polyether imide, PEI)的结构示意**

拌 12 h。清洗后超声分散于 50 mL 水中。

2.6.16.2 Fe_3O_4@SiO_2@PEI 微球的表征

图 2－75(a)所示为 Fe_3O_4@SiO_2@PEI 微球的 TEM 图，由此图可观察到 Fe_3O_4@SiO_2@PEI 微球的平均尺寸在 25 nm 左右。图 2－75(b)所示是对 Fe_3O_4@SiO_2 微球和 Fe_3O_4@SiO_2@PEI 微球的电动电势测试分析，由此图可知 Fe_3O_4@SiO_2 微球是带负电荷的，通过极强的静电相互作用修饰上 PEI 后，表面 ξ 电位由－32 mV 增至 34 mV，整个微球的表面带上正电荷。然后，作者测试了 pH 值对 Fe_3O_4@SiO_2@PEI 微球表面 ξ 电位的影响。如图 2－75(c)所示，当溶液的 pH 值达 11 时，Fe_3O_4@SiO_2@PEI 微球的表面 ξ 电位开始降低，在 pH 值为 3～10 的范围内，Fe_3O_4@SiO_2@PEI 微球保持带有正电荷。

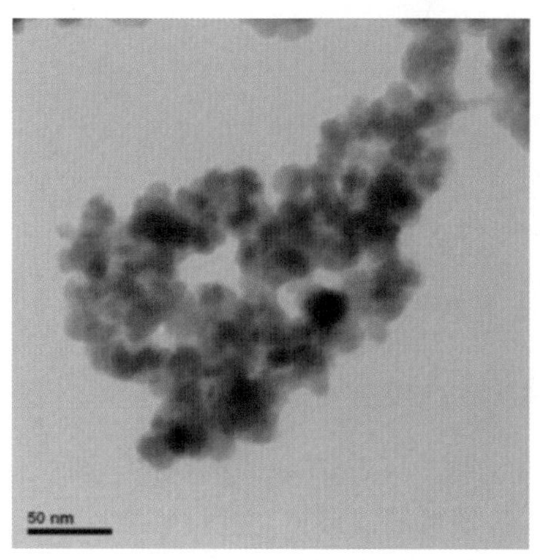

(a) Fe_3O_4@SiO_2@PEI 微球的 TEM 图

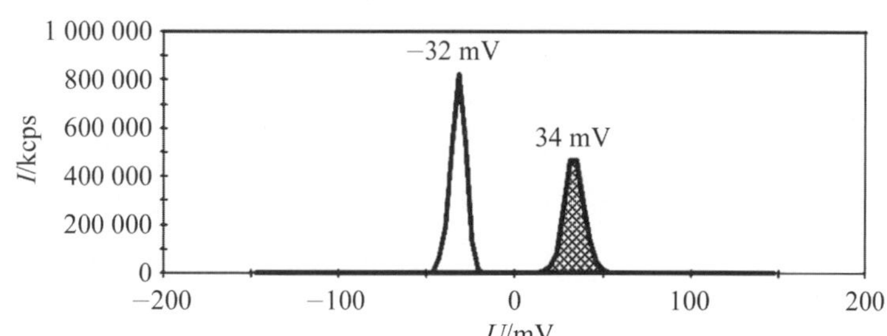

(b) Fe_3O_4@SiO_2 微球(空白)和 Fe_3O_4@SiO_2@PEI 微球(阴影)的表面 ξ 电位分析

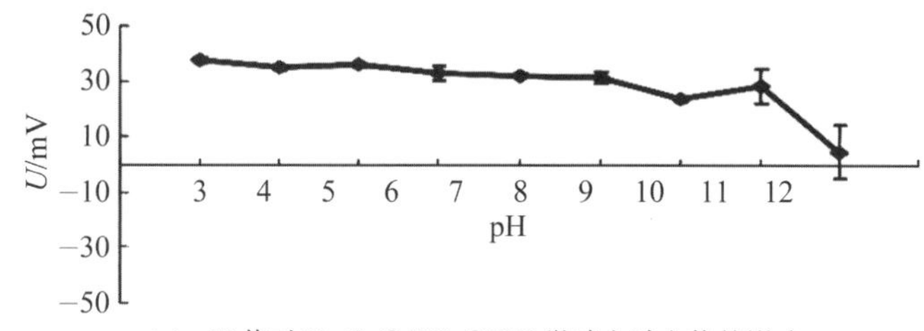

(c) pH 值对 Fe_3O_4@SiO_2@PEI 微球电动电势的影响

图 2－75 对 Fe_3O_4@SiO_2@PEI 微球的 TEM 图、与 Fe_3O_4@SiO_2 微球的 ξ 电位分析对比图及 pH 值对它的电动势的影响图

2.6.17 通过点击化学固定硼酸基团的 Fe_3O_4@pVBC@APBA 磁性微球[32]

2.6.17.1 Fe_3O_4@pVBC@APBA 微球的制备

Fe_3O_4@pVBC@APBA 微球的合成如图 2－76 所示。

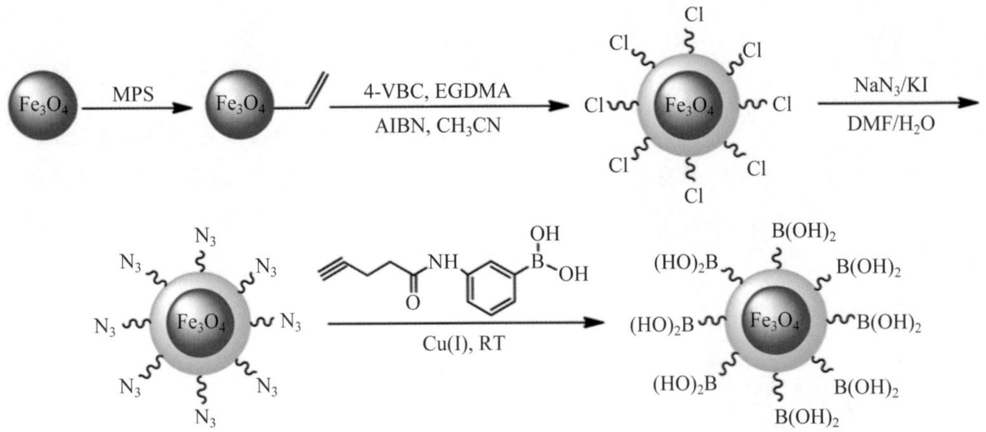

图 2-76 Fe_3O_4@pVBC@APBA 微球的合成示意

首先,按照下列步骤合成 Fe_3O_4 微球:称取 0.675 g $FeCl_3 \cdot 6H_2O$, 0.2 g 柠檬酸钠以及 1.927 g NH_4Ac 分散于 35 mL 聚乙二醇中,剧烈搅拌,使溶液混合均匀后转移至反应釜中,于 200 ℃下反应 16 h。所得 Fe_3O_4 微球用乙醇清洗后真空干燥,备用。

然后,按照下列步骤合成 Fe_3O_4@MPS 微球:称取 0.2 g Fe_3O_4 微球分散于 50 mL H_2O/乙醇(v/v: 1/4)中,加入 1.5 mL 氨水以及 0.4 mL MPS,然后整个反应体系于 60 ℃剧烈搅拌反应 24 h。所得 Fe_3O_4@MPS 微球经乙醇清洗后真空干燥,备用。

接着按照以下步骤合成 Fe_3O_4@ pVBC 微球:称取 50 mg Fe_3O_4@MPS 微球超声分散于 40 mL ACN 中,加入 200 μL 2-(4-氯苯基)丙烯(4-VBC)、二甲基丙烯酸乙二醇酯(ethylene glycol dimethacrylate, EGDMA, 200/400/600/800/1 000 μL)以及 10 mg 偶氮二异丁腈的混合物,将整个反应体系置于加热油浴中,于 30 min 内将反应体系的温度加热至油浴温度。当反应体系的溶剂的一半被蒸馏掉后即视作反应结束(在 60 min 内),所得的 Fe_3O_4@ pVBC 微球经乙醇清洗后于真空干燥,备用。

最后,合成 Fe_3O_4@pVBC@ APBA 微球:将 100 mg 上述 Fe_3O_4@ pVBC 微球分散于 30 mL DMF/H_2O(v/v: 2/1)中,加入 1.25 g NaN_3 以及 300 mg KI,在氮气保护下于 50 ℃条件下机械搅拌 24 h。将所得的 Fe_3O_4@pVBC@ N_3 微球用乙醇清洗。

将上述所得的 Fe_3O_4@pVBC@ N_3 微球与 30 mg 3-氨基苯硼酸一水合物同时分散于 20 mL MeOH/H_2O(v/v: 1/1)中,将 $CuSO_4 \cdot 5H_2O$ 与 L-抗坏血酸钠加入上述分散液中,使其终浓度分别为 0.5 $mmol \cdot L^{-1}$ 和 2.5 $mmol \cdot L^{-1}$,然后整个反应体系在 25 ℃条件机械搅拌 24 h,所得产物经去离子水和乙醇清洗,真空干燥,备用。

2.6.17.2 Fe_3O_4@pVBC@APBA 微球的表征

在 Fe_3O_4@pVBC@APBA 微球的合成过程中,4-VBC 与 EGDMA 的适当摩尔比对于 Cl 元素的固定量至关重要,而 Cl 元素的固定量越多则越有利于硼酸的修饰,所以不同摩尔比的 4-VBC与 EGDMA 合成的微球表面的 Cl 元素含量经离子色谱测定。如表 2-5 所示,当 4-VBC 与 EGDMA 的摩尔比由 1.00∶0.75 增至 1.00∶2.25 时,固定的 Cl 元素含量呈现增加趋势。当 4-VBC 与 EGDMA 的摩尔比由 1.00∶2.25 继续增加至 1.00∶3.75 时,固定的 Cl 元素含量却呈现下降趋势,所以 4-VBC 与 EGDMA 的摩尔比最终确定为 1.00∶2.25。

表 2-5　不同摩尔比的 4-VBC 与 EGDMA 对应的 Cl 元素含量

4-VBC/EGDMA/(摩尔比)	Cl 含量/%
1.00∶0.75	2.81
1.00∶1.50	3.96
1.00∶2.25	5.36
1.00∶3.00	4.41
1.00∶3.75	2.57

图 2-77(a)所示为 Fe_3O_4 微球的 TEM 图，由此图可知磁性微球的大小均一，尺寸约为 400 nm。图 2-77(b)所示为 Fe_3O_4@pVBC@APBA 微球的 TEM 图，由图观察到核壳结构的外层约为 50 nm。

图 2-77(c)，(d)所示为 Fe_3O_4 微球与 Fe_3O_4@pVBC@APBA 微球的水动力直径，通过测试分析分别为 392±40 nm 和 500±20 nm，结果与 TEM 图观察到的基本接近。

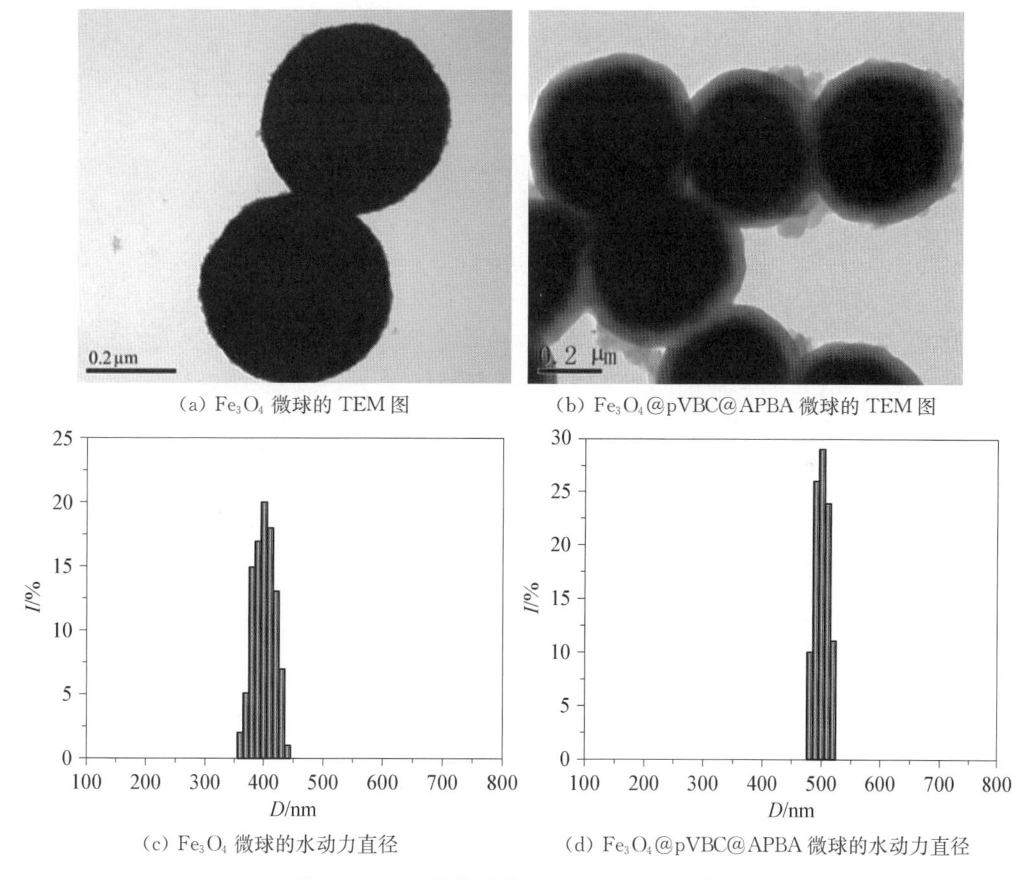

(a) Fe_3O_4 微球的 TEM 图　(b) Fe_3O_4@pVBC@APBA 微球的 TEM 图

(c) Fe_3O_4 微球的水动力直径　(d) Fe_3O_4@pVBC@APBA 微球的水动力直径

图 2-77　两种微球的 TEM 图和水动力直径

在图 2-78 中，曲线 a 中 1 610 cm^{-1} 以及 1 401 cm^{-1} 处的吸收峰归属于稳定剂柠檬酸钠中的羰基的存在，580 cm^{-1} 处的吸收峰归属于 Fe—O 的存在。曲线 b 中 1 159 cm^{-1} 以及 1 228 cm^{-1} 处的吸收峰归属于 Si—O—Si 的存在，表明硅烷试剂 MPS 被成功修饰；1 632 cm^{-1} 处的吸收峰归属于 MPS 中的 C═C 键。曲线 c 中 1 730 cm^{-1} 处的吸收峰归属于

C═O 的伸缩振动，表明 pVBC 壳层成功包覆在 Fe_3O_4@MPS 表面；2 940 cm^{-1} 处的吸收峰归属于 pVBC 壳层中—CH_2 的伸缩振动。曲线 d 中 2 095 cm^{-1} 处的吸收峰归属于叠氮基的对称伸缩振动。曲线 e 中叠氮基的特征吸收峰消失，间接表明点击化学反应已成功进行。

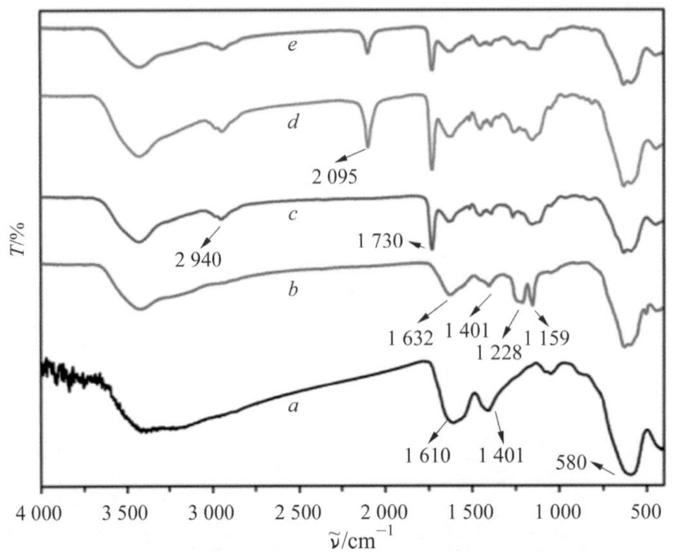

图 2-78　不同材料的 FTIR 图（曲线 a：Fe_3O_4 微球；曲线 b：Fe_3O_4@MPS 微球；曲线 c：Fe_3O_4@ pVBC 微球；曲线 d：Fe_3O_4@pVBC@ N_3 微球；曲线 e：Fe_3O_4@pVBC@APBA 微球）

如图 2-79(a)所示，由于 Fe_3O_4 微球表面存在稳定剂柠檬酸钠，其质量丢失约 12%。由于稳定剂柠檬酸钠和 MPS 硅烷试剂的存在，Fe_3O_4@MPS 微球的质量丢失约 15%。在 310～430 ℃之间，Fe_3O_4@pVBC 微球呈现出一个非常尖锐的质量丢失曲线，表明 Fe_3O_4@pVBC 微球中含有 60%的 p(VBC-EGDMA)。Fe_3O_4@pVBC@APBA 微球进一步展现出更多的质量丢失，这是由于通过点击化学反应在微球表面上固定了硼酸配体。硼酸的含量估算约为0.3 mmol·g^{-1}，其在 Fe_3O_4@pVBC@APBA 微球中的存在进一步由 XPS 分析证实，如图 2-79(b)所示。

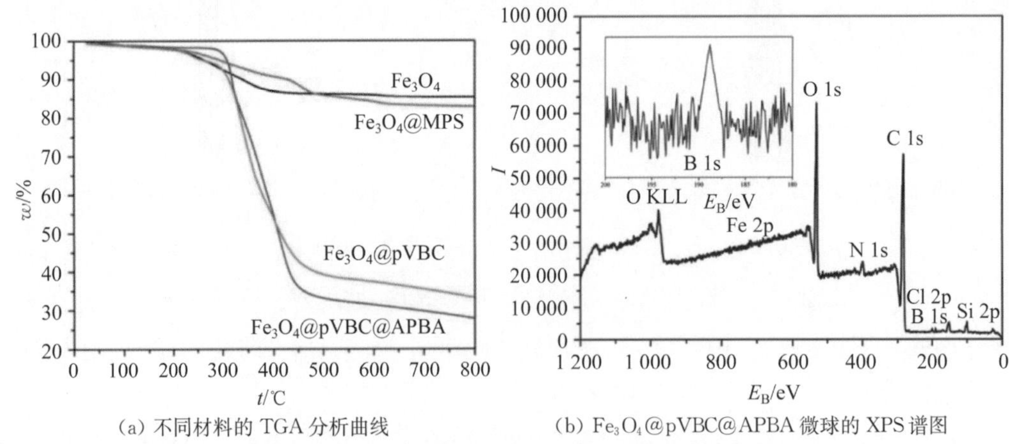

(a) 不同材料的 TGA 分析曲线　　(b) Fe_3O_4@pVBC@APBA 微球的 XPS 谱图

图 2-79　不同材料的 TGA 分析曲线和 XPS 谱图

2.7 磁性介孔核壳结构材料

介孔材料是一种孔径介于微孔与大孔之间的具有巨大表面积和三维孔道结构的新型材料，同样具有根据尺寸大小筛分分子的功能。这里介绍在四氧化三铁磁核外包覆硅基和金属氧化物基介孔壳层的方法。

2.7.1 核-壳-壳结构磁性介孔微球($Fe_3O_4@nSiO_2@mSiO_2$)[33]

以核壳结构的磁性硅球($Fe_3O_4@nSiO_2$)为核心，以十六烷基三甲基溴化铵(cetyltrimethyl ammonium bromide, CTAB)为模板，在 $Fe_3O_4@nSiO_2$ 外表面包覆介孔 SiO_2(合成路线如图 2-80所示)的方法可合成核-壳-壳结构磁性介孔微球($Fe_3O_4@nSiO_2@mSiO_2$)。首先，采用水热法制备了粒径分布均匀、具有超顺磁性的 Fe_3O_4 磁性微球。其次，以单分散的 Fe_3O_4 磁性微球为种子，采用溶胶-凝胶法(sol-gel)在 Fe_3O_4 磁性微球表面包覆致密无孔 SiO_2，从而得到以 Fe_3O_4 为核、以无孔 SiO_2 为壳的磁性硅球($Fe_3O_4@nSiO_2$)。然后，以十六烷基三甲基溴化铵作为模板，通过溶胶-凝胶法在 $Fe_3O_4@nSiO_2$ 磁性硅球外生长一层具有有序结构的介孔 CTAB/SiO_2 复合物后，采用丙酮萃取的方法除去复合微球中的 CTAB。最外层介孔层的合成详细过程如下：

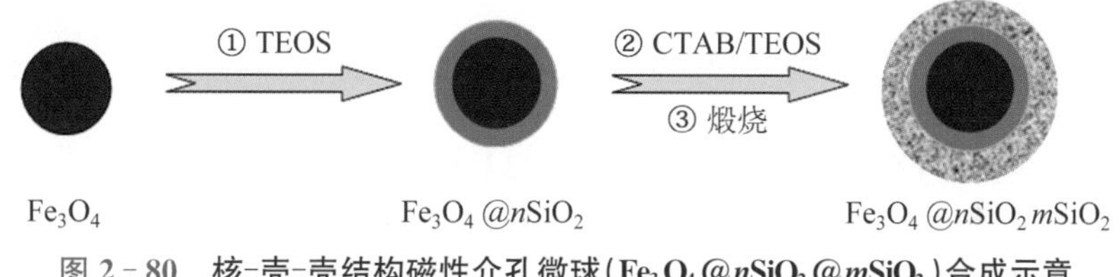

图 2-80 核-壳-壳结构磁性介孔微球($Fe_3O_4@nSiO_2@mSiO_2$)合成示意

配制十六烷基三甲基溴化铵。取一烧杯，加入 80 mL 乙醇和 60 mL 水，充分混合。然后称取 0.37 g CTAB，搅拌下加入之前已配制好的乙醇/水混合液中，不断搅拌至完全溶解后得 CTAB 的分散液，备用。

固定 CTAB 模板。取一大小合适的三颈瓶，加入 50 mg 上述制备好的 $Fe_3O_4@nSiO_2$ 磁性硅球，同时加入 60 mL 水，超声分散 2～3 min 后，用机械搅拌法在室温下进行搅拌，在搅拌的同时加入 1.0 mL 氨水和上述制备的 CTAB 分散液，搅拌均匀后再在室温下继续搅拌 0.5～1 h。

合成 $Fe_3O_4@nSiO_2@mSiO_2$ 微球。用注射器往上述三颈瓶中一次性注入 1 mL TEOS 并快速搅拌 5 min 使之均匀。稍微降低搅拌速度，维持室温下反应 12 h。然后用磁铁分离出反应后的磁球，先后用少量乙醇和丙酮分别清洗 3 次，除去未反应的 CTAB 和其他杂质。将清洗后的微球用 50 mL 丙酮分散在一干净烧瓶中，在 70 ℃水浴下回流 8 h 后，更换瓶中的丙酮，再回流 8 h，重复 2 次，去除微球中的 CTAB，这样就获得了介孔层包覆的磁性微球。

用乙醇清洗产品数次，在 60 ℃真空干燥 12 h，备用。

得到的核-壳-壳结构磁性介孔微球（Fe_3O_4@$n$$SiO_2$@$m$$SiO_2$）孔表面有大量羟基，可用于进一步修饰，也可经煅烧使表面改性。

采用透射电镜观察 Fe_3O_4@$n$$SiO_2$@$m$$SiO_2$ 磁性微球的形态及表面包覆情况。得到的透射电镜图如图 2-81 所示。图 2-81(a)中的 Fe_3O_4@$n$$SiO_2$ 磁性硅球具有直径约 250 nm 的 Fe_3O_4 核和约 20 nm 厚的致密无孔 SiO_2 层。与 Fe_3O_4@$n$$SiO_2$ 磁性硅球相比，图 2-81(b)所示的 Fe_3O_4@$n$$SiO_2$@$m$$SiO_2$ 磁性微球多了一层疏松多孔、厚约 70 nm 的介孔层。

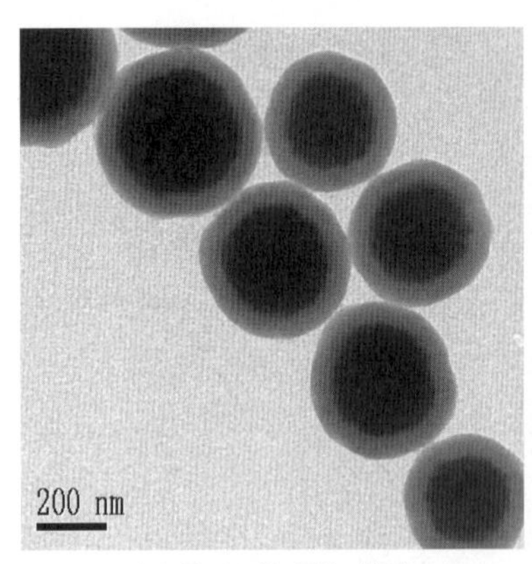

(a) Fe_3O_4@$n$$SiO_2$ 微球

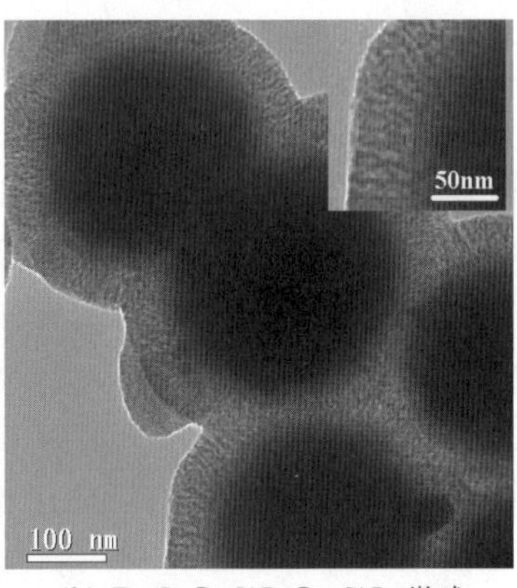

(b) Fe_3O_4@$n$$SiO_2$@$m$$SiO_2$ 微球

图 2-81 透射电镜图(仪器: JEM-2100F, JEOL)

2.7.2 磁性氧化硅介孔微球(Fe_3O_4@$m$$SiO_2$)[34]

SiO_2 介孔层也可直接包覆在四氧化三铁粒子上。

称取 50 mg 干燥的 Fe_3O_4 和 500 mg CTAB 于烧瓶中，溶于 50 mL 水中超声 30 min。超声后的均匀分散液再加入 400 mL 水和 50 mL 0.01 mol·L^{-1} 的 NaOH 溶液，摇匀超声 5 min，接下来在 60 ℃水浴中恒温反应 30 min，以形成均匀稳定的分散液。加热 30 min 后，再向烧瓶中缓慢滴加 2.5 mL TEOS/乙醇（v/v ∶ 1/4）的混合液，快速摇匀后继续于60 ℃水浴加热 12 h。

包覆产物用磁性分离法来收集，得到的材料干燥后重新分散于丙酮中，在 80 ℃水浴中萃取除去表面活性剂。萃取 5 次后，即可得到磁性氧化硅介孔微球（Fe_3O_4@$m$$SiO_2$），水洗 5 次以上于 50 ℃真空中干燥。

2.7.3 葡萄糖修饰磁性介孔硅微球(Fe_3O_4@$m$$SiO_2$-glucose)[35]

2.7.3.1 Fe_3O_4@$m$$SiO_2$-glucose 微球的制备

Fe_3O_4@$m$$SiO_2$-glucose 微球的合成如图 2-82 所示。

首先，按照下列步骤合成 Fe_3O_4 微球：称取 6.8 g $FeCl_3$，12.0 g NaAc 以及 2 g Na_3Cit·$2H_2O$ 溶于 200 mL 乙二醇中，混合分散均匀后将混合液转入 Teflon-lined 不锈钢反应釜中，

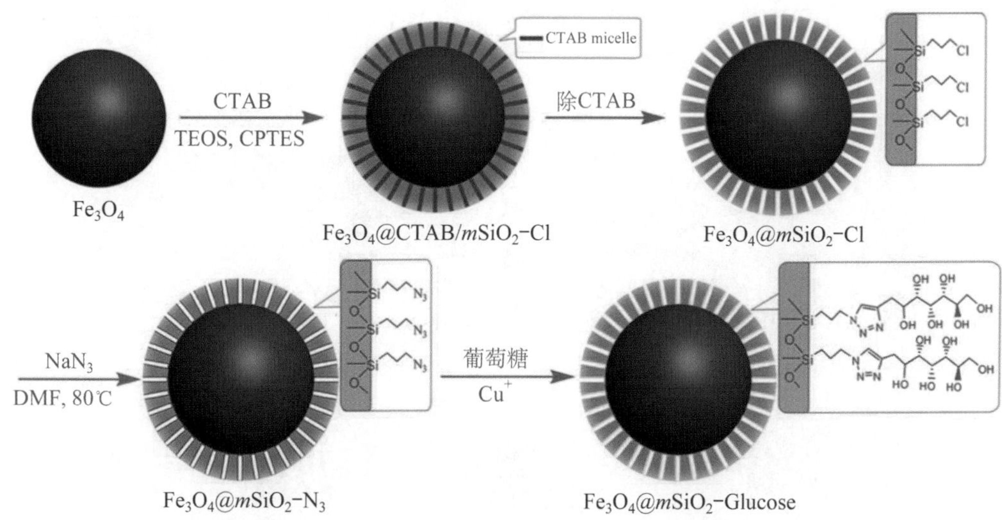

图 2-82　Fe_3O_4@$m$$SiO_2$-glucose 微球的合成示意

于 200 ℃反应 7 h。待反应釜冷却至室温后，用去离子水和乙醇清洗，真空干燥，备用。

然后，按照下列步骤合成 Fe_3O_4@$m$$SiO_2$-Cl 微球：称取 0.5 g Fe_3O_4 微球和 1.0 g CTAB 置于 500 mL H_2O 中，超声分散 1 h。加入 80 mL 7.5 mmol·L^{-1} NaOH 水溶液后于 60 ℃下反应 30 min。然后，加入 20 mL TEOS/3-氯丙基三乙氧基硅烷(CPTES)/乙醇(v/v/v：2/1/2)，在 60 ℃下继续反应 12 h。所得产物经去离子水和乙醇清洗后再分散于 60 mL乙醇中，在 90 ℃下回流以移除 CTAB，回流步骤重复 5 次。将所得产物真空干燥，备用。

接着按照下列步骤合成 Fe_3O_4@$m$$SiO_2$-$N_3$ 微球：称取 0.5 g 上述所得 Fe_3O_4@$m$$SiO_2$-Cl 微球，分散在 100 mL NaN_3 饱和的 DMF 溶液中，于 80 ℃下搅拌反应 24 h。所得产物即为 Fe_3O_4@$m$$SiO_2$-$N_3$ 微球，经乙醇清洗后于室温干燥，备用。

紧接着合成炔丙基葡萄糖：0.90 g D-葡萄糖、1.6 mL 80 wt%炔丙基溴甲苯溶液以及 100 mL 包含 2.43 g $FeCl_3$ 的 THF 溶液的混合物在 10～15 ℃下剧烈搅拌 10 min。再间隔 8 min分批加入 0.975 g 锌粉，将上述混合液于室温下搅拌 12 h。然后，将所得混合物分别用 100 mL 乙醚和 50 mL H_2O 搅拌 10 min 后过滤处理。滤液经碳酸氢铵处理后再过滤。滤液直接用于下一步。

最后，合成 Fe_3O_4@$m$$SiO_2$-glucose 微球：称取 0.5 g Fe_3O_4@$m$$SiO_2$-$N_3$ 微球分散于 100 mL H_2O 中，加入上述所得炔丙基葡萄糖溶液、372 mg $CuSO_4 \cdot 5H_2O$ 以及 892 mg 抗坏血酸钠，于室温下反应 12 h。所得产物经去离子水和乙醇清洗后于室温下干燥，备用。

2.7.3.2　Fe_3O_4@$m$$SiO_2$-glucose 微球的表征

如图 2-83(a)，(b)所示，SEM 图和 TEM 图显示出 Fe_3O_4@$m$$SiO_2$-glucose 微球为球形并且为核壳结构，$Fe_3O_4$ 微球的直径约为 200 nm，薄层的有序介孔硅层约为 12 nm。如图 2-83(c)所示，合成的 Fe_3O_4 微球能够均匀分散于水中，而且功能化修饰的磁性微球也能够在水溶液中分散均匀(见图 2-83(d))，并且表现出极好的磁响应性(见图 2-83(e))。

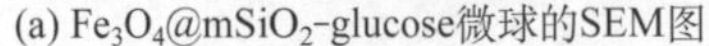

(a) Fe_3O_4@mSiO$_2$-glucose微球的SEM图

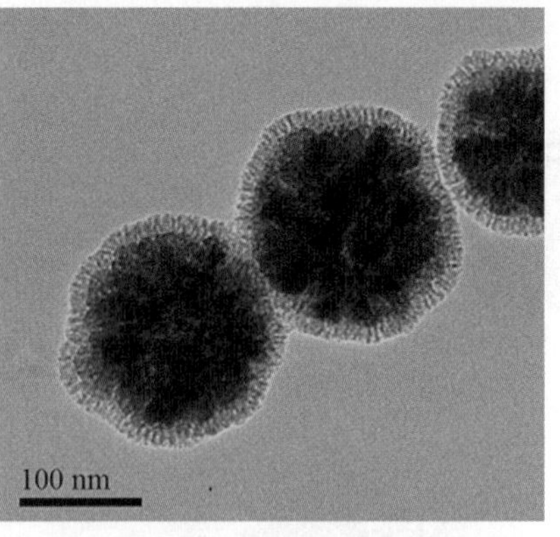

(b) Fe_3O_4@mSiO$_2$-glucose微球的TEM图

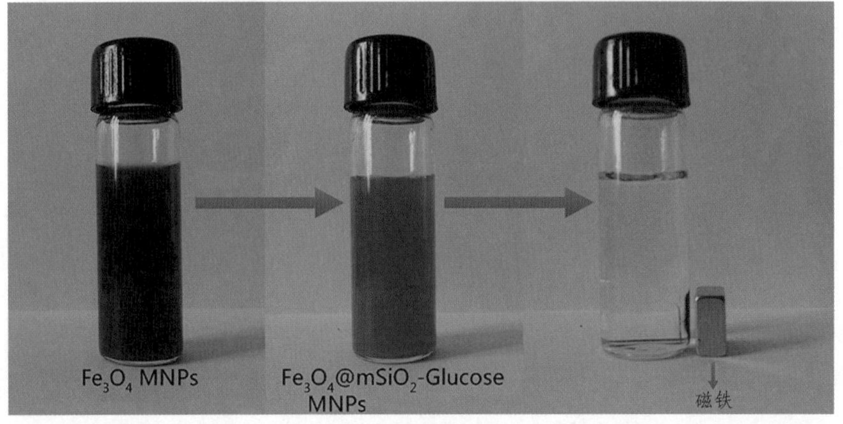

(c) Fe_3O_4微球在水中的分散图　(d) Fe_3O_4@mSiO$_2$-glucose微球在水中的分散图　(e) Fe_3O_4@mSiO$_2$-glucose微球的磁铁分离图

图 2-83　两种材料的 SEM 图、TEM 图和在水中的分散图和磁铁分离图

图 2-84(a)所示为 Fe_3O_4@mSiO$_2$-glucose 微球的氮气吸附脱附等温线及其孔径分布图，经测试计算可得 Fe_3O_4@mSiO$_2$-glucose 微球的比表面积约为 324 $m^2 \cdot g^{-1}$，总的孔体积为 0.25 $cm^3 \cdot g^{-1}$，其孔径分布主要集中在 2.2 nm。这表明介孔硅层成功包覆在磁性微球的表面，并且材料具有较大比表面积。如图 2-84(b)所示，在 Fe_3O_4@SiO$_2$ 微球的 FTIR 谱图中，584 cm^{-1}和 1 080 cm^{-1}处的吸收峰可以分别归属于 Fe—O—Fe 和 Si—O—Si 的振动。2 925 cm^{-1}和 2 850 cm^{-1}处的强吸收峰则归属于—CH$_2$，说明了以 CTAB 为模板剂的硅层的成功包覆。而在经乙醇回流后得到的 Fe_3O_4@mSiO$_2$-Cl 微球的 FTIR 谱图中，—CH$_2$ 的特征吸收峰明显变得极弱，说明 CTAB 模板剂被成功移除。与 Fe_3O_4@mSiO$_2$-Cl 微球的 FTIR 谱图比较可以看到，2 104 cm^{-1}处的吸收峰为叠氮基团的伸缩振动。与 Fe_3O_4@mSiO$_2$-glucose 微球的 FTIR 谱图比较则可以看到，2 104 cm^{-1}处的吸收峰消失，—CH$_2$ 的特征吸收峰 2 945 cm^{-1}和2 875 cm^{-1}信号增强，表明叠氮基与含炔基的葡萄糖发生了点击化学反应，葡萄糖被成功修饰于磁性介孔硅微球上。如图 2-84(c)所示，广角 X 射线衍射图列出了 Fe_3O_4(曲线Ⅰ)和 Fe_3O_4@mSiO$_2$-glucose(曲线Ⅱ)两种微球的衍射峰。这些衍射峰说明了表面修饰介孔 SiO$_2$ 和葡萄糖后没有对磁铁矿 Fe_3O_4 内核的晶体性质产生影响。如图 2-84(d)所示，经测试 Fe_3O_4 微球和 Fe_3O_4@mSiO$_2$-glucose 微球的磁饱和值分别为 79.8 emu·g^{-1}和 69.1 emu·g^{-1}，所以能够对外加磁场展现出很好的磁响应性。

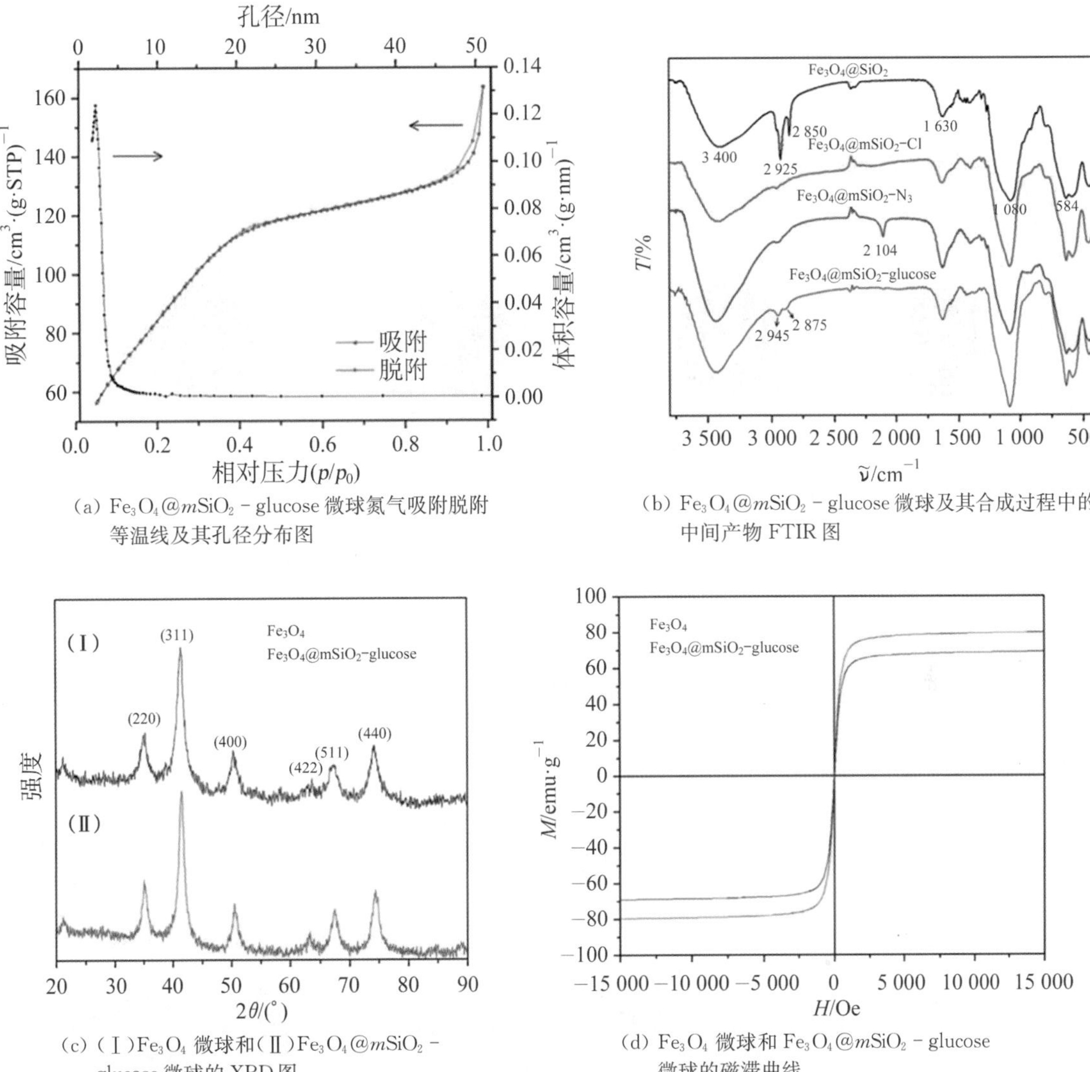

(a) $Fe_3O_4@mSiO_2$ - glucose 微球氮气吸附脱附等温线及其孔径分布图

(b) $Fe_3O_4@mSiO_2$ - glucose 微球及其合成过程中的中间产物 FTIR 图

(c) (Ⅰ)Fe_3O_4 微球和(Ⅱ)$Fe_3O_4@mSiO_2$ - glucose 微球的 XRD 图

(d) Fe_3O_4 微球和 $Fe_3O_4@mSiO_2$ - glucose 微球的磁滞曲线

图 2 - 84　各种材料的相关分析图

2.7.4　介孔金属氧化物磁性微球($Fe_3O_4@mTiO_2$)[36]

这里以介孔 TiO_2 包覆的磁性微球($Fe_3O_4@mTiO_2$)为例，介绍介孔金属氧化物磁性微球。

2.7.4.1　介孔 TiO_2 包覆的磁性微球($Fe_3O_4@mTiO_2$)的合成

如图 2 - 85 所示，首先合成四氧化三铁粒子。然后通过钛酸丁酯(tetrabutyl orthotitanate, TBOT)的水解冷凝合成 $Fe_3O_4@mTiO_2$ 微球前驱体，其具体合成步骤如下：称取 150 mg Fe_3O_4 微球溶于 200 mL 乙醇中，加入 0.9 mL 浓氨水(28 *wt*%)，分散超声

15 min。在机械搅拌下，于 5 min 内将 2.0 mL TBOT 逐滴加入上述混合液，于 45 ℃下继续搅拌 24 h，所得固体产物经去离子水和乙醇分别清洗。最后，生成 Fe_3O_4@$m$$TiO_2$ 微球的方法为：称取 0.5 g 上述所得的 Fe_3O_4@$m$$TiO_2$ 微球前驱体分散于 20 mL H_2O 中，然后转移到 30 mL Teflon-lined 不锈钢反应釜中，于 160 ℃下反应 24 h。待反应釜温度降至室温后，将所得的固体产物用去离子水和乙醇分别清洗。真空干燥后在氮气保护下，将其在 400 ℃煅烧 2 h。

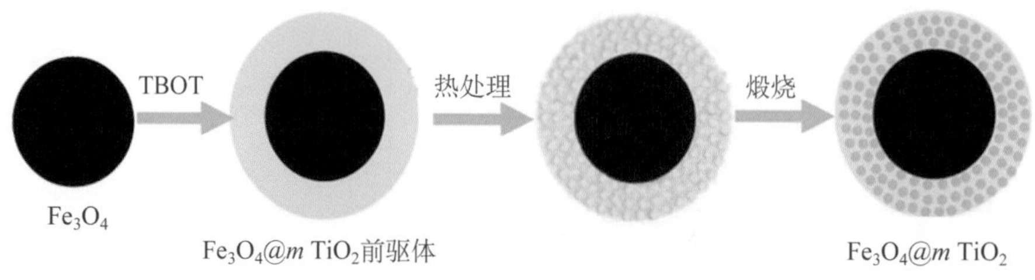

图 2-85　Fe_3O_4@$m$$TiO_2$ 微球的合成示意

2.7.4.2　介孔 TiO_2 包覆的磁性微球(Fe_3O_4@$m$$TiO_2$)的表征

Fe_3O_4@$m$$TiO_2$ 微球的 SEM 图、TEM 图显示于图 2-86 中。由图 2-86(a)可以看出 Fe_3O_4@$m$$TiO_2$ 微球确实具有球状形貌，而且大小均一，分散均匀。由图 2-86(b)可以看出，Fe_3O_4@$m$$TiO_2$ 微球的直径约为 600 nm，TiO_2 层的厚度约为 100 nm。如图 2-87 所示，经广角 X 射线衍射图谱分析可知，在水热以及煅烧处理之前，TiO_2 层表现为无定型。经水热以及煅烧处理之后，TiO_2 层转变为结晶化颗粒(见图 2-87曲线 b)。Fe_3O_4@$m$$TiO_2$ 微球的谱图与标准谱图 Fe_3O_4 以及锐钛矿能够良好吻合，说明 Fe_3O_4@$m$$TiO_2$ 微球成功合成。

(a) SEM 图　　(b) TEM 图

图 2-86　Fe_3O_4@$m$$TiO_2$ 微球的 SEM 图和 TEM 图

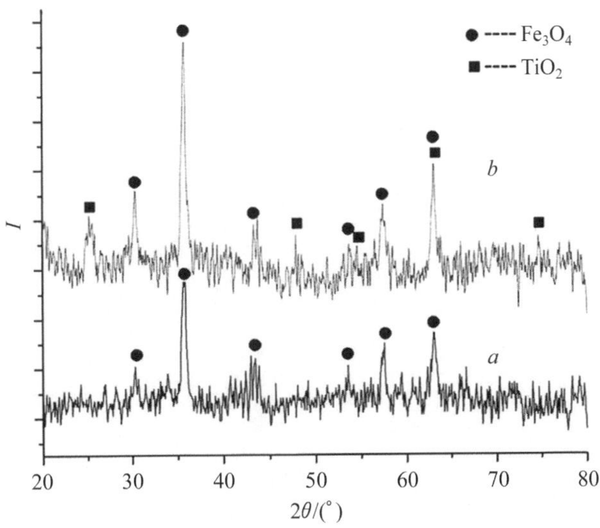

图 2 - 87　不同材料的 XRD 图(曲线 a：Fe_3O_4@$m$$TiO_2$ 微球前驱体；曲线 b：Fe_3O_4@$m$$TiO_2$ 微球)

图 2 - 88 所示是 Fe_3O_4@$m$$TiO_2$ 微球及其前驱体的氮气吸附脱附等温线及其对应的孔径分布图。Fe_3O_4@$m$$TiO_2$ 微球前驱体和 Fe_3O_4@$m$$TiO_2$ 微球的 BET 比表面积分别为

(a) Fe_3O_4@$m$$TiO_2$ 微球前驱体的氮气吸附脱附等温线

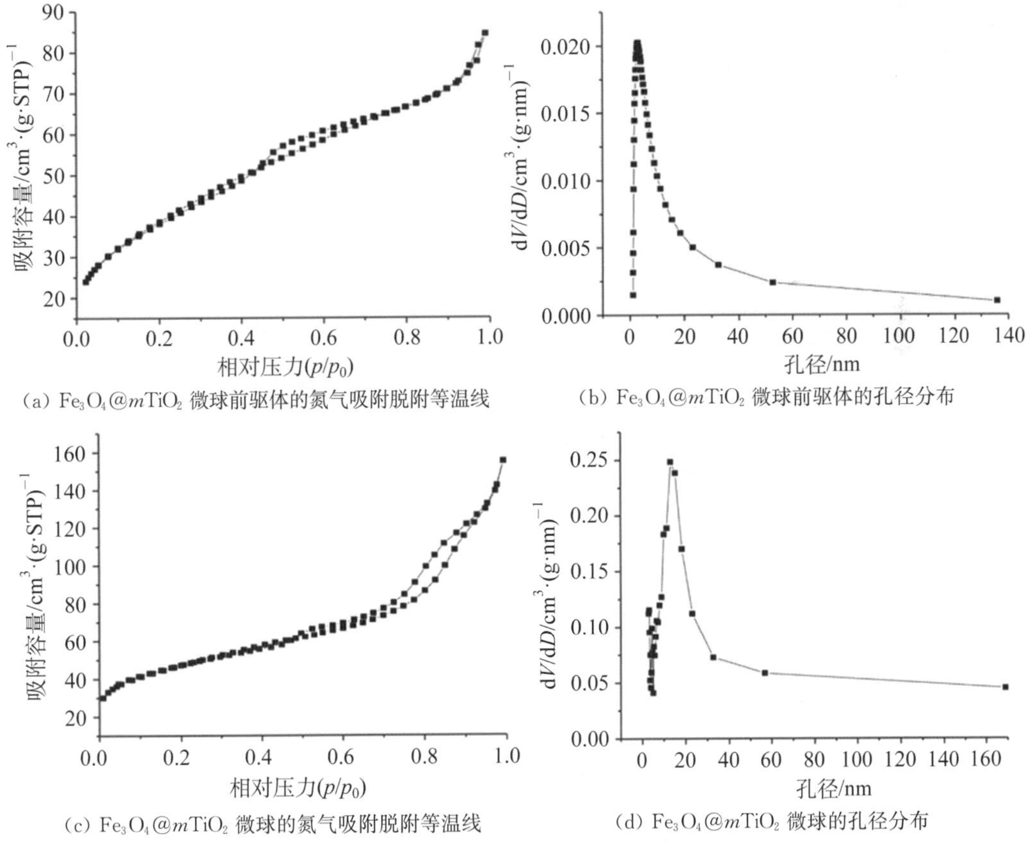

(b) Fe_3O_4@$m$$TiO_2$ 微球前驱体的孔径分布

(c) Fe_3O_4@$m$$TiO_2$ 微球的氮气吸附脱附等温线

(d) Fe_3O_4@$m$$TiO_2$ 微球的孔径分布

图 2 - 88　两种不同材料的氮气吸附、脱附等温线和孔径分布

139.8 $m^2 \cdot g^{-1}$和 162.6 $m^2 \cdot g^{-1}$。Fe_3O_4@$m$$TiO_2$ 微球具有更大比表面积，说明水热及煅烧处理的必要性。

2.7.5 杂化介孔磁性微球(Fe_3O_4@$m$$TiO_2$@$m$$SiO_2$)[37]

2.7.5.1 Fe_3O_4@$m$$TiO_2$@$m$$SiO_2$ 的合成

如图 2－89 所示，首先采用溶剂热法合成 Fe_3O_4 微球。然后，通过钛酸丁酯的水解冷凝合成 Fe_3O_4@mesoporous TiO_2 微球前驱体。接着，采用水热反应法将 Fe_3O_4@mesoporous TiO_2 微球前驱体转化成 Fe_3O_4@$m$$TiO_2$ 微球。后在外层生成 SiO_2 介孔层的方法为：将上述所得产物 Fe_3O_4@$m$$TiO_2$ 用聚乙烯吡咯烷酮(polyvinylpyrrolidone, PVP)放置过夜处理得 Fe_3O_4@$m$$TiO_2$－PVP。然后将 Fe_3O_4@$m$$TiO_2$－PVP 与 23 mL 乙醇、4.3 mL H_2O、0.62 mL氨水以及 0.86 mL TEOS 混合，室温反应 6 h，获得 Fe_3O_4@$m$$TiO_2$@$n$$SiO_2$ 微球。然后，将此微球与 CTAB、25 mL 乙醇、15 mL H_2O 以及 0.275 mL 氨水混合，机械搅拌反应 30 min 后逐滴加入 0.125 mL TEOS，再反应 6 h，所得产物与 10 mL 21.2 mg・mL^{-1} 的 Na_2CO_3 于50 ℃反应 10 h。最后，在 450 ℃煅烧 6 h。

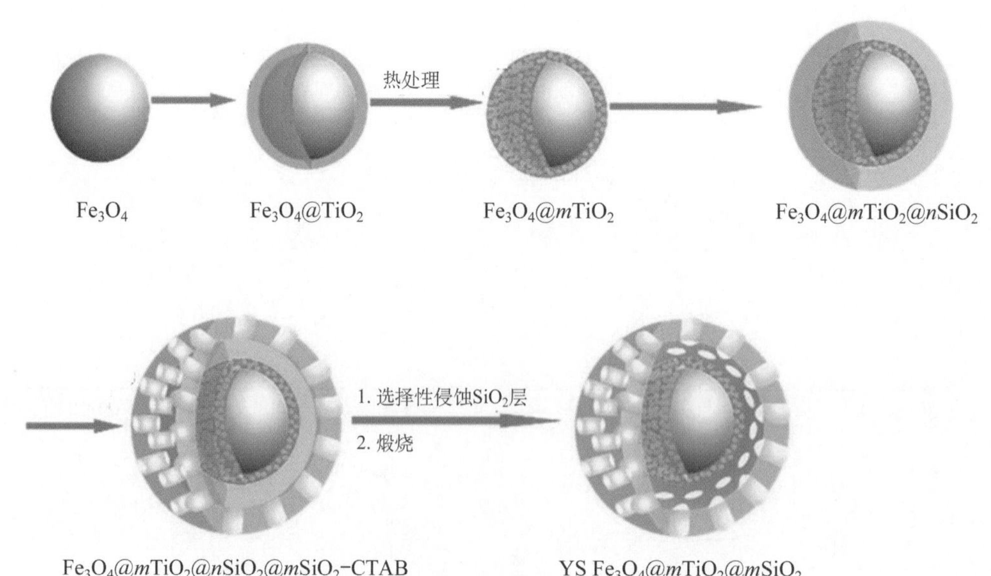

图 2－89 Fe_3O_4@$m$$TiO_2$@$m$$SiO_2$ 微球的合成示意

2.7.5.2 Fe_3O_4@$m$$TiO_2$@$m$$SiO_2$ 的表征

如图 2－90(c)所示，合成的 Fe_3O_4@$m$$TiO_2$ 的直径为 200～300 nm，包覆一层 SiO_2 后，核壳结构明显(见图 2－90(d))。通过使用 CTAB 作为导向剂，磁性微球最外层成功包覆上一层介孔 SiO_2。相应地，整个微球的尺寸增加至 500～600 nm(见图 2－90(e))。

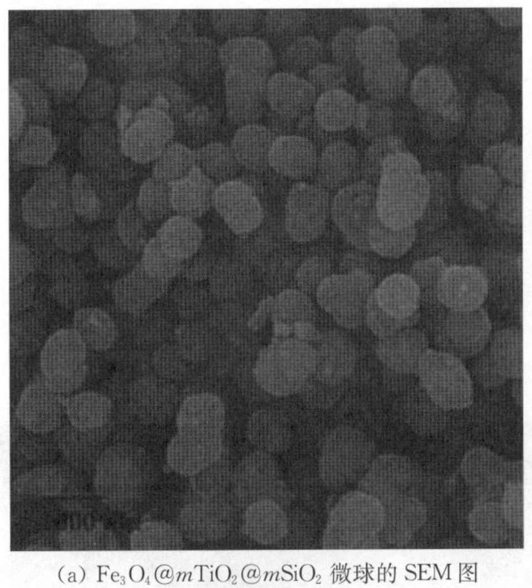

(a) Fe_3O_4@$m$$TiO_2$@$m$$SiO_2$ 微球的 SEM 图

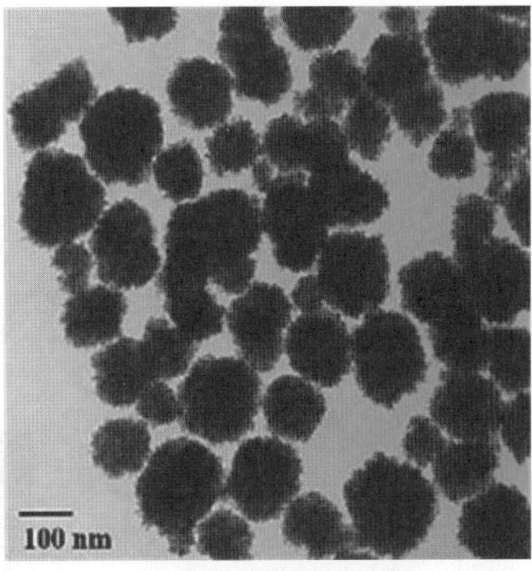

(b) Fe_3O_4 微球的 TEM 图

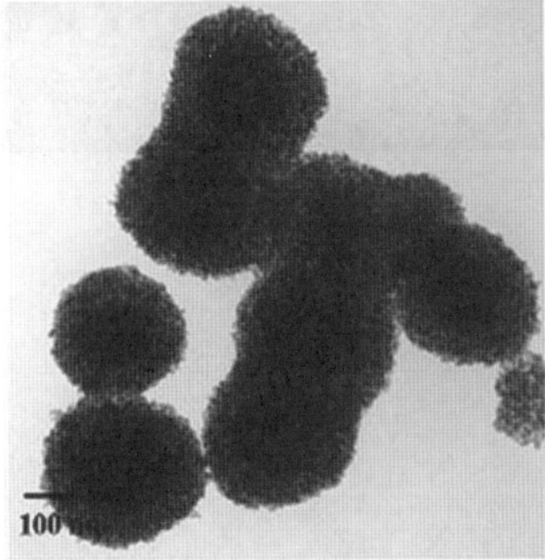

(c) Fe_3O_4@$m$$TiO_2$ 微球的 TEM 图

(d) Fe_3O_4@$m$$TiO_2$@$n$$SiO_2$ 微球的 TEM 图

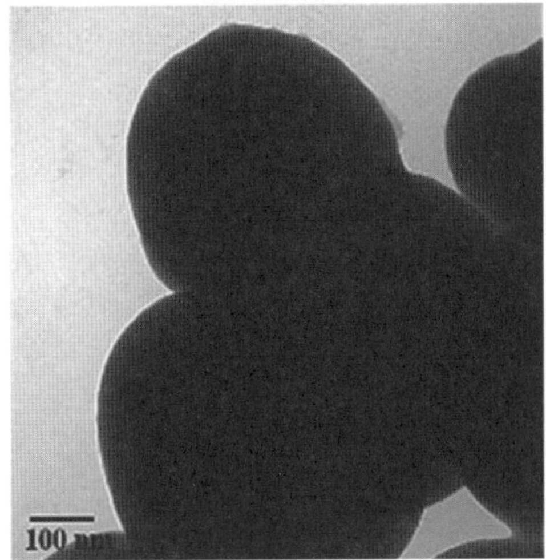

(e) Fe_3O_4@$m$$TiO_2$@$n$$SiO_2$@$m$$SiO_2$ - CTAB 微球的 TEM 图

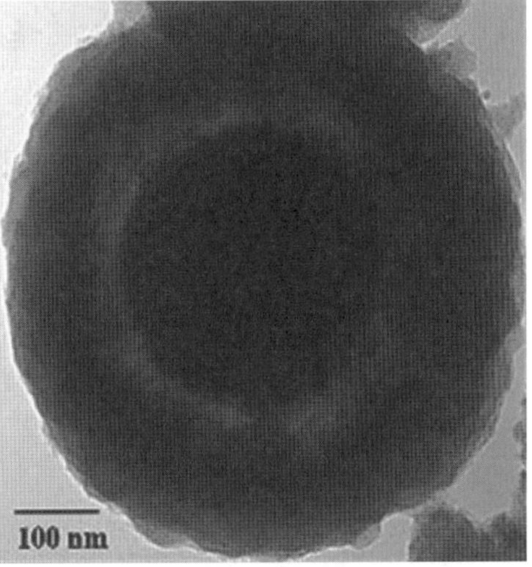

(f) Fe_3O_4@$m$$TiO_2$@$m$$SiO_2$ 微球的 TEM 图

图 2-90　不同材料的 SEM 图和 TEM 图

经广角 X 射线衍射图谱(见图 2-91)分析可知,Fe_3O_4@$m$$TiO_2$@$m$$SiO_2$ 微球的图谱与标准谱图 Fe_3O_4 以及锐钛矿能够良好吻合。另外,EDX 元素匹配也进一步证实 Fe_3O_4@$m$$TiO_2$@$m$$SiO_2$ 微球的成功合成(见图 2-92)。

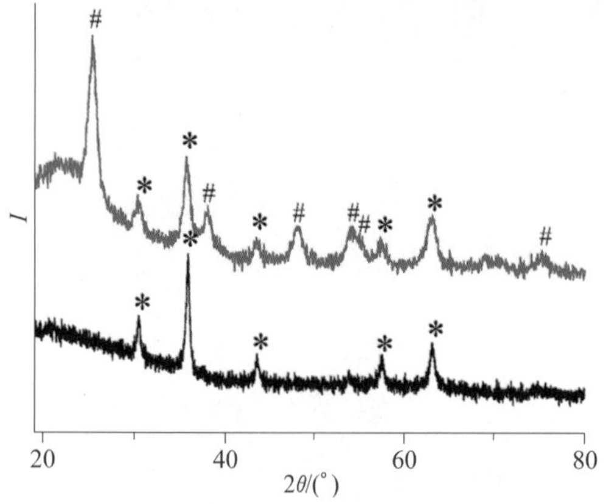

图 2-91 Fe_3O_4 微球的 XRD 图(黑线)和 Fe_3O_4@$m$$TiO_2$@$m$$SiO_2$ 微球的 XRD 图(红线)(*和#分别代表磁铁矿 Fe_3O_4 和锐钛矿 TiO_2 的衍射峰)

图 2-92 Fe_3O_4@$m$$TiO_2$@$m$$SiO_2$ 微球的 EDX 元素匹配图

如图 2-93(b)所示,Fe_3O_4@$m$$TiO_2$@$m$$SiO_2$ 微球主要集中于 3 个孔径,分别是2.7 nm,3.9 nm 和 9.1 nm。又在图 2-93(d)中,Fe_3O_4@$m$$TiO_2$ 微球的孔径主要集中在 3.7 nm 和 9.5 nm。以上结果表明,$m$$TiO_2$ 以及 $m$$SiO_2$ 均稳定存在于核壳结构中。另外,Fe_3O_4@$m$$TiO_2$ 微球的比表面积测得为 169.79 $m^2 \cdot g^{-1}$。

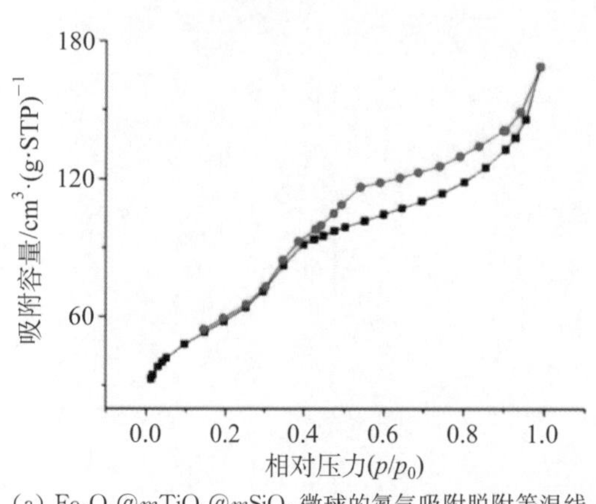

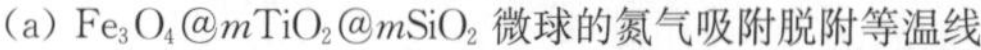
(a) Fe_3O_4@$m$$TiO_2$@$m$$SiO_2$ 微球的氮气吸附脱附等温线

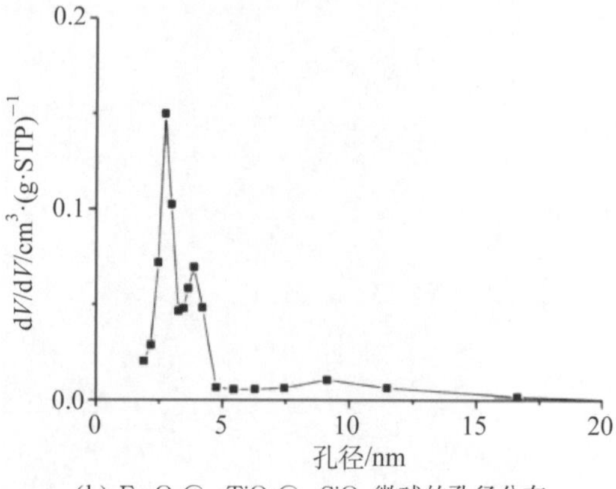

(b) Fe_3O_4@$m$$TiO_2$@$m$$SiO_2$ 微球的孔径分布

图 2-93

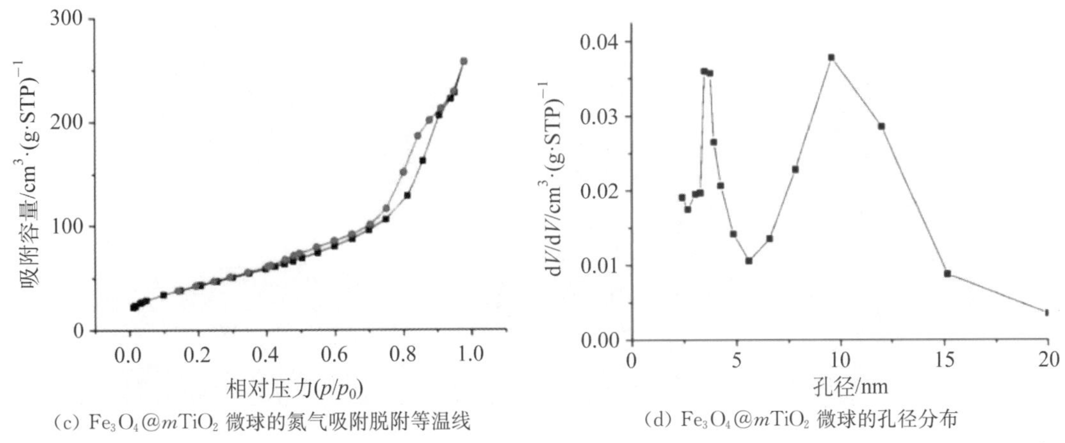

(c) Fe_3O_4@$m$$TiO_2$ 微球的氮气吸附脱附等温线　(d) Fe_3O_4@$m$$TiO_2$ 微球的孔径分布

图 2-93　两种微球的氮气吸附脱附等温线和孔径分布

2.7.6　介孔稀土氧化物磁性硅球(Fe_3O_4@SiO_2@$m$$CeO_2$)[38]

2.7.6.1　Fe_3O_4@SiO_2@$m$$CeO_2$ 微球的合成

如图 2-94 所示，首先合成 Fe_3O_4 纳米粒子，再包覆上 SiO_2 获得 Fe_3O_4@SiO_2 微球。然后，将 Fe_3O_4@SiO_2 微球与 50 mg $Ce(NO_3)_3 \cdot 6H_2O$ 分散在 30 mL 乙醇中，超声 15 min，加入 20 mL 0.01 g・mL^{-1}的环六亚甲基四胺，继续超声 15 min，最后整个反应液于 70 ℃反应2 h。所得产物分别经去离子水和乙醇清洗，真空干燥后，在 400 ℃下煅烧 2 h。

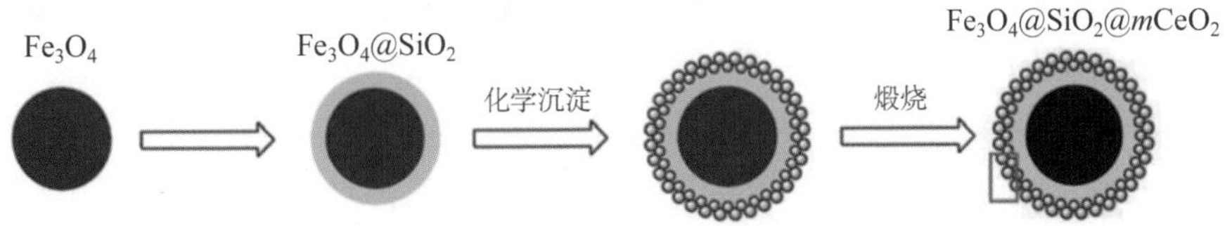

图 2-94　Fe_3O_4@SiO_2@$m$$CeO_2$ 微球的合成示意

2.7.6.2　Fe_3O_4@SiO_2@$m$$CeO_2$ 微球的表征

Fe_3O_4@SiO_2@$m$$CeO_2$ 微球的 SEM 图、TEM 如图 2-95(a)，(b)所示，可见微球表面粗糙，为"三明治"结构，核心层厚度约 500 nm，中间层厚度约为 70 nm，最外层约为 20 nm。由图 2-95(c)，(d)可以观察到，最外层是多孔结构，并且最外层是由无数个尺寸约 8 nm 的 CeO_2 纳米晶体组成。图 2-95(d)所示为高分辨率透射电子显微镜图(high resolution transmission eletron microscopy，HRIEM)，其中标注的 CeO_2 单晶的面间距 0.19 nm，0.27 nm 以及 0.31 nm 分别对应于 CeO_2 的(220)，(200)以及(111)面。Ce 元素的存在进一步由 EDX 分析(见图 2-95(e))证实。

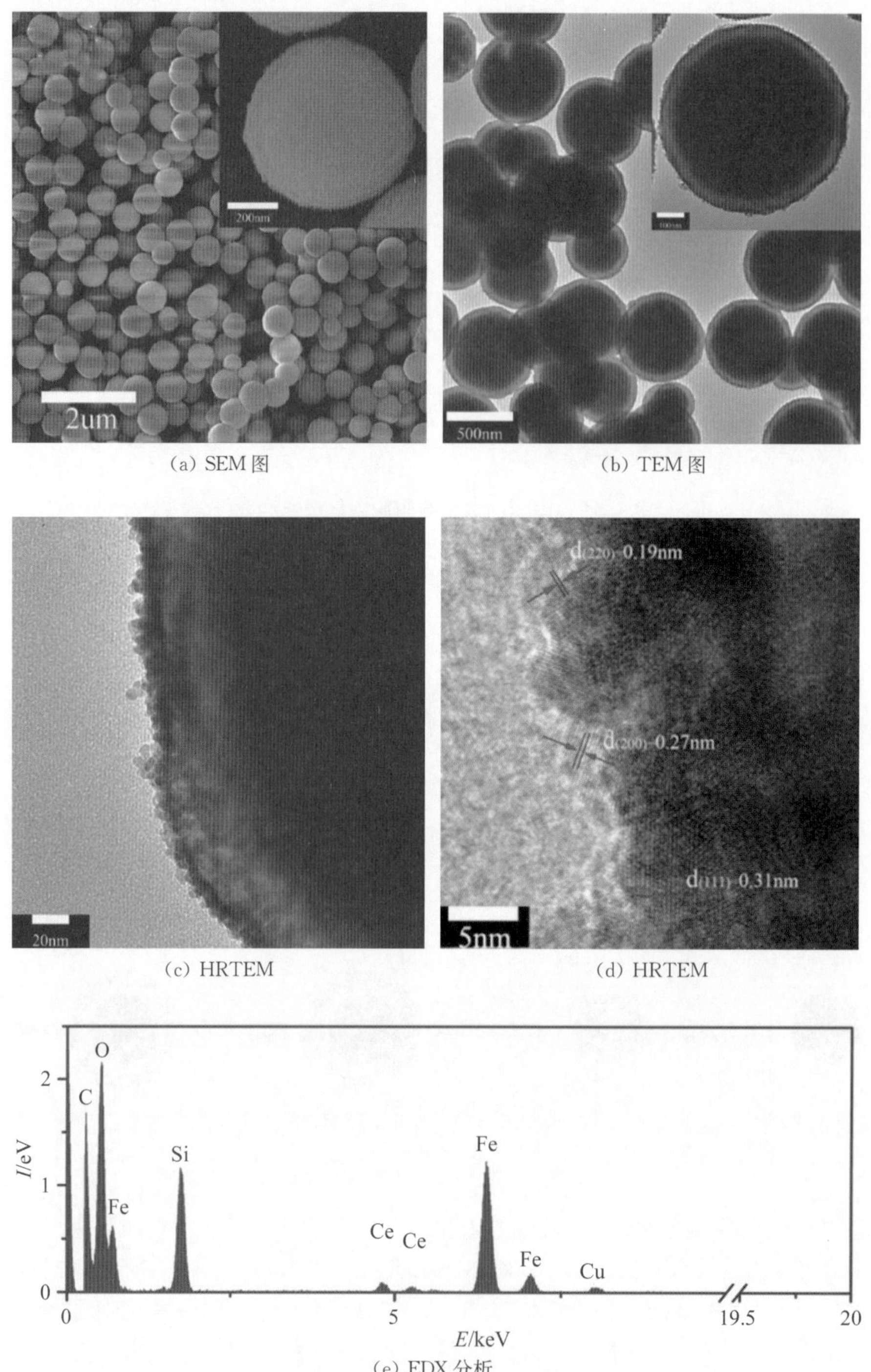

(a) SEM 图　(b) TEM 图

(c) HRTEM　(d) HRTEM

(e) EDX 分析

图 2-95　Fe_3O_4@SiO_2@$m$$CeO_2$ 微球 SEM 图、TEM 图、HRTEM 图和 EDX 分析

Fe_3O_4@SiO_2@$m$$CeO_2$ 微球的氮气吸附脱附等温线及其孔径分布图如图 2-96(a)所示，经测试，其 BET 比表面积、平均孔径以及总的孔容量分别为 53.98 $m^2 \cdot g^{-1}$，3.08 nm 以及 0.032 $cm^3 \cdot g^{-1}$。另外，Fe_3O_4 微球、Fe_3O_4@SiO_2 微球以及 Fe_3O_4@SiO_2@$m$$CeO_2$ 微球

的磁滞曲线如图 2-96(b)所示,其磁饱和值分别为 62.8 emu·g^{-1}, 46.0 emu·g^{-1}以及 47.7 emu·g^{-1},表明 Fe_3O_4@SiO_2@$m$$CeO_2$ 微球具有良好的磁性分离能力,可以使整个富集洗脱过程快速进行。

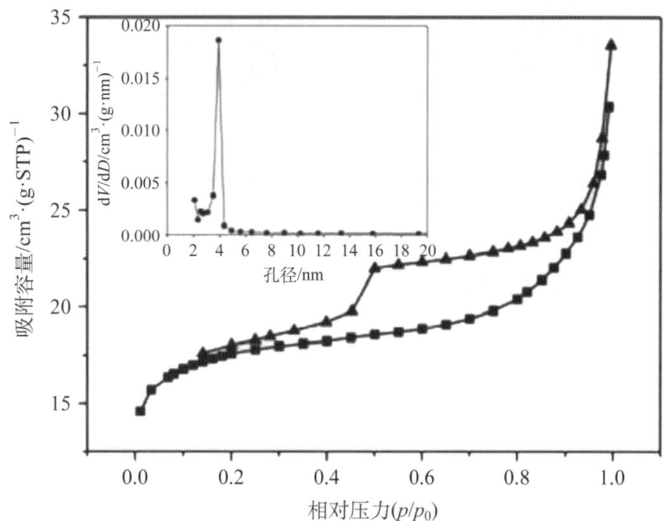

(a) Fe_3O_4@SiO_2@$m$$CeO_2$ 微球的氮气吸附脱附等温线及其孔径分布图

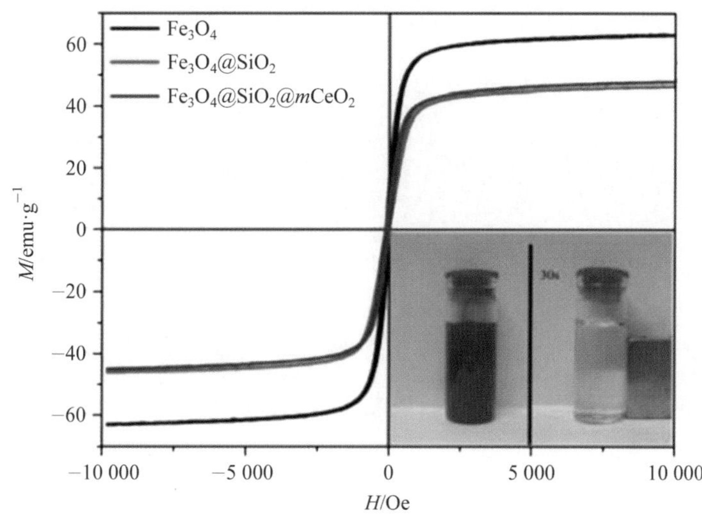

(b) 不同材料的磁滞曲线以及 Fe_3O_4@SiO_2@$m$$CeO_2$ 微球在外加磁场下的分离过程

图 2-96　Fe_3O_4@SiO_2@$m$$CeO_2$ 微球的表征

2.7.7　以磁性介孔微球合成硅酸镧修饰的磁性微球(Fe_3O_4@$La_xSi_yO_5$)[39]

2.7.7.1　Fe_3O_4@$La_xSi_yO_5$ 微球的合成

如图 2-97 所示,首先合成 Fe_3O_4 纳米粒子,然后包覆上 SiO_2 获得 Fe_3O_4@SiO_2 微球(合成如 2.4 节)。然后,将所得 Fe_3O_4@$m$$SiO_2$ 微球与 50 mg $La(NO_3)_3 \cdot 6H_2O$ 溶于30 mL 乙醇溶液中,超声分散 30 min,加入 20 mL 0.01 g·mL^{-1}的环六亚甲基四胺,继续超声

60 min，最后整个反应液于 70 ℃反应 1 h。所得产物分别经去离子水和乙醇清洗，真空干燥后，在 400 ℃下煅烧 6 h。

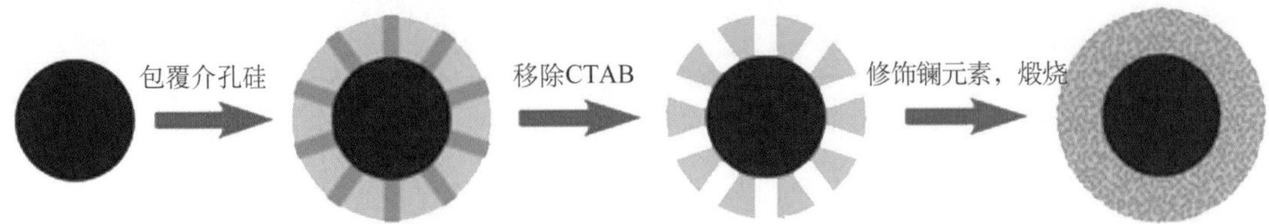

图 2-97 Fe_3O_4@$La_xSi_yO_5$ 微球的合成示意

2.7.7.2 Fe_3O_4@$La_xSi_yO_5$ 微球的表征

在本例工作中，首先，作者通过合成 La-Fe_3O_4@SiO_2 微球验证了介孔硅对于硅酸镧壳层形成的重要性，如图 2-98(e)，(f)所示，在采用无孔致密硅合成的 La-Fe_3O_4@SiO_2 微球中，镧纳米粒子随机分散在非孔硅壳层的表面，并不能形成硅酸镧。如图 2-98(a)，(b)所示，Fe_3O_4 微球表面粗糙，尺寸也较为均一，为 450 nm 左右。图 2-99(a)所示为 Fe_3O_4@$m$$SiO_2$ 微球的 SEM 图，由此图可以看出，在磁球表面包覆介孔硅后，整个微球的直径有所增加，而且表面也变得光滑。由图 2-99(b)可以看出有序介孔的分布以及明显的核壳结构。由图 2-99(c)，(d)可以看出形成硅酸镧后，微球的尺寸有所减小，而且微球表面的介孔消失。

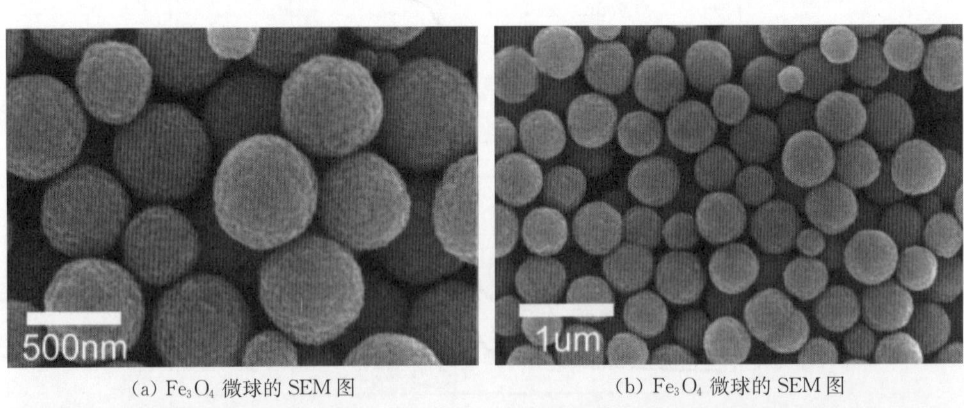

(a) Fe_3O_4 微球的 SEM 图 (b) Fe_3O_4 微球的 SEM 图

(c) Fe_3O_4@SiO_2 微球的 SEM 图

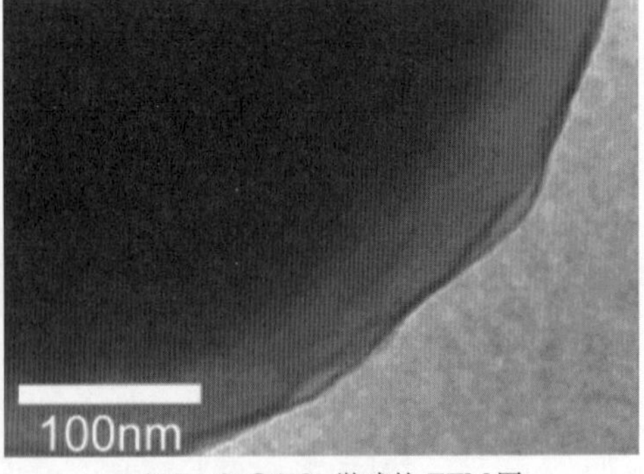

(d) Fe_3O_4@SiO_2 微球的 TEM 图

图 2-98

(e) $La-Fe_3O_4@SiO_2$ 微球的 SEM 图

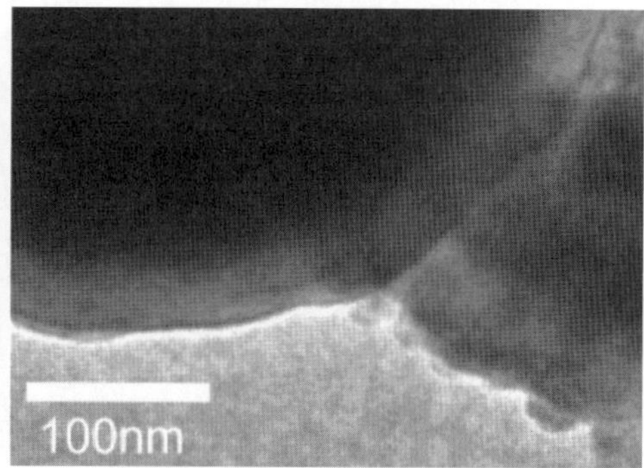

(f) $La-Fe_3O_4@SiO_2$ 微球的 TEM 图

图 2-98 3 种材料的 SEM 图和 TEM 图

(a) $Fe_3O_4@mSiO_2$ 微球的 SEM 图

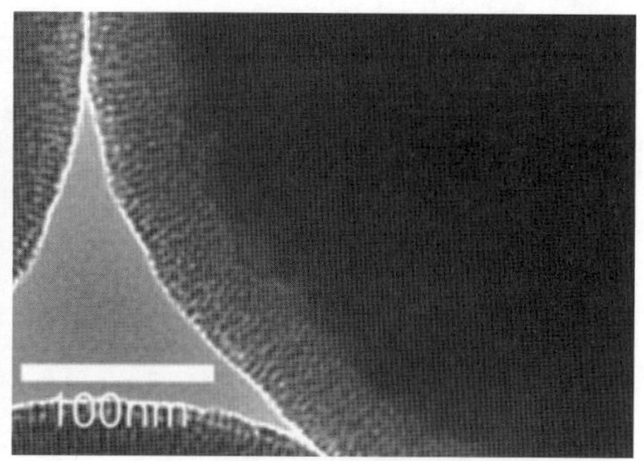

(b) $Fe_3O_4@mSiO_2$ 微球的 TEM 图

(c) $Fe_3O_4@La_xSi_yO_5$ 微球的 SEM 图

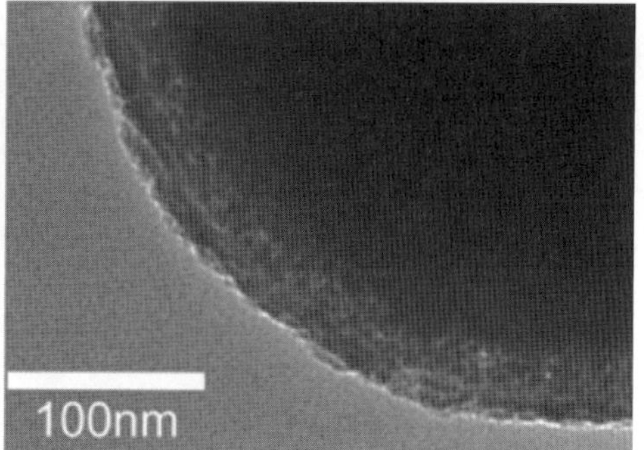

(d) $Fe_3O_4@La_xSi_yO_5$ 微球的 TEM 图

图 2-99 两种材料的 SEM 图和 TEM 图的比较

作者进一步利用 FTIR 对 $Fe_3O_4@La_xSi_yO_5$ 微球进行表征(见图 2-100),971 cm^{-1}处的吸收峰归属于 Si—O—La,说明硅酸镧壳层形成。这一点进一步由 EDX 分析(见图 2-101)证实。

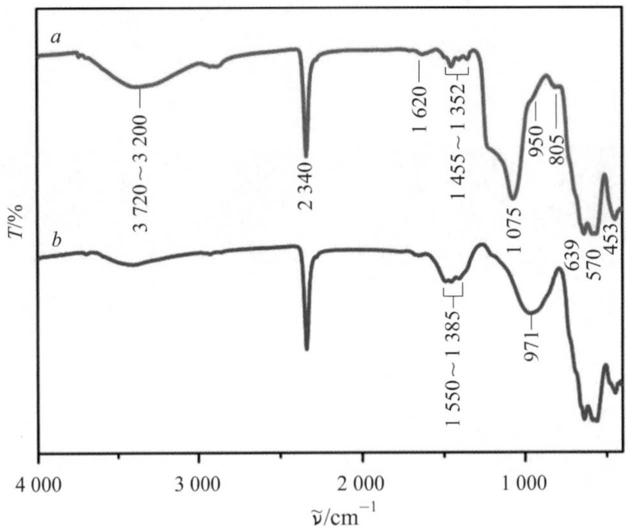

图 2-100　不同材料的 FTIR 谱图(曲线 a: Fe_3O_4@$m$$SiO_2$ 微球;曲线 b: Fe_3O_4@$La_xSi_yO_5$ 微球)

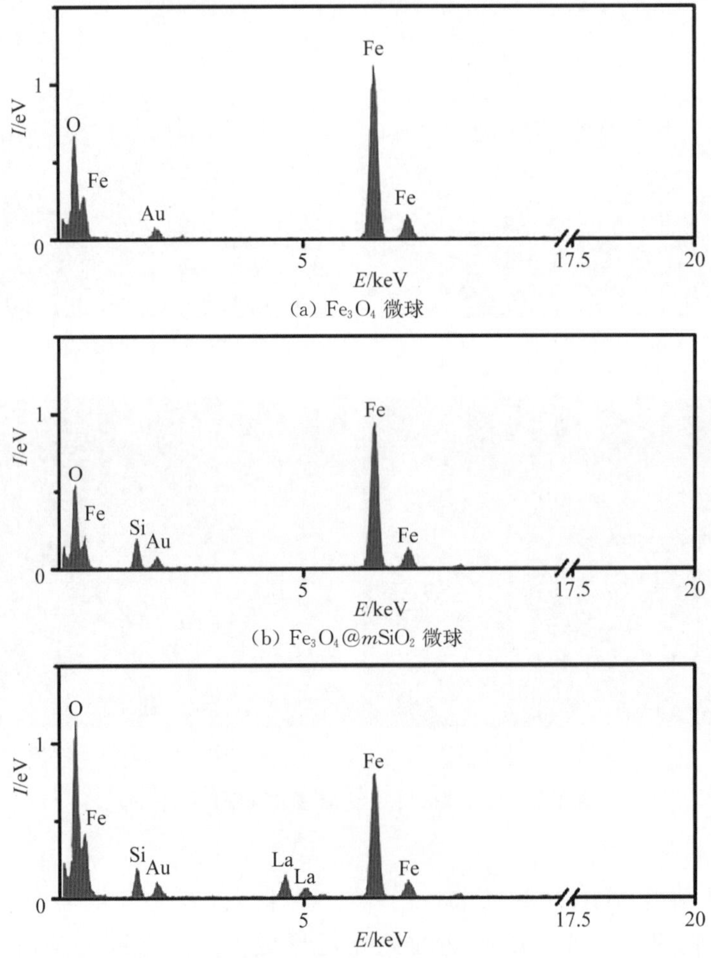

(a) Fe_3O_4 微球

(b) Fe_3O_4@$m$$SiO_2$ 微球

(c) Fe_3O_4@$La_xSi_yO_5$ 微球

图 2-101　不同材料的 EDX 分析

另外，Fe_3O_4 微球、Fe_3O_4@$m$$SiO_2$ 微球以及 Fe_3O_4@$La_xSi_yO_5$ 微球的磁滞曲线如图 2-102所示，其磁饱和值分别为 62.8 emu·g^{-1}，38.8 emu·g^{-1}以及 47.2 emu·g^{-1}，表明 Fe_3O_4@$La_xSi_yO_5$ 微球具有良好的磁性分离能力。

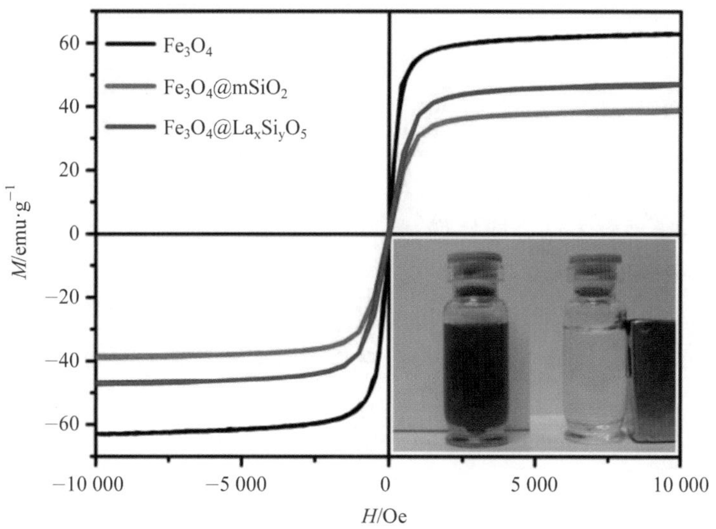

图 2-102　不同材料的磁滞曲线以及 Fe_3O_4@$La_xSi_yO_5$ 微球在外加磁场下的分离过程

2.8　磁性碳纳米管材料和磁性石墨烯材料

2.8.1　磁性碳纳米管[40]

2.8.1.1　酸化碳纳米管

多壁碳纳米管(multiple-walled carbon nanotubes, MWCNTs)首先要用硝酸进行酸化处理，称取一定量的 MWCNTs 分散于浓硝酸中，于 60 ℃中加热搅拌 6 h，使之酸化。黑色分散液超声 0.5 h 后，将 MWCNTs 用水洗 5 次，使 pH 值调至中性，然后离心分离，在 50 ℃条件下真空干燥。

2.8.1.2　Fe_3O_4 磁珠与多壁碳纳米管的共组装

Fe_3O_4 与 MWCNTs 的共组装反应采用水热合成法。称取 0.81 g(3 mmol) $FeCl_3$·$6H_2O$ 溶于 40 mL 乙二醇中，搅拌至溶液澄清后，加入 200 mg 酸化干燥后的 MWCNTs，超声 3 h 使之分散均匀。再加入 3.6 g NaAc 和 1.0 g 聚乙二醇，混合搅拌 0.5 h。将混合分散液转移至 200 mL 反应釜，在 200 ℃高温下反应 12 h。冷却至室温后黑色流体即为 MWCNTs/Fe_3O_4，在磁铁辅助下用乙醇洗 5 遍，在真空 60 ℃条件下干燥，备用。

2.8.2 磁性石墨烯[41]

2.8.2.1 石墨烯材料的酸化

将石墨烯薄片充分浸润在装有一定体积的浓硝酸的三颈瓶中，在水浴60 ℃加热的环境中，机械搅拌 6 h，随后逐渐滴加氢氧化钠溶液中和反应过量的硝酸，并用大量去离子水反复洗涤至中性左右。将处理好的酸化石墨烯通过离心机高速离心收集，并在 60 ℃真空烘箱中烘干保存。

2.8.2.2 在石墨烯平台上结合磁性微球

将 800 mg 的 $FeCl_3 \cdot 6H_2O$ 固体黄色颗粒在磁力搅拌的帮助下溶解于乙二醇中，随后在该溶液中加入 150 mg 柠檬酸钠和 150 mg 上一步酸化好的石墨烯材料，并置于超声仪中超声约 2 h 以分散均匀。之后加入 3.5 g 乙酸钠以及 2.0 g 聚乙二醇 PEG - 20000，超声分散后，将该混悬液转移至反应釜中，在 200 ℃高温下反应 12 h。反应结束后，冷却 12 h，经磁铁分离后，用去离子水洗涤数遍，在 60 ℃真空烘箱中烘干保存，待用。

2.8.3 有序介孔硅包覆的磁性碳纳米管（MWCNTs/Fe_3O_4 -@$m$$SiO_2$）材料[40]

2.8.3.1 有序介孔硅包覆的磁性碳纳米管材料的合成

如图 2 - 103 所示，首先合成磁性碳纳米管（MWCNTs/Fe_3O_4）。然后，氧化硅介孔在正电荷表面活性剂 CTAB 的模板作用下通过一步溶胶-凝胶反应包覆在磁性 MWCNTs/Fe_3O_4 上。MWCNTs/Fe_3O_4，CTAB 和 H_2O 以 50 mg/500 mg/50 mL 比例混合，超声30 min，使材料与 CTAB 得到很好的分散。接下来加入 400 mL H_2O 和 50 mL 0.01 mol · L^{-1} 的 NaOH 溶液超声 5 min形成均匀稳定的分散液，然后置于 60 ℃水浴恒温反应。反应30 min后在搅拌的同时缓慢加入 2.50 mL TEOS/乙醇的混合液（v/v：1/4），继续置于 60 ℃水浴反应 12 h。经过磁性分离和乙醇洗涤，真空烘干后分散于 50 mL 丙酮中于 50 ℃水浴回流以除去 CTAB。为了能够彻底除去表面活性剂 CTAB，回流过程需重复 5 次，最终得到的材料用乙醇洗涤之后于 50 ℃真空干燥。最后，材料在氮气保护下置于管式炉中，以 2 ℃ · min^{-1} 的升温速度升温至 300 ℃，并于 300 ℃维持 1 h，自然冷却至室温后材料即可用于接下来的肽段富集实验。

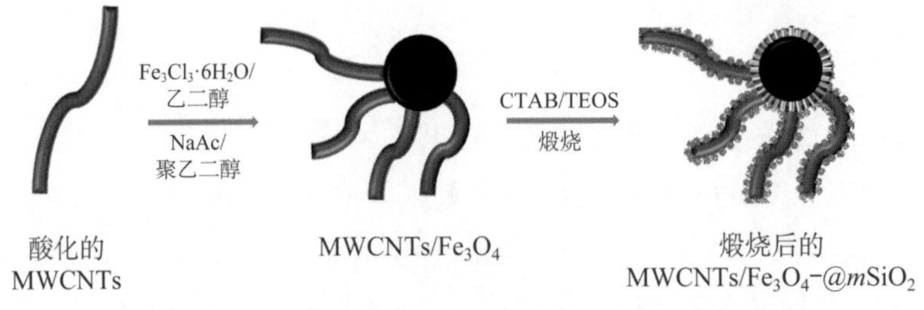

图 2 - 103　有序介孔硅包覆的磁性碳纳米管材料的合成

2.8.3.2 c - MWCNTs/Fe_3O_4 -@$m$$SiO_2$ 的表征

扫描电子显微镜照片如图 2 - 104（a）所示，在 Fe_3O_4 磁珠上延伸出几条 MWCNTs，展示出 c-MWCNTs/Fe_3O_4-@$m$$SiO_2$(c 表示煅烧过)蝌蚪形材料。用透射电子显微镜则可更深入地研究 c-MWCNTs/Fe_3O_4-@$m$$SiO_2$ 材料的蝌蚪结构。在图 2-104(b)所示的 TEM 图中可以很清楚地看到 c-MWCNTs/Fe_3O_4-@$m$$SiO_2$ 材料外层灰色的氧化硅介孔包覆的部分,c-MWCNTs/Fe_3O_4-@$m$$SiO_2$ 材料中 Fe_3O_4 磁珠的直径约为 250 nm,而 MWCNTs 圆柱的直径约为 50 nm。在 TEM 图中能够清晰呈现厚度约为 50 nm 的介孔氧化硅层(灰色部分),并且通过高倍显微镜照片,可以发现通过表面活性剂 CTAB 和硅的低聚体的共组装反应,孔道垂直排列在氧化硅表面上。特殊的孔道方向增加了材料的表面积,同时为客体分子增加了进入孔道的可能性,也为吸附和富集奠定了一定基础。

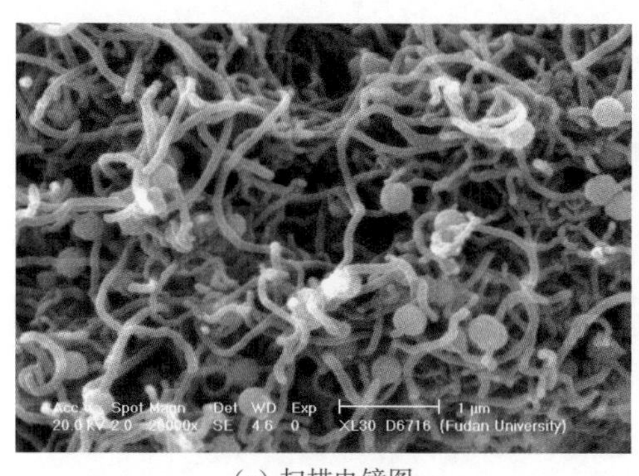

(a) 扫描电镜图

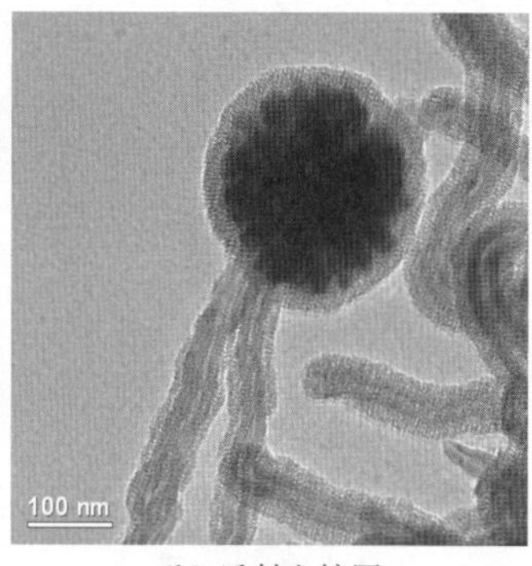

(b) 透射电镜图

图 2-104 八爪鱼形 c-MWCNTs/Fe_3O_4-@$m$$SiO_2$ 材料的扫描电镜和透射电镜图

红外光谱分析主要用来表征材料表面的基团,如图 2-105 所示,对 MWCNTs/Fe_3O_4-@$m$$SiO_2$ 与 MWCNTs/Fe_3O_4 材料同时进行红外检测。两种材料均在 581 cm^{-1}处有吸收,为 Fe—O—Fe 的典型伸缩振动吸收峰。通过对比,1 087 cm^{-1}, 1 697 cm^{-1}和约 3 400 cm^{-1}处的吸收仅出现在 MWCNTs/Fe_3O_4-@$m$$SiO_2$ 材料的红外光谱图中,说明这 3 处吸收可能为氧化硅介孔的单独吸收峰。1 087 cm^{-1}的吸收归属于 Si—O—Si 伸缩振动,而 3 400 cm^{-1}和

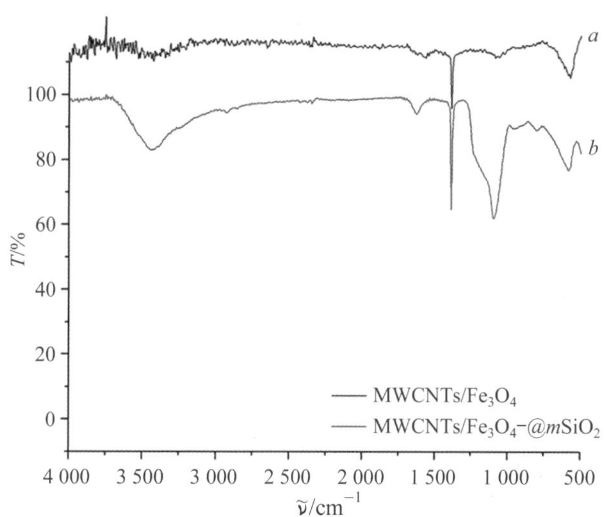

图 2-105 自组装的杂化 MWCNTs/Fe_3O_4 材料包覆二氧化硅介孔外壳前后的红外谱图对比(曲线 a: MWCNTs/Fe_3O_4;曲线 b: MWCNTs/Fe_3O_4-@$m$$SiO_2$)

1 697 cm^{-1}这两处吸收峰则归属于氧化硅外层的硅羟基 Si—OH。红外分析结果的对照表明氧化硅层成功包覆在 MWCNTs/Fe_3O_4 材料的外表面。

广角 X 射线粉末衍射展示了 c-MWCNTs/Fe_3O_4-@$m$$SiO_2$ 材料的高分辨衍射峰(见图 2-106)。为了考察合成步骤对材料相态的影响,将 MWCNTs/Fe_3O_4 和 MWCNTs/Fe_3O_4-@$m$$SiO_2$ 材料的 XRD 结果与 MWCNTs 的进行了对比。图 2-106(a)中 $2\theta=26.2°$ 的衍射峰可能为 MWCNTs 在 002 相位的衍射峰。通过对比发现,MWCNTs/Fe_3O_4 和 c-MWCNTs/Fe_3O_4-@$m$$SiO_2$ 具有磁铁矿 Fe_3O_4 粒子和 MWCNTs 两种材料的相态。而 MWCNTs/Fe_3O_4 和 c-MWCNTs/Fe_3O_4-@$m$$SiO_2$ 的衍射峰位置相同,也说明合成中的溶胶-凝胶过程并没有影响 MWCNTs/Fe_3O_4 的基本骨架与相态。

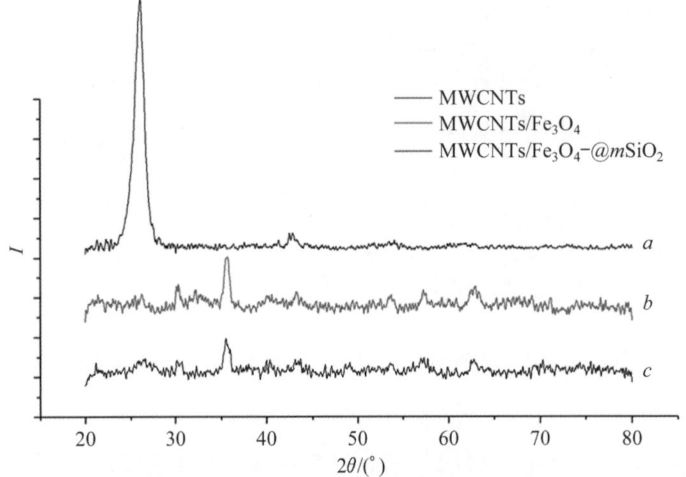

图 2-106 **3 种材料的广角 X 射线粉末衍射图(曲线 *a*: MWCNTs;曲线 *b*: 杂化 MWCNTs/Fe_3O_4;曲线 *c*: c-MWCNTs/Fe_3O_4-@$m$$SiO_2$)**

氮气吸附-脱附表征用来表征 c-MWCNTs/Fe_3O_4-@$m$$SiO_2$ 材料的多孔性质。如图 2-107所示,c-MWCNTs/Fe_3O_4-@$m$$SiO_2$ 材料的氮气吸附-脱附曲线为带有滞后环的

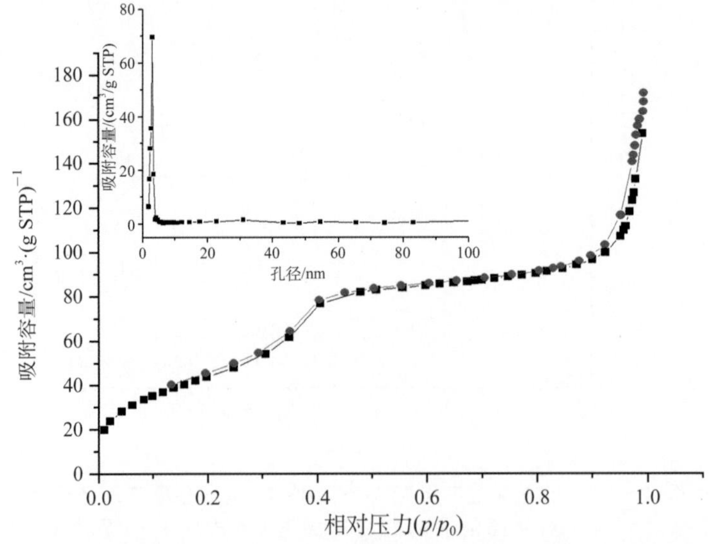

图 2-107 **c-MWCNTs/Fe_3O_4-@$m$$SiO_2$ 材料的氮吸附和孔径分布曲线**

Ⅳ型曲线。用 BJH 方法计算吸附分支得到 c - MWCNTs/Fe_3O_4 -@$m$$SiO_2$ 材料的孔径分布,它在 3.69 nm 处具有很窄的一个分布,这说明材料表面的多孔大小比较均匀。通过计算得到材料的 BET 表面积为 161.1 $m^2 \cdot g^{-1}$,总孔体积为 0.277 $cm^3 \cdot g^{-1}$。致密的多孔性和窄的孔径分布为材料用于选择性富集提供了可能性。

2.8.4 双面磁性介孔石墨烯(Fe_3O_4 - graphene@$m$$SiO_2$)材料[41]

2.8.4.1 Fe_3O_4 - graphene@$m$$SiO_2$ 的合成

如图 2 - 108 所示,首先合成磁性石墨烯,然后在磁性石墨烯上包覆介孔层。包覆介孔操作如下:将 50 mg 上一步所获得的亲水性磁性石墨烯材料与 500 mg 十六烷基三甲基溴化铵分散在 50 mL 去离子水中,并超声 30 min 至分散均匀。随后加入 400 mL 去离子水与 50 mL 浓度为 0.01 mol·L^{-1}的氢氧化钠溶液,超声 10 min 至分散均匀。然后,在 60 ℃水浴环境下,机械搅拌 30 min,在溶液混合均匀并预热至 60 ℃后,在机械搅拌的环境下,用医用注射器逐滴加入 2.5 mL 的正硅酸乙酯与乙醇的混合物,体积比(v/v)为 1/4。在 60 ℃恒温水浴环境下,机械搅拌反应 12 h。所得产物经磁铁分离后,用去离子水洗涤数遍,并用 60 mL丙酮回流 2 h 后,再用去离子水洗涤数遍,在 60 ℃真空烘箱中烘干 12 h。最终,在 550 ℃、氮气保护的环境下煅烧 6 h 以去除材料表面的羟基等极性基团,将磁性介孔石墨烯材料变为疏水性表面。

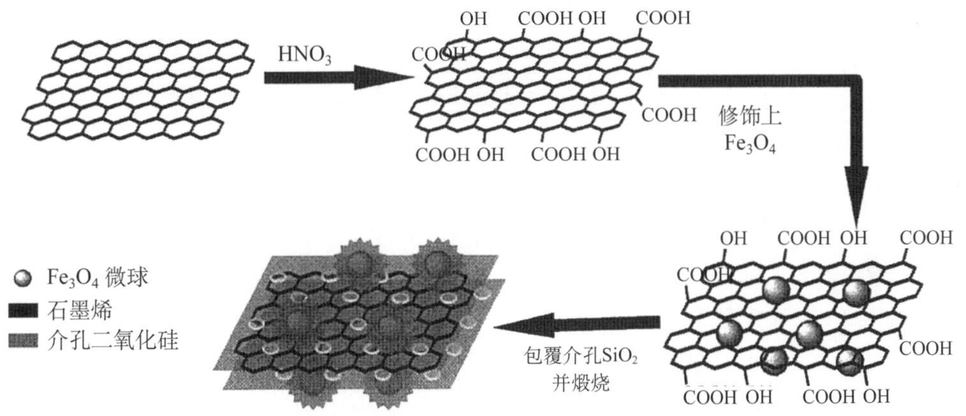

图 2 - 108　双面磁性介孔石墨烯(Mag - graphene@$m$$SiO_2$)

2.8.4.2 磁性介孔石墨烯材料 Fe_3O_4 - graphene@$m$$SiO_2$ 的表征

扫描电子显微镜图像显示出其特有的片状结构以及其表面所结合的若干 Fe_3O_4 磁性小球,并且可以测量出其片状结构的直径为约为 4 μm,如图 2 - 109(a),(b)所示。同样地,由透射电子显微镜图像可以从其片状结构及在其表面的磁性微球看出,在整个纳米复合物的表面均覆盖有一层介孔薄膜,如图 2 - 109(c),(d)所示。根据 TEM 图像亦可以看出,表面覆盖的介孔硅膜孔径约为 3.2 nm,片状结构两面上包覆的硅膜厚度约为50 nm。

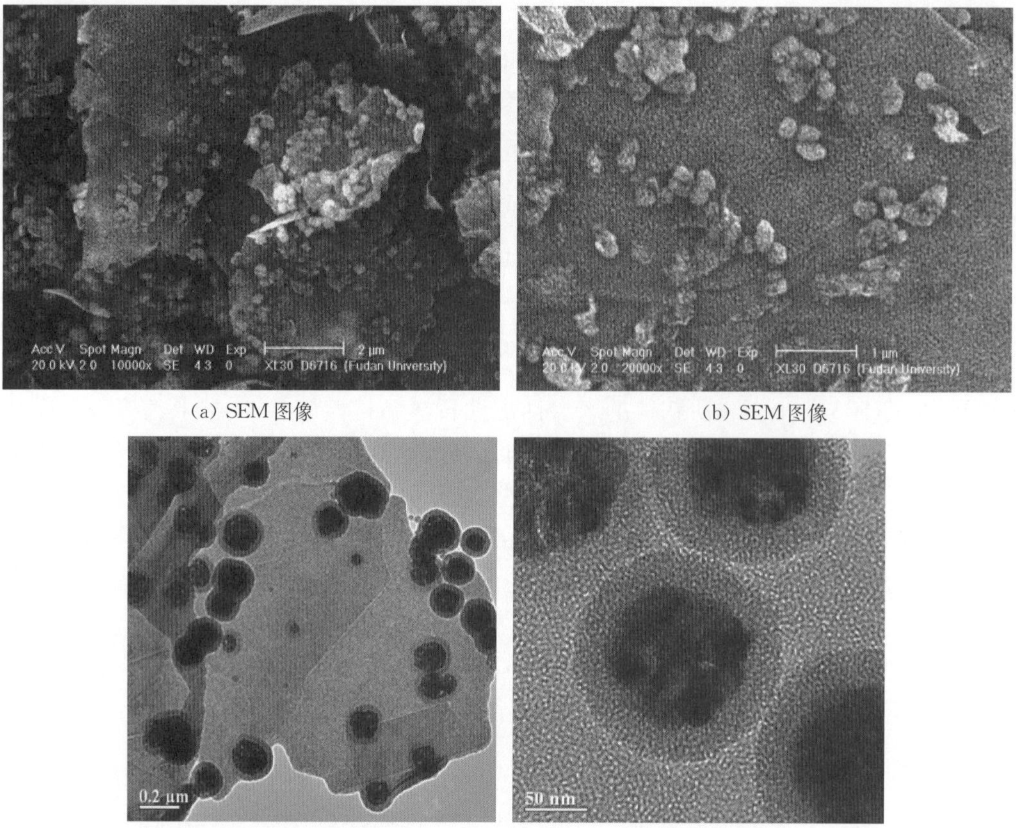

(a) SEM 图像 (b) SEM 图像

(c) TEM 图像 (d) TEM 图像

图 2-109 Fe_3O_4-graphene@mSiO$_2$ 的 SEM 图像与 TEM 图像

如图 2-110 所示，广角 X 射线粉末衍射数据表明，在 26°附近出现了很强的衍射峰，说明有大量石墨烯薄片的存在，是标志性的衍射峰。与此同时，在 30°，36°，46°，58°，62°附

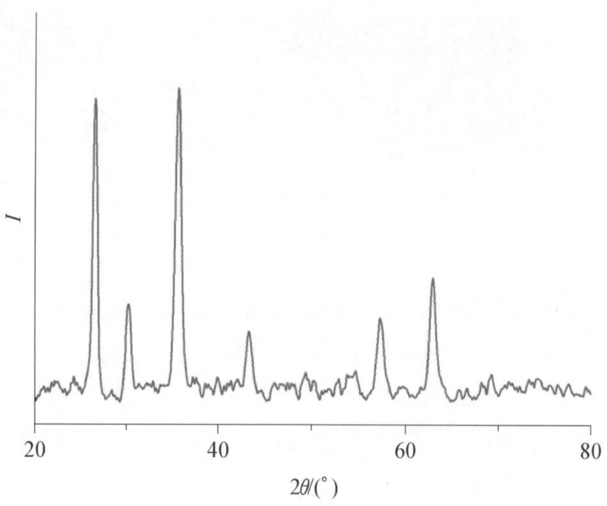

图 2-110 Fe_3O_4-graphene@mSiO$_2$ 广角 XRD 图

近，也出现了若干明显的衍射峰，根据相关文献及数据分析可以得出，这一系列衍射峰为 Fe_3O_4 磁性微球的特征衍射峰。

氮吸附脱附等温曲线(nitrogen adsorption and desorption isotherms)在 77 K 的条件下进行测定，如图 2-111 所示，数据图中出现了Ⅳ型吸附脱附特征曲线，并在相对压力 $0.4p/p_0$ 附近出现了一个尖锐的毛细凝聚过程，这些特征表明其具有典型的 MCM-41 硅材料所特有的有序介孔结构。可以根据所得数据，计算出双面磁性介孔石墨烯的平均孔径为 3.2 nm(如图 2-111 内图所示)，BET 表面积及总孔体积分别为 167.8 $m^2 \cdot g^{-1}$ 和 0.2 $cm^3 \cdot g^{-1}$，证明了此介孔材料具有的大的表面积和大的孔体积的特性。

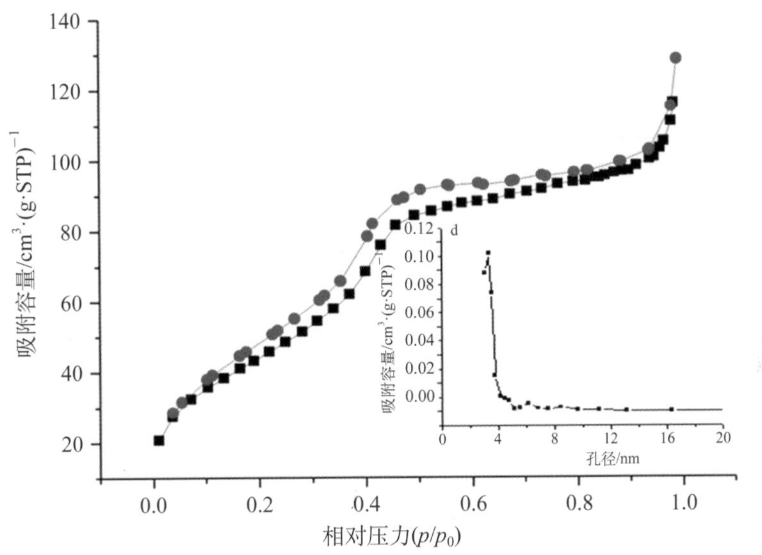

图 2-111 Fe_3O_4-graphene@mSiO$_2$ 氮吸附脱附等温线及孔径分布

从傅里叶红外光谱图(见图 1-112(a))中可以明显发现在 3 500 cm^{-1}处的吸收峰，此为酸化后石墨烯表面的羟基和羧基的 O—H 振动峰。在 1 715 cm^{-1}和 1 600 cm^{-1}处附近所出现的吸收峰可以断定为酸化石墨烯表面的羧基的 C═O 振动峰和石墨烯骨架中的 C═C 振动峰。这些结果可以说明，在石墨烯酸化的过程中，羧基和羰基的引入对石墨烯的骨架并没有任何破坏，羧基和羰基的成功引入也为下一步的修饰提供了帮助。如图 2-112 中的曲线 b 所示，在煅烧后的磁性介孔石墨烯 Fe_3O_4-graphene@mSiO$_2$ 的 FTIR 光谱图中，在 1 080 cm^{-1}处出现的吸收峰为复合材料表面硅膜的 Si—O—Si 振动吸收峰，在 1 600 cm^{-1}处同样出现了和修饰前几乎完全一样的石墨烯骨架 C═C 吸收峰，证明了在材料的修饰过程中石墨烯材料本身的高强度仍然保持稳定。可以发现，由于材料经过了高温无氧煅烧过程，在酸化石墨烯 FTIR 中 3 500 cm^{-1}处出现的 O—H 振动峰在磁性介孔石墨烯 Fe_3O_4-graphene @mSiO$_2$ 的 FTIR 光谱图中明显地减少，显示出很好的疏水性。综上所示，由于该材料具有了如此优异的物理、化学特性，可以期待其在从复杂生物样品中分离、选择性富集内源性肽的过程中会有优异的表现。

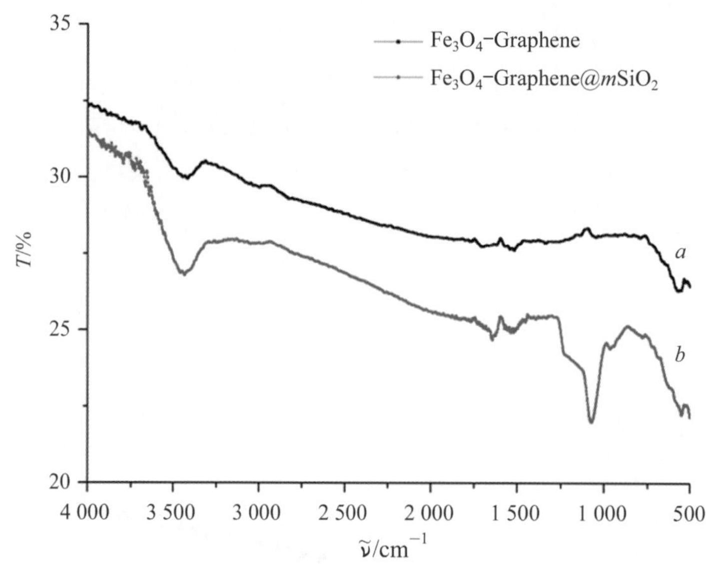

图 2 - 112　石墨烯材料的傅里叶红外表征图(曲线 *a*：酸化后石墨烯；曲线 *b*：磁性介孔石墨烯材料)

2.8.5　Mag GO@(Ti—Sn)O_4 杂化材料((Ti—Sn)O_4 二元金属氧化物杂化磁性石墨烯)[42]

2.8.5.1　Mag GO@(Ti—Sn)O_4 杂化材料的合成

Mag GO(Fe_3O_4 - Graphene)的合成具体方法见以上所述。

Mag GO@(Ti—Sn)O_4 杂化材料的具体合成过程如图 2 - 113 所示，具体操作如下：将 0.5 mL 钛酸四丁酯和 0.3 g $SnCl_4 \cdot 5H_2O$ 分散于 50 mL 无水乙醇中，超声 30 min。再加入 15 mg Mag GO，超声 30 min。在机械搅拌下，于 30 min 内将 60 mL 乙醇和水(v/v：5/1)混合溶液逐滴加入，然后继续搅拌反应 8 h。所得固体产物分别用去离子水和乙醇清洗，真空干燥后在氮气保护下，于 400 ℃煅烧 2 h。

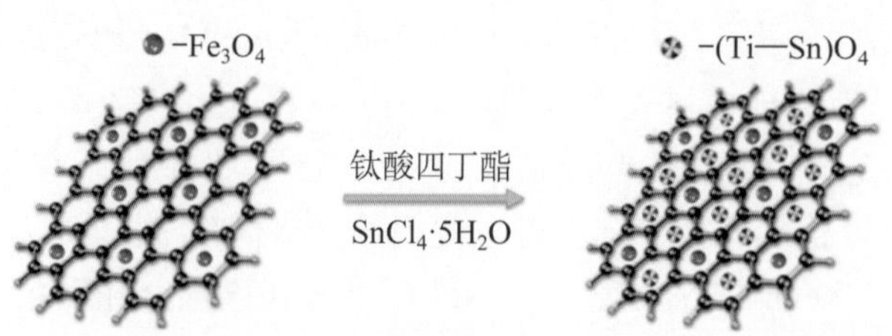

图 2 - 113　Mag GO@(Ti—Sn)O_4 杂化材料的合成示意

2.8.5.2　Mag GO@(Ti—Sn)O_4 杂化材料的部分表征

图 2 - 114(a)所示为 Mag GO@(Ti—Sn)O_4 杂化材料 SEM 表征，由此图可以看到石墨

烯呈透明片状，磁球直径约为 400 nm。如图 2－114(b)，(c)所示，Mag GO@(Ti—Sn)O_4 杂化材料上纳米微球的表面粗糙且有颗粒感。同时，HRTEM 显示杂化材料上(Ti—Sn)O_4 二元金属氧化物微球同时拥有 0.25 nm 和 0.26 nm 两种晶格间距，分别对应金红石 TiO_2 的(101)晶面和正方 SnO_2 的(101)晶面，表明 TiO_2 与 SnO_2 形成的(Ti—Sn)O_4 为原子水平二元金属杂化氧化物微球(见图 2－114(d))。如表 2－6 所示，Ti 与 Sn 的原子摩尔比为 0.12/0.11，即 Ti 与 Sn 是等比例形成二元金属杂化氧化物微球。经测试 Mag GO@(Ti—Sn)O_4 杂化材料的比表面积为 361.5 $m^2 \cdot g^{-1}$，而 Mag GO@TiO_2 复合材料的比表面积仅为 191.9 $m^2 \cdot g^{-1}$。

(a) Mag GO@(Ti—Sn)O_4 的 SEM 图

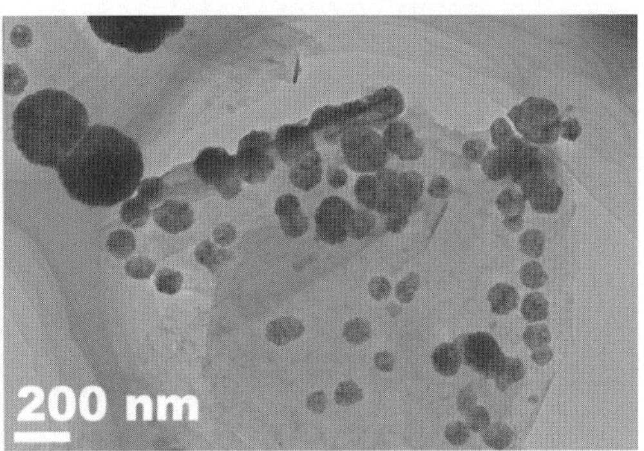

(b) Mag GO@(Ti—Sn)O_4 的 TEM 图

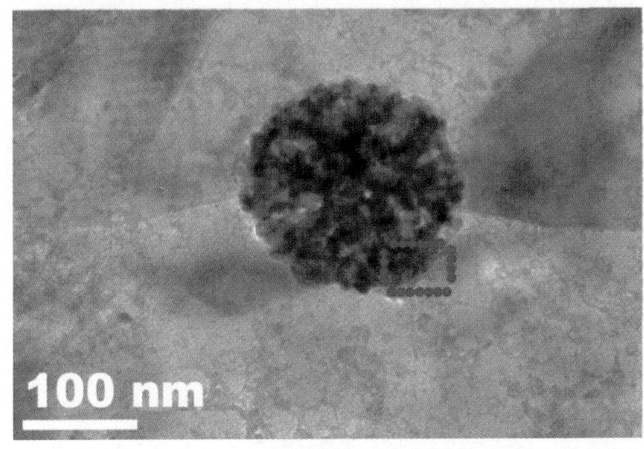

(c) 杂化材料上(Ti—Sn)O_4 二元金属氧化物微球的 TEM 图

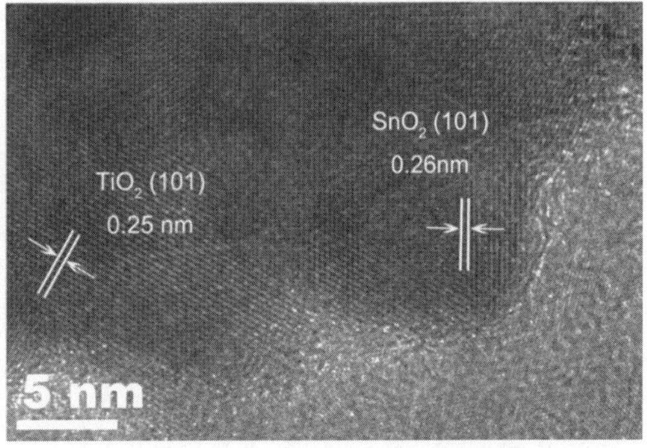

(d) (Ti—Sn)O_4 二元金属氧化物微球的 HRTEM 图

图 2－114 两种杂化材料的 SEM 图、TEM 图和 HRTEM 图

表 2－6 Mag GO@(Ti—Sn)O_4 杂化材料的 EDX 分析

元素	质量分数/%	摩尔分数/%
C	68.25	83.21
O	13.13	12.02
Ti	0.4	0.12
Fe	17.32	4.54
Sn	0.91	0.11
Total	100	100

2.8.6 Mag GO@PDA(聚多巴胺包覆磁性石墨烯)材料的合成[43]

称取 80 mg 多巴胺盐酸盐溶于 80 mL(10 m mol·L^{-1})Tris 缓冲液中,超声 5 min,加入 20 mg Mag GO于上述混合液中,室温下机械搅拌 10 h。所得固体产物分别用去离子水和乙醇清洗,真空干燥,备用。

2.8.7 二元金属氧化物杂化多巴胺包覆磁性石墨烯(Mag GO@PDA@(Zr—Ti)O_4)材料[43]

2.8.7.1 Mag GO@PDA@(Zr—Ti)O_4 杂化材料的合成

将 0.5 mL 异丙醇钛和 0.98 g 异丙醇锆分散于 50 mL 无水乙醇中,超声 30 min,加入 15 mg Mag GO@PDA,继续超声 30 min。然后在机械搅拌下,于 30 min 内逐滴加入 60 mL 乙醇和水(v/v: 5/1)混合液,继续搅拌 8 h。所得固体产物分别用去离子水和乙醇清洗,真空干燥后在氮气保护下,于 400 ℃煅烧 2 h。

另外,按照上述方法合成 Mag GO@PDA@ZrO_2 和 Mag GO@PDA@TiO_2 复合材料。

2.8.7.2 Mag GO@PDA@(Zr—Ti)O_4 杂化材料的部分表征

图 2-115 所示为 Mag GO@PDA@(Zr—Ti)O_4 杂化材料的 TEM 图。在本例中,合成的 Mag GO@PDA@(Zr—Ti)O_4 杂化材料中的石墨烯表面粗糙,一方面是因为石墨烯表面包覆了一层多巴胺;另一方面,Mag GO@PDA@(Zr—Ti)O_4 上的(Zr—Ti)O_4 不是球状结构,而是均匀覆盖在聚多巴胺包裹的磁性石墨烯表面,如图 2-116 所示,Zi 和 Ti 两种金属的分布图显示两者重叠交杂,形成二元金属杂化氧化物。

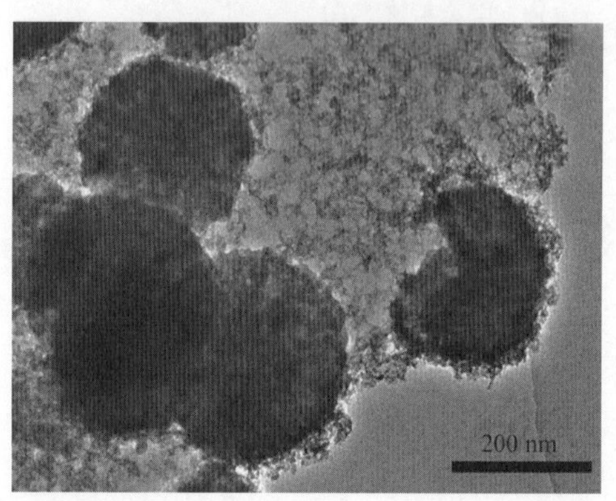

(a) Mag GO@PDA@(Zr—Ti)O_4 杂化材料的 TEM 图

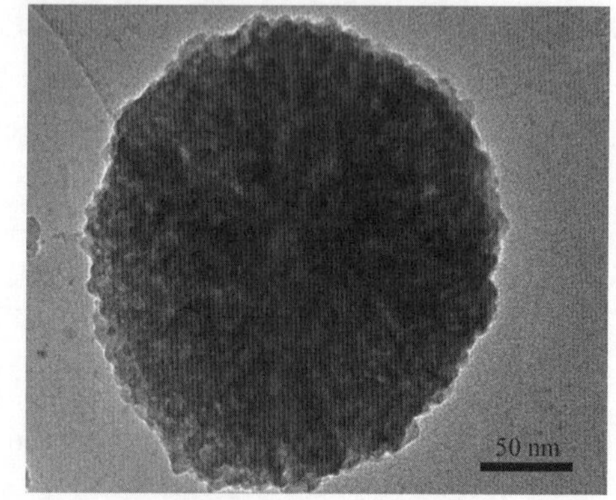

(b) Mag GO@PDA@(Zr—Ti)O_4 杂化材料上 Fe_3O_4 微球的 TEM 图

图 2-115 两种材料的 TEM 图

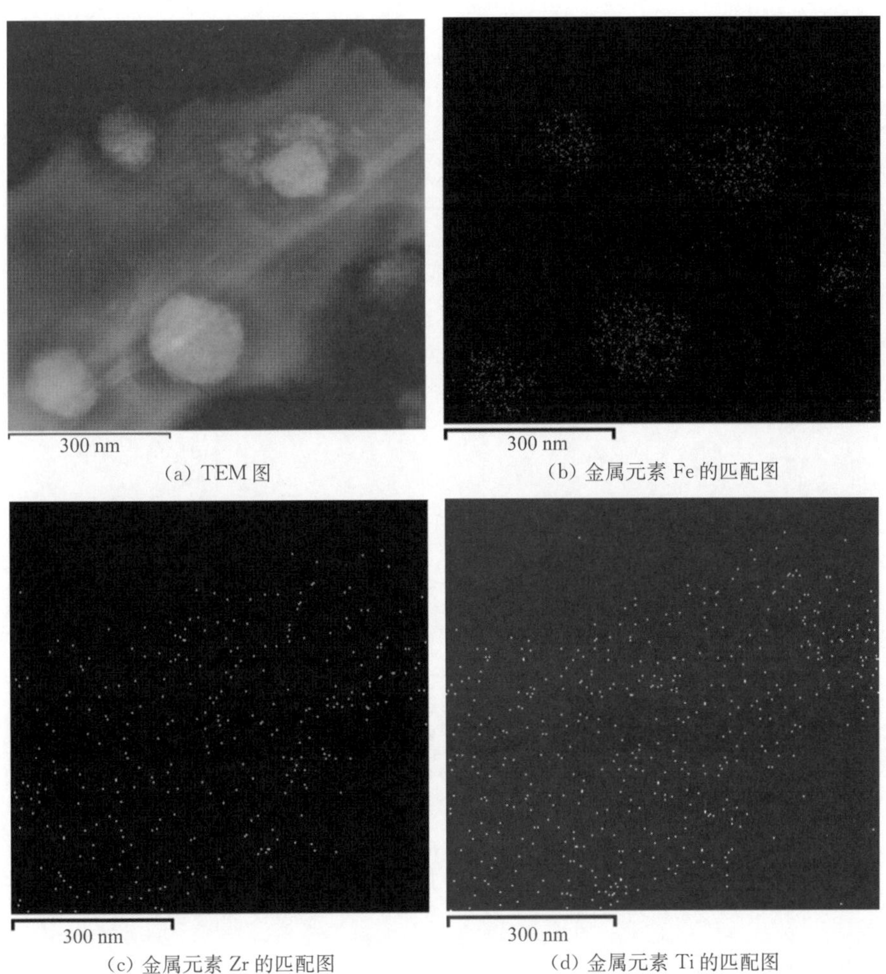

(a) TEM 图

(b) 金属元素 Fe 的匹配图

(c) 金属元素 Zr 的匹配图

(d) 金属元素 Ti 的匹配图

图 2-116 Mag GO@PDA@(Zr—Ti)O_4 杂化材料的 TEM 图和其金属元素 EDX 匹配图

与 Mag GO@(Ti—Sn)O_4 杂化材料相似之处在于，Zr 和 Ti 的原子摩尔比为 14.54∶14.56(见表 2-7)，即 Zr 和 Ti 也是等比例形成二元金属杂化氧化物微球。

表 2-7 Mag GO@PDA@(Zr—Ti)O_4 杂化材料 EDX 分析

元素	质量分数/%	摩尔分数/%
Ti	11.56	14.56
Fe	64.87	69.90
Zr	23.57	14.54

2.8.8 聚乙二醇修饰的磁性氧化石墨烯(GO/Fe_3O_4/Au/PEG)复合材料[44]

2.8.8.1 GO/Fe_3O_4/Au/PEG 复合材料的制备

合成 GO/Fe_3O_4/Au/PEG 复合材料的方法如图 2-117 所示。

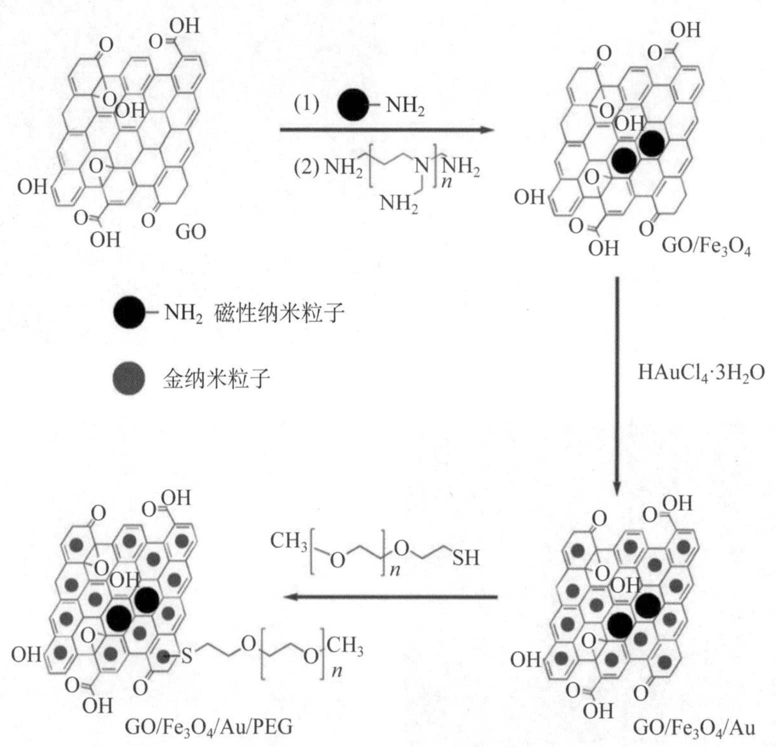

图 2-117　GO/Fe_3O_4/Au/PEG 复合材料的合成示意

1. GO/Fe_3O_4 的合成

称取 10 mg 氧化石墨烯(graphene oxide, GO)溶于 40 mL 2-吗啉乙磺酸(MES, 0.1 mol·L^{-1}, pH=5.6)中,超声 3 h 后加入 95.5 mg 二甲基氨基丙基乙基碳酰胺和 57.5 mg N-羟基磺基琥珀酰亚胺。继续超声 2 h。然后加入 20 mg 氨基功能化的磁性微球,继续超声 1 h。所得产物经去离子水和乙醇清洗后真空干燥。

2. GO/Fe_3O_4/Au 的合成

称取 30 mg 聚乙烯亚胺溶于 1 mL 1.5 mg·mL^{-1}的 GO/Fe_3O_4 分散液中,剧烈搅拌 1 h。在外加磁场下将产物分离并重溶于 1 mL H_2O 中,然后加入 4 μL 浓度为 100 mg·mL^{-1}的 $HAuCl_4·3H_2O$ 溶液,于 70 ℃反应 1 h。所得产物水洗后真空干燥,备用。

3. GO/Fe_3O_4/Au/PEG 复合材料的合成

称取 2 mg GO/Fe_3O_4/Au 与 20 mg 巯基 PEG 分散于 1 mL H_2O 中,室温搅拌 24 h。所得产物水洗后真空干燥备用。

2.8.8.2　GO/Fe_3O_4/Au/PEG 复合材料的表征

经 XPS 分析,从图 2-118(a)可以观察到 C 1s, O 1s, N 1s, Si 2p, Fe 2p 以及 Au 4f 的特征峰,而从图 2-118(b)中观察到的 Au 4f 的结合能 84.1 eV 和 87.8 eV 可分别归属于

Au^0 的 Au 4f 7/2 和 Au 4f 5/2，这些结果表明金纳米粒子被成功固定在磁性氧化石墨烯的表面。图 2－118(c)，(d)，(e)所示分别为 GO/Fe_3O_4，$GO/Fe_3O_4/Au$ 以及 $GO/Fe_3O_4/Au/PEG$ 复合材料的 TEM 图。从此图中可以看出磁性纳米粒子分散在氧化石墨烯的表面，金纳米粒子分散在磁性微球和氧化石墨烯的表面。氧化石墨烯的独特结构为巯基 PEG 的修饰提供了足够的支撑，确保了材料的高亲水性。

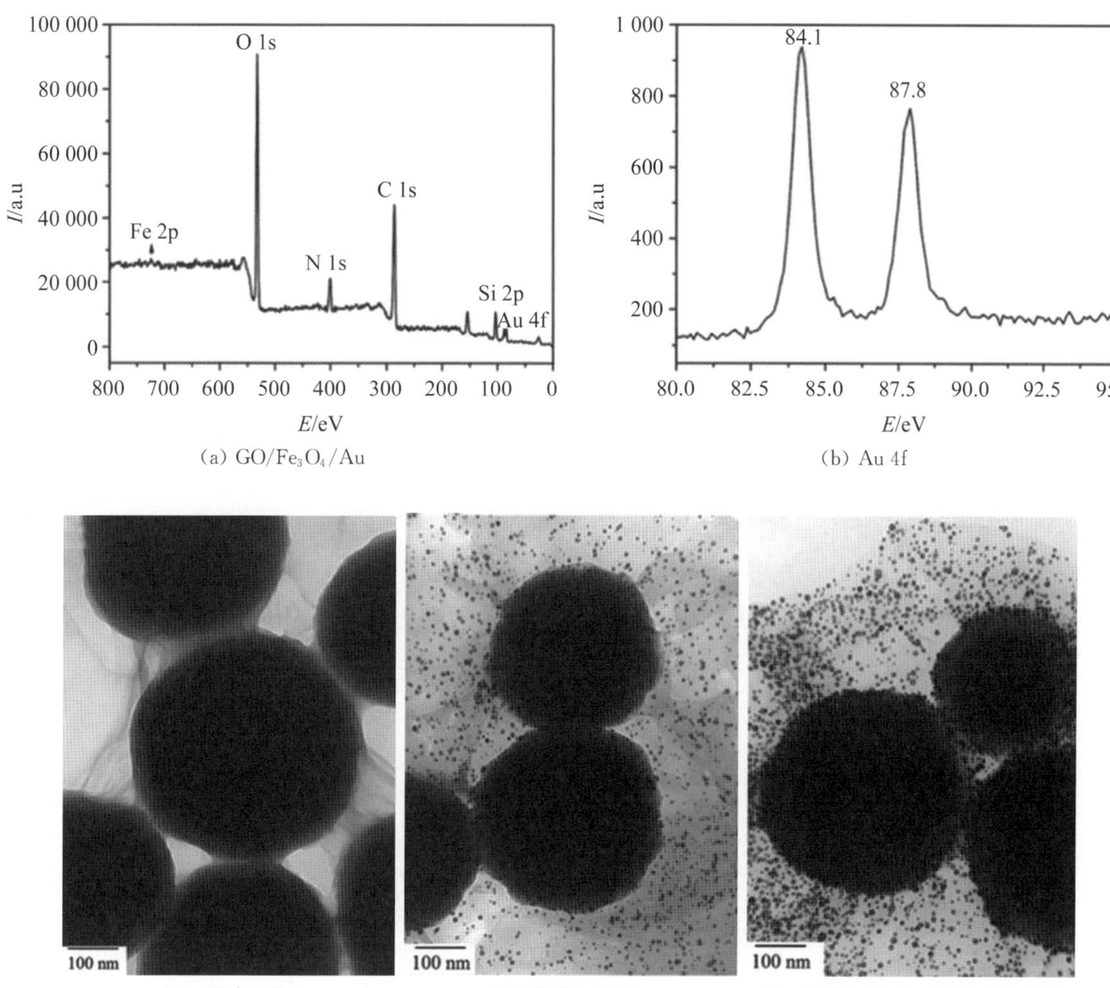

(a) $GO/Fe_3O_4/Au$　　(b) Au 4f

(c) GO/Fe_3O_4　　(d) $GO/Fe_3O_4/Au$　　(e) $GO/Fe_3O_4/Au/PEG$ 复合材料

图 2－118　不同材料的 XPS 分析谱图和 TEM 图

GO/Fe_3O_4、$GO/Fe_3O_4/Au$ 以及 $GO/Fe_3O_4/Au/PEG$ 复合材料的 TGA 分析曲线如图 2－119所示，在 900 ℃时，$GO/Fe_3O_4/Au/PEG$ 复合材料比 $GO/Fe_3O_4/Au$ 复合材料有少量的质量丢失，经测算，$GO/Fe_3O_4/Au/PEG$ 复合材料中的巯基 PEG 的含量约为 9.28 *wt*%。

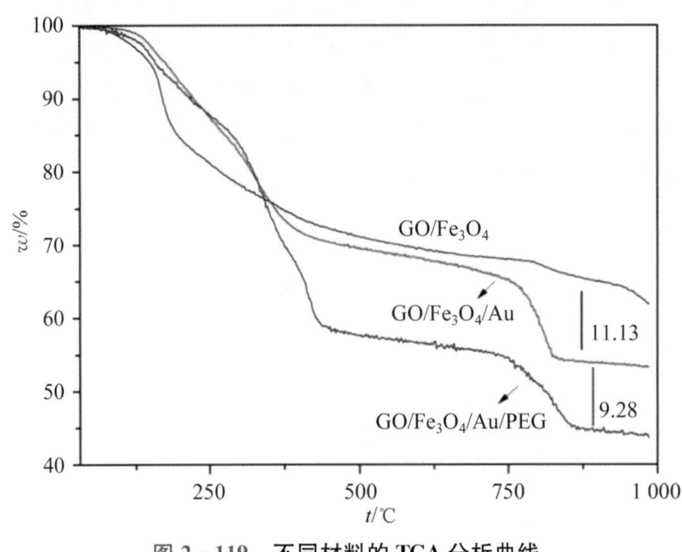

图 2 - 119 不同材料的 TGA 分析曲线

2.8.9 麦芽糖与 PAMAM 共修饰的磁性氧化石墨烯(Fe_3O_4 - GO@nSiO$_2$ - PAMAM - Au-maltose)复合材料[45]

2.8.9.1 Fe_3O_4 - GO@nSiO$_2$ - PAMAM - Au-maltose 复合材料的制备

Fe_3O_4 - GO@nSiO$_2$ - PAMAM - Au-maltose 复合材料的合成示意如图 2 - 120 所示，简述如下：首先利用水热法合成磁性氧化石墨烯，然后在磁性氧化石墨烯表面包覆一层

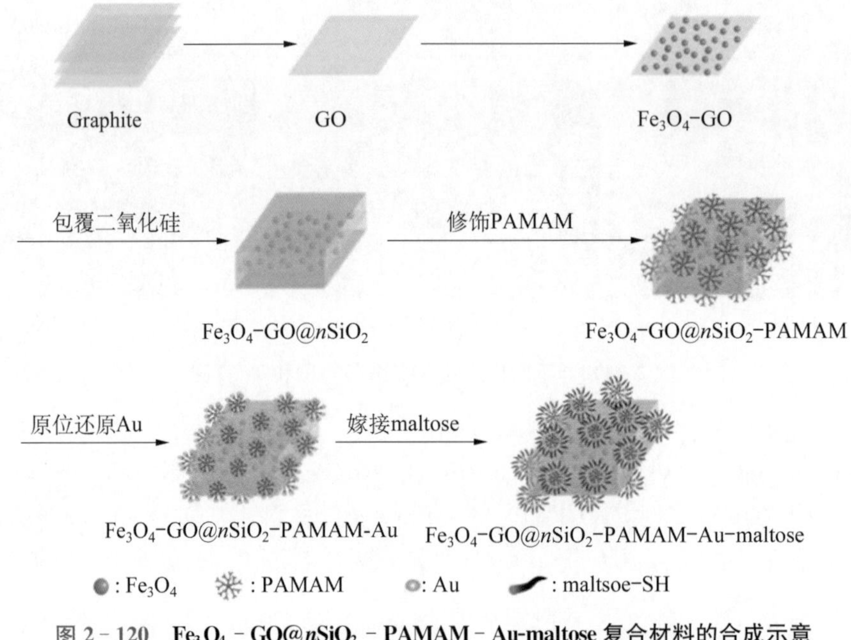

图 2 - 120 Fe_3O_4 - GO@nSiO$_2$ - PAMAM - Au-maltose 复合材料的合成示意

硅层用于连接上聚酰胺-胺型树枝状高分子(polyamidoamine dendrimers，PAMAM)聚合物分子，PAMAM 聚合物分子可以为修饰亲水成分的分子提供巨大的活性位点。然后，金纳米粒子作为连接剂连接到 Fe_3O_4 - GO@$n$$SiO_2$ - PAMAM 的表面，用于连接巯基麦芽糖。

2.8.9.2　Fe_3O_4 - GO@$n$$SiO_2$ - PAMAM - Au-maltose 复合材料的表征

图 2 - 121 所示为 Fe_3O_4 - GO@$n$$SiO_2$ - PAMAM - Au-maltose 复合材料及其合成过程中一系列中间产物的 TEM 图。对比图(a)～(d)可以看出，Fe_3O_4 - GO@$n$$SiO_2$ - PAMAM - Au-maltose 复合材料为“三明治”结构。

(a) GO　(b) Fe_3O_4 - GO

(c) Fe_3O_4 - GO@$n$$SiO_2$　(d) Fe_3O_4 - GO@$n$$SiO_2$ - PAMAM - Au-maltose 复合材料

图 2 - 121　不同材料的 TEM 图

图 2 - 122(a)所示的 Fe_3O_4 - GO 的红外谱图中仅有 Fe—O 键的振动吸收峰 580 cm^{-1} 以及 GO 的指纹谱图峰，然而，在其表面包覆硅层后，在 Fe_3O_4 - GO@$n$$SiO_2$ 的红外谱图中出现了 Si—O—Si 的振动吸收峰 1 084 cm^{-1}，953 cm^{-1} 以及 459 cm^{-1}。在 Fe_3O_4 - GO@$n$$SiO_2$ - PAMAM - Au-maltose 复合材料的红外谱图中则出现了酰胺的特征吸收峰，表明 PAMAM 聚合物成功包覆。图 2 - 122(b)所示的 XRD 以及图 2 - 122(c)所示的 EDS 分析进一步表明材料中存在金纳米粒子。图 2 - 122(d)所示的 TGA 分析曲线表明麦芽糖的存

在，由此图看出，与 Fe_3O_4 - GO@$n$$SiO_2$ - PAMAM - Au 复合材料相比，Fe_3O_4 - GO@$n$$SiO_2$ - PAMAM - Au-maltose 复合材料在 600 ℃左右质量丢失约为 8.03%。

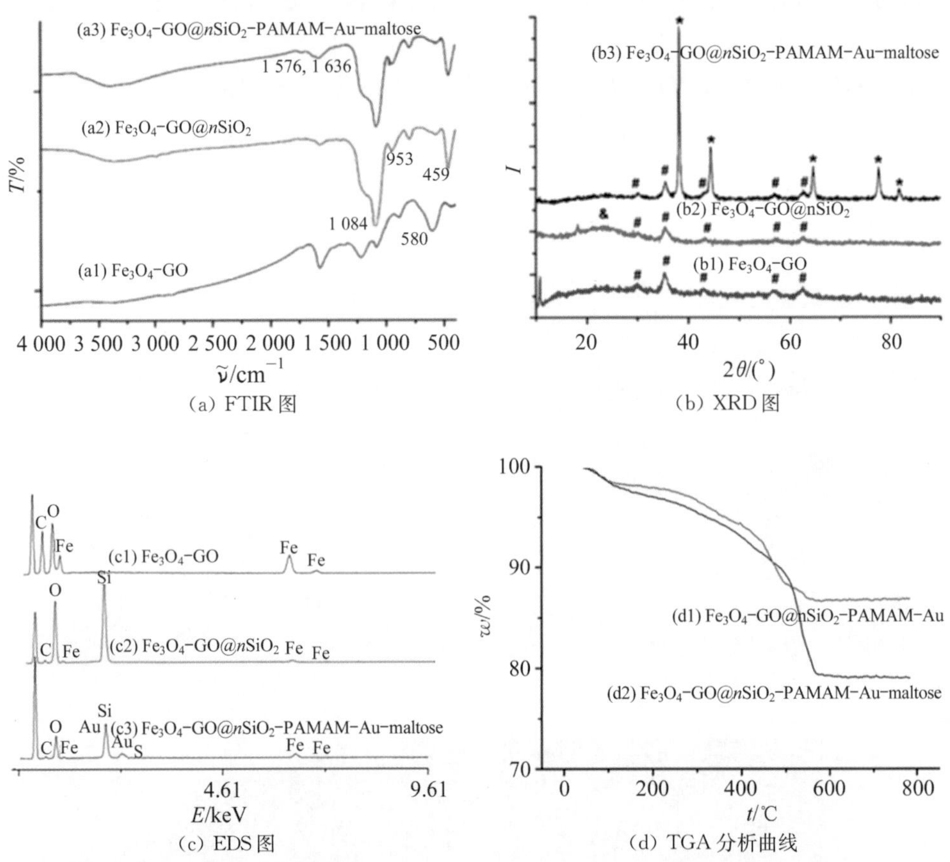

(a) FTIR 图 (b) XRD 图

(c) EDS 图 (d) TGA 分析曲线

图 2-122 不同材料的 FTIR 图、XRD 图(&，#，* 分别代表硅、磁球、Au 的特征峰)和 EDS 图、TGA 分析曲线

参考文献

[1] 朱路平. 微纳米结构磁性材料的设计、制备及磁性能研究[D]. 中国科学院理化技术研究所，2008.

[2] 王辉. 磁性 Fe_3O_4 核壳纳米粒子的合成、组装和应用[D]. 合肥：中国科学技术大学，2011.

[3] 张立德. 纳米材料和纳米结构[M]. 北京：科学出版社，2001.

[4] Herndon M K, Collins R T, Hollingsworth R E, *et al*. Near-field Scanning Optical Nanolithography Using Amorphous Silicon Photoresists [J]. *Applied Physics Letters*, 1999, 74(1): 141-143.

[5] 周春姣. 表面修饰超顺磁 Fe_3O_4 纳米颗粒的合成及应用研究[D]. 长沙：湖南大学，2010.

[6] 徐秀青. 基于功能磁性材料的蛋白质组学分离鉴定新方法研究[D]. 上海：复旦大学，2007.

[7] Lin S, Yun D, Qi D, *et al*. Novel Microwave-Assisted Digestion by Trypsin-Immobilized Magnetic Nanoparticles for Proteomic Analysis [J]. *Journal of Proteome Research*, 2008, 7(3): 1297-1307.

[8] Chen H, Liu S, Li Y, *et al*. Development of Oleic Acid-Functionalized Magnetite Nanoparticles as Hydrophobic Probes for Concentrating Peptides with MALDI-TOF-MS Analysis [J]. *Proteomics*, 2011, 11(5): 890-897.

[9] Chen H, Deng C, Li Y, *et al*. A Facile Synthesis Approach to C8 - Functionalized Magnetic

Carbonaceous Polysaccharide Microspheres for the Highly Efficient and Rapid Enrichment of Peptides and Direct MALDI-TOF-MS Analysis [J]. *Advanced Materials*, 2009,21(21): 2200 - 2205.

[10] Li Y, Zhang X, Deng C. Functionalized Magnetic Nanoparticles for Sample Preparation in Proteomics and Peptidomics Analysis [J]. *Chemical Society Reviews*, 2013,42(21): 8517 - 8539.

[11] 闫迎华. 功能化复合纳米材料的磷酸化蛋白质和糖基化蛋白质分析新方法研究[D]. 上海: 复旦大学,2014.

[12] Fang C, Xiong Z, Qin H, *et al*. One-pot Synthesis of Magnetic Colloidal Nanocrystal Clusters Coated with Chitosan for Selective Enrichment of Glycopeptides [J]. *Analytica Chimica Acta*, 2014,841: 99 - 105.

[13] Zheng J, Xiao Y, Wang L, *et al*. Click Synthesis of Glucose-functionalized Hydrophilic Magnetic Mesoporous Nanoparticles for Highly Selective Enrichment of Glycopeptides and Glycans [J]. *Journal of Chromatography A*, 2014,1358: 29 - 38.

[14] Tang J, Liu Y, Yin P, *et al*. Concanavalin A-Immobilized Magnetic Nanoparticles for Selective Enrichment of Glycoproteins and Application to Glycoproteomics in Hepatocelluar Carcinoma Cell Iine [J]. *Proteomics*, 2010,10(10): 2000 - 2014.

[15] Chen H, Deng C, Zhang X. Synthesis of Fe_3O_4 @ SiO_2 @ PMMA Core-Shell-Shell Magnetic Microspheres for Highly Efficient Enrichment of Peptides and Proteins for MALDI-T of MS Analysis [J]. *Angewandte Chemie International Edition*, 2010,49(3): 607 - 611.

[16] Chen Y, Xiong Z, Zhang L, *et al*. Facile Synthesis of Zwitterionic Polymer-Coated Core-Shell Magnetic Nanoparticles for Highly Specific Capture of N-linked Glycopeptides [J]. *Nanoscale*, 2015, 7(7): 3100 - 3108.

[17] Xiong Z, Zhao L, Wang F, *et al*. Synthesis of Branched PEG Brushes Hybrid Hydrophilic Magnetic Nanoparticles for the Selective Enrichment of N-linked Glycopeptides [J]. *Chemical Communications*, 2012,48(65): 8138 - 8140.

[18] Xiong Z, Qin H, Wan H, *et al*. Layer-by-Layer Assembly of Multilayer Polysaccharide Coated Magnetic Nanoparticles for the Selective Enrichment of Glycopeptides [J]. *Chemical Communications*, 2013,49(81): 9284 - 9286.

[19] Zhao M, Deng C, Zhang X. The Design and Synthesis of a Hydrophilic Core-Shell-Shell Structured Magnetic Metal-Organic Framework as a Novel Immobilized Metal Ion Affinity Platform for Phosphoproteome Research [J]. *Chemical Communications*, 2014,50(47): 6228 - 6231.

[20] Chen Y, Xiong Z, Li P, *et al*. Facile Preparation of Core-Shell Magnetic Metal Organic Framework Nanoparticles for the Selective Capture of Phosphopeptides [J]. *ACS Applied Materials & Interfaces*, 2015,7(30): 16338 - 16347.

[21] Wang M, Zhang X, Deng C. Facile Synthesis of Magnetic Poly(Styrene-co-4-Vinylbenzene-Boronic Acid) Microspheres for Selective Enrichment of Glycopeptides [J]. *Proteomics*, 2015,15(13): 2158 - 2165.

[22] Xu X, Deng C, Gao M, *et al*. Synthesis of Magnetic Microspheres with Immobilized Metal Ions for Enrichment and Direct Determination of Phosphopeptides by Matrix-Assisted Laser Desorption Ionization Mass Spectrometry [J]. *Advanced Materials*, 2006,18(24): 3289 - 3293.

[23] Wang Y, Liu M, Xie L, *et al*. Highly Efficient Enrichment Method for Glycopeptide Analyses: Using Specific and Nonspecific Nanoparticles Synergistically [J]. *Analytical chemistry*, 2014,86(4): 2057 - 2064.

[24] Zhang L, Xu Y, Yao H, *et al*. Boronic Acid Functionalized Core-Satellite Composite Nanoparticles for Advanced Enrichment of Glycopeptides and Glycoproteins [J]. *Chemistry — A European Journal*, 2009,15 (39): 10158 - 10166.

[25] Qi D W, Zhang H Y, Tang J, *et al*. Facile Synthesis of Mercaptophenylboronic Acid-Functionalized

Core-Shell Structure Fe_3O_4@C@Au Magnetic Microspheres for Selective Enrichment of Glycopeptides and Glycoproteins [J]. *Journal of Physical Chemistry C*, 2010,114(20): 9221 - 9226.

[26] Qi D, Mao Y, Lu J, *et al*. Phosphate-Functionalized Magnetic Microspheres for Immobilization of Zr^{4+} Ions for Selective Enrichment of the Phosphopeptides [J]. *Journal of chromatography A*, 2010, 1217(16): 2606 - 2617.

[27] Zhai R, Jiao F, Feng D, *et al*. Preparation of Mixed Lanthanides-Immobilized Magnetic Nanoparticles for Selective Enrichment and Identification of Phosphopeptides by MS [J]. *Electrophoresis*, 2014,35(24): 3470 - 3478.

[28] Wei J Y, Zhang Y J, Wang J L, *et al*. Highly Efficient Enrichment of Phosphopeptides by Magnetic Nanoparticles Coated with Zirconium Phosphonate for Phosphoproteome Analysis [J]. *Rapid Communicalions in Mass Spectrometry*, 2008,22(7): 1069 - 1080.

[29] Li J, Wang F, Liu J, *et al*. Functionalizing with Glycopeptide Dendrimers Significantly Enhances the Hydrophilicity of the Magnetic Nanoparticles [J]. *Chemical communications*, 2015,51(19): 4093 - 4096.

[30] Deng Q, Wu J, Chen Y, *et al*. Guanidinium Functionalized Superparamagnetic Silica Spheres for Selective Enrichment of Phosphopeptides and Intact Phosphoproteins from Complex Mixtures [J]. *Journal of Materials Chemistry B*, 2014,2(8): 1048 - 1058.

[31] Chen C T, Wang L Y, Ho Y P. Use of Polyethylenimine-modified magnetic Nanoparticles for Highly Specific Enrichment of Phosphopeptides for Mass Spectrometric Analysis [J]. *Analytical and Bioanalytical Chemistry*, 2011,399(8): 2795 - 2806.

[32] Zhang X H, He X W, Chen L X, *et al*. A Combination of Distillation-Precipitation Polymerization and Click Chemistry: Fabrication of Boronic Acid Functionalized Fe_3O_4 Hybrid Composites for Enrichment of Glycoproteins [J]. *Journal of Materials Chemistry B*, 2014,2(21): 3254 - 3262.

[33] Chen H, Liu S, Yang H, *et al*. Selective Separation and Enrichment of Peptides for MS Analysis Using the Microspheres Composed of Fe_3O_4 @ $n$$SiO_2$ Core and Perpendicularly Aligned Mesoporous SiO_2 Shell [J]. *Proteomics*, 2010,10(5): 930 - 939.

[34] Liu S, Chen H, Lu X, *et al*. Facile Synthesis of Copper (II) Immobilized on Magnetic Mesoporous Silica Microspheres for Selective Enrichment of Peptides for Mass Spectrometry Analysis [J]. *Angewandte Chemie International Edition*, 2010,49(41): 7557 - 7561.

[35] Zheng J N, Xiao Y, Wang L, *et al*. Click Synthesis of Glucose-Functionalized Hydrophilic Magnetic Mesoporous Nanoparticles for Highly Selective, Enrichment of Glycopeptides and Glycans [J]. *Journal of Chromatography A*, 2014,1358: 29 - 38.

[36] Lu J, Wang M, Deng C, *et al*. Facile Synthesis of Fe_3O_4 @ Mesoporous TiO_2 Microspheres for Selective Enrichment of Phosphopeptides for Phosphoproteomics Analysis [J]. *Talanta*, 2013,105(1): 20 - 27.

[37] Wan H, Li J, Yu W, *et al*. Fabrication of a Novel Magnetic Yolk-shell Fe_3O_4 @ $m$$TiO_2$ @ $m$$SiO_2$ Nanocomposite for Selective Enrichment of Endogenous Phosphopeptides From a Complex Sample [J]. *Rsc Advances*, 2014,4(86): 45804 - 45808.

[38] Cheng G, Zhang J L, Liu Y L, *et al*. Synthesis of Novel Fe_3O_4 @ SiO_2 @ CeO_2 Microspheres with Mesoporous Shell for Phosphopeptide Capturing and Iabeling [J]. *Chemical Communications*, 2011,47(20): 5732 - 4573.

[39] Cheng G, Liu Y L, Zhang J L, *et al*. Lanthanum Silicate Coated Magnetic Microspheres as a Promising Affinity Material for Phosphopeptide Enrichment and Identification [J]. *Analytical and Bioanalytical Chemistry*, 2012,404(3): 763 - 770.

[40] Liu S, Li Y, Deng C, *et al*. Preparation of Magnetic Core-Mesoporous Shell Microspheres with C8 - Modified Interior Pore-Walls and Their Application in Selective Enrichment and Analysis of Mouse

Brain Peptidome [J]. *Proteomics*, 2011,11(23): 4503 - 4513.

[41] Yin P, Sun N, Deng C, *et al*. Facile Preparation of Magnetic Graphene Double-Sided Mesoporous Composites for the Selective Enrichment and Analysis of Endogenous Peptides [J]. *Proteomics*, 2013, 13(15): 2243 - 2250.

[42] Wang M, Deng C, Li Y, *et al*. Magnetic Binary Metal Oxides Affinity Probe for Highly Selective Enrichment of Phosphopeptides [J]. *ACS Applied Materials & Interfaces*, 2014,6(14): 11775 - 11782.

[43] Wang M, Sun X, Li Y, *et al*. Design and Synthesis of Magnetic Binary Metal Oxides Nanocomposites Through Dopamine Chemistry for Highly Selective Enrichment of Phosphopeptides [J]. *Proteomics*, 2015,16(6): 915 - 919.

[44] Jiang B, Wu Q, Deng N, *et al*. Hydrophilic GO/Fe_3O_4/Au/PEG Nanocomposites for Highly Selective Enrichment of Glycopeptides [J]. *Nanoscale*, 2016,8(9): 4894 - 4897.

[45] Wan H, Huang J, Liu Z, *et al*. A Dendrimer-Assisted Magnetic Graphene-Silica Hydrophilic Composite for Efficient and Selective Enrichment of Glycopeptides from the Complex Sample [J]. *Chemical Communications*, 2015,51(45): 9391 - 9394.

第3章

基于磁性微纳米材料的蛋白质组学酶解技术

3.1 磁性微纳米材料的蛋白质酶解基本原理

3.1.1 磁性微球蛋白质酶解方式

磁性微球的蛋白酶解的研究始于20世纪80年代[1]。目前技术有两种方式：一种是先将要酶解的目标蛋白固定到磁性微纳米材料上，然后将固定了蛋白的材料加入到酶溶液中进行酶解；另一种是先将酶修饰到磁性微纳米材料上，然后将固定了酶的材料加入到蛋白溶液中进行酶解反应。前者主要针对一些特殊性质的蛋白质(如磷酸化蛋白)，它们能与磁性材料通过物理相互作用选择性地吸附在材料上，从而被分离并酶解。然而，后者虽然在固定酶的过程和操作上较复杂费时，但酶固定到合适的材料表面上将极大提高酶解效率和提高酶保存的稳定性[2]。所以在磁性材料蛋白质组学酶解技术中，将酶固定到材料上后对蛋白溶液进行酶解的方法应用更广泛，在本章也将主要讨论这种酶解技术。

3.1.2 商品化磁珠固定酶

磁珠固定化酶是将游离酶的催化活动完全或基本上限制在一定空间范围内的过程，基本原理为：将该磁性微球直接放入含有一定量酶的混合溶液中，使酶与微球表面活性基团充分交联。在固定化反应结束后，利用外部磁场对其进行分离，然后再进行纯化。在磁性微球上固定化酶的方法可分为物理吸附法、交联法、金属离子螯合法和共价键合法等[3]。酶固定的方式、酶容量、稳定性、酶活性等是磁性材料蛋白酶解研究中的关键因素。

Slováková[4]和Bílková[5]成功地利用商品磁珠(粒径约为几微米)在微流控芯片内进行了蛋白质酶解。所使用的商品磁珠由悬浮聚合法制得，即在磁性纳米粒子和带有功能基团的有机单体存在下，加入引发剂、稳定剂等进行聚合反应，得到内部包含有磁性微粒的高分子微球。由于无机的磁性纳米粒子和有机单体之间的亲和性不强，极大地影响了有机共聚物包覆在磁性纳米粒子表面的量，因此该商品磁珠磁含量较低，磁响应性不够强。在Slováková[4]的研究工作中所使用的表面带—COOH的聚苯乙烯磁珠的磁饱和强度值仅为46 emu·g^{-1}。磁响应的不足延长了在芯片通道内固定磁珠的时间。在Slováková[4]的研究工作中，芯片酶反应器的制备需要20 min的时间，而在Bílková[5]的工作中，需要的时间甚至更长(60 min)。这显然无法满足高通量的蛋白质组分析的需要。

3.1.3　磁性微纳米材料固定酶的优点

相对于普通商品化磁性微球材料，磁性纳米材料有良好的表面效应和体积效应，具有以下优点：(ⅰ)它的比表面积较大，微球官能团密度较高，选择性吸附能力较强，吸附平衡时间较短[6]；(ⅱ)它具有很好的选择磁响应性，当磁性四氧化三铁的粒径小到一定尺寸时，具有超顺磁性，从而可以避免使用时粒子之间发生的磁性团聚；(ⅲ)它的物理化学性质稳定，具备一定的机械强度和化学稳定性，能耐受一定浓度的酸碱溶液和微生物的降解，此外，内含的磁性物质不易被氧化，同时还具有一定的生物相容性，不会对生物体造成明显的伤害；(ⅳ)磁性微球表面本身具有或通过表面改性赋予多种活性的功能基团，这些功能基团可以连接生物活性物质(如核酸、酶等)使其固载化，也可以偶联特异性分子(如特异性配体、抗体、抗原等)来专一性地分离生物大分子。

更为重要的是，由于该材料具有的良好磁响应性，固定酶的磁性微球在毛细管/芯片通道内的定位通过外加磁场就可轻松实现，因而省去了制作塞子等的繁琐步骤。此外，当撤去外加磁场时，磁性微球可以方便地从微通道内导出，再通过引入新的固定酶的磁性微球，就可以使毛细管/芯片酶反应器再生。基于上述优点，磁性纳米材料在制备毛细管/芯片酶反应器方面具有良好的应用前景[7,8]。

3.1.4　磁性微纳米材料固定酶方法

按照蛋白酶分子与载体之间的相互作用力，酶的固定化方法分为4大类：吸附法、交联法、共价键结合法和包埋法，分类根据酶主要是包埋在有限的空间还是吸附到支持物或载体材料上而达到固定化。

3.1.4.1　共价键合固定酶

共价键结合法是将酶与磁性微纳米材料表面的官能团以共价键的形式结合，此法研究较为成熟，图3-1所示为7种共价交联酶分子反应。其优点是酶与载体结合牢固，即使在底物中和高离子强度溶液中也不易脱落；可减少因酶自降解导致的酶活性降低；延长了固定酶反应器的寿命。此外，共价键合固定酶还提高了酶的热稳定性，这是由于酶与材料基质的结合将导致蛋白结构相对固定，因此限制了高温下蛋白的热移动[9]。

酶的许多官能团适合于共价键合，包括(ⅰ)链端α-氨基和赖氨酸及精氨酸的ε-氨基；(ⅱ)链端α-羧基和天冬氨酸及谷氨酸的β-氨基酸和γ-氨基酸；(ⅲ)酪氨酸的酚环；(ⅳ)半胱氨酸的巯基；(ⅴ)丝氨酸和苏氨酸的羟基，组氨酸的咪唑基团；(ⅶ)色氨酸的吲哚基[10]。

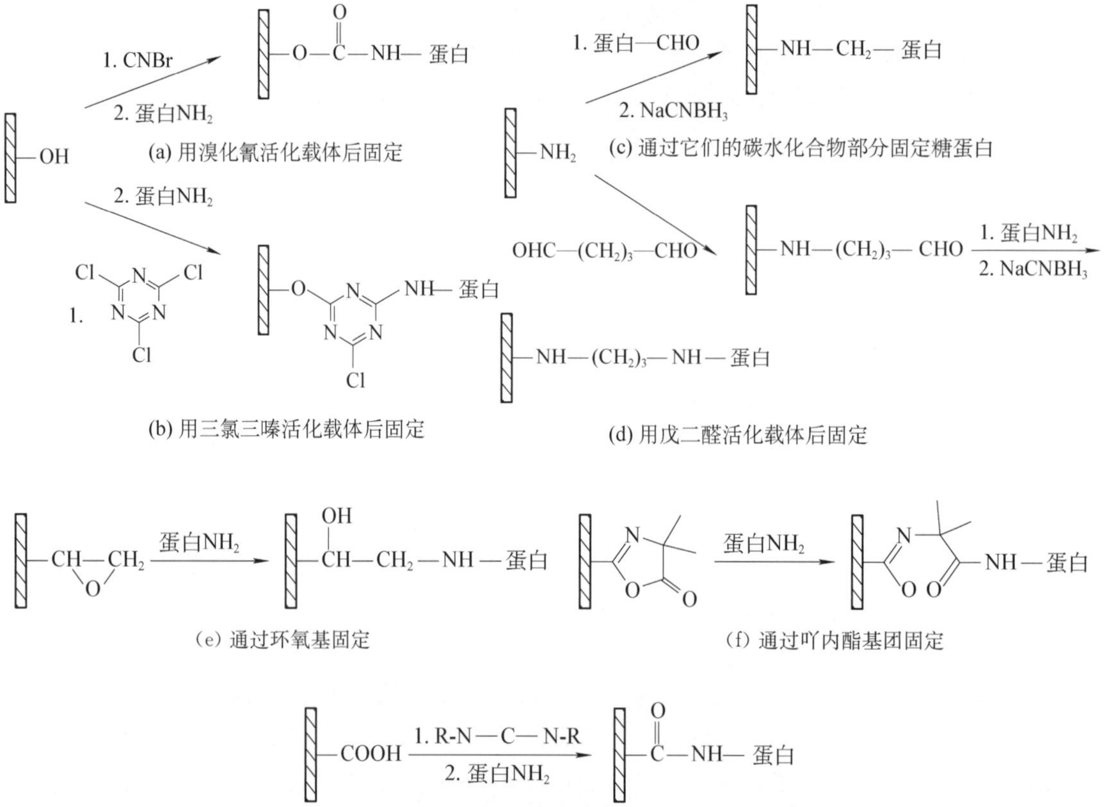

(a) 用溴化氰活化载体后固定

(b) 用三氯三嗪活化载体后固定

(c) 通过它们的碳水化合物部分固定糖蛋白

(d) 用戊二醛活化载体后固定

(e) 通过环氧基固定

(f) 通过吖内酯基团固定

(g) 用碳化二亚胺作为“零链接”固定

图 3-1 共价交联酶分子反应示意[10]

在所有的键合方式中，最广泛应用的是通过戊二醛键合的基于活泼氨基修饰的磁性微纳米材料固定酶法。戊二醛与磁性微纳米材料表面的氨基反应形成亚胺键，戊二醛另一端的醛基则可与赖氨酸残基的 ε-氨基键合，达到共价固定酶目的。该反应条件温和，能较好保留酶的催化活性和稳定性。复旦大学张祥民、邓春晖课题组采用一步合成法合成了一种具有高顺磁性和很好分散性的氨基磁球（Fe_3O_4—NH_2），然后发展了在氨基磁球表面修饰上大量戊二醛，通过戊二醛的链接固定胰蛋白酶的磁性材料固定酶技术。利用氨基磁球固定的酶，在 5 min 之内完成了全蛋白的酶解，中间过程无需任何繁杂的还原烷基化处理（见 3.2 节）。

还有一种更可取的共价键合固定酶方法是通过磁性微纳米材料表面的环氧基团键合。Deng 等人[11, 12]通过研究工作得出结论：GLYMO 是很好的交联剂，相比于其他材料表面修饰集团，如羟基、醛基、磺酰基等，环氧乙烷基对酶分子结构的识别和反应能力更强。若将 GLYMO 作为交联剂，可通过一步反应修饰到磁球上，极大地简化了反应过程，而且在这一过程中没有引入任何有机试剂，使得获得的磁球对外界磁场具有很好的磁响应性，这种磁性物质在生物医学领域的应用非常重要。

还有许多关于将酶固定到羧基修饰的磁性微球表面的报道。不同的修饰方法得到的不同性质的磁性材料表面将对固定在材料表面的酶的性能产生不同的影响。在以上所列举的共价键合酶方法中，材料固定酶的容量是不一样的。单位质量材料固定酶量最多的是通过戊二醛键合的基于活泼氨基修饰的磁性微纳米材料固定酶法（78～88 μg・mg^{-1}），其次是通过 GLYMO 将磁性微纳米材料与胰蛋白酶中氨基键合（10.8～37.2 μg・mg^{-1}）。最低负载量的是磁性材料修饰羧基，然后与 NHS - EDAC 或 EDC 反应（14.8～21 μg・mg^{-1}）。然而，不同的研究人员选择了不同的酶解方法（如溶液酶解、微波酶解、柱上酶解等）和不同的酶解蛋白对象，所以这些报道的固定酶方法的酶解效率的高低很难比较。

3.1.4.2　物理吸附固定酶[3]

吸附法分为物理吸附法和静电吸附法（见图 3 - 2）。

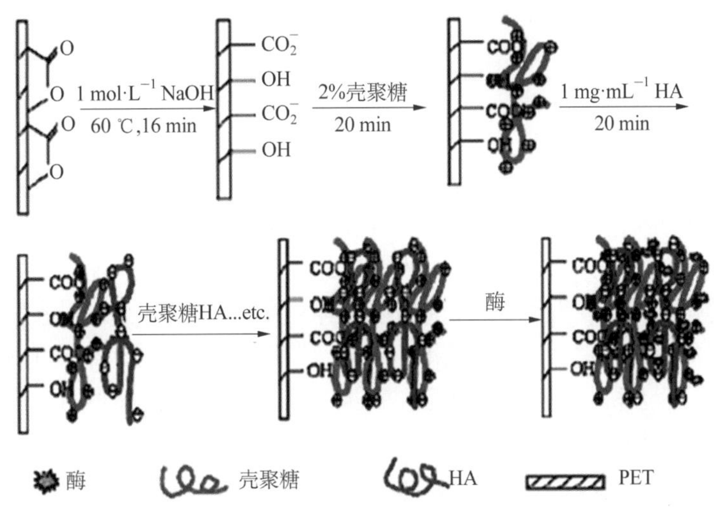

图 3 - 2　根据静电吸附作用固定蛋白酶分子的反应示意

酶被载体吸附而固定的方法称为物理吸附法。常用的无机载体有活性炭、多孔陶瓷、酸性白土、磷酸钙、金属氧化物等；有机载体有淀粉、谷蛋白、纤维素及其衍生物、甲壳素及其衍生物等。此法具有酶活力部位及其空间构象不易被破坏的特点，但酶附着在载体上，存在易于脱落等缺点。曾采用此法固定化的酶有 α -淀粉酶、糖化酶、葡萄糖氧化酶等。

将酶与含有离子交换基团的水不溶性载体以静电作用力相结合的固定化方法称为离子吸附法。此法采用的载体有多糖类离子交换剂和合成高分子离子交换树脂。例如，DEAE -纤维素、TEAE -纤维素、CM -纤维素等。离子吸附法操作简单，处理条件温和，酶活力部位的氨基酸残基不易被破坏。但是，载体和酶的结合力比较弱，容易受缓冲液种类或 pH 的影响，在离子强度高的条件下进行反应时，酶往往会从载体上脱落。采用此法固定的酶有葡萄糖异构酶、糖化酶、β -淀粉酶、纤维素酶等。

朱祥瑞等[13]将脱胶蚕丝用稀碱溶液处理后制成多孔的碱化丝素，经物理吸附法固定 α -淀粉酶，制得碱化丝素固定化酶。每克碱化丝素固定化酶的总活力为 439.81 U，固定化酶活力回收率为 48.33%，活力表现率为 74.18%。

杨昌英等[14]以醋酸纤维素为载体，吸附法固定猪胰脂肪酶，催化猪油甘油解反应合成单甘酯，可获得单甘酯的最高产率为 50.05%。

3.1.4.3 交联法固定酶

交联法是用双功能试剂或多功能试剂进行酶分子之间的交联，使酶分子和双功能试剂或多功能试剂之间形成共价键，得到三向的交联网状结构，除了酶分子之间发生交联外，还存在一定的分子内交联。根据使用条件和添加材料的不同，还能够产生不同物理性质的固定化酶。常用交联剂有戊二醛、双重氮联苯胺-2,2-二磺酸等。

3.1.4.4 金属离子螯合固定酶

金属离子螯合法固定酶属于物理吸附法的一种，主要是利用固相载体表面键合的离子螯合试剂(如IDA)将金属离子固定在载体表面，再通过金属离子与蛋白酶分子间的Lewis酸-碱相互作用实现酶的固定。该方法常用于过渡金属离子与蛋白分子氨基中N原子的作用。

3.1.4.5 包埋法固定酶[3]

包埋法，顾名思义，就是将整个分子埋入某种介质中，所形成的混合体可以随需要加工成各种形状。包埋法可分为网格型和微囊型两种。前者是将酶包埋于高分子凝胶细微网格内(见图3-3)；而后者是将酶包埋在高分子半透膜中制备成微囊型。包埋法一般不需要与酶蛋白的氨基酸残基进行结合反应，很少改变酶的空间构象，酶回收率较高，因此，可以应用于许多酶的固定化，但是，在发生化学反应时，酶容易失活，必须巧妙设计反应条件。常用的包埋法是网格型的凝胶包埋法，条件温和，不会造成酶的氨基酸残基化学修饰，基本不会改变酶的结构，但是被包埋的酶活性的变化在很大程度上取决于包埋材料与酶分子之间的相互作用及所提供的微环境，所以根据这种方法所制得的不同批次的固定酶的重现性是个问题。常用亲水性的无机凝胶体系作为酶的包埋材料。以烷氧化硅试剂为原料制备具有O—Si—O网格结构的SiO_2凝胶，进行蛋白质的固定化已经应用于亲和色谱和酶催化反应[15, 16]。凝胶包埋法固定蛋白的一个很突出的优点是能够把凝胶膜制备成薄膜、球型或颗粒型等各种形状。但包埋法只适合作用于小分子底物和产物的酶，对于那些作用于大分子底物和产物的酶是不适合的，因为只有小分子可以通过高分子凝胶的网格扩散，并且这种扩散阻力还会导致固定化酶动力学行为的改变，降低酶活力。

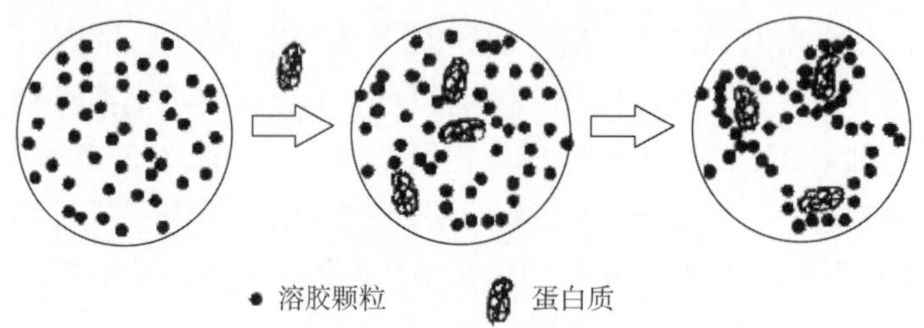

图3-3 溶胶凝胶法包埋胰蛋白酶的过程示意

3.1.5 固定化酶反应器

通过以上各种作用将酶固定后，可以制成各种固定化酶反应器，从而在应用上实现离线或在线的快速酶解。在线指的是将制成的固定化酶反应器与其他分离分析手段联用，离线则反之。无论是离线还是在线酶解技术，固定酶反应器都以其使用方便、快速高效和重复使用而为人们普遍接受[17]。

邹汉法等[18]制备了一种纳升级酶反应器。通过基质辅助激光解吸电离-飞行时间质谱分析酶解产物，获得了蛋白质的肽谱。实验结果表明，以毛细管为反应器，10～13 mmol 甚至 10～15 mmol 的量就可满足分析要求，从而可以大大减少蛋白质肽谱分析所需的样品量。Amankwa 等[19]充分利用生物素与抗生物素蛋白之间的特异性相互作用，也制备了一种基于毛细管内壁的胰蛋白酶反应器。他们先用(3-氨丙基)-三乙氧基硅烷将毛细管内壁的硅羟基活化，然后通过生物素-抗生物素蛋白-生物素的作用将生物素标记的胰蛋白酶固定于毛细管内壁。使用该方式可以获得具有高度稳定性和催化活性的酶反应器(见图 3-4)。

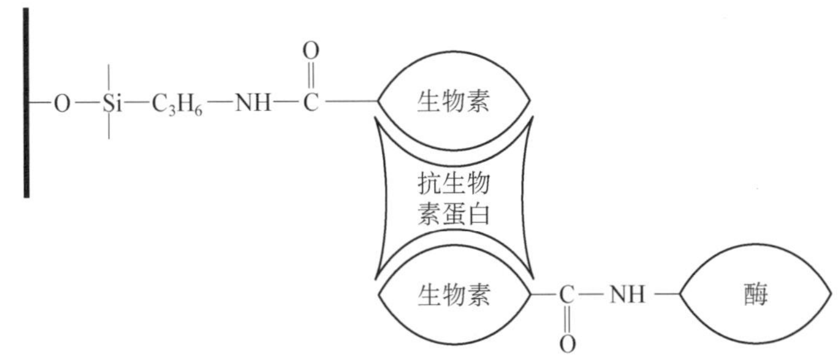

图 3-4　利用抗生物素蛋白-生物素的作用将生物素标记的胰蛋白酶固定于毛细管内壁

Michaels 首次提出了酶膜反应器的概念[20]。酶膜反应器能将酶的催化特性与膜材料的优良分离性能相结合，使酶解反应和产物分离同时进行，从而有效地加速反应，突破化学平衡限制，提高转化率。邹汉法等[21]通过在 GLYMD 衍生化纤维素膜上结合胰蛋白酶的方法，制备了固定化胰蛋白酶微升反应器，并通过与基质辅助激光解吸电离飞行时间质谱联用，进行了蛋白质的肽谱分析。研究结果表明，反应 1 h 后样品中未被水解的蛋白质已很少。随后，他们[22]又用 HPLC 系统研究了这种胰蛋白酶反应器的相关性质。

将胰蛋白酶反应器集成到微流控芯片等微全分析系统的研究也越来越受到人们的关注。Gao 等[23]搭建了一个微型化膜反应器与瞬间等速电泳-毛细管区带电泳-质谱(capillary isotachophoresis caplillary zone electrophoresis ESI-MS, CITP/CZE-ESI-MS)在线分析平台。他们利用聚偏二氟乙烯(polyvinylidenedi fluoride, PVDF)与蛋白分子强烈的相互作用，将胰蛋白酶吸附在多孔 PVDF 膜上，而 PVDF 膜又与聚二甲基硅氧烷(polydimethylsiloxane, PDMS)基质的微流控通道相连接。样品被注射器泵推过膜时被胰蛋白酶水解，得到的肽段经 CITP 聚焦后再被 CZE 分离，最后进入 ESI-MS 分析。使用该装置可以在几分钟内进行蛋白质的鉴定，而且消耗的蛋白量在纳克级(见图 3-5)。Cooper 等[24]将微型化的胰蛋白酶 PVDF 膜反应器(2 mm×5 mm)缠绕于聚合物套箍(一种毛细管组件)上制备了胰蛋白酶反应器。该反应器可在几秒钟内完成蛋白质的酶解，消耗的蛋白质的量少于 5 fmol，而且毛细管接口使其可以容易地与各种分离方法及质谱检测器联用(见图 3-6)。

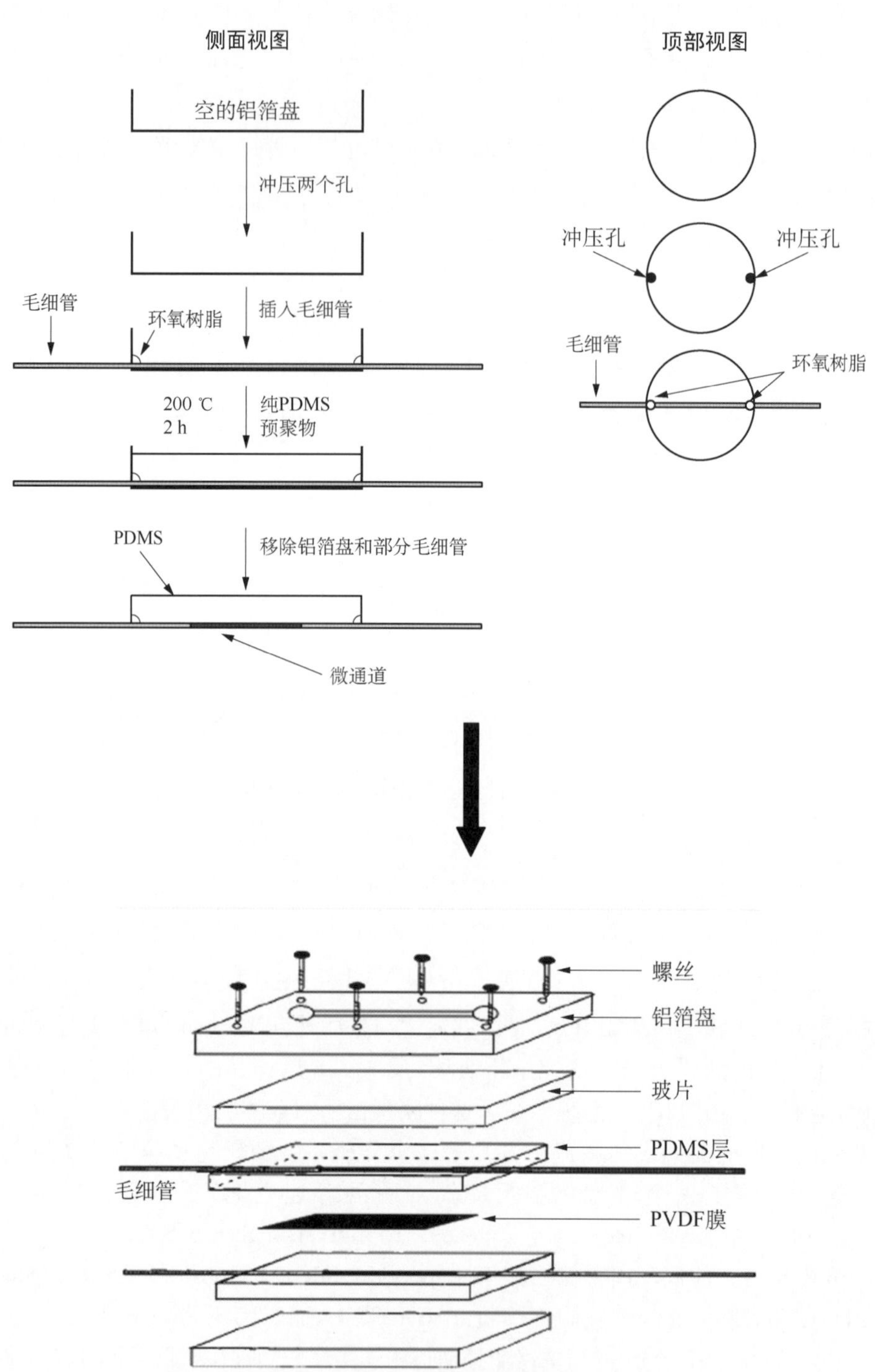

图 3-5 微流控芯片上的酶反应器的加工过程及微流控芯片的组成

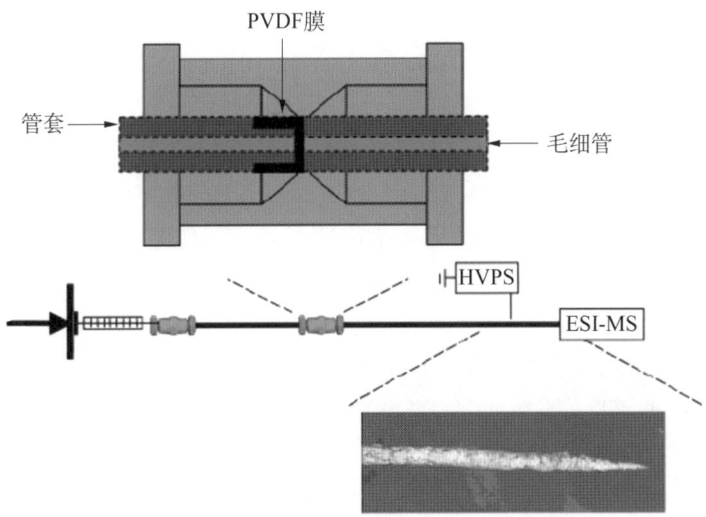

图 3-6　**PVDF 膜胰蛋白酶反应器的示意图及在线连接 ESI-MS**

Bíková 等[5]利用带有羧基官能团的磁性微球通过共价交联固定胰蛋白酶，并利用外加磁场将其填充到微芯片通道中，该微酶反应器酶解的标准蛋白产物分别经过反相高效液相色谱和高效毛细管电泳（high performance capillary electrophoresis, HPCE）的平行分离，最终收集馏分进行质谱鉴定。并利用 SDS-PAGE 考察了不同的缓冲液和变性条件对酶解完全性的影响（见图 3-7）。

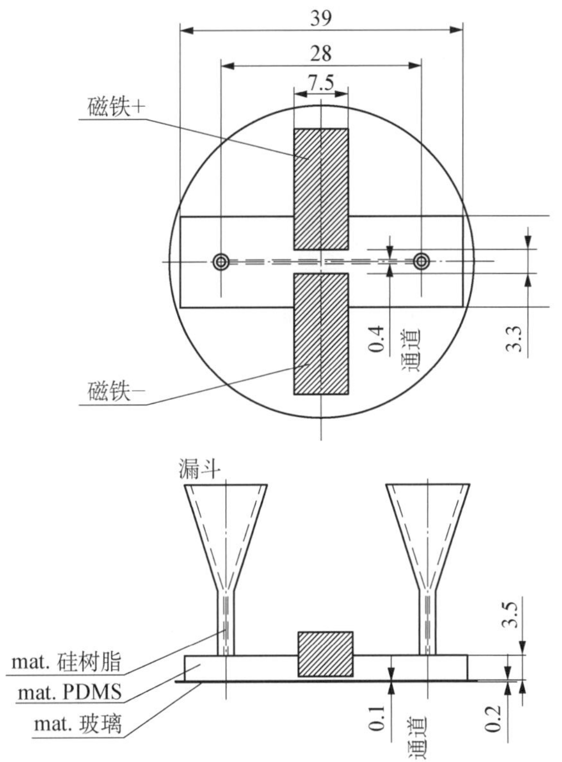

图 3-7　**刻蚀在微流控芯片上的磁性微酶反应器及其加工示意**

3.2 微波辅助磁性材料固定酶酶解[9]

3.2.1 基本原理和发展现状

微波辅助酶解是酶解技术发展的另一个趋势。微波辐射是一个有效的反应热源，在常规热源加热下需要数小时才能完成的反应在微波源加热下只需要几分钟就可以完成，而且反应的产率和选择性都很高[25]。近些年来，已经有数个课题组将微波辅助技术应用到蛋白酶解中，从而将酶解时间从十几个小时缩短至几分钟。Pramanik 等[26]应用微波技术从溶液中或胶上酶解标准蛋白，整个过程只需 10 min，其中包括一个具有紧闭结构的难以变性的蛋白——bovine ubiquine. Juan 等[27]将微波酶解技术应用到了胶上已知蛋白的酶解，5 min就取得了很好的效果。在 Lin 等[28]的研究中，考察了几种有机溶剂对于微波辅助酶解的效果，他们发现，一定浓度的甲醇和乙腈对于微波辅助酶解效果有促进作用。最近，Sun 等[29]成功地将微波辅助酶解技术应用到复杂样品的溶液和胶上酶解。只用 6 min 就得到了与标准的过夜酶解方法相当的效果。而且他们还发现微波辐射对于胶上蛋白酶解后的肽段提取效率的提高有很好的促进。还有几个课题组研究了在微波辐射下酶解过程的酸性裂解[30～32]。

很早人们就认识到磁性材料对于微波辐射有很好的吸收性。Kirschvink 等[33]发现，在微波照射下，即使体内很少量的生物磁性物质也会对动物的器官造成很严重的损坏。在此之前，Walkeiwicz 等就发现磁性材料是很好的微波吸收体[34]。这些发现使人们联想到将磁性材料应用到微波辅助酶解中去。不久前，Chen 等[35]发现，在磁性纳米微球存在的情况下，微波辅助酶解过程可以在 30 s 内完成且效果显著，这一发现使微波辅助酶解领域也发生了迅速的变化。

3.2.2 磁性材料的合成及固定酶

3.2.2.1 Fe_3O_4 - GLYMO 的合成和表面固定酶

1. Fe_3O_4 - GLYMO 的合成

首先，如 2.4 节方法合成 Fe_3O_4 磁性微球。然后在 Fe_3O_4 磁性微球表面接枝 GLYMO，方法为：在取 0.05 g 已制备好的 Fe_3O_4 微球，置于0.1 mol・L^{-1} 的 HNO_3 溶液中超声 10 min进行活化，然后去上清，用去离子水清洗磁球 3 遍，接着在60 ℃真空干燥 12 h，再将干燥好的磁球置于含 0.35 mL GLYMO 的甲苯溶液中，搅拌下反应 0.5 h，最终，反应在 65 ℃加热回流 6 h。

2. Fe_3O_4 - GLYMO 表面固定酶

称取 5 mg 的 Fe_3O_4 - GLYMO 微球于 1.5 mL 的 EP 管中，加入 500 μL 2 $\mu g \cdot \mu L^{-1}$的甲苯磺酰-苯丙氨酸氯甲基酮(tosyl-phenylalanine chloromethyl-kelone, TPCK)胰蛋白酶，将混合物超声 1 min 以形成均匀的悬浊液。然后置于振摇器上在 37 ℃振摇 3 h。反应完成后，在

外加磁铁的帮助下去除上清，磁球用去离子水洗 3 遍之后重新分散于 500 μL 25 mmol·L^{-1}的 NH_4HCO_3 中(pH 值约为 8.3)。

3. Fe_3O_4-GLYMO 固定酶的酶负载量测定

将反应前、后胰蛋白酶的溶液 1∶3 稀释，用紫外分光光度法测定在 280 nm 的吸光度，计算出 Fe_3O_4-GLYMO 微球的胰蛋白酶负载量为 8.7～11.2 μg·mg^{-1}。

3.2.2.2 Fe_3O_4@SiO_2-GLYMO 的合成及表面固定酶

1. Fe_3O_4@SiO_2-GLYMO 的合成

Fe_3O_4@SiO_2-GLYMO 的合成及表面固定酶过程如图 3-8 所示。首先，按 2.4 节方法合成二氧化硅层包覆的磁性复合微球(Fe_3O_4@SiO_2)。然后在 Fe_3O_4@SiO_2 微球表面接枝 GLYMO，方法为：将 0.05 g 包覆了硅层的磁性微球在超声作用下分散于乙醇中涤洗，然后在 37 ℃烘干，重新分散于 20 mL 甲苯溶液中，加入 GLYMO 0.35 mL，震荡均匀，在 80 ℃下回流 12 h。反应结束后，停止回流，用乙醇洗 4 次，然后封存于乙醇中，备用。

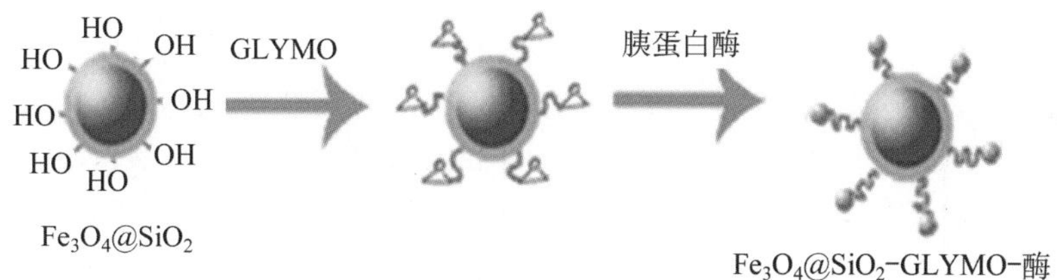

图 3-8 Fe_3O_4@SiO_2-GLYMO-酶的合成过程示意

图 3-9 为 Fe_3O_4@SiO_2-GLYMO 的红外光谱图。对于三元环醚的红外吸收谱图，共有 3 个特征峰：一是未取代的三元环醚在 3 050～2 990 cm^{-1}有环氧碳上的 C—H 伸缩振动吸收峰。二是在 1 280～1 240 cm^{-1}区有环醚的 C—O—C 键伸缩振动吸收，在小分子环醚中

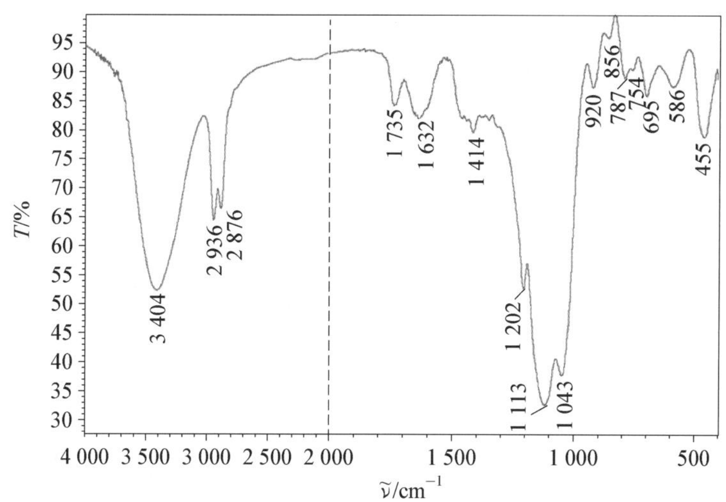

图 3-9 用 KBr 压片法所制得的 Fe_3O_4@SiO_2-GLYMO 的红外光谱图

该峰很强，但在大分子环醚中该峰吸收强度相对较弱。三是在 950～863 cm^{-1} 区和 865～786 cm^{-1} 区由三元醚环的骨架振动吸收所产生的两个中强峰，推测分子中有无三元环醚这两个区的峰是主要依据，但因其处指纹区，指认有一定困难。在3 050～2 990 cm^{-1} 区的峰被O—H 强吸收峰所掩盖，而在 950～863 cm^{-1} 区和 865～786 cm^{-1} 区中存在中强吸收，所以可以肯定，在 Fe_3O_4 磁球表面存在环氧基团。

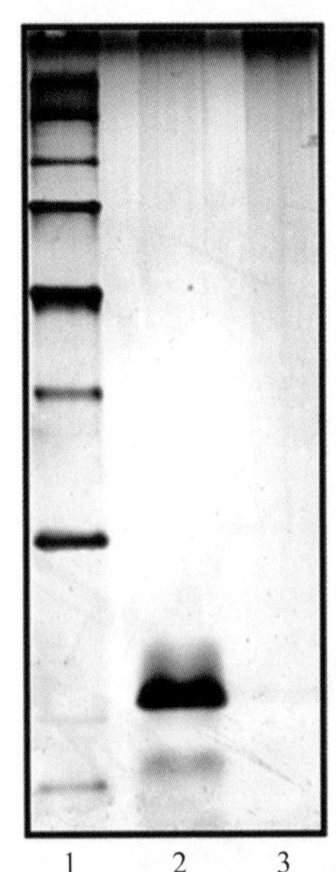

图 3 - 10 银染 SDS - PAGE 验证磁球与酶的共价作用(12% 分离胶；带 1：标识蛋白；带 2：胰蛋白酶；带 3：Fe_3O_4@SiO_2 - GLYMO - 酶)

2. Fe_3O_4@SiO_2 - GLYMO 表面固定酶

最后，在 Fe_3O_4@SiO_2 - GLYMO 表面固定胰蛋白酶，方法如下：称取 5 mg 的 Fe_3O_4@SiO_2 - GLYMO 微球于 1.5 mL EP 管中，加入 500 μL 2 μg・μL^{-1} 的胰蛋白酶溶液（缓冲液分别为 H_2O 和 25 mmol・L^{-1}的 NH_4HCO_3）。混合物超声 1 min 以形成均匀一致的悬浊液，然后置于振摇器上在 37 ℃振摇 3 h。反应完成后，在外加磁铁的帮助下去除上清，磁球用去离子水洗 3 遍之后重新分散于缓冲液中。

将 Fe_3O_4@SiO_2 - GLYMO - Trypsin 的悬浊液进行 SDS - PAGE 分析以验证固定酶的共价作用。因为在样品进行 SDS - PAGE 分析之前，要加入一系列的变性剂和进行加热等，作者认为固定酶的 Fe_3O_4@SiO_2 - GLYMO 颗粒在 SDS - PAGE 的强变性条件下，其表面的非共价固定的胰蛋白酶分子将会在电流驱动下从颗粒表面分离而在相应的分子标记处产生条带。图 3 - 10 给出了银染的 Fe_3O_4@SiO_2 - GLYMO - Trypsin 的 SDS - PAGE 分析图。条带 1为标识蛋白(marker)的条带，条带 2 为胰蛋白酶的条带，2 μg 的上样量在 24 kDa 处产生了清晰的条带，而条带 3 为磁球固定酶在相应处并未出现明显条带。这一结果说明：(ⅰ)蛋白酶分子确实是通过比较强的共价作用固定在磁性硅球表面的；(ⅱ)在 Fe_3O_4@SiO_2 - GLYMO - Trypsin 合成后的多次吹打清洗已经能有效去除硅球表面的非共价吸附分子。

3. Fe_3O_4@SiO_2 - GLYMO 固定酶后酶负载量的测定

将反应前、后胰蛋白酶的溶液 1∶3 稀释，用紫外分光光度计测其在 280 nm 的吸光度，计算出 Fe_3O_4@SiO_2 - GLYMO 微球的胰蛋白酶负载量。

3.2.2.3 氨基纳米磁球的合成及表面固定酶

1. 氨基纳米磁球的合成和表征

按文献[36]方法合成氨基纳米磁球，具体过程描述见 2.3 节。

2. 氨基纳米磁球表面修饰戊二醛

与微米级的磁球相比，氨基纳米磁性微球具有很多优点：(ⅰ)其平均粒径为 50 nm 左右，具有较高的比表面积及更多可供反应的活性位点；(ⅱ)表面无需硅层包覆，Fe_3O_4 含量高使其具有很好的磁响应性和超顺磁性，两者对于其在实际分析中的应用都极为重要；(ⅲ)由于其粒径较小且表面有大量的亲水基团(氨基)，使其在水溶液中有很好的分散性。

更重要的是，该研究中制备的氨基纳米磁性微球是用一步水热法合成的，通过戊二醛的活化后即可在其表面实现酶的固定，因此大大地简化了固定酶之前对磁球表面进行功能化修饰的繁琐步骤，如图 3-11 所示。

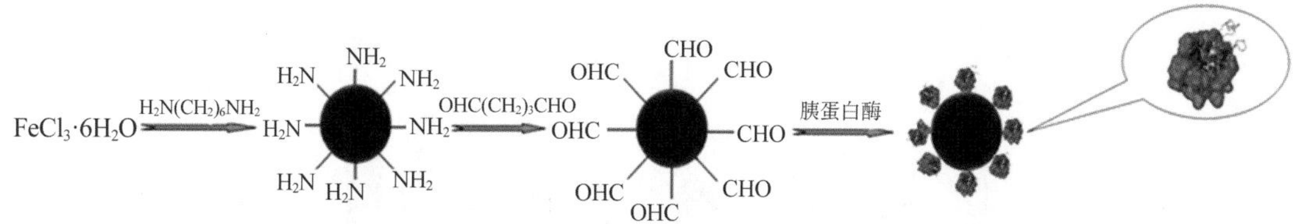

图 3-11 氨基磁球的合成和固定酶示意[3]

在氨基磁球上固定酶方法为取 3 mg 的氨基磁球，用 200 μL 的 CB(coupling buffer，缓冲液：50 $mmol \cdot L^{-1}$ NH_4OAC，1 $mmol \cdot L^{-1}$ $CaCl_2$，1 $mmol \cdot L^{-1}$ $MnCl_2$)洗 3 遍，用磁铁分离出材料。加入 200 μL 含 5%戊二醛的 CB 溶液，在振摇器上以 650 rpm 的转速反应 1.5 h。反应结束后再用 CB 溶液洗 4 遍。

3. 氨基纳米磁球固定酶

配制 2 mg/mL 的胰蛋白酶溶液于 1% $NaCNBH_3$ 的 CB 溶液中，加入清洗之后的材料，用氨水将其 pH 值调至 8～8.5，在 37 ℃反应 3 h。用磁铁分离出材料。加入 400 μL 0.75% 谷氨酸(glycine)＋1% $NaCNBH_3$ 的 CB 溶液。静置 1 h。然后弃去上清，用 CB 溶液洗 4 遍。

4. 氨基纳米磁球固定酶后酶负载量的测定

用紫外分光光度法测定了氨基磁球表面固定胰蛋白酶的量。在固定酶的反应中使用了碱性 pH 值的缓冲溶液。最后结果表明，其胰蛋白酶的负载量为 62～80 $\mu g \cdot mg^{-1}$。这说明换用氨基磁球后，因为相对于微米级磁球，纳米磁球比表面积大大增加，表面自由氨基多，所以可以用于固定酶的位点相应增加。同样也说明氨基磁球在作为磁性载体固定蛋白分子方面有着更大的优势。

3.2.3 磁性材料固定酶用于微波酶解

微波辅助酶解的过程如图 3-12 所示。相比于 Chen[35] 的工作里的磁性硅球，所使用的磁球完全由 Fe_3O_4 组成，其吸收微波的能力应该更强。

3.2.3.1 微波辅助 Fe_3O_4-GLYMO-胰蛋白酶的酶解应用

1. 微波辅助 Fe_3O_4-GLYMO-胰蛋白酶对细胞色素 c(cytochrome c，Cyc)的酶解

首先用细胞色素 c 优化微波辅助酶解的条件，接着用实际样品验证其在蛋白质组学中的可行性。

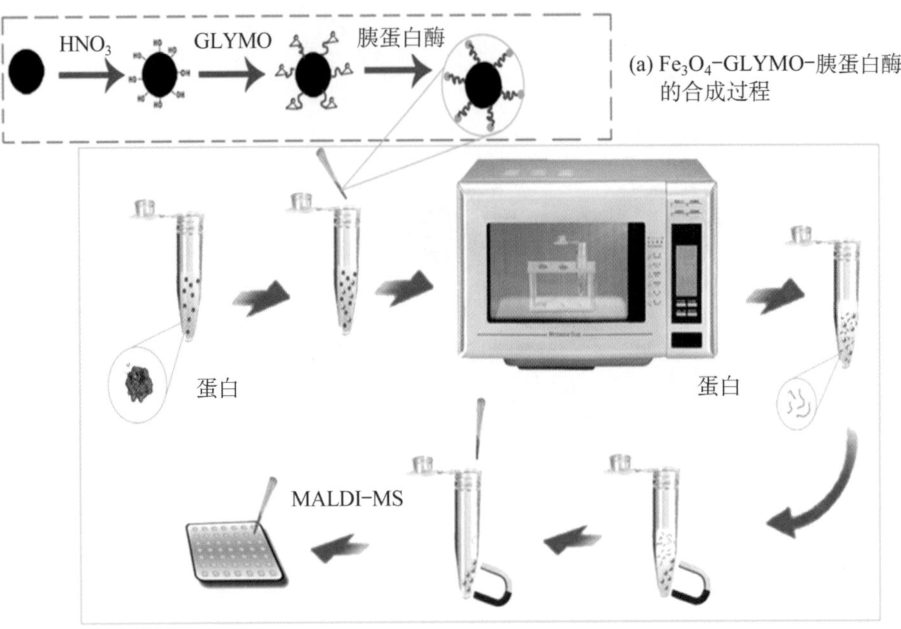

(a) Fe_3O_4-GLYMO-胰蛋白酶的合成过程

(b) Fe_3O_4-GLYMO-胰蛋白酶进行微波辅助酶解流程示意

图 3-12 微波辅助酶解过程示意

图 3-13(a)～(c)考察了加入磁球固定酶的量对微波辅助酶解的影响。分别加入50 μg, 200 μg和 500 μg 的磁球,微波加热 15 s,用 MALDI-TOF MS线性模式观察其酶解完全性。从此图可以看出,当磁球的量从 50 μg 增加到 200 μg 时,蛋白分子峰消失,可以认为已完全酶解;当磁球的量增加到 500 μg 时,更多的碎片峰出现在 m/z<2 500 以下。当换用反射模式观察时,精确鉴定到了细胞色素 c 的酶解碎片。15 s 的微波酶解后共有 17 条肽段被鉴定,达到了 92%的序列覆盖度,要优于 12 h 传统溶液酶解的 12 条肽段、78%的序列覆盖度的结果。

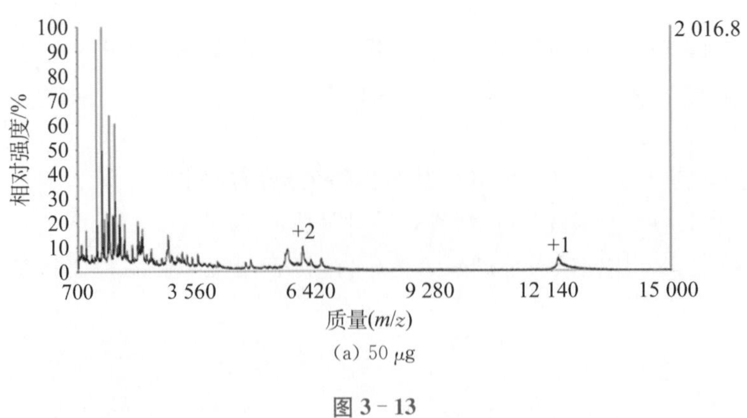

(a) 50 μg

图 3-13

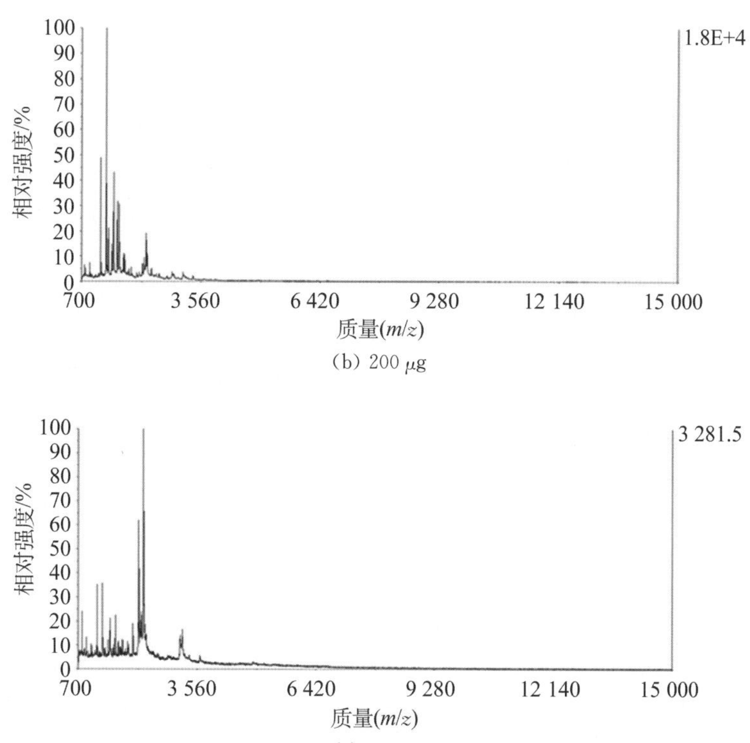

(b) 200 μg

(c) 500 μg

图3-13 **Fe_3O_4-GLYMO固定酶材料加入量对微波酶解效果的影响(实验条件: Cyc (50 μL, 50 μg·μL^{-1}); 微波(输出功率700 W,时间15 s);Fe_3O_4-GLYMO-trypsin)**

由于胰蛋白酶固定在磁球上,因此酶解完之后胰蛋白酶可以被回收并重复利用。在每次酶解完成之后,利用外加磁场去除上清液,磁球用25 mmol·L^{-1}的NH_4HCO_3清洗2遍后重复使用,发现其在试用7次之后依然保持较高活性,图3-14所示即为其重复性测定结果。

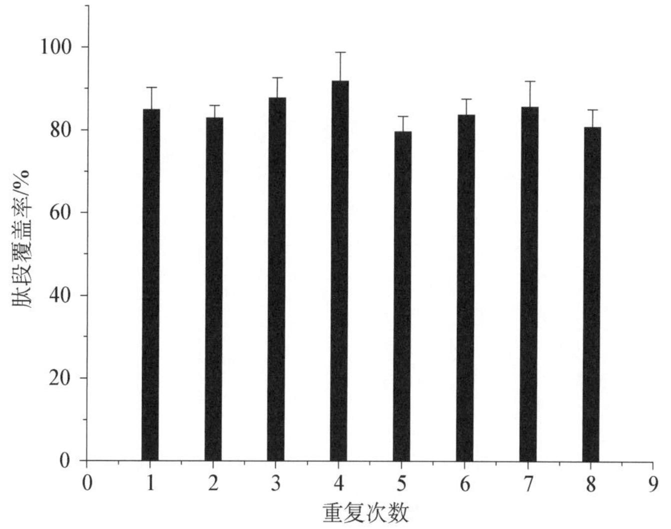

图3-14 **Fe_3O_4-GLYMO-trypsin重复使用8次酶解细胞色素c,后经MALDI-TOF MS检测,其肽段覆盖率柱状图**

2. 微波辅助 Fe_3O_4 - GLYMO - trypsin 对反相分离鼠肝蛋白酶解

Middle-down 的技术路线在提供蛋白信息和蛋白质后修饰方面有着“鸟枪”(shot-gun)方法无可比拟的优势[37, 38]。但是,利用给出蛋白分子各种物理化学特性(如等电点、分子量、疏水性等)的分离手段使整个实验过程大大加长,且分离过后各个组分的酶解所需的长达 12～16 h 的时间尤其冗长,严重限制了蛋白质组学分析的通量性。因此,以功能磁性材料固定酶为基础的微波辅助酶解方法将大大缩短进程,使快速 Middle-down 分析成为可能。

图 3 - 15 显示了鼠肝水提全蛋白的反相液相色谱分离过程。从 5 min 到 15 min、从 19. 5 min 到 109. 5 min 每隔 2 min 收集一个馏分,共收集 50 个馏分。所有的馏分收集后冻干并重新溶解于 50 μL 25 mmol・L^{-1} 的 NH_4HCO_3(pH＝8. 3)溶液中,进行微波酶解。其中第 24＃进行了 MALDI - TOF MS/MS 鉴定。其质谱图见图 3 - 16,鉴定出的蛋白信息见表 3 - 1。

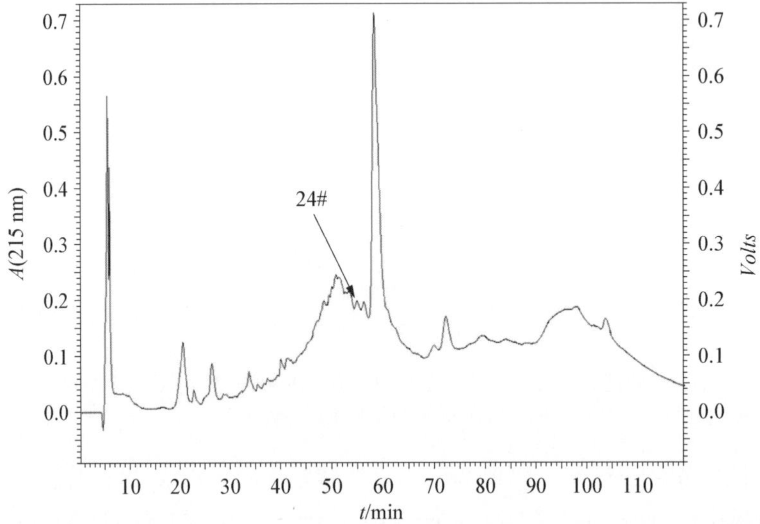

图 3 - 15 水提鼠肝全蛋白的 RP - HPLC 的分离图(流速 0. 7 mL・min^{-1};毛细管填充柱: 250×4. 6 mm, 5 μm, 300 Å; UV: λ = 215 nm。第 24＃ 馏分如图箭头所示)

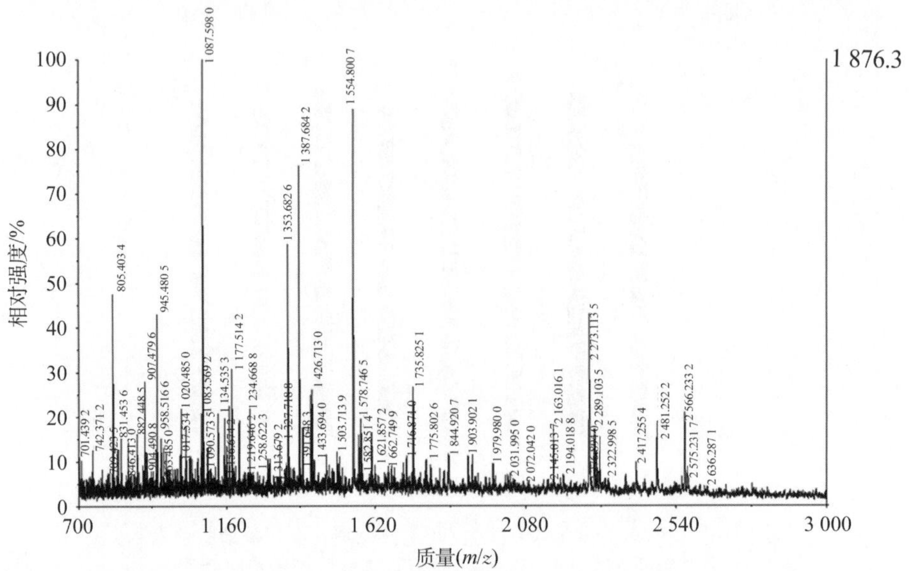

图 3 - 16 第 24＃RP - HPLC 馏分经微波辅助 Fe_3O_4 - GLYMO 固定酶酶解后的 MALDI - TOF MS 图谱

表 3-1 第 24# RP-HPLC 馏分经微波 Fe_3O_4-GLYMO 固定酶酶解后再经 MALDI-TOF MS/MS 所鉴定的蛋白信息

蛋 白 名 称	蛋白编号	蛋白分子量(*MW*)	蛋白等电点(*pI*)	肽段计数	蛋白得分(Score)
hemoglobin alpha 2 chain (rattus norvegicus)	gi|60678292	15 274.78	8.45	5	142
glial fibrillary acidic protein (rattus norvegicus)	gi|8393431	49 912.57	5.35	14	65
carbamoyl-phosphate synthetase 1, mitochondrial (rattus norvegicus)	gi|8393186	164 475.5	6.33	12	61
glial fibrillary acidic protein, astrocyte (GFAP)	gi|115311597	49 926.59	5.35	13	58

3.2.3.2 微波辅助 Fe_3O_4@SiO_2-GLYMO-Trypsin 酶解蛋白

1. 微波辅助 Fe_3O_4@SiO_2-GLYMO-Trypsin 酶解标准蛋白

由于包覆硅层后磁球的团聚现象明显得到改善且固定酶的量增加，因此之后标准蛋白的浓度增大到 0.5 μg・μL^{-1}进行研究。首先在 15 s 的微波时间里，对比了不同磁球加入量对酶解完全性的影响，随着磁球加入量的增加，不论是 BSA 还是肌红蛋白(myoglobin, MYO)，其蛋白峰都在明显地减弱，而小分子量的肽段峰在逐渐增加。因此，在接下来的实验中采用了 500 μg 的磁球量来考察不同的微波酶解时间对酶解效率的影响。因为发展该快速酶解技术的目的就是要最大程度地增加整个蛋白质组学技术路线的时效性，所以在蛋白和磁球的量不变的情况下，考察了从 15～120 s 的微波酶解时间对所产生的肽段的序列覆盖度的影响，如图 3-17 所示。从此图可以看出，从 15～120 s 两个蛋白的序列覆盖度并未看到有很明显的增长。考虑到快速时效性的需要，实验时间没有延长。

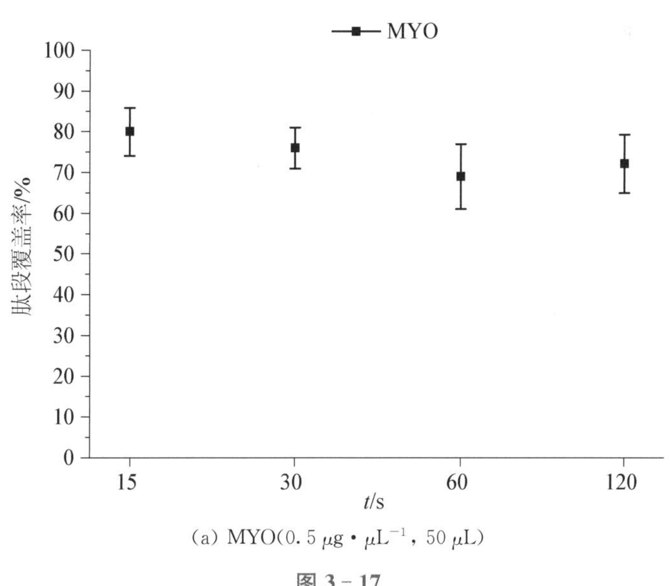

(a) MYO(0.5 μg・μL^{-1}, 50 μL)

图 3-17

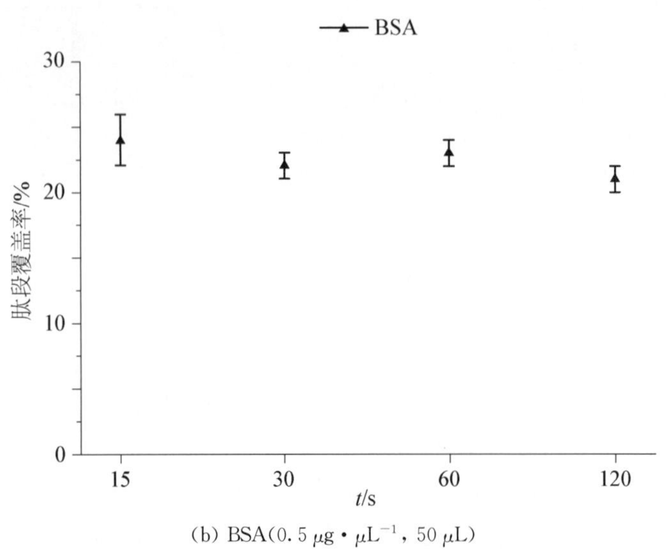

(b) BSA(0.5 μg · μL^{-1}, 50 μL)

图 3-17　微波酶解时间对 Fe_3O_4@SiO_2-GLYMO 固定酶酶解效率的影响(500 μg 的磁球加入量)

2. *微波辅助 Fe_3O_4@SiO_2-GLYMO-Trypsin 酶解在"bottom-up"技术路线中的应用*

以 Yates[39] 为代表所发展的纯粹的"bottom-up"技术(又称为"shot-gun"),主张将未经过预分离的生物样品先进行酶解,然后针对所产生的肽段进行分离分析。这种方法对于分析物理化学性质各异的蛋白,虽然丢掉了蛋白分子的好多信息,但因为使分析手法所面临的困难大大降低,一直以来也是蛋白质组学领域常用的分析方法。如果将微波酶解新技术与之相联系,将会使整个分析过程大大缩短,在医学诊断和临床应用方面将会有很广泛的前景。

将新鲜提取的鼠肝蛋白在进行还原烷基化反应后分为两份,一份加入 Fe_3O_4@SiO_2-GLYMO 固定酶材料,进行 15 s 的微波辅助酶解;另一份进行 12 h 的传统溶液酶解。待反应完成后,在同样条件下进行 LC-ESI-MS/MS 分析。

反相分离系统所设定的分离时间为 50 min,加之微波酶解处理时间,整个过程在 1 h 左右。图 3-18 所示为微波辅助 Fe_3O_4@SiO_2-GLYMO 固定酶酶解所产生肽段与传统溶液酶解所产生肽段的总离子流色谱图。

根据 SEQUEST 算法的原理,对质谱数据进行了严格的把关。在分别进行了正库和反库的搜索后,对数据进行了叠加模拟,分别得出了在 95%和 99%可信度的标准下所对应的 X_{corr}/电荷数,如图 3-19 所示。

最终,在 99%的置信度时,使用微波辅助酶解共鉴定出 318 个蛋白。用传统溶液酶解方法共鉴定出 364 个蛋白。这一结果充分说明,使用磁性材料固定酶的微波辅助酶解在 15 s 内达到了与传统溶液酶解 12 h 相当的效果,而且将这一酶解技术与现在的蛋白组学技术联用显示了非常明显的时效性,将整个分离鉴定过程大大缩短,这对于临床诊断应用和疾病信号蛋白的统计性分析具有非常大的潜力。

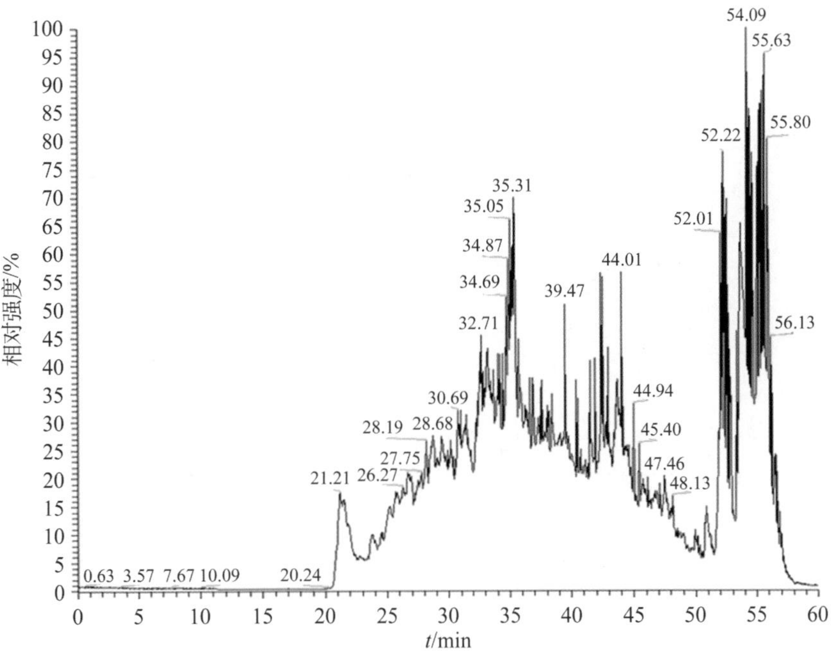

(a) 鼠肝蛋白微波辅助 Fe_3O_4@SiO_2 - GLYMO 固定酶酶解产物的 LC - ESI - MS/MS 的总离子流色谱图

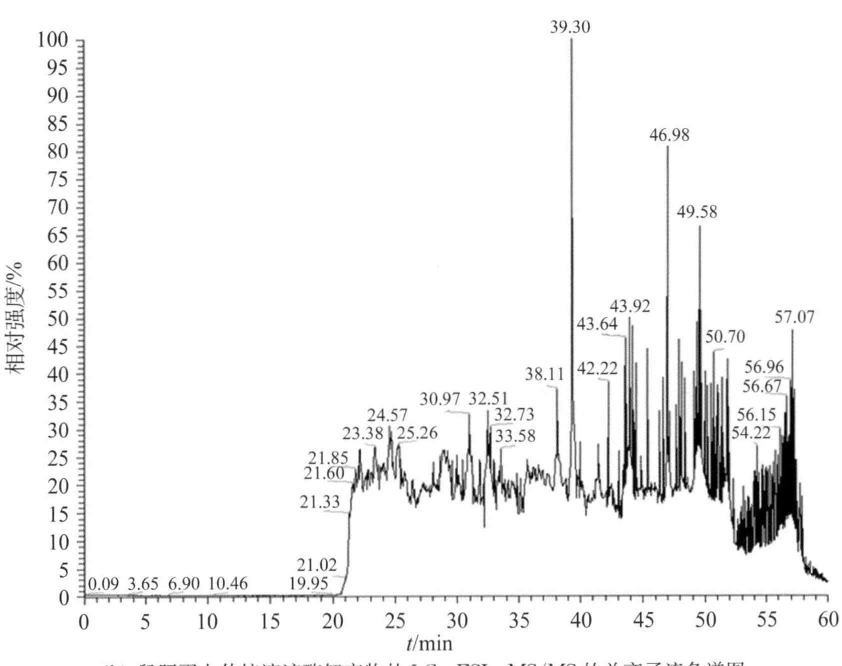

(b) 鼠肝蛋白传统溶液酶解产物的 LC - ESI - MS/MS 的总离子流色谱图

图 3 - 18　微波辅助 Fe_3O_4@SiO_2 - GLYMO 固定酶酶解所产生肽段与传统溶液酶解所产生肽段的总离子流色谱图

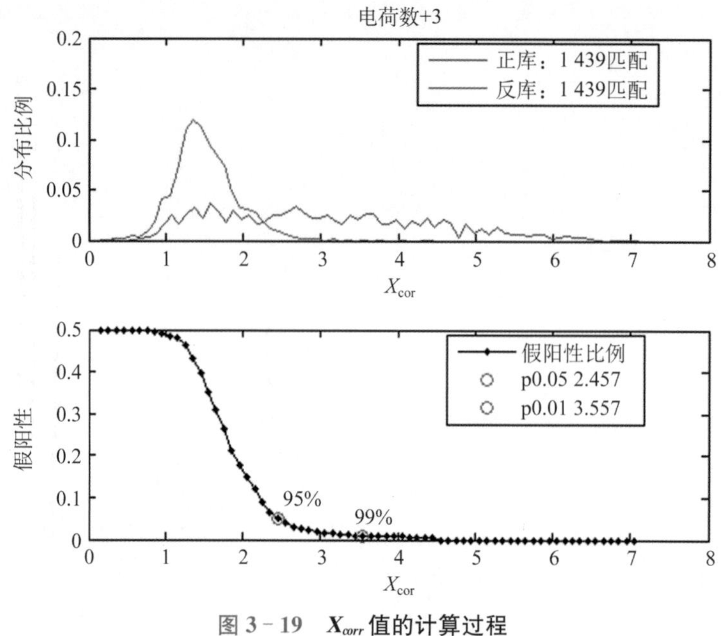

图 3-19 X_{corr}值的计算过程

3.2.3.3 微波辅助氨基纳米磁球固定酶用于酶解应用

1. 微波辅助氨基纳米磁球固定酶用于酶解标准蛋白

由于氨基纳米磁球的酶负载量增加，且磁响应性良好，因此增大了标准蛋白的浓度来检测其微波辅助酶解效率。首先，在 15 s 的微波时间内考察不同的磁球加入量对酶解的完全性的影响；接着在完全酶解的条件下，考察微波酶解时间对于酶解效率的影响。

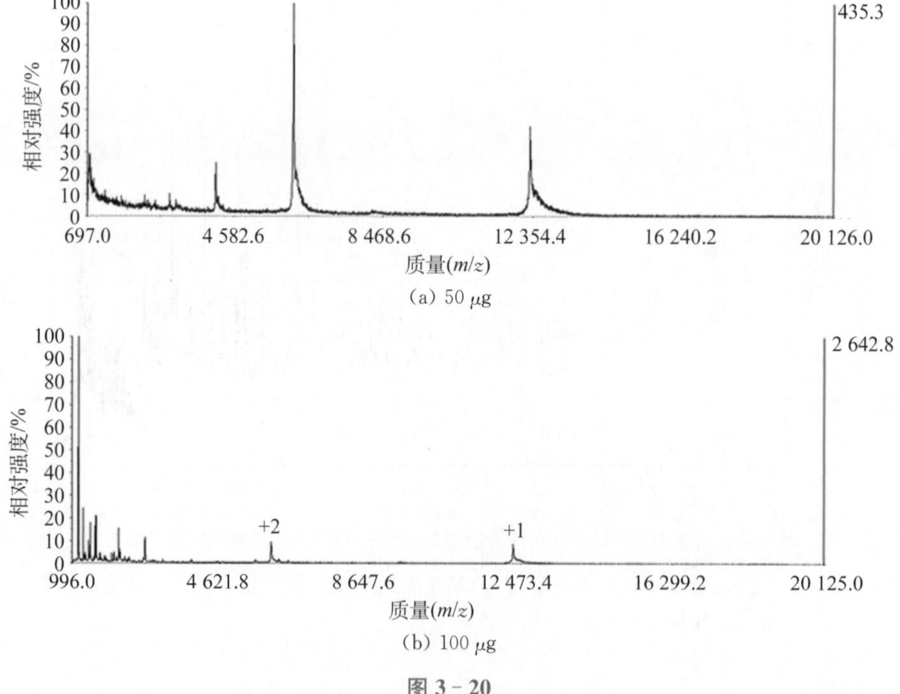

(a) 50 μg

(b) 100 μg

图 3-20

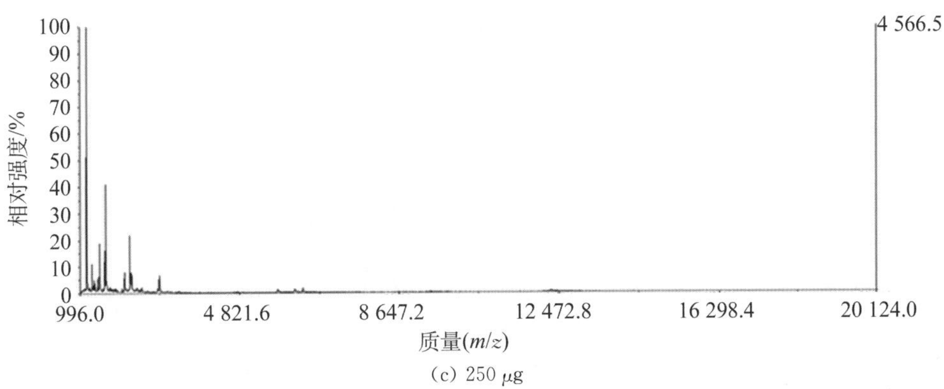

(c) 250 μg

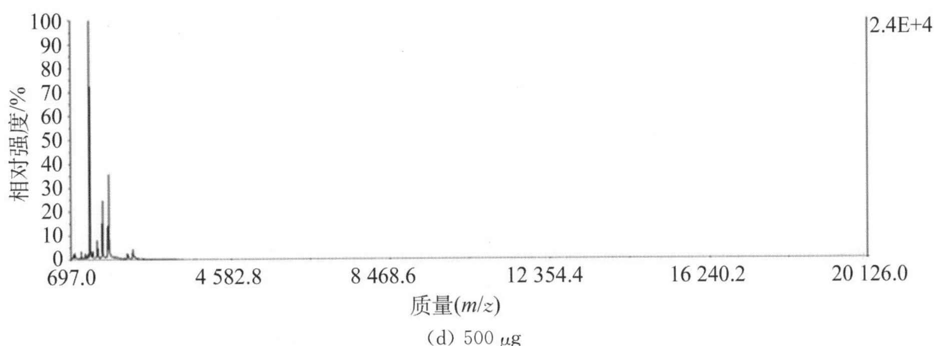

(d) 500 μg

图 3－20　不同固定酶的氨基磁球的加入量对微波辅助细胞色素 c(1 mg · mL^{-1}, 200 μL)酶解的影响(氨基纳米磁球-戊二醛固定酶酶解产物的 MALDI－TOF－MS 线性模式图)

从图 3－20 可以看出,随着加入磁球的增多,蛋白分子峰逐渐消失,在 250 μg 的磁球加入量时,可以认为已经达到完全酶解,质谱图如图 3－21 所示。接着,又详细考察了微波酶解时间和微波功率对蛋白酶解效率的影响,但是通过对比图 3－22 中 3 个标准蛋白的数据,未发现蛋白的肽段序列覆盖度随着这两个因素的变化呈现明显的规律性变化。

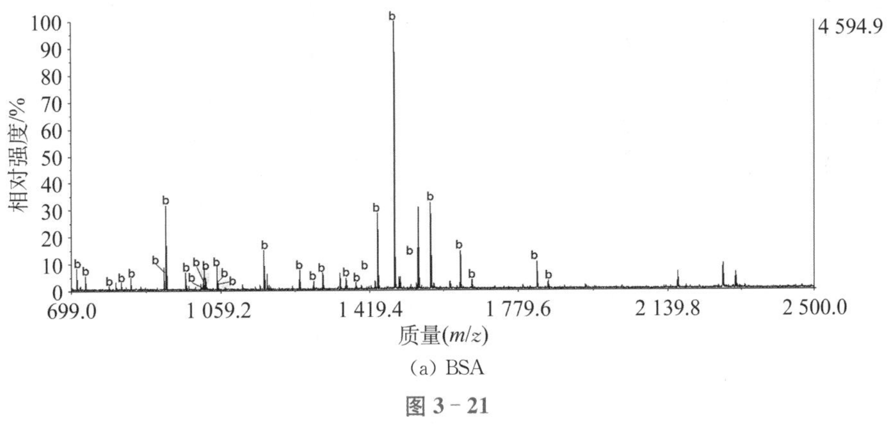

(a) BSA

图 3－21

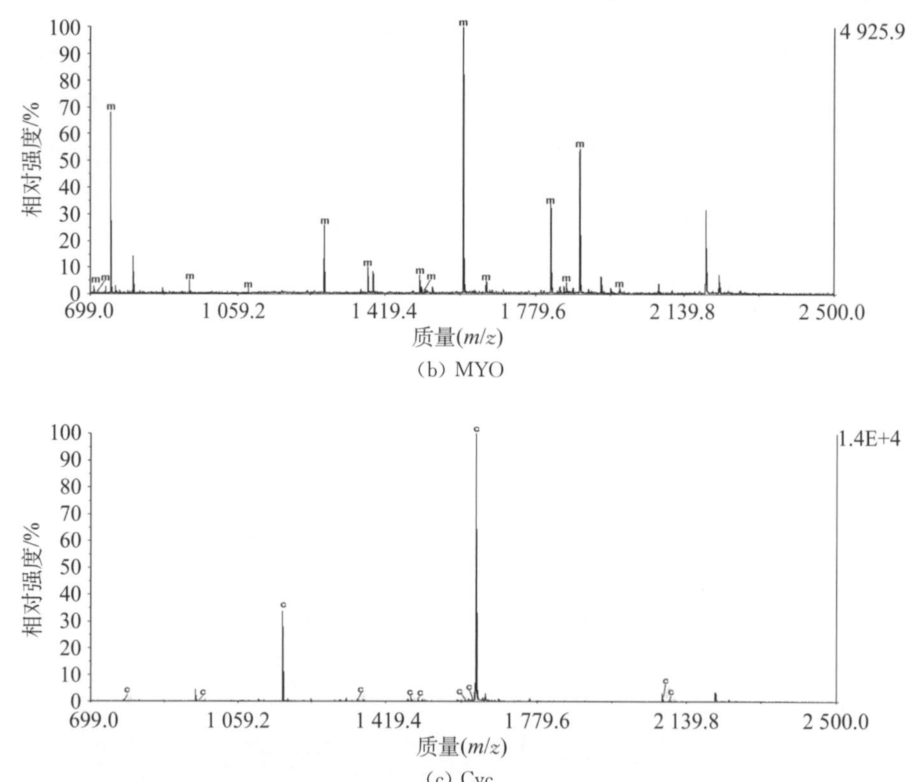

(b) MYO

(c) Cyc

图 3-21　氨基磁球-戊二醛固定酶微波辅助 3 种蛋白酶解所产生的肽段的 MALDI MS 图谱(条件：250 μg 材料加入到 200 μL 蛋白溶液($1\ mg \cdot mL^{-1}$)；微波时间：15 s；功率：850 W)

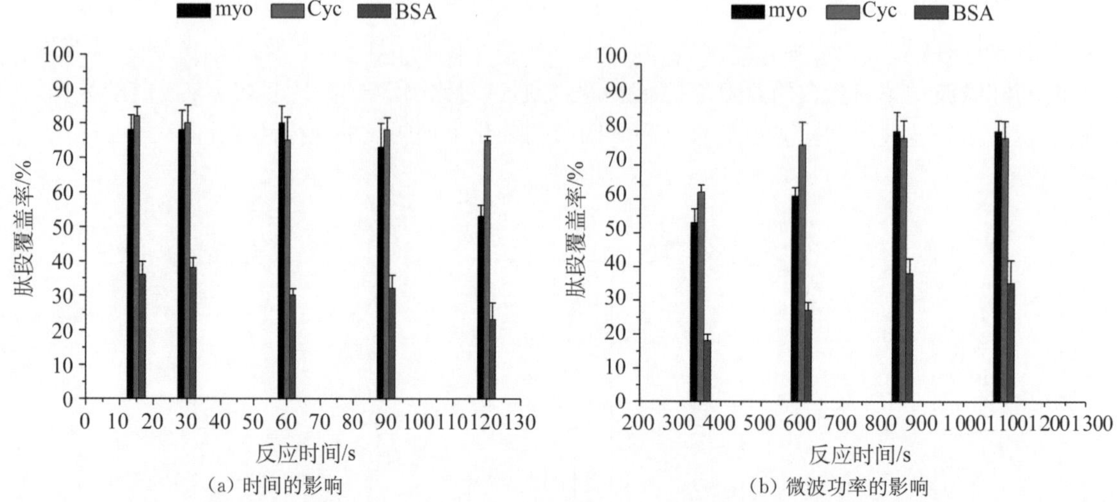

(a) 时间的影响　(b) 微波功率的影响

图 3-22　微波辅助氨基纳米磁球-戊二醛固定酶酶解时间对蛋白序列覆盖度的影响和微波功率对蛋白序列覆盖度的影响(酶解条件：蛋白浓度：$1\ mg \cdot mL^{-1}$；体积：200 L；氨基磁球固定酶加入量：500 μg)

2. 微波辅助氨基磁球固定酶的酶解技术与"shot-gun"技术联用

鼠肝蛋白作为样品用于验证氨基磁球固定酶的微波辅助酶解技术对于实际复杂样品的可行性，将其酶解产物作了 LC - ESI MS/MS 分析，图 3 - 23 所示为微波辅助氨基纳米磁球-戊二醛固定酶酶解所产生肽段的总离子流色谱图，其快速高效的酶解过程大大提高了鼠肝蛋白组的分析鉴定过程。图 3 - 24 所示为微波辅助氨基纳米磁球-戊二醛固定酶酶解和传统溶液酶解所得到的蛋白的 *pI* - *MW* 分布图，经对比，两者所鉴定出的蛋白的等电点-相对分子量(pI-molecular weight, *pI* - *MW*)分布十分相近。整个鼠肝蛋白组的分析鉴定过程不到 1 h，数据搜索采用 SEQUEST 算法模型，在 99%的可信度标准下共鉴定出 313 个蛋白，见表 3 - 2。16 h 的传统溶液酶解产物经过同等条件的分析鉴定，共鉴定出 350 个蛋白。对通过两种方法所鉴定出蛋白的等电点和相对分子质量作了统计性分析，未发现有特异性分布。

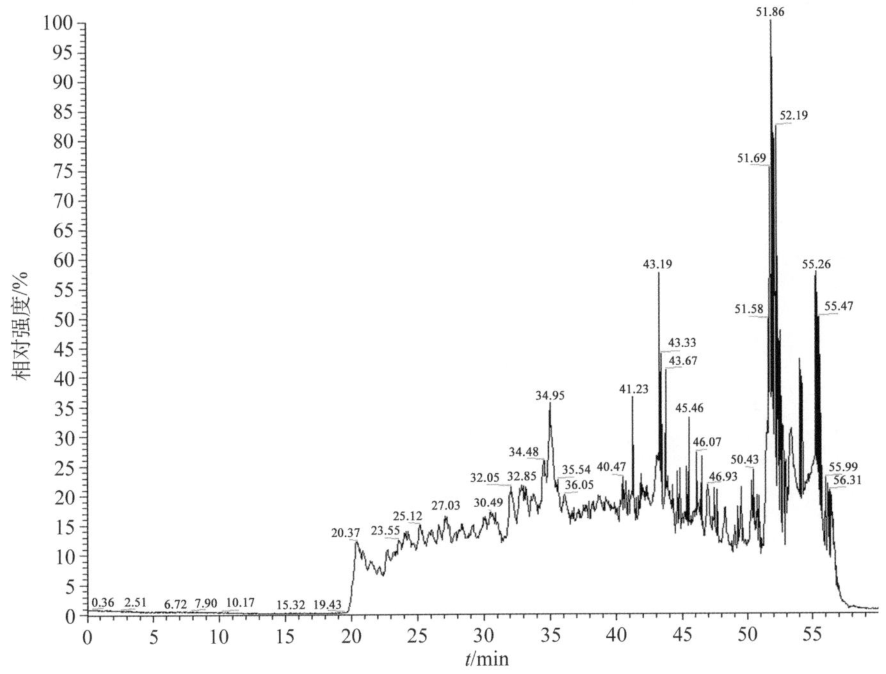

图 3 - 23 鼠肝蛋白经氨基磁球固定酶的微波辅助酶解之后产物经 LC - ESI MS/MS 分析的总离子流色谱图(total ion curven, TIC)

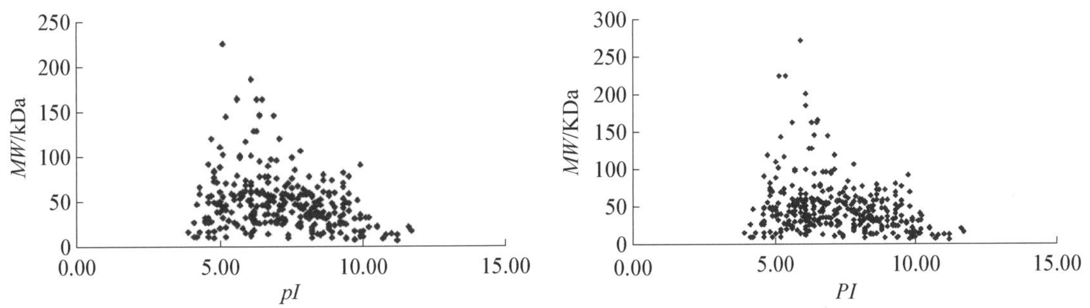

(a) 微波辅助氨基纳米磁球-戊二醛固定酶酶解所得到的蛋白的等电点-相对分子质量(*pI* - *MW*)分布图

(b) 传统溶液酶解所产生的蛋白的 *pI* - *MW* 分布图

图 3 - 24 微波辅助氨基纳米磁球-戊二醛固定酶酶解和传统溶液酶解所得到的蛋白的 *pI* - *MW* 分布图

表 3-2 使用微波辅助氨基磁球固定酶酶解方法结合 LC-ESI MS/MS 分析所鉴定出来的蛋白列表及相应质谱数据参数（$p < 0.01$）

蛋白编号	覆盖	匹配肽段(Hits)	相对分子质量(*MW*)	等电点(*pI*)
IPI00210644.1	47.40	81(810000)	164 474.8	6.30
IPI00551812.1	63.70	34(331000)	56 318.6	5.10
IPI00201413.1	51.60	21(201000)	41 844.5	7.90
IPI00210444.5	30.30	16(160000)	56 875.7	8.80
IPI00189819.1	24.80	6(60000)	41 709.7	5.20
IPI00205036.1	37.30	5(50000)	15 274.8	8.40
IPI00191711.1	16.60	3(30000)	20 723.5	5.80
IPI00231742.5	44.20	21(210000)	59 719.6	7.20
IPI00326195.3	31.90	5(50000)	32 830.8	8.60
IPI00211225.1	20.20	7(70000)	47 842.5	7.60
IPI00388209.2	3.60	1(10000)	59 181.2	4.30
IPI00339148.2	45.70	23(230000)	60 917.5	5.80
IPI00475676.3	16.60	7(70000)	59 604.5	6.40
IPI00388302.2	11.50	1(10000)	21 884.3	10.20
IPI00327518.4	34.60	10(100000)	36 480.9	6.60
IPI00205157.1	29.00	6(60000)	34 425.9	9.20
IPI00206624.1	33.60	20(200000)	72 302.5	4.90
IPI00191737.6	42.10	23(230000)	68 686.2	6.10
IPI00364321.3	27.10	6(60000)	27 670.1	7.80
IPI00197696.2	46.20	11(110000)	35 660.8	8.80
IPI00213659.3	26.90	7(70000)	36 109.7	9.30
IPI00207010.2	21.70	6(60000)	46 435.1	7.10
IPI00195123.1	28.60	5(50000)	23 382.8	10.50
IPI00370596.2	17.20	4(40000)	43 792.7	8.20
IPI00198887.1	30.80	14(140000)	56 915.8	4.70
IPI00324302.3	21.50	8(80000)	44 666.5	9.00
IPI00471911.7	25.00	11(110000)	39 593.2	8.40
IPI00396910.1	31.10	18(180000)	59 716.7	9.50
IPI00205018.2	27.40	10(100000)	57 882.7	8.20
IPI00211127.1	25.50	12(111000)	46 466.9	7.70
IPI00231631.13	4.10	1(10000)	46 984.4	7.20
IPI00190790.1	54.30	9(90000)	14 263.3	8.50
IPI00231643.5	36.40	6(60000)	15 901.8	5.90
IPI00230788.6	46.20	13(130000)	29 412.7	7.00
IPI00369166.3	11.10	1(10000)	20 354.5	8.80
IPI00204316.1	17.60	1(10000)	12 486.6	9.90
IPI00480620.1	29.90	6(60000)	38 308.4	9.00
IPI00324633.2	26.90	15(150000)	61 377.4	8.00
IPI00214454.2	11.80	1(10000)	18 473.4	4.80
IPI00361944.2	5.70	2(02000)	62 113.6	5.90

续　表

蛋白编号	覆盖	匹配肽段(Hits)	相对分子质量(*MW*)	等电点(*pI*)
IPI00560967.1	5.80	1(10000)	35 126.3	8.40
IPI00202549.1	4.00	1(10000)	62 161.7	6.50
IPI00358163.3	9.60	4(40000)	74 352.0	8.90
IPI00331983.5	12.50	6(60000)	39 619.6	8.10
IPI00480679.4	17.70	5(50000)	47 732.4	5.00
IPI00325135.3	7.50	1(10000)	29 155.4	4.50
IPI00231013.2	46.00	3(30000)	11 399.7	5.20
IPI00231365.5	20.50	5(50000)	34 911.9	8.20
IPI00230897.5	58.50	9(90000)	15 969.3	8.20
IPI00231292.6	52.50	5(50000)	14 479.7	6.70
IPI00231264.6	4.50	1(10000)	39 471.2	5.00
IPI00359623.3	21.60	10(100000)	53 387.3	6.80
IPI00231192.5	26.50	4(40000)	15 972.3	9.20
IPI00195109.3	3.60	1(10000)	55 729.8	8.20
IPI00365985.4	10.30	7(70000)	92 474.1	4.60
IPI00201262.1	8.30	9(90000)	163 669.2	5.60
IPI00209807.3	5.20	3(30000)	101 375.7	6.10
IPI00395281.1	13.80	5(50000)	68 154.8	7.30
IPI00197711.1	21.70	5(50000)	36 427.4	8.30
IPI00207941.1	6.80	4(40000)	95 987.5	7.00
IPI00210435.1	18.90	16(160000)	129 607.8	6.20
IPI00372498.1	15.70	5(50000)	59 406.4	7.30
IPI00332027.7	44.20	13(130000)	44 947.9	7.80
IPI00207217.1	21.40	5(50000)	31 496.2	8.10
IPI00199482.2	7.80	2(20000)	25 537.0	5.60
IPI00211510.1	5.60	2(20000)	74 631.4	8.60
IPI00371957.2	4.00	1(10000)	45 807.8	6.70
IPI00393599.3	13.60	2(20000)	37 766.4	8.30
IPI00471577.1	4.00	1(10000)	52 815.5	5.50
IPI00231139.6	5.50	3(30000)	71 113.5	7.40
IPI00326433.11	13.70	1(10000)	10 894.9	9.40
IPI00365929.1	16.40	5(50000)	48 729.7	4.90
IPI00358005.1	5.50	2(20000)	66 346.5	8.40
IPI00470304.1	16.40	3(30000)	39 433.3	5.40
IPI00389571.6	32.70	14(131000)	53 985.3	5.70
IPI00325136.5	3.50	2(20000)	58 775.5	6.60
IPI00231864.5	34.30	4(40000)	11 598.0	10.00
IPI00411230.3	7.30	1(10000)	25 686.0	7.20
IPI00763308.1	9.30	1(10000)	23 863.5	7.80
IPI00207601.1	13.80	5(50000)	40 942.3	7.10
IPI00188989.1	21.70	12(120000)	78 128.3	6.60

续 表

蛋白编号	覆盖	匹配肽段(Hits)	相对分子质量(MW)	等电点(pI)
IPI00197770.1	40.10	16(160000)	56 452.7	6.70
IPI00389611.3	5.70	2(20000)	33 368.4	5.10
IPI00231028.2	9.40	1(10000)	28 154.9	9.20
IPI00209480.5	3.10	1(10000)	58 589.2	7.20
IPI00373331.2	2.70	1(10000)	60 410.1	9.00
IPI00201103.1	2.70	1(10000)	72 238.7	6.10
IPI00370348.3	25.40	4(40000)	27 731.1	4.60
IPI00189813.1	8.50	4(31000)	42 023.9	5.10
IPI00190348.1	19.80	3(30000)	13 881.6	10.80
IPI00558154.1	10.50	3(21000)	59 976.5	6.10
IPI00192409.1	3.20	1(10000)	46 677.8	7.80
IPI00205332.4	23.70	6(60000)	34 929.5	8.50
IPI00369093.1	20.20	1(10000)	10 417.0	4.80
IPI00389152.4	16.30	1(10000)	10 064.9	8.90
IPI00197579.2	5.90	1(10000)	49 639.0	4.60
IPI00200593.1	5.50	1(10000)	46 532.2	5.20
IPI00212014.2	9.20	5(50000)	89 478.0	5.00
IPI00210920.1	25.30	10(100000)	47 284.2	9.30
IPI00230835.5	7.70	1(10000)	28 284.9	4.70
IPI00194550.5	13.80	6(60000)	43 577.3	7.80
IPI00365545.1	11.20	4(40000)	54 004.2	7.70
IPI00205374.1	8.60	2(20000)	34 169.7	8.40
IPI00198966.3	3.40	1(10000)	50 222.7	8.30
IPI00231253.5	52.50	8(80000)	27 228.6	9.20
IPI00231767.5	20.50	3(30000)	26 831.8	7.00
IPI00421885.2	3.90	1(10000)	50 388.1	6.90
IPI00197555.6	4.60	1(10000)	36 125.0	9.90
IPI00195372.1	16.20	6(60000)	50 082.2	9.40
IPI00231955.6	10.70	1(10000)	16 826.8	3.90
IPI00196725.5	8.90	5(50000)	99 063.9	5.70
IPI00231426.6	11.00	4(40000)	44 510.0	7.90
IPI00231745.8	28.70	8(80000)	39 584.2	5.40
IPI00210139.1	23.40	7(70000)	39 860.8	9.50
IPI00208917.4	11.30	4(40000)	58 711.5	7.80
IPI00421711.1	18.40	1(10000)	11 453.1	9.90
IPI00188804.1	39.10	3(30000)	11 684.9	4.20
IPI00362070.5	3.90	1(10000)	56 987.9	7.40
IPI00208026.1	8.70	2(20000)	52 498.5	6.10
IPI00209082.1	1.30	1(10000)	102 895.6	5.10
IPI00214480.1	11.20	4(40000)	45 946.1	6.70
IPI00205561.1	3.80	2(20000)	76 750.1	7.50

续 表

蛋白编号	覆盖	匹配肽段(Hits)	相对分子质量(MW)	等电点(pI)
IPI00212622. 1	25. 30	18(180000)	82 460. 7	9. 30
IPI00230939. 4	8. 30	1(10000)	17 767. 9	11. 70
IPI00213057. 2	5. 20	3(30000)	71 245. 0	9. 30
IPI00363265. 3	17. 70	8(80000)	73 811. 9	5. 90
IPI00551702. 2	4. 60	1(10000)	48 894. 5	8. 90
IPI00212015. 1	9. 30	3(30000)	46 525. 8	8. 50
IPI00200659. 1	8. 70	4(40000)	71 569. 8	6. 70
IPI00208215. 2	10. 10	2(20000)	28 277. 5	7. 30
IPI00231648. 5	16. 00	3(30000)	32 528. 4	7. 20
IPI00337168. 5	2. 40	1(10000)	58 062. 9	8. 00
IPI00476295. 7	13. 70	4(40000)	47 507. 3	6. 10
IPI00196656. 2	10. 30	9(90000)	107 383. 3	7. 80
IPI00464815. 11	11. 80	5(32000)	47 098. 3	6. 10
IPI00326667. 1	2. 90	1(10000)	45 983. 9	6. 30
IPI00366293. 3	20. 90	5(50000)	33 385. 8	7. 80
IPI00211593. 1	6. 30	1(10000)	24 658. 6	9. 00
IPI00230889. 5	8. 40	1(10000)	17 460. 2	9. 90
IPI00231150. 4	19. 50	2(20000)	25 989. 0	9. 30
IPI00205275. 1	13. 90	1(10000)	11 060. 3	7. 40
IPI00198467. 1	10. 10	4(40000)	51 381. 6	9. 80
IPI00231638. 6	8. 10	1(10000)	25 590. 6	9. 20
IPI00326948. 2	13. 40	7(70000)	81 038. 0	8. 60
IPI00421428. 9	5. 50	1(10000)	28 813. 9	6. 80
IPI00207146. 1	9. 50	2(20000)	16 012. 3	8. 60
IPI00366020. 2	5. 20	1(10000)	27 846. 1	5. 50
IPI00557879. 2	10. 80	2(20000)	31 758. 8	9. 70
IPI00231611. 7	10. 50	3(30000)	54 429. 1	9. 30
IPI00194974. 2	5. 00	1(10000)	50 996. 4	5. 00
IPI00361708. 3	5. 20	1(10000)	35 534. 7	6. 10
IPI00205745. 3	32. 40	5(50000)	22 164. 6	8. 80
IPI00231260. 5	26. 80	4(40000)	24 803. 0	5. 60
IPI00215574. 5	23. 50	6(51000)	32 234. 0	9. 90
IPI00212651. 1	14. 70	1(10000)	10 451. 0	8. 20
IPI00776522. 1	7. 30	1(01000)	31 415. 6	6. 20
IPI00202616. 1	4. 90	1(10000)	30 227. 2	7. 30
IPI00209828. 5	7. 40	1(10000)	27 579. 5	6. 30
IPI00211779. 1	35. 20	5(41000)	22 095. 3	8. 20
IPI00189795. 1	7. 80	2(20000)	50 103. 7	4. 80
IPI00471539. 4	13. 40	4(40000)	46 958. 8	7. 70
IPI00382226. 1	1. 00	1(10000)	144 618. 5	5. 20
IPI00190557. 2	9. 00	2(20000)	33 291. 9	10. 20

续　表

蛋白编号	覆盖	匹配肽段(Hits)	相对分子质量(*MW*)	等电点(*pI*)
IPI00358033.1	7.40	3(30000)	79 361.7	5.60
IPI00360618.3	9.10	2(20000)	33 964.1	8.00
IPI00231639.7	12.80	2(20000)	25 897.1	8.30
IPI00326972.6	18.10	9(81000)	62 107.8	6.10
IPI00382191.1	3.10	2(20000)	120 448.8	4.70
IPI00231963.5	42.40	3(30000)	13 124.8	6.10
IPI00373418.3	2.90	1(10000)	53 274.1	8.50
IPI00191728.1	11.80	4(40000)	47 965.9	4.20
IPI00769236.1	2.90	1(10000)	65 489.7	7.50
IPI00200996.2	4.30	1(10000)	42 793.1	7.20
IPI00421539.3	7.40	3(30000)	85 380.1	7.60
IPI00232011.9	8.30	4(40000)	78 608.5	9.50
IPI00195673.1	6.50	2(20000)	50 027.2	4.60
IPI00230857.7	9.60	2(20000)	26 362.6	6.40
IPI00359732.2	9.30	1(10000)	16 480.1	4.60
IPI00203690.5	15.40	6(60000)	56 432.7	6.90
IPI00231148.8	18.10	5(50000)	37 428.3	6.20
IPI00324893.4	12.70	2(20000)	27 753.7	4.60
IPI00564133.1	15.20	4(40000)	51 011.4	8.40
IPI00200466.3	8.40	2(20000)	32 880.2	10.10
IPI00199636.1	2.70	1(10000)	67 212.7	4.30
IPI00553996.3	3.50	2(20000)	78 483.4	6.40
IPI00193153.1	8.10	3(30000)	63 575.3	7.00
IPI00212220.2	8.60	4(31000)	72 674.8	4.80
IPI00231359.3	14.70	3(30000)	44 939.1	8.30
IPI00196751.2	2.00	1(10000)	70 142.2	5.50
IPI00369635.3	2.60	1(10000)	68 501.4	5.90
IPI00208288.4	8.90	2(20000)	31 808.9	8.70
IPI00210566.3	3.50	2(11000)	84 761.8	4.80
IPI00207038.3	2.20	1(10000)	58 060.1	7.90
IPI00198717.8	8.70	2(20000)	36 460.1	6.20
IPI00362058.3	8.00	1(10000)	22 204.8	10.50
IPI00400573.1	3.40	1(10000)	49 769.0	4.60
IPI00372520.1	5.90	1(10000)	27 952.4	4.10
IPI00205906.2	6.20	3(30000)	56 778.7	6.80
IPI00192301.1	13.90	2(20000)	22 244.4	7.80
IPI00195160.1	1.80	1(10000)	61 083.7	5.00
IPI00555299.1	6.80	1(10000)	39 333.1	4.90
IPI00231694.7	0.90	1(10000)	146 148.7	6.90
IPI00326561.3	3.40	1(10000)	36 172.5	8.00
IPI00207980.1	14.30	1(10000)	14 856.1	11.00

续　表

蛋白编号	覆盖	匹配肽段(Hits)	相对分子质量(*MW*)	等电点(*pI*)
IPI00324741. 2	10. 20	5(50000)	57 043. 1	5. 80
IPI00325599. 4	5. 00	2(20000)	51 517. 3	6. 00
IPI00361193. 5	4. 40	3(30000)	101 674. 9	5. 70
IPI00202658. 1	13. 10	3(30000)	35 279. 6	8. 50
IPI00365944. 5	19. 20	2(20000)	16 964. 2	4. 30
IPI00362927. 1	3. 30	1(10000)	49 892. 4	4. 80
IPI00208205. 1	4. 20	2(20000)	70 827. 3	5. 20
IPI00359978. 3	17. 40	1(10000)	7 836. 2	11. 20
IPI00190179. 3	1. 90	1(10000)	97 421. 1	6. 80
IPI00188924. 4	5. 50	2(20000)	48 366. 2	9. 50
IPI00566764. 1	1. 50	1(10000)	129 694. 9	6. 30
IPI00211897. 4	4. 10	1(10000)	25 331. 2	8. 80
IPI00231368. 5	22. 90	2(20000)	11 665. 7	4. 60
IPI00360056. 1	5. 00	1(10000)	37 869. 2	6. 20
IPI00471540. 1	4. 40	1(10000)	39 903. 2	6. 20
IPI00231358. 6	21. 40	2(20000)	14 947. 5	8. 40
IPI00367152. 1	9. 30	2(20000)	27 360. 9	6. 20
IPI00209045. 2	3. 80	2(20000)	75 810. 4	7. 00
IPI00480639. 3	1. 70	2(20000)	186 460. 2	6. 10
IPI00188158. 1	2. 10	1(10000)	57 397. 5	5. 50
IPI00195860. 1	15. 70	1(10000)	9 346. 9	10. 70
IPI00475946. 2	2. 80	1(10000)	54 488. 9	7. 50
IPI00210823. 1	8. 00	3(30000)	37 354. 1	6. 20
IPI00387771. 6	17. 10	3(30000)	17 862. 8	8. 20
IPI00767154. 1	3. 60	1(10000)	35 784. 8	7. 00
IPI00231650. 7	5. 90	1(10000)	21 974. 0	11. 60
IPI00230838. 5	21. 10	2(20000)	18 751. 6	6. 20
IPI00212731. 1	4. 40	1(10000)	44 651. 9	6. 70
IPI00201561. 3	8. 60	1(10000)	21 770. 1	5. 20
IPI00204774. 1	4. 60	2(20000)	62 454. 9	6. 30
IPI00360930. 2	4. 60	1(10000)	28 282. 2	7. 00
IPI00471530. 2	10. 60	3(30000)	56 114. 8	6. 80
IPI00207184. 1	3. 50	1(10000)	28 557. 0	6. 20
IPI00370752. 3	3. 60	1(10000)	30 681. 7	7. 10
IPI00188688. 1	21. 50	2(20000)	14 179. 9	11. 20
IPI00327781. 1	2. 60	1(10000)	57 144. 5	7. 50
IPI00339123. 2	2. 10	1(10000)	78 396. 1	8. 10
IPI00364948. 3	6. 00	2(20000)	54 047. 4	7. 50
IPI00365813. 3	3. 10	1(10000)	35 018. 0	8. 80
IPI00208203. 2	9. 00	3(30000)	42 994. 0	9. 30
IPI00212316. 1	1. 20	1(10000)	99 124. 8	7. 50

续 表

蛋白编号	覆盖	匹配肽段(Hits)	相对分子质量(*MW*)	等电点(*pI*)
IPI00421857.1	1.60	1(01000)	64 791.0	7.90
IPI00214373.1	7.10	2(20000)	47 753.7	8.00
IPI00471584.7	1.80	1(01000)	83 229.2	4.80
IPI00211392.1	2.40	1(10000)	58 876.7	5.70
IPI00368708.2	13.60	2(20000)	24 464.6	7.70
IPI00200145.1	14.00	1(10000)	11 490.7	4.10
IPI00358226.2	11.10	1(10000)	13 767.2	7.40
IPI00194324.2	4.50	1(10000)	38 957.1	6.20
IPI00470301.1	3.10	1(10000)	59 498.9	5.40
IPI00194045.1	4.10	1(10000)	46 704.6	6.60
IPI00556987.2	2.70	1(10000)	49 867.6	6.70
IPI00231641.5	3.20	1(10000)	61 364.7	6.30
IPI00211989.2	5.00	1(10000)	32 781.6	6.10
IPI00211100.1	11.20	2(20000)	37 004.0	6.70
IPI00205389.6	2.90	1(10000)	54 200.7	7.70
IPI00197553.1	7.20	1(10000)	32 539.8	4.50
IPI00205560.2	1.20	1(10000)	146 656.3	6.40
IPI00231245.5	4.50	1(10000)	39 176.4	7.50
IPI00195423.1	4.30	2(20000)	60 553.3	8.80
IPI00231106.5	3.40	1(10000)	32 919.5	5.90
IPI00197900.5	4.70	1(10000)	28 748.5	4.70
IPI00371043.2	8.40	1(10000)	20 374.6	8.20
IPI00212666.2	0.70	1(10000)	165 220.9	5.60
IPI00192246.1	10.30	1(10000)	16 119.3	6.10
IPI00203558.1	4.40	1(10000)	27 776.3	6.60
IPI00204634.4	1.90	1(10000)	47 018.8	6.50
IPI00454288.1	2.00	1(10000)	67 677.3	7.70
IPI00208209.1	8.10	2(11000)	30 988.1	6.20
IPI00230859.5	5.80	1(10000)	36 482.9	6.90
IPI00327079.5	4.90	1(10000)	25 476.3	9.40
IPI00231069.5	20.70	1(10000)	10 021.2	9.40
IPI00231978.5	16.90	1(10000)	8 249.5	9.70
IPI00208185.3	1.20	2(20000)	147 390.0	6.40
IPI00205135.6	2.20	1(10000)	76 887.2	4.80
IPI00203214.6	1.50	1(10000)	95 223.0	6.40
IPI00196661.1	4.10	1(10000)	27 760.8	4.50
IPI00212478.1	6.80	1(10000)	16 094.5	8.60
IPI00324019.1	2.40	1(10000)	46 106.6	5.70
IPI00203647.1	3.10	1(01000)	55 697.3	4.60
IPI00207014.2	2.20	1(10000)	44 608.7	5.10
IPI00210975.1	2.70	1(10000)	111 220.1	5.00

续 表

蛋白编号	覆盖	匹配肽段(Hits)	相对分子质量(*MW*)	等电点(*pI*)
IPI00210280.1	6.10	1(10000)	29 578.3	5.30
IPI00361686.5	7.20	1(10000)	30 977.5	4.60
IPI00210164.3	18.80	2(20000)	17 835.5	9.70
IPI00204118.1	5.10	2(20000)	66 680.9	9.30
IPI00199203.1	4.50	1(10000)	35 832.8	6.20
IPI00190240.1	10.30	1(10000)	17 939.5	10.00
IPI00212110.1	3.40	1(10000)	60 945.7	8.60
IPI00215107.3	4.40	1(10000)	32 803.4	4.60
IPI00400739.1	3.30	1(10000)	47 342.9	4.90
IPI00214665.2	1.40	1(10000)	120 704.0	7.10
IPI00188304.3	10.90	1(10000)	20 806.4	5.00
IPI00371236.3	3.10	1(10000)	49 491.0	7.30
IPI00368110.4	1.10	1(10000)	226 131.6	5.10
IPI00382228.1	4.10	1(10000)	39 427.9	8.60
IPI00231756.7	3.40	1(10000)	54 525.0	7.20
IPI00769270.1	2.70	1(10000)	60 852.9	8.10
IPI00196457.1	5.30	1(10000)	35 740.7	6.10
IPI00367281.2	3.10	1(10000)	45 980.9	8.30
IPI00567668.2	1.70	1(10000)	91 496.1	9.90
IPI00206780.1	1.70	1(10000)	90 477.0	6.70
IPI00371036.1	7.20	1(10000)	16 984.0	8.90
IPI00471872.1	2.30	1(01000)	57 588.5	6.70
IPI00371562.2	0.90	1(01000)	164 152.1	6.50
IPI00364927.1	2.70	1(01000)	58 693.9	6.70
IPI00190082.4	1.20	1(01000)	118 070.3	5.90
IPI00324041.1	1.70	1(01000)	78 130.0	6.70
IPI00200100.1	2.80	1(01000)	54 599.2	7.50

3.2.4 本节小结

本节介绍了以功能磁性纳米材料固定酶为基础的微波辅助快速酶解新方法。文中介绍了一系列新的在纳米磁性微球表面固定酶的简便方法，并利用纳米磁球能高效吸收微波辐射能量的优点，将蛋白酶固定在纳米微球上，在微波辐射下，极大提高了蛋白酶解的效率。相比于传统的溶液酶解方法，该酶解技术将蛋白酶解所需时间从 12 h 缩短至 15 s，而且酶解效果优于传统的溶液酶解方法。在微波辐射的帮助下，甚至连微克级的蛋白也能被有效酶解并鉴定。为了进一步验证该方法的实用性，对复杂生物样品——鼠肝全蛋白提取物用该方法在 15 s 内进行了酶解，也得到了非常好的效果。此外，利用一个外加磁铁，固定在磁球上的酶还能被回收利用。

3.3 磁性材料固定酶的芯片酶解[3]

3.3.1 毛细管/芯片酶反应器的研制和基本原理

3.3.1.1 毛细管/芯片酶反应器

毛细管/芯片酶反应器在近年来受到人们越来越多的关注。与传统溶液酶解相比,毛细管/芯片酶反应器可以把样品的用量降低几个数量级。由于没有稀释过程,在小体积下,仍然可以极大地提高样品的检测灵敏度。同时,小的空间尺寸缩短了传质时间,有利于加快酶解速度[40]。

3.3.1.2 毛细管/芯片酶反应器制作的常用方法

目前,文献报道的毛细管/芯片酶反应器制作方法有物理吸附、溶胶-凝胶包埋及共价键合等[41~45]。然而,如果把蛋白酶通过吸附或者共价键合的方法直接固定在毛细管或芯片内壁,则由于微通道内壁表面积有限,固定的酶量必然受到限制。此外,用此方法制备的酶反应器是无法再生的,一旦微通道内壁固定的蛋白酶失去活性,就只能将整个酶反应器丢弃。要克服此缺点,可以将蛋白酶固定到某种具有纳米/微米尺寸的材料表面[46, 47],然后将固定了酶的材料通过塞子或膜放置在毛细管/芯片通道内的特定位置[48]。然而,利用上述方法在微通道内重复地填充固定酶的材料仍然是科学家们所面临的一个重大难题。多孔聚合物毛细管/芯片整体柱[49]是目前解决这个问题的有效方法之一,但让人遗憾的是,整体柱的制备需要比较复杂的合成步骤,不易重复,而且制得的酶反应器也是无法再生的。因此,为了适应当前蛋白质组分析的需要,发展新型的制备简单、酶解效率高、可再生的毛细管/芯片酶反应器显得尤为重要。

3.3.1.3 新型磁性微纳米材料固定酶用于毛细管/芯片酶反应器研制

磁性载体的性质对固定化酶的应用十分重要,新型的用于毛细管/芯片酶反应器的磁性微纳米材料需满足一定的条件:(ⅰ)磁响应性要好;(ⅱ)生物相容性好;(ⅲ)能够提供足够大的表面积,使酶反应顺利进行,降低反应基质和产物的分散限制;(ⅳ)具有一定的机械强度;(ⅴ)具有再生重复使用能力;(ⅵ)带有反应性的功能基团。

首先合成具有高磁饱和强度值(68.2 emu · g^{-1})的磁性硅球,然后采用金属离子螯合和共价键合两条技术路线,将胰蛋白酶固定在磁性硅球表面。利用外加磁场的作用,将磁性硅球固定在毛细管或者微流控芯片通道内部,从而制得毛细管/芯片酶反应器。蛋白质溶液在泵的推动下,流过毛细管或者微流控芯片通道,得到快速的酶解。使用 MALDI 质谱对收集到的酶解产物进行分析鉴定。由于材料的磁性,在磁性微球表面固定的酶失去活性后,只需要移去毛细管/芯片通道外的磁铁,磁性微球即可用液体推送出来,再引入新的固定酶的磁性微球就可以实现毛细管/芯片酶反应器的再生。该方法易于操作、成本低,很好地解决了以前文献报道中毛细管/芯片酶反应器只能一次性使用的问题。对用金属离子螯合方法固定酶的磁性微球而言,还可以用 EDTA 将磁性微球表面的铜离子除去,再重新引入新的铜离子和蛋白酶，从而实现毛细管/微流控芯片酶反应器的再生。

3.3.2　磁性硅球固定酶

3.3.2.1　磁性硅球的合成

用1.4节所述的方法合成的磁性硅球固定酶。

3.3.2.2　磁性硅球表面固定酶

1. 物理吸附(金属离子螯合)法固定酶

金属离子螯合法固定酶属于物理吸附法的一种，主要是利用固相载体表面键合的离子螯合试剂(如IDA)将金属离子固定在载体表面，再通过金属离子与蛋白酶分子间的Lewis酸-碱相互作用实现酶的固定。因此，在强螯合剂(如EDTA)的冲洗下，金属离子连同其螯合的蛋白酶分子可以很容易地从固相载体表面洗脱下来，再引入新的蛋白酶，即可实现固相载体的再生[50]。邹汉法等[51]曾利用铜离子螯合法在毛细管内壁固定了胰蛋白酶，并成功地将其应用于蛋白的酶解和MALDI－TOF－MS分析鉴定。

为了将蛋白酶固定在制备的磁性硅球表面，本书作者设计了如图3－25所示的合成路

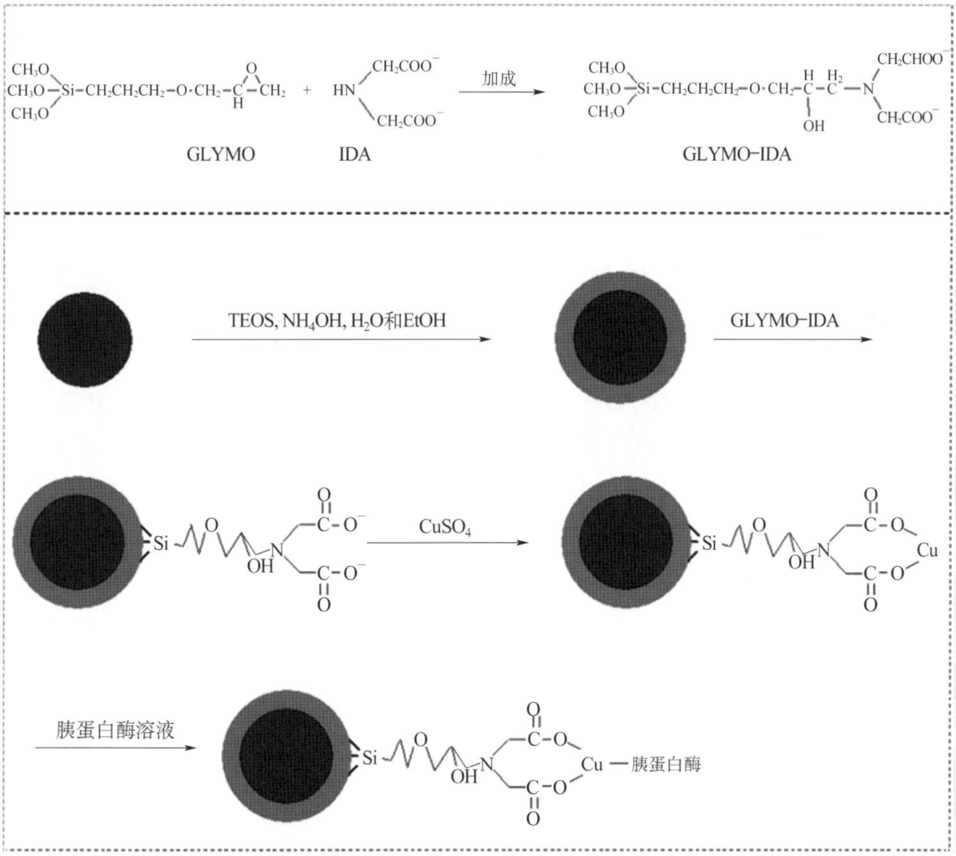

GLYMO　IDA　加成　GLYMO-IDA

TEOS, NH_4OH, H_2O和EtOH　GLYMO-IDA　$CuSO_4$　胰蛋白酶溶液　Cu —胰蛋白酶

图3－25　Cu－IDA－GLYMO－MS的合成和金属离子螯合固定酶方法示意图[52]

线。首先采用羧甲基化氨衍生物作为螯合试剂,GLYMO 为偶联剂,合成了带螯合基团的硅烷化试剂。然后,将此合成的硅烷化试剂与磁性硅球进行反应,使磁性硅球表面带上螯合基团。最后,将带螯合基团的磁球与 $CuSO_4$ 溶液混合,使铜离子螯合在硅球表面。为了将胰蛋白酶固定在此螯合了铜离子的磁性硅球上,将磁球分散到浓度为5 mg・mL^{-1}的 TPCK-treated trypsin 的 NH_4HCO_3 溶液中(20 mmol・L^{-1}, pH=8.3),并在机械震荡下反应 1 h,通过铜离子与蛋白酶表面组氨酸等的相互作用,胰蛋白酶被固定在磁球上。具体过程如下:

在 100 mL 的圆底烧瓶中加入 4.20 g 亚氨基二乙酸,加入 50 mL 浓度为 2 mol・L^{-1}的 Na_2CO_3 溶液,用浓度为 10 mol・L^{-1}的 NaOH 调节 pH 值为 11。将该反应器置于冰水浴中,磁力搅拌 1 h。在磁力搅拌的同时,在 0.5 h 内,逐滴往反应器溶液中加入 1.5 g GLYMO。然后,将混合溶液加热至 65 ℃反应 6 h 后再将反应体系冷却至 0 ℃。为了确保反应是在 IDA 和 GLYMO 之间发生,避免 GLYMO 分子之间的交联,将以上反应步骤重复两次,同时补加 GLYMO。最终用浓盐酸将得到的 IDA 衍生的硅烷偶联试剂溶液的 pH 值调节为 6,便于下步反应,以将其键合于磁性硅球表面。

将 0.02 g 磁性硅球超声分散在 50 mL 无水乙醇中,然后加入 10.0 mL 上述实验制备的硅烷偶联试剂溶液,反应体系在 40 ℃进行 24 h;最终将得到的产物用乙醇清洗干净。

将得到的产物分散在 20 mL、浓度为 0.2 mol・L^{-1}的 $CuSO_4$ 溶液中,振荡分散 2 h;然后用去离子水反复清洗材料,以除去过多的 Cu^{2+}。将所得材料在 60 ℃真空干燥过夜,备用。

用 200 微升 2 mg・mL^{-1}胰蛋白酶(trypsin)溶液在轻微震荡下浸泡 3 mg 螯合了 Cu^{2+} 的磁性硅球 2 h 以加载酶,用 pH=8.1 的碳酸氢铵缓冲液将未螯合的胰蛋白酶清洗干净,制得金属螯合酶的磁性硅球。固定酶的磁性硅球在 4 ℃ 下保存于含 0.02% 叠氮化钠的 20 mmol・L^{-1} 碳酸氢铵缓冲液中。

为了考察胰蛋白酶固定在磁性硅球上的量,分别测得反应前后的酶溶液的紫外吸光度并进行了比较计算,结果表明,使用金属离子螯合法在磁性硅球上固定的酶的量为65 μg・mg^{-1}。

为了考察磁性硅球表面固定蛋白的稳定性,选用异硫氰酸荧光素 BSA(fluorescein isothiocyanate BSA, FITC-BSA)作为荧光标记物,将其用金属离子螯合法固定在磁性硅球表面,并通过磁铁的作用力把硅球固定在毛细管的微通道内。磁性硅球用 H_2O 以及 20 mmol・L^{-1} NH_4HCO_3缓冲液(pH = 8.0)各冲洗 3 次,以除去表面非特异性吸附的 FITC-BSA。接下来,基于由激光诱导荧光(laser induce fluoresceuce, LIF)检测到的荧光强度与磁性硅球上固定的 FITC-BSA 的量成正比,可通过 CE-LIF 检测来考察固定在磁性硅球表面的蛋白的稳定性。在外加电场的作用下,当 NH_4HCO_3 缓冲液(pH=8.0)由电渗流推动在毛细管内持续流动时,同时记录了毛细管中填充有磁性硅球的某一点的荧光强度变化。最后得到了荧光强度随电泳迁移时间变化的谱图(见图 3-26),由此图可以看出,荧光强度在 20 min 的时间内没有显著的下降,保持了较好的稳定性。这说明用金属离子螯合法在磁性硅球表面固定的蛋白还是比较稳定的。

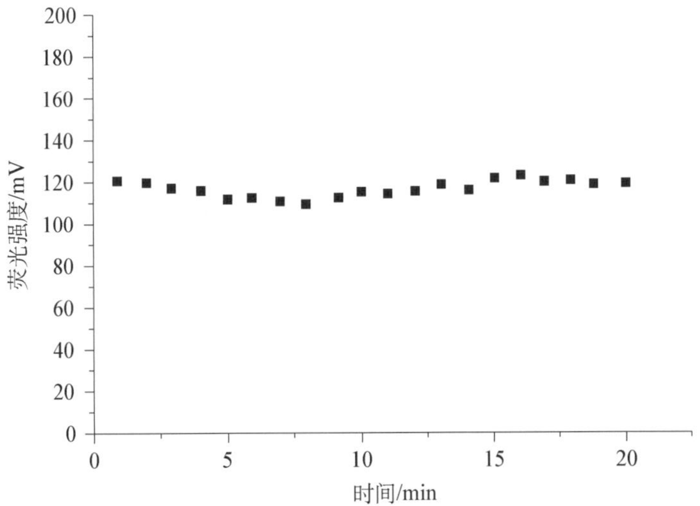

图 3-26　**FITC-BSA 作为荧光标记物固定毛细管的荧光强度随电泳迁移时间变化的谱图(荧光激发光波长为 473 nm，检测波长为 520 nm)**

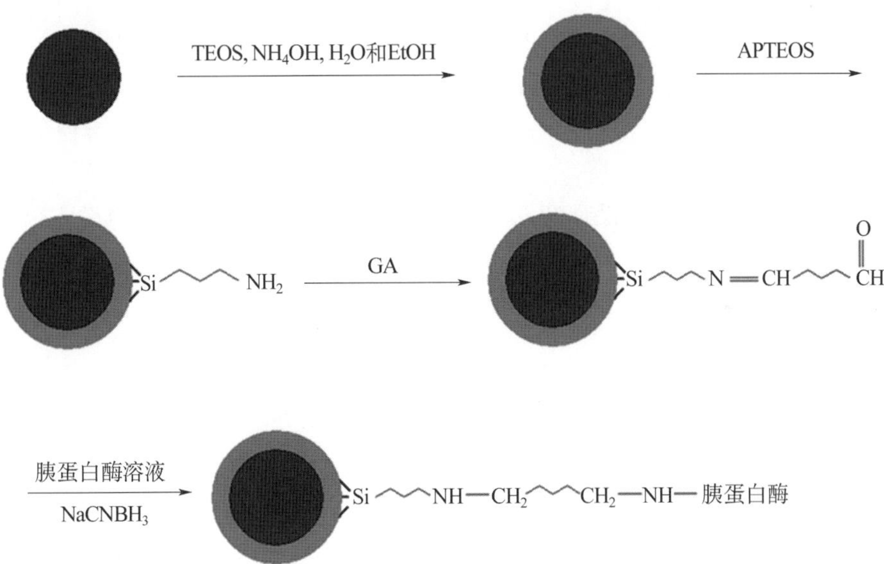

图 3-27　**磁性微球的合成和共价键合法固定胰蛋白酶过程示意**[53]

2. 共价键合法固定酶

如图 3-27 所示，首先使用了一种氨基硅烷化试剂使磁性硅球表面带上氨基。将 3 g 真空干燥后的磁性硅球放入 250 mL 三颈瓶中并加入 90 mL 无水甲苯，机械搅拌使其分散均匀。在机械搅拌下，将 8 mL APTEOS 缓慢加入分散液中，并在 95 ℃下回流反应 4 h。反应液冷却至室温后，用磁铁将产物吸附到瓶壁。除去上清液后，将其用无水甲苯、水及乙醇各清洗 2 次。最后，被氨基修饰的磁性硅球在室温下真空干燥 12 h。接下来，据文献报道，由于戊二醛(glutaraldehyde，GA)与蛋白的伯氨基反应速度快，有利于减少将蛋白酶固定在磁性硅球上的时间而常被用作蛋白酶的固定试剂[54]，最终选用其活化带氨基的磁性硅球。戊二醛与蛋白的反应通常在近中性 pH 值下进行[55]。经过一系列的实验优化了反应条件，在用戊二醛对带氨基的磁性硅球表面进行活化时使用了 pH 值为近中性的缓冲溶液。将 3 mg 被氨基修饰的磁性硅球放入 1.5 mL 离心管中，并分散在 200 μL 浓度为 25 mmol・L^{-1} 的 NH_4HCO_3 缓冲液中（pH＝7.0）。使用 NH_4HCO_3 缓冲液（pH＝7.0）将磁性硅球重复清洗 3 遍后，用磁铁将硅球吸附到离心管壁上并除去上清液。加入 200 μL 浓度为 5％ 的 GA 溶液，在震荡下反应 2 h，以使磁性硅球表面被醛基活化。经醛基活化后的磁性硅球用 NH_4HCO_3 缓冲液（pH＝8.3）清洗 4 次。而在蛋白酶与活化的磁性硅球表面的醛基进行反应时，据 Walt 和 Agayn 报道[56]，蛋白酶的伯氨基与醛基之间发生的是亲核反应，而升高 pH 值有利于亲核反应的进行，因此将缓冲溶液的 pH 值升高到约 8.3 以提高固定酶的效率。此外，在蛋白酶的伯氨基与醛基进行反应时会消除一个水分子并形成席夫碱（见图 3－27），这个反应是可逆的，由此可能导致已固定好的酶从磁球上脱落下来。而较高 pH 值的缓冲液有利于可逆反应的发生，使酶更易脱落。为了解决这个问题，引入了一种还原试剂（$NaBH_3CN$）将席夫碱中的碳氮双键还原成稳定的单键，从而抑制了可逆反应的发生，使得固定在磁性硅球表面的酶在一定 pH 值范围内都具有较好的稳定性。将 0.1 mg 胰蛋白酶溶液溶于 100 μL NH_4HCO_3 缓冲液（pH＝8.3，含 1％ $NaBH_3CN$）中，将前述经醛基活化后的磁性硅球加入此酶溶液中，震荡下反应 3 h。除去酶溶液，在离心管中加入 200 μL NH_4HCO_3 缓冲液（pH＝8.3，含 0.75％甘氨酸和 1％ $NaBH_3CN$）并在震荡下反应 1 h 以封闭磁性硅球表面未与蛋白酶结合的醛基。最后，固定了酶的磁性硅球用甘氨酸溶液进行了处理，目的是封闭磁性硅球表面尚未与蛋白酶发生反应的醛基，避免在用其进行蛋白酶解时吸附所酶解的蛋白。

为了考察胰蛋白酶用共价键合的方法固定在磁性硅球上的量，分别测得反应前后的酶溶液的紫外吸光度并进行了比较计算，结果表明，使用共价键合法在磁性硅球上固定的酶的量约为 70 μg・mg^{-1}，略高于金属离子螯合法固定的酶的量（65 μg・mg^{-1}）。

3.3.3 磁性硅球固定酶毛细管/芯片酶反应器的制备

由于合成的磁性硅球在水溶液中具有很好的分散性和强磁响应性，使得其在毛细管/芯片通道中的填充、定位、冲出、重填充非常容易，因此也极大地简化了毛细管/芯片酶反应器的制备过程，整个流程如图 3－28 所示（以共价键合法制备的芯片酶反应器为例）。与那些非磁性的填充材料相比，在该研究中，不需要在微通道内制作任何的坝或塞子来固定材料，而只需要将一块小磁铁放置在毛细管/芯片通道外侧，然后使固定好酶的磁性硅球分散液在注射泵的推动下以低流速流过毛细管/芯片通道，在不到 1 min 的时间内，硅球在磁场的作用下被固定在微通道内，形成约为 2～3 mm 的填充床，这远远低于文献报道中使用商品磁珠在微通道内形成填充床的时间[4, 5, 57]（20～60 min）。图 3－29 所示为在显微镜下拍得的磁性硅球在毛细管/芯片通道内形成的填充床照片。使用该方法可在毛细管/芯片通道内重复填充磁性硅球，而且在酶解实验中，形成的填充床也非常稳定。一旦实验完成，只要移去通道外放置的小磁铁，磁性硅球即可方便地被缓冲液冲出微通道。

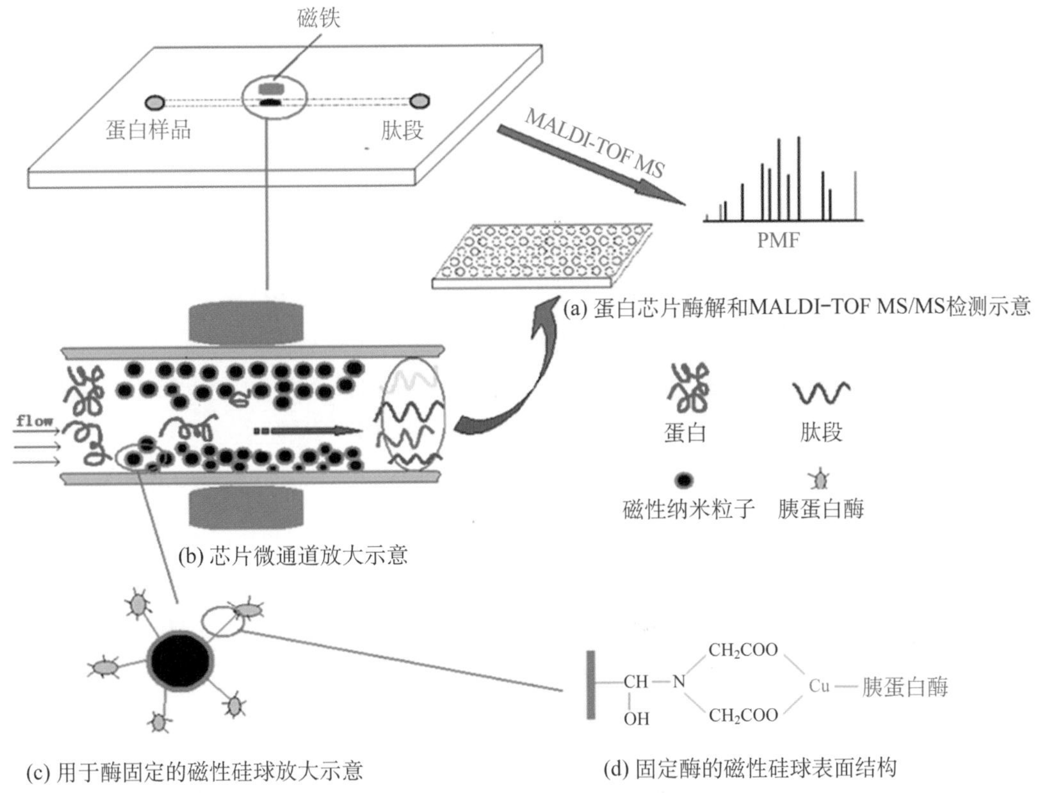

图 3-28　毛细管/芯片酶反应器的制备过程

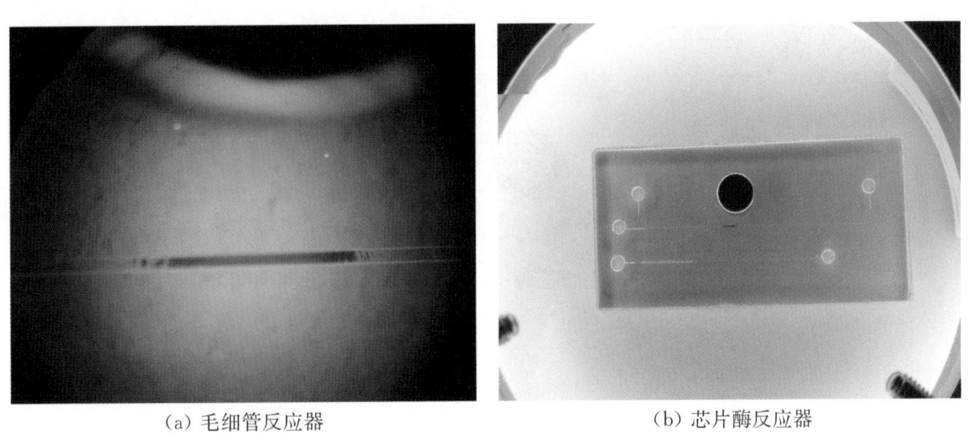

图 3-29　显微镜下毛细管反应器照片和芯片酶反应器照片

此外，值得一提的是，整个填充床的长度只有 2～3 mm（见图 3-29），这是由于考虑到虽然增加填充床的长度可能增加蛋白质与磁性硅球的接触概率从而提高酶解效率，然而过长的填充床长度会直接导致柱压的增大。如果由此产生的柱压超过磁铁所提供的磁场引力，则导致或者蛋白溶液无法流过填充床，或者泵的推力将整个填充床冲出毛细管/芯片通道。

3.3.4 毛细管/芯片酶反应器(铜离子螯合法固定酶)的性能考察

3.3.4.1 毛细管酶反应器(铜离子螯合法)的性能考察

1. 毛细管酶反应器(铜离子螯合法)对标准蛋白的酶解性能考察

将用铜离子螯合法制备的毛细管酶反应器用于蛋白质酶解的流程如所图 3－30 示。将蛋白溶液用泵推入基于功能化磁性微球的芯片酶反应器中,两端密封,在 50 ℃下反应 5 min。酶解产物用泵推出,收集后点在 MALDI 靶板上,再将含有 α－氰基－4－羟基肉硅酸(α－cyano-4-hydroxycinnamic acid, CHCA)的乙腈溶液点在样品靶上,干燥后送入 MALDI 质谱仪进行分析。为了考察该毛细管酶反应器应用于蛋白质酶解的性能,0.5 μL 浓度为 0.2 $\mu g \cdot \mu L^{-1}$的 BSA(一种具有多个酶解位点的蛋白,相对分子质量约为 66 000)溶液注入毛细管酶反应器内,在 50 ℃下酶解一段时间,得到的肽段溶液经收集后点到 MALDI 靶板上,加入 CHCA 基质,进行质谱分析。

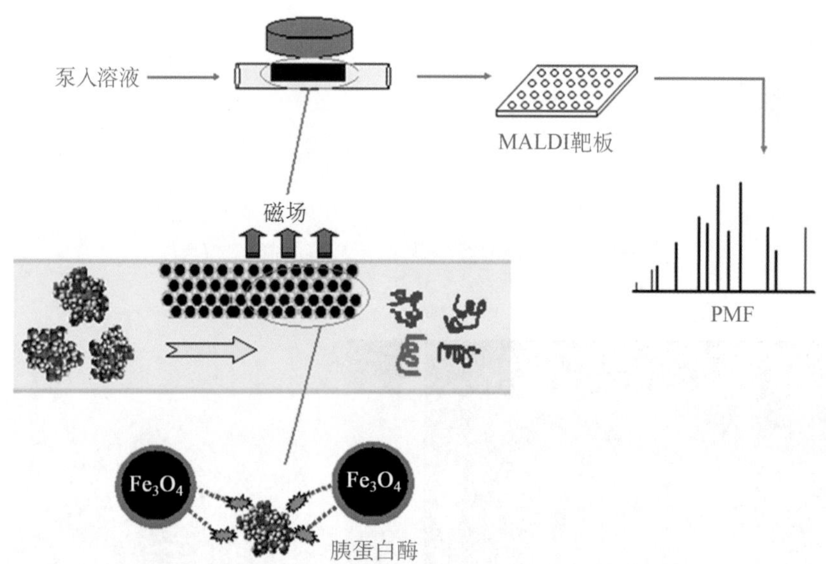

图 3－30 固定金属离子的毛细管酶反应器用于蛋白酶解和 MALDI－TOF MS 检测示意

得到的质谱图如图 3－31 所示,共鉴定出 21 条 BSA 的肽段,对应的序列覆盖率达 32%。

为了确认蛋白在 5 min 的时间内是否得到充分酶解,将收集到的肽段产物进行了 SDS 凝胶电泳分析。结果显示,BSA 经毛细管酶反应器酶解 5 min 后,在 SDS 胶条上观察不到明显的蛋白条带,表明蛋白已经酶解完全。此外,就 BSA 的酶解而言,用毛细管酶反应器 5 min酶解得到的结果可与 12 h 的传统溶液酶解的结果(鉴定了 22 条 BSA 肽段,对应的序列覆盖率为 35%)相当。

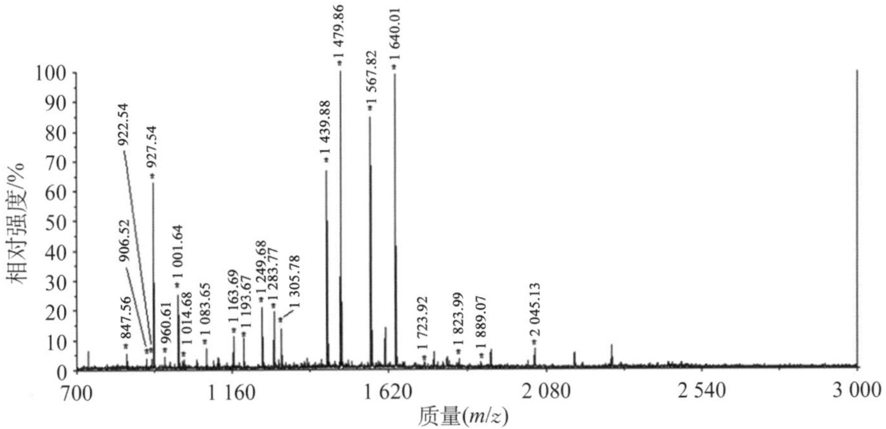

图 3-31　**BSA 经固定金属离子的毛细管酶反应器在 50 ℃ 下酶解 5 min 后的 MALDI-TOF MS 谱图(蛋白浓度为 0.2 μg · μL^{-1},溶解在 25 mmol · L^{-1}, pH 值为 8.3 的 NH_4HCO_3 缓冲溶液中)**

2. 毛细管酶反应器的再生性能考察

所制备的毛细管酶反应器是通过在毛细管内填充用铜离子螯合法固定好酶的磁性硅球制得的,因此具有其他酶反应器所不具有的优点,即该毛细管酶反应器可以方便地进行替换和再生。

就毛细管酶反应器的替换而言,首先移除芯片通道下方的磁铁,然后使碳酸氢铵缓冲液在泵的推动下流过毛细管/芯片微通道,将磁性硅球冲出。用碳酸氢铵缓冲液清洗毛细管/芯片微通道,并将磁铁重新置于毛细管/芯片微通道的旁边。新的磁性硅球分散液在泵的推动下流过微通道,在磁场作用下被固定于毛细管/芯片微通道内,重新形成 2～3 mm 的填充床。

对铜离子螯合酶的磁性硅球来说还可以进行酶反应器的再生。将推送出的磁性微球回收后用乙二胺四乙酸溶液浸泡 2～4 h。用 $CuSO_4$ 溶液在轻微震荡下浸泡硅烷化的磁性硅球以重新加载铜离子,浸泡时间为 1～3 h。用胰蛋白酶溶液浸泡螯合了 Cu^{2+} 的磁性硅球以加载酶,用 pH=8.1 的碳酸氢铵缓冲液将未螯合的胰蛋白酶清洗干净,再次制得金属螯合酶的磁性硅球。重复以上替换酶反应器的过程,实现毛细片/芯片酶反应器的再生,步骤简单、耗时短而且成本低廉。图 3-32 所示为毛细管酶反应器替换和再生前后对 BSA 进行

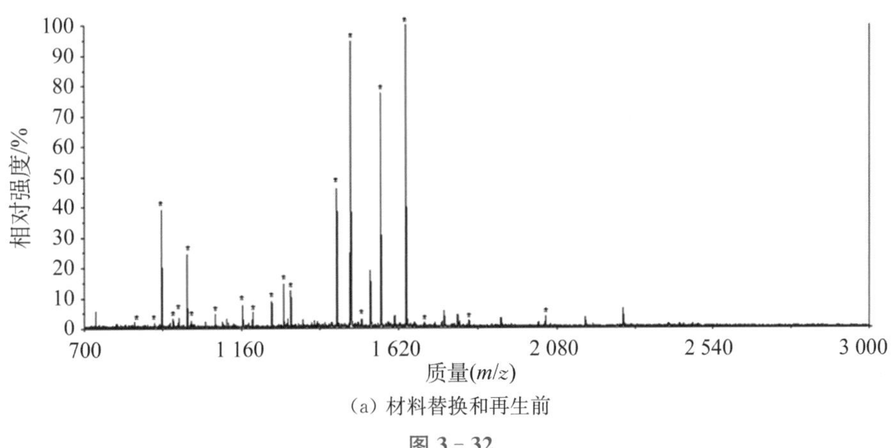

(a) 材料替换和再生前

图 3-32

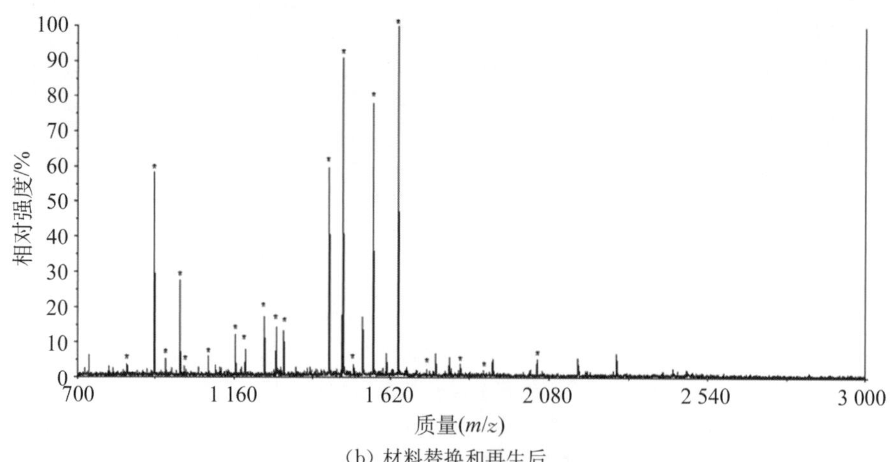

(b) 材料替换和再生后

图 3-32 固定金属离子的毛细管酶反应器经材料替换和再生前、后对 BSA 进行酶解得到的 MALDI-TOF MS 谱图(BSA 在 50 ℃下酶解 5 min。"＊"代表检出的 BSA 酶解肽段)

酶解得到的质谱图,可以看出两张质谱图非常相似,这说明再生过程并不会影响毛细管酶反应器进行蛋白酶解性能的重复性。

3.3.4.2 芯片酶反应器(铜离子螯合法)性能考察

1. 芯片酶反应器(铜离子螯合法)的酶解温度和时间

用胰蛋白酶进行酶解时,温度一般都控制在 37 ℃左右。然而,如采用较高的酶解温度将有效破坏蛋白的结构,增加酶解速率,促进酶解。通过在不同酶解温度下用芯片酶反应器对细胞色素 c 进行酶解,以考察酶解温度对酶解效率的影响。如图 3-33(a)所示,当酶解温度低于 50 ℃时,细胞色素 c 的序列覆盖率随酶解温度的升高而缓慢上升;而当温度高于 50 ℃时,序列覆盖率反而呈下降趋势。因此,可以认为 50 ℃是芯片酶反应器的最佳酶解温度。

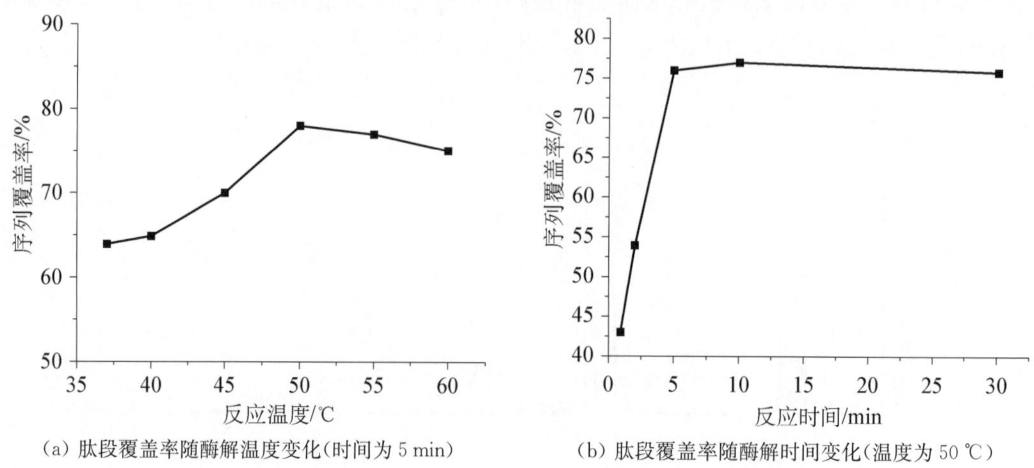

(a) 肽段覆盖率随酶解温度变化(时间为 5 min)　(b) 肽段覆盖率随酶解时间变化(温度为 50 ℃)

图 3-33 温度和时间对芯片酶反应器(铜离子螯合法)酶解细胞色素 c 的影响(MALDI-TOF MS 检测)

在传统溶液酶解中面临的一个问题是为了获得足够的酶解肽段，必须保证一定的酶解时间。通常溶液酶解需要的时间为4～24 h，时间越长，蛋白酶解越充分，产生的肽段越多，质谱检测信号越强。但是，在蛋白质组学应用中酶解时间的减少意味着在越短的时间内要鉴定更多的蛋白，因此有着很重大的现实意义。接着进一步考察了酶解时间对芯片酶反应器酶解效率的影响。图3-33(b)给出了当酶解温度为50 ℃时，不同酶解时间下，细胞色素c经芯片酶反应器酶解及MALDI质谱鉴定后得到的序列覆盖率。当酶解时间由1 min增加到5 min时，细胞色素c的序列覆盖率由43%增加到77%。而当酶解时间继续增加时，序列覆盖率没有明显的变化。由此可以得出这样一个结论，5 min的酶解时间对芯片酶反应器来说已经足够。

2. 芯片酶反应器(铜离子螯合法)对标准蛋白的酶解考察

选用了两种常用的标准蛋白(细胞色素c，相对分子质量为12 384；BSA，相对分子质量为66 000)进行实验，考察用铜离子螯合法制备的芯片酶反应器的酶解效率。为了进行对比，还同时对这两种蛋白用12 h的传统溶液酶解方法进行了酶解。酶解产物经收集后进入MALDI-TOF/TOF进行质谱分析鉴定。

图3-34给出了使用芯片酶反应器对细胞色素c和BSA进行酶解后得到的肽指纹谱图。

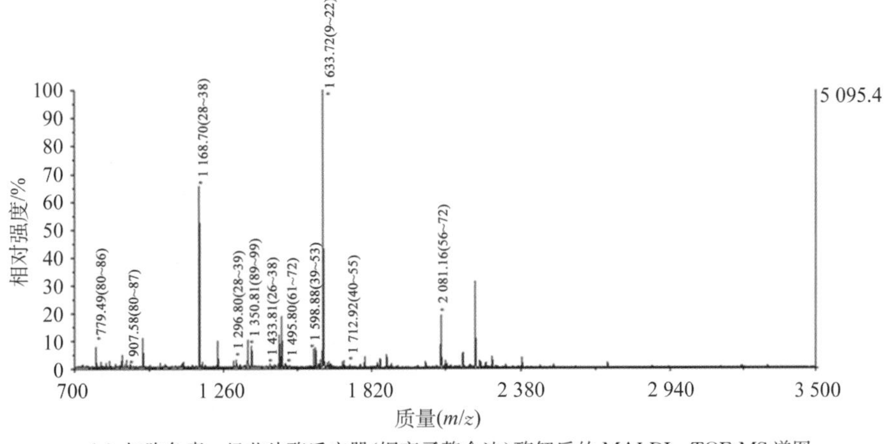

(a) 细胞色素c经芯片酶反应器(铜离子螯合法)酶解后的MALDI-TOF MS谱图

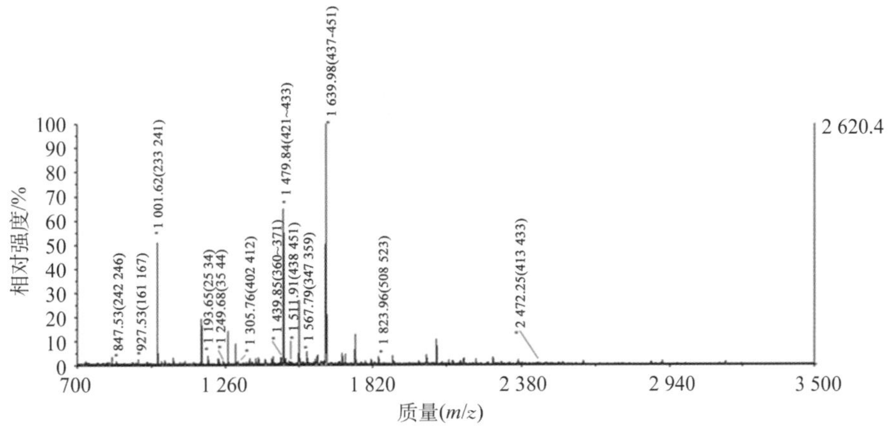

(b) BSA经芯片酶反应器(铜离子螯合法)酶解后的MALDI-TOF MS谱图

图3-34 使用芯片酶反应器对细胞色素c和BSA进行酶解后得到的肽指纹谱图(蛋白浓度均为0.20 mg·mL^{-1}，且溶于20 mmol·L^{-1}的NH_4HCO_3缓冲液(pH=8.0)中，酶解均在50 ℃下进行，酶解时间为5 min)

从此图中可以看出，蛋白得到了充分的酶解，经数据库检索后鉴定出了多条肽段。表 3－3和表 3－4 列出了详细的酶解结果。经芯片酶反应器酶解及质谱分析鉴定后，共鉴定出细胞色素 c 中的 81 个氨基酸(共 104 个)，BSA 中的 131 个氨基酸(共 583 个)。细胞色素 c 的序列覆盖率达到 77％，而 BSA 的序列覆盖率达到 21％。酶解结果可与 12 h 的传统溶液酶解的结果相比(见表 3－3)。

表 3－3 细胞色素 c 和 BSA 经芯片酶反应器(铜离子螯合法)酶解后的 MALDI－TOF MS 结果

蛋白	Cyc		BSA	
	微反应器	溶液	微反应器	溶液
检测到氨基酸	81	80	130	253
序列覆盖率/％	77	76	21	41
酶解时间	5 min	≥6 h	5 min	≥6 h
匹配肽段	13	14	13	24
蛋白编号	P00004	P00004	P02769	P02769
蛋白相对分子质量(*MW*)	11 694.1	11 694.1	69 248.4	69 248.4

表 3－4 细胞色素 c 和 BSA 酶解后经 MALDI－TOF MS 检测到的片段信息

Cyc		BSA	
9～22	IFVQKCAQCHTVEK	25～34	DTHKSEIAHR
26～38	HKTGPNLHGLFGR	35～44	FKDLGEEHFK
28～38	TGPNLHGLFGR	161～167	YLYEIAR
28～39	TGPNLHGLFGRK	233～241	ALKAWSVAR
39～53	KTGQAPGFTYTDANK	242～248	LSQKFPK
40～53	TGQAPGFTYTDANK	347～359	DAFLGSFLYEYSR
40～55	TGQAPGFTYTDANKNK	360～371	RHPEYAVSVLLR
56～72	GITWKEETLMEYLENPK	402～412	HLVDEPQNLIK
61～72	EETLMEYLENPK	413～433	QLINVCRDQFEKLGEYGFQNA
61～73	EETLMEYLENPKK	421～433	LGEYGFQNALIVR
80～86	MIFAGIK	436～451	VPQVSTPTLVEVSR
80～87	MIFAGIKK	437～451	KVPQVSTPTLVEVSR
89～99	TEREDLIAYLK	508～523	RPCFSALTPDETYVPK

为了进一步测试该芯片酶反应器的酶解稳定性和重复性，在没有替换芯片内磁性硅球的情况下，使用前面优化好的酶解条件(50 ℃，5 min)，用一个芯片酶反应器连续 6 次对细胞色素 c 进行了酶解，产物收集后进行了 MALDI 质谱分析鉴定(见图 3－35)。在每两次酶解实验之间，都将芯片通道用缓冲液冲洗 5 min 以上，以消除记忆效应。如图 3－35 所示，前 4 次实验保持了很好的稳定性，得到的序列覆盖率基本保持在 76％左右(相对标准偏差为 1.7％)，序列覆盖率在第五次实验时下降到 59％，表明此时固定在磁性表面的蛋白酶开始失去活性。

该芯片酶反应器(铜离子螯合法)同本节中的毛细管酶反应器一样，都是通过在毛细管

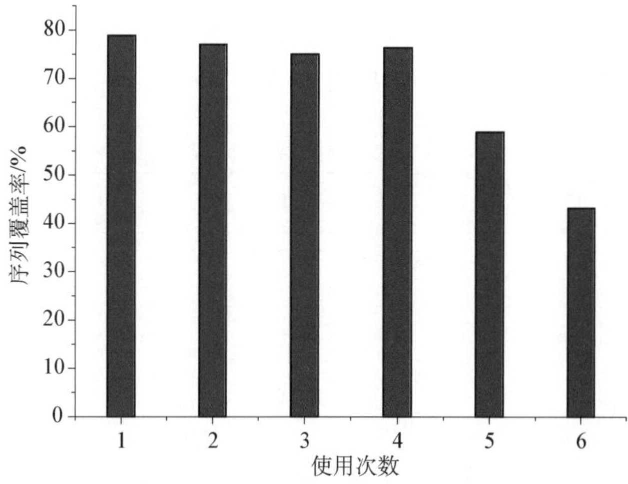

图 3 - 35　**芯片酶反应器(铜离子螯合法)连续 6 次对细胞色素 c 酶解后经 MALDI - TOF MS 检测获得的肽段覆盖率**

内填充用铜离子螯合法固定好酶的磁性硅球制得的,因此,该芯片酶反应器也可以用毛细管酶反应器制备中描述的方法方便地实现替换和再生。

3.3.4.3　芯片酶反应器(共价键合法)酶解性能考察

图 3 - 36 给出了当酶解温度为 50 ℃时,不同酶解时间下,细胞色素 c 经芯片酶反应器酶解及 MALDI 质谱鉴定后得到的序列覆盖率。当酶解时间由 1 min 增加到 5 min 时,细胞色素 c 的序列覆盖率由 51%增加到 77%。而当酶解时间继续增加时,序列覆盖率没有明显的变化。由此可以得出这样一个结论,5 min 的酶解时间对芯片酶反应器来说已经足够。

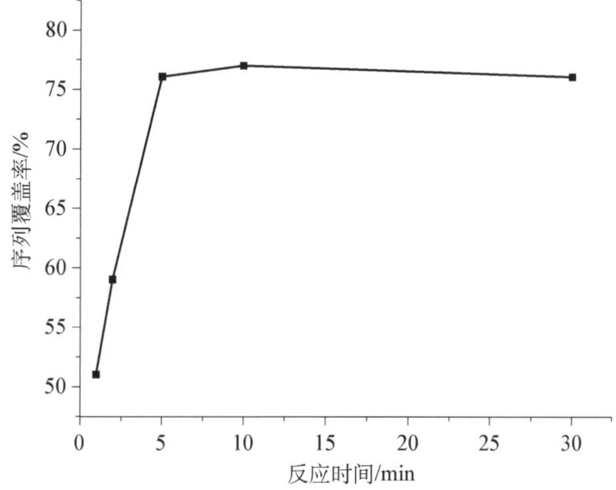

图 3 - 36　**细胞色素 c 经芯片酶反应器(共价键合法)酶解及 MALDI 质谱鉴定后得到的序列覆盖率随酶解时间的变化(在每个反应时间内重复实验 5 次)**

表 3-5 列出了细胞色素 c 的详细的酶解结果。经芯片酶反应器(共价键合法)酶解及质谱分析鉴定后,共鉴定出细胞色素中的 81 个氨基酸(共 104 个),序列覆盖率达到 77%。酶解结果可与 12 h 的传统溶液酶解的结果相比(见表 3-6)。

表 3-5 细胞色素 c 分别经芯片酶反应器(共价键合法)和溶液酶解后,经质谱分析鉴定后结果

项目	微反应器		溶液	
检测到氨基酸	81		80	
序列覆盖率 /%	77		76	
酶解时间	5 min		12 h	
匹配肽段	13		14	
蛋白编号	P00004		P00004	
蛋白分子量(*MW*)	11 694.1		11 694.1	
使用微反应器检测到的肽段	9~22	IFVQKCAQCHTVEK	56~72	GITWKEETLMEYLENPK
	26~38	HKTGPNLHGLFGR	61~72	EETLMEYLENPK
	28~38	TGPNLHGLFGR	61~73	EETLMEYLENPKK
	28~39	TGPNLHGLFGRK	80~86	MIFAGIK
	39~53	KTGQAPGFTYTDANK	80~87	MIFAGIKK
	40~53	TGQAPGFTYTDANK	89~99	TEREDLIAYLK
	40~55	TGQAPGFTYTDANKNK		

表 3-6 图 3-37 中 67~68 min 间收集的一个馏分(编号 48#,箭头处)经芯片酶反应器(铜离子螯合法)酶解,再经 MALDI-TOF MS 检测后鉴定出的蛋白信息

蛋 白 名 称	蛋白编号	相对分子质量(*MW*)	等电点(*pI*)	肽段计数	蛋白得分
3-hydroxy-3-methylglutaryl-Coenzyme A synthase 2 (rattus norvegicus)	gi|54035469	56 849.6	8.86	3	147
TH2A histone (rattus norvegicus)	gi|57354	14 275	11.02	4	114
3-hydroxyisobutyrate dehydrogenase (rattus norvegicus)	gi|83977457	35 279.6	8.73	3	112
sterol carrier protein-rat (fragment)	gi|2119443	10 462.5	8.03	1	97
Fatty acid binding protein 1 (rattus norvegicus)	gi|56541250	14 263.3	7.79	3	86
gametogenetin-binding protein 1 (rattus norvegicus)	gi|46410145	40 828.3	5.78	7	65
alpha-globin (rattus sp.)	gi|30027750	9 345.7	6.49	2	64

为了测试该芯片酶反应器的酶解重复性,在没有替换芯片内磁性硅球的情况下,使用前面优化好的酶解条件(50 ℃, 5 min),用同一个芯片酶反应器连续 5 次对细胞色素 c 进行了酶解,产物收集后进行了 MALDI 质谱分析鉴定。在每两次酶解实验之间,都将芯片通道用缓冲液冲洗 5 min 以上,以消除记忆效应。得到的序列覆盖率基本保持在 76%左右(相对标准偏差为 1.4%)。

为了进一步测试其在替换前后的酶解重复性,在使用芯片酶反应器进行完一次酶解实验后，移去磁铁，用缓冲液冲出磁性硅球，再在经缓冲液冲洗后的芯片通道内填充新的磁性硅球。对细胞色素 c 进行了连续 3 次酶解实验（每次实验结束后均对芯片通道内的磁性硅球进行了替换），所得的 3 张质谱图非常相似，说明对芯片酶反应器的替换不会影响其对蛋白酶解的重复性。搜库后得到的鉴定结果也证实了这一点，细胞色素 c 的序列覆盖率基本保持在 77%左右（相对标准偏差为 2.1%）。

用共价键合法固定了酶的磁性硅球的稳定性也很好。将其在 4 ℃冰箱里保存 1 个月后，再用来制备芯片酶反应器，与新固定上酶的磁性硅球制得的芯片酶反应器相比，酶解效率没有显著的差异，酶活性并没有明显减弱。

3.3.5　芯片酶反应器对实际生物样品的酶解

3.3.5.1　芯片酶反应器（铜离子螯合法）对实际生物样品的酶解

为了考察制备的芯片酶反应器在“middle-down”蛋白组分析中的应用，将芯片酶反应器用于酶解大鼠肝组织提取蛋白经反相液相色谱分离后收集的馏分。大鼠肝组织（20 μg）提取蛋白的 RPLC 分离谱图如图 3－37 所示。在 RPLC 梯度的 20～110 min 间，每分钟收取一个馏分。待每个馏分冻干后再用 2 μL 碳酸氢铵缓冲液（pH＝8.0）将其重新溶解，然后注入制备好的芯片酶反应器中，在 50 ℃下酶解 5 min。收集酶解好的肽段产物进行 MALDI－TOF MS/MS 分析。仅以其中 67～68 min 间收集的一个馏分为例（编号为 48＃，在图 3－37 中以箭头指出），表 3－6 列出了 48＃馏分经芯片酶反应器酶解并进行质谱分析后鉴定出的蛋白。结果显示，一共鉴定出了 7 个得分在 59 以上的蛋白质。

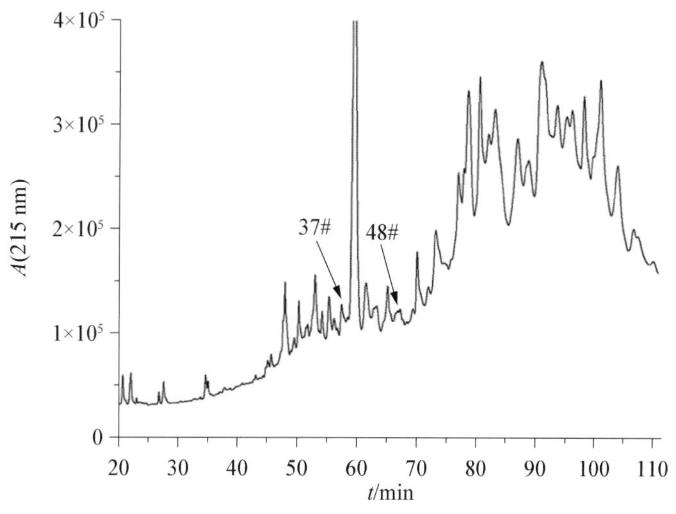

图 3－37　大鼠肝组织提取蛋白的 RPLC 分离色谱图

3.3.5.2　芯片酶解反应器（共价键合法）对实际生物样品的酶解

将制备的芯片酶反应器（共价键合法）用于酶解大鼠肝组织提取蛋白经反相液相色谱分

离后收集的馏分，以考察其在“middle-down”蛋白组分析中的应用。大鼠肝组织(20 μg)提取蛋白的 RPLC 分离谱图如图 3－37 所示。以其中 56～57 min 间收集的一个馏分为例(编号 37＃，在图 3－37 中以箭头指出)。从酶解后得到的产物的 MALDI 质谱图中(见图 3－38)可以观察到多个肽段的离子峰，表明馏分中的蛋白混合物在芯片酶反应器中得到了有效的酶解。表 3－7 列出了 37＃馏分经芯片酶反应器酶解并进行质谱分析后鉴定出的蛋白。结果显示，一共鉴定出了 5 个得分在 59 以上的蛋白质。

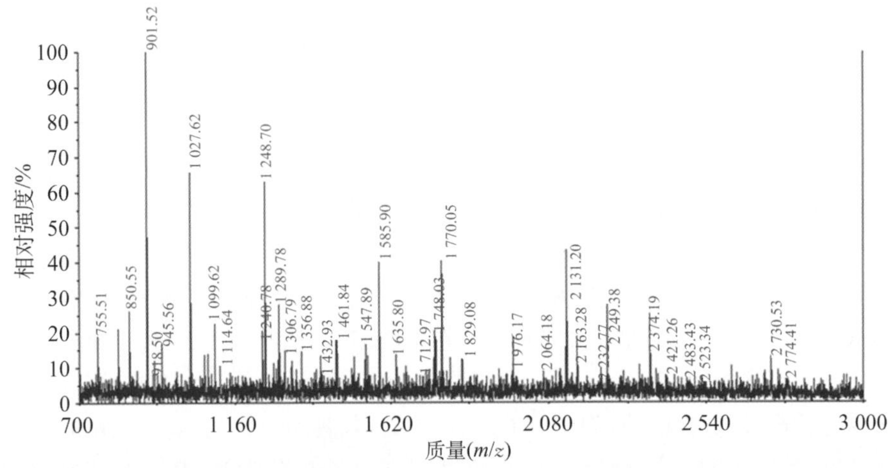

图 3－38　**图 3－37 中 56～57 min 间收集的一个馏分(编号为 37＃，箭头处)经芯片酶反应器(共价键合法)酶解，再经 MALDI－TOF MS 检测后的谱图**

表 3－7　**56～57 min(见图 3－37)中间收集的一个馏分(编号为 37＃，箭头处)经芯片酶反应器(共价键合法)酶解，再经 MALDI－TOF MS 检测后鉴定出的蛋白信息**

蛋白名称	蛋白编号	相对分子质量(MW)	等电点(pI)	肽段计数	蛋白得分
unnamed protein product (rattus norvegicus)	gi|55544	41 844.4	8.09	3	83
ATP synthase D chain, mitochondrial	gi|1352051	18 751.6	6.17	3	77
liver fatty acid binding protein p14	gi|204074	11 410.8	6.74	1	76
Diazepam binding inhibitor (rattus norvegicus)	gi|54261671	10 021.2	8.78	2	69
Catalase (rattus norvegicus)	gi|51980301	59 719.5	7.07	3	67

3.3.6　本节小结

本节介绍了表面固定酶的磁性硅球材料应用于毛细管/微流控芯片酶解反应器的相关研究。将用金属离子螯合法和共价键合法合成的固定酶的磁性硅球分别固定在毛细管或者微流控芯片通道内部，蛋白质溶液在泵的推动下，流过毛细管或者微流控芯片通道，从而得到快速的酶解。使用 MALDI 质谱对收集到的酶解产物进行分析鉴定，优化了酶解时间，酶解温度等反应条件。利用标准蛋白对毛细管/微流控芯片酶反应器的酶解效率进行了考察，并与传统溶液酶解进行了比较。结果表明，用两种不同的固定酶方法制得的毛细管/微流控芯片酶反应器均能在 5 min 的酶解时间内达到与 12 h 传统溶液酶解相同或更好的酶解效果。由于材料的磁性，在磁性微球表面固定的酶失去活性后，只需要移去毛细管/芯片通道外的磁铁，毛细管/芯片通道内的磁性微球即可用液体冲出，再引入新的固定酶的磁性微球就可以实现毛细管/芯片酶反应器的替换。该方法易于操作、成本低，很好地解决了以前文献报道中毛细管/芯片酶反应器只能一次性使用的缺点。对用金属离子螯合方法固定酶的磁性微球而言，还可以用 EDTA 将磁性微球表面的铜离子除去，再重新引入新的铜离子和蛋白酶，从而实现毛细管/微流控芯片酶反应器的再生。

3.4 磁性材料固定酶靶上酶解[3]

3.4.1 基本原理和发展过程

作为现今很受关注的概念性方法之一，质谱靶上蛋白酶解技术，在加速酶解过程，减少质谱检测前样品的转移等操作方面有着明显的优势[58~60]。Nelson[61, 62]等人将胰蛋白酶固定在 MALDI 靶板上，用不到 30 min 的酶解时间成功地鉴定出 10^{-12} 摩尔级的蛋白。Reilly[63~65]的小组发现细菌蛋白能够在附着酶的 MALDI 靶板上快速有效地发生降解。美国密歇根大学的 Lubman[66]教授报道了一种结合毛细管反相柱液相色谱和质谱靶上酶解技术的蛋白检测方法，用来研究人体肺癌细胞中的蛋白情况，他们的方法较之常规方法简单而又有效地减少了样品损失。然而，固定生物酶或者是其他一些选择吸附蛋白的材料在质谱靶板上，有着尚未克服的缺陷。文献报道中常用的靶上酶解方法是将自由酶溶液直接加入靶板上的蛋白质溶液中[67]；或者是先将酶溶液点到靶板上，待靶点干后再加入蛋白质溶液[63]。酶解一段时间后，通过加入酸(如 1% TFA)的方法使反应中止。由于靶点上能容纳的样品体积仅为 1 μL 左右，传质距离较小，使得酶和蛋白质溶液均能在较小的空间内达到一个较高的浓度，从而增大了两者接触的概率，加快了酶解反应的速度，缩短了酶解时间(一般为 15～30 min)。然而，使用这一类型的方法进行的靶上酶解仍然属于自由溶液酶解的范畴，因而也无法克服自由溶液酶解所面临的酶自身水解的问题。在采用上述方法进行靶上酶解得到的肽段产物的质谱图中，肽段峰常常被酶自身水解的峰所干扰，这种情况在蛋白样品本身浓度较低时尤为明显。利用固定化酶的优势，将酶固定在靶板上限制其在靶点溶液中的自由迁移可以有效地解决酶自身水解的问题，因而也可以采用较高的酶/底物比，进一步缩短酶解的时间[58]。然而，由于酶是直接固定在靶板上的，当固定好的酶失去活性后，几乎不可能实现对靶板上酶活性的再生，而只能在新的靶板上固定酶。这不但在很大程度上增加了实验成本，也降低了酶解实验的重复性。此外，在 MALDI 靶板上引入固体颗粒会引起基质与样品结晶不均一，造成质谱检测信号不稳定；纳米材料在靶板上团聚后进入质谱仪，还有可能对离子源产生污染。这些都是有待解决和完善的问题。

这一节中将介绍磁性材料固定酶 MALDI 靶上酶解技术。该技术是利用固定酶的氨基磁性微球,并结合 MALDI 靶上酶解技术对蛋白进行分析鉴定的方法。

3.4.2 氨基纳米磁性微球的制备、表征及酶的固定

氨基磁性纳米微球是以 $FeCl_3 \cdot 6H_2O$ 为铁磁原料、以 1,2-己二胺为配体,通过一步水热法合成的,然后通过戊二醛的活化后即可在其表面实现酶的固定(见 3.2 节)。

3.4.3 基于氨基纳米磁性微球的靶上酶解方法探索

利用固定酶的氨基磁性微球结合 MALDI 靶上酶解技术对蛋白进行分析鉴定,图 3-39 所示为用固定酶的氨基纳米磁性微球进行靶上酶解的过程示意。具体过程为:将固定酶的磁球材料分散到 25 mmol·L^{-1} NH_4HCO_3(pH 值约为 8.0)溶液里,配制出浓度为 1.5 μg·μL^{-1} 的分散液。此后,整个靶上蛋白酶解过程是在 Applied Biosystem 公司的 192 孔不锈钢 MALDI 质谱靶板上进行的。将 0.8 μL 预先配好的 50 ng·μL^{-1} 蛋白溶液(25 mmol·L^{-1} NH_4HCO_3)滴加在每一个孔槽上,再向其中加入 0.4 μL 纳米磁球悬浊液,将靶板保持在一个潮湿密闭的容器中(酶解仪上),在 50 ℃酶解 5 min。之后,用一个磁化的铁针插入孔槽的

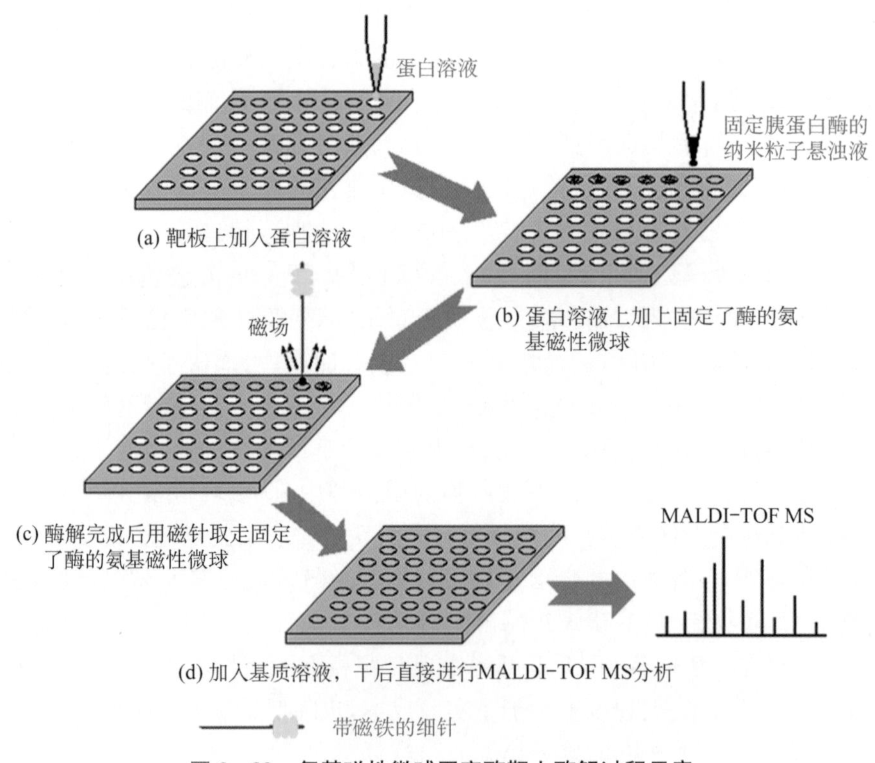

图 3-39 氨基磁性微球固定酶靶上酶解过程示意

溶液里，将磁球依次从靶板的各孔中分离出来。最后，向各样品上加入 0.5 μL CHCA（溶剂为 1∶1 ACN/H_2O，含 0.1% TFA）基质溶液。放置在空气中结晶完成后，进行质谱分析。

图 3-40 所示为实际酶解过程的照片。首先将 1 μL 蛋白溶液点到 MALDI 靶板上（见图 3-40(a)），随后加入固定酶的氨基纳米磁球分散液，待酶解发生一段时间后，用一根磁化的钢针将磁球材料分离出来，使酶解反应停止（见图 3-40(b)）。图 3-40(c)所示为取走磁球之后的 MALDI 靶板照片，从此照片中可以看出，靶点上只留下澄清的溶液，没有多余的固态残留物影响结晶和污染质谱。

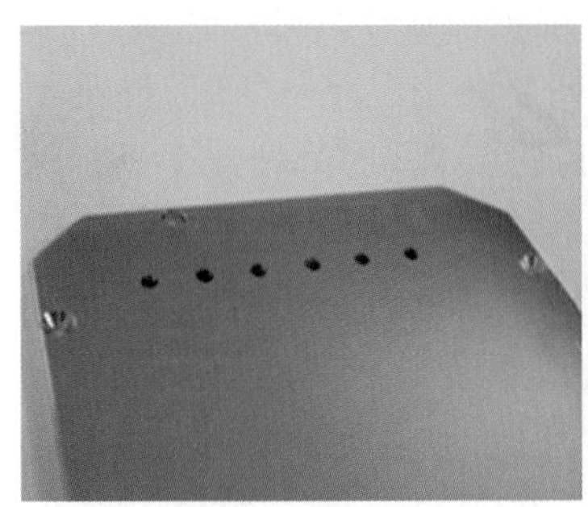
(a) 固定酶的氨基纳米磁球靶上酶解蛋白

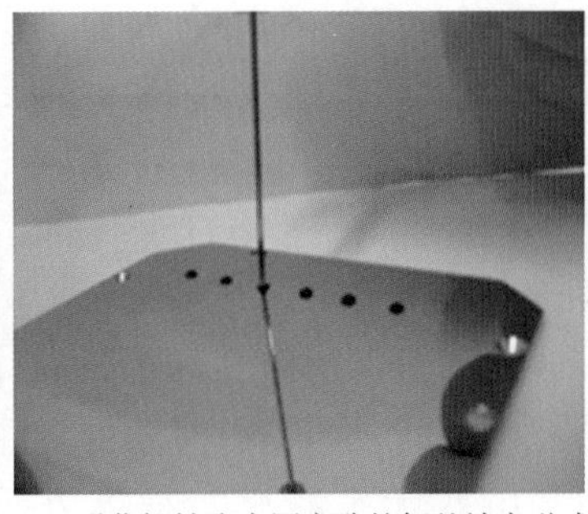
(b) 磁化钢针取走固定酶的氨基纳米磁球

(c) 靶上酶解完成后的溶液

图 3-40 酶解过程的照片

利用固定酶的氨基纳米磁性微球进行靶上酶解，既发挥了固定化酶技术的优势，提高了酶解效率，加快了酶解速度，避免了酶自身水解对肽段质谱峰的干扰；又利用材料本身的磁性在进入质谱分析前移走磁球，避免了其对质谱离子源光栅的污染；此外，由于该方法中的氨基纳米磁性微球制备成本低廉、合成方法简单，用于靶上酶解的靶板在进行常规清洗后也可以重复使用，因此大大地降低了实验成本。

3.4.4 氨基纳米磁性微球的靶上酶解条件优化

为了达到最佳的酶解效果，对实验过程中最有可能影响酶解结果的温度和时间进行了优化。优化过程中使用了两种标准蛋白：肌红蛋白和细胞色素 c。细胞色素 c 是比较容易进行溶液酶解的蛋白，而肌红蛋白是一个球形蛋白，在没有进行变性使其结构改变的情况下，较难进行有效的酶解。

3.4.4.1 优化酶解温度

蛋白的立体结构是影响蛋白酶解的重要因素之一[68, 69]，许多蛋白具有紧凑的球形结构，难以酶解，因此不能进行有效的分析，但这些蛋白却往往在生物过程中起着重要作用。改变蛋白立体结构可以采用化学变性等方法。此外，高温也可以有效地破坏蛋白的结构，促进酶解[70]。蛋白的热变性过程不需要额外的蛋白变性剂或增溶剂等，也不需要额外的样品处理过程，因此操作方便。可以想象，高温酶解可以增加酶解速率，让蛋白酶解彻底同时产生足够的酶解肽段。因此，在考虑利用蛋白热变性法的优点来发展靶上快速酶解新技术时，要求使用的胰蛋白酶在高温下仍表现稳定的活性。

采用肌红蛋白和细胞色素 c 在不同温度下进行靶上蛋白酶解，来考察温度对蛋白酶解的影响。靶上蛋白酶解产物进行 MALDI - TOF - MS 分析，得到蛋白的氨基酸序列覆盖度，并以此作为不同温度对靶上蛋白酶解影响的评价指标。0.8 μL 蛋白溶液（25 mmol·L^{-1} NH_4HCO_3）和 0.4 μL 固定酶磁球材料分散液依次被点到 MALDI 不锈钢靶板上，分别在 18 ℃，37 ℃，50 ℃，60 ℃下在一个密闭潮湿的环境中酶解 5 min。酶解完成后，将 MALDI 靶板从密闭潮湿的环境中取出，用磁针取走材料，等样品干后，将 0.5 μL CHCA 加到蛋白酶解产物中形成共结晶，待干后进行 MALDI - TOF - MS 分析。

通常用胰蛋白酶进行酶解所采用的温度为 37 ℃。对于肌红蛋白这样具有球状结构、在传统溶液酶解中较难酶解的蛋白，酶解效率随温度变化比较明显。当温度从 18 ℃升高至 50 ℃时，氨基酸序列覆盖率从 37%增加到 63%，继续升高温度至 60 ℃，序列覆盖率基本保持不变（见图 3 - 41，黑点）。而对于细胞色素 c 这样本身就比较容易酶解的蛋白来说，其酶解效率基本不受温度影响，氨基酸序列覆盖率基本维持在 76%左右（见图 3 - 41，红点）。上面的实验表明，高温下的 MALDI 靶上蛋白酶解提高了蛋白的酶解效率，有利于蛋白的可靠鉴定。尽管高温可能会使胰蛋白酶变得不稳定，自降解可能性加大，但是由于采用了固定化的胰蛋白酶，高温对其造成的影响将大大减轻。结果表明，在实验条件下酶解产物的 MALDI 质谱图中没有发现胰蛋白酶自降解峰。相比于 37 ℃的靶上蛋白酶解结果，在高温下 5 min 的靶上胰蛋白酶的酶解能够满足更高的酶解效率的要求，因此采用的酶解温度以 50 ℃为宜。

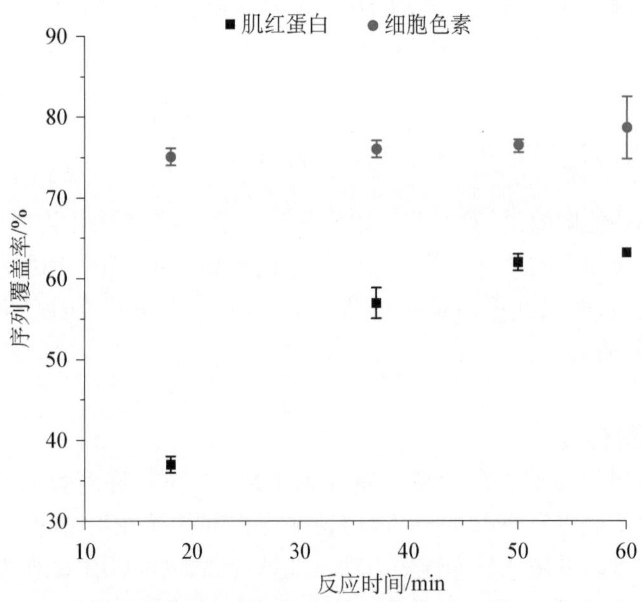

图 3 - 41 肌红蛋白和细胞色素 c 采用氨基磁性微球固定酶靶上酶解时，肽段覆盖率随酶解温度（18 ℃，37 ℃，50 ℃，60 ℃）的变化图（每个温度重复 3 次，酶解反应时间为 5 min）

3.4.4.2 优化酶解时间

在传统溶液酶解中，为了获得足够的酶解肽段，必须保证一定的酶解时间，增加酶的浓度虽然能提高酶解速度，但酶自身水解的肽段也会随之增加而严重影响蛋白的鉴定。通常溶液酶解需要的时间为 4～24 h，时间越长，蛋白酶解越充分，产生的肽段越多，质谱检测信号越强。对于面临大量复杂样品的蛋白质组学研究来说，缩短酶解时间意味着能在更短的时间内鉴定更多的蛋白，因此有着重大的现实意义，所以进一步优化了 MALDI 靶板上用氨基纳米磁性微球进行蛋白酶解的时间。实验的酶解温度为 50 ℃，酶解过程同上，酶解时间选择了 0.5 min 到 10 min 之间的几个节点。样品点自然风干后，加入 0.5 μL CHCA 基质进行 MALDI－TOF－MS 分析。所有反应的时间控制都是通过用磁针分离磁球来实现的。

图 3－42 展示了 MALDI 靶上酶解时间对蛋白酶解效果的影响。在时间由 0.5 min 增加到 5 min 的过程里，肌红蛋白的氨基酸序列覆盖率从 39%上升到 73%，细胞色素 c 从 63%升至 77%。然而，当酶解时间继续增至 10 min 时，两种蛋白的酶解效率相比于 5 min 的结果都未有明显改变，因此可以得出这样一个结论，5 min 酶解时间对靶上蛋白有效酶解而言是足够的。

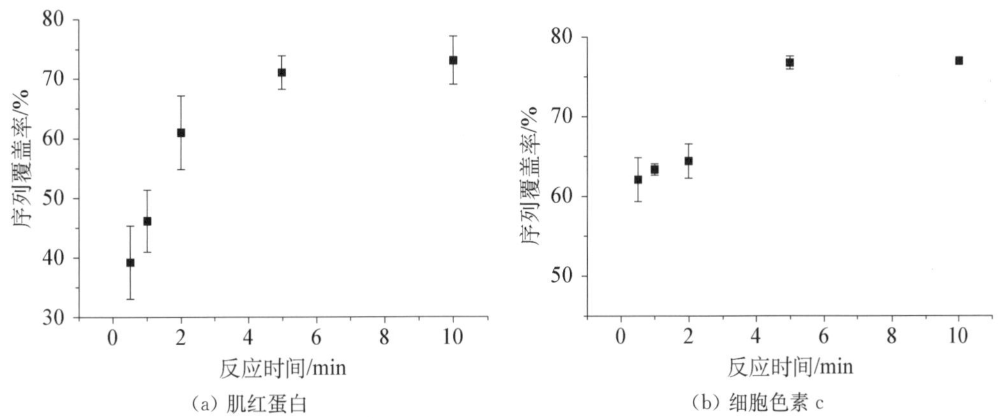

图 3－42 肌红蛋白和细胞色素 c 采用氨基磁性微球固定酶靶上酶解时，肽段覆盖率随酶解时间(30 s, 1 min, 2 min, 5 min, and 10 min)的变化图(在每个反应时间内重复 4 次，酶解反应温度为 50 ℃)

3.4.5 氨基磁性微球固定酶靶上酶解性能考察

以肌红蛋白和细胞色素 c 两种蛋白为例，将基于氨基纳米磁性微球的靶上蛋白酶解与常规溶液酶解进行了对比。图 3－43 所示是利用氨基纳米磁性微球对两种蛋白进行靶上酶解得到的质谱图，其中属于肌红蛋白和细胞色素 c 的肽段峰分别用"m"和"c"标出。实验详细结果在表 3－8 中列出，共进行了 4 次重复实验，所得到的肌红蛋白的氨基酸序列覆盖度在 69%～73%的范围内，细胞色素 c 在 77%～83%，这些结果都与由常规溶液酶解得到的结果相近甚至更高。

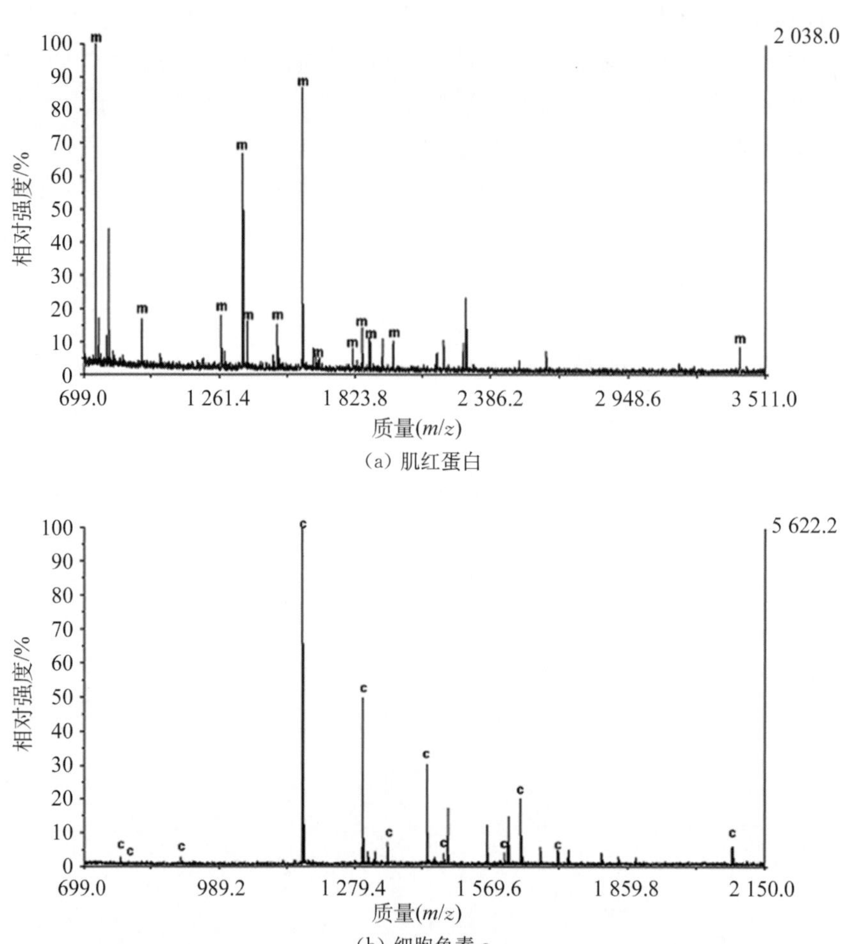

图 3-43 **肌红蛋白和细胞色素 c 分别采用氨基磁性微球固定酶靶上酶解后经 MALDI-TOF MS 鉴定的质谱图**

表 3-8 肌红蛋白和细胞色素 c 分别采用氨基磁性微球固定酶靶上酶解和传统溶液酶解后经 MALDI-TOF MS 鉴定的结果

蛋白	肌红蛋白(AC P68082)		细胞色素 c (AC P00004)	
	靶上	溶液	靶上	溶液
检测到的氨基酸数目	110	115	87	80
序列覆盖率/%	69～73[a]	75	77～83	76
酶解时间	5 min	12 h	5 min	12 h
匹配肽段数	12	11	13	14

在进一步研究混合蛋白溶液的靶上酶解情况时，用 BSA 和细胞色素 c 两种蛋白配制出浓度比为 2∶1 的混合溶液，其中细胞色素 c 属于较容易酶解的蛋白，而 BSA 由于分子量大且结构中含有二硫键，因此较难酶解。一般说来，在相同的酶解下，较易酶解的蛋白在混合

蛋白酶解中占有明显的优势，产生的大量肽段可能会掩盖强度较低的另一种蛋白，并且对混合蛋白鉴定时的质谱搜库会有假阳性结果的影响。将 0.8 μL 混合蛋白溶液点到 MALDI 靶板上，向其中加入 0.4 μL 的固酶纳米磁球悬浊液（约为 1.5 μg·μL^{-1}），酶解 5 min 温度保持在50 ℃，在用磁针取出材料后停止反应，点入 0.5 μL CHCA 基质，待结晶完成后进行质谱鉴定。得到的质谱图见图 3-44，两种蛋白的峰分别在图中用记号表示。可以看出，在这个条件下，BSA 和细胞色素 c 同时在靶板上得到有效的酶解。

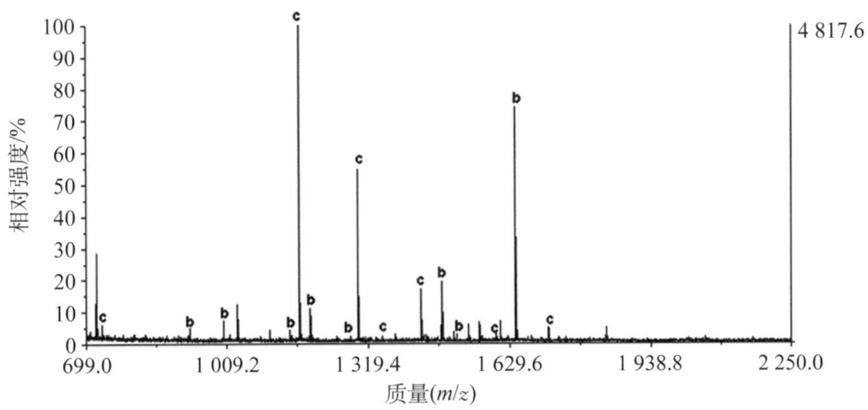

图 3-44 细胞色素 c 和 BSA 混合蛋白溶液（100 ng·μL^{-1} BSA+50 ng·μL^{-1} Cyt c）采用氨基磁性微球固定酶靶上酶解后经 MALDI-TOF MS 鉴定的质谱图（b: BSA 酶解肽段；c: 细胞色素 c 酶解肽段）

3.4.6 氨基磁性微球固定酶靶上酶解实际应用

在过去的十几年间，“middle-down”技术作为一种新兴的蛋白质组学研究路线，在研究蛋白质的一些特性方面有着特有的优势[71, 72]，例如，测定蛋白质的相对分子质量、等电点、疏水性以及结合特性等，因为这种实验思路是以复杂混合物中完整的蛋白质分离为基础。但是，这也使其面临了一个严峻的问题，即如何使分离好的蛋白在质谱鉴定前得到快速有效的酶解。靶上酶解以其耗样量少及无需进行样品转移等优点而特别适合应用于“middle-down”路线中。这里将氨基纳米磁性微球快速靶上蛋白酶解技术与蛋白色谱分离体系结合，以实现基于“moddle-down”理论的快速而简单的蛋白分离分析鉴定。整个实验用到的样本为鼠肝的 RPLC 分离的馏分。

鼠肝提取液经 RPLC 分离后，每 1 min 时间收集一个馏分，所有馏分是由两部分时间段构成的（5 min 到 12 min，及 19.5 min 到 80.5 min）。每一个馏分冻干后用 1 μL 酶解缓冲液再次溶解，然后点到 MALDI 靶板上，并加入固酶磁球在 50 ℃下酶解 5 min。用磁针吸走纳米磁性微球，使反应停止，再加入基质，最后用 MALDI-TOF MS 进行分析。图 3-45(a) 所示是 38# 馏分（收自 50.5～51.5 min）靶上酶解后的质谱图，从此图中可以观察到流分中蛋白酶解后的多个肽段峰。然而，许多文献报道中都指出，如果仅仅依靠肽指纹图谱进行蛋白鉴定，在酶解出的肽段数不够多或序列覆盖率不够高的情况下，是很难进行准确的蛋白鉴定的。对于复杂蛋白样品的分析来说，这个问题尤为突出。这是由于在实际的生物样品中，除少量高丰度蛋白以外，大部分蛋白本身的含量就很小，再加上分离过程中的稀释作用，使得蛋白含量更小，其酶解肽段难以被质谱检测到。其次，在酶解和质谱检测中均存在竞争效应，高丰度的蛋白更易得到鉴定。这也是研究人员一直试图将蛋白尽可能地分离完全的原因。然而，令人遗憾的是，至今还没有发展出一种能达到令人满意的分离结果的方法。在下面的实验中，收集的一个 cRPLC 馏分中就可能含有几个甚至数十个蛋白，必然会对酶解和鉴定产生干扰。因此，单纯地依靠 PMF 是很难得出准确的鉴定结果的。

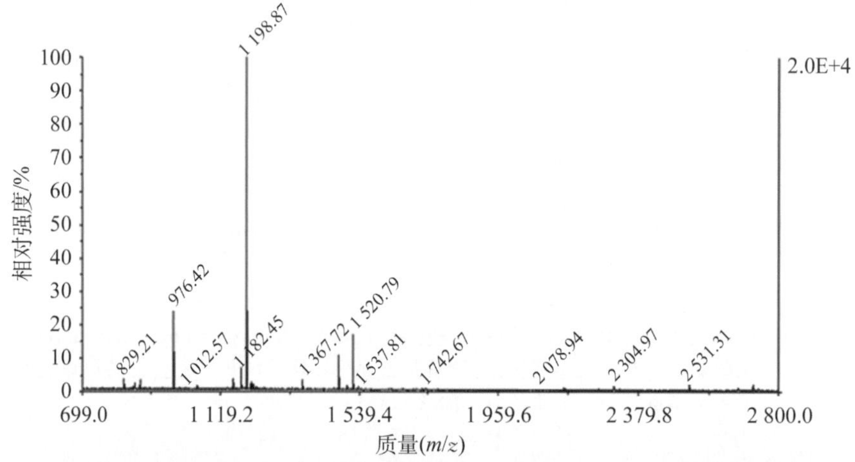

(a) 鼠肝提取液经 cRPLC 分离后的 38＃馏分(收自 50.5～51.5 min)经氨基磁性微球固定酶靶上酶解后的 MALDI－TOF MS/MS 质谱图

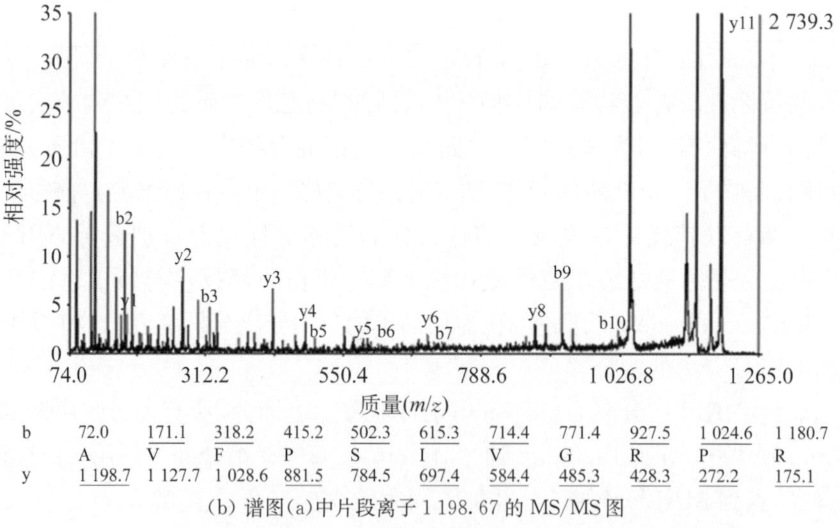

(b) 谱图(a)中片段离子 1 198.67 的 MS/MS 图

图 3－45 鼠肝提取液经 cRPLC 分离后的 38＃馏分靶上酶解后的质谱图

对得到的肽段做质谱串级分析是获得蛋白肽段信息、提高鉴定可信度的一种常用方法。

因此，在实验过程里对质谱中的肽段峰做了进一步的串级质谱鉴定。PMF 和串级质谱数据进入美国国家生物技术信息中心（National Center of Biotechnology Information，NCBI，version of 070316）数据库进行联合检索，允许有一个漏切位点。图 3－45(b)是以图 3－45(a)中质荷比为 1 198.67 的肽段作为母离子峰打印出的串级质谱图。该谱图给出了大部分从母离子打碎后产生的 b－和 y－子离子峰。肽段的序列通过整体分析出现的 b－和 y－离子就能确定，因此，个别离子峰的缺失对整个肽段序列的确定不构成影响。在图 3－45(b)中，能够得到该峰的氨基酸序列为 AVFPSIVGRPR。最终鉴定结果显示，得分在 68 分以上的蛋白有 8 个，在去冗余后(将由相同肽段鉴定出的蛋白归为一组，取其中得分最高者作为鉴定出的蛋白)，鉴定出一个蛋白(gi|88953571)中的 11 条肽段，具体结果如表 3－9 所示。

表 3－9　鼠肝提取液经 cRPLC 分离后 38＃馏分(收自 50.5～51.5 min)经氨基磁性微球固定酶靶上酶解后经 MALDI－TOF MS/MS 鉴定出的蛋白(gi|88953571)的多肽片段

Calc. Mass	Obsrv. Mass	± Da	Start Seq.	End Seq.	序列
945.427 1	945.515 9	0.088 8	510	518	GSENGQPEK
975.437 7	975.417	−0.020 7	392	400	GSENSQPEK
976.448 2	976.430 5	−0.017 7	719	728	AGFAGDDAPR
1 012.501 9	1 012.568 4	0.066 5	884	891	ELTDYLMK
1 198.705 4	1 198.678 5	−0.026 9	729	739	AVFPSIVGRPR
1 390.688 2	1 390.731 2	0.043	2	15	VAEVDSMPAASSVK
1 520.628 2	1 520.812 7	0.184 5	78	92	SNVGTSGDHDDSAMK
1 534.847 5	1 534.795 4	−0.052 1	257	270	ALLLYGADIESKNK
1 624.861 5	1 624.543 3	−0.318 2	884	896	ELTDYLMKILTER
2 156.136	2 156.116 5	−0.019 5	719	739	AGFAGDDAPRAVFPSIVGRPR
3 239.363 3	3 238.380 1	−0.983 2	575	601	SRTPESQQFPDTENEEYHSDEQ NDTQK

3.4.7　本节小结

采用一步水热法直接合成了带氨基的纳米磁性微球，反应时间从原来的 3 天以上缩短到不到 15 h。合成的氨基磁性微球用戊二醛对其表面进行了进一步活化，最后通过醛基与蛋白酶伯氨基的共价反应将酶固定在磁球表面。发展了利用该固定酶的氨基磁性微球，并结合 MALDI 靶上酶解技术对蛋白进行分析鉴定的方法。利用材料本身的磁性，在酶解过程停止时，能够很方便地把固定酶的磁球从靶板上取出，既利用固定化酶技术提高了酶解效率，又避免了对质谱离子源的污染。最后，该方法还应用于对大鼠肝脏提取物的液相色谱馏分进行酶解鉴定。该方法为未来蛋白质组学的研究目标之一，对大量复杂体系中的蛋白自动化鉴定提供参考。

参考文献

[1] Kondo A, Kaneko T, Higashitani K. Development and Application of Thermo-Sensitive Immunomicrospheres for Antibody Purification [J]. *Applied Microbiology and Biotechnology*, 1994, 44(1): 1-6.

[2] Li Y, Zhang X, Deng C. Functionalized Magnetic Nanoparticles for Sample Preparation in Proteomics and Peptidomics Analysis [J]. *Chemical Society Reviews*, 2013,42(21): 8517-8539.

[3] 李嫣. 蛋白质的磁性微球快速酶解与高效富集新方法研究[D]. 上海：复旦大学,2008.

[4] Slovakova M, Minc N, Bilkova Z, *et al*. Use of Self Assembled Magnetic Beads for On-Chip Protein Digestion [J]. *Lab on A Chip*, 2005, 5(9): 935-942.

[5] Bílková Z, Slováková M, Minc N, *et al*. Functionalized Magnetic Micro- and Nanoparticles: Optimization and Application to μ-Chip Tryptic Digestion [J]. *Electrophoresis*, 2006,27(9): 1811-1824.

[6] 严希康,朱留沙,董建春. 聚合物粒子在生物化学与生物医学中的应用[J]. 功能高分子学报,1997(1): 128-132.

[7] Choi J W, Oh K W, Thomas J H, *et al*. An Integrated Microfluidic Biochemical Detection System for Protein Analysis with Magnetic Bead-based Sampling Capabilities [J]. *Lab on A Chip*, 2002,2(1): 27-30.

[8] Rashkovetsky L G, Lyubarskaya Y V, Foret F, *et al*. Automated Microanalysis Using Magnetic Beads with Commercial Capillary Electrophoretic Instrumentation [J]. *Journal of Chromatography A*, 1997,781(1-2): 197-204.

[9] 林爽. 基于磁性材料固定酶的微波酶解新技术[D]. 上海：复旦大学,2008.

[10] Krenková J, Foret F. Immobilized Microfluidic Enzymatic Reactors [J]. *Electrophoresis*, 2004, 25(21-22): 3550-3563.

[11] Deng H, Li X, Peng Q, *et al*. Monodisperse Magnetic Single-Crystal Ferrite Microspheres [J]. *Angewandte Chemie International Edition*, 2005, 44(44): 2782-2785.

[12] Qu Y, Moons L, Vandesande F. Determination of Serotonin, Catecholamines and Their Metabolites by Direct Injection of Supernatants from Chicken Brain Tissue Homogenate Using Liquid Chromatography with Electrochemical Detection [J]. *Journal of Chromatography B*, 1997,704(1-2): 351-358.

[13] 朱祥瑞,徐俊良. 家蚕丝素固定化 α-淀粉酶的制备及其理化特性[J]. 浙江大学学报农业与生命科学版,2002,28(1): 64-69.

[14] 杨昌英,潘家荣,钟珩,等. 醋酸纤维素固定化脂肪酶催化猪油合成单甘酯[J]. 化学与生物工程,2002, 19(6): 20-21.

[15] Sakai-Kato K, Kato M, Toyo'oka T. On-Line Trypsin-Encapsulated Enzyme Reactor by the Sol-Gel Method Integrated into Capillary Electrophoresis [J]. *Analytical Chemistry*, 2002,74(13): 2943-2949.

[16] Kato M, Sakaikato K, Matsumoto N, *et al*. A Protein-Encapsulation Technique by the Sol-Gel Method for the Preparation of Monolithic Columns for Capillary Electrochromatography [J]. *Analytical Chemistry*, 2002, 74(8): 1915-1921.

[17] Ma J, Duan J, Zhen L, *et al*. Immobilized Enzyme Reactor and Its Applications in Proteome Study [J]. *Chinese Journal of Analytical Chemistry*, 2006, 34(11): 1649-1655.

[18] 郭忠,张清春,雷政登,等. 固定化酶纳升微反应器用于痕量蛋白质快速肽谱分析的研究[J]. 高等学校化学学报,2002,23(7): 1277-1280.

[19] Amankwa L N, Kuhr W G. Trypsin-Modified-Fused-Silica Capillary Microreactor for Peptide Mapping by Capillary Zone Electrophoresis [J]. *Analytical Chemistry*, 1992,64(14): 1610-1613.

[20] 邓红涛,吴健,徐志康,等. 酶的膜固定化及其应用的研究进展[J]. 膜科学与技术,2004,24(3): 47-53.

[21] 姜泓海，邹汉法，汪海林，等. 固定化酶微升反应器与 MALDI-TOF MS 联用技术用于蛋白质肽谱研究[J]. 中国科学：化学，2000，30(5)：385-391.

[22] 姜泓海，邹汉法，汪海林，等. 复合纤维素膜固定化胰蛋白酶反应器及其应用于蛋白质酶解[J]. 高等学校化学学报，2000，5(5)：702-706.

[23] Gao J, Xu J, Locascio L E, *et al*. Integrated Microfluidic System Enabling Protein Digestion, Peptide Separation, and Protein Identification [J]. *Analytical Chemistry*, 2001, 73(11): 2648-2655.

[24] Cooper J W, Chen J, Li Y, *et al*. Membrane-Based Nanoscale Proteolytic Reactor Enabling Protein Digestion, Peptide Separation, and Protein Identification Using Mass Spectrometry [J]. *Analytical Chemistry*, 2003, 75(5): 1067-1074.

[25] John R J, Lu S. Microwave-Enhanced Radiochemistry [M]//Microwaves in Organic Synthesis. Wiley, 2004: 435-462.

[26] Pramanik B N, Mirza U A, Ing Y H, *et al*. Microwave-Enhanced Enzyme Reaction for Protein Mapping by Mass Spectrometry: A New Approach to Protein Digestion in Minutes [J]. *Protein Science*, 2002, 11(11): 2676-2687.

[27] Juan H F, Chang S C, Huang H C, *et al*. A New Application of Microwave Technology to Proteomics [J]. *Proteomics*, 2005, 5(4): 840-842.

[28] Lin S S, Wu C H, Sun M C, *et al*. Microwave-Assisted Enzyme-Catalyzed Reactions in Various Solvent Systems [J]. *Journal of the American Society for Mass Spectrometry*, 2005, 16(4): 581-588.

[29] Sun W, Gao S, Wang L, *et al*. Microwave-Assisted Protein Preparation and Enzymatic Digestion in Proteomics [J]. *Molecular & Cellular Proteomics*, 2006, 5(4): 769-776.

[30] Chen S T, Chiou S H, Wang K T. Enhancement of Chemical-Reactions by Microwave Irradiation [J]. *Journal of the Chinese Chemical Society*, 1991, 38(1): 85-91.

[31] Zhong H, Zhang Y, Wen Z, *et al*. Protein Sequencing by Mass Analysis of Polypeptide Ladders After Controlled Protein Hydrolysis [J]. *Nature Biotechnology*, 2004, 22(10): 1291-1296.

[32] Zhong H, Marcus S L, Li L. Microwave-Assisted Acid Hydrolysis of Proteins Combined with Liquid Chromatography MALDI MS/MS for Protein Identification [J]. *Journal of the American Society for Mass Spectrometry*, 2005, 16(4): 471-481.

[33] Kirschvink J L. Microwave Absorption by Magnetite: A Possible Mechanism for Coupling Nonthermal Levels of Radiation to Biological Systems [J]. *Bioelectromagnetics*, 1996, 17(3): 187-94.

[34] Walkiewicz J W, Clark A E, Mcgill S L. Microwave-Assisted Grinding [J]. *IEEE Transactions on Industry Applications*, 1991, 27(2): 239-243.

[35] Chen W Y, Chen Y C. Acceleration of Microwave-Assisted Enzymatic Digestion Reactions by Magnetite Beads [J]. *Analytical Chemistry*, 2007, 79(6): 2394-2401.

[36] Wang L Y, Bao J, Wang L, *et al*. One-Pot Synthesis and Bioapplication of Amine-Functionalized Magnetite Nanoparticles and Hollow Nanospheres [J]. *Chemistry — A European Journal*, 2006, 12(24): 6341-6347.

[37] Kelleher N L, Lin H Y, Valaskovic G A, *et al*. Top Down Versus Bottom Up Protein Characterization by Tandem High-Resolution Mass Spectrometry [J]. *Journal of the American Chemical Society*, 1999, 121(121): 806-812.

[38] Meng F, Cargile B J, Miller L M, *et al*. Informatics and Multiplexing of Intact Protein Identification in Bacteria and the Archaea [J]. *Nature Biotechnology*, 2001, 19(10): 952-957.

[39] Eng J K, Mccormack A L, Yates J R. *et al*. An Approach to Correlate Tandem Mass Spectral Data of Peptides with Amino acid Sequences in a Protein Database [J]. *Journal of the American Society for Mass Spectrometry*, 1994, 5(11): 976-989.

[40] Kim J S, Knapp D R. Miniaturized Multichannel Electrospray Ionization Emitters on Poly

(dimethylsiloxane) Microfluidic Devices [J]. *Electrophoresis*, 2001,22(18): 3993 - 3999.

[41] Peterson D S, Rohr T, Svec F, *et al*. Enzymatic Microreactor-On-A-Chip: Protein Mapping Using Trypsin Immobilized on Porous Polymer Monoliths Molded in Channels of Microfluidic Devices [J]. *Analytical Chemistry*, 2002,74(16): 4081 - 4088.

[42] Sakai-Kato K, Kato M, Toyo'Oka T. On-Line Trypsin-Encapsulated Enzyme Reactor by the Sol-Gel Method Integrated into Capillary Electrophoresis [J]. *Analytical Chemistry*, 2002,74(13): 2943 - 2949.

[43] Qu H, Wang H, Huang Y, *et al*. Stable Microstructured Network for Protein Patterning on a Plastic Microfluidic Channel: Strategy and Characterization of On-Chip Enzyme Microreactors [J]. *Analytical Chemistry*, 2004,76(21): 6426 - 6433.

[44] Wu H, Tian Y, Liu B, *et al*. Titania and Alumina Sol-Gel-Derived Microfluidics Enzymatic-Reactors for Peptide Mapping: Design, Characterization, and Performance [J]. *Journal of Proteome Research*, 2004,3(6): 1201 - 1209.

[45] Liu Y, Lu H, Zhong W, *et al*. Multilayer-Assembled Microchip for Enzyme Immobilization as Reactor Toward Low-Level Protein Identification [J]. *Analytical Chemistry*, 2006,78(3): 801 - 808.

[46] Wang C, Oleschuk R, Ouchen F, *et al*. Integration of Immobilized Trypsin Bead Beds for Protein Digestion Within A Microfluidic Chip Incorporating Capillary Electrophoresis Separations and an Electrospray Mass Spectrometry Interface [J]. *Rapid Communications in Mass Spectrometry*, 2000, 14(15): 1377 - 1383.

[47] Sato K, Tokeshi M, Odake T, *et al*. Integration of an Immunosorbent Assay System: Analysis of Secretory Human Immunoglobulin A on Polystyrene Beads in a Microchip [J]. *Analytical Chemistry*, 2000,72(6): 1144 - 1147.

[48] Jemere A B, Oleschuk R D, Ouchen F, *et al*. An Integrated Solid-Phase Extraction System for Sub-Picomolar Detection [J]. *Electrophoresis*, 2002,23(20): 3537 - 3544.

[49] Peterson D S, Rohr T, Svec F, *et al*. High-Throughput Peptide Mass Mapping Using a Microdevice Containing Trypsin Immobilized on a Porous Polymer Monolith Coupled to MALDI TOF and ESI TOF Mass Spectrometers [J]. *Journal of Proteome Research*, 2002,1(6): 563 - 568.

[50] Krenková J, Foret F. Immobilized Microfluidic Enzymatic Reactors [J]. *Electrophoresis*, 2004, 25(21 - 22): 3550 - 3563.

[51] Guo Z, Xu S, Lei Z, *et al*. Immobilized Metal-Ion Chelating Capillary Microreactor for Peptide Mapping Analysis of Proteins by Matrix Assisted Laser Desorption/Ionization-Time of Flight-Mass Spectrometry [J]. *Electrophoresis*, 2003,24(21): 3633 - 3639.

[52] Li Y, Xu X, Yan B, *et al*. Microchip Reactor Packed with Metal-Ion Chelated Magnetic Silica Microspheres for Highly Efficient Proteolysis [J]. *Journal of Proteome Research*, 2007,6(6): 2367 - 2375.

[53] Li Y, Yan B, Deng C, *et al*. Efficient On-Chip Proteolysis System Based on Functionalized Magnetic Silica Microspheres [J]. *Proteomics*, 2007,7(14): 2330 - 2339.

[54] Jiang H, Zou H, Wang H, *et al*. On-Line Characterization of the Activity and Reaction Kinetics of Immobilized Enzyme by High-Performance Frontal Analysis [J]. *Journal of Chromatography A*, 2000,903(1 - 2): 77 - 84.

[55] Okuda K, Urabe I, Yamada Y, *et al*. Reaction of Glutaraldehyde with Amino and Thiol Compounds [J]. *Journal of Fermentation & Bioengineering*, 1991,71(2): 100 - 105.

[56] Walt D R, Agayn V I. The Chemistry of Enzyme and Protein Immobilization with Glutaraldehyde [J]. *Trac-Trends in Analytical Chemistry*, 1994,13(10): 425 - 430.

[57] Rashkovetsky L G, Lyubarskaya Y V, Foret F, *et al*. Automated Microanalysis Using Magnetic Beads with Commercial Capillary Electrophoretic Instrumentation [J]. *Journal of Chromatography*

A, 1997,781(1 - 2): 197 - 204.

[58] Stensballe A, Jensen O N. Simplified Sample Preparation Method for Protein Identification by Matrix-Assisted Laser Desorption/Ionization Mass Spectrometry: In-Gel Digestion on the Probe Surface [J]. *Proteomics*, 2001,7(2): 955 - 966.

[59] Ericsson D, Ekström S, Nilsson J, *et al*. Downsizing Proteolytic Digestion and Analysis Using Dispenser-Aided Sample Handling and Nanovial Matrix-Assisted Laser/Desorption Ionization-Target Arrays [J]. *Proteomics*, 2001,1(9): 1072 - 1081.

[60] Warscheid B, Fenselau C. A Targeted Proteomics Approach to the Rapid Identification of Bacterial Cell Mixtures by Matrix-Assisted Laser Desorption/Ionization Mass Spectrometry [J]. *Proteomics*, 2004,4(10): 2877 - 2892.

[61] Dogruel D, Williams P, Nelson R W, *et al*. Rapid Tryptic Mapping Using Enzymically Active Mass Spectrometer Probe Tips [J]. *Analytical Chemistry*, 1995,67(23): 4343 - 4348.

[62] Nelson R W, Dogruel D, Krone J R, *et al*. Peptide Characterization Using Bioreactive Mass Spectrometer Probe Tips [J]. *Rapid Communications in Mass Spectrometry*, 1995,9(14): 1380 - 1385.

[63] Harris W A, Reilly J P. On-Probe Digestion of Bacterial Proteins for MALDI-MS [J]. *Analytical Chemistry*, 2002,74(17): 4410 - 4416.

[64] Arnold R J, Reilly J P. Fingerprint Matching of E-Coli Strains with Matrix-Assisted Laser Desorption/Ionization Time-Of-Flight Mass Spectrometry of Whole Cells Using a Modified Correlation Approach [J]. *Rapid Communications in Mass Spectrometry*, 1998,12(10): 630 - 636.

[65] Arnold R J, Reilly J P. Observation of Escherichia Coli Ribosomal Proteins and Their Posttranslational Modifications by Mass Spectrometry [J]. *Analytical Biochemistry*, 1999,269(1): 105 - 112.

[66] Zheng S, Yoo C, Delmotte N, *et al*. Monolithic Column HPLC Separation of Intact Proteins Analyzed by LC-MALDI Using On-Plate Digestion: An Approach to Integrate Protein Separation and Identification [J]. *Analytical Chemistry*, 2006,78(14): 5198 - 204.

[67] 于文佳.蛋白质的多维色谱分离与快速酶解技术的联用研究及应用[D].上海：复旦大学，2006.

[68] Fontana A,Fassina G, Vita C, *et al*. Correlation Between Sites of Limited Proteolysis and Segmental Mobility in Thermolysin [J]. *Biochemistry*, 1986,25(8): 1847 - 1851..

[69] Hubbard S J, Eisenmenger F, Thornton J M. Modeling Studies of the Change in Conformation Required for Cleavage of Limited Proteolytic Sites [J]. *Protein Science*, 2008,3(5): 757 - 768.

[70] And Z Y P, Russell D H. Thermal Denaturation: A Useful Technique in Peptide Mass Mapping [J]. *Analytical Chemistry*, 2000,72(11): 2667 - 2670.

[71] Mao Y, Li Y, Zhang X. Array Based Capillary IEF with a Whole Column Image of Laser-Induced Fluorescence in Coupling to Capillary RPLC as a Comprehensive 2-D Separation System for Proteome Analysis [J]. *Proteomics*, 2006,6(2): 420 - 426.

[72] Zhang J, Xu X, Gao M, *et al*. Comparison of 2-D LC and 3-D LC with Post- and Pre-Tryptic-Digestion SEC Fractionation for Proteome Analysis of Normal Human Liver Tissue [J]. *Proteomics*, 2007,7(4): 500 - 512.

第 4 章

基于磁性微纳米材料的蛋白质组学低丰度富集技术

4.1 磁性微纳米材料的蛋白质组学低丰度富集基本原理

低丰度蛋白/肽段的分离富集是蛋白质组学和肽组学发展中的重要环节，而磁性聚合物微球具有比表面积大、易于表面修饰、溶液分散性好以及磁场感应性灵敏等诸多优点，为其应用于蛋白质组学分析中痕量肽段的分离富集提供了可能。与固相微萃取一样，磁性材料用于低丰度蛋白/肽段的分离富集属于非溶剂型选择性萃取法，它是能同时完成提取、分离、浓缩全过程的一种样品前处理与富集技术。磁性材料应用于蛋白质组学低丰度富集的技术关键是磁性材料表面性质的控制，通常使用功能化修饰的磁性纳米材料作为固相吸附剂，用于肽段/蛋白富集中，利用材料表面的特殊性质对低丰度蛋白/肽段进行吸附。

4.1.1 反相磁性纳米材料

众所周知，大多数的氨基酸都含有疏水基团，如苯基、烷基等，而这些氨基酸广泛存在于肽段/蛋白中，所以填料表面修饰疏水基的反相液相色谱对大多数肽段/蛋白的保留性能好，是目前应用最广泛、分离效果最好的液相色谱分离模式。该方法能实现在对样品进行较有效浓缩的同时，去除样品中的盐分和其他杂质。尤其是在液相色谱与质谱联用时，为了防止样品中的盐分等杂质进入质谱影响信号检测，都采用了在分离柱前连接一根短小的反相预柱，以达到对样品浓缩和除盐的效果。被人们广泛采用的进行样品除盐浓缩的商品化产品 Zip-tip 和 Zip-plate，也都是基于色谱浓缩法的原理[1]，分别在枪头管尖或在 96 孔板的孔底部填充少许反相填料，操作相对繁琐；且由于填料很少，因此能富集浓缩的样品量很有限。

目前，商品化的 C8 磁珠是采用有机聚合物在磁球表面进行包覆，粒径约为 1～10 nm，这些材料表面往往含有如聚苯乙烯等聚合物，化学稳定性和生物相容性不够好，且磁珠中具有磁性的无机成分含量小，所以磁性较弱（$<30\ \mathrm{emu\cdot g^{-1}}$），从样品中分离磁珠需要较长时间（每次分离需要 5 min），一般为微米级大小，比表面积相对较小[2]。在最新的研究中，磁性

纳米材料的粒径普遍小于 500 nm，磁性强，往往具有超顺磁性。表面修饰有 C1，C2，C3，C4，C8，C18 等的反相磁性纳米材料，利用表面的烷基与肽段残基的疏水相互作用有效地实现对蛋白质/多肽的富集。

4.1.2　富勒烯修饰的磁性纳米材料

除了线性疏水基可作为反相亲和配体外，还有许多其他形状的化合物也具有疏水性。作为质谱分析前小分子和亲水肽的纯化方法，碳纳米管自从 1991 年被发现以来就一直受到科学界的关注[3]。碳纳米管中空，两头是具有富勒烯结构的“帽子”或是半球，该结构特点使得它能紧密结合有机分子[4~7]。研究人员还发现，碳纳米管具有很好的生物相容性[8]。有文献报道了碳纳米管用于人血清中的肽段的富集分离研究，且具有良好效果[9]。富勒烯(C60)是一种结构十分奇特、性质又很稳定的球形分子，含有大量的 C ═C，这点与碳纳米管两端的“帽子”相似。C60 在蛋白组学中的应用也受到国内外科研人员的关注。2007 年 *Analytical Chemistry* 报道了奥地利科学家 Rania Bakry 等人的研究成果，证明 C60 修饰的硅胶能用于固相微萃取不同的分子，如它与普通肽段、蛋白、具有亲水性质的磷酸化肽段、黄烷等之间都有相互作用，且这种作用是可逆的[10]。复旦大学陆豪杰教授等也将 C60 添加到聚合物中，用于靶上富集除盐的蛋白质组研究[11]。如今，已有不少关于碳纳米管、富勒烯等修饰的磁性纳米材料被用于蛋白质组学中的低丰度富集。

4.1.3　反相有机聚合物修饰的磁性纳米材料

多孔聚合物是气固色谱中用途最广泛的一类固定相，主要以苯乙烯、二乙烯基苯等为单体按比例聚合而成，固定相的极性可根据添加的化合物的性质不同而不同[12]。近几年来，在反相液相色谱填料的制备研究中，多种聚合物类型的反相填料已被研制并应用到实际物质分离中，如 C18 烷基衍生的交联聚苯乙烯、C18 烷基聚丙烯酰胺、聚甲基丙烯酸的烷基酯、醋酸乙烯酯共聚物等[13]。通过化学修饰，在磁性纳米粒子表面聚合生成反相有机聚合物，可用于低丰度蛋白/肽段的有效分离富集。

4.1.4　固定金属离子的磁性纳米材料

氨基酸既含有疏水基团，也含有亲水基团，而这些氨基酸广泛存在于肽段/蛋白质中。针对蛋白和肽段的 IMAC 技术是在固定的金属离子与目标蛋白/肽段分子之间可逆的结合-解离机理基础上发展的。尤其是铜离子(Cu^{2+})可以较容易地固定在底物上，通过共价键与蛋白/肽段的氨基酸链结合；而富集后使用洗脱试剂，又能够通过对共价键的破坏将蛋白/肽段分子释放出来。表面修饰有金属离子的功能化材料，利用金属离子亲和作用能达到提取蛋白/肽段的目的。近年来，固定金属离子亲和色谱在蛋白纯化方面得到了新发展和应用[14]。磁性材料上修饰大量金属离子 Cu^{2+}，能够利用螯合作用通过共价键与肽段中的羧基和氨基基团结合，达到有效富集疏水/亲水肽段的目的。

4.1.5 磁性介孔材料用于肽组学研究

肽组学研究的对象是生物样品,如:细胞溶菌液、组织提取物和体液等中存在的内生肽段和小分子蛋白,样品较复杂,除了可能含有浓度较高的盐等杂质外,还含有大量高浓度的大分子蛋白。大多数用于蛋白/肽段富集的微纳米材料的功能性官能团都修饰在磁性微纳米材料的外表面,这些官能团不仅能结合内源性肽段,也能结合大分子蛋白,往往使材料上大多数的官能团位点都被蛋白占据,极大削弱了材料对浓度相对较低的内源性肽段的富集分离能力[15]。因此,针对肽组学的分离分析工作有必要开发出对内源性肽段有选择性富集作用的新型功能化磁性微纳米材料。

有序介孔材料自 1992 年首次发现以来[16],在催化科学、吸附科学和分离科学中受到了极大的关注。尤其是具有有序介孔结构的硅石粒子,如 M41s[16] 和 SBA - 15[17],已被广泛应用于分离、吸附研究领域[18, 19]。这些硅石材料具有一些独特的性质,包括:丰富的孔内表面积;相当狭小的孔径分布;完全可控的孔径;以及大量易于相互转化的硅羟基和硅氧烷基。基于体积排阻原理[20, 21],这些材料能选择性地吸附分子量在某一范围的蛋白/肽段分子而排阻更大的蛋白分子。邹汉法教授课题组报道了独特的介孔硅材料——MCM - 41 粒子,并将其成功地应用于血清肽组学的富集研究中,通过 LC - MS/MS 检测鉴定到 988 条肽段[22]。MCM - 41 介孔硅外层覆有孔径约为 2.0 nm 的均匀有序的介孔,利用介孔的体积排阻效应能够阻止大分子蛋白而只允许小分子肽段进入介孔,以此达到对于小分子肽段的特异性捕获;另外,介孔的存在使得材料具有很大的表面积,能够提高材料对目标分子的捕获效率。

4.1.6 磁性纳米材料分离富集低丰度蛋白/肽段的基本操作方法

采用功能化的磁性微纳米材料进行低丰度富集的操作一般为:材料活化、样品准备。

(1) 材料与样品的充分接触

将材料加入待分离的样品溶液中,调整富集时间和富集溶液的 pH 值,优化富集条件,充分混匀。

(2) 从样品中分离出材料

用一只磁铁靠近样品容器,将捕获了目标蛋白或肽段的具有超顺磁性的材料从溶液中分离出来,去除上清。

(3) 清洗材料,除去杂质

将分离出的材料用适当缓冲液洗 3 次,每次都用磁铁分离,去除洗液。

(4) 洗脱材料上富集到的蛋白/肽段

将吸附有肽段/蛋白的磁性材料分散到合适的洗脱液(如:水/乙腈/TFA=50/50/0.1, $v/v/v$)中,用磁铁分离出材料,转移出含有蛋白/肽段的洗脱液。

(5) 质谱分析

吸附有肽段/蛋白的磁性材料可不经过五步操作,直接转移到 MALDI - TOF - MS 靶板上,再加入适量基质溶液(α-CHCA 溶液)便可进行质谱分析。也可以经过第 5 步的洗脱,将含有肽段的洗脱液转移到 MALDI-TOF MS 的不锈钢靶板上,风干后再加入适量的 α-CHCA 溶液,干后进行质谱分析,或采用 LC-MS 分析含有肽段的洗脱液。

(6) 材料回收再利用

磁性材料经过适当溶剂再生后可以重复使用多次。

4.2 烷基链作为反相亲和配体的磁性微纳米材料

4.2.1 基本原理

反相液相色谱是高效液相中应用最广泛的方法。统计表明,在高效液相色谱分析的样品中,反相液相色谱占各种液相色谱分离模式使用总数的 80%以上,说明反相液相色谱具有较强的分离能力和对样品分析的适用性。反相液相色谱常用的固定相为非极性键合相,简称为 C18(ODS)和 C8 柱,同时,烷基链长为 C1, C2, C3, C4, C6, C12, C16 或碳链更长的 C22, C36 等固定相[12]。对于各种链长的键合相本身的性质而言,短链的键合相具有更高的键合密度和表面覆盖率,参与羟基较少,更适合于分离极性较强的样品并可以使用较强酸性的流动相;而长链键合相具有较高的含碳率和更强的疏水性,对各种样品均表现出更强的分离性和适应性,尤其是适用于非极性芳烃样品和极性药物、氨基酸、肽类样品的分离。本书介绍通过常用的硅烷化方法,将烷基基团引入到磁性微纳米材料表面制得表面修饰辛基链的磁性材料,该方法简单有效。

4.2.2 C8 修饰的磁性微球[2, 23, 24]

4.2.2.1 C8 修饰的磁性微球的合成

见图 4-1。

1. C8 修饰的氨基磁球

采用一锅法合成的表面螯合了己二胺的磁性纳米粒子(合成见 2.3 节),表面布满氨基,便于后续修饰。将 0.01 g 干燥好的氨基磁性纳米粒子超声分散在 1.0 g 无水吡啶中,超声分散后加入 0.1 g 二甲基辛基氯硅烷(chlorodimethyl octylsilane, C8),室温机械搅拌 12 h。用乙醇和水反复洗涤合成的 C8 修饰的磁性氨基纳米粒子,真空干燥,备用。合成的 C8 修饰的氨基磁球磁响应强,对溶液中的低丰度肽段、蛋白富集效果好。

2. C8 修饰的磁性硅球

反相液相色谱的填料主要以多孔硅胶为基质,硅胶键合相的制备是通过硅胶表面的硅羟基与氯硅烷反应进行的。根据液相色谱填料的制作原理,研究人员开发了一种 C8 键合相疏水性磁性硅球材料,用于低丰度蛋白/肽段的富集。采用二氧化硅对磁性微球进行包覆的原因有以下 3 点:第一,众所周知,二氧化硅是一种生物惰性材料,且具有良好的生物相容性,为磁性硅球应用于生物体系提供了惰性表面,因此经过二氧化硅修饰的磁性粒子可以用于生物医学领域；第二，硅层能够有效地屏蔽磁性微球之间的磁性偶极吸引，这样有利于磁性微球在液相介质中的分散，同时可以保护它们，防止它们在酸性环境中受到腐蚀溶解；第三，溶胶-凝胶法制备的二氧化硅表面具有丰富的硅羟基，不仅可以提高磁性纳米粒子的亲水性，而且利于通过与其他化合物进行化学修饰反应实现表面的功能化，可以键合不同的官能团来满足不同的实际应用的要求。Fe_3O_4@SiO_2 微球的合成采用水热法，具体方法见 2.4 节。合成后的 Fe_3O_4@SiO_2 微球在 60 ℃真空干燥 12 h，备用。之后，将 0.01 g 干燥好的磁性硅球超声分散在 1.0 g 无水吡啶中，超声分散后加入 0.2 g 二甲基辛基氯硅烷，室温机械搅拌 12 h。用乙醇和水反复洗涤，60 ℃真空干燥 24 h，备用。

3. C8 修饰的磁性聚合碳微球

考虑到直接将磁性材料投入样品溶液中进行低丰度富集，对材料在样品溶液中的相容性及生物相容性的要求较高，研究人员改进了四氧化三铁核外的包覆层，合成一种表面既含线性疏水基，又含有亲水基团的磁性微纳米粒子，这种粒子修饰上烷基链后将更适合于低丰度肽段富集。将四氧化三铁加入葡萄糖水溶液中，通过水热反应在四氧化三铁核外包覆聚合碳层(见 2.4 节)。将 10 mg Fe_3O_4@CP 微球分散到 80 mL 无水甲苯或无水吡啶中，超声分散，然后在机械搅拌下加入 0.1 g 硅烷化试剂——二甲基辛基氯硅烷，室温下反应 12 h，获得产物 C8 修饰的磁性聚合碳(Fe_3O_4@CP－C8)微球，用乙醇和水反复洗涤，在 60 ℃真空干燥24 h，备用。由于聚合碳层含大量羟基、羧基、醛基等，修饰上 C8 线性疏水相后仍然残留大量亲水基，有助于材料在水溶性生物样品中的分散。基于反相液相色谱浓缩原理，该材料被用于富集分离低丰度肽段和应用于实际蛋白组样品中的肽段的富集分离研究中。

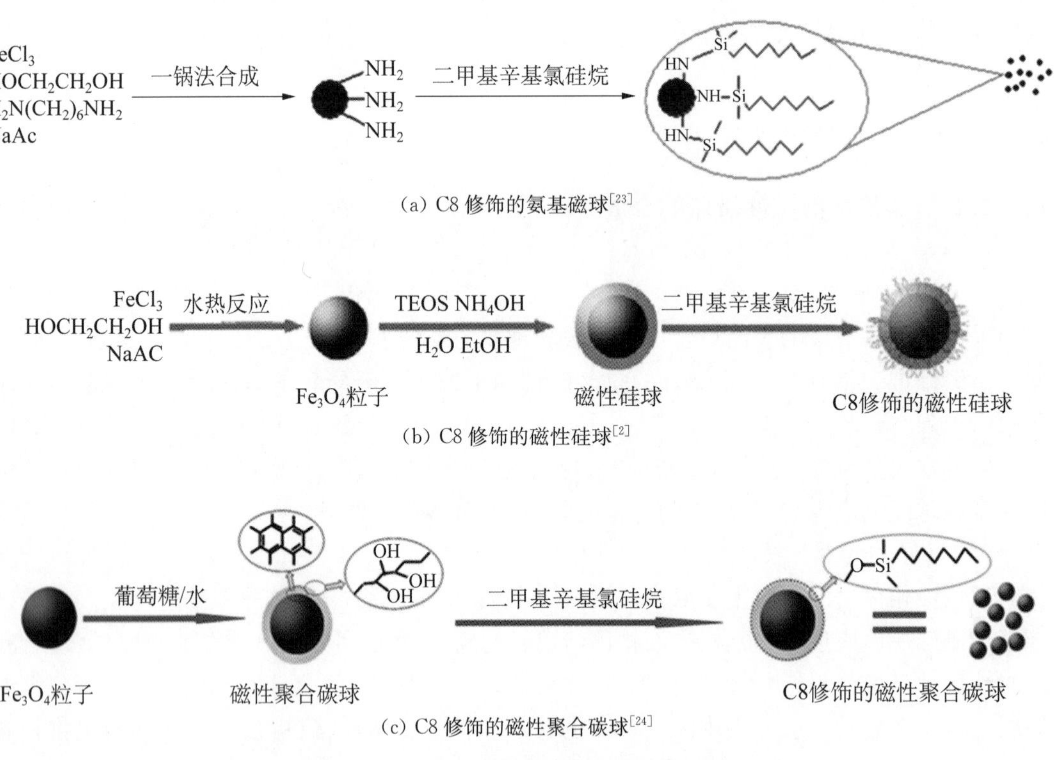

(a) C8 修饰的氨基磁球[23]

(b) C8 修饰的磁性硅球[2]

(c) C8 修饰的磁性聚合碳球[24]

图 4－1　3 种 C8 修饰的磁性材料合成示意

4.2.2.2　C8 修饰的磁性微球的表征

1. C8 修饰的磁性氨基纳米粒子表征结果[23]

傅里叶红外吸收谱图(见图 4－2)显示，相对于氨基磁性纳米粒子，C8 修饰后的氨基磁性纳米粒子在 2 900 cm^{-1}附近有强吸收，说明经过 C8 修饰后，材料上引入了大量的烷基链。

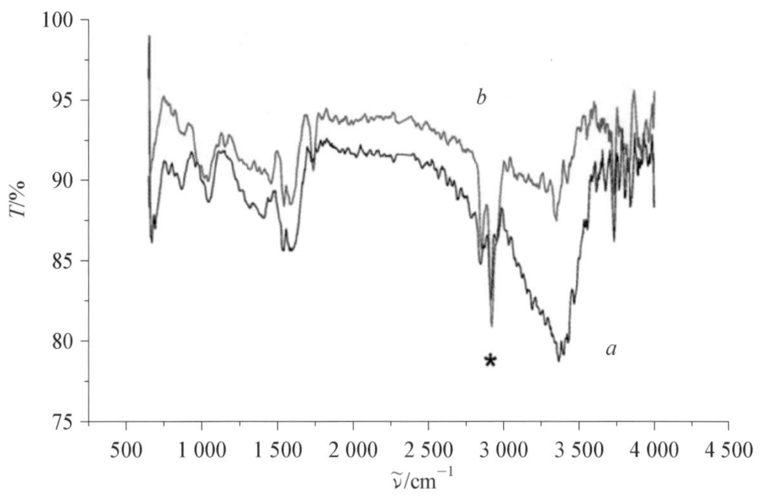

图 4－2　傅里叶变换红外谱图(曲线 *a*：氨基磁球；曲线 *b*：C8 修饰的氨基磁球)

2. Fe_3O_4@SiO_2－C8 的表征[2]

图 4－3 所示是 Fe_3O_4@SiO_2－C8 微球的扫描电子显微镜图，可见，磁球材料具有较好的均一性和分散性。图 4－4 所示是合成的硅球以及在其表面键合上 C8 烷基链的透射电子显微镜图。由此图可见，该具有核壳结构的磁性微球核直径约为 300 nm，壳层约为 60 nm。材料的磁饱和度是 65.5 emu·g^{-1}。图 4－5 所示是磁性硅球进行硅烷偶联剂修饰前后的傅里叶变换红外表征图。580 cm^{-1}左右的吸收峰对应于 Fe—O—Fe 的振动峰，1 095 cm^{-1}左右的吸收峰对应于 Si—O—Si 的伸缩振动峰。经过表面硅烷化修饰后，2 900 cm^{-1}左右的吸收峰对应于来自硅烷偶联试剂中的 CH_2，证实烷基链成功键合在了磁性硅球表面。为进一步确定磁性硅球表面键合的烷基基团的量，采用热重分析仪分别对磁性硅球和硅烷基化的磁性硅球进行表征。图 4－6 分别给出了磁性硅球和硅烷基化磁性硅球的失重曲线。由此图可见，磁性硅球和硅烷化的磁性硅球的失重分别是 25.7% 和 19.2%，说明硅烷化磁性硅球中烷基基团的含量约为 6.5 *wt*%。

图 4－3　Fe_3O_4@SiO_2－C8 的 SEM 图

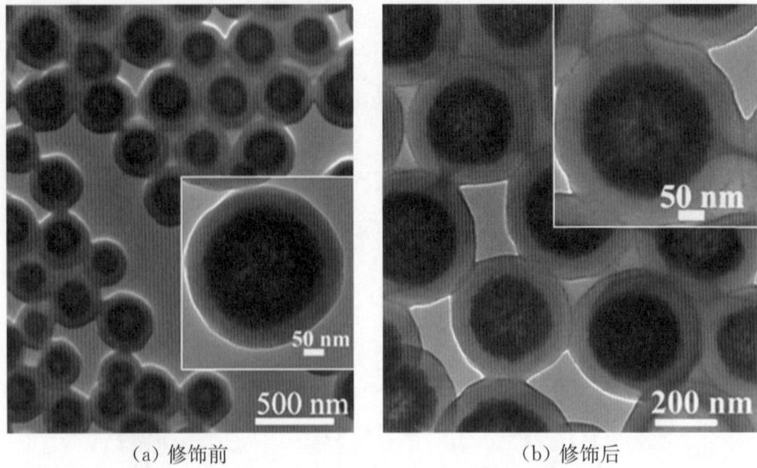

(a) 修饰前　　(b) 修饰后

图 4-4　磁性硅球修饰 C8 前后的 TEM 图(插入部分为放大的图像)

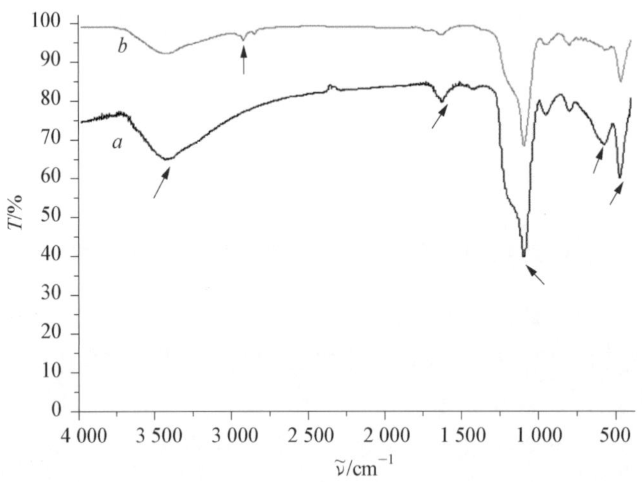

图 4-5　傅里叶变换红外谱图(曲线 *a*: 磁性硅球;曲线 *b*: C8 修饰的磁性硅球)

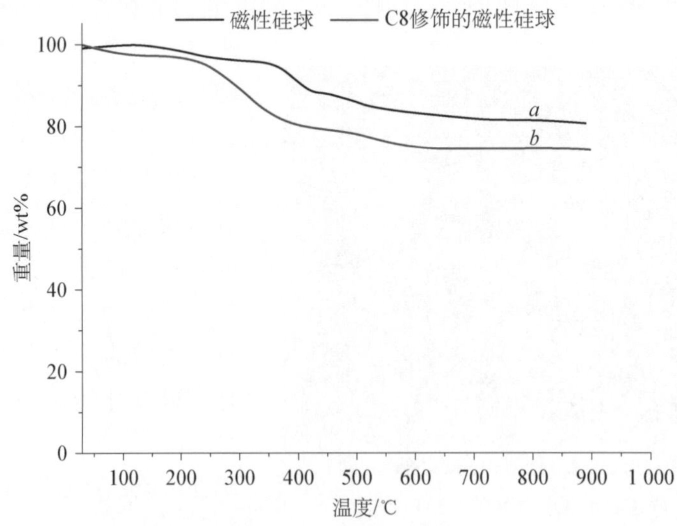

图 4-6　热重量分析曲线图(曲线 *a*: 磁性硅球;曲线 *b*: C8 修饰的磁性硅球;测试条件为温度: 25～900 ℃,升温速率: 5 ℃ · min^{-1})[2]

3. Fe_3O_4@CP-C8 的表征[24]

图 4-7 显示用二甲基辛基氯硅烷(C8)修饰获得单分散的 C8 修饰的磁性聚合碳微球(Fe_3O_4@CP-C8),表面光滑,平均粒径约为 300 nm。图 4-8 所示是 Fe_3O_4@CP-C8 微球的 FTIR 图谱。约 3 500 cm^{-1} 和约 1 630 cm^{-1} 处吸收峰对应的是粒子上吸附的水的吸收。约 1 700 cm^{-1} 和约 1 625 cm^{-1} 处分别对应 C═O 和 C═C 摇摆吸收,对应碳球上葡萄糖在水热反应过程中脱水芳构化结构,1 200~1 400 cm^{-1} 处可认定为—OH 的伸缩和弯曲振动,这说明葡萄糖在碳化脱水时还残留了大量的羟基。这些大量的以共价键键合在碳框架上的—OH和—C(H)═O 基团使得微球既有很好的亲水性能,又能很稳定地存在于水体系中。约 2 923 cm^{-1}、约 1 024 cm^{-1} 和约 795 cm^{-1} 的吸收峰对应于硅烷偶联试剂中的 CH_2 和 O—Si—C 的吸收,说明 C8 烷基链成功修饰到微球上。磁学表征(见图 4-9(a))显示 Fe_3O_4@CP-C8 微球具有很好的超顺磁性和很高的磁化性能,其磁饱和值约为 52.0 emu·g^{-1}。高磁性和超顺磁性使得该 Fe_3O_4@CP-C8 微球在磁场中有很快的响应性,去除磁场后具有很好的分散性。为了证明这一点,先将 Fe_3O_4@CP-C8 微球分散于水中,然后在离心管外放置一磁铁(2 000 Oe),微球能在 2 s 之内被全部吸附在管壁上(见图 4-9(b),(c))。

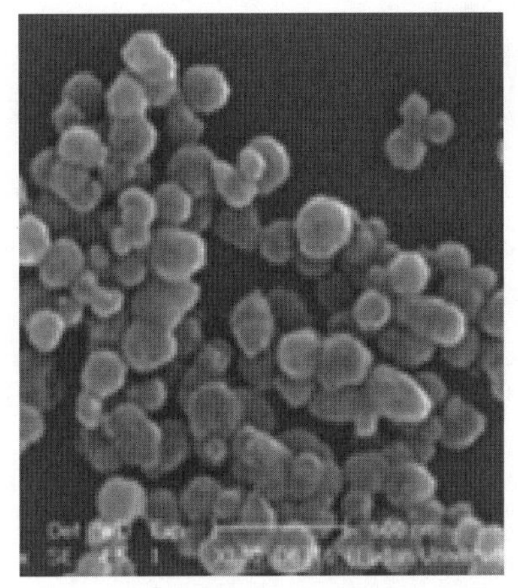

图 4-7 Fe_3O_4@CP-C8 微球的 SEM 图

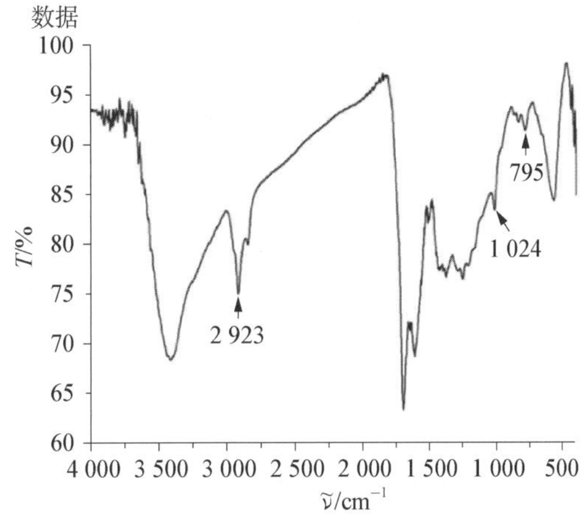

图 4-8 Fe_3O_4@CP-C8 微球的 FTIR 图

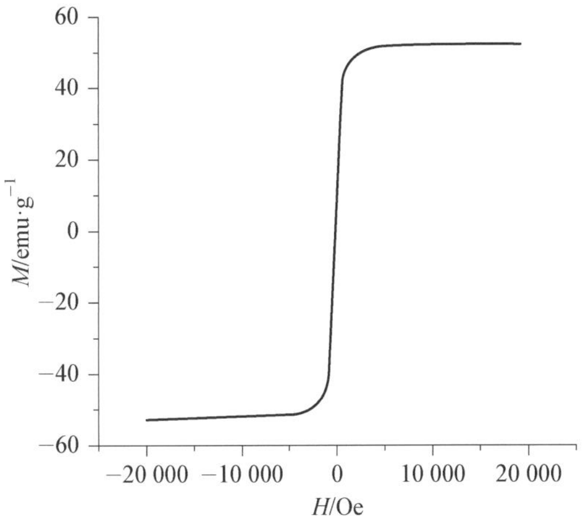

(a) Fe_3O_4@CP-C8 微球在 25 ℃下的磁滞曲线

图 4-9

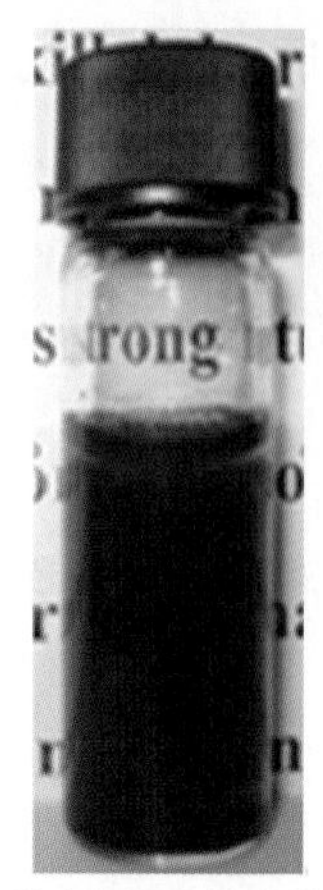

(b) 微球在水中的分散照片

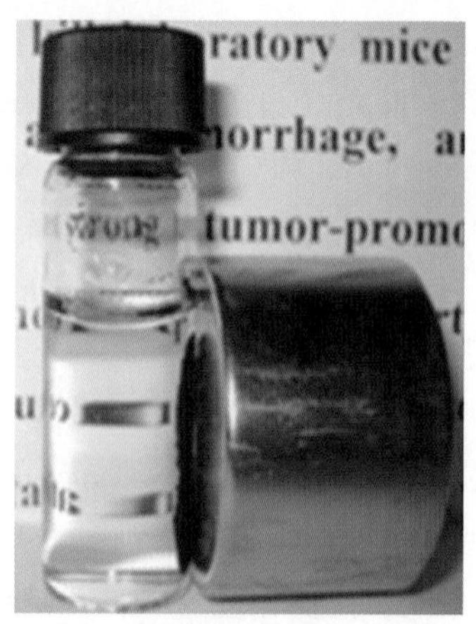

(c) Fe_3O_4@CP－C8 微球在水中的分散液经一磁铁(2 000 Oe)吸引 2 s 后的照片

图 4－9 **Fe_3O_4@CP－C8 微球磁性分析**

4.2.2.3 C8 修饰的磁性微球对低丰度肽段、蛋白的富集

1. C8 修饰的氨基磁性微球对低丰度肽段、蛋白的富集[23]

选用浓度为 5 nmol·L^{-1}的肌红蛋白(MYO)酶解液作为富集对象,用以考察 C8 修饰的氨基磁性微球对肽段的富集效果。图 4－10 显示,未经富集的 5 nmol·L^{-1}的 MYO 酶解液经质谱检测无任何肽段信号(见图 4－10(a)),而 1 mL 的样品经过材料富集 1 h 后检测,信号最强肽段(M_r=1 606.5)的信噪比(signal to noise ratio, S/N)达到 8 000(见图 4－10(b)),说明材料对肽段有很好的富集效果。1 mL 浓度为 5 nmol·L^{-1}的 MYO 酶解液经过 30 s, 5 min 及 1 h 的富集后,经 MALDI－TOF MS 检测的结果如图 4－11 所示。由此图可见,富集时间延长,质谱图的信号会增强,但是富集 30 s 对于肽段的检测已经足够。经过试验,该材料对标准蛋白酶解液的富集效果具有很好的重复性。

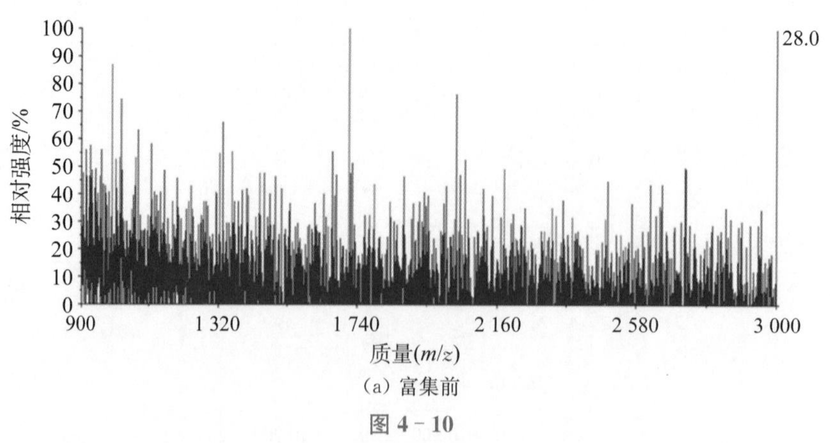

(a) 富集前

图 4－10

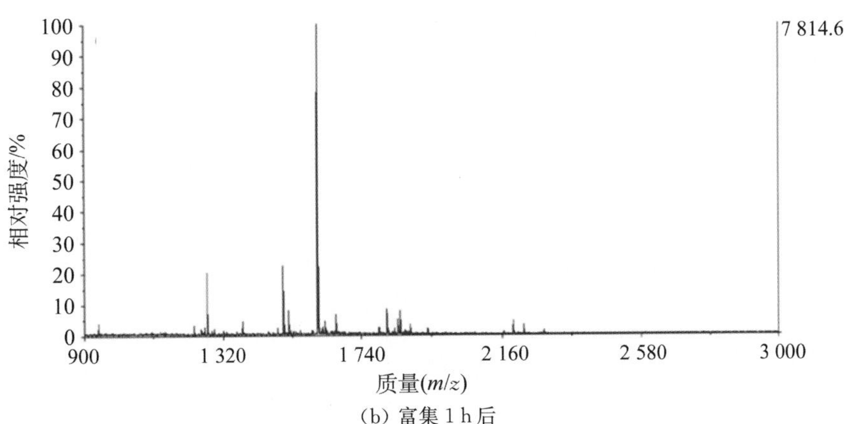

(b) 富集 1 h 后

图 4－10　1 mL 浓度为 5 nmol · L^{-1} 的 MYO 胰蛋白酶酶解液经 C8 修饰的氨基磁性微球富集前和富集 1 h 后的质谱图

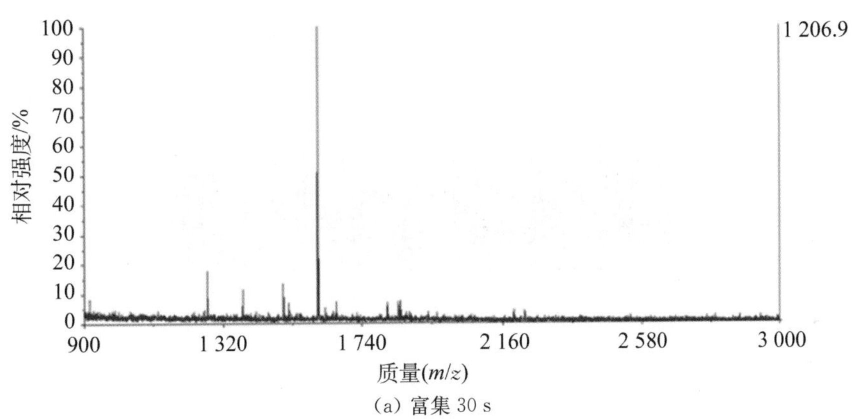

(a) 富集 30 s

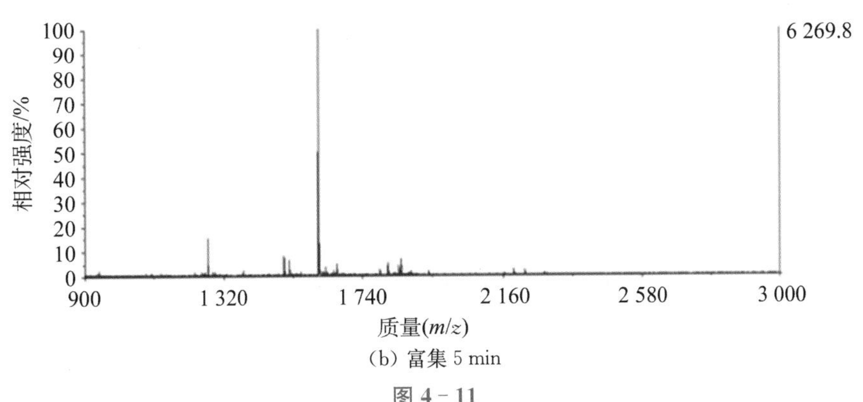

(b) 富集 5 min

图 4－11

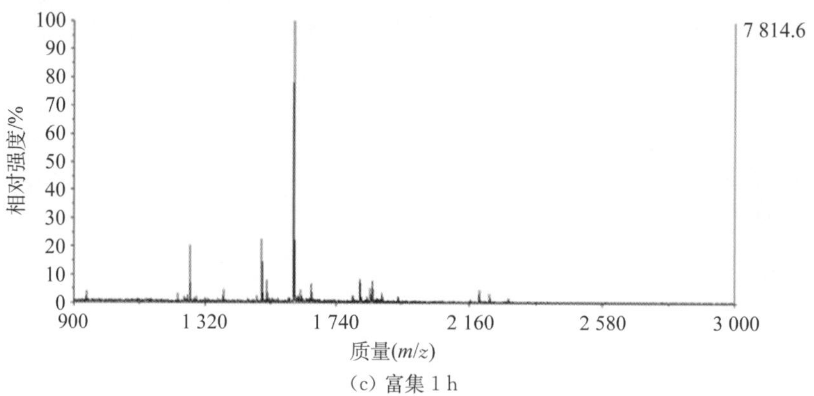

(c) 富集 1 h

图 4-11 1 mL 浓度为 5 nmol·L^{-1}的 MYO 胰蛋白酶酶解液经 C8 修饰的氨基磁性微球富集 30 s，5 min 和 1 h 后的质谱分析图

2. C8 修饰的磁性硅球对低丰度肽段/蛋白的富集

首先，采用了标准肽（$MW = 1\,046.2$，$pI = 6.74$）的溶液进行富集。富集前肽段溶液的浓度为 5 nmol·L^{-1}，在质谱检测中信号很弱，S/N 比只有 13.88；1 mL 该溶液用 20 μL 浓度为 2 mg·mL^{-1}的 Fe_3O_4@SiO_2 - C8 微球分散液进行富集后，肽段峰信号显著增强，信噪比达 1 326.04（见图 4-12）。该实验初步证明该材料对于肽段具有很好的富集效果。

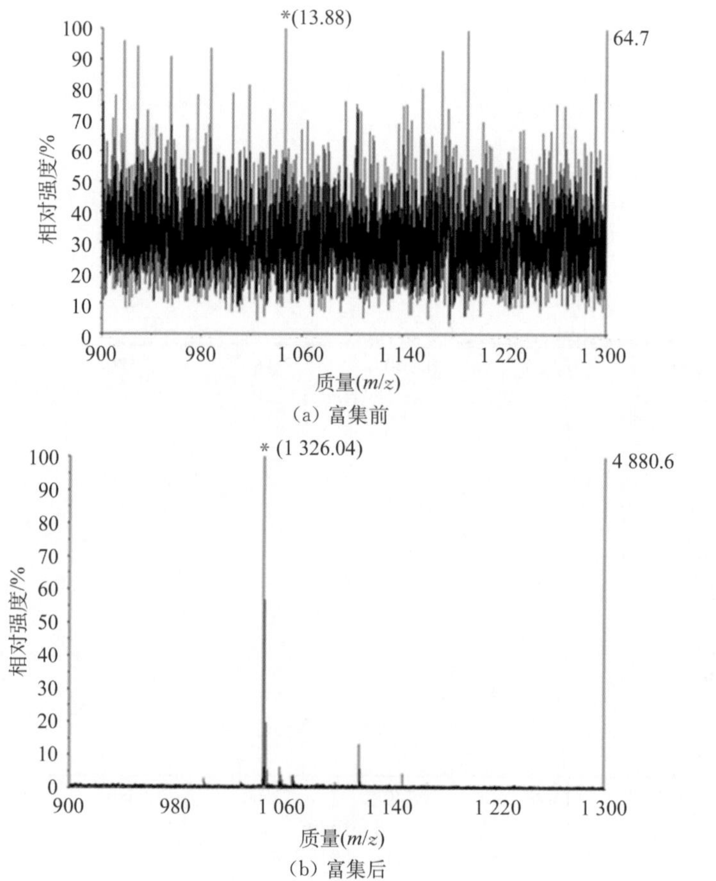

(b) 富集后

图 4-12 1 mL 浓度为 5 nmol·L^{-1}的标准肽段（MW=1 046.2，pI=6.74）经 C8 修饰的磁性硅球富集前、后的 MALDI-TOF 质谱图（标注“＊”的为标准肽段的信号峰，图中括号内为该峰的信噪比值）

为了进一步验证该材料富集肽段的普适性，分别用其对浓度为 5 nmol・L^{-1}的牛血清白蛋白(BSA)和肌红蛋白(MYO)的胰蛋白酶酶解肽段进行了富集。由图 4－13 可见，在富集前的质谱图中，BSA 的胰蛋白酶酶解肽段有 7 条肽段被检测到，然而 MYO 的胰蛋白酶酶解肽段没有被检测到。该溶液经过表面修饰 C8 烷基链的磁性硅球进行富集后，BSA 的胰蛋白酶酶解肽段有 26 条肽段被检测到，肽段覆盖率为 42%；MYO 的胰蛋白酶酶解肽段有 11 条肽段被检测到，肽段覆盖率达 79%；经过富集后的肽段的信噪比得以显著提高。以上富集实验表明，该磁性材料可应用于复杂肽段混合物中肽段的富集。

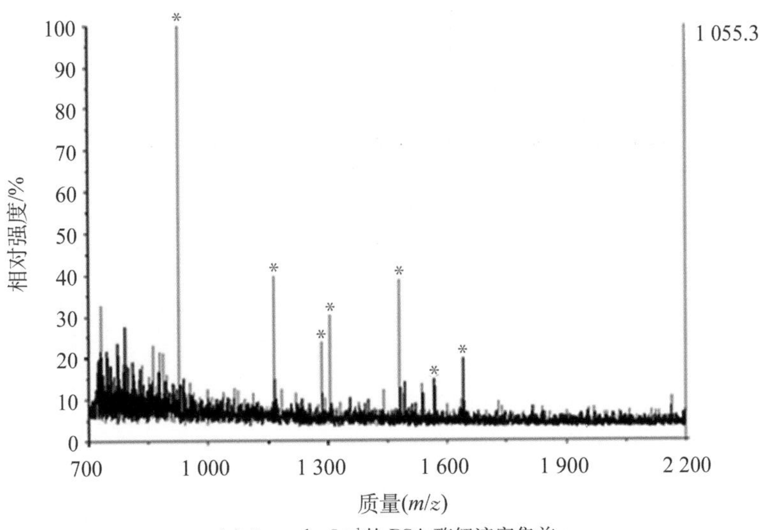

(a) 5 nmol・L^{-1}的 BSA 酶解液富集前

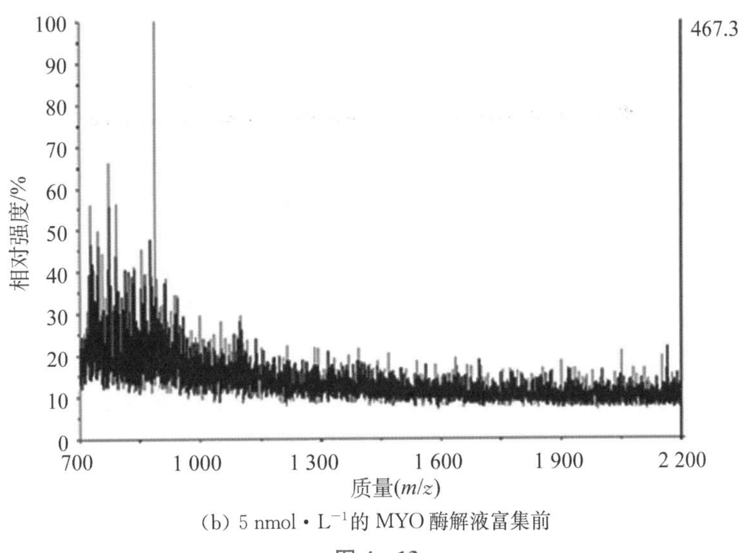

(b) 5 nmol・L^{-1}的 MYO 酶解液富集前

图 4－13

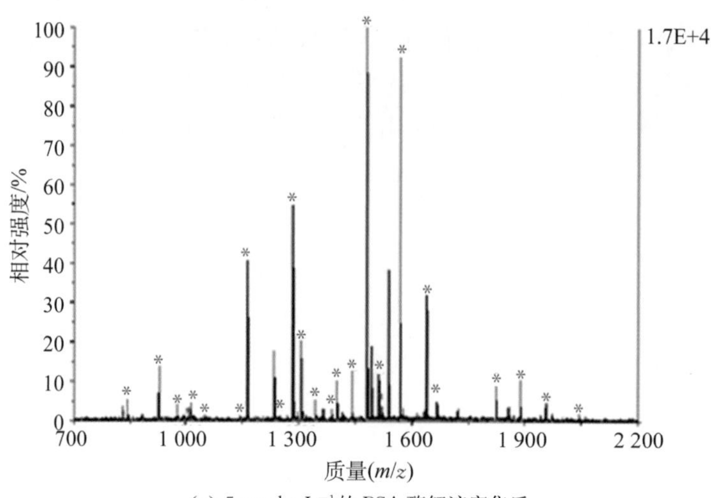

(c) 5 nmol・L^{-1}的 BSA 酶解液富集后

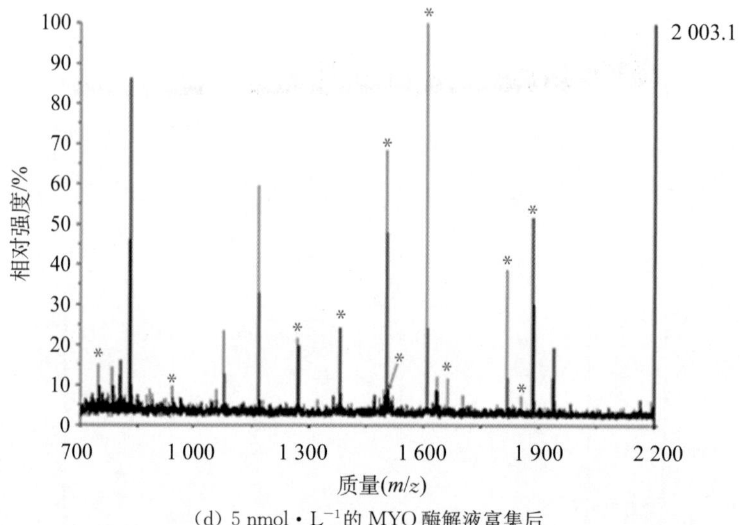

(d) 5 nmol・L^{-1}的 MYO 酶解液富集后

图 4-13 浓度为 5 nmol・L^{-1}的 BSA 和 MYO 的经 Fe_3O_4@SiO_2-C8 富集前、后的质谱图(红色"*"号标注出了检测到的从蛋白酶解得到的肽段)

标准蛋白细胞色素 c 的溶液被用于考察 Fe_3O_4@SiO_2-C8 材料对低丰度蛋白的富集能力。富集前蛋白溶液的浓度为 0.4 ng・μL^{-1}，在质谱检测中信号很弱，信噪比只有 16.97；1 mL溶液采用 0.04 mg(分散于 20 μL 水中)Fe_3O_4@SiO_2-C8 微球进行富集后，上清中检测不出细胞色素 c 的信号，洗脱液中蛋白峰信号显著增强，信噪比达 351.38(见图 4-14)，证明该材料对于低丰度蛋白也具有很好的富集效果。

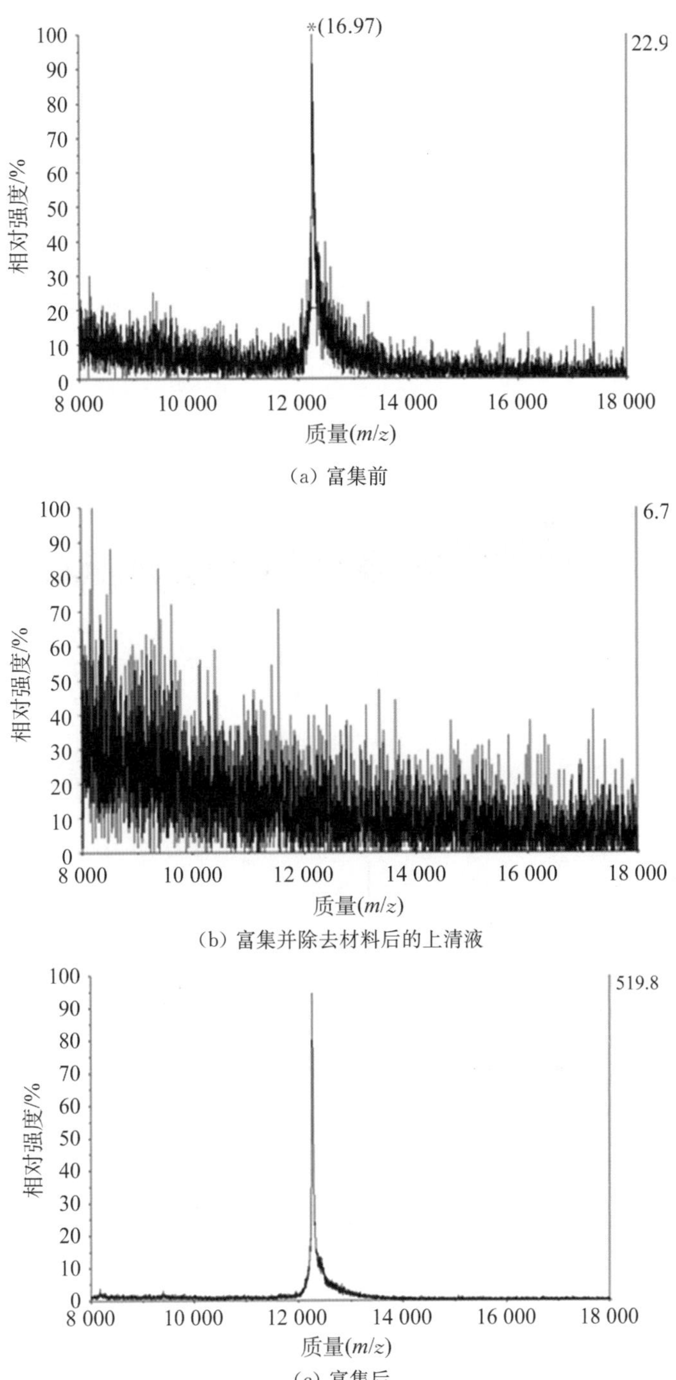

(a) 富集前

(b) 富集并除去材料后的上清液

(c) 富集后

图 4-14 细胞色素 c (0.4 ng・μL^{-1})经 Fe_3O_4@SiO_2-C8 富集前、后血管紧缩素的 MALDI-TOF MS 谱图(星号表示细胞色素 c,图中括号内数字为信噪比值(*S/N*))

3. C8 修饰的磁性聚合碳球对低丰度肽段/蛋白的富集[24]

浓度为 5 nmol・L^{-1}的标准肽段 Angiotensin II (氨基酸序列 DRVYIHPF,相对分子质量MW=1 046.2,等电点 pI=6.74)作为富集对象,考察 Fe_3O_4@CP-C8 微球对肽段的富集效果。图 4-15 显示 0.4 mL 浓度为 5 nmol・L^{-1}的 Angiotensin II 溶液经过 0.05 mg

Fe_3O_4@CP－C8 微球的富集，该肽段的信噪比上升到 1 103.82，说明 Fe_3O_4@CP－C8 微球具有很好的富集低丰度肽段的能力。这可能是：一方面，由于 Fe_3O_4@CP－C8 微球具有小粒径，比表面积大，也就提高了富集效率；另一方面，Fe_3O_4@CP－C8 微球由于包覆层改进为聚合碳层，具有很好的水溶液分散性，有利于材料与样品中的肽段作用。

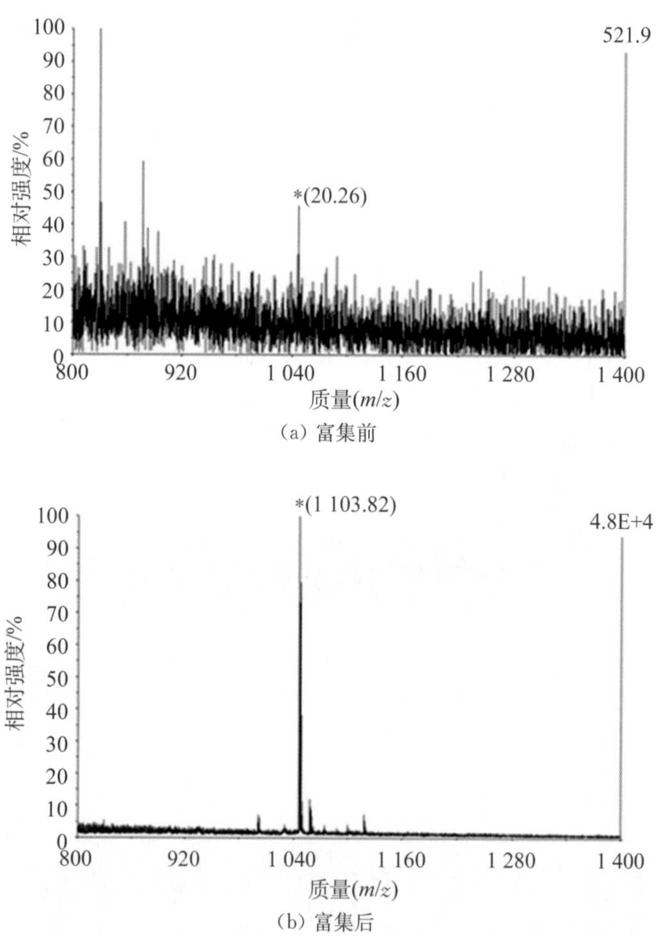

(a) 富集前

(b) 富集后

图 4－15　0.4 mL 浓度为 5 nmol・L^{-1}的 Angiotensin II 用 Fe_3O_4@CP－C8 微球富集前、后的 MALDI－TOF MS 图谱(Angiotensin II 肽段用"＊"表示；信噪比(*S/N*)标注于括号内)

随后，又选用了肽段成分较复杂的 BSA 酶解液作为富集对象，用以考察 Fe_3O_4@CP－C8 微球是否对多数肽段具有普遍的富集效果。实际蛋白组样品都会含部分盐，这可能是样品中本身含有的，也可能是在样品处理过程中必须加入的。而盐的存在会严重干扰被分析物质和基质的结晶，从而导致不好的 MALDI 质谱图。因此，为了获得满意的分析结果，通常在蛋白浓缩后都需要一步除盐的过程。尿素是样品处理过程中常用到的试剂，如蛋白提取，因此，将尿素作为干扰物添加到部分 BSA 酶解液中。这些添加了尿素和未添加尿素的样品用 Fe_3O_4@CP－C8 微球富集，MALDI－TOF MS 分析结果见图 4－16。为便于观察和比较，图中属于 BSA 酶解肽段的质谱峰都用"＊"标注，且强度最高的峰的相对分子质量和信噪比也予以标注。如图 4－16(a)，(b)所示，富集前 5 nmol・L^{-1}的 BSA 溶液检测出的肽段峰寥寥无几，两者相比起来，含有尿素的质谱图信噪比更差一些，能检出的肽段也少了一条。两种溶液经过 Fe_3O_4@CP－C8 微球富集，质谱图的肽段信号显著增强，对于无尿素和含尿素的样品，富集后分别检出了 23 条和 22 条肽段(见图 4－16(c)，(d))。值得注意的是，Fe_3O_4@CP－C8 微球不仅仅对含或不含尿素的 BSA 酶解液样品中的肽段具有很好的富集

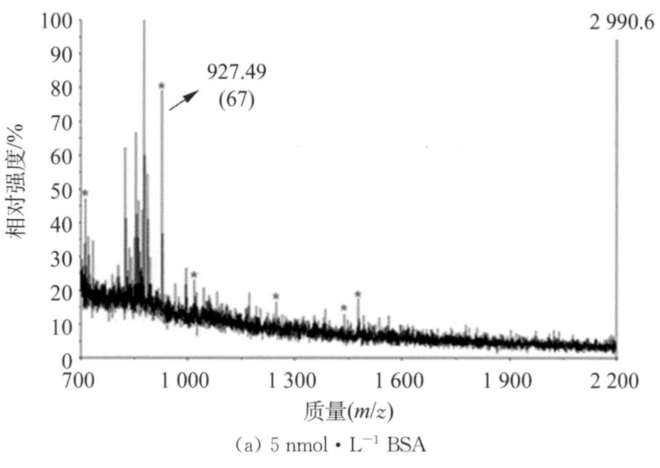

(a) 5 nmol·L^{-1} BSA

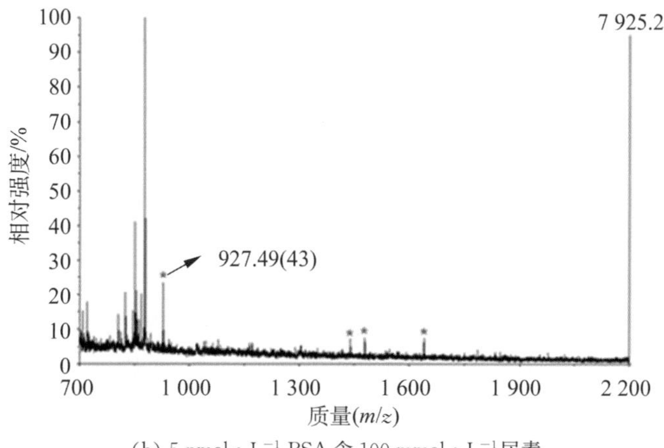

(b) 5 nmol·L^{-1} BSA 含 100 mmol·L^{-1}尿素

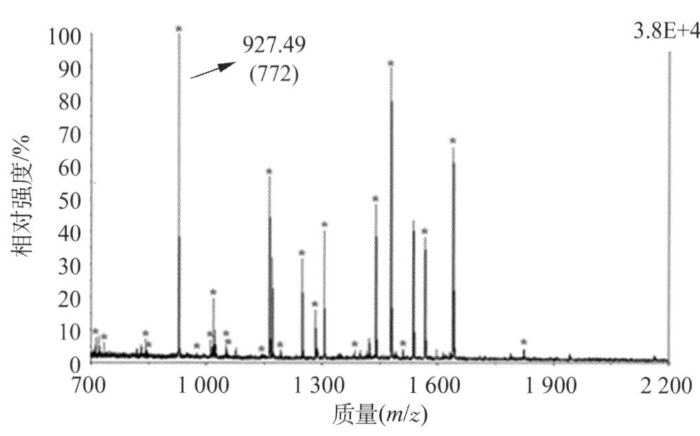

(c) 5 nmol·L^{-1} BSA 经 Fe_3O_4@CP－C8 微球富集后

图 4－16

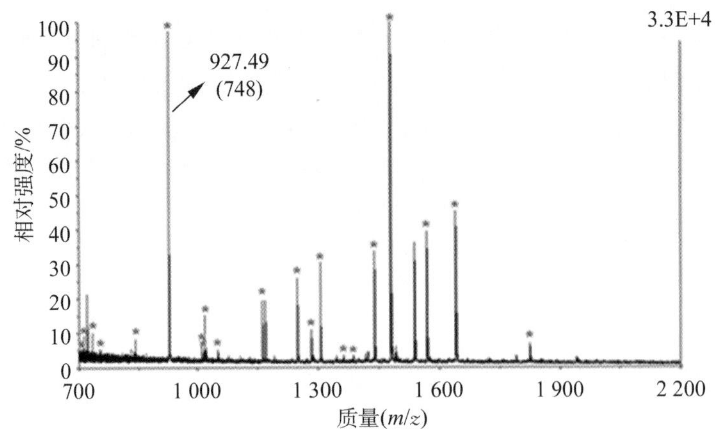

(d) 5 nmol • L^{-1} BSA 含 100 mmol • L^{-1} 尿素用 Fe_3O_4@CP－C8 微球富集后的 MALDI－TOF MS 图谱

图 4－16 用 Fe_3O_4@CP－C8 微球富集添加了尿素和未添加尿素的样品的 MALDI－TOF MS 分析结果(检出的 BSA 酶解肽段用"＊"表示,信号最强肽段的信噪比(S/N)标注于括号内)

效果,它对这两种样品富集后的结果基本相同。这结果说明该材料能在富集肽段时排除盐等的干扰,因此经该方法处理后的样品可以免除后续的除盐过程。

4.2.2.4 C8 修饰的磁性微球对实际生物样品中肽段的富集

血液是疾病诊断的理想样品来源,通过发现血液中的生物标记物,可方便快捷实现对疾病的判断。血浆及血清中游离肽的鉴定对于发现疾病鉴定的生物标记物具有重要意义。但是,由于血液样品本身的极度复杂性和很高的动态变化范围造成了对其进行分析的困难。因此,发展血清中游离肽的提取方法是目前研究关注的一个热点。目前,用于分离血浆及血清中多肽的方法主要有两种。具有精确相对分子质量截留范围的高速离心分离的方法目前广为人们采用。它通过体积排阻的原理将大分子量的蛋白去除从而提取多肽。但该方法费时费力,且在富集多肽的同时,一些低相对分子质量的杂质(如盐等)也得到了浓缩。另一种方法就是采用具有吸附性能的材料,将多肽从血浆或血清样品中富集出来,该方法可以在富集多肽的同时去除样品中杂质的干扰,因此该方面的研究受到了研究者的关注。基于此,本书作者课题组将合成的 C8 材料初步应用于人血清中游离多肽的富集,探索了其在该领域的应用潜力。

在实际蛋白组分析中,二维胶分离结合 MALDI－TOF MS 分析是对蛋白样品鉴定分析最常用的方法之一。但是经过二维胶分离后的蛋白点经过胶上酶解、提取肽段后,要经过冻干再溶后转移到靶板上分析,在冻干过程中不但有部分样品会黏在管壁上造成样品损失,还同时浓缩了提肽液(用于提取胶上酶解后的肽段的溶液)中含有的 NH_4HCO_3。基于此,将合成的 C8 材料应用于胶上酶解肽段的富集,研究了其在该领域的应用潜力。

1. C8 修饰氨基磁球对血清中肽段的富集[23]

10 μL 健康人提供的血清用 20 μL 超纯水稀释,然后加入 C8 修饰的氨基磁球悬浊液,充分混合 30 s,磁性分离后用 20 μL 水清洗材料 2 次,去除水后加入 10 μL 基质 α－氰基－4－羟基肉桂酸溶液并经质谱检测。图 4－17 显示,有 16 条肽段被检出。

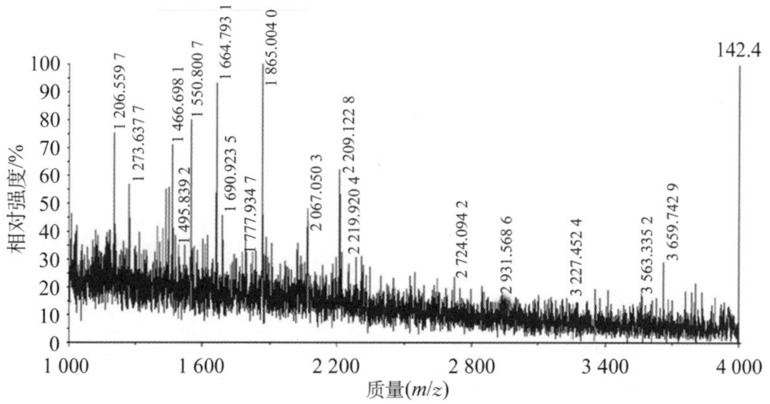

图 4-17　血清经 C8 修饰的氨基磁球富集后用 MALDI-TOF MS 检测后的谱图(检出肽段质荷比标注于谱图中)

2. Fe_3O_4@SiO_2-C8 对血清游离肽段的富集[2]

图 4-18 所示是采用 C8 键合相疏水性磁性硅球，富集了一个正常人血清样品中的多肽，进而进行质谱鉴定的结果。5 μL 血清加 10 μL H_2O 稀释，用 0.004 mg Fe_3O_4@SiO_2-C8(分散于 2 μL 水中)富集。由此图可见：成功地分离富集了血清中 10 条以上的多肽，具体结果如表 4-1 所示。

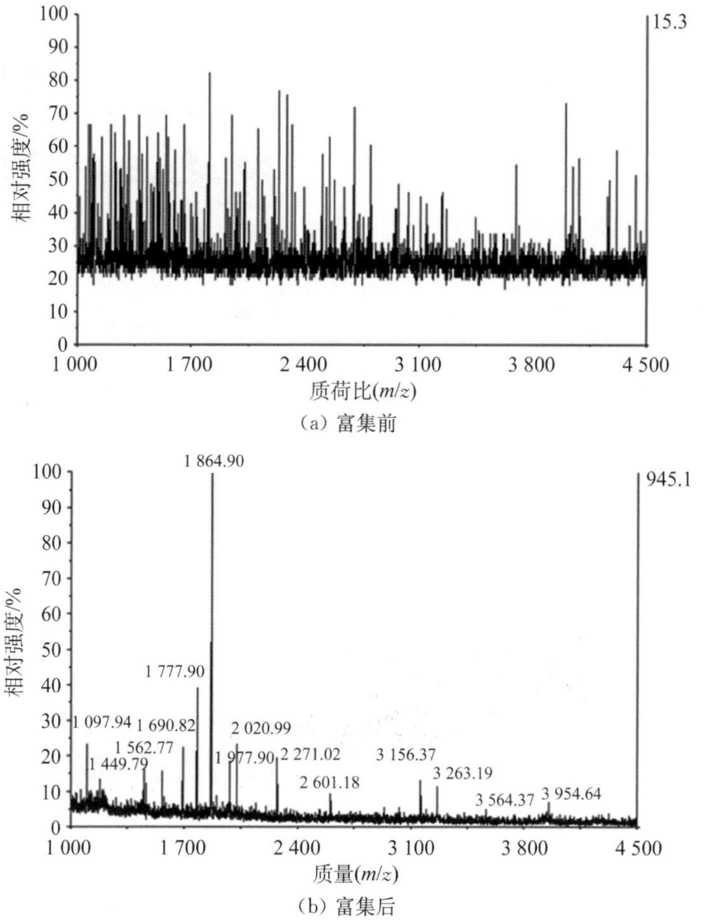

图 4-18　血清肽用 Fe_3O_4@SiO_2-C8 微球富集前、后的 MALDI-TOF MS 谱图

表 4-1 用 Fe_3O_4@SiO_2-C8 微球从人血清中检测分析到的肽片段

肽段序列	[M-H]+	得分	蛋白编号
A. GVSWRLPGKLVKKICFCS. P	2 020.99	61	gi|47522368
L. VGDVAQAADVAIEHRNEA. E	1 864.90	68	gi|17978483

3. Fe_3O_4@CP-C8 对胶上分离蛋白点酶解液的富集[24]

二维凝胶电泳技术具有高重复性、可操作性、高分辨性等性能，至今仍然是蛋白质组分析研究中的一个强有力的工具。传统的二维凝胶电泳结合质谱分析的过程通常是：生物样品经过二维凝胶电泳分离后，胶上蛋白点经过胶上酶解，然后用提肽液（通常含有无机盐）将肽段提取出、提取液经过冻干浓缩后，加入溶剂再溶解，经质谱分析鉴定获得蛋白信息，这是蛋白质组学常用的“middle-down”的技术路线。将胶上分离后的蛋白进行胶上酶解，然后进行 MALDI-TOF MS 的鉴定。在冻干过程中，不但会有部分肽段粘在容器壁上而损失，提肽液的盐分也同时被浓缩，导致质谱成功率较低（50%左右）。Fe_3O_4@CP-C8 微球在胶上蛋白质谱鉴定前处理上也显示出优势。人眼晶状体中的蛋白经过二维凝胶电泳分离后，选择了一个颜色稍浅的蛋白点（见图 4-19）进行胶上酶解。分别用 50 μL 肽段提取液 3 次提取酶解后肽段并混合，用水稀释到 400 μL 以降低乙腈浓度。然后分成两等分，往其中一份中加入 Fe_3O_4@CP-C8 微球进行富集。在未经处理的图谱中都不能获得可靠的蛋白（蛋白得分大于 64 的视为可靠）。但是，经过 Fe_3O_4@CP-C8 微球富集，鉴别出了一个得分高达 96 的蛋白，图 4-20 所示是 MALDI-TOF MS 图谱，表 4-2 是鉴

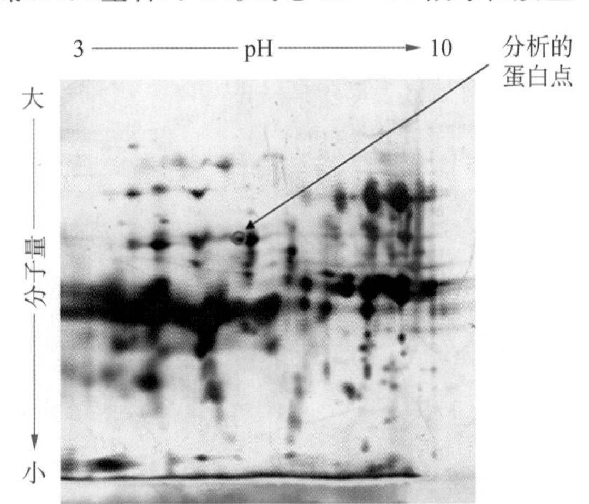

图 4-19 人眼晶状体二位凝胶电泳分离图（胶上一个颜色较浅的蛋白点（箭头所示）被用于后续分析）

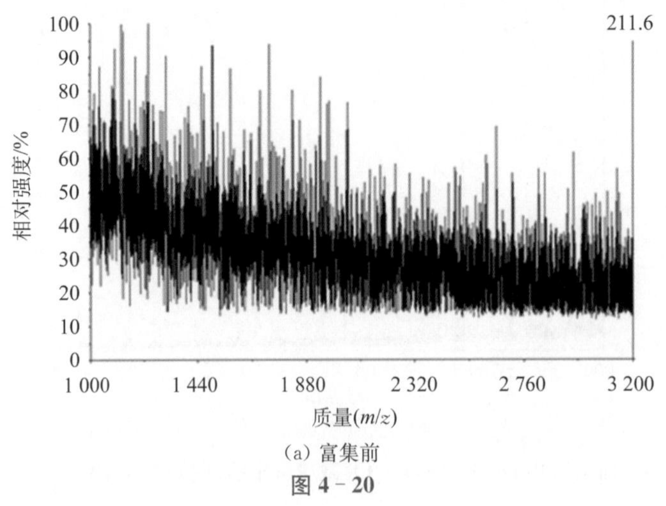

(a) 富集前

图 4-20

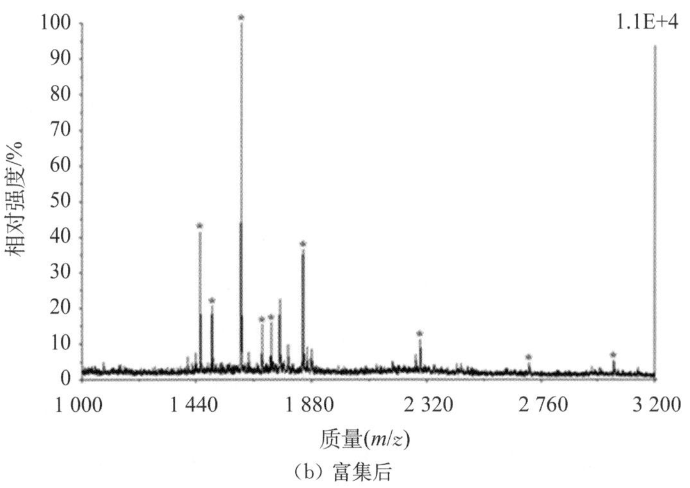

(b) 富集后

图 4-20　人眼晶状体二维凝胶电泳分离后蛋白点经胶上酶解后的提取液经 Fe_3O_4@CP-C8 微球富集前、后的 MALDI-TOF MS 图

表 4-2　人眼晶状体蛋白胶上酶解后，经 Fe_3O_4@CP-C8 微球富集和质谱检测获得蛋白的肽段信息

计算质量	检测质量	序列
1 455.711 4	1 455.720 6	ITIYDQENFQGK
1 500.751 5	1 500.774	MTIFEKENFIGR
1 611.812 5	1 611.830 6	ITIYDQENFQGKR
1 691.756 1	1 691.773 6	WDAWSGSNAYHIER
1 727.845 9	1 727.863 5	EWGSHAQTSQIQSIR
1 845.907 7	1 845.876 7	ETQAEQQELETLPTTK
1 847.925 5	1 847.889 8	LMSFRPICSANHKESK
1 863.920 4	1 863.901 9	LMSFRPICSANHKESK
2 294.037 4	2 294.080 1	GEYPRWDAWSGSNAYHIER

注：蛋白名称 crystallin，beta A3 [Homo sapiens]；编号 gi|12056461；得分 96；序列覆盖率（%）：42。

定出的蛋白的酶解肽段信息。这证明该磁性微球富集方法在实际蛋白组学中应用的可行性。

4.2.3　油酸修饰的磁性纳米粒子用于低丰度肽段的富集研究[25]

油酸是实验室中常用的线性羧酸，它的一端为羧基，另一端是疏水的线性烯基。油酸修饰的纳米粒子合成简单，是材料合成科学中十分常用的一种疏水性磁性材料，在许多文献中都有这种粒子的具体合成过程。2.3 节介绍了采用一锅法可以很简便地一步合成了油酸修饰的磁性纳米粒子。该磁性粒子粒径小，比表面积大，羧基端螯合在四氧化三铁上，粒子利用油酸分子的线性疏水端作为亲和配体，达到对肽段的富集作用，可将它用于低丰度肽段的富集研究中。由于 OA-Fe_3O_4 粒子表面有大量的油酸分子的疏水端，因此该粒子能通过疏水相互作用富集溶液中的肽段，这与常用的反相液相色谱填料修饰的 C8 或 C18 等十分类似。OA - Fe_3O_4 粒子具有强磁性和超顺磁性，使得材料能在有磁场和无磁场时灵活聚拢和分散，这为它的实际应用提高了效率，用于分离富集溶液中的肽段时，过程中无需繁琐冗长的离心操作，缩短了样品处理的时间。

4.2.3.1 油酸修饰的磁性纳米粒子富集标准肽段

标准肽段——Angiotensin II (MW=1 046.2，等电点 pI=6.74，氨基酸序列 DRVYIHPF，0.4 mL，5 nmol・L^{-1})首先作为富集对象，用于考察 OA - Fe_3O_4 粒子对肽段的富集效率。此前的磁性富集时间都在 5～10 min，所以先用 10 min 作为富集时间。通过 MALDI - TOF MS 分析，富集前 5 nmol・L^{-1}的 Angiotensin II 的信噪比(S/N)是 12.23(见图 4 - 21(a))。0.4 mL 该溶液经过 0.05 mg OA - Fe_3O_4 粒子富集后，信噪比明显增强为 631.79(见图 4 - 21(b))，是富集前的 50 倍以上。之后，OA - Fe_3O_4 粒子被用于富集浓度更低的 Angiotensin II水溶液。0.4 mL 浓度为 0.5 nmol・L^{-1}的 Angiotensin II 水溶液经 OA - Fe_3O_4 粒子和 C8 修饰的磁性硅球富集后，肽段峰清晰可见，信噪比为 122.79(见图4 - 21(c))。

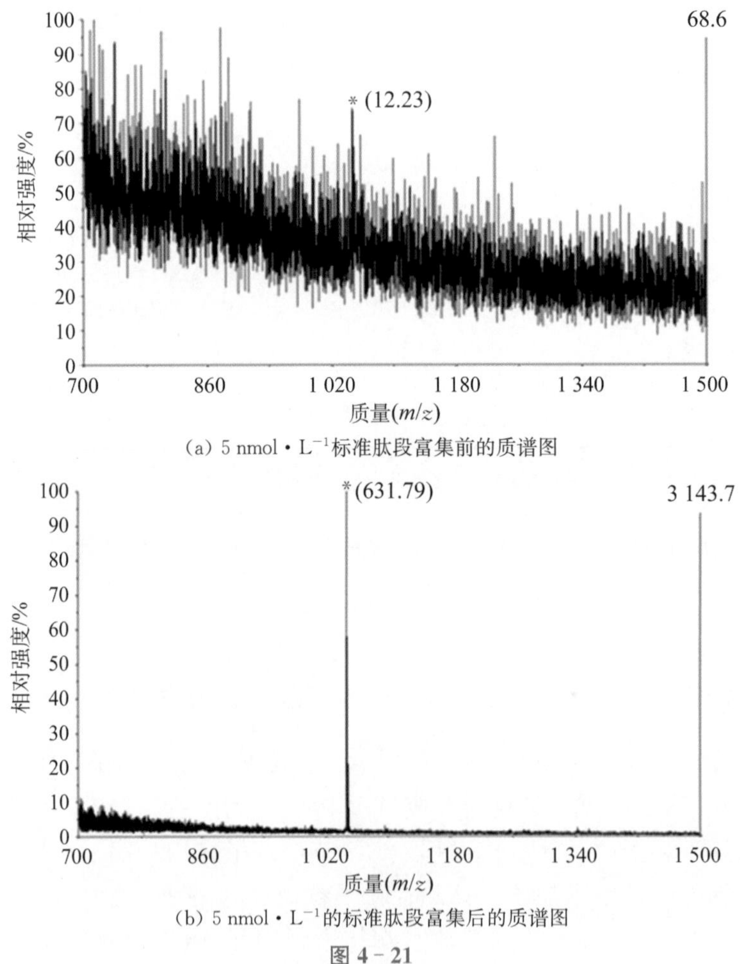

(a) 5 nmol・L^{-1}标准肽段富集前的质谱图

(b) 5 nmol・L^{-1}的标准肽段富集后的质谱图

图 4 - 21

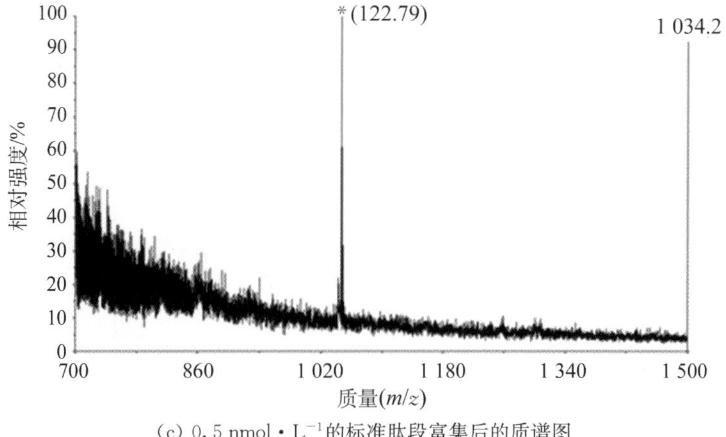

(c) 0.5 nmol・L^{-1}的标准肽段富集后的质谱图

图 4-21　用标准肽段考察 OA-Fe_3O_4 粒子对低浓度标准肽段的富集效率（图中括号内数字为信噪比值(*S/N*)）

4.2.3.2　油酸修饰的磁性纳米粒子富集标准蛋白酶解液

此外，MYO 酶解液还被用来考察 OA-Fe_3O_4 粒子对肽段富集的广泛性。结果(见图 4-22)显示，相对于富集前，0.4 mL 浓度为 5 nmol・L^{-1} 的 MYO 酶解液经过 OA-

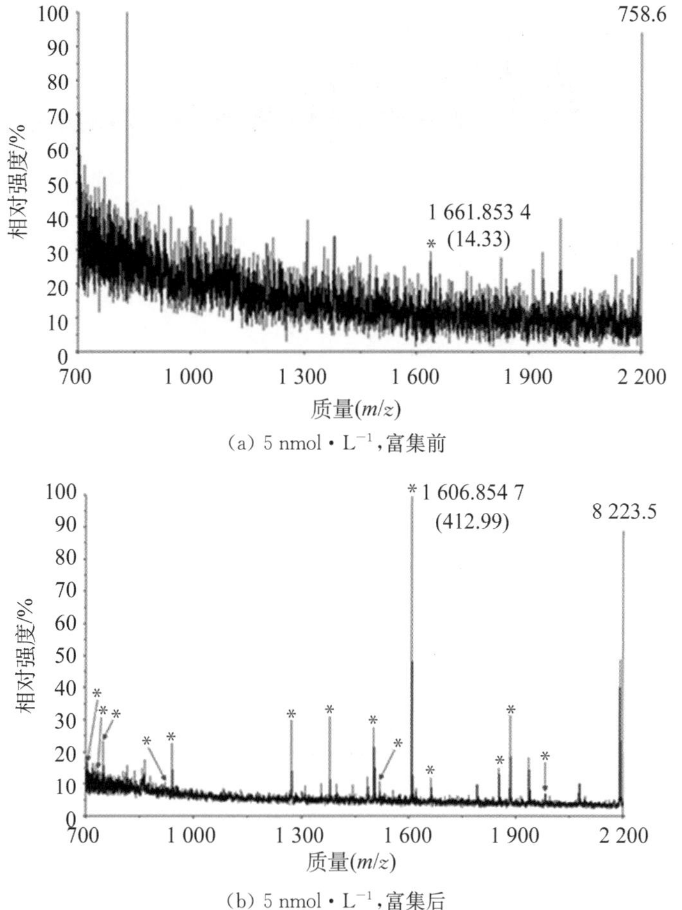

(a) 5 nmol・L^{-1}，富集前

(b) 5 nmol・L^{-1}，富集后

图 4-22　用 MYO 酶解液考察 OA-Fe_3O_4 粒子对肽段富集的广泛性(用 MALDI-TOF MS 分析的谱图)

Fe_3O_4 粒子富集后，肽段信噪比很强，共检测出有 14 条 MYO 的酶解肽段。这说明了 OA - Fe_3O_4 粒子对较复杂的肽段混合液也有很好的富集效果。

4.2.3.3 油酸修饰磁性纳米粒子富集血清中的肽段

人血清是容易获取并且是临床诊断中最常用到的样品之一。人血清中含有大量的蛋白，还含有一些无机盐等，成分十分复杂。血清中含有一些内源性肽段，现在认为是人体蛋白代谢过程中产生的。这些肽段含量虽然很低，但可能包含一些很有价值的代谢或疾病信息。血清如果不经处理，直接用 MALDI - TOF MS 分析是无法分析出这些少量的肽段的，如图 4 - 23(a)所示。将 50 μL 血清稀释 3 倍后再加入 0.025 mg OA - Fe_3O_4 粒子，经过富集和质谱分析，图谱中有十几条肽段清晰可见(见图 4 - 23(b))。OA - Fe_3O_4 粒子能从血清这种十分复杂的生物样品中直接分离出其中的肽段，可能是因为该粒子粒径小、比表面积大、表面修饰的疏水的油酸分子多，这样能为血清中的肽段提供许多结合位点。这预示着该材料在实际生物样品中有很不错的应用潜力。

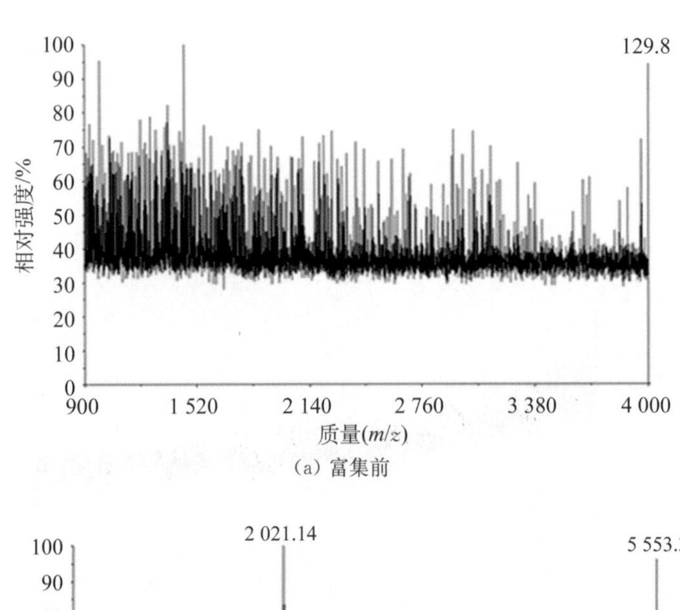

(a) 富集前

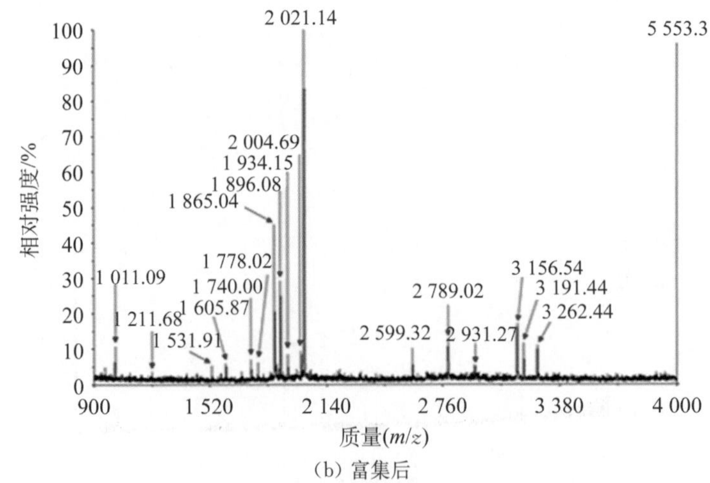

(b) 富集后

图 4 - 23 血清稀释液经油酸修饰纳米粒子富集前、后的质谱分析谱图

4.2.4 烷基链作为反相亲和配体的磁性微纳米材料低丰度富集小结

本章已介绍了烷基链作为反相亲和配体的磁性微纳米材料用于低丰度肽段的富集研究。对经 C8 修饰的磁性微球，由于氨基磁球、磁性硅球和聚合碳层上含有大量易于修饰的羟基、醛基、羧基等，修饰上 C8 后，微球表面既含有线性疏水 C8 链，又含有大量未被修饰的亲水官能团，所以材料在水中分散性好，具有良好的生物样品相容性，富集肽段后可以不经过洗脱步骤，将富集到的肽段连同材料点到靶板上就可进行 MALDI 质谱分析。油酸修饰的磁性纳米粒子仅一步就合成，粒径小，比表面积大，羧基端螯合在四氧化三铁上，粒子利用油酸分子的线性疏水端作为亲和配体，达到对肽段的富集作用。这些材料的磁响应性良好，具有超顺磁性，富集过程简单，富集效果良好，在实际蛋白组分析研究中得到应用，结果显示这些磁性富集方法对实际样品表现出极好的可行性。

4.3 C60 作为亲和配体的磁性材料应用于低丰度肽段/蛋白富集研究[26]

4.3.1 基本原理

在蛋白/肽段的浓缩除盐中，具有反相液相色谱功能的固相微萃取方法得到了广泛应用。商品化的 ZipTipC18 萃取头常常用作实验室少量样品的除盐。现在商品化的 C8 磁珠应用于蛋白组学研究中富集报道也屡见不鲜。4.2 节中介绍了几种改进后的反相磁性微纳米材料用于蛋白组学低丰度富集，这几种磁性微纳米材料都具有很好的肽段富集效果。然而，除了线性疏水基可作为反相亲和配体外，还有许多其他形状的化合物也具有疏水性。此外，C8 等修饰的磁性粒子对亲水的肽段的富集效果往往较弱。其他的色谱材料，如亲水相互作用、固定金属离子亲和色谱，或多孔石墨碳（porous graphite carbon, PGC）也都被用来纯化这类亲水的肽段。PGC 柱通常用于纯化糖类和糖肽，但现在已经成为传统反相液相色谱的有益补充，作为 MALDI - TOF MS 分析前小分子和亲水肽的纯化方法。碳纳米管自从 1991 年被发现以来就一直受到科学界的关注。碳纳米管中空，两头是具有富勒烯结构的“帽子”或说半球，结构特点使得它能紧密结合有机分子。研究还发现碳纳米管具有很好的生物相容性。有文献报道了碳纳米管用于人血清中的肽段的富集分离研究，且具有良好的效果[1]。

富勒烯（C60）是一种结构十分奇特、性质又很稳定的球形分子，含有大量的 C ═C，这点与碳纳米管两端的“帽子”相似。C60 在蛋白组学中的应用也受到国内外的密切关注。2007 年 *Analytical Chemistry* 杂志上报道了奥地利科学家 Rania Bakry 等人的研究成果，证明 C60 修饰的硅胶能用于固相微萃取不同的分子，如它与普通肽段、蛋白、具有亲水性质的磷酸化肽段、黄烷等之间都有相互作用，且这种作用是可逆的。复旦大学陆豪杰教授等也将 C60 添加到聚合物中用于靶上富集除盐的蛋白组研究。

本节介绍一种 C60 功能化的磁性硅球材料(Fe_3O_4@SiO_2 - C60 微球)用于蛋白组学低丰度富集。该 Fe_3O_4@SiO_2 - C60 微球合成简便,通过 TEM、傅里叶红外光谱等的表征,证明材料中 C60 含量高。C60 通过共聚修饰到材料上,结合牢固。材料结合了磁性 Fe_3O_4 粒子的超顺磁性和强磁响应性,以及二氧化硅层对内部磁性粒子的保护和提供易被修饰的表面的优点,表面还具有 C60 分子的特性。利用 C60 作为与肽段/蛋白作用的功能化基团,微球被用于选择性富集溶液中的肽段/蛋白分子,同时,材料具有较好的负载性能和除盐性能,被用于从人尿液中直接富集分离尿肽/蛋白。

4.3.2 C60 功能化的磁性硅球材料的合成

4.3.2.1 Fe_3O_4@SiO_2 磁性硅球的合成

Fe_3O_4@SiO_2 磁性硅球的合成如 2.4 节所述。合成的 Fe_3O_4@SiO_2 磁性硅球在 60 ℃下真空干燥 12 h,备用。

4.3.2.2 Fe_3O_4@SiO_2 磁球表面修饰 C60

如图 4 - 24 所示,首先在 Fe_3O_4@SiO_2 磁球表面修饰 MPS,操作如下:取一只三颈瓶,加入 20 mg Fe_3O_4@$n$$SiO_2$ 磁球,同时加入 160 mL 乙醇、40 mL 水和 2.0 mL 氨水,超声分散。在 25 ℃下用机械搅拌法搅拌,用注射器一次性加入 2.0 mL 3 -(甲基丙烯酰氧)丙基三甲氧基硅烷(MPS)。室温下搅拌 24 h,生成 MPS 修饰的 Fe_3O_4@SiO_2 磁球。用磁铁分离出 MPS 修饰的 Fe_3O_4@$n$$SiO_2$ 磁球,并用乙醇洗涤多次,60 ℃真空干燥 12 h,备用。

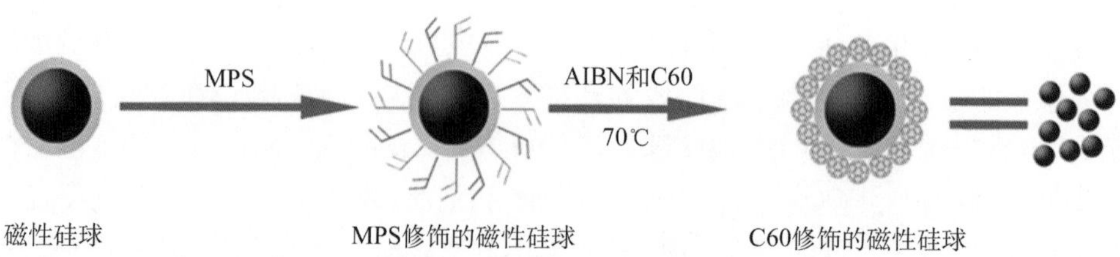

图 4 - 24 C60 功能化的磁性硅球的合成示意

4.3.2.3 MPS 修饰的 Fe_3O_4@$n$$SiO_2$ 磁球与 C60 聚合

MPS 修饰的 Fe_3O_4@$n$$SiO_2$ 磁球与 C60 在催化剂作用下聚合。操作为:在一只三颈瓶中加入 10 mg MPS 修饰的 Fe_3O_4@$n$$SiO_2$ 磁球、5 mg C60 和 80 mL 已溶有 1 mg 偶氮二异丁氰的甲苯溶液。混合液中通氮气 30 min 后,水浴加热至 70 ℃并保持 6 h,使 C60 聚合到磁球上。最后用磁铁分离出 C60 修饰的 Fe_3O_4@SiO_2 磁球,用乙醇清洗去残留杂质并在 40 ℃下烘干。

4.3.3　C60 功能化的磁性硅球材料的表征

通过透射电子显微镜观察到磁性硅球具有一个粒径约 250 nm 的 Fe_3O_4 核和厚度约 20 nm的 SiO_2 壳(见图 4 - 25(a))。通过 MPS 偶联修饰上 C60 后,原来的磁性硅球结构得到保持,但在硅球外面多了一薄层(见图 4 - 25(b)),说明 C60 已经修饰到磁球上了。傅里叶变换红外(见图 4 - 26)显示相对于磁性硅球,MPS 修饰后的磁性硅球在 1 730 cm^{-1}处多出一个吸收峰,说明磁性硅球成功修饰上 MPS。在与 C60 共聚后,红外图中显示了 C60 的特征吸收峰: 1 180 cm^{-1}, 1 143 cm^{-1}和 530 cm^{-1},进一步证明 C60 修饰的磁性硅球的成功合成。

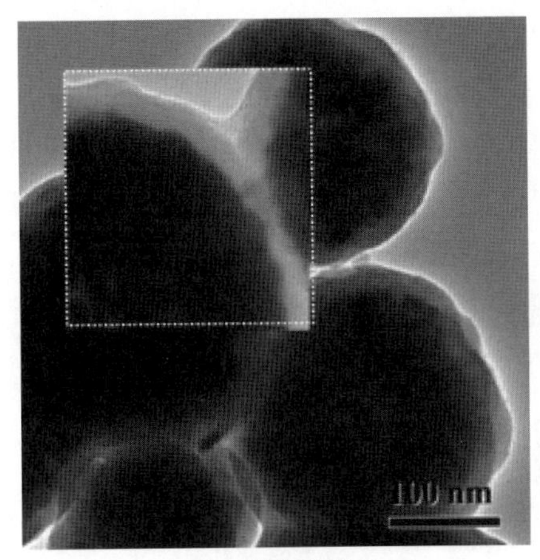

(a) 磁性硅球

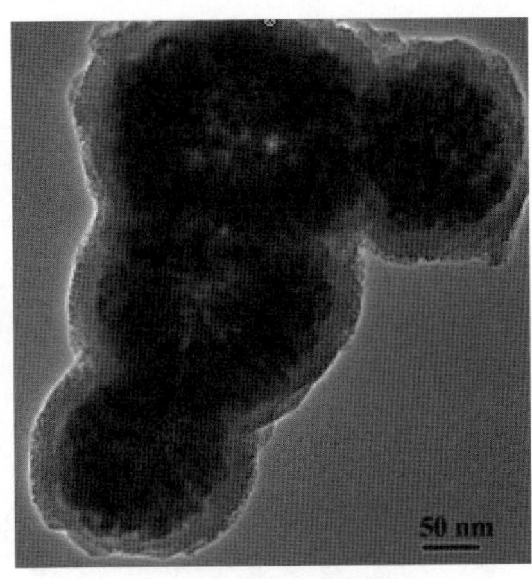

(b) C60 功能化磁性硅球

图 4 - 25　磁性硅球和 C60 功能化磁性硅球的透视电镜图

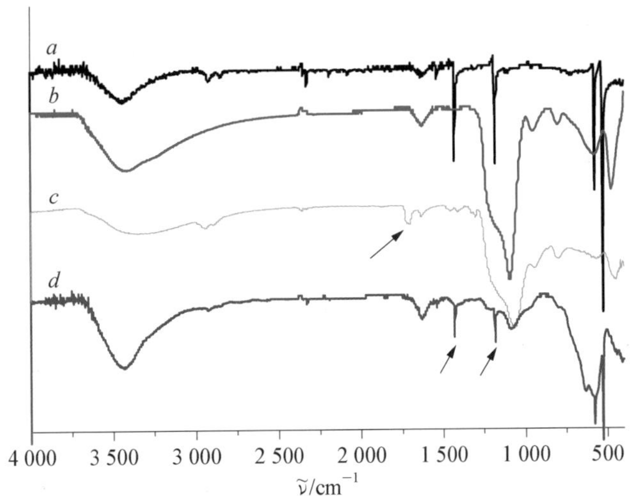

图 4 - 26　几种材料的傅里叶变换红外谱图(曲线 *a*: C60;曲线 *b*: 磁性硅球;曲线 *c*: MPS 修饰的磁性硅球和曲线 *d*: C60 功能化磁性硅球)

采用振动样品磁强计 VSM(the vibrating-sample magnetometer, EG&G Princeton Applied Research Vibrating Sample Magnetometer, Model 155),300 K 下对合成的磁性 Fe_3O_4 粒子、磁性硅球、MPS 修饰的磁性硅球和 C60 修饰的磁性硅球进行了样品的磁饱和强度的测定(施加的磁场强度为−20 000～20 000 Oe)。结果表明：4 种磁性材料都表现出了很好的超顺磁性(即当外加磁场消失时,磁球的磁性随之而消失),磁饱和强度值(M_s)分别为 81.2 emu·g^{-1}, 76.5 emu·g^{-1}, 72.8 emu·g^{-1}, 70.6 emu·g^{-1},估算出 MPS 修饰的磁性硅球中含 MPS 约 50 mg MPSg^{-1}磁球;C60 修饰的磁性硅球中含 C60 约 32 mg C60g^{-1}磁球。

4.3.4 C60 功能化的磁性硅球材料用于富集低丰度蛋白/肽段

由于合成的 C60 功能化的磁性硅球材料具有超顺磁性,因此在富集的过程中免去了繁琐的离心操作,用磁铁就可以方便快速地将材料从基体溶液中分离出,整个富集分离过程如图 4-27 所示。取 20 μL Fe_3O_4@SiO_2-C60 微球在水中的分散液 (5 mg·mL^{-1})加入到 0.4 mL标准肽段水溶液或标准蛋白酶解液(酶解后用水稀释)或尿液中,在室温下,震荡混合液5 min。磁铁分离出磁性微球,去除上清。将分离出的材料用水洗 3 次,每次都用磁铁分离,去除洗液。然后用 5 μL 溶剂 (水/乙腈/TFA = 50/50/0.1, $v/v/v$) 在 37 ℃ 下洗脱材料上的蛋白/肽段。最后,将富集前的原液和洗脱液直接点到 MALDI-TOF MS 的不锈钢靶板上进行质谱分析。在磁铁帮助下,整个富集、洗涤、洗脱过程十分方便快捷。

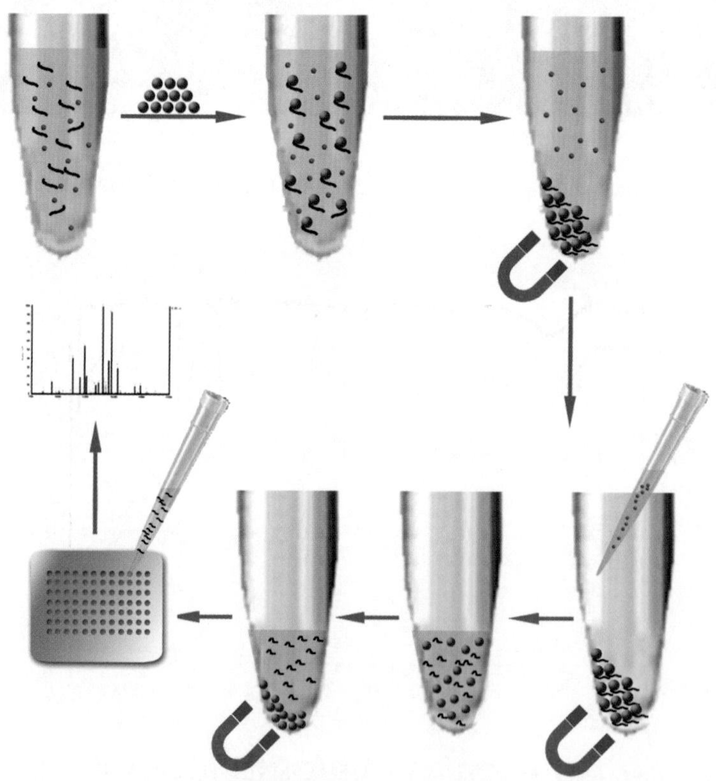

图 4-27 用 C60 功能化磁性硅球快速低丰度富集后进行 MALDI-TOF MS 分析

4.3.4.1　对肽段负载能力研究

材料对肽段的负载能力选用了标准肽段——Angiotensin II（氨基酸序列为 DRVYIHPF，$MW = 1\,046.2$，等电点 $pI = 6.74$）溶液为样品进行考察。一方面保持加入的材料量不变，通过改变溶液中 Angiotensin II 的含量观察富集后效果；另一方面保持溶液中 Angiotensin II 的含量不变，通过改变材料的加入量观察富集后效果。操作为：配制一组含标准肽段 Angiotensin II（分别含 0.2 ng，2 ng，4 ng，8 ng，12 ng，24 ng，40 ng）的水溶液，各为 400 μL。在以上溶液中分别加入 20 μL $Fe_3O_4@SiO_2$ - C60 微球（5 μg・μL^{-1}）。另一方面，在 7 只离心管中分别加入不同体积的含 5 μg・μL^{-1} 的 $Fe_3O_4@SiO_2$ - C60 微球，使之含微球质量分别为 2.5 μg，5 μg，10 μg，50 μg，100 μg，150 μg，200 μg，磁铁分离，去除上清液，再分别加入 400 μL Angiotensin II 水溶液（0.02 ng・μL^{-1}）。震荡混合液 5 min 后分离出材料，然后将分离出的材料用水洗 3 次，每次都用磁铁分离，去除洗液。然后用 5 μL 溶剂（水 / 乙腈 /TFA = 50/50/0.1，$v/v/v$）在 37 ℃ 下洗脱材料的肽段。最后，将富集前的原液和洗脱液直接点到 MALDI - TOF MS 的不锈钢靶板上进行质谱分析。根据 MALDI - TOF MS 分析出富集后 Angiotensin II 的信噪比（S/N）（见表 4 - 3），分别绘制出 S/N 随两种条件改变的二维图（见

表 4 - 3　标准肽和 $Fe_3O_4@SiO_2$ - C60 微球用量对富集效果的影响

标准肽用量对富集效果的影响[a]		$Fe_3O_4@SiO_2$ - C60 微球用量对富集效果的影响[b]	
肽段用量/ng	S/N	微球用量/μg	S/N
0.2	176	2.5	354
2	766	5	1 791
4	1 495	10	2 500
8	2 643	50	2 622
12	3 006	100	2 643
24	3 105	150	2 612
40	3 111	200	2 371

a 每个样品中加入的 $Fe_3O_4@SiO_2$ - C60 微球悬浊液（5 μg・μL^{-1}）为 20 μL；
b 每份样品使用了 400 μL 标准肽溶液（0.02 ng・μL^{-1}）。

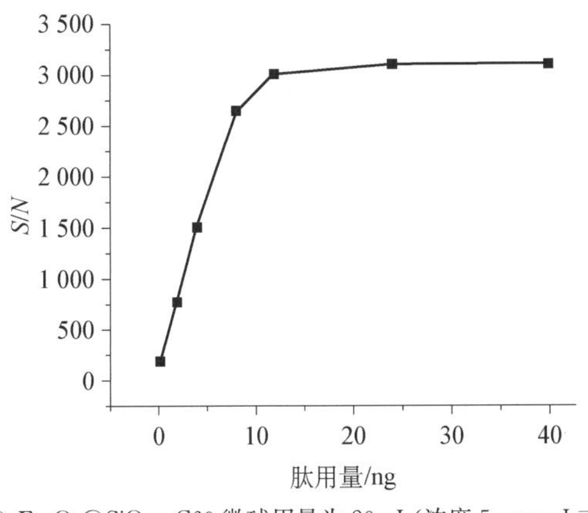

(a) $Fe_3O_4@SiO_2$ - C60 微球用量为 20 μL（浓度 5 μg・μL^{-1}）时信噪比（S/N）随标准肽样品用量的变化

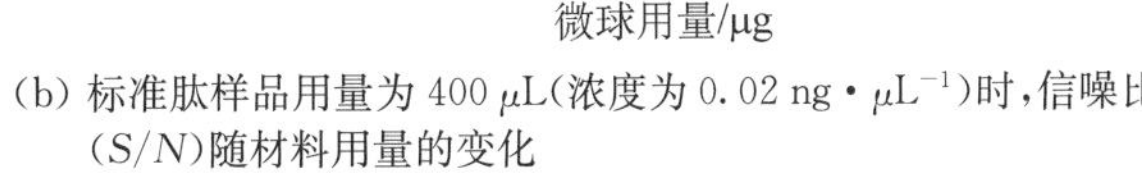

(b) 标准肽样品用量为 400 μL（浓度为 0.02 ng・μL^{-1}）时，信噪比（S/N）随材料用量的变化

图 4 - 28　标准肽和 $Fe_3O_4@SiO_2$ - C60 微球用量对富集效果的影响

图 4－28)。由结果可见,保持材料量不变,增大溶液中肽段浓度,富集后信噪比(S/N)先增强,后趋平,因为材料被饱和了;保持样品量不变,增大材料用量,富集后信噪比先增强,后趋平,最后稍有下降,可能是因为材料量过多,导致肽段没有被少量洗脱液充分洗脱。根据这些结果可以估算出该材料对标准肽段 Angiotensin II 的负载量约为 0.12 ng • mg^{-1} Fe_3O_4@SiO_2－C60微球。

4.3.4.2 C60 功能化的磁性硅球材料富集低丰度标准肽段

首先选取 Angiotensin II 作为富集对象。图 4－29 显示通过 MALDI－TOF MS 分析,富集前 5 nmol • L^{-1} 的 Angiotensin II 的信噪比(S/N)是 16.56 (见图 4－29(a))。将 Angiotensin II 溶液用水稀释到 0.5 nmol • L^{-1},取 0.4 mL 经过 0.1 mg Fe_3O_4@SiO_2－C60 微球富集后,检测出 Angiotensin II 的信号峰很强,信噪比高达 186.84 (见图 4－29(b))。

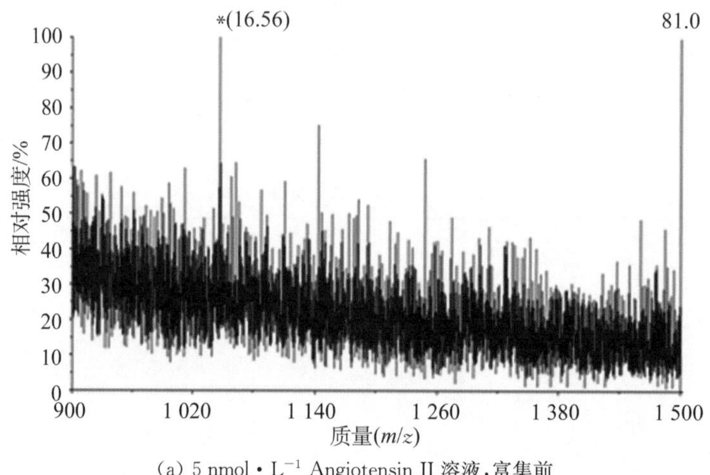

(a) 5 nmol • L^{-1} Angiotensin II 溶液,富集前

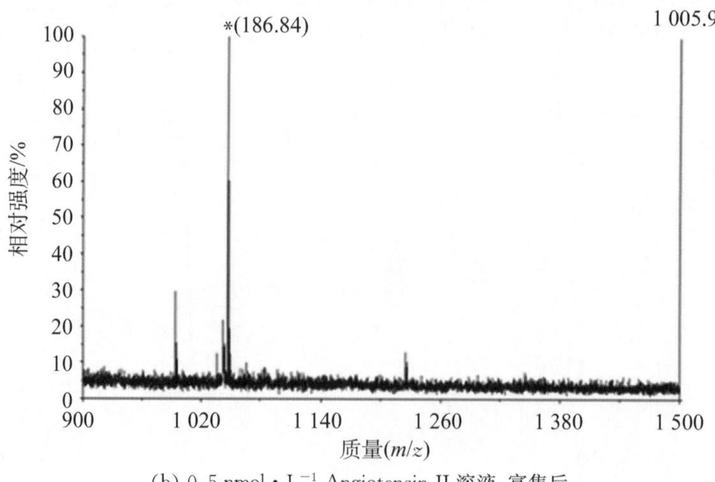

(b) 0.5 nmol • L^{-1} Angiotensin II 溶液,富集后

图 4－29 0.4 mL Angiotensin 溶液经 Fe_3O_4@SiO_2－C60 微球富集前、后的 MALDI－TOF MS 谱图(图中括号内数字为信噪比值(S/N))

从这些结果可以估算经 Fe_3O_4@SiO_2－C60 微球富集，肽段信号能提高 100 倍以上。

4.3.4.3　富集标准蛋白酶解液

为考察 Fe_3O_4@SiO_2－C60 微球对肽段富集的广泛性，BSA 酶解稀释液被用作实验样品。MALDI－TOF MS 分析结果(图 4－29)明确显示出 Fe_3O_4@SiO_2－C60 微球的富集效果：富集前，10 nmol・L^{-1}的 BSA 酶解液经分析能检测出 8 条 BSA 的肽段(见图 4－30(a))，且信号较弱；当样品稀释到 1 nmol・L^{-1}时，只能勉强检测出 3 条(见图 4－30(b))，其信号更弱了；但是，0.4 mL 浓度为 1 nmol・L^{-1} 的 BSA 酶解液经 Fe_3O_4@SiO_2－C60 微球富集后，经 MALDI－TOF MS质谱分析，检测出的 BSA 的酶解肽段峰达到 10 条，信噪比也大幅提高(见图 4－30(c))。这结果说明 Fe_3O_4@SiO_2－C60 微球对混合肽段有广泛的富集效果。

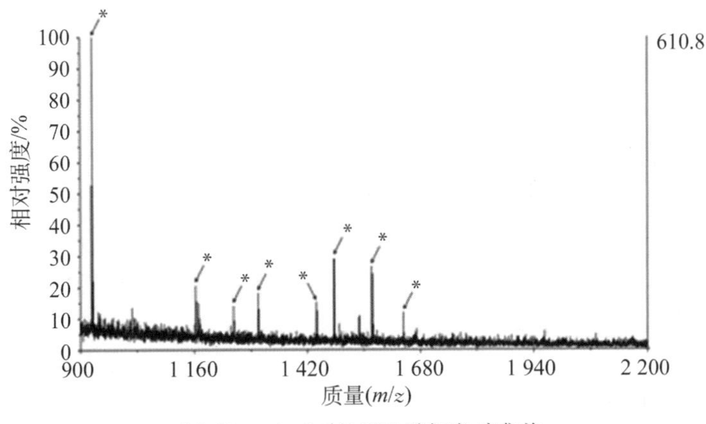

(a) 10 nmol・L^{-1}的 BSA 酶解液，富集前

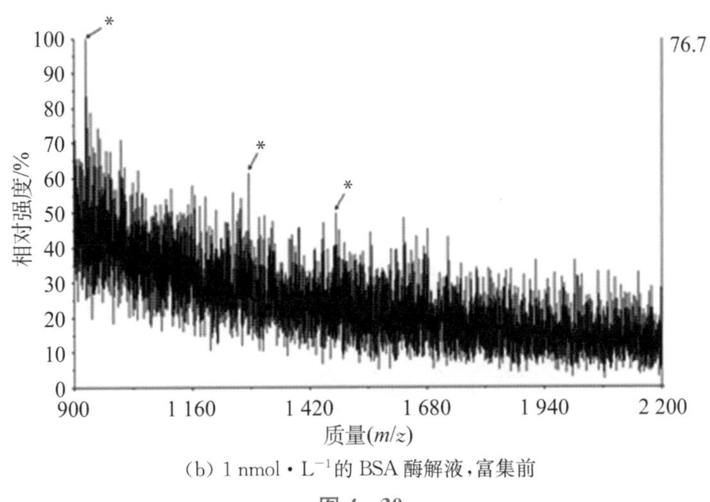

(b) 1 nmol・L^{-1}的 BSA 酶解液，富集前

图 4－30

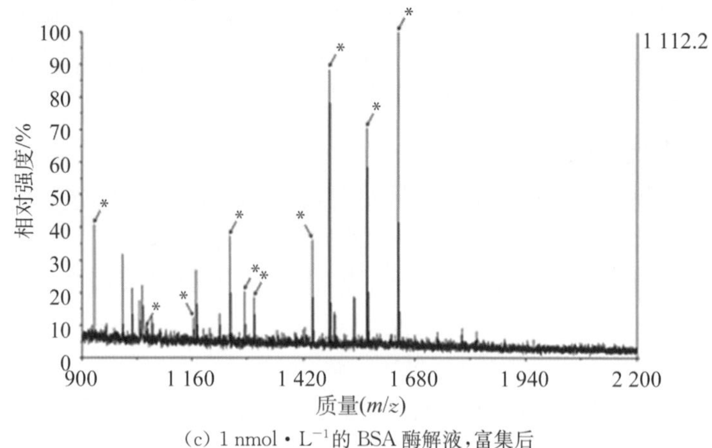

(c) 1 nmol・L^{-1}的 BSA 酶解液，富集后

图 4－30 BSA 酶解液经 Fe_3O_4@SiO_2－C60 微球富集前、后的 MALDI－TOF MS 图谱("＊"标注了 BSA 的酶解肽段)

4.3.4.4 从含盐的样品中富集低丰度肽段

生物样品中通常含有一定量的无机盐。在蛋白提取和酶解的过程中，也常常加入一些无机盐，用以保持合适的溶液离子强度或促进蛋白/肽段的溶解。虽然在理论上 MALDI 质谱具有一定的耐盐性，然而盐的存在必然会影响 MALDI 过程，特别是难挥发的盐或当盐浓度较高时，会严重干扰导致分析谱图质量降低，因为这些不挥发的小分子污染物会导致复杂加合物的形成，增加噪声及造成明显的信号抑制。然而，在采用传统的冻干方法浓缩肽段的过程中，这些不挥发的盐等杂质也同肽段一起被浓缩。为了在质谱分析中获得满意结果，在蛋白/肽段富集之后通常有一步蛋白/肽段除盐过程。与冻干方法不同的是，Fe_3O_4@SiO_2－C60 微球是通过 C60 与肽段之间的相互作用原理富集肽段。为了考察 Fe_3O_4@SiO_2－C60 微球在富集肽段的同时是否会载带富集溶液中的无机盐等杂质，往 BSA 酶解液中添加 $CaCl_2$ 用作实验样品(1 nmol・L^{-1}的 BSA 酶解液，含 100 mmol・L^{-1}的 $CaCl_2$)考察材料抗盐干扰功能，同时，一只商业化 ZipTipC18 用来处理同样的样品作为比较。图 4－31 和表 4－4

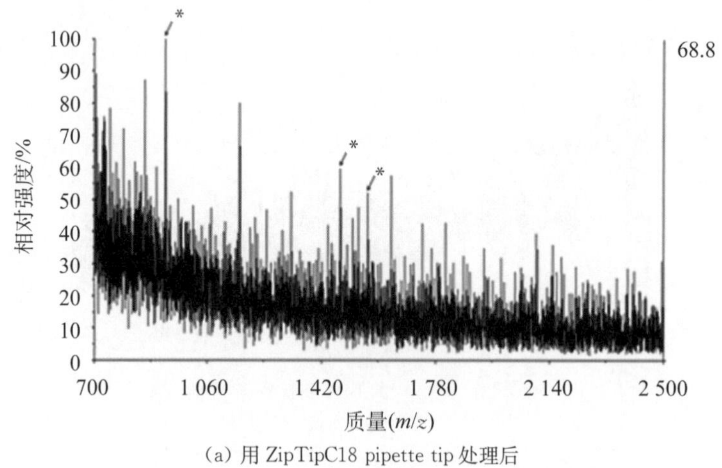

(a) 用 ZipTipC18 pipette tip 处理后

图 4－31

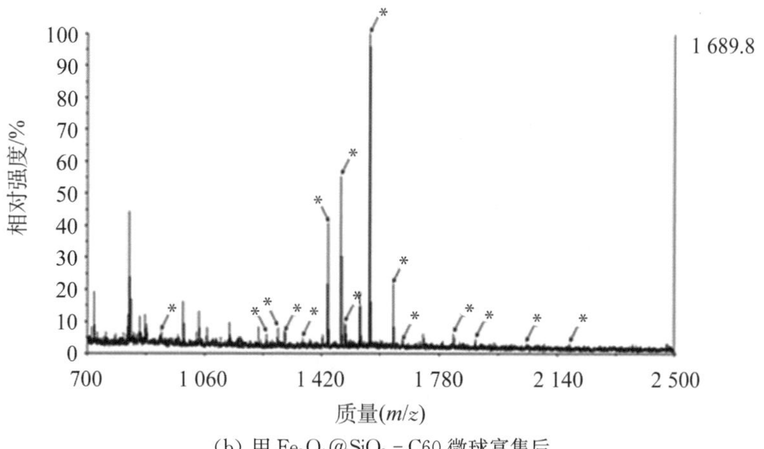

(b) 用 Fe_3O_4@SiO_2 - C60 微球富集后

图 4 - 31　1 nmol · L^{-1} 的 BSA 酶解液含 100 mmol · L^{-1} 的 $CaCl_2$ 用两种方法处理后的 MALDI - TOF MS 图("＊"标注了 BSA 的酶解肽段)

表 4 - 4　用 ZipTipC18 pipette tip 处理和用 Fe_3O_4@SiO_2 - C60 微球富集 BSA 酶解液后的质谱搜库结果[a]

计算值(m/z)	数据库序列	A[b]	B[b]
927.53	K. YLYEIAR. R	+	+
1 249.68	R. FKDLGEEHFK. G		+
1 283.76	R. HPEYAVSVLLR. L		+
1 305.77	K. HLVDEPQNLIK. Q		+
1 362.72	K. SLHTLFGDELCK. V		+
1 439.87	R. RHPEYAVSVLLR. L		+
1 479.87	K. LGEYGFQNALIVR. Y	+	+
1 504.97	K. QTALVELLKHKPK. A		+
1 567.83	K. DAFLGSFLYEYSR. R	+	+
1 640.03	R. KVPQVSTPTLVEVSR. S		+
1 667.95	R. MPCTEDYLSLILNR. L		+
1 824	R. RPCFSALTPDETYVPK. A		+
1 889.02	K. SLHTLFGDELCKVASLR. E		+
2 045.12	R. RHPYFYAPELLYYANK. Y		+
2 220.16	K. LFTFHADICTLPDTEKQIK. K		+
匹配肽段		3	15
序列覆盖率%		5	28

a BSA 酶解液浓度为 1 nmol · L^{-1}(含 100 mmol · L^{-1} $CaCl_2$);
b 'A'为采用 ZipTipC18 pipette tip 处理后检测结果;'B'为采用 Fe_3O_4@SiO_2 - C60 微球处理后检测结果. '+'表示采用 MALDI - TOF - MS 检测到的 BSA 酶解肽段。

所示是用分别用 ZipTipC18 和 Fe_3O_4@SiO_2 - C60 微球富集后的质谱分析结果。很明显,0.4 mL浓度为1 nmol · L^{-1}的 BSA 酶解液(含 100 mmol · L^{-1}的 $CaCl_2$)通过 0.1 mg Fe_3O_4@SiO_2 - C60 微球富集后,可以检测出 15 条肽段,而经过 ZipTipC18 处理后的结果中只能分析出 3 条(在用到 ZipTipC18 分离样品做比较时,ZipTipC18 的使用根据 MILLIPORE 公司的标准程序操作,详细操作过程见: http://www.millipore.com/publications.nsf/docs/

tn224)。这说明对于很稀的、体积较大的样品,该 Fe_3O_4@SiO_2 - C60 微球在富集低丰度肽段的同时,不会将溶液中的盐富集,即具有自动脱盐功能,从而避免了质谱分析前的除盐过程。

4.3.5 C60 功能化的磁性硅球材料富集低丰度蛋白性能考察

因为 Fe_3O_4@SiO_2 - C60 微球材料粒径小,具有大的比表面积,表面的 C60 又具有较强的疏水性,所以它能富集低丰度的肽段,也可能用在低丰度蛋白的富集过程中。在富集前,通过 MALDI - TOF MS 的线性模式分析,很难辨别出 0.2 ng · μL^{-1}的细胞色素 c 的质谱峰(见图 4 - 32(a))。0.4 mL 该溶液经过 0.1 mg 的 Fe_3O_4@SiO_2 - C60 微球材料富集后,上清中没有任何细胞色素 c 的质谱信号(见图 4 - 32(b))。富集后用溶剂洗脱材料上的样品,经过质谱鉴定,细胞色素 c 的质谱信号峰很高,信噪比达到 78.68(见图 4 - 32(c))。说明该 Fe_3O_4@SiO_2 - C60 微球不但能用于低丰度肽段的富集,也能用于低丰度蛋白的富集研究中。

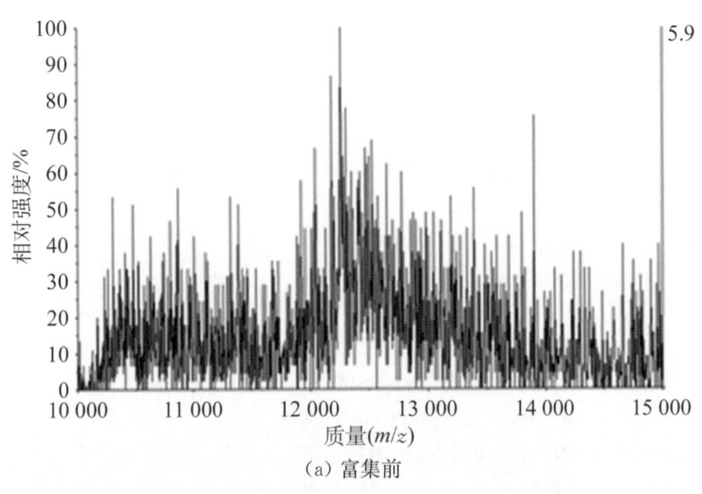

(a) 富集前

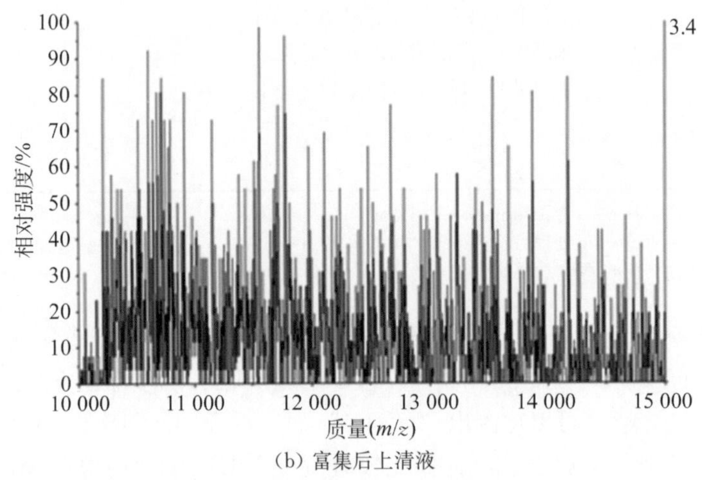

(b) 富集后上清液

图 4 - 32

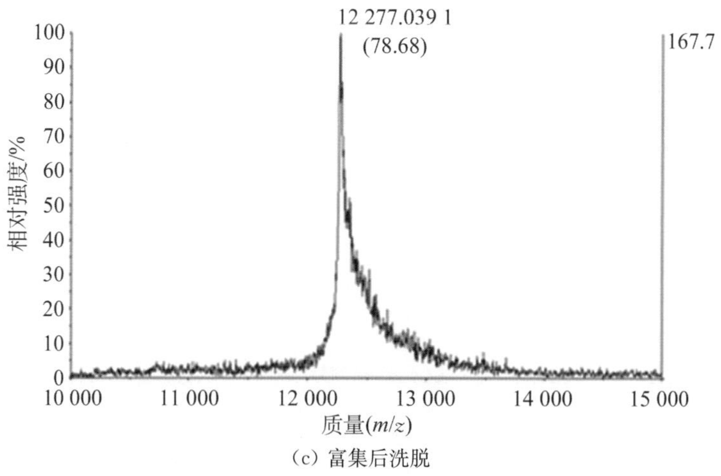

(c) 富集后洗脱

图 4-32 细胞色素 c(0.2 ng·μL^{-1})用 C60 功能化的磁性硅球富集前、后的 MALDI-TOF 质谱图(括号内为信噪比)

4.3.6 C60 功能化的磁性硅球材料应用于人尿液中的肽富集研究

人尿液是容易通过无任何伤害获得并常用作临床诊断的体液样品。Fe_3O_4@SiO_2-C60 微球也用于人尿液中肽段的富集分离研究。图 4-33(a)显示未经过处理的尿液经 MALDI-TOF MS 分析无任何可辨别的肽段信号,这可能是因为尿液中成分复杂,不仅其中的尿肽浓度低,还含有尿素、NaCl 等盐分,这些杂质必然会干扰高分辨的质谱分析。当尿液经过 Fe_3O_4@SiO_2-C60 微球的快速分离富集后,洗脱液经过 MALDI-TOF MS 分析,结果分析出了 10 条以上的肽段(见图 4-33(b))。这预示着 Fe_3O_4@SiO_2-C60 微球集富集和除盐的优点于一体,即使在复杂的生物样品中也有很好的肽段/蛋白富集效果。

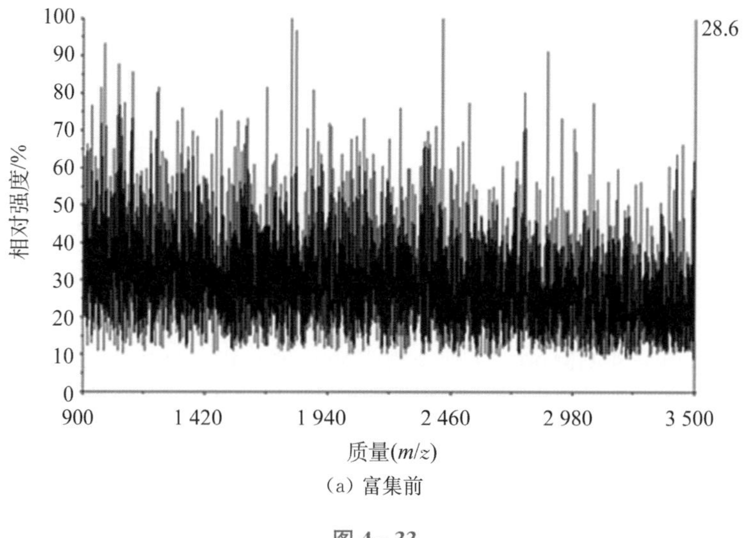

(a) 富集前

图 4-33

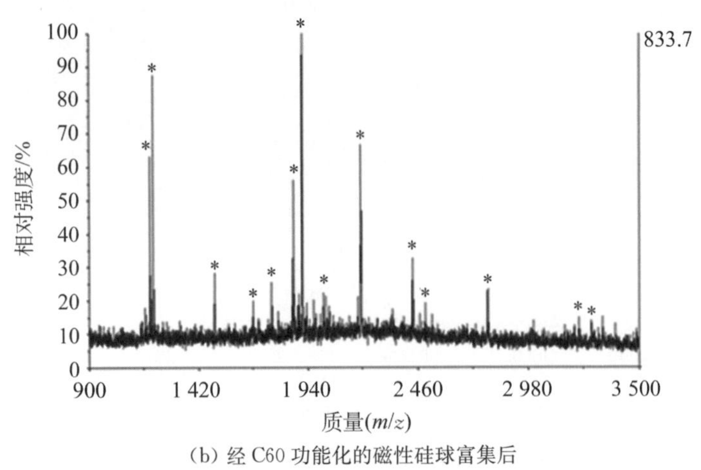

(b) 经 C60 功能化的磁性硅球富集后

图 4-33 人尿液质谱结果("*"表示检测出的肽段)

4.3.7 C60 功能化的磁性硅球材料富集低丰度小结

由于表面功能化分子选用了具有疏水性,又含有大量 π 键的结构独特的 C60,相对于传统的反相磁球的 C8 或 C18 等,与蛋白/肽段之间的相互作用更复杂,因此相对之前的功能化磁性材料,能用于浓度更低的样品溶液中富集目标分子。此外,C60 分子不吸附无机盐等,所以在富集样品溶液中的蛋白/肽段时,使用该 C60 修饰的磁性硅球能达到富集除盐同步进行的目的,对于成分十分复杂的尿液中的肽段富集也适用。可以说,这种新颖的 C60 修饰的磁性硅球的成功合成和应用为磁性材料应用于蛋白质组学研究提供了新的启示。

4.4 有机聚合物分子 PMMA 修饰的磁性微球应用于低丰度肽段富集[27]

4.4.1 基本原理

在现代生活中,聚合物正以飞快的速度发展着,且聚合物材料已与我们的生活密不可分。聚合物的品种繁多,性质也十分多样,无论是亲水还是疏水的聚合物都十分易得,而既含亲水基又含疏水基的聚合物种类也很多,因此,聚合物修饰的磁性纳米粒子在蛋白质组学中的应用潜力十分巨大。

聚甲基丙烯酸甲酯(PMMA)是工业上常见的一种有机聚合物。该聚合物是线形分子,具有疏水性质,无毒环保,可用于生产餐具、卫生洁具等,具有良好的化学稳定性。PMMA 具有很好的生物相容性,被大量应用于生物医药行业,如制造储血容器等。由于 PMMA 具有良好的光学性能和与人体组织的相容性,还用于制造人工晶状体。据最新报道,PMMA 分子具有很好的富集水溶液中肽段/蛋白的功能[28~30]。复旦大学陆豪杰教授等先后将

PMMA 包覆在 $CaCO_3$、SnO_2 等粒子上用于富集肽段/蛋白，取得了良好的效果[28, 29]。但是这些材料在富集过程中都由于缺少磁性而离不开离心操作过程，PMMA 包覆的 $CaCO_3$ 粒子用于富集肽段/蛋白后，需用酸将 $CaCO_3$ 核溶解，操作较难控制。

本节介绍一种 PMMA 修饰的磁球(Fe_3O_4@SiO_2@PMMA)，将磁性材料在富集中操作方便快捷的优点与聚合物 PMMA 对肽段/蛋白的富集功能结合，并将它们用于蛋白质组学中的低丰度蛋白/肽段富集研究中。

4.4.2　Fe_3O_4@SiO_2@PMMA 微球的合成和表征

通过水相游离基聚合反应，在磁性硅球外包覆上一层聚甲基丙烯酸甲酯，获得磁性-无机 & 有机复合核壳材料 Fe_3O_4@SiO_2@PMMA 微球。Fe_3O_4@SiO_2@PMMA 微球粒径均匀，磁响应性良好，还具有良好的水中分散性和生物相容性，详细合成过程和材料表征见 2.4 节所述。

4.4.3　Fe_3O_4@SiO_2@PMMA 微球用于低丰度肽段/蛋白富集研究

4.4.3.1　富集标准肽段/蛋白

首先一条标准肽段——Angiotensin II (DRVYIHPF，相对分子质量 MW = 1 046.2，等电点 pI = 6.74) 和一个标准蛋白 —— 细胞色素 c(Cyc，0.5 mg/L，MW = 12 384，pI = 9.59) 作为富集对象，用于研究 Fe_3O_4@SiO_2@PMMA 对肽段/蛋白的富集效果。将 0.05 mg Fe_3O_4@SiO_2@PMMA 微球和 0.4 mL 样品混合孵育 10 min 后，磁铁分离0.5 min，用水清洗 3 遍。然后加入 MALDI 基质溶液(a - CHCA)并直接点到 MALDI 靶板上分析，结果如图 4 - 34 所示。

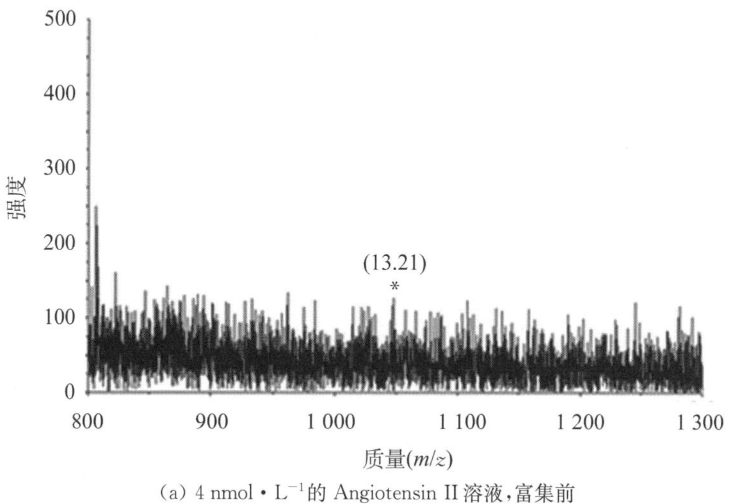

(a) 4 nmol・L^{-1}的 Angiotensin II 溶液，富集前

图 4 - 34

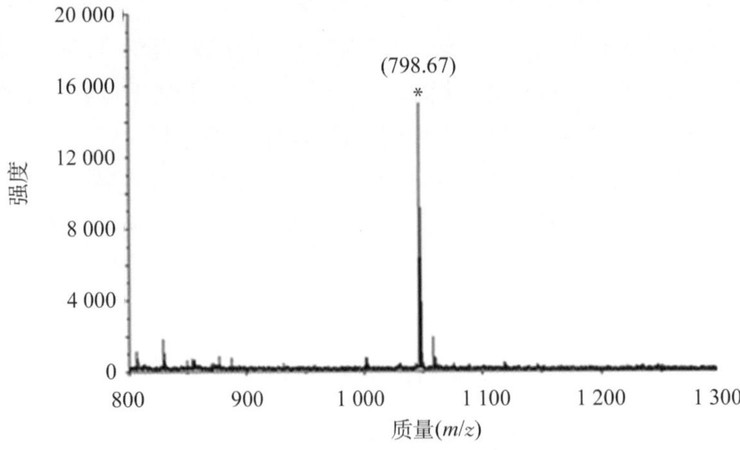

(b) 4 nmol·L^{-1}的 Angiotensin II,富集后

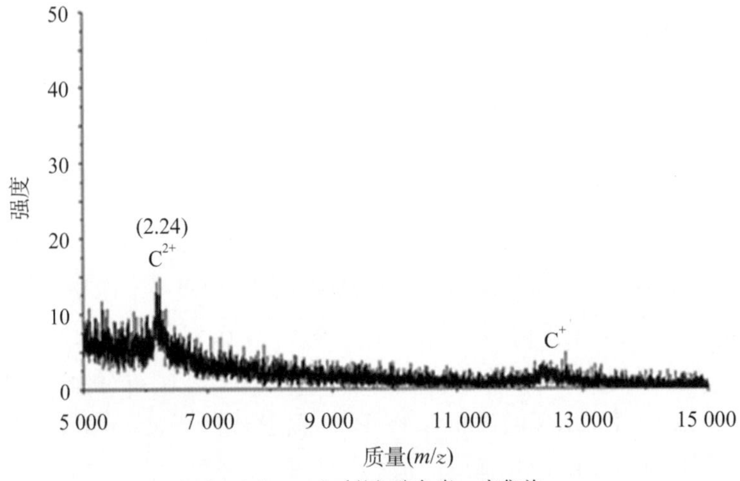

(c) 0.5 mg·L^{-1}的细胞色素 c,富集前

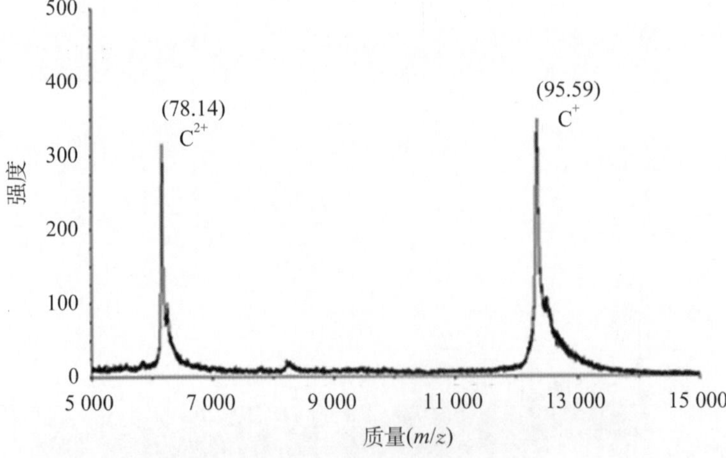

(d) 0.5 mg·L^{-1}的细胞色素 c,富集后

图 4-34 标准肽(Angiotensin II)溶液和标准蛋白(细胞色素 c)溶液经 Fe_3O_4@SiO_2@PMMA 微球富集前、后的 MALDI-TOF MS 检测图谱(C^+ 和 C^{2+} 分别指细胞色素 c 的单电荷峰和双电荷峰;括号内为信噪比值;每个实验用了 0.4 mL 溶液;纵坐标为绝对强度)

用 Fe_3O_4@SiO_2@PMMA 微球富集的主要优点在于微球能有效浓缩肽段/蛋白，且材料能同富集到的分子一起点到靶板上直接用 MALDI－TOF MS 分析，而不会干扰目标分子的分析信号。从浓度为 4 nmol・L^{-1}的 Angiotensin II 的质谱分析图谱中勉强可以看到该分子，其信噪比仅为 13.21；用 Fe_3O_4@SiO_2@PMMA 微球富集后的质谱分析结果显示 Angiotensin II 的信噪比大幅增大，为 798.67。对于原浓度为 0.5 mg・L^{-1}的细胞色素 c 蛋白，富集后的蛋白分子信噪比增大到 95.59，也比富集前的高得多。经过 Fe_3O_4@SiO_2@PMMA 微球富集后进行 MALDI－TOF MS，肽段/蛋白的信噪比都能显著增强，这与该微球优化后的结构相关。首先，微球表面多孔的 PMMA 是线性的疏水链，也就使得 PMMA 修饰的微球具有很好的疏水性。由于大多数的氨基酸都含有疏水基，如烷基、苯基等，且这些含疏水基的氨基酸广泛地分布在蛋白和肽段中，因此，就像其他典型的聚合物微球一样，PMMA 修饰的磁性微球能用作针对肽段/蛋白的疏水探针。但是，如果被捕获的目标分子进入微珠深处，就很难用 MALDI－TOF MS 检测出，因此用纯的 PMMA 富集样品，目标分子的强度和信噪比都很低。在微球具有核壳结构的情况下，无机物成分的核（Fe_3O_4@SiO_2）将阻止目标分子深入，并保持在微球的最外层上。因此，样品用 Fe_3O_4@SiO_2@PMMA 微球富集后能有很高的质谱强度。

4.4.3.2　富集标准蛋白酶解液中的肽段并考察其抗盐性能

该富集过程的第三大优点是 Fe_3O_4@SiO_2@PMMA 微球在富集肽段的过程中能避免盐的共沉淀。一般来说，实际蛋白组样品总会含部分盐，而盐的存在会严重干扰 MALDI 过程而导致不好的质谱图，这是因为盐会破坏分析物分子和基质的结晶过程。因此，为了获得满意的分析结果，通常在蛋白浓缩后都需要一步除盐的过程。尿素是样品处理过程中常用的添加剂，一部分 BSA 酶解溶液中被添加尿素，用于考察材料对样品富集时的抗盐效果。图 4－35显示，浓度为 2 nmol・L^{-1}的 BSA 溶液只能勉强分析出 3 条肽段；在含有 100 mmol・L^{-1}尿素的 2 nmol・L^{-1}的 BSA 酶解液中这 3 条肽段也检测不出了。BSA 酶解液（2 nmol・L^{-1}，0.4 mL，含 100 mmol・L^{-1}尿素）用 ZipTipC18 萃取头处理后，可以分析出信噪比较低的 5 条肽段。然后，用 Fe_3O_4@SiO_2@PMMA 微球富集不含尿素和含 100 mmol・L^{-1}尿素的

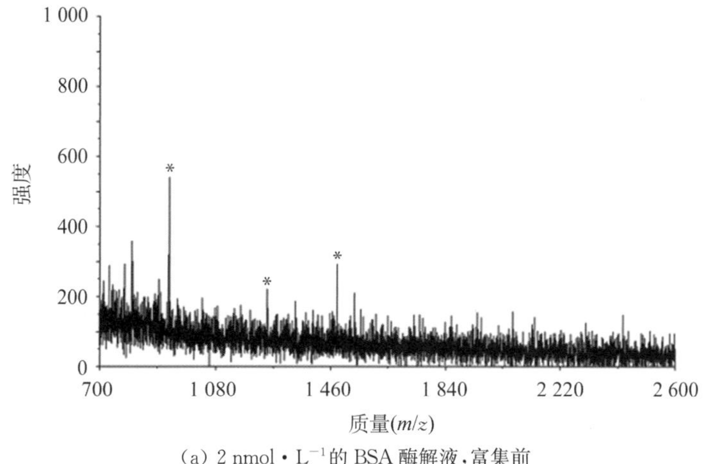

(a) 2 nmol・L^{-1}的 BSA 酶解液，富集前

图 4－35

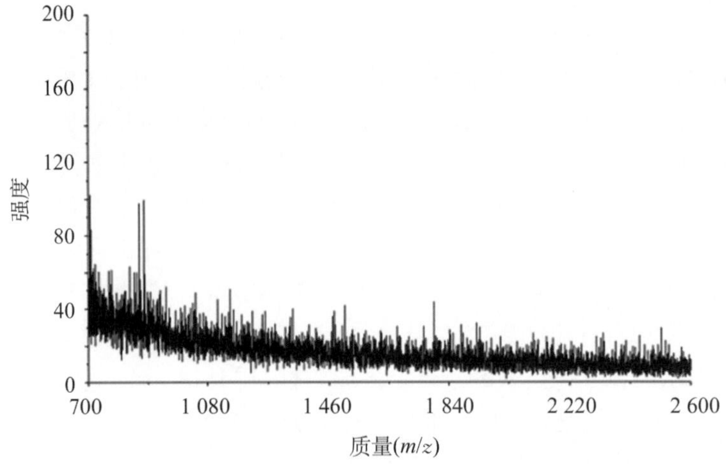

(b) 2 nmol・L^{-1}的 BSA 含 100 mmol・L^{-1}的尿素，富集前

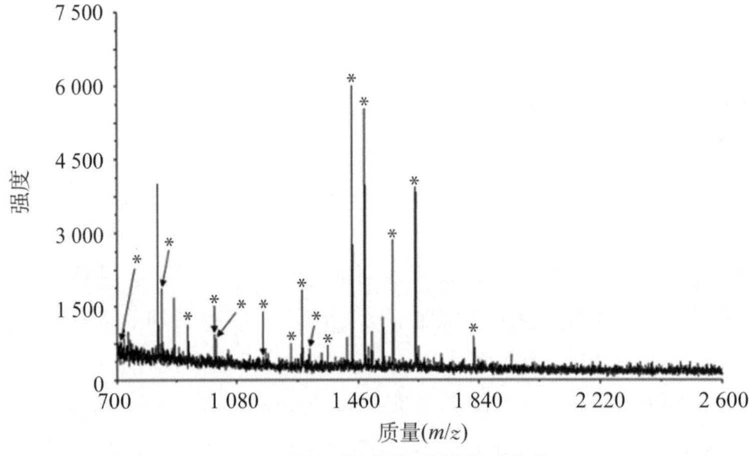

(c) 2 nmol・L^{-1}的 BSA 酶解液，富集后

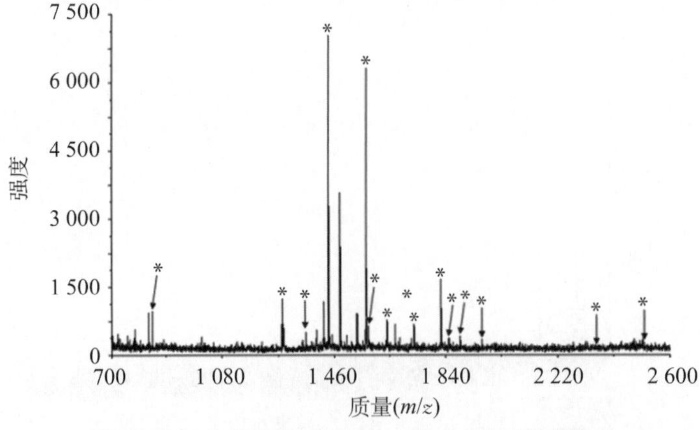

(d) 2 nmol・L^{-1}的 BSA 含 100 mmol・L^{-1}的尿素，富集后

图 4-35　BSA 酶解液经 Fe_3O_4@SiO_2@PMMA 微球富集前、后的 MALDI-TOF MS 谱图（“*”表示检测出的 BSA 酶解肽段。每个实验使用了 0.4 mL 溶液）

2 nmol·L^{-1}的 BSA 酶解液(0.4 mL)中的肽段,结果分别获得 15 条肽段(序列覆盖率达到 24%)和 14 条肽段(序列覆盖率达到 22%),这说明无论溶液中是否含有尿素都能获得有效的富集效果。该 Fe_3O_4@SiO_2 PMMA 微球具有较好的富集和除盐性能可以归因于疏水聚合物 PMMA 的非极性,它对肽段表现出很强的疏水相互作用和对包括盐等的亲水分子表现出很弱的作用。因此,该 Fe_3O_4@SiO_2@PMMA 微球在有效富集溶液中的肽段的同时能避免盐的浓缩。

4.4.4　Fe_3O_4@SiO_2@PMMA 微球用于胶上酶解蛋白提取液中的肽段富集研究

在实际蛋白组分析中,Fe_3O_4@SiO_2@PMMA 微球富集方法也是简单有效的。在这里,用 Fe_3O_4@SiO_2@PMMA 微球直接富集胶上酶解蛋白提取液中的肽段后进行质谱分析。首先,提取了一只人眼晶状体中的蛋白(见图 4-36(a)),经过二维凝胶电泳分离后,选择了一个颜色稍浅的蛋白点(见图 4-36(b)中箭头所指处)进行胶上酶解。分别用 50 μL 肽段提取液 3 次提取酶解后肽段并混合,用水稀释到 400 μL 以降低乙腈浓度。然后分成两等分,其中一份未经处理,在直接用质谱分析的图谱(见图 4-36(c))中不能获得可靠的蛋白(蛋白得分大于 64 的视为可靠)。但是,将另一份中加入 Fe_3O_4@SiO_2@PMMA 微球进行富集,经过富集后,鉴别出了一个得分高达 142 的蛋白,图 4-36(d)所示是经上述微球富集后的 MALDI-TOF MS 图谱。表 4-5 所示是鉴定出的蛋白的酶解肽段信息。这进一步证明该磁性微球富集方法在蛋白组学中应用的可行性。

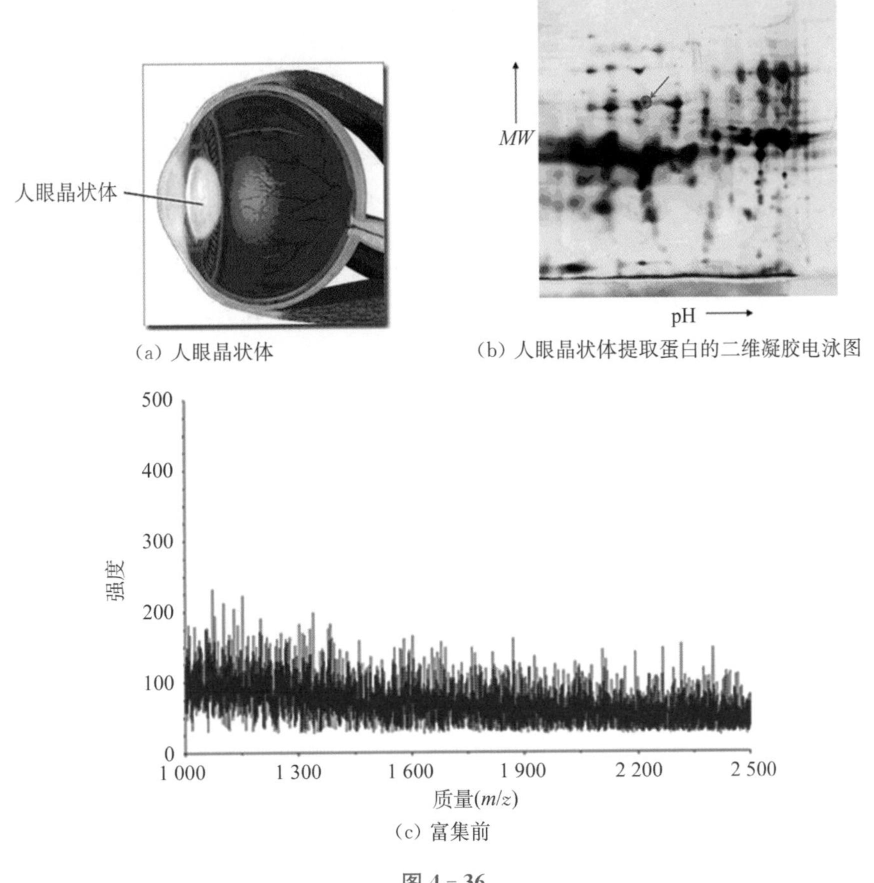

(a) 人眼晶状体　(b) 人眼晶状体提取蛋白的二维凝胶电泳图

(c) 富集前

图 4-36

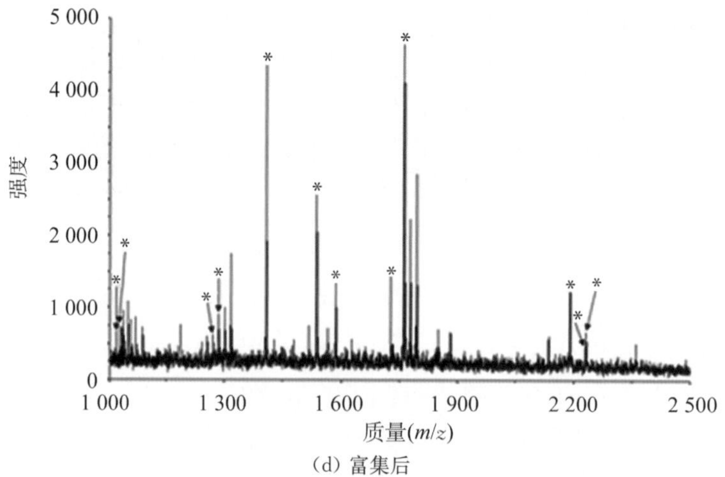

(d) 富集后

图 4-36 人眼晶状体二维凝胶电泳图及胶上一个被用于本实验的蛋白点(图(b)箭头所示);该蛋白点酶解后用 Fe_3O_4@SiO_2@PMMA 微球富集前、后的 MALDI-TOF MS 结果

表 4-5 人眼晶状体的二维凝胶电泳的一个蛋白点酶解液经酶解及 Fe_3O_4@SiO_2@PMMA 微球富集后鉴定出的蛋白

蛋白的酶解肽段信息		
计算质量	检测质量	序列
1 016.436 6	1 016.463 3	DMQWHQR
1 024.448 4	1 024.470 2	WDSWTSSR
1 269.627	1 269.658 3	IRDMQWHQR
1 285.621 9	1 285.636	IRDMQWHQR
1 408.747 1	1 408.800 4	IILYENPNFTGK
1 536.842	1 536.896	IILYENPNFTGKK
1 585.764 5	1 585.814 8	GEQFVFEKGEYPR
1 726.814 3	1 726.877 8	DSSDFGAPHPQVQSVR
1 760.839 1	1 760.903 6	VQSGTWVGYQYPGYR
2 190.021	2 190.118 9	GDYKDSSDFGAPHPQVQSVR
2 231.007 3	2 231.176 3	MEIIDDDVPSFHAHGYQEK
2 232.129 4	2 232.319 3	VDSQEHKIILYENPNFTGK

注：蛋白名称 crystallin, beta B2 [Homo sapiens];编号 gi|4503063;得分 142。

4.4.5 本节小结

本节中采用溶胶凝胶法和水相快速聚合法合成的具有核-壳-壳结构的 Fe_3O_4@SiO_2@PMMA 复合微球具有性质稳定的磁性核;中间 SiO_2 层既保护了磁性核,又为外层 PMMA 的修饰提供有效的载体;有机疏水的 PMMA 壳具有很好的分散性,与肽段/蛋白有亲和作用。这些微球能有效、快速、便捷地富集低浓度的肽段/蛋白,还具有除盐功能。富集后的材料可以连同捕获的目标分子用 MALDI 分析而不干扰目标分子的激发和分析。这项工作拓展了用聚合物修饰核-壳结构磁性微球的设计思路，也为磁性聚合物在生物分离中的应用做了铺垫。

4.5 磁性介孔纳米材料用于内源性肽段的富集研究

4.5.1 有序介孔二氧化硅包覆磁性材料用于肽组学研究[15, 31, 32]

4.5.1.1 有序介孔包覆磁性材料的发展

具有有序介孔结构的硅石粒子，如 M41s 和 SBA－15，已被广泛应用于分离、吸附研究领域。这些硅石材料具有一些独特的性质，包括：丰富的孔内表面积；相当狭小的孔径分布；完全可控的孔径；以及大量易于相互转化的硅羟基和硅氧烷基。基于体积排阻原理，这些材料能选择性地吸附相对分子质量在某一范围的蛋白/肽段分子（内源性肽）而排阻更大的蛋白分子。

碳纳米管（carbon nanotubes, CNTs），又名巴基管，具有典型的层状中空结构特征。碳纳米管按照石墨烯片的层数不同可分为单壁碳纳米管（single-walled carbon nanotubes, SWCNTs）和多壁碳纳米管（MWCNTs）。多壁碳纳米管是由单壁碳纳米管的六角同轴层卷曲折叠形成空心、具有多边锥形帽的圆柱体。多壁碳纳米管在开始形成的时候，层与层之间很容易成为陷阱中心而捕获各种缺陷，因而多壁管的管壁上通常布满小洞样的缺陷。与多壁管相比，单壁管是由单层圆柱形石墨层构成，其直径大小的分布范围小，缺陷少，具有更高的均匀一致性。碳纳米管具有良好的传热性能，又具有非常大的长径比，因而其沿着长度方向的热交换性能很高，其相对的垂直方向的热交换性能较低，通过合适的取向，碳纳米管可以合成高各向异性的热传导材料。另外，碳纳米管有着较高的热导率，只要在复合材料中掺杂微量的碳纳米管，该复合材料的热导率将可能得到很大改善。碳纳米管具有奇异的物理化学性能，如独特的金属或半导体导电性、极高的机械强度、储氢能力、吸附能力和较强的微波吸收能力等，是一种性能优异的新型功能材料和结构材料，世界各国均在制备和应用方面投入大量的研究开发力量，期望能占领该技术领域的制高点。

石墨烯是由碳原子组成，以 sp^2 杂化轨道组成六角型呈蜂巢晶格的单层平面薄膜结构的新材料。石墨烯的基本结构单元为有机材料中最稳定的苯六元环，其理论厚度仅为 0.35 nm，是目前所发现的最薄的二维材料[33]。石墨烯中的化学键以及电子排布使得其具有特殊的性质，例如具有巨大的表面积（2 630 $m^2 \cdot g^{-1}$）；是可调谐带隙晶体；具有常温量子霍尔效应；具有高机械强度，是钢的 200 倍；具有高弹性、高导电性以及热传导性；等等。在分析化学领域中，设计并合成石墨烯复合物，并在复杂体系中分离富集目标物质，已经成为分析化学中的研究热点。石墨烯具有的二维广阔的表面积、高机械强度等理化性质，给科研人员提供了一个极好的修饰平台，在保持石墨烯本身的传统优势外，附加上设计出来的相关功能基团，可以使材料根据实际需求而量身打造。而石墨烯及其复合物在肽组学/蛋白组学前处理及质谱鉴定中的应用正处于实验阶段，越来越多的相关文章得到发表。如 Choi 等人利用石墨烯的高强度与延展性，制备出了介孔石墨烯（mesoporous graphene），并在此基础上，键合上 Co_3O_4

纳米粒子，从二维的石墨烯扩展到具有特异性三维的石墨烯复合物并成功应用[34]。

针对肽组学分析中对内源性肽段选择性富集分析的需要，介孔层包覆的磁性材料被发展为用于分离分析内源性肽的新方法。这里介绍 3 种有序介孔层包覆的磁性材料(其合成见 2.7 节)，一种是以 Fe_3O_4 粒子为核心，中间是紧密的 SiO_2 层，最外是介孔 SiO_2 层的微球材料($Fe_3O_4@n SiO_2@m SiO_2$)，它结合了超顺磁性核便于操作和介孔选择性分离富集肽段的优点。该材料被直接用于鼠脑蛋白提取物中选择性分离分析鼠脑内源性肽的研究，并表现出了许多优越性。第二种是将有序介孔氧化硅包覆在杂化磁性多壁碳纳米管上，形成具有杂化磁性多壁碳纳米管内芯、介孔氧化硅外壳的特殊杂化材料(c - MWCNTs/Fe_3O_4 -@$m SiO_2$)，该杂化材料经过氮气保护煅烧之后，表面的硅羟基转变为硅氧桥键，可用于快速有效并且选择性地捕获肽段。第三种是将有序介孔氧化硅包覆在修饰了磁性纳米粒子的石墨烯表面，合成磁性双面介孔石墨烯复合材料 Fe_3O_4 - graphene@$m SiO_2$，这种双面结构的材料具有整齐排列的孔结构、大孔体积、大表面积、在磁场中具有高磁响应度、疏水内壁等特性，适合从溶液体系中分离目标物质、简化富集过程等优势。这 3 种介孔二氧化硅层包覆的材料经过氮气保护下的煅烧，介孔表面大量“Si—OH”转化成“Si—O—Si”桥键，疏水性增强，可增强材料表面与样品中肽段/蛋白的相互作用。

4.5.1.2 有序介孔包覆磁性材料体积排阻性能

有序介孔包覆的磁性材料的独到之处在于该微球表面具有有序的、垂直于核心排列的介孔层。以 $Fe_3O_4@n SiO_2@m SiO_2$ 介孔材料为例考察该种材料的体积排阻功能。相对分子质量约 12 300 Da 的细胞色素 c 和相对分子质量约为 69 248 Da 的 BSA 两种标准蛋白被用于考察实验。因为肽组在样品预处理中往往取分子量低于 15 kDa 的部分进行分析[35]，细胞色素 c 的分子量恰好低于这个值，而 BSA 的大于该值。图 4 - 37 所示是使用该材料分别对这两种标准蛋白富集前和富集后上清液以及富集后洗脱液进行分析的质谱图。图 4 - 37(a)～(c)显示，0.5 mg/L 的细胞色素 c 很难分辨出，而 0.4 mL 该溶液经过 0.1 mg 磁性介孔材料 $Fe_3O_4@n SiO_2@m SiO_2$ 的富集，上清液中无该蛋白的信号，但富集后的材料经过少量溶剂 (水 / 乙腈/TFA = 50/50/0.1, $v/v/v$) 洗脱，细胞色素 c 的信号明显增强，说明

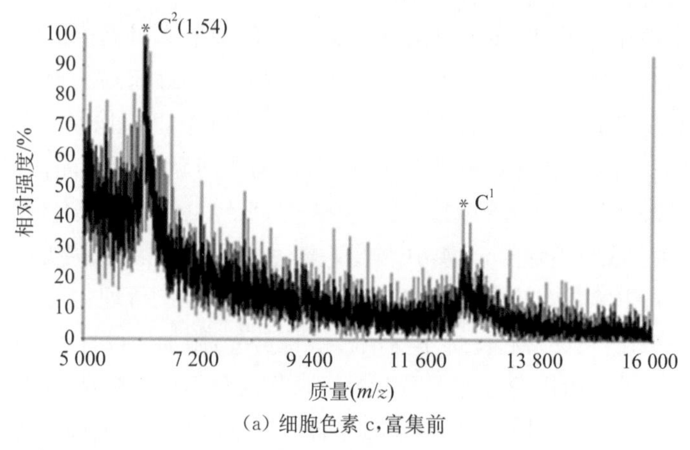

(a) 细胞色素 c，富集前

图 4 - 37

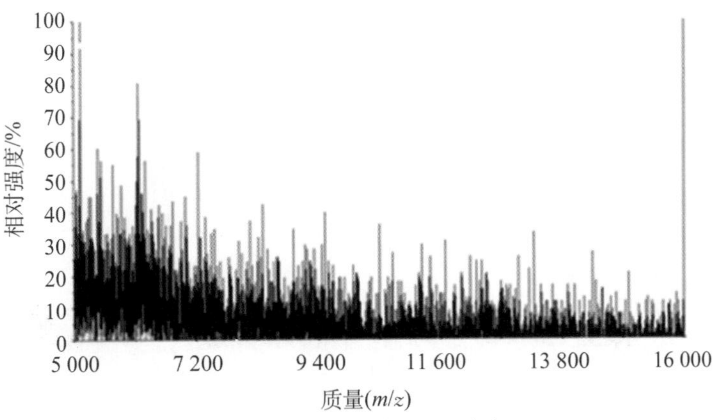

(b) 细胞色素 c,富集后的上清液

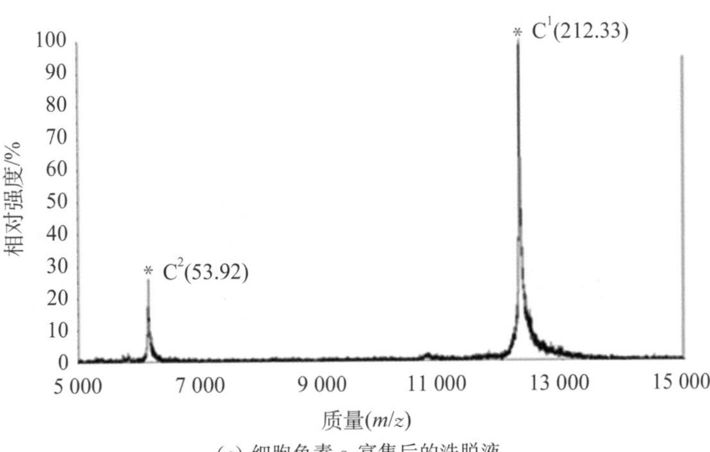

(c) 细胞色素 c,富集后的洗脱液

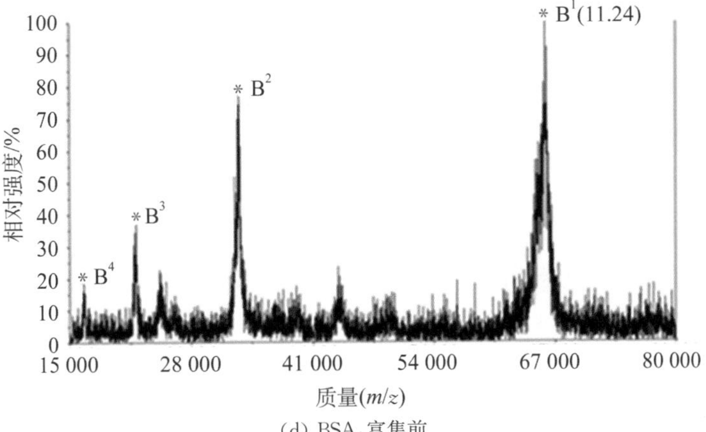

(d) BSA,富集前

图 4－37

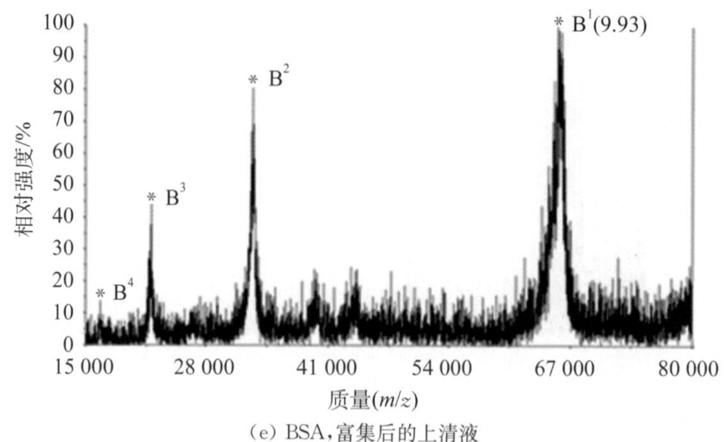

(e) BSA,富集后的上清液

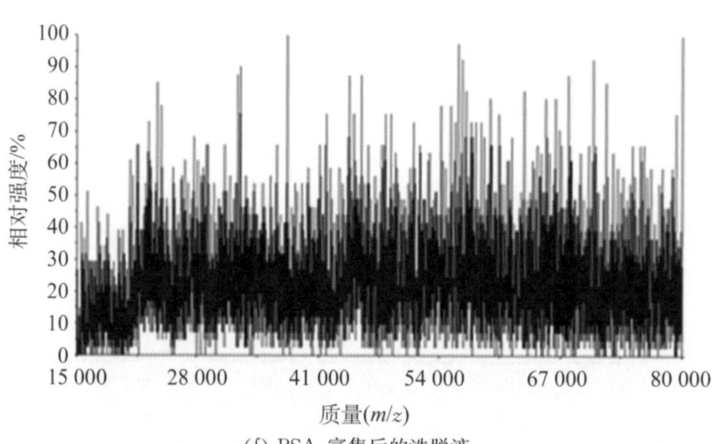

(f) BSA,富集后的洗脱液

图 4-37 浓度为 0.5 mg·L^{-1} 的细胞色素 c 溶液和浓度为 10 mg·L^{-1} 的 BSA 溶液经 Fe_3O_4@$n$$SiO_2$@$m$$SiO_2$ 微球富集前、后的质谱图(括号内为检测出的蛋白质的信噪比(S/N)。C^1,C^2 和 B^1,B^2 等分别表示细胞色素 c 和 BSA 的单电荷和双电荷峰等)[28]

该介孔材料对它是有富集效果的。相反,对于10 mg·L^{-1} 的BSA样品的结果是富集后上清液和富集前的蛋白信号基本相当(见图 4-37(d),(e)),但在洗脱液中难以分析出 BSA(见图 4-37(f))。由此可说明 Fe_3O_4@$n$$SiO_2$@$m$$SiO_2$ 介孔材料能选择性地允许肽段和相对分子质量较小的蛋白进入孔道而起到富集作用,同时,还能将BSA等相对分子质量大的蛋白排阻在孔道外,具有良好的体积排阻功能。

4.5.1.3 有序介孔包覆磁性材料对肽段富集性能

1. 介孔包覆磁性微球对标准肽段的富集[31]

标准肽段——Angiotensin II ($MW = 1046.2$,等电点 $pI = 6.74$ DRVYIHPF, 0.4 mL, 5 nmol·L^{-1})被作为富集对象考察材料对肽段的富集效率。为了考察介孔层存在对肽段富集效率的影响，未包覆介孔层的磁性硅球（Fe_3O_4@$n$$SiO_2$）也经过氮气保护下煅烧后用于富集相同浓度和体积的 Angiotensin II 溶液。

通过 MALDI - TOF MS 分析，富集前 5 nmol・L^{-1}的 Angiotensin II 的信噪比（S/N）是 25.58（见图 4 - 38(a)）。0.4 mL 该溶液经过 Fe_3O_4@$n$$SiO_2$ 富集后，经洗脱，信噪比为 75.02（见图 4 - 38(b)）。而经过 Fe_3O_4@$n$$SiO_2$@$m$$SiO_2$ 介孔微球富集后的 Angiotensin II 的信号峰显著增强，信噪比上升到 3 083.49（见图 4 - 36(c)）。这结果说明因为介孔 SiO_2 层的存在，材料对肽段的富集效果比 Fe_3O_4@$n$$SiO_2$ 微球强得多。这可能是因为介孔层具有丰富的比表面积，能为肽段提供更多的附着位点。

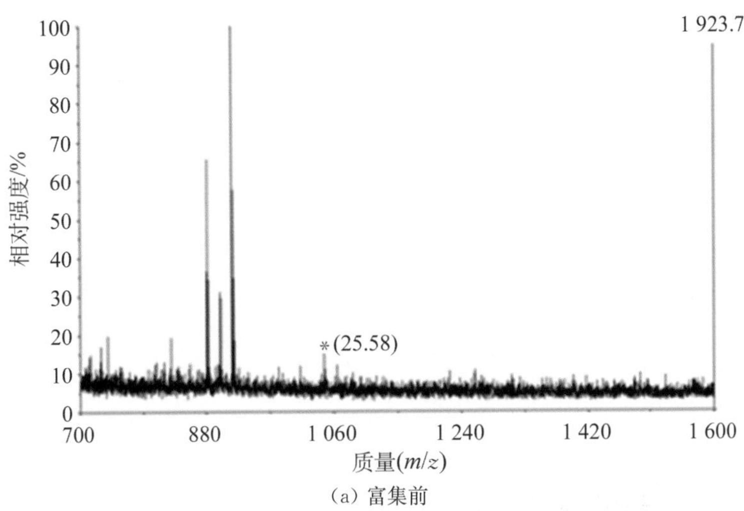

(a) 富集前

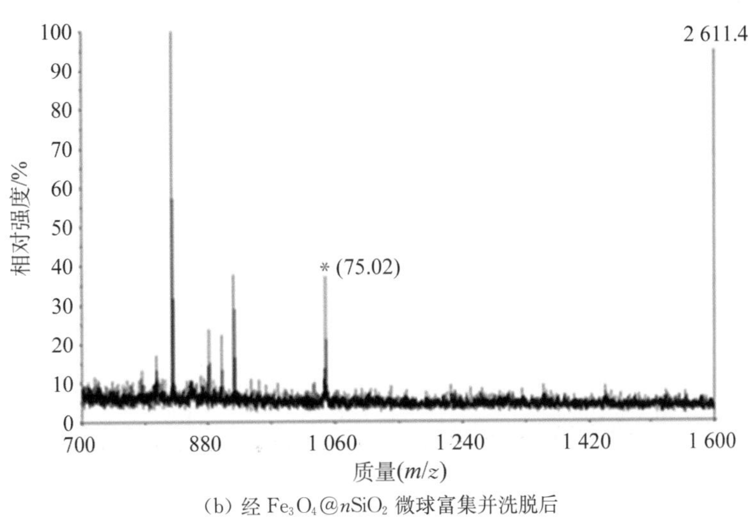

(b) 经 Fe_3O_4@$n$$SiO_2$ 微球富集并洗脱后

图 4 - 38

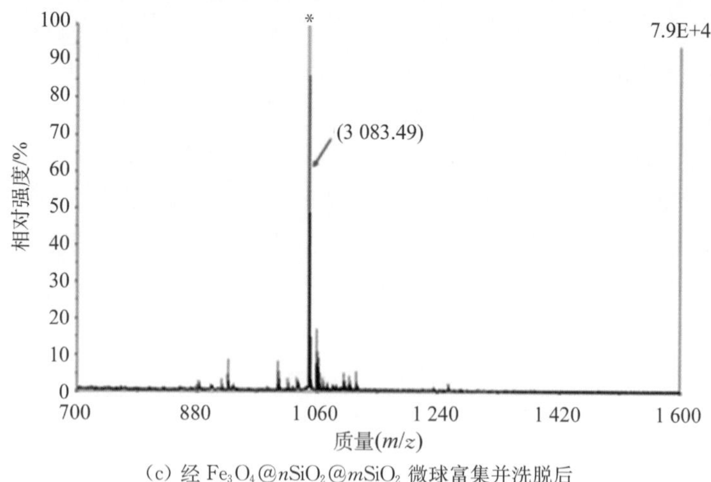

(c) 经 Fe_3O_4@$n$$SiO_2$@$m$$SiO_2$ 微球富集并洗脱后

图 4－38　浓度为 5 nmol・L^{-1}的 Angiotensin II 经两种微球富集前、后的 MALDI－TOF MS 结果(Angiotensin II 用"＊"标出,其质谱检测的信噪比标于括号内)

5 nmol・L^{-1}的肌红蛋白(MYO)酶解液还被用来考察 Fe_3O_4@$n$$SiO_2$@$m$$SiO_2$ 微球对肽段富集的广泛性。结果(见图 4－39)显示出 0.4 mL 溶液经过 Fe_3O_4@$n$$SiO_2$@$m$$SiO_2$ 微球富集后,肽段的信噪比很强,共检测出有 15 条 MYO 的酶解肽段,序列覆盖率达到 93%。而

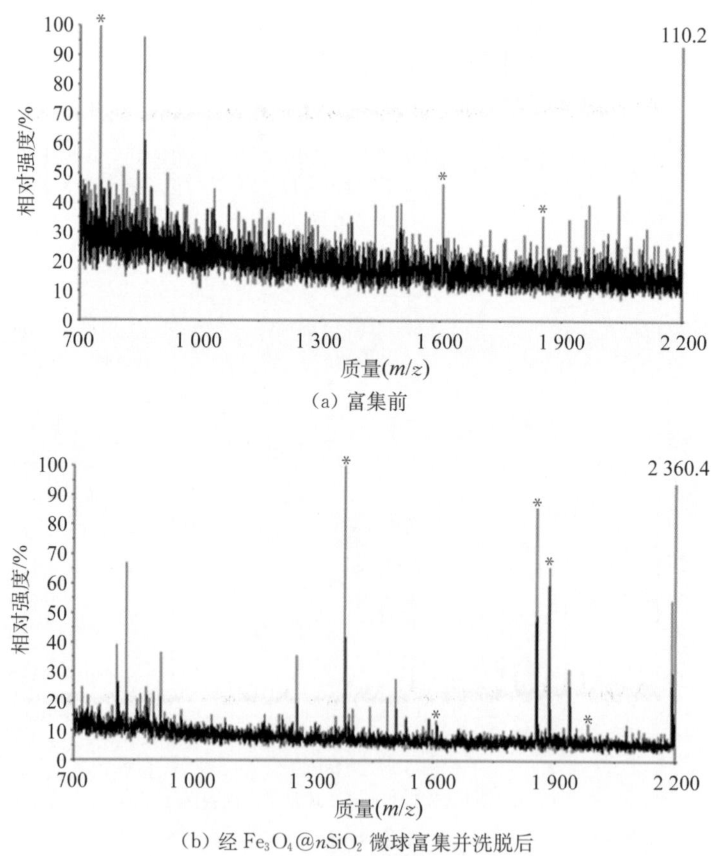

(a) 富集前

(b) 经 Fe_3O_4@$n$$SiO_2$ 微球富集并洗脱后

图 4－39

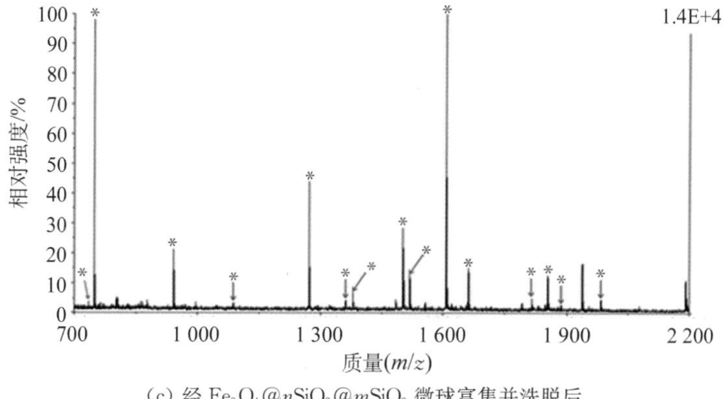

(c) 经 $Fe_3O_4@nSiO_2@mSiO_2$ 微球富集并洗脱后

图 4-39 浓度为 5 nmol · L^{-1} 的 MYO 酶解液经两种微球富集前、后的 MALDI-TOF MS 图(检测出的 MYO 酶解后肽段用"*"标出)

经过 $Fe_3O_4@nSiO_2$ 硅球富集后仅检测出 5 条 MYO 的酶解肽段,序列覆盖率仅为 42%,信噪比也要低很多。结果说明 $Fe_3O_4@nSiO_2@mSiO_2$ 微球对肽段具有较广泛的富集效果,也进一步说明经过介孔 SiO_2 层包覆后,材料对肽段的富集效果能明显提高。

2. 介孔包覆的杂化 MWCNTs/Fe_3O_4 材料(c-MWCNTs/Fe_3O_4-@$mSiO_2$)对低丰度肽段的富集[15]

c-MWCNTs/Fe_3O_4-@$mSiO_2$ 材料结构上最重要的特征是在 MWCNTs/Fe_3O_4 表面包覆的介孔氧化硅外壳。为了研究 c-MWCNTs/Fe_3O_4-@$mSiO_2$ 材料对标准肽段的富集主要源于煅烧后介孔的弱疏水表面,用 MWCNTs/Fe_3O_4、氮气氛围煅烧 $Fe_3O_4@mSiO_2$ 得到的 c-$Fe_3O_4@mSiO_2$ 也用来富集相同的标准肽段溶液作为对照实验。图 4-40 为用 3 种不同材料富集后的肽段经过洗脱后得到的质谱图,其中富集效率最高的是用 c-MWCNTs/Fe_3O_4-@$mSiO_2$ 材料富集,肽段信号信噪比为1 080.96。当 MWCNTs/Fe_3O_4 用作捕获肽段的吸附剂时,洗脱后的肽段信号在质谱图中很难看到,几乎被噪声覆盖(见图 4-40(a))。c-$Fe_3O_4@mSiO_2$ 相对于 MWCNTs/Fe_3O_4 来说具有较高的富集效率,但是与 c-MWCNTs/Fe_3O_4-@$mSiO_2$ 对比却不是最好的吸附剂。正如图 4-41(b)所示,c-Fe_3O_4-@$mSiO_2$ 富集后的肽段信噪比为 531.63,约为 c-MWCNTs/Fe_3O_4-@$mSiO_2$ 富集后的肽段信号的一半(见图 4-40(c))。这也从另一方面表明 c-MWCNTs/Fe_3O_4-@$mSiO_2$ 材料外表面的氧化硅介孔代替了 MWCNTs,成为材料富集的有效部位,而 MWCNTs 的引入也增大了有效富集面积。

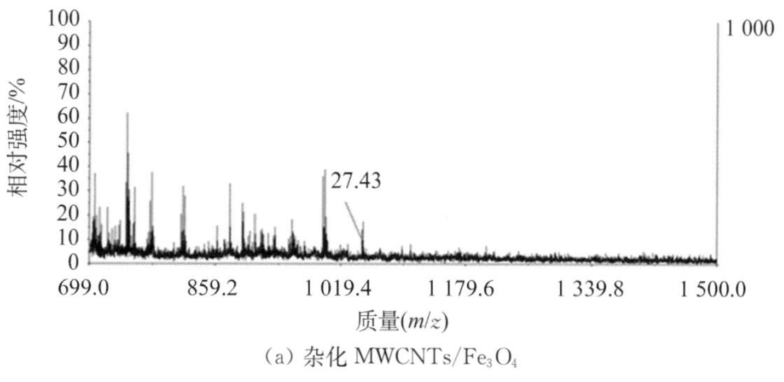

(a) 杂化 MWCNTs/Fe_3O_4

图 4-40

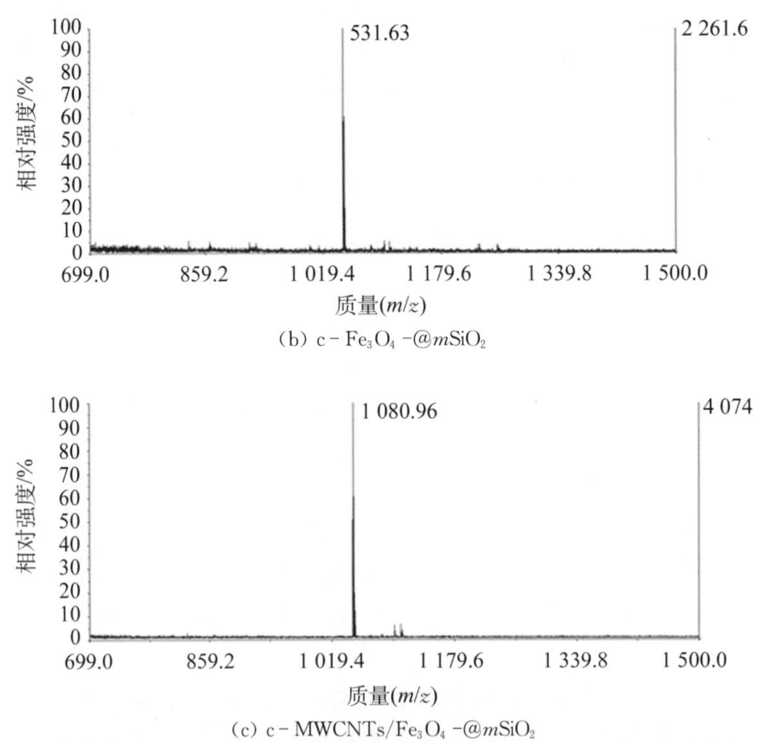

(b) c-Fe_3O_4-@$m$$SiO_2$

(c) c-MWCNTs/Fe_3O_4-@$m$$SiO_2$

图 4-40 0.4 mL 浓度为 5 nmol·L^{-1}的 Angiotensin II 分别经过 3 种材料富集后的质谱图

用 c-MWCNTs/Fe_3O_4-@$m$$SiO_2$ 材料富集 0.4 mL 浓度为 5 nmol·L^{-1}的肌红蛋白酶解液中的肽段结果如图 4-41的质谱图所示，c-MWCNTs/Fe_3O_4-@$m$$SiO_2$ 材料能够富集到 MYO 酶解液中的 7 条酶解肽段，覆盖率约为 54%，而富集前仅能检测到 2 条信号很弱的酶解肽段。这些结果表明c-MWCNTs/Fe_3O_4-@$m$$SiO_2$材料能够在较低浓度的溶液中富集到肽段，可能用于低丰度肽段的研究。

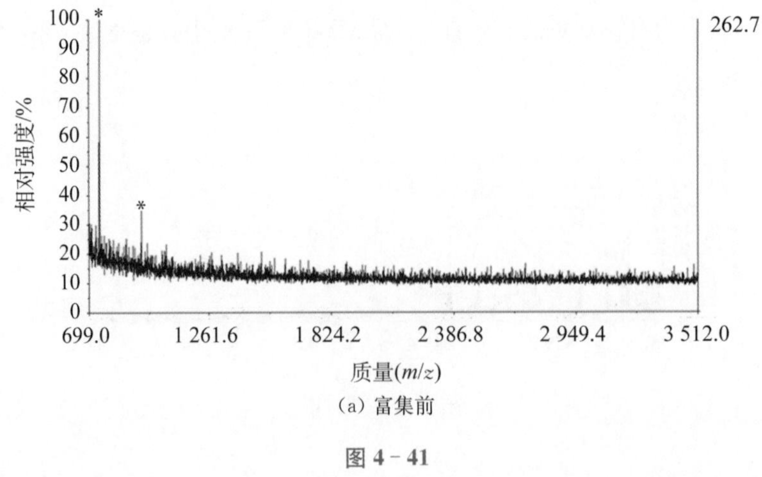

(a) 富集前

图 4-41

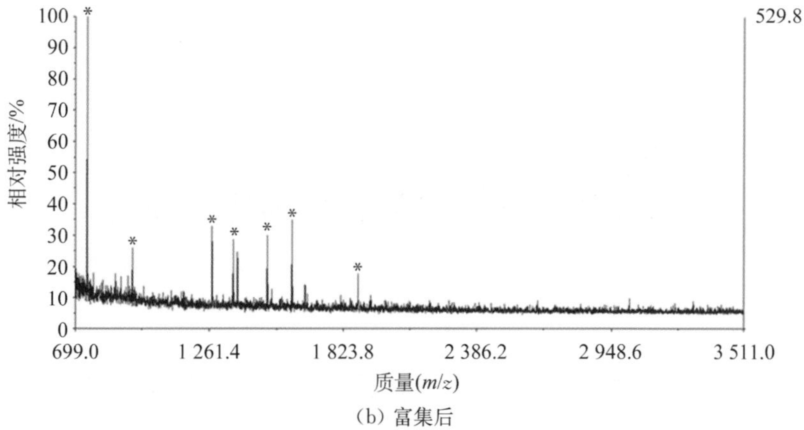

(b) 富集后

图 4-41　5 nmol · L^{-1}的 MYO 酶解液经过 c-MWCNTs/Fe_3O_4-@$m$$SiO_2$ 富集前、后的质谱图对比(质谱图中标记"*"代表搜库能匹配到的酶解肽段)

3. 磁性介孔石墨烯材料(Fe_3O_4-graphene@$m$$SiO_2$)对低丰度肽段的富集[32]

用标准肽段 Angiotensin II(5 nmol · L^{-1})研究了该材料在富集洗脱肽段过程中的最优条件。经过比较优化,在室温下,对于 0.2 mL 浓度为 5 nmol · L^{-1}的标准肽段,用 10 μL、浓度为 10 mg · mL^{-1}的磁性介孔石墨烯材料的富集效果最佳;洗脱液为 0.4 mol · L^{-1}氨水的洗脱条件效果最好。材料富集效果的研究显示磁性介孔石墨烯材料对标准肽段 Angiotensin 的检测限(limit of detection, LOD)为0.1 nmol · L^{-1},富集结果如图 4-42 所示,目标肽段用"*"号标示。该材料可重复使用 5 次而保持较好的富集效果,材料的最大负载量达到 2.79 mg · mg^{-1}。

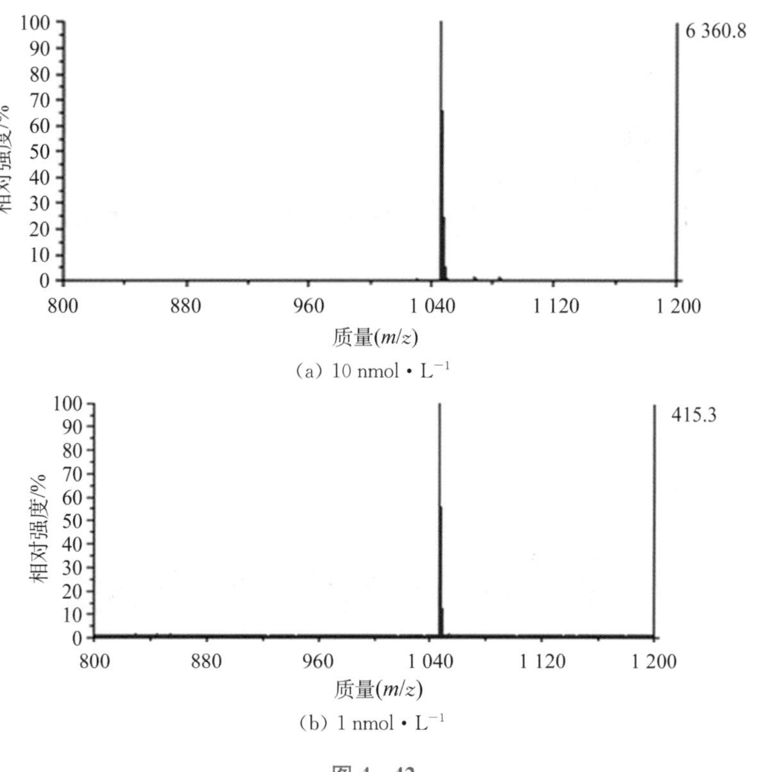

(a) 10 nmol · L^{-1}

(b) 1 nmol · L^{-1}

图 4-42

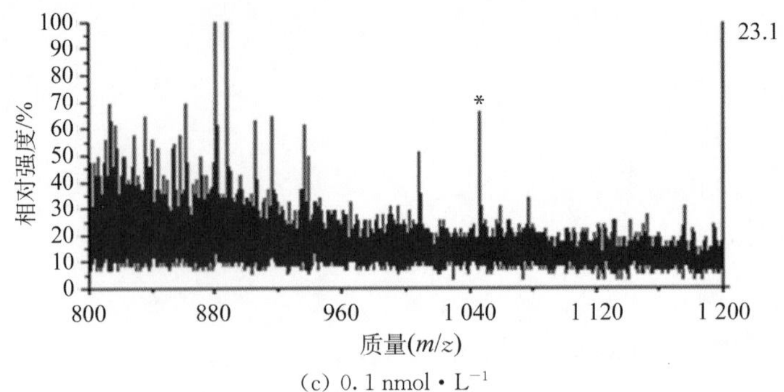

(c) 0.1 nmol·L^{-1}

图 4-42 磁性介孔石墨烯材料对标准肽段富集检测限的考察(利用 10 μL浓度为 10 mg·mL^{-1}的磁性介孔石墨烯材料分别对 0.2 mL各浓度的标准肽段 Angiotensin II 进行富集操作)

将标准蛋白质牛血清白蛋白与肌红蛋白酶解,并将其稀释到浓度为 5 nmol·L^{-1},富集、洗脱方法按照优化的条件进行。所得的富集结果经质谱鉴定后,如图 4-43 所示。经过数据库搜索后发现,在富集 BSA 酶解液前的原溶液中,仅仅检测到 1 条肽段,该 BSA 酶解液在经过磁性介孔石墨烯材料的富集之后,检测到了 13 条肽段,序列覆盖度为 22%。相似地,在富集 MYO 酶解液之前,通过质谱的鉴定,在数据库中共搜到了 5 条肽段,序列覆盖度为 42%,经过材料富集后,一共检测到了 8 条肽段,序列覆盖度为 55%,这些实验数据证明 Fe_3O_4-graphene@$m$$SiO_2$ 材料能够在较复杂的生物体系中得到进一步应用。

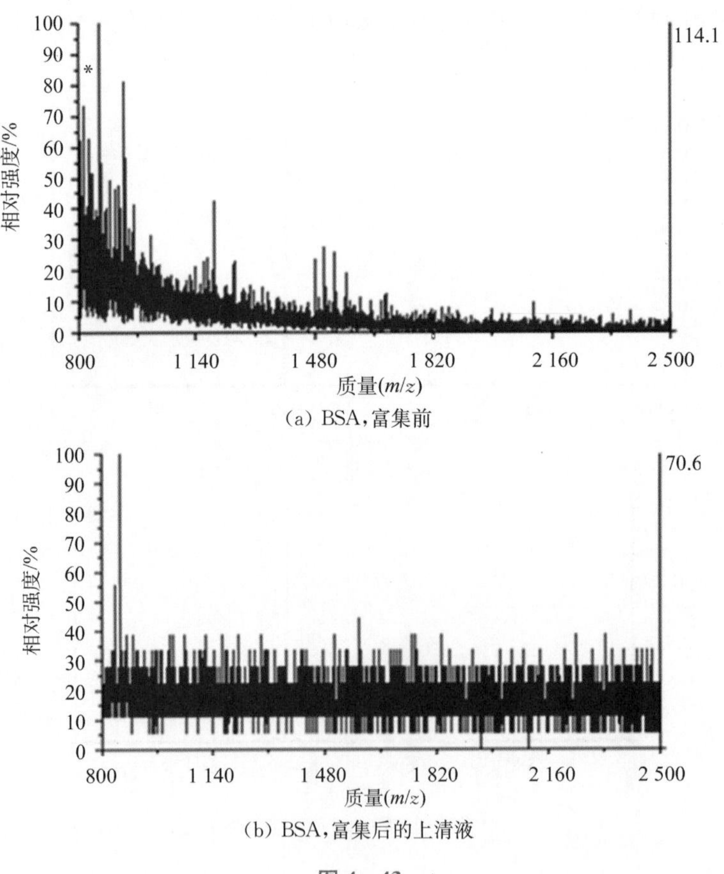

(a) BSA,富集前

(b) BSA,富集后的上清液

图 4-43

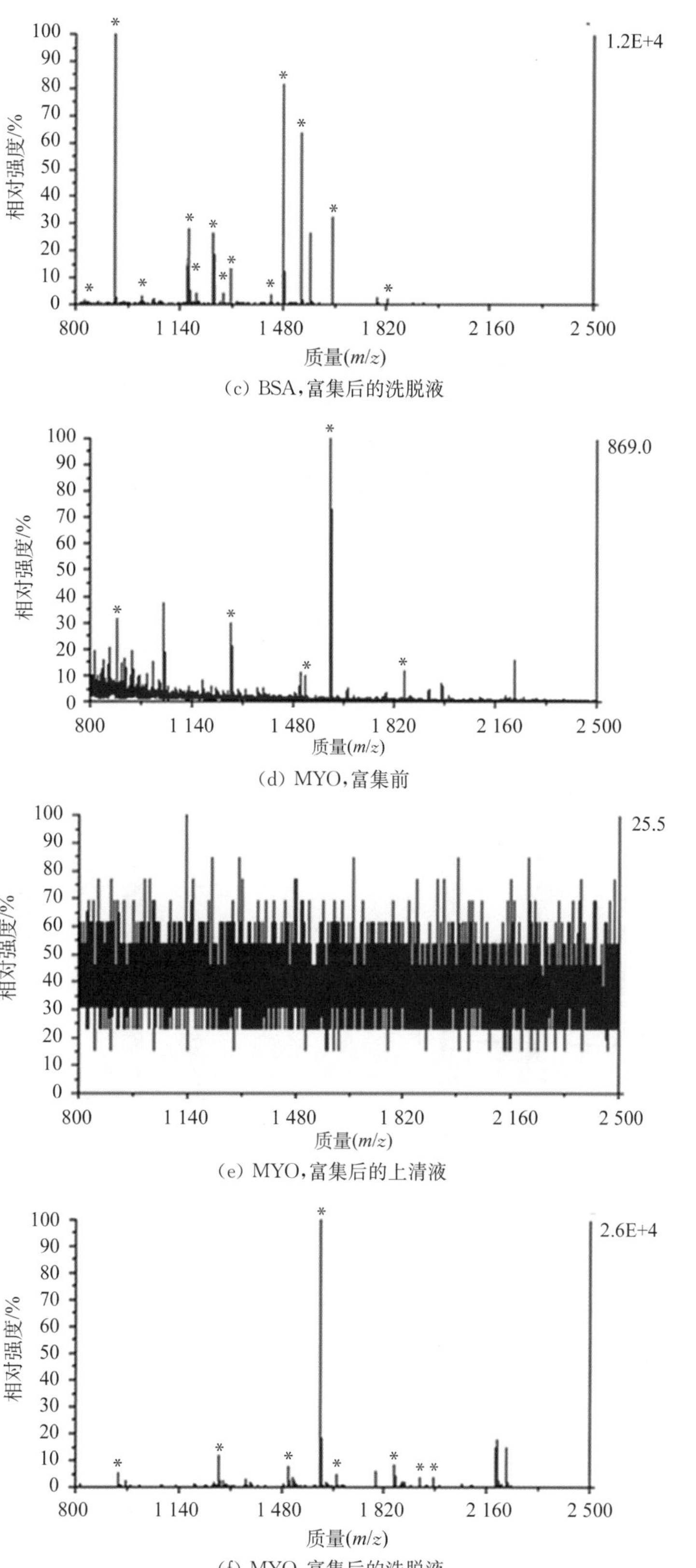

(c) BSA，富集后的洗脱液

(d) MYO，富集前

(e) MYO，富集后的上清液

(f) MYO，富集后的洗脱液

图 4-43　BSA 酶解液与 MYO 酶解液经磁性介孔石墨烯材料富集前、后的质谱图

4.5.1.4 c-MWCNTs/Fe_3O_4-@mSiO$_2$ 材料富集肽段的激光洗脱[15]

有文献报道,激光与碳纳米管结合可以使肿瘤细胞凋亡,能有效地抑制肿瘤生长,增强光热疗效[36]。还有文献研究 MWCNTs 也能够像 SWCNTs 一样吸收红外,因此对照经典的溶液洗脱方法,考察了 c-MWCNTs/Fe_3O_4-@mSiO$_2$ 材料富集的肽段在红外激光辅助下的洗脱效果。富集过程与经典富集步骤相同,配制两份 400 μL 浓度为 5 nmol·L^{-1}的标准肽段溶液,分别加入 3 μL c-MWCNTs/Fe_3O_4-@mSiO$_2$ 材料分散液(10 mg·mL^{-1},水),振荡5 min后磁铁分离弃去上清,加入 50%ACN/50%H_2O-0.1%TFA。其中一份用经典洗脱方法振摇 20 min,另一份用波长为 808 nm 的激光照射 20 s 洗脱。洗脱液用磁铁辅助分离出来,冻干再用 2 μL 洗脱液重溶后点靶,进行 MALDI-TOF MS 分析。

图 4-44 所示为用两种不同洗脱方法所得的洗脱液进行 MALDI-TOF MS 分析所得的质谱图,激光辅助洗脱效果与经典洗脱效果无明显差异。两者所得的肽段信号信噪比接近,激光辅助洗脱所得的肽段信噪比为1 083.18,而经典洗脱所得的肽段信噪比为 1 080.96,表明由于 MWCNTs 对红外辐射的吸收,红外激光确实能够在较短的时间内辅助释放材料捕获的肽段。而与磁铁矿粒子 Fe_3O_4 杂化的 MWCNTs 表面物理性质也没有被破坏,在具有 Fe_3O_4 灵敏磁响应性的同时仍然保留有 MWCNTs 的性质。

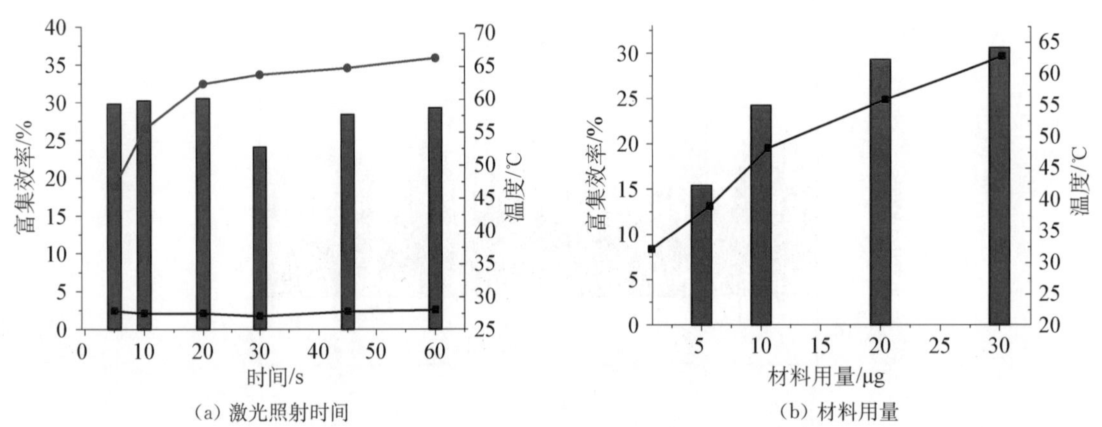

图 4-44 激光辅助洗脱时富集因子和洗脱液温度随激光照射时间和 c-MWCNTs/Fe_3O_4-@mSiO$_2$ 材料用量的变化曲线

由于 c-MWCNTs/Fe_3O_4-@mSiO$_2$ 材料能够吸收红外,在激光照射下会产生热效应,因此实验测定了激光照射后的洗脱液温度和肽段信号。图 4-44(a)所示为不同材料量与不同照射时间下富集效率和洗脱液温度的变化情况。洗脱液温度会随激光照射时间增加而升高。激光照射 30 s 后,洗脱液温度达到一个相对饱和值 65 ℃。但是因为使用的材料量是相同的,所以富集效率基本没有变化。图 4-44(b)显示的是材料量从 0 到 30 μg 变化时,富集效率和洗脱液温度的变化趋势,都随着材料量的增加而升高。这些结果进一步证明 c-MWCNTs/Fe_3O_4-@mSiO$_2$ 材料能够吸收红外激光,并且能够传递能量给捕获的肽段,使之被释放出来。因此,在激光的辅助照射下,捕获到的肽段也能够像经典溶液洗脱方法一样,成功地被释放出来,达到一定的富集效果。

4.5.1.5　有序介孔包覆磁性材料择性富集实际生物样品中内源性肽段

在生物样品中，通常不仅包含有小分子的肽段，同时也含有大分子蛋白，其复杂性影响了肽组学分析技术的应用性，因为高丰度蛋白分子也能与肽段分子同时吸附到材料的表面，干扰肽段的捕获。因此，质谱很难对其中的肽段进行直接检测分析。人体尿液因其容易获得且富含可以用于临床检查和疾病诊断的生物标记物（biomarker）而成为科学研究常用的生物样品。鼠脑也是一种较易获得并在许多实验室研究中被广泛使用的生物样品。相对于一般的肽段富集吸附剂，有序介孔包覆磁性材料的最大特点是外表面高度有序的介孔结构。这里，有序介孔包覆磁性材料被用于选择性富集人尿液和鼠脑样品中的内源性肽段。

1. Fe_3O_4@$n$$SiO_2$@$m$$SiO_2$ 选择性富集鼠脑内源性肽段[31]

用鼠脑全蛋白提取液作为样本考察 Fe_3O_4@$n$$SiO_2$@$m$$SiO_2$ 微球对实际复杂生物样品中内源性肽段的选择性富集性能。将 1.0 mg Fe_3O_4@$n$$SiO_2$@$m$$SiO_2$ 介孔微球加入经过稀释的鼠脑蛋白提取液（0.2 mL 鼠脑蛋白提取液中加入 1.0 mL 水，用盐酸调节 pH 值为 3）中 4 ℃富集 1 h。之后经磁铁分离、去除上清、去离子水清洗、0.2 mL 溶剂（水/乙腈/TFA＝50/50/0.1，$v/v/v$）洗脱，洗脱液冻干再溶后用 1D 纳升级色谱-线性四级杆质谱联用（nano liquid chromatography LTQ mass spectrometry，nano－LC－MS/MS）分析。

如图 4－45 所示，鼠脑蛋白提取液经过稀释后，未经过除高丰度蛋白或脱盐等处理，直接用该介孔材料富集分离。该方法依靠材料丰富的孔内表面通过疏水相互作用捕获样品中的内源性肽，因为经过煅烧，孔内表面上大量的硅羟基转化成了硅氧烷键，增强了表面疏水性能。这样，该介孔微球富集内源性肽段的结果要优于离心超滤，因为该方法不受样品的量的约束，因此，小分子污染物，尤其是盐，不会同时被富集。从另一方面来说，该方法也优于通常的带有反相（RP）基团的磁珠，因为有序介孔层适当的孔道尺寸允许富集内源性肽段，却限制了相对分子质量大的蛋白的进入。该富集方法十分便捷有效。富集分离出的肽段用

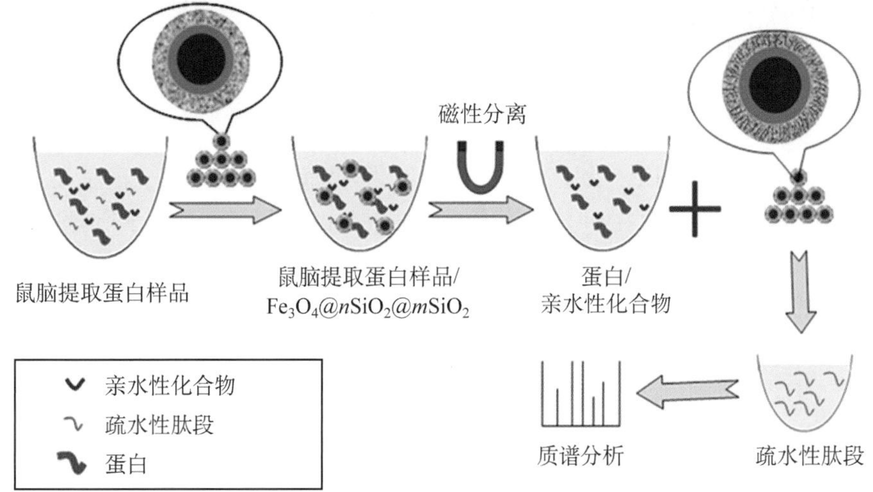

图 4－45　Fe_3O_4@$n$$SiO_2$@$m$$SiO_2$ 微球快速富集生物样品中的内源性肽段的示意

洗提液洗提后经 1 D nano－LC－MS/MS 分析，获得的 LTQ Orbitrap XL MS/MS 谱图根据 SEQUEST 算法的原理进行了严格的正库和反库的搜索，对数据进行了叠加模拟，得出在 99％可信度的标准下所对应的 X_{corr} 值，最后经过筛分获得错误率低于 5％的肽段。

经过数据库搜索和筛分，共获得 60 条不同的鼠脑内源性肽段。在这些肽段中，发现了之前肽组分析文献中报道过的有规律的肽阶梯。由于 LC－MS/MS 质谱条件的限制，分析出的肽段的相对分子质量都低于 4.5 kDa。图 4－46 列出了检出的肽段的分子量范围分布，大多数肽段都集中在 1 200～2 400 Da，与 LC－MS 的最佳分析结果吻合。

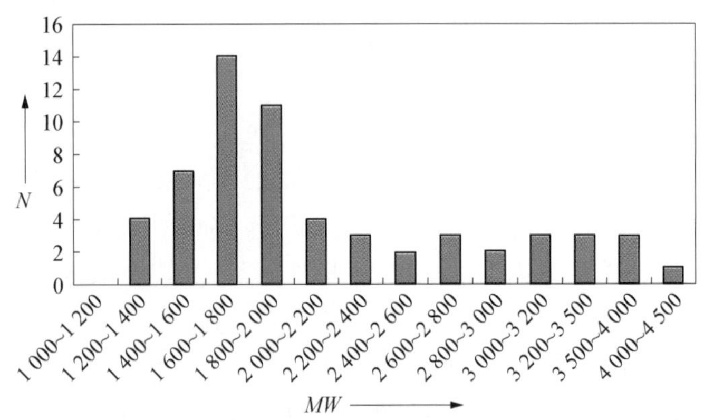

图 4－46 鼠脑蛋白提取液经稀释并用 Fe_3O_4@$n$$SiO_2$@$m$$SiO_2$ 微球富集后，经 1D nano－LC/MS/MS 分析获得的内源性肽段的分子量分布图（*N* 为肽段数量）

2. 介孔包覆的杂化 MWCNTs/Fe_3O_4 材料（c－MWCNTs/Fe_3O_4－@$m$$SiO_2$）选择性富集鼠脑内源性肽段[15]

1.2 mL 鼠脑提取蛋白稀释液（1∶2 (v/v)），调 pH＝3，加 1 mg 材料，在温度为 4℃下振荡 1 h。将捕获有肽段的 c－MWCNTs/Fe_3O_4－@$m$$SiO_2$ 材料分离出来用 500 μL 水洗 3 遍，再用 200 μL 洗脱液（50％ACN/50％H_2O－0.1％TFA）洗脱 1 h，将富集到的肽段从材料上洗脱下来，磁性分离得到的上层含有肽段的洗脱液真空冻干，再用 2 μL 流动相 B 重新溶解后进行 1 D nano－LC－MS/MS 分析。图 4－47 为总离子色谱图，获得的 LTQ Orbitrap XL MS/MS 谱图根据 SEQUEST 算法的原理，设定了如下的搜索参数：非酶解，无可变修饰，肽段分子量偏差为 0.01％，碎片离子偏差为 1 Da。为了减少假阳性结果，搜库时分别进行了正库和反库的搜索，对数据进行了叠加模拟，得出在 99％可信度的标准下两电荷和三电荷离子所对应的 X_{corr} 值分别为 3.16 和 3.34，最后经过筛分获得错误率低于 5％的肽段。经过数据库搜索和筛分，共获得了 98 条不同的鼠脑内源性肽段。

图 4－48 则清楚地表现出所富集到的肽段的相对分子质量分布，主要集中于质荷比为 1 000～2 600 Da 的范围内。以上结果表明 c－MWCNTs/Fe_3O_4－@$m$$SiO_2$ 在肽段选择性富集方面的有效性，借助灵敏的磁响应性、体积排阻效应和碳纳米管的红外吸收作用成为新的有效富集肽段的材料。

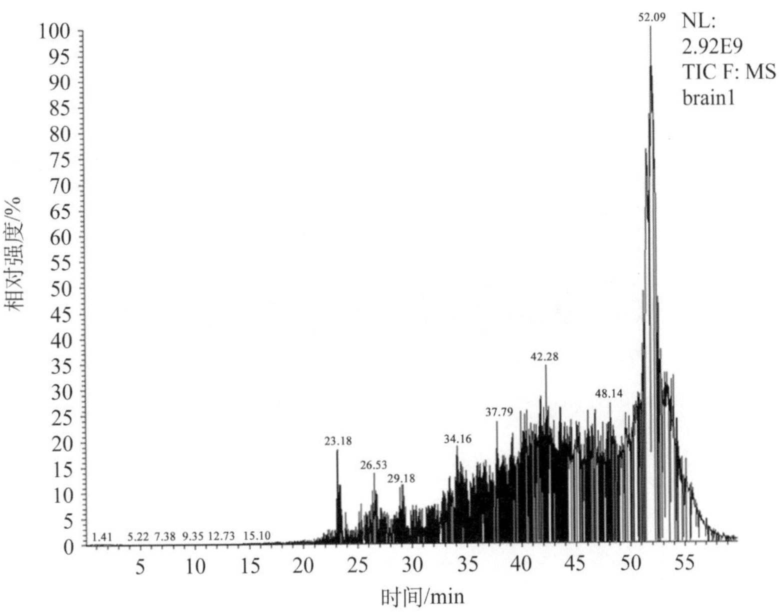

图 4-47　用 c-MWCNTs/Fe_3O_4-@$m$$SiO_2$ 材料富集小鼠鼠脑提取液中的肽段经 LC-MS/MS 分析的总离子色谱图

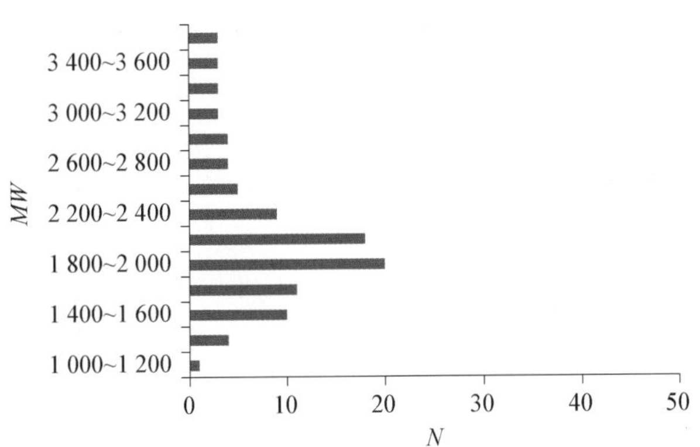

图 4-48　1D nano-LC-MS/MS 检测到的 c-MWCNTs/Fe_3O_4-@$m$$SiO_2$ 材料富集后的小鼠鼠脑提取液中的肽段的相对分子质量分布图（N 为肽段数目）

3．磁性介孔石墨烯材料（Fe_3O_4-graphene@$m$$SiO_2$）选择性富集实际生物样品中的内源性肽段[30]

将 15 μL 浓度为 10 mg/mL 的 Fe_3O_4-graphene@$m$$SiO_2$ 富集材料与 200 μL 稀释过的人体尿液（含有人体原尿样品 10 μL）混合震荡富集 20 min，富集到的肽段按照之前的洗脱步骤洗脱并进入质谱进行检测，结果如图 4-49 所示。从质谱图中可以看出富集前后质谱

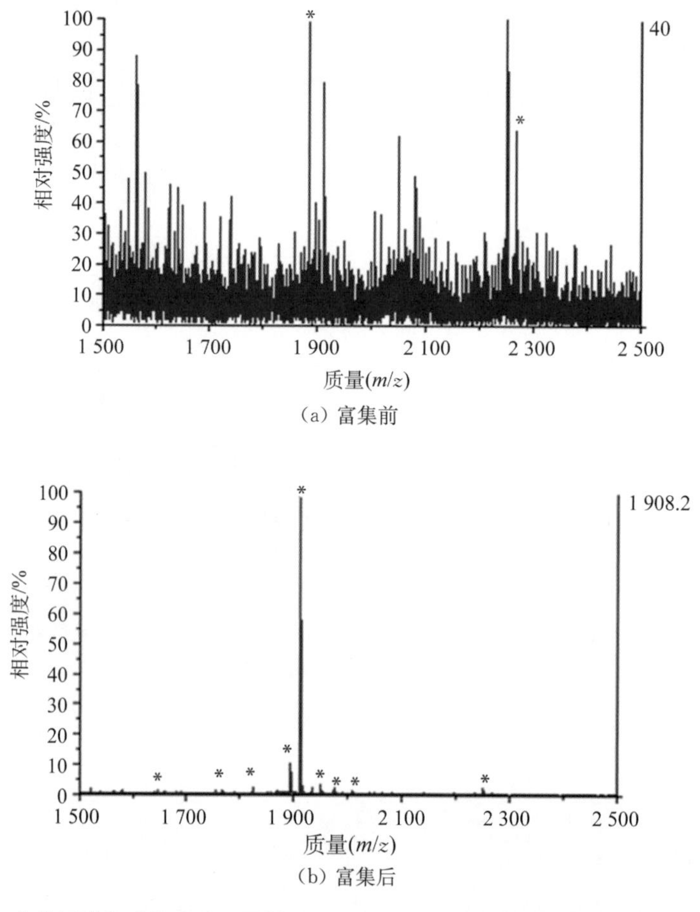

图 4－49 人体尿液经磁性介孔石墨烯 Fe_3O_4－graphene@mSiO$_2$ 材料富集前、后的质谱图

所捕获的肽段数量与质谱峰强度的差异，证实了富集材料 Fe_3O_4－graphene@mSiO$_2$ 可以成功地在人体尿液中进行内源性肽段的选择性富集。

随后，为了验证材料 Fe_3O_4－graphene@mSiO$_2$ 可以在更加复杂的实际生物样品中进行内源性肽的选择性富集，选用了复杂的鼠脑组织样品作为实验对象。鼠脑提取液的获取按照本章前部分的操作，并将 200 μL 定量后的提取液稀释 3 倍与 0.2 mg 富集材料 Fe_3O_4－graphene@mSiO$_2$ 混合震荡富集后，将富集后的结果经冻干及重新溶解后，进入 nano LC－MS/MS 液质中进行分离鉴定。从得到的数据中可以看到，一共有 409 条肽段通过数据库的搜索被鉴定出来，序列信息等如表 4－6 所示。鉴定结果表明，通过富集材料 Fe_3O_4－graphene@mSiO$_2$ 介孔内壁的疏水作用以及表面介孔的体积排阻效应，双面的磁性介孔石墨烯富集材料可以特异性地从复杂的生物样品中分离富集内源性肽段，将大分子的蛋白质、亲水性分子等物质有效地排除在材料孔道之外。从实验结果可以看出，磁性介孔石墨烯 Fe_3O_4－graphene@mSiO$_2$ 在复杂生物样品分离和富集应用中，有很大的潜力与前景。

表 4-6 Fe_3O_4-graphene@mSiO$_2$ 选择性富集鼠脑内源性肽段经 nano LC-MS/MS 分析检出的肽段

MH+	DeltaM	z	肽段	XC
920.519 99	0.000 78	2	G. ILDSIGRF. F	2.538
973.586 3	0.000 86	2	E. AAVAIKAMAK. -	2.634
1 005.536 4	0.001 35	2	F. VNDIFERI. A	2.542
1 013.443 5	0.001 23	2	R. GGNFGFGDSR. G	2.525
1 015.593 5	0.001 53	2	G. IAVAIKTYH. Q	2.504
1 025.610 2	0.001 88	2	K. IGGIGTVPVGR. V	3.114
1 029.587 4	0.004 92	2	-. MLRQILGQA. K	2.534
1 043.49	0.003 03	2	D. LMAYMASKE. -	2.55
1 046.547 7	0.002 94	2	R. DTGILDSIGR. F	2.728
1 047.583 3	0.000 14	2	E. FVDIINAKQ. -	2.613
1 057.588 8	0.003 55	2	E. ANEALVKALE. -	2.662
1 093.552 4	0.000 49	2	K. ALAAGGYDVEK. N	2.64
1 094.490 2	0.001 58	2	E. YFSVAAGAGDH. -	2.606
1 098.688 1	0.000 45	2	T. VAVGVIKAVDK. K	2.822
1 107.568 1	0.000 51	2	K. ALAAAGYDVEK. N	2.872
1 110.605 5	−0.002 02	2	G. VATALAHKYH. -	2.925
1 114.661 9	0.000 85	2	E. AIAVQGPFIKA. -	3.314
1 121.646 6	0.004 7	2	H. FFKNIVTPR. T	2.93
1 136.678 6	0.004 38	2	Q. KVVAGVATALAH. K	2.7
1 153.657 6	−0.002 04	2	S. VSTVLTSKYR. -	3.074
1 160.724 9	0.002 07	2	E. VITISKSVKVS. L	2.632
1 166.616 4	−0.000 58	2	K. GTGASGSFKLNK. K	2.762
1 185.792 9	−0.003 15	2	R. IKLGLKSLVSK. G	3.018
1 191.607 8	0.001 82	2	G. AGAPVYMAAVLE. Y	2.517
1 199.735 8	0.001 38	2	Q. TVAVGVIKAVDK. K	3.176
1 202.681 3	0.002 81	2	L. KQLLMLQSLE. -	2.685
1 203.582 7	0.006 82	2	T. ITTAYYRGAMG. I	2.533
1 224.731 1	−0.003 13	2	K. AVGKVIPELNGK. L	2.873
1 226.710 3	0.003 36	2	K. APILIATDVASR. G	3.252
1 229.604 8	0.005 31	2	E. KETAFEFLSSA. -	2.641
1 238.664	0.000 17	2	V. AGVATALAHKYH. -	2.515
1 240.595 7	−0.002 03	2	M. NSFVNDIFER. I	2.828
1 250.564 8	−0.003 03	2	R. KQNDVFGEADQ. -	2.601
1 250.673 9	−0.001 29	2	L. LPGELAKHAVSE. G	2.676
1 256.659 3	0.006 34	2	E. ILELAGNAARDN. K	3.414
1 258.704 2	−0.003 52	2	D. PLADLNIKDFL. -	2.508
1 261.682 1	0.003 53	2	R. AITGASLADIMAK. R	3.551
1 263.730 7	0.005 57	2	D. LIAYLKKATNE. -	3.08
1 265.768 8	0.004 5	2	E. ALAAKAGLLGQPR. -	3.389
1 268.709 6	0.002 44	2	F. LASVSTVLTSKY. R	2.651
1 270.679	0.003 79	2	A. KVIHDNFGIVE. G	2.598

续 表

MH+	DeltaM	z	肽段	XC
1 273. 638 3	−0. 001 55	2	F. KNLQTVNVDEN. -	3. 04
1 274. 728 9	0. 006 72	2	S. ILFMAKVNNPK. -	2. 585
1 283. 666 4	0. 003 51	2	S. LMNLEEKPAPAA. K	3. 021
1 285. 747 4	0. 007 88	2	S. ILKIDDVVNTR. -	2. 658
1 287. 694 3	0. 000 43	2	D. PKFEVIDKPQS. -	3. 202
1 288. 721 9	−0. 030 06	2	K. TKQGVAEAAGKTK. E	2. 64
1 300. 737 2	0. 004 73	2	T. FIAIKPDGVQRG. L	2. 627
1 308. 625 3	−0. 000 88	2	S. KYLATASTMDHA. R	2. 848
1 310. 735 5	−0. 000 18	2	F. LSIFSGILADFK. -	3. 589
1 313. 663 7	0. 004 23	2	M. VAYWRQAGLSY. I	2. 645
1 315. 710 4	−0. 002 93	2	T. LPTKETIEQEK. R	2. 691
1 317. 825 3	0. 004 8	2	S. VLISLKQAPLVH. -	2. 734
1 323. 742	0. 006 91	2	T. KIYLPHSLPQQ. -	3. 005
1 325. 579	−0. 000 35	2	E. DMQNAFRSLED. -	2. 685
1 326. 762 7	−0. 001 71	2	R. KASGPPVSELITK. A	3. 596
1 327. 794 4	−0. 000 1	2	R. QTVAVGVIKAVDK. K	3. 354
1 329. 744 7	−0. 001 13	2	R. VETGVLKPGMVVT. F	2. 637
1 331. 716 5	−0. 002 77	2	K. TSGVVQGVASVAEK. T	3. 28
1 332. 773 3	−0. 005 18	2	P. VSELITKAVSASK. E	2. 765
1 334. 746 7	0. 002 14	2	C. LLPAGWVLSHLE. S	2. 807
1 335. 763 1	0. 009 12	2	N. LISKLSAKFGGQS. -	3. 205
1 336. 631 4	0. 001 24	2	K. YLATASTMDHAR. H	2. 824
1 339. 707 7	0. 000 44	3	R. HRDTGILDSIGR. F	3. 86
1 340. 778 4	−0. 005 59	2	R. KATGPPVSELITK. A	2. 583
1 342. 707 4	0. 003 08	2	N. LLAENGRLGNTQG. I	2. 873
1 353. 679 7	0. 002 81	2	M. NSFVNDIFERI. A	2. 976
1 356. 788 6	0. 000 92	2	E. IEAIAVQGPFIKA. -	2. 6
1 357. 779 8	0. 000 81	2	F. SGAGNIAAATGLVKK. E	2. 94
1 360. 677 7	0. 004 18	2	S. LVDAMNGKEGVVE. C	2. 822
1 366. 776 3	0. 002 68	2	-. MQIFVKTLTGKT. I	3. 301
1 367. 648 5	−0. 001 86	2	Y. LATASTMDHARHG. F	2. 726
1 369. 743 4	−0. 002 49	2	R. GAAQNIIPASTGAAK. A	2. 67
1 377. 784 9	−0. 005 33	2	N. IVTPRTPPPSQGK. G	3. 362
1 384. 731 8	0. 004 49	2	F. VDLEPTVIDEVR. T	2. 68
1 384. 754 3	−0. 001 36	2	E. ILELAGNAARDNK. K	3. 492
1 385. 701 9	−0. 003 68	2	F. SLSGAQIDDNIPR. R	3. 063
1 388. 814 8	0. 002 6	2	F. LGALALIYNEALK. -	2. 767
1 395. 657 3	−0. 001 2	2	R. SKYLATASTMDHA. R	2. 809
1 397. 778 7	0. 000 36	2	R. KAAFKELQSTFK. -	3. 074
1 400. 818 2	0. 005 36	2	E. LISVVKSMLKGPE. -	3. 2
1 402. 797 4	0. 001 83	2	Q. KEITALAPSTMKI. K	3. 795

续 表

MH+	DeltaM	z	肽段	XC
1 403. 680 1	0. 003 45	2	M. LLADQGQSWKEE. V	3. 253
1 404. 788 6	−0. 016 78	2	R. NVFLLGFIPAKAD. S	2. 527
1 406. 712 2	0. 005 33	2	H. ASASSTNLKDVLSN. L	2. 699
1 414. 699 5	0. 001 69	2	E. QGQAIDDLMPAQK. -	2. 742
1 416. 868 5	0. 011 46	3	V. RLLLPGELAKHAV. S	3. 24
1 420. 768 2	0. 004 75	2	M. VKLIESKEAFQE. A	3. 524
1 422. 806 3	0. 004 04	2	R. IVAPPGGRANITSLG. -	2. 61
1 424. 810 8	0. 004 31	2	F. LASVSTVLTSKYR. -	3. 554
1 425. 733 2	−0. 001 07	2	E. AVAKADKLAEEHGS. -	3. 516
1 425. 733 2	0. 000 03	2	E. AVAKADKLAEEHGS. -	3. 169
1 434. 806 3	0. 001 24	2	N. IVTPRTPPPSQGKG. G	3. 341
1 438. 772 3	0. 008 54	2	H. LIAKEEMIHNLQ. -	2. 81
1 444. 706 7	−0. 001 13	2	R. SLYSSSPGGAYVTR. S	2. 691
1 453. 750 8	0. 005 02	2	E. FMILPVGASSFRE. A	3. 765
1 456. 852 2	−0. 001 7	2	R. LSAKPAPPKPEPKP. K	2. 685
1 460. 716 9	−0. 005 97	2	R. TQDENPVVHFFK. N	2. 864
1 461. 617 6	0. 005 69	2	M. SSGAHGEEGSARMW. K	2. 514
1 467. 733 9	0. 003 87	2	E. NAFLSHVISQHQS. L	3. 778
1 468. 873 4	0. 003 92	2	E. KLGGSAVISLEGKPL. -	2. 858
1 470. 805	0. 005 52	2	E. LGISTPEELGLDKV. -	3. 282
1 477. 793 7	−0. 001 26	2	R. KESYSVYVYKVL. K	2. 844
1 485. 828 5	0. 000 95	3	L. AARPNSGAIHLKPPG. -	3. 171
1 486. 774 8	−0. 002 75	2	V. SEGTKAVTKYTSSK. -	2. 849
1 488. 744 1	0. 003 85	2	E. NVIRDAVTYTEHA. K	2. 744
1 491. 827 8	−0. 002 32	2	F. KNIVTPRTPPPSQG. K	3. 533
1 492. 794 1	0. 007 16	3	Y. AKDVKFGADARALM. L	3. 505
1 499. 739	0. 001 31	3	T. LASHHPADFTPAVH. A	4. 626
1 502. 857 7	0. 005 61	2	A. KVLTPELYAELRA. K	3. 1
1 515. 764 9	−0. 003 92	2	E. APAAAASSEQSVAVKE. -	2. 57
1 518. 903 6	0. 004 5	3	L. KSIKNIQKITKSM. K	3. 257
1 522. 858 8	0. 001 19	3	E. RLSVDYGKKSKLE. F	3. 091
1 524. 874 4	0. 003 4	2	N. AKVAVLGASGGIGQPLS. L	3. 882
1 530. 816 2	0. 004 18	2	E. AVYLITPSEKSVHS. L	2. 503
1 532. 770 4	−0. 003 63	2	G. FSLSGAQIDDNIPR. R	3. 181
1 537. 816 2	0. 006 39	3	L. LYRPGHYDILYK. -	3. 826
1 540. 845 7	0. 003 61	2	K. LAVNMVPFPRLHF. F	2. 552
1 542. 801	−0. 001 32	2	F. VDLEPTVIDEVRTG. T	2. 92
1 551. 758 4	0. 000 3	2	R. SKYLATASTMDHAR. H	4. 194
1 551. 791 4	−0. 000 01	2	R. KGNYAERVGAGAPVY. M	3. 583
1 553. 817	−0. 003 76	2	E. TNLESLPLVDTHSK. R	2. 843
1 555. 789 7	−0. 001 61	2	L. KQVHPDTGISSKAMG. I	2. 739

续 表

MH+	DeltaM	z	肽段	XC
1 557. 733 2	0. 010 16	2	F. LVFHSFGGGTGSGFTS. L	2. 85
1 564. 895 8	−0. 001 69	2	Q. KVVAGVATALAHKYH. -	5. 006
1 567. 786 3	0. 000 27	2	R. KGNYSERVGAGAPVY. L	3. 444
1 571. 879 2	0. 003 88	2	K. FLASVSTVLTSKYR. -	3. 872
1 574. 817 3	0. 006 58	2	M. VLSGEDKSNIKAAWG. K	2. 602
1 575. 907 3	0. 005 78	2	S. KIQKLSKAMREML. -	3. 029
1 578. 787 1	−0. 000 22	2	K. ALAAAGYDVEKNNSR. I	4. 293
1 584. 947 2	−0. 000 17	3	R. LSAKPAPPKPEPKPK. K	3. 787
1 586. 974 1	0. 009 81	3	T. AVRLLLPGELAKHAV. S	3. 135
1 588. 825 1	−0. 006 02	2	L. QVEEEVDAMLAVKK. -	3. 064
1 594. 862 1	−0. 003 14	2	K. ASIKKGEDFVKNMK. -	3. 623
1 605. 895 9	0. 004 84	2	E. RADLIAYLKKATNE. -	3. 767
1 606. 814 5	0. 002 34	2	E. LLKQGQYSPMAIEE. Q	3. 218
1 607. 897 6	0. 009 52	3	E. TGRVLSIGDGIARVHG. L	3. 02
1 611. 870 1	0. 002 22	2	E. KVTSHAIVKEVTQGD. -	3. 654
1 616. 835 9	0. 010 7	2	E. VRECACAGLARLVQQ. R	2. 764
1 617. 917	0. 003 71	3	P. VSELITKAVSASKER. G	3. 993
1 619. 922 8	−0. 000 67	3	F. KNIVTPRTPPPSQGK. G	3. 461
1 621. 828 8	−0. 004 88	2	L. SAMTEEAAVAIKAMAK. -	3. 965
1 622. 845 8	−0. 005 91	2	S. ISGEYNLKTLMSPLG. I	2. 871
1 623. 931 6	0. 010 04	2	E. LLEGKVLPGVDALSNV. -	2. 788
1 636. 895 2	0. 010 85	2	R. DGKLRHM* LARDLVP. G	2. 562
1 637. 958 5	0. 002 99	2	N. AKVAVLGASGGIGQPLSL. L	3. 74
1 638. 888 4	0. 006 36	3	S. LLMERLSVDYGKKS. K	3. 154
1 640. 885 4	0. 001 68	3	E. KNPLPSKETIEQEK. Q	3. 22
1 642. 759 5	−0. 009 22	2	V. FEYEAAGEDELTLR. L	2. 574
1 658. 806 8	−0. 002 62	2	S. KYLATASTMDHARHG. F	3. 951
1 659. 801 3	0. 003 05	2	G. FQQILAGEYDHLPE. Q	3. 515
1 660. 749 6	−0. 003 84	2	M. SSGAHGEEGSARMWKA. L	2. 815
1 661. 719	−0. 000 49	2	Q. LTADSHPSYHTDGFN. -	3. 201
1 664. 901 3	−0. 026 46	2	H. GALVRKVHADPDCRK. T	2. 504
1 665. 815 3	−0. 002 67	2	R. FDEILEASDGIMVAR. G	4. 208
1 667. 987 7	0. 004 84	2	E. DLKLLAKKAQAQPIM. -	3. 502
1 668. 940 7	0. 003 85	2	R. KLAVNMVPFPRLHF. F	3. 888
1 669. 895 5	0. 006 8	3	F. KRISEQFTAMFRR. K	3. 803
1 670. 943 6	−0. 005 33	3	Q. VTNVGGAVVTGVTAVAQK. T	3. 197
1 676. 944 2	−0. 003 82	2	F. KNIVTPRTPPPSQGKG. G	2. 76
1 680. 870 4	0. 005 36	2	R. KGNYSERVGAGAPVYL. A	2. 787
1 682. 831 9	0. 004 46	2	R. KGNYAERVGAGAPVYM. A	3. 503
1 683. 910 5	0. 001 97	2	R. ALPFWNEEIVPQIK. E	2. 724
1 687. 821 6	0. 002 94	2	-. MQLKPMEINPEMLN. K	4. 234

续 表

MH+	DeltaM	z	肽段	XC
1 696. 901 7	−0. 023 28	2	R. RLAVRFTALDLSYGD. A	2. 705
1 699. 974 1	−0. 003 56	3	D. KFLASVSTVLTSKYR. -	5. 396
1 701. 865 4	0. 005 95	2	E. ALARLEEEGQSLKEE. M	3. 2
1 704. 801 7	0. 005 58	2	G. FLVFHSFGGGTGSGFTS. L	4. 128
1 711. 945	−0. 005 41	2	Y. AAQASAAPKAGTATGRIVA. V	2. 99
1 715. 805 8	−0. 003 02	2	Y. AEAAAAPAPAAGPGQMSFT. F	3. 037
1 718. 98	0. 003 82	2	G. LISFIKQQRDTKLE. -	3. 093
1 720. 959 2	−0. 005 68	2	L. LLPGELAKHAVSEGTKA. V	3. 19
1 721. 772 5	0. 002 83	2	D. GQVINETSQHHDDLE. -	3. 204
1 723. 886 1	0. 002 63	2	E. LISNSSDALDKIRYE. S	3. 256
1 725. 974 5	−0. 005 62	2	K. ASGPPVSELITKAVAASK. E	3. 813
1 729. 948 3	0. 003 32	2	T. LWNGQKLVTTVTEIAG. -	2. 526
1 730. 870 8	0. 003 19	2	F. LENVIRDAVTYTEHA. K	3. 223
1 731. 052 7	−0. 005 92	2	T. IAQGGVLPNIQAVLLPK. K	3. 265
1 741. 980 7	0. 002 06	3	I. RNDEELNKLLGKVTI. A	3. 693
1 745. 928	0. 007 27	2	E. SLATVEETVVRDKAVE. S	3. 116
1 747. 847 2	0. 000 73	2	F. LSQPFQVAEVFTGHMG. K	2. 846
1 749. 926 9	0. 005 72	2	E. ALELVKEAIDKAGYTE. K	4. 43
1 750. 678 7	−0. 000 43	2	T. LWTSDQQDDDGGEGNN. -	3. 777
1 751. 885 7	0. 012 39	2	D. SLKNCVNKDHLTAATH. W	2. 593
1 756. 970 4	0. 001 89	2	F. VNVVPTFGKKKGPNANS. -	2. 503
1 762. 901	0. 001 32	2	P. LATYAPVISAEKAYHE. Q	2. 87
1 763. 932 7	0. 004 51	2	K. KSADTLWGIQKELQF. -	3. 367
1 764. 910 2	0. 002 27	2	N. KKAYSMAKYLRDSGF. -	3. 086
1 765. 882 8	−0. 023 42	2	A. GAAAGSAAAAAAAAAATAPGPAGA. A	2. 892
1 768. 944	−0. 004 63	3	E. KNPLPSKETIEQEKQ. A	3. 572
1 770. 920 7	0. 002 94	2	M. PMFIVNTNVPRASVPE. G	3. 067
1 772. 940 2	0. 005 6	3	E. NVIRDAVTYTEHAKR. K	5. 094
1 774. 813 9	0. 013 53	2	D. GQVNYEEFVQMMTAK. -	4. 337
1 777. 907 9	−0. 004 13	2	T. LTHGSVVSTRTYEKEA. -	3. 442
1 779. 877 3	0. 010 65	2	E. TAVNLAWTAGNSNTRFG. I	3. 022
1 780. 032 7	0. 010 09	3	M. VIRVYIASSSGSTAIKK. K	4. 274
1 787. 943 9	0. 005 99	3	R. KAGQVFLEELGNHKAF. K	4. 302
1 801. 036 4	−0. 010 63	2	I. ITLMIKSVQKNDVRVG. F	2. 631
1 804. 882 4	−0. 002 27	2	H. QSGFSLSGAQIDDNIPR. R	3. 3
1 806. 883 7	0. 005 72	3	-. MKGETPVNSTMSIGQAR. K	3. 762
1 815. 880 8	0. 000 41	2	E. MVPLKYFENWSASMI. -	3. 458
1 817. 885 7	0. 009 56	2	G. FLVFHSFGGGTGSGFTSL. L	2. 629
1 821. 916 4	−0. 000 06	3	R. RFDEILEASDGIMVAR. G	4. 152
1 823. 034 7	0. 007 05	2	-. MQIFVKTLTGKTITLE. V	3. 101
1 827. 942 2	0. 002 56	2	M. PMFIVNTNVPRASVPEG. F	3. 813

续 表

MH+	DeltaM	z	肽段	XC
1 828.965 1	−0.001 03	2	E. GAELVDSVLDVVRKEAE. S	3.137
1 832.873 5	0.002 96	2	G. IVMDSGDGVTHTVPIYE. G	2.978
1 836.975 5	0.002 7	2	E. AFREANLAAAFGKPINF. -	3.513
1 840.022 8	0.000 67	2	A. FQKVVAGVATALAHKYH. -	5.027
1 843.903 2	−0.003 7	2	P. QAEAPAAAASSEQSVAVKE. -	5.58
1 844.896 6	0.008 75	2	G. FSAKWDYDKNEWKK. -	3.155
1 846.951 8	−0.007 69	2	F. LSSPEHVNRPINGNGKQ. -	3.106
1 864.126 6	0.000 95	2	N. AKVAVLGASGGIGQPLSLLL. K	3.925
1 865.845 3	0.008 1	2	L. FHNPHVNPLPTGYEDE. -	3.915
1 868.921 1	0.009 44	2	R. AVNPSRGVFEEMKYLE. L	2.532
1 869.893 7	−0.000 5	2	E. AASAAPGIPAEQTRDSPSGS. -	3.257
1 871.063 7	0.005 78	3	R. KGLKEGIPALDNFLDKL. -	3.722
1 874.881 4	−0.003 56	2	M. SSGAHGEEGSARMWKALT. Y	3.051
1 877.892 9	0.006 84	3	A. SDLELHPPSYPWSHRG. L	3.971
1 878.966 8	0.008 64	2	K. SLNLVSDRFSRTENIQ. K	2.528
1 886.935 1	−0.034 24	2	P. GELLIALHNIDSVKCDM* . K	2.656
1 889.001 5	0.002 52	2	R. KSADTLWDIQKDLKDL. -	3.41
1 892.899 3	0.004 02	2	E. AMRMLLADQGQSWKEE. V	3.297
1 895.013 4	−0.003 28	2	G. VTSGNVGYLAHAIHQVTK. -	2.9
1 896.037 1	−0.002 2	3	Y. KVLKQVHPDTGISSKAMG. I	3.995
1 900.841 5	0.004 33	2	G. VMVGMGQKDSYVGDEAQS. K	3.985
1 902.867 6	−0.001 88	2	M. ASGGGVPTDEEQATGLERE. I	3.883
1 910.79	−0.004 26	2	R. SSGSPYGGGYGSGGGSGGYGSR. R	4.233
1 911.985 1	0.002 99	2	K. KLTGKDVNFEFPEFQL. -	2.533
1 916.038 9	−0.000 36	3	R. KAGQVFLEELGNHKAFK. K	3.602
1 920.054 9	0.007 14	3	K. KGERADLIAYLKKATNE. -	5.51
1 922.034 2	−0.007 26	2	A. KHAVSEGTKAVTKYTSSK. -	5.223
1 923.827 7	−0.002 1	2	K. VQEEFDIDMDAPETER. A	4.575
1 926.944 4	0.005 21	2	E. KLTQDQDVDVKYFAQE. A	4.608
1 928.085 1	−0.003 33	3	S. LDKFLASVSTVLTSKYR. -	3.753
1 929.867 2	−0.009 41	2	K. SDAAPAASDSKPSSAEPAPSS. K	3.966
1 930.048	0.003 94	3	E. LFKRISEQFTAMFRR. K	4.186
1 939.104 5	0.003 69	3	A. LVGKDMANQVKAPLVLKD. -	3.602
1 940.96	0.002 8	2	A. LLSPYSYSTTAVVSNPQN. -	2.736
1 941.105 5	0.003 03	3	M. KTYVEKVDELKKKYGI. -	4.495
1 946.862 3	−0.001 05	2	D. GDGQVNYEEFVQMMTAK. -	3.842
1 952.963 4	−0.007 26	2	K. HLEGLSEEAIMELNLPTG. I	3.565
1 958.016 4	−0.022 26	3	L. PKVAVPSTIHCDHLIEAQ. V	3.141
1 964.034 8	0.005 87	3	E. ALEWLIRETEPVSRQH. -	3.129
1 965.794 5	0.001 07	2	T. LWTSDTQGDEAEAGEGGEN. -	4.607
1 978.929 4	0.006 1	2	T. LFHNPHVNPLPTGYEDE. -	3.775

续　表

MH+	DeltaM	z	肽段	XC
1 982.097	0.002 16	3	Q. AAFQKVVAGVATALAHKYH. -	3.838
1 984.982 2	−0.002 96	2	K. NPLPSKETIEQEKQAGES. -	3.264
1 989.981 1	−0.042 03	2	S. FGRDQDNKIAIKNCDGVP. A	2.537
1 990.057 2	0.032 4	2	L. MQQASSGRQSLPIKAM* LK. S	2.658
1 991.873	0.010 01	2	E. TTQLTADSHPSYHTDGFN. -	3.736
1 992.221 6	0.002 17	2	N. AKVAVLGASGGIGQPLSLLLK. N	5.889
1 994.020 3	−0.007 14	2	A. FLSSPEHVNRPINGNGKQ. -	3.795
1 994.045 4	0.006 36	3	D. TGILDSIGRFFSGDRGAPK. R	4.421
2 000.989 2	0.001	2	L. KQVHPDTGISSKAMGIMNS. F	4.382
2 007.78	0.001 19	2	E. AYEMPSEEGYQDYEPEA. -	2.854
2 009.11	0.003 19	3	S. LLMERLSVDYGKKSKLE. F	3.871
2 010.141 6	0.003 94	3	E. ALVGKDMANQVKAPLVLKD. -	4.006
2 011.118 2	−0.007 66	3	K. ASGPPVSELITKAVAASKER. S	3.356
2 013.04	−0.003 4	2	A. AKAPAPAAPAAAEPQAEAPAAAA. S	3.69
2 020.202 6	−0.008 29	2	Y. PLRRSQSLPTTLLSPVRV. V	2.676
2 023.052 9	0.047 08	3	L. LEKIYRLEMEENQLKS. E	3.135
2 024.040 7	0.004 41	2	L. KEARVAQGQGEGEVGPEVAL. -	3.341
2 031.071 7	−0.002 47	2	L. LIKTVETRDGQVINETSQ. H	4.039
2 037.944 7	0.002 39	2	M. SSGAHGEEGSARMWKALTY. F	3.135
2 043.984 4	0.001 73	2	F. LVFHSFGGGTGSGFTSLLME. R	3.272
2 049.026 1	0.009 24	3	R. HRDTGILDSIGRFFSGDR. G	3.131
2 050.045 1	0.008 04	3	M. VGPIEEAVAKADKLAEEHGS. -	3.12
2 057.962 2	−0.003 2	2	K. SDAAPAASDSKPSSAEPAPSSK. E	4.01
2 062.154 3	−0.006 03	3	R. SGVSLAALKKALAAAGYDVEK. N	3.82
2 068.939 3	−0.02	2	K. VNSGPVTFSQASGICHSYGGT. L	2.523
2 070.047 5	−0.001 15	3	S. LPQKSQHGRTQDENPVVH. F	3.096
2 075.9	−0.004 61	2	K. AGEASAESTGAADGAAPEEGEAK. K	4.267
2 080.044 5	0.000 95	2	E. NSEALELVKEAIDKAGYTE. K	4.447
2 082.116 5	0.009 72	2	E. AFEISKKEMQPTHPIRLG. L	3.628
2 086.154 3	0.002 39	3	H. ASLDKFLASVSTVLTSKYR. -	5.384
2 092.090 9	0.007 32	3	E. AWARLDHKFDLMYAKRA. F	3.153
2 099.106 2	−0.006 2	2	-. MQLKPMEINPEMLNKVLA. K	2.939
2 106.264 5	0.001 77	3	N. AKVAVLGASGGIGQPLSLLLKN. S	3.617
2 109.072 3	0.002 24	3	R. DTGILDSIGRFFSGDRGAPK. R	4.027
2 113.077 2	−0.004 97	3	E. KNPLPSKETIEQEKQAGES. -	3.811
2 114.182 9	−0.006 1	3	L. KEVIRERKEREEWAKK. -	3.586
2 122.150 3	0.003 97	2	E. KIQASVATNPIITPVAQENQ. -	5.696
2 133.176 1	0.008 08	3	E. TLKTKAQSVIDKASETLTAQ. -	3.101
2 139.213 2	0.007 41	3	R. KASGPPVSELITKAVAASKER. S	5.61
2 140.161 7	−0.003 02	3	Y. KVLKQVHPDTGISSKAMGIM. N	4.27
2 141.113 8	0.001 17	3	R. TQDENPVVHFFKNIVTPR. T	4.359

续 表

MH+	DeltaM	z	肽段	XC
2 150.036	−0.008 95	2	E. VAAGDDKKGIVDQSQQAYQE. A	5.005
2 151.145 1	0.041 7	3	A. SSSQKLSFKERVRMASPRG. Q	3.254
2 156.157 3	0.002 18	2	R. TLWTVLDAIDQMWLPVVR. T	3.314
2 157.187 4	−0.000 47	3	K. TKEQVTNVGGAVVTGVTAVAQK. T	3.671
2 162.894	−0.020 86	2	N. QMQGFCPENEEKYRCVSD. S	2.571
2 166.101 2	0.006 18	2	R. KGNYAERVGAGAPVYMAAVLE. Y	3.521
2 169.223 8	−0.007 48	3	R. KATGPPVSELITKAVSASKER. G	4.197
2 171.181 9	0.003 88	3	G. KKVITAFNDGLNHLDSLKGT. F	3.917
2 175.086 3	−0.034 54	3	D. ADMPRPPETTTAVGAVVTAPHG. R	3.792
2 181.085 6	0.006 53	3	Y. MVGPIEEAVAKADKLAEEHGS. -	3.049
2 183.076 1	−0.007 24	3	G. MGQKDSYVGDEAQSKRGILT. L	4.635
2 191.052 9	0.004 95	2	G. FLVFHSFGGGTGSGFTSLLME. R	3.959
2 201.068 9	0.010 52	2	E. MEQRLEQGGQAIDDLMPAQK. -	4.078
2 218.094 6	−0.004 93	3	E. ALSVREAREEAEEKSEEKQ. -	3.067
2 223.161 6	−0.044 96	3	E. AKSPAEAKSPAEAKSPAEAKSPA. E	3.395
2 229.042	−0.014 54	3	L. EEALVGNDSEGPLCELLFFF. L	3.313
2 229.124 5	−0.004 38	3	K. TETQEKNPLPSKETIEQEK. Q	3.754
2 230.215 2	0.001 39	3	E. SAMKTYVEKVDELKKKYGI. -	3.667
2 237.199 7	0.021 11	3	L. ERLREESAAKDRLALELHT. A	3.179
2 238.053 6	−0.000 42	2	A. SSWWTHVEMGPPDPILGVTE. A	3.984
2 240.109 5	−0.005 2	3	E. SGYVPGYKHAGTYDQKVQGGK. -	3.615
2 242.059 1	−0.000 34	3	G. VMVGMGQKDSYVGDEAQSKRG. I	5.071
2 245.346 5	0.007 25	3	M. APIGLKAVVGEKIMHDVIKKV. K	4.134
2 265.173 5	0.004 29	3	H. RDTGILDSIGRFFSGDRGAPK. R	3.091
2 286.365 8	0.054 18	3	L. LSWMLSVVLLLFVDVRVALL. L	3.224
2 293.040 1	−0.012 9	3	R. KAQPSQAAEEPAEKADEPMEH. -	4.671
2 294.260 2	−0.011 74	3	E. LRPTLNELGISTPEELGLDKV. -	4.975
2 322.162 6	0.002 91	3	S. FVNDIFERIAGEASRLAHYN. K	3.013
2 341.236 7	0.001 63	3	Y. KVLKQVHPDTGISSKAMGIMNS. F	4.633
2 345.271 1	0.007 95	3	G. LTTKNLDYVATSIHEAVTKIQ. -	4.024
2 352.173 1	−0.000 07	3	S. FVNDIFERIASEASRLAHYN. K	4.474
2 357.219 5	−0.008 54	3	K. KTETQEKNPLPSKETIEQEK. Q	4.309
2 373.441 4	−0.000 75	3	M. APIGLKAVVGEKIMHDVIKKVK. K	3.304
2 377.272 2	−0.002 77	3	R. SGVSLAALKKALAAAGYDVEKNNS. R	3.881
2 385.248 3	0.032 04	3	E. EKEEKECLSLNPLKPYHLSK. D	3.407
2 402.293 4	−0.002 86	3	Y. VYKVLKQVHPDTGISSKAMGIM. N	4.008
2 423.107	−0.002 76	3	K. TVETRDGQVINETSQHHDDLE. -	5.277
2 434.331 4	0.000 75	3	P. KIKAFLSSPEHVNRPINGNGKQ. -	3.685
2 444.430 9	0.007 36	3	E. LLKMFGIDKDAIVQAVKGLVTKG. -	6.053
2 445.265 4	0.003 37	3	E. IAQVATISANGDKDIGNIISDAMK. K	3.082
2 468.198	0.004 1	2	M. VNPTVFFDITADDEPLGRVSFE. L	3.827

续　表

MH+	DeltaM	z	肽段	XC
2 471.226	−0.002	3	E. TQEKNPLPSKETIEQEKQAGES. -	4.468
2 481.418 8	−0.007 84	3	V. RLLLPGELAKHAVSEGTKAVTKY. T	5.199
2 485.278	−0.002 76	3	K. KTETQEKNPLPSKETIEQEKQ. A	3.081
2 491.268 2	−0.003 3	3	E. KADSNKTRIDEANQRATKMLGSG. -	3.801
2 502.356 2	−0.003 73	3	L. LPGELAKHAVSEGTKAVTKYTSSK. -	6.578
2 504.153 6	−0.000 29	2	Q. LLRDNLTLWTSDQQDEEAGEGN. -	4.509
2 510.361 3	−0.008 04	3	T. LSALVDGKSFNAGGHKLGLALELEA. -	4.053
2 515.384	−0.003 89	3	R. VETGVLKPGMVVTFAPVNVTTEVK. S	3.406
2 522.372 6	−0.009 08	3	T. LSALLDGKNVNAGGHKLGLGLEFQA. -	3.854
2 533.373 3	0.002 94	3	R. SGVSLAALKKALAAAGYDVEKNNSR. I	6.34
2 535.457 9	0.005 25	3	A. LAIVEALVGKDMANQVKAPLVLKD. -	4.499
2 538.316	0.005 9	2	K. HLEGLSEEAIMELNLPTGIPIVY. E	4.173
2 557.340 9	0.000 06	3	T. LSALIDGKNFNAGGHKVGLGFELEA. -	3.253
2 558.376 8	0.027 57	3	L. ELGEKRKGMLEKSCKKFMLFR. E	3.08
2 569.274 9	0.016 06	3	G. VMVGMGQKDSYVGDEAQSKRGILT. L	3.913
2 576.149 5	−0.009 2	2	Q. LLRDNLTLWTSDQQDDDGGEGNN. -	4.785
2 598.398 5	−0.000 47	3	K. LKKTETQEKNPLPSKETIEQEK. Q	3.393
2 611.439 5	−0.012 68	3	P. FAKLVRPPVQVYGIEGRYATALY. S	3.507
2 615.440 3	−0.001 76	3	L. LLPGELAKHAVSEGTKAVTKYTSSK. -	3.593
2 618.290 6	0.015 52	3	E. KMDLTAKELTEEKETAFEFLSSA. -	3.76
2 623.347 5	0.002 39	3	A. FAQFGSDLDAATQQLLSRGVRLTE. L	3.469
2 624.498 1	0.001 53	3	E. KLVSTKKVEKVTSHAIVKEVTQGD. -	3.082
2 631.407 6	0.003 1	3	R. KTVTAMDVVYALKRQGRTLYGFGG. -	3.621
2 664.286	0.003 47	3	L. IKTVETRDGQVINETSQHHDDLE. -	5.023
2 672.377 8	−0.012 3	3	F. SGAGNIAAATGLVKKEEFPTDLKPEE. V	4.1
2 701.316 3	−0.009 02	3	K. TETQEKNPLPSKETIEQEKQAGES. -	3.278
2 706.298 1	−0.008 25	3	V. NPSDRYHLMPIITPAYPQQNSTY. N	3.396
2 711.280 8	0.006 87	3	G. LAAQGRYEGSGDGGAAAQSLYIANHAY. -	4.589
2 728.524 4	0.001 86	3	R. LLLPGELAKHAVSEGTKAVTKYTSSK. -	3.541
2 738.487 6	0.001 4	3	D. FTPAVHASLDKFLASVSTVLTSKYR. -	5.068
2 739.329 4	0.011 26	2	S. LYASGRTTGIVMDSGDGVTHTVPIYE. G	2.977
2 744.363 8	0.001 8	3	M. VLSGEDKSNIKAAWGKIGGHGAEYGAE. A	5.447
2 748.490 4	0.059	3	F. NGLDRIISRRKNEKYLGFGTPSNL. G	3.443
2 751.457 2	−0.025 25	3	Y. SVYVYKVLKQVHPDTGISSKAMGIM. N	3.368
2 753.563 4	0.001 4	3	E. FALAIVEALVGKDMANQVKAPLVLKD. -	6.099
2 777.37	0.010 94	3	L. LIKTVETRDGQVINETSQHHDDLE. -	5.668
2 788.535 6	0.012	3	A. QHFRKVLGDTLLTKPVDIAADGLPSP. N	3.292
2 791.265 3	−0.012 38	3	Q. LLRDNLTLWTSDTQGDEAEAGEGGEN. -	5.183
2 805.431 9	0.000 67	3	R. TQDENPVVHFFKNIVTPRTPPPSQG. K	3.513
2 818.556 9	−0.006 59	3	E. KMIAEAIPELKASIKKGEDFVKNMK. -	5.289
2 829.411 2	−0.006 95	3	K. KTETQEKNPLPSKETIEQEKQAGES. -	4.682

续 表

MH+	DeltaM	z	肽段	XC
2 840.520 6	−0.002 74	3	G. KDFTPAAQAAFQKVVAGVATALAHKYH. -	5.993
2 858.416 7	0.010 13	3	K. APAPAAPAAAEPQAEAPAAAASSEQSVAVKE. -	4.299
2 864.490 1	0.002 82	3	E. VAAFAQFGSDLDAATQQLLSRGVRLTE. L	4.194
2 884.625 5	0.009 77	3	V. RLLLPGELAKHAVSEGTKAVTKYTSSK. -	6.45
2 900.447 2	−0.012 99	3	Q. LMRIEEELGDEARFAGHNFRNPSVL. -	3.837
2 901.409 4	−0.000 89	3	S. IVGRPRHQGVMVGMGQKDSYVGDEAQS. K	3.924
2 906.390 2	0.001 95	3	R. VPSPVSSEDDLQEEEQLEQAIKEHLG. P	5.087
2 915.603 6	−0.000 66	3	A. KRKTVTAMDVVYALKRQGRTLYGFGG. -	3.755
2 933.526 8	0.000 54	3	R. TQDENPVVHFFKNIVTPRTPPPSQGK. G	6.591
2 935.144 4	0.001 08	2	E. DMPVDPGSEAYEMPSEEGYQDYEPEA. -	2.538
2 957.506 2	−0.017 52	3	L. KKTETQEKNPLPSKETIEQEKQAGES. -	4.687
2 959.766 7	0.008 87	3	N. AKVAVLGASGGIGQPLSLLLKNSPLVSRLT. L	5.773
2 986.511 6	−0.009 59	3	A. KAPAPAAPAAAEPQAEAPAAAASSEQSVAVKE. -	3.765
3 010.665 9	0.006 8	3	F. KKGDVVIVLTGWRPGSGFTNTMRVVPVP. -	4.871
3 025.485 7	−0.013 76	3	T. YVPM* TGGAPSM* VTVDGTDTETRLVKLTPG. V	3.051
3 028.599	0.008 18	3	E. LASQPDVDGFLVGGASLKPEFVDIINAKQ. -	3.798
3 039.560 8	0.048 88	3	L. VNNAALVIMQPFLEVTKEAFDRSFSVN. L	3.295
3 057.527 6	−0.004 66	3	M. VLSGEDKSNIKAAWGKIGGHGAEYGAEALE. R	4.811
3 058.598 3	−0.045 4	3	T. WDEVVLIAEQLKDLEALDLSENKLQF. P	3.059
3 105.675 2	0.003 21	3	-. MQIFVKTLTGKTITLEVEPSDTIENVKA. K	5.483
3 117.433 2	0.004 43	3	K. LISWYDNEYGYSNRVVDLMAYMASKE. -	4.416
3 185.501 5	−0.001 5	3	S. TATQRTAGEDCSSEDPPDGLGPSLAEQALRL. K	3.065
3 202.627 5	0.002 3	3	E. SYSVYVYKVLKQVHPDTGISSKAMGIMNS. F	4.103
3 222.478 2	0.001	3	E. KDAVDEAKPKESARQDEGKEDPEADQEHA. -	3.295
3 266.712 3	0.007 5	3	M. VVDGVKLLIEMEQRLEQGQAIDDLMPAQK. -	5.701
3 344.669 2	0.001 75	3	M. VLSGEDKSNIKAAWGKIGGHGAEYGAEALERM. F	7.533
3 350.941	0.002 54	3	N. AKVAVLGASGGIGQPLSLLLKNSPLVSRLTLYD. I	7.081
3 353.789 9	−0.009 37	3	Y. TEHAKRKTVTAMDVVYALKRQGRTLYGFGG. -	4.808
3 410.771 4	0.022 23	3	D. MLFYLVSVCLCVAVIGAFQLTAFTFRENLAA. T	3.462
3 433.707	0.008 52	3	A. KYNQLMRIEEELGDEARFAGHNFRNPSVL. -	3.691
3 489.858 8	0.002 23	3	S. LLGNIRSDGKISEQSDAKLKEIVTNFLAGFEP. -	5.347
3 491.737 6	0.003 51	3	M. VLSGEDKSNIKAAWGKIGGHGAEYGAEALERMF. A	6.075
3 495.637 3	0.072 62	3	I. VISGHFDGVQDLMWDPEGEFIITTSTDQTTR. L	3.099
3 526.639 5	−0.008 81	3	S. LLTTAEAVVTEIPKEEKDPGMGAMGGMGGGMGGGMF. -	5.682
3 562.774 7	−0.000 64	3	M. VLSGEDKSNIKAAWGKIGGHGAEYGAEALERMFA. S	7.187
3 566.875 4	0.009 85	3	T. LASHHPADFTPAVHASLDKFLASVSTVLTSKYR. -	6.332
3 667.853	0.008 81	3	M. VNPTVFFDITADDEPLGRVSFELFADKVPKTAE. N	3.114
3 746.847	0.015 43	3	E. GLPINDFSREKMDLTAKELTEEKETAFEFLSSA. -	3.277
3 772.817 7	0.014 46	3	G. LLSDRLHISPDRVYINYYDMNAANVGWNGSTFA. -	5.112
3 833.740 7	−0.013 23	3	Q. LLRDNLTLWTSDMQGDGEEQNKEALQDVEDENQ. -	8.051

4.5.2 固定铜离子的磁性介孔材料[37]

4.5.2.1 固定铜离子的磁性介孔材料富集肽段/蛋白基本原理

固定金属离子亲和色谱(IMAC)在蛋白纯化方面得到了新发展和应用[38]。IMAC 技术是在固定的金属离子与目标蛋白/肽段分子之间可逆的结合-解离机理基础上发展的。尤其是铜离子(Cu^{2+})可以较容易地固定在底物上,通过共价键与蛋白/肽段的氨基酸链结合;而富集后使用洗脱试剂又能够通过对共价键的破坏将蛋白/肽段分子释放出来。鉴于磁性材料和有序介孔材料的特点,以及 IMAC 技术的优点,一种能够用于肽组学研究的,并结合金属离子亲和作用、体积排阻效应和磁性分离特点的纳米材料的设计和合成成为蛋白组学方面的研究热点。

为了能够摸索出对低丰度肽段富集有效的新型纳米材料,结合上述技术的特点合成了一种修饰有铜离子的磁性介孔硅的微球(简写为 Fe_3O_4@$m$$SiO_2$ - Cu^{2+})。该材料内核为磁性中心 Fe_3O_4 微球,表面包覆一层介孔二氧化硅,形成具有核壳结构的功能性磁性介孔材料;外表面的垂直孔道介孔二氧化硅层是通过表面活性剂模版法直接将介孔二氧化硅覆盖在 Fe_3O_4 内核上,而介孔孔道内壁则修饰有铜离子。通过这种方法合成的 Fe_3O_4@$m$$SiO_2$ - Cu^{2+} 表现出很高的磁响应强度(43.6 emu · g^{-1}),具有均匀的介孔孔径(3.3 nm),较大的比表面积(85 cm^3 · g^{-1}),以及介孔内壁上修饰的大量的 Cu^{2+}。由于该材料具有固定了大量铜离子的高度开放式的介孔孔道,因此能有效地且有选择性地富集复杂生物样品中的肽段。

4.5.2.2 固定铜离子的磁性介孔氧化硅微球的合成

如图 4 - 50 所示,首先合成磁性硅球(Fe_3O_4@$m$$SiO_2$)(见 2.4 节)。然后,称取 30 mg 干燥的 Fe_3O_4@$m$$SiO_2$ 分散于 30 mL 三氯甲烷中,于冰水浴中搅拌 30 min 后缓慢滴加0.2 mL

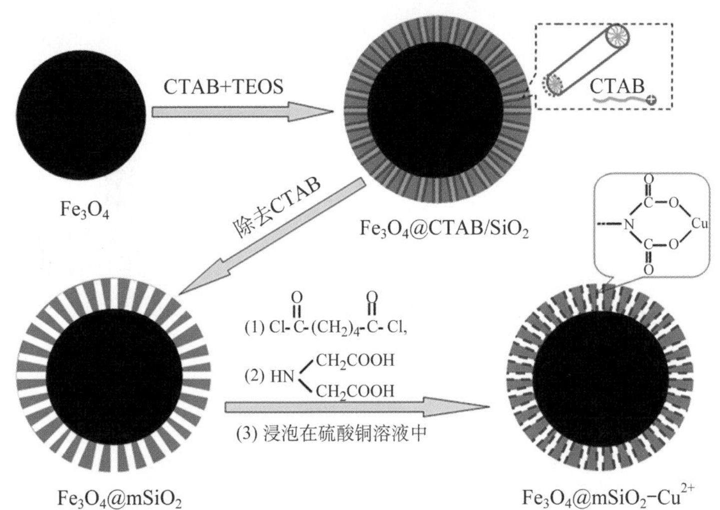

图 4 - 50　具有核壳结构的固定铜离子的磁性氧化硅介孔(Fe_3O_4@$m$$SiO_2$ - Cu^{2+})微球的合成路径

己二酰氯(adipoyl chloride, AC),以使硅羟基与酰氯基团反应,将有机基团修饰在 Fe_3O_4@$m$$SiO_2$ 材料上。加入己二酰氯后的分散液继续于冰水浴中搅拌 4 h,再用无水三氯甲烷将材料洗几遍,以除去过量的己二酰氯,接下来加入 30 mL 三氯甲烷,再加入200 mg亚氨基二乙酸(IDA),超声分散后,在常温下搅拌过夜。此时所得到的 Fe_3O_4@$m$$SiO_2$ - AC - IDA 微球先用丙酮洗 1~2 遍,再用乙醇多洗几遍,50 ℃真空干燥,备用。

最后,将干燥的 10 mg Fe_3O_4@$m$$SiO_2$ - AC - IDA 微球浸泡在 1 mL $CuSO_4$ 溶液中(实验中用到的 $CuSO_4$ 溶液浓度分别为: 0.02 mol · L^{-1}, 0.1 mol · L^{-1}, 0.2 mol · L^{-1})并振荡过夜,用去离子水洗净真空干燥即可得到最终产物 Fe_3O_4@$m$$SiO_2$ - Cu^{2+},用于后续的肽段富集实验。

为了验证进行化学修饰的有效性,Fe_3O_4@$m$$SiO_2$ - Cu^{2+} 微球的化学成分通过扫描电镜-能量色散 X 射线分析(SEM - EDX)(见图 4 - 51(c), (d)),测得复合物中元素铜的量为主要元素(Fe, O, Si, Cu, C)总量的 3.95%,表明 Cu^{2+} 通过金属螯合作用有效地与活化基团结合。

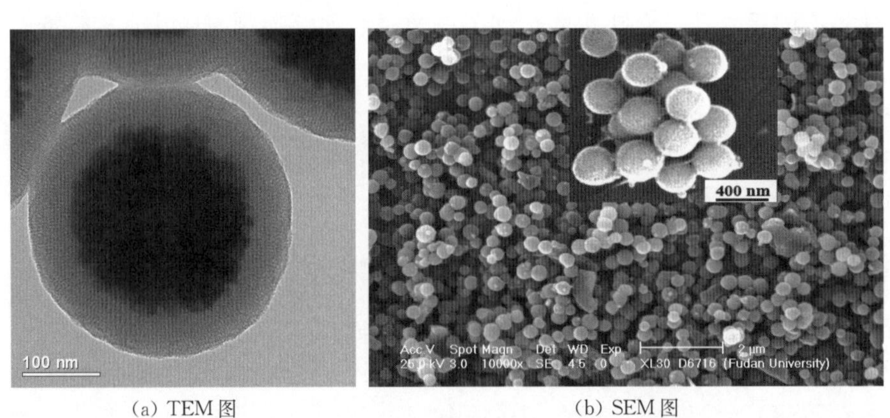

(a) TEM 图　　(b) SEM 图

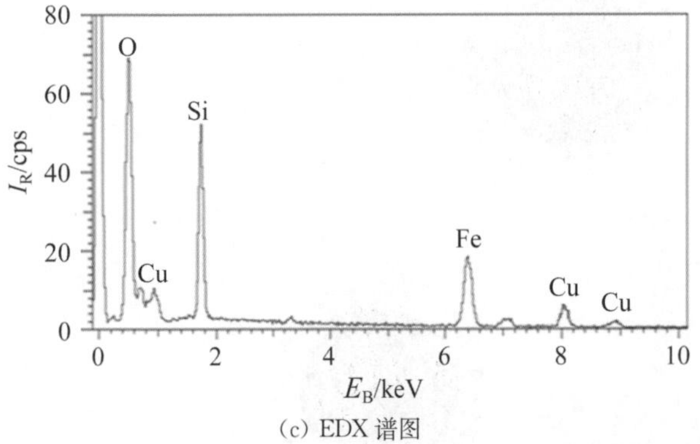

(c) EDX 谱图

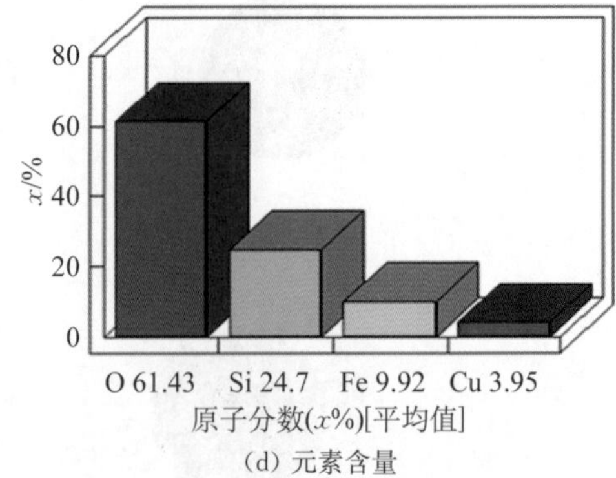

(d) 元素含量

图 4 - 51 浸入 0.2 mol · L^{-1} 的 $CuSO_4$ 溶液所得到的终产物 Fe_3O_4@$m$$SiO_2$ - Cu^{2+} 微球的透射电镜和扫描电镜图,以及微球的表面元素分析的 EDX 谱图和元素含量

EDX 分析出了微球复合物中所存在的元素种类及其含量，而红外（FTIR）则可以更清楚地分析微球上所修饰的官能团，进而了解化学修饰的过程。通过对比 $Fe_3O_4@m SiO_2$ 微球和 $Fe_3O_4@m SiO_2-Cu^{2+}$ 微球的红外图（见图 4－52）可以看到，两种材料在 581 cm^{-1} 和 1 085 cm^{-1} 处都有明显的吸收峰，它们分别为 Fe—O—Fe 和 Si—O—Si 伸缩振动。相对于 $Fe_3O_4@m SiO_2$ 微球来说，$Fe_3O_4@m SiO_2-Cu^{2+}$ 微球在 1 401 cm^{-1} 和 1 629 cm^{-1} 处出现较强的吸收带，这两处的吸收峰归属于经过表面化学修饰之后形成的羧化产物 C—O 的不对称伸缩振动和对称伸缩振动。SEM－EDX 和 FTIR 的综合分析结果显示 Cu^{2+} 确实被固定在 $Fe_3O_4@m SiO_2$ 微球上。

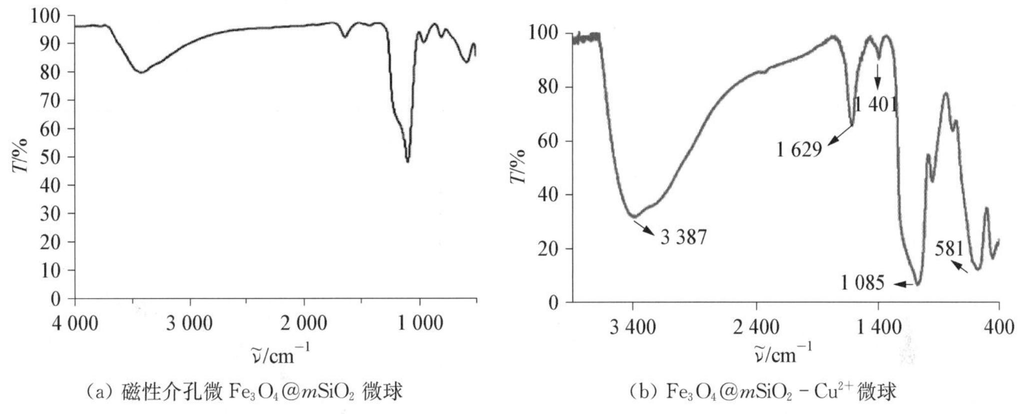

（a）磁性介孔微 $Fe_3O_4@m SiO_2$ 微球　　（b）$Fe_3O_4@m SiO_2-Cu^{2+}$ 微球

图 4－52　磁性介孔 $Fe_3O_4@m SiO_2$ 微球和 $Fe_3O_4@m SiO_2-Cu^{2+}$ 微球的红外光谱图对照

广角 X 射线衍射图列出了合成所得的 $Fe_3O_4@m SiO_2-Cu^{2+}$ 微球明显的衍射峰（见图 4－53）。这些衍射峰能够精确地表征磁铁矿相态的衍射，这说明溶胶-凝胶反应和表面化学修饰对磁铁矿 Fe_3O_4 内核的晶体性质没有产生影响，$Fe_3O_4@m SiO_2-Cu^{2+}$ 微球仍然具有和 Fe_3O_4 内核相同的晶体状态。由此推测 $Fe_3O_4@m SiO_2-Cu^{2+}$ 微球同样具有与 Fe_3O_4 内核类似的磁体性质。而通过超导量子干涉设备在 25.8 ℃对材料进行的磁学表征，也显示 $Fe_3O_4@m SiO_2-Cu^{2+}$ 微球具有很好的超顺磁性，也就是说当外界的附加磁场被移走时，材料不存在剩

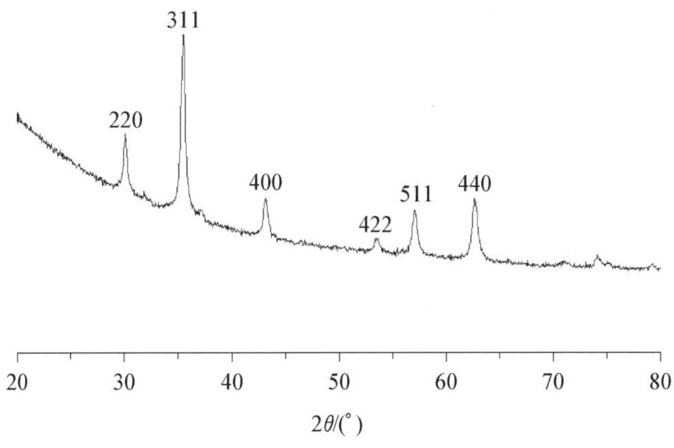

图 4－53　$Fe_3O_4@m SiO_2-Cu^{2+}$ 微球的广角 X 射线粉末衍射图

磁。材料的磁饱和度达到 43.6 emu・g^{-1},这也给予了 Fe_3O_4@$m$$SiO_2$－$Cu^{2+}$微球在磁性分离过程中对于附加磁场的灵敏的磁响应性,为之后的富集分离实验也提供了便利。

Fe_3O_4@$m$$SiO_2$－$Cu^{2+}$微球结构上最重要的特点是它的介孔结构,小角 X 射线衍射(见图 4－54(a))图中在 2.38 处高分辨的衍射峰对应了一种两维的规则六边形介孔结构的 100 反射;而在 4.58 处的两个衍射峰可能归属于球面上小范围内介孔定位的特点。接下来应用氮吸附研究 Fe_3O_4@$m$$SiO_2$－$Cu^{2+}$微球的孔径分布特点。如图 4－54(b)所示,微球的氮气吸附-脱附曲线呈现带有小滞后环的Ⅳ型曲线,这类曲线能够表明样品中的粒子间形成的一些孔隙结构。应用 Kelvin 方程计算气孔材料中孔分布(Barrett-Joyner-Halenda, BJH)方法测定的吸附分支所得的数据结果显示该材料具有多孔性,孔径分布区间比较窄,平均孔径约为 3.3 nm,通过计算得到 BET 表面积和总孔体积分别为 85 cm^2・g^{-1}, 0.1 cm^3・g^{-1}。

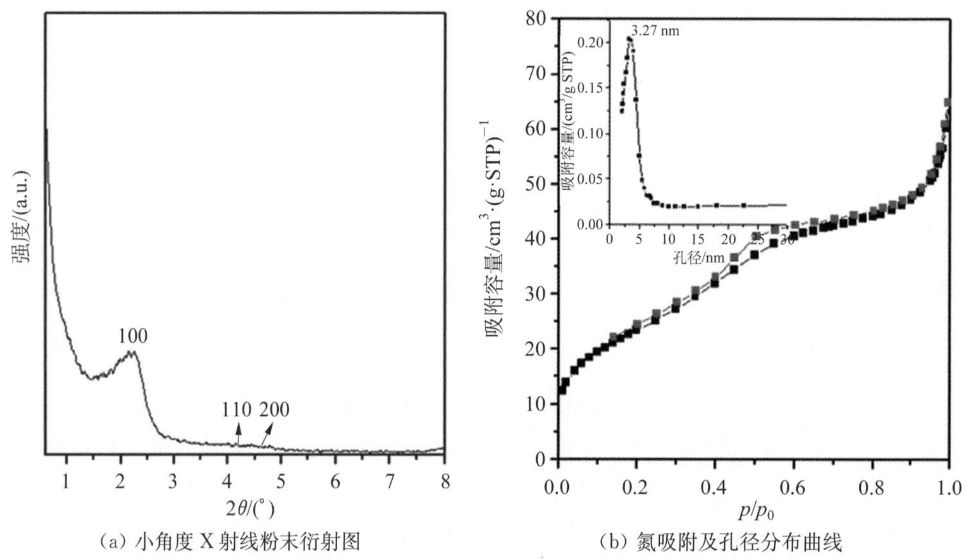

(a) 小角度 X 射线粉末衍射图　　(b) 氮吸附及孔径分布曲线

图 4－54　Fe_3O_4@$m$$SiO_2$－$Cu^{2+}$微球的小角度 X 射线粉末衍射图和氮吸附以及孔径分布曲线

4.5.2.3　固定铜离子的磁性氧化硅介孔微球富集低丰度肽段的研究

氨基酸既含有亲水基团也有疏水基团,而这些氨基酸广泛存在于肽段/蛋白质中。在 Fe_3O_4@$m$$SiO_2$－$Cu^{2+}$微球上修饰的大量金属离子 Cu^{2+},能够利用螯合作用通过共价键与肽段中的羧基和氨基基团结合,达到有效富集疏水/亲水肽段的目的;另外,Fe_3O_4@$m$$SiO_2$－$Cu^{2+}$微球具有良好的超顺磁性,对外加磁场有灵敏的磁响应性,从而能够快速方便地从分散液中分离,在分离富集肽段的过程中,避免了繁琐的离心操作,大大缩短了实验时间。

1. Fe_3O_4@$m$$SiO_2$－$Cu^{2+}$微球对标准肽段的富集

在考察 Fe_3O_4@$m$$SiO_2$－$Cu^{2+}$微球的富集实验中,首先用两种不同疏水性的肽段作为目标分子,考察 Cu^{2+}对肽段的富集性能,富集过程如图 4－55 所示。两种目标肽段分子为:疏水的 Angiotensin II(直线形肽段,氨基酸序列: DRVYIHPF)和亲水的微囊藻毒素(microcystin-LR, MC-LR,环形肽段,氨基酸序列见图 4－56)。

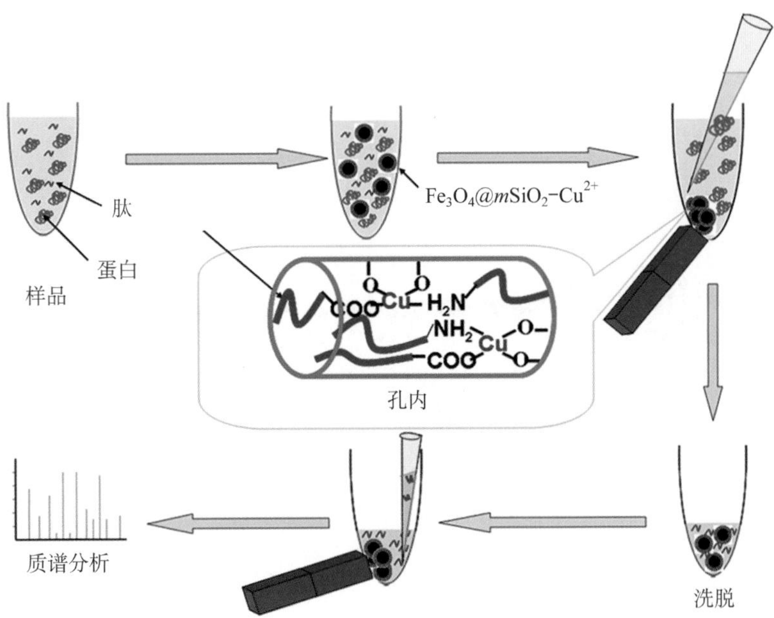

图 4 - 55　Fe_3O_4@$m$$SiO_2$ - Cu^{2+} 微球对肽段有效的选择性富集以及 MALDI - TOF MS 分析流程示意

图 4 - 56　环形肽段 MC - LR 的结构示意(图中 R_1 代表亮氨酸，R_2 代表精氨酸)

浓度为 5 nmol · L^{-1}的 Angiotensin II 在 MALDI - TOF 质谱中很难检测到肽段信号，质谱图(见图 4 - 57(a))中显示 Angiotensin II 在浓度为 5 nmol · L^{-1}时信噪比很弱，只有 25.18。然而，经过 Fe_3O_4@$m$$SiO_2$ - Cu^{2+} 材料富集并洗脱之后，所得到的质谱图中肽段信号信噪比增至1 017.33(见图 4 - 57(b))，富集因子(enrichment factor，EF)达到 40 左右。同时，对于5 nmol · L^{-1}的 MC - LR 溶液，经 Fe_3O_4@$m$$SiO_2$ - Cu^{2+} 材料富集 2 min 后，肽段信噪比也从原溶液的 27.05 增加到 951.62，富集因子约 35(见图 4 - 58)。

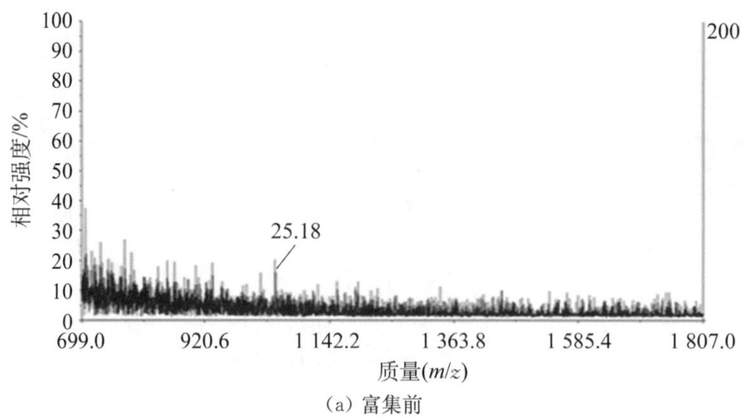

(a) 富集前

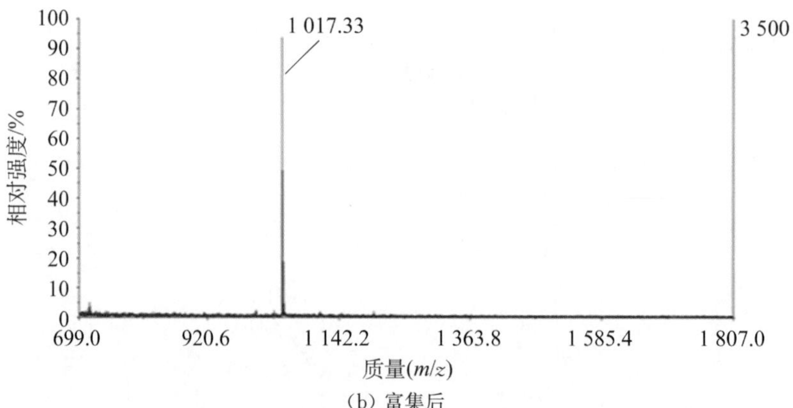

(b) 富集后

图 4-57 **Angiotensin II 经 Fe_3O_4@$m$$SiO_2$-$Cu^{2+}$ 富集前、后的质谱图(图中 25.18, 1 017.33 为检测到的 Angiotensin II 肽段的信噪比)**

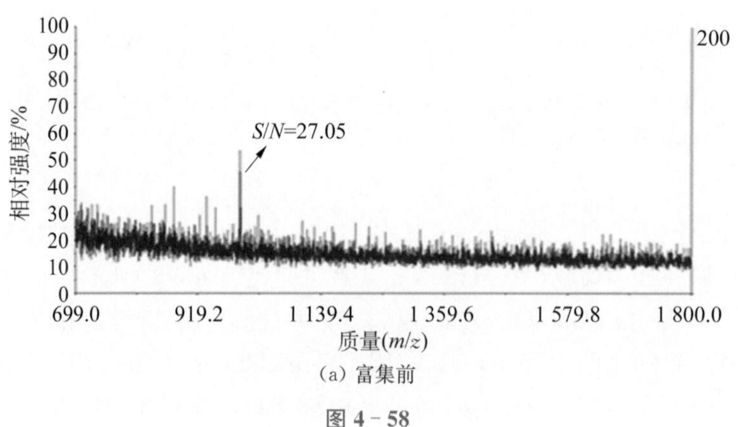

(a) 富集前

图 4-58

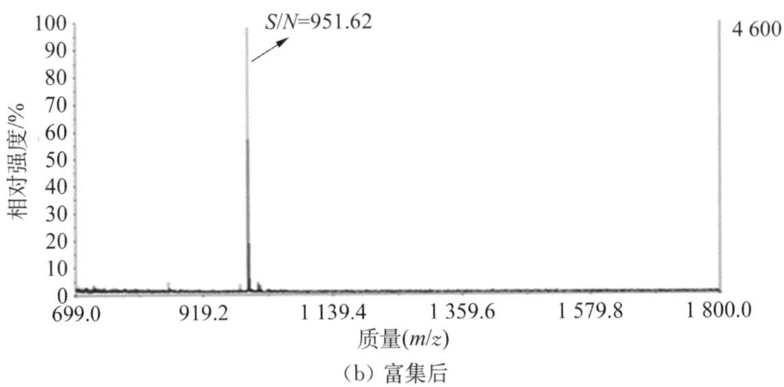

(b) 富集后

图 4-58　5 nmol · L^{-1}的 MC-LR (*MW*=995.5)经 Fe_3O_4@$m$$SiO_2$-$Cu^{2+}$微球富集前、后的质谱图

以上实验数据体现了 Fe_3O_4@$m$$SiO_2$-$Cu^{2+}$微球在对疏水和亲水肽段富集方面极好的性能。为了研究材料上固定的Cu^{2+}对富集效率的影响，进行了不同材料富集肽段的对照试验，分别将 Fe_3O_4@$m$$SiO_2$ 磁性介孔微球和经过表面化学修饰后的 Fe_3O_4@$m$$SiO_2$-AC-IDA 微球作为标准肽段 Angiotensin II 的吸附剂来考察不同材料对肽段的富集效率(见图 4-59)。

如图 4-59(f)所示，未活化的 Fe_3O_4@$m$$SiO_2$ 微球作为吸附剂所得到的富集因子为 4.1；活化了的 Fe_3O_4@$m$$SiO_2$-AC-IDA 微球则显示了稍高一点的富集因子 6.9，这两种材

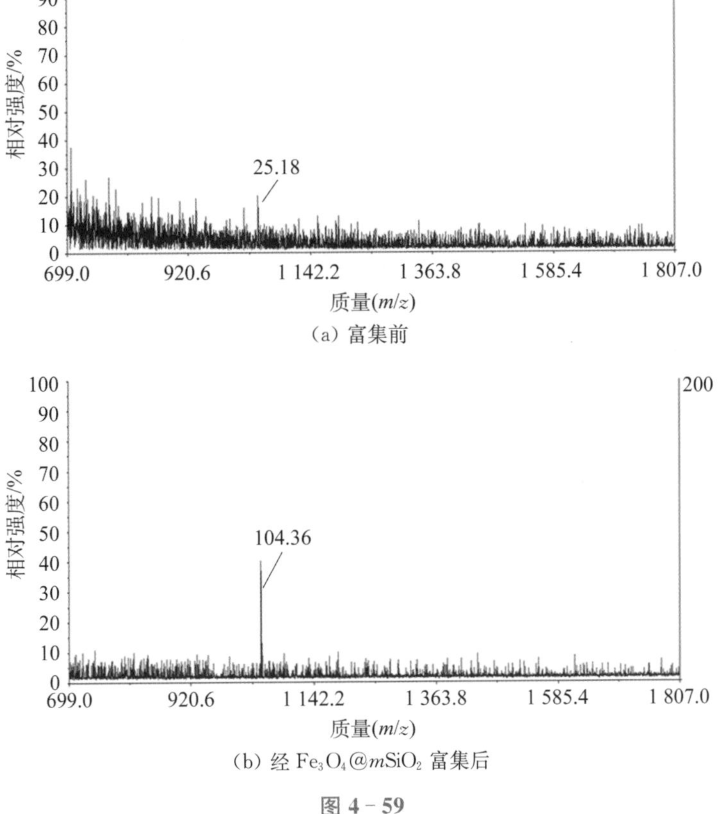

(b) 经 Fe_3O_4@$m$$SiO_2$ 富集后

图 4-59

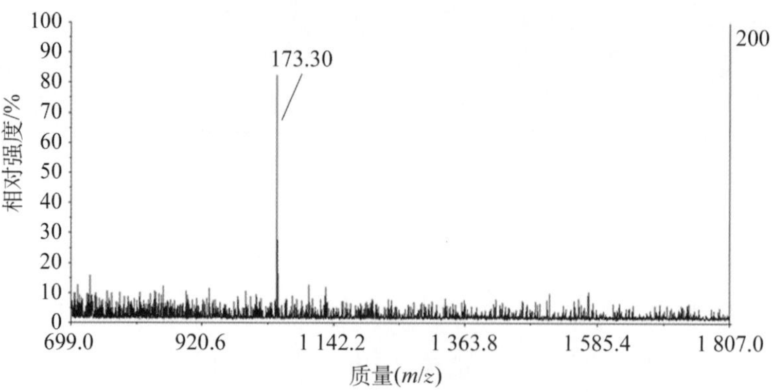

(c) 经有机基团修饰后的 Fe_3O_4@$m$$SiO_2$－AC－IDA 微球富集

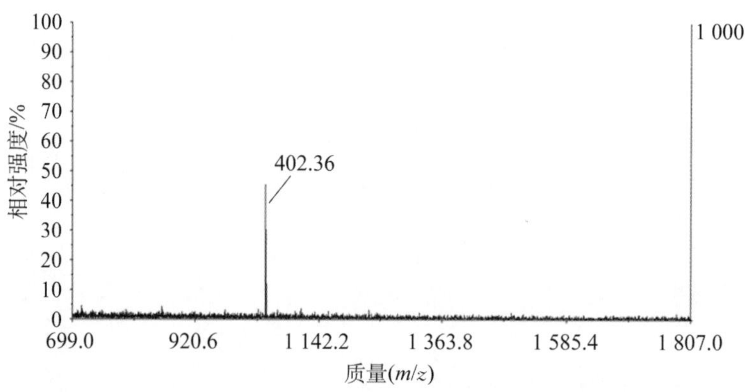

(d) 经 Fe_3O_4@$m$$SiO_2$－$Cu^{2+}$(0.02 mol・$L^{-1}$ $Cu^{2+}SO_4$ 浸泡)富集后

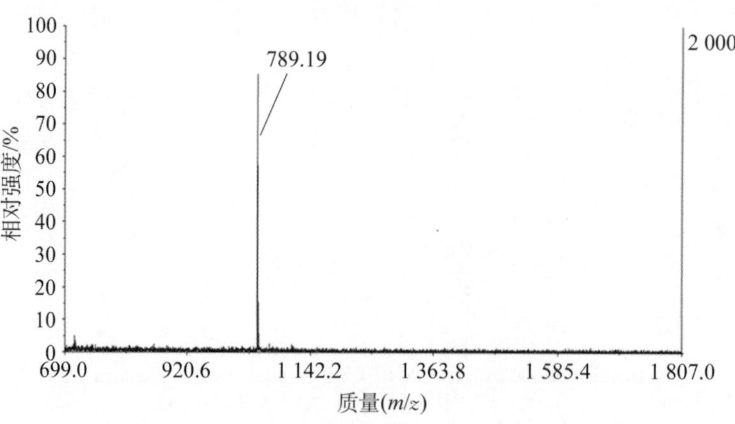

(e) 经 Fe_3O_4@$m$$SiO_2$－$Cu^{2+}$(0.02 mol・$L^{-1}$ $Cu^{2+}SO_4$ 浸泡)富集后

图 4－59

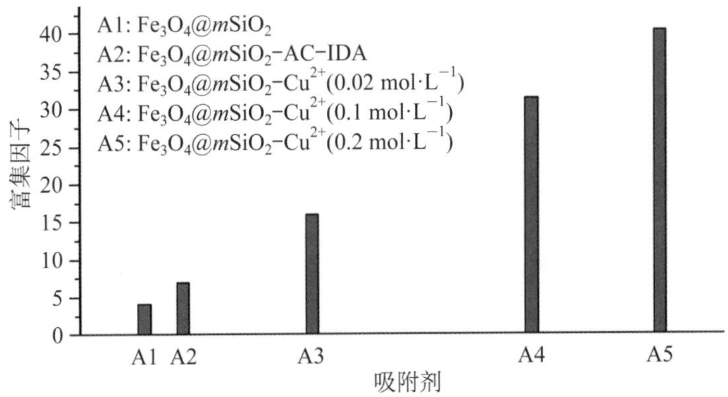

(f) 用不同吸附剂富集处理得到的富集因子柱状图(括号内为浸泡的 $CuSO_4$ 浓度)

图 4-59 5 nmol · L^{-1}的 Angiotensin II (MW = 1 046.2,等电点 pI = 6.74) 标准肽段水溶液经各种材料处理后的分析图

料的富集效率对比说明活化的有机基团 AC-IDA 限制了材料对肽段的富集,它们所得到的富集因子主要来源于材料的介孔部分,有少量肽段进入介孔,与表面的—OH 结合。

另外,还对比了不同浓度的 Cu^{2+} 对富集效率的影响,将 Fe_3O_4@$m$$SiO_2$-AC-IDA 浸泡在 0.02 mol · L^{-1}的 $CuSO_4$ 溶液中所得到的 Fe_3O_4@$m$$SiO_2$-$Cu^{2+}$ 微球对标准肽段 Angiotensin II 的富集因子为 16,约为 Fe_3O_4@$m$$SiO_2$ 微球富集因子的 4 倍,这也表明固定在介孔内壁的 Cu^{2+} 确实能够有效地富集肽段。接下来增大 Cu^{2+} 浓度,分别将 Fe_3O_4@$m$$SiO_2$ 浸泡在 0.1 mol · L^{-1}和 0.2 mol · L^{-1} $CuSO_4$溶液中,所得到的 Fe_3O_4@$m$$SiO_2$-$Cu^{2+}$ 中 Cu 含量经过 SEM-EDX 测量如图 4-60 所示,富集标准肽段的富集因子也随之上升至 31.3 和 40.4(见图 4-59(f))。

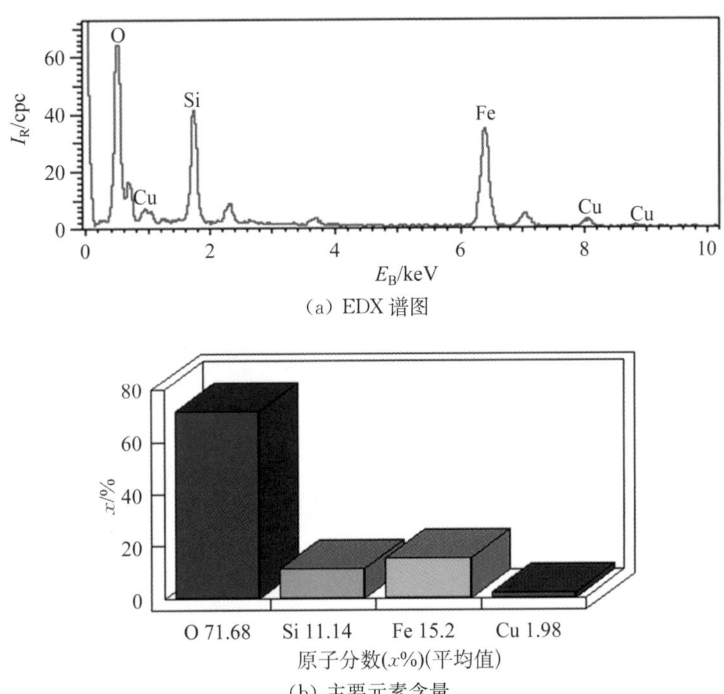

(a) EDX 谱图

(b) 主要元素含量

图 4-60 用 0.1 mol · L^{-1}的 $CuSO_4$ 溶液作为铜离子源合成的修饰有较低 Cu^{2+} 浓度的 Fe_3O_4@$m$$SiO_2$-$Cu^{2+}$ 微球的 EDX 谱图和主要元素含量

通过这组对照实验，推断 Fe_3O_4@$m$$SiO_2$ - Cu^{2+} 微球对肽段的富集原理主要是基于介孔内壁 Cu^{2+} 的螯合作用与肽段的羧基和氨基的共价结合，同时发现材料的富集效率与固定的 Cu^{2+} 含量之间存在必然联系，富集因子会随着固定的 Cu^{2+} 含量的增加而有明显的上升。并且当 Cu^{2+} 浓度足够大时，能够获得相当高的富集效率，为今后的富集研究奠定了良好的基础。

2. Fe_3O_4@$m$$SiO_2$ - Cu^{2+} 微球对标准蛋白酶解液的富集

此外，牛血清白蛋白(BSA)酶解液也用来考察 Fe_3O_4@$m$$SiO_2$ - Cu^{2+} 微球对肽段富集的普遍性。从图 4 - 61 的质谱图可以看到，在富集前，5 nmol・L^{-1} 的 BSA 酶解液直接点靶进行 MALDI - TOF MS 鉴定，能够检测到 7 条信号比较弱的酶解肽段，用材料富集后的洗脱液则能够检测到 18 条酶解肽段，并且信号强度明显增强；富集到的肽段的平均疏水值介于 −1.723～0.292之间，这些富集分析数据也进一步表明 Fe_3O_4@$m$$SiO_2$ - Cu^{2+} 微球对肽段的富集存在普遍性，能够作为疏水/亲水肽段通用的富集剂。

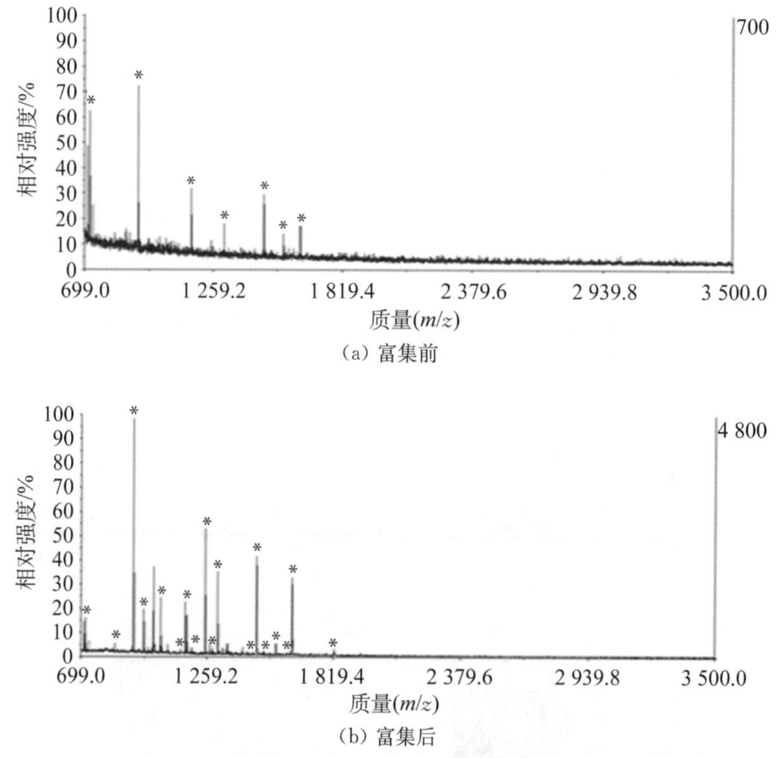

图 4 - 61　0.4 mL 浓度为 5 nmol・L^{-1} BSA 酶解液用 Fe_3O_4@$m$$SiO_2$ - Cu^{2+} 富集前、后的 MALDI - TOF 质谱图(谱图中的“ * ”标记表示搜库所匹配到的酶解肽段)

4.5.2.4　Fe_3O_4@$m$$SiO_2$ - Cu^{2+} 微球富集人血清和尿液中的肽段

资料表明，生物样品如血清、尿液、组织提取液等，通常包含有大量的蛋白分子，在质谱鉴定分析时，这些蛋白分子会干扰原始生物样品中肽段的信号，使得生物样品中的肽段很难直接用 MALDI - TOF MS 进行鉴定。而由于与小分子肽段共存于生物样品中的高丰度蛋白与肽段具有类似的性质，也能够被吸附在吸附剂表面，因此生物样品的复杂性也因此影响到现有的肽组学分析技术。然而，Fe_3O_4@$m$$SiO_2$－$Cu^{2+}$微球能够很好地解决这个问题，它们具有独特的体积排阻效应、磁性分离特点以及IMAC金属Cu^{2+}离子的亲和作用这3大优点，能够在复杂生物体系中利用体积排阻效应来选择性地富集溶液中的小分子肽段而去除大体积蛋白。

人血清中包含大量蛋白酶解衍生肽段，其中还可能有临床筛选和疾病诊断的生物标记物而需要关注，是血清肽组学的研究范畴。在此，Fe_3O_4@$m$$SiO_2$－$Cu^{2+}$微球被用来富集血清中的肽段，同时也考察该微球的体积排阻效应。首先称取1 mg Fe_3O_4@$m$$SiO_2$－$Cu^{2+}$材料分散于1 mL去离子水中，然后取100 mL新鲜血清用水稀释到500 mL，取20 μL材料(5 mg・mL^{-1})分散液加入到稀释过的新鲜血清溶液中，振摇10 min后，得到已吸附有肽段的材料，与富集标准肽段方法相同，洗脱肽段，之后进行MALDI－TOF MS分析。

图4－62所示为血清经Fe_3O_4@$m$$SiO_2$－$Cu^{2+}$材料富集前后的质谱图对比。富集前，用水稀释了的血清样品没有经过材料富集处理，在质谱图中看不到任何信号，然而用Fe_3O_4@$m$$SiO_2$－$Cu^{2+}$材料富集分离之后，从质谱图中可以鉴定到分子量介于800～3 500 Da的多条肽段。肝癌患者的尿液也被用作试样来考察材料的选择性富集水平。从图4－63中可以看出，对于尿液而言，Fe_3O_4@$m$$SiO_2$－$Cu^{2+}$微球同样能够在复杂的尿液体系中富集到相对分子质量在800～3 500 Da范围内的多条肽段。Fe_3O_4@$m$$SiO_2$－$Cu^{2+}$微球对人血清和尿液

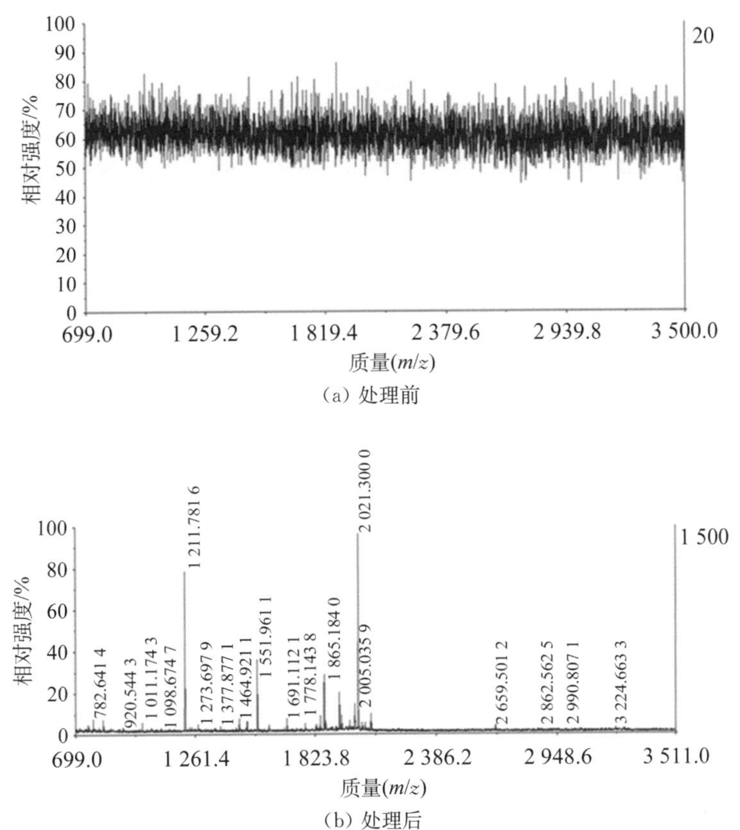

图4－62 人血清的稀释溶液用Fe_3O_4@$m$$SiO_2$－$Cu^{2+}$微球处理前、后的质谱图

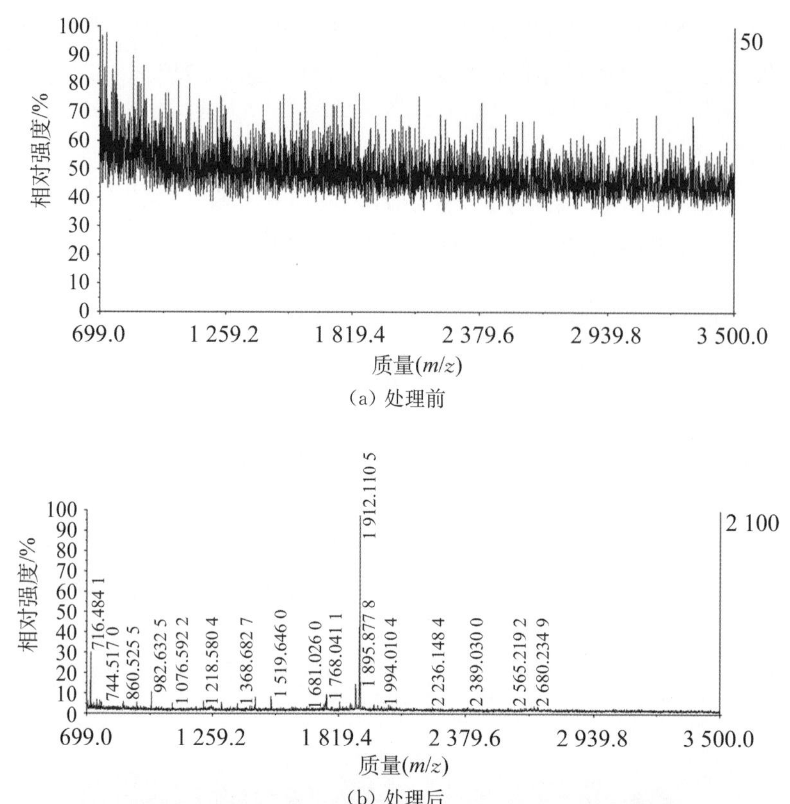

(a) 处理前

(b) 处理后

图 4-63 肝癌病人尿液的稀释溶液用 Fe_3O_4@*m*SiO_2-Cu^{2+} 微球处理前、后的质谱图

这两种复杂生物体系中肽段的选择性富集结果，在考察材料性能的同时也说明了该材料在复杂生物样品中肽段富集的潜在能力。

4.5.3 孔内壁修饰 C8 的磁性介孔材料[39]

4.5.3.1 孔内壁修饰 C8 的磁性介孔材料富集肽段/蛋白原理

用液相色谱中反相填料的功能基团(常用的是烷基长链，如 C4，C8，C18 等)修饰的磁珠作为固相萃取剂，通过疏水-疏水相互作用在肽组学富集方面能够达到高通量，应用广泛。研究发现功能化辛基(简写为 C8)在肽段富集方面的效果要优于 C1，C2，C3 和 C18 等其他烷基基团。因此，表面具有 C8 修饰的磁性粒子成为富集生物样品中内源性肽的理想选择。生物样品中不仅含有低浓度的内源性肽，也含有高浓度的大体积蛋白分子，合成一种新型的能够在复杂生物样品体系中选择性富集低丰度内源性肽的修饰有 C8 的磁性材料对于肽组学研究具有实际意义。

本书作者合成了一种新型 C8 功能化磁性氧化硅介孔材料(简称为 C8-Fe_3O_4@*m*SiO_2)，和三明治结构 C8 介孔石墨烯复合物材料(简称为 C8-graphene@*m*SiO_2)。它们的独特之处在于 C8 基团修饰在介孔内壁上，可应用于选择性富集生物样品中内源性肽而去除大体积蛋白分子的研究。在合成过程中采用一锅法和溶胶-凝胶法，以 CTAB 作为表面活性剂模版，TEOS 和 C8 硅烷化试剂（正辛基三乙氧基硅烷）作为硅源，首先在磁铁矿粒子 Fe_3O_4 表面或磁性石墨烯表面均匀地包覆一层具有介孔结构的 CTAB/C8 硅的复合物，再通过回流除去 CTAB 分子之后，即可得到具有特殊核壳结构的 C8 - Fe_3O_4@$m$$SiO_2$ 微球和 C8 - graphene@$m$$SiO_2$复合材料。通过这个简单的方法，C8 功能基团能够不经过表面化学修饰过程，而直接与氧化硅介孔同时引入到磁性介孔材料外，修饰在氧化硅介孔的内壁上，并且不影响介孔外表面的硅羟基，使疏水的 C8 烷基链与亲水的硅羟基共存。这种独特的结构使得这种 C8 修饰的介孔材料成为两性材料，既有良好的水溶液分散性，也能够富集疏水肽段或蛋白，同时，在外加磁场的辅助下，能够轻易地将肽段从溶液中分离出来。

4.5.3.2　孔内壁修饰 C8 的磁性介孔材料的合成

按照 2.2 节高温水热反应合成直径约为 250 nm 的磁性 Fe_3O_4 粒子。

C8 - Fe_3O_4@$m$$SiO_2$ 微球的合成（见图 4 - 64）采用含有表面活性剂的溶胶-凝胶反应的方法。将 Fe_3O_4 粒子和表面活性剂 CTAB 按照 50 mg/500 mg 的比例混合分散于 50 mL 的水中，超声 30 min 使材料与 CTAB 得到很好的分散。接下来加入 450 mL 浓度为 1.1 nmol · L^{-1} 的 NaOH 溶液超声 5 min 形成均匀稳定的分散液，然后置于 60 ℃水浴恒温反应。反应

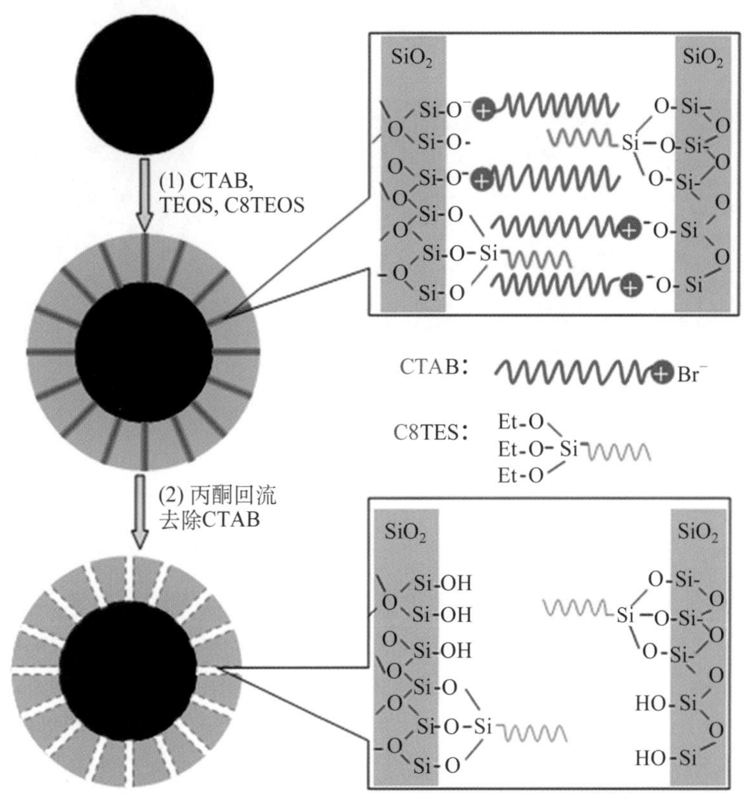

图 4 - 64　具有核壳结构并且外层二氧化硅介孔内壁修饰有 C8 基团的 C8 - Fe_3O_4@$m$$SiO_2$ 微球的合成流程示意

30 min后在搅拌的同时缓慢加入 2.55 mL TEOS/C8TEOS/乙醇的混合液（$v/v/v$：10/1/40），继续置于 60 ℃水浴反应 12 h。经过磁性分离和乙醇洗涤，真空烘干后分散于 50 mL丙酮中于 50 ℃水浴回流以除去 CTAB。为了能够彻底除去表面活性剂 CTAB，回流过程需重复 5 次，最终得到的材料用乙醇洗涤之后于 50 ℃真空干燥，备用。

由于硅源 TEOS 和正辛基三乙氧基硅烷都会发生水解，与结构导向试剂 CTAB 反应形成介孔结构的复合物包覆在磁球 Fe_3O_4 粒子外。溶剂萃取除去 CTAB 模板之后硅羟基和 C8 基团可能随机修饰于介孔内壁，为适于介孔大小的目标分子提供可结合的表面。多孔的存在增加了表面积，同时也使介孔材料成为具有足够位点与空间用于吸附目标分子的超微容器。而 C8 TEOS 和 TEOS 在结构导向剂 CTAB 辅助下包覆在介孔氧化硅的骨架上，使得修饰有 C8 基团的介孔作为微反应器，利用疏水-疏水相互作用捕获目标分子。

4.5.3.3 孔内壁修饰 C8 的磁性介孔材料的形貌

扫描电子显微镜（SEM）用来观察合成的材料的形貌，从照片中可以看到 C8－Fe_3O_4@$m$$SiO_2$ 材料为直径约 300 nm 的球体（见图 4－65(a)）。用透射电子显微镜（TEM）观察所合成材料的结构特征，从照片中可以清楚地看都 C8－Fe_3O_4@$m$$SiO_2$ 微球具有核壳结构，图中黑色内核部分为直径约 250 nm 的 Fe_3O_4 粒子，而 Fe_3O_4 粒子外表面包覆的灰色部分为厚度约 50 nm 的多孔氧化硅层（见图 4－65(b)）。从图 4－65(b)右上角的高倍数插图中可以更清楚地看到介孔孔道垂直排列在微球表面。这种高度有序的开放式多孔结构能使目标分子更容易进入孔道，并且同时增大表面积对客体分子进行高效的吸附。

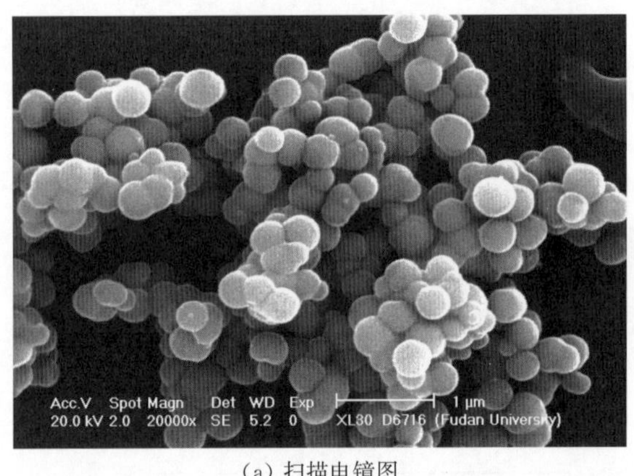

(a) 扫描电镜图

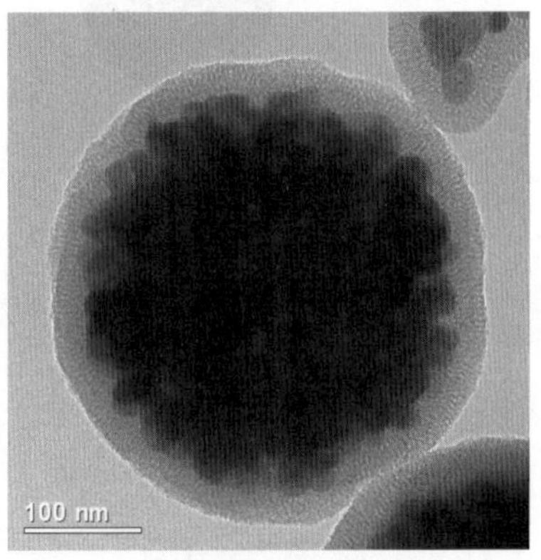

(b) 透射电镜图

图 4－65 C8－Fe_3O_4@$m$$SiO_2$ 微球的扫描电镜和透射电镜图

为了验证介孔上 C8 的成功修饰，用 FTIR 光谱进行结构分析。如图 4－66 所示，在 582 cm^{-1}，1 080 cm^{-1}处的红外吸收峰分别归属于 Fe—O—Fe 伸缩振动和 Si—O—Si 伸缩振动。在 3 420 cm^{-1}处出现较宽的 O—H 伸缩振动的吸收峰，962 cm^{-1}处的宽吸收峰则归属于硅羟基中的—OH 伸缩振动。与 Fe_3O_4@$m$$SiO_2$ 材料相对比，最明显的差别在于 2 930 cm^{-1}处的烷基 CH_2 的伸缩振动，可以认为归属于 C8 TEOS 硅烷化试剂中烷基链的振动吸收峰，也就证明了 C8 基团的存在。

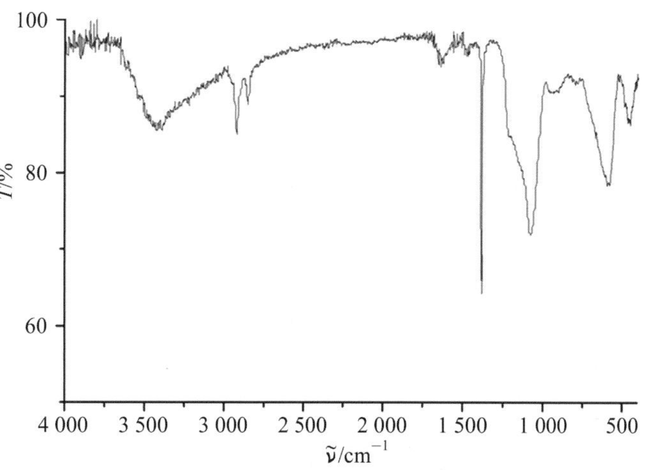

图4-66 C8-Fe_3O_4@$m$$SiO_2$ 微球的红外光谱图

接下来对C8-Fe_3O_4@$m$$SiO_2$ 微球和未进行溶胶-凝胶反应的 Fe_3O_4 粒子进行了X射线粉末衍射的对比分析，通过图4-67中特征衍射峰的对比，发现C8-Fe_3O_4@$m$$SiO_2$ 与 Fe_3O_4 的出峰位置一致，说明两者都具有反尖晶石磁铁矿的结构。这一结果也表明溶胶-凝胶过程包覆C8功能化氧化硅介孔的反应过程不会影响晶体的性质和磁铁矿的相态。

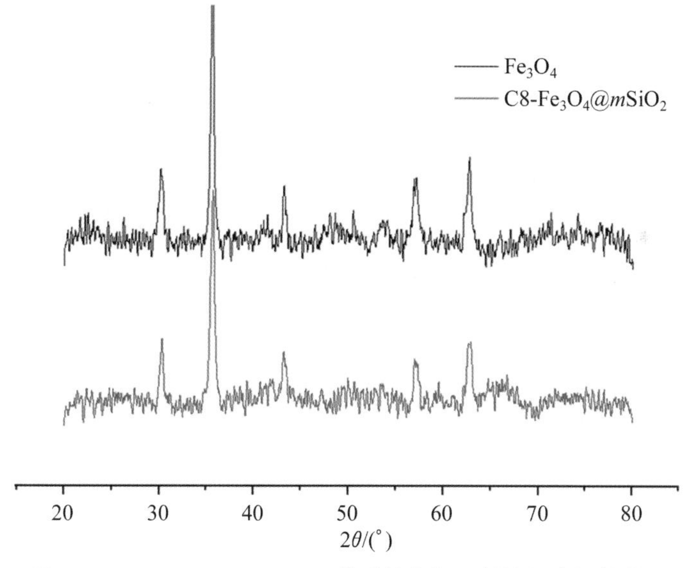

图4-67 C8-Fe_3O_4@$m$$SiO_2$ 微球的广角X射线粉末衍射谱图

C8-Fe_3O_4@$m$$SiO_2$ 微球的磁学性质用超导量子干涉设备(SQUID)进行检测，在室温下C8-Fe_3O_4@$m$$SiO_2$ 微球呈现出很高的磁饱和度，为56.3 emu·g^{-1}，体现在分散液中能够对外加磁场产生快速的响应。

采用氮气吸附脱附法在77 K的条进行测定C8-Fe_3O_4@$m$$SiO_2$ 微球的多孔性质。在图4-68所示的C8-Fe_3O_4@$m$$SiO_2$ 微球的吸附-脱附曲线中呈现出代表圆柱形介孔孔道结构的Ⅳ型吸附-脱附特征曲线。图 4-68 中的插图为根据 BJH 方法对吸附分子进行数据分析得出的 C8-Fe_3O_4@$m$$SiO_2$ 微球的孔径分布图，从中可以看出 C8-Fe_3O_4@$m$$SiO_2$ 微球孔径的平均大小在 3.4 nm，且分布范围较窄。另外，根据氮气吸附数据计算可得到 BET 表面积和总孔体积分别为 162.5 $m^2 \cdot g^{-1}$，0.17 $cm^3 \cdot g^{-1}$。

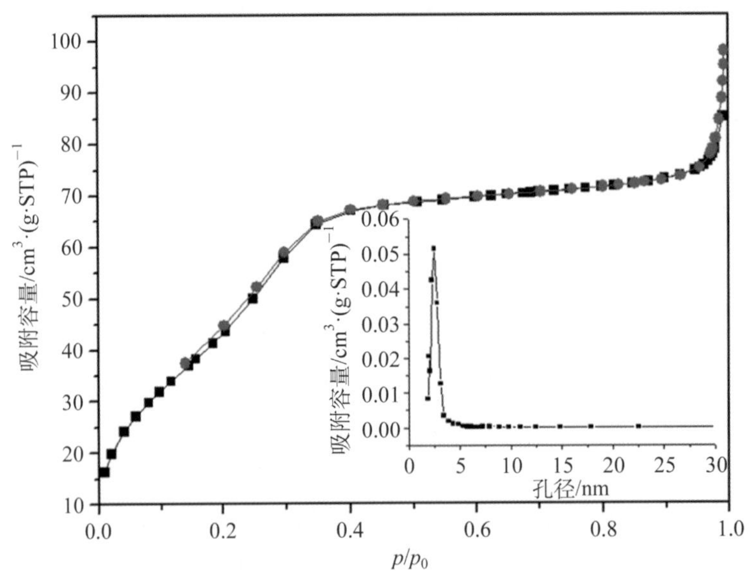

图 4-68 在 77 K 条件下所测得的 C8-Fe_3O_4@$m$$SiO_2$ 微球的氮吸附曲线和孔径分布图

4.5.3.4 C8-Fe_3O_4@$m$$SiO_2$ 微球分散性能考察

研究表明，一些反相亲和材料能够利用疏水基团的相互作用成功进行肽段的富集。然而，由于烷基基团的长链具有很强的疏水性，这些材料在水溶液中均表现出很弱的亲水性，相反，却具有很强的疏水性，但是一般生物体系为水溶液，因此这对于肽段富集研究也是一个亟待解决的难题。对通过一锅法合成的 C8-Fe_3O_4@$m$$SiO_2$ 微球与 Fe_3O_4@$m$$SiO_2$ 微球，以及 Fe_3O_4@$m$$SiO_2$ 经过表面后修饰方法得到的 C8-f-Fe_3O_4@$m$$SiO_2$ 微球进行了在溶剂中的分散性质的对照实验。实验发现 3 种磁性介孔材料在乙醇中均表现出很好的分散性，但是在水溶液中则有明显的差异(见图 4-69)。Fe_3O_4@$m$$SiO_2$ 微球由于其表面大量的硅羟基亲水基团，使得在乙醇和水中分散性都较好(见图 4-69，3#)；C8-f-Fe_3O_4@$m$$SiO_2$ 微球在乙醇中分散性好，但是当溶剂换作水后，由于其表面大量 C8 链疏水基团存在，材料分散性极差，浮于水表面上，很难进行磁性分离操作(见图 4-69，2#)，这种现象可能是由于用表面后修饰方法修饰 C8 时，疏水的 C8 基团优先占据了介孔口富集的位点，而使得材料外表面修饰了大量的疏水 C8 基团，阻碍了硅羟基的溶剂化，降低了材料的分散性；与 C8-Fe_3O_4@$m$$SiO_2$ 微球相比，另两种材料在水中显示出良好的分散性，因为在一锅法合成介孔的过程中硅羟基和 C8 基团是共同随机分布于介孔表面的(见图 4-69，1#)。此外，C8-Fe_3O_4@$m$$SiO_2$ 微球和 Fe_3O_4@$m$$SiO_2$ 微球在缓冲液中只需在磁铁辅助下经过 30 s 即可分离，但是

C8 - f - Fe_3O_4@$m$$SiO_2$ 微球却由于分散性差浮在水面上，难以对磁铁产生磁响应，导致难以与溶液分离。

(a) 乙醇

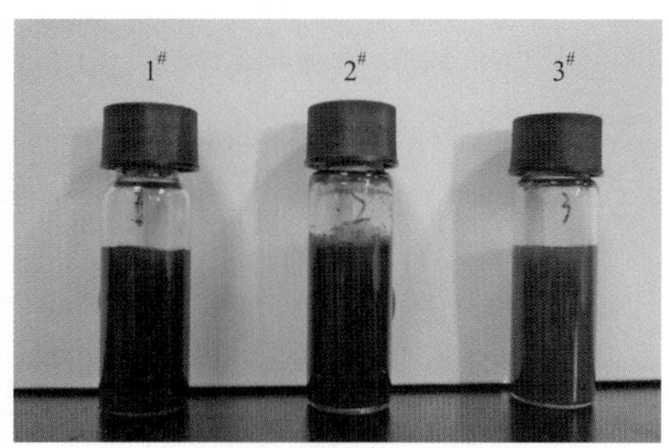

(b) 水中

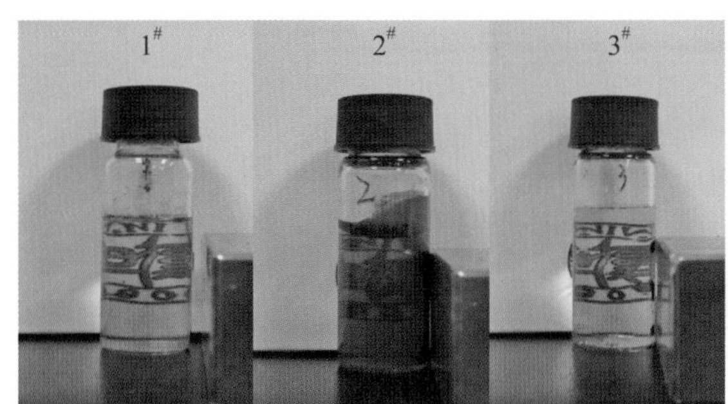

(c) 在水分散液中用外加磁铁辅助分离的对比照片

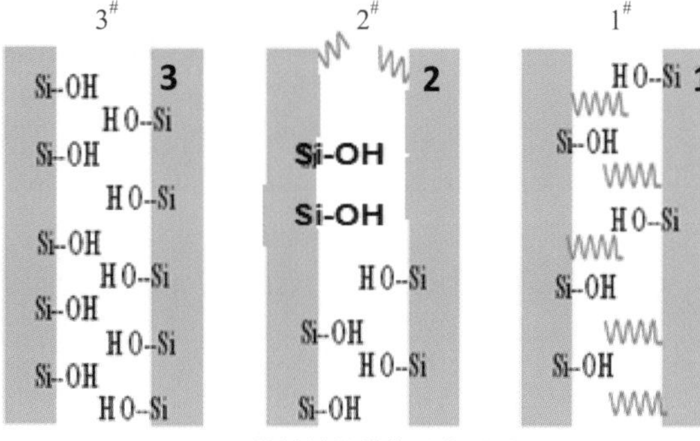

(d) 3 种材料的结构示意图对比

图 4 - 69　C8 - Fe_3O_4@$m$$SiO_2$ 微球(1#)，C8 - f - Fe_3O_4@$m$$SiO_2$ 微球(2#)和 Fe_3O_4@$m$$SiO_2$ 微球(3#)的分散性能比较

以上对材料分散性的研究表明，通过一锅法合成的 C8 - Fe_3O_4@$m$$SiO_2$ 微球不仅因其表面亲水的硅羟基存在而表现出良好的分散性，在分散液中具有快速的磁响应灵敏性，同时也因其介孔内的 C8 基团存在具有疏水亲和作用对客体分子进行吸附。C8 - Fe_3O_4@$m$$SiO_2$ 微球的上述特点使得它们成为生物样品中肽段富集的理想吸附剂。

4.5.3.5　C8 - Fe_3O_4@$m$$SiO_2$ 微球对肽段的富集性能研究

为了研究 C8 - Fe_3O_4@$m$$SiO_2$ 微球介孔内壁上修饰的 C8 基团对目标肽段的疏水亲和作用，实验中选用标准肽段 Angiotensin II (MW = 1 046.2，序号：DRVYIHPF，亲水性平均系数(grand average of hydropathicity, GRAVY) =－0.325) 作为疏水的客体分子。经过富集时间、洗脱液与材料分散液的体积比例，以及洗脱时间等富集影响因素的考察，标准肽段溶液与材料混合振荡 10 min；洗脱 30 min；洗脱液与材料分散液(10 mg・mL^{-1}) 的体积比为 10∶3；试样溶液用 pH 值为 7 的水作为缓冲液可获得最佳的富集效率。

在研究 C8 - Fe_3O_4@$m$$SiO_2$ 微球对肽段的富集工作中，Fe_3O_4@$m$$SiO_2$ 和 C8 - f - Fe_3O_4@$m$$SiO_2$ 微球用来与 C8 - Fe_3O_4@$m$$SiO_2$ 微球作富集对照实验(见图 4 - 70)。富集步骤相同，都是将 3 μL 材料分散液加入 400 μL 5 nmol・L^{-1}的 Angiotensin II 标准溶液中，按实验

部分操作进行。5 nmol・L^{-1}的 Angiotensin II 标准溶液直接用 MALDI - TOF MS 进行分析得到的质谱信号信噪比为 154.37，经过 3 种功能化磁性介孔材料富集后的洗脱液点靶进行 MALDI - TOF MS 分析，得到的质谱信号有明显的增强。对应于 Fe_3O_4@$m$$SiO_2$ 微球、C8 - f - Fe_3O_4@SiO_2 微球和 C8 - Fe_3O_4@$m$$SiO_2$ 微球，富集后的洗脱液质谱分析后得到的信噪比分别为 257.74，706.29，7 690.92。

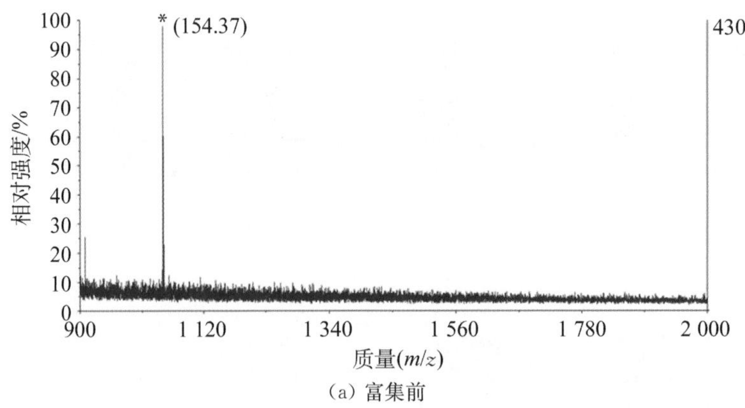

(a) 富集前

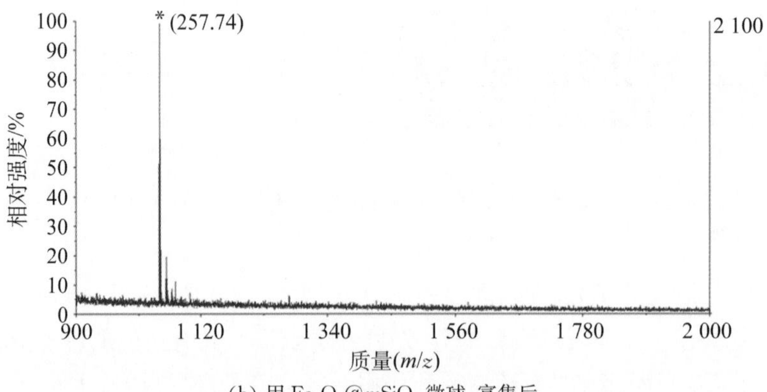

(b) 用 Fe_3O_4@$m$$SiO_2$ 微球，富集后

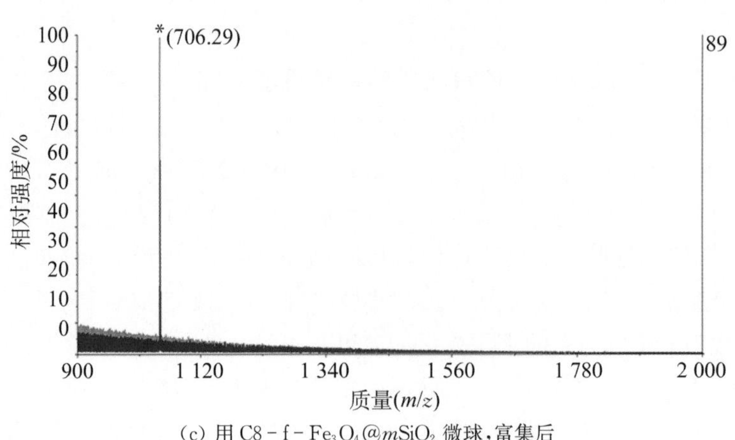

(c) 用 C8 - f - Fe_3O_4@$m$$SiO_2$ 微球，富集后

图 4 - 70

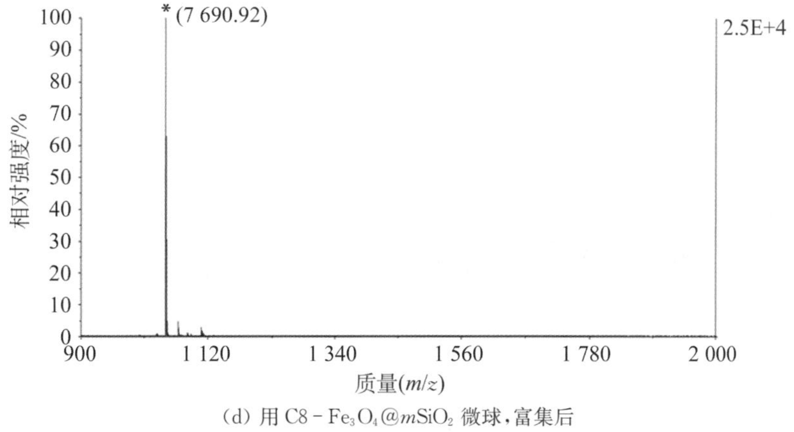

(d) 用 C8 - Fe_3O_4@$m$$SiO_2$ 微球，富集后

图 4 - 70　0.4 mL 浓度为 5 nmol · L^{-1} 的 Angiotensin II 富集前、后的 MALDI - TOF 质谱图

与 Fe_3O_4@$m$$SiO_2$ 和 C8 - f - Fe_3O_4@$m$$SiO_2$ 相比，C8 - Fe_3O_4@$m$$SiO_2$ 微球在富集效率上明显优于其他两种磁性介孔材料。而 C8 - Fe_3O_4@$m$$SiO_2$ 微球富集后得到的肽段信号约为 Fe_3O_4@$m$$SiO_2$ 微球富集后肽段信号的 30 倍，这也说明 C8 基团修饰于介孔内壁，且通过疏水-疏水相互作用富集肽段。因此，可以认为 C8 - Fe_3O_4@$m$$SiO_2$ 微球对肽段的富集效率主要来源于介孔内壁上的 C8 基团。

蛋白酶解液体系比标准肽段溶液要复杂一些，因此基于之前得到的优化条件，用 C8 - Fe_3O_4@$m$$SiO_2$ 微球来研究对 BSA 和 MYO 酶解液中酶解肽段的富集，并且与 Fe_3O_4@$m$$SiO_2$ 和 C8 - f - Fe_3O_4@$m$$SiO_2$ 微球的富集效果进行对比，验证材料的优越性。研究工作中采用浓度为 5 nmol · L^{-1} 的标准蛋白酶解液，当原溶液直接点靶进行质谱分析时，所得到的质谱图中仅能检测到几条信号很弱的肽段，并且由于信号强度弱不能进行搜库。

图 4 - 71 和表 4 - 7 分别为 BSA 酶解液经过 Fe_3O_4@$m$$SiO_2$ 微球、C8 - f - Fe_3O_4@$m$$SiO_2$ 微球和 C8 - Fe_3O_4@$m$$SiO_2$ 微球富集处理后所得到的质谱图和肽段信息。如图 4 - 71(a)所示，5 nmol · L^{-1} 未经处理的 BSA 酶解液只有 9 条信号比较弱的酶解肽段能够被 MALDI - TOF MS 检测到，经过 C8 - Fe_3O_4@$m$$SiO_2$ 微球富集后，能够检测到 21 条酶解肽段，并且信噪比有非常明显的增强(见图 4 - 71(d))。

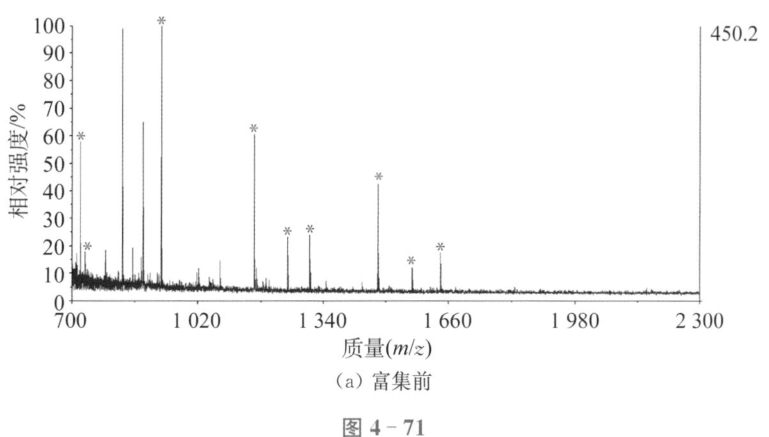

(a) 富集前

图 4 - 71

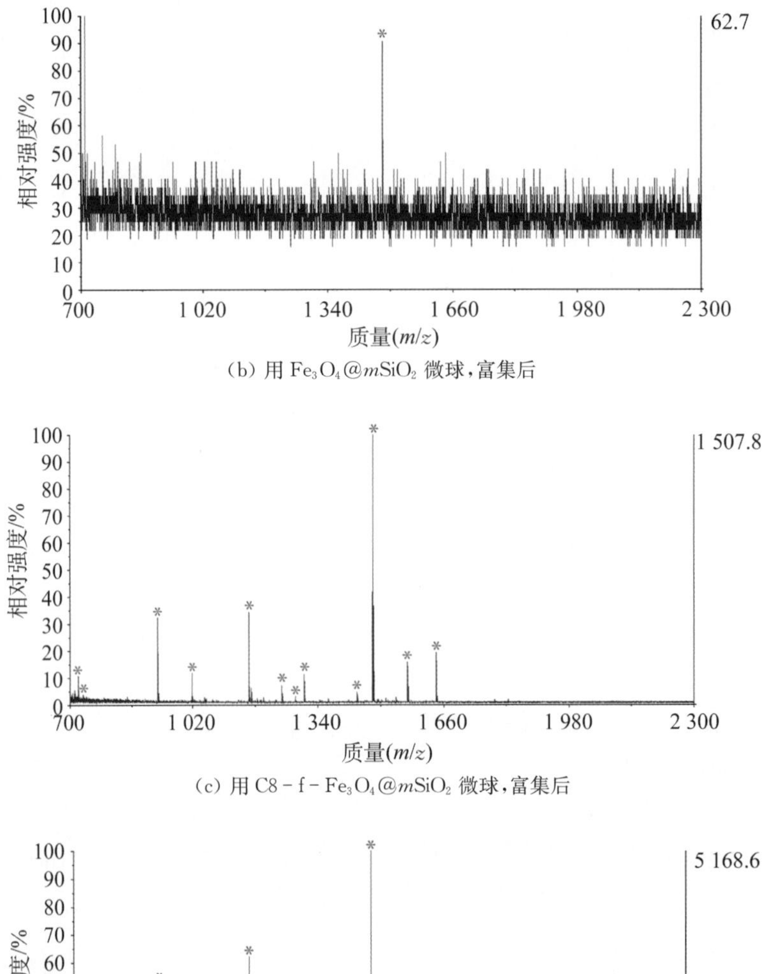

(b) 用 Fe_3O_4@mSiO$_2$ 微球,富集后

(c) 用 C8 - f - Fe_3O_4@mSiO$_2$ 微球,富集后

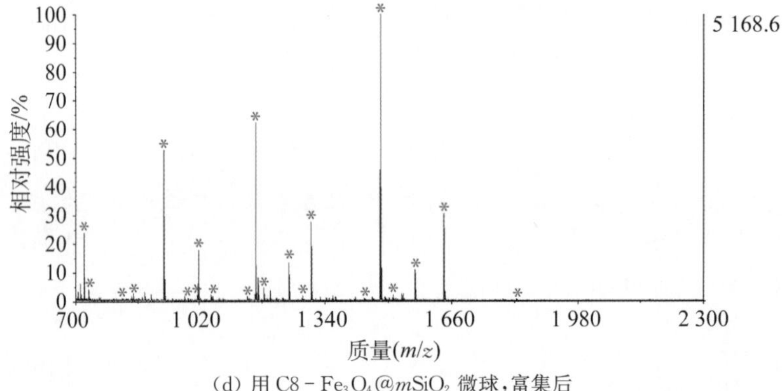

(d) 用 C8 - Fe_3O_4@mSiO$_2$ 微球,富集后

图 4-71 0.4 mL 浓度为 5 nmol · L^{-1} 的 BSA 酶解液经几种材料富集前、后的 MALDI-TOF 质谱图(质谱图中的标记"*"代表搜库所匹配到的酶解肽段)

质谱图也明显地体现出 C8 - Fe_3O_4@mSiO$_2$ 微球在富集方面的效果优于 Fe_3O_4@mSiO$_2$ 微球和 C8 - f - Fe_3O_4@mSiO$_2$ 微球。Fe_3O_4@mSiO$_2$ 微球几乎不能从 BSA 酶解液中富集肽段(见图 4-72(b));C8 - f - Fe_3O_4@mSiO$_2$ 微球由于表面 C8 基团的存在,能够吸附酶解液中的酶解肽段,但是富集到的肽段数目要少于 C8 - Fe_3O_4@mSiO$_2$ 微球(见图 4-71(c));并且根据表 4-7 的肽段信息也可以看出对于富集到的相同肽段,C8 - Fe_3O_4@mSiO$_2$ 微球富集所得的肽段信号强度要高出很多。

表 4-7　BSA 酶解液(O)经过 Fe_3O_4@$m$$SiO_2$(A)，C8-f-$Fe_3O_4$@$m$$SiO_2$(B)和 C8-$Fe_3O_4$@$m$$SiO_2$(C)微球富集处理前、后用质谱检测所得到的肽段信息

计算质量 m/z	肽段序列	长度	O	A	B	C
712.36	K. SEIAHR. F	6	20.41	—	28.59	123.02
733.39	K. VLTSSAR. Q	7	23.90	—	15.92	86.17
818.40	K. ATEEQLK. T	7	—	—	—	17.02
847.43	R. LSQKFPK. A	7	—	—	—	59.11
927.46	K. YLYEIAR. R	7	199.60	—	241.33	1 204.62
990.48	R. EKVLTSSAR. Q	9	—	—	—	22.48
1 014.53	K. QTALVELLK. H	9	—	—	—	43.54
1 017.52	K. VLTSSARQR. L	9	—	—	82.52	418.61
1 052.38	R. CCTKPESER. M	9	—	—	—	16.15
1 142.63	K. KQTALVELLK. H	10	—	—	—	41.57
1 163.54	K. LVNELTEFAK. T	10	149.12	—	302.82	1 622.27
1 193.51	R. DTHKSEIAHR. F	10	—	—	—	17.19
1 249.57	R. FKDLGEEHFK. G	10	56.67	—	51.25	368.93
1 283.63	R. HPEYAVSVLLR. L	11	—	—	19.34	51.92
1 305.66	K. HLVDEPQNLIK. Q	11	53.19	—	103.61	785.04
1 439.70	R. RHPEYAVSVLLR. L	12	—	—	39.95	22.59
1 479.75	K. LGEYGFQNALIVR. Y	13	123.48	11.58	1 012.00	3 210.05
1 511.74	K. VPQVSTPTLVEVSR. S	14	—	—	—	67.63
1 567.70	K. DAFLGSFLYEYSR. R	13	29.66	—	152.32	350.83
1 639.88	R. KVPQVSTPTLVEVSR. S	15	46.62	—	200.94	1 018.87
1 823.77	R. RPCFSALTPDETYVPK. A	16	—	—	—	24.70
Peptides mached			9	1	12	21

同样，对于 0.4 mL 浓度为 5 nmol・L^{-1}的 MYO 酶解液，在富集前的酶解肽段混合液中仅检测到 4 条酶解肽段信号(见图 4-72(a))，在用 C8-Fe_3O_4@$m$$SiO_2$ 材料富集后的洗脱液中却能检测出 10 条酶解肽段，序列覆盖率能达到 62%(见图 4-72(d)，肽段信息见表 4-8)，检测到的肽段信号强度相对富集处理前也有明显增强。

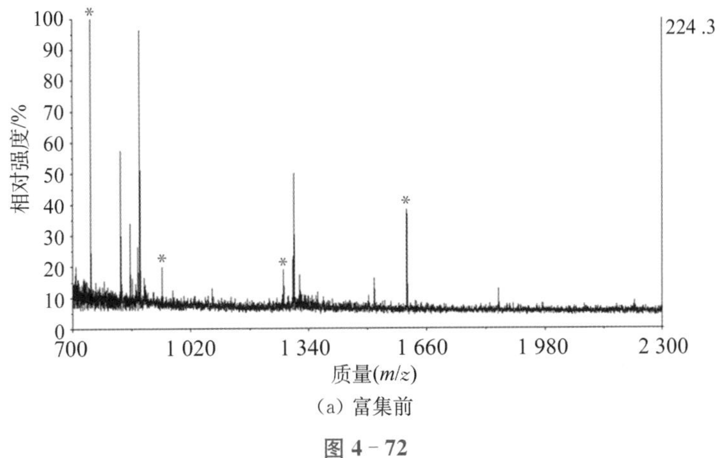

(a) 富集前

图 4-72

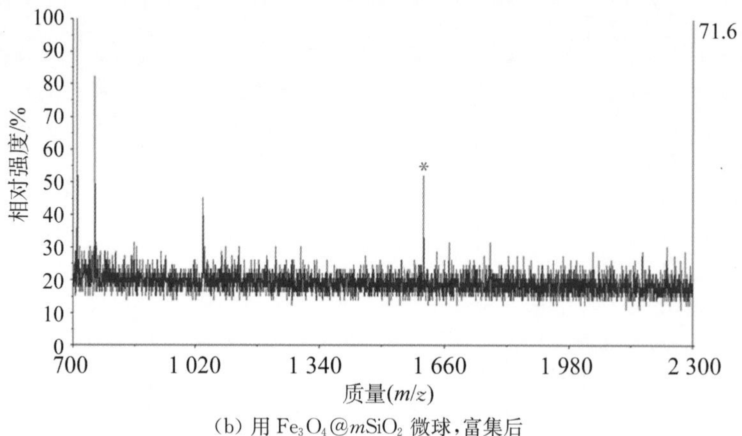

(b) 用 Fe_3O_4@$m$$SiO_2$ 微球，富集后

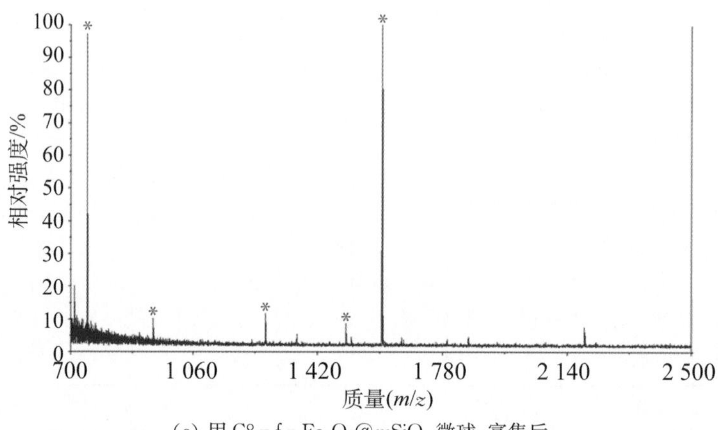

(c) 用 C8 - f - Fe_3O_4@$m$$SiO_2$ 微球，富集后

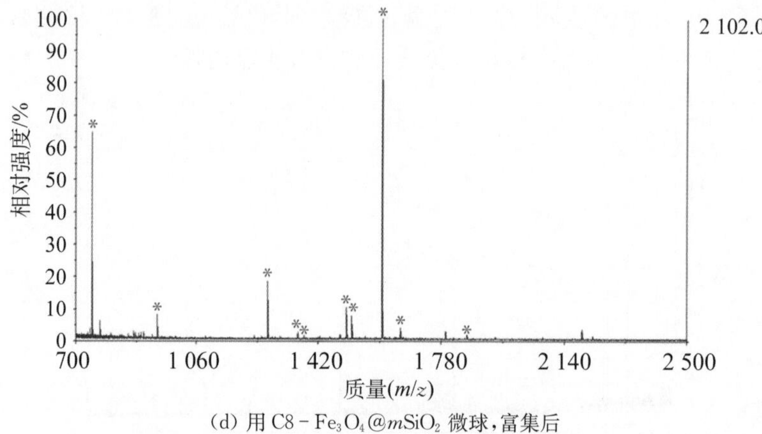

(d) 用 C8 - Fe_3O_4@$m$$SiO_2$ 微球，富集后

图 4 - 72 **0.4 mL 浓度为 5 nmol · L^{-1}的 MYO 酶解液富集前、用 3 种微球富集后的 MALDI - TOF 质谱图(质谱图中的标记"*"代表搜库所匹配到的酶解肽段)**

表 4-8 MYO 酶解液(O)经过 Fe_3O_4@$m$$SiO_2$ 微球(A)、C8-f-Fe_3O_4@SiO_2 微球(B)和 C8-Fe_3O_4@$m$$SiO_2$ 微球(C)富集处理前、后用质谱检测所得到的肽段信息

计算质量 m/z	肽段序列	长度	O	A	B	C
748.42	K. ALELFR. N	6	94.88	—	294.59	621.82
941.43	K. YKELGFQG. -	8	10.47	—	24.76	77.45
1 271.62	R. LFTGHPETLEK. F	10	18.88	—	40.85	236.49
1 360.72	K. ALELFRNDIAAK. Y	12	—	—	—	23.50
1 378.78	K. HGTVVLTALGGILK. K	14	—	—	—	20.01
1 502.61	K. HPGDFGADAQGAMTK. A	15	—	—	28.96	148.44
1 518.60	K. HPGDFGADAQGAMTK. A(O)	15	—	—	—	100.55
1 606.82	K. VEADIAGHGQEVLIR. L	15	53.11	<10	439.79	1 440.74
1 661.78	R. LFTGHPETLEKFDK. F	14	—	—	—	40.63
1 853.90	K. GHHEAELKPLAQSHATK. H	17	—	—	—	26.10
Peptides matched			4	1	5	10

Fe_3O_4@$m$$SiO_2$ 微球对于 MYO 酶解液，只能富集到一条信号很弱的肽段($S/N<10$)；C8-f-Fe_3O_4@$m$$SiO_2$微球借助表面修饰的 C8 基团通过疏水相互作用能够有效地富集肽段，但是富集效率要低于 C8-Fe_3O_4@$m$$SiO_2$微球。

4.5.3.6 C8-Fe_3O_4@$m$$SiO_2$ 微球的体积排阻性能考察

C8 基团在合成过程中被修饰于外层氧化硅介孔内壁上，而对肽段/蛋白富集是借助于 C8 的疏水亲和作用，因此必需要对 C8-Fe_3O_4@$m$$SiO_2$ 微球介孔的体积排阻效应进行考察。由于介孔孔径为 3.4 nm，因此在实验中采用了相对分子质量不同的标准蛋白 Cyc(相对分子质量为 12 300 Da)和 BSA(相对分子质量为 69 248 Da)。由于 Cyc 正好小于肽组学分析中的截留相对分子质量(约 15 kDa)，而 BSA 远远大于截留相对分子质量和材料的介孔孔径，因此可以利用相对分子质量截留机理来考察介孔的体积排阻效应，在样品预处理过程中将 BSA 这一类大体积蛋白去除。如图 4-73(a)所示，未经过任何处理的 2 mg·L^{-1}的 Cyc 进行 MALDI-TOF MS 线性模式分析观察不到任何信号，0.5 mL 该蛋白溶液经过 0.3 mg C8-Fe_3O_4@$m$$SiO_2$ 微球和

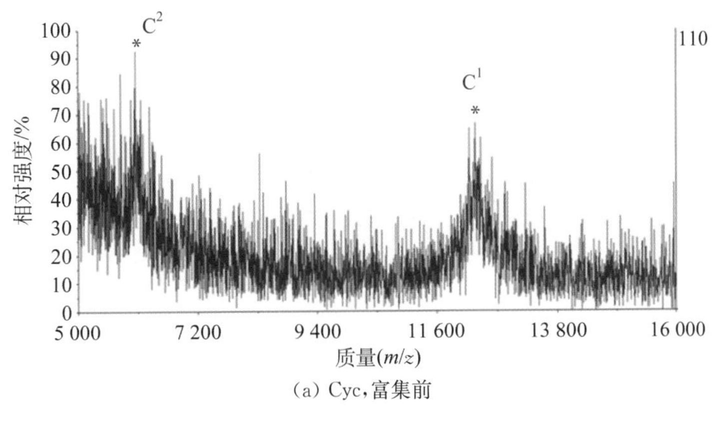

(a) Cyc，富集前

图 4-73

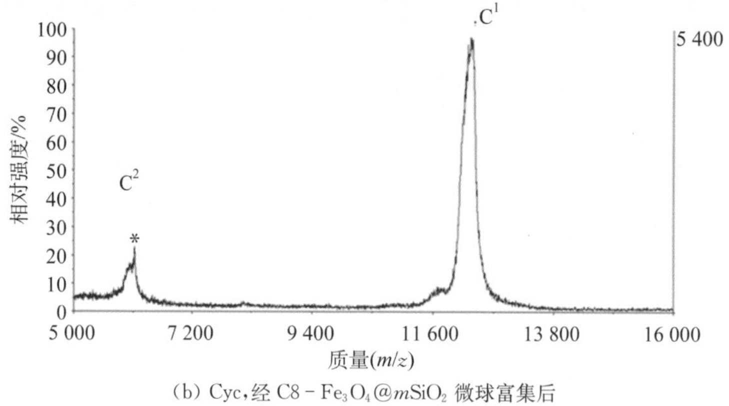

(b) Cyc,经 C8－Fe_3O_4@$m$$SiO_2$ 微球富集后

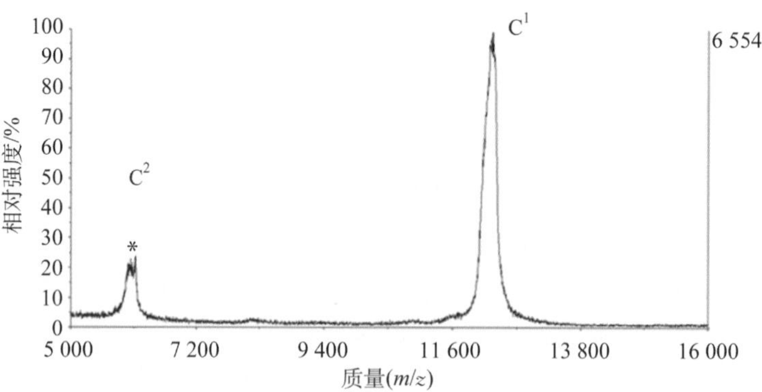

(c) Cyc,经 C8－f－Fe_3O_4@$m$$SiO_2$ 微球富集后

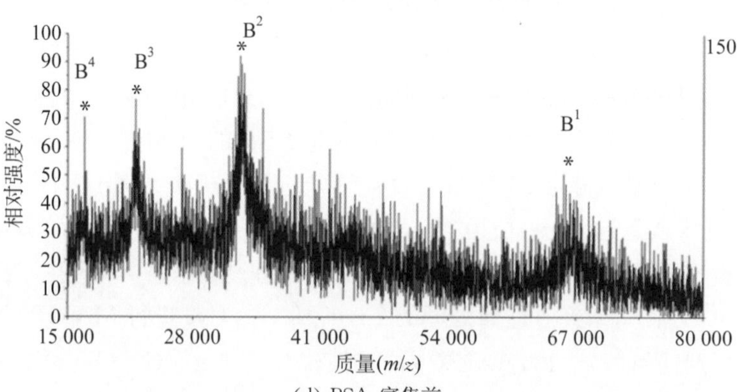

(d) BSA,富集前

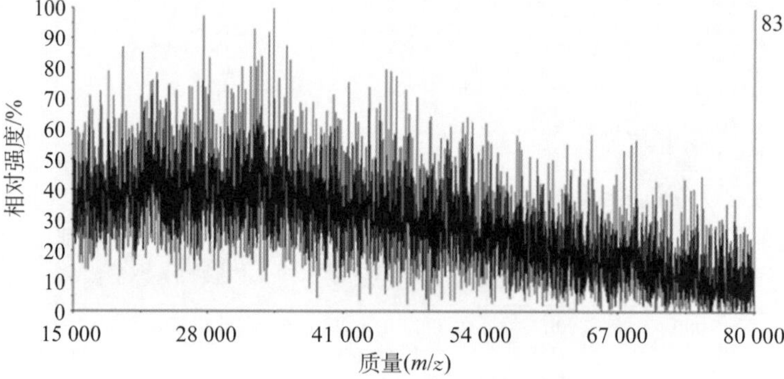

(e) BSA,经 C8－Fe_3O_4@$m$$SiO_2$ 微球富集后

图 4－73

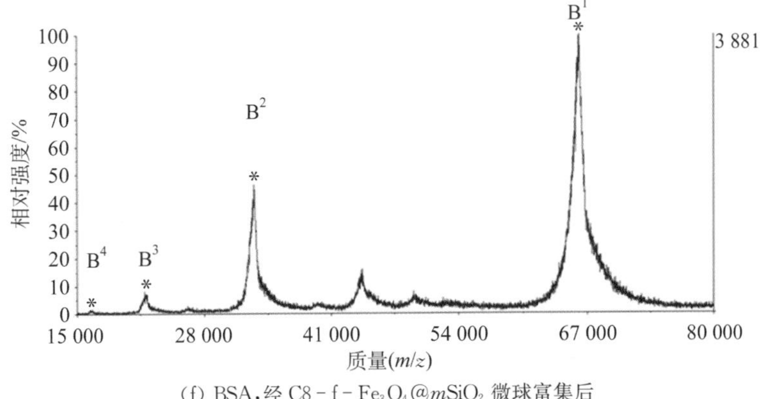

(f) BSA，经 C8 - f - Fe_3O_4@$m$$SiO_2$ 微球富集后

图 4 - 73　Cyc 溶液和 BSA 溶液经两种材料富集前、后的 MALDI - TOF 质谱图(标准蛋白 Cyc 的初始浓度为 2 mg · L^{-1}，BSA 的初始浓度为 10 mg · L^{-1}；图中 C^1，C^2 和 B^1，B^2，B^3，B^4 分别表示 Cyc 和 BSA 的单电荷、两电荷、三电荷、四电荷离子峰)

C8 - f - Fe_3O_4@$m$$SiO_2$ 微球处理后，洗脱液中 Cyc 的信号发生了如图 4 - 73(b)和图 4 - 73(c)所示的变化，说明 Cyc 能够被这两种材料通过 C8 基团吸附。而用相同的方法对 10 mg · L^{-1} 的 BSA 溶液进行处理，原溶液中能够看出 B^1 和 B^2 这两个单电荷和两电荷离子峰(见图 4 - 73(d))。经过 C8 - Fe_3O_4@$m$$SiO_2$ 微球处理后，质谱图中没有任何离子峰信号(见图 4 - 73(e))，而经过 C8 - f - Fe_3O_4@$m$$SiO_2$ 微球处理，质谱图中却出现了如图 4 - 73(f)所示的离子峰。此对照结果验证了 C8 - Fe_3O_4@$m$$SiO_2$ 微球是通过 C8 基团对蛋白进行吸附，同时也表明介孔利用体积排阻效应能够对肽段和小分子蛋白进行选择性提取。

4.5.3.7　C8 - Fe_3O_4@$m$$SiO_2$ 微球对人血清中内源性肽段的选择性富集

通过上述对材料 C8 基团以及体积排阻效应的性能考察，进一步将材料应用于实际生物样品体系中肽段的富集研究。

人血清中包含有许多大体积蛋白、多肽以及其他化合物。更重要的是，血清中的一些肽段可能是疾病诊断的生物标记物，使得血清肽组学成为目前的研究热点。新鲜血清样品很难直接用 MALDI - TOF MS 进行分析，因为血清中的大蛋白分子和其他无机盐类化合物会干扰覆盖肽段信号，导致未经处理的血清中难以检测到肽段信号(见图 4 - 74(a))。因此，在

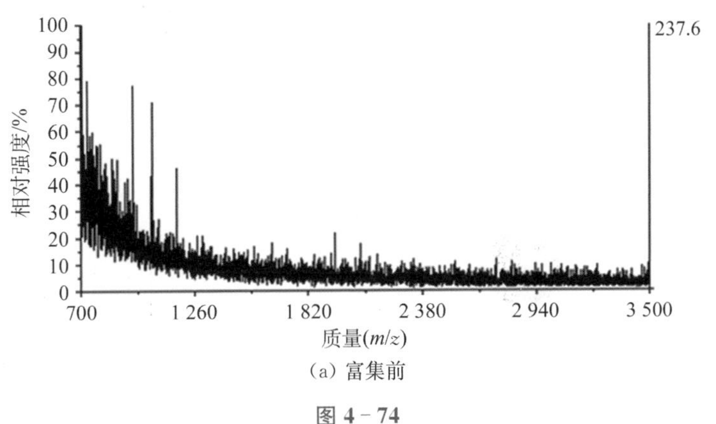

(a) 富集前

图 4 - 74

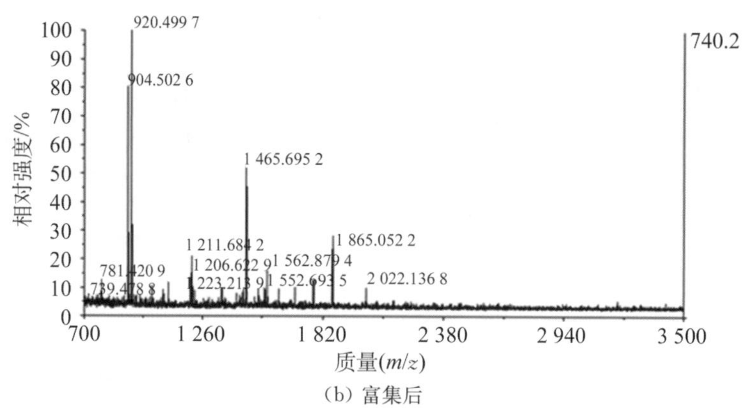

(b) 富集后

图 4-74 人血清稀释液用 C8-Fe_3O_4@$m$$SiO_2$ 微球富集前、后所得到的 MALDI-TOF 质谱图

血清肽组学分析中,设计一种合适的样品前处理过程具有很大的意义。而 C8-Fe_3O_4@$m$$SiO_2$ 微球可借助其表面介孔的体积排阻效应以及孔道内壁的 C8 基团来选择性富集人血清中的游离肽段。

取 50 mL 血清稀释 5 倍,经过 0.2 mg C8-Fe_3O_4@$m$$SiO_2$ 微球处理,利用体积排阻机理除去血清中的大体积蛋白后,对残留的物质进行质谱分析。从图 4-74(b)所示的质谱图中可以看出,经过 C8-Fe_3O_4@$m$$SiO_2$ 微球处理后,能够检测到几十条肽段的信号。因此,借助于体积排阻作用,可以将 C8-Fe_3O_4@$m$$SiO_2$ 微球应用于生物样品中游离肽段的选择性富集中。

4.5.3.8 C8-Fe_3O_4@$m$$SiO_2$ 微球对小鼠鼠脑提取液中肽段的选择性富集

用 C8-Fe_3O_4@$m$$SiO_2$ 微球来选择性富集小鼠鼠脑组织提取液中的内源性肽,利用材料的体积排阻效应和 C8 基团的疏水-疏水相互作用,将材料作为有效的微型探针去除鼠脑组织中的大体积蛋白,来进行选择性富集内源性神经肽的肽组学研究。

对小鼠鼠脑组织提取液的富集工作流程如图 4-75 所示。将 0.4 mL 提取液稀释 3 倍,

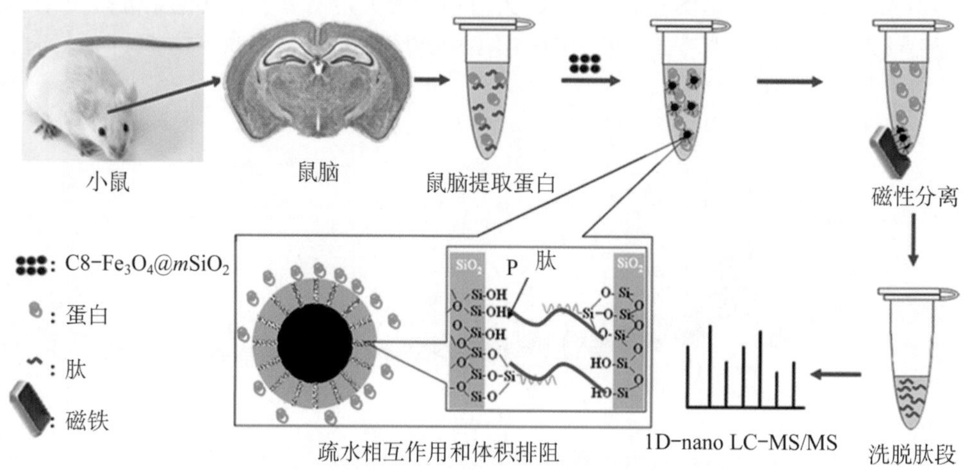

图 4-75 用 C8-Fe_3O_4@$m$$SiO_2$ 微球富集小鼠鼠脑提取液中内源性肽的工作流程

经过 1 mg C8 - Fe_3O_4@$m$$SiO_2$ 微球处理，小分子的肽段被引入功能化的介孔内，与 C8 基团结合，而大体积的蛋白分子则被排除在介孔外。富集有小分子肽段的材料经水洗后进行洗脱，磁性分离出材料后的洗脱液真空冻干，再用含有 0.1% 甲酸（formic acid，FA）的 5% ACN 水溶液重新溶解，经由 nano - LC 分离，再用在线电喷雾串级质谱分析。

质谱分析数据经过数据库搜索筛选之后，最终鉴定到的小鼠鼠脑提取液中富集到的肽段有 267 条。因为有序的介孔结构结合体积排阻效应去除了大分子蛋白，允许更多的肽段进入，而介孔内的疏水 C8 基团能够有效地与肽段结合，另外，介孔表面亲水的硅羟基使得材料在水溶液中具有良好的分散性，能够使材料与溶液中的肽段分子充分接触，达到更好的富集效率。

在材料富集后的小鼠鼠脑提取液中的肽段经过色谱分离得到的总离子流色谱图（见图 4 - 76(a)）中，位于 22.54 min 处的色谱峰对应的 MH^+ =1 441 的 MS/MS 质谱图（见图 4 - 76(b)），是序列为 E. LNLPTGIPIVYEL. D 的肽段，b，y 离子高度匹配。图 4 - 76(c) 则清楚地表现出所富集到的肽段的分布，主要集中于质荷比为 1 000～2 600 Da 的范围内。与以前的工作相比，对相对分子质量小于 1 200 Da 的肽段也有较好的富集效果，并且通过对检测到的肽段长度的统计发现，约 85% 的肽段长度小于 20 个氨基酸，这也验证了 C8 - Fe_3O_4@$m$$SiO_2$ 微球的体积排阻效应，使得 C8 - Fe_3O_4@$m$$SiO_2$ 微球能够成为选择性富集复杂生物样品体系中内源性肽的理想材料。

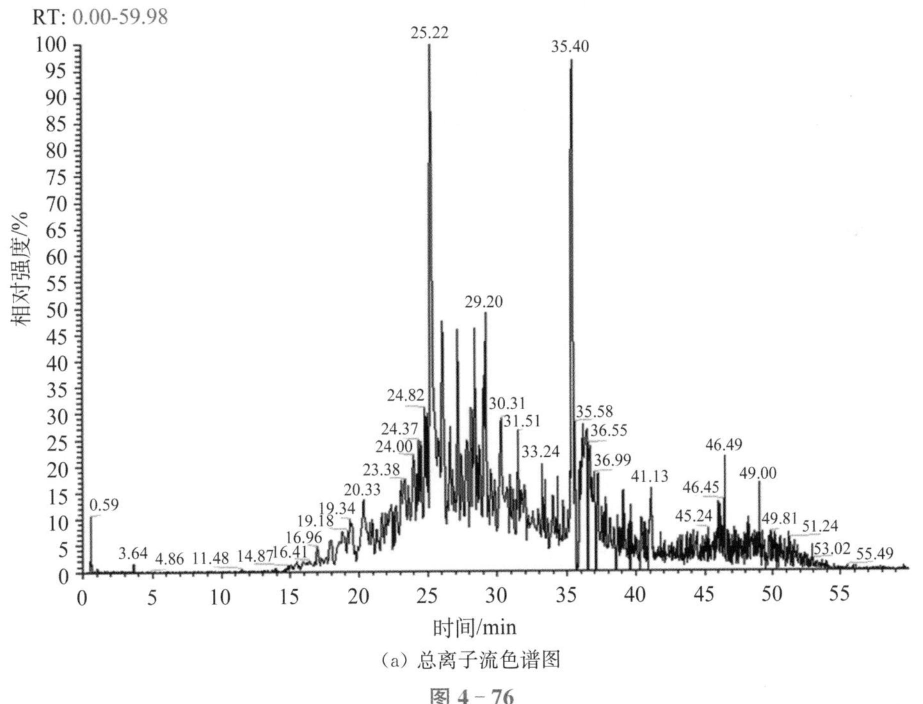

(a) 总离子流色谱图

图 4 - 76

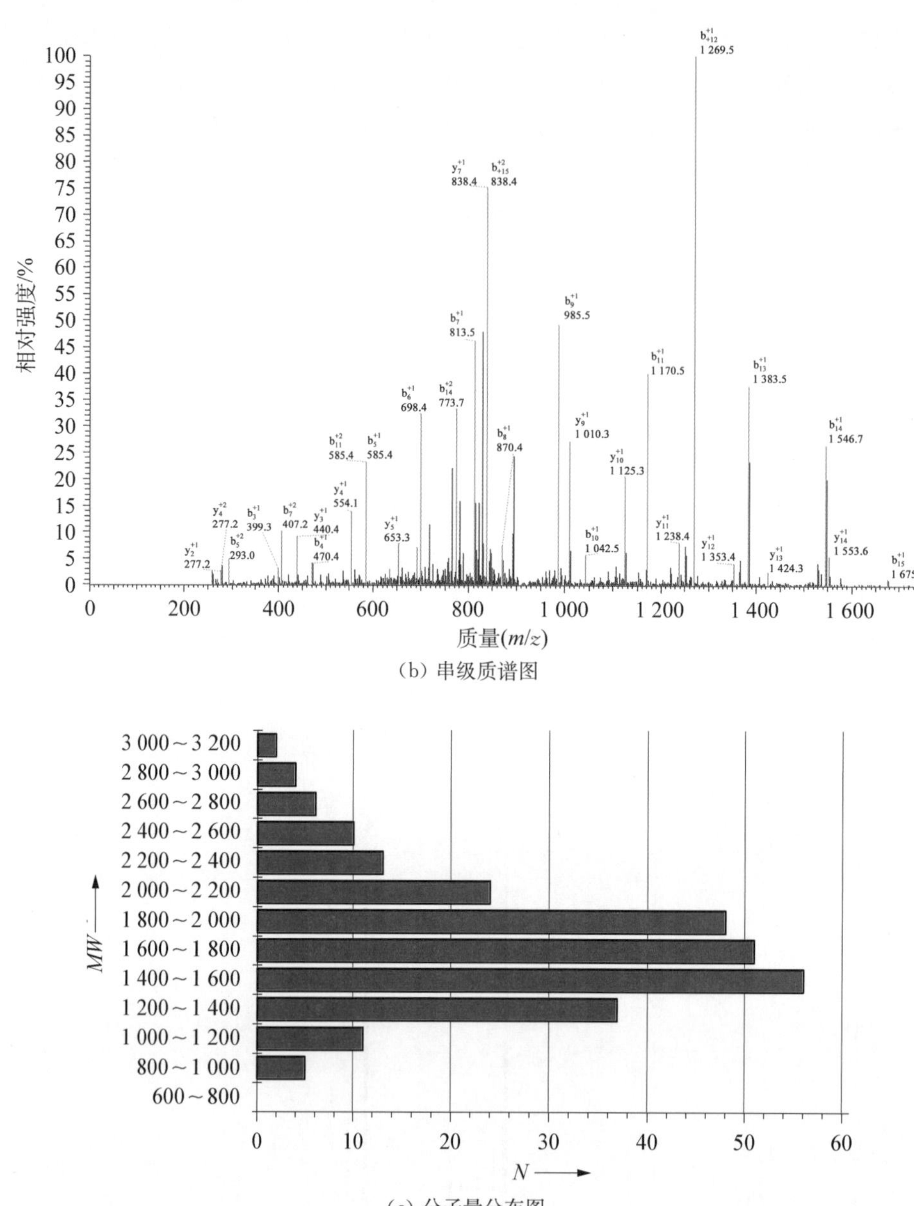

(b) 串级质谱图

(c) 分子量分布图

图 4-76 小鼠鼠脑提取液经 C8-Fe_3O_4@$m$$SiO_2$ 微球富集后经 LC-ESI/MS 分析的结果(N 为肽段数目)

4.5.4 本节小结

通过带有表面活性剂模板的溶胶凝胶反应合成的介孔磁性纳米材料具有灵敏磁响应性和大的比表面积。材料具有比较均匀的孔径分布,平均孔径约为 3.3 nm,经过煅烧或修饰铜离子或在合成介孔的同时引入 C8 基团,使材料对肽段/蛋白具有富集作用。更有意义的是,由于这种介孔材料表面均匀和存在有序介孔,它也能通过体积排阻效应允许小分子进入

而达到去除大蛋白分子的目的，因此，它也能对复杂生物体系（人血清、尿液、鼠脑提取液等）中的肽段进行有效的富集。

参考文献

[1] 陈和美. 基于功能磁性微纳米材料的低丰度蛋白和肽组学富集新方法研究[D]. 上海：复旦大学，2010.

[2] Chen H, Xu X, Yao N, *et al*. Facile Synthesis of C8-Functionalized Magnetic Silica Microspheres for Enrichment of Low-Concentration Peptides for Direct MALDI-TOF MS Analysis [J]. *Proteomics*, 2008, 8(14): 2778 - 2784.

[3] Iijima S. Helical Microtubules of Graphic Carbon [J]. *Nature*, 1991, 354(6348): 56 - 58.

[4] Ichihashi T, Iijima S. Single-Shell Carbon Nanotubules of 1-nm Diameter [J]. *Nature*, 1993, 363: págs. 603 - 605.

[5] Cai Y Q, Jiang G B, Liu J F, *et al*. Multi-Walled Carbon Nanotubes Packed Cartridge for the Solid-Phase Extraction of Several Phthalate Esters from Water Samples and Their Determination by High Performance Liquid Chromatography [J]. *Analytica Chimica Acta*, 2003, 494(1 - 2): 149 - 156.

[6] Li Q, Yuan D. Evaluation of Multi-Walled Carbon Nanotubes as Gas Chromatographic Column Packing [J]. *Journal of Chromatography A*, 2003, 1003(1 - 2): 203 - 209.

[7] Kwon S H, Park J H. Intermolecular Interactions on Multiwalled Carbon Nanotubes in Reversed-Phase Liquid Chromatography [J]. *Journal of Separation Science*, 2006, 29(7): 945 - 952.

[8] Kam N W S, Dai H. Carbon Nanotubes as Intracellular Protein Transporters: Generality and Biological Functionality [J]. *Journal of the American Chemical Society*, 2005, 127(16): 6021 - 6026.

[9] Li X, Xu S, Pan C, *et al*. Enrichment of Peptides from Plasma for Peptidome Analysis Using Multiwalled Carbon Manotubes [J]. *Journal of Separation Science*, 2007, 30(6): 930 - 943.

[10] Vallant R M, Szabo Z, Bachmann S, *et al*. Development and Application of C60-Fullerene Bound Silica for Solid-Phase Extraction of Biomolecules [J]. *Analytical Chemistry*, 2007, 79(21): 8144 - 8153.

[11] Jia W, Wu H, Lu H, *et al*. Rapid and Automatic On-Plate Desalting Protocol for MALDI-MS: Using Imprinted Hydrophobic Polymer Template [J]. *Proteomics*, 2007, 7(15): 2497 - 2506.

[12] 张祥民. 现代色谱分析[M]. 上海：复旦大学出版社，2004.

[13] 邹汉法，张玉奎，卢佩章. 高效液相色谱法[M]. 北京：科学出版社，2001.

[14] Ren D Y, Penner N A, Slentz B E, *et al*. Histidine-Rich Peptide Selection and Quantification in Targeted Proteomics [J]. *Journal of Proteome Research*, 2004, 3(1): 37 - 45.

[15] 刘莎莎. 基于功能化磁性介孔材料的肽组学分离分析新方法的研究[D]. 上海：复旦大学，2011.

[16] Kresge C T, Leonowicz M E, Roth W J, *et al*. Ordered Mesoporous Molecular Sieves Synthesized by a Liquid-Crystal Template Mechanism [J]. *Nature*, 1992, 359(6397): 710 - 712.

[17] Zhao D, Feng J, Huo Q, *et al*. Triblock Copolymer Syntheses of Mesoporous Silica with Periodic 50 to 300 Angstrom Pores [J]. *Science*, 1998, 279(5350): 548 - 552.

[18] Hartmann M. Ordered Mesoporous Materials for Bioadsorption and Biocatalysis [J]. *Chemistry of Materials*, 2005, 17(18): 4577 - 4593.

[19] Büchel G, Grün M, Unger K K, *et al*. Tailored Syntheses of Nanostructured Silicas: Control of Particle Morphology, Particle Size and Pore Size [J]. *Supramolecular Science*, 1998, 5(3 - 4): 253 - 259.

[20] Han Y J, Stucky G D, Butler A. Mesoporous Silicate Sequestration and Release of Proteins [J]. *Journal of the American Chemical Society*, 1999, 121(42): 9897 - 9898.

[21] Yiu H H P, Botting C H, Botting N P, *et al*. Size Selective Protein Adsorption on Thiol-

Functionalised SBA-15 Mesoporous Molecular Sieve [J]. *Physical Chemistry Chemical Physics*, 2001,3(15): 2983 - 2985.

[22] Tian R, Zhang H, Ye M, *et al*. Selective Extraction of Peptides from Human Plasma by Highly Ordered Mesoporous Silica Particles for Peptidome Analysis [J]. *Angewandte Chemie International Edition*, 2007,46(6): 962 - 965.

[23] Yao N, Chen H, Lin H, *et al*. Enrichment of Peptides in Serum by C(8)-Functionalized Magnetic Nanoparticles for Direct Matrix-Assisted Laser Desorption/Ionization Time-Of-Flight Mass Spectrometry Analysis [J]. *Journal of Chromatography A*, 2008,1185(1): 93 - 101.

[24] Chen H, Deng C, Li Y, et al. A Facile Synthesis Approach to C8-Functionalized Magnetic Carbonaceous Polysaccharide Microspheres for the Highly Efficient and Rapid Enrichment of Peptides and Direct MALDI-TOF-MS Analysis [J]. *Advanced Materials*, 2009,21(21): 2200 - 2205.

[25] Chen H, Liu S, Li Y, et al. Development of Oleic Acid-Functionalized Magnetite Nanoparticles as Hydrophobic Probes for Concentrating Peptides with MALDI-TOF-MS Analysis [J]. *Proteomics*, 2011,11(5): 890 - 897.

[26] Chen H, Qi D, Deng C, et al. Preparation of C60-Functionalized Magnetic Silica Microspheres for the Enrichment of Low-Concentration Peptides and Proteins for MALDI-TOF MS Analysis [J]. *Proteomics*, 2009,9(2): 380 - 387.

[27] Chen H, Deng C, Zhang X. Synthesis of Fe_3O_4 @ SiO_2 @ PMMA Core-Shell-Shell Magnetic Microspheres for Highly Efficient Enrichment of Peptides and Proteins for MALDI-ToF MS Analysis [J]. *Angewandte Chemie International Edition*, 2010,49(3): 607 - 611.

[28] Jia W, Chen X, Lu H, *et al*. $CaCO_3$-Poly(Methyl Methacrylate) Nanoparticles for Fast Enrichment of Low-Abundance Peptides Followed by $CaCO_3$-Core Removal for MALDI-TOF MS Analysis [J]. *Angewandte Chemie International Edition*, 2006,118(20): 3423 - 3427.

[29] Shen W, Xiong H, Xu Y, *et al*. ZnO-Poly(Methyl Methacrylate) Nanobeads for Enriching and Desalting Low-Abundant Proteins Followed by Directly MALDI-TOF MS Analysis [J]. *Analytical Chemistry*, 2008,80(17): 6758 - 6763.

[30] Xiong H, Guan X, Lu H, *et al*. Surfactant-Free Synthesis of SnO_2 @PMMA and TiO_2 @PMMA Core-Shell Nanobeads Designed for Peptide/Protein Enrichment and MALDI-TOF MS Analysis [J]. *Angewandte Chemie International Edition*, 2008,47(22): 4204 - 4207.

[31] Chen H, Liu S, Yang H, *et al*. Selective Separation and Enrichment of Peptides for MS Analysis Using the Microspheres Composed of Fe_3O_4 @ $n$$SiO_2$ Core and Perpendicularly Aligned Mesoporous SiO_2 Shell [J]. *Proteomics*, 2010,10(5): 930 - 939.

[32] Yin P, Sun N, Deng C, *et al*. Facile Preparation of Magnetic Graphene Double-sided Mesoporous Composites for the Selective Enrichment and Analysis of Endogenous Peptides. [J]. *Proteomics*, 2013,13(15): 2243 - 2250.

[33] Novoselov K S, Geim A K, Morozov S V, *et al*. Electric Field Effect in Atomically Thin Carbon Films [J]. *Science*, 2004, 306(5696): 666 - 669.

[34] Choi B G, Chang S J, Lee Y B, *et al*. 3D Heterostructured Architectures of Co3O4 Nanoparticles Deposited on Porous Graphene Surfaces for High Performance of Lithium Ion Batteries [J]. *Nanoscale*, 2012,4(19): 5924 - 5930.

[35] Tammen H, Schulte I, Hess R, *et al*. Peptidomic Analysis of Human Blood Specimens: Comparison Between Plasma Specimens and Serum by Differential Peptide Display [J]. *Proteomics*, 2005,5(13): 3414 - 3422.

[36] Kresge C T, Leonowicz M E, Roth W J, *et al*. Ordered Mesoporous Molecular Sieves Synthesized by a Liquid-crystal Template Mechanism [J]. *Nature*, 1992,359(6397): 710 - 712.

[37] Liu S, Chen H, Lu X, *et al*. Facile Synthesis of Copper(II) Immobilized on Magnetic Mesoporous Silica Microspheres for Selective Enrichment of Peptides for Mass Spectrometry Analysis [J]. *Angewandte Chemie International Edition*, 2010,49(41): 7557 - 7561.

[38] Hu L, Zhou H, Li Y, *et al*. Profiling of Endogenous Serum Phosphorylated Peptides by Titanium (IV) Immobilized Mesoporous Silica Particles Enrichment and MALDI-TOFMS Detection [J]. *Analytical Chemistry*, 2009,81(1): 94 - 104.

[39] Liu S, Li Y, Deng C, *et al*. Preparation of Magnetic Core-mesoporous Shell Microspheres with C8-modified Interior Pore-walls and Their Application in Selective Enrichment and Analysis of Mouse Brain Peptidome [J]. *Proteomics*, 2011,11(23): 4503 - 4513.

第 5 章

基于磁性微纳米材料的磷酸化蛋白质组学分析技术

5.1 磁性微纳米材料的磷酸化蛋白质组学分析基本原理

磷酸化是目前研究得最多最为透彻的一种蛋白质翻译后修饰，蛋白质的磷酸化和去磷酸化对生物体的众多生命活动起着至关重要的作用。大量的研究证明异常磷酸化与人类许多疾病，如癌症、心脏病、老年痴呆症等相关。一般来说，蛋白质组学侧重于研究与某一特定的生理病理相关的蛋白质、特定蛋白质所处环境或者特定蛋白质与周围环境的相关关系。近年来，蛋白质组学分析研究取得的巨大进步主要得益于具有高通量、高效率的生物质谱技术的快速发展。

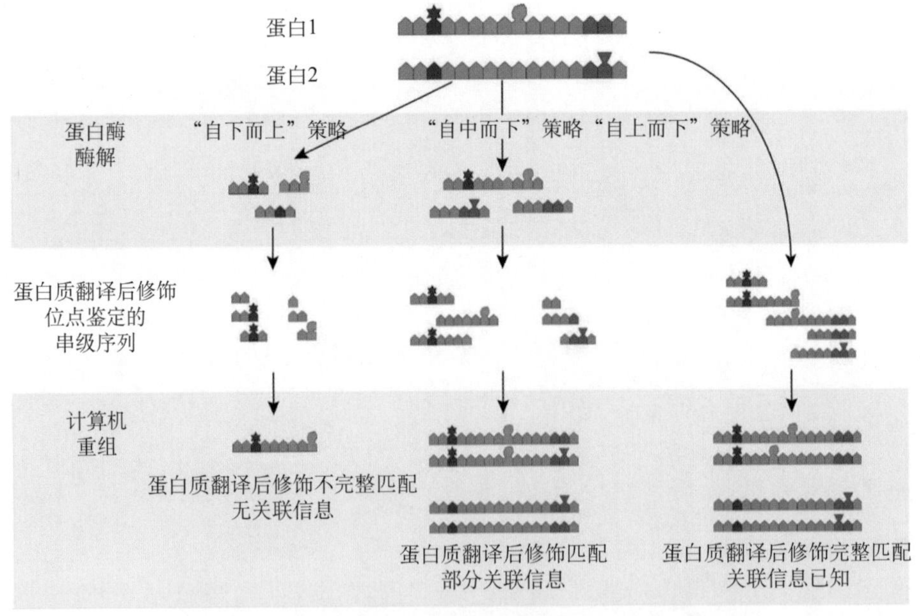

图 5-1 分析不同蛋白质翻译后修饰的 3 种常用策略[1]

对于蛋白质组学的研究通常采取 3 种不同的分析策略："自下而上"(bottom-up)策略、"自中而下"(middle-down)策略和"自上而下"(top-down)策略(见图 5－1)。从目前的研究来看，依赖质谱技术对完整蛋白进行分析的"自上而下"策略在蛋白质组学研究中的应用具有很大的困难。"自中而下"策略需要有合适的酶切方法对蛋白质进行选择性的限制性酶解，而目前研究所用的一些酶切方法，比如选择特定的酶[2, 3]或者微波辅助酸性水解法[4]不能用于大规模的蛋白质组学研究。"自下而上"策略是目前蛋白质组学研究中最为广泛使用的策略，是指在进行质谱分析鉴定前，不对生物样品做任何的蛋白层面的预分离，而将蛋白质直接酶解成混合肽段。研究证明这一策略也将非常适合于磷酸化蛋白质组学(phosphoproteomics)的研究。但是"自下而上"策略会增加样品的复杂度，使得磷酸化肽段的质谱检测难度增加，生物样品进行酶解后会有大量的非磷酸化肽段存在从而抑制磷酸化肽段的质谱信号，所以需要在质谱分析前对生物样品中的磷酸化蛋白/肽段进行有效的分离富集，以提高其相对含量。目前用于富集磷酸化蛋白/肽段的方法主要分为免疫沉淀法、亲和色谱法、化学衍生法等。其中，由于磁性微球具有快速分离的能力，而磁球表面修饰的各种功能基团可以特异性地吸附目标肽段，因此各种基于磁性的微纳米材料层出不穷，被广泛应用(见图 5－2)。

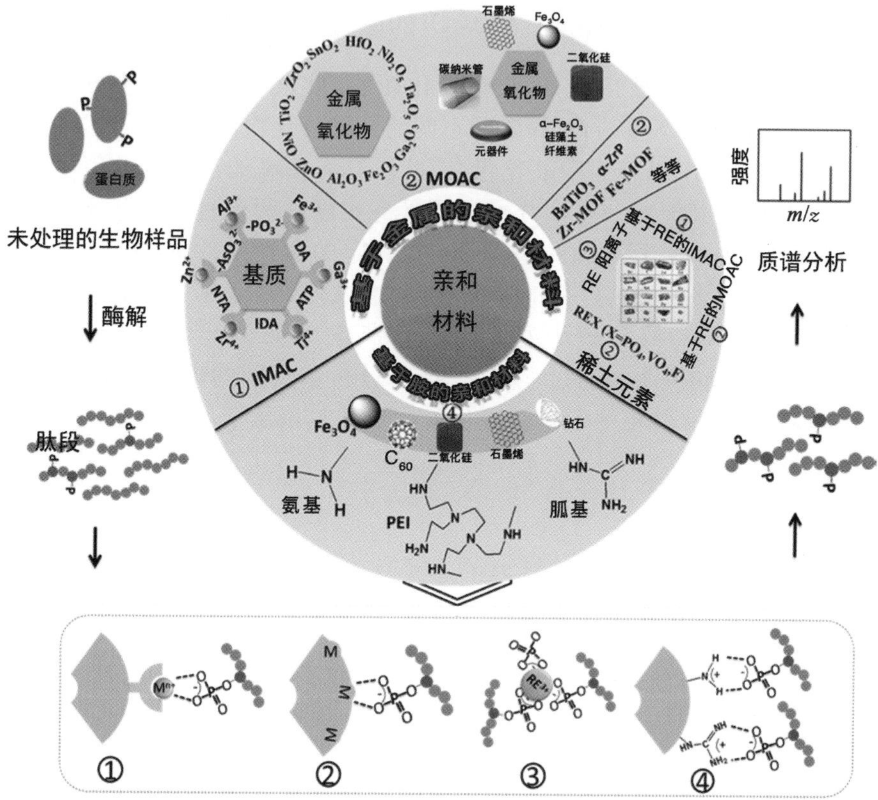

图 5－2　富集磷酸化肽段的不同亲和材料，①，②，③，④代表不同亲和材料对磷酸化肽的富集机理[5]

5.1.1 基于固定金属离子亲和色谱(IMAC)的磁性微纳米材料

IMAC 技术是目前较为普遍以及成熟的磷酸化蛋白/肽段的分离富集方法之一。众所周知，IMAC 的固定相由 3 部分构成：载体、螯合剂和金属离子。在基于 IMAC 的磁性微纳米材料中，以磁球或者修饰性的磁球为载体，通过选择合适的螯合剂可以将载体和金属离子紧密连接。IMAC 技术的一个缺陷就在于金属离子可能会在富集或洗脱的过程中丢失，所以寻找合适的螯合剂至关重要。理想的螯合剂不仅可以将载体与金属离子紧密相连，而且可以增加磁性微纳米材料的生物兼容性。常用的富集磷酸化肽段的金属离子有 Ti(Ⅳ)，Fe(Ⅲ)，Al(Ⅲ)，Ga(Ⅲ)，Zr(Ⅳ)等。基于 IMAC 的磁性微纳米材料对磷酸化蛋白/肽段的富集原理是：在一定的酸性条件下，带负电荷的磷酸化蛋白/肽段可以通过静电作用被带正电的金属离子绑定，在一定的碱性条件下或者有磷酸盐存在时，金属离子与磷酸化蛋白/肽段之间的相互作用遭到破坏，从而释放出磷酸化蛋白/肽段。IMAC 技术富集到的主要为多磷酸化蛋白/肽段，因为其所带负电荷较多，与金属离子之间的结合力更强[6~9]。

5.1.2 基于金属氧化物亲和色谱(MOAC)的磁性微纳米材料

MOAC 技术是另一种被广泛用于磷酸化蛋白/肽段分离富集的方法，对 HfO_2，Nb_2O_5，Al_2O_3，ZrO_2，ZnO 和 SnO_2 等多种不同的金属氧化物用于磷酸化蛋白/肽段的分离富集均有报道。MOAC 技术对磷酸化蛋白/肽段具有更高的选择性分离富集能力，其对低 pH 值、盐类以及其他的一些低分子杂质具有更好的耐受性。基于 MOAC 的磁性微纳米材料磷酸化蛋白/肽段的富集原理是：在一定的酸性条件下，金属氧化物表现为 Lewis 酸带正电荷，能够与带负电荷的磷酸化蛋白/肽段结合，在一定的碱性条件下，金属氧化物表现为 Lewis 碱带负电荷，能够与带正电荷的离子结合。Larsen[10] 和 Ficarro[11] 等的报道共同说明了通过 MOAC 技术分析鉴定到的磷酸化肽段多为单磷酸化肽段，因为多磷酸化肽段相比于单磷酸化肽段更加难以从金属氧化物上被洗脱下来，导致富集效率显示偏低。

5.1.3 金属有机框架(MOF)修饰的磁性微纳米材料

MOF 材料是一类新的无机-有机微孔晶体材料，由金属离子与有机配体通过配位键自组装而成。大量可用的金属离子以及有机配体使得制备无数不同的新的 MOF 材料成为可能，因其具有很多非凡性能而被广泛关注，比如超大比表面积、极好的热稳定性、统一的微纳米级孔隙以及外表面和孔隙内壁的可修饰性。Er - MOF，Fe - MOF，Zr - MOF 等修饰的磁性微纳米材料基于 IMAC 技术对磷酸化蛋白/肽段的富集原理，在磷酸化白质组学的分离富集研究中也能够取得很好的效果。

5.1.4 稀土元素修饰的磁性微纳米材料

稀土元素是一类很重要的金属元素，稳定的稀土元素离子通常都是三价或者四价的阳离子，是典型的硬酸，能够与硬碱，比如磷酸基团相互作用。目前稀土元素在磷酸化蛋白/肽段的分离富集中展现出很大的应用前景。自由的稀土元素阳离子在分离磷酸化蛋白/肽段研究中扮演的是沉淀剂的角色，具有绝对优势，不仅非特异性吸附少，而且目标分子的回收率高。稀土元素阳离子修饰的磁性微纳米材料，如 Ce(Ⅳ)，La(Ⅲ)，Er(Ⅲ)-磁球则是基于 IMAC 技术对磷酸化蛋白/肽段的富集原理分离分析磷酸化蛋白/肽段。同理，稀土氧化物基于 MOAC 技术富集原理可以实现对磷酸化蛋白/肽段的分离分析。

5.1.5 氨基修饰的磁性微纳米材料

磷酸化肽段的磷酸基团带有负电荷，能够与带正电荷的基团产生一定的相互作用。而氨基基团在通常情况下在相当广的 pH 值范围内都呈现正电荷状态。比如胍基基团，其酸度系数(pKa)值为 13.6。胍基基团不仅能够与磷酸基团形成氢键，而且还存在电子对效应，能够稳定牢固绑定磷酸基团。据报道，阳离子精氨酸与磷酸基团能够形成像共价键一样稳定的静电相互作用。基于胍基或者精氨酸等的复合材料已广泛用于磷酸化蛋白/肽段的富集。氨基修饰的磁性微纳米材料对磷酸化蛋白/肽段的分离富集也展现出很好的效果。

5.2 基于 IMAC 技术的磁性微纳米材料用于磷酸化蛋白质组学分离分析

5.2.1 前言

磷酸化是重要的蛋白质翻译后修饰之一，由于其相对丰度较低且离子化效率差，难以直接用生物质谱进行分析鉴定，因此需要对样品进行预处理，以提高其相对含量。大量的策略已被提出用于磷酸化蛋白/肽段的分离富集，其中 IMAC 技术是最广泛使用的从复杂生物样品中捕获磷酸化蛋白/肽段的强有力的方法，它主要依赖于金属离子与磷酸基团之间的亲和性。目前，IMAC 技术主要存在以下一些问题：(ⅰ)固定的金属离子相对较少，会影响磷酸化蛋白/肽段的富集效率；(ⅱ)在富集洗脱过程中金属离子存在掉落的可能性；(ⅲ)传统的 IMAC 材料比表面积小、亲水性差。因此，为了更好分析鉴定生物样品中的磷酸化蛋白质，急需寻求比表面积大、亲水性好的新型 IMAC 材料，进一步研制出磷酸化蛋白质分析鉴定的新方法。目前，利用不同功能化基团修饰磁性微球固定金属离子的方法有很多种，比如亚氨基二乙酸作为亲和配体利用羧基固定金属离子[12]，磷酸基团作为亲和配体固定金属离子[13]以及聚多巴胺作为亲和配体固定金属离子[14]，等等。本节内容将从以上几个方面介绍功能化磁性微纳米材料在磷酸化蛋白质组学中的应用。

5.2.2 亚氨基二乙酸修饰磁性微球固定金属离子

5.2.2.1 亚氨基二乙酸修饰磁性硅球固定金属离子 Fe^{3+} (Fe_3O_4@SiO_2@GLYMO－IDA－Fe^{3+})[12]

1. Fe_3O_4@SiO_2@GLYMO－IDA－Fe^{3+} 微球的制备

Fe_3O_4@SiO_2@GLYMO－IDA－Fe^{3+} 微球的合成见 2.6 节。

2. Fe_3O_4@SiO_2@GLYMO－IDA－Fe^{3+} 微球在磷酸化蛋白质组学中的富集应用

(1) Fe_3O_4@SiO_2@GLYMO－IDA－Fe^{3+} 材料对标准磷酸化蛋白酶解液的富集初步考察

β－casein 是在采用基质辅助激光解吸电离飞行时间质谱(MALDI－TOF－MS)进行磷酸化肽段分析时的常用样品。此蛋白包含两个磷酸化位点，用胰蛋白酶(trypsin)进行酶解后，酶解液中包含两种磷酸化肽段(见表 5－1)。本例工作中，β－酪蛋白(β－casein)酶解液被选作研究对象，以考察 Fe_3O_4@SiO_2@GLYMO－IDA－Fe^{3+} 微球对磷酸化肽段的富集效果。图 5－3(a)给出了浓度为 2×10^{-7} mol・L^{-1} 的 β－casein 酶解液未经富集处理的 MALDI－TOF－MS 质谱图，除了一个单磷酸化肽段外，检测到的多磷酸化肽段只有很微弱的信号，非磷酸化肽段信号非常强。如图 5－3(b)所示，经 Fe_3O_4@SiO_2@GLYMO－IDA－Fe^{3+} 微球进行富集后，两条磷酸化肽段的质谱信号显著增强，而且各个磷酸化肽段相应的去磷酸化肽段也能够被有效地富集和检测。m/z 为 1 967.3 对应于 m/z 为 2 061.9，即为单磷酸化肽段母离子失去一个 H_3PO_4 分子所得。因为母离子去磷酸化时处于亚稳态丢失，所以 m/z 为 1 967.3 与 m/z 为 2 061.9 之间的质量之差是 94.6 Da，而不是 98 Da[15, 16]。图 5－3(b)中质量相差 98 Da 的组峰则对应于四磷酸化肽段峰 m/z 为 3 122.3 (M^+ H)分别去磷酸化，为依次丢失 1～4 个 H_3PO_4 分子所得。与图 5－3(a)相比，富集后的溶液中几乎鉴定不到非磷酸化肽段，磷酸化肽段的信噪比显著提高，表明 Fe_3O_4@SiO_2@GLYMO－IDA－Fe^{3+} 微球对磷酸化肽段具有富集能力，而且对于更低浓度的 β－casein 酶解液(2×10^{-8} mol・L^{-1})，Fe_3O_4@SiO_2@GLYMO－IDA－Fe^{3+} 微球仍显示出很强的富集能力，如图 5－3(d)，(e)所示。以上结果证实，Fe_3O_4@SiO_2@GLYMO－IDA－Fe^{3+} 微球对磷酸化肽段具有较好的富集能力。

表 5－1 在 β－casein 中鉴定到的磷酸化肽段的详细信息

No.	AA	磷酸化肽段序列	$[M+H]^+$
1	33－48	FQ[pS]EEQQQTEDELQDK	2 061.70
2	1－25	RELEELNVPGEIVE[pS]L[pS][pS][pS]EESITR	3 121.98

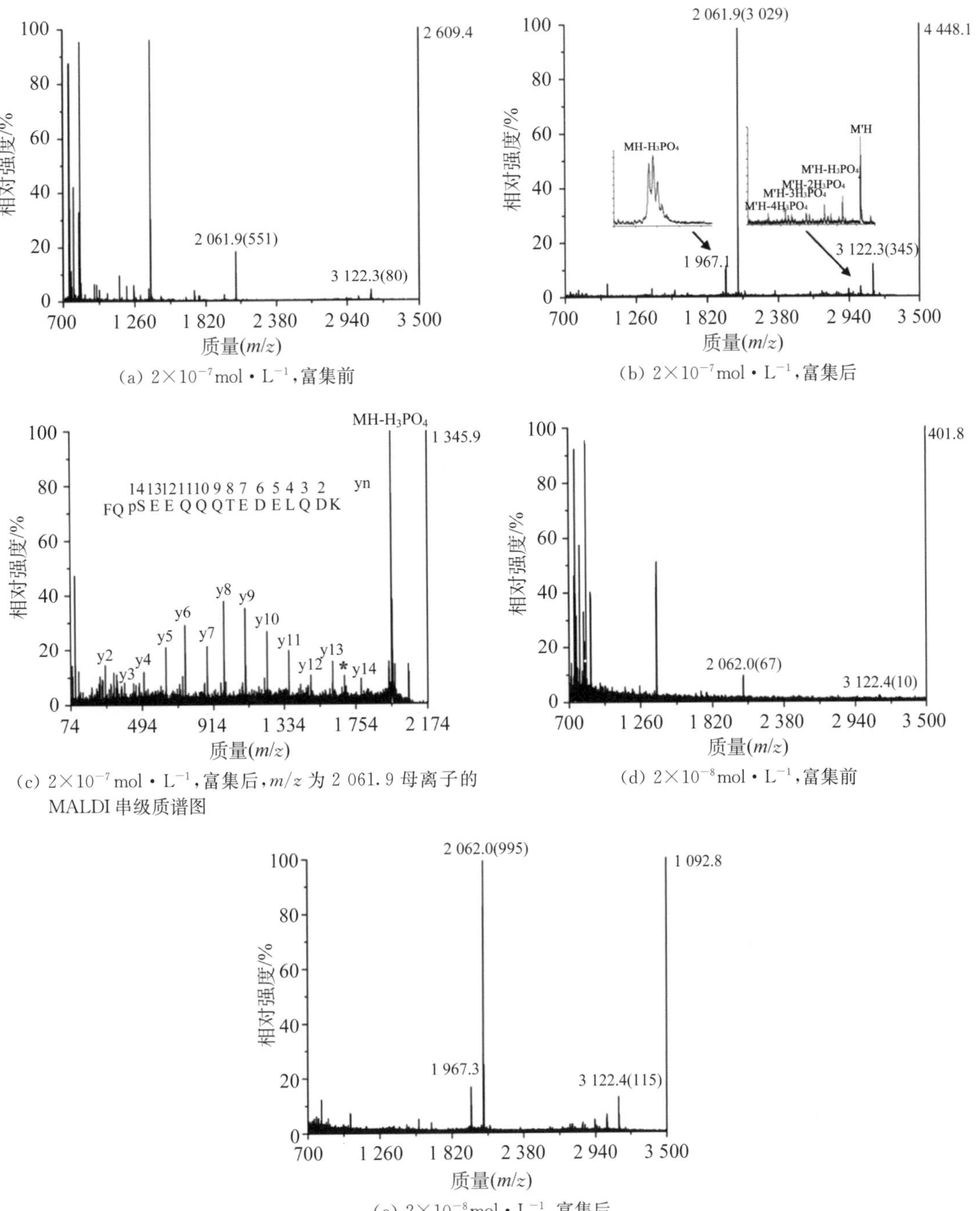

图 5-3　2×10^{-7} mol·L^{-1}的 β-casein 酶解液和 2×10^{-8} mol·L^{-1}的 β-casein 酶解液经 Fe_3O_4@SiO_2@GLYMO-IDA-Fe^{3+} 微球富集前、后的质谱检测图(小括号内数字为信噪比)

经 Fe_3O_4@SiO_2@GLYMO-IDA-Fe^{3+} 微球富集鉴定到的磷酸化肽段,利用 MALDI 串级质谱分析可确认其磷酸化位点。图 5-3(c)所示是单磷酸化肽段(m/z=2 061.9)的串级质谱图,考虑到酪氨酸、苏氨酸和丝氨酸的磷酸化修饰等可变修饰,经 Mascot 对串级谱图进行搜索,结果表明 m/z 为 2 061 的磷酸化肽段序列为 FQSEEQQQTEDELQDK,包含一个磷酸化位点。通过GPS软件对串级谱图自动分析,得到碎片离子信息如表5-2所示。此串级质谱图获得了完整的y系列离子,yl3和yl4质量数相差167,可见磷酸化位点是在丝氨酸残基上,yl4离子失去98 Da的碎片,更进一步证实了该结果。

表5-2 $m/z=2\,061$ 的磷酸化肽段的碎片离子的信息

峰值	信噪比(S/N)	离子类型	匹配误差/Da
262.133	11.5	y2	0.007
390.170	12.3	y3	0.029
503.293	19.8	y4	0.010
632.218	47.9	y5	0.108
747.250	66.3	y6	0.121
876.504	54.3	y7	0.109
977.306	86.5	y8	0.137
1 105.379	75.3	y9	0.122
1 233.390	58.2	y10	0.170
1 361.484	35.7	y11	0.134
1 490.410	19.8	y12	0.251
1 619.571	31.4	y13	0.133
1 786.489	20.1	y14	0.213

(2) Fe_3O_4@SiO_2@GLYMO-IDA-Fe^{3+}微球对标准磷酸化蛋白酶解液富集的条件考察

提高IMAC技术的磷酸化肽段富集效率的方法一般有两种:第一种方法是使盐酸饱和的干燥甲醇[16]与天冬氨酸和谷氨酸残基的酸性侧链[17]发生O-甲基酯化反应生成羧甲酯,但一方面因为100%空位可用的羧酸基团均可进行O-甲基酯化反应。另一方面O-甲基酯化反应所使用的缓冲液通常都会导致天冬氨酸及谷氨酸局部脱酰胺,而氨基酸残基也可被O-甲基化,因此都会导致样品的复杂性增加。提高IMAC技术的磷酸化肽段富集效率的第二种方法就是调节溶液的pH值。在经IMAC技术富集之前对样品进行酸化,可以使高度酸化的氨基酸残基上的羧基质子化,从而减少非特异性吸附。所以上样液的pH值被认为是影响富集选择性的关键因素。大部分实验及研究工作采用的上样液是0.1~0.25 mol·L^{-1}的乙酸(pH=2.7),据Saha等[18]报道,磷酸发生甲基化反应时其pKa值会降低为1.1。因此磷酸化肽段的pKa值也会小于磷酸,所以富集条件的选择至关重要。在本例工作中,以β-casein酶解液为对象,我们对微球富集磷酸化肽段的性能进行了详细考察,包括富集体系的组成、富集体系的pH值条件、富集时间、洗脱时间等实验条件,以确定最佳的富集、分离和检测条件。

① 富集体系优化

为避免非磷酸化肽段吸附以及考虑到不同酸性添加剂的性质,4种富集体系(体系pH值都为2):TFA-H_2O、50%ACN-TFA、ACOOH-H_2O、50%ACN-ACOOH被选择进行平行实验,考察富集体系对富集磷酸化肽段的影响(见图5-4)。由此图可见,当富集体系中没有添加50%ACN时,非特异性吸附会对磷酸化肽段造成干扰(见图5-4(b),(d)),而当体系中存在50%ACN时,只有磷酸化肽段被检测到,表明乙腈能破坏一些带有疏水基

团的酸性非磷酸化肽段与 Fe_3O_4@SiO_2@GLYMO－IDA－Fe^{3+} 微球之间的静电吸附。对比图 5－4(c)，(e)可见，两种体系对于磷酸化肽段的选择性富集效果都不错，但考虑到乙酸相对比较温和，所以最终实验选择 50％ACN－ACOOH 作为富集体系。

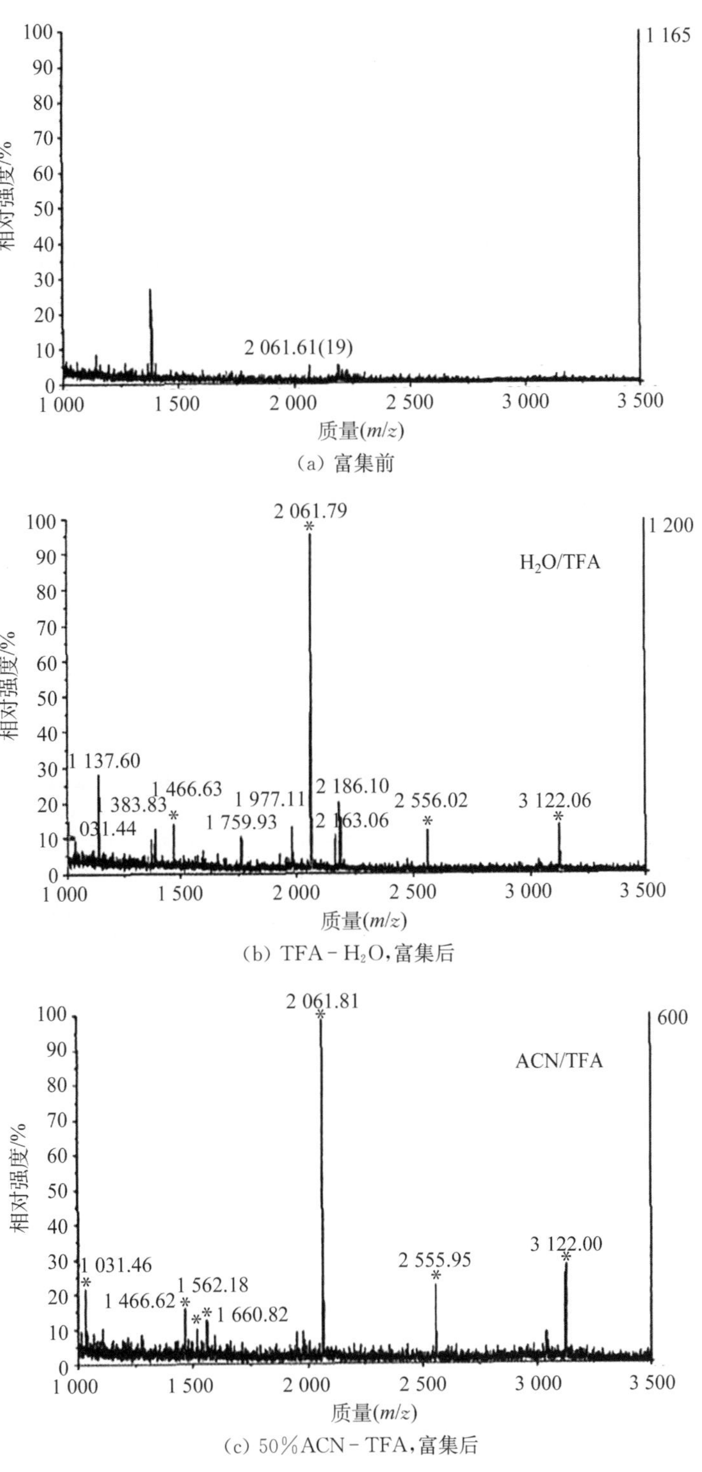

(a) 富集前

(b) TFA－H_2O，富集后

(c) 50％ACN－TFA，富集后

图 5－4

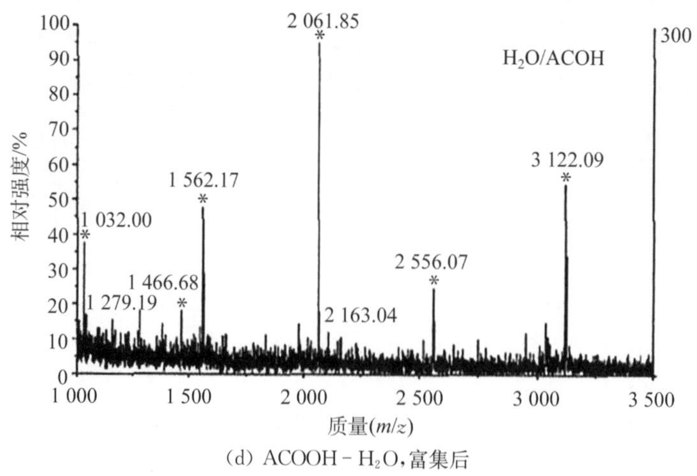

(d) ACOOH - H_2O,富集后

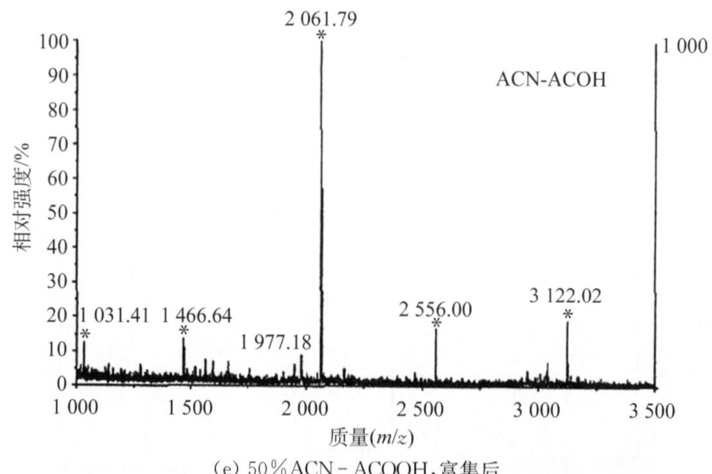

(e) 50%ACN - ACOOH,富集后

图 5 - 4　2×10^{-8} mol · L^{-1} 的 β - casein 酶解液和在不同富集体系下经 Fe_3O_4@SiO_2@GLYMO - IDA - Fe^{3+} 富集后的质谱图

② 富集体系中 ACOOH 含量优化

Fe_3O_4@SiO_2@GLYMO - IDA - Fe^{3+} 微球通过特异性亲和作用富集磷酸化肽段,富集体系的 pH 值极大地影响其对磷酸化肽段的富集效果。据文献报道,基于 IMAC 技术富集磷酸化肽段,当 pH 值在 2 至 9 的范围内时,磷酸根吸附量随着 pH 值的增加而逐渐减少[19]。为避免酶解液中带有较多酸性残基肽段的非特异性吸附,要确保富集体系的 pH 值在 2.5 左右,此酸性条件下大多数含羧基的酸性肽段带正电荷,难以与 Fe_3O_4@SiO_2@GLYMO - IDA - Fe^{3+} 微球产生吸附作用。因此,对已经选定的 50%ACN - ACOOH 富集体系,我们考察了当 ACOOH 的含量分别为 1%,5%和 10%时对磷酸化肽段选择性富集的影响。如图 5 - 5所示,当乙酸含量由 1%增至 10%时,多磷酸化肽段逐渐减少,其可能原因是体系中乙酸过多时,乙酸中的羧酸基团与 Fe^{3+} 离子之间由于络合作用而干扰了磷酸化肽段中磷酸根和 Fe^{3+} 离子之间的作用。因此,ACOOH 最终选择的含量为 1%。

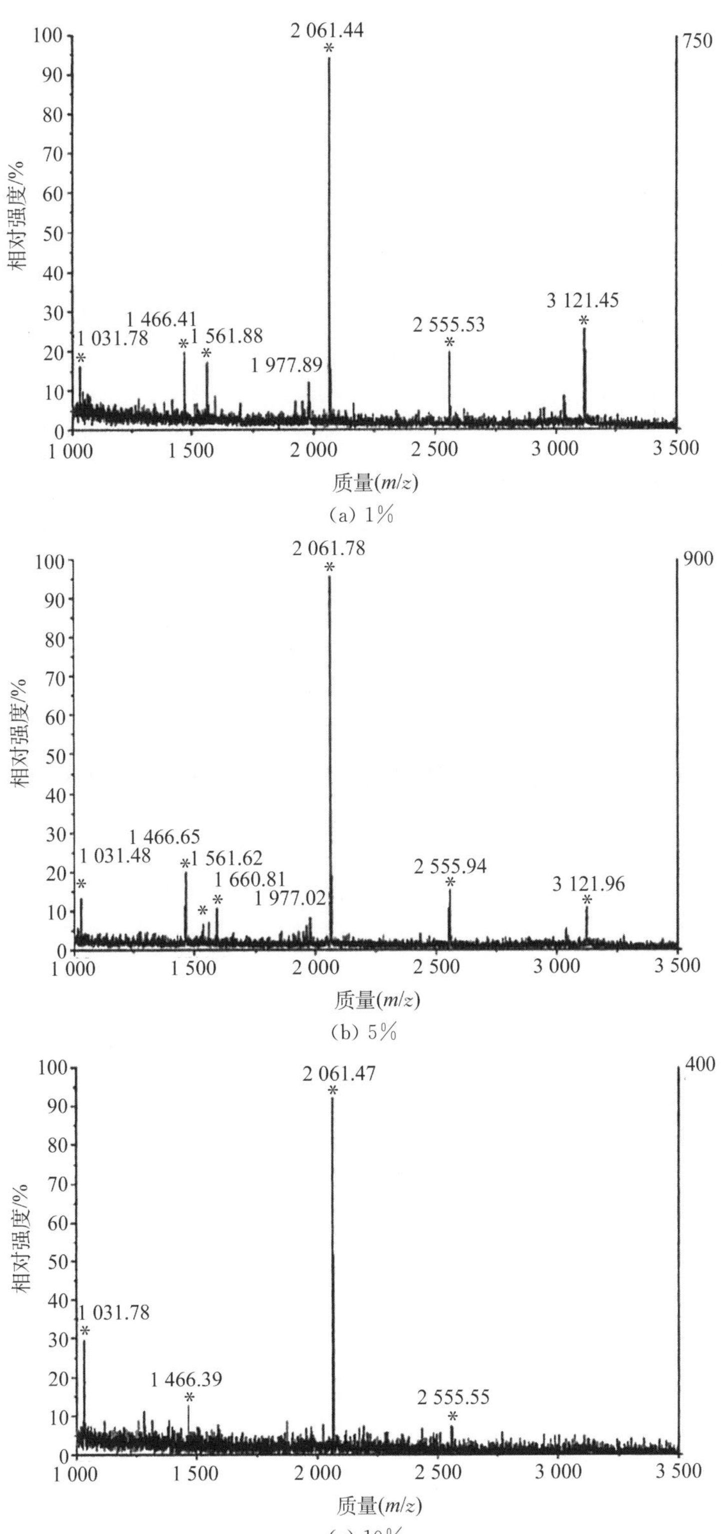

图 5－5 富集体系中存在不同含量的 ACOOH 时，用 Fe_3O_4@SiO_2@GLYMO－IDA－Fe^{3+} 微球富集 2×10^{-8} mol·L^{-1} 的 β－casein 酶解液后的质谱图

③ 富集时间优化

在采用 50%ACN - 1%ACOOH 为富集体系的条件下，考察富集时间分别为 30 s，5 min，15 min，60 min 时对选择性富集磷酸化肽段的影响。如图 5 - 6 所示，该材料在 30 s 内就能对磷酸化肽段进行有效的富集，其原因在于 Fe_3O_4@SiO_2@GLYMO - IDA - Fe^{3+} 微球溶液分散性好，比表面积较大，为实现对磷酸化肽段的简便快速、有效富集提供了新手段。对比各图之后我们选择 10 min 作为最终富集时间。

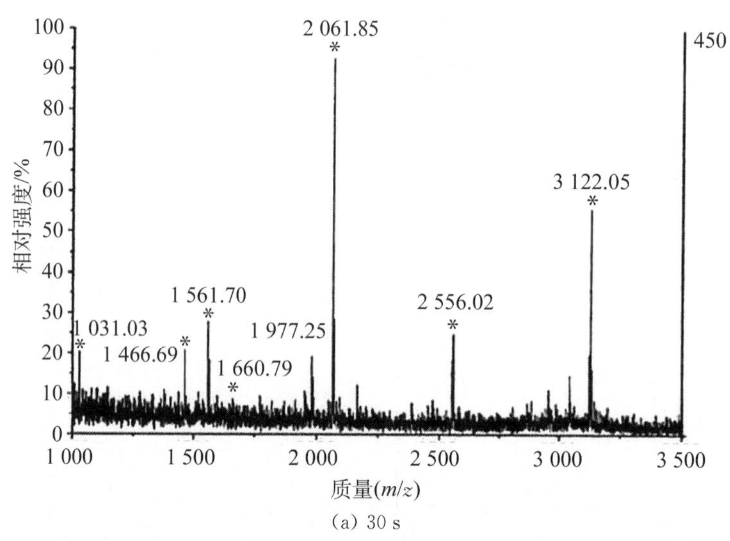

(a) 30 s

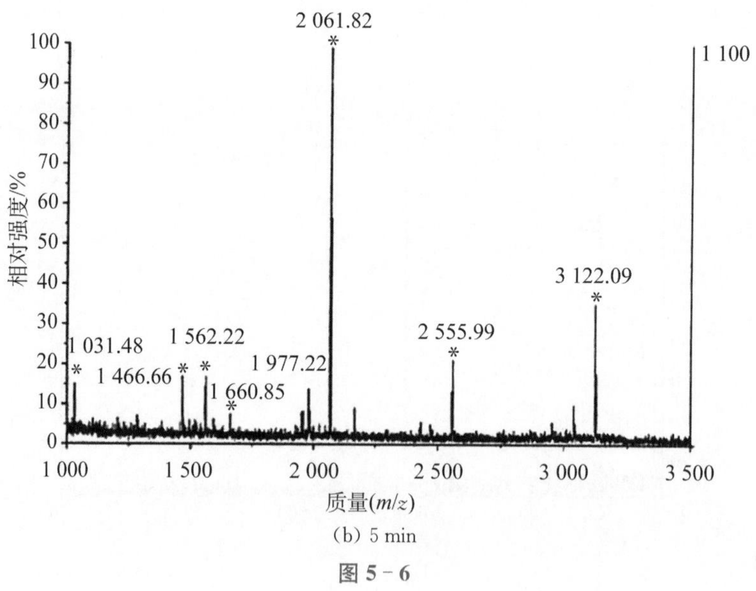

(b) 5 min

图 5 - 6

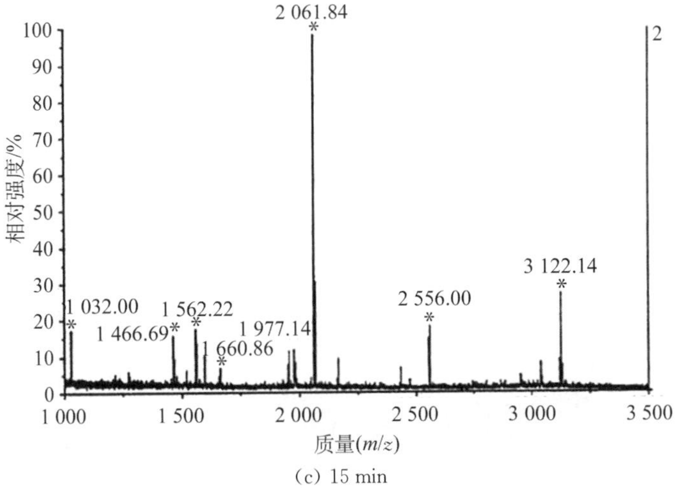

(c) 15 min

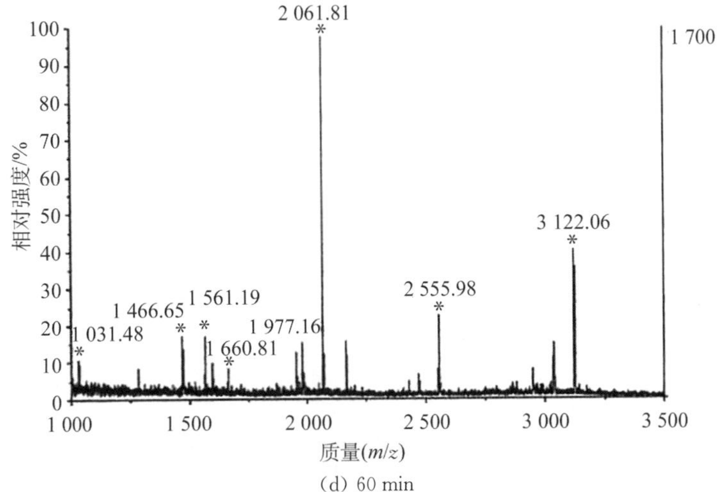

(d) 60 min

图 5-6 2×10^{-8} mol · L^{-1} 的 β-casein 酶解液经 Fe_3O_4@SiO_2@GLYMO-IDA-Fe^{3+} 微球富集不同时间后的质谱检测图

④ 洗脱时间优化

富集后的磷酸化肽段还需进行分离分析，所以需要将亲和吸附在材料表面的磷酸化肽段洗脱下来。如何有效将磷酸化肽段从材料表面洗脱下来也是本例工作中的一个必须研究内容。采用 IMAC 技术对磷酸化肽段进行富集后的洗脱，一种方法是使用一定浓度的磷酸盐，根据置换的原理将磷酸化肽段洗脱下来，但是这种方法在洗脱的同时会引入了大量的磷酸盐，在后续分析鉴定前增加的除盐步骤，也会造成样品的进一步损失。另一种方法就是采用一定浓度的氨水，利用碱性环境破坏磷酸化肽段和材料表面的静电作用从而将其洗脱下来，而溶液中的少量氨水可通过挥发等方法除去，操作简便有效。因此，在本例工作中使用浓度为 0.5%的氨水溶液为洗脱剂。利用 50%ACN-1%ACOOH 为富集体系，10 min 的富集时间，分别考察洗脱时间为 1 min，5 min，15 min，60 min 时对磷酸化肽段洗脱的影响。由图 5-7 可见，洗脱时间为 1 min 时，磷酸化肽段就能被洗脱下来，当洗脱时间增至 15 min 时，磷酸化肽段洗脱效果就达到稳定状态。因此，后续实验洗脱时间设定为 15 min。

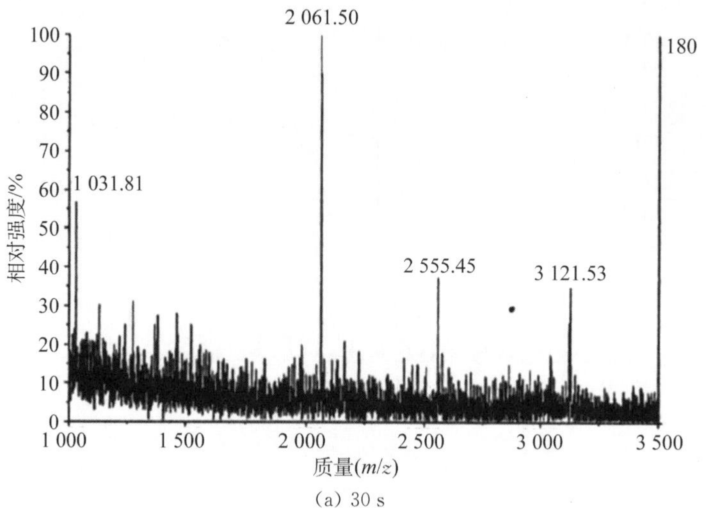

(a) 30 s

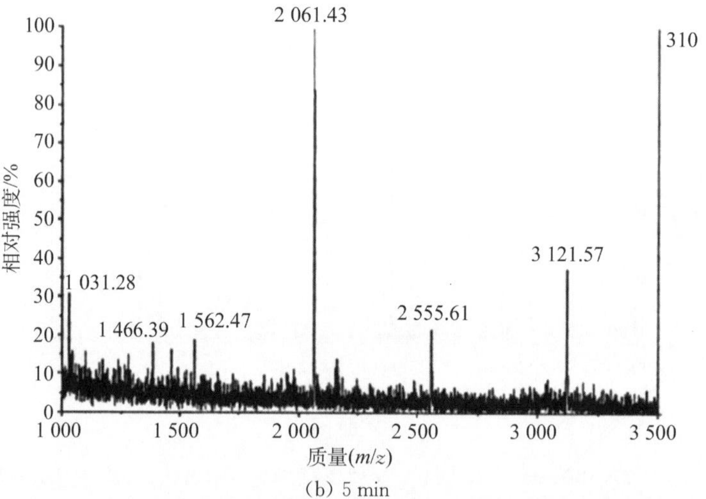

(b) 5 min

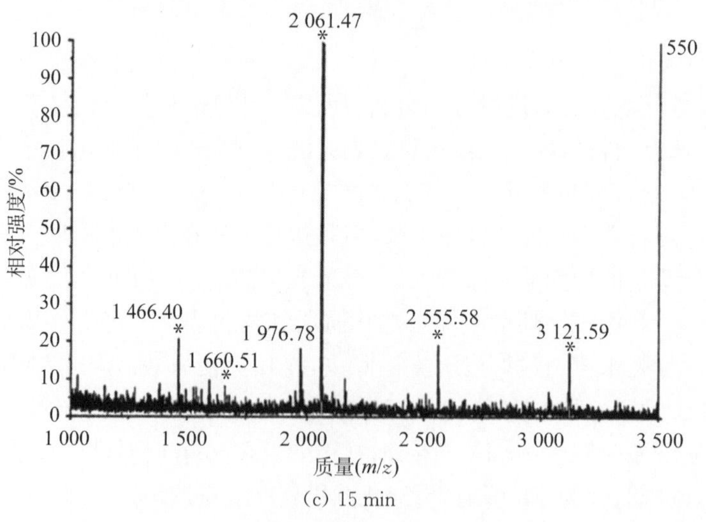

(c) 15 min

图 5-7

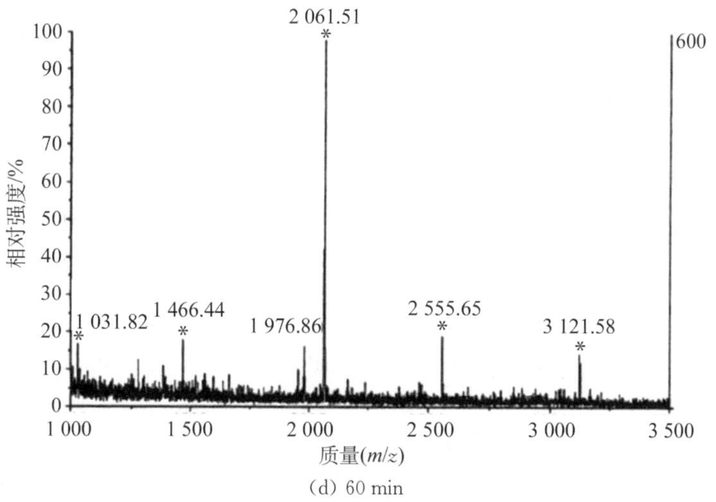

(d) 60 min

图 5-7　2×10^{-8} mol·L^{-1}的 β-casein 酶解液经 Fe_3O_4@SiO_2@GLYMO-IDA-Fe^{3+} 微球富集后，采用不同洗脱时间后的质谱图

⑤ 材料富集磷酸化肽段直接点样分析

为了简化传统 IMAC 技术分离富集磷酸化肽段的步骤，Raska[20]等将螯合了 Fe^{3+} 的固定相基质直接点在靶板上，对其绑定的磷酸化肽段进行质谱检测。直接点样法[20]可以减少洗脱过程中的磷酸化肽段的损失。该工作中将富集后分离所得的材料不经洗脱，直接加入基质，点样进行 MALDI 分析。如图 5-8 所示，直接点样获取的磷酸化肽段谱图中肽段峰强度较高，信噪比良好，而且可以完整地检出单磷酸位点和多磷酸位点的磷酸化肽段，证实了直接点样法的高效性。但直接点样法将富集材料带入质谱仪器内，会对仪器本身造成一定的不良影响，所以不考虑直接点样法。在本例工作中，将直接点样实验结果(见图 5-8)与洗脱点样法(见图 5-7(c))进行比较，用两种方法所得的磷酸化肽段的信号强度相近，并没有表现出很大的差距，说明利用该材料富集磷酸化肽段的方法具有较高的回收率，同时也表明使用该方法富集分离磷酸化肽段在实验操作上具有较强的灵活性。

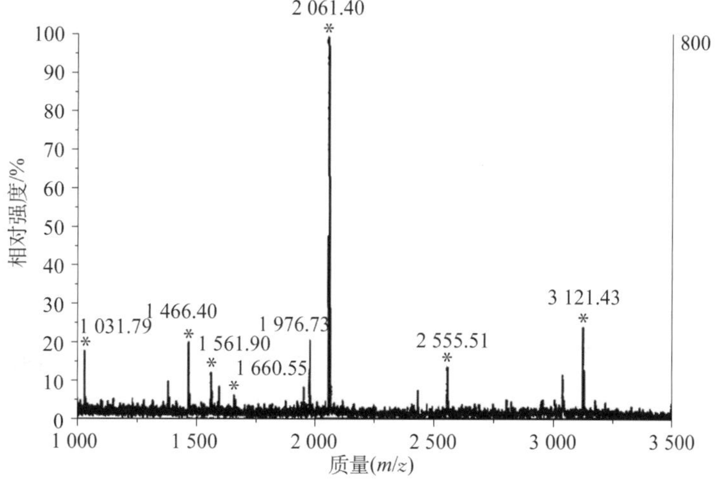

图 5-8　在 Fe_3O_4@SiO_2@GLYMO-IDA-Fe^{3+} 微球上绑定磷酸化肽段后不洗脱的直接点样法质谱分析图

(3) Fe_3O_4@SiO_2@GLYMO－IDA－Fe^{3+}微球对复杂混合蛋白酶解液中磷酸化肽段的富集考察

采用 50%ACN－1%ACOOH 富集体系，富集时间 10 min 和洗脱时间 15 min，考察 Fe_3O_4@SiO_2@GLYMO－IDA－Fe^{3+}微球对较为复杂体系中磷酸化肽段的选择性富集能力。

① 对 casein 蛋白的胰蛋白酶酶解产物中磷酸化肽段的选择性富集

为进一步考察 Fe_3O_4@SiO_2@GLYMO－IDA－Fe^{3+}微球对磷酸化肽段的选择性富集能力，在本例工作中，组成更为复杂的商业化 casein 蛋白(包括 α－casein－S1－casein，α－casein－S2－casein，β－casein 这 3 种磷酸化蛋白)的混合胰蛋白酶酶解液被选作样品进行分析。图 5－9(a)，(b)所示分别是 casein 蛋白酶解肽段原液和经 Fe_3O_4@SiO_2@GLYMO－IDA－Fe^{3+}微球富集后所鉴定到的磷酸化肽段质谱分析图。比较可见，大量的磷酸化肽段被该微球从复杂的 casein 蛋白酶解肽段混合液中有效地进行了分离富集。图 5－9(b)中共有 16 个磷酸化肽段被检测到，其中包括 9 个单磷酸化位点肽段和 7 个复杂的多磷酸化位点肽段。通过 Swiss-Prot 数据库的检索，这些磷酸化肽段可以被唯一地确认出来，其具体的氨

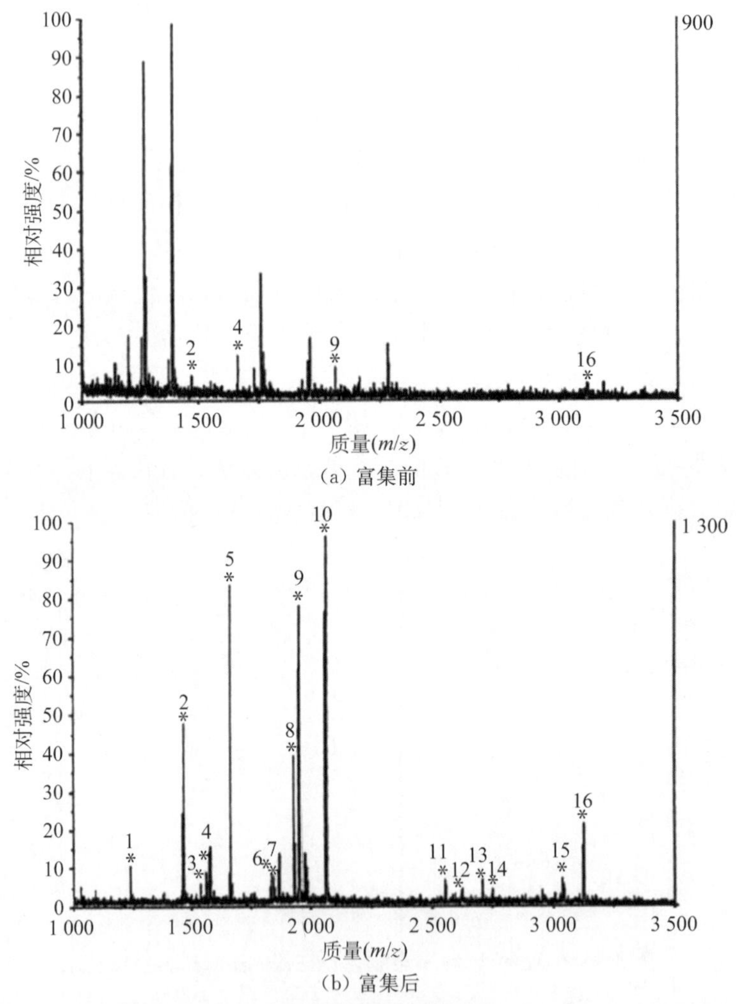

图 5－9　2×10^{-7} mol·L^{-1}的 casein 蛋白酶解液经 Fe_3O_4@SiO_2@GLYMO－IDA－Fe^{3+}微球富集前、后的质谱检测图

基酸序列和可能的磷酸化位点等详细信息皆列于表 5－3 中。这一结果表明，Fe_3O_4@SiO_2@GLYMO－IDA－Fe^{3+} 微球能够对复杂蛋白酶解液中的磷酸化肽段进行高效的选择性富集。

表 5－3　从 casein 中鉴定到的磷酸化肽段的详细信息

No.	AA	磷酸化肽段序列	[M+H]$^+$
1	α－S2/138－147	TVDME[pS]TEVF	1 237.487 4
2	α－S2/138－149	TVDME[pS]TEVFTK	1 466.508 3
3	α－S2/126－137	EQL[pS]T[pS]EENSKK	1 539.623 7
4	α－S1/104－119	VPQLEIVPN[pS]AEER	1 660.797 4
5	α－S1/104－119	YKVPQLEIVPN[pS]AEER	1 832.834 2
6	α－S1/43－58	DIG[pS]ESTEDQAMEDIK	1 847.707 4
7	α－S1/43－58	DIG[pS]E[pS]TEDQAMEDIK	1 927.493 3
8	α－S1/104－119	YKVPQLEIVPN[pS]AEER	1 951.928 0
9	β/33－48	FQ[pS]EEQQQTEDELQDK	2 061.789 3
10	β/33－52	FQ[pS]EEQQQTEDELQDKIHPF	2 555.925 5
11	α－S2/2－21	NTMEHV[pS][pS][pS]EESII[pS]QETYK	2 618.968 5
12	α－S1/99－120	LRLKKYKVPQLEIVPN[pS]AEERL	2 703.697 3
13	α－S2/2－22	NTMEHV[pS][pS][pS]EESII[pS]QETYKQ	2 746.789 6
14	α－S2/62－85	NANEEEYSIG[pS][pS][pS]EE[pS]AEVATEEVK	3 007.677 7
15	α－S2/62－85	NANEEEY[pS]IG[pS][pS][pS]EE[pS]AEVATEEVK	3 087.753 4
16	β/1－25	RELEELNVPGEIVE[pS]L[pS][pS][pS]EESITR	3 121.700 6

② 对 5 种磷酸化和非磷酸化标准蛋白混合酶解液中磷酸化肽段的富集

为进一步证实 Fe_3O_4@SiO_2@GLYMO－IDA－Fe^{3+} 微球对磷酸化肽段的选择性分离富集能力，将鸡蛋白蛋白、β－casein 两种磷酸化蛋白、3 种非磷酸化蛋白肌红蛋白（MYO）和细胞色素 c（Cyc）和 BSA 5 种蛋白的混合酶解液选作研究对象。加入非磷酸化蛋白酶解液是为了增加样品复杂度，以考察微球对磷酸化肽段的特异选择性富集能力。图 5－10（a），（b）分别是混合酶解液的直接质谱检测图和混合酶解液经微球富集后的质谱检测图。从

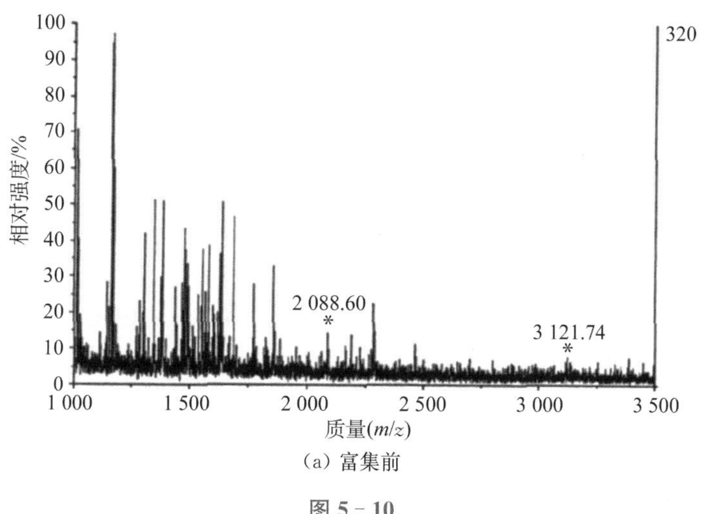

(a) 富集前

图 5－10

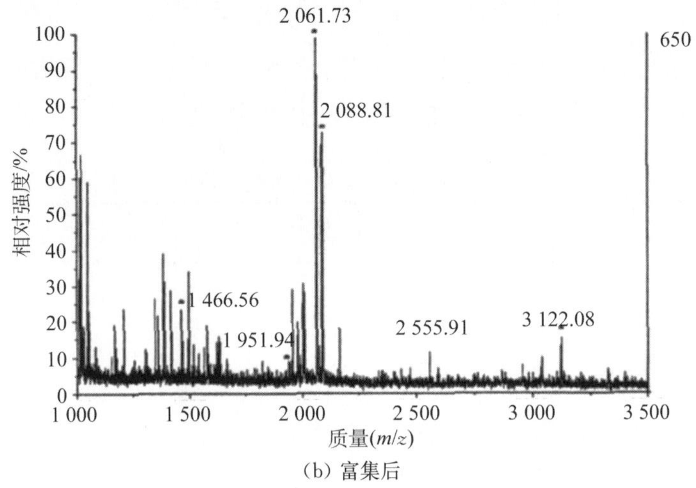

(b) 富集后

图 5-10　5 种蛋白混合酶解液经 Fe_3O_4@SiO_2@GLYMO-IDA-Fe^{3+} 微球富集前、后的质谱检测图

图 5-10(a)可以观察到,未富集前,大量非磷酸化肽段的峰占据主导地位,其较高的信号强度极大地抑制了磷酸化肽段的检测,图中只在 m/z 为 2 088 和 m/z 为 3 121 处有较弱的磷酸化肽段峰。但是,相同浓度的蛋白混合酶解液在经过富集、分离之后,质谱图(见图 5-10(b))上磷酸化肽段的信号显著增强。这一结果表明,该微球对磷酸化肽段具有很好的选择性分离富集能力,能够从复杂的肽段混合物中有效地富集到磷酸化肽段。

(4) Fe_3O_4@SiO_2@GLYMO-IDA-Fe^{3+} 微球对人血清中磷酸化肽段的富集考察

血液是临床常用标本。血液中组成成分的研究一直被广泛关注,研究者们都希望可以从中发现能够用于疾病诊断的生物标记物,从而实现对疾病的快速有效诊断。在本例工作中,C8 键合相疏水性磁性硅球和 Fe_3O_4@SiO_2@GLYMO-IDA-Fe^{3+} 微球被分别用于人血清中游离肽段的富集。富集结果如图 5-11 所示,图 5-11(a)所示为 C8 键合相疏水性磁性硅球富集的血清中游离肽段的质图谱,而图 5-11(b)所示是 Fe_3O_4@SiO_2@GLYMO-IDA-Fe^{3+} 微球从血清中富集到的磷酸化肽段的质谱图。比较两图明显可见,Fe_3O_4@SiO_2@GLYMO-IDA-Fe^{3+} 微球能够选择性富集血清中的磷酸化肽段。图 5-11(b)~(d)展示了用

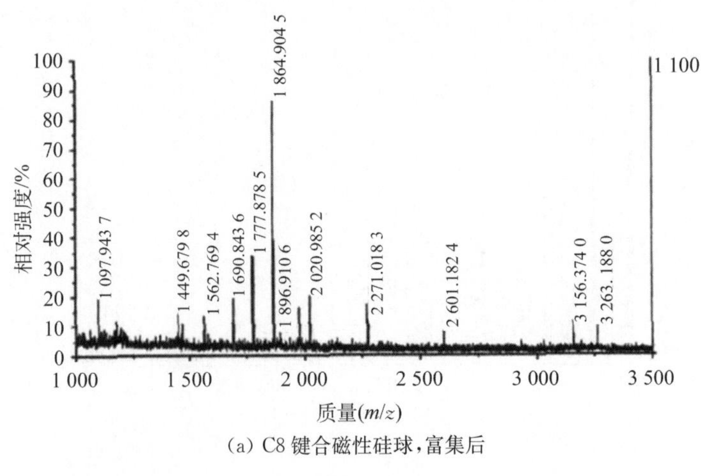

(a) C8 键合磁性硅球,富集后

图 5-11

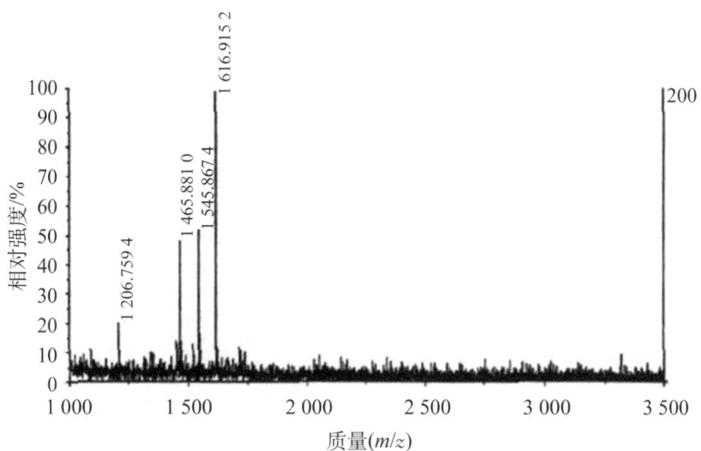

(b) 甲，Fe_3O_4@SiO_2@GLYMO－IDA－Fe^{3+} 微球富集后

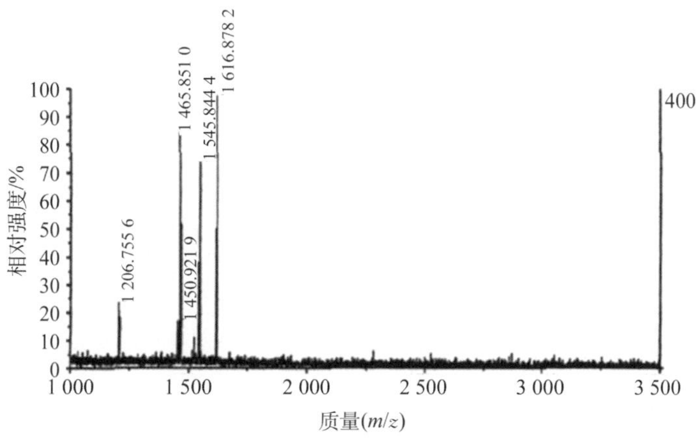

(c) 乙，Fe_3O_4@SiO_2@GLYMO－IDA－Fe^{3+} 微球富集后

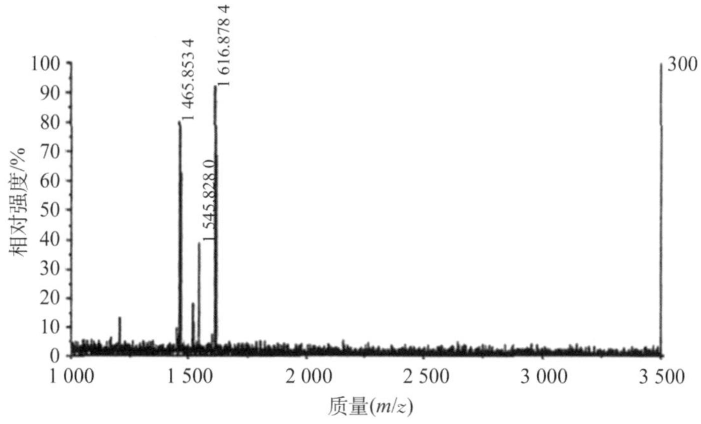

(d) 丙，Fe_3O_4@SiO_2@GLYMO－IDA－Fe^{3+} 微球富集后

图 5－11　C8 键合相疏水性磁性硅球从血清中富集到的游离肽段的质图谱和用 Fe_3O_4@SiO_2@GLYMO－IDA－Fe^{3+} 微球分别对 3 个正常人(甲、乙、丙)血清富集磷酸化肽段的质谱图

Fe_3O_4@SiO_2@GLYMO－IDA－Fe^{3+}微球对 3 个正常人血清进行磷酸化肽段分离富集的结果，由此图可见，该材料对于血清中磷酸化肽段的选择性富集具有良好的重现性。

用串级质谱对富集到的磷酸化肽段进行结构解析（见图 5－12）。通过对 NCBI 数据库检索，这些磷酸化肽段可以被唯一确认，其具体氨基酸序列的详细信息列于表 5－4 中。

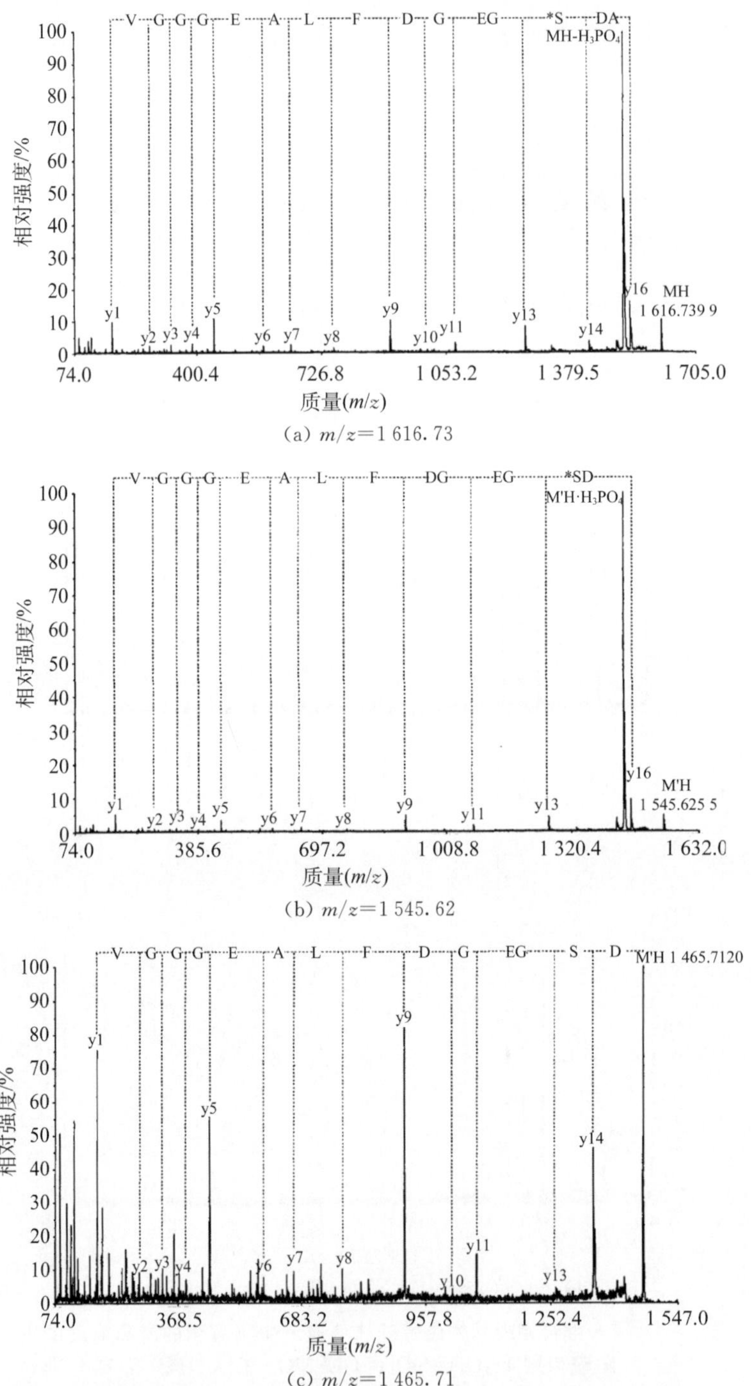

图 5－12 经 Fe_3O_4@SiO_2@GLYMO－IDA－Fe^{3+}微球富集后不同母离子的 MALDI 串级质谱图

表 5-4　从正常人血清中鉴定到的磷酸化肽段的详细信息

AA	峰值	序列
1-16	1 616.99	ADS* GEGDFLAEGGGVR (Fibrinopeptide A)
2-16	1 545.94	DS* GEGDFLAEGGGVR
2-16	1 465.96	DSGEGDFLAEGGGVR
5-16	1 206.83	EGDFLAEGGGVR

(5) Fe_3O_4@SiO_2@GLYMO-IDA-Fe^{3+} 微球对大鼠肝脏组织蛋白酶解液中磷酸化肽段的富集考察

在本例工作中采用了如图 5-13 所示的两条分析路线对大鼠肝脏组织蛋白酶解液中磷酸化肽段进行富集及分析鉴定。其中第一条路线是先用材料富集酶解液中总的磷酸化肽段，然后采用 nano LC-LTQ MS 进行分离鉴定。经手动确认图谱，通过 MS/MS 鉴定到 66 条磷酸化肽段以及 91 个不同的磷酸化位点，其中 24 条通过 MS/MS/MS 得到确认。图 5-14所示为鉴定结果分析图，鉴定到的 66 条磷酸化肽段中，69%为单磷酸化肽段，23%为双磷酸化肽段，8%为三磷酸化肽段。发生磷酸化修饰的 3 种位点分别为：在丝氨酸上的占 84%，在苏氨酸上的为 12%，在酪氨酸上的磷酸化肽段占 4%。此分析结果与 3 种氨基酸发生磷酸化修饰的理论比例基本一致。

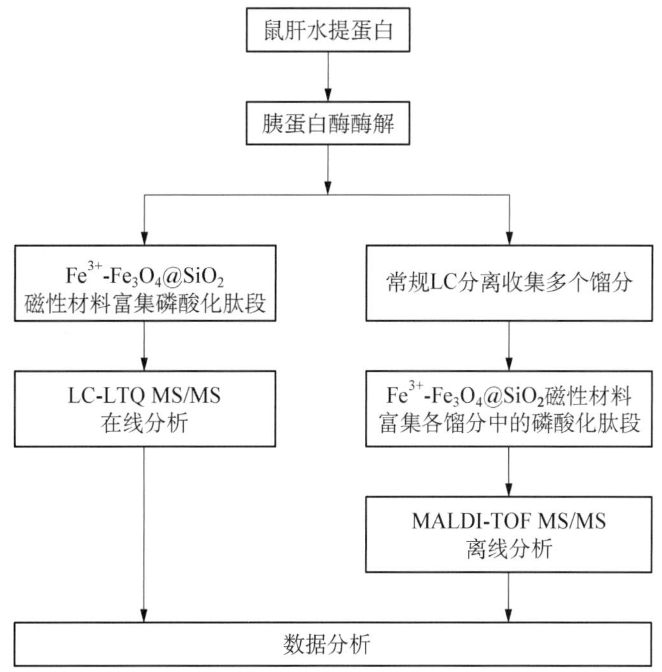

图 5-13　Fe_3O_4@SiO_2@GLYMO-IDA-Fe^{3+} 微球用于大鼠肝脏组织蛋白酶解液中磷酸化肽段的富集实验流程

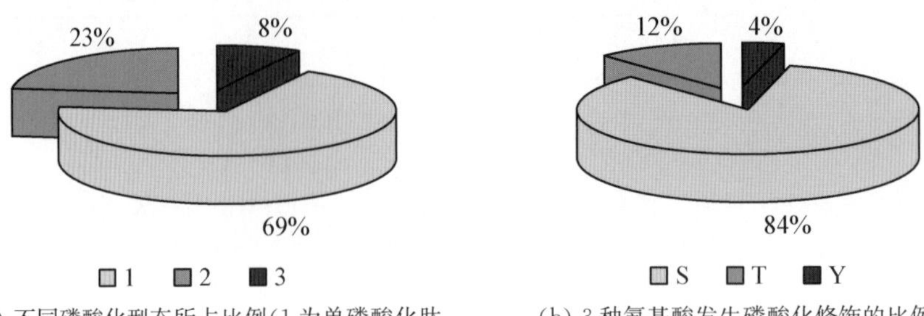

(a) 不同磷酸化型态所占比例(1 为单磷酸化肽段,2 为双磷酸化肽段,3 为三磷酸化肽段

(b) 3 种氨基酸发生磷酸化修饰的比例

图 5-14 鉴定到的磷酸化肽类型

第一条分析路线步骤简单,但是由于体系非常复杂,磷酸化肽段存在丰度较低,利用材料直接富集整个酶解液中的磷酸化肽段,大量的非磷酸化肽段会对其造成严重干扰,在富集过程中丰度很低的一些磷酸化肽段就存在富集不到的可能性。第二条分析线路就可以相对降低体系的复杂程度,从而提高对磷酸化肽段的选择性富集。如图 5-13 所示,第二条分析线路先用一维反相色谱对体系进行粗分得到 29 个馏分,然后用材料分别富集各个馏分中的磷酸化肽段,将富集到的磷酸化肽段用 MALDI-TOF MS/MS 分析鉴定。搜库结果显示可能的磷酸化肽段总共有 107 条。

5.2.2.2 亚氨基二乙酸修饰的氨基磁球固定不同金属离子(M^{n+}-磁性微球)

1. M^{n+}-磁性微球的合成与部分表征

以 Fe^{3+}-磁性微球的合成介绍为例说明 M^{n+}-磁性微球的合成(见图 5-15)。

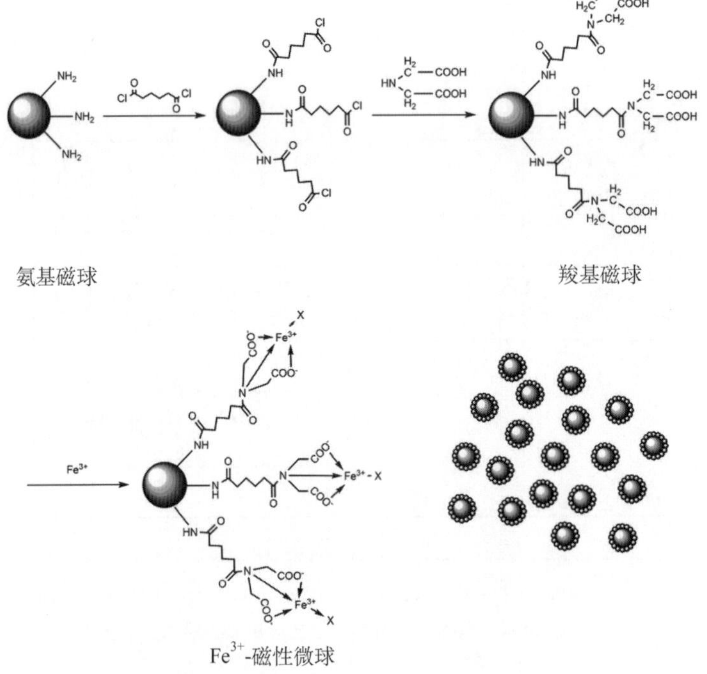

图 5-15 Fe^{3+}-磁性微球的合成示意

(1) 氨基磁球的合成

氨基磁球采用水热法合成[21]。具体步骤如 2.3 节所述。

(2) 羧基磁球的合成

称取上述所得氨基磁球 0.3 g 超声分散于 60 mL 无水甲苯与 10 mL 吡啶的混合液中，然后向该体系中加入 10 mL 己二酰氯后反应 4 h。反应结束后为除去过多的己二酰氯，用无水甲苯材料清洗 6 次。然后将所得固体产物分散于 40 mL 无水甲苯中，加入 10 mL IDA 后再反应 4 h。用无水甲苯充分清洗后真空干燥，备用。

(3) M^{n+}-磁性微球的合成

将上述所得产物分别分散在 0.2 mol·L^{-1}(20 mL)的氯化铁($FeCl_3$)、硝酸镓($Ga(NO_3)_3$)、硝酸铝($Al(NO_3)_3$)、氧氯化锆($ZrOCl_2$)、硝酸铟($In(NO_3)_3$)、硝酸铈($Ce(NO_3)_3$)的水溶液中，分散液振荡 2 h。再用去离子水反复清洗除去过多的金属离子，最后将所得产物置于 60 ℃真空干燥，备用。

表 5-5 所示为 M^{n+}-磁性微球中不同金属离子的 EDX 分析结果，说明磁球表面成功固定上了金属离子。

表 5-5 M^{n+}-磁性微球中不同金属离子的 EDX 分析结果

金属离子	含量/%	金属离子	含量/%
Al(Ⅲ)	1.51	Zr(Ⅳ)	0.81
Ce(Ⅲ)	2.02	In(Ⅲ)	2.58
Ga(Ⅲ)	1.88		

2. 不同 M^{n+}-磁性微球对磷酸化肽段的富集能力对比

casein 蛋白(包括 α-casein-S1-casein, α-casein-S2-casein, β-casein 这 3 种磷酸化蛋白)酶解液被选作实验研究对象，进行平行富集实验。如图 5-16 所示，结果表明各种不同 M^{n+}-磁性微球对于磷酸化肽段都有较好的分离富集选择性，其中 Fe(Ⅲ), Zr(Ⅳ), Al(Ⅲ)和 Ga(Ⅲ)较 Ce(Ⅲ), In(Ⅲ)的选择性更加突出。此类表面固定金属离子的磁性纳米材料为磷酸化肽段的分离富集提供了新的有效方法，并且对磁性纳米材料的实际应用进行了有效扩展。

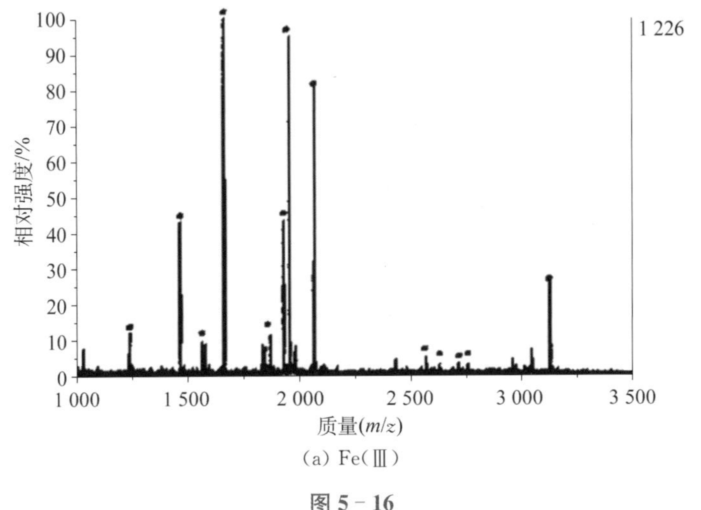

(a) Fe(Ⅲ)

图 5-16

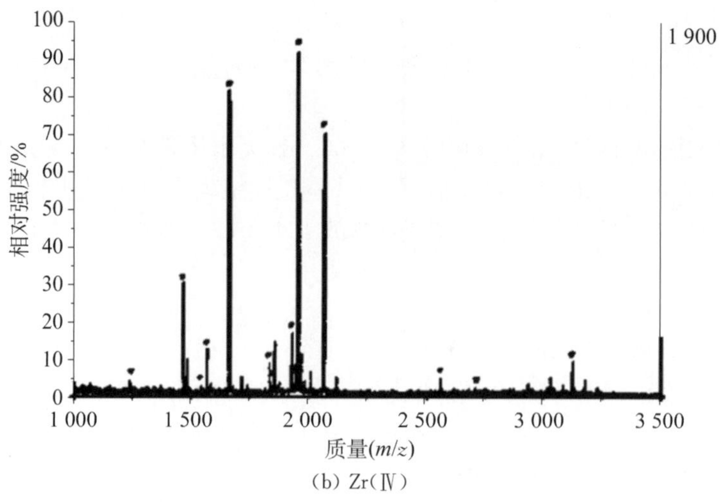

(b) Zr(Ⅳ)

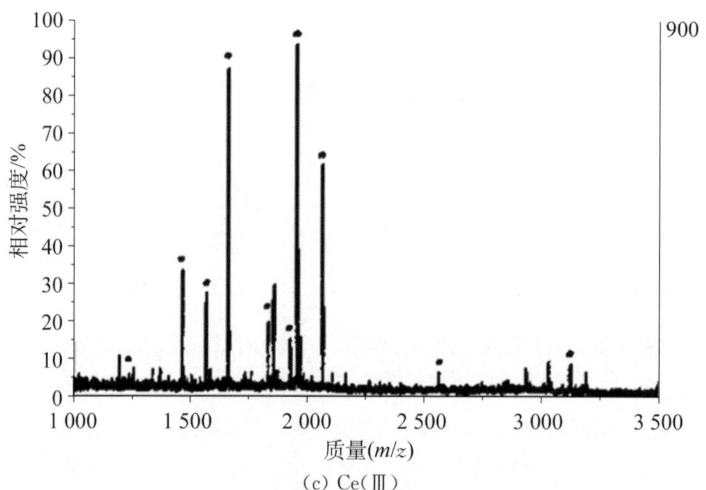

(c) Ce(Ⅲ)

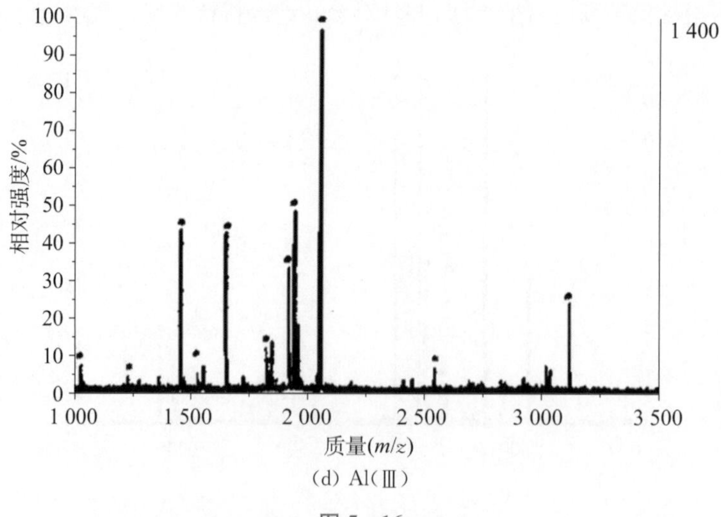

(d) Al(Ⅲ)

图 5-16

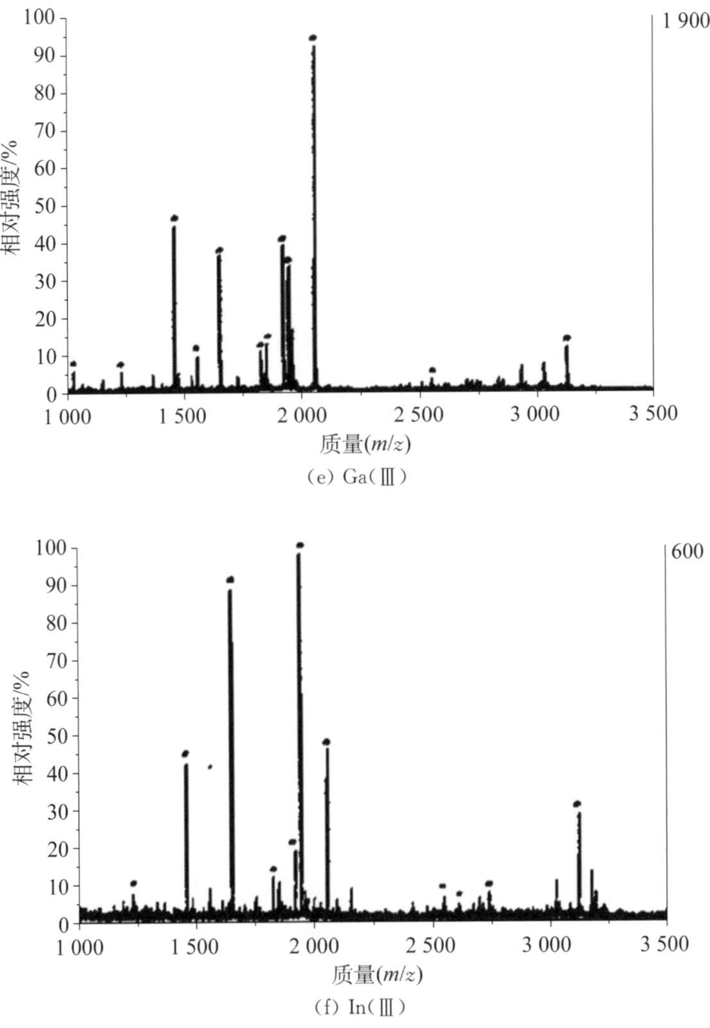

图 5-16 不同 M^{n+}-磁性微球富集 2×10^{-7} mol·L^{-1} 的 casein 蛋白酶解液后的质谱检测图

5.2.3 磷酸基团修饰磁球固定金属离子 Zr(Ⅳ)(Fe_3O_4@Phosph-Zr(Ⅳ))[13]

5.2.3.1 Fe_3O_4@Phosph-Zr(Ⅳ)微球的制备

Fe_3O_4@Phosph-Zr(Ⅳ)微球的合成见 2.6 节。

5.2.3.2 Fe_3O_4@Phosph-Zr(Ⅳ)微球在磷酸化蛋白质组学中的富集应用

1. Fe_3O_4@Phosph-Zr(Ⅳ)微球对标准磷酸化蛋白酶解液的富集考察

首先考察不同 pH 值对 Fe_3O_4@Phosph-Zr(Ⅳ)微球富集选择性的影响，所用样品为 β-casein(0.04 pmol)和 BSA(1 pmol)混合酶解液。如图 5-17(a)所示，直接质谱检测原始混合酶解液时，只能检测到大量的非磷酸化肽段信号，检测不到任何磷酸化肽段的信号。如图 5-17(b)所示，当利用 1.0% TFA 作为上样液时，在质谱图中可以看到有大量磷酸化肽段和非磷酸化肽段同时存在，其中强度较高的 5 条非磷酸化肽段质谱峰被确定源自于 BSA

酶解液(氨基酸序列陈列在图中)。这 5 个非磷酸化肽段均含有至少一个酸性氨基酸残基，而酸性氨基酸被认为是引起 IMAC 技术非特异性吸附的主要原因。如图 5－17(c)所示，当利用 1.5% TFA 作为上样液时，质谱图中观察到的都是磷酸化肽段且无非磷酸化肽段质谱峰。如图 5－17(d)所示，当利用更高浓度的 TFA 作为上样液时，Fe_3O_4@Phosph－Zr(Ⅳ)材料的富集能力明显降低，虽然没有检测到非磷酸化肽段，但看出磷酸化肽段的强度显著降低。这是因为当 pH 值降低至 0.68 的时候，磷酸基团被质子化降低了富集效率。综上所述，选择 50% ACN 和 1.5% TFA 作为最佳富集条件。

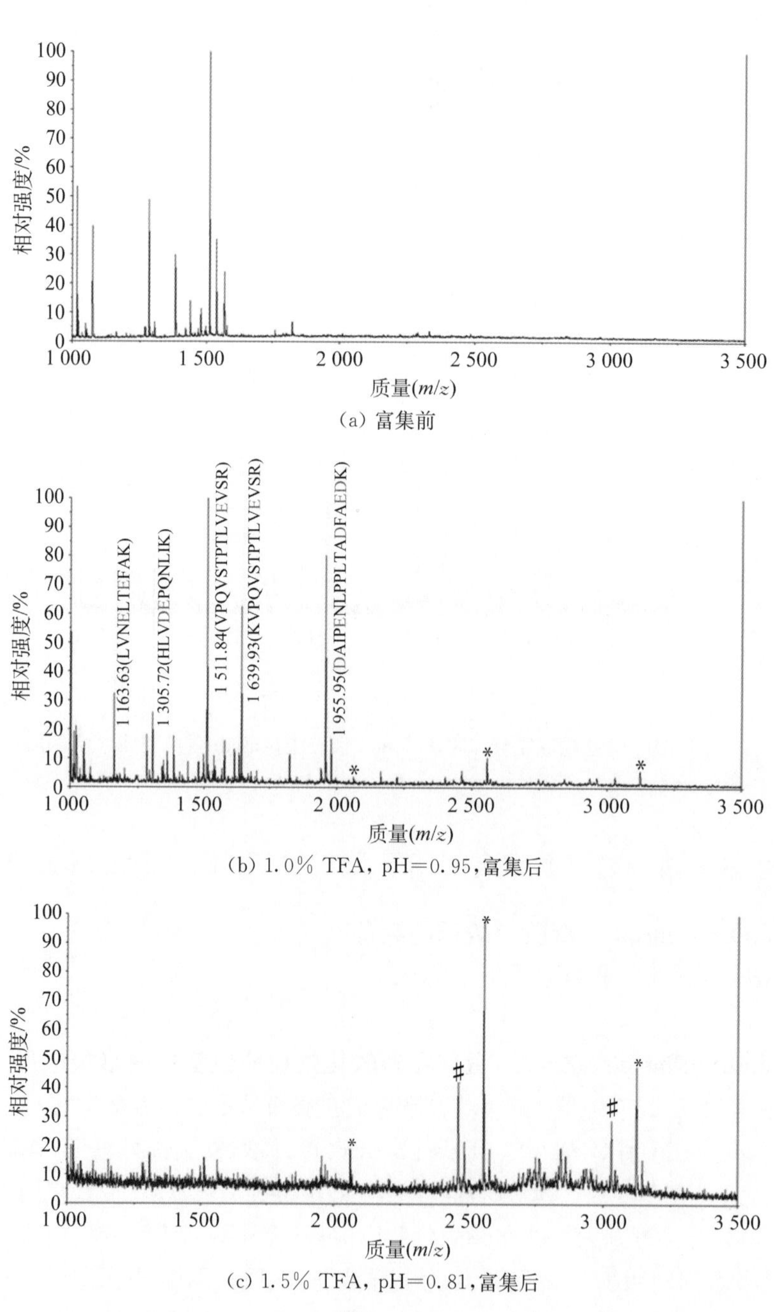

图 5－17

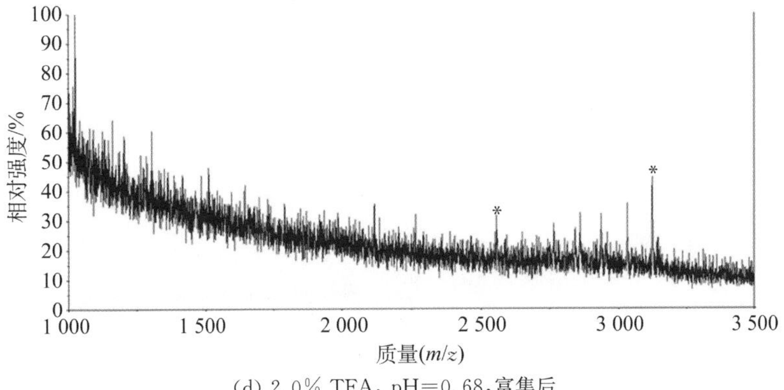

(d) 2.0% TFA, pH=0.68,富集后

图 5-17　不同 TFA 浓度的体系对 Fe_3O_4@Phosph-Zr(Ⅳ)微球富集选择性的影响(* 为磷酸化肽段,# 为去磷酸化碎片)

确定了最佳富集条件,接下来考察新方法的灵敏度。图 5-18 显示的是利用 Fe_3O_4@Phosph-Zr(Ⅳ)微球从不同浓度 β-casein 酶解液中富集得到的磷酸化肽段。从图中可以看到,当 β-casein 酶解液的浓度低至 4×10^{-9} mol·L^{-1}时,经 Fe_3O_4@Phosph-Zr(Ⅳ)微球富集后仍可鉴定到磷酸化肽段,说明新方法的富集灵敏度很高。在先前的工作中,利用 IDA 修饰的磁球固定金属离子,并将其用于磷酸化肽段的富集应用[22]。在本例工作中,将两种材料都固定了 Zr(Ⅳ)离子,并比较了两种方法的灵敏度。如图 5-18 所示,当浓度低至 4×10^{-9} mol·L^{-1}时,经 IDA 修饰的磁球并不能有效地对磷酸化肽段进行富集。这也说明了磷酸基团修饰的磁球对磷酸化肽段富集的有效性。

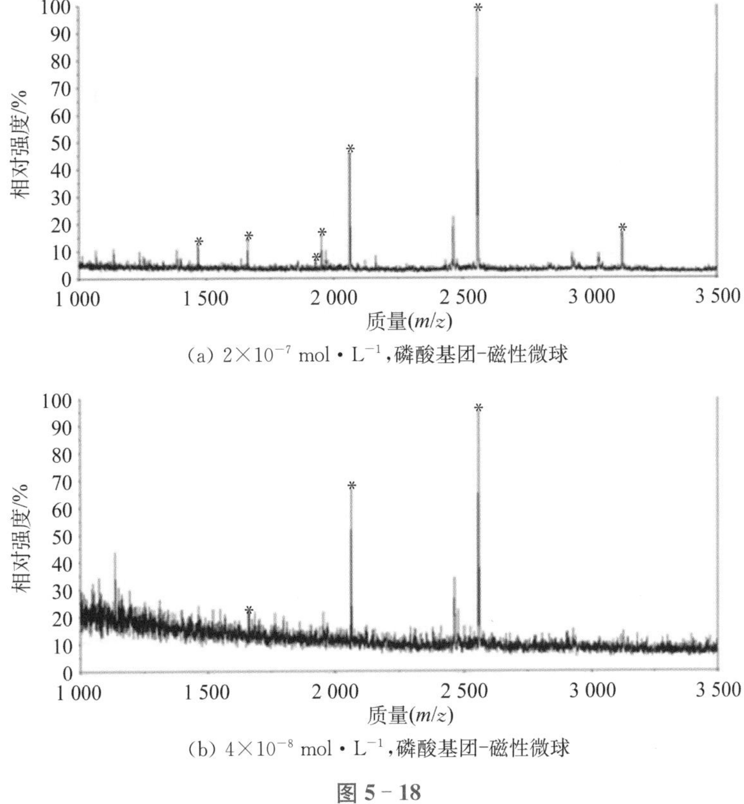

(a) 2×10^{-7} mol·L^{-1},磷酸基团-磁性微球

(b) 4×10^{-8} mol·L^{-1},磷酸基团-磁性微球

图 5-18

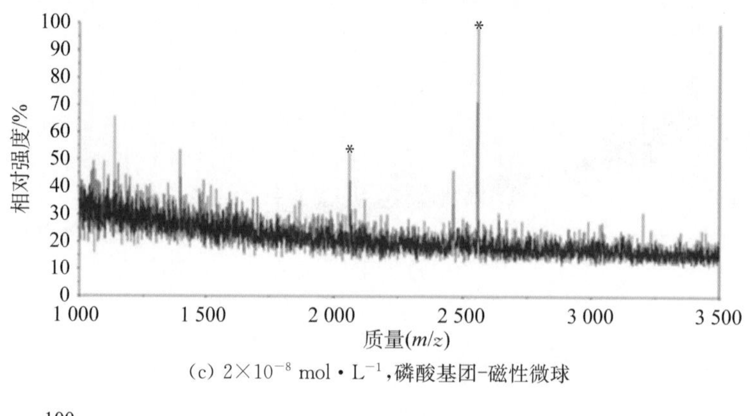

(c) 2×10^{-8} mol・L^{-1},磷酸基团-磁性微球

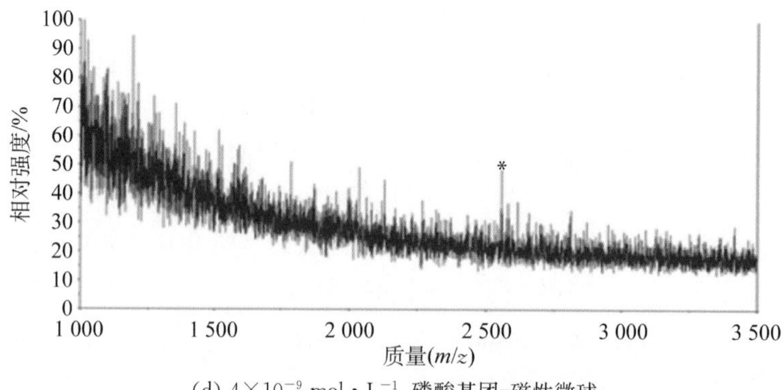

(d) 4×10^{-9} mol・L^{-1},磷酸基团-磁性微球

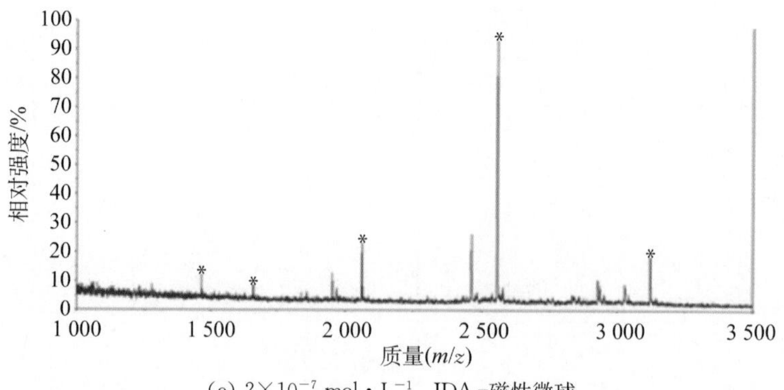

(e) 2×10^{-7} mol・L^{-1}, IDA-磁性微球

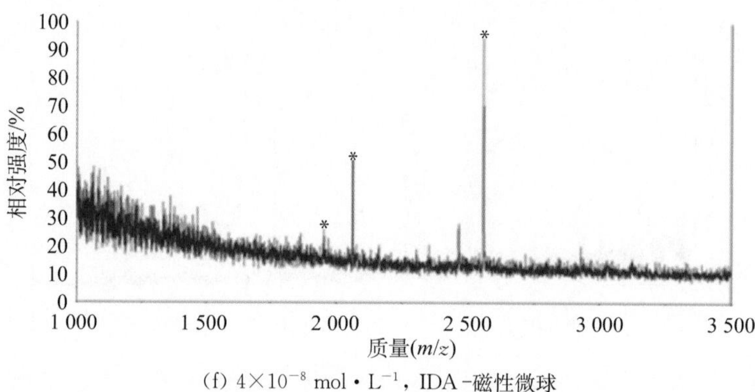

(f) 4×10^{-8} mol・L^{-1}, IDA-磁性微球

图 5-18

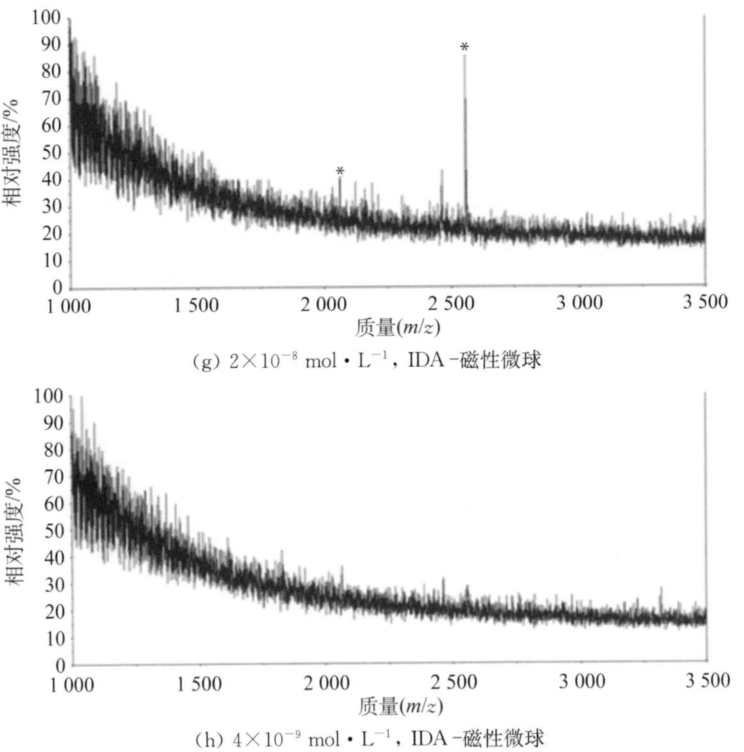

(g) 2×10^{-8} mol·L^{-1}，IDA-磁性微球

(h) 4×10^{-9} mol·L^{-1}，IDA-磁性微球

图 5-18 两种材料从不同浓度的 β-casein 酶解液富集到的磷酸化肽段的质谱图

反相液相色谱(RPLC)被用来相对定量分析磷酸化肽段和非磷酸化肽段经 Fe_3O_4@Phosph-Zr(Ⅳ)微球富集后的回收率。首先，将两个标准非磷酸化肽段和两个磷酸化肽段混合并用 RPLC 进行分析。根据保留时间的不同，在整个洗脱梯度中共收集 4 个馏分，标为 1#，2#，3#，4#，用 MLADI-TOF MS 对 4 个馏分分别进行鉴定分析。图 5-19 列出了 RPLC 谱图和 4 个馏分的串级质谱图。通过串级质谱分析，馏分 2# 和 4# 被鉴定为磷酸

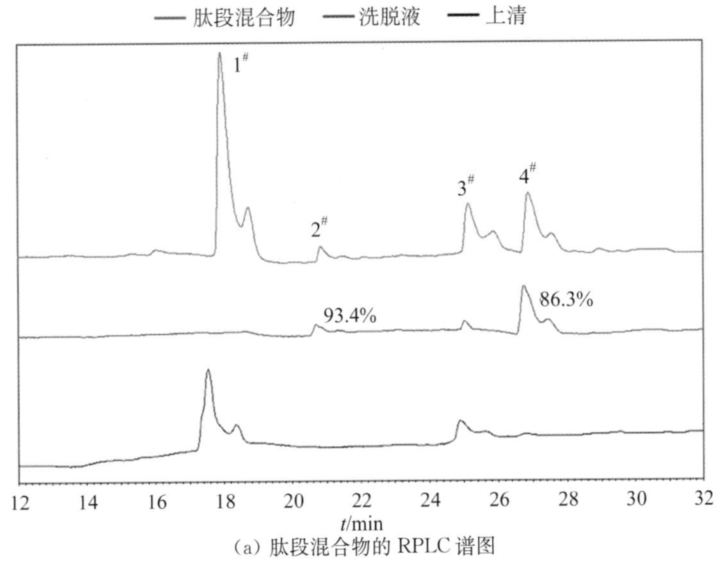

(a) 肽段混合物的 RPLC 谱图

图 5-19

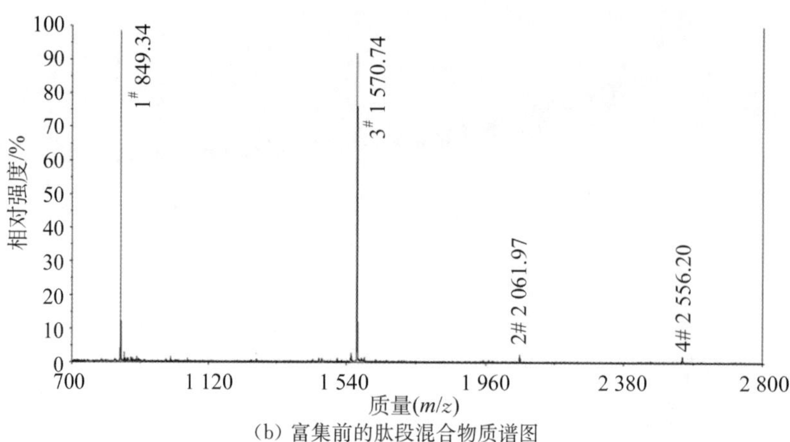

(b) 富集前的肽段混合物质谱图

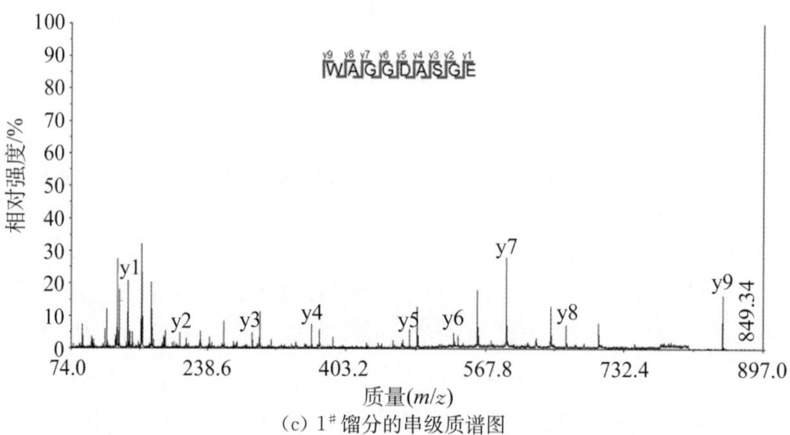

(c) 1# 馏分的串级质谱图

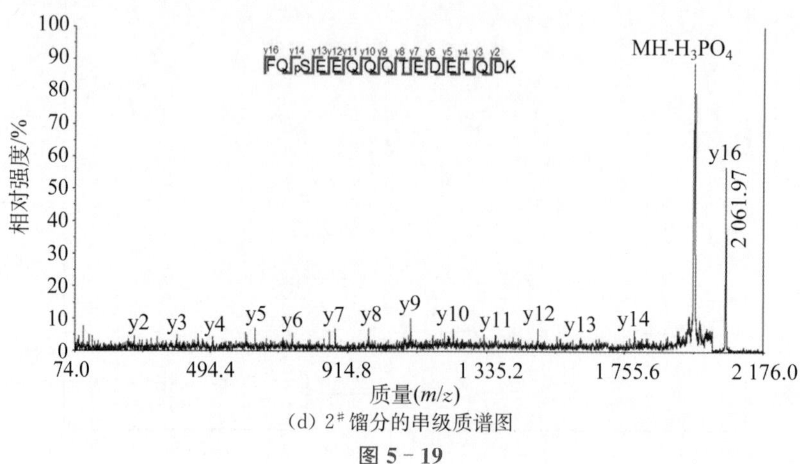

(d) 2# 馏分的串级质谱图

图 5-19

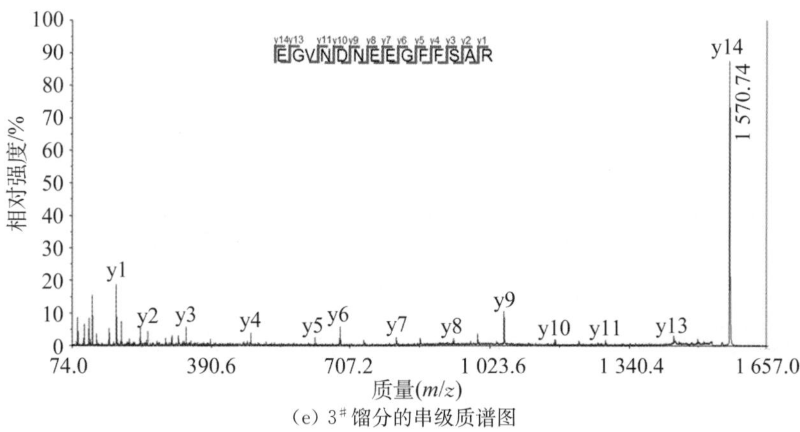

(e) 3# 馏分的串级质谱图

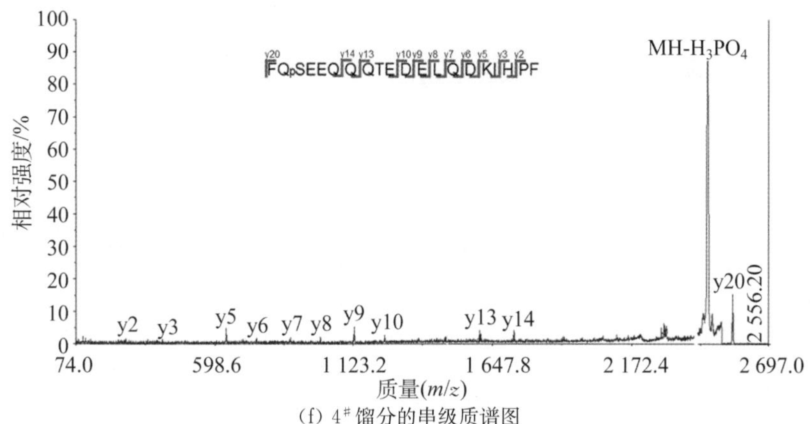

(f) 4# 馏分的串级质谱图

图 5-19 肽段混合物的 RPLC 谱图、混合物 MALDI-TOF MS 质谱图和馏分串级质谱图

化肽段。然后,利用 Fe_3O_4@Phosph-Zr(Ⅳ)微球对混合酶解液中的磷酸化肽段进行富集,富集后利用 RPLC 对富集后的上清液和洗脱液进行定量分析。如图 5-19(a)所示,从洗脱液的 RPLC 谱图可看出,洗脱液中主要含有两个磷酸化肽段和 3# 非磷酸化肽段。而 3# 非磷酸化肽段的串级质谱图显示其含有 4 个酸性氨基酸残基。通过分析 RPLC 的峰面积,富集前后两个磷酸化肽段的回收率分别为 86.3%和 93.4%。而 3# 非磷酸化肽段的回收率约为 0.6%。与原始的肽段混合物相比,富集后的上清液中并无磷酸化肽段。以上结果均说明了新方法富集的有效性。

2. Fe_3O_4@Phosph-Zr(Ⅳ)微球对脱脂牛奶酶解液的富集考察

为了进一步评估 Fe_3O_4@Phosph-Zr(Ⅳ)微球的富集效率,选择脱脂牛奶酶解液作为研究对象。脱脂牛奶的主要成分为 α-casein 和 β-casein 两种最为常见的磷酸化蛋白。因此,脱脂牛奶成为评价磷酸化肽段富集方法时常用的实际样品。图 5-20 所示的是脱脂牛奶酶解液经 Fe_3O_4@Phosph-Zr(Ⅳ)微球富集后得到的磷酸化肽段质谱图和串级质谱图。所有结果均说明 Fe_3O_4@Phosph-Zr(Ⅳ)微球对磷酸化肽段具有很高的富集效率。从脱脂牛奶中富集到的磷酸化肽段的详细信息列于表 5-6 中。

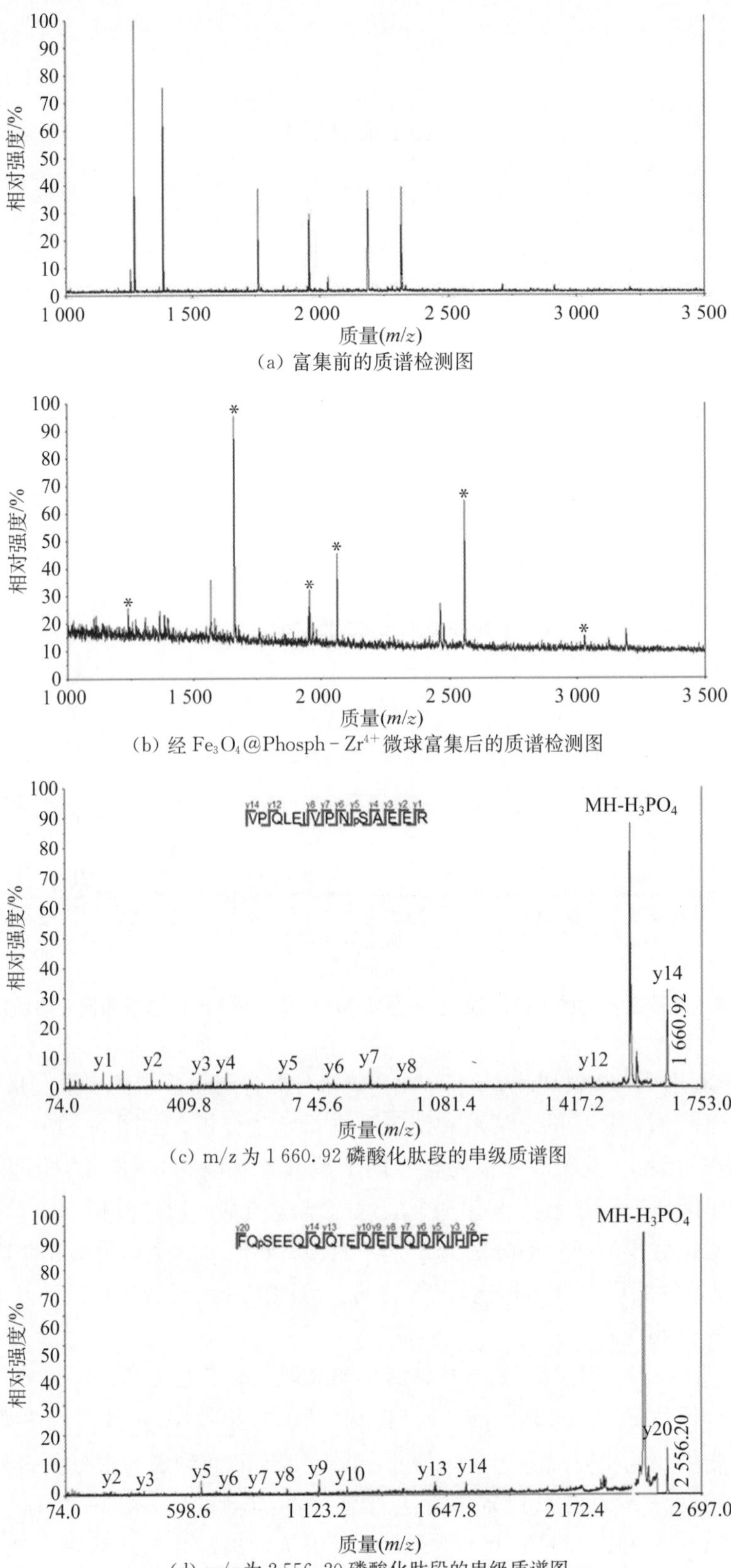

(a) 富集前的质谱检测图

(b) 经 Fe_3O_4@Phosph－Zr^{4+} 微球富集后的质谱检测图

(c) m/z 为 1 660.92 磷酸化肽段的串级质谱图

(d) m/z 为 2 556.20 磷酸化肽段的串级质谱图

图 5－20　脱脂牛奶酶解液经 Fe_3O_4@Phosph－Zr(Ⅳ)微球富集前、后得到的磷酸化肽段质谱图和串级质谱图(＊为磷酸化肽段，♯为去磷酸化碎片)

表 5－6　Fe_3O_4@Phosph－Zr(Ⅳ)微球从脱脂牛奶酶解液中富集到的磷酸化肽段的详细信息

No.	肽 段 序 列	$(M+H)^+$
1	TVDMES＃TEVFTK(α－S2－(153－164))	1 466.73
2	VPQLEIVPNS＃AEER(α－S1－(121－134))	1 660.92
3	DIGS＃ES＃TEDQAMEDIK(α－S1－(58－73))	1 927.83
4	YKVPQLEIVPNS＃AEER(α－S1－(119－134))	1 952.09
5	FQS＃EEQQQTEDELQDK(β－c－(33－48))	2 061.96
6	FQS＃EEQQQTEDELQDKIHPF(β－c－(33－52))	2 556.20
7	RELEELNVPGEIVES＃LS＃S＃S＃EESITR(β－c－(14－40))	3 122.40

注：＃为磷酸化位点。

3. Fe_3O_4@Phosph－Zr(Ⅳ)微球对实际生物样品鼠脑酶解液的富集考察

鼠脑是实验研究中常用的富含生物信息的实际样品，为了更进一步评估 Fe_3O_4@Phosph－Zr(Ⅳ)微球对磷酸化肽段的富集效果，用 Fe_3O_4@Phosph－Zr(Ⅳ)微球富集鼠脑酶解液中的磷酸化肽段。结果共鉴定到 192 个磷酸化位点，其中 1 个发生在酪氨酸残基(0.52%)，27 个发生在苏氨酸残基(14.06%)，164 个发生在丝氨酸残基(85.42%)。还同时鉴定到 192 个非冗余的磷酸化肽段。图 5－21 所示是鉴定到的带 2 个电荷的 NLLEDDpSDEEEDFFLR 磷酸化肽段的二级串级质谱图和三级串级质谱图。

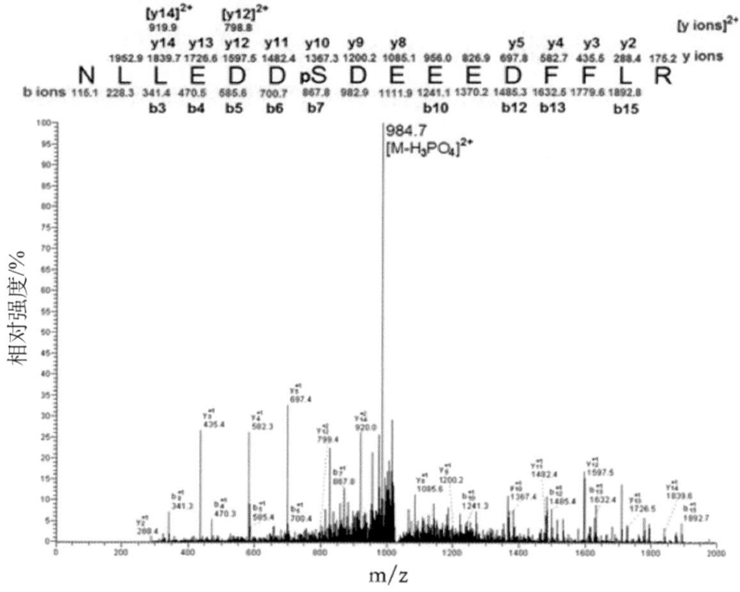

(a) 磷酸化肽段 NLLEDDpSDEEEDFFLR 的二级质谱图

图 5－21

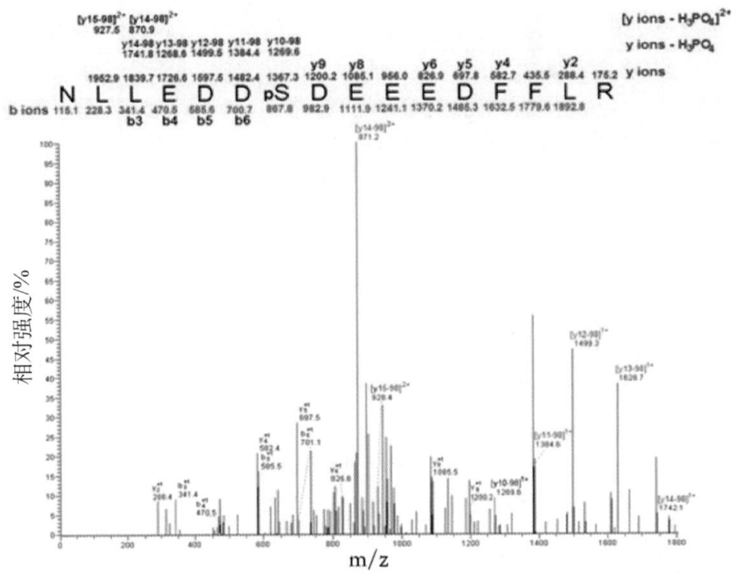

(b) 磷酸化肽段 NLLEDDpSDEEEDFFLR 中性丢失磷酸基团后碎片离子的三级质谱图

图 5-21 磷酸化肽段的二级质谱图和三级质谱图

5.2.4 不同的连接磷酸基团方法——磷酸修饰磁球固定金属离子对磷酸化肽段的富集应用

5.2.4.1 聚乙二醇作为连接剂固定磷酸基团(Fe_3O_4@SiO_2@PEG-Ti(Ⅳ))[23]

1. Fe_3O_4@SiO_2@PEG-Ti(Ⅳ)微球的合成及部分表征

Fe_3O_4@SiO_2@PEG-Ti(Ⅳ)微球的合成如图 5-22 所示。简要叙述如下：第一，通过溶胶-凝胶方法在 Fe_3O_4 微球表面包覆一层硅，获得 Fe_3O_4@SiO_2 微球；第二，将 Fe_3O_4@SiO_2 微球与 3-氨基丙基三乙氧基硅烷(APTEOS)反应获得 Fe_3O_4@SiO_2-NH_2 微球，

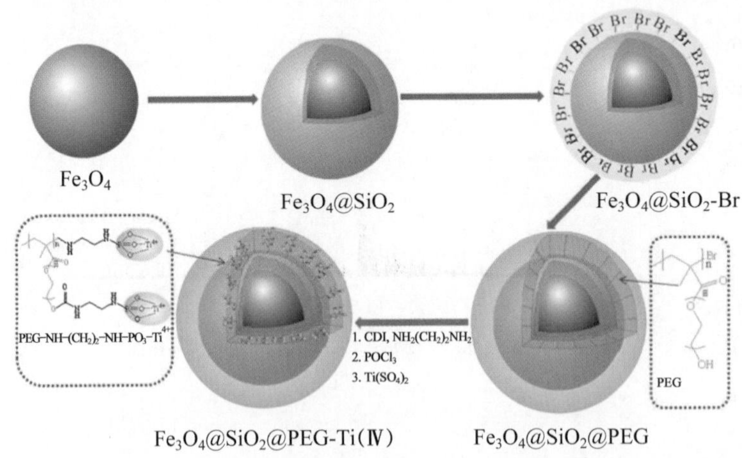

图 5-22 Fe_3O_4@SiO_2@PEG-Ti(Ⅳ)微球的合成示意

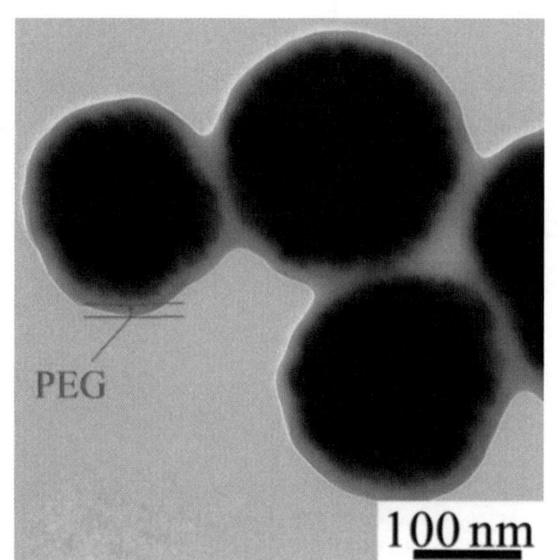

图 5-23　Fe_3O_4@SiO_2@PEG-Ti(Ⅳ)微球的 TEM 图

将 Fe_3O_4@SiO_2-NH_2 微球与 2-溴代异丁酰溴反应获得 Fe_3O_4@SiO_2-Br 微球；第三，通过原子转移自由基聚合反应将 PEG 共价连接到 Fe_3O_4@SiO_2-Br 微球表面；第四，首先，上述产物通过与 1,1′-羰基二咪唑、乙二胺反应将 PEG 链上的羟基转变成带氨基基团，然后，再与 $POCl_3$ 反应，使其链上带磷酸基团固定金属离子。

为了进行对比实验，运用以上相同步骤合成两个材料：Fe_3O_4@SiO_2-Ti(Ⅳ)微球(没有 PEG 层)和 Fe_3O_4@SiO_2@PEG-Ti(Ⅳ)(薄层 PEG)微球。由图 5-23 可以看出，Fe_3O_4@SiO_2@PEG-Ti(Ⅳ)微球中包覆的 PEG 层较厚，约为 20 nm。

2. *PEG 的厚度对 Fe_3O_4@SiO_2@PEG-Ti(Ⅳ)微球富集磷酸化肽段的影响*

Fe_3O_4@SiO_2@PEG-Ti(Ⅳ)微球采用如图 5-24 所示的流程富集磷酸化肽段。

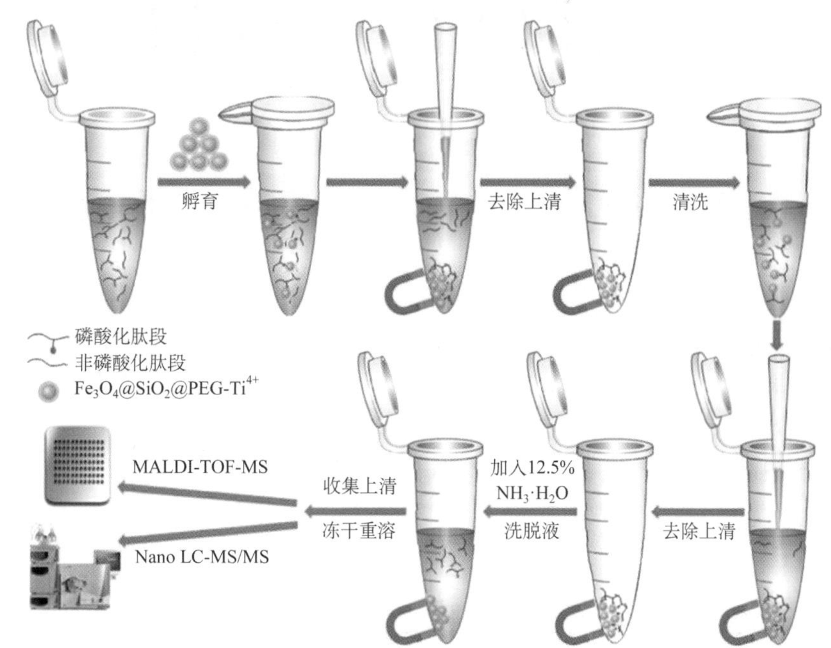

图 5-24　Fe_3O_4@SiO_2@PEG-Ti(Ⅳ)微球的富集应用流程

在本例工作中，作者[23]用电感耦合等离子体发射光谱法(inductively coupled plasma atomic emission spectroscopy, ICPAES)测定 Fe_3O_4@SiO_2@PEG-Ti(Ⅳ)微球、Fe_3O_4@SiO_2@PEG-3h-Ti(Ⅳ)微球以及 Fe_3O_4@SiO_2-Ti(Ⅳ)微球中 Ti(Ⅳ)的含量分别为 32.98 $\mu g \cdot mg^{-1}$，21.80 $\mu g \cdot mg^{-1}$以及 9.97 $\mu g \cdot mg^{-1}$，说明越厚的 PEG 层对 Ti(Ⅳ)的绑定能力越强。

将上述 3 个不同材料分别富集不同含量的 β - casein 酶解液(0.1～20 pmol，200 μL)，如图 5 - 25 所示，经 Fe_3O_4@SiO_2@PEG - Ti(Ⅳ)微球富集后的两个磷酸化肽段 β_1 和 β_2 的峰强度明显比 Fe_3O_4@SiO_2 - Ti(Ⅳ)微球富集到的峰强度要高出很多，尤其是在 β - casein 含量为 5～20 pmol 时，强度增加了 2.5～3.8 倍。随着 PEG 厚度的降低，富集到的磷酸化肽段的强度也降低。这极有可能就是因为对磷酸化肽段的富集性能与 Ti(Ⅳ)的含量成正比，即说明包覆厚层 PEG 的磁性微球具有更强的分离富集磷酸化肽段的能力。

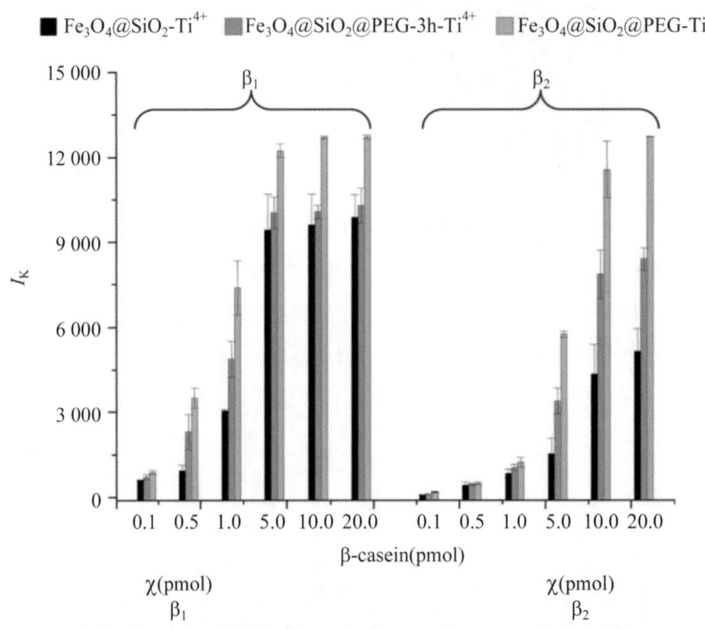

图 5 - 25 比较不同材料对磷酸化肽段(β - casein：0.1 - 20 pmol，200 μL)的绑定能力

作者[23]还通过稳定同位素二甲基标记的定量方法来测试上述 3 种不同材料对 4 个标准磷酸化肽段(NVPL[pY]K，HLADL[pS]K，VNQIGTL[pS]E[pS]IK，VNQIG[pT]LSESIK)的富集回收率。测试样品分别为一个标准磷酸化肽(1 pmol)以及 BSA 酶解液(1 pmol)的混合液。测得的回收率如表 5 - 7 所示。另外，不管是在材料的检测限上(见图 5 - 26)还是在材料的选择性方面(见图 5 - 27)，Fe_3O_4@SiO_2@PEG - Ti(Ⅳ)微球都比 Fe_3O_4@SiO_2 - Ti(Ⅳ)微球表现出更好的富集性能。以上结果都说明包覆厚层 PEG 固定 Ti(Ⅳ)能够增强材料对磷酸化肽段的分离富集能力。

表 5 - 7 使用 3 种不同材料对 4 个标准磷酸化肽段(1 pmol)进行富集测得的回收率

标准磷酸化肽段	回收率±平均偏差 ($n = 3$) /%		
	Fe_3O_4@SiO_2 - Ti(Ⅳ)	Fe_3O_4@SiO_2@PEG - 3h - Ti(Ⅳ)	Fe_3O_4@SiO_2@PEG - Ti(Ⅳ)
NVPL[pY]K	24.4±0.7	51.9±0.4	72.6±1.0
HLADL[pS]K	39.2±1.2	67.6±1.4	79.8±3.5
VNQIGTL[pS]E[pS]IK	67.4±1.9	69.8±2.7	71.8±1.0
VNQIG[pT]LSESIK	45.2±2.4	50.7±1.3	80.8±1.9

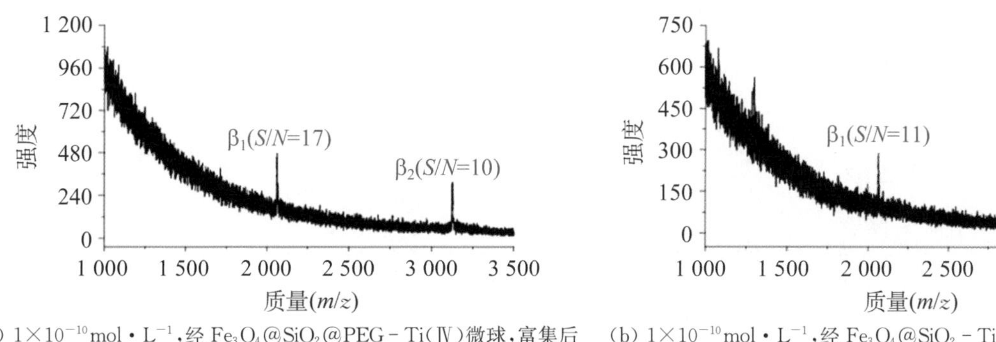

(a) 1×10^{-10} mol·L^{-1}，经 Fe_3O_4@SiO_2@PEG－Ti(Ⅳ)微球，富集后 (b) 1×10^{-10} mol·L^{-1}，经 Fe_3O_4@SiO_2－Ti(Ⅳ)微球，富集后

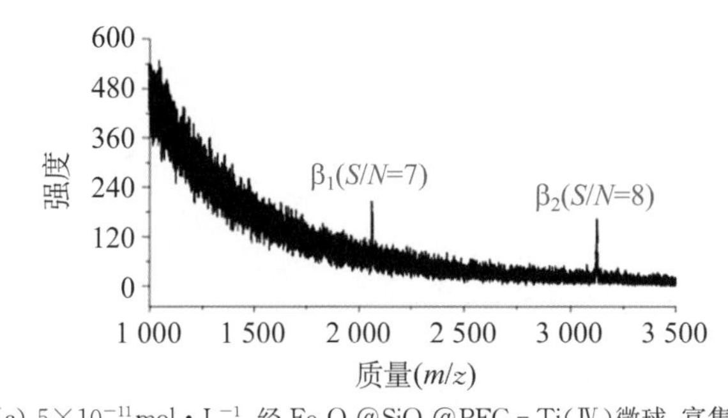

(c) 5×10^{-11} mol·L^{-1}，经 Fe_3O_4@SiO_2@PEG－Ti(Ⅳ)微球，富集后

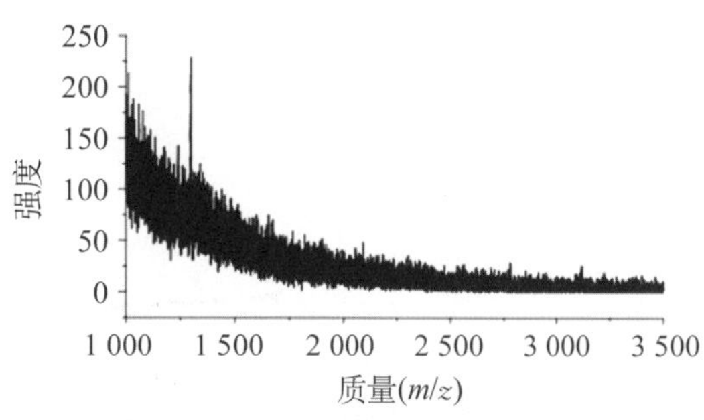

(d) 5×10^{-11} mol·L^{-1}，经 Fe_3O_4@SiO_2－Ti(Ⅳ)微球，富集后

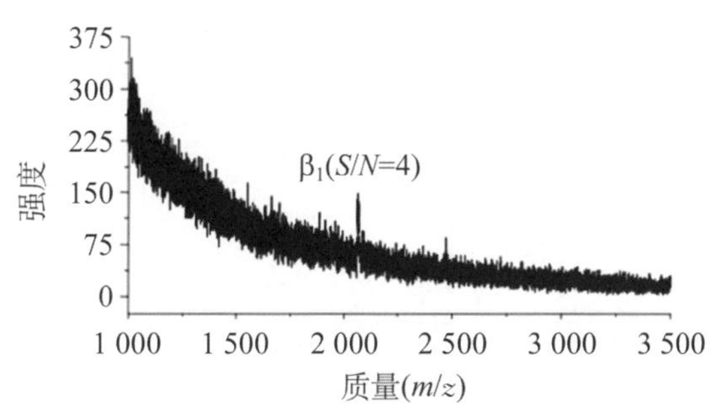

(e) 2.5×10^{-11} mol·L^{-1}，经 Fe_3O_4@SiO_2@PEG－Ti(Ⅳ)微球，富集后

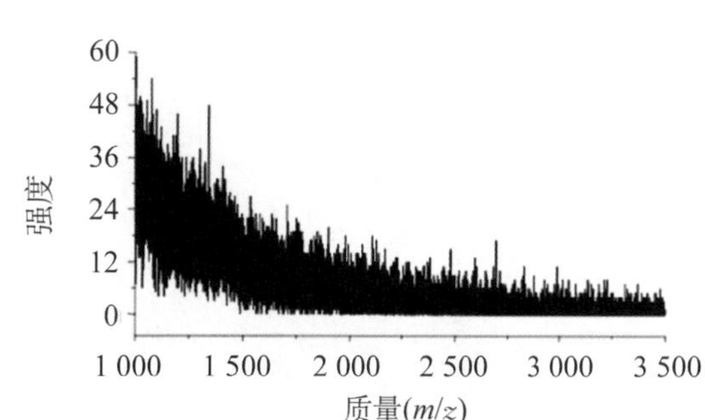

(f) 2.5×10^{-11} mol·L^{-1}，经 Fe_3O_4@SiO_2－Ti(Ⅳ)微球，富集后

图 5－26 不同浓度的 β－casein 酶解液经两种材料富集后的质谱检测图

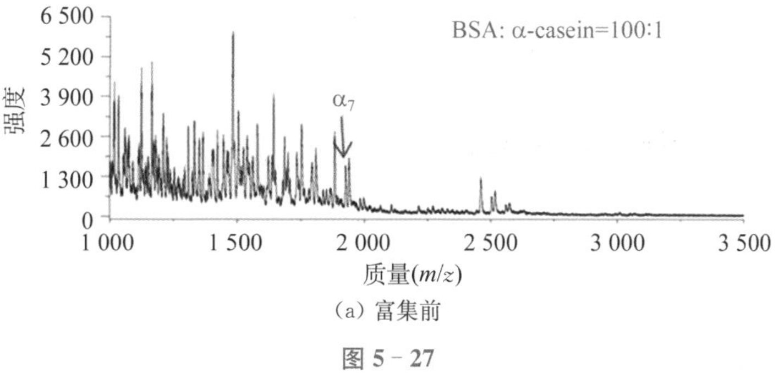

(a) 富集前

图 5－27

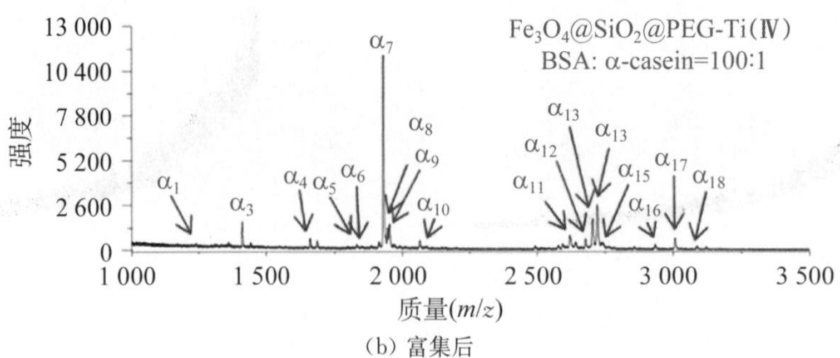

(b) 富集后

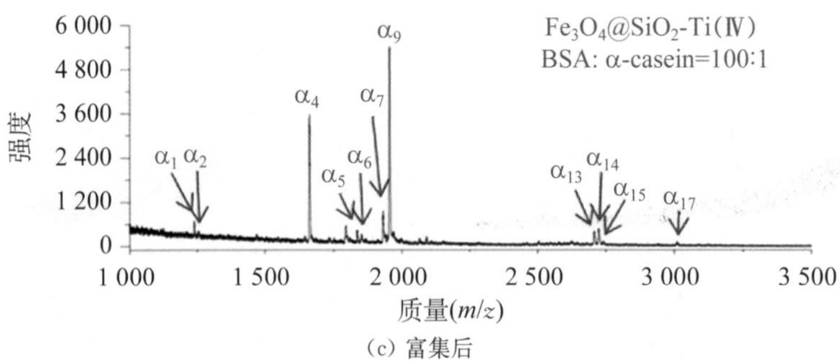

(c) 富集后

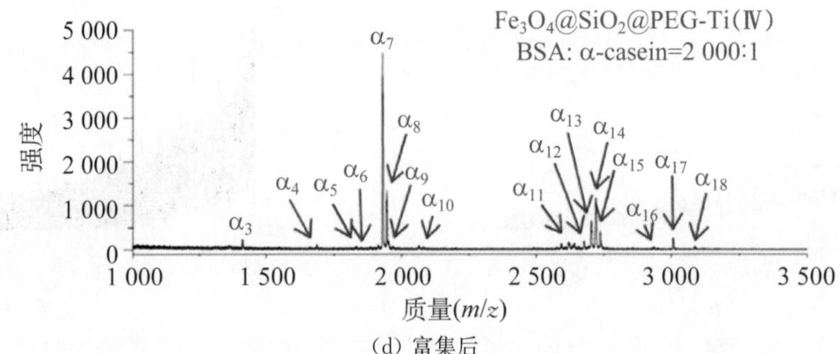

(d) 富集后

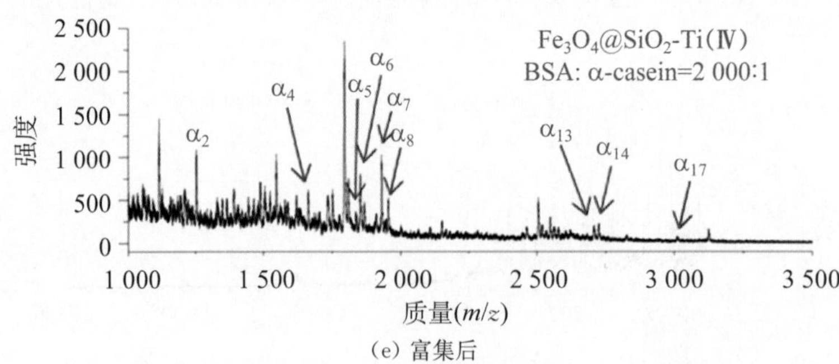

(e) 富集后

图 5-27　不同摩尔比的 BSA 与 α-casein(4 pmol)酶解液混合物(200 μL)经两种材料富集前、后的质谱检测图

5.2.4.2　聚磷酸甲基丙烯酸乙二醇修饰的磁球固定金属离子(Fe_3O_4@PMAA@PEGMP－Ti(Ⅳ))[24]

1. Fe_3O_4@PMAA@PEGMP－Ti(Ⅳ)微球的合成及部分表征

以 Fe_3O_4 微球为核、聚甲基丙烯酸(PMAA)为中间层以及聚磷酸甲基丙烯酸乙二醇(PEGMP)为最外层功能壳层的 Fe_3O_4@PMAA@PEGMP－Ti(Ⅳ)微球的合成示意如图 5－28所示。在本例工作中，作者马万福[24]首先尝试将 PEGMP 壳层包覆在 Fe_3O_4 微球表面(线路 2)，但是发现反应在开始后不久，体系发生明显的分相现象，体系变得很不稳定，最终导致实验失败。其原因可能是磷酸甲基丙烯酸乙二醇酯单体(ethylene glycol methacrylate phosphoric acid, EGMP)与 Fe_3O_4 微球中的 Fe 元素有很强的络合作用，当加热到一定温度时，大量 EGMP 单体会被吸附到 Fe_3O_4 微球表面，这会严重影响 Fe_3O_4 微球的分散稳定性。针对这一问题，Fe_3O_4 微球与 PEGMP 壳层之间需谨慎选择性地加入一中间层。选择的中间层要使 Fe_3O_4 微球在被包覆后能在乙腈溶剂中的分散稳定性好，同时，中间层与 EGMP 单体之间要有较强的相互作用，以保证高质量包覆 PEGMP 壳层。基于以上两点考虑，PMAA 被选择作为中间层(线路 1)。

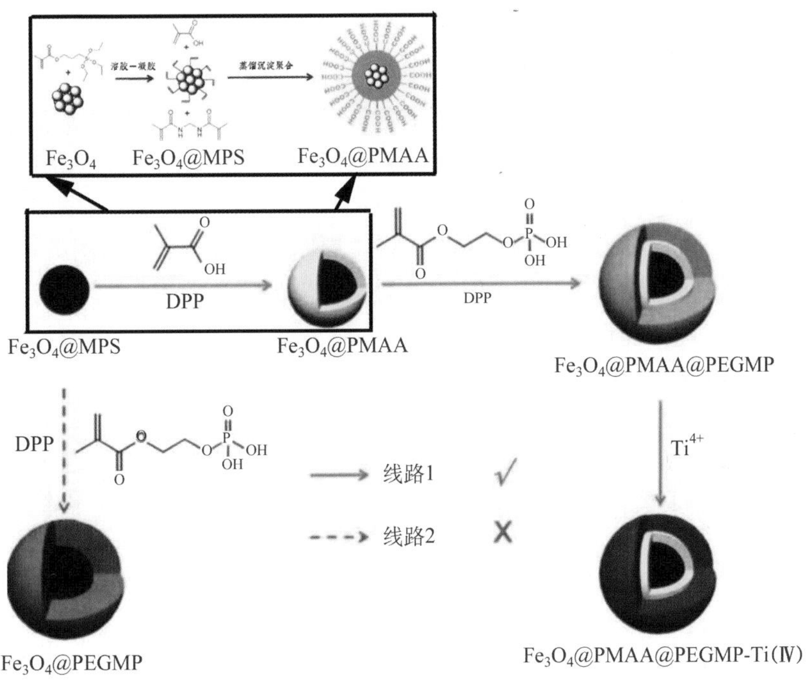

图 5－28　Fe_3O_4@PMAA@PEGMP－Ti(Ⅳ)微球的合成示意

具体合成过程叙述如下：第一，Fe_3O_4@PMAA 复合微球的合成见 2.5 节。第二，借助 PMAA 壳层中的羧基和 EGMP 单体中的磷酸基团之间的氢键相互作用制得 Fe_3O_4@PMAA@PEGMP。第三，固定金属离子。

Ti(Ⅳ)与 PEGMP 壳层中磷酸基团之间通过金属磷酸盐化学键而被固定。如图 5－29 所示，对于ⅣB 族金属离子磷酸盐化学键而言，每个 EGMP 重复单元视作一个双齿配体，可分别与两个不同的金属原子共同分享两个氧原子。因此，每个金属离子都不只与一个磷酸基团有相互作用，同样，每一个磷酸基团也不只与一个金属离子有相互作用。这种极强的结合能够提供非常稳定的 Ti(Ⅳ)磷酸盐表面，使得固定于表面的 Ti(Ⅳ)可以进一步与其他磷酸基团，比如磷酸化肽段中的磷酸基团，产生相互作用，从而选择性地分离富集磷酸化肽段。Ti(Ⅳ)的固定量测定结果表明 Ti(Ⅳ)的固定量能够高达 4.1%。

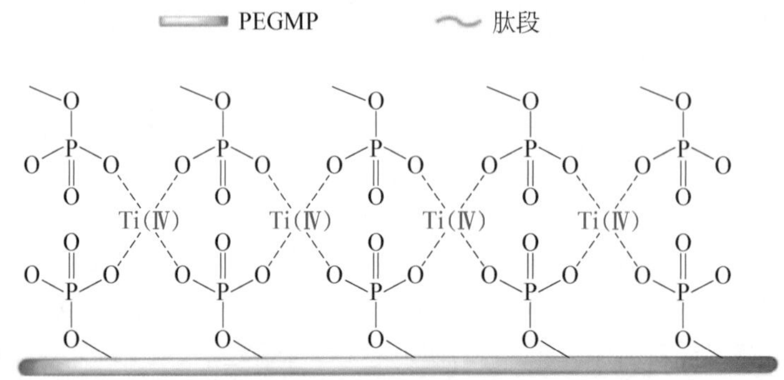

图5-29 Ti(Ⅳ)与 PEGMP 壳层中的磷酸基团或磷酸化肽段的相互作用示意

2. Fe_3O_4@PMAA@PEGMP-Ti(Ⅳ)微球在磷酸化蛋白质组学中的富集应用

选择 BSA 与 β-casein 混合酶解液作为研究对象，以考察材料的选择性富集能力，如图 5-30 所示。由于酶解液混合物里含有大量的非磷酸化肽段，因此在富集之前，直接用 MALDI-TOF MS 检测不到任何磷酸化肽段的信号，整个谱图被非磷酸化肽段的信号占据(见图 5-30(a))。然而，在用 Fe_3O_4@PMAA@PEGMP-Ti(Ⅳ)微球富集之后，可以非常清晰地检测到所有磷酸化肽段的信号，而且谱图背景很干净(见图 5-30(b))。作为对比，使用商业化的 IMAC 产品富集同样的酶解液混合物样品，发现其富集能力要差很多，谱图被大量非磷酸化肽段的信号占据，磷酸化肽段的信号很弱，甚至无法检出(见图 5-30(c))。

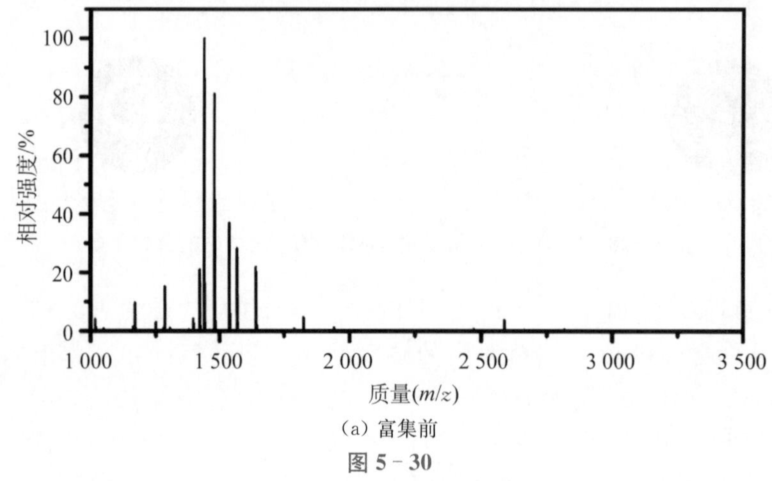

(a) 富集前

图 5-30

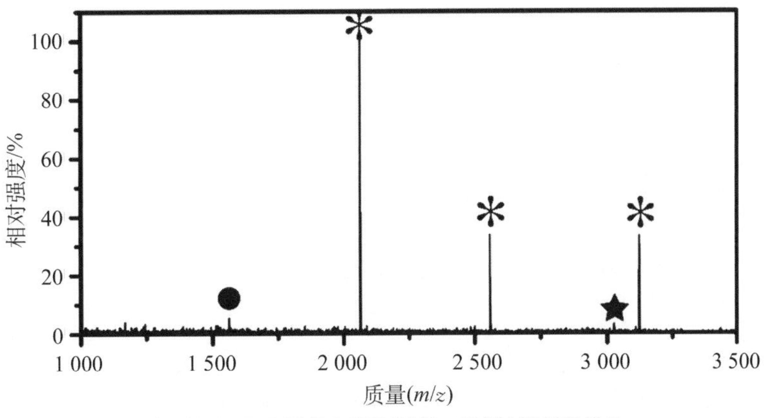

(b) 经 Fe_3O_4@PMAA@PEGMP－Ti(Ⅳ)微球富集后

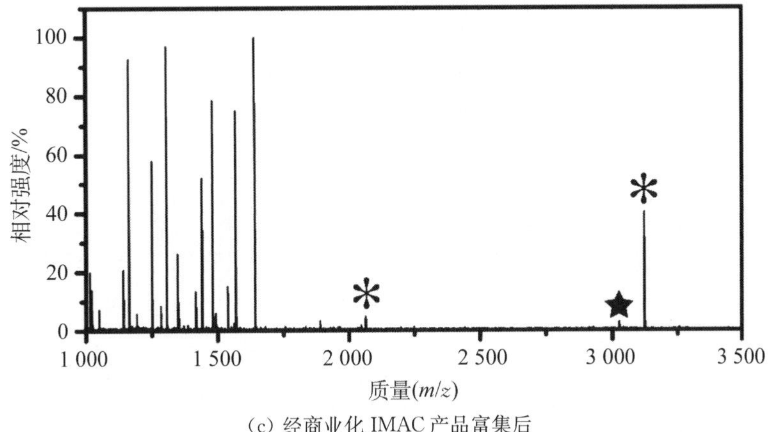

(c) 经商业化 IMAC 产品富集后

图 5－30 摩尔比为 1∶500 的 β－casein 与 BSA 混合酶解液经不同材料富集前、后的质谱检测图(＊和★分别代表磷酸化肽段以及去磷酸化碎片)

为全面评估 Fe_3O_4@PMAA@PEGMP－Ti(Ⅳ)微球对磷酸化肽段的富集能力，作者马万福进一步对材料的富集容量、低丰度富集能力以及富集回收率进行考察。其中，Fe_3O_4@PMAA@PEGMP－Ti(Ⅳ)微球的富集容量约为 75 mg・g^{-1}。当 β－casein 酶解液的浓度低至 5×10^{-10} mol・L^{-1}(100 μL)时，Fe_3O_4@PMAA@PEGMP－Ti(Ⅳ)微球依旧可以富集到 3 条磷酸化肽段(见图 5－31(a))。材料的富集回收率是利用^{18}O标记法测定的，其原理为：将一定量的标准磷酸化肽段(PSADGQHAGGLVK)分成两等分，一部分利用自制的固相胰蛋白酶处将肽段 C－末端的^{16}O替换为^{18}O以造成 4 Da 的质量增加；另一部分则用来进行分离富集实验。将富集洗脱后的肽段以及利用^{18}O标记的肽段混合，用质谱进行分析，如图 5－31(b)所示，通过比较不同的氧同位素峰的相对强度即可估算出富集回收率[25]。通过计算，Fe_3O_4@PMAA@PEGMP－Ti(Ⅳ)微球对磷酸化肽段的富集回收率高达 87％。以上实验结果说明 Fe_3O_4@PMAA@PEGMP－Ti(Ⅳ)微球作为一种理想的磁性 IMAC 材料，在富集磷酸化肽段的应用中，同时具有卓越的富集选择性、极高的灵敏度以及优良的富集回收率。

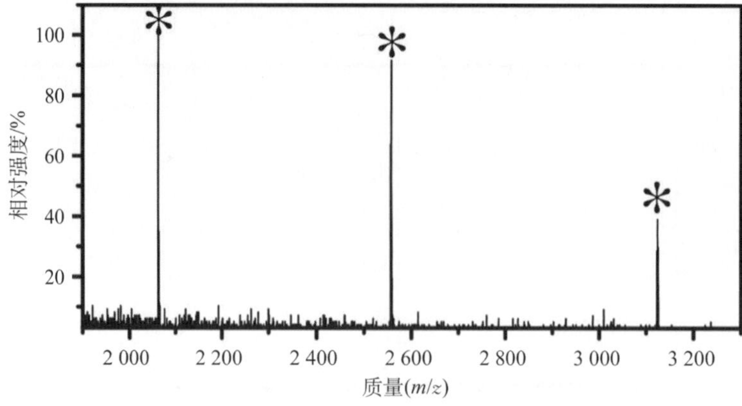

(a) β - casein 酶解液(5×10^{-10} mol・L^{-1}，100 uL)经 Fe_3O_4@PMAA@PEGMP - Ti(Ⅳ)微球后的质谱图

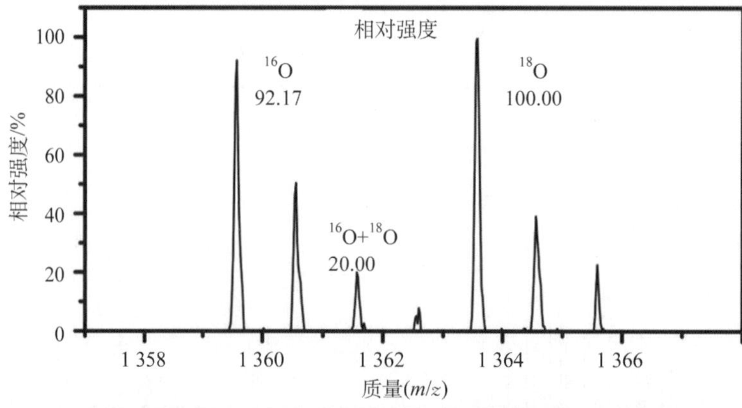

(b) 标准磷酸化肽段(PSADGQHAGGLVK，标记与未标记混合液)的质谱图

图 5 - 31 低丰度富集能力和回收率考查

Fe_3O_4@PMAA@PEGMP - Ti(Ⅳ)微球也进一步用于更复杂样品牛奶蛋白酶解液与人血清中磷酸化肽段的富集。实验结果表明，运用 Fe_3O_4@PMAA@PEGMP - Ti(Ⅳ)微球可以从牛奶蛋白酶解液和人血清中分别成功富集出 10 条和 4 条磷酸化肽段。此结果表明此材料对实际样本中的极低浓度磷酸化肽段也具有很强的富集能力。其中，从牛奶酶解液中富集到的磷酸化肽段详细信息列于表 5 - 8 中。

表 5 - 8 牛奶蛋白酶解液经 Fe_3O_4@PMAA@PEGMP - Ti(Ⅳ)材料富集后鉴定到的磷酸化肽段的详细信息

No	MH^+	肽 段 序 列	磷酸化数量
1	1 446.68	TVDME[pS]TEVFTK	1
2	1 660.85	VPQLEIVPN[pS]AEER	1
3	1 832.77	YLGEYLIVPN[pS]AEER	1
4	1 927.74	DIG[pS]E[pS]TEDQAMEDIK	2
5	1 952.01	YKVPQLEIVPN[pS]AEER	1
6	2 061.83	FQ[pS]EEQQQTEDELQDK	1
7	2 618.94	NTMEHV[pS][pS][pS]EE[pS]IISQETYK	4
8	2 703.93	Q* MEAE[pS]I[pS][pS] [pS]EEIVPN[pS]VEAQK	5

续 表

No	MH^+	肽 段 序 列	磷酸化数量
9	2 925.57	NANEEEYSIG[pS][pS][pS]EEAEVATEEVK	3
10	3 122.27	RELEELNVPGEIVE[pS]L[pS][pS][pS]EESITR	4

5.2.4.3 腺苷作为磷酸来源修饰磁球固定 Ti(Ⅳ)(Fe_3O_4@ATP-Ti(Ⅳ))[26]

1. Fe_3O_4@ATP-Ti(Ⅳ)微球的合成及部分表征

Fe_3O_4@ATP-Ti(Ⅳ)微球的合成如图 5-32 所示。叙述如下：第一，根据文献[21]合成氨基磁球；第二，氨基磁球通过戊二醛在其表面固定上 ATP；第三步，通过 ATP 上的磷酸基团固定金属离子 Ti(Ⅳ)。

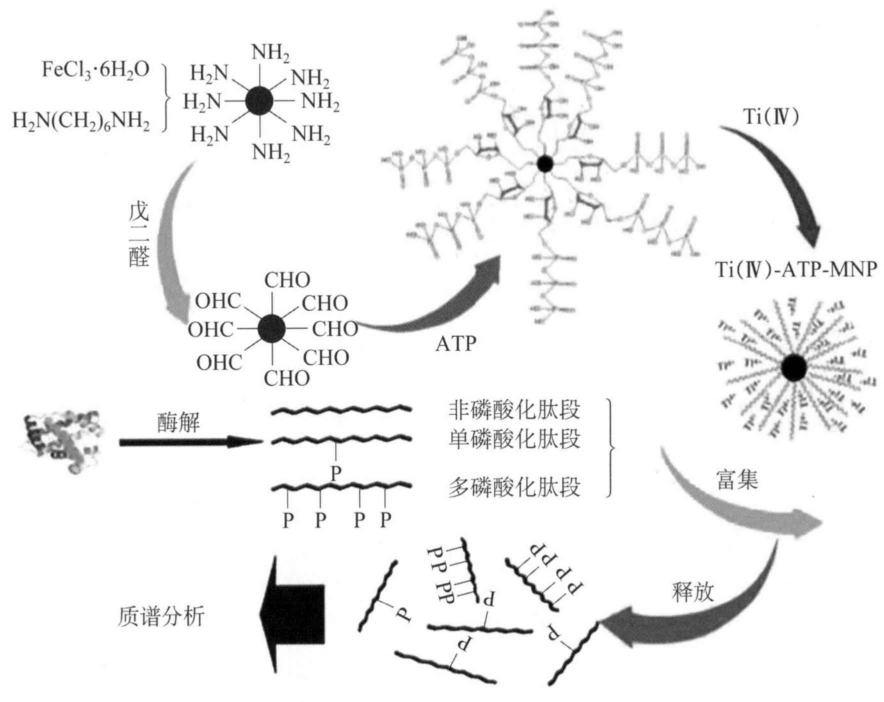

图 5-32 Fe_3O_4@ATP-Ti(Ⅳ)微球的合成及其对肽段的富集作用示意

2. Fe_3O_4@ATP-Ti(Ⅳ)微球在磷酸化蛋白质组学中的富集应用

拥有 3 个磷酸基团的 ATP 能够提供更多更强的活性金属磷酸化位点，从而增强材料绑定磷酸化肽段的能力。另外，腺苷的亲水嘌呤以及五碳糖会增强材料的亲水性，从而减少非特异性吸附。作者张丽华研究员[26]使用 BSA 与 β-casein(4 pmol)酶解液混合物作为研究对象，考察 Fe_3O_4@ATP-Ti(Ⅳ)微球对磷酸化肽段的选择性富集能力，如图 5-33 所示，摩尔比分别为 1∶500(见图 5-33(b))，1∶1 000(见图 5-33(c))以及 1∶5 000(见图 5-33(d))的 β-casein(4 pmol)与 BSA 酶解液经 Fe_3O_4@ATP-Ti(Ⅳ)微球富集后，仍然分别检测到 7 条、9 条以及 5 条磷酸化肽段。而在常规的 Ti(Ⅳ)-IMAC 微球以及 TiO_2 富集摩尔比为 1∶500的酶解液混合物中，分别只检测到 2 条(见图 5-33(e))和 4 条(见图 5-33(f))磷酸化肽段。这个结果说明 Fe_3O_4@ATP－Ti(Ⅳ)微球对磷酸化肽段有极强的选择性富集能力。而且将 ATP 作为磷酸配体合成的 IMAC 材料与其他磷酸配体合成的 IMAC 材料相对比，1∶5 000的高比例选择性是首次被报道的。

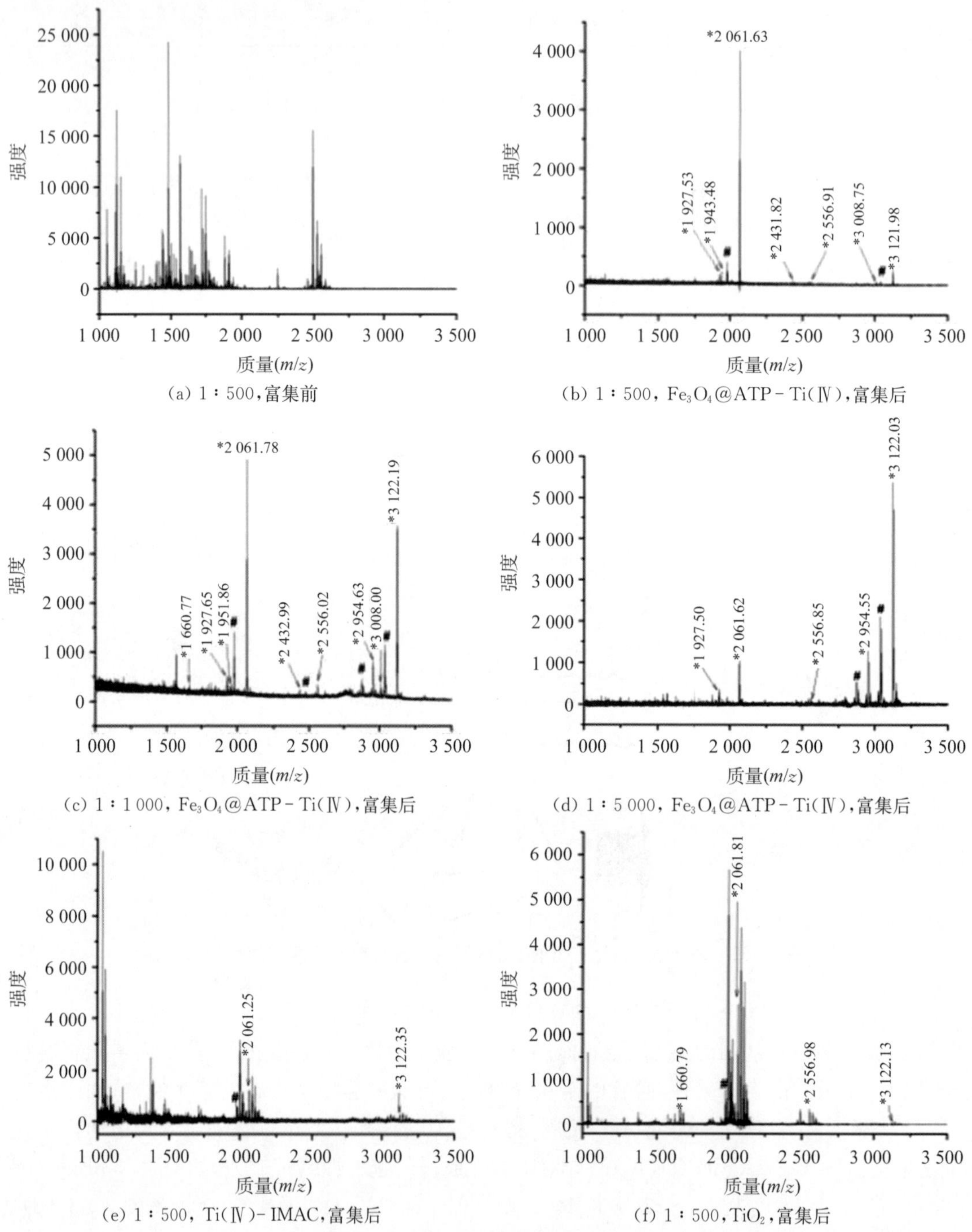

(a) 1∶500，富集前　(b) 1∶500，Fe_3O_4@ATP－Ti(Ⅳ)，富集后

(c) 1∶1 000，Fe_3O_4@ATP－Ti(Ⅳ)，富集后　(d) 1∶5 000，Fe_3O_4@ATP－Ti(Ⅳ)，富集后

(e) 1∶500，Ti(Ⅳ)－IMAC，富集后　(f) 1∶500，TiO_2，富集后

图 5－33　不同摩尔比的 β－casein(4 pmol)与 BSA 混合酶解液富集前及经不同材料富集后的质谱检测图

此外，Fe_3O_4@ATP－Ti(Ⅳ)微球对磷酸化肽段的富集灵敏度也被考察，如图 5－34(b)所示，β－casein 酶解液的浓度低至 3×10^{-12} mol·L^{-1}时，仍有 2 条磷酸化肽段被检测到。最后，将大鼠肝线粒体酶解液作为研究对象，进一步考察 Fe_3O_4@ATP－Ti(Ⅳ)微球对磷酸化肽段的富集能力，总共有 406 个磷酸化肽段被检测到，其中包含 538 个磷酸化位点，对应于 313 个磷酸化蛋白。

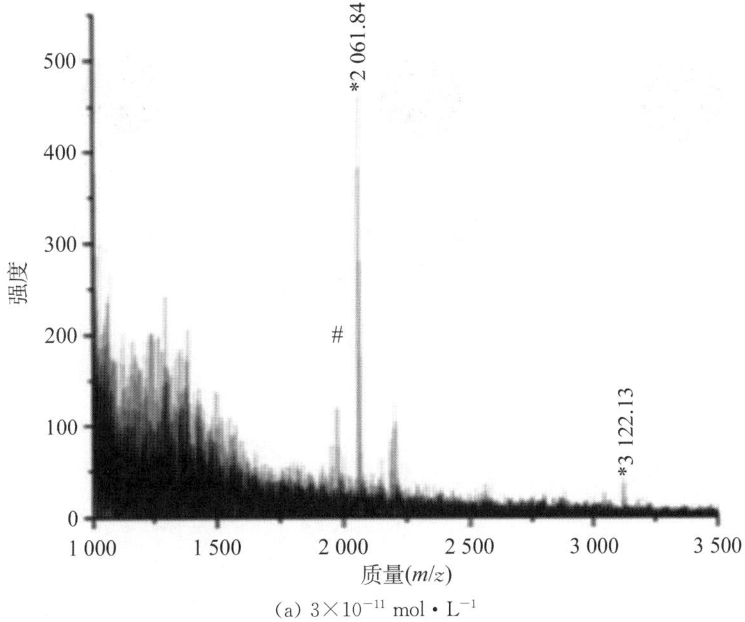

(a) 3×10^{-11} mol·L^{-1}

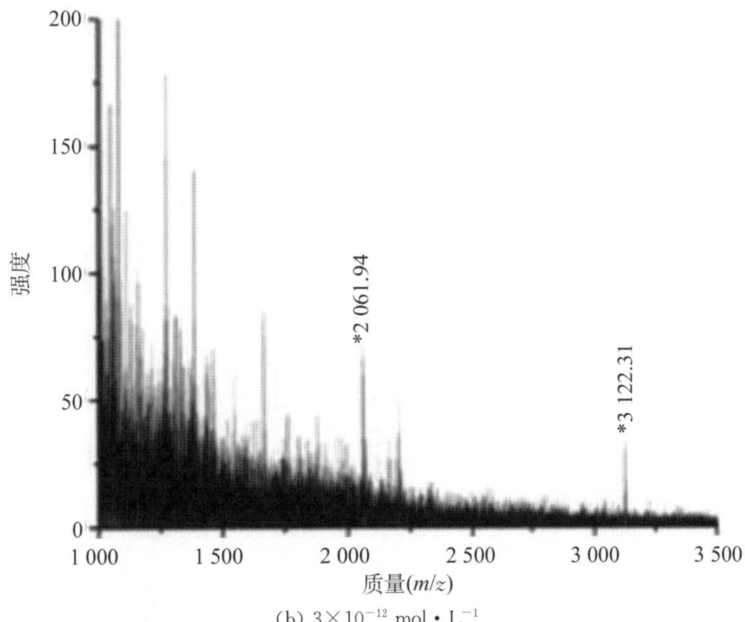

(b) 3×10^{-12} mol·L^{-1}

图 5－34 Fe_3O_4@ATP－Ti(Ⅳ)微球富集不同浓度的 β－casein 酶解液的结果(＊为磷酸化肽段，♯为去磷酸化碎片)

5.2.5 聚多巴胺修饰磁球固定金属离子 Ti(Ⅳ)微球(Fe_3O_4@PDA - Ti(Ⅳ))

5.2.5.1 Fe_3O_4@PDA - Ti(Ⅳ)微球的制备

用如图 5 - 35 所示方法合成 Fe_3O_4@PDA - Ti(Ⅳ)材料。

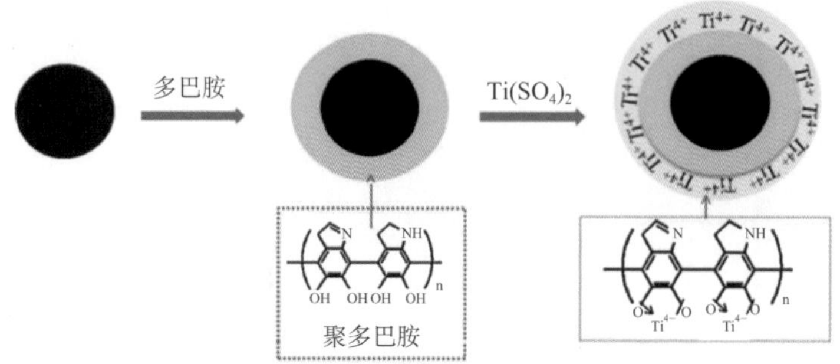

图 5 - 35　Fe_3O_4@PD - Ti(Ⅳ)微球的合成示意

1. Fe_3O_4 微球的合成

合成过程见 2.2 节。

2. Fe_3O_4@PDA 微球的合成

合成过程见 2.5 节。

3. Fe_3O_4@PDA - Ti(Ⅳ)微球的合成

称取 10 mg Fe_3O_4@PDA 微球分散于 20 mL 0.1 mol · L^{-1}的硫酸钛水溶液中，在室温下搅拌 2 h，水洗、乙醇洗后干燥即可得 Fe_3O_4@PD—Ti(Ⅳ)微球。

5.2.5.2 Fe_3O_4@PDA - Ti(Ⅳ)微球的表征

图 5 - 36 所示是 Fe_3O_4@PDA - Ti(Ⅳ)微球的 SEM 图和 TEM 图，由图 5 - 36(a)可以看出 Fe_3O_4@PDA - Ti(Ⅳ)微球颗粒尺寸大小基本一致，其直径约为 210 nm，无明显团聚被观察到。由图 5 - 36(b)可以清楚地观察到 Fe_3O_4@PDA - Ti(Ⅳ)微球为核壳结构，其核心为

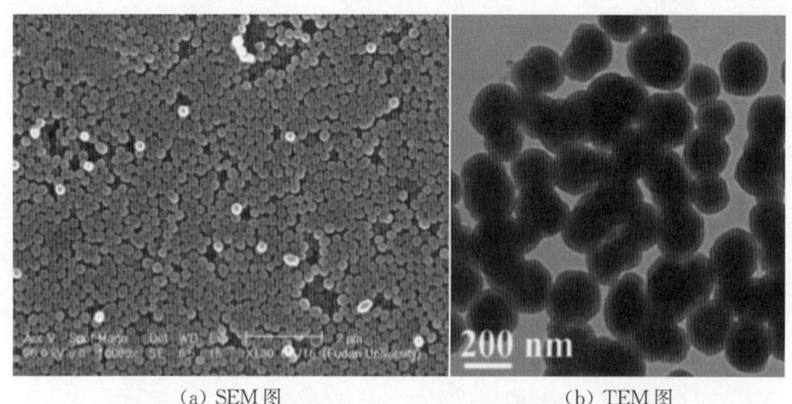

(a) SEM 图　　(b) TEM 图

图 5 - 36　Fe_3O_4@PDA - Ti(Ⅳ)微球的 SEM 图和 TEM 图

Fe_3O_4 微球，在 Fe_3O_4 微球的外围观察到的约 20 nm 厚的一层为聚多巴胺层。而 Ti(Ⅳ)的存在则是由 Fe_3O_4@PDA－Ti(Ⅳ)材料的能量色散 X-射线分析图(见图 5－37)所证实。

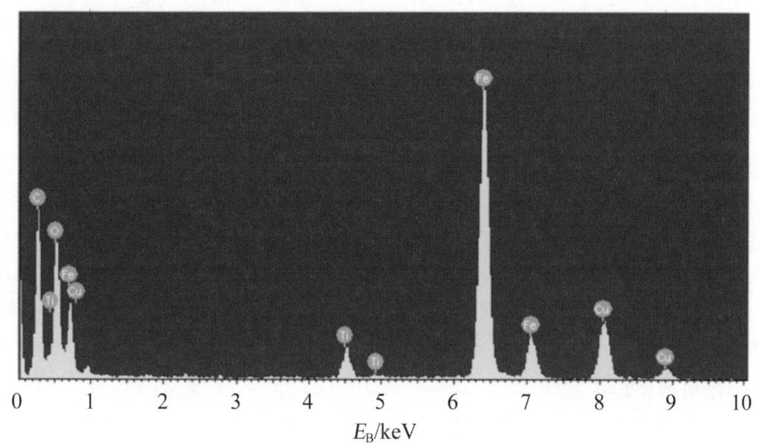

图 5－37 Fe_3O_4@PDA－Ti(Ⅳ)微球的能量色散 X-射线分析图

图 5－38 所示分别是 Fe_3O_4@PDA－Ti(Ⅳ)微球的 FTIR 图(见图 5－38(a))和 Fe_3O_4 微球的 FTIR 图(见图 5－38(b))，将两图对比可以观察到，Fe_3O_4@PDA－Ti(Ⅳ)微球的 FTIR 图比 Fe_3O_4 微球的 FTIR 图出现了一些新的峰：1 280 cm^{-1} 处的吸收峰归属于 C—O 振动；1 442 cm^{-1} 和 1 494 cm^{-1} 处的红外吸收归属于 C—C 振动；1 621 cm^{-1} 处的红外吸收归属于 N—H 伸缩。这些新峰的出现进一步证实 Fe_3O_4@PDA－Ti(Ⅳ)微球的成功合成。

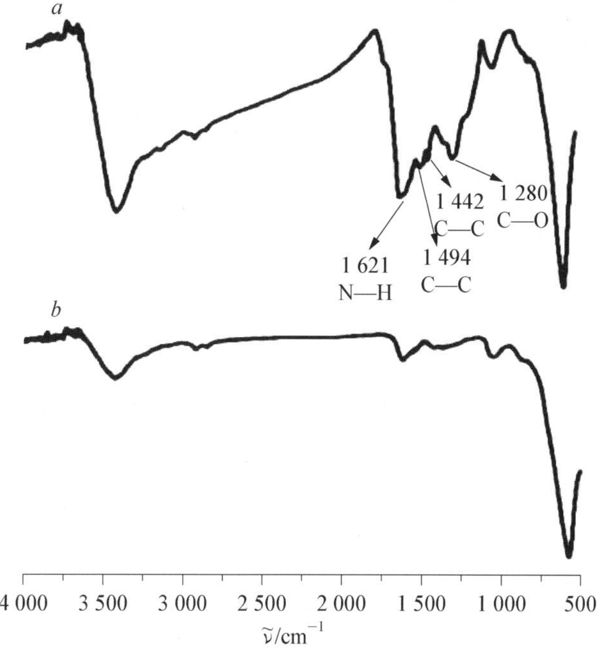

图 5－38 不同材料的 FTIR 图(曲线 *a*：Fe_3O_4@PDA－Ti(Ⅳ)微球；曲线 *b*：Fe_3O_4 微球)

图 5-39 所示分别是 Fe_3O_4 微球和 Fe_3O_4@PDA-Ti(Ⅳ)微球的水溶液静置 24 h 后的水溶性图片，在磁性微球的表面包覆上自聚多巴胺后，由于氨基和羟基等一些亲水性基团的存在，不同微球的水溶液分别静置 24 h 后，Fe_3O_4@PDA-Ti(Ⅳ)微球在水中的分散性仍然很好，然而 Fe_3O_4 微球在水中静置 24 h 后却发生了沉淀。由此说明，使用聚多巴胺作为连接剂固定金属离子使得 Fe_3O_4@PDA-Ti(Ⅳ)材料拥有良好的水溶性，从而使得该材料有望成为磷酸化蛋白质组学研究的理想 IMAC 材料。

(a) Fe_3O_4 微球 (b) Fe_3O_4@PDA-Ti(Ⅳ)微球

图 5-39 不同材料静置 24 h 后的水溶性照片

5.2.5.3 Fe_3O_4@PDA-Ti(Ⅳ)微球在磷酸化蛋白组学中的富集应用

选择新型的螯合物配体——多巴胺来固定金属离子不仅使得合成过程简便易行，而且也有助于增强材料的亲水性以及对金属离子的绑定能力。通过室温下多巴胺自聚然后固定金属离子 Ti(Ⅳ)，该材料在标准磷酸化蛋白酶解液和混合蛋白酶解液中都取得了非常好的富集效果。该材料对磷酸化肽段富集应用的流程如图 5-40 所示。

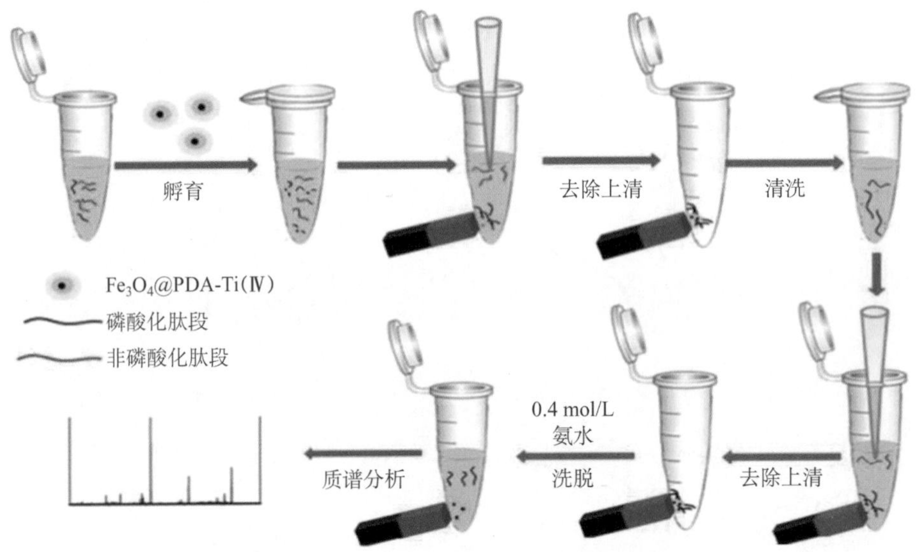

图 5-40 Fe_3O_4@PDA-Ti(Ⅳ)微球对磷酸化肽段富集应用的流程

1. Fe_3O_4@PDA-Ti(Ⅳ)微球对标准磷酸化蛋白酶解液的富集考察

首先为了检验设计合成的 Fe_3O_4@PDA-Ti(Ⅳ)微球对磷酸化肽段是否具有富集能力，选用 β-casein(通常含有痕量 α-casein)为标准磷酸化蛋白进行酶解，图 5-41(a)所示是用 MALDI-TOF-MS 直接检测 1×10^{-6} mol·L^{-1}的 β-casein 酶解液的质谱图，由此图观察到的基本为非磷酸化肽段，磷酸化肽段的信号完全被压制。用 Fe_3O_4@PDA-Ti(Ⅳ)

微球对 1×10^{-6} mol・L^{-1}的 β－casein 酶解液进行富集后，所得质谱图如图 5－41(b)所示，非磷酸化肽段的峰在谱图上消失，检测到的都为磷酸化肽段(以 * 标记的峰是磷酸化肽段，以 # 标记的峰是磷酸化肽段的去磷酸化碎片，检测到的磷酸化肽段的详细信息见表 5－9)。说明新设计合成的 Fe_3O_4@PDA－Ti(Ⅳ)微球具有富集磷酸化肽段的能力。

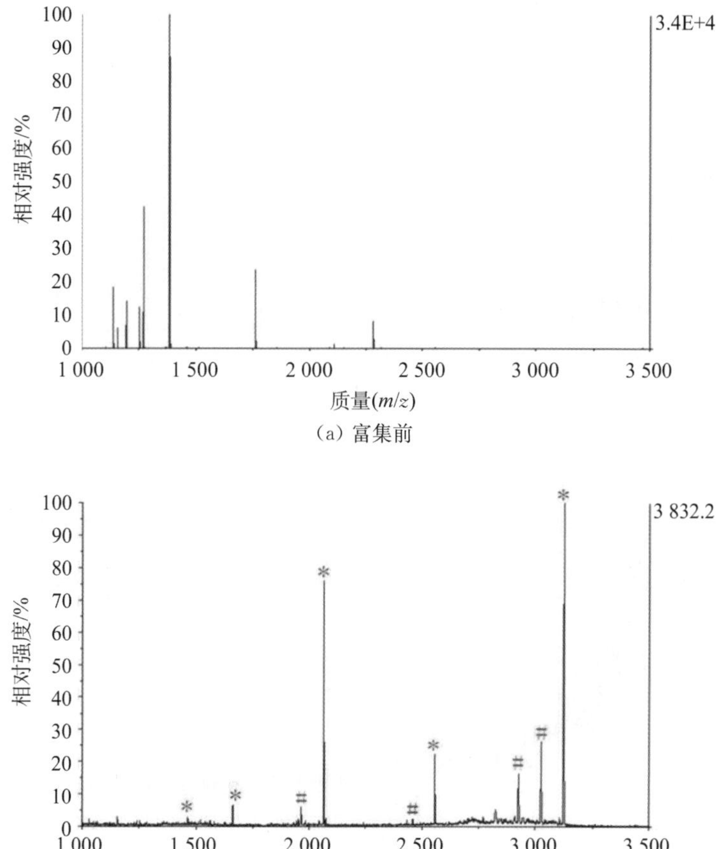

(a) 富集前

(b) 富集后

图 5－41　1×10^{-6} mol・L^{-1}的 β－casein 酶解液经 Fe_3O_4@PDA－Ti(Ⅳ)微球富集前、后的质谱检测图(* 为磷酸化肽段，# 为去磷酸化碎片)

表 5－9　从 α－casein 及 β－casein 酶解液中检测鉴定到的磷酸化肽段的详细信息

m/z/Da	磷酸基团数量	肽段序列
1 466.6	1	TVDMESTEVFTK
1 660.7	1	VPQLEIVPNSAEER
2 061.7	1	FQSEEQQQTEDELQDK
2 556.2	1	FQSEEQQQTEDELQDKIHPF
3 122.2	4	RELEELNVPGEIVESLSSSEESITR

为了进一步考察 Fe_3O_4@PDA - Ti(Ⅳ)微球对标准磷酸化蛋白 β - casein 酶解液的富集能力，将材料对不同浓度的 β - casein 酶解液进行富集(见图 5 - 42)。如图 5 - 42(b)所示，当 β - casein 酶解液的浓度低至 2×10^{-10} mol · L^{-1}时，经 Fe_3O_4@PDA - Ti(Ⅳ)微球富集后，仍有 3 条磷酸化肽段可以被检测到，说明该材料的富集能力很强。

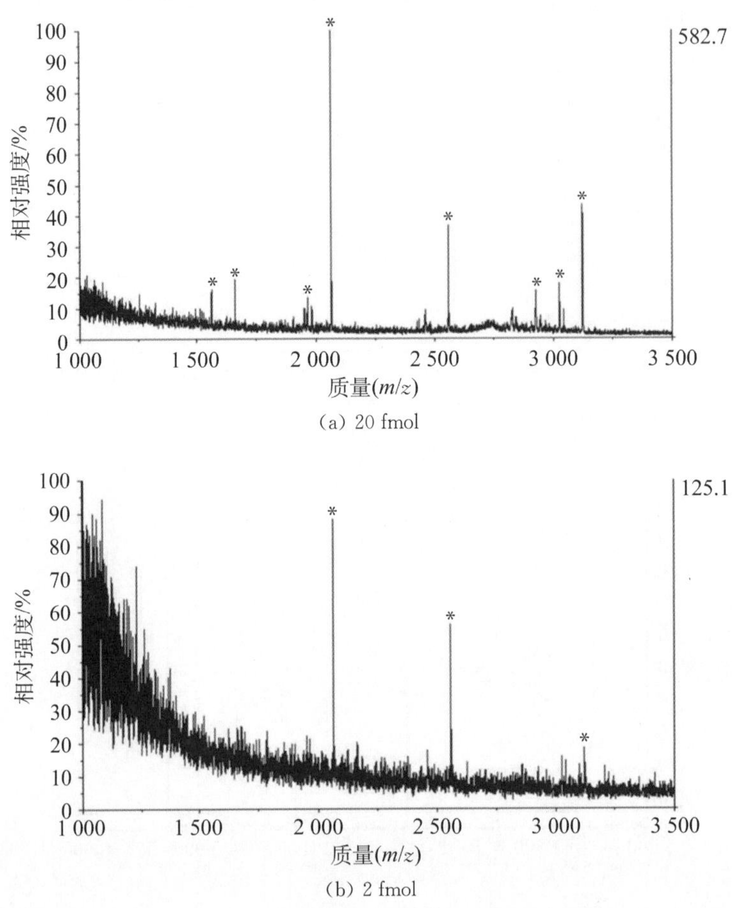

图 5 - 42　不同浓度的 β - casein 酶解液经 Fe_3O_4@PDA - Ti(Ⅳ)微球富集后的质谱检测图

接着，验证 Fe_3O_4@PDA - Ti(Ⅳ)微球对磷酸化肽段的富集选择性(见图 5 - 43)、重复性(见图 5 - 44)。选择用标准磷酸化蛋白 β - casein 和非磷酸化蛋白 BSA 的混合酶解液考察 Fe_3O_4@PDA - Ti(Ⅳ)微球的富集选择性，图 5 - 43(a)所示是 β - casein 与 BSA 摩尔比为 1∶500 的混合肽段富集前质谱检测图，图 5 - 43(b)所示是经 Fe_3O_4@PDA - Ti(Ⅳ)微球富集后检测到的磷酸化肽段的质谱图。由这两张图可以看到，直接检测的质谱图里只有非磷酸化肽段的峰，没有检测到磷酸化肽段的信号，而经 Fe_3O_4@PDA - Ti(Ⅳ)微球富集后的磷酸化肽段的质谱信号显著提高，几乎没有非磷酸化肽段的质谱信号。实验结果表明了合成的 Fe_3O_4@PDA - Ti(Ⅳ)微球对磷酸化肽段有很好的富集选择性。由图 5 - 44 所示，Fe_3O_4@PDA - Ti(Ⅳ)微球第一次富集后的质谱图与连续富集第五次的质谱图相比，证明材料的再生能力以及对磷酸化肽段的富集能力重现性都很好。

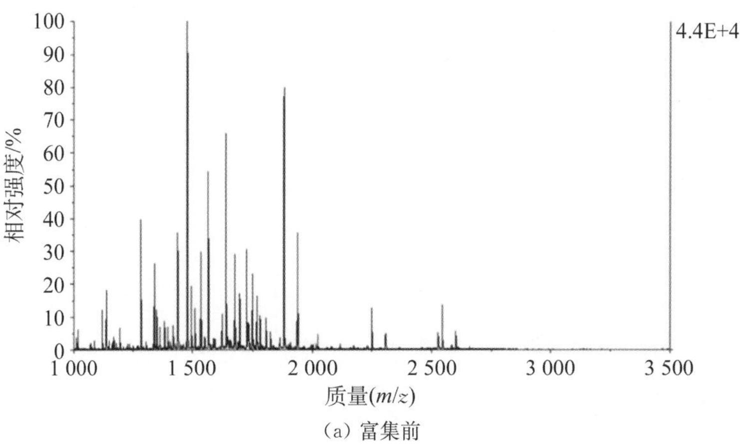

(a) 富集前

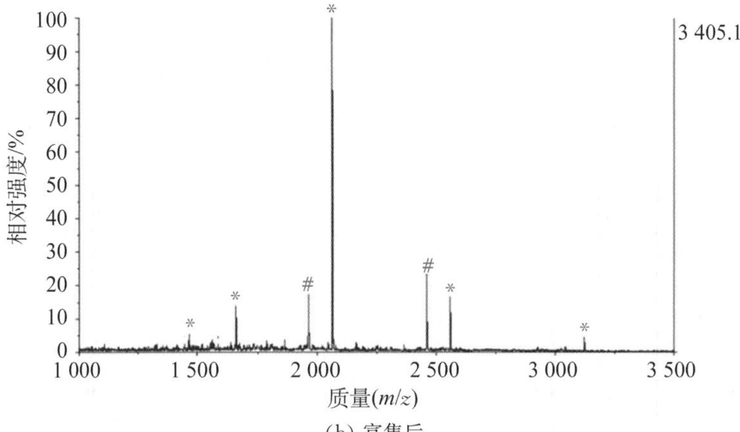

(b) 富集后

图 5－43　β－casein 与 BSA 摩尔比为 1∶500 的混合酶解液经 Fe_3O_4@PDA－Ti(Ⅳ)微球富集前、后检测到的磷酸化肽段(＊为磷酸化肽段,♯为去磷酸化碎片)

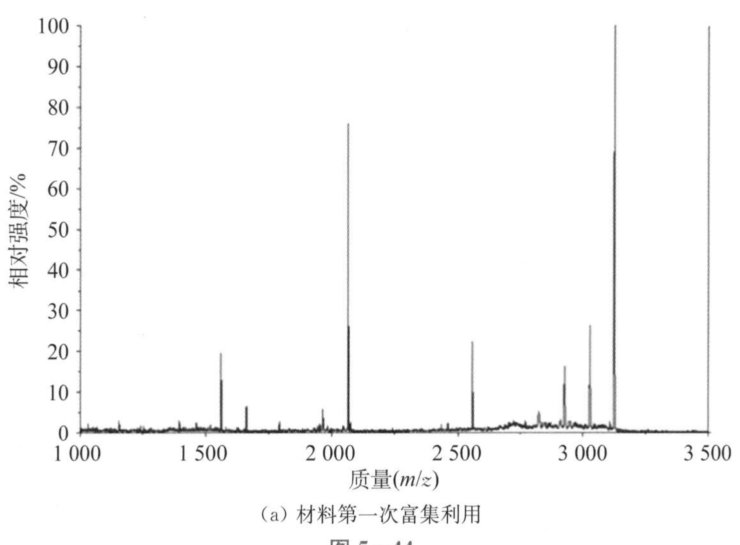

(a) 材料第一次富集利用

图 5－44

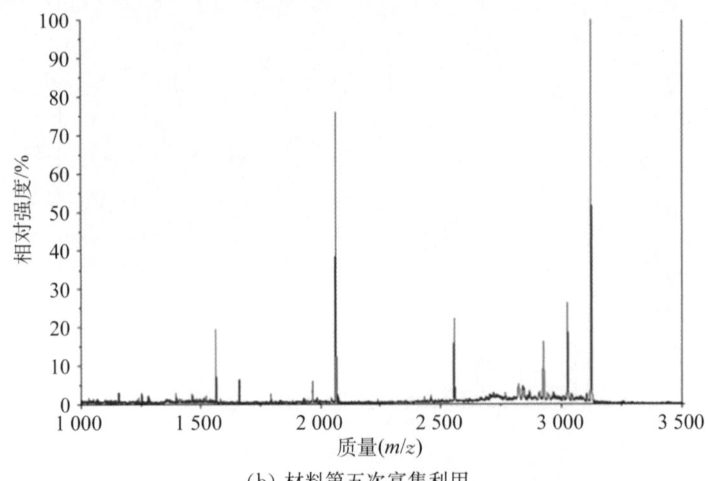

(b) 材料第五次富集利用

图 5-44 Fe_3O_4@PDA-Ti(Ⅳ)微球对磷酸化肽段富集的重复利用性

2. Fe_3O_4@PDA-Ti(Ⅳ)微球对人血清中磷酸化肽段的富集考察

为了考察 Fe_3O_4@PDA-Ti(Ⅳ)微球对复杂生物样品中磷酸化肽段的富集特异性，选择临床常用标本血清作为富集对象，由图 5-45(a)可以看到，血清样本直接进行质谱检测观

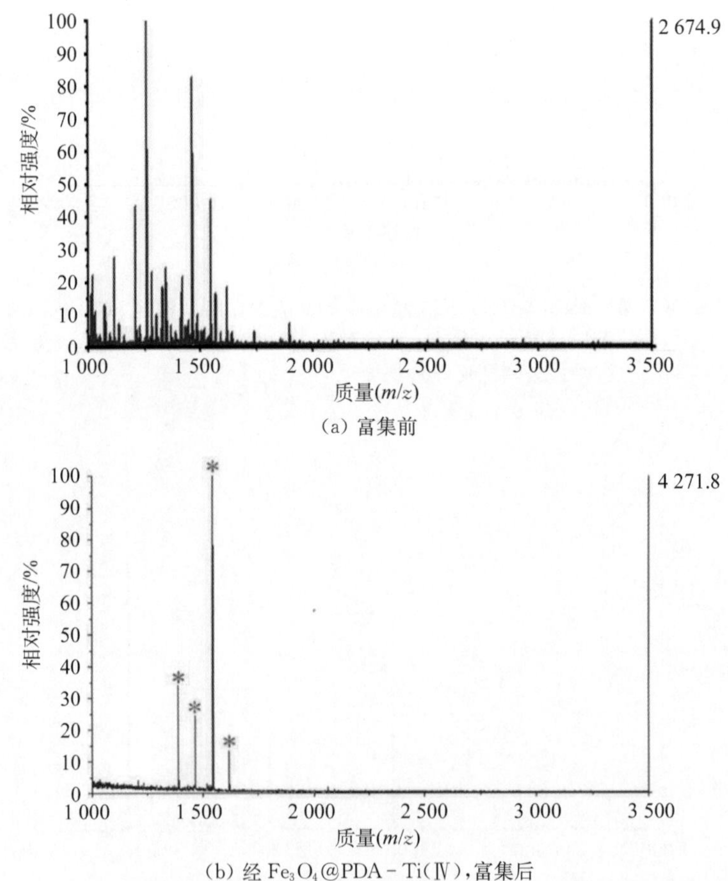

(a) 富集前

(b) 经 Fe_3O_4@PDA-Ti(Ⅳ)，富集后

图 5-45 血清经 Fe_3O_4@PDA-Ti(Ⅳ)材料富集前、后检测得到的磷酸化肽段质谱图

察不到任何磷酸化肽段的峰，被检测到的峰全是非磷酸化肽段的，然后，经 Fe_3O_4@PDA - Ti(Ⅳ)微球富集后，可以检测到 4 条高强度的磷酸化肽段。其富集到的血清中磷酸化肽段的详细信息见表 5 - 10。

表 5 - 10　从人血清中鉴定到的磷酸化肽段的详细信息

m/*z*(Da)	肽段	肽段序列
1 389.5	1	ADpSGEGDFLAEGGGV
1 460.6	2	DpSGEGDFLAEGGGV
1 545.2	3	DpSGEGDFLAEGGGVR
1 616.6	4	ADpSGEGDFLAEGGGVR

5.2.6　以磁性石墨烯(Mag GO)为基底固定金属离子

Ti(Ⅳ)- MGMSs 复合材料[27]的合成如图 5 - 46 所示。

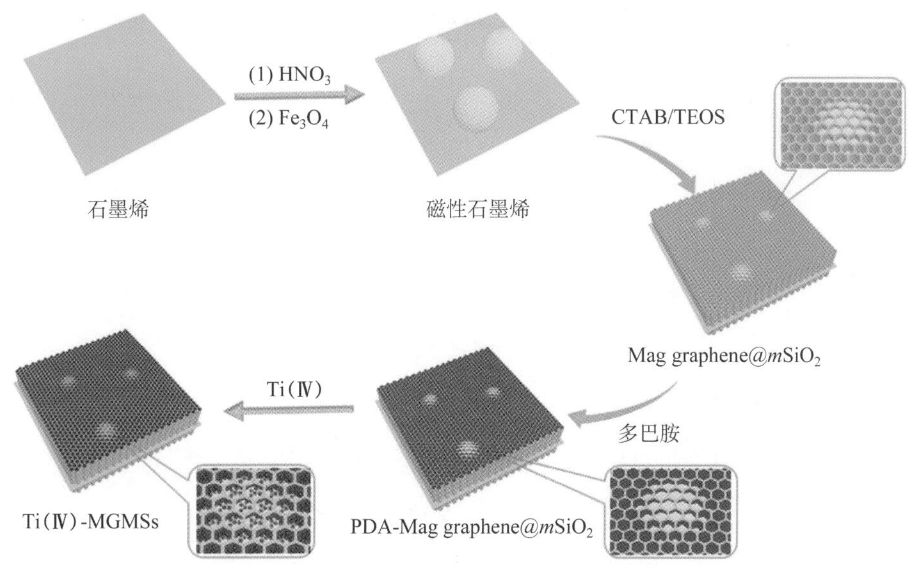

图 5 - 46　Ti(Ⅳ)- MGMSs 复合材料的合成示意

1. Ti(Ⅳ)- MGMSs 复合材料的制备

(1) Mag GO 的合成

合成过程见 2.8 节。

(2) Mag GO@mSiO$_2$ 的合成

合成过程见 2.8 节。

(3) Ti(Ⅳ)- MGMSs 复合材料的合成

将 10 mg Mag GO@mSiO$_2$ 分散于 10 mL 0.01 mol · L^{-1}的 Tris 水溶液中(pH=8.5)，再加入 20 mL 乙醇，超声混匀。再称取 40 mg 多巴胺盐酸盐溶解于 15 mL 水中，然后，将溶解的多巴胺盐酸盐水溶液加入至 Fe_3O_4 微球的 Tris 水、乙醇混合溶液中，常温搅拌 10 min。

将所得产物水洗后分散于 20 mL 0.1 mol・L^{-1}的硫酸钛水溶液中室温搅拌 2 h,水洗、乙醇洗后干燥,备用。

2. Ti(Ⅳ)- MGMSs 复合材料的部分表征

图 5 - 47 所示为 Mag GO@mSiO$_2$ 的氮气吸附脱附等温线及其对应的孔径分布图和 Ti(Ⅳ)- MGMSs 复合材料的氮气吸附脱附等温线及其对应的孔径分布图。如图 5 - 47(a)所示,mSiO$_2$ 的孔径分布主要集中在 3.98 nm,在聚多巴胺修饰固定金属离子后,孔径分布主要集中在 2.17 nm,此孔径大小仍可认为能允许小分子肽段进入其孔道内,并且具有排阻大分子蛋白的能力。另外,在 Ti(Ⅳ)- MGMSs 复合材料中 Ti(Ⅳ)的存在则由 EDX 表征证实(见图 5 - 48)。

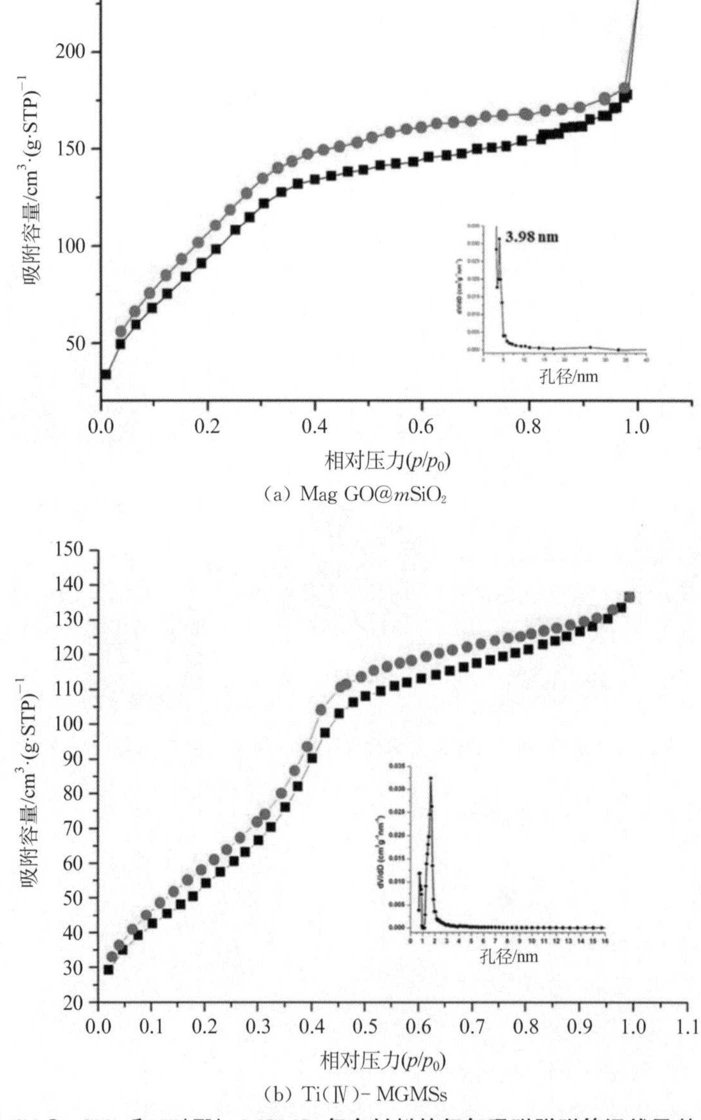

图 5 - 47 **Mag GO@mSiO$_2$ 和 Ti(Ⅳ)- MGMSs 复合材料的氮气吸附脱附等温线及其对应的孔径分布**

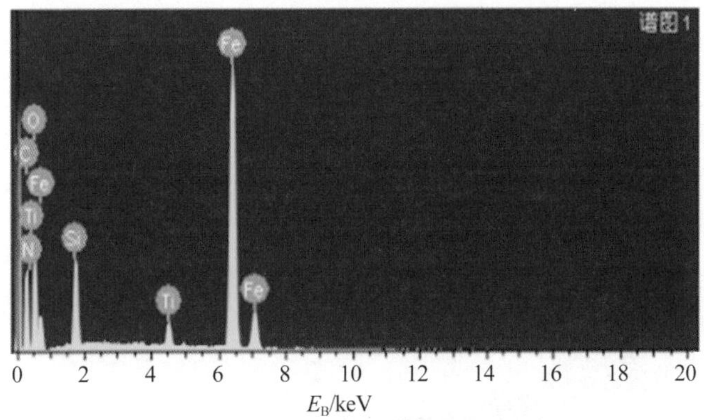

图 5-48　Ti(Ⅳ)-MGMSs 复合材料的 EDX 图

3. Ti(Ⅳ)-MGMSs 复合材料在磷酸化蛋白质组学中的富集应用

(1) Ti(Ⅳ)-MGMSs 复合材料对标准磷酸化肽段的富集考察

在本例工作中，首先将 β-casein 酶解液作为研究对象考察材料对磷酸化肽段的富集有效性。我们将 Ti(Ⅳ)-MGMSs 复合材料富集一系列不同浓度的 β-casein 酶解液中的磷酸化肽段，其结果如图 5-49 所示，当 β-casein 酶解液的浓度低至 5×10^{-10} mol · L^{-1}时，仍可

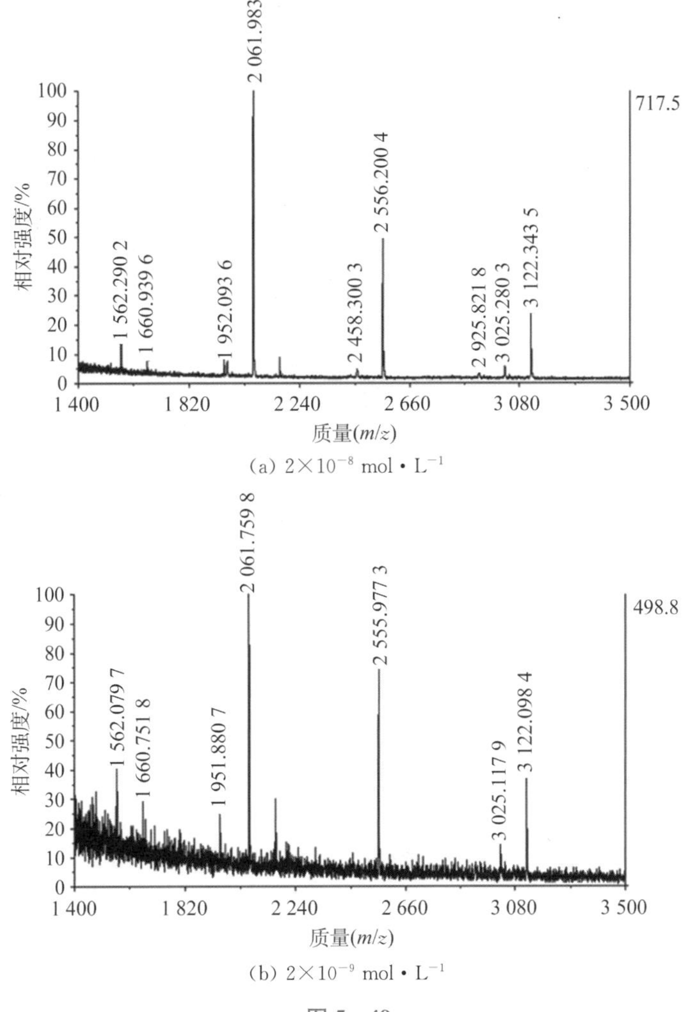

(a) 2×10^{-8} mol · L^{-1}

(b) 2×10^{-9} mol · L^{-1}

图 5-49

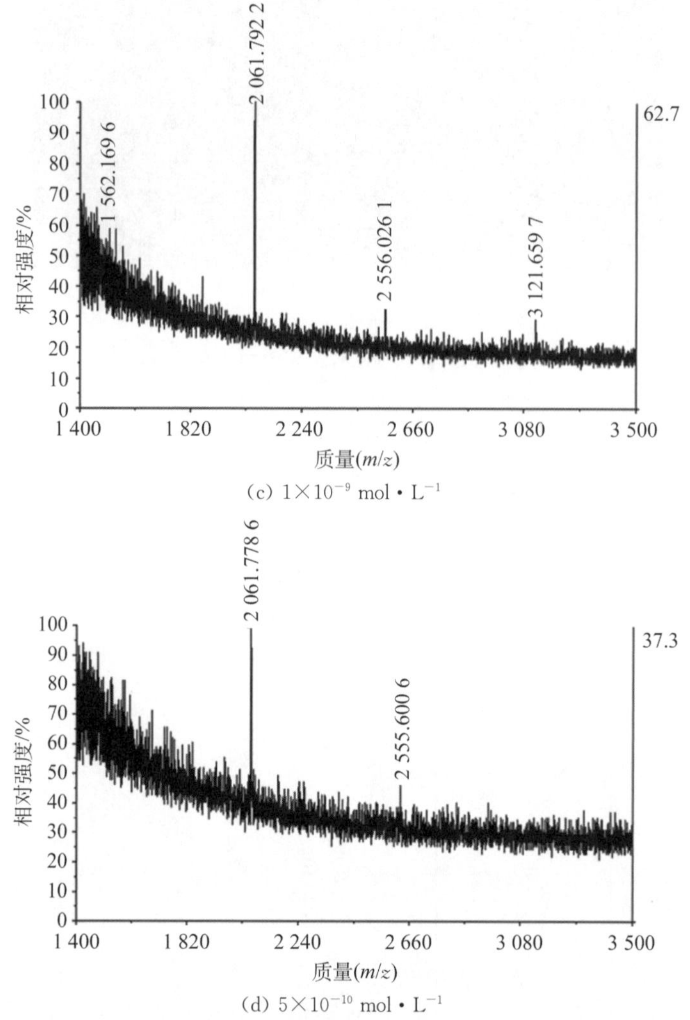

(c) 1×10^{-9} mol·L^{-1}

(d) 5×10^{-10} mol·L^{-1}

图 5-49 Ti(Ⅳ)-MGMSs 复合材料富集不同浓度的 β-casein 酶解液的质谱检测图

以检测到两条磷酸化肽段。这个结果一方面说明 Ti(Ⅳ)-MGMSs 复合材料对磷酸化肽段具有富集能力,另一方面也说明,材料对磷酸化肽段的富集灵敏度很高。

(2) Ti(Ⅳ)-MGMSs 复合材料富集磷酸化肽段的体积排阻能力考察

为考察 Ti(Ⅳ)-MGMSs 复合材料是否具有对大分子蛋白的排阻能力,将 β-casein 酶解液、α-casein(23 690 Da)蛋白与 BSA(66 kDa)选作研究对象。如图 5-50 所示,当 β-casein 酶解液、α-casein(23 690 Da)与 BSA(66 kDa)的比例达到 1∶500∶500 时,混合液直接进行质谱检测,检测不到任何磷酸化肽段和非磷酸化肽段(见图 5-50(b)),只观察到大量的蛋白。经 Ti(Ⅳ)-MGMSs 复合材料富集后,如图 5-50(d)所示,只检测出上清液中有少量的非磷酸化肽段,同时检测到大量的蛋白。而在洗脱液中(见图 5-50(f)),没有检测到蛋白信号,而且检测出大量的属于磷酸化的肽段,其谱图背景清晰。以上结果说明 Ti(Ⅳ)-MGMSs 复合材料确实对大分子蛋白存在排阻作用,而且对磷酸化肽段存在选择性富集能力。

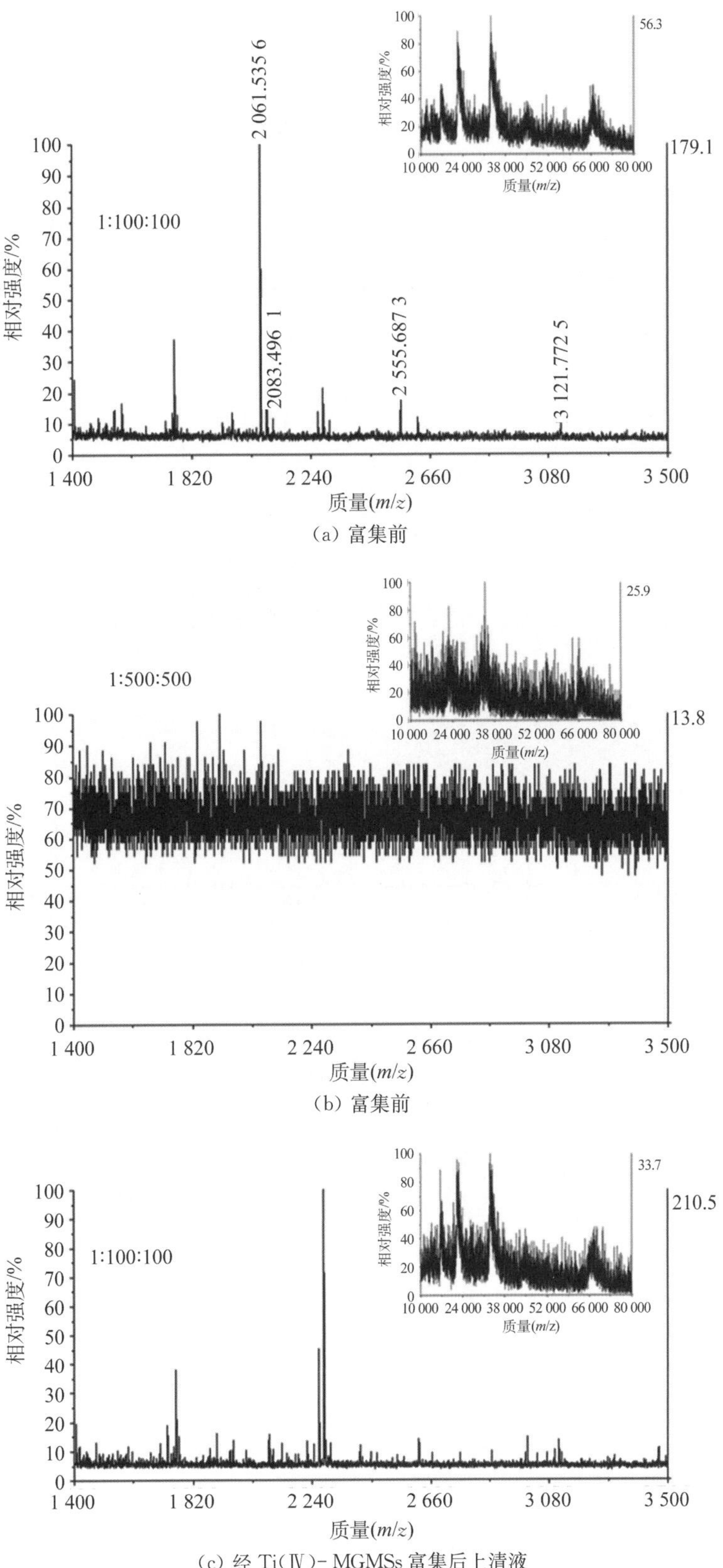

(a) 富集前

(b) 富集前

(c) 经 Ti(Ⅳ)- MGMSs 富集后上清液

图 5 - 50

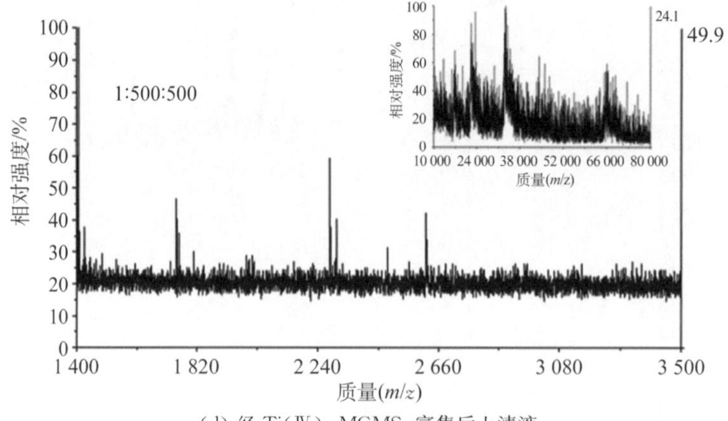

(d) 经 Ti(Ⅳ)- MGMSs 富集后上清液

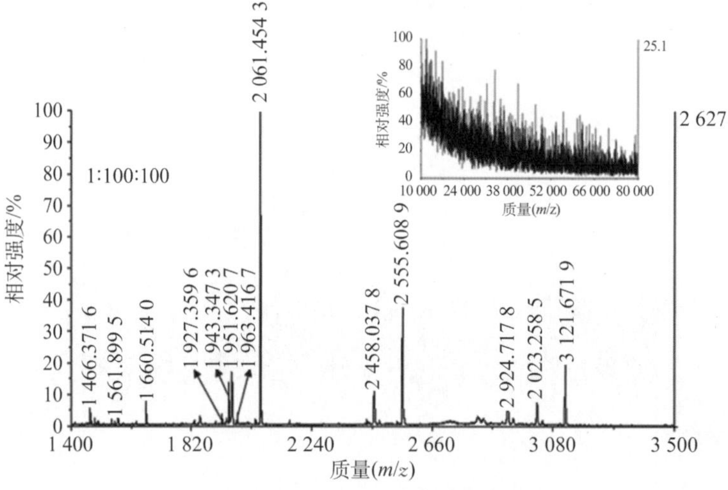

(e) 经 Ti(Ⅳ)- MGMSs 富集后的洗脱液

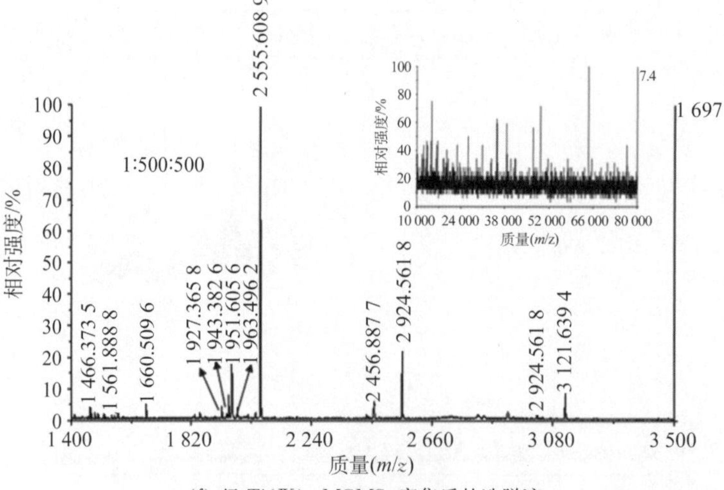

(f) 经 Ti(Ⅳ)- MGMSs 富集后的洗脱液

图 5 - 50 不同质量比例的 β - casein 酶解液(固定量为 5 μg)、α - casein 与 BSA 混合液富集前和经 Ti(Ⅳ)- MGMSs 复合材料富集后上清液和洗脱液的质谱检测图

(3) Ti(Ⅳ)- MGMSs 复合材料对人唾液中的内源性磷酸化肽段的富集考察

最后,以人唾液作为研究对象,考察 Ti(Ⅳ)- MGMSs 复合材料对内源性磷酸化肽段的选择性富集能力。如图 5-51 所示,经 Ti(Ⅳ)- MGMSs 复合材料富集后,共有 14 条内源性磷酸化肽段被检出。

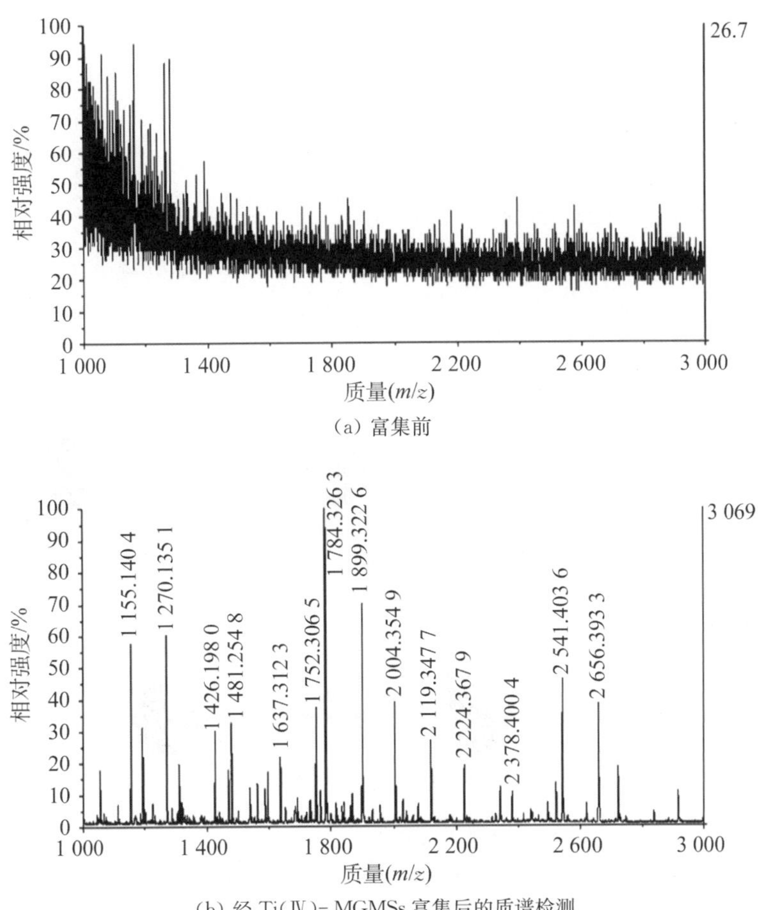

图 5-51　人唾液经 Ti(Ⅳ)- MGMSs 复合材料富集前、后的质谱检测图

5.3　基于 MOAC 技术的磁性微纳米材料用于磷酸化蛋白质组学分离分析

5.3.1　前言

随着磷酸化肽段分离分析方法的迅速发展,MOAC 技术也逐渐引起人们的广泛关注。金属氧化物以高选择性以及较好的重现性在分离富集磷酸化肽段方面占有重要一席之地。目前,TiO_2 是主要的用来分离富集磷酸化肽段的金属氧化物,但是利用 ZrO_2, Al_2O_3 以及 Ga_2O_3 富集磷酸化肽段的研究报道也有很多。以磁性材料为基底,利用材料的超顺磁性可以解决在富集分离时需要离心的问题。Chen[28~30]等将 ZrO_2, Al_2O_3 以及 TiO_2 等金属氧化物包覆于商品化磁性微球表面，形成一种涂层，能够实现对磷酸化肽段简单富集。但是在他们的研究中，材料的分散性比较差，而且结构不规整，涂层也由于不够紧密，容易从磁球表面脱落而影响使用。因此，需要寻求合适的方法将金属氧化物紧密地包覆在磁性微球表面，从而能够更好利用磁性微球的快速分离性能以及金属氧化物对磷酸化肽段的选择性，实现对磷酸化肽段的高效选择性富集。本节介绍几种包覆金属氧化物在磁性微球的方法及其在磷酸化蛋白质组学中的应用。

5.3.2 包覆碳层的金属氧化物磁性微球(Fe_3O_4@M_xO_y)

5.3.2.1 Fe_3O_4@M_xO_y 微球的制备

Fe_3O_4@M_xO_y 微球的制备如图 5-52 所示：先采用水热反应法合成 Fe_3O_4 纳米粒子；然后，再通过水热反应，在其表面包覆上聚合碳层；再将包了碳层的材料浸入过渡金属盐溶液中；最后，经过煅烧得到 Fe_3O_4@M_xO_y 微球。

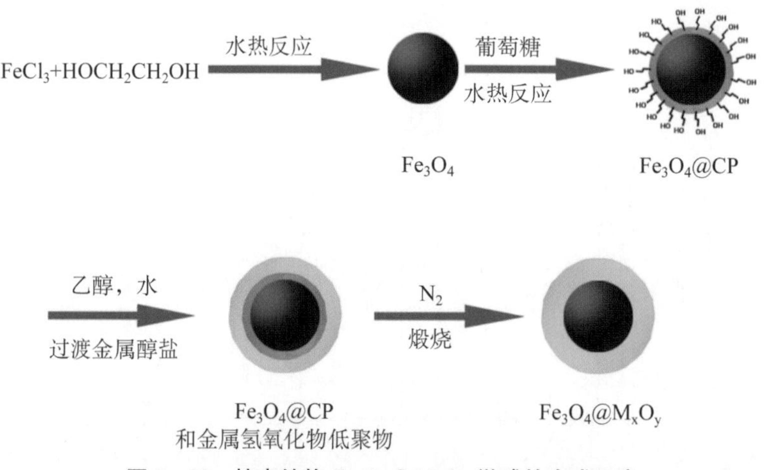

图 5-52 核壳结构 Fe_3O_4@M_xO_y 微球的合成示意

5.3.2.2 Fe_3O_4@M_xO_y 微球在磷酸化蛋白质组学中的富集应用

用 Fe_3O_4@M_xO_y 微球富集磷酸化肽段的过程很简单，其具体步骤如图 5-53 所示。第一，将一定量的 Fe_3O_4@M_xO_y 微球加入研究对象肽段混合液里，孵育一定时间后，在外加磁场作用下，使 Fe_3O_4@M_xO_y 微球快速与反应液分离开。上清液(未被 Fe_3O_4@M_xO_y 微球吸附的非磷酸化肽段溶液)用移液枪移除。第二，为除掉 Fe_3O_4@M_xO_y 微球表面的非特异性吸附，用富集缓冲液清洗吸附了磷酸化肽段的 Fe_3O_4@M_xO_y 微球 3 次。第三，对于简单样品，直接将吸附了磷酸化肽段的 Fe_3O_4@M_xO_y 微球分散在 50% ACN 中，点靶直接进行 MALDI 质谱分析；对复杂的生物样品，则用浓度为 12.5%的氨水将磷酸化肽段从 Fe_3O_4@M_xO_y 微球上洗脱下来，洗脱液冻干后重溶于 0.1% FA 以及 50%ACN 混合液中，以进行进一步的 LC-ESI-MS 分析。

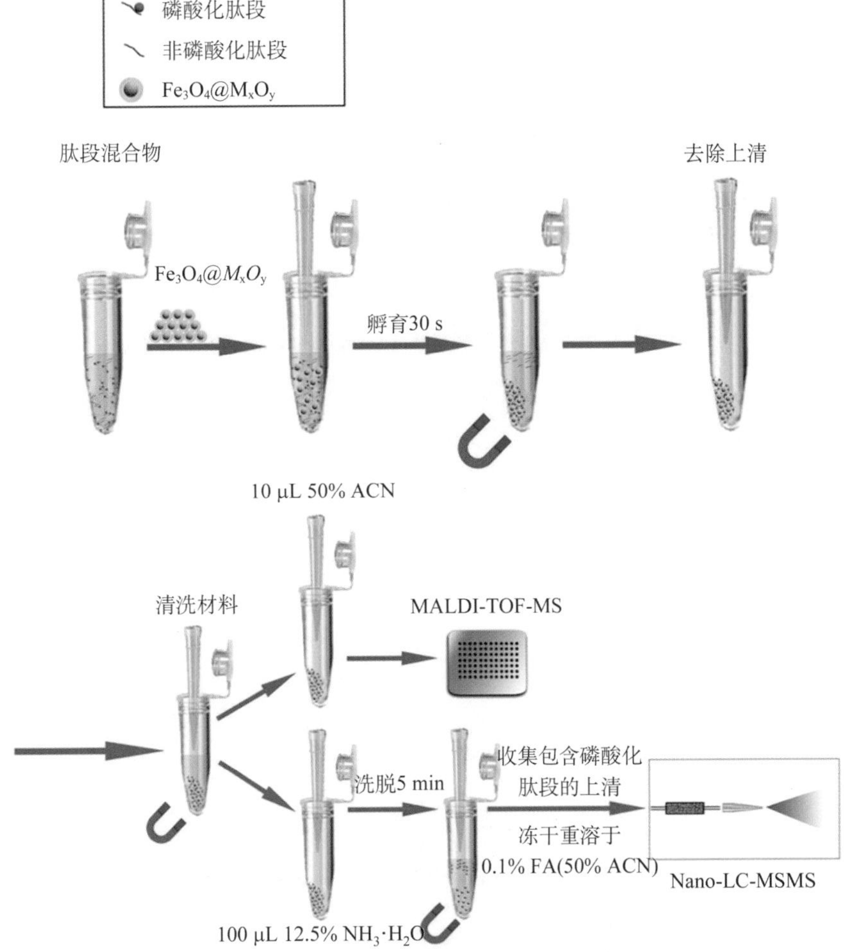

图 5－53　$Fe_3O_4@M_xO_y$ 微球对磷酸化肽段的富集流程

1. $Fe_3O_4@TiO_2$ 微球在磷酸化蛋白质组学中的富集应用[31]

(1) $Fe_3O_4@TiO_2$ 微球对标准磷酸化蛋白酶解液富集的条件考察

在本例工作中，为验证 $Fe_3O_4@TiO_2$ 微球是否能快速、高效地选择性分离富集较为复杂混合液中的磷酸化肽段，将 β－casein 酶解液选作研究对象，对 $Fe_3O_4@TiO_2$ 微球进行了磷酸化肽段的富集探索，分别对富集体系组成、富集体系的 pH 值条件、富集时间以及洗脱时间等实验条件进行了系统地考察，以确定最佳分离富集和检测条件。

① 富集体系优化

采用 4 种富集体系(体系的 pH 值都为 2，50％ACN－TFA，50％ ACN－ACOOH，TFA－H_2O，ACOOH－H_2O)进行平行实验，考察其对磷酸化肽段选择性富集的影响。如图 5－54所示，体系中含有 50％ACN 更有利于 $Fe_3O_4@TiO_2$ 微球选择性富集磷酸化肽段。比较图 5－54(a)和图 5－54(c)发现，使用 TFA 作添加剂的谱图，其背景更加清晰，所以最终的富集体系选择为 50％ACN－TFA。

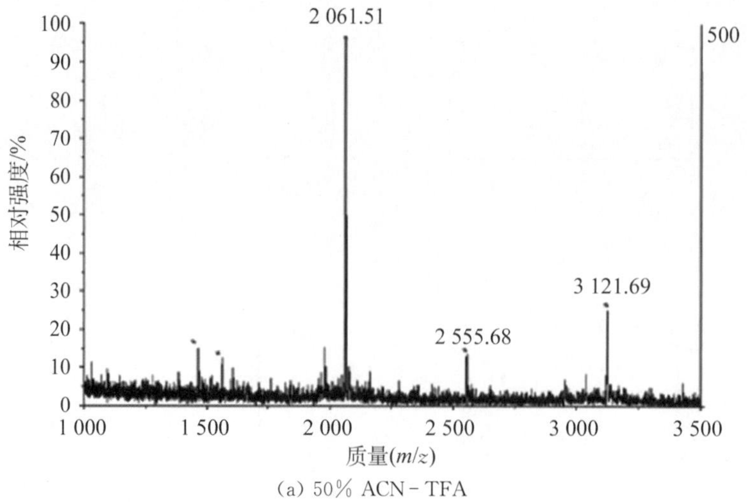

(a) 50% ACN - TFA

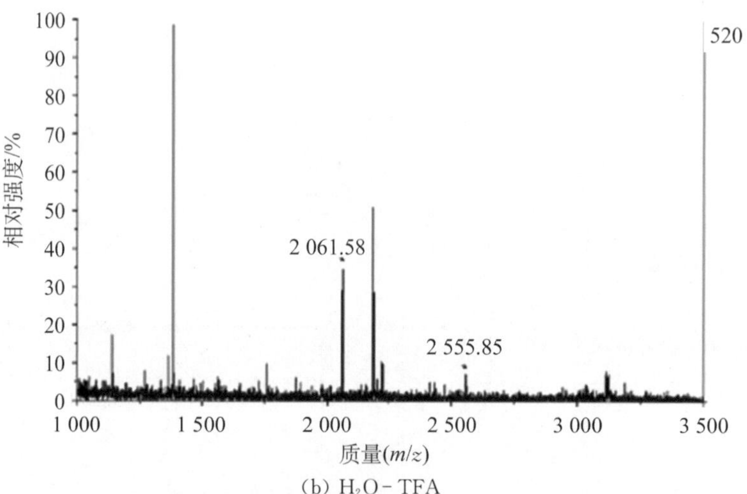

(b) H_2O - TFA

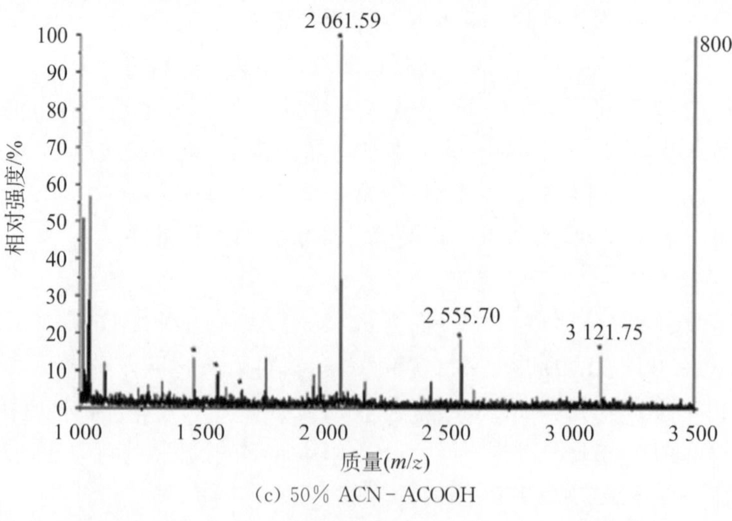

(c) 50% ACN - ACOOH

图 5 - 54

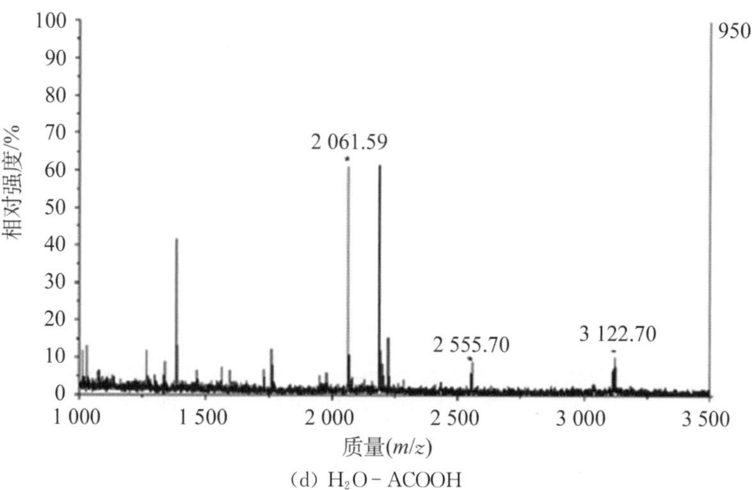

(d) H_2O - ACOOH

图5-54 2×10⁻⁸ mol·L⁻¹的β-casein酶解液经 Fe_3O_4@TiO_2 微球在不同富集缓冲液中富集后的质谱检测图

② 富集体系pH值优化

对选定的50% ACN-TFA富集体系,又考察了富集体系pH值分别为2, 4, 6时,对磷酸化肽段选择性富集的影响。如图5-55所示,当pH值为2时,Fe_3O_4@TiO_2 微球对磷酸化肽段具有很好的选择性,当pH值增加为6时,虽然 Fe_3O_4@TiO_2 微球对磷酸化肽段仍具有较好的选择性富集能力,但从谱图中可以看到有少量非磷酸化肽段的出现。所以富集体系的pH值最终选为2左右。

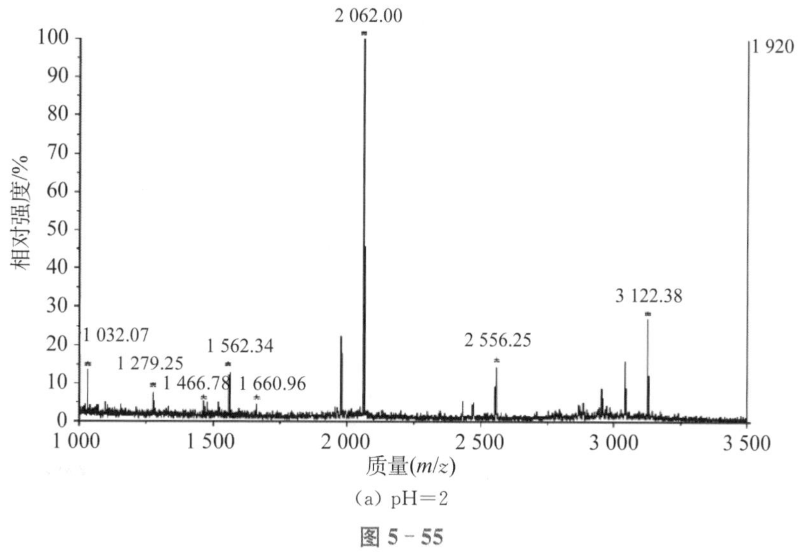

(a) pH=2

图5-55

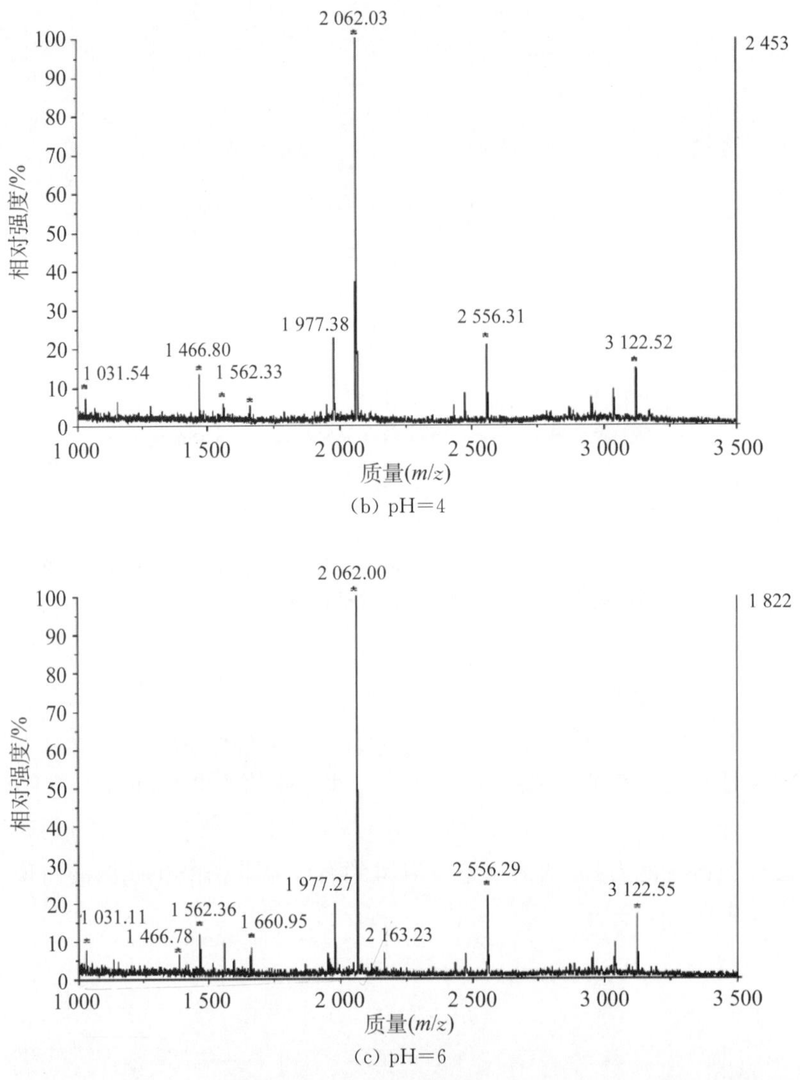

(b) pH=4

(c) pH=6

图 5-55　2×10^{-8} mol·L^{-1} 的 β-casein 酶解液经 Fe_3O_4@TiO_2 微球在不同 pH 值条件下富集后的质谱检测图

③ 富集时间优化

采用 50%ACN-TFA 和 pH=2 富集体系，考察富集时间分别为 0.5 min，5 min，15 min以及 60 min 时对选择性富集性能的影响。由图 5-56 可见，材料在 0.5 min 内即可实现对磷酸化肽段的有效选择性富集。这可能是由于 Fe_3O_4@TiO_2 微球的大比表面积及其在溶液中非常好的分散性使其可以实现对目标肽段的快速选择性富集。

④ 洗脱时间优化

磷酸化肽段样品与 TiO_2 表面通过静电作用吸附，在碱性条件下这种吸附作用会遭到破坏，因此，利用碱性溶液可以将吸附在材料上的磷酸化肽段洗脱下来。利用 0.5%氨水溶液作为洗脱液，分别考察洗脱时间为 1 min，5 min，15 min，60 min 时，对磷酸化肽段洗脱的影响。由图 5-57 可见，当洗脱时间为 1 min 时得到的样品量即可实现在质谱中的有效检测；

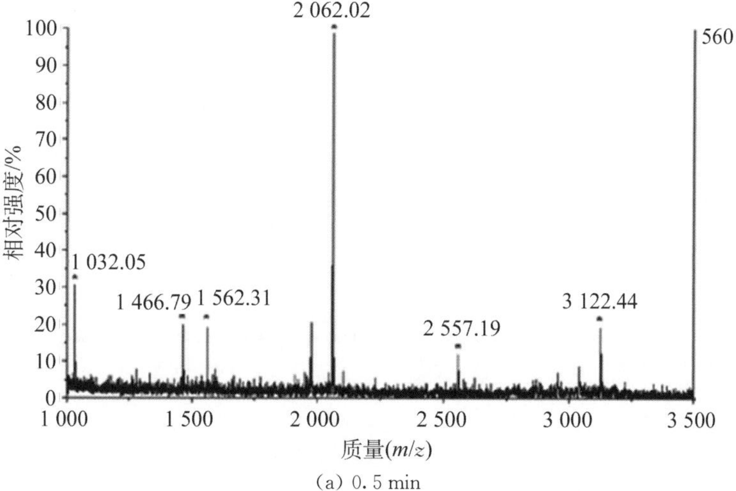

(a) 0.5 min

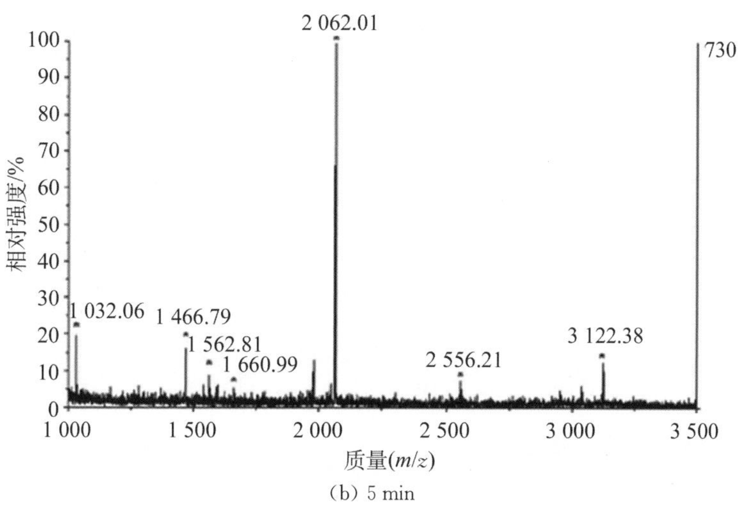

(b) 5 min

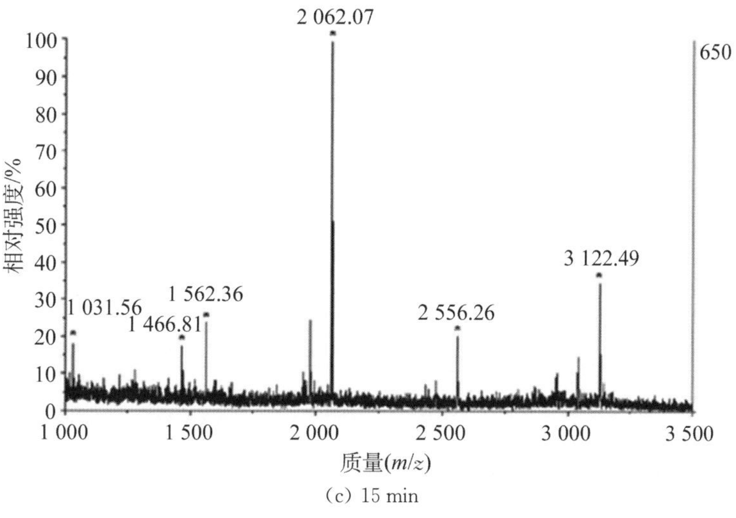

(c) 15 min

图 5 - 56

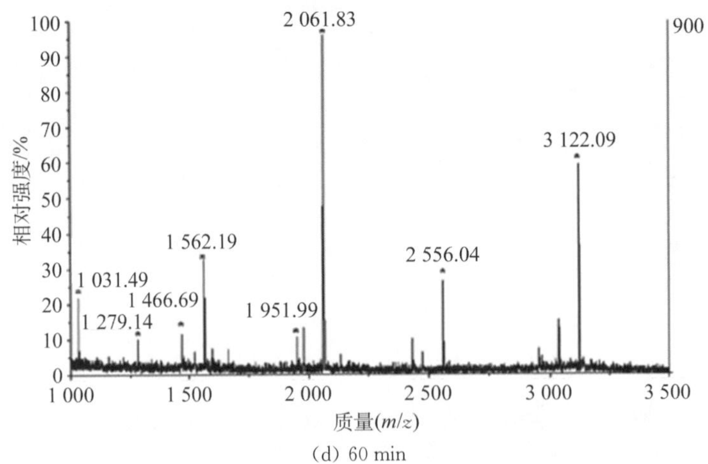

(d) 60 min

图 5-56 2×10^{-8} mol·L^{-1}的 β-casein 酶解液经 Fe_3O_4@TiO_2 微球富集不同时间后的质谱检测图

当洗脱时间达 5 min 时，洗脱量基本达到稳定状态。而且，由此图可以看出，Fe_3O_4@TiO_2 微球对多磷酸化肽段有较好的选择性富集效果。

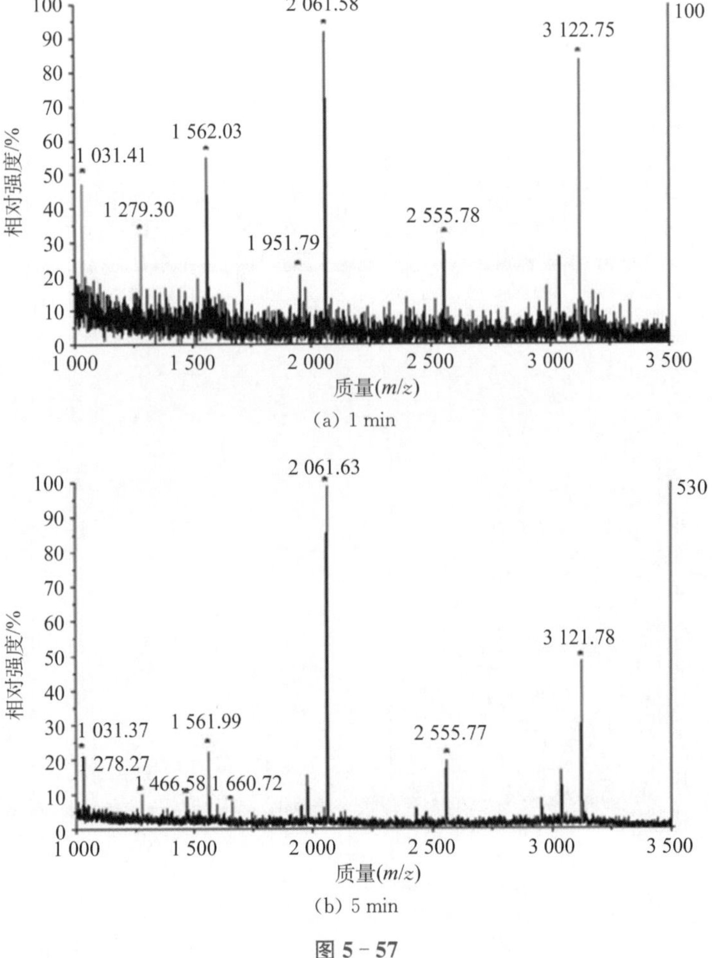

(a) 1 min

(b) 5 min

图 5-57

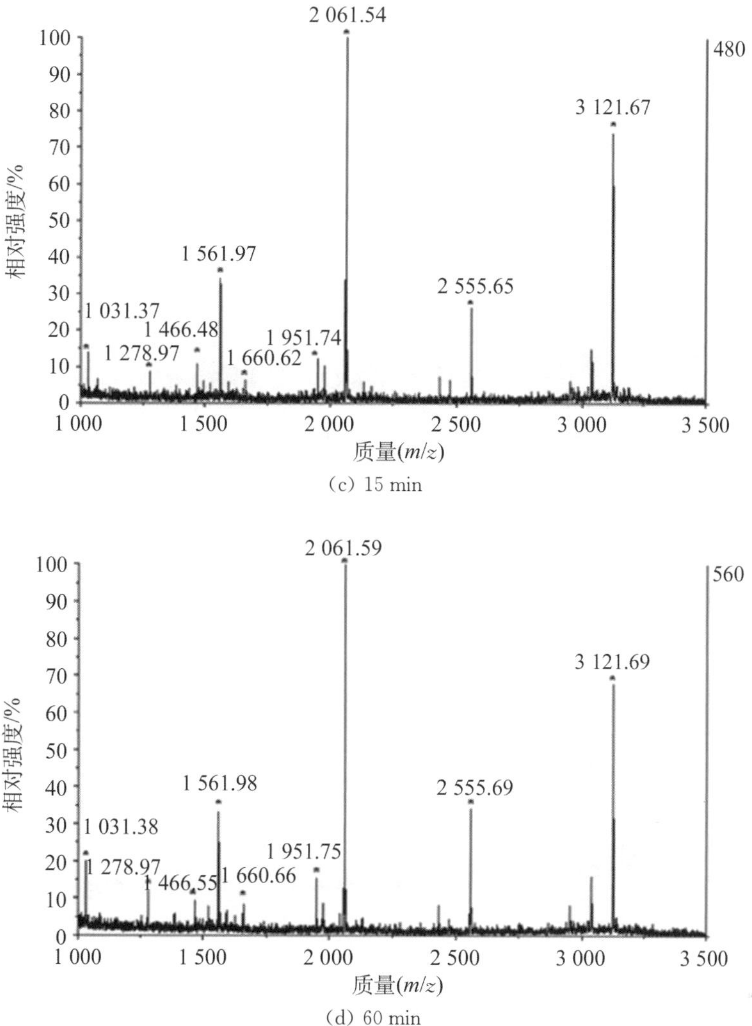

(c) 15 min

(d) 60 min

图 5－57　2×10^{-8} mol·L^{-1}的 β－casein 酶解液经 Fe_3O_4@TiO_2 微球富集后采用不同时间洗脱后的质谱检测图

(2) Fe_3O_4@TiO_2 微球对标准磷酸化蛋白酶解液中磷酸化肽段的富集考察

根据实验条件优化结果，采用 50%ACN－TFA 和 pH=2 的富集体系，富集时间 5 min、洗脱时间 5 min 对 400 fmol β－casein 酶解液进行分离分析，如图 5－58(a)所示，在富集之前的原液中，几乎检测不到任何信号，而富集后如图 5－58(b)所示，单磷酸化肽 m/z 为 2 061.63和 m/z 为 2 555.77 以及四磷酸化肽段 m/z 为 3 121.78 均能被检测到，表明在磷效酸化肽段的分离富集研究中，Fe_3O_4@TiO_2 微球富集是一种高效的亲和提取技术。

(3) Fe_3O_4@TiO_2 微球对复杂混合肽段体系中磷酸化肽段的富集考察

为进一步考察 Fe_3O_4@TiO_2 微球从复杂样品中选择性富集磷酸化肽段的能力，将组成更为复杂的混合酪蛋白——casein 蛋白(包含 α－S1－casein，α－S2－casein，β－casein 3 种磷酸化蛋白)胰蛋白酶酶解混合液选作研究对象。图 5－59 所示是 casein 蛋白酶解肽段原液和经 Fe_3O_4@TiO_2 微球富集后的质谱分析图。通过对比两图可发现，大量磷酸化肽段

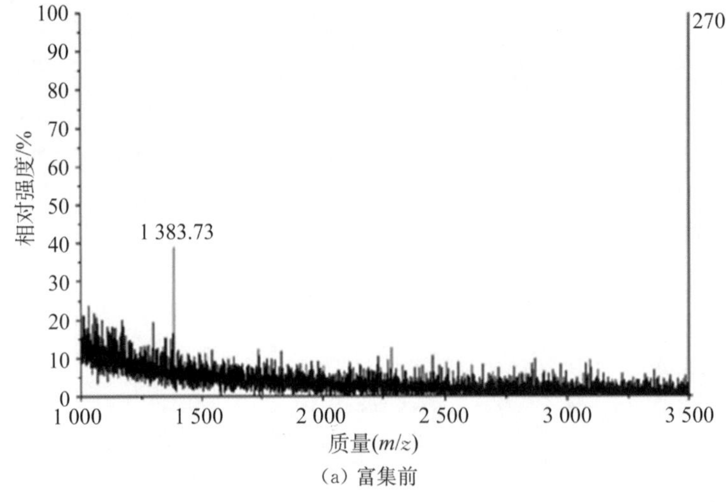

(a) 富集前

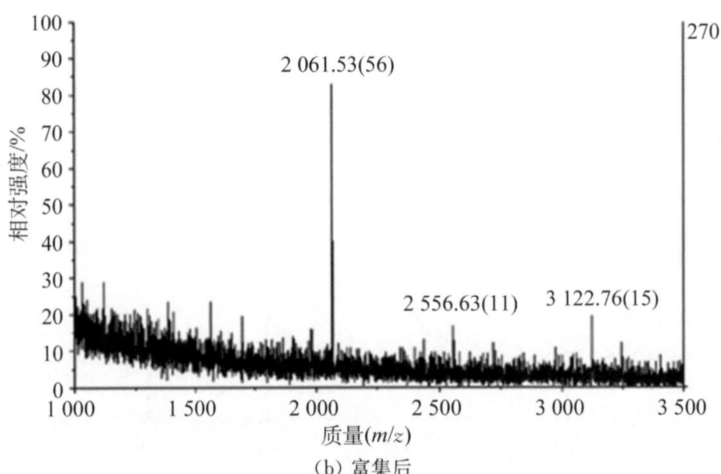

(b) 富集后

图 5－58　2×10^{-9} mol・L^{-1}的 β－casein 酶解液经 Fe_3O_4@TiO_2 微球富集前、后的质谱检测图

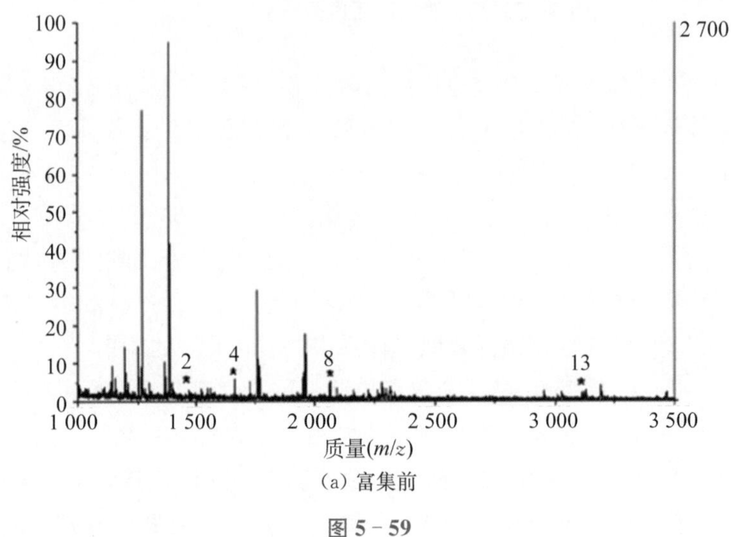

(a) 富集前

图 5－59

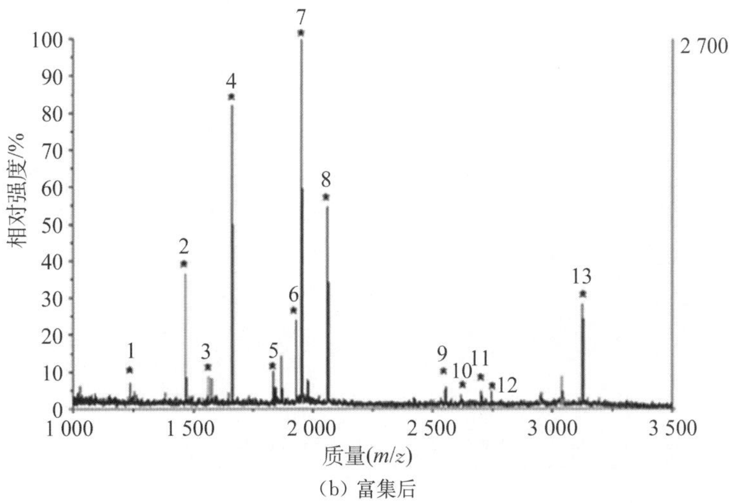

(b) 富集后

图 5-59 酪蛋白混合酶解液经 Fe_3O_4@TiO_2 微球富集前、后的质谱图

能够被 Fe_3O_4@TiO_2 微球从复杂的 casein 蛋白酶解肽段原液中有效地分离富集出来。如图 5-59(b)所示,共检测到 13 条磷酸化肽段,其中包括 8 条单磷酸化位点肽段以及 5 条复杂多磷酸化位点肽段。通对 Swiss-Prot 数据库检索,这些肽段可以被唯一确认,其详细氨基酸序列信息和可能的磷酸化位点信息均列于表 5-11 中。以上结果进一步说明 Fe_3O_4@TiO_2 微球对于磷酸化肽段具有选择性富集能力。

表 5-11 酪蛋白混合酶解液经 Fe_3O_4@TiO_2 微球富集后鉴定到的磷酸化肽段的详细氨基酸序列信息和可能的磷酸化位点信息

No.	AA	肽 段 序 列	峰值
1	α-S2/138-147	TVDME[pS]TEVF	1 237.42
2	α-S2/138-149	TVDME[pS]TEVFTK	1 466.51
3	α-S2/126-137	EQL[pS]T[pS]EENSKK	1 562.04*
4	α-S1/106-119	VPQLEIVPN[pS]AEER	1 660.661
5	α-S1/104-119	YKVPQLEIVPN[pS]AEER	1 832.66
6	α-S1/43-58	DIG[pS]E[pS]TEDQAMETIK	1 927.49
7	α-S1/104-119	YKVPQLEIVPN[pS]AEER	1 951.76
8	β/33-48	FQ[pS]EEQQQTEDELQDK	2 061.64
9	β/33-52	FQ[pS]EEQQQTEDELQDKIHPF	2 555.86
10	α-S2/2-21	NTMEHV[pS][pS][pS]EESII[pS]QETYK	2 618.84
11	α-S1/99-120	LRLKKYKVPQLEIVPN[pS]AEERL	2 703.60
12	α-S2/2-22	NTMEHV[pS][pS][pS]EESII[pS]QETYKQ	2 746.59
13	β/1-25	RELEELNVPGEIVE[pS]L[pS][pS][pS]EESITR	3 121.70

* 磷酸化肽段高于峰为$[M+Na]^+$。

(4) Fe_3O_4@TiO_2 微球对大鼠肝脏组织蛋白酶解混合物中磷酸化肽段的富集考察

以上研究结果证明,Fe_3O_4@TiO_2 微球对磷酸化肽段具有较好的选择性富集能力,因此将其应用于更复杂的实际生物样品中。选择大鼠肝脏组织蛋白酶解液作为研究对象。其分析路线如下：将 100 μg 大鼠肝脏组织蛋白酶解液用 Fe_3O_4@TiO_2 微球进行富集，洗脱液经冻干后重新溶解于 RPLC 的流动相中，然后上样到毛细管 C18 柱进行分离，最后进行 LTQ-Orbitrap 质谱分析。得到的 MS/MS 质谱数据用 Sequest 进行数据库检索，检索结果按 X_{corr} 值进行筛选，对带 1+、2+、3+的肽段，X_{corr} 值必须分别大于 2.5，2.63，3.11。MS^3 质谱数据也用 Sequest 进行数据库检索。MS/MS/MS 质谱数据主要是用来对 MS/MS 的鉴定结果作进一步的补充说明，因此可以采用较低筛选标准，即对带 1+、2+、3+的肽段 X_{corr} 值必须分别大于 1.5，2.0，2.5。综合 MS/MS 和 MS/MS/MS 的检索结果，共有 41 条肽段得到 MS/MS 和 MS/MS/MS 的同时鉴定。鉴定出的肽段序列信息以及对应的 X_{corr} 值如表 5-12所示。

表 5-12 大鼠肝脏组织蛋白酶解液经 Fe_3O_4@TiO_2 微球鉴定到的磷酸化肽段的详细信息

蛋白编号	肽 段 序 列	磷酸化位点数量	电荷	XC	MS^2	MS^3
IPI00656420	K. DADEEDS* DEETSHLERS	1	3	8.74	*	*
IPI00767685	K. FNLFS* QELIDKK. S	1	2	2.93	*	*
IPI00766722	R. WLDES* DAEMELR. A	1	2	3.73	*	*
IPI00734740	K. KEES* EES* DEDMGFGLFD. -	2	2	4.88	*	*
IPI00564566	R. T* LS* EIELIKVTR. - A	2	2	2.9	*	*
IPI00558327	R. TGDLGIPPNPEDRS* PS* PEPIYNSEGK. R	2	2	4.59	*	*
IPI00551815	R. NYQQNYQNSESGEKNEGS* ES* APEGQAQQR. R	2	2	4.84	*	*
IPI00480820	K. EGEEPTVYS* DDEEPK. D	1	2	3.44	*	*
IPI00476899	K. YGPVSVADTTGSGAADAKDDDDIDLFGS* DDEEE SEDAKR. L	1	2	8.74	*	*
IPI00476698	R. MLPHAPGVQMQALPEDAVHEDS* GDEDGEDPDKR. I	1	3	4.7	*	*
IPI00476178	K. ESLKEEDES* DDDNM. -	1	2	4.6	*	*
IPI00471911	K. GILAADES* VGTMGNR. L	1	2	4.59	*	*
IPI00471584	K. IEDVGS* DEEDDSGKDK. K	1	3	4.34	*	*
IPI00393259	R. PT* RAS* ISPGSPTSSAAT. -	2	2	2.76	*	*
IPI00382376	R. SSGS* PYGGGYGSGGGSGGYGSR. R	1	2	4.04	*	*
IPI00382244	K. FHDS* EGDDTEETEDYR. Q	1	2	5.86	*	*
IPI00373197	R. LLKPGEEPSEY1* DEEDTK. D	1	2	2.89	*	*
IPI00370652	R. LGAS* PGGDAGTCPPVGRT* GLK. T	2	3	5.32	*	*
IPI00370209	K. VFDDS* DEKEDEEDTDVR. K	1	2	5.04	*	*
IPI00369227	R. ESPRPPAAAEAPAGS* DGEDGGRR. D	1	3	3.63	*	*
IPI00366370	K. TSFDENDS* EELEDKDSK. S	1	2	4.18	*	*
IPI00365935	K. DWEDDS* DEDMSNFDR. F	1	2	5.83	*	*
IPI00365929	K. DGELPVEDDIDLS* DVELDDLEKDEL. -	1	2	3.58	*	*
IPI00365864	K. VLHGAQTS* DEEKDF. -	1	2	4.04	*	*
IPI00365663	R. S* VDEVNYWDK. Q	1	2	3.8	*	*
IPI00365663	R. IGHHS* TSDDSSAYR. S	1	3	4.97	*	*

续 表

蛋白编号	肽 段 序 列	磷酸化位点数量	电荷	XC	MS²	MS³
IPI00365149	R. YTDQS* GEEEEDYESEEQIQHR. I	1	3	5.32	*	*
IPI00359917	K. FIDKDQQPSGS* EGEDDDAEAALKK. E	1	3	4.43	*	*
IPI00359172	R. RES* GEGEEEVADSAR. L	1	2	2.76	*	*
IPI00358406	R. TPEELDDS* DFETEDFDVR. S	1	2	5.42	*	*
IPI00324618	K. LKDLGHPVEEEDES* GDQEDDDDELDDGDRDQDI. -	1	3	7.69	*	*
IPI00210566	K. ESDDKPEIEDVGS* DEEEEEKK. D	1	3	5.78	*	*
IPI00209277	K. LSSQLS* AGEEK. W	1	2	3.44	*	*
IPI00208304	K. IYHLPDAES* DEDEDFKEQTR. L	1	3	5.28	*	*
IPI00208277	K. SLDS* DES* EDEDDDYQQK. R	2	2	6.14	*	*
IPI00200898	R. SAS* SDTSEELNAQDSPK. R	1	2	5.63	*	*
IPI00197900	K. KGATPAEDDEDNDIDLFGS* DEEEEDKEAAR. L	1	3	7.96	*	*
IPI00194102	R. FIIGSVSEDNS* EDEISNLVK. L	1	2	4.44	*	*
IPI00193648	K. SAS* PAPADVAPAQEDLR. T	1	2	4.93	*	*
IPI00191707	R. YHGHS* MS* DPGVS* YR. T	3	3	4.06	*	*
IPI00189138	K. VVDYSQFQES* DDADEDYGR. D	1	2	4.56	*	*
IPI00366533	K. NGIPYSFAFELRDTGY* FGFLLPEMLIK. P	1	3	3.25	*	
IPI00364925	R. Y* PVAVSTLEEMAPGTAFK. P	1	2	2.66	*	
IPI00363941	R. HSS* WGSVGLGGSLEASR. L	1	2	3.47	*	
IPI00214258	K. EVEDKES* EGEEEDEDEDLSK. Y	1	2	3.17	*	
IPI00210280	K. AIYQGPSS* PDKS. -	1	2	3.51	*	
IPI00209618	R. APTAAPS* PEPR. D	1	2	3.21	*	
IPI00208266	K. AALGLQDS* DDEDAAVDIDEQIESMFNSK. K	1	3	3.94	*	
IPI00207601	K. NFETNDLAFS* PK. G	1	2	3.96	*	
IPI00202703	R. TLSNAEDYLDDEDS* D. -	1	2	3.61	*	
IPI00201103	R. PLS* PTAFSLESLR. K	1	2	2.78	*	
IPI00200145	K. KEES* EESEDDMGFGLFD. -	1	2	4.11	*	
IPI00192480	R. VHGHS* DEEEEEEQPR. H	1	3	3.44	*	
IPI00191707	R. YGMGTS* VER. A	1	2	3.12	*	
IPI00190024	R. MAMPINVS* DPDLLR. H	1	2	3.88	*	
IPI00188053	R. GDS* ETDLEALFNAVMNPK. T	1	2	4.74	*	

经确认后，这些肽段的 MS/MS 和 MS/MS/MS 谱图的质量均很高，鉴定结果可信。以其中的一条肽段为例，图 5－60(a)，(b)展示的是双电荷磷酸化肽段(TPEELDDS* DFETEDFDVR)的 MS/MS 和 MS/MS/MS 质谱图。MS/MS 和 MS/MS/MS 质谱图中的 b 离子和 y 离子信息均与理论上所预测的肽段碎片信息一致，另外，从 MS/MS 质谱图中，可以清晰地辨认出母离子峰 m/z 为 1 120.68 发生中性丢失后形成的碎片峰 m/z 为 1 071.43。除 MS/MS 和 MS/MS/MS 共同鉴定所得的 41 条磷酸化肽段之外，还有一些肽段通过 MS/MS 得到鉴定但没得到 MS/MS/MS 的确认，所以这些鉴定结果必须通过人工确认，以便得到证实。在本例工作中，只对 MS/MS 数据中鉴定到的单磷酸化肽段进行人工确认，又有 15

条单磷酸化肽段得到了最终鉴定。这些仅由 MS/MS 谱图鉴定到的肽段序列信息及相应的 X_{corr} 值也列在了表 5-12 中。综上结果可见，在大鼠肝组织中总共鉴定到 56 条磷酸化肽段和 65 个磷酸化位点，其中 85.7%为单磷酸化位点，12.5%为双磷酸化位点，1.8%为三磷酸化位点(见图 5-61(a))。另外，鉴定到的所有磷酸化位点的 90.8%发生在丝氨酸残基上，6.2%在苏氨酸残基上，3.1%在酪氨酸残基上(见图 5-61(b))。

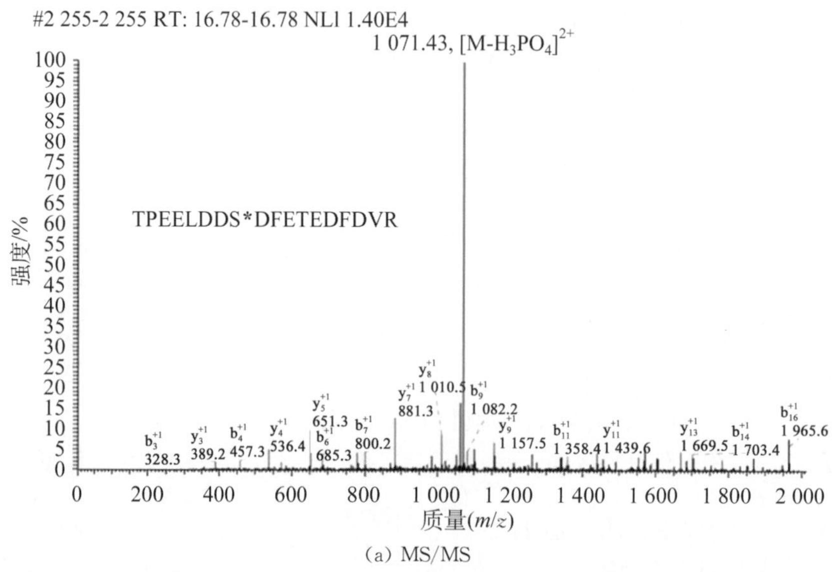

(a) MS/MS

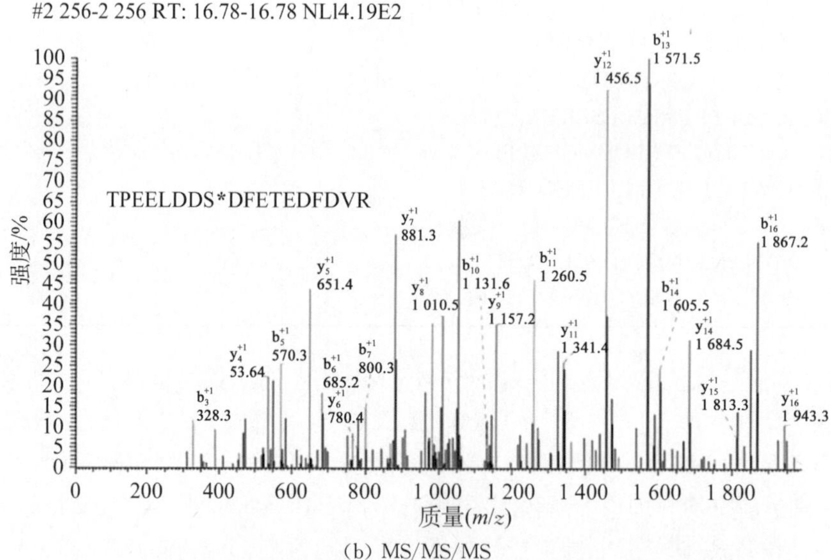

(b) MS/MS/MS

图 5-60 双电荷磷酸化肽段(TPEELDDS* DFETEDFDVR)的串级质谱图

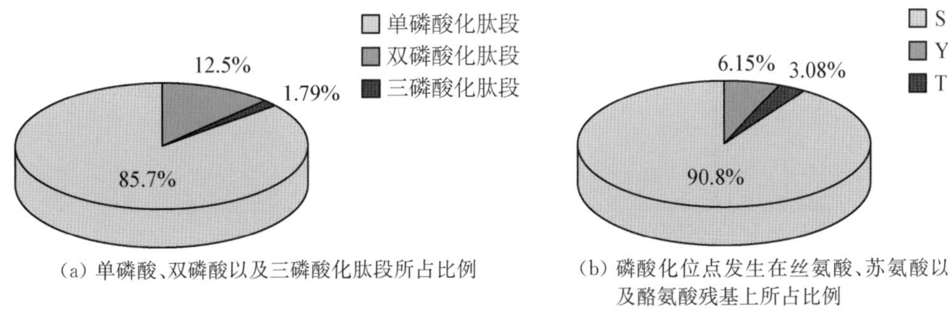

(a) 单磷酸、双磷酸以及三磷酸化肽段所占比例

(b) 磷酸化位点发生在丝氨酸、苏氨酸以及酪氨酸残基上所占比例

图 5－61　大鼠肝组织中总共鉴定到的磷酸化肽段的类型

2. Fe_3O_4@ZrO_2 微球在磷酸化蛋白质组学中的富集应用[32]

(1) 富集条件优化

为优化 Fe_3O_4@ZrO_2 微球对磷酸化肽段的富集条件，将 β－casein 酶解液选作研究对象。

① 反应液 pH 值的选择优化

金属氧化物 ZrO_2 是两性化合物，即在不同 pH 值的条件下，ZrO_2 会表现为 Lewis 酸或者 Lewis 碱。在酸性条件下，ZrO_2 表现为 Lewis 酸，表面带正电荷，具有离子交换特性。据文献报道[33, 34]，磷酸基团与 Lewis 酸的键和常数明显要高于其他的 Lewis 碱，此为 ZrO_2 富集磷酸化肽段提供可能：在合适的 pH 值条件下，磷酸化肽段与 ZrO_2 间应该存在较强的亲和力[35, 36]。

如图 5－62 所示，在 pH 值为 2 时，经 Fe_3O_4@ZrO_2 微球富集 0.5 min 后，β－casein 酶解液中的 3 条磷酸化肽段及其对应的去磷酸化肽段得到有效分离富集及检测，其中 $m/z=$ 1 978.99为单磷酸化肽段 $m/z=$2 061.97 在电离过程中脱去磷酸分子形成。但因为在磷酸分子丢失后形成的是亚稳态离子，所以这两峰之间的差值为 82.98 Da，而不是理论上的差值 98 Da (1 Da$=1.66\times10^{-27}$ kg)。$m/z=$1 031.57 是单磷酸化肽段 $m/z=$2 061.97 的双电荷峰[15]。另外，因为 β－casein 蛋白中通常含有痕量的 α－casein 蛋白，所以从谱图中还可以观察到属于 α－casein 酶解液的 3 条磷酸化肽段(m/z 分别为 1 466.76，1 660.98，1 952.08)。与图 5－62(a)比较，在 pH 值为 2 时，经 Fe_3O_4@ZrO_2 微球富集后的谱图(见图 5－62(b))中几乎没有非磷酸化肽段的信号峰，并且所有的磷酸化肽段峰的信噪比明显得到了提高。

当溶液的 pH 值为 4 时，如图 5－62(c)所示，尽管磷酸化肽段的信号是谱图中最高的，但一些非磷酸化肽段的信号峰($m/z=$1 137.77，$m/z=$1 252.82，$m/z=$1 767.77，$m/z=$ 2 163.21)也出现在谱图中，说明溶液 pH 值的升高反而使 Fe_3O_4@ZrO_2 微球对磷酸化肽段的选择性富集能力有所下降。如图 5－62(d)所示，当溶液 pH 值升高到 6 时，由于 ZrO_2 的 Lewis 酸性性质进一步减弱，非磷酸化肽段的信号峰在谱图中占据主导地位，只检测到两条单磷酸化肽段，四磷酸化肽段的峰在谱图中不见了。综合以上分析可知，溶液 pH 值对 ZrO_2 富集磷酸化肽段的选择性影响很大。要提高 Fe_3O_4@ZrO_2 微球对磷酸化肽段的选择性富集能力，需采用较低的 pH 值，所以实验富集时选择 pH 值为 2 的溶液。

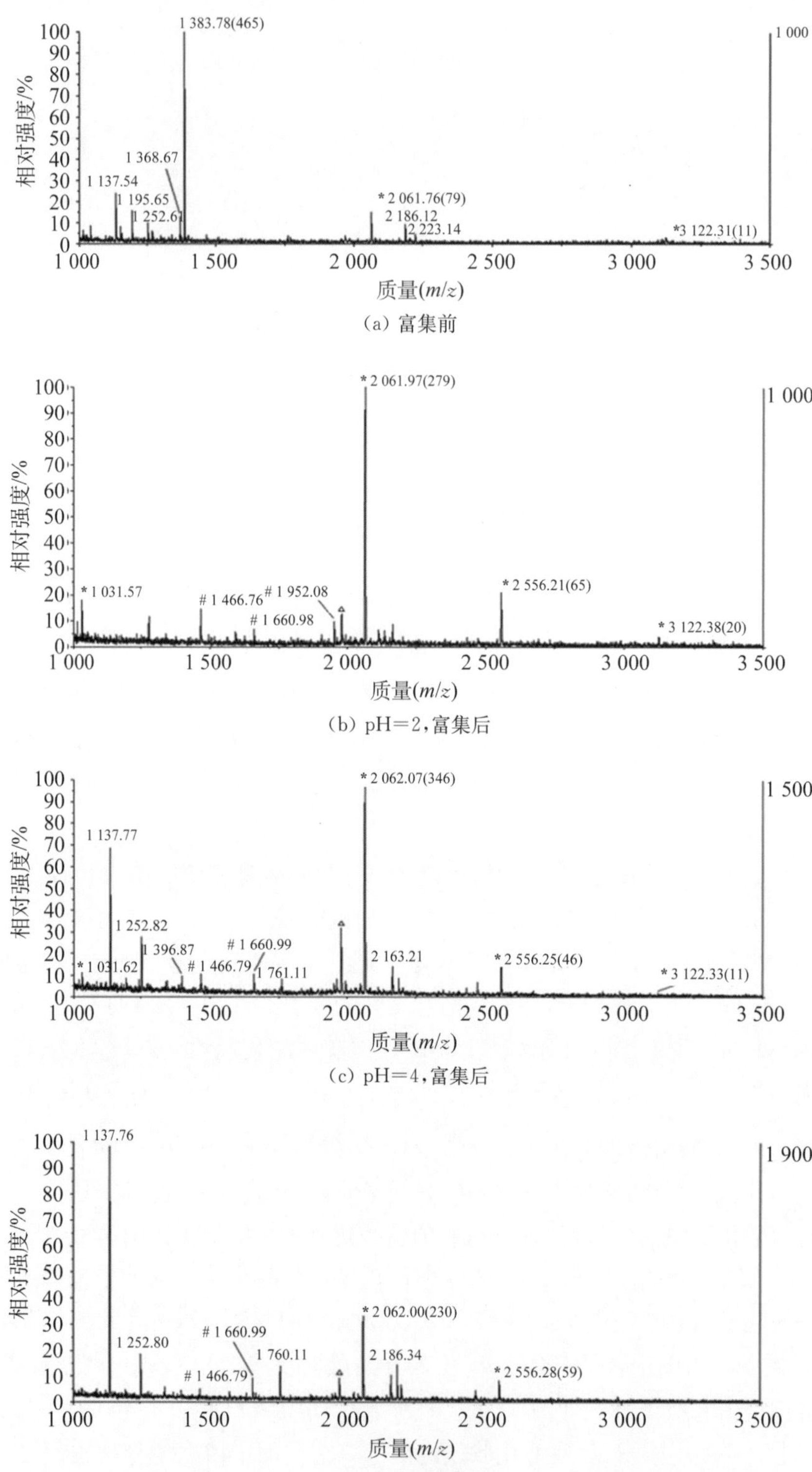

图 5-62 2×10^{-7} mol·L^{-1} 的 β-casein 酶解液经 Fe_3O_4@ZrO_2 微球在不同 pH 值的条件下富集前、后的质谱检测图(*为 β-casein 酶解液中的磷酸化肽段,#为 α-casein 酶解液中的磷酸化肽段,△为去磷酸化碎片)

② 富集时间的选择优化

在溶液 pH 值的选择优化实验中，选择 0.5 min 作为富集时间。为了对富集时间进行优化，富集时间延长至 5 min，15 min，60 min 分别进行实验。图 5－63 显示的是 2×10^{-7} mol・L^{-1}的β－casein 酶解液经 Fe_3O_4@ZrO_2 微球分别富集不同时间后的质谱检测图。从所得的实验数据可以看出，对于 β－casein 酶解液中的磷酸化肽段富集来说，富集时间的增加对富集效果并没有太大的影响，0.5 min 足以让 Fe_3O_4@ZrO_2 微球完成对磷酸化肽段的富集。

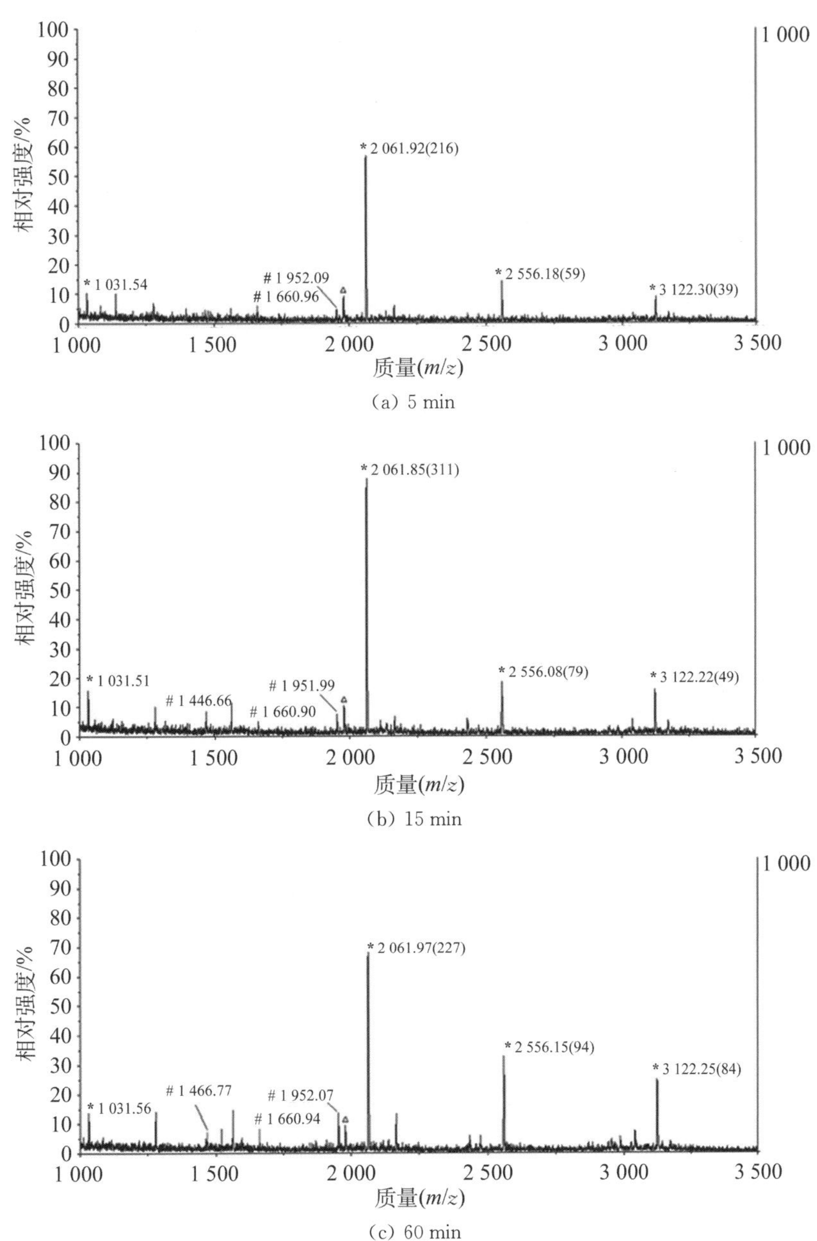

图 5－63 在 pH＝2 的条件下，2×10^{-7} mol・L^{-1} 的 β－casein 酶解液经 Fe_3O_4@ZrO_2 微球富集不同时间后的质谱检测图（＊为 β－casein 酶解液中的磷酸化肽段，＃为 α－casein 酶解液中的磷酸化肽段，△为去磷酸化碎片）

（2）Fe_3O_4@ZrO_2 微球对标准磷酸化蛋白酶解液中磷酸化肽段的富集考察

在实际生物样品中，磷酸化蛋白的丰度往往很低，其酶解液中磷酸化肽段的含量更低，因此，是否能够对低浓度样品中的磷酸化肽段进行有效分离富集是考察材料的重要指标之一，即材料的富集灵敏度要高。在本例工作中，为考察 Fe_3O_4@ZrO_2 微球的富集灵敏度，将 β-casein 酶解液的浓度降低至 2×10^{-8} mol·L^{-1}和 2×10^{-9} mol·L^{-1}，如图 5-64(a)，(c)所示，在 2×10^{-8} mol·L^{-1}和 2×10^{-9} mol·L^{-1}的低浓度下，磷酸化肽段无法被 MALDI 质谱检测出。经 Fe_3O_4@ZrO_2 微球对 β-casein 酶解液进行富集后，如图 5-64(b)，(d)所示，m/z=2 061.83 和 m/z=2 556.09 两个单磷酸化肽段均得到有效富集。而多磷酸化肽段 m/z=3 122.27 没有被检测到，可能有离子化效率及亲和选择性两个原因。一方面，在 MALDI 质谱检测中，当样品低于一定浓度时，由于离子化效率很低，多磷酸化肽段的电离很容易被样品中的其他单磷酸化肽段抑制。另一方面，Håkansson 等[34] 在其研究工作中，对 ZrO_2 和 TiO_2 的富集能力曾进行比较得出，ZrO_2 对单磷酸化肽段存在富集偏好，当样品浓度较低时，单磷酸化肽段更容易被 Fe_3O_4@ZrO_2 微球富集。综上分析，在 0.5 min 的富集时间内，Fe_3O_4@ZrO_2 微球对微量的磷酸化肽段仍具有较强的富集能力。

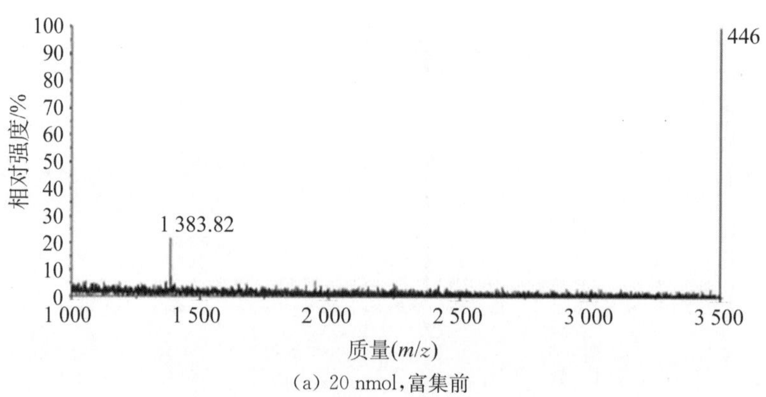

(a) 20 nmol，富集前

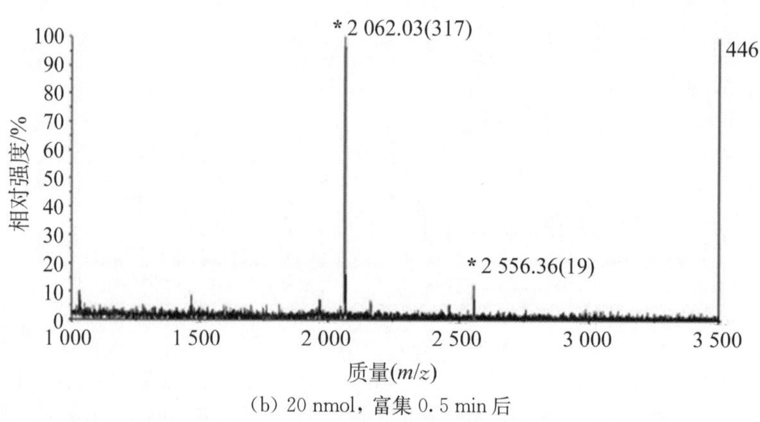

(b) 20 nmol，富集 0.5 min 后

图 5-64

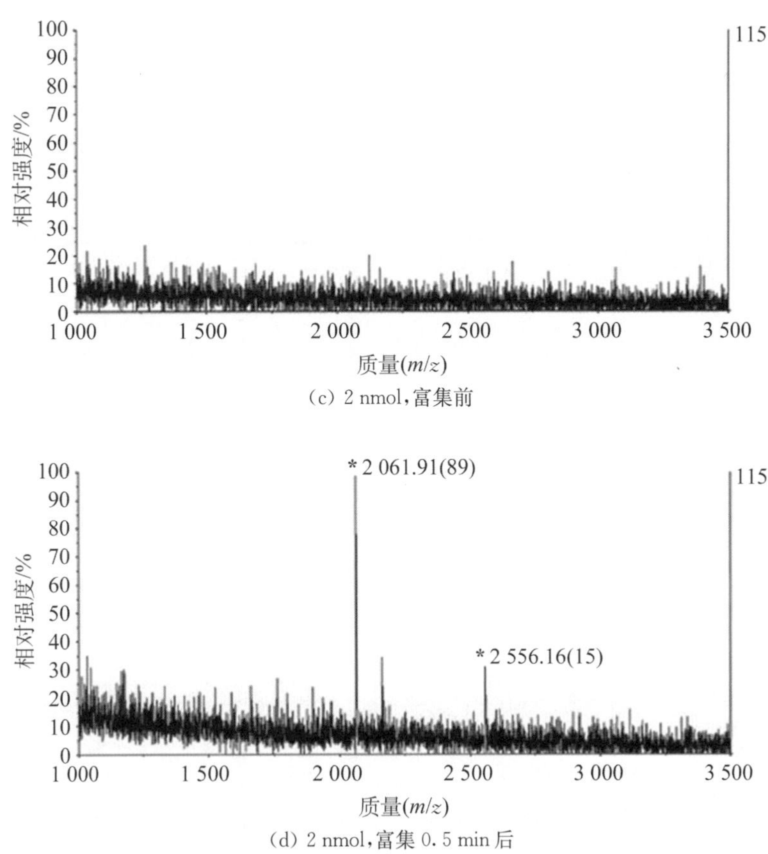

图 5－64　pH＝2,不同浓度的 β－casein 酶解液(200 μL)经 Fe_3O_4@ZrO_2 微球富集前、后的质谱检测图

(3) Fe_3O_4@ZrO_2 微球对复杂混合肽段体系中磷酸化肽段的富集考察

① 对 casein 蛋白的胰蛋白酶酶解产物中磷酸化肽段的选择性富集考察

为考察 Fe_3O_4@ZrO_2 微球对磷酸化肽段的富集选择性,选择酪蛋白(包含 α－S1－casein,α－S2－casein 和 β－casein)的酶解混合液作为研究对象。图 5－65(a)所示为酪蛋白酶解混合液直接用 MALDI 进行分析鉴定的质谱图,只有 3 个强度很低的信号峰为酪蛋白混合酶解液中的磷酸化肽段峰,分别为 m/z＝1 466.67(No. 2, α－S2/134～149)、m/z＝1 660.86(No. 4, α－S1/106～119)和 m/z＝2 061.56(No. 8, β/33～48)。如图 5－65(b)所示,经 Fe_3O_4@ZrO_2 微球富集后,酪蛋白酶解液中的磷酸化肽段得到有效富集及检测,其磷酸化肽段的氨基酸序列详细信息见表 5－13。在图 5－65(b)中标记为 4, 5, 6, 7 和 11 的信号峰归属于 α－S1－casein,标记为 1, 2, 3 和 10 的信号峰归属于α－S2－casein。其余的标记为 8, 9 和 12 的信号峰则归属于 β－casein。从图 5－65(b)可以看出,谱图中所有被检测到的信号峰都是酪蛋白酶解液中的磷酸化肽段峰,十几个磷酸化肽段同时得到有效富集,说明 Fe_3O_4@ZrO_2 微球对较为复杂的蛋白样品同样具有较好的选择性富集能力。

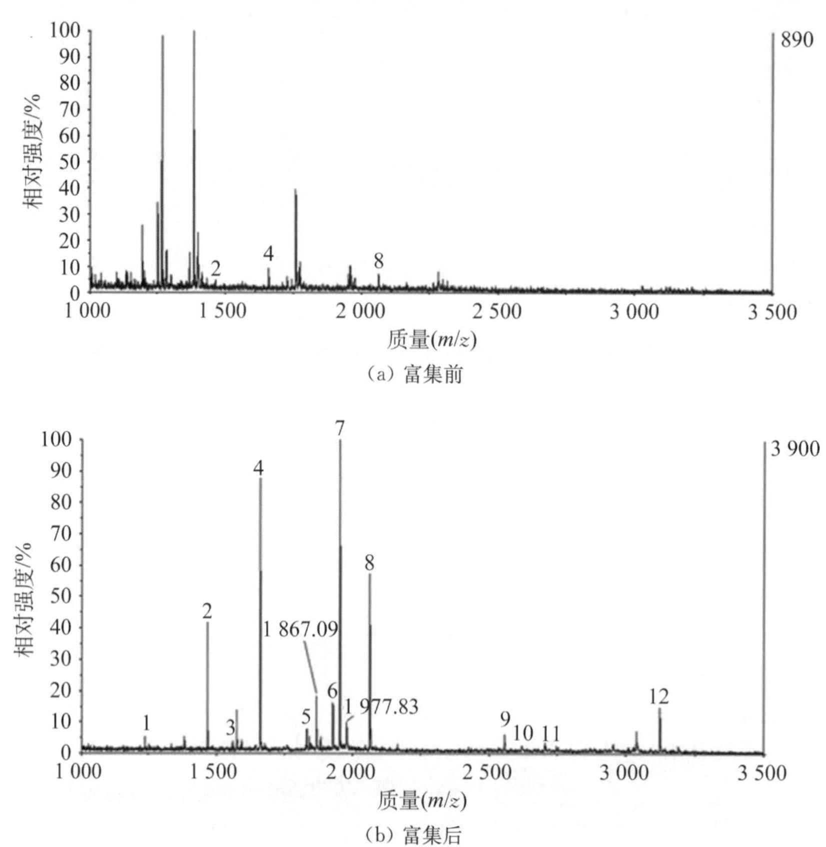

(a) 富集前

(b) 富集后

图 5 - 65　酪蛋白混合酶解液经 Fe_3O_4@ZrO_2 微球富集前、后的质谱检测图

表 5 - 13　酪蛋白混合酶解液经 Fe_3O_4@ZrO_2 微球富集后鉴定到的磷酸化肽段的详细信息

No.	AA	肽 段 序 列	m/z
1	a - S2/138 - 147	TVDME[pS]TEVF	1 237. 36
2	α - S2/138 - 149	TVDME[pS]TEVFTK	1 466. 47
3	α - S2/126 - 137	EQL[pS]T[pS]EENSKK	1 561. 97*
4	α - S1/106 - 119	VPQLEIVPN[pS]AEER	1 660. 61
5	α - S1/104 - 119	YKVPQLEIVPN[pS]AEER	1 832. 62
6	α - S1/43 - 58	DIG[pS]E[pS]TEDQAMETIK	1 927. 46
7	α - S1/104 - 119	YKVPQLEIVPN[pS]AEER	1 951. 71
8	β/33 - 48	FQ[pS]EEQQQTEDELQDK	2 061. 56
9	β/33 - 52	FQ[pS]EEQQQTEDELQDKIHPF	2 555. 74
10	α - S2/2 - 21	NTMEHV[pS][pS][pS]EESII[pS]QETYK	2 618. 62
11	α - S1/99 - 120	LRLKKYKVPQLEIVPN[pS]AEERL	2 703. 56
12	β/1 - 25	RELEELNVPGEIVE[pS]L[pS][pS][pS]EESITR	3 121. 94

* $[M+Na]^+$.

② 对 5 种磷酸化和非磷酸化标准蛋白混合酶解液中磷酸化肽段的选择性富集考察

为进一步考察 Fe_3O_4@ZrO_2 微球对磷酸化肽段的富集选择性，将 5 种蛋白的酶解液等比例混合，其中包含 2 种磷酸化蛋白（β - casein 和鸡蛋白蛋白）以及 3 种非磷酸化蛋白（BSA、细胞色素 c、肌红蛋白），被选作为进一步的研究对象。图 5 - 66(a)所示为混合蛋白酶解液（浓度均为 2×10^{-8} mol・L^{-1}）的质谱检测图，如图所示，混合蛋白酶解液中的大量非磷酸化肽段在谱图中占据主要地位，磷酸化肽段的信号被严重抑制，仅观察到 2 个强度极弱的磷酸化肽段信号峰（m/z=2 061.70 和 m/z=2 088.79）。但是如图 5 - 66(b)所示，混合蛋白酶解液经 Fe_3O_4@ZrO_2 微球富集后，可检测出 8 条磷酸化肽段的信号峰，但检测不到非磷酸化肽段。其中，m/z = 2 061.92，m/z = 2 556.21，m/z = 3 122.36 的信号峰属于β - casein，m/z = 1 031.48 的信号峰为单磷酸化肽段 m/z = 3 122.36 的双电荷峰。m/z = 2 088.99 的信号峰属于鸡蛋白蛋白，而 m/z = 1 466.68 的信号峰则是由于 β - casein 蛋白含微量 α - casein 酶解产生的磷酸化肽段。以上结果进一步表明 Fe_3O_4@ZrO_2 微球具有从复杂样品中选择性富集磷酸化肽的能力。

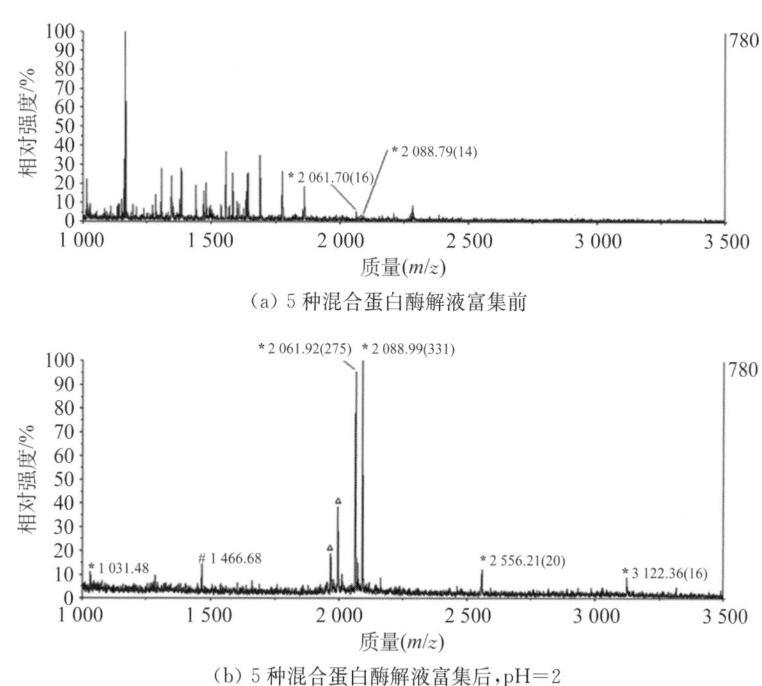

(a) 5 种混合蛋白酶解液富集前

(b) 5 种混合蛋白酶解液富集后，pH=2

图 5 - 66　混合蛋白酶解液（浓度均为 2×10^{-8} mol・L^{-1}）经 Fe_3O_4@ZrO_2 微球富集前、后的质谱检测图（* 为 β - casein 以及鸡蛋白蛋白酶解液中的磷酸化肽段，# 为 α - casein 酶解液中的磷酸化肽段，△为去磷酸化碎片）

(4) Fe_3O_4@ZrO_2 微球对正常人血清中磷酸化肽段的富集考察

将血清样品用酸性缓冲液稀释，经 Fe_3O_4@ZrO_2 微球对其进行富集后的 MALDI 质谱图如图 5 - 67(a)所示。在图中有 3 个信号峰 m/z = 1 465.57，m/z = 1 545.56，m/z = 1 616.69 被观察到。为进一步鉴定这 3 个信号峰的氨基酸序列信息，采用串联质谱对其进行了分析，即将图 5 - 67(a)中的 3 条肽段信号峰作为母离子进行碰撞诱导解离（collision-induced dissociation，CID），得到的串联质谱图分别如图 5 - 67(b)～(d)所示。所有串联质谱图都给出了较为完整的 y 离子碎片信息。在图 5 - 67(b)和图 5 - 67(c)中，肽段的碎片离

子 y13(1 263.60)和y14(1 430.77)之间的相差质量数为 167 Da,因此推断这两个碎片离子之间碎裂的残基为磷酸化丝氨酸,且磷酸化位点分别为 Ser2 和 Ser3。MS 和 MS/MS 数据进行 NCBI 数据库检索,被鉴定到的肽段可以被唯一确认。数据库检索结果显示,图 5-67(a)中鉴定到的 3 条肽段均属于同一个肽段 fibrinopeptide A(gi|229 185, ADSGEGDFLAEGGGVR)的碎片。其中 m/z=1 545.56 (D[pS]GEGDFLAEGGGVR)和 m/z=1 616.60 (AD[pS]GEGDFLAEGGGVR)的肽段经串联质谱以及数据库搜索后确认为磷酸化肽段,m/z=1 465.57与 m/z=1 545.56 的肽段具有完全相同的氨基酸序列,没有磷酸化修饰。

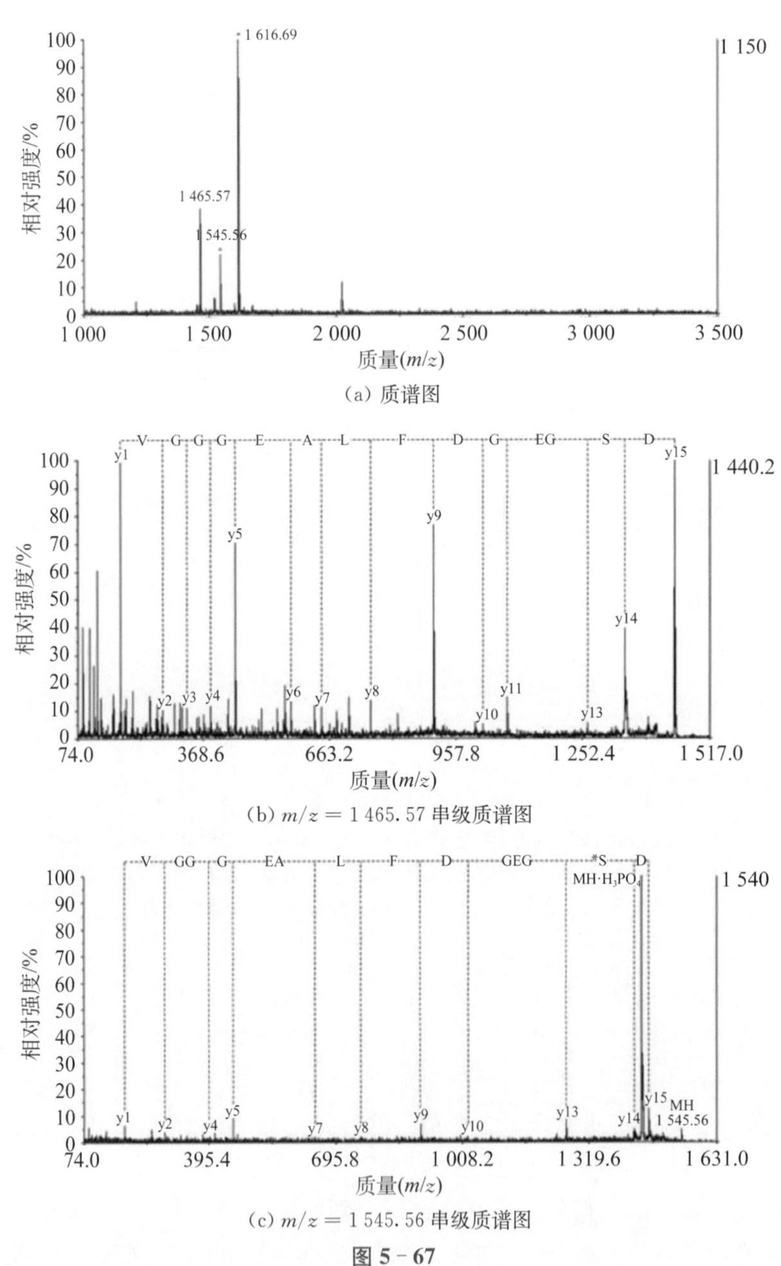

(a) 质谱图

(b) m/z = 1 465.57 串级质谱图

(c) m/z = 1 545.56 串级质谱图

图 5-67

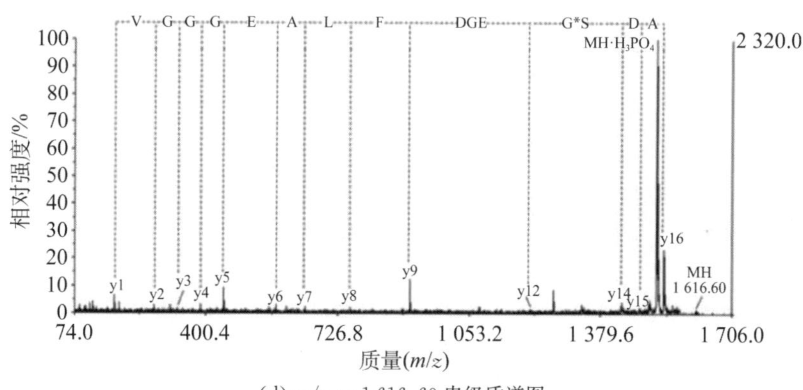

(d) $m/z=1\,616.60$ 串级质谱图

图 5－67　正常人血清中磷酸化肽段经 Fe_3O_4@ZrO_2 微球富集后的质谱和串级质谱检测图

3. Fe_3O_4@Al_2O_3 微球在磷酸化蛋白质组学中的富集应用[37]

(1) 富集 pH 条件优化

在本节中，将 β－casein 酶解液选作研究对象对富集体系的 pH 值进行选择优化。图 5－68所示为在不同 pH 值的条件下，经 Fe_3O_4@Al_2O_3 微球富集后的 β－casein 酶解液质谱检测图。在 pH=2 条件下，富集后得到的 MALDI 质谱图如图 5－68(b)所示。β－casein 的 3 条磷酸化肽段 $m/z=2\,061.94$、$m/z=2\,556.20$、$m/z=3\,122.43$ 及其相应的去磷酸化碎片均得到有效富集鉴定。其中，$m/z=1\,977.26$ 和 $m/z=2\,471.37$ 分别为 $m/z=2\,061.94$ 和 $m/z=2\,556.20$ 单磷酸化肽段在电离过程中脱去磷酸分子形成。$m/z=1\,031.54$ 和 $m/z=1\,278.65$ 分别为单磷酸化肽段 $m/z=2\,061.94$ 和 $m/z=2\,556.20$ 带双电荷的肽段峰。此外，谱图中还有属于 α－casein 的 3 条磷酸化肽段 $m/z=1\,466.73$、$m/z=1\,660.89$ 和 $m/z=1\,952.08$。与富集前的 β－casein 质谱图 5－68(a)相比，在经 Fe_3O_4@Al_2O_3 微球富集后的谱图 5－68(b)中，所有磷酸化肽段的信噪比显著提高，且几乎观察不到非磷酸化肽段。

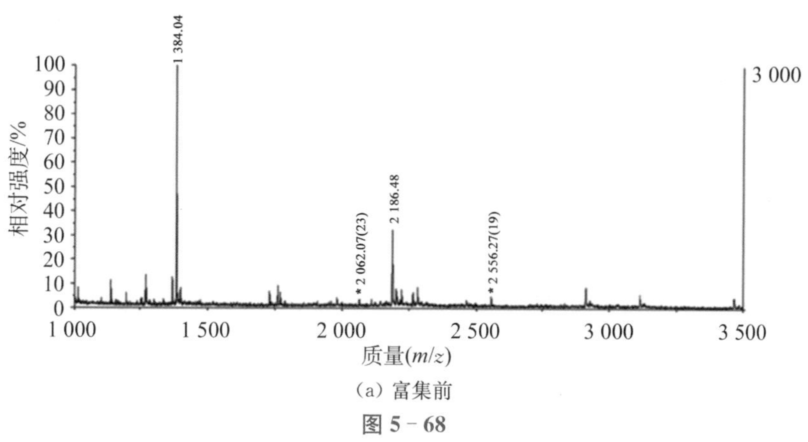

(a) 富集前

图 5－68

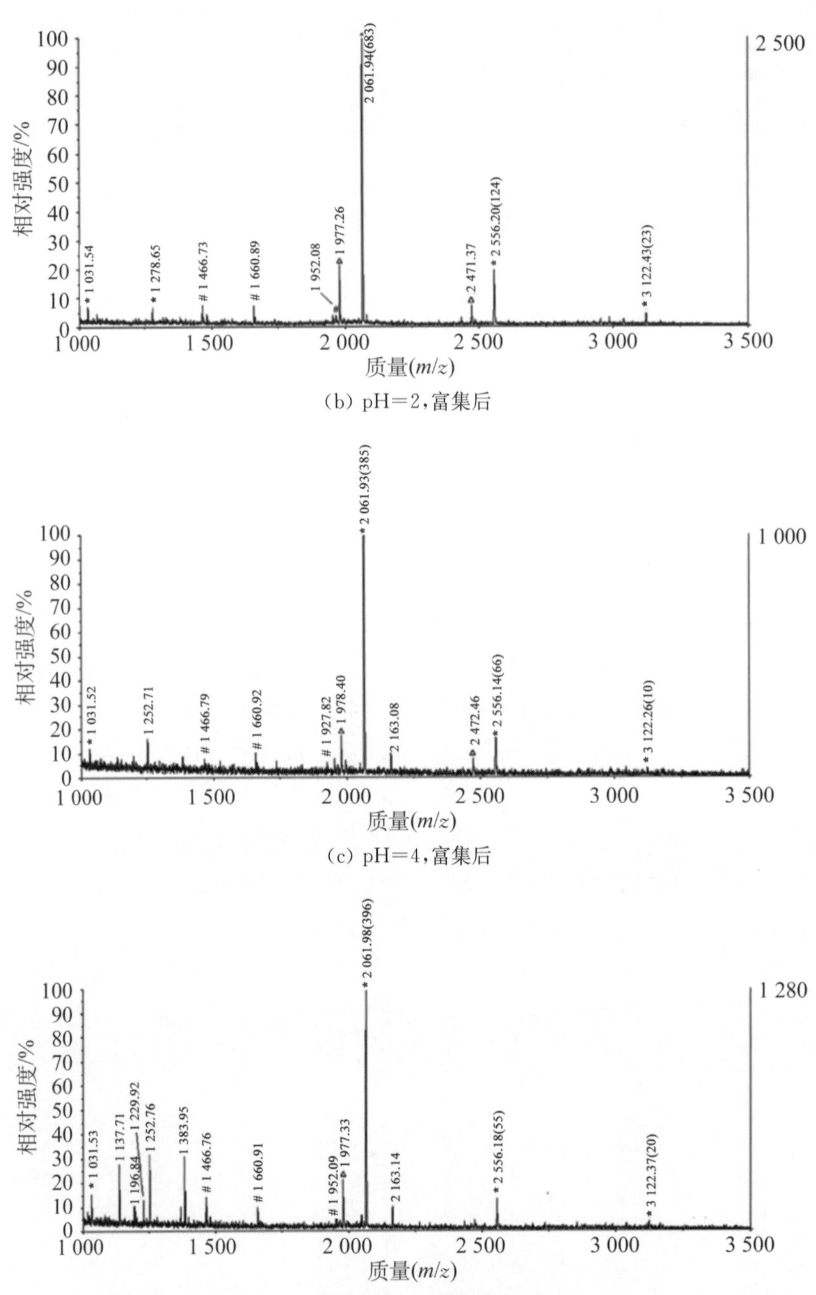

(b) pH=2,富集后

(c) pH=4,富集后

(d) pH=6,富集后

图 5-68 2×10^{-7} mol · L^{-1} 的 β-casein 酶解液的质谱检测图和经 Fe_3O_4@Al_2O_3 微球在不同 pH 值条件下富集后的质谱检测图(* 为 β-casein 酶解液中的磷酸化肽段,# 为 α-casein 酶解液中的磷酸化肽段,△为去磷酸化碎片)

在 pH=4 的条件下富集,如图 5-68(c)所示,与在 pH=2 条件下富集得到的质谱图(见图 5-68(b))相比无明显变化。而当缓冲溶液 pH 值升高至 6 时,如图 5-68(d)所示,质谱图中磷酸化肽段占据主要地位,但非磷酸化肽段的信号峰明显增加。从以上结果可以得出,虽然 pH 值对 Fe_3O_4@Al_2O_3 微球富集磷酸化肽段的影响不大，但选择合适的 pH 值还是有利于提高其富集效果的。

与 Fe_3O_4@ZrO_2 微球相同的是，Fe_3O_4@Al_2O_3 微球在较低 pH 值条件下的富集效果较好。可能原因为以下两点：一是 Al_2O_3 属于两性化合物，在酸性溶液中，Al_2O_3 表面有带正电荷 Al^{3+}，表现为 Lewis 酸，有离子交换特性；二是很多酸性非磷酸化肽段等电点较低，在较高 pH 值条件下净电荷为负，通过静电作用容易被非特异性吸附到材料表面，当 pH 值降至 2 以下时，大多数酸性非磷酸化肽段所带的羧基不会解离，其自身所带净电荷为正，不会对材料产生非特异性吸附。

（2）Fe_3O_4@Al_2O_3 微球对复杂混合肽段体系中磷酸化肽段的富集考察

同考察 Fe_3O_4@ZrO_2 微球对磷酸化肽段的富集性能一样，选择酪蛋白混合酶解液以及 5 种蛋白(2 种磷酸化蛋白鸡蛋白蛋白、β－casein 和 3 种非磷酸化蛋白 BSA、肌红蛋白、细胞色素 c)酶解液作为研究对象，如图 5－69 以及图 5－70 所示，结果说明 Fe_3O_4@Al_2O_3 微球具有从复杂样品中选择性富集磷酸化肽段的能力。

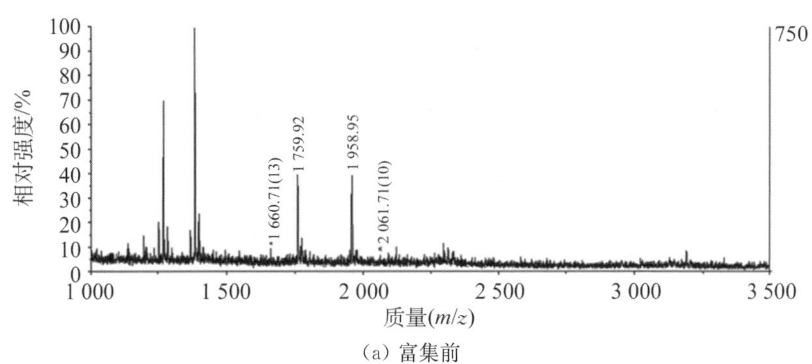

(a) 富集前

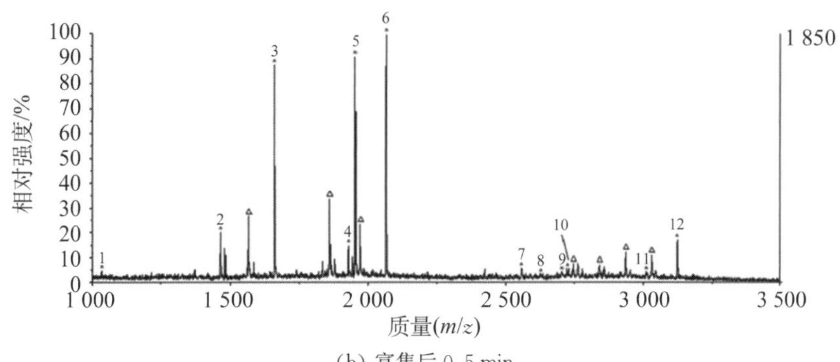

(b) 富集后 0.5 min

图 5－69　酪蛋白混合酶解液经 Fe_3O_4@Al_2O_3 微球富集前、后的质谱检测图
(＊为 β－casein 以及鸡蛋白蛋白酶解液中的磷酸化肽段，♯为 α－casein 酶解液中的磷酸化肽段，△为去磷酸化碎片)

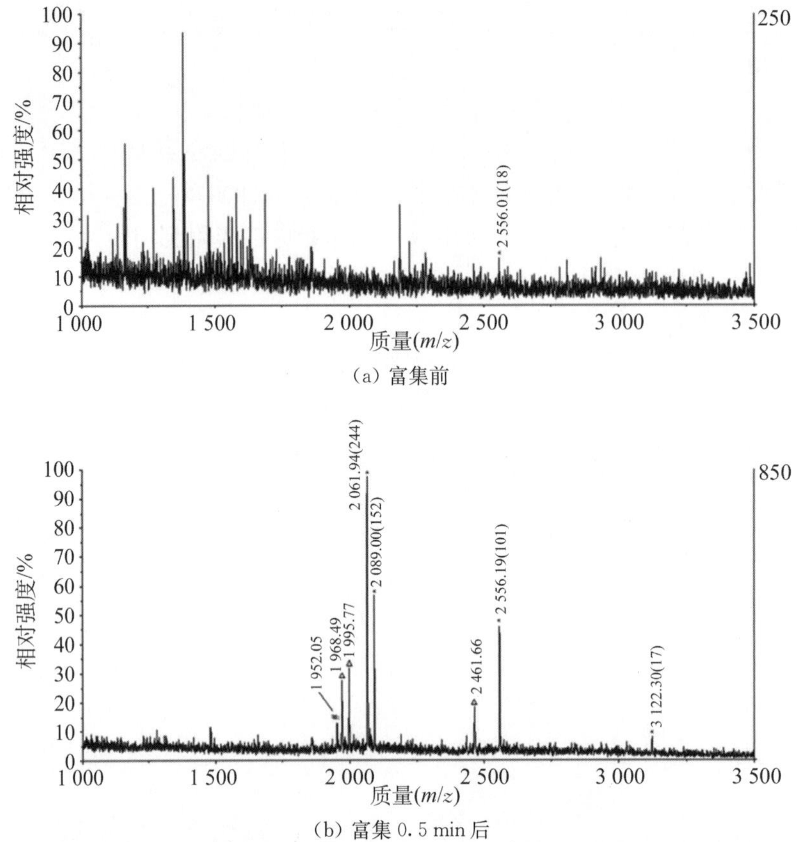

(a) 富集前

(b) 富集 0.5 min 后

图 5-70 混合蛋白酶解液(浓度均为 2×10^{-8} mol·L^{-1})经 Fe_3O_4@Al_2O_3 微球富集前、后的质谱检测图(* 为 β-casein 以及鸡蛋白蛋白酶解液中的磷酸化肽段,# 为 α-casein 酶解液中的磷酸化肽段,△为去磷酸化碎片)

(3) Fe_3O_4@Al_2O_3 微球对实际生物样品鼠肝酶解液中磷酸化肽段的富集考察

为考察 Fe_3O_4@Al_2O_3 微球对实际生物样品中磷酸化肽段的富集能力,将大鼠肝脏组织蛋白酶解液选作研究对象。将 100 μg 大鼠肝脏组织蛋白酶解液用 Fe_3O_4@Al_2O_3 微球进行富集,洗脱液经冻干后重溶于 RPLC 的流动相中,然后上样到毛细管 C18 柱进行分离,最后进行 LTQ-Orbitrap 质谱分析。得到的 MS/MS 质谱数据用 Sequest 进行数据库检索,检索结果按 X_{corr}值进行筛选。综合 MS^2 和 MS^3 的检索结果,共有 15 条肽段得到了 MS/MS 和 MS/MS/MS 同时鉴定。鉴定出的肽段序列信息以及对应的 X_{corr}值如表 5-14 所示。

表 5-14 大鼠肝脏组织蛋白酶解液经 Fe_3O_4@Al_2O_3 微球鉴定到的磷酸化肽段详细信息

No.	蛋白编号	肽 段 序 列	电荷	XC	MS^2	MS^3
1	IPI00476899	K. YGPVSVADTTGSGAADAKDDDDIDLFGS* DDEEESEDAK. R	3	8.772	*	*
2	IPI00197900	K. KGATPAEDDEDNDIDLFGS* DEEEEDKEAAR. L	3	7.682	*	*

续　表

No.	蛋白编号	肽段序列	电荷	XC	MS²	MS³
3	IPI00361246	K. GDMS* DEDDENEFFDAPEIITMPENLGHK. R	3	7.298	*	*
4	IPI00197900	K. GATPAEDDEDNDIDLFGS* DEEEEDKEAAR. L	3	4.838	*	*
5	IPI00208304	K. IYHLPDAES* DEDEDFKEQTR. L	3	4.150	*	*
6	IPI00210566	K. ESDDKPEIEDVGS* DEEEEEKK. D	3	4.635	*	*
7	IPI00476899	K. DDDDIDLFGS* DDEEESEDAKR. L	3	5.352	*	*
8	IPI00195102	R. KDEDS* DDESQSSHAGK. K	3	5.225	*	*
9	IPI00476899	K. DDDDIDLFGS* DDEEESEDAK. R	2	5.343	*	*
10	IPI00365635	K. DWEDDS* DEDMSNFDR. F	2	6.352	*	*
11	IPI00471584	K. IEDVGS* DEEDDSGKDK. K	2	4.861	*	*
12	IPI00365663	R. IGHHS* TSDDSSAYR. S	3	4.125	*	*
13	IPI00471584	K. IEDVGS* DEEDDSGK. D	2	4.465	*	*
14	IPI00192336	R. KRET* DDEGEDD	2	3.394	*	*
15	IPI00188079	K. KSEGS* PNQGK. K	2	2.706	*	*
16	IPI00187860	K. MESEAGADDS* AEEGDLLDDDDNEDRGDDQ LELK. D	3	7.591	*	
17	IPI00187860	K. MESEAGADDS* AEEGDLLDDDDNEDR. G	3	6.101	*	
18	IPI00388302	K. VIHDNFGIVEGLMTTVHAITAT* QK. T	3	5.442	*	
19	IPI00187860	K. DDEKEPEEGEDDRDS* ANGEDDS	3	4.369	*	
20	IPI00210566	K. ESDDKPEIEDVGS* DEEEEEK. K	3	4.403	*	
21	IPI00471584	K. IEDVGS* DEEDDSGKDKK. K	3	4.152	*	
22	IPI00362946	R. NRFTIDS* DAISASSPEK. E	2	2.984	*	
23	IPI00200898	R. SASS* DTSEELNAQDSPK. R	2	4.683	*	
24	IPI00193648	K. S* ASPAPADVAPAQEDLR. T	2	4.298	*	
25	IPI00476178	K. ESLKEEDES* DDDNM	2	3.943	*	
26	IPI00231770	R. EDEIS* PPPPNPVVK. G	2	2.668	*	
27	IPI00766722	R. WLDES* DAEMELR. A	2	2.906	*	
28	IPI00201032	K. NEEDEGHSNSS* PR. H	2	4.141	*	
29	IPI00207601	K. NFETNDLAFS* PK. G	2	3.178	*	
30	IPI00360386	R. S* GDETPGSEAPGDK. A	2	3.303	*	
31	IPI00209277	K. LSSQLS* AGEEK. W	2	3.238	*	
32	IPI00209618	R. APTAAPS* PEPR. D	2	2.640	*	
33	IPI00326566	R. AGDMLEDS* PK. R	2	3.065	*	
34	IPI00189138	K. TSAS* PPLEK. S	2	2.651	*	

经手动确认后，这些肽段的 MS/MS 和 MS/MS/MS 谱图质量均很高，鉴定结果可信。以其中的一条肽段为例，图 5－71(a)，(b)分别展示的是一条三电荷磷酸化肽段(IGHHS[pS]TSDDSSAYR)的 MS/MS 和 MS/MS/MS 质谱图。MS/MS 和 MS/MS/MS 质谱图中的 b 离子和 y 离子信息均与理论上所预测的肽段碎片信息一致。另外，从 MS/MS 质谱图中可以清晰地观察到母离子峰 $m/z=537.55$ 经中性丢失后形成的碎片峰 $m/z=505.78$。在本例工作中，我们对 MS/MS 数据中鉴定到的单磷酸化肽段进行手动确认，有 19 条单磷酸化肽段得到最终鉴定，这些仅由 MS/MS 谱图鉴定到的肽段序列信息及相应的 X_{corr} 值也列

在表 5 - 14 中。综上结果，在大鼠肝组织中一共鉴定到了 34 条磷酸化肽段。

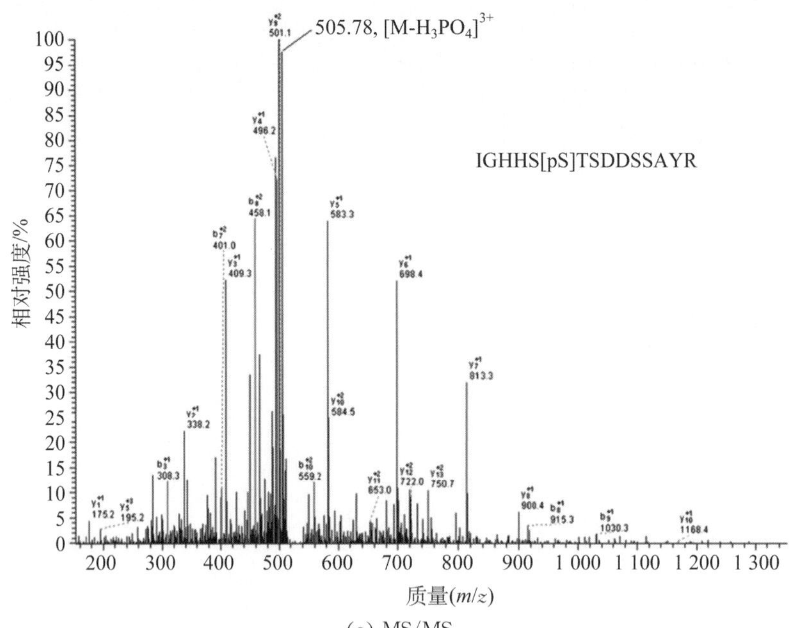

(a) MS/MS

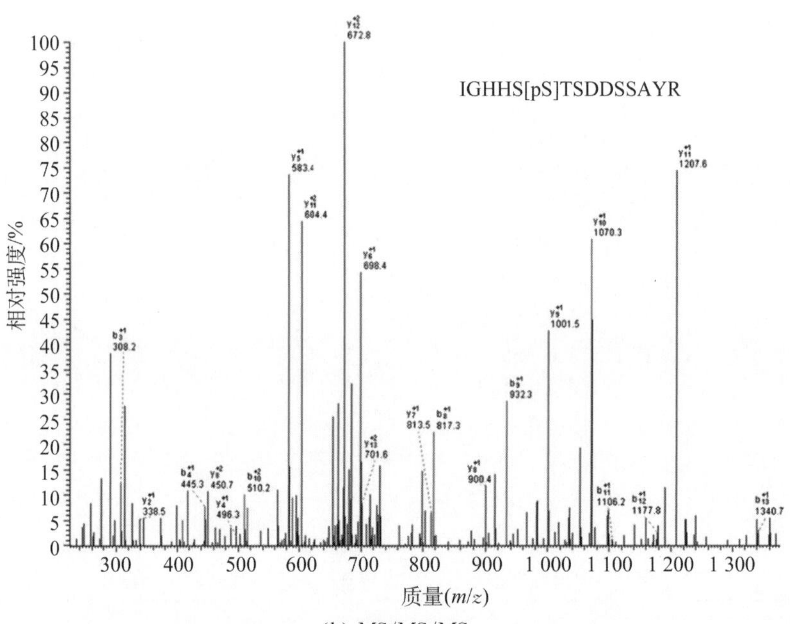

(b) MS/MS/MS

图 5 - 71 三电荷磷酸化肽段(IGHHS[pS]TSDDSSAYR)的 MS/MS 和 MS/MS/MS 质谱图

4. Fe_3O_4@Ga_2O_3 微球在磷酸化蛋白质组学中的富集应用[38]

与考察 Fe_3O_4@ZrO_2 微球以及 Fe_3O_4@Al_2O_3 微球对磷酸化肽段的富集性能一样，在本例工作中，Fe_3O_4@Ga_2O_3 微球对 β - casein 酶解液的富集浓度可低至 2×10^{-10} mol · L^{-1}(40 fmol)，说明 Fe_3O_4@Ga_2O_3 微球同样具有在 0.5 min 内从低浓度样品中有效富集磷酸化肽段的能力。

另外，还选择了酪蛋白混合酶解液以及 5 种蛋白(2 种磷酸化蛋白鸡蛋白蛋白、β - casein

和 3 种非磷酸化蛋白 BSA、MYO、Cyc)酶解液作为研究对象，表明 Fe_3O_4@Ga_2O_3 微球具有从较复杂样品中富集磷酸化肽的能力。

大鼠肝脏组织蛋白酶解液经 Fe_3O_4@Ga_2O_3 微球富集后经 LTQ - Orbitrap 质谱、MS/MS 和 MS/MS/MS 分析鉴定，共 16 条肽段得到了 MS/MS 和 MS/MS/MS 的同时鉴定，其序列信息及对应的 X_{corr} 值如表 5 - 15 所示。

表 5 - 15 大鼠肝脏组织蛋白酶解液经 Fe_3O_4@Ga_2O_3 微球鉴定到的磷酸化肽段的详细信息

蛋白编号	肽 段 序 列	电荷	X_{corr}	MS^2	MS^3
IPI00231770	R. TDSREDEIS* PPPPNPVVK. G	2	4.224	*	*
IPI00326606	R. TAS* LTSAASIDGSR. S	2	4.001	*	*
IPI00200898	R. SAS* SDTSEELNAQDSPK. R	2	4.527	*	*
IPI00365663	R. S* VDEVNYWDKQDHPISR. L	3	3.035	*	*
IPI00190024	R. MAMPINVS* DPDLLR. H	2	3.704	*	*
IPI00365663	R. IGHHS* TSDDSSAYR. S	3	4.956	*	*
IPI00194102	R. FIIGSVSEDNS* EDEISNLVK. L	2	4.856	*	*
IPI00209277	K. LSSQLS* AGEEK. W	2	3.708	*	*
IPI00197900	K. KGATPAEDDEDNDIDLFGS* DEEEEDKEAAR. L	3	7.865	*	*
IPI00208304	K. IYHLPDAES* DEDEDFKEQTR. L	3	4.655	*	*
IPI00471584	K. IEDVGS* DEEDDSGKDK. K	2	5.028	*	*
IPI00201032	K. IDASKNEEDEGHSNSS* PR. H	3	3.547	*	*
IPI00210566	K. ESDDKPEIEDVGS* DEEEEEKK. D	3	5.044	*	*
IPI00480820	K. EGEEPTVYS* DDEEPKDEAAR. K	3	3.437	*	*
IPI00365935	K. DWEDDS* DEDMSNFDR. F	2	6.301	*	*
IPI00200661	K. AGS* DTELAAPK. S	2	3.794	*	*

5. Fe_3O_4@Ta_2O_5 微球和 Fe_3O_4@TiO_2 微球对磷酸化肽段的富集效果比较[39]

在本例工作中，实际样品脱脂牛奶(主要成分 α - casein 和 β - casein)首先被用来作为研究对象比较 Fe_3O_4@Ta_2O_5 微球和 Fe_3O_4@TiO_2 微球对磷酸化肽段的富集效果。在富集对比实验中，以 50 mg • mL^{-1} DHB，50%ACN，0.1%TFA 作为 MALDI 上样液的基质溶液将两种材料分别对脱脂牛奶酶解液中的磷酸化肽段进行富集，其结果如图 5 - 72 所示，可见，Fe_3O_4@Ta_2O_5 微球具有与 Fe_3O_4@TiO_2 微球相似的富集效率与选择性。

为进一步探索 Fe_3O_4@Ta_2O_5 微球和 Fe_3O_4@TiO_2 微球对磷酸化肽段的富集是否存在差异，选用更为复杂的实际样品——鼠肝蛋白酶解液作为研究对象来考察两种材料间的富集差异。利用 Fe_3O_4@Ta_2O_5 微球共鉴定到 115 个磷酸化位点，其中 107 个发生在丝氨酸残基上(93.04%)，5 个发生在苏氨酸残基上(4.35%)，3 个发生在酪氨酸残基上(2.61%)。同时，还鉴定到 86 个非冗余磷酸化肽段，其中 63 个磷酸化肽段具有 1 个磷酸化位点，18 个磷酸化肽段具有 2 个磷酸化位点，4 个磷酸化肽段具有 3 个磷酸化位点，2 个磷酸化肽段具有 4 个磷酸化位点，以上分析结果显示于图 5 - 73 中。图 5 - 73(a)，(b)说明 Fe_3O_4@Ta_2O_5 微球和 Fe_3O_4@TiO_2 微球具有相似的富集效果，因此以磷酸化水平和磷酸化位点为标准无法揭露两种材料间的富集差异。图 5 - 73(c)显示两种材料富集鉴定到的磷酸化肽段存在约

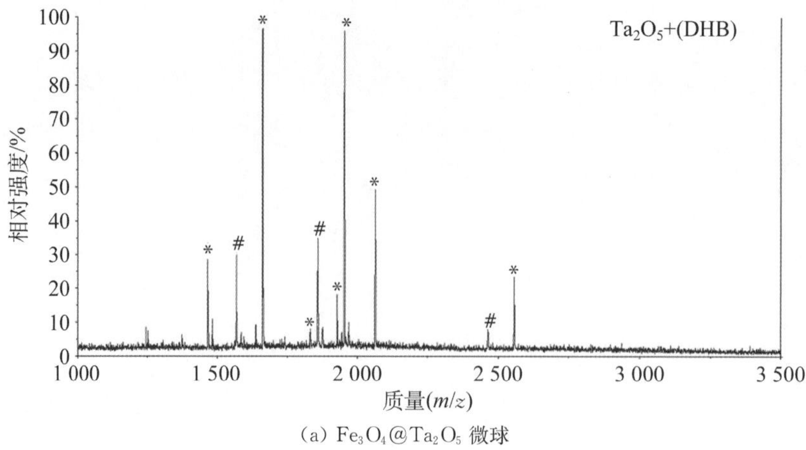

(a) Fe_3O_4@Ta_2O_5 微球

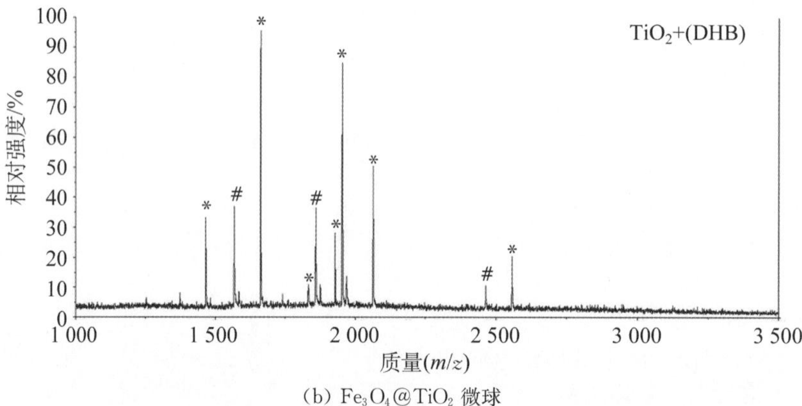

(b) Fe_3O_4@TiO_2 微球

图 5-72 脱脂牛奶酶解液中的磷酸化肽段经两种不同材料富集后的质谱检测图(＊为磷酸化肽段，# 为去磷酸化碎片)

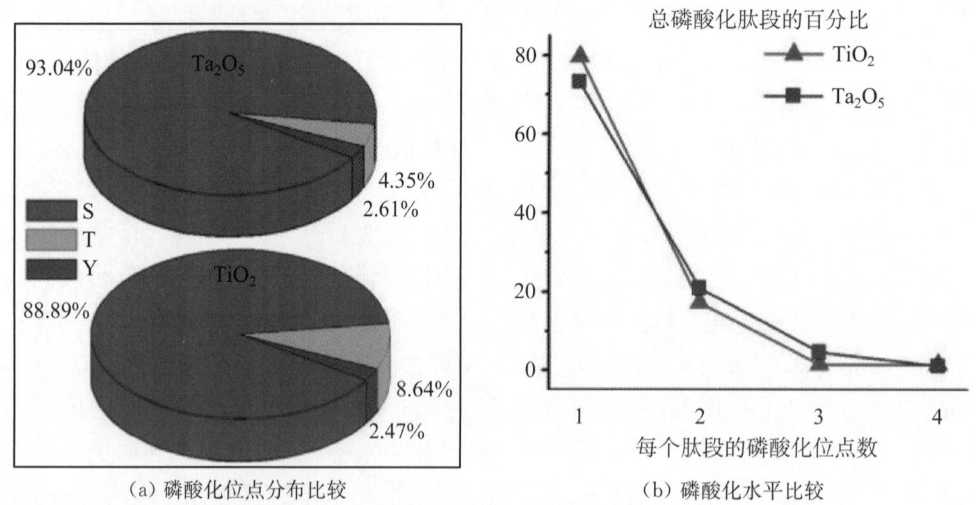

(a) 磷酸化位点分布比较 (b) 磷酸化水平比较

图 5-73

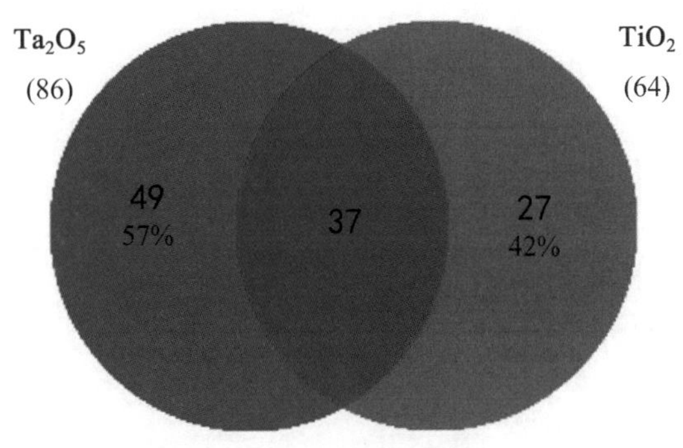

(c) 磷酸化肽段比较

图 5-73 对 Fe_3O_4@Ta_2O_5 微球和 Fe_3O_4@TiO_2 微球鉴定到磷酸化肽段的磷酸化位点分布比较、磷酸化水平比较、磷酸化肽段比较

50%的重复，即两种材料间存在富集差异，同时也说明 Fe_3O_4@Ta_2O_5 微球和 Fe_3O_4@TiO_2 微球对磷酸化肽段的富集效果存在很大的互补性。

6. Fe_3O_4@SnO_2 微球和 Fe_3O_4@TiO_2 微球对磷酸化肽段的富集效果比较[40]

首先，用实际样品脱脂牛奶（主要蛋白成分和 α-casein 和 β-casein）作为研究对象，比较 Fe_3O_4@SnO_2 微球和 Fe_3O_4@TiO_2 微球对磷酸化肽段的富集效果。由图 5-74 可知，Fe_3O_4@SnO_2 微球对磷酸化肽段具有优异的富集能力。值得一提的是，与 Fe_3O_4@SnO_2 微球（见图 5-74(b)）的富集效果相比，经 Fe_3O_4@TiO_2 微球（见图 5-74(c)）富集后，在 m/z =1 244.73 和 m/z = 1 635.86 处发现两个有明显差异的信号峰，其串级质谱图列于图 5-75中。在两个肽段的串级质谱图中没有明显的丢失磷酸基团的碎片离子峰，说明这两个肽段为非磷酸化肽段。同时，串级谱图中连续的 b 碎片离子峰以及 y 碎片离子峰均被检测到，表明这两个非磷酸化肽段中均含有至少 5 个酸性氨基酸残基，对金属氧化物的选择性富集有很大的影响。作为 Lewis 酸，虽然 TiO_2 与 Lewis 碱的结合力要强于 SnO_2，但会影响富集的选择性。这一结果证明 Fe_3O_4@SnO_2 微球对磷酸化肽段具有优异的富集能力，也说明 Fe_3O_4@SnO_2 微球对磷酸化肽段的富集选择性要好于 Fe_3O_4@TiO_2 微球。

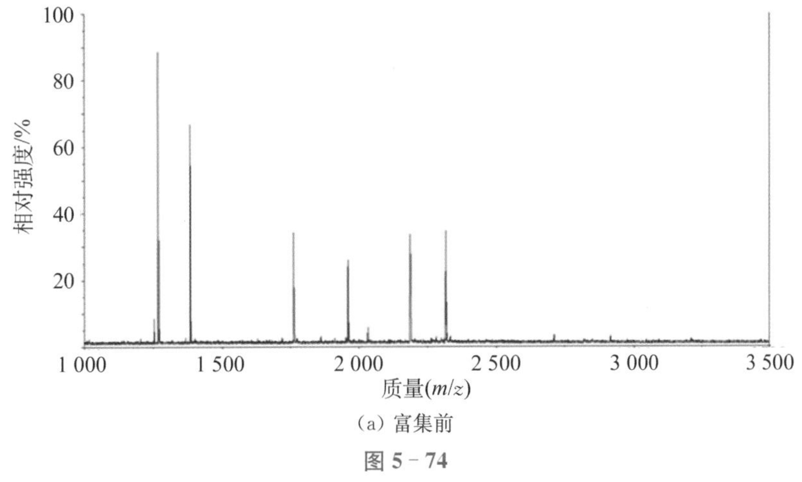

(a) 富集前

图 5-74

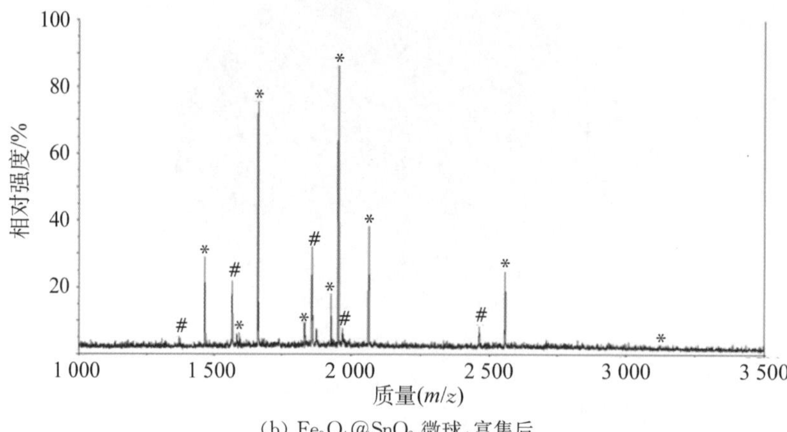

(b) Fe_3O_4@SnO_2 微球,富集后

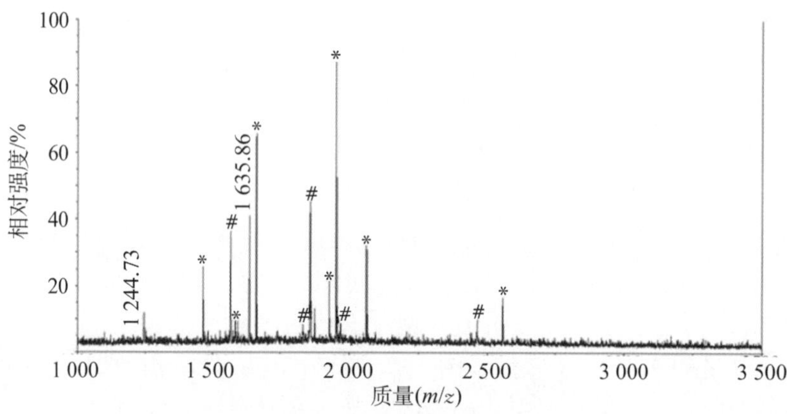

(c) Fe_3O_4@TiO_2 微球,富集后

图 5-74 脱脂牛奶酶解液富集前的质谱图和经两种材料富集后的质谱检测图(*为磷酸化肽段,#为去磷酸化碎片)

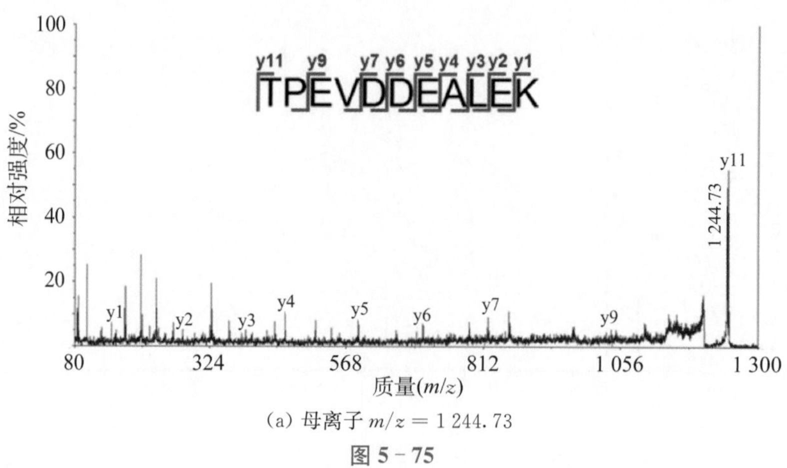

(a) 母离子 $m/z = 1\ 244.73$

图 5-75

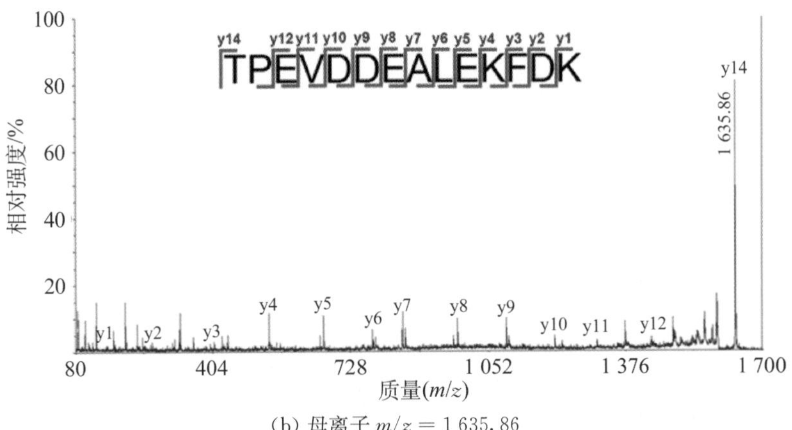

(b) 母离子 $m/z = 1\,635.86$

图 5-75 Fe_3O_4@TiO_2 微球非特异性吸附的非磷酸化肽段的串级质谱图

5.3.3 介孔金属氧化物磁性微球

5.3.3.1 Fe_3O_4@$m$$TiO_2$[41]

1. Fe_3O_4@$m$$TiO_2$ 微球的制备

Fe_3O_4@$m$$TiO_2$ 微球的合成见 2.7 节。

2. Fe_3O_4@$m$$TiO_2$ 微球在磷酸化蛋白质组学中的富集应用

(1) Fe_3O_4@$m$$TiO_2$ 微球对标准磷酸化蛋白酶解液中磷酸化肽段的富集考察

将标准磷酸化蛋白β-casein(含痕量α-casein)的酶解液选为研究对象，考察Fe_3O_4@$m$$TiO_2$微球对磷酸化肽段是否具有较好的富集能力。如图5-76(a)所示，在4×10^{-7} mol·L^{-1}的β-casein酶解液直接质谱检测图中，非磷酸化肽段的信号峰占据主要地位，磷酸化肽段信号被严重抑制。经Fe_3O_4@$m$$TiO_2$微球富集后，如图5-76(b)所示，磷酸化肽段信号显著增强，在谱图中占据主要地位。此外，还检测到3条α-casein酶解液中的磷酸化肽段，说明Fe_3O_4@$m$$TiO_2$微球对磷酸化肽段具有富集能力。

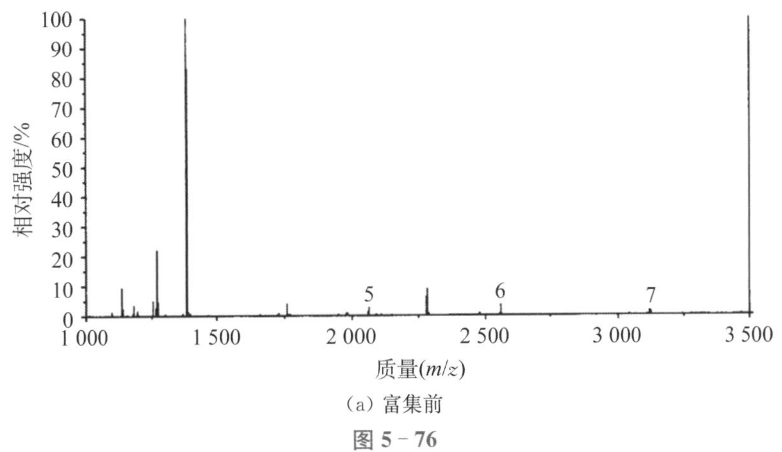

(a) 富集前

图 5-76

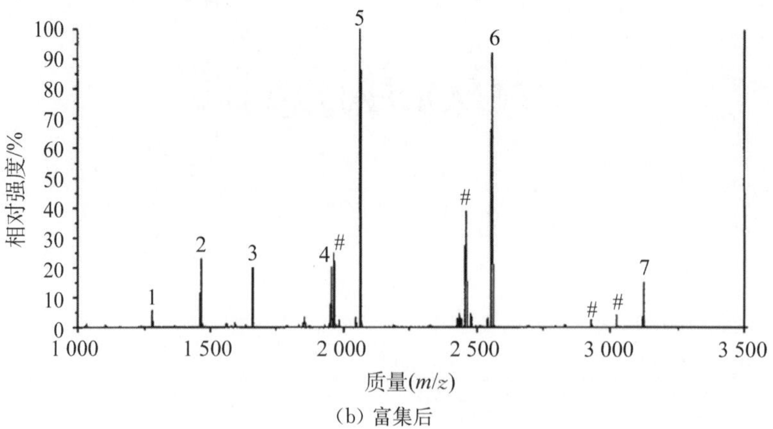

(b) 富集后

图 5-76 4×10^{-7} mol·L^{-1}的 β-casein 酶解液经 Fe_3O_4@$m$$TiO_2$ 微球富集前、后的质谱检测图(数字标记为磷酸化肽段，# 为去磷酸化碎片)

如图 5-77 所示，当 β-casein 酶解液浓度低至 4×10^{-10} mol·L^{-1}时，从经 Fe_3O_4@$m$$TiO_2$ 微球富集后的质谱图中仍可以观察到较高信号强度的磷酸化肽段峰，说明 Fe_3O_4@$m$$TiO_2$ 微球对低丰度磷酸化肽段具有较高的富集效率。

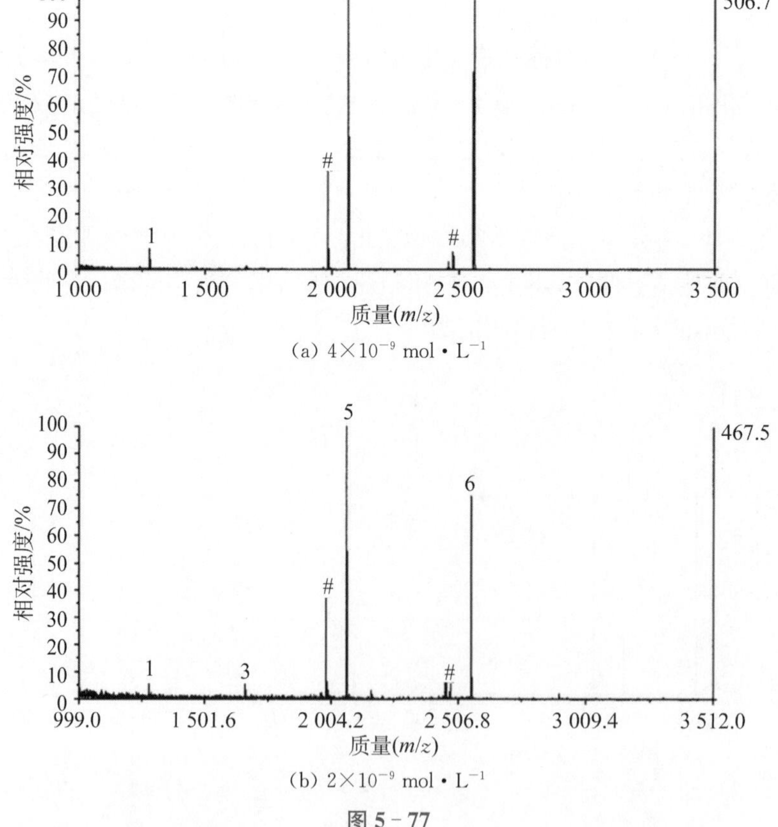

(a) 4×10^{-9} mol·L^{-1}

(b) 2×10^{-9} mol·L^{-1}

图 5-77

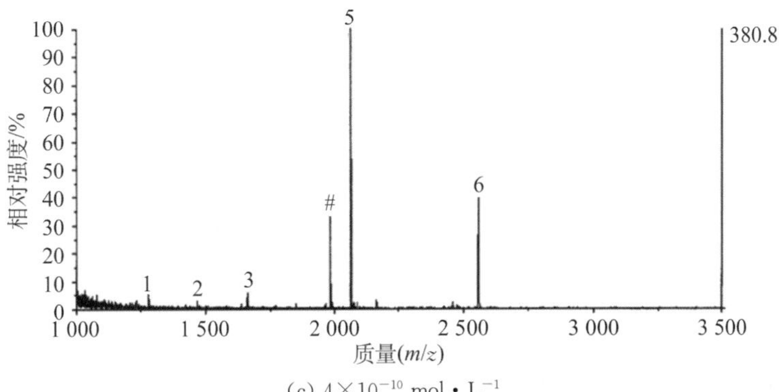

(c) 4×10^{-10} mol·L^{-1}

图 5-77　不同浓度的 β-casein 酶解液经 Fe_3O_4@mTiO$_2$ 微球富集后的质谱检测图(数字标记为磷酸化肽段，# 为去磷酸化碎片)

(2) Fe_3O_4@mTiO$_2$ 微球对复杂混合肽段体系中磷酸化肽段的富集考察

当选择 β-casein/鸡蛋白蛋白/BSA 的摩尔比为 1∶1∶50 的混合肽段酶解液(固定 β-casein 浓度为 4×10^{-8} mol·L^{-1})作为研究对象时，如图 5-78(a)所示，从混合肽段酶解液的直接质谱检测图里观察到的全是非磷酸化肽段。经 Fe_3O_4@mTiO$_2$ 微球富集后，如图 5-78(b)所示，谱图里基本没有检测到非磷酸化肽段。富集前后谱图表现出来的差异说明 Fe_3O_4@mTiO$_2$ 微球对磷酸化肽段具有很好的富集选择性。

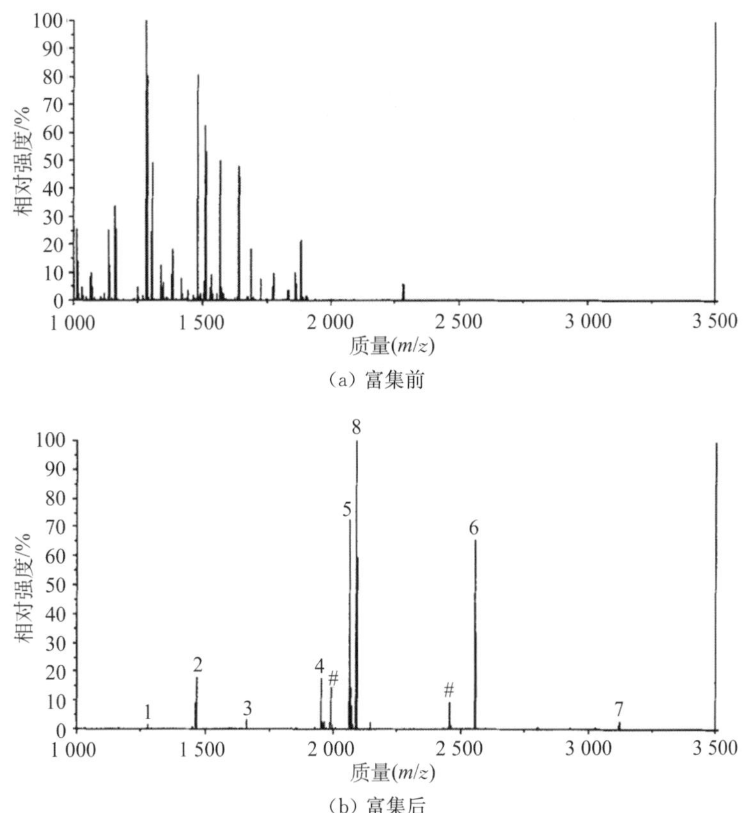

图 5-78　摩尔比为 β-casein/OVA/BSA=1∶1∶50 的混合酶解液经 Fe_3O_4@mTiO$_2$ 微球富集前、后的质谱图(数字标记为磷酸化肽段，# 为去磷酸化碎片)

(3) Fe_3O_4@$m$$TiO_2$ 微球对鼠脑组织酶解液中磷酸化肽段的富集考察

将实际生物样品鼠脑组织酶解液作为进一步的研究对象,考察 Fe_3O_4@$m$$TiO_2$ 微球对磷酸化肽段的富集能力。鼠脑组织酶解液经 Fe_3O_4@$m$$TiO_2$ 微球富集后,共鉴定到 731 条非冗余磷酸化肽段和 1 774 个磷酸化位点,其中 60.99%(1 082 个)发生在丝氨酸残基,28.75%(510 个)发生在苏氨酸残基,10.26%(182 个)发生在酪氨酸残基。

5.3.3.2　Fe_3O_4@$m$$TiO_2$@$m$$SiO_2$[42]

1. Fe_3O_4@$m$$TiO_2$@$m$$SiO_2$ 微球的制备

Fe_3O_4@$m$$TiO_2$@$m$$SiO_2$ 微球的合成见 2.7 节。

2. Fe_3O_4@$m$$TiO_2$@$m$$SiO_2$ 微球在磷酸化蛋白质组学中的富集应用

在本例工作中,Fe_3O_4@$m$$TiO_2$@$m$$SiO_2$ 微球被认为适用于富集内源性磷酸化肽段,其原因在于:第一,最外层的 $m$$SiO_2$ 对于大分子的蛋白具有排阻作用;第二,中间层的孔隙有利于内源性磷酸化肽段的扩散,增大内源性磷酸化肽段与 Fe_3O_4@$m$$TiO_2$ 作用区域;第三,具有大比表面积的 Fe_3O_4@$m$$TiO_2$ 能够为富集磷酸化肽段提供大量的亲和位点,简化整个富集过程。

Fe_3O_4@$m$$TiO_2$@$m$$SiO_2$ 微球对内源性磷酸化肽段的选择性富集示意图如图 5－79 所示。

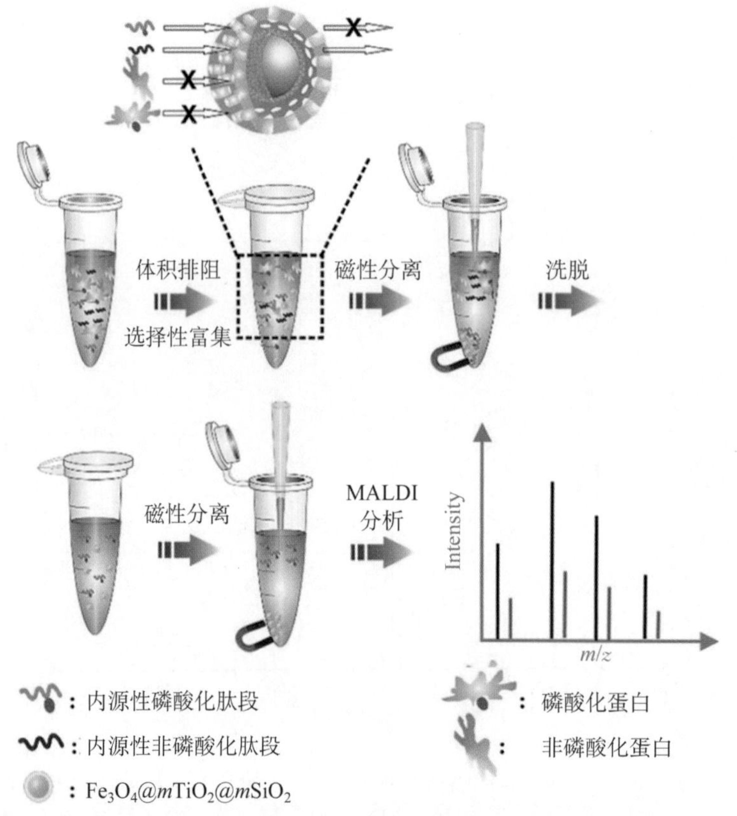

图 5－79　Fe_3O_4@$m$$TiO_2$@$m$$SiO_2$ 微球选择性富集内源性磷酸化肽段的示意

(1) Fe_3O_4@$m$$TiO_2$@$m$$SiO_2$ 微球富集磷酸化肽段的选择性考察

首先，利用不同摩尔比的 BSA 与 β-casein 混合蛋白酶解液作为研究对象，考察 Fe_3O_4@$m$$TiO_2$@$m$$SiO_2$ 微球对磷酸化肽段的富集选择性。如图 5-80 所示，当 β-casein 与 BSA 的摩尔比由 1∶10 增至 1∶1 000 时，在经 Fe_3O_4@$m$$TiO_2$@$m$$SiO_2$ 微球富集后的质谱检测图中，磷酸化肽段的信号无明显变化，β-casein 酶解液中的 3 条磷酸化肽段都可以被检测到，说明 Fe_3O_4@$m$$TiO_2$@$m$$SiO_2$ 微球对磷酸化肽段具有很好的选择性富集能力。

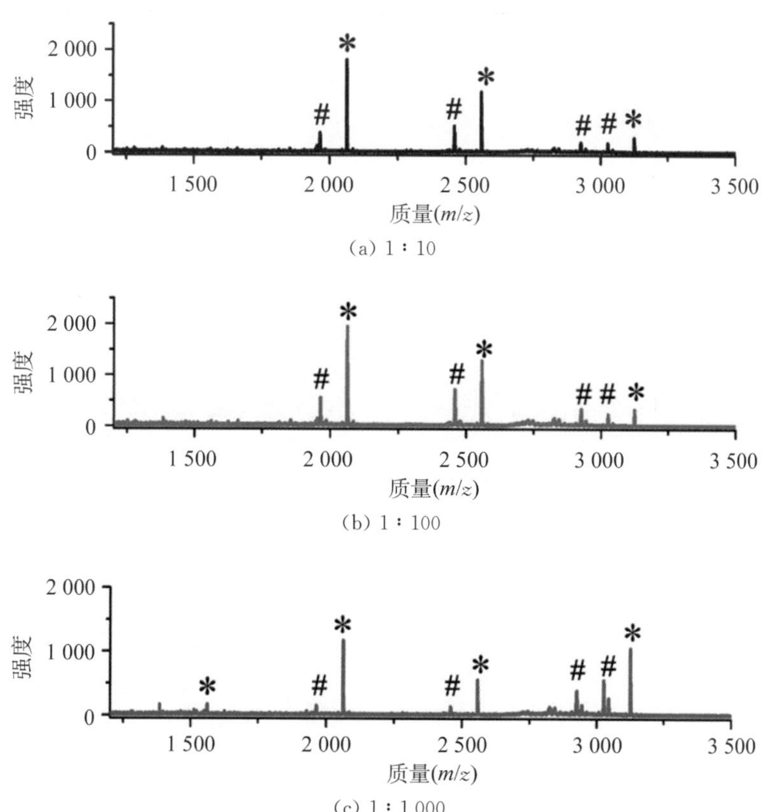

图 5-80 不同摩尔比的 β-casein 与 BSA 混合蛋白酶解液经 Fe_3O_4@$m$$TiO_2$@$m$$SiO_2$ 微球富集后的质谱检测图（* 为磷酸化肽段，# 为去磷酸化碎片）

(2) Fe_3O_4@$m$$TiO_2$@$m$$SiO_2$ 微球富集磷酸化肽段的体积排阻考察

为考察 Fe_3O_4@$m$$TiO_2$@$m$$SiO_2$ 微球最外层的 $m$$SiO_2$ 是否具有对大分子蛋白的排阻能力，将 α-casein(23 690 Da)蛋白与 β-casein 酶解液选作研究对象。同时，也用 Fe_3O_4@$m$$TiO_2$ 微球富集相同样品作为对比实验。

如图 5-81(c)，(d)所示，可以看到，两个材料对磷酸化肽段都有富集能力，但是在大量 α-casein 蛋白的存在下，Fe_3O_4@$m$$TiO_2$ 微球经富集后检测到的磷酸化肽段的信号强度很弱，如图 5-81(a)所示，检测到经 Fe_3O_4@$m$$TiO_2$ 微球富集后的洗脱液中大量存在的 α-casein 蛋白。相比之下，如图 5-81(b)所示，经 Fe_3O_4@$m$$TiO_2$@$m$$SiO_2$ 微球富集后检测到的磷酸化肽段信号很强，α-casein 蛋白信号很弱，说明 α-casein 蛋白很难通过最外层的 $mSiO_2$，即 $Fe_3O_4@mTiO_2@mSiO_2$ 微球最外层的 $mSiO_2$ 对 α-casein 蛋白存在排阻作用。

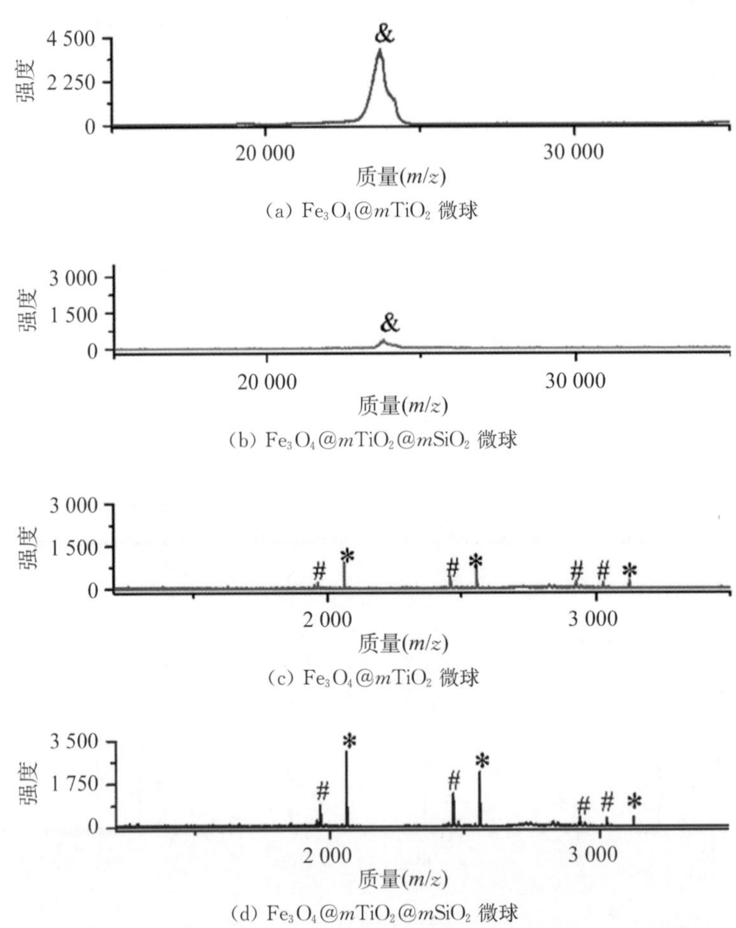

图 5-81 α-casein 蛋白与 β-casein 酶解液的混合液经不同材料富集后的质谱检测图（* 为磷酸化肽段，# 为去磷酸化碎片）

(3) $Fe_3O_4@mTiO_2@mSiO_2$ 微球对人血清中内源性磷酸化肽段的富集考察

最后，选择实际样品人血清作为研究对象，考察 $Fe_3O_4@mTiO_2@mSiO_2$ 微球对内源性磷酸化肽段的选择性富集能力。

如图 5-82 所示，在经 $Fe_3O_4@mTiO_2@mSiO_2$ 微球富集后的洗脱液中检测到 4 条具有高信噪比的磷酸化肽段。如图 5-82(d)所示，富集后的上清液在高分子量区域，能够观察到明显的蛋白峰(人血清白蛋白，67 kDa，5 nm×7 nm×7 nm)，然而，洗脱液中并没有检测出蛋白(见图 5-82(c))，说明 $Fe_3O_4@mTiO_2@mSiO_2$ 微球对内源性磷酸化肽段具有选择性富集能力，而且对大分子的蛋白具有排阻的能力。

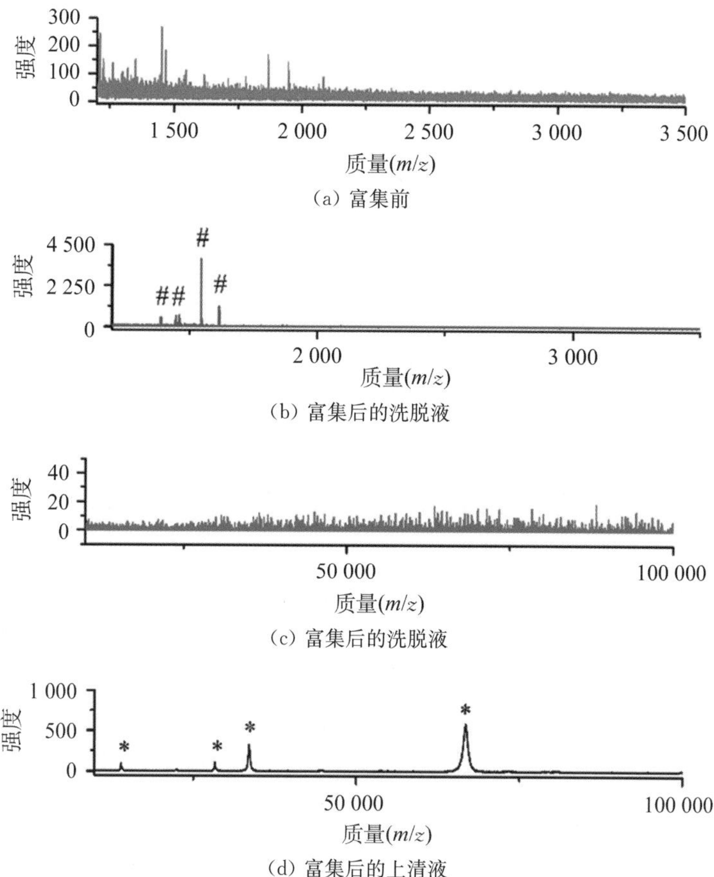

图 5-82　(a)人血清富集前的质谱检测图、经 Fe_3O_4@$m TiO_2$@$m SiO_2$ 微球富集后的洗脱液和上清液质谱检测图

5.3.4　以磁性石墨烯(Mag GO)为基底固定金属氧化物[43]

在本工作中，按照图 5-83 所示的合成图，具有大比表面积的 Mag GO@TiO_2 复合材料被成功合成，并运用到磷酸化肽段的选择性富集研究中。Mag GO@TiO_2 复合材料对人肝癌组织酶解液中的磷酸化肽段进行了选择性富集，超过 200 条磷酸化肽段被富集鉴定，表明此方法对于复杂生物样品中磷酸化肽段的富集具有有效性。

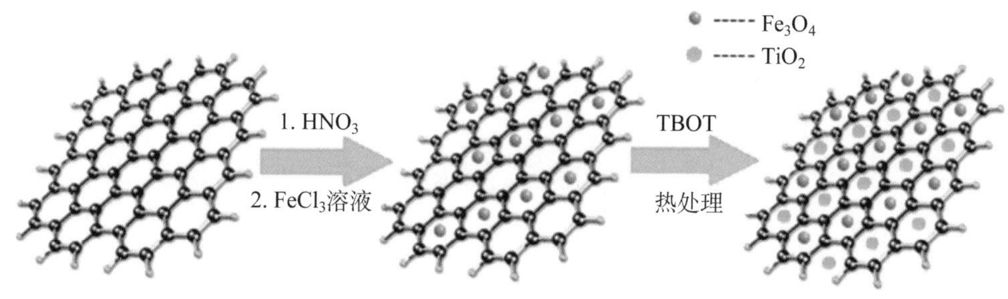

图 5-83　Mag GO@TiO_2 复合材料的合成示意

5.3.5 以 Mag GO 为基底的磁性杂化金属氧化物复合材料

5.3.5.1 Mag GO@$(Ti-Sn)O_4$ 杂化材料[44]

1. Mag GO@$(Ti-Sn)O_4$ 杂化材料的制备

Mag GO@$(Ti-Sn)O_4$ 杂化材料的合成如图 2-113 所示，具体合成过程见 2.8 节。

2. Mag GO@$(Ti-Sn)O_4$ 杂化材料在磷酸化蛋白质组学中的富集应用

(1) Mag GO@$(Ti-Sn)O_4$ 杂化材料对标准磷酸化蛋白酶解液中磷酸化肽段的富集考察

为考察 Mag GO@$(Ti-Sn)O_4$ 杂化材料对磷酸化肽段的富集能力，选择 β-casein 酶解液作为研究对象。同时，Mag GO@TiO_2 和 Mag GO@SnO_2 也被用来富集相同样品。如图 5-84(a)所示，对 4×10^{-10} mol·L^{-1}的 β-casein 酶解液直接质谱检测，未检测到任何肽段。当其分别经 Mag GO@TiO_2，Mag GO@SnO_2 以及 Mag GO@TiO_2 和 Mag GO@SnO_2 混合材料富集后，如图 5-84(b)～(d)所示，只有一条或者两条磷酸化肽段可以被检测到。当 β-casein 酶解液的浓度低至 4×10^{-11} mol·L^{-1}时，经 Mag GO@$(Ti-Sn)O_4$ 杂化材料富集后，有 6 条磷酸化肽段以及 3 个去磷酸化片段被检测到(见图 5-84(e))，说明 Mag GO@$(Ti-Sn)O_4$ 杂化材料对磷酸化肽段具有更强富集能力。

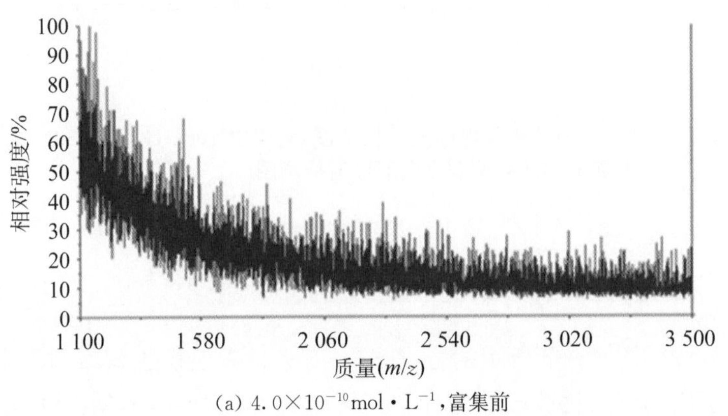

(a) 4.0×10^{-10}mol·L^{-1}，富集前

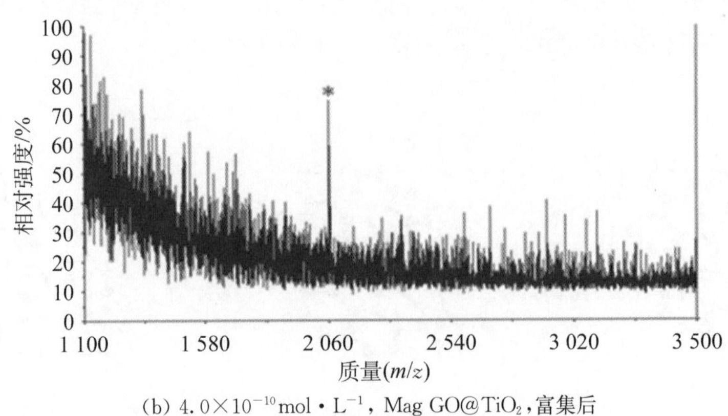

(b) 4.0×10^{-10}mol·L^{-1}，Mag GO@TiO_2，富集后

图 5-84

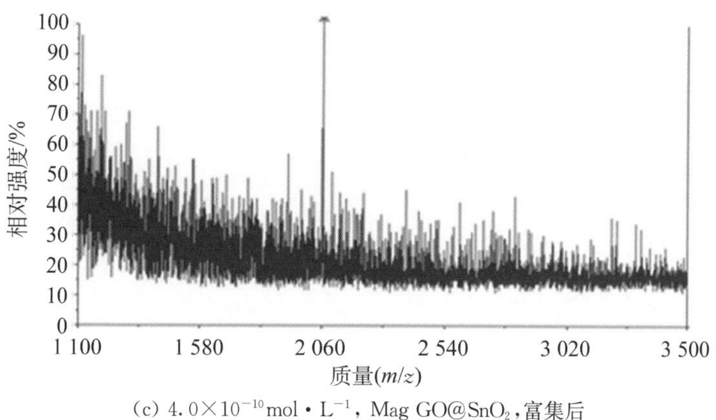

(c) 4.0×10^{-10} mol · L^{-1}, Mag GO@SnO_2,富集后

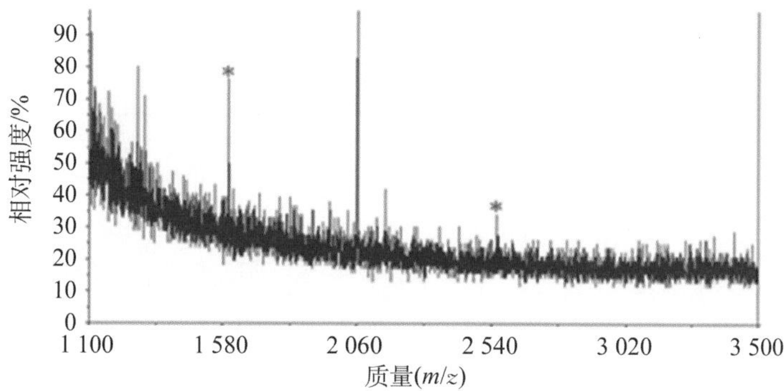

(d) 4.0×10^{-10} mol · L^{-1}, Mag GO@TiO_2 和 Mag GO@SnO_2 混合材料,富集后

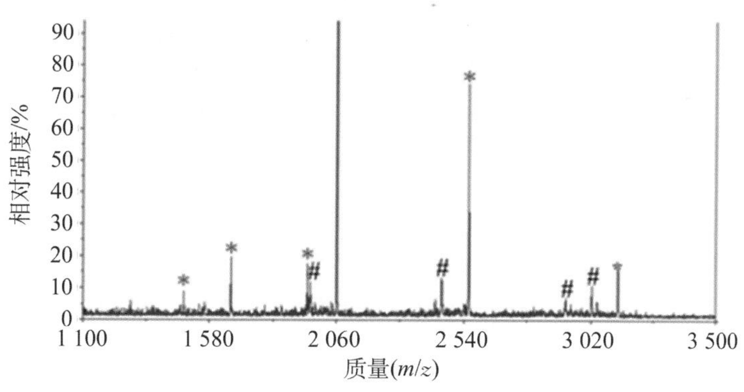

(e) 4.0×10^{-11} mol · L^{-1}, Mag GO@(Ti - Sn)O_4,富集后

图 5 - 84 β - casein 酶解液经不同材料富集前、后的质谱图(* 为磷酸化肽段,# 为去磷酸化碎片)

(2) Mag GO@(Ti - Sn)O_4 杂化材料富集磷酸化肽段的选择性考察

选择不同质量比的 β - casein 与 BSA 混合酶解液作为研究对象,考察 Mag GO@(Ti - Sn)O_4 杂化材料对磷酸化肽段富集的选择性。如图 5 - 85(a)所示,两者质量比为 1/10 的混合酶解液富集前的质谱检测图中,只检测到大量的非磷酸化肽段。而经 Mag GO@(Ti - Sn)O_4 杂化材料富集后,如图 5 - 85(b)所示,检测到 7 条磷酸化肽段以及 4 个去磷酸化片段。当 β - casein

与 BSA 的比例达到 1∶1 500 时，如图 5-85(c)所示，经 Mag GO@(Ti-Sn)O_4 杂化材料富集后，仍能检测到 7 条磷酸化肽段以及 4 个去磷酸化片段。虽然谱图中出现一些非磷酸化肽段的信号峰，不过磷酸化肽段的信号仍然占主导地位。以上结果表明 Mag GO@(Ti-Sn)O_4 杂化材料具有较强特异性和高选择性，同时也说明 Mag GO@(Ti-Sn)O_4 杂化材料在对复杂生物样品中的磷酸化肽段的选择性富集方面存在巨大潜力。

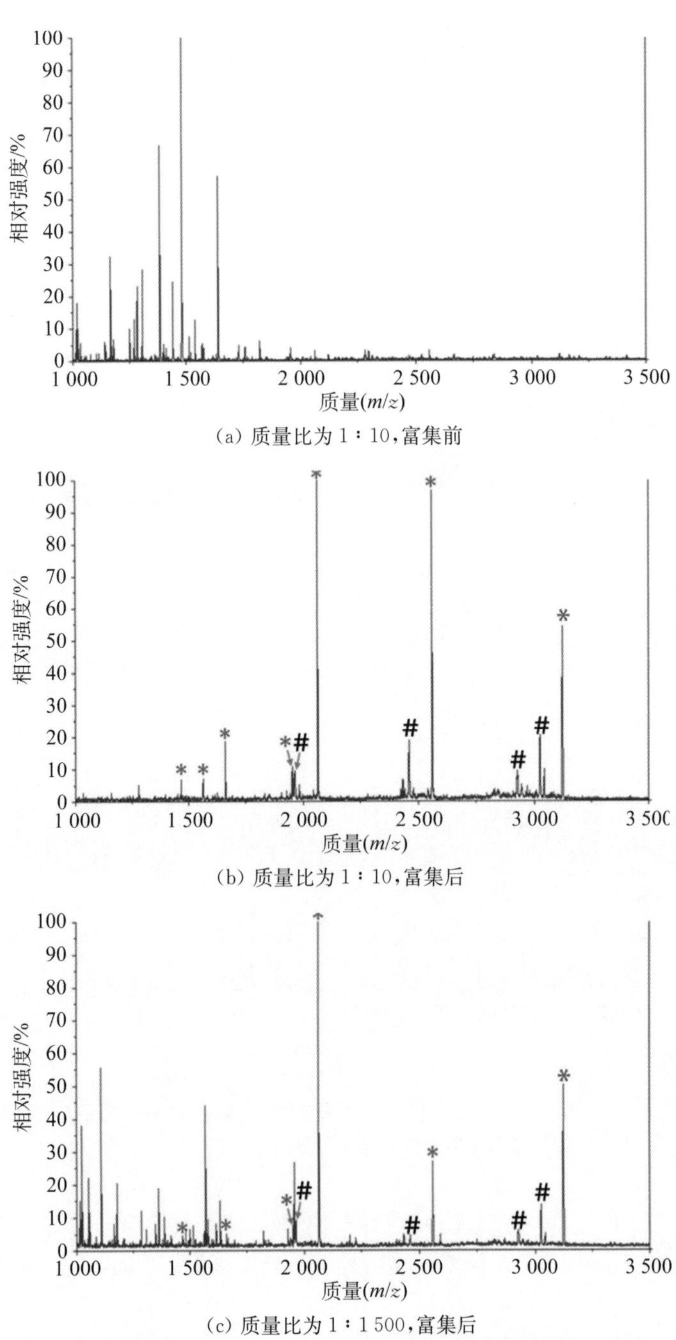

图 5-85 **不同质量比的 β-casein 与 BSA 混合酶解液经 Mag GO@(Ti-Sn)O_4 杂化材料富集前、后的质谱图**

(3) Mag GO@(Ti - Sn)O_4 杂化材料对小鼠鼠脑组织中磷酸化肽段的富集考察

将实际生物样品小鼠鼠脑组织蛋白酶解液作为进一步的研究对象，考察 Mag GO@(Ti - Sn)O_4 杂化材料对磷酸化肽段的富集能力。通过数据库检索，共鉴定 66 条单磷酸肽段、104 条多磷酸化肽段、349 个磷酸化位点，其中，79.37%的磷酸化位点在丝氨酸残基(277 个)，17.19%的磷酸化位点在苏氨酸残基(60 个)，3.44%的磷酸化位点在酪氨酸残基(12 个)。

5.3.5.2　Mag GO@PDA@(Zr - Ti)O_4 杂化材料

1. Mag GO@PDA@(Zr - Ti)O_4 杂化材料的制备

图 5 - 86 所示为 Mag GO@(Zr - Ti)O_4 杂化材料的合成过程，具体合成过程见 2.8 节。

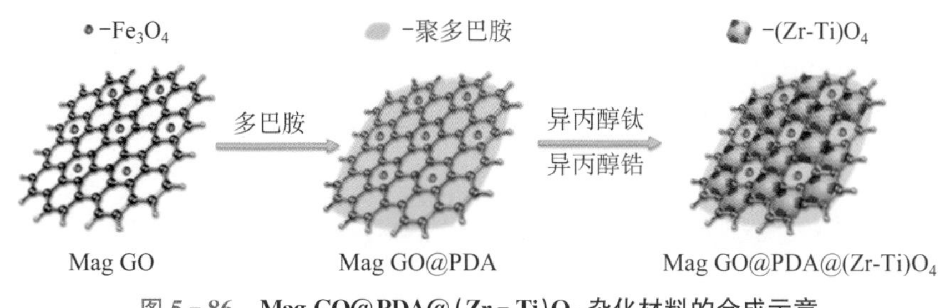

图 5 - 86　**Mag GO@PDA@(Zr - Ti)O_4 杂化材料的合成示意**

2. Mag GO@PDA@(Zr - Ti)O_4 杂化材料在磷酸化蛋白质组学中的富集应用

(1) Mag GO@PDA@(Zr - Ti)O_4 杂化材料对标准磷酸化蛋白酶解液中磷酸化肽段的富集考察

为考察 Mag GO@PDA@(Zr - Ti)O_4 杂化材料对磷酸化肽段的富集能力，选择 β - casein 酶解液被作为研究对象，同时，用 Mag GO@PDA@ZrO_2 和 Mag GO@PDA@TiO_2 复合材料来富集相同的样品。如图 5 - 87(a)所示，在 4×10^{-10} mol・L^{-1}的 β - casein 酶解液的直接质谱检测图中检测不到任何肽段。当其分别经 Mag GO@PDA@ZrO_2、Mag GO@PDA@TiO_2 以及 Mag GO@PDA@ZrO_2 和 Mag GO@PDA@TiO_2 混合材料富集后，如图 5 - 87(b)～(d)所示，可以检测到属于 β - casein 酶解液的 3 条磷酸化肽段，但同时，也检出谱图中大量的非磷酸化肽段。然而，经过 Mag GO@PDA@(Zr - Ti)O_4 杂化材料富集后，如图 5 - 87(e)所示，不仅检测到属于 β - casein 酶解液的 3 条磷酸化肽段以高信号强度，也检出其相应的去磷酸化碎片以及属于 α - casein 酶解液的两条磷酸化肽段，并且没有高信号强度非磷酸化肽段出现。同时，当 β - casein 酶解液的浓度低至 4×10^{-11} mol・L^{-1}，经 Mag GO@PDA@(Zr - Ti)O_4 杂化材料富集后，检测到有 5 条磷酸化肽段以及 2 个去磷酸化片段。以上结果都说明 Mag GO@PDA@(Zr - Ti)O_4 杂化材料对磷酸化肽段的富集效果很好。

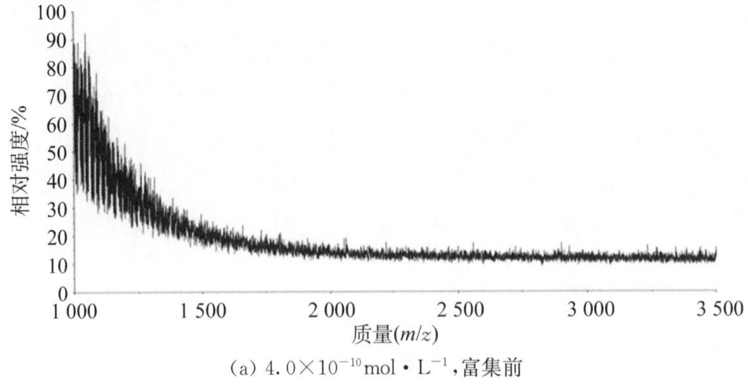

(a) 4.0×10^{-10} mol・L^{-1}，富集前

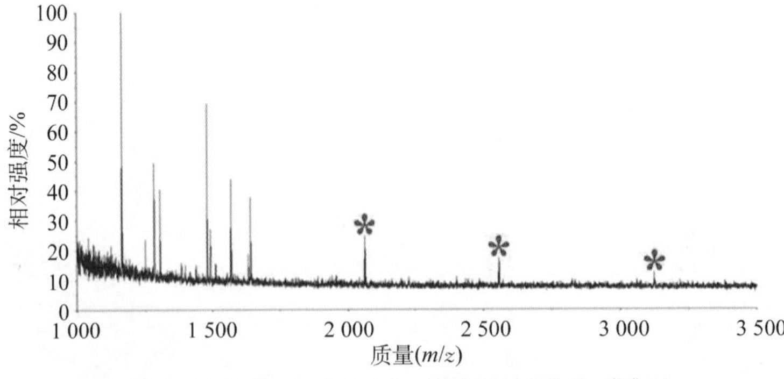

(b) 4.0×10^{-10} mol・L^{-1}，Mag GO@PDA@ZrO_2，富集后

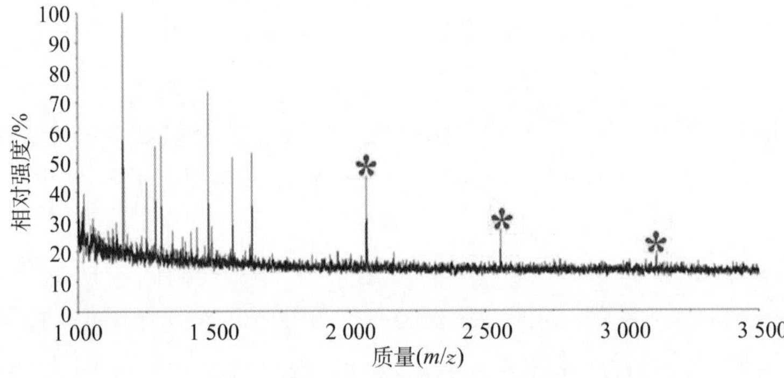

(c) 4.0×10^{-10} mol・L^{-1}，Mag GO@PDA@TiO_2，富集后

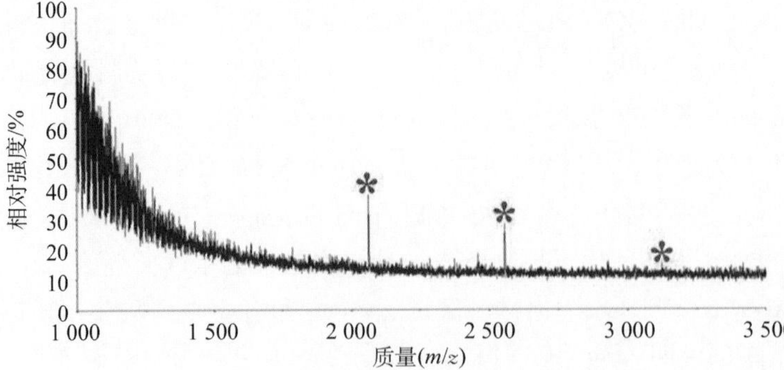

(d) 4.0×10^{-10} mol・L^{-1}，Mag GO@PDA@ZrO_2 和 Mag GO@PDA@TiO_2 混合材料，富集后

图 5-87

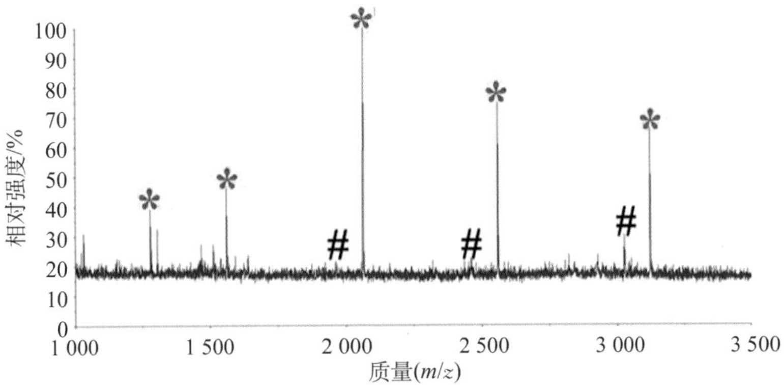

(e) 4.0×10^{-10} mol·L^{-1}, Mag GO@PDA@(Zr - Ti)O_4 杂化材料,富集后

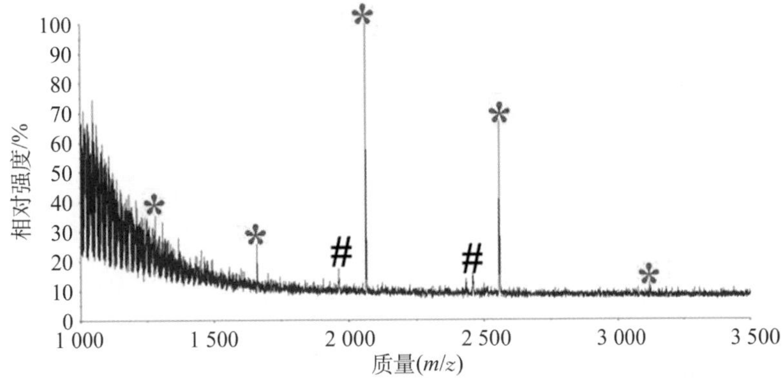

(f) 4.0×10^{-11} mol·L^{-1}, Mag GO@PDA@(Zr - Ti)O_4 杂化材料,富集后

图 5 - 87 **β - casein 酶解液经不同材料富集前、后的质谱检测图(* 为磷酸化肽段,# 为去磷酸化碎片)**

(2) Mag GO@PDA@(Zr - Ti)O_4 杂化材料富集磷酸化肽段的选择性考察

选择不同质量比的β - casein与BSA混合酶解液作为研究对象,考察Mag GO@PDA@(Zr - Ti)O_4 杂化材料对磷酸化肽段富集的选择性。值得一提的是,当β - casein与BSA的质量比提高至1∶8 000时,在富集后的谱图中观察到8条磷酸化肽段和其去磷酸化碎片的信号峰,如图5 - 88(d)所示,虽然有部分非磷酸化肽段干扰峰出现,但从谱图中可以看到,磷酸化肽段的质谱信号峰处于绝对显著地位。相较于Mag GO@(Ti - Sn)O_4 杂化材料而言,Mag GO@PDA@(Zr - Ti)O_4 杂化材料对磷酸化肽段表现出更强的特异性吸附能力。

(3) Mag GO@PDA@(Zr - Ti)O_4 杂化材料对小鼠鼠脑组织中磷酸化肽段的富集考察

用Mag GO@PDA@(Zr - Ti)O_4 杂化材料从小鼠鼠脑组织酶解液中成功富集并鉴定到163条单磷酸肽段、459条多磷酸化肽段,以及1 436个磷酸化位点,其中,87.53%的磷酸化位点在丝氨酸残基(1 257个),11.98%的磷酸化位点在苏氨酸残基(172个),0.49%的磷酸化位点在酪氨酸残基(7个)。由此可见,从新型Mag GO@PDA@(Zr - Ti)O_4 杂化材料检测到的磷酸化位点是Mag GO@(Ti - Sn)O_4 杂化材料的4.11倍,而从

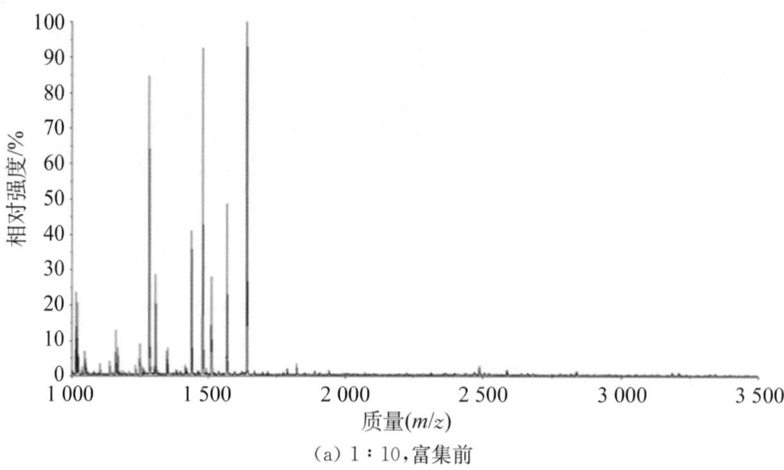

(a) 1∶10,富集前

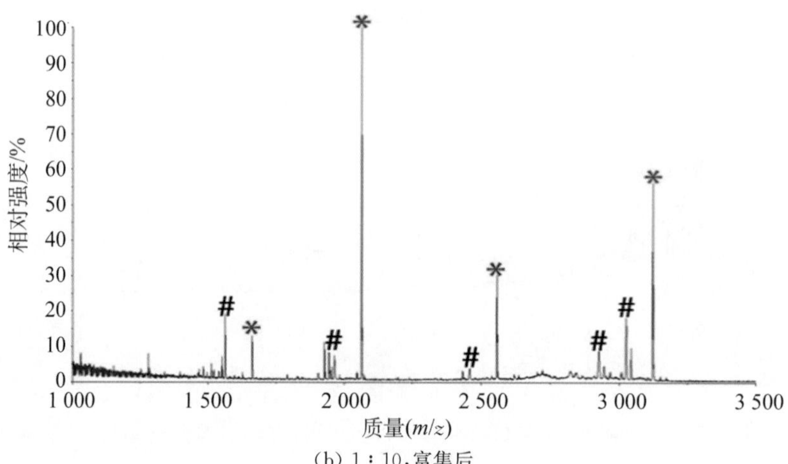

(b) 1∶10,富集后

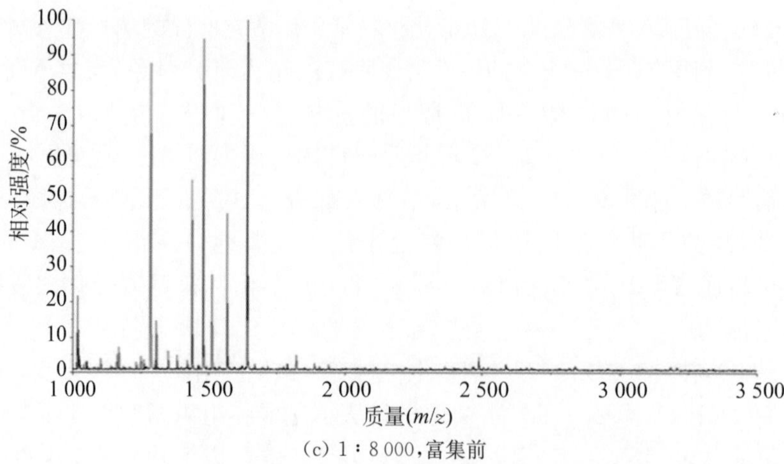

(c) 1∶8 000,富集前

图 5-88

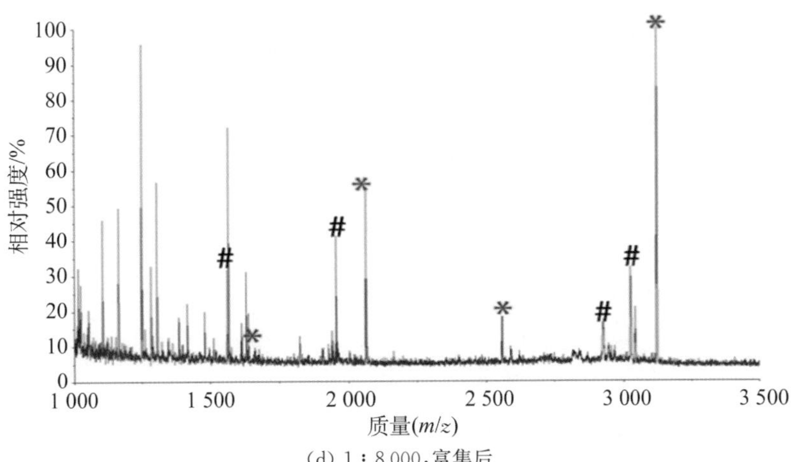

(d) 1∶8 000,富集后

图 5-88　不同质量比的 β-casein 与 BSA 混合酶解液的经 Mag GO@PDA@(Zr-Ti)O_4 杂化材料富集前、后的质谱图(* 为磷酸化肽段,# 为去磷酸化碎片)

Mag GO@PDA@(Zr-Ti)O_4 杂化材料检测到的磷酸化肽段则为 Mag GO@(Ti-Sn)O_4 杂化材料的 3.66 倍。

5.4　MOF 修饰的磁性微纳米材料用于磷酸化蛋白质组学分离分析

5.4.1　前言

MOF 是由中心金属离子以及有机配体通过配位作用自组装而成,是继沸石与碳纳米管之后的又一类重要的新型聚合物多孔材料,近年来发展迅速。因其拥有大的比表面积、结构多样和孔道可调控等多种特性,在气体吸附、分离、催化、生物医学等方面都有着广泛的应用。又因其具有分子筛效应,能够有效富集肽段而将大分子蛋白排阻在外,所以 MOFs 在蛋白质组学中也展现出极大的应用前景。目前,已经有很多的 MOF 材料被合成用于低丰度肽段的分离富集、固定酶解等研究。但考虑到合成的 MOF 本身并不具备磁性,将其直接用于蛋白质组学中的分离富集,会导致样品与试剂的损耗、样品污染以及操作效率降低等问题。因此,寻求可靠技术将 MOF 修饰于磁性微球表面成为众多研究者的探索内容。磁性 MOF 的成功合成将成为样品分离的有利技术手段。本节介绍两种常用的将 MOF 修饰于磁性微球表面的方法及 MOF 修饰的磁性微纳米材料在磷酸化蛋白质组学中的应用。

5.4.2　聚多巴胺修饰的磁性微球固定 MOF[45] (Fe_3O_4@PDA@Zr-MOF)

5.4.2.1　Fe_3O_4@PDA@Zr-MOF 复合材料的制备

Fe_3O_4@PDA@Zr-MOF 复合材料的合成见 2.6 节。同时,合成 Fe_3O_4@PDA@Zr(Ⅳ)

微球作对比实验。其合成步骤为：100 mg Fe_3O_4@PDA 微球分散于 0.1 mol·L^{-1} $ZrOCl_2$ 溶液中于 70 ℃反应 2～3 h,所得产物用乙醇清洗。

5.4.2.2 Fe_3O_4@PDA@Zr－MOF 复合材料在磷酸化蛋白质组学中的富集应用

1. Fe_3O_4@PDA@Zr－MOF 复合材料对标准磷酸化蛋白酶解液中磷酸化肽段的富集考察

首先,选择不同浓度的 β－casein 酶解液作为研究对象,考察 Fe_3O_4@PDA@Zr－MOF 复合材料对磷酸化肽段的富集能力。如图 5－89(a)所示,当 β－casein 酶解液的浓度为 5×10^{-11} mol·L^{-1}时,检测出 5 条磷酸化肽段;当 β－casein 酶解液浓度低至 5×10^{-12} mol·L^{-1}时,如图 5－89(b)所示,检测出 3 条磷酸化肽段,说明 Fe_3O_4@PDA@Zr－MOF 复合材料对磷酸化肽段具有选择性富集能力,且对低浓度溶液富集效果也很好。

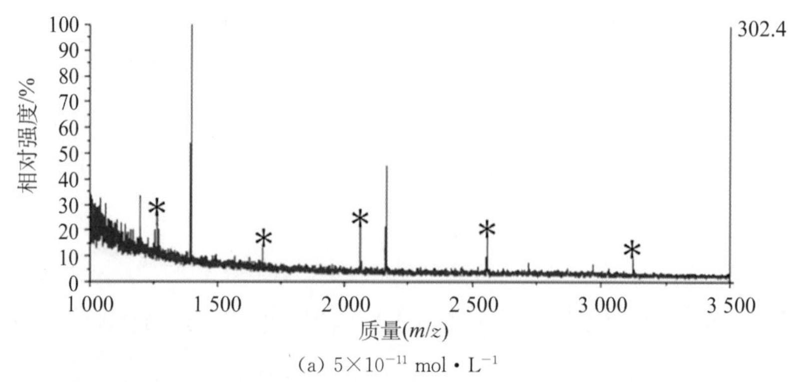

(a) 5×10^{-11} mol·L^{-1}

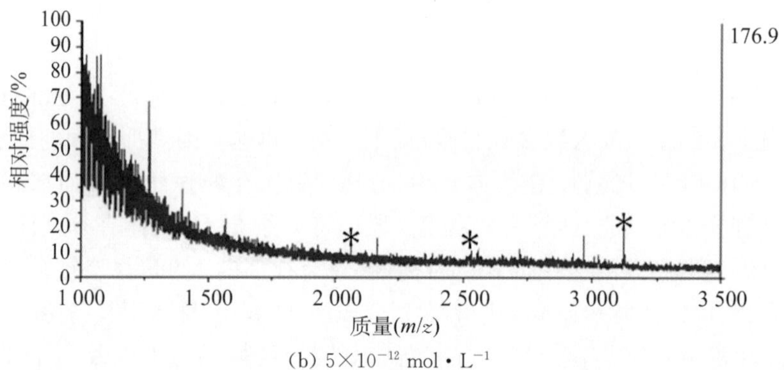

(b) 5×10^{-12} mol·L^{-1}

图 5－89 不同浓度的 β－casein 酶解液经 Fe_3O_4@PDA@Zr－MOF 复合材料富集后的质谱检测图

2. Fe_3O_4@PDA@Zr－MOF 复合材料对富集磷酸化肽段的选择性考察

采用不同摩尔比的 β－casein 与 BSA 混合酶解液考察 Fe_3O_4@PDA@Zr－MOF 复合材料对磷酸化肽段的富集选择性。如图 5－90 所示,不论 β－casein 与 BSA 的摩尔比是 1∶200, 1∶400,还是 1∶500,富集前直接质谱检测所得的谱图中只有非磷酸化肽段。然而,经 Fe_3O_4@PDA@Zr－MOF 复合材料富集后,分别检测到 6～8 条磷酸化肽段及其相应的去磷酸化碎片,说明 Fe_3O_4@PDA@Zr－MOF 复合材料对磷酸化肽段具有选择性富集能力。

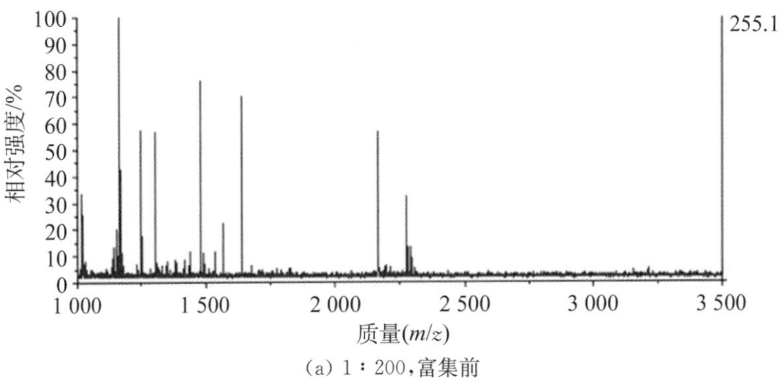

(a) 1∶200,富集前

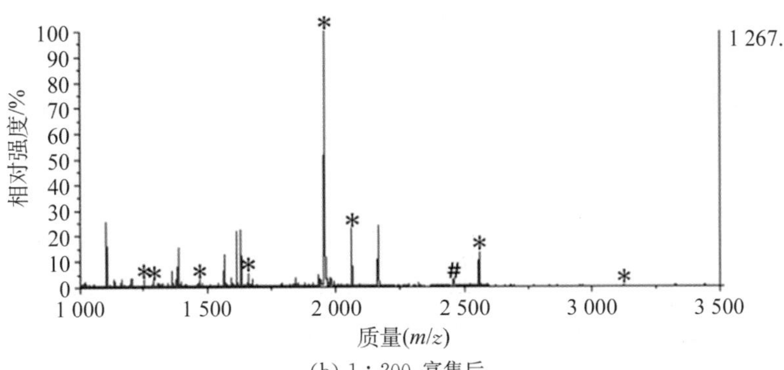

(b) 1∶200,富集后

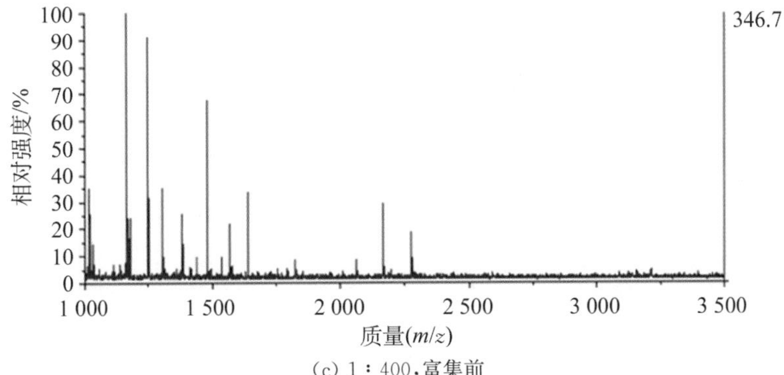

(c) 1∶400,富集前

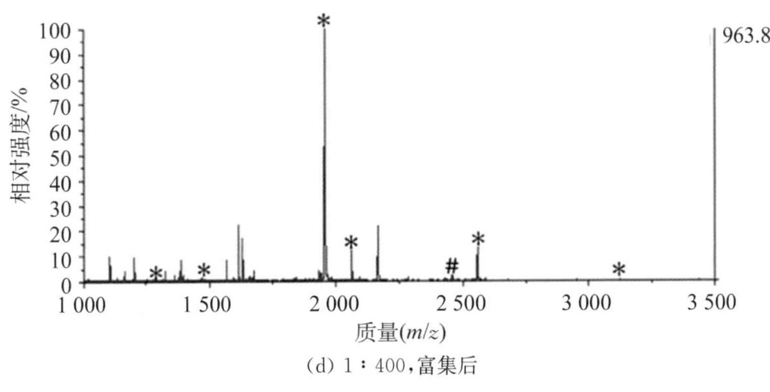

(d) 1∶400,富集后

图 5 - 90

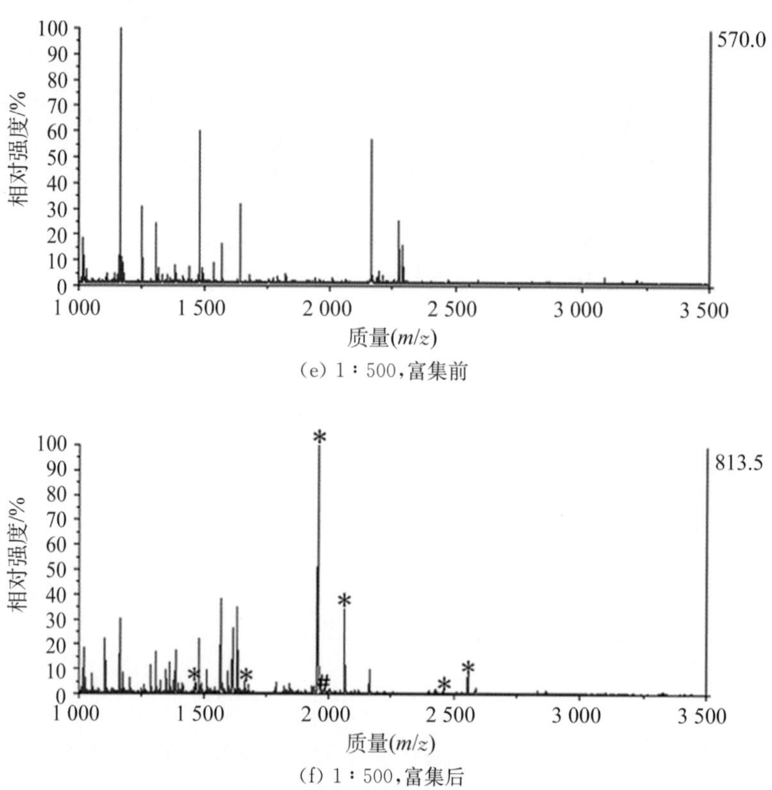

(e) 1∶500,富集前

(f) 1∶500,富集后

图 5-90 不同摩尔比的 β-casein 与 BSA 混合酶解液经 Fe_3O_4@PDA@Zr-MOF 复合材料富集前、后的质谱检测图(* 为磷酸化肽段,# 为去磷酸化碎片)

3. Fe_3O_4@PDA@Zr-MOF 复合材料对人血清中磷酸化肽段的富集考察

为进一步评估 Fe_3O_4@PDA@Zr-MOF 复合材料对磷酸化肽段的选择性富集能力,选择人血清作为研究对象。如图 5-91 所示,经 Fe_3O_4@PDA@Zr-MOF 复合材料富集后,检测出 4 条典型的人血清中的磷酸化肽段。由此可见,Fe_3O_4@PDA@Zr-MOF 复合材料对复杂生物样品中的磷酸化肽段也具有较好的选择性富集能力。

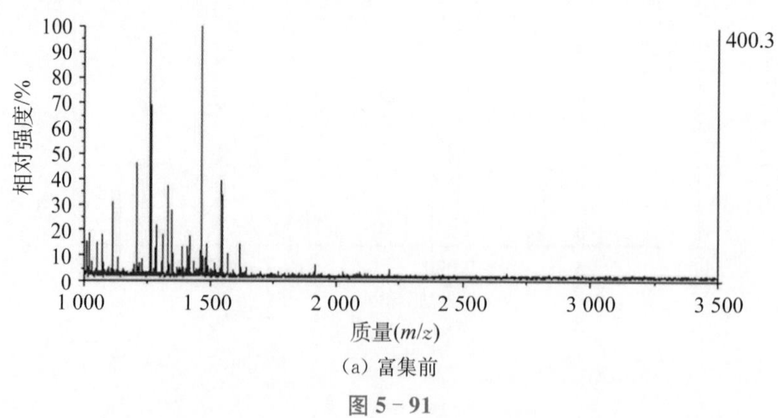

(a) 富集前

图 5-91

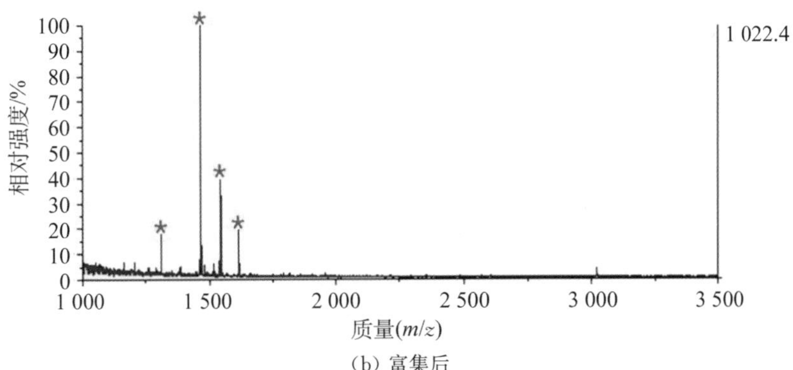

(b) 富集后

图 5-91 人血清样品经 Fe_3O_4@PDA@Zr-MOF 复合材料富集前、后的质谱检测图

5.4.3 巯基乙酸(MerA)修饰的磁性微球固定 MOF[46] (Fe_3O_4@MIL-100(Fe))

5.4.3.1 Fe_3O_4@MIL-100(Fe)复合材料的制备

Fe_3O_4@MIL-100(Fe)复合材料的合成见 2.6 节。

5.4.3.2 Fe_3O_4@MIL-100(Fe)复合材料在磷酸化蛋白质组学中的富集应用

1. Fe_3O_4@MIL-100(Fe)复合材料对标准磷酸化蛋白酶解液中磷酸化肽段的富集考察

以 β-casein 和 α-casein 酶解液作为研究对象，初步考察 Fe_3O_4@MIL-100(Fe)复合材料对磷酸化肽段的富集有效性。如图 5-92 所示，当 β-casein 酶解液浓度低至 1×10^{-12} mol·L^{-1}时，仍可以检测到 1 条磷酸化肽段，证实 Fe_3O_4@MIL-100(Fe)复合材料对磷酸化肽段具备富集能力，并且其具有高富集灵敏度。

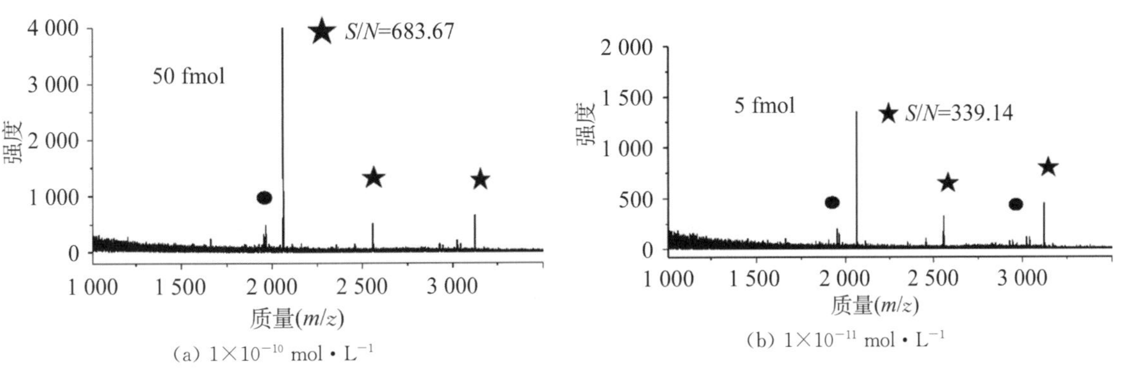

(a) 1×10^{-10} mol·L^{-1} (b) 1×10^{-11} mol·L^{-1}

图 5-92

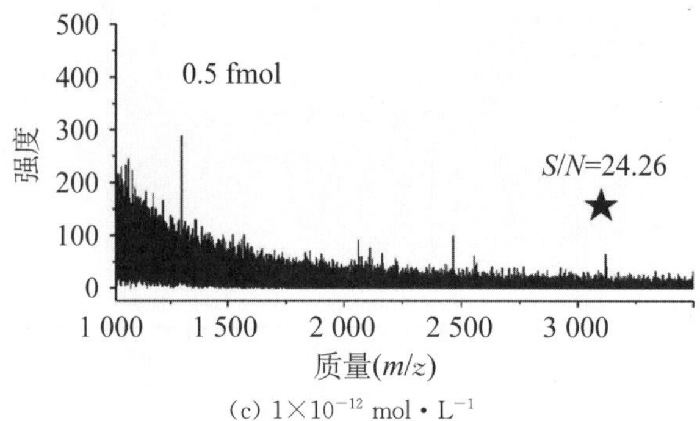

(c) 1×10^{-12} mol·L^{-1}

图 5-92 不同浓度的 β-casein 酶解液经 Fe_3O_4@MIL-100(Fe)复合材料富集后的质谱图(★为磷酸化肽段,●为去磷酸化片段)

图 5-93 所示为 1×10^{-9} mol·L^{-1}的 α-casein 酶解液富集前的直接质谱检测图和经 Fe_3O_4@MIL-100(Fe)复合材料富集后的质谱图。由此图可知,Fe_3O_4@MIL-100(Fe)复合材料对 α-casein 酶解液中的磷酸化肽段展现了很好的富集效果,其富集到的磷酸化肽段的详细信息见表5-16。

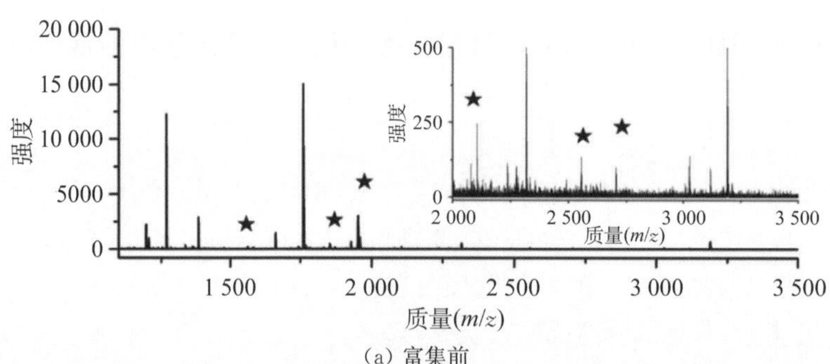

(a) 富集前

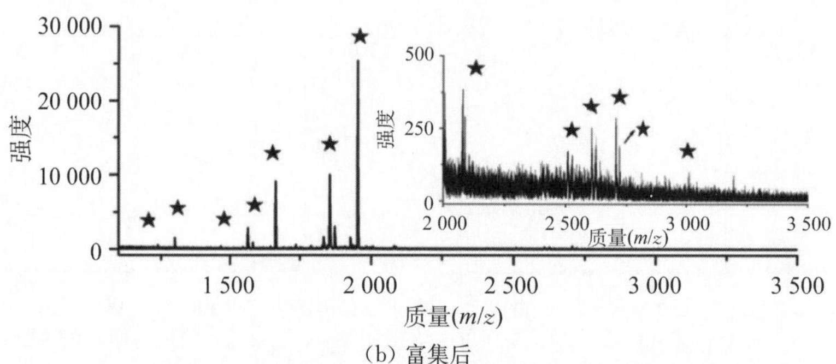

(b) 富集后

图 5-93 1×10^{-9} mol·L^{-1}的 α-casein 酶解液经 Fe_3O_4@MIL-100(Fe)复合材料富集前、后的质谱图(★为磷酸化肽段)

表 5 - 16　Fe_3O_4@MIL - 100(Fe)复合材料从 α - casein 酶解液中富集到的磷酸化肽段的详细信息

No.	峰值	肽段序列	检出的磷酸化数量
α1	1 237.07	TVDME[pS]TEVE	1
α2	1 337.28	HIQKEDV[pS]ER	1
α3	1 466.17	TVDME[pS]TEVFIK	1
α4	1 482.17	TVD[Mo]E[pS]TEVFTK[b]	1
α5	1 660.57	VPQLEIVPN[pS]AEER	1
α6	1 847.50	DIGSE[pS]TEDQAMEDIK	1
α7	1 927.28	DIG[pS]E[pS]TEDQAMEDIK	2
α8	1 943.45	DIG[pS]E[pS]TEDQA[Mo]EDIKa	2
α9	1 951.72	YKVPQLEIVRN[pS]AEER	1
α10	2 061.61	FQ[pS]EEQQQTEDELQDK	1
α11	2 618.69	NTMEHV[pS][pS][pS]EESII[pS]QETYK	4
α12	2 677.47	VNEL[pS]KDIG[pS]E[pS]TEDQAMEDIK	3
α13	2 703.71	Q* MEAE[pS]I[pS][pS][pS]EEIVPN[pS]VEAQ[b]	5
α14	2 720.69	QMEAE[pS]I[pS][pS][pS]EEIVPNPN[pS]VEQK	5
α15	2 934.98	KEKVNEL[pS]KDIG[pS]E[pS]TEDQAMEDIKQ	3
α16	3 007.85	NANEEEYSIG[pS][pS][pS]EE[pS]AEVATEEVK	4

2. Fe_3O_4@MIL - 100(Fe)复合材料对磷酸化肽段的选择性富集考察

选择不同摩尔比的 β - casein(0.5 pmol)和 BSA 酶解液作为研究对象，进一步考察 Fe_3O_4@MIL - 100(Fe)复合材料对磷酸化肽段的富集选择性。如图 5 - 94(a)所示，在 β - casein 和 BSA 酶解液摩尔比为 1∶100 时，谱图中只检出大量的非磷酸化肽段，然而经 Fe_3O_4@MIL - 100(Fe)复合材料富集后，如图 5 - 94(b)所示，观察到属于 β - casein 的 3 条磷酸化肽段及其相应的去磷酸化碎片，而且谱图背景干净，没有出现非磷酸化肽段。当 β -

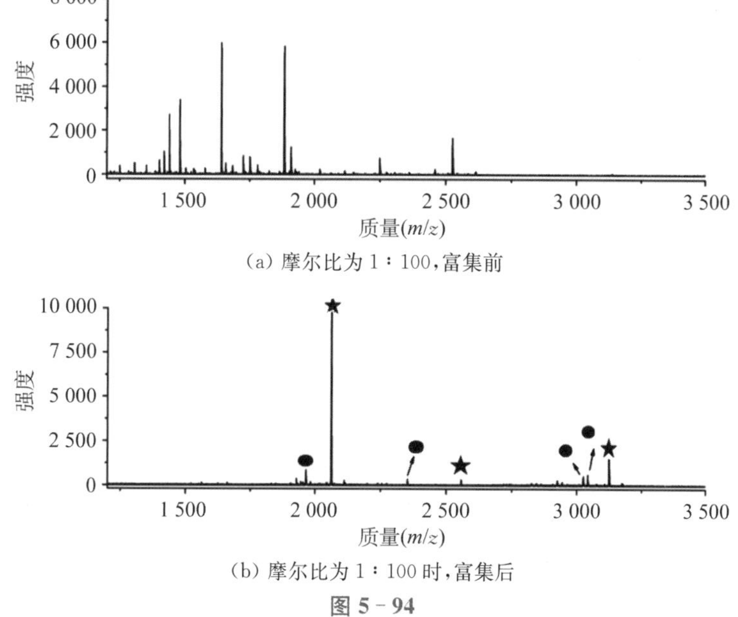

(a) 摩尔比为 1∶100，富集前

(b) 摩尔比为 1∶100 时，富集后

图 5 - 94

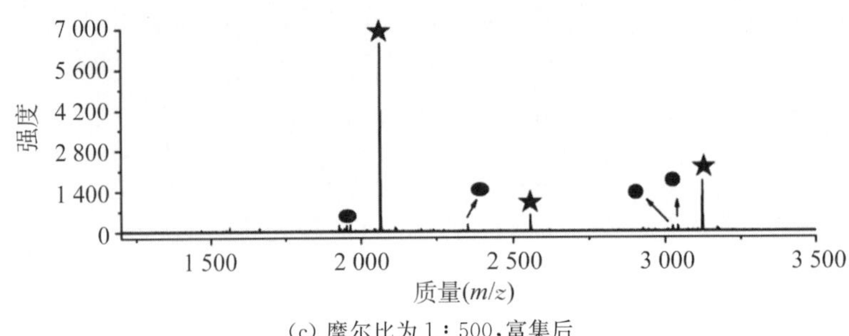

(c) 摩尔比为 1∶500,富集后

图 5-94 不同摩尔比的 β-casein(0.5 pmol)和 BSA 酶解液经 Fe_3O_4@MIL-100(Fe)复合材料富集前、后的质谱检测图(★为磷酸化肽段,·为去磷酸化碎片)

casein 和 BSA 酶解液的摩尔比为 1∶500 时,如图 5-94(c)所示,得到的谱图与图 5-94(b)无明显差异,表明 Fe_3O_4@MIL-100(Fe)复合材料对磷酸化肽段具备选择性富集能力。

3. Fe_3O_4@MIL-100(Fe)复合材料对富集磷酸化肽段的体积排阻能力考察

根据 Fe_3O_4@MIL-100(Fe)复合材料的孔径分布表征已知此材料的孔径主要集中在 1.93 nm 和3.91 nm,所以将 BSA 蛋白加入 β-casein 酶解液中作为干扰蛋白来考察 Fe_3O_4@MIL-100(Fe)复合材料是否对大分子蛋白具有排阻作用。如图 5-95(a),(b)所示,由于高丰度大分子蛋白的存在,没有检测到磷酸化肽段。经 Fe_3O_4@MIL-100(Fe)复合材料富集后,如图图 5-95(c),(d)所示,BSA 蛋白的信号消失,而检测到属于 β-casein 的 3 条磷酸化肽段及其相应的去磷酸化碎片。并且上清液中 BSA 蛋白的含量经检测为 0.030 mg·mL^{-1},与原液中的 BSA 蛋白含量 0.033 mg·mL^{-1}没有显著区别,说明 Fe_3O_4@MIL-100(Fe)复合材料很好地将 BSA 蛋白排阻在其孔道之外。

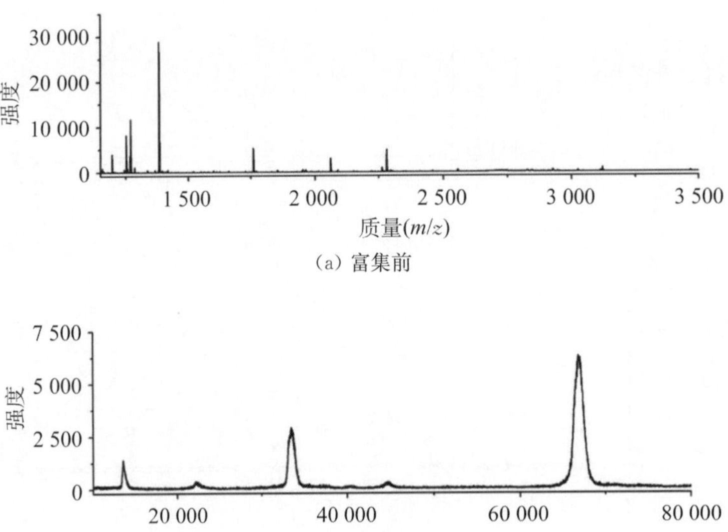

(a) 富集前

(b) 富集前

图 5-95

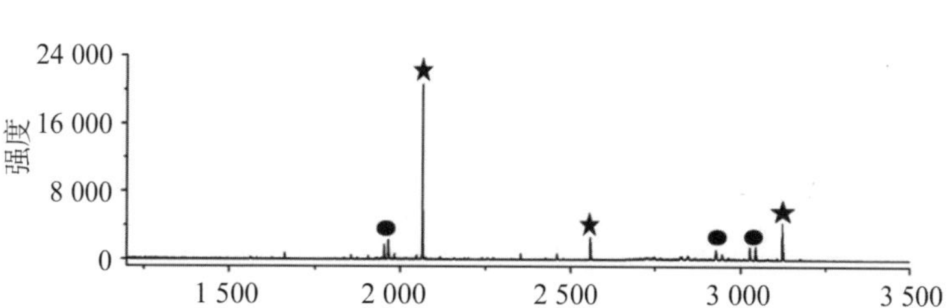

(c) 富集后

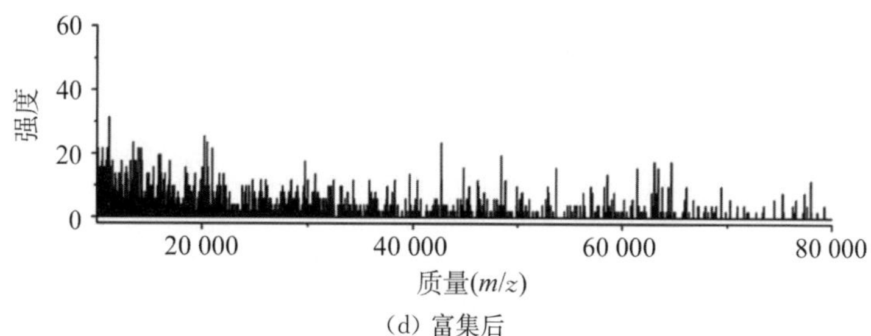

(d) 富集后

图 5-95　BSA 蛋白与 β-casein 酶解液混合物经 Fe_3O_4@MIL-100(Fe)复合材料富集前、后的质谱图(★为磷酸化肽段,●为去磷酸化碎片)

4. Fe_3O_4@MIL-100(Fe)复合材料对脱脂牛奶酶解液中磷酸化肽段的富集考察

选择更为复杂的实际样品脱脂牛奶作为进一步研究的对象,考察 Fe_3O_4@MIL-100(Fe)复合材料对磷酸化肽段的富集能力。如图 5-96 所示,共有十几条磷酸化肽段从脱脂牛奶酶解液中富集出来并得到检测。富集到的磷酸化肽段的具体信息见表 5-17。

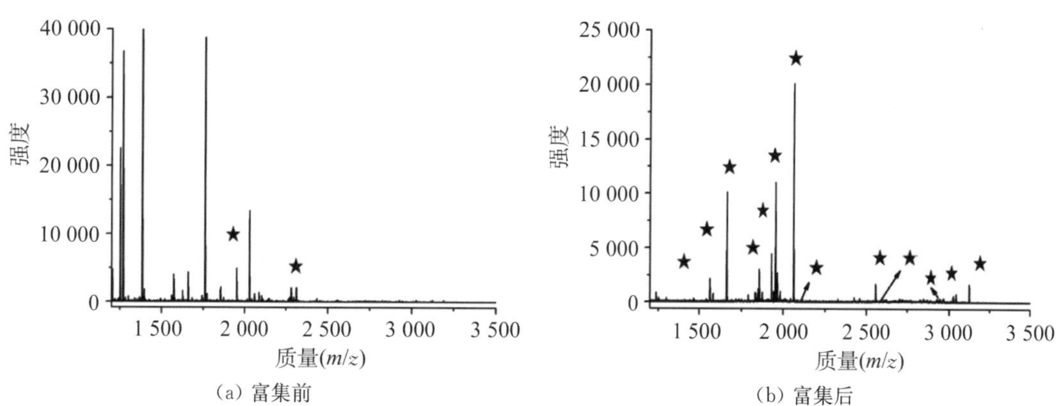

图 5-96　脱脂牛奶经 Fe_3O_4@MIL-100(Fe)复合材料富集前、后的质谱图(★为磷酸化肽段)

表 5-17 Fe_3O_4@MIL-100(Fe)复合材料从脱脂牛奶酶解液中富集到的磷酸化肽段的详细信息

No.	峰值	肽段序列	检出的磷酸化数量
1	1 466.24	TVDME[pS]TEVFIK	1
2	1 563.71	TVD[Mo]E[pS]TEVFTK[b]	1
3	1 661.39	VPQLEIVPN[pS]AEER	1
4	1 854.21	YLGEYLIVPN[pS]AEER	1
5	1 927.28	DIG[pS]E[pS]TEDQAMEDIK	2
6	1 952.01	YKVPQLEIVPN[pS]AEER	1
7	2 062.61	FQ[pS]EEQQQTEDELQDK	1
8	2 080.37	KKYKVPQLEIVPN[pS]AEERL	1
9	2 555.65	FQ[pS]EEQQQTEDELQDKIHPF	1
10	2 618.69	NTMEHV[pS][pS][pS]EESII[pS]QETYK	4
11	2 720.69	QMEAE[pS]I[pS][pS][pS]EEIVPNPN[pS]VEQK	5
12	2 965.46	ELEELNVPGEIVE[pS]L[pS][pS][pS]EESITR	4
13	3 026.33	NANEEEYSIG[pS][pS][pS]EE[pS]AEVATEEVK	4
14	3 122.98	RELEELNVPGEIVE[pS]L[pS][pS][pS]EESITR	4

5. Fe_3O_4@MIL-100(Fe)复合材料对实际生物样品中磷酸化肽段的富集考察

最后，选用子宫癌症患者血清作为研究对象，考察 Fe_3O_4@MIL-100(Fe)复合材料对实际生物样品中磷酸化肽段的选择性富集能力。如图 5-97 所示，富集前，因为大量人血清白蛋白的存在，检测不到磷酸化肽段的信号，经 Fe_3O_4@MIL-100(Fe)复合材料富集后，检测到 4 条与正常人血清具有相同质荷比的磷酸化肽段，说明此材料对复杂生物样品中的磷酸化肽段也具备选择性富集能力，并且具有将大分子蛋白排阻在孔道之外的能力。

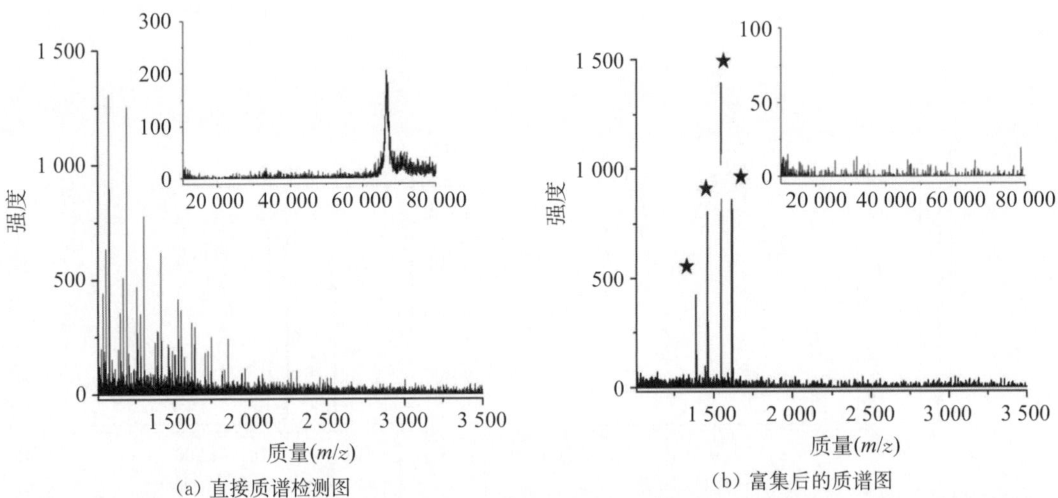

图 5-97 子宫癌症患者血清经 Fe_3O_4@MIL-100(Fe)复合材料富集前、后的质谱图(★为磷酸化肽段，插入为 20 000～80 000 部分图谱)

5.5 稀土元素修饰的磁性微纳米材料用于磷酸化蛋白质组学分离分析

5.5.1 前言

稀土元素是具有相似物理性质和化学性质的16种金属元素，包括镧系元素以及与其电子结构和化学性质相近的钇(Y)和钪(Sc)。根据Pearson软硬酸碱规则，稀土离子属于硬酸，所以它们很容易与含氧配位体，如含氧膦类萃取剂、β-二酮以及α-羟基酸等，形成稳定配合物，同时含有氧、氮的有机配体，比如氨羧络合剂与稀土离子，因形成螯合环而更加稳定。稀土元素在自然界主要以离子态存在，其中在地壳中丰度最大的为铈(Ce)，其含量比常见的金属锌还要高。稀土元素在工业生产、农牧养殖业以及医疗领域均有广泛运用。近些年，稀土元素的生物效应使其在蛋白质组学中也有颇多应用研究，利用稀土元素所鉴定到的蛋白质数量和种类非常丰富。

5.5.2 轮环藤宁(DOTA)修饰的磁性硅球固定混合稀土离子[47](Fe_3O_4@TCPP-DOTA-M^{3+})

5.5.2.1 Fe_3O_4@TCPP-DOTA-M^{3+}微球的制备[47,48]

Fe_3O_4@TCPP-DOTA-M^{3+}微球的合成示意图如图2-66所示，合成过程见2.6节。这里，M^{3+}代表稀土元素离子：Tb^{3+}，Tm^{3+}，Ho^{3+}，Lu^{3+}。

5.5.2.2 Fe_3O_4@TCPP-DOTA-M^{3+}微球在磷酸化蛋白质组学中的富集应用

1. Fe_3O_4@TCPP-DOTA-M^{3+}微球对标准磷酸化蛋白酶解液中磷酸化肽段的富集考察

首先考虑到较低pH值能够使酸性残基质子化从而能够减少酸性肽段的非特异性吸附，但是若TFA的浓度太高，则镧系离子容易从磁性微球上脱落，所以根据一系列优化实验选择1%TFA和50% CAN作为富集缓冲液。

在该工作中，选取α-casein酶解液考察Fe_3O_4@TCPP-DOTA-M^{3+}微球对磷酸化肽段的富集有效性。如图5-98(a)所示，3.33×10^{-8} mol·L^{-1}的α-casein酶解液直接用质谱检测，磷酸化肽段的信号被大量非磷酸化肽段严重抑制，只观察到7个信号极弱的磷酸化肽段峰，经Fe_3O_4@TCPP-DOTA-M^{3+}微球富集后，如图5-98(b)所示，鉴定到7个单磷酸化肽段以及12个多磷酸化肽段，其详细的磷酸化肽段序列信息见表5-18。

为进一步考察Fe_3O_4@TCPP-DOTA-M^{3+}微球对磷酸化肽段的富集灵敏度，用Fe_3O_4@TCPP-DOTA-M^{3+}微球富集不同浓度的α-casein酶解液，结果如图5-98(d)所示，当α-casein酶解液的浓度低至3.33×10^{-10} mol·L^{-1}，依旧可以检测到5个磷酸化肽段。另外，在该工作中，作者还合成了Fe_3O_4@DOTA-M^{3+}微球作对比实验，用来富集3.33×10^{-8} mol·L^{-1}的α-casein酶解液，结果如图5-98(e)所示，只检测到6条磷酸化肽段和1条非磷酸化肽段，说明中间链接剂TCPP对材料富集磷酸化肽段的效果有显著影响，

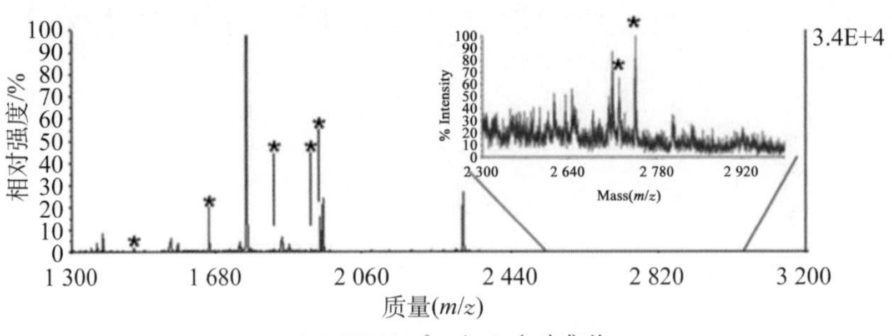

(a) 3.33×10^{-8} mol · L^{-1}，富集前

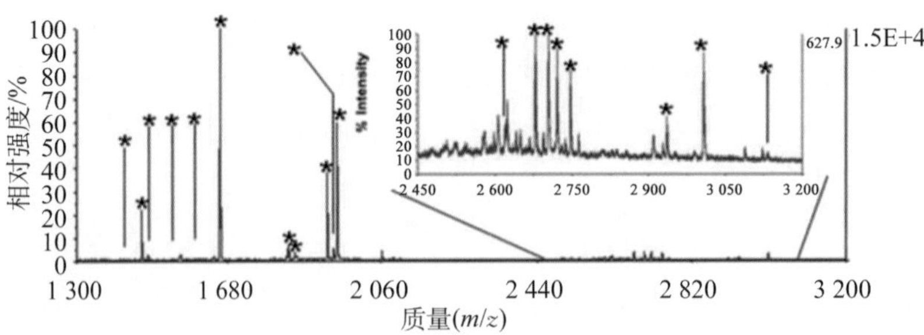

(b) 3.33×10^{-8} mol · L^{-1}，经 Fe_3O_4@TCPP－DOTA－M^{3+} 微球富集后

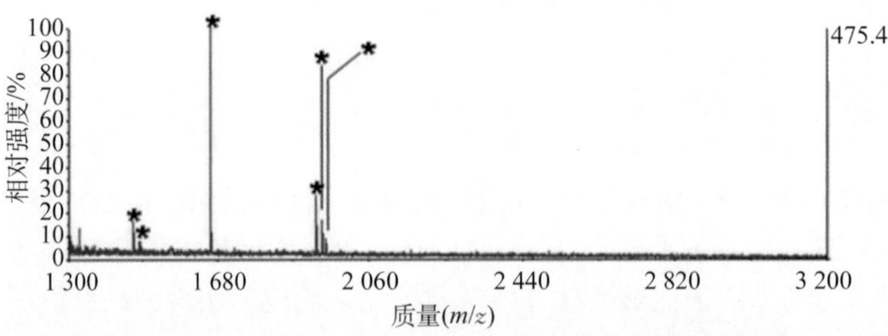

(c) 6.66×10^{-10} mol · L^{-1}，经 Fe_3O_4@TCPP－DOTA－M^{3+} 微球富集后

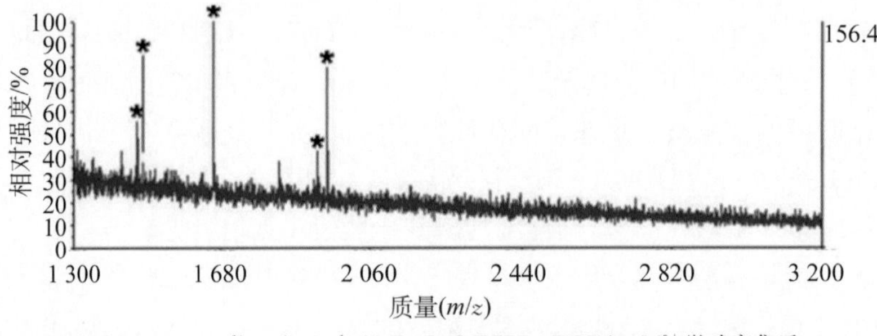

(d) 3.33×10^{-10} mol · L^{-1}，经 Fe_3O_4@TCPP－DOTA－M^{3+} 微球富集后

图 5－98

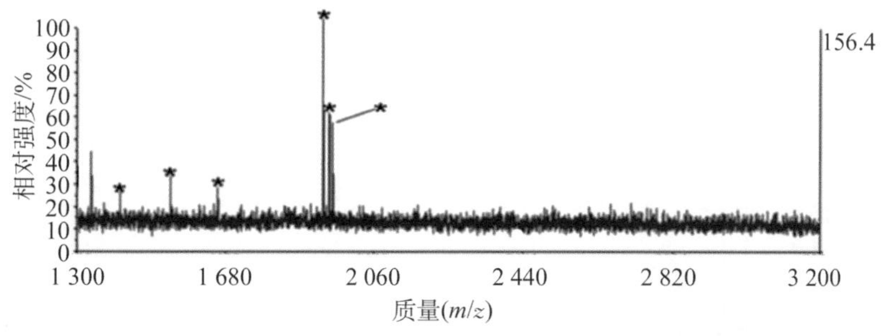

(e) 3.33×10^{-8} mol·L^{-1}，经 Fe_3O_4@DOTA－M^{3+} 微球富集后

图 5－98　3.33×10^{-8} mol·L^{-1} 的 α－casein 酶解液富集前的检测图和不同浓度的 α－casein 酶解液经 Fe_3O_4@TCPP－DOTA－M^{3+} 微球富集后的质谱图，以及 α－casein 酶解液经 Fe_3O_4@DOTA－M^{3+} 微球富集后的质谱图(* 为磷酸化肽段)

表 5－18　α－casein 酶解液经 Fe_3O_4@TCPP－DOTA－M^{3+} 微球富集到的磷酸化肽段的详细信息

No.	肽段序列	磷酸基团数量	(M+H)
1	EQL[pS]T[pS]EENSK S2－(141－151)	2	1 411.59
2	TVDME[pS]TEVFTK S2－(153－164)	1	1 466.72
3	TVD[Mo]E[pS]TEVFTK S2－(153－164)	1	1 482.7
4	EQL[pS]T[pS]EENSKK S2－(141－152)	2	1 539.7
5	TVDME[pS]TEVFTKK S2－(153－165)	1	1 594.82
6	VPQLEIVPN[pS]AEER S1－(121－134)	1	1 660.92
7	YLGEYLIVPN[pS]AEER S1－(104－119)	1	1 832.83
8	DIG[pS]E[pS]TEDQAMEDIK S1－(58－73)	1	1 847.86
9	DIG[pS]E[pS]TEDQAMEDIK S1－(58－73)	2	1 927.84
10	DIG[pS]E[pS]TEDQA[Mo]EDIK S1－(58－73)	2	1 943.81
11	YKVPQLEIVPN[pS]AEER S1－(119－134)	1	1 952.12
12	NTMEHV[pS][pS][pS]EE[pS]IISQETYK S2－(17－36)	4	2 619.15
13	VNEL[pS]KDIG[pS]E[pS]TEDQAMEDIK S1－(52－73)	3	2 678.24
14	Q* MEAE[pS]I[pS][pS][pS]EEIVPN[pS]VEAQK S1－(74－94)	5	2 704.25
15	QMEAE[pS]I[pS][pS][pS]EEIVPN[pS]VEAQK S1－(74－94)	5	2 721.16
16	NTMEHV[pS][pS][pS]EE[pS]IISQETYKQ S2－(17－37)	4	2 747.23
17	EKVNEL[pS]KDIG[pS]E[pS]TEDQAMEDIK S1－(50－73)	3	2 935.42
18	NANEEEYSIG[pS][pS][pS]EE[pS]AEVATEEVK S2－(61－85)	4	3 008.28
19	KNTMEHV[pS][pS][pS]EE[pS]IISQETYKQEK S2－(16－39)	4	3 132.2

亲水配体 TCPP 能够增加 DOTA 的含量从而增加固定的稀土离子的含量，加上其本身的亲水性，TCPP 的存在能够促进材料对磷酸化肽段的吸附。

2. Fe_3O_4@TCPP－DOTA－M^{3+} 微球对磷酸化肽段富集的选择性考察

选用摩尔比为 1∶100 的 α－casein 与 BSA 酶解液混合液作为研究对象，考察 Fe_3O_4@TCPP－DOTA－M^{3+} 微球对磷酸化肽段富集的选择性，在富集之前，如图 5－99(a)所示，没有观察到磷酸化肽段,非磷酸化肽段占据了整个谱图,但是经过 Fe_3O_4@TCPP-DOTA-M^{3+} 微球富集后,磷酸化肽段的信号显著增强,一共鉴定到 16 条磷酸化肽段,并且谱图背景干净,说明材料具有优异的富集选择性。

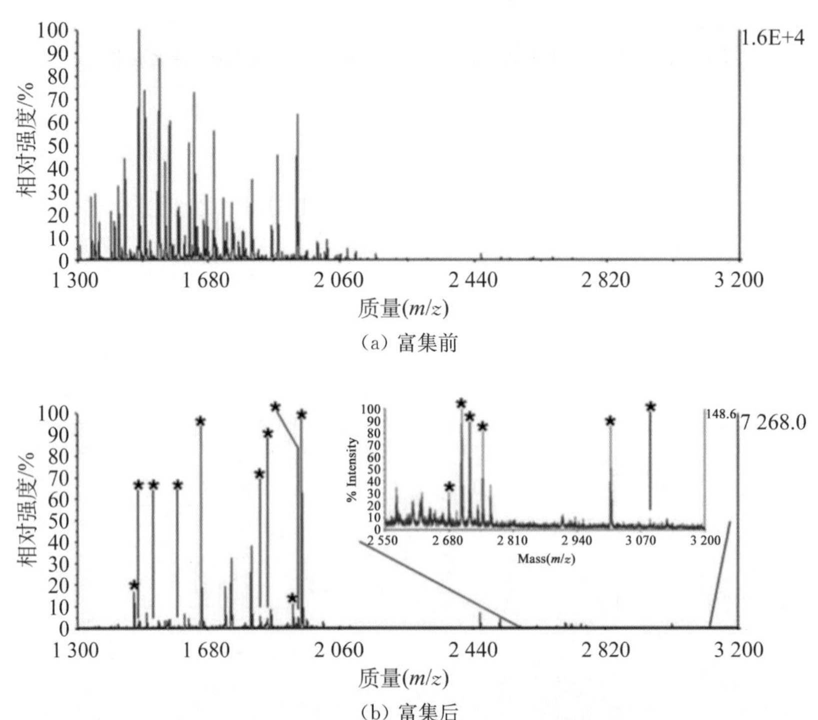

图 5-99 摩尔比为 1∶100 的 α-casein 与 BSA 酶解液经 Fe_3O_4@TCPP-DOTA-M^{3+} 微球富集前、后的质谱图(* 为磷酸化肽段)

3. Fe_3O_4@TCPP-DOTA-M^{3+} 微球对实际生物样品 HeLa 细胞酶解液中磷酸化肽段的富集考察

为考察 Fe_3O_4@TCPP-DOTA-M^{3+} 微球在实际生物样品中富集磷酸化肽段的能力,选择 HeLa 细胞酶解液作为研究对象。在单次质谱分析中,有 2 103 个磷酸化蛋白,其中共包含 9 048 个磷酸化肽段被鉴定。在这些肽段中,有 3 825 个是独特鉴定到的,其中 73.85% 为单磷酸化肽段,20.44%为双磷酸化肽段,5.69%为三磷酸化肽段。以上结果表明,Fe_3O_4@TCPP-DOTA-M^{3+} 微球对实际生物样品酶解液中的磷酸化肽段具有高选择性和灵敏度,在磷酸化蛋白质组学的深入分析研究中具有很大的应用前景。

5.5.3 介孔稀土氧化物磁性硅球(Fe_3O_4@SiO_2@$m$$CeO_2$)[49]

5.5.3.1 Fe_3O_4@SiO_2@$m$$CeO_2$ 微球的制备

Fe_3O_4@SiO_2@$m$$CeO_2$ 微球的合成见 2.7 节。

5.5.3.2 Fe_3O_4@SiO_2@$m$$CeO_2$ 微球在磷酸化蛋白质组学中的富集应用

选用 β - casein 与 BSA 混合酶解液以及脱脂牛奶为研究对象，考察 Fe_3O_4@SiO_2@$m$$CeO_2$ 微球对磷酸化肽段的富集能力。图 5 - 100 所示分别为摩尔比为 1∶50 的 β - casein 与 BSA 混合酶解液(见图 5 - 100(a))以及脱脂牛奶酶解液经 Fe_3O_4@SiO_2@$m$$CeO_2$ 微球(见图 5 - 100(b))富集后的质谱图。在谱图中，磷酸化肽段的信号峰占据主导地位，说明 Fe_3O_4@SiO_2@$m$$CeO_2$ 微球对磷酸化肽段具有选择性富集能力。

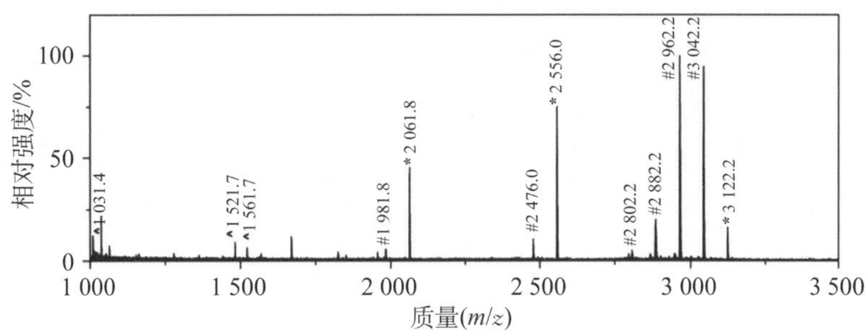

(a) 摩尔比为 1∶50 的 β - casein 与 BSA 混合酶解液

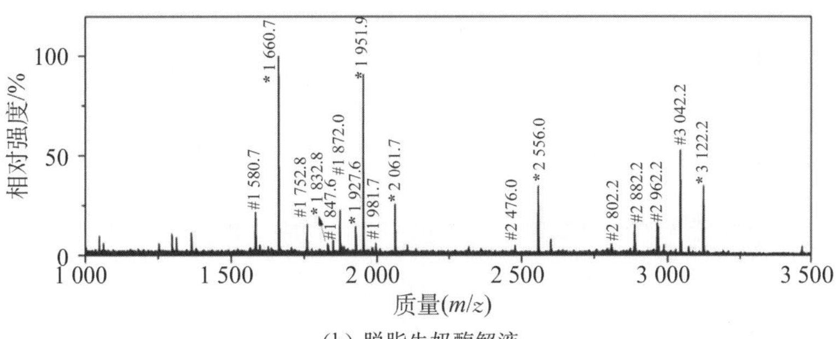

(b) 脱脂牛奶酶解液

图 5 - 100 Fe_3O_4@SiO_2@$m$$CeO_2$ 微球富集两种样品的质谱图

5.5.4 硅酸镧修饰的磁性微球(Fe_3O_4@$La_xSi_yO_5$)[50]

5.5.4.1 Fe_3O_4@$La_xSi_yO_5$ 微球的制备

Fe_3O_4@$La_xSi_yO_5$ 微球的合成如图 2 - 97 所示，具体合成过程见 2.7 节。

5.5.4.2 Fe_3O_4@$La_xSi_yO_5$ 微球在磷酸化蛋白质组学中的富集应用

选择不同摩尔比的 β - casein 与 BSA 混合酶解液作为研究对象，考察 Fe_3O_4@$La_xSi_yO_5$ 微球对磷酸化肽段的富集能力。如图 5 - 101 所示，在经 Fe_3O_4@$La_xSi_yO_5$ 微球富集后的谱图中，磷酸化肽段的信号峰占据主导地位，说明 Fe_3O_4@$La_xSi_yO_5$ 微球对磷酸化肽段具有选择性富集能力。另外，人血清也被选作样品，以进一步考察 Fe_3O_4@$La_xSi_yO_5$ 微球对磷酸化肽段的富集选择性能力，人血清中典型的 4 条磷酸化肽段能够被检出，说明 Fe_3O_4@$La_xSi_yO_5$ 微球对复杂的实际生物样品中的磷酸化肽段具有选择性富集能力。

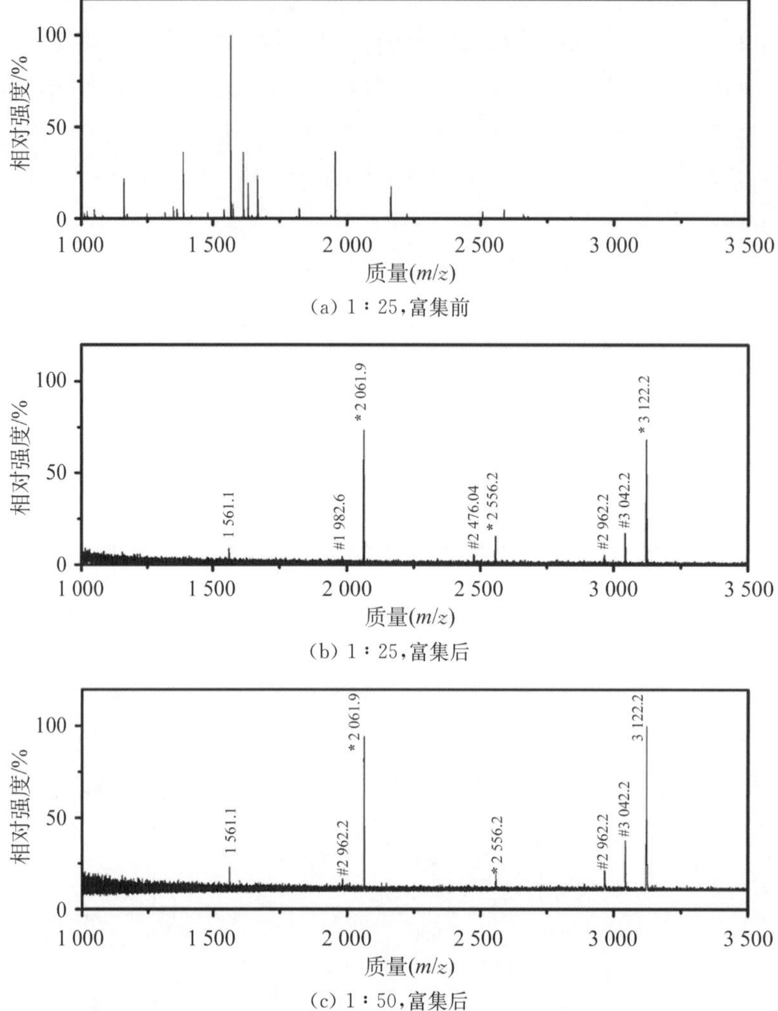

图 5-101　摩尔比为 1∶25 的 β-casein 与 BSA 混合酶解液富集前的质谱图和不同摩尔比的 β-casein 与 BSA 混合酶解液经 Fe_3O_4@$La_xSi_yO_5$ 微球富集后的质谱图

5.5.5　磷酸钇修饰的磁性微球(PA-Fe_3O_4@YPO_4)[51]

5.5.5.1　PA-Fe_3O_4@YPO_4 微球的制备

PA-Fe_3O_4@YPO_4 微球的制备如图 5-102 所示。

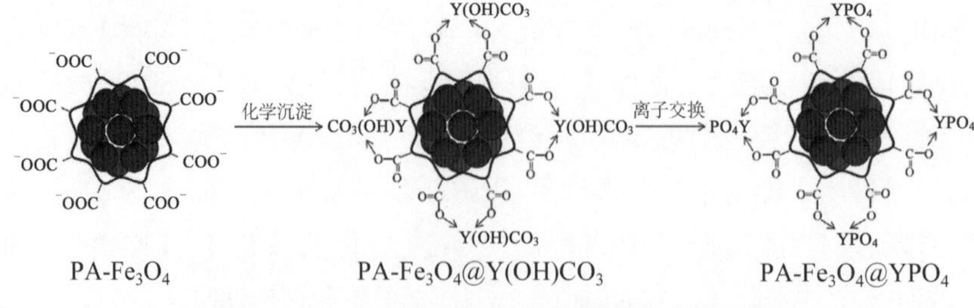

图 5-102　PA-Fe_3O_4@YPO_4 微球的合成示意

1. PA－Fe_3O_4 微球的合成[52]

称取 0.540 g $FeCl_3 \cdot 6H_2O$ 溶于 20 mL 乙二醇中，磁性搅拌至为透明状溶液，加入 1.2 g 乙酸钠和 0.3 g 丙烯酸钠，剧烈搅拌混匀后转移至 30 mL Teflon-lined 不锈钢反应釜内，于 200 ℃条件下反应 10 h。待反应釜冷却至室温后，将所得的 PA－Fe_3O_4 微球经去离子水和乙醇清洗，真空干燥，备用。

2. PA－Fe_3O_4@Y(OH)CO_3 微球的合成

称取 0.072 g $Y(NO_3)_3 \cdot 6H_2O$ 和 0.375 g $CO(NH_2)_2$ 溶于 50 mL H_2O 中，再加入 0.020 g PA－Fe_3O_4 微球，超声 20 min，然后在剧烈搅拌下，于 90 ℃条件下反应 2 h。得到的 PA－Fe_3O_4@Y(OH)CO_3 用去离子水清洗。

3. PA－Fe_3O_4@YPO_4 微球的合成

将 0.045 g $NH_4H_2PO_4$ 溶于 20 mL H_2O 中，然后加入一定量的氨水调节溶液的 pH 值至 11。然后加入上述所得的 PA－Fe_3O_4@Y(OH)CO_3，室温搅拌 30 min 后转移至反应釜内，于 180 ℃条件下反应 12 h。所得产物经去离子水和乙醇清洗，真空干燥，备用。

5.5.5.2 PA－Fe_3O_4@YPO_4 微球的表征

Fe_3O_4@YPO_4 微球的 TEM 如图 5－103(a)所示，整个微球的直径约为 140 nm，其 EDX 分析证实 P 和 Y 的存在(见图 5－103(b))。Fe_3O_4@YPO_4 微球的 XRD 图中的衍射峰与 Fe_3O_4(JCPDS NO. 19－0 629)以及 YPO_4(JCPDS NO. 11－0 264)也能够完美匹配(见图 5－104)。以上结果都说明 PA－Fe_3O_4@YPO_4 微球的成功制备。

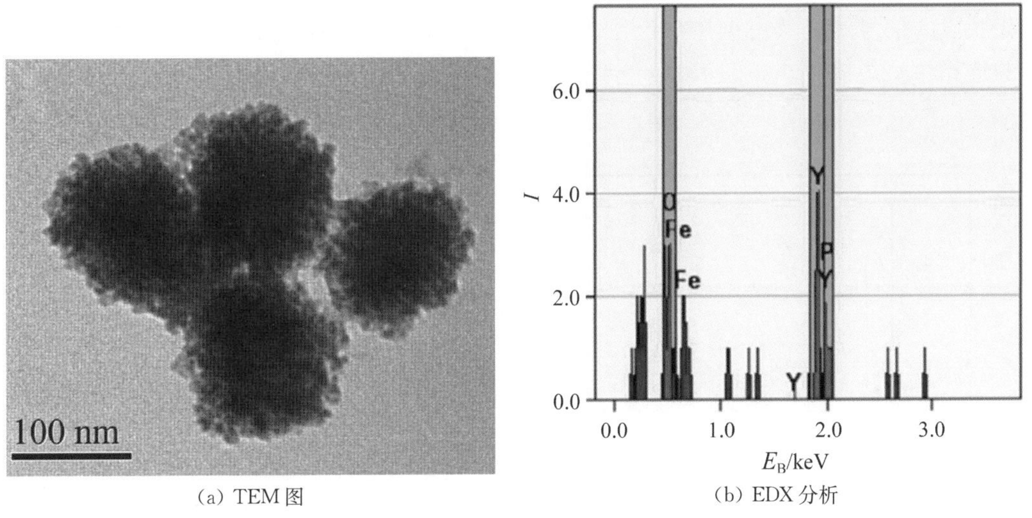

(a) TEM 图　　(b) EDX 分析

图 5－103　PA－Fe_3O_4@YPO_4 微球的 TEM 图和 EDX 分析

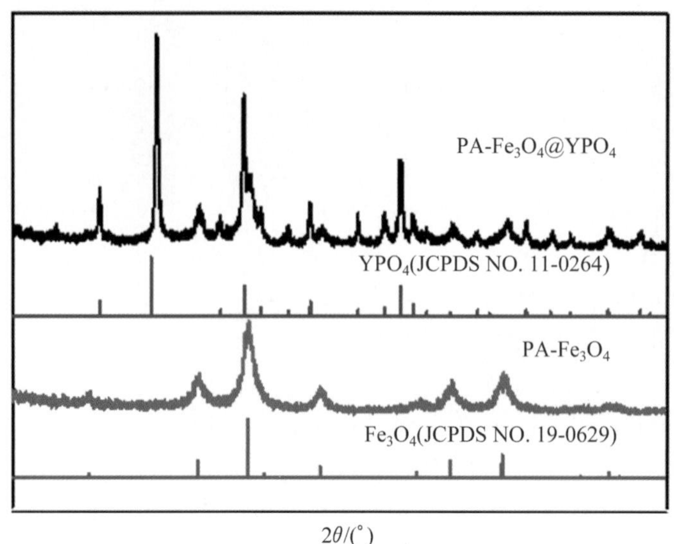

图 5-104 不同材料的 XRD 图

5.5.5.3 PA-Fe_3O_4@YPO_4 微球在磷酸化蛋白质组学中的富集应用

1. PA-Fe_3O_4@YPO_4 微球对磷酸化肽段富集的选择性考察

首先,用不同摩尔比的 β-casein 与 BSA 混合酶解液考察 PA-Fe_3O_4@YPO_4 微球对磷酸化肽段的富集能力(见图 5-105)。如图 5-105(c)所示,摩尔比为 1∶300 的 β-casein 与 BSA 混合酶解液经 PA-Fe_3O_4@YPO_4 微球富集后,谱图依旧背景清晰。当 β-casein 与 BSA 的摩尔比增至 1∶500 时(见图 5-105(d)),虽然谱图中有杂峰出现,但是磷酸化肽段的信号峰仍然占据主导地位,说明 PA-Fe_3O_4@YPO_4 微球对磷酸化肽段具有优异的选择性富集能力。

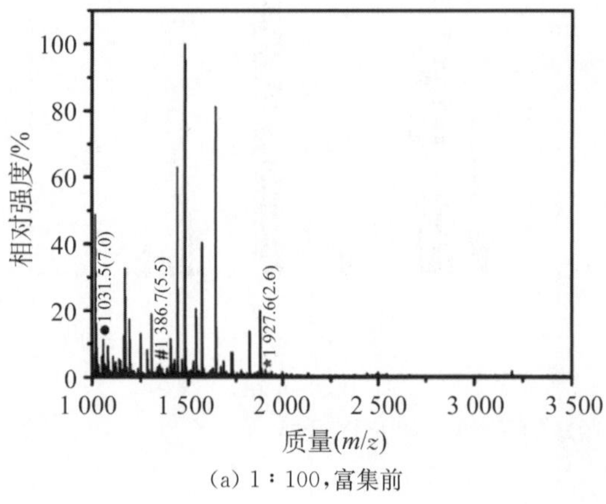

(a) 1∶100,富集前

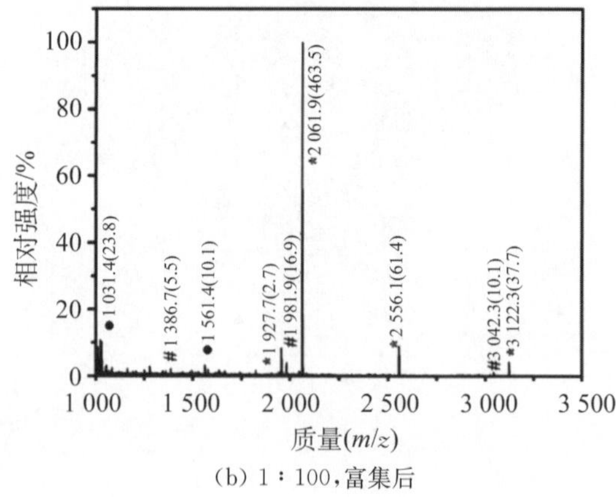

(b) 1∶100,富集后

图 5-105

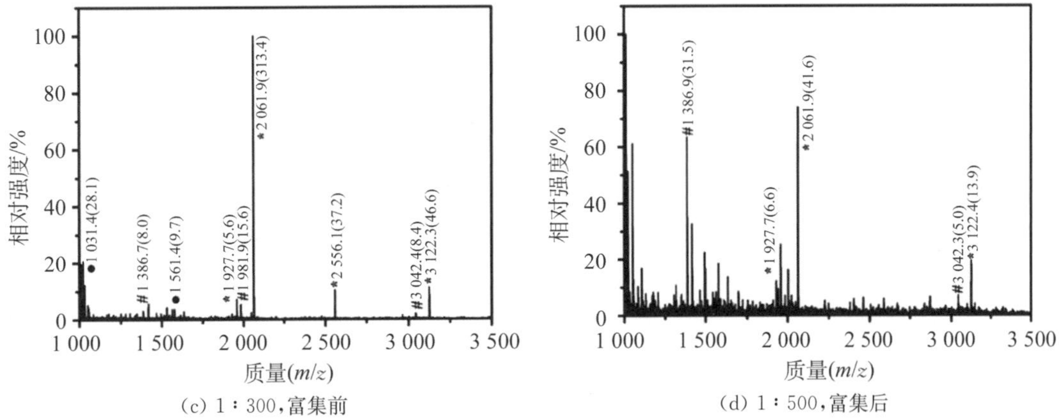

(c) 1∶300,富集前　　(d) 1∶500,富集后

图 5-105　摩尔比为 1∶100 的 β-casein 与 BSA 混合酶解液富集前的质谱图和不同摩尔比的 β-casein 与 BSA 混合酶解液经 PA-Fe_3O_4@YPO_4 微球富集后的质谱图(*磷酸化肽段,#去磷酸化碎片,●双电荷磷酸化肽段)

2. PA-Fe_3O_4@YPO_4 微球对实际样品脱脂牛奶酶解液中磷酸化肽段的富集考察

进一步采用脱脂牛奶为研究对象,考察 PA-Fe_3O_4@YPO_4 微球对磷酸化肽段的富集能力,如图 5-106 所示,经 PA-Fe_3O_4@YPO_4 微球富集后,检出 10 条磷酸化肽段及其相应的去磷酸化碎片,说明 PA-Fe_3O_4@YPO_4 微球对实际样品中的磷酸化肽段具备选择性富集能力。

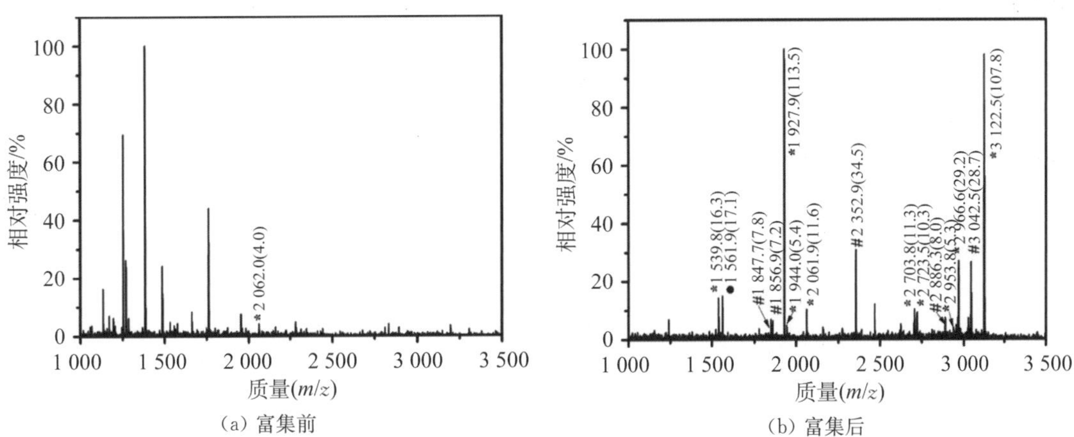

(a) 富集前　　(b) 富集后

图 5-106　脱脂牛奶酶解液经 PA-Fe_3O_4@YPO_4 微球富集前、后的质谱图(*磷酸化肽段,#去磷酸化碎片,●双电荷磷酸化肽段)

5.6　氨基修饰的磁性微纳米材料用于磷酸化蛋白质组学分离分析

5.6.1　前言

氨基是有机化学中的一种基本碱基,显正电性,为斥电子基团,磷酸化肽段的磷酸基团

带负电荷，氨基的正电性为其用于富集磷酸化肽段提供了可能。文献[53，54]报道，甲基胍基与磷酸二甲酯在水溶液中的吸附相互作用经密度泛函理论和分子动力学计算，正电性的精氨酸与磷酸基团之间能够形成像共价键一样稳定的相互作用。磷酸基团与胍基中两个氮原子上氢原子之间形成氢键从而生成双配位基复合物。聚乙烯亚胺的结构也可以使其氨基与磷酸基团形成双配位基复合物。目前，关于精氨酸以及聚乙烯亚胺修饰的纳米材料用于磷酸化肽段的富集已多有报道，本节将介绍两种氨基修饰的磁性微球在磷酸化蛋白质组学中的分离分析应用。

5.6.2 胍硅烷修饰的磁性硅球(Fe_3O_4@SiO_2@GDN)[55]

5.6.2.1 Fe_3O_4@SiO_2@GDN 微球的制备

Fe_3O_4@SiO_2@GDN 微球的合成见 2.6 节。

5.6.2.2 Fe_3O_4@SiO_2@GDN 微球在磷酸化蛋白质组学中的富集应用

1. Fe_3O_4@SiO_2@GDN 微球对磷酸化蛋白的富集选择性考察

首先，选择磷酸化蛋白 β-casein（相对分子质量 *MW* 为 24.0 kDa，等电点 $pI=4.6\sim5.1$）和鸡蛋白蛋白（overbulmin，OVA）（*MW* 为 45.0 kDa，$pI=4.7$）以及 6 种不同尺寸和 pI 的非磷酸化蛋白，包括牛血清白蛋白（BSA，*MW* 为 67.0 kDa，$pI=4.8$）、血红蛋白（Hb，*MW* 为 65.0 kDa，$pI=6.9$）、胰蛋白（Try，*MW* 为 10.5 kDa，$pI=10.0$）、肌红蛋白（MYO，*MW* 为 16.7，$pI=6.99$）、溶菌酶（Lyz，*MW* 为 14.0 kDa，$pI=11.0$）和细胞色素 c（Cyc，*MW* 为 12.4 kDa，$pI=9.8$），作为研究对象，考察 Fe_3O_4@SiO_2@GDN 微球对磷酸化蛋白的选择性富集能力，每种磷酸化蛋白的浓度都是 0.5 $mg\cdot mL^{-1}$。结果如图 5-107 所示，

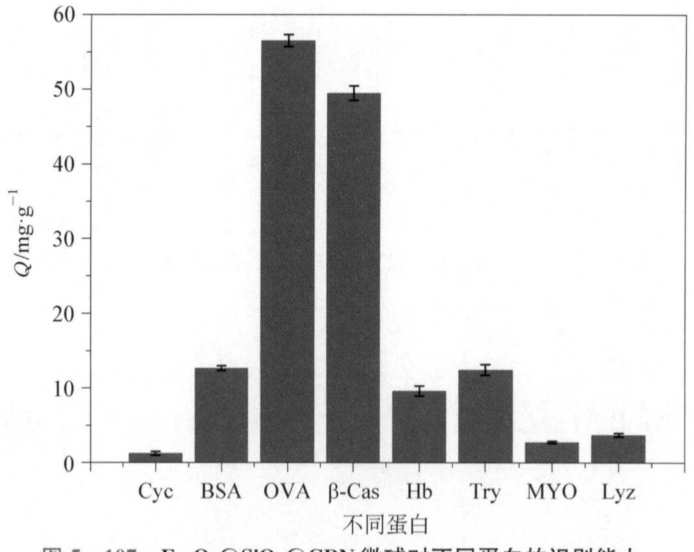

图 5-107 Fe_3O_4@SiO_2@GDN 微球对不同蛋白的识别能力

Fe_3O_4@SiO_2@GDN 微球对 β-casein(49.5 mg·g^{-1})和 OVA(56.7 mg·g^{-1})明显表现出更好的识别能力。Fe_3O_4@SiO_2@GDN 微球对非磷酸化蛋白的结合量在 1.2 mg·g^{-1}(Cyc)至 12.7 mg·g^{-1}(BSA)。尽管 BSA 与 OVA 有极其接近的等电点，但是 Fe_3O_4@SiO_2@GDN 微球对 OVA 的识别结合能力明显比对 BSA 要强，说明 Fe_3O_4@SiO_2@GDN 微球对磷酸化蛋白具有选择性富集能力。另外，在本工作中，作者将 3-氨基丙基三乙氧基硅烷(APTEOS)修饰的磁性硅球(合成见 2.6.15 小节)也用于对 β-casein 和 OVA 进行富集，结果显示 APTEOS 修饰的磁性硅球对 β-casein 和 OVA 的吸附能力分别为 8.9 mg·g^{-1}和 OVA 5.7 mg·g^{-1}，由此说明，Fe_3O_4@SiO_2@GDN 微球对磷酸化蛋白存在的优异吸附能力得益于胍基的存在。

然后，作者将不同质量比的 β-casein 与 BSA，Cyc 的蛋白混合液作为研究对象考察 Fe_3O_4@SiO_2@GDN 微球对磷酸化蛋白的选择性吸附能力，其中 β-casein 的浓度为 0.01 mg·mL^{-1}，非磷酸化蛋白 BSA、Cyc 的浓度范围为 0.01～1.20 mg·mL^{-1}。如图 5-108(a)所示，在混合蛋白质量比为 1∶1∶1 时，由于浓度太低，在原始混合液的色谱图中没有明显的任何蛋白色谱特征峰出现，然后在经 Fe_3O_4@SiO_2@GDN 微球富集后，色谱图中出现了 β-casein 的色谱特征峰，说明 Fe_3O_4@SiO_2@GDN 微球对低浓度的磷酸化蛋白也有很好的捕获能力。如图 5-108(c)所示，当混合蛋白的质量比为 1∶40∶40 时，也能观察到洗脱液的色谱图中少量的 BSA 的特征峰，但是 Fe_3O_4@SiO_2@GDN 微球对 BSA 的吸附效率低于 5%(见图 5-108(e))，而在不同比例下对 β-casein 的捕获效率都超过了 80%，说明对于复杂的混合蛋白样品，Fe_3O_4@SiO_2@GDN 微球对磷酸化蛋白具有良好的选择性捕获能力。

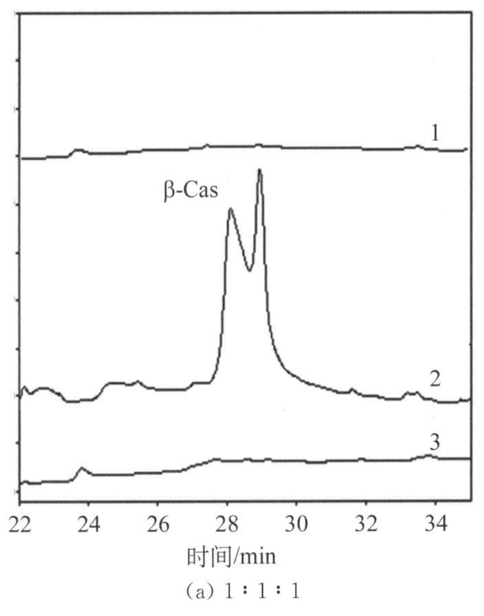

(a) 1∶1∶1

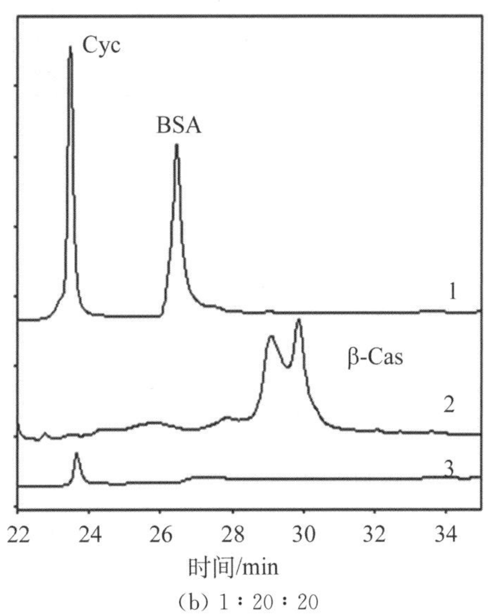

(b) 1∶20∶20

图 5-108

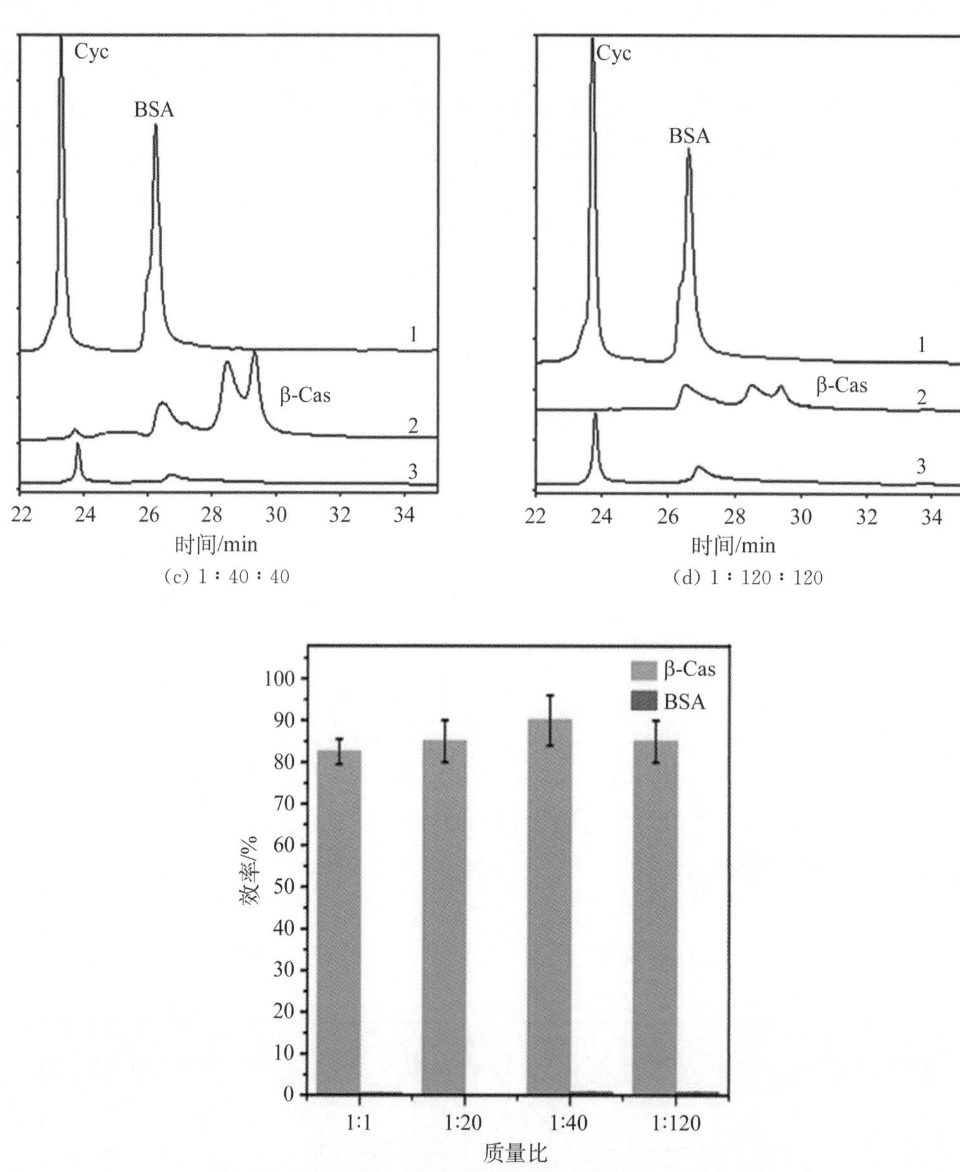

(c) 1∶40∶40

(d) 1∶120∶120

(e) 相应的对蛋白的吸附效率柱状图

图 5-108　Fe_3O_4@SiO_2@GDN 微球对不同质量比的 β-casein，BSA，Cyc 3 种蛋白混合液吸附能力研究的色谱图(图中曲线 1：原始溶液；曲线 2：洗脱液；曲线 3：清洗液)；以及相应的对蛋白的吸附效率柱状图

2. Fe_3O_4@SiO_2@GDN 微球对磷酸化肽段的富集选择性考察

选用摩尔比为 1∶100 的 β-casein 与 Cyc 酶解液考察 Fe_3O_4@SiO_2@GDN 微球对磷酸化肽段的富集的选择性，如图 5-109 所示，富集前没有磷酸化肽段的信号，在谱图中观察到的都是非磷酸化肽段。然而，经 Fe_3O_4@SiO_2@GDN 微球富集后，检出属于 β-casein 酶解液的 3 条磷酸化肽段及相应的去磷酸化碎片，说明 Fe_3O_4@SiO_2@GDN 微球对复杂混合肽段样品中的磷酸化肽段也具有富集选择性。

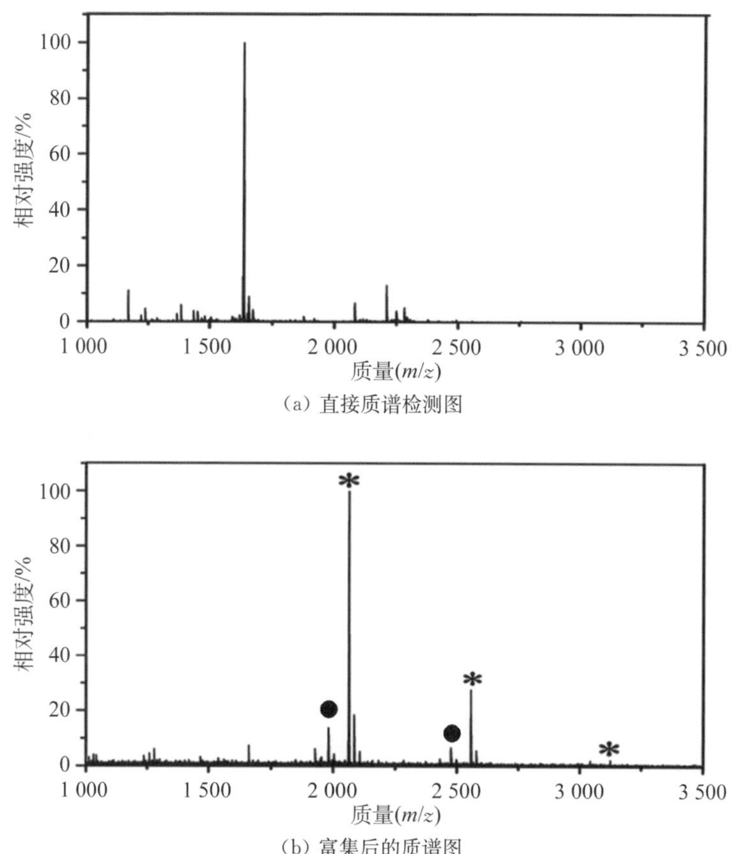

(a) 直接质谱检测图

(b) 富集后的质谱图

图5-109　摩尔比为1∶100的β-casein与Cyc混和酶解液经 Fe_3O_4@SiO_2@GDN微球富集前、后的质谱图(*磷酸化肽段,●去磷酸化碎片)

5.6.3　聚乙烯亚胺修饰的磁性硅球(Fe_3O_4@SiO_2@PEI)[56]

5.6.3.1　Fe_3O_4@SiO_2@PEI微球的制备

具体合成过程见2.6节。

5.6.3.2　Fe_3O_4@SiO_2@PEI微球在磷酸化蛋白质组学中的富集应用

1. Fe_3O_4@SiO_2@PEI微球对标准磷酸化蛋白酶解液中磷酸化肽段的富集条件考察

(1) 富集体系优化

两个标准磷酸化肽段(FQpSEEQQTEDELQDK, m/z=2 062.9和RELE ELNVPGE IVEpSLpSpSpSEESITR, m/z=3 123.9)被选作研究对象,考察富集体系对 Fe_3O_4@SiO_2@PEI微球富集磷酸化肽段的影响。如图5-110(b)所示,在50% ACN-0.1% TFA的缓冲条件下经 Fe_3O_4@SiO_2@PEI微球富集后,只检出四磷酸化肽段。而当缓冲体系为100% ACN-0.1% TFA时,经 Fe_3O_4@SiO_2@PEI微球富集后,能同时检出单磷酸化肽段和四磷酸化肽段。这是由于当缓冲体系包含水分子的时候,水合作用加强了多磷酸化肽段与PEI

之间的稳定性，所以在含水缓冲体系中通过 PEI 富集后观察到的主要是四磷酸化肽段的信号。而在无水缓冲体系中则没有水合作用产生，所以单磷酸化肽段以及四磷酸化肽段均被检测到。

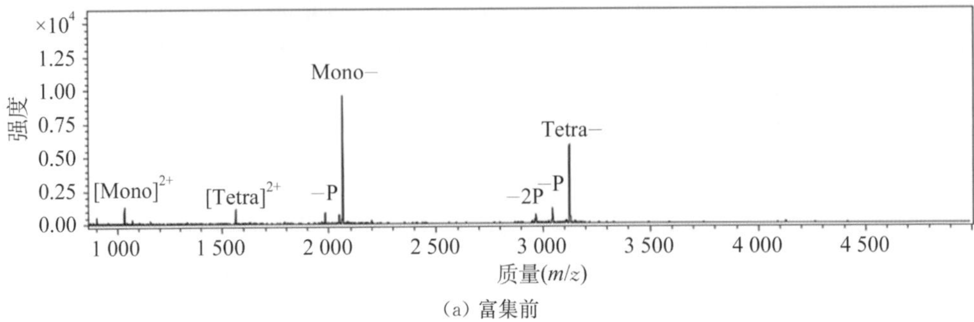

(a) 富集前

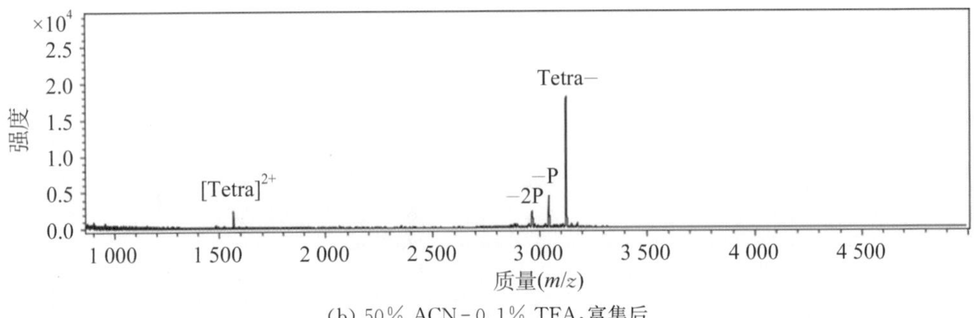

(b) 50% ACN－0.1% TFA，富集后

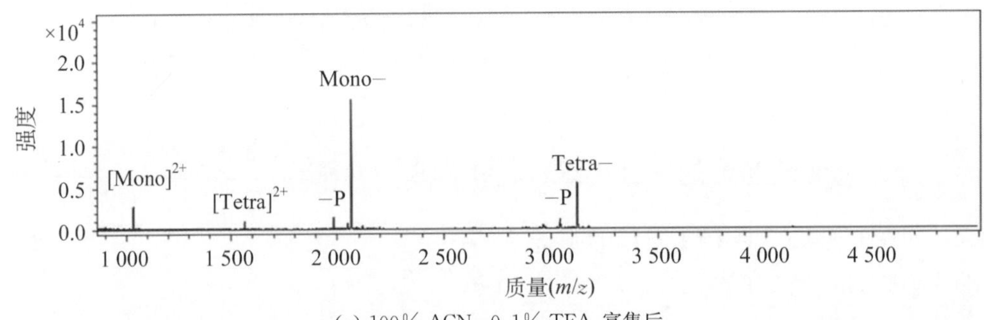

(c) 100% ACN－0.1% TFA，富集后

图 5－110　2 pmol·μL^{-1} 标准磷酸化肽段富集前的质谱图和 100 μL 该溶液 Fe_3O_4@SiO_2@PEI 微球在不同富集体系下捕获标准磷酸化肽段后的质谱图（图中，Mono－单磷酸化肽段；Tetra－四磷酸化肽段；－P 失去一个磷酸基团的碎片离子；－2P 失去两个磷酸基团的碎片离子）

接下来，选择 2 pmol·μL^{-1} α－casein 作为研究对象，对上述现象作进一步的分析。图 5－111(a)所示为 α－casein 酶解液的直接质谱检测图，谱图中主要被非磷酸化肽段的信号占据。图 5－111(b)所示是在缓冲体系为 50% ACN－0.1% TFA 时 100 μL 该溶液经 Fe_3O_4@SiO_2@PEI 微球捕获到的磷酸化肽段的质谱图，从谱图中主要观察到的是多磷酸化肽段，没有检出 α1，α2，α4 以及 α6 等单磷酸化肽段。然而，当缓冲体系为无水的 100% ACN－0.1% TFA 时，经 Fe_3O_4@SiO_2@PEI 微球富集后，如图 5－111(c)所示，可以观察到 α1， α2，α4 以及 α6 等单磷酸化肽段以及一些多磷酸化肽段，不过，单磷酸化肽段的信号峰占主导地位，因此，为了加强多磷酸化肽段的信号，作者将样品先在 100% ACN－0.1% TFA 条件下与 Fe_3O_4@SiO_2@PEI 微球孵育 30 s，然后在上述溶液加入一定的水，使其成为 50% ACN－0.1% TFA 的缓冲体系，在此条件下再孵育 30 s，其最终的质谱检测图如图 5－111(d)所示，单磷酸化肽段与多磷酸化肽段都被检测到，而且多磷酸化肽段的信号明显加强(见表 5－19)。

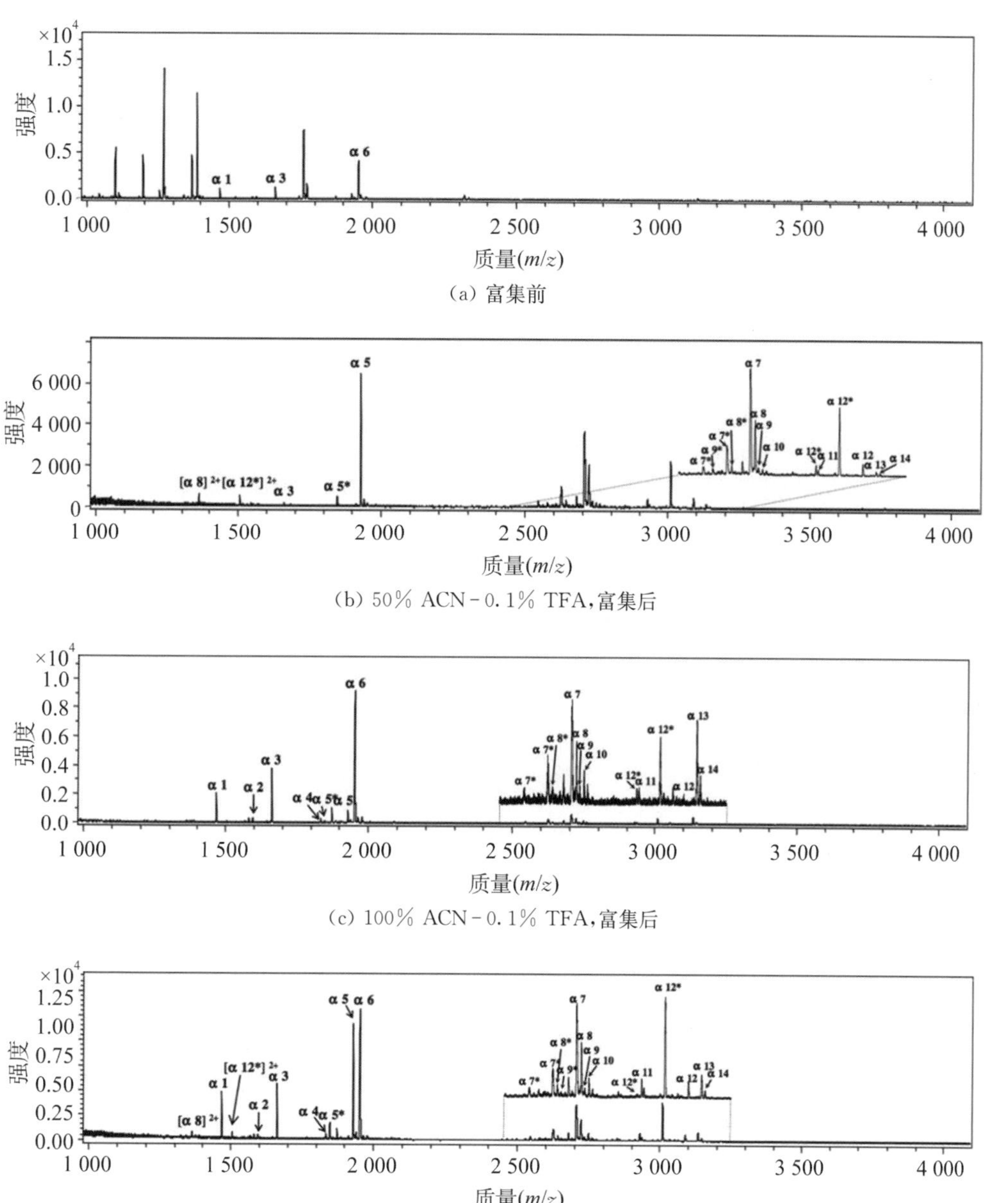

(a) 富集前

(b) 50% ACN－0.1% TFA，富集后

(c) 100% ACN－0.1% TFA，富集后

(d) 两种体系顺序富集后

图 5－111　2 pmol·μL^{-1}的 α－casein 酶解液在不同介质条件下经 Fe_3O_4@SiO_2@PEI 微球富集前、后的质谱图

表 5-19 α-casein 酶解液经 Fe_3O_4@SiO_2@PEI 微球富集后鉴定到的磷酸化肽段的详细信息

No.	$[M+H]^+$ Da	残基	磷酸化位点数量	序列
α1	1 466.6	S2-(153-164)	1	TVDMEpSTEVFTK
α2	1 594.7	S2-(153-165)	1	TVDMEpSTEVFTKK
α3	1 660.8	S1-(121-134)	1	VPQLEIVPNpSAEER
α4	1 832.8	S1-(104-119)	1	YLGEYLIVPNpSAEER
α5	1 927.7	S1-(58-73)	2	DIGpSEpSTEDQAMEDIK
α6	1 951.9	S1-(119-134)	1	YKVPQLEIVPNpSAEER
α7	2 703.9	S1-pyro-(74-94)	5	pyroEMEAEpSIpSpSpSGEIVPNpSVEQK
α8	2 720.9	S1-(74-94)	5	EMEAEpSIpSpSpSGEIVPNpSVEQK
α9	2 736.9	S1-O-(74-94)	5	EoMEAEpSIpSpSpSGEIVPNpSVEQK
α10	2 747.1	S2-(17-37)	4	NTMEHVpSpSpSEEpSIISQETYKQ
α11	2 935.1	S1-(50-73)	3	EKVNELpSKDIGpSEpSTEDQAMEDIK
α12	3 087.9	S2-(61-85)	5	NANEEEYpSIGpSpSpSEEpSAEVATEEVK
α13	3 132.2	S2-(16-39)	4	KNTMEHVpSpSpSEEpSIISQETYKQEK
α14	3 148.2	S2-O-(16-39)	4	KNToMEHVpSpSpSEEpSIISQETYKQEK

2. Fe_3O_4@SiO_2@PEI 微球对标准磷酸化蛋白酶解液中低浓度磷酸化肽段的富集考察

在该工作[56]中,将 α-casein 酶解液作为研究对象,进一步考察了 Fe_3O_4@SiO_2@PEI 微球对磷酸化肽段的富集灵敏度。如图 5-112 所示,当 α-casein 酶解液的浓度低至 5×10^{-11} mol·L^{-1}时,经 Fe_3O_4@SiO_2@PEI 微球富集后,3 个单磷酸化肽段以及一个多磷酸化肽段可以被质谱检测到,说明 Fe_3O_4@SiO_2@PEI 微球具有较好的富集能力。

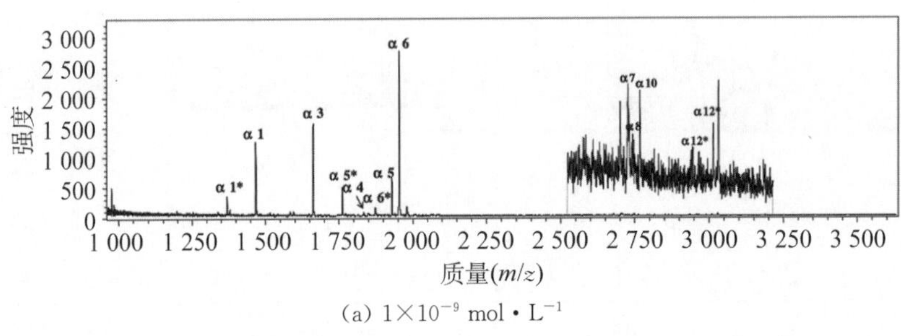

(a) 1×10^{-9} mol·L^{-1}

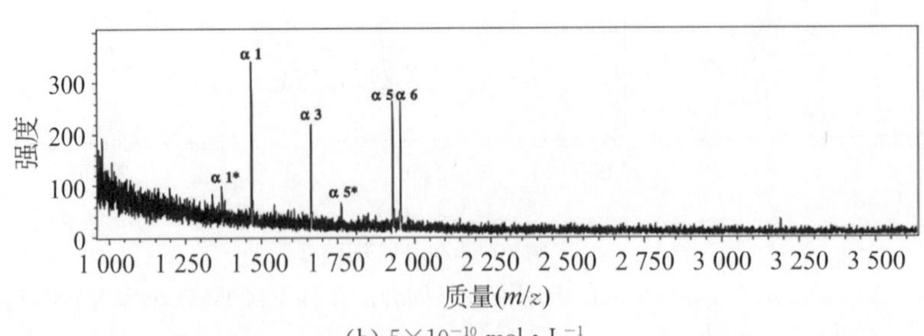

(b) 5×10^{-10} mol·L^{-1}

图 5-112

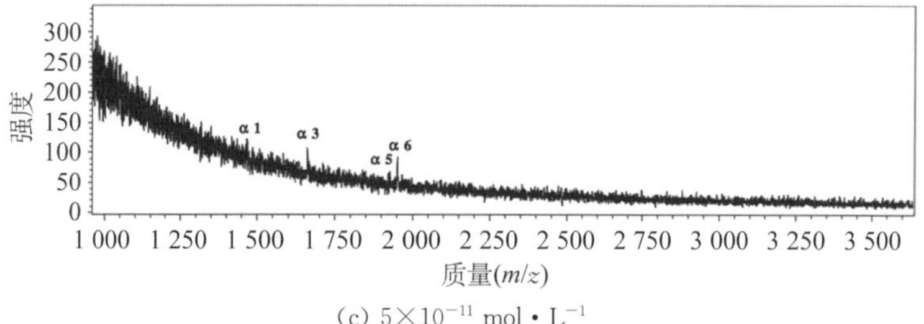

(c) 5×10^{-11} mol·L^{-1}

图 5-112　不同浓度 α-casein 酶解液(100 μL)经 Fe_3O_4@SiO_2@PEI 微球富集后的质谱检测图

3. Fe_3O_4@SiO_2@PEI 微球对磷酸化肽段的富集选择性考察

为考察 Fe_3O_4@SiO_2@PEI 微球对磷酸化肽段的富集选择性，首先，将摩尔比为 1∶1 000∶500的 α-casein(3×10^{-8} mol·L^{-1})、肌红蛋白(MYO)以及细胞色素 c(Cyc)的蛋白酶解混合液选作研究对象。如图 5-113(a)所示，在富集之前，谱图被非磷酸化肽段占据。经 Fe_3O_4@SiO_2@PEI 微球富集后，如图 5-113(b)所示，谱图背景干净，检出十几条磷酸化肽段，说明 Fe_3O_4@SiO_2@PEI 微球对磷酸化肽段具有极高的特异性吸附能力。

然后，作者又选择摩尔比为 1∶1 000 的 α-casein 与 BSA 混合酶解液作为研究对象，进一步考察 Fe_3O_4@SiO_2@PEI 微球对磷酸化肽段的特异性吸附能力，如图 5-113(c)所示，检

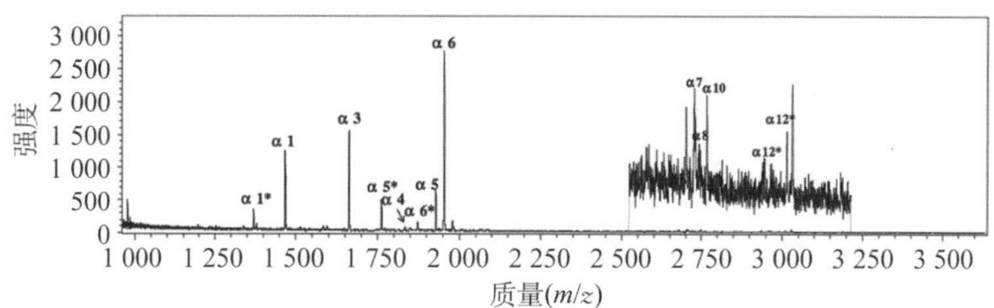

(a) 3 种蛋白混合酶解液，富集前

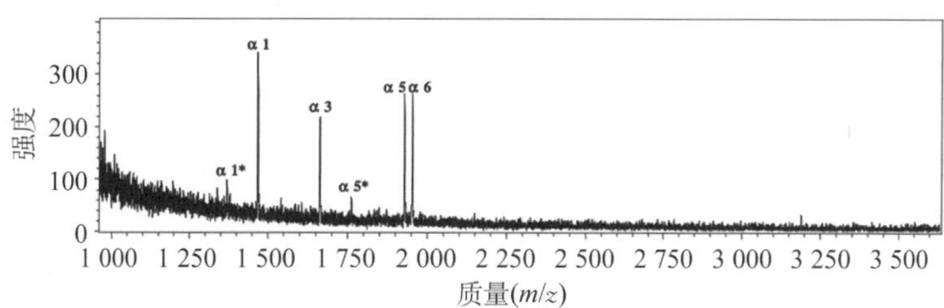

(b) 3 种蛋白混合酶解液，富集后

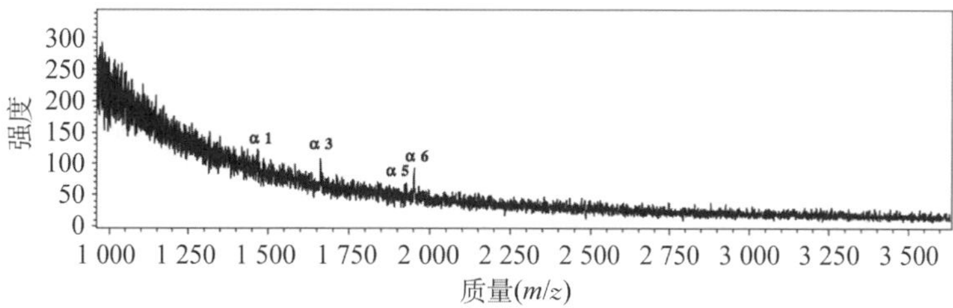

(c) 2 种蛋白混合酶解液，富集后

图 5-113　摩尔比为 1∶1 000∶500 的 α-casein、MYO 以及 Cyc 3 种混合蛋白酶解液经 Fe_3O_4@SiO_2@PEI 微球富集前、后的质谱图，以及摩尔比为 1∶1 000的 α-casein 和 BSA 两种混合蛋白酶解液经 Fe_3O_4@SiO_2@PEI 微球富集后的质谱图

出 9 条磷酸化肽段以及 1 条 BSA 酶解肽段。进一步证实了 Fe_3O_4@SiO_2@PEI 微球对磷酸化肽段的吸附特异性。

4. Fe_3O_4@SiO_2@PEI 微球对实际样品脱脂牛奶酶解液中磷酸化肽段的富集考察

选择脱脂牛奶酶解液作为研究对象，进一步考察 Fe_3O_4@SiO_2@PEI 微球对复杂实际样品中磷酸化肽段的富集能力，如图 5－114(b)所示，Fe_3O_4@SiO_2@PEI 微球对脱脂牛奶酶解液中的磷酸化肽段展现了优异的选择性富集能力。

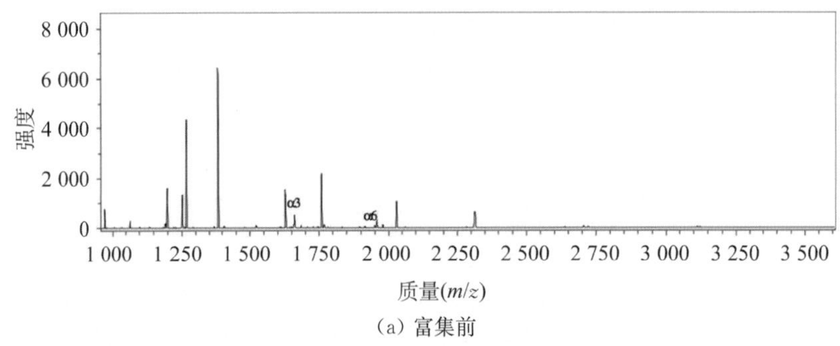

(a) 富集前

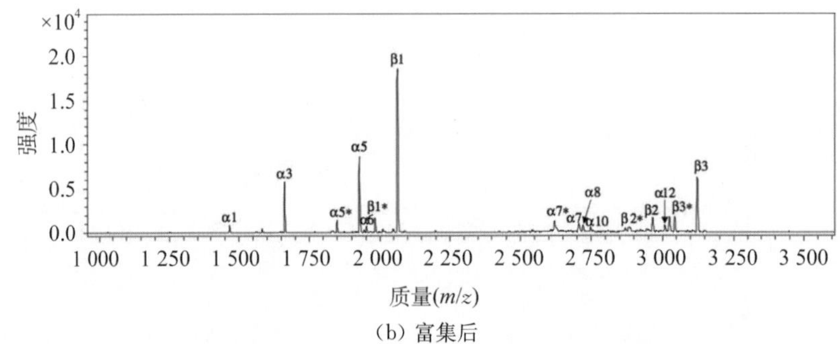

(b) 富集后

图 5－114 脱脂牛奶酶解液经 Fe_3O_4@SiO_2@PEI 微球富集前、后的质谱图

参考文献

[1] Marx V. Making Sure PTMs Are Not Lost after Translation [J]. *Nature Methods*, 2013,10(3): 201－204.

[2] Taouatas N, Drugan M M, Heck A J, *et al*. Straightforward Ladder Sequencing of Peptides Using a Lys-N Metalloendopeptidase [J]. *Nature methods*, 2008,5(5): 405－407.

[3] Stensballe A, Andersen S, Jensen O N. Characterization of Phosphoproteins from Electrophoretic Gels by Nanoscale Fe(Ⅲ) Affinity Chromatography with Off-Line Mass Spectrometry Analysis [J]. *Proteomics*, 2001,1(2): 207－222.

[4] Joe Cannon K L, Colin Wynne, Yan Wang, *et al*. High-Throughput Middle-Down Analysis Using an Orbitrap [J]. *Journal of Proteome Research*, 2010,9(8): 3886－3890.

[5] Wang Z G, Lv N, Bi W Z, *et al*. Development of the Affinity Materials for Phosphorylated Proteins/Peptides Enrichment in Phosphoproteomics Analysis [M]. ACS *Applied Materials and Interfaces*, 2015,7(16): 8377－8392.

[6] Ficarro S B, McCleland M L, Stukenberg P T, *et al*. Phosphoproteome Analysis by Mass Spectrometry and Its Application to Saccharomyces Cerevisiae [J]. *Nature Biotechnology*, 2002,20

(3): 301 - 305.

[7] Nousiainen M, Sillje H H, Sauer G, *et al*. Phosphoproteome Analysis of the Human Mitotic Spindle [J]. *Proceedings of the National Academy of Sciences of the United States of America*, 2006,103 (14): 5391 - 5396.

[8] Nuhse T S, Stensballe A, Jensen O N, *et al*. Large-Scale Analysis of in Vivo Phosphorylated Membrane Proteins by Immobilized Metal Ion Affinity Chromatography and Mass Spectrometry [J]. *Molecular & Cellular Proteomics*, 2003,2(11): 1234 - 1243.

[9] Jensen S S, Larsen M R. Evaluation of the Impact of Some Experimental Procedures on Different Phosphopeptide Enrichment Techniques [J]. *Rapid Communications in Mass Spectrometry*, 2007,21 (22): 3635 - 3645.

[10] Larsen M R, Thingholm T E, Jensen O N, *et al*. Highly Selective Enrichment of Phosphorylated Peptides from Peptide Mixtures Using Titanium Dioxide Microcolumns [J]. *Molecular & Cellular Proteomics*, 2005,873 - 886.

[11] Ficarro S B, Parikh J R, Blank N C, *et al*. Niobium(V) Oxide (Nb_2O_5): Application to Phosphoproteomics [J]. *Analytical Chemistry*, 2008,80: 4606 - 4613.

[12] Xu X, Deng C, Gao M, *et al*. Synthesis of Magnetic Microspheres with Immobilized Metal Ions for Enrichment and Direct Determination of Phosphopeptides by Matrix-Assisted Laser Desorption Ionization Mass Spectrometry [J]. *Advanced Materials*, 2006,18(24): 3289 - 3293.

[13] Qi D, Mao Y, Lu J, *et al*. Phosphate-Functionalized Magnetic Microspheres for Immobilization of Zr^{4+} Ions for Selective Enrichment of the Phosphopeptides [J]. *Journal of Chromatography A*, 2010,1217(16): 2606 - 2617.

[14] Yan Y, Zheng Z, Deng C, *et al*. Facile Synthesis of Ti^{4+}-Immobilized Fe_3O_4@Polydopamine Core-Shell Microspheres for Highly Selective Enrichment of Phosphopeptides [J]. *Chemical Communications*, 2013,49(44): 5055 - 5057.

[15] Muller D R, Schindler P, Coulot H, *et al*. Mass Spectrometric Characterization of Stathmin Isoforms Separated by 2D PAGE [J]. *Journal of Mass Spectrometry*, 1999,34(4): 336 - 345.

[16] Ficarro S B, McCleland M L, Stukenberg P T, *et al*. Phosphoproteome Analysis by Mass Spectrometry and Its Application to Saccharomyces Cerevisiae [J]. *Nature Biotechnology*, 2002,20(3): 301 - 305.

[17] He T, Alving K, Feild B, *et al*. Quantitation of Phosphopeptides Using Affinity Chromatography and Stable Isotope Labeling [J]. *Journal of the American Society for Mass Spectrometry*, 2004,15(3): 363 - 373.

[18] Saha A, Saha N, Ji L N, et al. Stability of Metal Ion Complexes Formed with Methyl Phosphate and Hydrogen Phosphate [J]. *Journal of Biological Inorganic Chemistry*, 1996,1(3): 231 - 238.

[19] 王京兰,张养军,蔡耘,等. 生物质谱结合 IMAC 亲和提取和磷酸酶水解分析蛋白质磷酸化修饰 [J]. 生物化学与生物物理学报, 2003,(05): 459—466.

[20] Raska C S, Parker C E, Dominski Z, *et al*. Direct MALDI-MS/MS of Phosphopeptides Affinity-Bound to Immobilized Metal Ion Affinity Chromatography Beads [J]. *Analytical Chemistry*, 2002,74 (14): 3429 - 3433.

[21] Wang L Y, Bao J, Wang L, *et al*. One-Pot Synthesis and Bioapplication of Amine-Functionalized Magnetite Manoparticles and Hollow Nanospheres [J]. *Chemistry-a European Journal*, 2006, 12 (24): 6341 - 6347.

[22] Xu X Q, Deng C H, Gao M X, *et al*. Synthesis of Magnetic Microspheres with Immobilized Metal Ions for Enrichment and Direct Determination of Phosphopeptides by Matrix-assisted Laser Desorption Ionization Mass Spectrometry [J]. *Advanced Materials*, 2006,18(24): 3289-3293.

[23] Zhao L, Qin H Q, Hu Z Y, *et al*. A Poly(Ethylene Glycol)-Brush Decorated Magnetic Polymer for

Highly Specific Enrichment of Phosphopeptides [J]. *Chemical Science*, 2012,3(9): 2828 - 2838.

[24] Ma W F, Zhang Y, Li L L, *et al*. Ti^{4+}-Immobilized Magnetic Composite Microspheres for Highly Selective Enrichment of Phosphopeptides [J]. *Advanced Functional Materials*, 2013,23(1): 107 - 115.

[25] Yao X D, Freas A, Ramirez J, *et al*. Proteolytic O - 18 Labeling for Comparative Proteomics: Model Studies with Two Serotypes of Adenovirus [J]. *Analytical Chemistry*, 2001,73(13): 2836 - 2842.

[26] Zhang L Y, Zhao Q, Liang Z, *et al*. Synthesis of Adenosine Functionalized Metal Immobilized Magnetic Nanoparticles for Highly Selective and Sensitive Enrichment of Phosphopeptides [J]. *Chemical communications*, 2012,48(50): 6274 - 6276.

[27] Sun N, Deng C, Li Y, *et al*. Size-Exclusive Magnetic Graphene/Mesoporous Silica Composites with Titanium (IV)-Immobilized Pore Walls for Selective Enrichment of Endogenous Phosphorylated Peptides [J]. *ACS Applied Materials & Interfaces*, 2014,6(14): 11799 - 11804.

[28] Chen C T, Chen Y C. Fe_3O_4/TiO_2 Core/Shell Nanoparticles as Affinity Probes for the Analysis of Phosphopeptides Using TiO_2 Surface-Assisted Laser Desorption/Ionization Mass Spectrometry [J]. *Analytical Chemistry*, 2005,77(18): 5912 - 5919.

[29] Lo C Y, Chen W Y, Chen C T, *et al*. Rapid Enrichment of Phosphopeptides from Tryptic Digests of Proteins Using Iron Oxide Nanocomposites of Magnetic Particles Coated with Zirconia as the Concentrating Probes [J]. *Journal of Proteome Research*, 2007,6(2): 887 - 893.

[30] Chen, Chen W Y, Tsai P J, *et al*. Rapid Enrichment of Phosphopeptides and Phosphoproteins from Complex Samples Using Magnetic Particles Coated with Alumina as the Concentrating Probes for MALDI MS Analysis [J]. *Journal of Proteome Research*, 2007,6(1): 316 - 325.

[31] Li Y, Xu X Q, Qi D W, *et al*. Novel Fe_3O_4@TiO_2 Core-Shell Microspheres for Selective Enrichment of Phosphopeptides in Phosphoproteome Analysis [J]. *Journal of Proteome Research*, 2008,7(6): 2526 - 2538.

[32] Li Y, Leng T H, Lin H Q, *et al*. Preparation of Fe_3O_4@ZrO_2 Core-Shell Microspheres as Affinity Probes for Selective Enrichment and Direct Determination of Phosphopeptides Using Matrix-Assisted Laser Desorption Ionization Mass Spectrometry [J]. *Journal of Proteome Research*, 2007,6(11): 4498 - 4510.

[33] Amphlett C B. Inorganic Ion Exchangers [M]. *Elsevier Pub. Co.*, 1964.

[34] Kweon H K, H kansson K. Selective Zirconium Dioxide-Based Enrichment of Phosphorylated Peptides for Mass Spectrometric Analysis [J]. *Analytical Chemistry*, 2006,78(6): 1743 - 1749.

[35] Blackwell J A, Carr P W. Fluoride-Modified Zirconium Oxide as a Biocompatible Stationary Phase for High-Performance Liquid Chromatography [J]. *Journal of Chromatography A*, 1991,549: 59 - 75.

[36] Blackwell J A, Carr P W. Study of the Fluoride Adsorption Characteristics of Porous Microparticulate Zirconium-Oxide [J]. *Journal of Chromatography A*, 1991,549(1 - 2): 43 - 57.

[37] Li Y, Liu Y, Tang J, *et al*. Fe_3O_4@Al_2O_3 Magnetic Core-Shell Microspheres for Rapid and Highly Specific Capture of Phosphopeptides with Mass Spectrometry Analysis [J]. *Journal of Chromatography A*, 2007,1172(1): 57 - 71.

[38] Li Y, Lin H Q, Deng C H, *et al*. Highly Selective and Rapid Enrichment of Phosphorylated Peptides Using Gallium Oxide-Coated Magnetic Microspheres for MALDI-TOF-MS and Nano-LC-ESI-MS/MS/MS Analysis [J]. *Proteomics*, 2008,8(2): 238 - 249.

[39] Qi D W, Lu J, Deng C H, *et al*. Development of Core-Shell Structure Fe_3O_4@Ta_2O_5 Microspheres for Selective Enrichment of Phosphopeptides for Mass Spectrometry Analysis [J]. *Journal of Chromatography A*, 2009,1216(29): 5533 - 5539.

[40] Qi D W, Lu J, Deng C H, *et al*. Magnetically Responsive Fe_3O_4@C@SnO_2 Core-Shell Microspheres: Synthesis, Characterization and Application in Phosphoproteomics [J]. *Journal of Physical

Chemistry C, 2009,113(36): 15854 - 15861.

[41] Lu J, Wang M Y, Deng C H, *et al*. Facile Synthesis of Fe_3O_4@Mesoporous TiO_2 microspheres for Selective Enrichment of Phosphopeptides for Phosphoproteomics Analysis [J]. *Talanta*, 2013,105: 20 - 27.

[42] Wan H, Li J, Yu W, *et al*. Fabrication of a Novel Magnetic Yolk-Shell Fe_3O_4 @ $m$$TiO_2$ @ $m$$SiO_2$ nanocomposite for Selective Enrichment of Endogenous Phosphopeptides from a Complex Sample [J]. *RSC Advances*, 2014,4(86): 45804 - 45808.

[43] Lu J, Deng C H, Zhang X M, *et al*. Synthesis of Fe_3O_4/Graphene/TiO_2 Composites for the Highly Selective Enrichment of Phosphopeptides from Biological Samples [J]. *ACS Applied Materials & Interfaces*, 2013,5(15): 7330 - 7334.

[44] Wang M, Deng C, Li Y, *et al*. Magnetic Binary Metal Oxides Affinity Probe for Highly Selective Enrichment of Phosphopeptides [J]. *ACS Applied Materials & Interfaces*, 2014,6(14): 11775 - 11782.

[45] Zhao M, Deng C, Zhang X. The Design and Synthesis of a Hydrophilic Core-Shell-Shell Structured Magnetic Metal-Organic Framework as a Novel Immobilized Metal Ion Affinity Platform for Phosphoproteome Research [J]. *Chemical Communications*, 2014,50(47): 6228 - 6231.

[46] Chen Y J, Xiong Z C, Peng L, *et al*. Facile Preparation of Core-Shell Magnetic Metal Organic Framework Nanoparticles for the Selective Capture of Phosphopeptides [J]. *ACS Applied Materials & Interfaces*, 2015,7(30): 16338 - 16347.

[47] Zhai R, Jiao F, Feng D, *et al*. Preparation of Mixed Lanthanides-Immobilized Magnetic Nanoparticles for Selective Enrichment and Identification of Phosphopeptides by MS [J]. *Electrophoresis*, 2014,35(24): 3470 - 3478.

[48] Wei J Y, Zhang Y J, Wang J L, *et al*. Highly Efficient Enrichment of Phosphopeptides by Magnetic Nanoparticles Coated with Zirconium Phosphonate for Phosphoproteome Analysis [J]. *Rapid Communications in Mass Spectrometry*, 2008,22(7): 1069 - 1080.

[49] Cheng G, Zhang J L, Liu Y L, *et al*. Synthesis of Novel Fe_3O_4@SiO_2@CeO_2 Microspheres with Mesoporous Shell for Phosphopeptide Capturing and Labeling [J]. *Chemical Communications*, 2011, 47(20): 5732 - 5734.

[50] Cheng G, Liu Y L, Zhang J L, *et al*. Lanthanum Silicate Coated Magnetic Microspheres as a Promising Affinity Material for Phosphopeptide Enrichment and Identification [J]. *Analytical and Bioanalytical Chemistry*, 2012,404(3): 763 - 770.

[51] Sun Y, Wang H-F. Ultrathin-Yttrium Phosphate-Shelled Polyacrylate-Ferriferrous Oxide Magnetic Microspheres for Rapid and Selective Enrichment of Phosphopeptides [J]. *Journal of Chromatography A*, 2013,1316: 62 - 68.

[52] Xuan S, Wang Y X J, Yu J C, *et al*. Tuning the Grain Size and Particle Size of Superparamagnetic Fe_3O_4 Microparticles [J]. *Chemistry of Materials*, 2009,21(21): 5079 - 5087.

[53] Woods A S, Ferré S. Amazing Stability of the Arginine-Phosphate Electrostatic Interaction [J]. *Journal of Proteome Research*, 2005,4(4): 1397 - 1402.

[54] Frigyes D, Alber F, Pongor S, *et al*. Arginine-Phosphate Salt Bridges in Protein-DNA Complexes: a Car-Parrinello Study [J]. *Journal of Molecular Structure-Theochem*, 2001,574: 39 - 45.

[55] Deng Q, Wu J, Chen Y, *et al*. Guanidinium Functionalized Superparamagnetic Silica Spheres for Selective Enrichment of Phosphopeptides and Intact Phosphoproteins from Complex Mixtures [J]. *Journal of Materials Chemistry B*, 2014,2(8): 1048 - 1058.

[56] Chen C T, Wang L Y, Ho Y P. Use of Polyethylenimine-Modified Magnetic Nanoparticles for Highly Specific Enrichment of Phosphopeptides for Mass Spectrometric Analysis [J]. *Analytical and Bioanalytical Chemistry*, 2011,399(8): 2795 - 2806.

第 6 章

基于磁性微纳米材料的糖基化蛋白质组学分析技术

6.1 磁性微纳米材料的糖基化蛋白质组学分析基本原理

糖基化是最常见、最重要也是最复杂的蛋白质翻译后修饰之一，具有重要的生物学功能以及生物学意义。糖基化蛋白质在组织、细胞以及体液中含量丰富，参与各种生命活动，如参与清除血浆中的衰老蛋白、免疫反应、细胞黏附以及信号转导等。研究发现，多种疾病的发生都伴随着蛋白质的异常糖基化，而在特定的状态下，蛋白质糖基化的发生和程度、糖基化蛋白质的含量、糖基化蛋白质上糖链结构的变异等与特定的生理以及病理状态有直接关系。蛋白质糖基化，特别是 N-糖基化通常发生在膜蛋白、分泌蛋白以及体液中蛋白等细胞外环境中的蛋白质上。而这些蛋白质一般都易于获得并可作为疾病诊断和治疗的依据。众多研究表明，临床上的许多生物标志物以及治疗靶标为糖基化蛋白质，比如，卵巢癌中的肿瘤抗原 CA125、肝癌中的特异性抗原 AFP 以及乳腺癌中的特异性抗原 Her2/neu。

目前，蛋白质糖基化的研究主要是基于生物质谱技术进行的，其中以 MALDI - TOF - MS 和 ESI - Q - TOF - MS 为代表的生物质谱极大推动了生物大分子质谱检测的发展。糖基化的主要研究内容包括糖蛋白/肽段分析、糖基化位点分析以及糖链分析。鉴于此，对于糖基化主要有两种研究策略——糖蛋白质组学和糖组研究。两种研究策略分别以糖基化蛋白质/肽段或者糖链为主要研究对象，对其进行大规模高通量分析。如图 6 - 1 所示，为实现分析目的，糖蛋白组研究通常有两条分析路线：一是先将糖基化蛋白质富集后再酶解鉴定；二是将蛋白质酶解后富集糖肽再鉴定。然而，由于糖蛋白/肽段在人体总蛋白/肽段中的相对丰度很低，生物质谱对复杂样品中的糖基化蛋白质/肽段的鉴定存在很大挑战。在质谱分析过程中，糖肽的质谱信号容易被非糖肽掩盖或者抑制，所以需对复杂生物样品中的糖肽进行浓缩富集，以提高糖肽的相对丰度，便于质谱检测。目前，针对糖基化蛋白质的不同性质、不同的方法被用于糖基化蛋白质/肽段的富集，比如亲水色谱法、凝集素亲和法、共价结合法以及多种方法的联合富集法(见图 6 - 1)。近年，利用磁性微球的快速分离能力以及磁球表面的可修饰性，合成了多种不同功能化修饰的磁性微纳米材料，以用于糖蛋白/糖肽的分离富集。

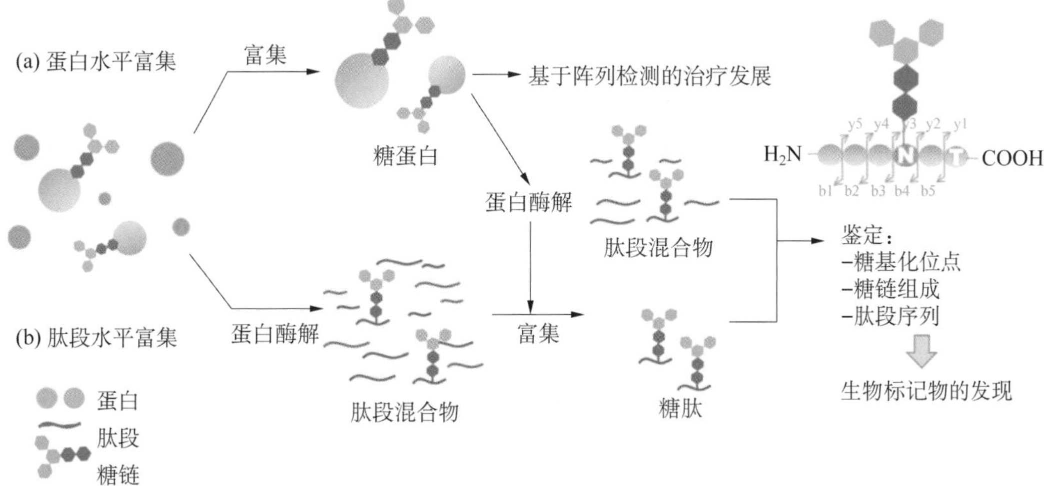

图 6-1 **糖蛋白质组的两种常用富集路线和分离富集糖蛋白/肽段的不同亲和模式**[1]

6.1.1 亲水性功能基团修饰的磁性微纳米材料

众所周知,糖基化蛋白质/肽段中的糖链成分含有大量羟基,因此糖链具有极为显著的亲水性,而非糖基化蛋白质/肽段有着相对较强的疏水性,基于糖基化蛋白质/肽段与非糖基化蛋白质/肽段之间亲水性和疏水性的差异,可利用亲水性介质来富集有着相对较强的亲水性的糖基化蛋白质/肽段。目前,一方面,基于氨基和琼脂糖等基质发展的亲水相互作用的色谱柱被广泛用于糖基化蛋白质/肽段的分离富集。其中,离子对亲水相互作用色谱法由于离子对试剂的引入,其对糖肽的特异性富集能力增强,这是因为离子对试剂能够有效中和肽段上所带的电荷,减弱其与亲水性基质的相互作用,但糖肽受离子对试剂的干扰较小,依旧可以与亲水性基质通过氢键作用而结合。另一方面,基于点击化学反应结合糖类的亲水相互作用,色谱柱也被广泛用于糖基化蛋白质/肽段的分离富集。在这类研究中,末端修饰炔基的壳聚糖、麦芽糖、葡萄糖等能够与修饰叠氮的硅等基质发生高效的点击(click)化学反应,从而制备出具有特殊表面结构以及亲水性特征的材料,为糖基化蛋白质/肽段的快速精确分析提供了可靠手段。

6.1.2 凝集素修饰的磁性微纳米材料

凝集素是一类具有选择性识别能力,能够非共价结合可溶性糖类、糖基化蛋白质以及糖脂上糖链的蛋白质的总称,由于各种类型糖链都有其对应的合适凝集素可以进行富集,因此凝集素亲和法被广泛用于分离富集糖基化蛋白质。不同糖型蛋白与特定的凝集素有着特异亲和性,例如,麦胚凝集素(WGA)选择性识别乙酰葡萄糖胺(acetyl glucosamine, GlcNAc),伴刀豆球蛋白,也称伴刀豆凝集素(Con A),高特异性识别高甘露糖型、杂合型的 N-糖。目前,采用硅土材料、金箔以及磁性微球等基质物质来固定凝集素的材料被广泛用于糖基化蛋白质的分离分析。

6.1.3 基于螯合作用的磁性微纳米材料

此类材料的设计是用于唾液酸化的糖基化蛋白的富集，主要以 TiO_2 以及 ZrO_2 等金属氧化物为主。基于 TiO_2 亲和技术富集唾液酸化的糖基化蛋白的原理是：Ti(Ⅳ)为缺电子结构，能够对含有丰富电子的唾液酸残基产生特异性亲和作用。这一技术的亮点在于它对糖基化蛋白的富集无任何破坏性作用，通过这一富集技术能够得到完整的糖链信息，为进一步的糖基化肽段的鉴定提供有力依据。现在 TiO_2 修饰的磁性微球已被广泛用于规模化磷酸化肽段的富集，而 TiO_2 修饰的磁性微球在糖基化蛋白组学中的应用甚少。TiO_2 微球作为填充材料被广泛用于唾液酸化的糖基化蛋白的分离纯化。

6.1.4 基于共价结合作用的磁性微纳米材料

硼酸富集法以及肼化学法是两种基于共价结合作用而广泛用于糖基化蛋白质/肽段分离富集的方法。硼酸分子在非水介质以及碱性水溶液中被羟基化，其分子构型由平面三角形转为四面体阴离子，此四面体阴离子能够与顺式二羟基可逆性结合生成环状二酯，而糖基化蛋白质/肽段的糖链上就存在着很多的顺式二醇，由此实现硼酸分子对糖基化蛋白质/肽段的选择性分离富集。在酸性体系中，上述的硼酸分子与顺式二羟基的结合反应逆向进行，即可将富集到的糖基化蛋白质/肽段释放。硼酸富集法能够实现对糖基化蛋白质/肽段的无偏向性富集，而且只需改变 pH 值就可以实现对糖基化蛋白质/肽段的富集与洗脱。

肼化学法是基于肼腙反应的固相富集法，主要是利用糖基化蛋白质/肽段中糖环上的顺式二醇氧化后能够与酰肼发生反应来实现对糖基化蛋白质/肽段的选择性富集。目前报道的肼化学法通常是首先利用高碘酸盐将糖环上的顺式二醇氧化成醛基，然后使醛基与酰肼反应共价连接，最后通过酶切将糖基化蛋白质/肽段释放。

6.2 亲水性功能基团修饰的磁性微纳米材料用于糖基化蛋白质组学分离分析

6.2.1 前言

利用具有亲水性的材料富集糖基化蛋白/肽段的方法是基于糖基化蛋白/肽段的结构性质发展起来的。该方法可以除去绝大部分的非糖基化肽段以及盐类，且能够非选择性地富集各种不同类型的糖基化蛋白/肽段，操作简单，所以被广泛用于糖链以及糖基化肽段的分离纯化。目前，结合磁性微球的强磁响应能力，不同的亲水性聚合物被分别修饰于磁性微球表面而用于分离富集糖基化蛋白/肽段，不仅如此，而且多种亲水性聚合物共修饰于磁性微球表面的材料也被广泛运用。另外，由于葡萄糖、壳聚糖、半乳糖等糖结构中存在大量羟基，具有相对较强的亲水性，不同糖被分别修饰于磁性微球表面的材料以及多种糖共修饰于磁性微球表面的材料也被用于糖基化蛋白/肽段的分离富集。另外，亲水性聚合物与糖共修饰的磁性微球材料也多有应用。本节内容将从以上几个方面说明基于亲水相互作用的磁性微纳米材料在糖基化蛋白组学中的应用。

6.2.2　糖修饰的磁性微球

6.2.2.1　葡萄糖修饰磁性介孔硅微球(Fe_3O_4@*m*SiO_2 - glucose)[2]

1. Fe_3O_4@*m*SiO_2 - glucose 微球的制备

Fe_3O_4@*m*SiO_2 - glucose 微球的合成示意图如图 2 - 82 所示，具体合成过程见 2.7 节。

2. Fe_3O_4@*m*SiO_2 - glucose 微球在糖基化蛋白质组学中的富集应用

图 6 - 2 所示为 Fe_3O_4@*m*SiO_2 - glucose 微球的富集应用流程图。

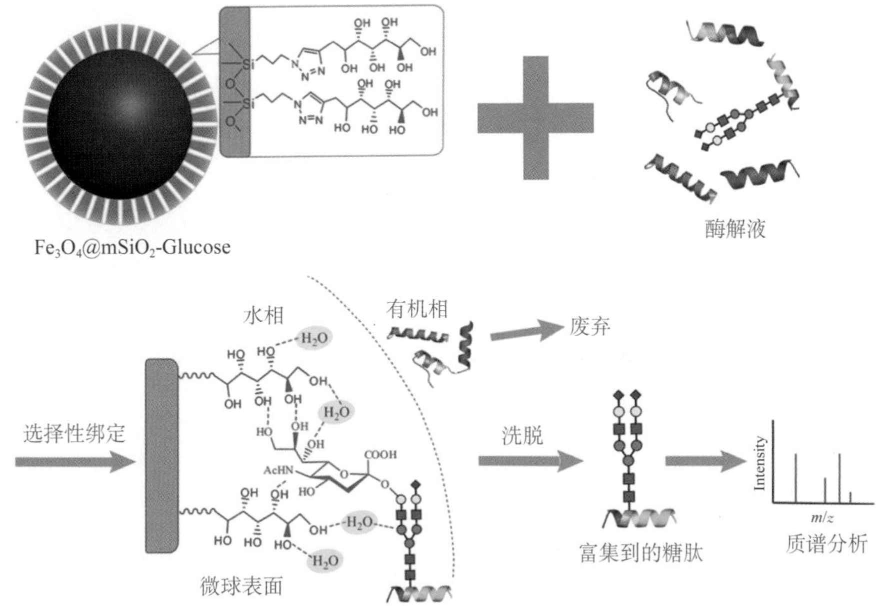

图 6 - 2　Fe_3O_4@*m*SiO_2 - glucose 微球的富集应用流程示意

(1) Fe_3O_4@*m*SiO_2 - glucose 微球对标准糖基化蛋白质酶解液中糖基化肽段的富集考察

以辣根过氧化物酶(horseradish peroxidase, HRP)的酶解液为研究对象，选择 ACN/H_2O/FA(*v*/*v*/*v*: 80/19.8/0.2)作为富集介质，富集时间为 5 min，首先考察 Fe_3O_4@*m*SiO_2 - glucose 微球对糖基化肽段的富集能力。HPR 中共有 8 个糖基化肽段、9 个糖基化位点。如图 6 - 3(a)所示，0.5 ng • μL^{-1}的 HRP 酶解液经电喷雾-四极杆-飞行时间串联质谱(ESI - Q - TOF)直接检测时，只有 4 条糖基化肽段信号峰被检出，经 Fe_3O_4@*m*SiO_2 - glucose 微球富集后，18 条糖基化肽段对应的 20 个信号峰被检测到，而且谱图背景干净。检测到的糖基化肽段的详细信息如表 6 - 1 所示。当 HRP 酶解液的浓度降低至 0.011 ng • μL^{-1}时，经 Fe_3O_4@*m*SiO_2 - glucose 微球富集后，仍有 2 条糖基化肽段信号峰被检出。说明 Fe_3O_4@*m*SiO_2 - glucose 微球对糖基化肽段具有富集能力，且具有较高的富集灵敏度。

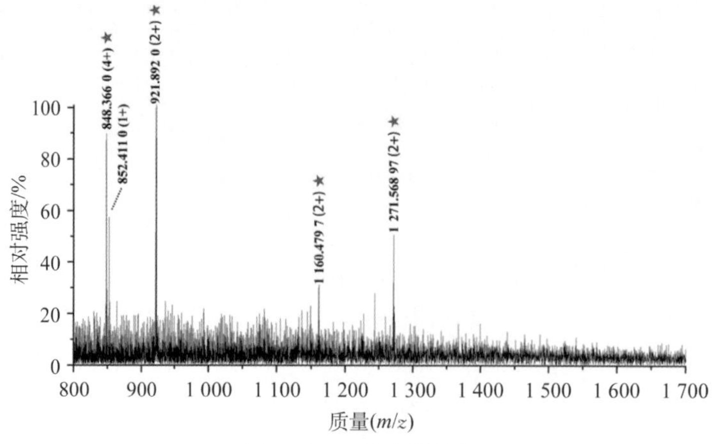

(a) 0.5 ng・μL^{-1},富集前

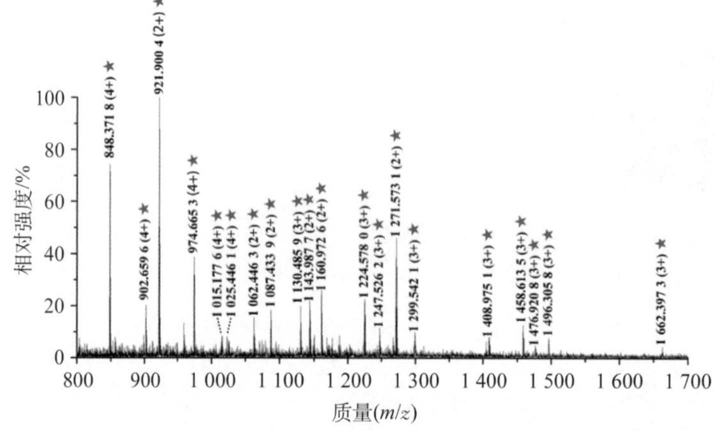

(b) 0.5 ng・μL^{-1},富集后

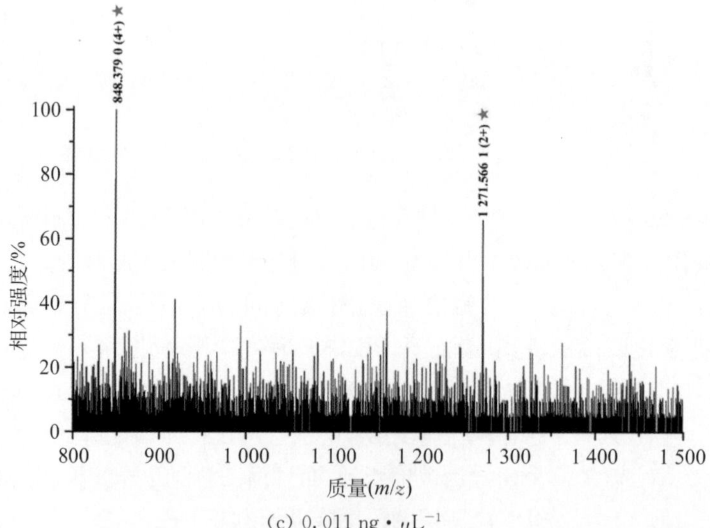

(c) 0.011 ng・μL^{-1}

图 6-3 **0.5 ng・μL^{-1}的 HRP 酶解液富集前的 ESI-Q-TOF 检测图和不同浓度的 HRP 酶解液经 Fe_3O_4@mSiO$_2$-glucose 微球富集后的 ESI-Q-TOF-MS 检测图**

表 6-1 HRP 酶解液经 Fe_3O_4@$m$$SiO_2$-glucose 微球富集鉴定到的糖基化肽段的详细信息

氨基酸序列	糖链组成	m/z(电荷状态)
QSDQELFSSPN#ATDTIPLVR	Xyl_1 Man_3 $GlcNAc_2$ Fuc_1	848.371 8(4*); 1 130.485 9(3*)
CLC(NQCR)PLNGN#LSALVDFDLR	Xyl_1 Man_3 $GlcNAc_2$ Fuc_1	902.659 6(4*); 1 203.205 7(3*)
NVGLN#R	Xyl_1 Man_3 $GlcNAc_2$ Fuc_1	921.900 4(2*)
LHFHDCFVNGCDASILLDN#TISFR	Xyl_1 Man_3 $GlcNAc_2$ Fuc_1	974.665 3(4*); 1 299.542 1(3*)
LHFHDCFVNGCDASILLDN#TISFR	Xyl_1 Man_4 $GlcNAc_2$ Fuc_1	1 015.177 6(4*)
LDN#TTSFR	Xyl_1 Man_3 $GlcNAc_2$ Fuc_1	1 062.446 3(2*)
SFAN#STQTFF	Xyl_1 Man_3 $GlcNAc_2$	1 087.433 9(2*)
LDN#TTSFR	Xyl_1 Man_4 $GlcNAc_2$ Fuc_1	1 143.987 7(2*)
SFAN#STQTFF	Xyl_1 Man_3 $GlcNAc_2$ Fuc_1	1 160.972 6(2*)
GLIQSDQELFSSPN#ATDTIPLVR	Xyl_1 Man_3 $GlcNAc_2$ Fuc_1	1 224.578 0(3*)
LHFHDCFVNGCDASILLDN#TISF	Xyl_1 Man_3 $GlcNAc_2$ Fuc_1	1 247.526 2(3*)
SSPN#ATDTIPLVR	Xyl_1 Man_3 $GlcNAc_2$ Fuc_1	1 271.573 1(2*)
QLTPTFYDN#SC(AAVESACPR)PNVSNIVR-H_2O	Xyl_1 Man_3 $GlcNAc_2$ Fuc_1	1 408.613 8(3*)
LYN#FSNTGLPDPTLN#TTY	Xyl_1 Man_3 $GlcNAc_2$ Fuc_1 Xyl_1 Man_3 $GlcNAc_2$ Fuc_1	1 458.613 5(3*)
LYN#FSNTGLPDPTLN#TTYL	Xyl_1 Man_3 $GlcNAc_2$ Fuc_1 Xyl_1 Man_3 $GlcNAc_2$ Fuc_1	1 496.305 8(3*)
LYN#FSNTGLPDPTLN#TTYLQTLR	Xyl_1 Man_3 $GlcNAc_2$ Fuc_1 Xyl_1 Man_3 $GlcNAc_2$ Fuc_1	1 662.407 2(3*)

(2) Fe_3O_4@$m$$SiO_2$-glucose 微球对糖基化肽段的选择性富集能力考察

为进一步考察 Fe_3O_4@$m$$SiO_2$-glucose 微球对复杂样品中糖基化肽段具有选择性富集能力,选择摩尔比为 1∶1∶10 的 HRP,MYO 以及 β-casein 混合酶解液作为研究对象。同时,选择 Fe_3O_4@$m$$SiO_2$-$N_3$ 微球作对比实验。如图 6-4(a)所示,混合酶解液未经任何材料富集直接进行 ESI－Q－TOF 检测时，只观察到 1 条糖基化肽段，大量的非糖基化肽段占据谱图，抑制了糖基化肽段的信号。经 Fe_3O_4@$m$$SiO_2$－glucose 微球富集后，如图 6－4(b)所示，虽然检测到一些亲水性的非糖基化肽段，但是 19 条糖基化肽段对应 20 个信号峰在谱图中占据主导地位。然而经过 Fe_3O_4@$m$$SiO_2$－$N_3$ 微球富集后，如图 6－4(c)所示，仅检出对应的 1 条糖基化肽段(对应 2 个信号峰)，说明葡萄糖提高了材料的亲水性，对于富集糖基化肽段起到非常重要的作用，Fe_3O_4@$m$$SiO_2$－glucose 微球对复杂样品中的糖基化肽段具有选择性富集能力。

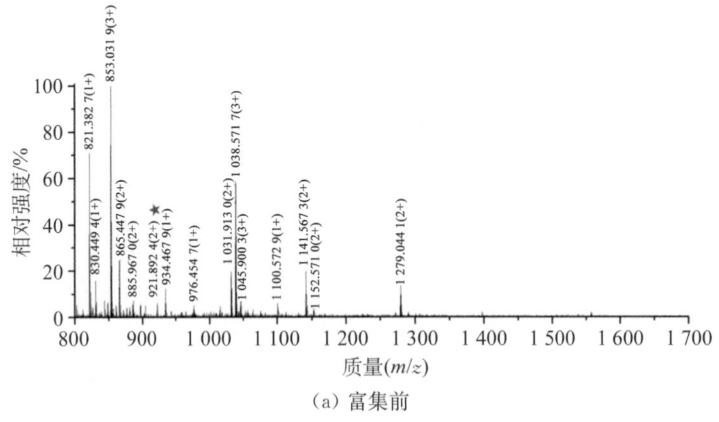

(a) 富集前

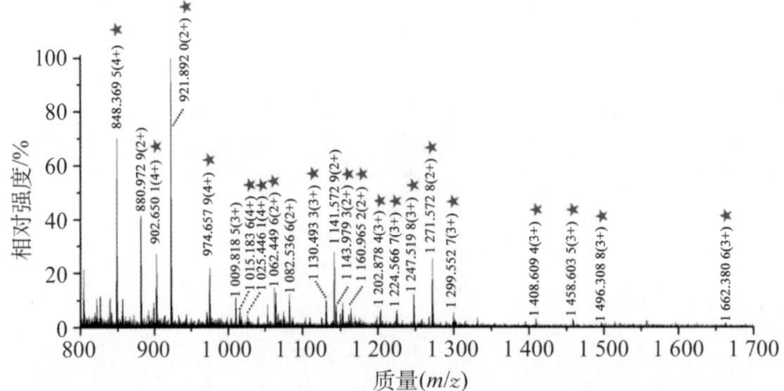

(b) 经 Fe_3O_4@$m$$SiO_2$－glucose 微球富集后

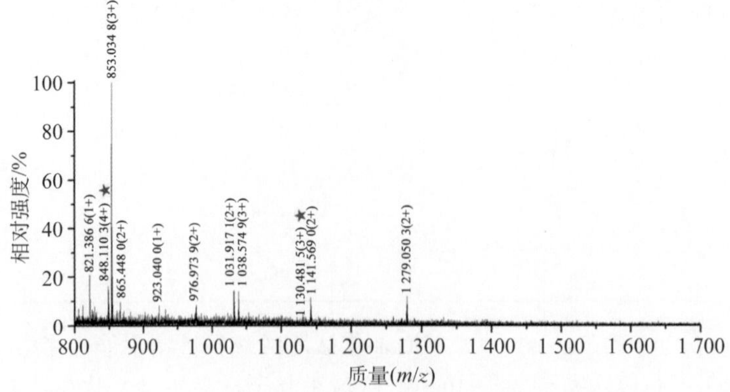

(c) 经 Fe_3O_4@$m$$SiO_2$－$N_3$ 微球富集后

图 6－4 摩尔比为 1∶1∶10 的 HRP，MYO 以及 β－casein 混合酶解液经两种材料富集前、后的 ESI－Q－TOF－MS 检测图

（3）Fe_3O_4@mSiO$_2$ - glucose 微球对实际样品血清中糖链的选择性富集能力考察

实际样品血清也被选作研究对象，以进一步考察 Fe_3O_4@mSiO$_2$ - glucose 微球对糖链的选择性富集能力，如图 6 - 5（a）所示，0.25 μL 原始人血清肽 N -糖苷酶（peptide-N-glycosidase F，PNGase F）酶解液，经超滤处理后仅检出 12 条糖链，而经过 Fe_3O_4@mSiO$_2$ - glucose 微球富集后，鉴定到 42 条糖链。

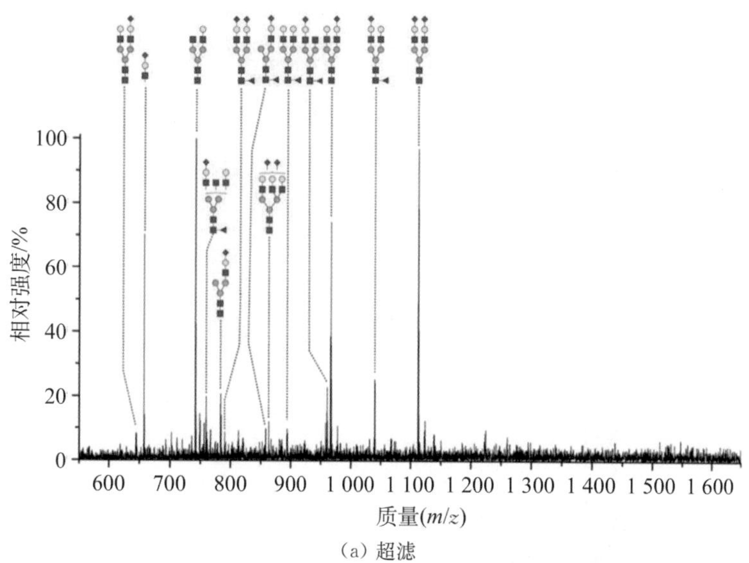

（a）超滤

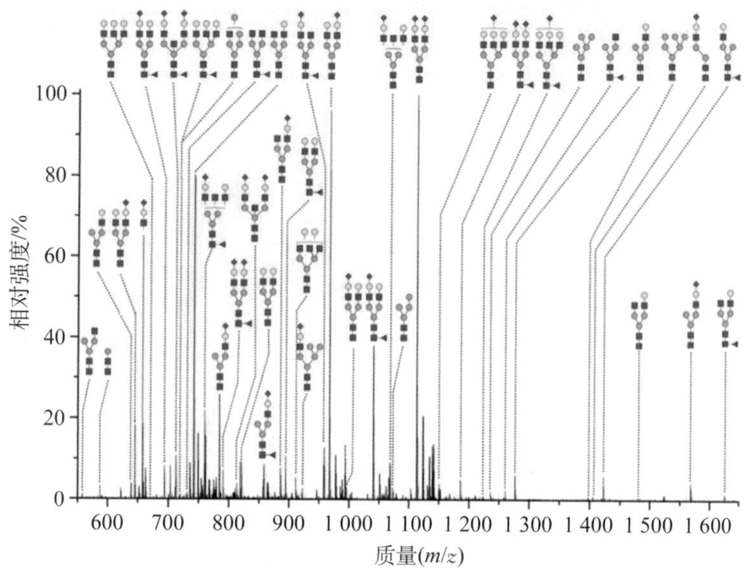

（b）经 Fe_3O_4@mSiO$_2$ - glucose 微球富集

图 6 - 5　人血清 PNGase F 酶解液经不同方式处理后的 ESI - Q - TOF - MS 检测图（◆为唾液酸，○为半乳糖，●为甘露糖，■为乙酰葡萄糖胺，▲为海藻糖）

6.2.2.2 壳聚糖修饰的磁性微球(Fe_3O_4@CS)[3]

1. Fe_3O_4@CS 微球的制备

Fe_3O_4@CS 微球的合成示意图如图 2-21 所示,具体合成过程见 2.5 节。

2. Fe_3O_4@CS 微球在糖基化蛋白质组学中的富集应用

(1) Fe_3O_4@CS 微球对标准糖基化蛋白质酶解液中糖基化肽段的富集能力考察

作者研究了对人体免疫球蛋白 G(immunoglobulin G, IgG)酶解液的富集,选择 ACN/H_2O/TFA ($v/v/v$: 88/11.5/0.5, 200 μL) 为富集缓冲液, ACN/H_2O/TFA ($v/v/v$: 30/69.9/0.1,10 μL)作为洗脱液。首先,考察 Fe_3O_4@CS 微球对糖基化肽段的富集能力,同时选择 Fe_3O_4 微球作对比实验。如图 6-6(a)所示,300 fmol 的人 IgG 酶解液经质谱直接检测,只检出两条糖基化肽段,非糖基化肽段干扰严重。如图 6-6(b)所示,300 fmol 的人 IgG 酶

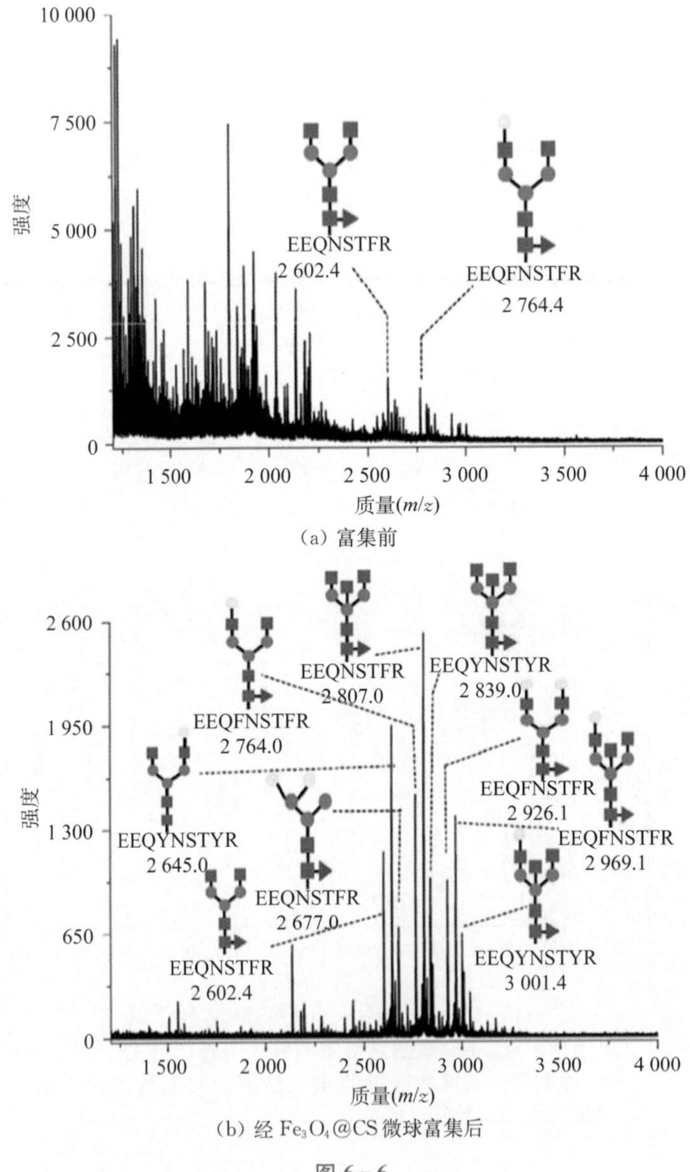

(a) 富集前

(b) 经 Fe_3O_4@CS 微球富集后

图 6-6

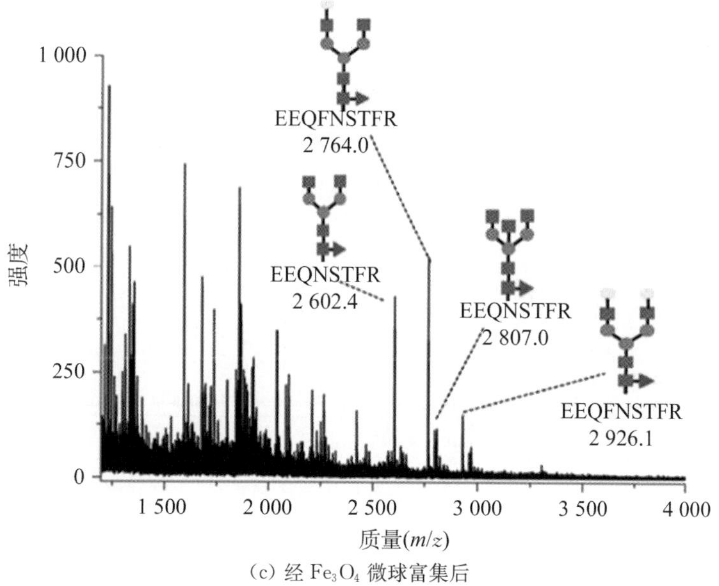

(c) 经 Fe_3O_4 微球富集后

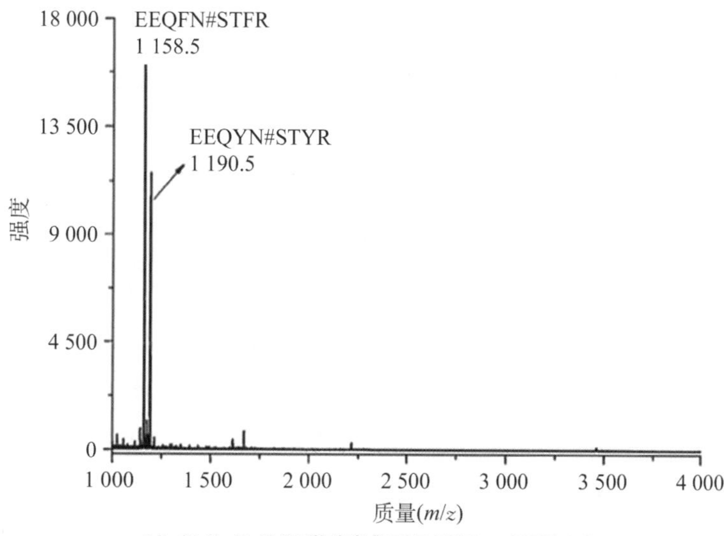

(d) 经 Fe_3O_4@CS 微球富集再经 PNGase F 酶切后

图 6-6 **300 fmol 的人 IgG 酶解液经不同微球富集前、后的质谱检测图**
(○为半乳糖,●为甘露糖,■为乙酰葡萄糖胺,▲为海藻糖)

解液经 Fe_3O_4@CS 微球富集后,检出 21 条糖基化肽段,而经 Fe_3O_4 微球富集后(见图 6-6(c))所示,谱图相较于富集前,并没有太大的改变。经 Fe_3O_4@CS 微球富集到的糖基化肽段经 PNGase F 酶切后质谱检测,如图 6-6(d)所示,谱图中糖基化肽段的信号峰都消失了,证实经 Fe_3O_4@CS 微球富集到的确实为糖基化肽段。

另外,Fe_3O_4@CS 微球被用来富集不同含量的人 IgG 酶解液,以此考察 Fe_3O_4@CS 微球的富集灵敏度。如图 6-7 所示,当人 IgG 酶解液的含量低至 8 fmol 时,仍能检出 4 条糖基化肽段。

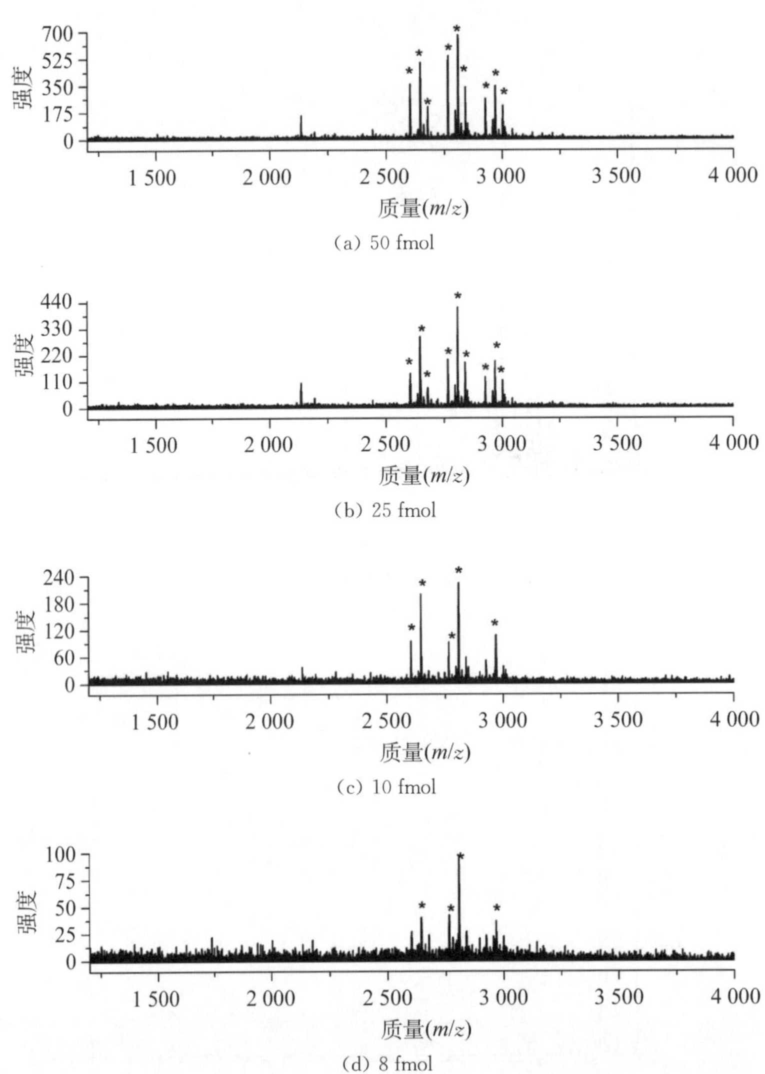

图 6-7 不同含量的人 IgG 酶解液经 Fe_3O_4@CS 微球富集后的质谱检测图

(2) Fe_3O_4@CS 微球对实际生物样品 Hela 细胞蛋白酶解液中糖基化肽段的富集考察

在实际生物样品 Hela 细胞中提取的蛋白质酶解液被选作为研究对象，以进一步考察 Fe_3O_4@CS 微球对糖基化肽段的选择性富集能力。45 μg Hela 细胞蛋白酶解液经 Fe_3O_4@CS 微球富集后，共鉴定到 175 个糖基化蛋白，273 个糖基化肽段，283 个 N-糖基化位点。

6.2.3 亲水性聚合物修饰的磁性微纳米材料

6.2.3.1 两性聚合物修饰的磁性硅球(Fe_3O_4@SiO_2@PMSA)(PMSA，聚[2-(甲基丙烯酰基氧基)乙基]二甲基-(3-磺酸丙基)氢氧化铵)[4]

1. Fe_3O_4@SiO_2@PMSA 微球的制备

Fe_3O_4@SiO_2@PMSA 微球的合成见 2.6 节。

2. Fe_3O_4@SiO_2@PMSA 微球在糖基化蛋白质组学中的富集应用

(1) Fe_3O_4@SiO_2@PMSA 微球对标准糖基化蛋白质酶解液中糖基化肽段的富集能力考察

选择 ACN/H_2O/TFA($v/v/v$: 86/13.9/0.1, 400 μL)作为富集缓冲液,ACN/H_2O/TFA($v/v/v$: 30/69.9/0.1,10 μL)作为洗脱液。选择人体免疫球蛋白 G(人 IgG)酶解液作为研究对象,首先考察 Fe_3O_4@SiO_2@PMSA 微球对糖基化肽段的富集能力。如图 6-8(a)所示,人 IgG 酶解液通过质谱直接检测仅检出有 4 条弱信号的糖基化肽段,经过 Fe_3O_4@SiO_2@PMSA 微球富集后,如图 6-8(b)所示,检测到 26 条高信号强度的 N-糖基化肽段。作为对比实验,Fe_3O_4@SiO_2@MSA 也用来富集人 IgG 酶解液,如图 6-8(c)所示,仅富集检测到 8 条糖基化肽段,这说明 Fe_3O_4@SiO_2@PMSA 微球对糖基化肽段具有更强的富集能力,因为微球表面致密的两性聚合物基团增强了其与糖之间的亲水相互作用。经 Fe_3O_4@SiO_2@PMSA 微球富集后的所有糖肽经 PNGase F 酶切后进行质谱检测,如图 6-8(d)所示,糖基化肽段的质谱信号峰都消失了,说明 Fe_3O_4@SiO_2@PMSA 微球富集到的确实均为糖基化肽段,其详细信息列于表 6-2。

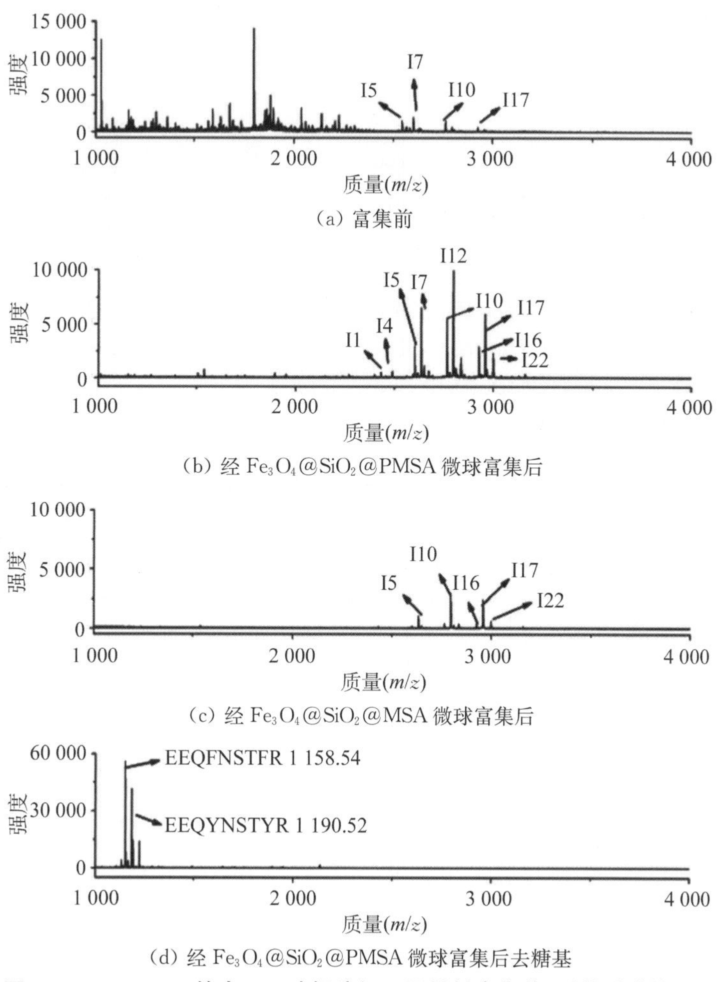

图 6-8　0.5 pmol 的人 IgG 酶解液经不同材料富集前、后的质谱检测图

表 6-2 人 IgG 酶解液经 Fe_3O_4@SiO_2@PMSA 微球富集后的 N-糖基化肽段的详细信息(N#为糖基化位点)

No.	m/z	糖链组成	氨基酸序列
1	2 286	[Hex]3[HexNAc]3	EEQYN#STYR
2	2 432	[Hex]3[HexNAc]3[Fuc]1	EEQYN#STYR
3	2 488	[Hex]3[HexNAc]4	EEQYN#STYR
4	2 594	[Hex]4[HexNAc]3[Fuc]1	EEQYN#STYR
5	2 603	[Hex]3[HexNAc]4[Fuc]1	EEQFN#STFR
6	2 618	[Hex]4[HexNAc]4	EEQFN#STFR
7	2 635	[Hex]3[HexNAc]4[Fuc]1	EEQYN#STYR
8	2 650	[Hex]4[HexNAc]4	EEQYN#STYR
9	2 658	[Hex]3[HexNAc]5	EEQFN#STYR
10	2 764	[Hex]4[HexNAc]4[Fuc]1	EEQFN#STFR
11	2 780	[Hex]5[HexNAc]4	EEQFN#STFR
12	2 797	[Hex]4[HexNAc]4[Fuc]1	EEQYN#STYR
13	2 806	[Hex]3[HexNAc]5[Fuc]1	EEQFN#STYR
14	2 812	[Hex]5[HexNAc]4	EEQYN#STFR
15	2 821	[Hex]4[HexNAc]5	EEQFN#STFR
16	2 838	[Hex]3[HexNAc]5[Fuc]1	EEQYN#STYR
17	2 853	[Hex]4[HexNAc]5	EEQYN#STYR
18	2 926	[Hex]5[HexNAc]4[Fuc]1	EEQFN#STFR
19	2 958	[Hex]5[HexNAc]4[Fuc]1	EEQYN#STYR
20	2 968	[Hex]4[Hex7NAc]5[Fuc]1	EEQFN#STFR
21	2 983	[Hex]5[HexNAc]5	EEQFN#STFR
22	3 000	[Hex]4[HexNAc]5[Fuc]1	EEQYN#STYR
23	3 087	[Hex]4[HexNAc]4[Fuc]1[NeuAc]1	EEQYN#STFR
24	3 129	[Hex]5[HexNAc]5[Fuc]1	EEQFN#STFR
25	3 161	[Hex]5[HexNAc]5[Fuc]1	EEQYN#STYR
26	3 250	[Hex]5[HexNAc]4[Fuc]1[NeuAc]1	EEQYN#STYR

注：HexNAc=N-乙酰氨基葡萄糖，Hex=甘露糖，Fuc=海藻糖，NeuAc=唾液酸。

为进一步验证 Fe_3O_4@SiO_2@PMSA 微球对不同类型的糖基化肽段均具有富集能力，又选择 HRP 以及鸡卵白素酶解液作为研究对象。如图 6-9 所示，经 Fe_3O_4@SiO_2@PMSA 微球富集后，分别检测到 14 条糖基化肽段(见图 6-9(b))和 15 条糖基化肽段(见图 6-9(d))。这个结果表明，Fe_3O_4@SiO_2@PMSA 微球对糖基化肽段的富集具有普遍性。

用人 IgG 酶解液作为研究对象，考察 Fe_3O_4@SiO_2@PMSA 微球对低浓度样品的富集效果。当人 IgG 酶解液的总量低至 0.1 fmol 时，可以观察到 m/z=2 795.58 的糖基化肽段，表明 Fe_3O_4@SiO_2@PMSA 微球对低浓度样品具有较高的富集效果(见图 6-10)。

(2) Fe_3O_4@SiO_2@PMSA 微球对实际生物样品鼠肝蛋白酶解液中糖基化肽段的富集能力考察

选择 ACN/H_2O/TFA($v/v/v$: 86/13/1, 500 μL)作为富集缓冲液，ACN/H_2O/TFA($v/v/v$: 30/69.9/0.1, 3×100 μL)作为洗脱液，分离富集从鼠肝组织中提取的 65 μg 蛋白酶

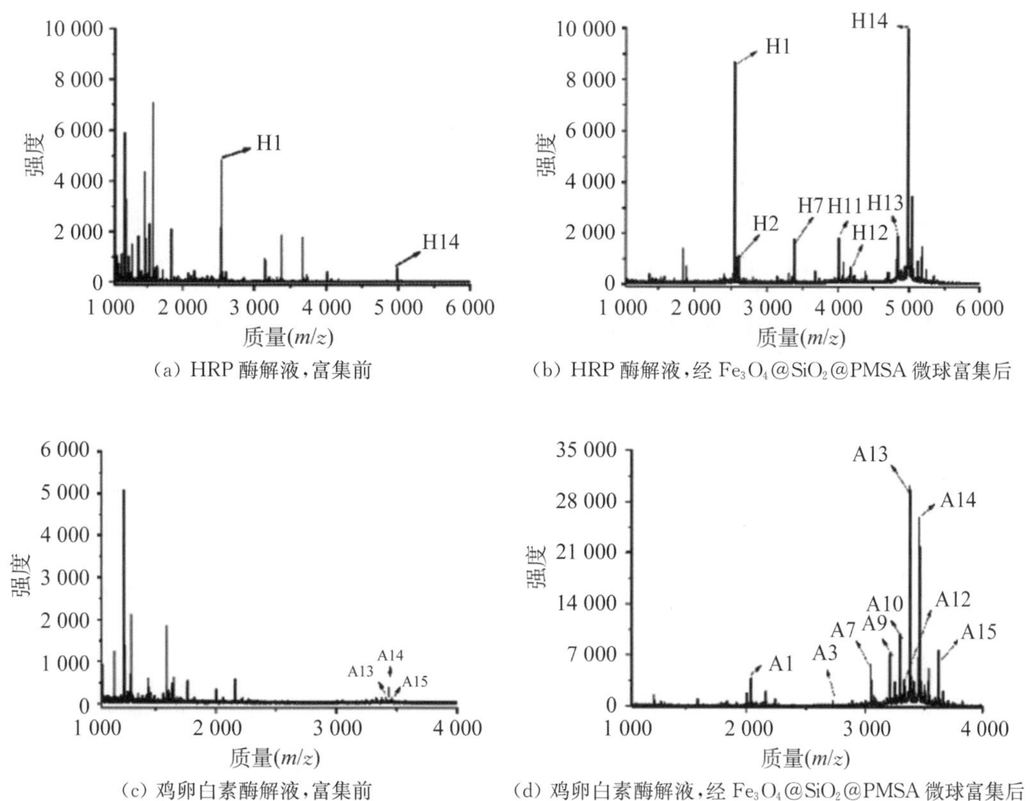

(a) HRP 酶解液，富集前　(b) HRP 酶解液，经 Fe_3O_4@SiO_2@PMSA 微球富集后

(c) 鸡卵白素酶解液，富集前　(d) 鸡卵白素酶解液，经 Fe_3O_4@SiO_2@PMSA 微球富集后

图 6-9　1 pmol 的 HRP 酶解液和 1 pmol 的鸡卵白素酶解液经 Fe_3O_4@SiO_2@PMSA 微球富集前、后的质谱检测图

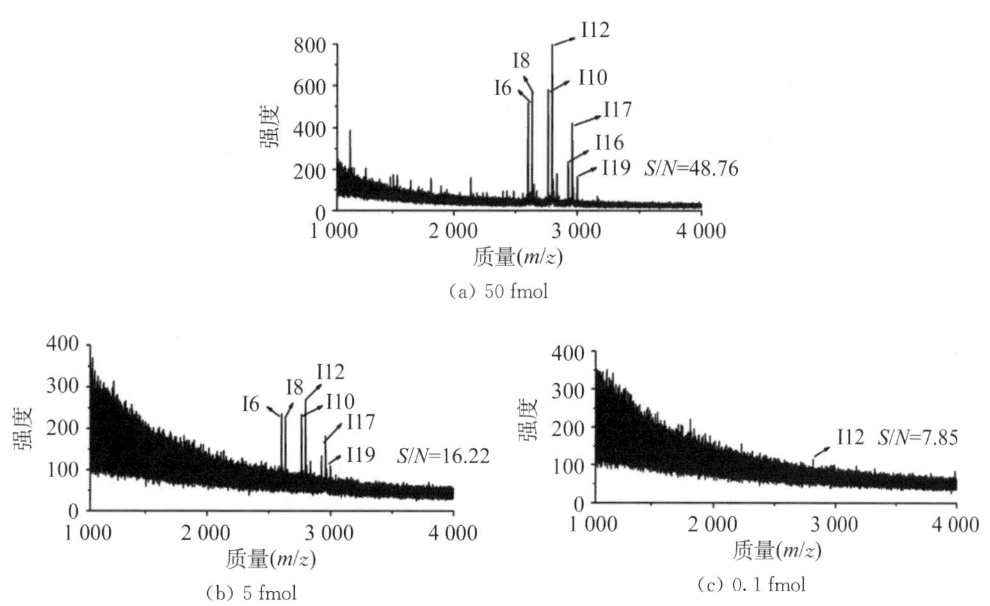

(a) 50 fmol

(b) 5 fmol　(c) 0.1 fmol

图 6-10　不同总量的人 IgG 酶解液经 Fe_3O_4@SiO_2@PMSA 微球富集后的质谱检测图

解液。经 LC-MS/MS 分析和数据库搜索，共鉴定到 458 个糖基化蛋白质，905 个 N-糖基化位点。

6.2.3.2 聚乙二醇修饰的磁性氧化石墨烯($GO/Fe_3O_4/Au/PEG$)[5]

1. $GO/Fe_3O_4/Au/PEG$ 复合材料的制备

$GO/Fe_3O_4/Au/PEG$ 复合材料的合成见 2.8 节。

2. $GO/Fe_3O_4/Au/PEG$ 复合材料在糖基化蛋白质组学中的富集应用

(1) $GO/Fe_3O_4/Au/PEG$ 复合材料对标准糖基化蛋白酶解液中糖基化肽段的富集能力考察

选择 $ACN/H_2O/FA$($v/v/v$：80/20/0.1，含 10 mmol·L^{-1} NH_4HCO_3，50 μL)作为富集缓冲液，$ACN/H_2O/FA$($v/v/v$：50/50/0.1，含 10 mmol·L^{-1} NH_4HCO_3，2×20 μL)作为洗脱液，以 1 min 作为富集时间。

首先，选取 HPR 酶解液作为研究对象，以考察 $GO/Fe_3O_4/Au/PEG$ 复合材料对糖基化肽段的富集能力。如图 6-11(a)所示，对 2.5 pmol 的 HRP 酶解液直接进行质谱检测时，非糖基化肽段在谱图中占据主导地位，经 $GO/Fe_3O_4/Au/PEG$ 复合材料富集后，如图 6-11(b)所

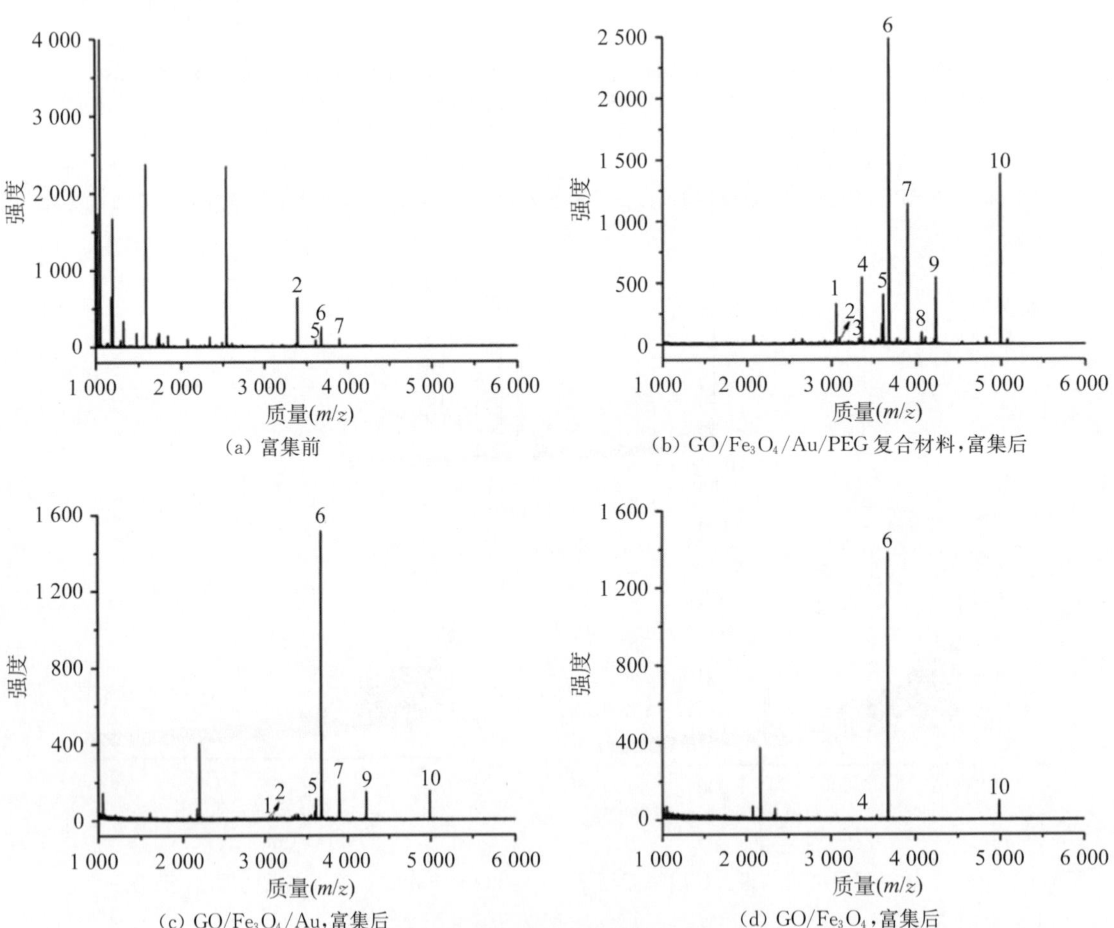

图 6-11 2.5 pmol 的 HRP 酶解液经不同材料富集前、后的质谱检测图

示，检出 10 条糖基化肽段（详细信息列于表 6 - 3 中），而且谱图中非糖基化肽段消失。选择 GO/Fe_3O_4/Au 和 GO/Fe_3O_4 复合材料作为对比实验，也对 2.5 pmol HRP 酶解液进行富集，分别只检测到 6 条和 3 条糖基化肽段，谱图中还明显观察到非糖基化肽段的信号峰，说明 GO/Fe_3O_4/Au/PEG 复合材料对糖基化肽段具有较好的富集能力。

表 6 - 3　HRP 酶解液经 GO/Fe_3O_4/Au/PEG 复合材料富集鉴定到的糖基化肽段的详细信息

	m/z	糖链组成	氨基酸序列
1	3 050	[Hex]2[HexNAc][Xyl]1	SFAN#STQTFFNAFVEAMDR
2	3 089	[Hex]3[HexNAc]2[Fuc]1[Xyl]1	GLCPLNGN#LSALVDFDLR
3	3 322	[Hex]3[HexNAc]2[Fuc]1[Xyl]1	QLTPTFYDNSCPN#VSNTVR
4	3 354	[Hex]3[HexNAc]2[Fuc]1[Xyl]1	SFAN#STQTFFNAFVEAMDR
5	3 607	[Hex]3[HexNAc]2[Fuc]1[Xyl]1	NQCRGLCPLNGN#LSALVDFDLR
6	3 673	[Hex]3[HexNAc]2[Fuc]1[Xyl]1	GLIQSDQELFSSPN#ATDTIPLVR
7	3 895	[Hex]3[HexNAc]2[Fuc]1[Xyl]1	LHFHDCFVNGCDASILLDN#TTSFR
8	4 057	[Hex]3[HexNAc]2[Xyl]1	QLTPTFYDNSC(AAVESACPR)PN#VSNIVR - H_2O
9	4 224	[Hex]3[HexNAc]2[Fuc]1[Xyl]1	QLTPTFYDNSC(AAVESACPR)PN#VSNIVR
10	4 985	[Hex]3[HexNAc]2[Fuc]1[Xyl]1 [Hex]3[HexNAc]2[Fuc]1[Xyl]1	LYN#FSNTGLPDPTLN#TTYLQTLR

注：HexNAc=N-乙酰氨基葡萄糖，Fuc=海藻糖，Hex=甘露糖，Xyl=木糖。

同样，将含有唾液酸的人 IgG 酶解液也作为研究对象，以考察 GO/Fe_3O_4/Au/PEG 复合材料对不同类型糖基化肽段的富集普遍性。由于人 IgG 酶解液含有唾液酸，在碱性条件下，糖基化肽段所带电荷会被中和，从而降低材料与其之间的静电相互作用，因此，在此工作中，75% ACN/20 mmol · L^{-1}的 NH_4HCO_3 作为富集缓冲液，25 mmol · L^{-1}的 NH_4HCO_3 作为洗脱液。1 pmol 的人 IgG 酶解液经 GO/Fe_3O_4/Au/PEG 复合材料富集后，检出 20 条糖基化肽段，其具体糖基化信息如表 6 - 4 所示。

表 6 - 4　人 IgG 酶解液经 Fe_3O_4@SiO_2@PMSA 微球富集后的 N-糖基化肽段的详细信息(N#为糖基化位点)

	m/z	糖链组成	氨基酸序列
1	2 400	[Hex]3[HexNAc]3[Fuc]1	EEQFN#STYR
2	2 561	[Hex]4[HexNAc]3[Fuc]1	EEQFN#STYR
3	2 603	[Hex]3[HexNAc]4[Fuc]1	EEQFN#STFR
4	2 618	[Hex]4[HexNAc]4	EEQFN#STFR
5	2 635	[Hex]3[HexNAc]4[Fuc]1	EEQYN#STYR
6	2 650	[Hex]4[HexNAc]4	EEQYN#STYR
7	2 764	[Hex]4[HexNAc]4[Fuc]1	EEQFN#STFR
8	2 780	[Hex]5[HexNAc]4	EEQFN#STFR
9	2 797	[Hex]4[HexNAc]4[Fuc]1	EEQYN#STYR
10	2 806	[Hex]3[HexNAc]5[Fuc]1	EEQFN#STYR
11	2 838	[Hex]3[HexNAc]5[Fuc]1	EEQYN#STYR

续 表

	m/z	糖链组成	氨基酸序列
12	2 926	[Hex]5[HexNAc]4[Fuc]1	EEQFN#STFR
13	2 958	[Hex]5[HexNAc]4[Fuc]1	EEQYN#STYR
14	2 968	[Hex]4[Hex7NAc]5[Fuc]1	EEQFN#STFR
15	3 000	[Hex]4[HexNAc]5[Fuc]1	EEQYN#STYR
16	3 087	[Hex]4[HexNAc]4[Fuc]1[NexAc]1	EEQYN#STFR
17	3 129	[Hex]5[HexNAc]5[Fuc]1	EEQFN#STFR
18	3 161	[Hex]5[HexNAc]5[Fuc]1	EEQYN#STYR
19	3 218	[Hex]5[HexNAc]4[Fuc]1[NexAc]1	EEQFN#STFR
20	2 250	[Hex]5[HexNAc]4[Fuc]1[NexAc]1	EEQYN#STYR

注：HexNAc=N-乙酰氨基葡萄糖，Fuc=海藻糖，Hex=甘露糖，Xyl=木糖，NeuAc=唾液酸

(2) GO/Fe_3O_4/Au/PEG复合材料对糖基化肽段的选择性富集能力考察

选择不同质量比的HRP和MYO混合酶解液作研究对象，考察GO/Fe_3O_4/Au/PEG复合材料对糖基化肽段的选择性富集能力，如图6-12(a)所示，当质量比为1∶10时，能检出10条糖基化肽段；当质量比增加至1∶100时，仍能检出9条糖基化肽段，说明GO/Fe_3O_4/Au/PEG复合材料对糖基化肽段的具有极好的选择性富集能力。

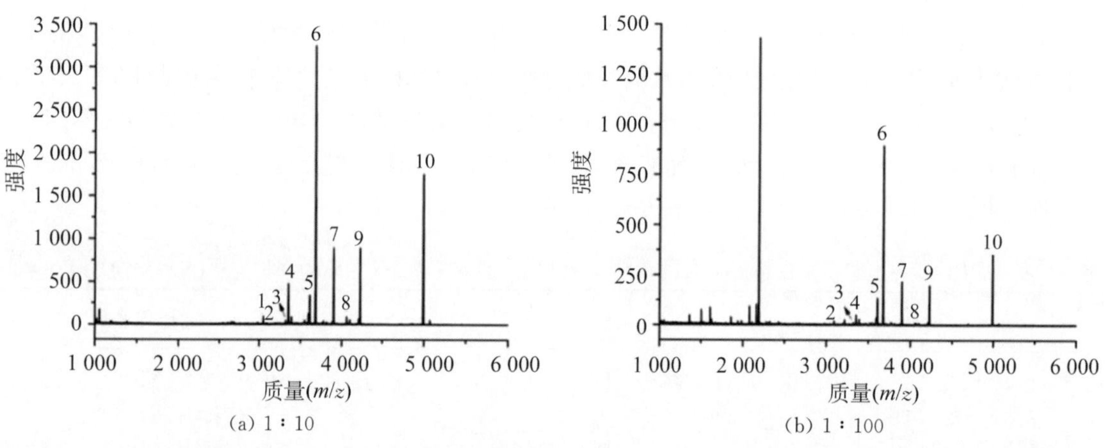

图6-12 不同质量比的HRP和MYO混合酶解液经GO/Fe_3O_4/Au/PEG复合材料富集后的质谱检测图

(3) GO/Fe_3O_4/Au/PEG复合材料对实际生物样品人血清酶解液中糖基化肽段的富集能力考察

在本工作中，选择ACN/H_2O/FA($v/v/v$：75/25/0.1，含10 mmol·L^{-1}的NH_4HCO_3，100 μL)作为富集缓冲液，ACN/H_2O/FA($v/v/v$：50/50/0.1，含10 mmol·L^{-1}的NH_4HCO_3，2×25 μL)作为洗脱液，以10 min作为富集时间，富集人血清酶解液。点击合成麦芽糖富集人血清酶解液作为对比实验，其对比结果如图6-13所示。

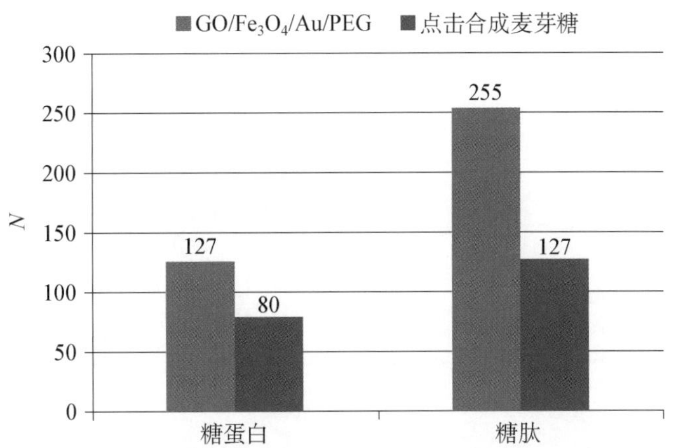

图 6－13　**不同材料从人血清中富集鉴定到的糖基化蛋白/肽段的数量**

6.2.4　糖和亲水性聚合物共修饰的磁性微纳米材料

6.2.4.1　麦芽糖与 PEG 共修饰的磁性硅球(Fe_3O_4@SiO_2@PEG－maltose)[6]

1. Fe_3O_4@SiO_2@PEG－maltose 微球的制备

Fe_3O_4@SiO_2@PEG－maltose 微球的合成如图 2－32 所示，合成过程见 2.6 节。

2. Fe_3O_4@SiO_2@PEG－maltose 微球在糖基化蛋白质组学中的富集应用

(1) Fe_3O_4@SiO_2@PEG－maltose 微球对标准糖基化蛋白酶解液中糖基化肽段的富集能力考察

选择 ACN/H_2O/TFA($v/v/v$：88/11.9/0.1，100 μL)作为富集缓冲液，H_2O/TFA(v/v：99.9/0.1，2×10 μL)作为洗脱液，10 min 作为富集时间，并选择两个亲水性材料 Fe_3O_4@SiO_2@PEG 微球以及 Fe_3O_4@SiO_2－maltose 微球作对比实验。以人 IgG 酶解液作为研究对象，考察 Fe_3O_4@SiO_2@PEG－maltose 微球对糖基化肽段的富集能力。如图 6－14 所示，

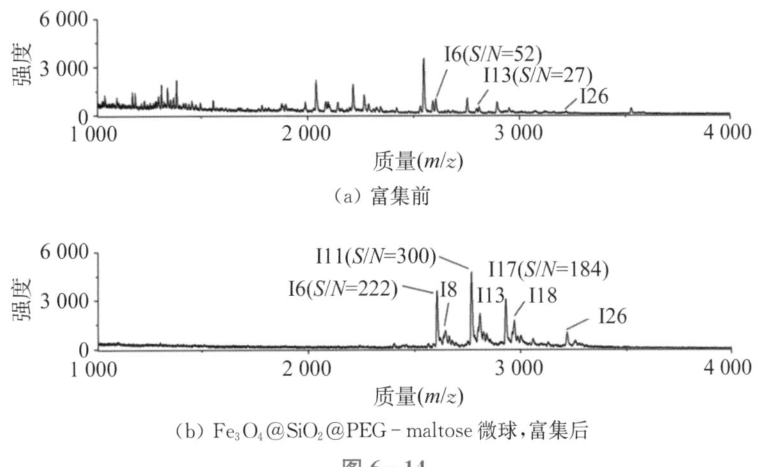

(a) 富集前

(b) Fe_3O_4@SiO_2@PEG－maltose 微球，富集后

图 6－14

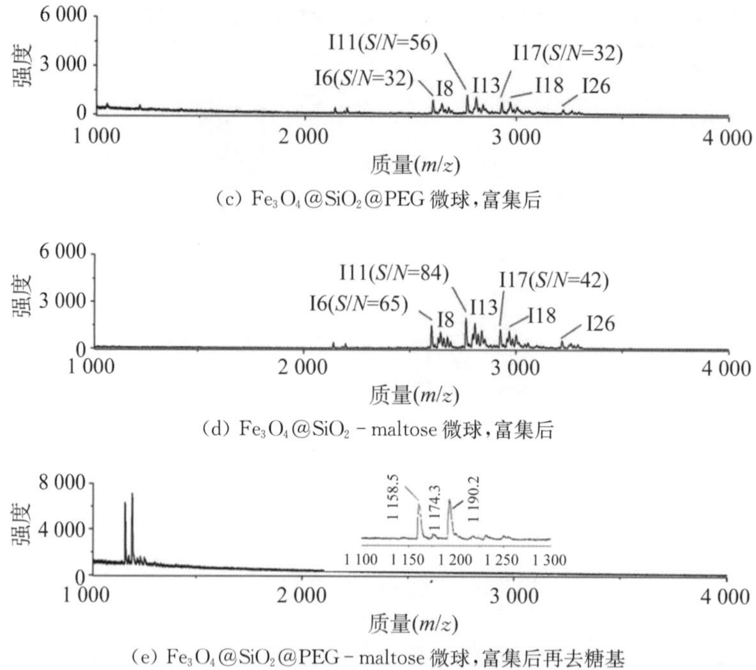

(c) Fe_3O_4@SiO_2@PEG 微球，富集后

(d) Fe_3O_4@SiO_2－maltose 微球，富集后

(e) Fe_3O_4@SiO_2@PEG－maltose 微球，富集后再去糖基

图 6－14　5 pmol 的人 IgG 酶解液经不同材料富集前、后的质谱检测图

经 3 种不同材料富集后，Fe_3O_4@SiO_2@PEG－maltose 微球富集到的糖基化肽段的信噪比和强度都要强于由另外 2 种材料得到的结果。总共检出了 27 条属于人 IgG 酶解液的糖基化肽段。而且经过验证，其富集到的确实均为糖基化肽段。详细信息如表 6－5 所示。

表 6－5　人 IgG 酶解液经 Fe_3O_4@SiO_2@PEG－maltose 微球富集后的 N－糖基化肽段的详细信息(N＃为糖基化位点)

	m/z	糖链组成	氨基酸序列
I1	2 400.1	[Hex]3[HexNAc]3[Fuc]1	EEQFN＃STFR
I2	2 432.0	[Hex]3[HexNAc]3[Fuc]1	EEQYN＃STYR
I3	2 456.1	[Hex]3[HexNAc]4	EEQFN＃STFR
I4	2 488.1	[Hex]3[HexNAc]4	EEQYN＃STYR
I5	2 561.5	[Hex]4[HexNAc]3[Fuc]1	EEQFN＃STFR
I6	2 603.2	[Hex]3[HexNAc]4[Fuc]1	EEQFN＃STFR
I7	2 618.1	[Hex]4[HexNAc]4	EEQFN＃STFR
I8	2 635.6	[Hex]3[HexNAc]4[Fuc]1	EEQYN＃STYR
I9	2 674.4	[Hex]3[HexNAc]5	EEQFN＃STYR
I10	2 691.0	[Hex]3[HexNAc]5	EEQYN＃STYR
I11	2 764.6	[Hex]4[HexNAc]4[Fuc]1	EEQFN＃STFR
I12	2 780.1	[Hex]5[HexNAc]4	EEQFN＃STFR
I13	2 797.4	[Hex]4[HexNAc]4[Fuc]1	EEQYN＃STYR

续　表

	m/z	糖链组成	氨基酸序列
I14	2 821.3	[Hex]4[HexNAc]5	EEQFN#STFR
I15	2 838.1	[Hex]3[HexNAc]5[Fuc]1	EEQYN#STYR
I16	2 853.3	[Hex]4[HexNAc]5	EEQYN#STYR
I17	2 926.9	[Hex]5[HexNAc]4[Fuc]1	EEQFN#STFR
I18	2 960.1	[Hex]5[HexNAc]4[Fuc]1	EEQYN#STYR
I19	2 968.6	[Hex]4[HexNAc]5[Fuc]1	EEQFN#STFR
I20	2 983.2	[Hex]5[HexNAc]5	EEQFN#STFR
I21	3 000.6	[Hex]4[HexNAc]5[Fuc]1	EEQYN#STYR
I22	3 015.1	[Hex]5[HexNAc]5	EEQYN#STYR
I23	3 057.1	[Hex]4[HexNAc]4[Fuc]1[NeuAc]1	EEQFN#STFR
I24	3 129.4	[Hex]5[HexNAc]5[Fuc]1	EEQFN#STFR
I25	3 161.3	[Hex]5[HexNAc]5[Fuc]1	EEQYN#STYR
I26	3 219.1	[Hex]5[HexNAc]4[Fuc]1[NeuAc]1	EEQFN#STFR
I27	3 250.9	[Hex]5[HexNAc]4[Fuc]1[NeuAc]1	EEQYN#STYR

同样,也选择 HRP 酶解液作为富集对象,进一步考察 Fe_3O_4@SiO_2@PEG－maltose 微球对不同类型糖基化肽段的富集普遍性,洗脱液改为 ACN/H_2O/TFA（v/v/v: 30/69.9/0.1, 2×10 μL)。3 pmol HRP 酶解液经 Fe_3O_4@SiO_2@PEG－maltose 微球富集后共检出 19 条糖基化肽段,其具体信息如表 6－6 所示。

表 6－6　HRP 酶解液经 Fe_3O_4@SiO_2@PEG－maltose 微球富集后的 N－糖基化肽段的详细信息(N# 为糖基化位点)

	m/z	糖链组成	氨基酸序列
H1	1 547.2	[Hex]2[HexNAc]1	PN#ATDTIPLVR
H2	1 636.3	[Hex]2[HexNAc]1	SPN#ATDTIPLVR
H3	1 844.1	[Hex]3[HexNAc]2[Fuc]1[Xyl]1	SPN#ATDTIPLVR
H4	2 321.5	[Hex]2[HexNAc]2	MGN#ITPLTGTQGQIR
H5	2 438.2	[Hex]3[HexNAc]2[Fuc]1[Xyl]1	SILLDN#TTSFR
H6	2 509.0	[Hex]3[HexNAc]2[Fuc]1[Xyl]1	ASILLDN#TTSFR
H7	2 543.2	[Hex]3[HexNAc]2[Fuc]1[Xyl]1	SSPN#ATDTIPLVR
H8	2 612.6	[Hex]3[HexNAc]2[Xyl]1	MGN#ITPLTGTQGQIR
H9	2 802.4	[Hex]3[HexNAc]2[Fuc]1[Xyl]1	LFSSPN#ATDTIPLVR
H10	2 850.8	[HexNAc]1[Fuc]1	GLIQSDQELFSSPN#ATDTIPLVR
H11	3 061.3	[Hex]3[HexNAc]2[Fuc]1[Xyl]1	QSDQELFSSPN#ATDTIPLVR
H12	3 323.1	[Hex]3[HexNAc]2[Fuc]1[Xyl]1	QLTPTFYDNSCPN#VSNIVR
H13	3 355.2	[Hex]2[HexNAc]2[Fuc]1[Xyl]1	SFAN#STQTFFNAFVEAMDR
H14	3 674.0	[Hex]3[HexNAc]2[Fuc]1[Xyl]1	GLIQSDQELFSSPN#ATDTIPLVR
H15	3 750.5	[Hex]3[HexNAc]2[Xyl]1	LHFHDCFVNGCDASILLDN#TTSFR
H16	3 896.1	[Hex]3[HexNAc]2[Fuc]1[Xyl]1	LHFHDCFVNGCDASILLDN#TTSFR

续 表

	m/z	糖链组成	氨基酸序列
H17	4 059.0	[Hex]3[HexNAc]2[Xyl]1	QLTPTFYDNSC(AAVESACPR)PN#VSNIVR-H_2O
H18	4 223.9	[Hex]3[HexNAc]2[Fuc]1[Xyl]1	OLTPTFYDNSC(AAVESACPR)PN#VSNIVR
H19	4 986.2	[Hex]2[HexNAc]2[Fuc]1[Xyl]1 [Hex]2[HexNAc]2[Fuc]1[Xyl]1	LYN#FSNTGLPDPTLN#TTYLQTLR

(2) Fe_3O_4@SiO_2@PEG-maltose 微球对实际生物样品人血清酶解液中糖基化肽段的富集能力考察

15 μL 人血清酶解液经 Fe_3O_4@SiO_2@PEG-maltose 微球富集后，经 2D LC-MS/MS 分析共鉴定到 106 个糖基化蛋白、204 个 N-糖基化位点。

6.2.4.2 麦芽糖与 PAMAM 共修饰的磁性氧化石墨烯(Fe_3O_4-GO@$n$$SiO_2$-PAMAM-Au-maltose)[7]

1. Fe_3O_4-GO@$n$$SiO_2$-PAMAM-Au-maltose 复合材料的制备

Fe_3O_4-GO@$n$$SiO_2$-PAMAM-Au-maltose 复合材料的合成如图 2-120 所示，合成过程见 2.8 节。

2. Fe_3O_4-GO@$n$$SiO_2$-PAMAM-Au-maltose 复合材料在糖基化蛋白质组学中的富集应用

(1) Fe_3O_4-GO@$n$$SiO_2$-PAMAM-Au-maltose 复合材料对标准糖基化蛋白质酶解液中糖基化肽段的富集能力考察

选择 ACN/H_2O/TFA($v/v/v$: 88/11.7/0.3, 200 μL)作为富集缓冲液，ACN/H_2O/TFA($v/v/v$: 30/69.9/0.1, 2×100 μL)作为洗脱液(冻干后重新溶解，再质谱检测)。选择人 IgG 酶解液作为研究对象，考察 Fe_3O_4-GO@$n$$SiO_2$-PAMAM-Au-maltose 复合材料对糖基化肽段的富集能力。首先，作者将 Fe_3O_4-GO@$n$$SiO_2$-PAMAM-Au-maltose 复合材料富集不同含量的人 IgG 酶解液，其结果如图 6-15 所示，当人 IgG 酶解液含量低至 0.5 fmol 时，仍能检测到糖基化肽段，说明 Fe_3O_4-GO@$n$$SiO_2$-PAMAM-Au-maltose 复合材料对糖基化肽段具有富集能力且有较高的富集灵敏度。同时，为了证明其富集能力得益于聚合物 PAMAM 以及麦芽糖的共修饰，作者将合成 Fe_3O_4-GO@$n$$SiO_2$-PAMAM-Au-maltose 复合材料时的中间产物 Fe_3O_4-GO@$n$$SiO_2$-PAMAM-Au 以及无聚合物存在时的 Fe_3O_4-GO@$n$$SiO_2$-Au-maltose 等复合材料也用来富集人 IgG 酶解液，如图 6-16 所示。通过对比谱图可以观察到，虽然 Fe_3O_4-GO@$n$$SiO_2$-PAMAM-Au 以及 Fe_3O_4-GO@$n$$SiO_2$-Au-maltose 对糖基化肽段也存在富集能力，但是在其谱图中均有大量非糖基化肽段的存在，严重干扰了糖基化肽段的检测。然而，经 Fe_3O_4-GO@$n$$SiO_2$-PAMAM-Au-maltose 复合材料富集后，糖基化肽段占据主导地位，上述结果表明，PAMAM 与麦芽糖的共修饰对于 Fe_3O_4-GO@$n$$SiO_2$-PAMAM-Au-maltose 复合材料对糖基化的高效选择性富集至关重要。

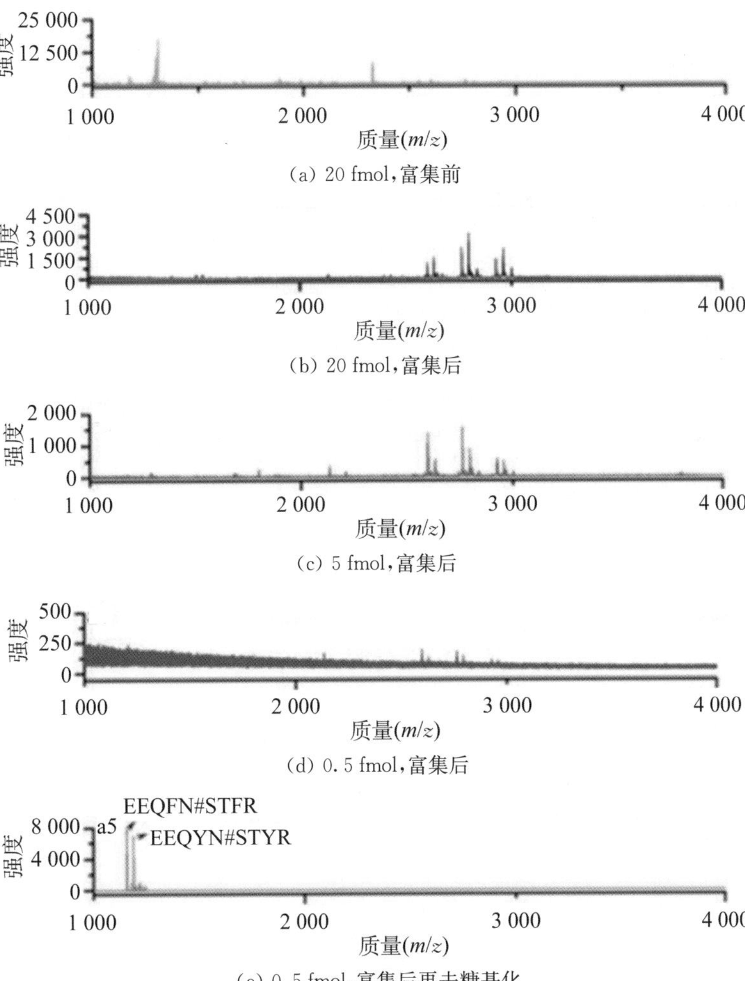

图 6-15 不同含量的人 IgG 酶解液经 Fe_3O_4 - GO@$n$$SiO_2$ - PAMAM-Au-maltose 复合材料富集后的质谱检测图

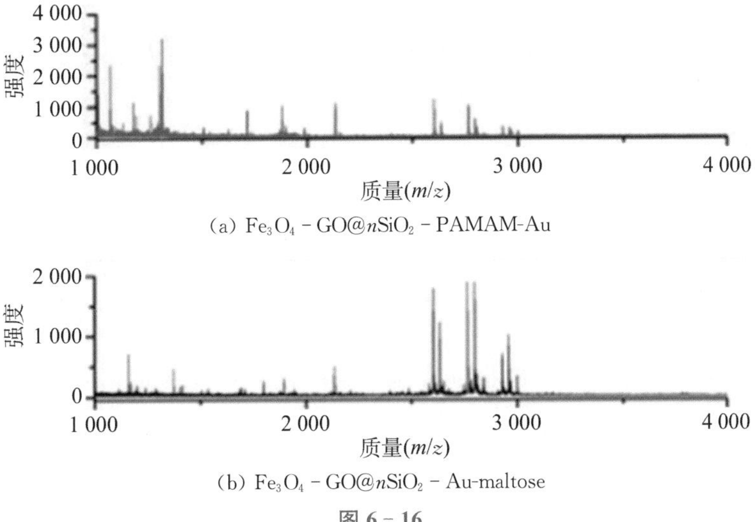

图 6-16

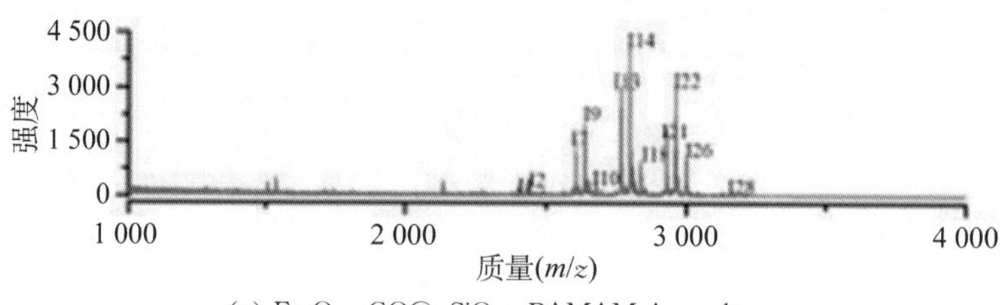

(c) Fe_3O_4 - GO@$n$$SiO_2$ - PAMAM-Au-maltose

图 6-16 人 IgG 酶解液经不同材料富集后的质谱检测图

选择 HRP 酶解液考察 Fe_3O_4 - GO@$n$$SiO_2$ - PAMAM-Au-maltose 复合材料对不同类型糖基化肽段的富集普遍性。如图 6-17 所示，富集前，谱图中非糖基化肽段严重抑制了糖基化肽段的信号，经 Fe_3O_4 - GO@$n$$SiO_2$ - PAMAM-Au-maltose 复合材料富集后，糖基化肽段在谱图中占据主导地位。

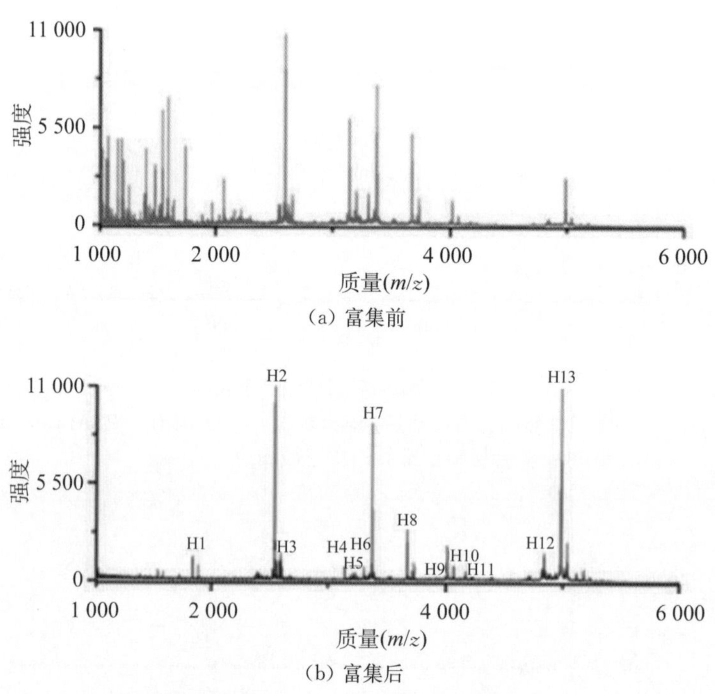

图 6-17 HRP 酶解液经 Fe_3O_4 - GO@$n$$SiO_2$ - PAMAM-Au-maltose 复合材料富集前、后的质谱检测图

(2) Fe_3O_4 - GO@$n$$SiO_2$ - PAMAM-Au-maltose 复合材料对实际生物样品鼠肝酶解液中糖基化肽段的富集能力考察

50 μg 鼠肝酶解液经 Fe_3O_4 - GO@$n$$SiO_2$ - PAMAM-Au-maltose 复合材料富集后，经质谱分析共鉴定到 760 个糖基化蛋白，1 529 个 N-糖基化肽段以及 1 254 个 N-糖基化位点。

6.2.5　双糖共修饰的磁性硅球

这里介绍壳聚糖与玻尿酸共修饰的磁性硅球(MNPs -(HA - CS)$_n$)[8]的应用。

1. MNPs -(HA - CS)$_n$ 微球的制备

MNPs -(HA - CS)$_n$ 微球的合成见 2.6 节。

2. MNPs -(HA - CS)$_{10}$微球在糖基化蛋白质组学中的富集应用

(1) MNPs -(HA - CS)$_{10}$微球对标准糖基化蛋白质酶解液中糖基化肽段的富集能力考察

选择 ACN/H_2O/TFA($v/v/v$：88/11.9/0.1，400 μL)作为富集缓冲液，ACN/H_2O/TFA($v/v/v$：30/69.9/0.1，2×10 μL)作为洗脱液，以 10 min 作为富集时间，并选择人 IgG 酶解液作为研究对象，考察 MNPs -(HA - CS)$_{10}$微球对糖基化肽段的富集能力。同时，以 MNPs - HA 作对比实验。如图 6 - 18(a)所示，对 5 pmol 人 IgG 酶解液直接进行质谱检测，仅检出两条信号极弱的糖基化肽段，经 MNPs -(HA - CS)$_{10}$微球富集后，检出 24 条糖基化肽段且其信号明显增强(见图 6 - 18(b))，经 PNGase F 酶切后证实富集到的均为糖基化肽段。然而，经过 MNPs - HA 富集后(见图 6 - 18(c))，只检出 14 条糖基化肽段，其信号强度明显较图 6 - 18(b)中的糖基化肽段低。

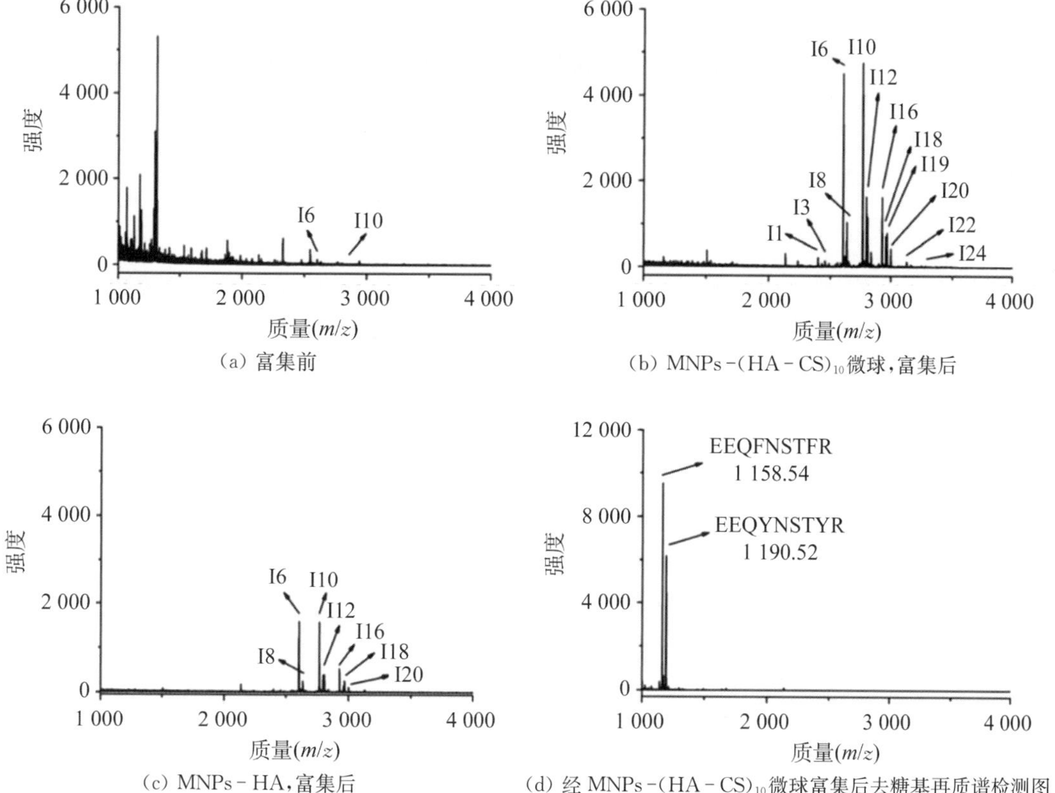

(a) 富集前　(b) MNPs -(HA - CS)$_{10}$微球，富集后

(c) MNPs - HA，富集后　(d) 经 MNPs -(HA - CS)$_{10}$微球富集后去糖基再质谱检测图

图 6 - 18　5 pmol 的人 IgG 酶解液经不同材料富集前、后的质谱检测图

另外,用 MNPs -(HA - CS)$_{10}$ 微球富集一系列不同含量的人 IgG 酶解液,如图 6 - 19所示,当人 IgG 酶解液的含量低至 0.2 fmol 时,仍检出 3 条糖基化肽段,以上结果说明 MNPs -(HA - CS)$_{10}$ 微球对糖基化肽段具有很好的富集能力。

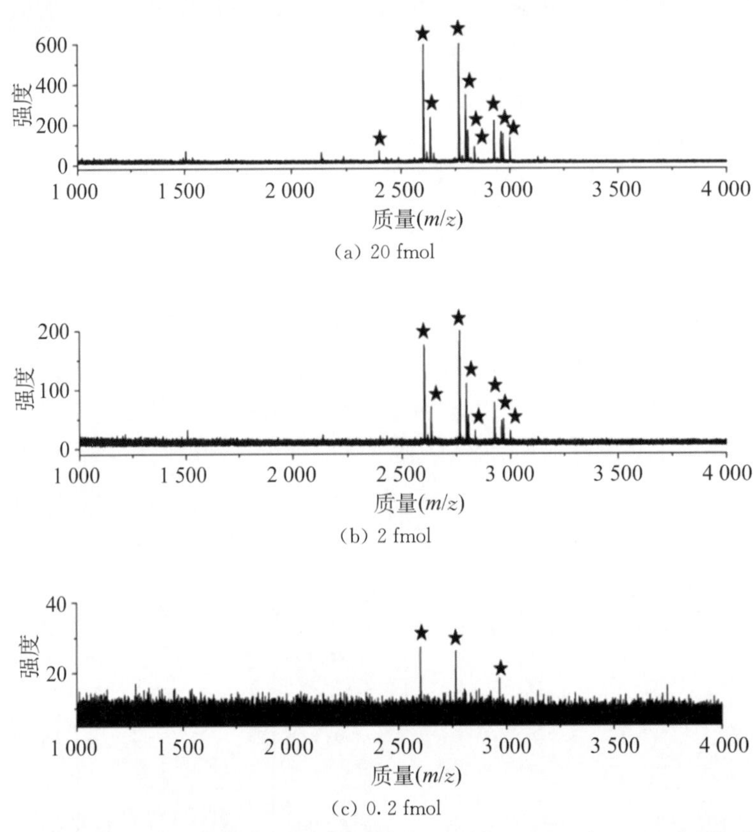

图 6 - 19 不同含量的人 IgG 酶解液(200 μL)经 MNPs -(HA - CS)$_{10}$ 微球富集后的质谱检测图

选择鸡卵白素和 HRP 酶解液,考察 MNPs -(HA - CS)$_{10}$ 微球对不同类型的糖基化肽段具有的富集普遍性。如图 6 - 20(b)所示,5 pmol 的鸡卵白素酶解液经 MNPs -(HA - CS)$_{10}$ 微球富集后,检出 16 条糖基化肽段,从 HRP 酶解液中则鉴定到了 6 个糖基化位点。

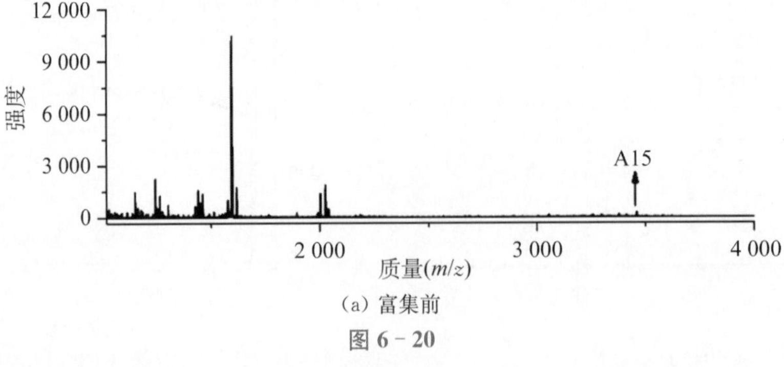

图 6 - 20

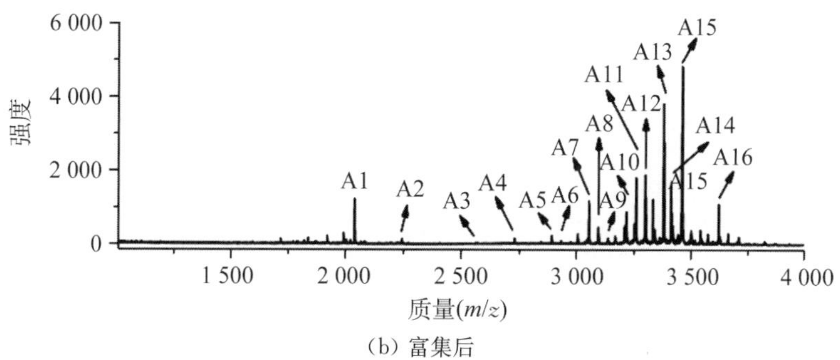

(b) 富集后

图 6-20 5 pmol 的鸡卵白素酶解液经 MNPs-(HA-CS)$_{10}$ 微球富集前、后的质谱检测图

(2) MNPs-(HA-CS)$_{10}$ 微球对实际生物样品鼠肝酶解液中糖基化肽段的富集能力考察

采用同样的方法，对 20 μg 鼠肝酶解液采用 MNPs-(HA-CS)$_{10}$ 微球富集后，经质谱分析共鉴定到 350 个糖基化蛋白，616 个糖基化肽段以及 605 个糖基化位点。

6.2.6 糖肽聚合物修饰的磁性微球(dM-MNPs)[9]

6.2.6.1 dM-MNPs 微球的制备

dM-MNPs 微球的合成见 2.6 节。

作者合成 M-MNPs 微球作为对比实验。与合成 dM-MNPs 微球不同之处简述如下：在氮气保护下，将 20 mg MNPs-NH_2 微球分散于无水二氯甲烷，在氩气保护以及冰浴条件下，加入 1.5 mL 蒸馏三乙胺，再加入 1 mL 的 2-溴异丁酰溴，机械搅拌 2 h。然后于室温下搅拌反应 16 h。所得产物经二氯甲烷、乙醇以及去离子水清洗后真空干燥。称取 50 mg 上述干燥产物分散在 30 mL N,N-二甲基甲酰胺(含 230 mg 叠氮化钠和 167 mg 氯化铵)在 50 ℃条件下反应 26 h。所得 MNPs-N_3 微球经 N, N-二甲基甲酰胺、去离子水以及甲醇清洗后真空干燥，备用。

6.6.6.2 dM-MNPs 微球在糖基化蛋白质组学中的富集应用

1. dM-MNPs 微球对标准糖基化蛋白质酶解液中糖基化肽段的富集能力考察

选择 ACN/H_2O/TFA($v/v/v$: 88/7/5, 400 μL)作为富集缓冲液，ACN/H_2O/TFA($v/v/v$: 30/69.9/0.1, 2×10 μL)作为洗脱液，以 30 min 作为富集时间。

首先，选择 HRP 作为研究对象，考察比较 dM-MNPs 微球与 M-MNPs 微球对糖基化肽段的富集能力。如图 6-21 所示，由紫外可见分光光度分析可知，dM-MNPs 微球对糖基化蛋白的绑定能力明显高于 M-MNPs 微球。

然后，也将人 IgG 酶解液作为研究对象，考察比较 dM-MNPs 微球与 M-MNPs 微球对不同类型糖基化肽段的富集能力。如图 6-22 所示，dM-MNPs 微球展示出更好的富集有效性。以上结果说明糖肽聚合物的存在对于提高材料富集糖基化蛋白/肽段的能力至关重要。

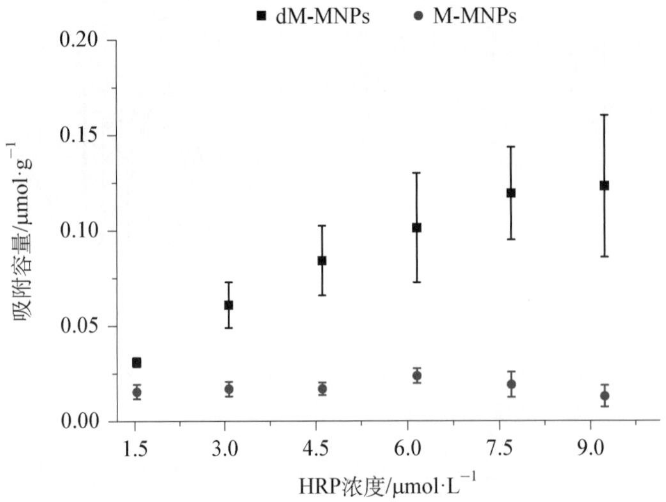

图 6-21 HRP 蛋白浓度对两种材料结合蛋白量的影响

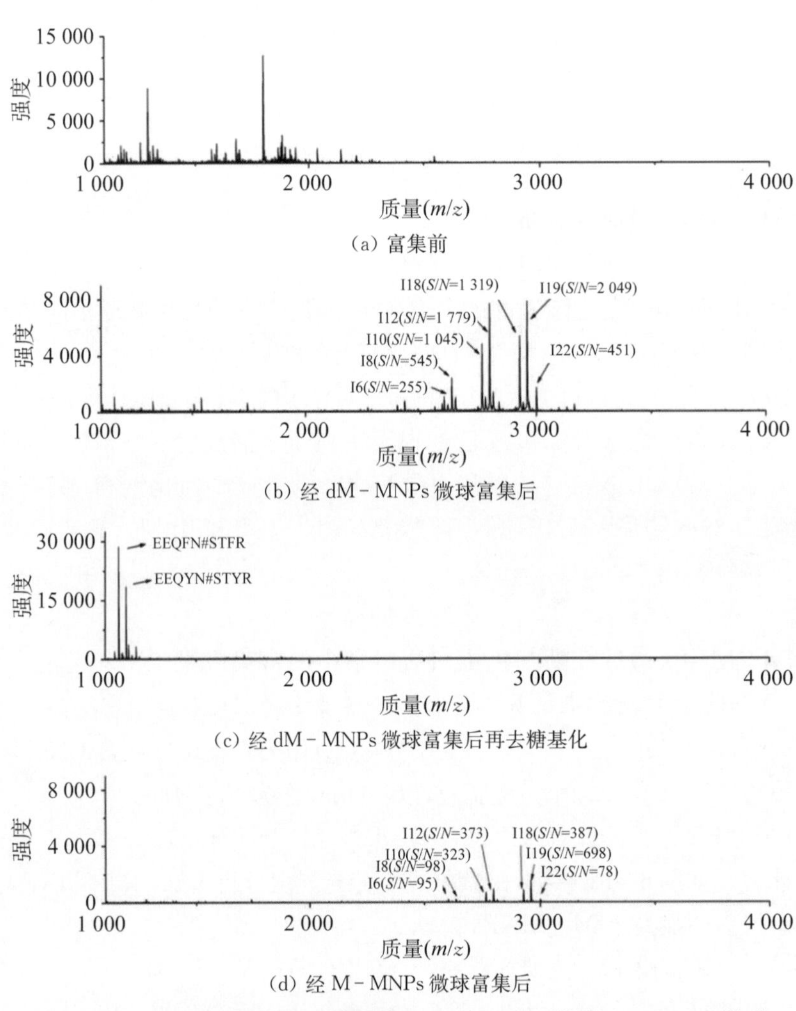

图 6-22 0.5 pmol 的人 IgG 酶解液经 dM-MNPs 微球、M-MNPs 微球富集前、后的质谱检测图

最后，不同含量的人 IgG 酶解液经 dM－MNPs 微球和 M－MNPs 微球分别富集，如图 6－23所示，在人 IgG 酶解液的含量低至 0.1 fmol 时，经 dM－MNPs 微球富集后，仍能检出 1 条糖基化肽段(见图 6－23(c))。但是经 M－MNPs 微球富集后，没有任何肽段信号(见图 6－23(f))，表明 dM－MNPs 微球对糖基化肽段具有更好的富集能力。

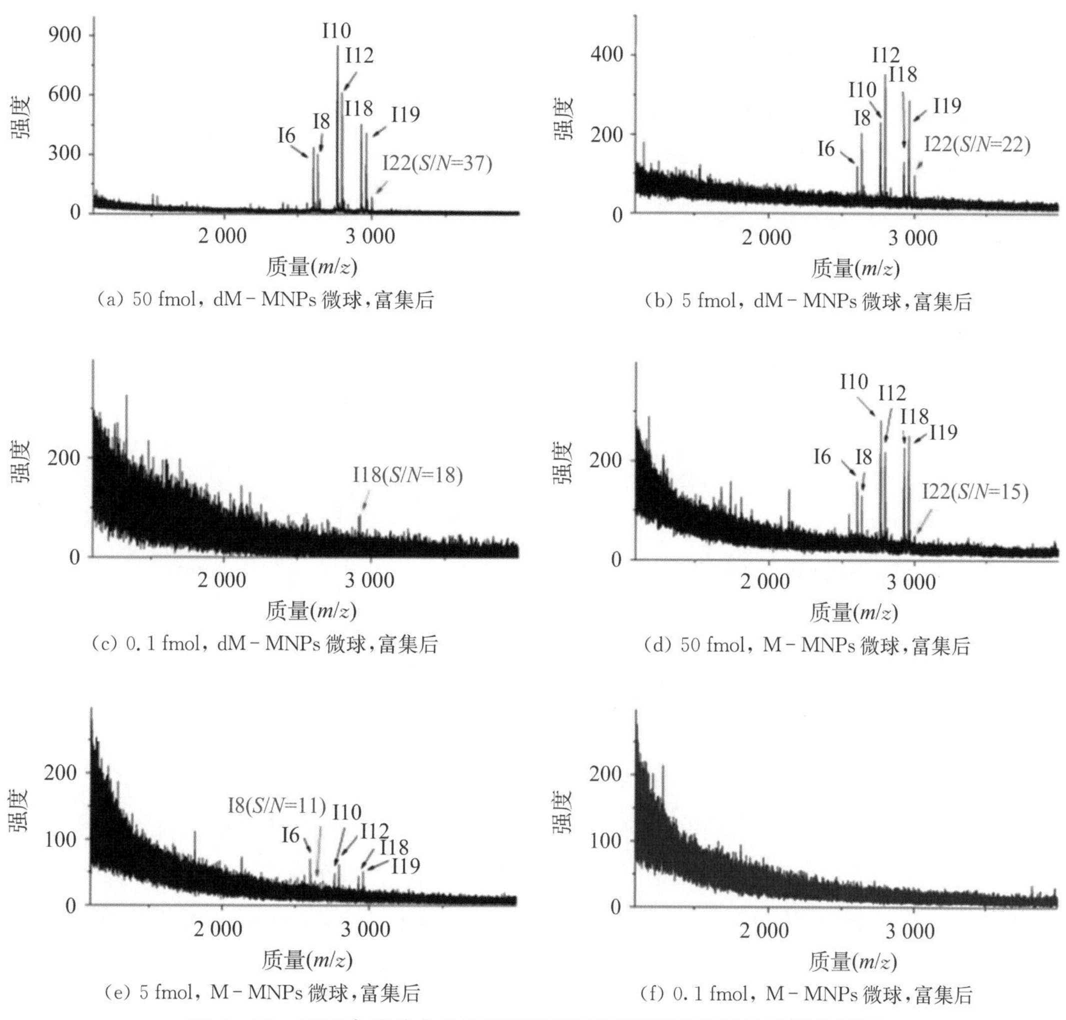

(a) 50 fmol，dM－MNPs 微球，富集后
(b) 5 fmol，dM－MNPs 微球，富集后
(c) 0.1 fmol，dM－MNPs 微球，富集后
(d) 50 fmol，M－MNPs 微球，富集后
(e) 5 fmol，M－MNPs 微球，富集后
(f) 0.1 fmol，M－MNPs 微球，富集后

图 6－23　不同含量的人 IgG 酶解液经不同材料富集后的质谱检测图

2. dM－MNPs 微球对实际生物样品鼠肝酶解液中糖基化肽段的富集能力考察

选择 ACN/H_2O/TFA($v/v/v$：88/10/2，400 μL)作为富集缓冲液，ACN/H_2O/TFA($v/v/v$：30/69.9/0.1，2×30 μL)作为洗脱液，以 30 min 作为富集时间。80 μg 鼠肝酶解液经 dM－MNPs 微球富集后，经质谱分析共鉴定到 572 个 N－糖基化蛋白，1 009 个 N－糖基化肽段以及 1 083 个 N－糖基化位点。

6.3 凝集素修饰的磁性微纳米材料用于糖基化蛋白质组学分离分析

6.3.1 前言

凝集素是一类对不同类型糖有着特异亲和性的蛋白质，可以专一识别某一具有特殊结构的寡糖中的特定糖基序列，并能够与之结合。常用的固定蛋白质的方法有化学键合、物理吸附以及化学衍生，等等。化学键合是利用目标蛋白与基底上的功能基团能够形成共价键而固定蛋白。物理吸附则是利用目标蛋白与基底之间的疏水相互作用固定蛋白。化学衍生在固定蛋白前通常需要对目标蛋白进行化学修饰，可能会导致目标蛋白失活。所以，要根据实验需求选择合适的固定方法。伴刀豆球蛋白(Con A)相对分子质量在 100 kDa 左右，在水溶液中以四聚体的形式存在的，具有多个糖结合位点，对糖蛋白具有很高的亲和能力，是最为广泛使用的凝集素之一。在目前的研究报导中，Con A 凝集素多用于制成凝集素亲和色谱柱分离纯化糖基化蛋白/肽段，将凝集素修饰于磁性微球却鲜有研究。本节介绍 Con A 凝集素修饰的磁性微球在糖基化蛋白质组学中的应用。

6.3.2 表面固定 Con A 的氨基苯硼酸磁性微球(Fe_3O_4@APBA-sugar-Con A)[10]

6.3.2.1 Fe_3O_4@APBA-sugar-Con A 微球的制备

Fe_3O_4@APBA-sugar-Con A 微球的合成见 2.5 节。

6.3.2.2 Fe_3O_4@APBA-sugar-Con A 微球在糖基化蛋白质组学中的应用

1. Fe_3O_4@APBA-sugar-Con A 微球对标准糖基化蛋白富集条件考察

在将 Con A 固定于 Fe_3O_4@APBA 微球表面时，采纳碱性条件作为实验条件，将甲基 α-D-吡喃甘露糖苷固定于 Fe_3O_4@APBA 微球上，但是 Con A 富集糖蛋白通常都在中性条件下进行。为了考察不同 pH 值的条件对 Fe_3O_4@APBA-sugar-Con A 微球富集糖基化蛋白的影响，在 Fe_3O_4@APBA 微球修饰单糖之后，选择中性缓冲液(PBS)和碱性缓冲液(50 $mmol \cdot L^{-1}$的 NH_4HCO_3溶液)作为介质条件，分别进行 Con A 的固定以及对标准糖基化蛋白的富集。其富集结果如图 6-24(a)所示，不同的介质条件对于糖基化蛋白的富集效果并没有明显差别。为保护硼酸和单糖之间的键合作用，在后续的实验中采用 50 $mmol \cdot L^{-1}$ NH_4HCO_3溶液作为富集缓冲液。值得注意的是，尽管 Fe_3O_4@APBA-sugar-Con A 微球对糖基化蛋白有较好的选择性富集能力，在富集后洗脱液的 SDS-PAGE 图上都会出现 Con A 的条带，这可能是因为四聚体结构的 Con A 在富集过程中会发生解离。如图 6-24(b)所示，Con A 单体的相对分子质量约为 25 kDa，在进行 SDS-PAGE 的分离时还会发生降解而产生多条条带。

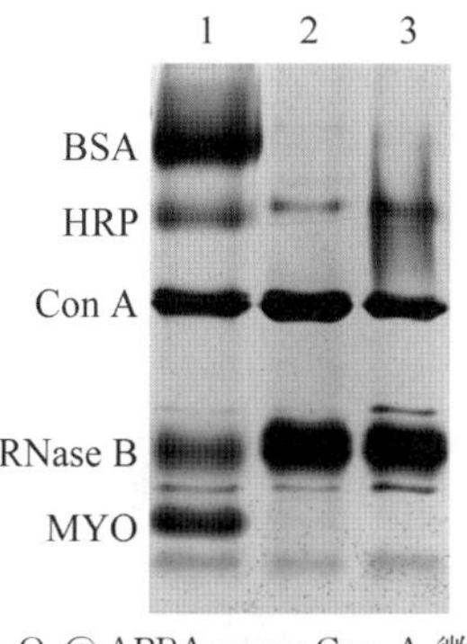

(a) Fe_3O_4@APBA-sugar-Con A 微球在中性和碱性条件下选择性富集标准糖蛋白的 SDS-PAGE 图(条带 1：标准蛋白混合溶液富集后上清液；条带 2：碱性条件下标准蛋白混合溶液后的洗脱液；条带 3：中性条件下富集标准蛋白混合溶液后的洗脱液)

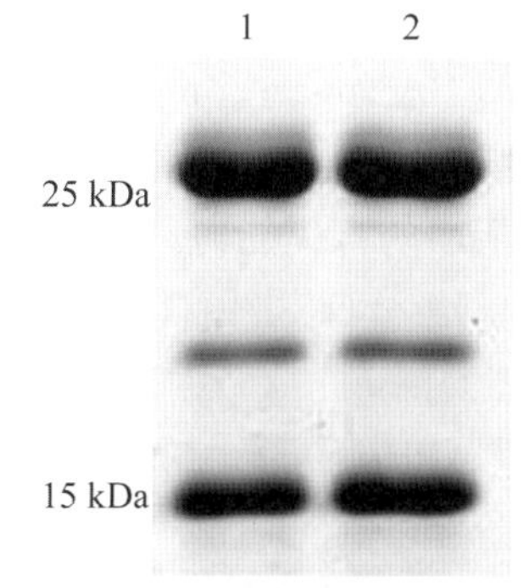

(b) 条带 1 和条带 2 均为 Con A SDS-PAGE 图

图 6-24　Fe_3O_4@APBA-sugar-Con A 微球选择性富集糖蛋白和 Con A 的 SDS-PAGE 图

2. Fe_3O_4@APBA-sugar-Con A 微球对标准糖基化蛋白的富集能力考察

首先，选择 HRP 和 RNase B 这两种含高甘露糖糖型的标准糖蛋白作为研究对象，考察 Fe_3O_4@APBA-sugar-Con A 微球对糖基化蛋白的富集能力。如图 6-25(a)所示，在 SDS-PAGE 的胶条中，HRP(条带 1)与 RNase B(条带 3)的条带在洗脱液中均有出现，表明这两种糖基化蛋白都可以被 Fe_3O_4@APBA-sugar-Con A 微球所捕获。

然后，以 HRP、RNase B、MYO 和 BSA 的混合蛋白溶液作为研究对象，进一步考察 Fe_3O_4@APBA-sugar-Con A 微球对标准糖基化蛋白的选择性富集能力。在理论上，MYO 和 BSA 为非糖基化蛋白，不会与 Fe_3O_4@APBA-sugar-Con A 微球结合。如图 6-25(b)所示，在洗脱液的胶条中(条带 2)只出现了 HRP 和 RNase B 的条带，没有出现 MYO 和 BSA 的条带，与理论预计相符，说明 Fe_3O_4@APBA-sugar-Con A 微球对糖蛋白具有选择性富集能力。

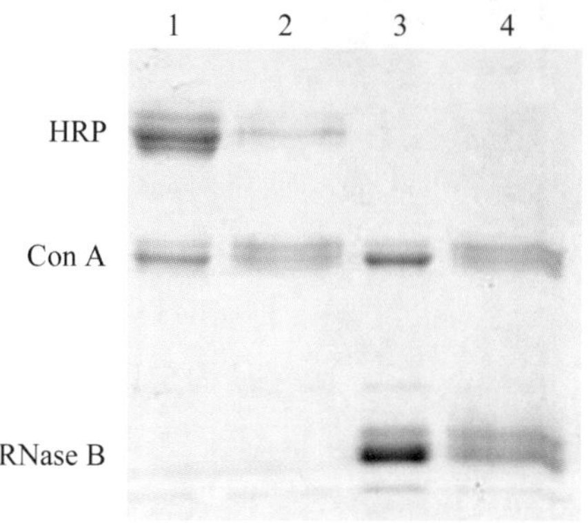

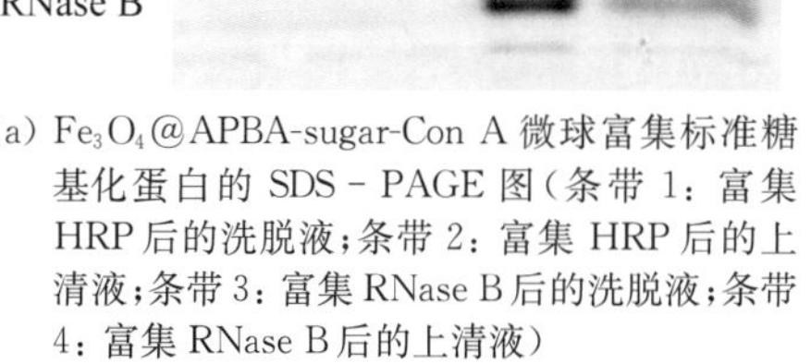

(a) Fe_3O_4@APBA-sugar-Con A 微球富集标准糖基化蛋白的 SDS-PAGE 图(条带 1：富集 HRP 后的洗脱液；条带 2：富集 HRP 后的上清液；条带 3：富集 RNase B 后的洗脱液；条带 4：富集 RNase B 后的上清液)

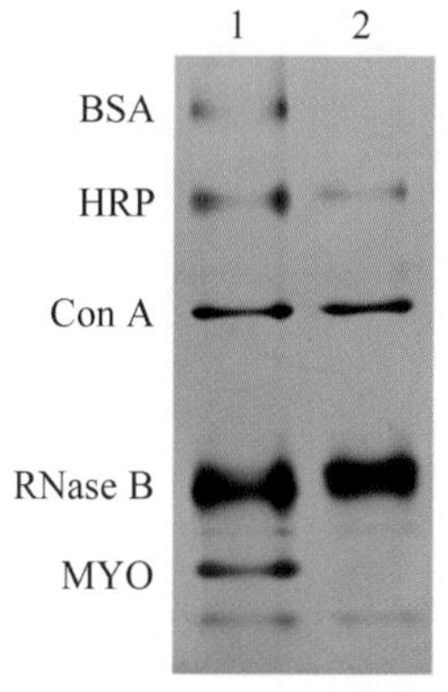

(b) Fe_3O_4@APBA-sugar-Con A 微球从混合蛋白溶液中选择性富集标准糖基化蛋白的 SDS-PAGE 图(条带 1：标准蛋白混合溶液富集后的上清液；条带 2：标准蛋白混合溶液富集后的洗脱液)

图 6-25　Fe_3O_4@APBA-sugar-Con A 微球分别从标准糖基化蛋白溶液和混合蛋白溶液中富集糖蛋白得到的 SDS-PAGE 图

3. Fe_3O_4@APBA-sugar-Con A 微球对肝癌细胞株 7703 中糖基化蛋白的富集考察

选择人肝癌细胞株 7703——肝癌的模型作为研究对象，考察 Fe_3O_4@APBA-sugar-Con A 微球对糖基化蛋白的富集能力。富集条件为：2 mg Fe_3O_4@APBA-sugar-Con A 微球分散于 100 μL 细胞裂解液（总蛋白含量约为 0.5 mg）中，并加入 1 mol・L^{-1} 的 NH_4HCO_3 溶液使最终浓度为 50 mmol・L^{-1} 的 NH_4HCO_3 中。

利用 Fe_3O_4@APBA-sugar-Con A 微球富集 7703 细胞裂解液后，将细胞裂解液、富集后的细胞裂解液上清液以及洗脱液，用 SDS－PAGE 进行分离分析。如图 6－26 所示，为避免 Con A 对后续的质谱分析造成干扰，将洗脱液中 25 kDa 以下的蛋白条带舍去，25 kDa 以上的蛋白条带则分成 7 个部分，用 PNGase F 切去糖链后再经 trypsin 酶解，最后经在线 nano-RPLC－ESI－MS/MS 进行质谱鉴定。质谱数据采用正反库结合的搜库方法，并使用 PeptideProphet 对搜库结果过滤处理，仅接受 P 值大于或者等于 0.95 的糖基化肽段。以上实验重复 6 次。综合搜库结果，共鉴定到 172 条糖基化肽段对应于 101 个糖基化蛋白。除去角蛋白，鉴定到的总蛋白数量为 149 个。68 条糖基化肽段在 6 次重复实验中均被鉴定，超过 70％的糖基化肽段在 3 次以上重复实验中均被鉴定，21 条糖基化肽段仅在单次实验中被鉴定。

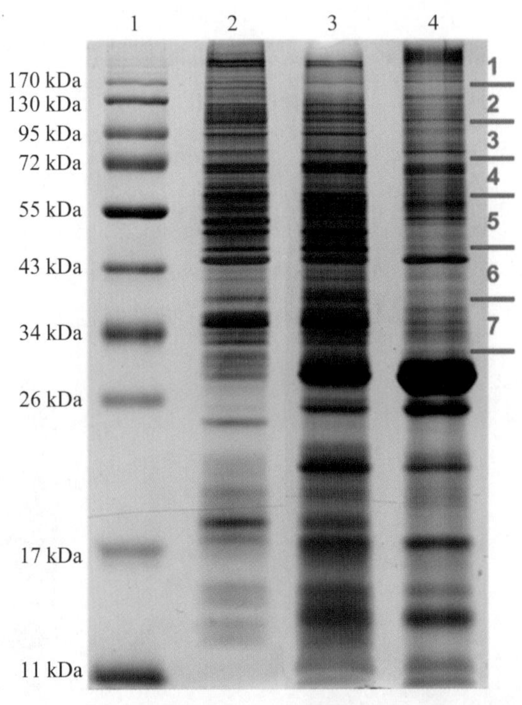

图 6－26 Fe_3O_4@APBA-sugar-Con A 微球选择性富集人肝癌细胞株 7 703 细胞裂解液中糖基化蛋白的 SDS－PAGE 图（条带 1：标准分子量标记；条带 2：原始细胞裂解液；条带 3：细胞裂解液经富集后上清液；条带 4：细胞裂解液经富集后洗脱液）

6.4 基于共价结合作用的磁性微纳米材料用于糖基化蛋白质组学分离分析

6.4.1 前言

基于共价作用富集糖基化蛋白/肽段的方法分为硼酸法和肼化学法。硼酸法基于硼酸基团能够与顺式二醇形成稳定且可逆的共价键进行的。近年来，基于硼酸及其衍生物功能化的磁性微纳米材料在糖基化蛋白/肽段的富集应用中发展迅速。其中，具有独特理化性质的金纳米粒子、硅烷试剂等被广泛用作固定硼酸分子的连接剂，另外，基于叠氮——炔基的点击化学法也被广泛用于制备硼酸功能化的磁性微纳米材料。酰肼试剂修饰氧化糖是一种传统的糖化学研究方法，该方法的优点是能够一次性富集不同类型的糖基化蛋白/肽段，且其富集效率较高。目前，根据这一传统方法衍生出的肼功能化的磁性微纳米材料已用于糖基化蛋白/肽段的分离富集，但由于此方法化学反应步骤较多，操作有些繁琐，因此不如硼酸化学法的应用广泛。本节介绍通过不同方法固定硼酸基团的磁性微球在糖基化蛋白质组学中的富集应用，以及肼功能化的磁性微球在糖基化蛋白质组学中的富集应用。

6.4.2 通过金球固定苯硼酸基团的磁性微球

6.4.2.1 Fe_3O_4@CP@Au - MPBA 微球[11]

1. Fe_3O_4@CP@Au - MPBA 微球的制备

Fe_3O_4@C@Au - MPBA 微球的合成如图 2 - 59 所示，合成过程见 2.6 节。

2. Fe_3O_4@CP@Au - MPBA 微球在糖蛋白质组学中的应用

（1）Fe_3O_4@CP@Au - MPBA 微球对标准糖基化蛋白酶解液中糖基化肽段的富集能力考察

首先，选择 HRP 酶解液作为研究对象，考察 Fe_3O_4@CP@Au - MPBA 微球对糖基化肽段的富集效率，如图 6 - 27(b)所示，经 Fe_3O_4@CP@Au - MPBA 微球富集后，共检出 12 个糖基化肽段的质谱信号。与图 6 - 27(a)所示的富集后的上清液相比，Fe_3O_4@CP@Au - MPBA 微球能有效地富集出 HRP 酶解液中的糖基化肽段。

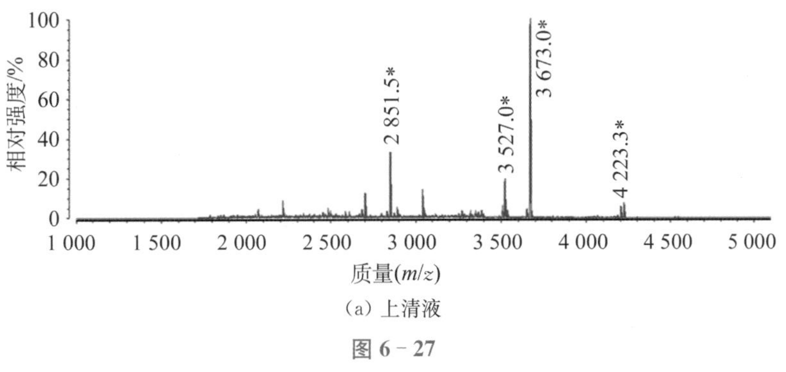

(a) 上清液

图 6 - 27

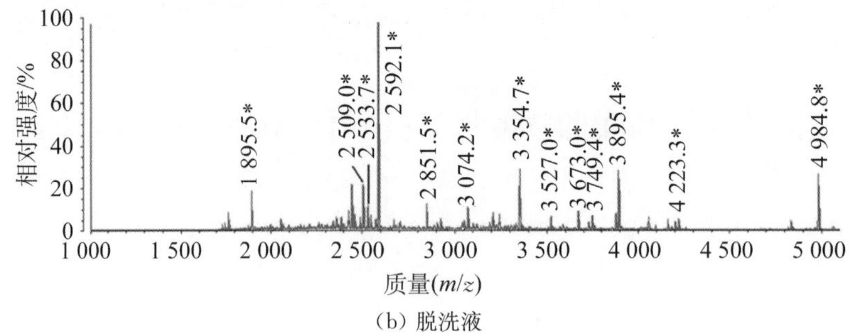

(b) 脱洗液

图 6－27　200 μL，浓度为 2.5 ng·μL^{-1}的 HRP 酶解液经 Fe_3O_4@CP@Au－MPBA 微球富集后的上清液和洗脱液的质谱图(* 糖基化肽段)

然后，选择摩尔比为 1∶10 的 HRP 和 β－casein 混合酶解液作为研究对象，考察 Fe_3O_4@CP@Au－MPBA 微球对糖基化肽段的富集选择性。如图 6－28(a)所示，由于非糖基化肽段的加入，经直接质谱分析鉴定到的糖基化肽段减少。然而，经 Fe_3O_4@CP@Au－MPBA 微球富集后，如图 6－28(b)所示，检出 7 条糖基化肽段，说明经 Fe_3O_4@CP@Au－MPBA 微球对糖基化肽段具有较好的富集选择性

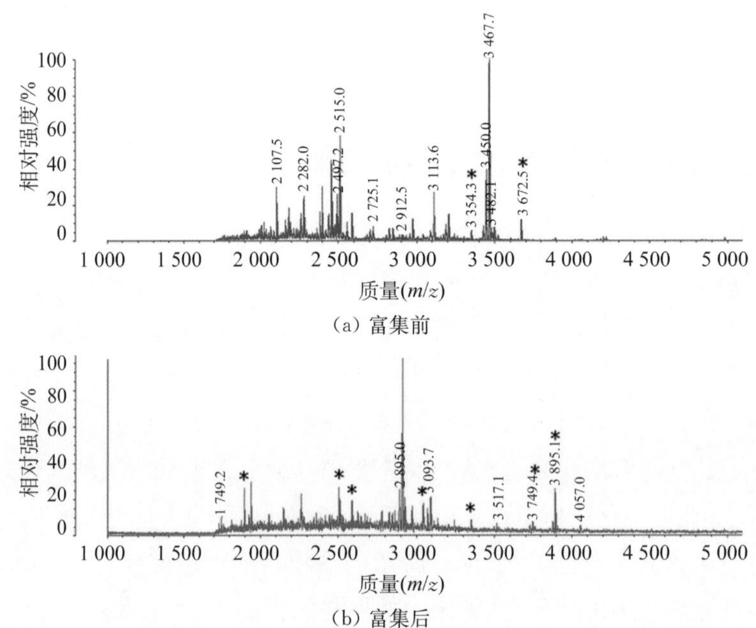

(b) 富集后

图 6－28　摩尔比为 1∶10 的 HRP(2.5 ng·μL^{-1})和 β－casein 混合酶解液经 Fe_3O_4@CP@Au－MPBA 微球富集前、后的质谱图

(2) Fe_3O_4@CP@Au－MPBA 微球对标准糖基化蛋白的富集能力考察

选择糖基化蛋白 RNB 和非糖基化蛋白 MYO 混合液作为研究对象，考察 Fe_3O_4@CP@Au－MPBA 微球对糖基化蛋白质的富集选择性。其结果经十二烷基磺酸钠-聚丙烯酰胺凝胶电泳进行分析(SDS－PAGE)，如图 6－29 所示，从 SDS－PAGE 中可以观察到，在富集前能检测到分别属于 RNB 和 MYO 的条带。经 Fe_3O_4@CP@Au－MPBA 微球富集后，在 SDS－PAGE 中只观察到属于 RNB 的条带，这一结果说明 Fe_3O_4@CP@Au－MPBA 微球对糖基化蛋白也能进行有效的选择性富集。

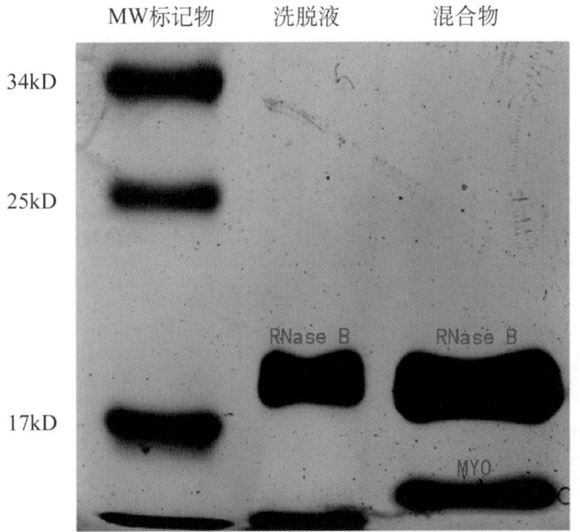

图 6-29　Fe_3O_4@C@Au-MPBA 微球对糖蛋白的富集效果图

6.4.2.2　Fe_3O_4@SiO_2@Au-APBA 微球[12]

1. Fe_3O_4@SiO_2@Au-APBA 微球的制备

Fe_3O_4@SiO_2@Au-APBA 微球的合成见 2.6 节。

2. Fe_3O_4@SiO_2@Au-APBA 微球在糖基化蛋白质组学中的应用

(1) Fe_3O_4@SiO_2@Au-APBA 微球对标准糖基化蛋白酶解液中糖基化肽段的富集能力考察

首先，将 HRP 酶解液作为研究对象，考察 Fe_3O_4@SiO_2@Au-APBA 微球对糖基化肽段的富集效率，如图 6-30(a)所示，在浓度为 10 ng・μL^{-1}的 HRP 酶解液直接进行质谱检测时，仅检测到 5 个信号强度很弱的糖基化肽段的质谱信号。而浓度为 2 ng・μL^{-1}的 HRP 酶解液经 Fe_3O_4@SiO_2@Au-APBA 微球富集后，能检测到 17 条糖基化肽段(见图 6-30(b))。当 HRP 酶解液的浓度进一步低至 0.1 ng・μL^{-1}时，仍能检测到 11 条糖基化肽段(见图 6-30(c))，说明 Fe_3O_4@SiO_2@Au-APBA 微球对糖基化肽段具有选择性富集能力，而且富集效果很好。

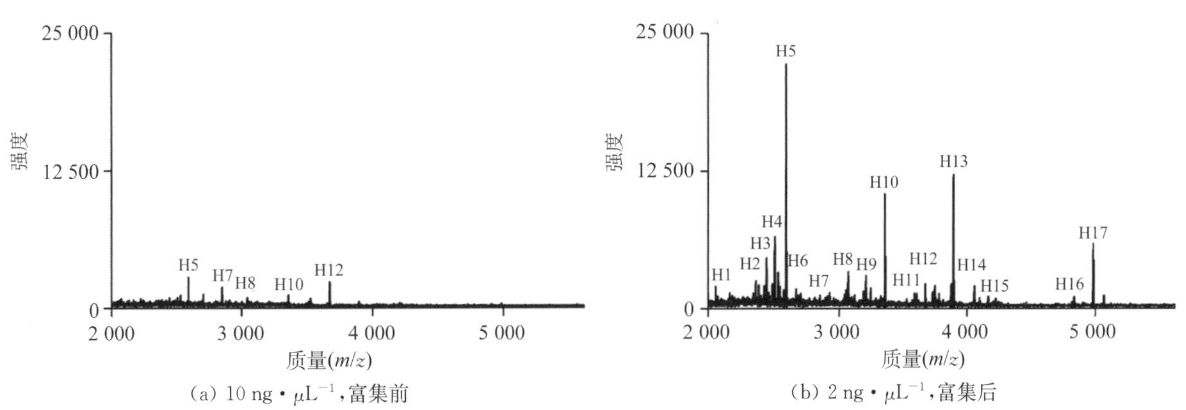

(a) 10 ng・μL^{-1}，富集前　　(b) 2 ng・μL^{-1}，富集后

图 6-30

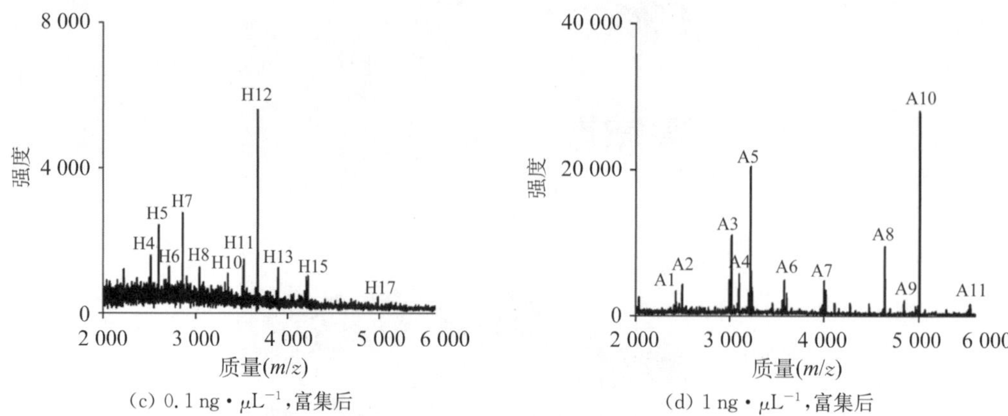

(c) 0.1 ng・μL^{-1},富集后　　(d) 1 ng・μL^{-1},富集后

图 6-30　10 ng・μL^{-1}的 HRP 酶解液富集前的质谱检测和不同浓度的 HRP 酶解液以及 AF 酶解液经 Fe_3O_4@SiO_2@Au-APBA 微球富集后的质谱检测图

然后,选择另一种常用糖基化蛋白去唾液酸胎球蛋白(asialofetuin, AF)酶解液作为研究对象,考察 Fe_3O_4@SiO_2@Au-APBA 微球对糖基化肽段的富集普遍性。AF 氨基酸序列长度为 359 个氨基酸,其中第 99 位、第 156 位和第 176 位的天冬酰胺上有 N-糖基化修饰存在的可能性。如图 6-30(d)所示,当 AF 酶解液浓度为 1 ng・μL^{-1}时,共有 11 条糖基化肽段及其碎片被质谱检出,鉴定到的糖基化肽段的详细信息见表 6-7 所示。

表 6-7　AF 酶解液经 Fe_3O_4@SiO_2@Au-APB 微球富集鉴定到的糖基化肽段的详细信息

	m/z	糖链组成	氨基酸序列
A1	2 428.3		b-NH_3 ion(+1) HAVEVALATFNAESNGSYLQLVE
A2	2 494.2		y-NH_3 ion(+1) EVALATFNAESNGSYLQLVEISR
A3	3 016.5		VVHAVEVALATFNAESNGSYLQLVEISR
A4	3 099.4	GlcNAc(Partial)	VVHAVEVALATFNAESN#GSYLQLVEISR
A5	3 219.6	GlcNAc	VVHAVEVALATFNAESN#GSYLQLVEISR
A6	3 576.6	$Man_3GlcNAc_2$	b ion (+1)EVYDIEIDTLETCHVLDPTPLAN#C
A7	4 000.1	$Man_3GlcNAc_2$	b-H_2O ion (+1) PTGEVYDIEIDTLETCHVLDPTPLAN#CSV
A8	4 638.9	$Gal_2GlcNAc_2Man_3GlcNAc_2$	VVHAVEVALATFNAESN#GSYLQLVEISR
A9	4 842.4	$Gal_2GlcNAc_3Man_3GlcNAc_2$	VVHAVEVALATFNAESN#GSYLQLVEISR
A10	5 004.1	$Gal_3GlcNAc_3Man_3GlcNAc_2$	VVHAVEVALATFNAESN#GSYLQLVEISR
A11	5 545.7	$Gal_3GlcNAc_3Man_3GlcNAc_2$	RPTGEVYDIEIDTLETCHVLDPTPLAN#CSVR

(2) Fe_3O_4@SiO_2@Au-APBA 微球对标准糖基化蛋白的富集能力考察

选取非糖基化蛋白 BSA, Cyc 以及糖基化蛋白 HRP 的蛋白混合液作为研究对象,考察 Fe_3O_4@SiO_2@Au-APBA 微球对糖基化蛋白的富集能力。经 Fe_3O_4@SiO_2@Au-APBA

微球富集后，通过 SDS－PAGE 分析比较原混合物以及洗脱液中的蛋白种类，如图 6－31 所示，未富集前的原混合液的胶条上出现 3 种标准蛋白，从下至上分别为 Cyc，HRP 以及 BSA。然而，原混合液经 Fe_3O_4@SiO_2@Au－APBA 微球富集后，洗脱液的胶条上只出现了 HRP 蛋白。说明 Fe_3O_4@SiO_2@Au－APBA 微球对糖基化蛋白同样具有富集能力。

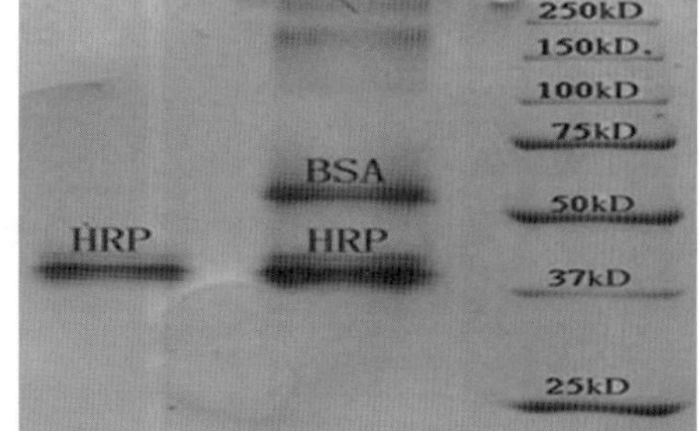

图 6－31　Fe_3O_4@SiO_2@Au－APB 微球对糖蛋白的富集效果检测

(3) Fe_3O_4@SiO_2@Au－APBA 微球对实际生物样品人类大肠癌临床组织的 N－糖基化位点分析

采用人类大肠癌三期临床组织样本作为研究对象，考察 Fe_3O_4@SiO_2@Au－APBA 微球对实际生物样品中糖基化的份富集能力。首先，定量从组织中提取到的全蛋白，根据样品中蛋白量使用过量的 Fe_3O_4@SiO_2@Au－APBA 微球对样品进行处理。洗脱液中的糖基化蛋白经胰蛋白酶酶解后，利用 PNGase F 酶切去糖基化，所得肽段混合液利用 2D LC－MS/MS 进行分析。

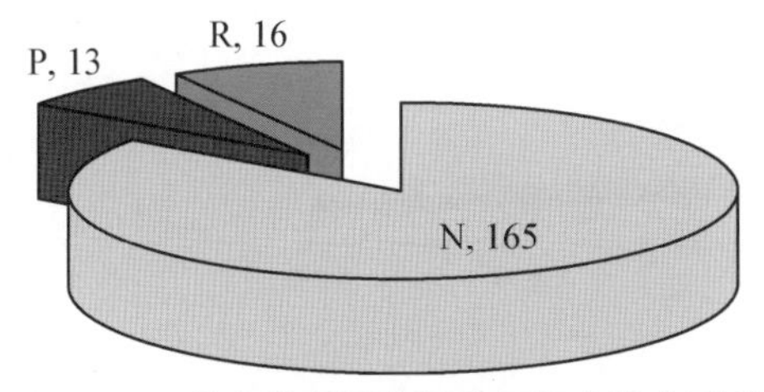

图 6－32　从人类大肠癌临床组织中鉴定到的 N－糖基化位点(R：已有报道的糖基化位点；P：通过 Swiss-Prot 数据库为潜在糖基化存在位点；N：在本工作中新发现糖基化位点)

然后，将所有二级质谱图利用 MASCOT (Version 2.2) 在国际蛋白索引(*International Protein Index*，IPI)人蛋白非冗余库(Version 3.35)中进行搜索，完成蛋白质匹配工作。特定氨基酸序列 Asn－Xaa－(Ser/Thr/Cys，Xaa 为除了脯氨酸的其他任意氨基酸)上的天冬酰胺会因为脱酰胺而造成 0.98 Da 的质量偏差，通过这 0.98 Da 的质量偏差可以进行 N－糖基化位点的鉴定。在单次 2D LC－MS/MS 分析中，共鉴定到 190 个糖基化肽段及其匹配的 155 个糖基化蛋白。如图 6－32所示，从 Swiss－Prot 数据库可知，13 个是潜在的 N－糖基化位点，16 个是已报道过的糖基化位点，其余的 165 个糖基化位点为新鉴定到的。值得一提的是，在此例工作中，样品用量仅为 270 μg，表明 Fe_3O_4@SiO_2@Au－APBA 微球具有很好的富集效果。

6.4.3　通过硅烷试剂固定硼酸基团的磁性硅微球

6.4.3.1　Fe_3O_4@SiO_2@PSV 微球(利用 MPS 作连接剂)[13]

1. Fe_3O_4@SiO_2@PSV 微球的制备

Fe_3O_4@SiO_2@PSV 微球的合成见 2.6 节。

2. Fe_3O_4@SiO_2@PSV 微球在糖基化蛋白质组学中的应用

(1) Fe_3O_4@SiO_2@PSV 微球对标准糖基化蛋白酶解液中糖基化肽段的富集能力考察

为考察 Fe_3O_4@SiO_2@PSV 微球对糖基化肽段的富集能力，选择0.05 ng・μL^{-1}的 HRP 酶解液（1.25×10^{-13} mol，100 μL）作为研究对象。如图 6－33 所示，当 HRP 酶解液的浓度低至 0.05 ng・μL^{-1}时，经 Fe_3O_4@SiO_2@PSV 微球富集后，仍有 4 条糖基化肽段被检出。

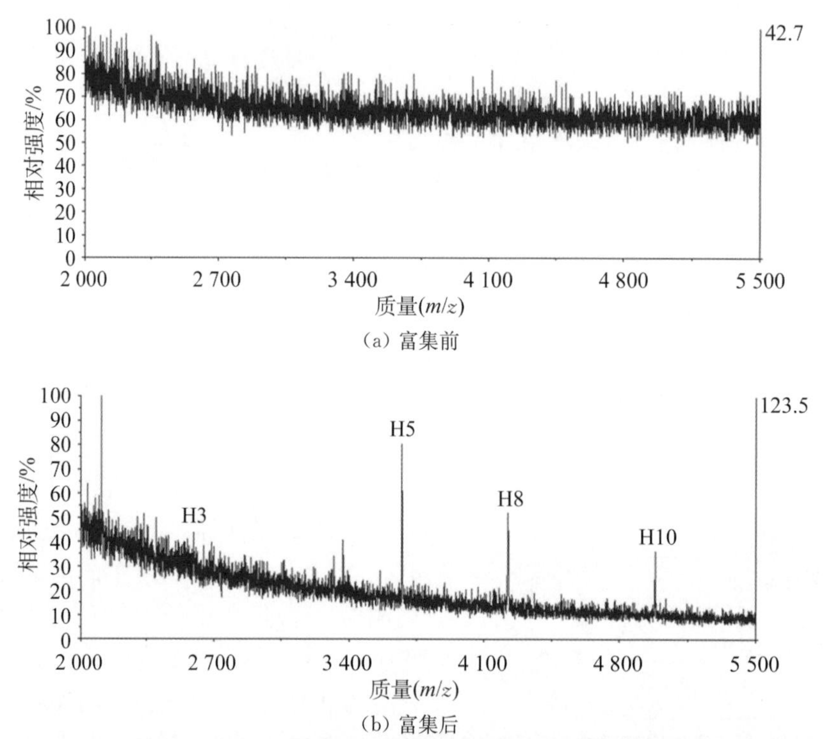

图 6－33 0.05 ng・μL^{-1}的 HRP 酶解液经 Fe_3O_4@SiO_2@PSV 微球富集前、后的质谱检测图

为考察 Fe_3O_4@SiO_2@PSV 微球对糖基化肽段的选择性富集能力，选择 5 ng・μL^{-1}的 β－casein，BSA 和 MYO 3 种非糖基化蛋白酶解液作为阴性对照进行实验，如图 6－34(d)～(f)所示，经 Fe_3O_4@SiO_2@PSV 微球富集处理后，在 β－casein 和 BSA 酶解液中没有检测到任何肽段信号峰，从 MYO 酶解液中仅检测到一个信号峰，表明 Fe_3O_4@SiO_2@PSV 微球对非糖基化肽段不具有富集能力。接着利用 Fe_3O_4@SiO_2@PSV 微球对 HRP：BSA＝1：120(*wt*%/*wt*%)的混合蛋白酶解液中的糖基化肽段进行富集。在富集前，直接利用质谱对混合蛋白酶解液进行检测，由于非糖基化肽段信号峰过强，糖基化肽段丰度太低而未能被直接检测到(见图 6－34(g))；经过 Fe_3O_4@SiO_2@PSV 微球富集后，如图 6－34(h)所示，富集后可检测到 4 条糖基化肽段，糖基化肽段质谱信号峰处于绝对优势地位。其以上数据显示，Fe_3O_4@SiO_2@PSV 微球有较强的特异性富集能力，对于从较复杂的样本中捕获糖基化肽具有高选择性和高效率。

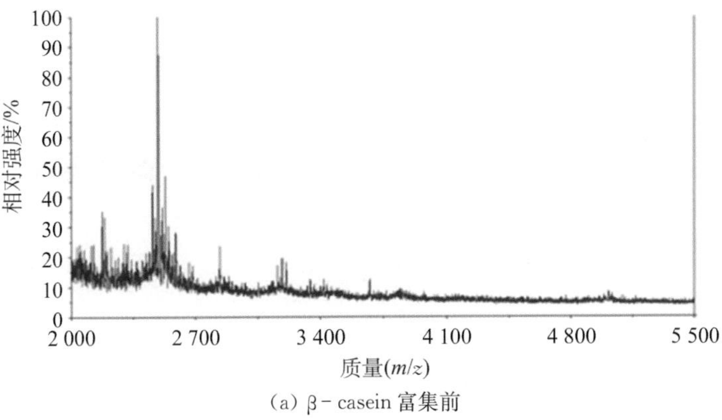

（a）β－casein 富集前

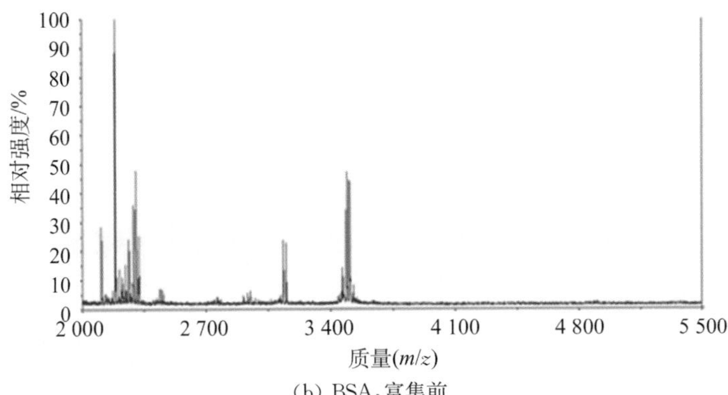

（b）BSA，富集前

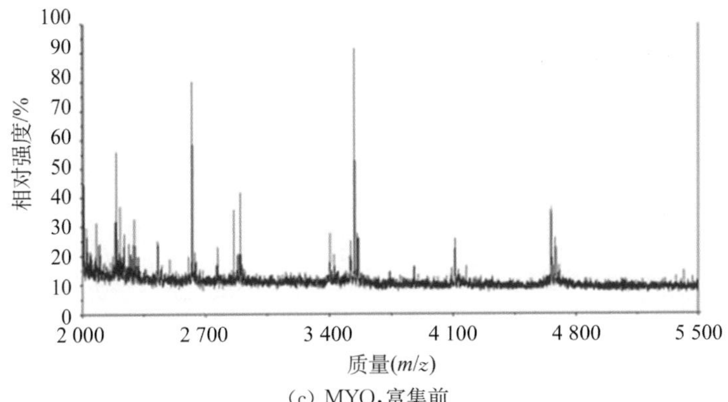

（c）MYO，富集前

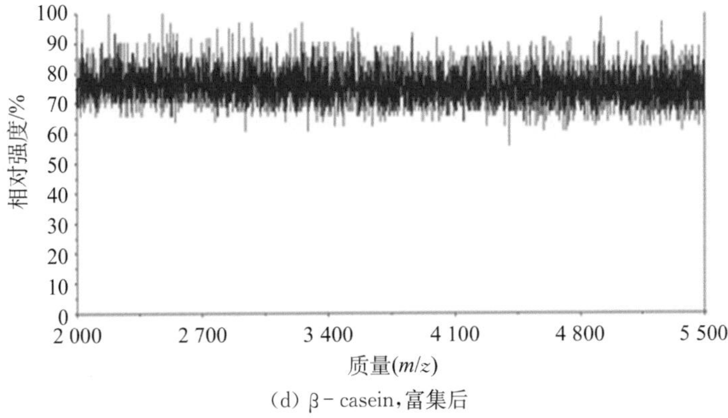

（d）β－casein，富集后

图 6－34

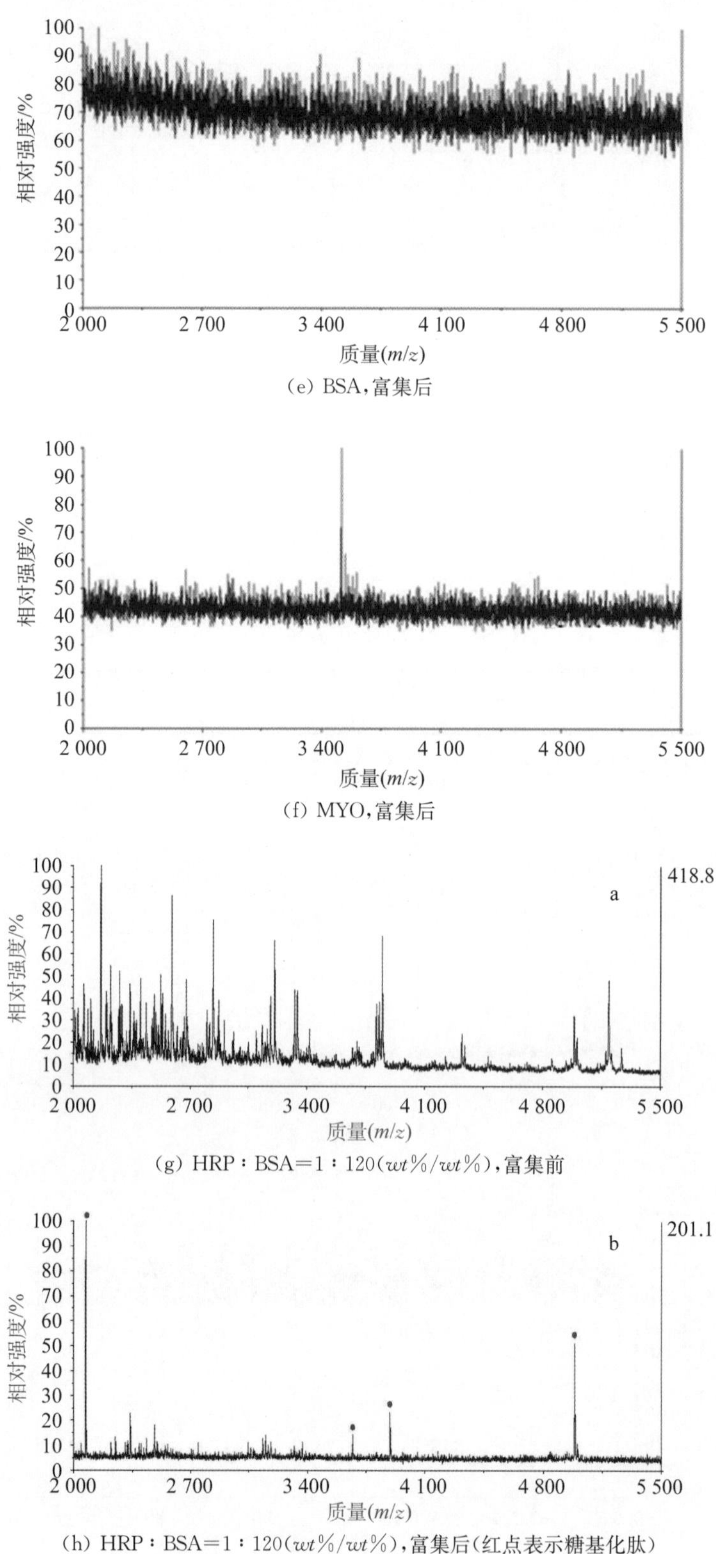

(e) BSA，富集后

(f) MYO，富集后

(g) HRP∶BSA＝1∶120(*wt*%/*wt*%)，富集前

(h) HRP∶BSA＝1∶120(*wt*%/*wt*%)，富集后(红点表示糖基化肽)

图 6－34　5 ng·μL^{-1}的不同蛋白酶解液经 Fe_3O_4@SiO_2@PSV 微球富集前、后的质谱图

(2) Fe_3O_4@SiO_2@PSV 微球对实际生物样品人血清中的 N-糖基化位点鉴定

将实际生物样品人血清作为研究对象，进一步考察 Fe_3O_4@SiO_2@PSV 微球对 N-糖基化位点的结合能力。经 LC-MS/MS 分析和数据库检索后，位于 46 条糖基化肽段上的 103 个糖基化位点被成功鉴定。

6.4.3.2　Fe_3O_4@SiO_2-APBA 微球(GLYMO 作连接剂)[14]

1. Fe_3O_4@SiO_2-APBA 微球的制备

Fe_3O_4@SiO_2-APBA 微球的合成见 2.6 节。

2. Fe_3O_4@SiO_2-APBA 微球在糖基化蛋白质组学中的应用

利用 Fe_3O_4@SiO_2-APBA 微球与 PMMA 微球同时分离富集糖基化肽段，其富集原理如图 6-35 所示，通过 Fe_3O_4@SiO_2-APBA 微球捕获糖基化肽段，PMMA 微球则捕获非糖基化肽段，其富集流程图如图 6-36 所示。两种微球协同作用时选择的富集条件为：50 mmol・L^{-1} 的 NH_4HCO_3 为富集缓冲液，20% ACN 1%TFA 为洗脱液。

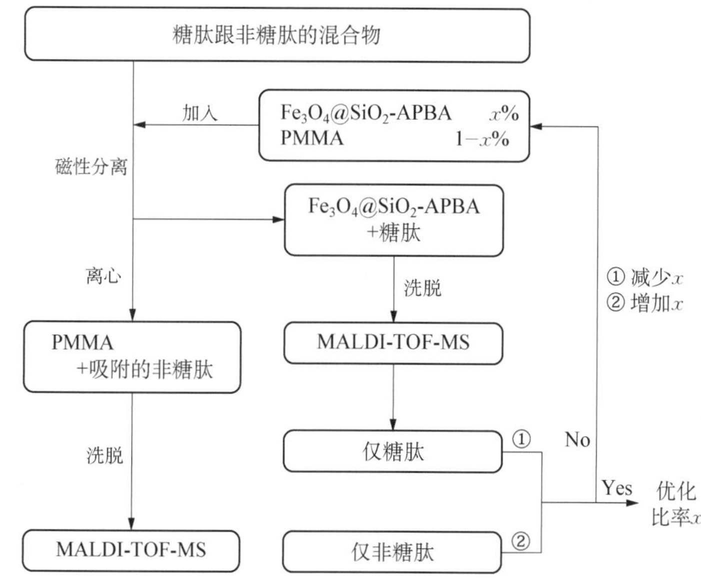

图 6-35　Fe_3O_4@SiO_2-APBA 微球与 PMMA 微球协同作用富集糖基化肽段的原理示意

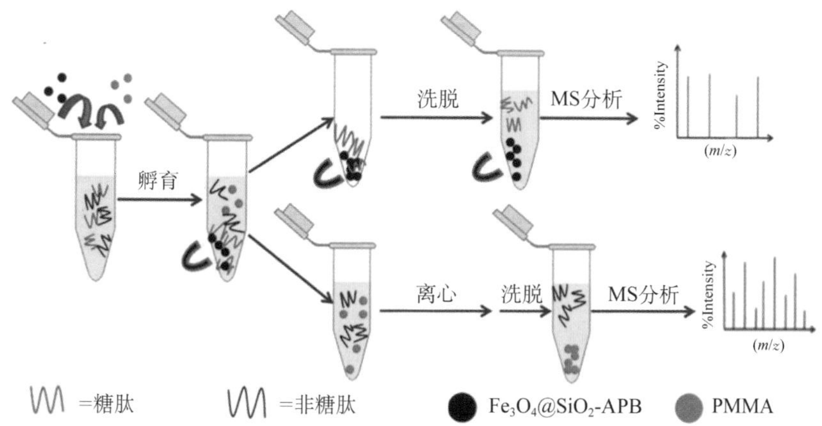

图 6-36　Fe_3O_4@SiO_2-APBA 微球与 PMMA 微球协同富集糖基化肽段的实验流程示意

(1) Fe_3O_4@SiO_2 - APBA 微球与 PMMA 微球协同作用对标准糖基化蛋白酶解液中糖基化肽段的富集能力考察

首先，将 0.1 ng·μL^{-1}的 HRP 酶解液作为研究对象，考察 Fe_3O_4@SiO_2 - APBA 微球与 PMMA 微球协同作用对糖基化肽段的富集能力以及富集灵敏度，如图 6-37(a)～(c)所示，0.1 ng·μL^{-1}的 HRP 酶解液经 Fe_3O_4@SiO_2 - APBA 微球单独富集后(见图 6-37(b))，只检出 3 条糖基化肽段，经 Fe_3O_4@SiO_2 - APBA 微球与 PMMA 微球协同富集后(见图 6-37(c))，有 14 条糖基化肽段被检出，表明协同作用的重要性。

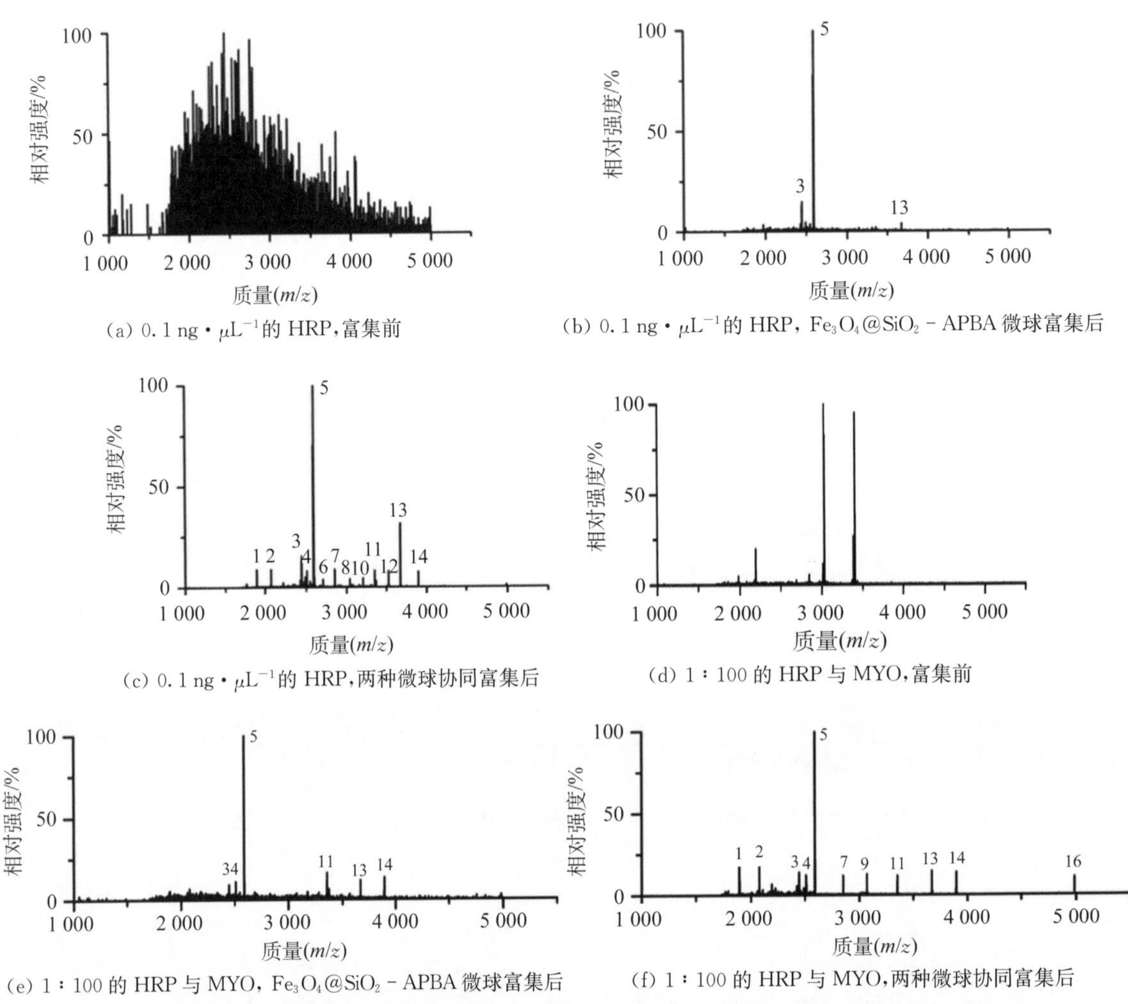

图 6-37 0.1 ng·μL^{-1}的 HRP 酶解液富集前、经 Fe_3O_4@SiO_2 - APB 微球富集后和经 Fe_3O_4@SiO_2 - APBA 微球与 PMMA 微球协同富集后的质谱检测，以及摩尔比为 1∶100 的 HRP 与 MYO 混合酶解液富集前、经 Fe_3O_4@SiO_2 - APBA 微球富集后和经 Fe_3O_4@SiO_2 - APBA 微球与 PMMA 微球协同富集后的质谱检测

然后，将摩尔比为 1∶100 的 HRP 与 MYO 混合酶解液作为研究对象，考察 Fe_3O_4@SiO_2 - APBA 微球与 PMMA 微球对糖基化肽段协同富集时的选择性能力。如图 6-37(d)，(e)，(f)所示，经 Fe_3O_4@SiO_2 - APBA 微球与 PMMA 微球协同富集的结果展现出更好的选择性能力。

(2) Fe_3O_4@SiO_2 - APBA 微球与 PMMA 微球协同作用对实际生物样品人血清中的 N -糖基化位点鉴定

取 1 μL 实际生物样品人血清作为研究对象，进一步考察 Fe_3O_4@SiO_2 - APBA 微球与 PMMA 微球协同作用对 N -糖基化位点的结合能力。经 LC - MS/MS 分析和数据库检索后，位于 147 条糖基化肽段上的 153 个糖基化位点被成功鉴定。

6.4.4 通过点击化学固定硼酸基团的 Fe_3O_4@pVBC@APBA 磁性微球[15]

1. Fe_3O_4@pVBC@APBA 微球的制备

Fe_3O_4@pVBC@APBA 微球的合成如图 2 - 76 所示，具体合成过程见 2.6 节。

2. Fe_3O_4@pVBC@APBA 微球对标准糖基化蛋白的结合能力考察

选取葡萄糖、糖基化蛋白 OVA、转铁蛋白(Trf)以及 HRP、非糖基化蛋白(Lysozyme, Lyz)以及 Cyc 以及 BSA 被选作为研究对象，考察 Fe_3O_4@pVBC@APBA 微球对具有顺式二醇分子的亲和能力。用 0.02 mol・L^{-1} PBS 缓冲液(含 0.5 mol・L^{-1} NaCl)配制不同浓度(0.2～1.0 mg/mL)的蛋白溶液，分别经 Fe_3O_4@pVBC@APBA 微球富集处理。如图 6 - 38(a)所示，在 pH=9 条件下，Fe_3O_4@pVBC@APBA 微球对具顺式二醇的葡萄糖、OVA、Trf 以及 HRP 的结合能力分别为 912.6 mg・g^{-1}，882.0 mg・g^{-1}，596.1 mg・g^{-1} 以及 263.2 mg・g^{-1}，而对非糖基化蛋白 BSA，Cyc 以及 Lyz 的结合能力分别为 39.7 mg・g^{-1}，15.0 mg・g^{-1}以及 19.81 mg・g^{-1}，表明 Fe_3O_4@pVBC@APBA 微球对糖基化蛋白具有较高的选择性结合能力。

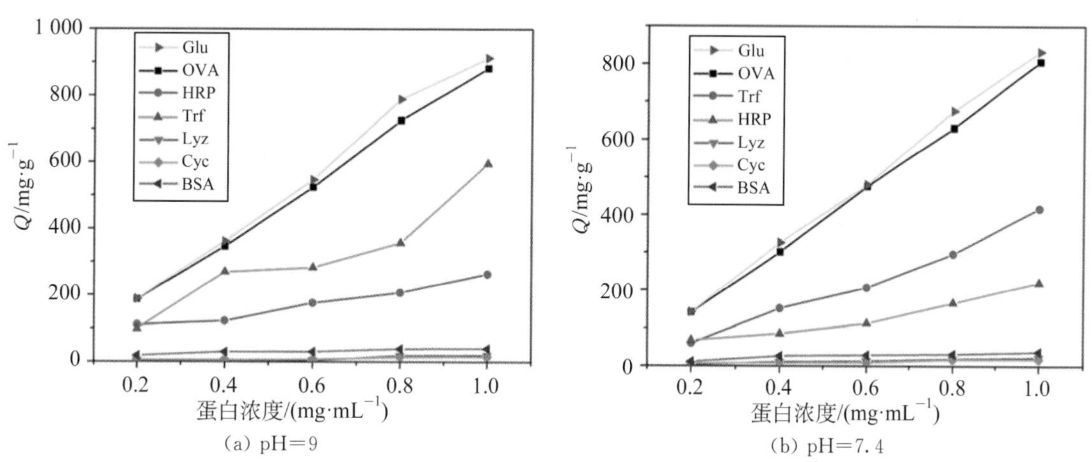

图 6 - 38 Fe_3O_4@pVBC@APBA 微球在不同 pH 值下对 6 个不同蛋白的吸附等温线

同时，在 pH=7.4 条件下，进行同样的实验步骤，如图 6 - 38(b)所示，Fe_3O_4@pVBC@APBA 微球对糖基化蛋白的结合能力稍低于 pH=9 时的结果，其对 OVA、Trf 以及 HRP 的结合能力分别为 806.1 mg・g^{-1}，416.9 mg・g^{-1}以及 220.5 mg・g^{-1}，但仍然对糖基化蛋白展现出较高的选择性结合能力。

3. Fe_3O_4@pVBC@APBA 微球对复杂样品鸡蛋白中糖基化蛋白的结合能力考察

将稀释不同倍数的鸡蛋白样品作为研究对象，进一步考察 Fe_3O_4@pVBC@APBA 微球对糖基化蛋白的结合能力。如图 6-39 所示，对稀释 100 倍以及 400 倍的样品直接分析时，能够依次观察到胶条上 3 个高丰度的蛋白卵铁传递蛋白(OVT, 76.7 kDa), OVA (46 kDa), Lyz(14.4 kDa)(条带 2 及条带 5)。经 Fe_3O_4@pVBC@APBA 微球处理后，上清液的胶条上 OVT 以及 OVA 的条带消失，依然可以观察到 Lyz 的条带(条带 3 及条带 6)。而洗脱液的胶条上出现 OVT 以及 OVA 的条带，并没有明显观察到 Lyz 条带(条带 4 及条带 7)，说明 Fe_3O_4@pVBC@APBA 微球对复杂样品中的糖基化蛋白也具有选择性结合能力。

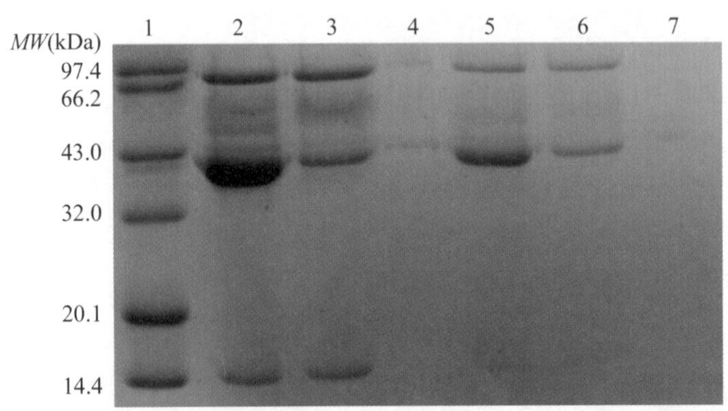

图 6-39 不同鸡蛋白样品的 SDS-PAGE 图(条带 1：蛋白标记物；条带 2：稀释 100 倍的鸡蛋白的直接分析；条带 3：稀释 100 倍的鸡蛋白经 Fe_3O_4@pVBC@APBA 微球处理后的上清液；条带 4：稀释 100 倍的鸡蛋白经 Fe_3O_4@pVBC@APBA 微球处理后的洗脱液，HAc-NaAc，pH=4；条带 5：稀释 400 倍的鸡蛋白直接分析；条带 6：稀释 400 倍的鸡蛋白经 Fe_3O_4@pVBC@APBA 微球处理后的上清液；条带 7：稀释 400 倍的鸡蛋白经 Fe_3O_4@pVBC@APBA 微球处理后的洗脱液，HAc-NaAc，pH=4)

6.4.5 肼功能化的磁性微球

1. Fe_3O_4@PMAH 微球[16]的制备

Fe_3O_4@PMAH 微球的合成如图 6-40 所示，简述如下。

首先，根据文献[17]合成 Fe_3O_4@PMAA 微球。称取 50 mg Fe_3O_4@PMAA 微球以及 132.4 mg 2-(7-偶氮苯并三氮唑)-N,N,N′,N′-四甲基脲六氟磷酸酯(HATU)在冰水浴条件下超声分散于 1.16 mL DMF 中，搅拌 10 min 后，加入 55.6 mg 己二酸二酰肼(adipic dihydrazide, ADH)以及 144 μL N,N-二异丙基乙基胺(DIPEA)，然后，将整个反应体系升温至室温，继续搅拌反应 3 天。所得 Fe_3O_4@PMAH 微球经 DMF、去离子水以及乙醇分别洗净备用。

2. Fe_3O_4@PMAH 微球的表征

由图 6-41(a)可以观察到合成的 Fe_3O_4 微球分散均一且其直径约为 200 nm。包覆上

图 6 - 40　**Fe_3O_4@PMAH 微球的合成示意**

聚合层后其表面更加润滑(见图 6 - 40(b))。由图 6 - 41(a)中 Fe_3O_4 微球的红外谱图观察到的 1 601 cm^{-1}，1 421 cm^{-1}以及 578 cm^{-1}处的吸收峰分别归属于羧基的不对称伸缩振动、对称伸缩振动以及 Fe - O 的伸缩振动。对于 Fe_3O_4@PMAA 微球的红外谱图，1 716 cm^{-1}，1 533 cm^{-1}处新出现的吸收峰分别归属于羰基的 C=O 以及 MBA 的 N—H 的伸缩振动，表明 PMAA 成功包覆在磁性微球表面。对于 Fe_3O_4@PMAH 微球的红外谱图，1 716 cm^{-1}处的吸收峰消失，1 653 cm^{-1}处出现新的吸收峰，归属于 ADH 的 C=O，表明羰基基团被修饰上肼基团。

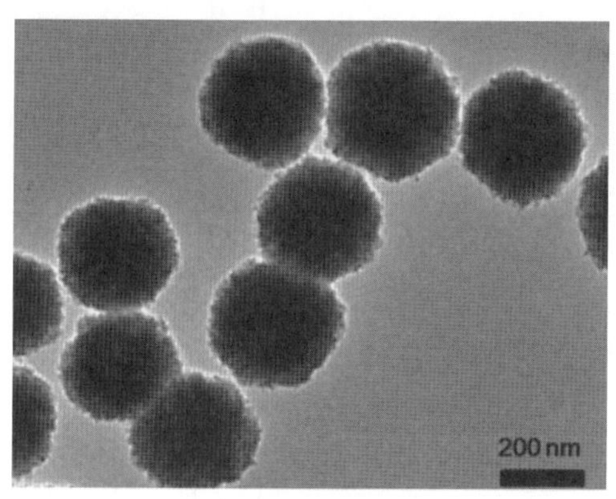

(a) Fe_3O_4 微球

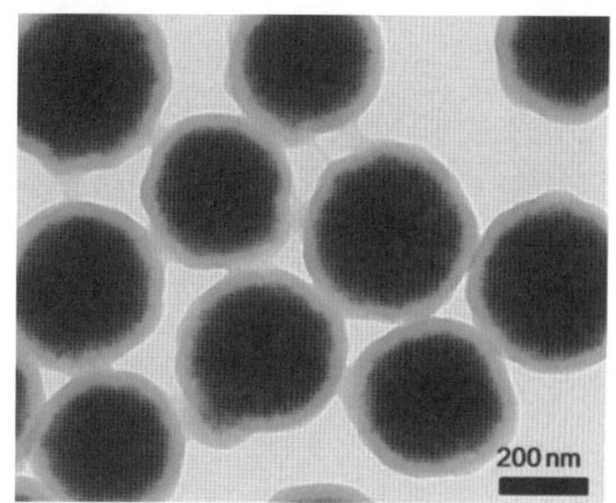

(b) Fe_3O_4@PMAH 微球

图 6 - 41　**FE - TEM 图**

由图 6 - 42(b)中 Fe_3O_4 微球的 TGA 分析曲线可以看到，由于柠檬酸残基的存在，其质量丢失为 18 *wt*%，而 Fe_3O_4@PMAA 微球和 Fe_3O_4@PMAH 微球的质量丢失分别为 67 *wt*%和 72 *wt*%。在相同测试条件下，纯 ADH 的质量丢失为 97 *wt*%，所以，经测算，

Fe_3O_4@PMAH 微球中聚合物以及 ADH 的含量分别为 49 *wt*%以及 5 *wt*%。

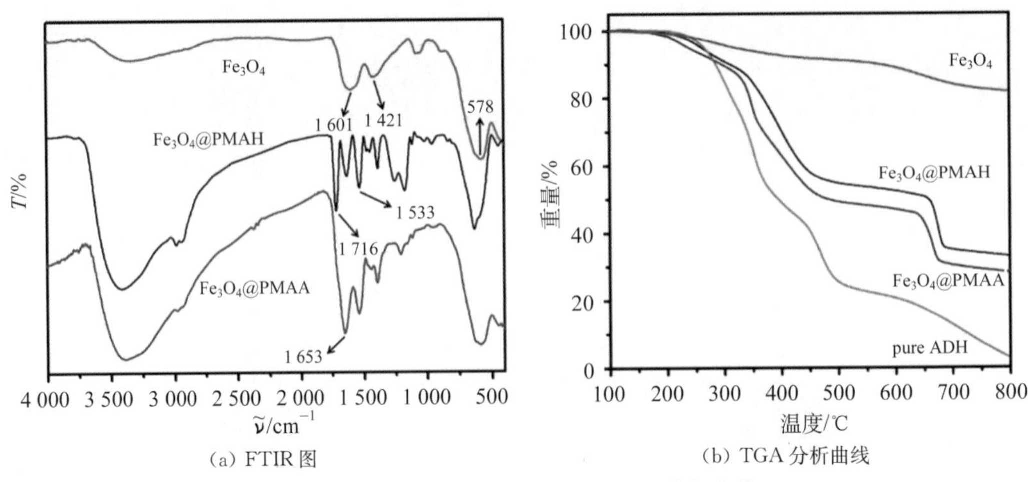

(a) FTIR 图　　(b) TGA 分析曲线

图 6-42　不同材料的 FTIR 图和 TGA 分析曲线。

3. Fe_3O_4@PMAH 微球在糖基化蛋白质组学中的应用

图 6-43 所示为 Fe_3O_4@PMAH 微球富集糖基化肽段的原理示意图。即：第一，糖基化肽段上顺式二醇经高碘酸钠氧化为醛基；第二，Fe_3O_4@PMAH 微球表面的肼基与第一步中氧化形成的醛基形成肼腙键，完成对糖基化肽段的捕获；第三，利用 PNGase F 酶切 N-glycan 释放出肽段进行质谱分析。

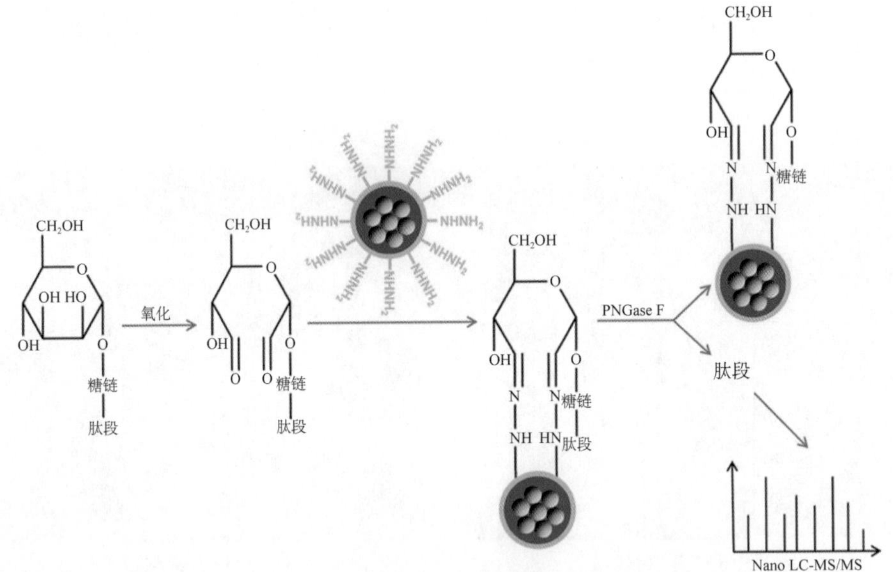

图 6-43　Fe_3O_4@PMAH 微球富集糖基化肽段的原理示意

(1) Fe_3O_4@PMAH 微球对标准糖基化蛋白酶解液中糖基化肽段的富集能力考察

以两种标准糖基化蛋白胎球蛋白(fetuin)以及去唾液酸化胎球蛋白(asialofetuin)酶解

液为研究对象，考察 Fe_3O_4@PMAH 微球对糖基化肽段的富集能力。如图 6-44(a)所示，将 fetuin 酶解液直接进行质谱检测时，从谱图中观察到大量非糖基化肽段，无糖基化肽段被检出。经 Fe_3O_4@PMAH 微球富集后，如图 6-44(b)所示，检测到 4 条 fetuin 的去糖基化肽段。其 m/z 分别为 3 556.2，3 017.1，1 753.6 以及 1 625.5，对应的去糖基化肽段的氨基酸序列分别为 RPTGEVYDIEIDTLETTCHVLDPTP LAN#CSVR(#为 N-糖基化位点)、VVHAVEVALATFNAESN#GSYLQLVEISR、KLCPDCPLLAPLN#DSR 以及 LCPDCPLLAPLN#DSR。同理，如图 6-45 所示，asialofetuin 酶解液经 Fe_3O_4@PMAH 微球富集后，检测到 4 条 asialofetuin 的去糖基化肽段。

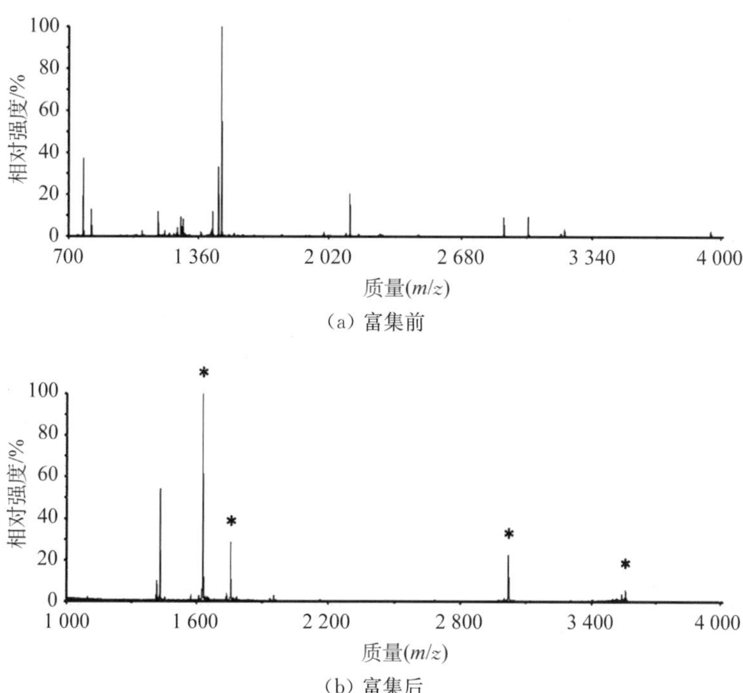

图 6-44 fetuin 酶解液经 Fe_3O_4@PMAH 微球富集前、后的质谱检测图(*为去糖基化肽段)

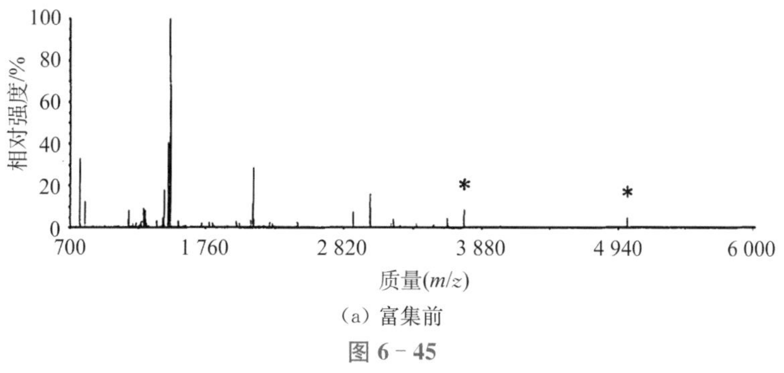

图 6-45

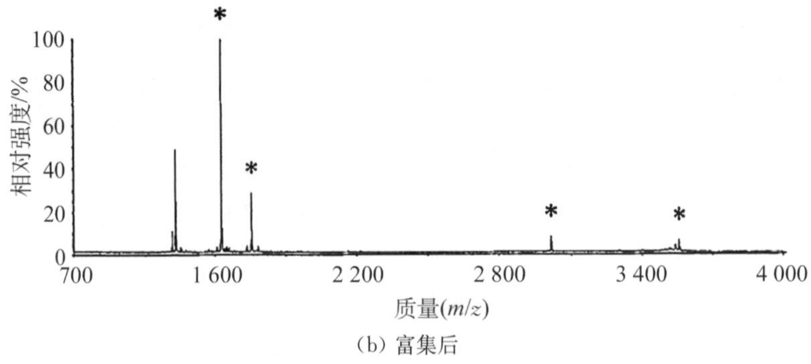

(b) 富集后

图 6-45 asialofetuin 酶解液经 Fe_3O_4@PMAH 微球富集前、后的质谱检测图(*为去糖基化肽段)

(2) Fe_3O_4@PMAH 微球对实际样品肠癌病人血清解液中糖基化肽段的富集能力考察

为进一步考察对实际生物样品中 N-糖基化肽段的选择性富集能力，将肠癌病人血清酶解液作为研究对象。利用 8 mg 的 Fe_3O_4@PMAH 微球对 20 μL 肠癌病人血清酶解液进行富集处理，通过 PNGase F 释放去糖基化肽段后经 ESI-LTQ Orbitrap 串级质谱分析，所得 CID 谱图使用 SwissProt 数据库进行搜索，并进一步通过 PeptideProphet 软件工具分析统计数据。实验重复 3 次。结果显示于表 6-8 中，由表中数据可以看出，3 次重复实验的结果无显著差别，表明 Fe_3O_4@PMAH 微球对实际生物样品的富集处理具有可行性。3 次重复实验共鉴定到 181 个糖基化位点，对应于 175 条糖基化肽段以及 63 个糖基化蛋白。

表 6-8 Fe_3O_4@PMAH 微球对肠癌病人血清酶解液中的糖基化肽段的鉴定结果

鉴定	富集 1	富集 2	富集 3
独特糖肽 1	135	135	139
独特糖肽 2	55	56	54
独特糖肽 3	194	203	209
独特蛋白	68	70	69
糖肽特异性/%	69.6	66.5	66.5
糖蛋白特异性/%	80.9	80.0	78.3

参考文献

[1] Chen C-C, Su W-C, Huang B-Y, *et al*. Interaction Modes and Approaches to Glycopeptide and Glycoprotein Enrichment [J]. *Analyst*, 2014,139(4): 688-704.

[2] Zheng J N, Xiao Y, Wang L, *et al*. Click Synthesis of Glucose-Functionalized Hydrophilic Magnetic Mesoporous Nanoparticles for Highly Selective, Enrichment of Glycopeptides and Glycans [J]. *Journal of Chromatography A*, 2014,1358,29-38.

[3] Fang C L, Xiong Z C, Qin H Q, *et al*. One-Pot Synthesis of Magnetic Colloidal Nanocrystal Clusters

Coated with Chitosan for Selective Enrichment of Glycopeptides [J]. *Analytica Chimica acta*, 2014, 841, 99 - 105.

[4] Chen Y, Xiong Z, Zhang L, *et al*. Facile Synthesis of Zwitterionic Polymer-Coated Core-Shell Magnetic Nanoparticles for Highly Specific Capture of N-Linked Glycopeptides [J]. *Nanoscale*, 2015, 7(7): 3100 - 3108.

[5] Jiang B, Wu Q, Deng N, *et al*. Hydrophilic GO/Fe_3O_4/Au/PEG Nanocomposites for Highly Selective Enrichment of Glycopeptides [J]. *Nanoscale*, 2016, 8(9): 4894 - 4897.

[6] Xiong Z, Zhao L, Wang F, *et al*. Synthesis of Branched PEG Brushes Hybrid Hydrophilic Magnetic Nanoparticles for the Selective Enrichment of N-Linked Glycopeptides [J]. *Chemical Communications*, 2012, 48(65): 8138 - 8140.

[7] Wan H, Huang J, Liu Z, *et al*. A Dendrimer-Assisted Magnetic Graphene-Silica Hydrophilic Composite for Efficient and Selective Enrichment of Glycopeptides from the Complex Sample [J]. *Chemical Communications*, 2015, 51(45): 9391 - 9394.

[8] Xiong Z, Qin H, Wan H, *et al*. Layer-by-Layer Assembly of Multilayer Polysaccharide Coated Magnetic Nanoparticles for the Selective Enrichment of Glycopeptides [J]. *Chemical Communications*, 2013, 49(81): 9284 - 9286.

[9] Li J, Wang F, Liu J, *et al*. Functionalizing with Glycopeptide Dendrimers Significantly Enhances the Hydrophilicity of the Magnetic Nanoparticles [J]. *Chemical Communications*, 2015, 51(19): 4093 - 4096.

[10] Tang J, Liu Y, Yin P, *et al*. Concanavalin a-Immobilized Magnetic Nanoparticles for Selective Enrichment of Glycoproteins and Application to Glycoproteomics in Hepatocelluar Carcinoma Cell Line [J]. *Proteomics*, 2010, 10(10): 2000 - 2014.

[11] Qi D W, Zhang H Y, Tang J, *et al*. Facile Synthesis of Mercaptophenylboronic Acid-Functionalized Core-Shell Structure Fe_3O_4@C@Au Magnetic Microspheres for Selective Enrichment of Glycopeptides and Glycoproteins [J]. *Journal of Physical Chemistry C*, 2010, 114(20): 9221 - 9226.

[12] lZhang L, Xu Y, Yao H, *et al*. Boronic Acid Functionalized Core-Satellite Composite Nanoparticles for Advanced Enrichment of Glycopeptides and Glycoproteins [J]. *Chemistry — a European Journal*, 2009, 15 (39): 10158 - 10166.

[13] Wang M, Zhang X, Deng C. Facile Synthesis of Magnetic Poly(Styrene-Co-4-Vinylbenzene-Boronic Acid) Microspheres for Selective Enrichment of Glycopeptides [J]. *Proteomics*, 2015, 15(13): 2158 - 2165.

[14] Wang Y, Liu M, Xie L, *et al*. Highly Efficient Enrichment Method for Glycopeptide Analyses: Using Specific and Nonspecific Nanoparticles Synergistically [J]. *Analytical Chemistry*, 2014, 86(4): 2057 - 2064.

[15] Zhang X H, He X W, Chen L X, *et al*. A Combination of Distillation-Precipitation Polymerization and Click Chemistry: Fabrication of Boronic Acid functionalized Fe_3O_4 Hybrid Composites for Enrichment of Glycoproteins [J]. *Journal of Materials Chemistry B*, 2014, 2(21): 3254 - 3262.

[16] Liu L T, Yu M, Zhang Y, *et al*. Hydrazide Functionalized Core-Shell Magnetic Nanocomposites for Highly Specific Enrichment of N-Glycopeptides [J]. *ACS Applied Materials & Interfaces*, 2014, 6 (10): 7823 - 7832.

[17] Ma W F, Zhang Y, Li L L, *et al*. Ti^{4+}-Immobilized Magnetic Composite Microspheres for Highly Selective Enrichment of Phosphopeptides [J]. *Advanced Functional Materials*, 2013, 23(1): 107 - 115.

主要术语英文缩写

缩写	英文	中文
2DE	two-dimensional gel electrophoresis	双向凝胶电泳
4-VBC, VBC	4-vinylbenzyl chloride	2-(4-氯苯基)丙烯
AC	adipoyl chloride	己二酰氯
ACN	acetonitrile	乙腈
ACOOH	acetic acid	乙酸
ADH	adipic dihydrazide	己二酸二酰肼
AF	asialofetuin	唾液酸胎球蛋白
AFM	atomic force microscope	原子力显微镜
AIBN	2,2′- azobis(2-methylpropionitrile)	偶氮二异丁腈
APBA	3-aminophenylboronic acid	3-氨基苯硼酸
APTEOS	3-aminopropyltriethoxysilane	3-氨基丙基三乙氧基硅烷
APTMOS	(3-aminopropyl)trimethoxysilane	3-氨基丙基三甲氧硅烷
ATP	adenosine triphosphate	三磷酸腺苷
BET	BET surface area	一种比 BET 方法测定的表面积
BJH	Barrett-Joiner-Halenda	一种应用 Kelvin 方程计算介孔材料中孔分布的方法
BPA	biotinpentylamine	生物素戊胺
BSA	bovine serum albumin	牛血清白蛋白
CHCA	α-cyano-4-hydroxycinnamic acid	α-氰基-4-羟基肉桂酸
CID	collision-induced dissociation	碰撞诱导解离
CITP	capillary isotachophoresis	毛细管等速电泳
CNTs	carbon nanotubes	碳纳米管
Con A	concanavalin A	伴刀豆球蛋白
CP	carbonaceous polysaccharide	聚合碳,碳化的聚糖
CPTES	3-chloropropyltriethoxysilane	3-氯丙基三乙氧基硅烷
CS	chitosan	壳聚糖
CTAB	cetyltrimethylammonium bromide	十六烷基三甲基溴化铵
Cyc	cytochrome c	细胞色素 c
DHB	2,5-dihydroxylbenzoic acid	2,5-二羟基苯甲酸

DIPEA	N，N-diisopropyléthylamine	N，N-二异丙基乙基胺
DMAP	4-dimethylaminopyridine	4-二甲氨基吡啶
DMF	N，N-dimethylformamide	N，N-二甲基甲酰胺
DMSO	dimethyl sulfoxide	二甲基亚砜
DOTA	cycleanine	轮环藤宁，1，4，7，10-四氮杂环十二烷
DTT	dithiothreitol	二硫苏糖醇
ECD	electron capture dissociation	电子捕获解离
EDC	1-(3-dimethylaminopropyl)-3-ethyl carbodiimide hydrochloride	1-(3-二甲氨基丙基)-3-乙基碳二亚胺盐酸盐
EDTA	ethylene diamine tetraacetic acid	乙二胺四乙酸
EDX	energy dispersive X-ray analysis	能量色散 X 射线分析
EGDMA	ethyleneglycol dimethacrylate	二甲基丙烯酸乙二醇酯
EGMP	ethylene glycol methacrylate phosphate	磷酸甲基丙烯酸乙二醇
ERLIC	electrostatic repulsion hydrophilic interaction chromatography	静电排斥亲水相互作用色谱
ESI	electrospray ionization	电喷雾电离
ESI-Q-TOF-MS	electrospray ionization-quadrupole-time of flight mass spetrometry	电喷雾-四极杆-飞行时间串联质谱
ETD	electron transfer dissociation	电子转移解离
FA	formicacid	甲酸
Fe_3O_4	Fe_3O_4 microsphere	Fe_3O_4 微球
FITC	fluorescein isothiocyanate	异硫氰酸荧光素
FT-ICR MS	Fourier transform ion cyclotron resonance mass spectrometry	傅里叶变换-离子回旋共振质谱
FTIR	Fourier transform infrared spectroscopy	傅里叶变换红外光谱
GA	glutaraldehyde	戊二醛
Glu-C	endoproteinase glu-c	谷氨酸内切酶
GLYMO	3-glycidoxypropyltrimethoxysilane	3-(2,3-环氧丙氧)丙基三甲氧基硅烷
GO	graphene oxide	氧化石墨烯
GPI	glycosylphosphatidylinositol	糖基磷脂酰肌醇
HA	hyaluronic acid	玻尿酸
HATU	2-(7-Aza-1H-benzotriazole-1-yl)-1,1,3,3-tetramethyluronium hexafluorophosphate	2-(7-偶氮苯并三氮唑)-N,N,N′,N′-四甲基脲六氟磷酸酯
Hb	hemoglobin	血红蛋白
HILIC	hydrophilic interaction chromatography	亲水相互作用色谱
HOAt	1-hydroxy-7-azabenzotriazole	N-羟基-7-氮杂苯并三氮唑
HPLC	high performance liquid chromatography	高效液相色谱
HRP	horseradish peroxidase	辣根过氧化物酶
HRTEM	high resolution transmission electronmicroscopy	高分辨率透射电子显微镜
IAA	Iodoacetamide	碘乙酰胺
ICPAES	inductively coupled plasma atomic emission spectrometry	电感耦合等离子体发射光谱法

ICPAES	inductively coupled plasma-atomic emission spectroscopy	电感耦合等离子体发射光谱
IDA	imino diacetic acid	亚氨基二乙酸
IEF	isoelectric focusing	等电聚焦电泳
IgA	immunoglobulin A	免疫球蛋白 A
IgG	immunoglobulin G	免疫球蛋白 G
IMAC	immobilized metal ion affinity chromatography	固定金属离子亲和色谱
LIF	laser induce fluorescence	激光诱导荧光
Lyz	Lysozyme	溶菌酶
MAA	methacrylic acid	甲基丙烯酸
MAA	methacrylic acid	甲基丙烯酸
Mag GO	magnetic graphene	磁性石墨烯
MALDI	matrix assisted laser desorption ionization	基质辅助激光解吸电离
MALDI-TOF-MS	matrix-assisted laser desorption/ionization time of flight mass spectrometry	基质辅助激光解吸/电离飞行时间质谱
MBA	N,N′-methylenebis acrylamide	N,N′-亚甲基双丙烯酰胺
MC-LR	microcystin-LR	微囊藻毒素 LR
MerA	mercaptoacetic acid	巯基乙酸
MMA	methyl methacrylate	甲基丙烯酸甲酯
MMS	magnetic microsphere	磁性微球
MNP	magnetic nanoparticles	磁性纳米粒子
MOAC	metal oxide affinity chromatography	金属氧化物亲和色谱
MOF	metal organic framework	金属有机框架
MPBA	4-mercaptophenylboronic acid	4-巯基苯硼酸
MP	magnetic particle	磁性粒子
MPMDMS	mercaptopropyl methyldimethoxysil ane	巯丙基甲基二甲氧基硅烷
MPS	3-methacryloxypropyltrimethoxysilane	3-(甲基丙烯酰氧)丙基三甲氧基硅烷
MS/MS/MS	three-stage mass spectrometry	三级质谱
MS/MS	tandem mass spectrometry	二级串级质谱法
MSA	2-(methacryloyloxy)ethl)dimethl-(3-sul-fopropyl) ammonium hydroxide	2-(甲基丙烯酰基氧基)乙基]二甲基-(3-磺酸丙基)氢氧化铵
MS	mass spectrometry	质谱
MS^n	milti-stage mass spectrometry	多级质谱
MUD	11-mercapto-1-undecanol	11-巯基-1-十一醇
MWCNTs	multiple-walled carbon nanotubes	多壁碳纳米管
MW	molecular weight	相对分子质量
MYO	myoglobin	肌红蛋白
nano LC-LTQ MS	nano liquid chromatography LTQ mass spectrometry	纳升级液相色谱-线性四级杆质谱联用
NCBI	National Center of Biotechnology Information	美国国家生物技术信息中心
NHS	N-hydroxysuccinimide	N-羟基琥珀酰亚胺
NTA	nitrilo triacetic acid	次氮基三乙酸
OA	oleicacid	油酸
ODS(C18)	octadecylsilane chemically bonded silica	十八烷基硅烷键合硅胶

OVA	overbulmin	卵清蛋白
PAMAM	polyamidoamine dendrimers	聚酰胺-胺型树枝状高分子
PBS	phosphate buffer saline	磷酸盐缓冲液
PDA	polydopamine	聚多巴胺
PDDA	poly(diallyldimethylammonium chloride)	聚(二烯丙基二甲基氯化铵)
PDMS	polydimethylsiloxane	聚二甲基硅氧烷
PEGMP	polyethylene glycol methacrylate phosphate	聚磷酸甲基丙烯酸乙二醇
PEG	polyethylene glycol	聚乙二醇
PEI	polyether imide	聚乙烯亚胺
PGC	porous graphite carbon	多孔石墨碳
PI	isoelectric point	等电点
PMAA	polymethylacrylic acid	聚甲基丙烯酸
PMF	Peptide Mass Fingerprinting	肽质量指纹图谱
PMMA	polymethylmethacrylate	聚甲基丙烯酸甲酯
PMSA	poly 2-(methacryloyloxy)ethyl]dimethyl-(3-sulfopropyl)ammonium hydroxide	聚 2-(甲基丙烯酰基氧基)乙基]二甲基-(3-磺酸丙基)氢氧化铵
PNGase F	peptide-N-glycosidase F	肽 N-糖苷酶
PSD	post source decay	源后衰变
PST	peptide sequence tag	肽序列标签
PSV	polystyrene-vinylphenylboronic acid	聚苯乙烯-乙烯苯硼酸
PVDF	polyvinylidenedi fluoride	聚偏二氟乙烯
PVP	polyvinylpyrrolidone	聚乙烯吡咯烷酮
RNase B	ribonuclease	核糖核酸酶
RPLC	reversed-phase liquid chromatography	反相液相色谱
S/N	signal to noise ratio	信号/噪声,信噪比
SAED	selected area electron diffraction	选择区域电子衍射
SAX	strong anion-exchange chromatography	强阴离子交换色谱
SCX	strong cation-exchange chromatography	强阳离子交换色谱
SDS	sodium dodecyl sulfate	十二烷基硫酸钠
SDS-PAGE	sodium dodecyl sulfate polyacrylamide gel electrophoresis	十二烷基硫酸钠聚丙烯酰胺凝胶电泳
SEM	scanning electron microscopy	扫描电子显微镜
SPE	solid-phase extraction	固相萃取
SPM	scanning probe microscopy	扫描探针显微镜
SQUID	superconducting quantum interferometer	超导量子干涉仪
STM	scanning tunneling microscope	扫描隧道显微镜
SWCNTs	single-walled carbon nanotubes	单壁碳纳米管
TBOT	tetrabutyl orthotitanate	钛酸丁酯
TCPP	5,10,15,20-meso-tetra(4-carboxyphenyl) porphyrin	四(4-羧基苯基)卟啉
TEM	transmission electron microscope	透射电子显微镜
TEOS	tetraethyl orthosilicate	正硅酸乙酯
TFA	trifluoroacetic acid	三氟乙酸
TGA	thermal gravimetric analysis	热重分析
THF	tetrahydrofuran	四氢呋喃

TIC	total ion curve	总离子流色谱图
TPCK	tosyl-phenylalanine chloromethyl-ketone	甲苯磺酰-苯丙氨酸氯甲基酮
Try	trypsin	胰蛋白
UV	ultraviolet absorption spectrum	紫外吸收光谱
VPBA	4-ethylene phenyl borate	4-乙烯苯硼酸
WGA	wheat germ agglutinin	麦胚凝集素
XPS	X-ray photoelectron spectroscopy	X射线光电子能谱
XRD	X-ray diffraction	X射线粉末衍射
β-casein		beta 酪蛋白

图书在版编目(CIP)数据

磁性微纳米材料在蛋白质组学中的应用/邓春晖,陈和美著.—上海:复旦大学出版社,2017.12
ISBN 978-7-309-13269-4

Ⅰ. 磁…　Ⅱ. ①邓…②陈…　Ⅲ. 磁性材料-纳米材料-应用-蛋白质-基因组-研究
Ⅳ. ①TB383②Q51

中国版本图书馆 CIP 数据核字(2017)第 233568 号

磁性微纳米材料在蛋白质组学中的应用
邓春晖　陈和美　著
责任编辑/范仁梅

复旦大学出版社有限公司出版发行
上海市国权路 579 号　邮编:200433
网址:fupnet@fudanpress.com　http://www.fudanpress.com
门市零售:86-21-65642857　团体订购:86-21-65118853
外埠邮购:86-21-65109143　出版部电话:86-21-65642845
上海丽佳制版印刷有限公司

开本 787×1092　1/16　印张 31　字数 698 千
2017 年 12 月第 1 版第 1 次印刷

ISBN 978-7-309-13269-4/T·611
定价:138.00 元